1 MONTH OF
FREE
READING

at
www.ForgottenBooks.com

By purchasing this book you are eligible for one month membership to ForgottenBooks.com, giving you unlimited access to our entire collection of over 700,000 titles via our web site and mobile apps.

To claim your free month visit:
www.forgottenbooks.com/free451305

ISBN 978-0-365-37917-1
PIBN 10451305

MITTHEILUNGEN

der

Anthropologischen Gesellschaft in Wien.

Redactions-Comité:

DR. FRANZ RITTER von HAUER, DR. MATTHÄUS MUCH, DR. FRIEDRICH MÜLLER,
JOSEF SZOMBATHY, DR. KARL TOLDT, DR. S. WAHRMANN.

Redactions-Beirath:

DR. M. MUCH, DR. E. ZUCKERKANDL.

Redacteur:

FRANZ HEGER.

XXVII. BAND.

(Der neuen Folge XVII. Band.)

Mit 253 Text-Illustrationen, einer Maasstabelle und einer Tafel.

WIEN.

In Commission bei ALFRED HÖLDER, k. u. k. Hof- und Universitäts-Buchhändler.

1897.

MITTHEILUNGEN

der

Anthropologischen Gesellschaft in Wien.

Redactions-Comité:

Dr. FRANZ RITTER von HAUER, Dr. MATTHÄUS MUCH, Dr FRIEDRICH MÜLLER,
JOSEF SZOMBATHY, Dr KARL TOLDT, Dr. S. WAHRMANN.

Redactions-Beirath:

Dr. M. MUCH, Dr. E. ZUCKERKANDL.

Redacteur.

FRANZ HEGER.

XXVII. BAND.

(Der neuen Folge XVII. Band.)

Köhler & Hamberger, Wien, VI. Mollardgasse 41

INHALT.

Autoren-Register.

Druckfehler-Berichtigungen.

S. [17], zweite Spalte, Zeile 26 von oben . . . . Reinecke statt „Reinicke".

„ [17], „ „ „ 34 „ „ . . . . Gjevrske statt „Gjeorske".

„ [18], erste „ „ 27 „ unten . . . . . Ražanci statt „Ražauci".

„ [18], „ „ „ 10 „ „ . . . . Vojkovići statt „Vojikovič".

„ [18], „ „ „ 10 „ „ . . . . Majdan statt „Hajdan".

„ [18], „ „ „ 4 „ „ . . . . Keile statt „Theile".

„ [18], „ „ „ 3 „ „ . . . . für einen . . . statt „für sich einen".

„ [18], zweite „ „ 20 „ oben . . . . . Schuhleistenkeile statt „Schuhleistentheile".

STATUTEN

für die

nthropologische Gesellschaft

in

Wien.

Wien 1897.

Im Selbstverlage der Gesellschaft.

insere Forschung von Goethe's
en Justus Möser, der vor
hube, die kleinste wirthschaft-
als Actie definirte und so
'tlichen Charakter aufdeckte.
e dieser genossenschaftlichen
Hanssen 50 Jahre später. Er
le Erscheinungen:
'heile altgermanischen Bodens,
Dänemark fast ununterbrochen
n wir vor der Commassation
Gewanndörfern, bei denen
rk in regelmässige Parallelo-
l jedes derselben in so viele
n getheilt ist, als es Huben
ollbauer hat je einen Streifen
die Gesammtheit dieser plan-
Feldmark zerstreuten Streifen
orfe und der quotalen Nutzung
cht eben die Hube aus. Danach
gleich grossen, gleich guten,
esitz. Bei der üblichen Drei-
edes Jahr ein anderes Drittel
l unterliegt gemeinschaftlicher
ntheilung muss eine sehr alte
nischen Gesetze des XIII. Jahr-
genaue Vorschriften, wie diese
age aufrecht zu erhalten sei.
löferschaften des Hunsruck
, und es wurden dort bis in
nach Ablauf einer bestimmten
Privatgrenzen für aufgehoben
Parcellen, also der gesammte
die ganze Feldmark von Neuem
vanne als früher zerlegt und
dann in so viele Ackerstreifen
nzahl des Ortes ausmachte.
schaft unterlag also periodi-
; Niemand hatte daran ein
'igen, sondern blos eine Quote,
sich bei jeder Neuvertheilung
besitzliche Behandlung der

1

Köhler & Hamburger, Wien, VI. Mollardgasse 41. — 9678. 97.

1897.

lellung; S. [1]. — 2. Peisker, Die öster-

— 2. Erweiterung des Comités für Haus-
ach Brünn; S. [8]. — 5. Abänderung der
jel 1897; S. [8]. — 8. Schriftentausch-

! Urzeit; S. [10]. — 2. Miske, Bronzefund
[17]. — 4. Želisko, Steinwall Věnec in Süd-

§ 1. Die Anthropologische Gesellschaft in Wien beschäftigt sich mit Anthropologie, Ethnographie und Urgeschichte des Menschen.

§ 2. Zweck der Gesellschaft ist also die Förderung aller Studien über den Menschen in physischer und psychischer Beziehung, besonders insofern sie dessen Verhältnisse in einzelnen Volks- und Culturgruppen und die Geschichte derselben zum Gegenstande haben.

§ 3. Mittel zur Erreichung dieses Zweckes sind:

a) Periodische Versammlungen;

b) Veranstaltung von öffentlichen Vorlesungen;

c) Herausgabe von Druckschriften;

d) Anlage von Sammlungen;

e) eventuelle directe Unterstützung von zweckdienlichen Arbeiten.

§ 4. Die Gesellschaft schöpft die materiellen Mittel zur Bestreitung ihrer Auslagen und zur Durchführung ihrer Aufgaben:

a) aus den Beiträgen ihrer Stifter, unterstützenden und wirklichen Mitglieder;

b) aus Subventionen von öffentlichen Behörden;

c) aus Schenkungen von Gönnern und Freunden.

§ 5. Die Gesellschaft besteht aus:

a) Stiftern,

b) unterstützenden Mitgliedern,

c) wirklichen Mitgliedern,

d) Ehren-Mitgliedern,

e) correspondirenden Mitgliedern,

f) Correspondenten.

§ 6. Die Aufnahme der Stifter, der unterstützenden und wirklichen Mitglieder geschieht durch den Ausschuss auf Vorschlag eines Mitgliedes der Gesellschaft.

insere Forschung von Goethe's
ien JUSTUS MÖSER, der vor
hube, die kleinste wirthschaft-
als Actie definirte und so
ftlichen Charakter aufdeckte.
e dieser genossenschaftlichen
s HANSSEN 50 Jahre später. Er
le Erscheinungen:
'heile altgermanischen Bodens,
Dänemark fast ununterbrochen
n wir vor der Commassation
Gewanndörfern, bei denen
rk in regelmässige Parallelo-
l jedes derselben in so viele
m getheilt ist, als es Huben
bllbauer hat je einen Streifen
;die Gesammtheit dieser plan-
,Feldmark zerstreuten Streifen
orfe und der quotalen Nutzung
cht eben die Hube aus. Danach
gleich grossen, gleich guten,
besitz. Bei der üblichen Drei-
edes Jahr ein anderes Drittel
l unterliegt gemeinschaftlicher
ntheilung muss eine sehr alte
nischen Gesetze des XIII. Jahr-
genaue Vorschriften, wie diese
oge aufrecht zu erhalten sei.
öferschaften des Hunsruck
, und es wurden dort bis in
nach Ablauf einer bestimmten
Privatgrenzen für aufgehoben
Parcellen, also der gesammte
die ganze Feldmark von Neuem
vanne als früher zerlegt und
dann in so viele Ackerstreifen
nzahl des Ortes ausmachte.
schaft unterlag also periodi-
; Niemand hatte daran ein
tigen, sondern blos eine Quote,
sich bei jeder Neuvertheilung
'tzliche Behandlung der

Als Stifter werden Personen aufgenommen, welche der Gesellschaft einen (einmaligen) Betrag von mindestens dreihundert Gulden ö. W. widmen.

Als unterstützendes Mitglied kann Jedermann aufgenommen werden, welcher sich verpflichtet, einen Jahresbeitrag von zehn Gulden ö. W. (oder eine einmalige Ausgleichssumme von 200 Gulden) zu leisten.

Als wirkliches Mitglied kann Jedermann aufgenommen werden, welcher sich verpflichtet, einen Jahresbeitrag von fünf Gulden ö. W. (oder eine einmalige Ausgleichssumme von 100 Gulden) zu leisten. Für die etwa gewünschte Ausfertigung eines Diplomes ist von wirklichen und unterstützenden Mitgliedern eine Diplomsgebühr von fünf Gulden zu entrichten.

§ 7. Zu Ehren-Mitgliedern können solche Personen gewählt werden, welchen die Gesellschaft für ausgezeichnete Verdienste um die Wissenschaft ihre besondere Anerkennung darzubringen wünscht.

§ 8. Zu correspondirenden Mitgliedern ernennt die Gesellschaft solche Personen, welchen sie für ihre wissenschaftlichen Leistungen eine besondere Anerkennung aussprechen will.

§ 9. Zu Correspondenten kann der Ausschuss Personen ernennen, welche nicht zahlende Mitglieder der Gesellschaft (§ 6) sind, jedoch die Gesellschaft in der Erfüllung bestimmter Aufgaben unterstützen.

§ 10. Die Wahl von correspondirenden und Ehren-Mitgliedern steht jeder beschlussfähigen Plenar-Versammlung zu, wenn ein diesbezüglicher Vorschlag des Ausschusses vorliegt.

§ 11. Der Jahresbeitrag ist im Laufe des Monates Jänner eines jeden Jahres an den Cassier zu entrichten.

Unterbleibt die rechtzeitige Zahlung, so erfolgt die Einbringung des Jahresbeitrages durch den Cassier auf Kosten des betreffenden Mitgliedes.

Mitglieder, welche mit zwei Jahresbeiträgen im Rückstande sind und einer besonderen Zahlungsaufforderung des Cassiers oder des Secretärs nicht Folge leisten, sind als ausgetreten zu betrachten.

§ 12. Jeder Stifter, sowie jedes unterstützende und wirkliche Mitglied hat in der Plenar-Versammlung Eine Stimme.

§ 13. Jedem Stifter und Mitgliede steht (nach Bezahlung der statutenmässigen Beiträge) die Benützung der Bibliothek und der Sammlungen der Gesellschaft nach den in der Geschäftsordnung vorgeschriebenen Normen, ferner jedem wirklichen Mitgliede der Bezug der periodischen Druckschrift der Gesellschaft, jedem Stifter

1897.

- 5 -

oder unterstützenden Mitgliede aber der Bezug sämmtlicher von der Gesellschaft nach seinem Eintritte herausgegebenen Druckschriften zu.

§ 14. Die Angelegenheiten der Gesellschaft werden erledigt:

a) durch die in den Plenar-Versammlungen sowie in der Jahres-Versammlung anwesenden Mitglieder;

b) durch die von denselben gewählten Functionäre und den Ausschuss;

c) durch für specielle Zwecke gewählte Comités.

§ 15. Den Plenar-Versammlungen sind vorbehalten:

a) die Ernennung der correspondirenden und Ehren-Mitglieder;

b) die Beschlussfassung über gestellte Anträge nach vorausgegangener Berathung im Ausschusse;

c) die Entscheidung über die Art der Verbindung und des Zusammenwirkens mit anderen Vereinen für gemeinsame Zwecke.

§ 16. Der Jahres-Versammlung (General-Versammlung) bleiben vorbehalten:

a) die Wahl der Functionäre und des Ausschusses;

b) die Entgegennahme des Jahresberichtes über die Thätigkeit der Gesellschaft;

c) die Prüfung des Rechnungsberichtes durch ad hoc zu wählende Rechnungs-Censoren;

d) Beschlüsse über Aenderung der Statuten;

e) Beschlussfassung über etwaige Auflösung der Gesellschaft.

§ 17. Die Functionäre der Gesellschaft sind:

a) ein Präsident und drei Vicepräsidenten;

b) ein erster und ein zweiter Secretär;

c) ein Redacteur;

d) ein Cassier;

e) ein Rechnungsführer;

§ 18. Der Ausschuss besteht aus den Functionären und zwölf aus der Mitte der wirklichen Mitglieder gewählten Ausschussräthen. Die Anzahl dieser letzteren kann über Antrag des Ausschusses vermehrt werden.

§ 19. Alle Functionäre und Ausschussräthe werden auf die Dauer von drei Jahren gewählt. Jedes Jahr tritt behufs einer

insere Forschung von Goethe's
sen JUSTUS MÖSER, der vor
hube, die kleinste wirthschaft-
als Actie definirte und so
ftlichen Charakter aufdeckte.
:e dieser genossenschaftlichen
a HANSSEN 50 Jahre später. Er
le Erscheinungen;
'heile altgermanischen Bodens,
Dänemark fast ununterbrochen
en wir vor der Commassation
Gewanndörfern, bei denen
.rk in regelmässige Parallelo-
l jedes derselben in so viele
in getheilt ist, als es Huben
ollbauer hat je einen Streifen
die Gesammtheit dieser plan-
Feldmark zerstreuten Streifen
orfe und der quotalen Nutzung
cht eben die Hube aus. Danach
gleich grossen, gleich guten,
besitz. Bei der üblichen Drei-
edes Jahr ein anderes Drittel
l unterliegt gemeinschaftlicher
ntheilung muss eine sehr alte
nischen Gesetze des XIII. Jahr-
genaue Vorschriften, wie diese
age aufrecht zu erhalten sei.
öferschaften des Hunsruck
, und es wurden dort bis in
nach Ablauf einer bestimmten
Privatgrenzen für aufgehoben
Parcellen, also der gesammte
vanne als früher zerlegt und
dann in so viele Ackerstreifen
nzahl des Ortes ausmachte.
schaft unterlag also periodi-
; Niemand hatte daran ein
'igen, sondern blos eine Quote,
sich bei jeder Neuvertheilung
· besitzliche Behandlung der

Neuwahl ein Drittheil des jeweiligen Bestandes der Ausschuss-räthe aus. Im ersten und zweiten Jahre entscheidet das Loos über den Austritt. Die Austretenden, sowohl die Functionäre als die Ausschussräthe, sind wieder wählbar.

§ 20. Dem Ausschusse obliegt die Erledigung aller laufenden und administrativen Geschäfte. Ueberdies fällt demselben die Vor-berathung über von den Mitgliedern der Gesellschaft gestellte An-träge und deren Vorlage in den Plenar-Versammlungen zu.

§ 21. Für die Erledigung speciell wissenschaftlicher Aufgaben und Fragen werden Special-Comités eingesetzt, in welchen der Aus-schuss stets durch wenigstens Ein Mitglied vertreten sein muss.

§ 22. Bei allen Beschlüssen entscheidet die absolute Stimmen-mehrheit. Zur giltigen Beschlussfassung im Ausschusse ist die Anwesenheit von sieben Ausschussmitgliedern, darunter mindestens vier Ausschussräthen, erforderlich.

§ 23. Der Präsident leitet die Plenar- und Ausschuss-Sitzungen und beruft die letzteren ein.

§ 24. Die Vicepräsidenten unterstützen den Präsidenten in der Geschäftsleitung und vertreten ihn abwechselnd.

§ 25. Der erste Secretär besorgt im Einvernehmen mit dem Präsidenten die Geschäfte der Gesellschaft; der zweite Secretär führt das Sitzungsprotokoll, unterstützt den ersten Secretär in seinen Geschäften und vertritt ihn im Falle seiner Abwesenheit.

§ 26. Sowohl die Plenar- als auch die Jahres-Versammlung ist für die Erledigung der gewöhnlichen Geschäfte und Anträge beschlussfähig, wenn ausser den anwesenden Functionären wenigstens 21 stimmberechtigte Mitglieder der Gesellschaft anwesend sind.

§ 27. Ueber jede Plenar- und Ausschuss-Sitzung wird ein Protokoll geführt, welches der Präsident oder der stellvertretende Vicepräsident und einer der Secretäre unterzeichnet.

§ 28. Die Bekanntmachungen der Gesellschaft erfolgen durch die „Wiener Zeitung" oder durch briefliche Correspondenz.

§ 29. Die Gesellschaft wird sich mit den gleiche oder ver-wandte Zwecke verfolgenden Gesellschaften des In- und Auslandes in Verbindung setzen.

§ 30. Zur Beschlussfassung über die Auflösung der Gesell-schaft ist die Abgabe des Votums von mindestens der Hälfte der wirklichen Mitglieder erforderlich.

Die bei der etwaigen Auflösung vorhandenen Sammlungen und Bibliothek fallen einer von der letzten Jahres- (General-) Ver-sammlung zu bestimmenden öffentlichen Anstalt zu.

§ 31. Nach Aussen und den Behörden gegenüber wird die Gesellschaft durch den Präsidenten in Gemeinschaft mit dem Secretär vertreten. Von denselben werden sämmtliche Bekanntmachungen der Gesellschaft gefertigt.

§ 32. Differenzen im Kreise der Mitglieder, welche sich auf Erreichung der Gesellschaftszwecke beziehen, werden in vom Ausschusse formulirten Anträgen einer Plenar-Versammlung zur Entscheidung vorgelegt.

Z. 65.897.

Der Bestand dieses Vereines nach Inhalt der vorstehenden geänderten Statuten wird bescheinigt.

WIEN, 5. August 1897.

K. k. n.-ö. Statthalterei.

In Vertretung:

Kutschera.

insere Forschung von Goethe's
sen JUSTUS MÖSER, der vor
hube, die kleinste wirthschaft-
i als Actie definirte und so
ftlichen Charakter aufdeckte.
te dieser genossenschaftlichen
a HANSSEN 50 Jahre später. Er
de Erscheinungen:
Theile altgermanischen Bodens,
Dänemark fast ununterbrochen
en wir vor der Commassation
Gewanndörfern, bei denen
irk in regelmässige Parallelo-
d jedes derselben in so viele
sn getheilt ist, als es Huben
ollbauer hat je einen Streifen
die Gesammtheit dieser plan-
Dorfe und der quotalen Nutzung
icht eben die Hube aus. Danach
gleich grossen, gleich guten,
besitz. Bei der üblichen Drei-
jedes Jahr ein anderes Drittel
d unterliegt gemeinschaftlicher
intheilung muss eine sehr alte
.nischen Gesetze des XIII. Jahr-
genaue Vorschriften, wie diese
nge aufrecht zu erhalten sei.
höferschaften des Hunsruck
r, und es wurden dort bis in
nach Ablauf einer bestimmten
Privatgrenzen für aufgehoben
i Parcellen, also der gesammte
die ganze Feldmark von Neuem
wanne als früher zerlegt und
)dann in so viele Ackerstreifen
enzahl des Ortes ausmachte.
rschaft unterlag also periodi-
.; Niemand hatte daran ein
eigen, sondern blos eine Quote,
--ich bei jeder Neuvertheilung
sitzliche Behandlung der

MITTHEILUNGEN

der

Anthropologischen Gesellschaft in Wien.

(Band XXVII. Der neuen Folge XVII. Band.)

Nr. 1. Januar u. Februar.   **Sitzungsberichte.**   **1897.**

Monats-Versammlung am 12. Januar 1897.

Vorsitzender: Herr Dr. THEODOR V. INAMA-STERNEGG.

1. Herr Maler **Josef Hoffmann** ladet die Mitglieder der Gesellschaft persönlich zum Besuche der ersten Abtheilung seiner durch zahlreiche Gemälde vorgeführten „Weltreise-Ausstellung" ein, welche sich im Ressel-Parke vor der technischen Hochschule in einem eigens hiezu errichteten Holzgebäude befindet. Die erste Abtheilung umfasst Algerien, Tunis, Aegypten und Indien und ist durch die Darstellung der verschiedenen Bevölkerungstypen von ethnographischem Interesse. Die im März zu eröffnende zweite Abtheilung wird Bilder aus Ceylon, Java, den Aequatorial-Inseln, sowie China und Japan enthalten.

2. Herr Dr. **Johann Peisker** aus Graz hält einen Vortrag:

Die österreichische Wirthschaftsgeschichte und ihr wichtigster Behelf, die Katastralkarte.

Hochansehnliche Versammlung!

Die erste, das Werden der Dinge darstellende Deutsche Wirthschaftsgeschichte der älteren Periode hat bekanntlich Ihren Vicepräsidenten Herrn v. INAMA-STERNEGG zum Verfasser.

Seit dem Erscheinen des ersten Bandes sind erst 17 Jahre verflossen, aber der Fortschritt, welchen seitdem die Wissenschaft unter seiner Mitarbeiterschaft dieses Gelehrten gemacht hat, ist ein so bedeutender, dass uns gewiss nur mehr wenige Jahre davon trennen, bis wir werden ausrufen dürfen: Heureka, festen Boden haben wir unter den Füssen!

Wie einer jeden modernen Forschung, ist es auch der unserigen vor Allem darum zu thun, einen festen Ausgangspunkt zu gewinnen; denn so lange wir nicht ganz sicher über die ältesten wirthschaftlichen Zustände der Deutschen und der Slaven unterrichtet sind, so lange ist unsere ganze Forschung auf Sand gebaut.

Es sei mir gestattet, eine kurze Uebersicht des bisher darüber Geleisteten vorzubringen:

Den Anfang nahm unsere Forschung von Goethe's congenialem Zeitgenossen JUSTUS MÖSER, der vor 120 Jahren die Bauernhube, die kleinste wirthschaftliche und Besitzeinheit als Actie definirte und so ihren genossenschaftlichen Charakter aufdeckte.

Die erste Geschichte dieser genossenschaftlichen Landactie schrieb GEORG HANSSEN 50 Jahre später. Er verknüpfte hiezu folgende Erscheinungen:

In einem grossen Theile altgermanischen Bodens, von Südschweden über Dänemark fast ununterbrochen bis zum Main, begegnen wir vor der Commassation geradezu ausschliesslich Gewanndörfern, bei denen bekanntlich die Feldmark in regelmässige Parallelogramme, Gewanne, und jedes derselben in so viele gleichbreite Ackerstreifen getheilt ist, als es Huben im Dorfe gibt. Jeder Vollbauer hat je einen Streifen in jedem Gewann und die Gesammtheit dieser planmässig über die ganze Feldmark zerstreuten Streifen nebst dem Gehöfte im Dorfe und der quotalen Nutzung der Gemeindegründe macht eben die Hube aus. Danach hat jeder Hubner einen gleich grossen, gleich guten, gleich entfernten Grundbesitz. Bei der üblichen Dreifelderwirthschaft liegt jedes Jahr ein anderes Drittel der Feldmark brach und unterliegt gemeinschaftlicher Beweidung. Diese Feldeintheilung muss eine sehr alte sein, denn schon die dänischen Gesetze des XIII. Jahrhunderts enthalten sehr genaue Vorschriften, wie diese schöne Ordnung der Dinge aufrecht zu erhalten sei.

Die sogenannten Gehöferschaften des Hunsruck haben dieselbe Structur, und es wurden dort bis in die neueste Zeit immer nach Ablauf einer bestimmten Anzahl von Jahren alle Privatgrenzen für aufgehoben erklärt, die sämmtlichen Parcellen, also der gesammte Privatbesitz eingezogen, die ganze Feldmark von Neuem oft in ganz andere Gewanne als früher zerlegt und jedes dieser Gewanne sodann in so viele Ackerstreifen getheilt, als die Hubenzahl des Ortes ausmachte. Der Boden der Gehöferschaft unterlag also periodischen Neuvertheilungen; Niemand hatte daran ein festes, dauerndes Sondereigen, sondern blos eine Quote, deren effective Realität sich bei jeder Neuvertheilung vollständig änderte; die besitzliche Behandlung der

Mark war eine genossenschaftliche; die wirthschaftliche Nutzung, namentlich in der Beweidung des jeweiligen Brachfeldes, lief auf Feldgemeinschaft aus.

Diese sehr alterthümlich ausschauenden Thatsachen hat GEORG HANSSEN mit den bekannten Angaben Cäsar's und Tacitus verglichen und sodann die markgenossenschaftliche Feldgemeinschaft für den ältesten agrarischen Zustand der Germanen erklärt.

Diesen bedeutsamen Gedanken hat gleich darauf GEORG LUDWIG MAURER in ein festes System ausgebaut und ihm namentlich die Quellen der fränkischen Zeit dienstbar gemacht.

Inzwischen hat der edle Enthusiast HAXTHAUSEN die gelehrte Welt mit der grossrussischen Dorfcommunion, dem „Mir", bekannt gemacht, welcher mit seiner periodischen Neuvertheilung genau der Hunsrucker Gehöferschaft entspricht. Auch die Feldmark des „Mir" hat dasselbe Aussehen, wie die des deutschen Gewanndorfes; jeder Genosse des „Mir" hat gleich grossen, gleich guten, gleich entfernten Grundbesitz. Während aber die Hubenzahl einer Gehöferschaft und überhaupt eines deutschen Dorfes eine seit jeher bestimmte ist und ein Bauer mehrere Huben oder nur ein Bruchstück einer Hube sein Eigen nennen kann, ist beim russischen „Mir" die Zahl der Sonderbesitze oder Antheile, der učastok, von der Zahl der eben lebenden, erwachsenen Dorfgenossen abhängig. Der russische „Mir" kennt kein Erbrecht; nach dem Tode des Nutzniessers fällt dessen učastok an die Gemeinde zurück und bei der nächsten Neuvertheilung — peredêl — erhält jeder erwachsene Sohn des verstorbenen Nutzniessers, und mag dieser ihrer auch zwanzig, gleich grossen učastok, wie der einzige Sohn eines anderen Nachbars. Der Kürze wegen lasse ich die anderen üblichen Vertheilungsmodi hier unerwähnt.

Der russische „Mir" schien damals noch um einen Grad alterthümlicher, primitiver zu sein, als die Gehöferschaft, weil er das Sondereigen gleich bedenkt und jedes Erbrecht ausschliesst.

Man glaubte, das älteste und glücklichste, weil den Pauperismus ausschliessende volkswirthschaftliche System vor sich zu haben.

Daraus zog man auch in Deutschland sehr weitgehende Schlussfolgerungen. Allein in Russland selbst, wo der Gegenstand mit einer Leidenschaftlichkeit sondergleichen anfangs behandelt worden, dauerte die Illusion nicht einmal ein Jahrzehnt.

Der schneidige ČIČERIN wies in heissem Kampfe gegen BĚLJAJEV nach, dass die Mirverfassung keine alte, keine ursprüngliche, noch weniger eine idealfreiheitliche Einrichtung Rousseau'scher Façon, sondern mit eine der Folgen einer verhältnissmässig sehr späten Knechtung sei.

Uns erscheint es heute ganz unglaublich, wieso diese fundamentale Errungenschaft ČIČERIN's von der deutschen Forschung mehr als zwei Decennien unverwerthet bleiben konnte, zum empfindlichen Nachtheile für den wissenschaftlichen Fortschritt, denn sie hätte schon Mitte der Sechziger-Jahre als Warnung dienen können, dass das alte Germanenvolk, soferne die HANSSEN-MAURER-

sche Auffassung über die Ursprünglichkeit der Hufenverfassung richtig wäre, als Unicum dastünde, ohne irgend ein nachweisbares Analogon in Gottes weiter Welt; man hätte stutzig werden müssen, nachdem inzwischen auch aus UTIEŠENOVIĆ's Darstellungen der südslavischen Hauscommunion, der Zadruga, und aus den streng flurkartenmässigen Untersuchungen MEITZEN's der schlesischen Dziedzine bekannt geworden ist, dass die Slaven, die so nahen Verwandten der Germanen, gerade auf der ganzen beiderseitigen Berührungslinie, von der Ostsee bis zur Adria, nicht eine Spur von einer genossenschaftlichen Feldgemeinschaft, von einer Hufenverfassung kennen. UTIEŠENOVIĆ und seine Nachfolger legten dar, dass die Südslaven nicht in Dorfgenossenschaften gleichberechtigter Antheilnehmer, sondern in Familiencommunionen mit Descendentalerbfolge gelebt haben, und MEITZEN führte aus, dass die Westslaven, zunächst in Schlesien, keine Landactie, keine Gewanntheilung kannten und dass ihre Dziedzine — welche aus formlosen Blöcken besteht — sich mit der Hube gar nicht vergleichen lässt, weil sie kein bestimmtes Ausmass hat, nicht einmal innerhalb desselben Dorfes.

Und als man endlich in Deutschland von ČIČERIN's Entdeckung mehr als blosse Notiz nahm, war es indessen schon zu spät geworden, denn MAURER's System hatte inzwischen feste Formen angenommen und sich zu einem Dogma ausgebildet.

Der Wissenschaft stand eben damals das bedenkliche Buch DE LAVELEYE's über das vermeintliche Ureigenthum stark im Lichte.

Nun kam der Engländer SEEBOHM und zeigte, dass auch die Kelten, die westlichen Nachbarn und nächsten Verwandten der Germanen, auch in Familienordnungen lebten und keine Gewanndörfer, keine Huben kannten.

Merkwürdigerweise zog man aus alledem die Schlussfolgerung, dass die Dorfgenossenschaft eine germanisch-nationale Eigenthümlichkeit sei, der ein vermeintlicher Familiencommunismus als slavischnationale Specialität gegenüberstehe.

Nun ist es aber notorisch, dass die Sippen- und Familienverbände auch bei den Germanen eine ganz gewaltige Bedeutung hatten. Wie fügten sich aber Familienverbände in eine Markgenossenschaft Gleichberechtigter?

K. TH. v. INAMA-STERNEGG war es, welcher schon im Jahre 1872 in seiner Festschrift und dann in seiner Wirthschaftsgeschichte 1879 die Priorität des Hofsystems vor dem Dorfsysteme von Neuem aufstellte und in Verknüpfung damit die ursprüngliche, lang andauernde und das ganze Volksleben durchdringende Bedeutung der Familienverbände geltend machte. Diese beiden Momente hat er dann mit der zu jener Zeit unantastbaren HANSSEN-MAURER'schen Theorie einer altdeutschen Markgenossenschaft zu verschmelzen versucht.

Während nun einerseits dieser Versuch zu fruchtbringendem Widerspruche einladet, ist andererseits v. INAMA's Geltendmachung der massgebenden Wichtigkeit der Familienverbände eine wissenschaftliche Leistung ersten Ranges geworden.

Es liest sich schon als ein ausgesprochenes Bedenken, was v. INAMA in seiner Wirthschaftsgeschichte I, S. 72, sagt: „Die natürliche Gliederung des Volkes nach Familien, die sich bei den Deutschen immer so mächtig erwiesen, die selbst in der Wanderzeit des Volkes der Heeresordnung ihren Charakter aufgeprägt hatte, verlor natürlich auch nicht so schnell nach der festen Ansiedelung der Deutschen ihre Bedeutung. . . .“ Also nicht bei, sondern nach der festen Ansiedelung lässt v. INAMA ganz richtig den alten Familienbesitz in eine Markgenossenschaft sich umwandeln! „. . . . Im alamannischen Volksrechte — sagt v. INAMA S. 74 weiter — sind die wenigen Stellen, welche mit der Markgenossenschaft in Verbindung gebracht werden können, von Geschlechtsbesitz und Geschlechtsgemarkung zu verstehen, und zwar handelt es sich um feste, territoriale Verbände, nicht blos um irgendwelchen Einzelnbesitz der engeren Familie. . . .“ Diese damals ketzerische Auffassung v. INAMA's bildet einen Wendepunkt in unserer Wissenschaft, die sich zunächst ausserhalb Deutschlands manifestirt.

Zuerst war es der Engländer DENMAN W. ROSS, der im Jahre 1883 die Ansicht vertrat, dass für die Annahme eines ursprünglichen Gemeineigenthums an Grund und Boden die fränkischen Quellen ebensowenig wie Cäsar und Tacitus irgend welche Anhaltspunkte bieten.

Man überhörte DENMAN W. ROSS in Deutschland.

Als aber FUSTEL DE COULANGES im Jahre 1889 nachwies, dass in den fränkischen Quellen das nicht stehe, was MAURER, die wichtigsten termini technici vollends missverstehend, aus ihnen herausliest, da entwand sich aus SCHÄFFLE's Munde (Zeitschr. f. d. ges. Staatswissenschaft, XXVIII. Jahrg. 1892, S. 178 f.) folgender Seufzer:

„FUSTEL DE COULANGES hat in der „Revue des questions historiques“ (April 1889) mit Wucht und Eleganz, gallisch — freilich auch gallig, auf sämmtliche Autoren, welche nach den Quellen den Hervorgang des Grundeigenthums aus einem ursprünglichen Agrarcommunismus herleiten, vor Allem auf MAURER's „Markgenossenschaft“ einen polemischen Streich geführt. Wenn er die in französisch geschriebenen Literatur seiner Gegner nicht schont, so ist doch der Angriff hauptsächlich gegen die deutsche Wissenschaft und ihre Gründlichkeit gerichtet; könnte der Hieb überhaupt nicht parirt werden, so würde er festsitzen und wären wir Alle seit 1855 am Narrenseil geführt worden, wenn wirklich alle für die Existenz der gemeinen Mark angeführten Stellen so sehr der Beweiskraft ledig wären, wie es Herr FUSTEL DE COULANGES in seiner jedenfalls lesenswerthen Arbeit darthun will. Ein nicht geringes Stück Gelehrtenautorität scheint immerhin auf der Strecke liegen bleiben zu sollen; vollends der verächtlich scharfe Angriff des grossen französischen Historikers auf den Missbrauch der ethnographisch-comparativen Methode wird wohl ziemlich Recht behalten.“

Was SCHÄFFLE befürchtet hat, das ist eingetreten, FUSTEL's Hieb sitzt fest; aber die deutsche Wissenschaft und ihre Gründlichkeit hat dadurch keine Einbusse erlitten und MAURER ist auch nach seiner Niederlage ein grosser Mann geblieben, der es verdiente, dass aus seinen Werken das viele Brauchbare von dem unbrauchbar Gewordenen abgesondert und neu herausgegeben werde; dagegen sind Wiederabdrücke überflüssig und irreführend.

FUSTEL DE COULANGES hat MAURER besiegt, selbst ist er jedoch Sieger nicht geblieben, da er in das entgegengesetzte Extrem verfiel, indem er überall Sondereigen witterte. Sollte sich aber die Controverse blos zwischen Gemeineigenthum und Sondereigen als dem ursprünglicheren Zustande bewegen, dann bliebe wohl diese Frage für immer auf jenem Punkte stehen, wie die, ob früher Ei oder Henne da gewesen ist, auf dem Punkte des Ignorabimus.

Dieses aut aut gilt jedoch über unsere Frage nicht mehr: der Grazer Universitätsprofessor HILDEBRAND hat es soeben weggeräumt und gezeigt, dass man

1. als „res communis“ behandelt hat, was noch eine „res nullius“ war;

2. für Gemeineigenthum gehalten, was nur eine nicht vollkommen durchgeführte Erbtheilung (pro indiviso) oder ein Miteigenthum (condominium) war;

3. für ein Eigenthumsrecht der Bauern an Grund und Boden gehalten, was nur ein mehr oder weniger prekäres „ius in realiena“ oder Nutzungsrecht derselben an einem im Eigenthum eines oder mehrerer Grundherren befindlichen Land war;

4. für ein Eigenthumsrecht der Gemeinde an Grund und Boden angesehen, was nur eine rein administrative Befugniss derselben war (HILDEBRAND, Recht und Sitte, I, 1896, S. 189).

Durch HILDEBRAND's fernere Erklärung der die altgermanischen Wirthschaftsformen betreffenden Stellen bei Cäsar und Tacitus sind wir der Erkenntniss des Thatsächlichen so nahe gerückt, dass wir aller Voraussicht nach schon in wenigen Jahren diese überaus wichtige, sehr heikle, sehr aufregende Frage los sind und so ein festes Fundament für unsere Forschung endlich einmal, nach 120jährigem Ringen, erreicht haben werden.

Jetzt ist vor Allem wahrzunehmen, wie sich HILDEBRAND's Ergebniss zu den Resultaten der Flurkartenforschung verhalten, welche unser Altmeister AUGUST MEITZEN in seinem grossen Werke „Siedelung und Agrarwesen“ den altgermanischen Zuständen gewidmet hat; über dieses Werk ist der Anthropologischen Gesellschaft am 28. April v. J. vorgetragen worden.

MEITZEN's Schilderungen erhalten durch HILDEBRAND insoferne eine Correctur, als sich die Ansicht, dass das genossenschaftlich nach Huben, also ohne Rücksicht auf Familienverbände organisirte deutsche Dorf mit Gemeineigenthum und Feldgemeinschaft aus halbnomadischen Zuständen unmittelbar hervorgewachsen, also organischen Ursprunges sei, nicht halten lässt.

1*

Dagegen bleiben Meitzen's lebensfrische Schilderungen späterer Zustände aufrecht.

Es kann uns nur recht sein, dass Meitzen's Werk diesen Ballast losgeworden ist, denn es hat schon bei seinem Erscheinen nicht wenig daran gelitten, dass sein Ausgangspunkt gerade im Brennpunkte der Controverse gestanden ist, strittig war. Während nun das Entstehen der deutschen Markgenossenschaft in die Controverse zurückfällt, ist deren frühzeitiges Vorhandensein durch Meitzen's Forschung über jeden Zweifel sichergestellt.

Und so können wir uns an Meitzen's glänzendem Werke erst jetzt so ganz freuen, wollen aber auch Hand mit anlegen, auf dass die wirthschaftsgeschichtliche Forschung nach seiner Art auch bei uns sich einbürgere.

Meitzen's Forschungsmethode ist die von Dorf zu Dorf, ja, wo nöthig, von Parcelle zu Parcelle, auf Grund der Katastralkarte.

Mit diesem Behelfe hat Meitzen nach mehr als 30jähriger Kleinarbeit die germanische und die slavische Vorzeit wesentlich aufgehellt, obzwar sein Forschungsgebiet keineswegs so dankbar ist, wie es einige österreichische Länder zu sein schon von vornherein versprechen.

Meitzen's ursprüngliches Forschungsgebiet war nämlich Schlesien; dort entdeckte er die westslavischen alten Siedelungsarten in ihrem Sein und die deutschen Colonisirungsarten in ihrem Werden, und von Schlesien aus ging er gegen den Westen weiter vor, wo ihm schon Victor Jacobi, namentlich aber Landau einigermassen den Weg geebnet hatten. Bis zur Elbe und der Saale sind es jedoch alles Gegenden, welche viel später unter die deutsche Herrschaft gekommen sind, als unser Innerösterreich; demgemäss müssen hier, in Innerösterreich, die deutschen Eroberer alterthümlichere wirthschaftliche Zustände vorgefunden haben, als auf elbslavischem Boden; während des jahrhundertelangen, auf Leben und Tod geführten Kampfes um die rechtselbischen Lande musste überdies die dortige sociale Ordnung nothwendig eine bedeutende Degeneration erlitten haben, so dass die Zustände, welche nach der endgiltigen Unterwerfung, zum Nutzen der Eroberer gewendet, sonst aber durch Abschichtung der vorgefundenen Volksclassen petrificirt worden sind, uns schon aus dem Grunde keinen ganz sicheren Rückschluss mehr auf die Zustände gestatten, die lange vor der endgiltigen Eroberung bestanden haben.

Wir können aber viel ältere Quellen über die altdeutschen und altslavischen Socialverhältnisse dem österreichischen Boden entlocken.

Uebrigens! Die erste systematische Deutsche Wirthschaftsgeschichte hat, wie schon hervorgehoben worden ist, ein österreichischer Gelehrter geschrieben, das neueste, sehr gewichtige wirthschaftsgeschichtliche Werk hat ebenfalls einen österreichischen Professor zum Verfasser; es muss also daher doch etwas daran gelegen sein, dass bei uns nicht allein das wirthschaftsgeschichtliche Studium überhaupt weiter gepflegt werde,

sondern hauptsächlich und namentlich der österreichischen Heimatskunde endlich einmal zugute komme.

Unsere Vergangenheit ist uns wohl am nächsten; und wenn wir — zum keineswegs anzüglichen Beispiel: an der Aufdeckung der kleinasiatischen Vorzeit einen so rühmlichen Antheil nehmen, dann darf uns wahrlich unsere eigene Vorgeschichte keinen Augenblick länger Hekuba sein!

In Oesterreich durchdringen sich die äusseren Glieder zweier ethnischen Welten so ineinander, dass es von uns hier Anwesenden Niemand erleben dürfte, bis man wird ermittelt haben, wo — im ethnischen Sinne! — der Slave aufhört und der Deutsche anfängt. Hier kann die Forschung wohl nur viribus unitis von uns Allen in Angriff genommen werden, denn an dem Gedeihen dieser Arbeit sind wir Alle, ob Deutsche, ob Slaven, mitinteressirt.

Man kann gleich im Vorhinein annehmen, dass auf einem Gebiete, wo die ethnischen und gesellschaftlichen Gegensätze mit der uns schon aus unseren Schulbüchern einigermassen bekannten Vehemenz tausend Jahre lang miteinander ringen, die Forschung ja viel leichter vorgenommen werden kann, als auf einem anderen, ethnisch homogenen Fleck Erde.

In einem ethnisch homogenen Lande geht die gesellschaftliche und wirthschaftliche Entwicklung organischer vor sich, die einzelnen Institutionen leben sich da einfach aus und weichen schliesslich anderen Einrichtungen, aus welchen man das frühere, allmälig und unbemerkt an Altersschwäche Abgestorbene nicht so leicht oder gar nicht mehr wahrnehmen kann, ebensowenig, wie man z. B. aus dem Schmetterling heraus zu errathen vermöchte, dass er aus einer Raupe entstanden sei; denn die Metamorphose ist eine vollständige.

Die deutsche Socialgeschichte weist eine solche Metamorphose auf, und wir haben sie auch heute berührt: Die altdeutschen Agrarzustände nach den Angaben Cäsar's und Tacitus' und während der fränkischen Zeit in der Erklärung Hildebrand's einerseits und die späteren Agrarzustände der Deutschen nach der Schilderung Meitzen's verhalten sich, wie mir scheint, zueinander annähernd so, wie die Raupe zum Schmetterling.

Anders steht die Sache dort, wo, wie in Oesterreich, gesellschaftlich so ungleichmässige Organismen aneinander gestossen sind und sich so durchschlungen und durchdrungen haben, dass sie geradezu dem physikalischen Gesetze, nach welchem an einem Orte gleichzeitig mehr als ein Gegenstand unmöglich ist, zu trotzen scheinen.

Weit entfernt, dass sich diese hart aneinander gerathenen Gegensätze bis zur Unkenntlichkeit abgerieben hätten, im Gegentheil: sie haben sich für lange Jahrhunderte, auch unserem historischen Auge sichtbar, zum grossen Theile gebunden, neutralisirt, petrificirt, geradeso, wie sogar Feuer neben Wasser bestehen kann und besteht, wenn irgend eine noch so verschlungene Demarcation zwischen beiden gezogen ist, welche das Geltungsgebiet jedes Elementes abschichtet.

Und in Abschichtung ist der mittelalterliche Deutsche als Herr ausgedehnter, dicht bevölkerter Flächen, die er erobert oder nur eingenommen, ein grosser Meister gewesen. Meitzen's volksgeschichtliche Karte Centraleuropas zeigt, wie gross das mittelalterliche deutsche Herrschaftsgebiet und wie verhältnissmässig klein das ursprüngliche Volksgebiet der Deutschen gewesen ist.

So kommt es, meine hochverehrten Herren, dass z. B. in Südsteiermark, einem schon in vorkarolingischen Zeiten unter die deutsche Herrschaft gerathenen Lande, die gesellschaftliche Structur noch im XIII. Jahrhunderte eine so alterthümliche war, dass sie unschwer als unmittelbar aus dem Halbnomadenthum hervorgegangen wahrgenommen werden kann, während andererseits in Böhmen, wo sich der volksdeutsche Einfluss wirthschaftlich und gesellschaftlich erst seit dem XIII. Jahrhunderte bemerkbar machte, die Zustände sich so ansehen, als ob Böhmen seit Anfang der Dinge fest besiedelt gewesen wäre und nie halbnomadisch, geschweige denn nomadisch.

Und dennoch fehlt es nicht an Anzeichen, dass auch in Böhmen dieselben gesellschaftlichen Zustände, wie wir sie in Untersteier noch im XIII. Jahrhunderte nachweisen können, dereinst geherrscht haben; aber sie haben sich in Böhmen von selbst einfach ausgelebt, wie sich die Raupe ausleht. Freilich wurde dieses Ausleben — so wie in Kärnten — durch eine siegreiche Revolution der ackerbauenden, also der ärmeren Volksschichte beschleunigt, eine Revolution, welche durch die bäuerliche Herkunft der böhmischen Volkskönige hinreichend beglaubigt ist.

Im Ganzen gilt es geradezu als Regel, dass, je früher ein Slavenvolk unter die deutsche Herrschaft gelangt ist, desto conservirter, primitiver sich seine gesellschaftlichen Verhältnisse erhielten, an deren Abschaffung dem deutschen Herrn nichts gelegen war.

Das Alles sind gewiss hochwichtige Erscheinungen; aber auf die Dauer wird sich die fortschreitende Wissenschaft mit der einfachen Constatirung solcher Thatsachen und deren Einzelnheiten nicht begnügen können; sie wird ein tieferes Eingehen auf diese Fragen fordern, weil es sich da um Gewinnung eines sicheren Ausgangspunktes für die österreichische Wirthschaftsgeschichte handelt.

Ein tieferes Eingehen auf diese und derlei Fragen ist nicht nur geboten, sondern auch leicht möglich.

Es ist zum Beispiel nach dem landesfürstlichen Güterverzeichnisse vom Jahre 1265, dem sogenannten Rationarium Stirie, in Uebereinstimmung mit dem erzbischöflich salzburgischen Urbarbuch vom Jahre 1309 möglich, eine statistische Untersuchung des Verhältnisses der Supane zu der Masse der Bauern im südlichsten Theile Steiermarks vorzunehmen.

Es kommen da in sehr zahlreichen Fällen auf Einen Supanus blos drei Bauern; jeder dieser Bauern besitzt eine Hube, der Župan dagegen deren zwei; das bedeutet, dass da ein Viertel der Familien Supanenfamilien waren; den Supanen gehörten 40% der ausgethanen Grundstücke, den Bauern nur 60%!

Die Statistik lehrt uns also, dass hier die Supane keine Beamte, sondern eine sehr zahlreiche Volksschichte gewesen sind; ihre Gewalt über die Bauern war eine wirthschaftliche, von unseren gewöhnlichen Vorstellungen weit abweichende. Darüber belehrt uns eine Stelle des genannten Salzburger Urbars von 1309: et villa, que habet aratrum, tenetur arare officiali dies tres . . . . und eine zweite Stelle: et si villa habet integrum aratrum, tenentur officiali arare. . . . .

Was sind das für landwirthschaftliche Zustände, welche in einem Dorfe nicht einmal einen Pflug so ohneweiters voraussetzen? Wie baute man Getreide an, ohne einen Pflug?

Die Antwort: Mit einer Handhacke riss man ein Stück Boden auf, von welchem man den Wald oder Gestrüpp verbrannt, weggeschwendet hatte, und säete in die Asche; die Ernte war reichlich, das geschwendete Grundstück konnte also recht klein sein. Auf einem solchen war auch der primitivste Pflug unbrauchbar, er hätte vor lauter Wurzeln und Steinen nicht vorwärts können, brechen müssen.

Sobald die Ertragsfähigkeit des geschwendeten Grundstückes so gesunken war, dass es sich besser lohnte, ein anderes zu schwenden und anzubauen, dann wurde es einfach derelinquirt, diente sodann als Weide und setzte allmälig wieder einen Wald an.

So entstand allmälig ein besonderer wirthschaftlicher Turnus, in welchen eine bestimmte Ordnung gebracht werden musste; deren Aufrechterhaltung lag augenscheinlich dem Župan ob, welcher auf seiner Doppelhube, wie seine Zinsungen beweisen, mehr Viehzüchter war.

Es ist kein Zweifel, dass in den Zeiten, welche der deutschen Herrschaft vorangegangen sind, diese Viehzüchter Herren, pro indiviso, ausgedehnter Weidereviere, Župen, gewesen sind und gegen gewisse Gaben den verarmten Volksgenossen gestattet haben, Getreide in der eben besprochenen Weise anzubauen; auch mochten die Viehzüchter, die Halbnomaden, durch eigene Sclaven Grundstücke für sich haben anbauen lassen.

Als die Deutschen Herren des Landes wurden und selbstverständlich für sich selbst so viel Boden als möglich in Anspruch nahmen, durften die Supane nicht mehr im ganzen Reviere herumstreifen, denn dieses wurde durch die deutsche Landnahme als solches cassirt; die Supane wurden also mit je zwei Huben abgefunden und die ackerbautreibende, untere Volksschicht wurde unter die Supane vertheilt. Zumeist scheinen unter Einen Župan drei Bauern gekommen zu sein; der Župan und die drei Bauern erhielten — wie es scheint — einen Complex von zusammen 60—100 ha, darin der Župan das Doppelte eines Bauernantheiles; und auf diesen 60—100 ha — überwiegend Wald! — fristeten drei und durch Theilung später bis acht und mehr Bauernfamilien und die Descendenz des Župan das Leben, wohl nicht in Saus und Braus, denn der Boden ist steril und auch heute noch zum grossen Theile mit Wald bedeckt.

Meine hochverehrten Herren, ich habe mir erlaubt, hier nur ein Beispiel dessen vorzuführen, was uns die historische Statistik Wichtiges, auf einem anderen Wege sonst Unerreichbares zu entschleiern vermag!

Diese Art historische Statistik kann man aber nur betreiben, wenn man die nöthigen Urbar- und Grundbücher, namentlich aber die nöthigen Katastralkarten zur Verfügung hat.

Die Methode hat uns MEITZEN gelehrt, die genannten Behelfe aber müssen wir uns selbst beischaffen.

So weit es MEITZEN möglich war, hat er sich mit unserem österreichischen Kartenmateriale auch schon beschäftigt und es in seinem Hauptwerke auch verwerthet. Aus dem Ihnen am 28. April vorigen Jahres von Ihrem Herrn Vicepräsidenten gehaltenen Vortrage haben Sie ersehen, wie wenig es ausmacht im Vergleiche zu der Fülle an Material, welches andere Länder dem Meister zur Verfügung stellten. Man hat den Eindruck, als wenn MEITZEN bei seiner Forschung an unserer Staatsgrenze hätte Halt machen müssen; thatsächlich musste er eine erschöpfendere Behandlung Oesterreichs für spätere Zeit aufschieben.

Als er sich zu seinem vor 34 Jahren erschienenen fundamentalen Werke: „Urkunden schlesischer Dörfer" anschickte, durchforschte er im Prager k. k. Mappenarchive an der Hand von Flurkarten die an Schlesien grenzenden Gebiete Böhmens. Seitdem wurden aber die die Benützung von k. k. Katastraloperaten regelnden Vorschriften so verschärft, dass noch vor vier Jahren bei uns das Katastralkartenstudium geradezu unmöglich war.

Diese Unmöglichkeit ist heute nicht mehr vorhanden:

Die Historische Landes-Commission für Steiermark, die erste und bis jetzt die einzige wissenschaftliche Corporation Oesterreichs, welche das Studium der heimatlichen Social- und Wirthschaftsgeschichte auf moderne Art und Weise nicht nur begünstigt, sondern direct betreiben lässt, hat vom k. k. Finanzministerium einen Erlass (ddo. 30. Juli 1893) erwirkt, laut welchem ihrem Beauftragten bewilligt wird, in die im Grazer k. k. Katastral-Mappenarchive erliegenden Indicationsskizzen, die Originalmappen aus den Jahren 1817—1823 und die alten Grundbesitzbogen Einsicht zu nehmen.

Zunächst wurde durch diese Bewilligung eine neue Quelle der steiermärkischen Heimatskunde erschlossen, ferner aber auch ermöglicht, dass man auch officiell eine Uebersicht dessen gewinne, was alles die Mappenarchive zu Nutz und Frommen unserer Forschung überhaupt bieten können.

Und da hat es sich herausgestellt, dass gerade das für unsere Forschung Wünschenswertheste, Kostbarste, vom Finanzärar gar nicht mehr benöthigt und nur als für alle Fälle aufzubewahrender, sonst lästiger Ballast reponirt oder aber als gar nicht mehr brauchbar — in die Stampfe

geschickt wird, soferne man es nicht als Packpapier besser verwenden kann.

Meine hochverehrten Herren! Wenn das für unsere Zwecke gerade Werthvollste diesem Schicksale successive geweiht, ja zum grossen Theile von einem solchen unwiederbringlich bereits ereilt worden ist, dann ist es nicht nöthig, erst beweisen zu wollen, dass wir uns endlich rühren müssen, um zu retten, was überhaupt noch gerettet werden kann.

Es handelt sich da um folgende Operate:

Vorerst Katastralkarten: In den Zwanziger- und Dreissiger-Jahren wurde für jede Katastralgemeinde der Monarchie eine lithographirte Karte im Massstabe von 1 : 2880 hergestellt, auf welcher ein niederösterreichischer Zoll 40 Klafter bedeutet und eine Section — 20" hoch, 25" lang — 500 Joch (287·732125 ha) vorstellt.

Diese Lithographie — Rohmappe genannt — enthält blos Conturen aller Parcellen und macht ausserdem durch besondere Zeichen kenntlich, ob die Parcelle ein Gebäude, oder ein Feld, Wiese, Weide, Wald, Garten, Obstgarten etc. sei; jede dieser Culturen ist durch prägnante Striche, Punkte, Bäumchen u. dgl. markirt.

Die Parcellen sind fortlaufend numerirt. Aber diese Parcellennummern sind nicht in der Rohmappe mitlithographirt, sondern nur in wenigen zu Amtszwecken dienenden Exemplaren eingeschrieben; das eine davon ist die im Mappenarchive oder bei dem Evidenzgeometer erliegende sogenannte Originalmappe.

Für jede Katastralgemeinde besteht ein Parcellenprotokoll, in welchem der Reihe nach die Parcellennummern fortlaufen; bei jeder Parcellennummer ist nach Rubriken unter Anderem eingetragen, in welchem Riede sich die Parcelle befindet, zu welcher Hausnummer und wem sie gehört, ob sie Feld, Wald o. dgl. ist (Cultur), welcher Bonitätsclasse sie angehört, dann ihr Flächenmaass und ihr Reinertrag.

Nebstdem ist ein zweites Protokoll vorhanden, in welchem ein jeder Grundbesitzer seinen besonderen Bogen hat, auf welchem nur sein Grundbesitz, der sich innerhalb dieser Katastralgemeinde befindet, verzeichnet ist; das sind die Grundbesitzbögen, früher Katastralauszüge genannt

Alle diese Operate sind käuflich. Man kann für einen bestimmten Betrag pro Blatt eine Rohmappe kaufen, auch numeriren, d. h. mit Parcellennummern versehen oder auch zugleich adjustiren und coloriren lassen; denn um eine bessere Uebersichtlichkeit zu erlangen, belegt man Waldparcellen grau, Felder hellbraun, Wässer blau etc.

Von allen diesen Bestellungen zieht das Aerar einen Nutzen, welcher der Staatscasse zufliesst, kein Wunder also, dass ein Zutritt, welcher mehr als blosse Einsichtnahme bezweckt und das Aerar um eine Einnahme verkürzen könnte, verboten ist.

Die alten, auf wunderbarem, geradezu unverwüstlichem Papiere hergestellten Katastralkarten werden successive durch eine neue, den gegenwärtigen Besitzverhältnissen entsprechende Aufnahme ersetzt und von den noch vorräthigen alten Rohmappenexemplaren wandern die überflüssig gewordenen in die Stampfe, nachdem ihre Rückseite zum Probedrucke der neuen Auflage benützt worden ist.

Blos in einem Kronlande — es ist wieder Steiermark — bleibt ein Exemplar — soferne es überhaupt noch zu haben ist — für die Wissenschaft unvernichtet. Der historische Verein für Steiermark hat es sich vom Finanzärar ausgebeten und es wird ihm unentgeltlich abgeliefert.

Man sieht, dass man kein Recht hat, sich über das Finanzärar zu beklagen!

Ein Exemplar der alten Katastralkarte ist zum bequemen Amtsgebrauche der Geometer besonders reichlich adjustirt; es ist dies die sogenannte Indicationsskizze, in welcher bei jeder Parcelle das Meiste davon, was sich im Parcellenprotokoll befindet, eingetragen ist. Diese Skizze indicirt namentlich, zu welcher Hausnummer und welchem Besitzer — mit Namen, auch Vulgonamen — die Parcelle gehört, dann ihre Cultur und Bonitätsclasse. Demnach ist in die Indicationsskizze, bis auf das Flächenmaass, alles eingetragen, was zur Erkenntniss der Structur der Eigenthumsverhältnisse und der Bewirthschaftung irgendwie beitragen könnte.

Die alten Indicationsskizzen sind Handzeichnungen, nicht selten von einer grossen Schönheit. Sie sind auf steife Deckel aufgespannt und in Quartform handlich gelegt. Auch sie werden durch neue ersetzt und — reponirt oder vernichtet.

Die Reponirung geschah nicht einheitlich und ist ganz aus der Evidenz gekommen. In einzelnen Ländern erliegen sie im Mappenarchive oder zerstreut bei Steuerämtern, anderwärts in den Evidenzhaltungsbezirken, ja sogar bei den Bezirkshauptmannschaften.

Die alten Indicationsskizzen von Niederösterreich wurden scartirt und zum Einstampfen verkauft; die Tiroler ebenfalls. Die von Salzburg wurden zum grossen Theile ein Raub der Flammen, die von Dalmatien vor fünf Jahren als altes Papier veräussert.

Vollständig scheinen sie in keinem Kronlande mehr erhalten zu sein.

Die steiermärkischen Indicationsskizzen lagen in einem dumpfigen Magazin. Jene Karten, welche flach auf dem feuchten Boden zu liegen kamen, vermoderten gänzlich, die aber stehend aufgestellt wurden, blos an der unteren Kante, sind also verstümmelt. Die historische Landescommission für Steiermark erbat sie sich vom k. k. Finanzministerium zur Aufbewahrung und stellte sie in der Landesbibliothek am Joanneum zu Graz provisorisch auf, wo sie zum Studium frei benützt werden können, und dieses Studium ist in Graz so bequem und angenehm, wie nur möglich, gefördert durch die stattliche Reihe von Urbar- und Grundbüchern, die der unermüdliche Landesarchivdirector J. v. Zahn in seinem Musterinstitute aufgespeichert hat. Archivadjunct Dr. A. Mell, welchem die steiermärkische Landeskunde schon manchen werthvollen Beitrag zu verdanken hat, verfasste einen erschöpfenden Index dazu und der historische Verein für Steiermark liess ihn in den „Bei-

trägen zur Kunde steiermärkischer Geschichtsquellen" 1893 drucken.

Der historische Verein für Steiermark bezieht nebstdem, wie schon bemerkt, je ein Exemplar jeder für die Stampfe bestimmten alten Rohmappe unentgeltlich.

Für Steiermark zunächst geschah also das denkbar Möglichste, weil sich dort das Landesarchiv und die historische Landescommission der Sache angenommen haben. Wenn dasselbe auch in den anderen Kronländern geschehen wäre, so müsste man die eingetretenen Verluste heute nicht beklagen. Die Finanzbehörden trifft da keine Schuld, denn die Pflege der Heimatskunde ist nicht ihr Beruf, und so oft an sie die Bitte um Conservirung eines Operates gestellt worden ist, haben sie bereitwillig willfahrt. Dies sei hiemit dankbarst hervorgehoben. Ja, sie gingen noch weiter: In einem grossen Kronlande haben sie sogar aus eigenem Antriebe dem Landesausschusse die für sie unnöthig gewordenen alten Indicationsskizzen schon vor 12 Jahren angeboten und die ganze weitere Zeit, bis zum heutigen Tage den Raumverlust, den ihnen dieser Ballast verursacht, langmüthig getragen. Dies Alles sage ich da, nicht um zu recriminiren — dies wäre zwecklos —, sondern um von Unschuldigen mögliche Recriminationen im Vorhinein abzuwenden.

Nun ist die Frage: Was jetzt?

Diese Frage haben die Steiermärker bereits gelöst; sie haben Alles im Trockenen und damit sie auch einen Schlüssel dazu gewinnen, lässt die Historische Landescommission — im Anschlusse an Zahn's vortreffliches „Ortsnamenbuch der Steiermark im Mittelalter". Wien, 1893 — soeben sämmtliche Vulgo- und Lagennamen des Herzogthumes conscribiren. Die hochwürdigsten Herren Fürstbischöfe von Seckau und von Lavant übernehmen die Vermittlung und die hochwürdige Pfarrgeistlichkeit wird die Fragebögen ausfüllen.

Nachdem so in Einem Kronlande schon alles Nöthige geschehen ist, um das wirthschaftsgeschichtliche Studium möglich zu machen, so möchte man glauben, dass dasselbe von Seiten der übrigen Kronländer einfach copirt werden könne. Dies ist leider nicht ausführbar, denn nicht jedes Kronland hat ein Landesarchiv und eine Landesbibliothek, und im Besitze eines solchen Landesarchivs und einer solchen Landesbibliothek ist keines von den österreichischen Königreichen und Ländern.

Alles, was Steiermark betrifft, ist im allgemein zugänglichen Landesarchive zu Graz im Originale oder wenigstens in Copie vorhanden, und die jedem Dorfschullehrer Steiermarks portofrei dienstbare Landesbibliothek steht mit allen öffentlichen wissenschaftlichen Büchereien Oesterreichs und Deutschlands in regem Verkehre; sie kann von den bei ihr aufbewahrten Indicationsskizzen alles Gewünschte dem Forscher zugänglich machen, sei es in die Universitätsbibliothek nach Czernowitz, Lemberg, Krakau, Wien, Prag, Innsbruck, Budapest, Agram, sei es· in die

k. k. Studienbibliothek nach Olmütz, Linz, Salzburg, Klagenfurt oder Laibach, immer portofrei. Das sind schon einmal Specialitäten der grünen Steiermark.

Es ist also nicht möglich, dass die übrigen Kronländer Steiermark einfach nachahmen, und dies ist auch gar nicht zu wünschen, denn ein weniger geordnetes, der Forschung nicht offenes Landesarchiv und eine abseits des Verkehrs mit wissenschaftlichen öffentlichen Bibliotheken stehende, die Portofreiheit nicht geniessende Landesbücherei möchte die Forschung eher hindern als fördern.

Dagegen beherbergt jede Landeshauptstadt eine k. k. Studien- beziehungsweise Universitätsbibliothek, deren gegenseitiger Verkehr portofrei ist, und diese Staatsanstalten, welche ausschliesslich wissenschaftlichen Zwecken dienen, wären für unseren alten Kataster die denkbar besten Aufbewahrungsplätze.

An die höchste Finanzbehörde ergeht aber die Bitte, bis zur Austragung dieser Frage jedwede Beeinträchtigung der alten Katasterbestände — Indicationsskizzen, Rohmappen, Parcellenprotokolle — durch Verkauf, Einstampfung, Scartirung bis auf Weiteres einstellen zu lassen. Allzu kostbar wird in wenigen Jahren jedes alte Katastralblatt sein, und es ist vielleicht der Augenblick nicht ferne, in welchem sogar das pium desiderium meines Lehrers, des verewigten Landes-Volksschulinspectors Anton Tille, eines gewiegten Schulgeographen, in Erfüllung geht und der Volksschullehrer 12jährigen Staatsbürgern nebst der Karte Australiens auch die historische Karte des heimatlichen Ortes — wenigstens so nebenbei — im anschaulichen Unterricht erklären wird.

Ausschuss-Sitzung am 9. Februar 1897.
(Auszug aus dem Sitzungs-Protokolle.)

Vorsitzender: Herr Dr. Ferd. Freiherr v. Andrian-Werburg.

1. Gestorben ist das corresponsirende Mitglied Christian Bahnson, Inspector des königl. ethnographischen Museums in Kopenhagen, und das wirkliche Mitglied Franz Kraus, k. k. Regierungsrath in Wien.

Als neue Mitglieder werden aufgenommen:
Herr Dr. Emil Schlesinger, Generalsecretär der Anglo-österreichischen Bank in Wien, als unterstützendes Mitglied
und die Herren:
Josef Straberger, k. k. Oberpostcontrolor und Conservator in Linz,
Kálmán Freiherr v. Miske, Gutsbesitzer in Güns,
Dr. Johann Prisker, Scriptor an der Universitätsbibliothek in Graz,
Dr. Wladimir Demetrykiewicz, Secretär an der kais. Akademie der Wissenschaften in Krakau und
Dr. Josef Maria Baernreither, Landesgerichtsrath in Wien.
als wirkliche Mitglieder.

2. Das bisher bestandene Comité zur Erforschung der Bauernhauses wird zu einem Comité für Haus- und Flurforschung erweitert. Demselben gehören mit Ausnahme der beiden ausgeschiedenen Mitglieder, Professor Miaskowski und Professor Schröer, die früheren Comitémitglieder Baron v. Hohenbruck, Inspector Kominek und Dr. Peez unter dem Vorsitze des Herrn Dr. Th. v Inama-Sternegg an, zu denen als neugewählte Mitglieder die Herren Professor Dr. Meringer und Dr. Prisker in Graz kommen. Dem Comité wird das Recht zugesprochen, sich durch Cooptirung neuer Mitglieder zu verstärken. Herr Sectionschef v. Inama entwickelt ein Programm der nöthigen Vorarbeiten, sowie jener Studien, welche noch im Laufe des heurigen Sommers in Angriff genommen werden sollen und für welche der Fond für praktische Arbeiten der Gesellschaft in stärkerem Maasse in Anspruch genommen wird. Die Grundlagen für dieses Programm wurden in einer Besprechung festgestellt, welche am 11. Januar unter dem Vorsitze des Comité-Obmannes und im Beisein des Präsidiums stattfand und in welcher namentlich Herr Dr. Prisker über seine in dieser Richtung in Steiermark gemachten Vorarbeiten referirte.

3. Der Secretär erstattet Bericht über die vom Comité für praktische Arbeiten vorgeschlagenen Subventionen für die Arbeiten im Jahre 1897. Ein grösserer Betrag wurde für die neu inaugurirte Flurforschung reservirt. Die detaillirte Liste der vorzunehmenden Arbeiten wird nach Abschluss der in Schwebe befindlichen Verhandlungen veröffentlicht werden.

4. Für den nächsten Sommer wird eine auf mehrere Tage berechnete Excursion nach Brünn und dessen Umgebung beschlossen, für welche Herr Professor Makowsky die Zusammenstellung des Programmes, sowie die Führung derselben freundlichst übernommen hat. Der Zeitpunkt und das detaillirte Programm der Excursion werden rechtzeitig zur Kenntniss gebracht werden.

5. Ein Vorschlag zur stellenweisen Abänderung der Gesellschafts-Statuten wird dem Präsidium zur Ausarbeitung und Vorlage in der nächsten Ausschuss-Sitzung überwiesen.

6. Das hohe Ministerium für Cultus und Unterricht hat der Gesellschaft als Beitrag zur Herausgabe ihrer Publicationen eine Subvention von fl. 400 für das Jahr 1897 bewilligt.

7. Der Secretär legt ein Programm der „Section des Sciences" der Exposition internationale de Bruxelles en 1897 vor. Wir entnehmen der diesbezüglichen Zuschrift folgende Bemerkungen:

L'Exposition internationale qui doit s'ouvrir à Bruxelles en 1897, comprendra une Section internationale des Sciences divisée en sept classes: Mathématique et Astronomie, Physique, Chimie, Géologie et Géographie, Biologie, Anthropologie et Bibliographie. Divers avantages sont accordés aux participants, qui n'auront notamment rien à payer pour les emplacements, et jouiront de réductions de taxes sur les transports par chemin de fer.

„A l'occasion de cette Exposition, le Gouvernement belge a mis au concours des séries de questions (Desiderata et Questions de concours), en affectant des primes en espèces aux meilleurs solutions. Parmi ces concours, il s'entrouve un certain nombre formulés par la Section des Sciences et jouissant d'un ensemble de primes s'élevant à 20.000 Francs.

„Des brochures contenant de plus amples explications sont à la disposition de tour ceux qui en feront la demande au Commissariat général du Gouvernement, 17, rue de la Presse, à Bruxelles."

Zur Ausstellung sind folgende Gegenstände erwünscht:

1° Anthropologie anatomique.

A. Cerveaux d'hommes et d'anthropoïdes: en nature ou en moulages. — Procédés de conservation. — Coloration pour l'étude. — Appréciation de la quantité.

B. Craniologie humaine. — Craniologie ethnique. — Procédés de mensuration et autres procédés d'étude. — Déformations et anomalies. — Instruments de mensuration.

C. Squelettologie. — Proportions du corps. — Anthropométrie. — Bertillonage. — Tableaux du développement de la taille aux divers âges.

D. Tératologie. — Anomalies des os, des muscles, des vaisseaux, des viscères, etc., au point de vue de l'anatomie comparée.

2° Anthropologie préhistorique et protohistorique.

A. Spécimens de races préhistoriques. — En nature ou en moulages.

B. Division des temps préhistoriques. — Tableaux et pièces à l'appui (Types paléontologiques, géologiques, ethnographiques).

C. Conditions de gisement. — Coupes de terrains. — Cartes. — Reconstitutions de milieu, etc.

D. Ethnographie:

1. Questions générales: Origine des matières premières. — Procédés de taille des objets en pierre. — Altérations des roches employées. — Procédés de fabrication des objets en métal.

2. Industrie aux différentes époques, exposées d'après la répartition géographique.

3. Objets préhistoriques recueillis en Belgique (en faisant ressortir leurs caractères régionaux, de manière à provoquer des vues d'ensemble sur leur répartition dans le pays, ainsi que sur les mouvements des populations préhistoriques).

4. Habitations. — Monuments mégalithiques. — Sépultures de toutes les époques pré- et protohistoriques.

5. Collections pour l'enseignement.

3° Ethnologie.

Photographies ethniques. — Cartes de la répartition des caractères ethniques: yeux, cheveux, taille, indices, etc. — Statistiques scolaires, militaires, etc.

4° Ethnographie. — Folklore.

A. Armes, ustensiles, bijoux, etc., des peuples non civilisés.

B. Modèles d'habitations des peuples non civilisés.

C. Industrie des peuples non civilisés.

D. Ethnographie des peuples civilisés. — Folklore: Habitations et dépendances; — Outils et ustensiles; — Amulettes, fétiches, statuettes; — Jeux, etc., etc.

Commissär dieser Section ist Herr ENG. VAN OVERLOOP. Die Classe 85: Anthropologie hat folgende Functionäre: Präsident: Dr. E. HOUZÉ; Vice-Präsidenten: A. BECQUET, J. FRAIPONT und J. VAN DER GHEYN; Secretäre: Dr. VICTOR JACQUES, ED. DE PIERPONT. Für die anthropologische Section wurden folgende Concursfragen und Desiderate mit den dabei angeführten Preisen ausgesetzt:

Desideratum N° 226. — Étant donné qu'aux environs de Mons, le terrain quaternaire se subdivise en trois termes distincts, séparés les uns des autres par un caillouti de base, indiquer nettement, avec preuves matérielles à l'appui, les diverses formes de silex taillés qui ont été recueillies dans chacune des trois bases caillouteuses indiquées ci-dessus.

Des formes telles que la hache en amande acheulèenne et la pointe moustérienne n'ont-elles pas été rencontrées dans l'assise inférieure dite „Mesvinienne", en dehors des amas mesviniens proprement dits, qui ne semblent pas renfermer les deux formes signalées ci-dessus? Prime: 400 Francs.

Idem N° 227. On demande la confection d'un nécessaire d'anthropologiste, aussi portatif, aussi réduit que possible, contenant tous les instruments de mensuration indispensable ainsi qu'un appareil de photographie instantanée. Il faudrait y joindre une collection de fiches prêtes à recevoir les indications recueillies, ainsi qu'un aide-mémoire de l'anthropologiste rappelant les principales données de l'anthropologie. Prime: 300 Francs.

Idem. Série N° 228. — *A)* Faire l'histoire anthropologique d'un territoire déterminé en s'appuyant sur des statistiques personelles.

B) Faire l'histoire anthropologique d'un ou de plusieurs des types humains qui entrent dans la constitution ethnique d'un territoire. Prime: 400 Francs, divisible au grè du Jury.

Concours N° 242. — Signaler, en les comparant, les coutumes funéraires dans une région déterminée. Prime: 200 Francs.

Idem N° 243. — Réunir, pour une région déterminée, les traces actuellement laissées par les cultes antérieurs au christianisme. Prime: 200 Francs.

Idem N° 244. — Réunir des échantillons des roches naturelles et des mêmes roches altérées qui ont été utilisées par les hommes préhistoriques pour la confection de leurs armes. Prime: 200 Francs.

Idem N° 245. — Réunir des photographies de divers types ethniques d'un même pays. Prime: 200 Francs.

Concours. Série N° 246. — A) Établir une comparaison systématique entre les types traditionnels des bâtiments ruraux et de leur mobilier dans un pays déterminé, en y joignant les noms populaires de chaque partie de ces bâtiments et de chaque pièce de ce mobilier.

B) Réunir les types des anciens costumes, habillements et bijoux d'un pays déterminé. Prime: 500 Francs.

Idem. Série N° 247. — On demande pur la Belgique ou une autre région déterminée:

A) Des reproductions des monuments pré- et proto-historiques;

B) Des reproductions des monuments francs et romains. Prime: 400 Francs, divisible au gré du Jury.

8. Der angesuchte Schriftentausch mit der Redaction des „Norsk Tidsskrift for Militaermedicin" in Christiania wird abgelehnt und die Mittheilung von der Einstellung des Schriftentausches mit den Mittheilungen aus den ethnologischen Sammlungen der Universität Basel zur Kenntniss genommen.

Monats-Versammlung am 9. Februar 1897.

Vorsitzender: Herr Dr. Ferd. Freiherr v. Andrian-Werburg.

1. Herr Dr. Richard Wallaschek hält einen durch Clavierbeispiele erläuterten Vortrag über

Anfänge unseres Musiksystems in der Urzeit.

Zwei Gruppen von Thatsachen sind es, die uns Zeugniss geben von der Beschaffenheit der ältesten Musik der Urzeit: die Instrumente, die, nach der Umgebung des Fundortes zu schliessen, aus der Steinzeit stammen, und die Musik derjenigen Naturvölker, die zur Zeit ihrer ersten Berührung mit europäischen Reisenden noch auf der Culturstufe der Steinzeit stehen geblieben waren. Als übereinstimmendes Resultat beider Gruppen können jene aus Thierknochen verfertigten Pfeifen angesehen werden, die zu Aurignac und Gourdan ausgegraben wurden und nach denselben Principien verfertigt waren, wie die Pfeifen der Caraiben in Surinam, der Indianer vom Colombia-river und der Maori auf Neuseeland, die zur Zeit der ersten europäischen Besuche noch in Gebrauch waren.

Die Bedeutung der uns aus jener Zeit überlieferten kleinen Gesänge, die oft nur wenige Tacte umfassen, ist lange genug völlig unterschätzt worden, bis man sich erst seit wenigen Jahren die Mühe gab, ihre musikalische Beschaffenheit mit Rücksicht auf eine ihnen etwa zu Grunde liegende musikalische Tendenz eingehend zu prüfen. Und da ergab sich zunächst die

ebenso wichtige als der bisherigen Theorie widersprechende Thatsache, dass die natürlichen Grundprincipien der ältesten Musik dieselben waren, wie die der heutigen. Um dieses Resultat näher zu beleuchten, wollen wir zunächst eines der wichtigsten Elemente der Musik untersuchen: die „Harmonie".

Als Cook zum ersten Male auf Neuseeland landete, hörte er die Eingeborenen kleine Gesänge zweistimmig ausführen. Dasselbe berichtete Kolbe zu Anfang des vorigen Jahrhunderts von den Hottentotten, Burchell von den Betschuana und Bachapin. Moodie erwähnt ganz besonders die rasche Auffassung der harmonischen Musik durch die Hottentottenmägde und deren Begabung, zu einer gegebenen europäischen Melodie sofort eine zweite Stimme zu erfinden. Die Begabung der Neger — sowohl der afrikanischen als der in Amerika wohnenden — für Musik ist bekannt. Sie haben sich der europäischen Musik rasch angepasst, und obgleich man von ihnen keineswegs behaupten kann, dass sie die musikalische Harmonie aus sich selbst heraus entwickelt und vervollkommt hätten, so steht doch ihr völliges Verständniss der europäischen Musik in vortheilhaftem Contrast zu manchen orientalischen Völkern, die in unserer Tonkunst trotz aller Berührung mit europäischer Cultur nichts Anderes erblicken können, als einen mehr oder weniger organisirten Lärm. Gerade diese Orientalen aber waren es, die man früher immer als das einzige Beispiel für die ursprüngliche Einstimmigkeit alter Musik anführte. Man vergass dabei, dass man da weder ein Naturvolk, noch überhaupt eine musikalische Rasse vor sich hatte. Wenn schon die Betrachtung des Orientes für den europäischen Forscher näher lag, so hätte man über die Stätten alter Cultur hinweg bis zu den Malayen, den Bewohnern der Südsee-Inseln, gehen sollen, wo man wieder auf ein stark entwickeltes musikalisches Talent gestossen wäre. Auf Samoa, den Salomon- und Fidschi-Inseln sind harmonische Gesänge ebenfalls bekannt, auf Java sogar eine polyphone Musik für mehrere Instrumente mit unverkennbaren Keimen von Contrapunkt. Die Indianer hat man lange Zeit hindurch für musikalisch weniger begabt gehalten, bis in neuester Zeit John Comfort Fillmore,[1]) nach dem Aufschwung des ethnologischen Studiums in Amerika, diese Gesänge eingehend untersucht und gefunden hat, dass auch sie die europäische Harmonisirung ihrer Gesänge verstehen und hochschätzen.

Es zeigt sich also, dass auch bei primitiven Völkern entweder schon das Harmoniegefühl selbst vorhanden ist oder wenigstens alle jene Keime, die, sobald sie einmal durch eine entsprechende Veranlassung geweckt werden, sofort in demselben Sinne reagiren, in welchem sich die europäische Harmonie entwickelt hat. Gegen diese Auffassung spricht auf den ersten Blick die Thatsache, dass so viele Naturvölker, wie häufig berichtet wurde, Drittel- und Vierteltöne gebrauchen und dass in Folge dessen ihre Begriffe von Consonanz und

---

[1]) Ausführliche Quellenangabe und ethnologische Beispiele siehe des Verfassers: Primitive Musik, London 1893, Cap. IV.

Harmonie ganz andere sein müssten, als bei uns. Allein gerade die letzten Experimente FILLMORE's haben gezeigt, dass diese Zwischentöne nicht anders aufzufassen sind, wie als unsichere Intonation, die überhaupt nicht so feststeht, wie bei unserer systematisch ausgebildeten Musik, sondern je nach der Stimmung und dem Bedürfnisse des Sängers schwankt. Immer lassen sich diese Abweichungen nur als Folge der Unfähigkeit auffassen, die beabsichtigte Stimmung auch wirklich zu erreichen und festzuhalten. Wir dürfen dabei nicht vergessen, dass auch unsere Opernsänger allerlei Nebentöne (Drittel- und Vierteltöne) gebrauchen, ohne es zu wollen und zu sollen; nur kann man ihnen die Differenz zwischen Absicht und Erfolg leichter nachweisen, als diesen einfachen Naturmenschen, mit denen diesbezügliche Versuche früher kaum je gemacht worden sind.

Diese ethnologischen Beispiele widerlegen zur Genüge die Ansicht, dass Harmonie ein ausschliesslich modernes europäisches Product sei. So hat z. B. noch HELMHOLTZ die Entstehung der polyphonen Musik in das X. und XI., die der harmonischen Musik gar erst in das XVI. Jahrhundert verlegt. Die Musik der Naturvölker ist eben damals noch zu wenig bekannt gewesen und damit auch die Thatsache, dass schon auf niederen Culturstufen Orchester und Quartette vorkommen, welch' letztere ihre Instrumente genau nach vier verschiedenen Stimmen abstimmen.

Diese Gleichheit und Allgemeinheit des harmonischen Gefühles, das — wenn auch in verschiedenen Entwicklungsstufen — überall vorkommt, wo Musik überhaupt eine auf natürlicher Begabung beruhende Pflege erfährt, führt auch zu einer Uniformität der Scala, die viel grösser ist, als man bisher annahm. Bekanntlich hat KARL ENGEL seinerzeit die Theorie aufgestellt, dass der Periode der jetzigen siebenstufigen (heptatonischen) Scala überall eine solche der fünfstufigen Scala vorangegangen sei.

Von Scala im Sinne eines bestimmten ausgearbeiteten Systemes kann natürlich bei Naturvölkern überhaupt nicht die Rede sein. Wohl aber lässt sich aus ihren Gesängen eine Scala, d. h. der ausschliessliche Gebrauch gewisser Tonreihen, abstrahiren. Thut man das, dann ergibt sich, dass zwei-, drei-, vier- bis siebenstufige Scalen den Gesängen zu Grunde liegen und dass sich keineswegs eine stereotype fünfstufige Scala als die ursprünglichste festhalten lässt. Das natürlichste Princip bleibt immer das, die Melodie innerhalb der am leichtesten zu producirenden sogenannten Naturtöne der Blasinstrumente zu halten, also derjenigen Töne, die auch nach den Gesetzen des Schalles gerade Zahlen zu Schwingungszahlen haben (Tonica, Terz, Quinte, Octave). FILLMORE nennt diese Erscheinung „the law of least resistance"; der Hinweis auf die Gesetze der Akustik wäre vielleicht treffender gewesen. Das gilt natürlich ausschliesslich für den Gesang; für die Musik der Flöten und Pfeifen (der ältesten Instrumente, die wir besitzen) ist die Leichtigkeit der Löcherbohrung für die Bildung der Tonreihe massgebend, und diese

weist den Flötenbauer von selbst zur siebenstufigen Scala, weil die sie bedingende Anordnung der Löcher der praktischen und ausgiebigsten Spielbarkeit am besten entspricht. Eine bestimmte, feststehende fünfstufige Scala, die überall dieselben Töne enthielte, gibt es überhaupt nicht, wohl aber treten verschiedene fünfstufige Scalen zugleich mit mehr- oder wenigerstufigen Scalen in verschiedenen Theilen der Erde auf. Die älteste systematische Ausbildung der Scala, die, allerdings den Thatsachen der praktischen Musik entnommen, aber nach akustischen Principien berechnet und fixirt ist, ist wahrscheinlich die chinesische Scala. Sie ist heptatonisch und diatonisch, wenigstens im Norden Chinas, während im Süden eine pentatonische in Gebrauch ist. Ob eine von ihnen die ältere ist, lässt sich nicht feststellen. Sehr richtig hat GILMAN darauf hingewiesen, dass diese systematisch ausgebildete Scala der praktischen Musik nicht vorausgegangen, sondern nachgefolgt ist. Dasselbe war bei der diatonischen Scala der Griechen der Fall, die TERPANDER und PYTHAGORAS theoretisch berechnet und fixirt haben. Sie war die Folge, nicht die Ursache der musikalischen Praxis

An der Hand ethnologischer Beispiele dürfte auch die Ansicht HELMHOLTZ' widerlegt werden können, dass unsere diatonische Scala eine zufällige, künstliche Erfindung sei, die ebensogut anders hätte ausfallen können und vielleicht später einmal noch anders aussehen wird. Abgesehen davon, dass die diatonische Scala viel älter ist, als HELMHOLTZ annahm, und nicht erst von den Griechen stammt, würde die Bildung anderer Scalen mit wesentlich anderen Tonstufen, sowohl durch die ewig gleichen Gesetze der Akustik wie durch die praktische Spielbarkeit der Instrumente verhindert werden. Kleinere Intervalle als die diatonischen (mit chromatischen Zwischenstufen) wären bei Blasinstrumenten ebenso unmöglich, wie eine Geläufigkeit in Drittel- und Vierteltönen auf Saiteninstrumenten. HELMHOLTZ' Ansicht von der künstlichen Beschaffenheit der Tonleiter, steht übrigens in Widerspruch mit seiner eigenen Anschauung, die er an anderer Stelle dahin formulirt, dass „dieselben physikalischen und physiologischen Beziehungen der Klänge" bei den Zusammenklängen und der Construction der Tonleiter massgebend waren. Physikalische und physiologische Beziehungen sind aber, wenn ich recht verstehe, eine natürliche Grundlage, die eben deshalb überall dasselbe musikalische Resultat ergeben muss, wenn es auch nicht überall dieselbe Entwicklungsstufe erreicht.

Es ist auffallend, wie oft auf primitiven Culturstufen Gesänge in Moll vorkommen. Die Musik der Australier ist zum grössten Theile in Moll; das war auch die Musik der jetzt ausgestorbenen Tasmanier. Erstere ist charakterisirt durch die häufigen und plötzlichen Schwankungen der Modulation und durch den geringen Umfang der Melodie, der eine Terz kaum übersteigt. Die Gesänge auf Tonga fangen stets in langsamem Tempo an, haben einen feierlichen Charakter der erst allmälig in rasches Tempo und hohe Stimmung übergeht. Das Ganze ist meistens in Moll.

2*

Die Neger in Sierra Leone singen immer in Moll, die Bongo und Fertit zuweilen in Moll. Im Seendistricte Ostafrikas hingegen singen die Eingeborenen in Dur, „nicht in dem endlosen Moll der asiatischen Völkerschaften". Die Notenbeispiele von afrikanischer Musik waren überhaupt der Mehrzahl nach in Dur.

Wir können somit die Behauptung aufstellen, dass Lieder im Mollgeschlechte schon auf primitivster Culturstufe ziemlich häufig vorkommen.

Beker hat in seiner Charakterisirung der Indianergesänge versucht, einen Causalzusammenhang zwischen Moll und Trauer herzufinden. Ich habe jedoch nicht den Eindruck, dass ihm dieser Beweis gelungen ist, denn er muss bei den meisten Liedern die Stimmung erst hineindeuten, die sich ihm von selbst ergeben sollte, wobei sich ferner ergibt, dass sich eine ganze Reihe von Texten von vorneherein lustig und traurig auffassen lässt. Deshalb kann man in manchen Fällen gar nicht sagen, ob das Tongeschlecht der Composition mit der Stimmung im Texte in Causalzusammenhang stehe, weil wir bei manchen Texten als solchen nicht sagen können, dass sie nur eine einzige Auffassung zulassen.

Verfolgen wir das Moll- und Durgeschlecht in den Compositionen der Culturvölker der Neuzeit, so ergibt sich, dass Moll auffallend spät in Verwendung kam, dass ferner namentlich die älteren Classiker Moll und Dur durchaus nicht nach Stimmungen scheiden. Gluck's berühmte Arie: Che faro etc. ist in Dur und klingt im Zusammenhange mit der Scenerie gewiss traurig. Jeder Trauermarsch ist in der Regel Moll und im Trio Dur, ohne dass er beiden Stimmungen Ausdruck zu geben hat.

Angesichts dieser Thatsachen darf ich folgende Behauptung aufstellen:

Die Mollmelodie ist dem Menschen auf primitiver Culturstufe ebenso geläufig, wie die Durmelodie, ohne dass er den Gebrauch beider nach Stimmungen scheiden würde. Ja, er singt auch harmonisch, nicht nur einstimmig, in Moll. Auf den Inseln Amsterdam und Middleburgh, wo auch zweistimmig gesungen wird, gab es einen Gesang in A-moll, den die Eingeborenen manchmal mit dem A-moll-Accord schlossen, offenbar ohne sich durch die Complicirtheit der Obertöne stören zu lassen.

Es fragt sich nun, warum singen manche Rassen in Moll, andere in Dur. Ueber diese Frage sind mehrere Theorien aufgestellt worden. Dr. Carter Blake behauptete, Mollmelodien seien leichter zu singen. „The cries of children and street cries are proofs". Darauf hat Kaines erwidert, dass nicht die Leichtigkeit, sondern die Thatsache des Schmerzes in beiden Fällen das Moll veranlasse. Ich fürchte, dass beide Herren mit der Begründung Unrecht haben, Herr Blake überdies mit der Thatsache. Ich werde fast müde, an so verschiedenen Stellen immer wiederholen zu müssen, dass Kinder weder in Moll noch in Dur schreien, noch singen. Die Strassenrufe von Händlern — die namentlich in Paris und London so häufig sind — lassen sich in den meisten Fällen nicht musikalisch wiedergeben, weil sie keine discreten Tonstufen besitzen. In den übrigen Fällen, wo das der Fall ist, lässt sich bei einem Rufe von etwa 2—3 Tönen nicht sagen, ob er Moll oder Dur angehört; es können beide Harmonien unterlegt werden. Wo endlich musikalische Wiedergabe möglich war, hat W. Gardiner die Londoner Strassenrufe gesammelt. Von 17 Beispielen ist nur eines in Moll. Helmholtz erwähnt die Mittheilung eines „erfahrenen Gesangslehrers", der versicherte, Schüler von mässigem musikalischen Talent treffen viel schwerer die Mollterz. Dr. W. C. Müller behauptete, dass musikalisch Ungebildete eher die kleine als die grosse Terz intoniren und dass darauf die Mollgesänge der Wilden zurückzuführen seien. Spohr wiederum sagt, dass Landleute die Terz zu hoch, die Quart noch höher und die Septime zu tief intoniren. In diesem Durcheinander von Meinungen werden wir uns nur dann zurechtfinden, wenn wir festhalten, dass den erwähnten Autoren verschiedene Rassen zur Beobachtung vorlagen und ich glaube allerdings, dass bei den Naturvölkern die Vorliebe für Moll oder Dur, die Intonation der grossen oder kleinen Terz auf Beschaffenheit der Stimmorgane zurückzuführen ist, denn in gewissen Rassen Moll ebenso natürlicher fallen mag, wie etwa schwachen Bläserlippen, die das Naturhorn oder die Naturtrompete constant zu tief einblasen (mehr es als e).

Wird einmal die Musik systematisch betrieben, gibt es einmal künstlerische Compositionen, so ist — auf Blasinstrumenten wenigstens — Moll das schwieriger Ausführbare, es ist auch für Naturhörner — Trompeten oder Flöten ohne Ventile (wie sie noch zu Händel's Zeiten üblich waren), das weit Umständlichere, weil es einen beständigen Wechsel der Stimmungen und damit der Instrumente bedingt. Den Sängern ist der Unterschied ebenso gleichgiltig, wie dem Publicum die Obertöne. Aus diesen praktischen Gründen ist Moll in Compositionen (nicht überall im gewöhnlichen Volksgesange) das Seltenere, der Eindruck ein ungewöhnlicher, ausserordentlicher, bedeutungsvoller. Zu diesem Zwecke wird es dann hauptsächlich verwendet und dadurch sind wir gewöhnt worden, Moll in Verbindung mit Situationen oder Texten zu hören, deren Charakter wir dann stets schon dem einzelnen Accord unterlegen. Wenn es in der Musik überhaupt möglich ist, einen bestimmten Charakter wenigstens anzudeuten, so kann dies immer nur durch die Structur des ganzen Musikstückes mit allen musikalischen Ausdrucksformen geschehen (Modulationsweite, Stärke, Tiefe, Tempo) nicht durch die Beschaffenheit des Accordes allein.

Das Mollgeschlecht ist bei Naturvölkern lediglich ein falsch (zu tief) intonirtes Dur, dessen Unterschied vom Dur kaum mit Absicht und Bewusstsein wahrgenommen und verwendet wird. Sein häufiges Vorkommen in den ältesten Culturperioden gibt zusammen mit der Frühzeitigkeit des Harmoniegefühls und der diatonischen Scala als vorläufiges Resultat ethnologischer Forschungen auf dem Gebiete der Musikwissenschaft die Theorie von der Einheit der Tonkunst und der Unveränderlichkeit ihrer harmonischen Grundprincipien.

2. Herr **Kálmán Freiherr von Miske** in Güns übersendet eine Mittheilung:

Der Bronzefund von Velem-St. Veit bei Güns in Ungarn.

(Mit 7 Abbildungen im Texte.[1])

Eine interessante Fundstelle prähistorischer Gegenstände, welche zu den reichsten Ungarns gerechnet werden muss, wurde im vergangenen Jahre der Wissenschaft erschlossen.

Circa 7 km südlich von der königl. Freistadt Güns erhebt sich auf einem der letzten Ausläufer des durch den Geschriestein (883 m) gebildeten Gebirgsstockes der **Velemer St. Veitsberg** (638 m).

Er ist weithin in der Ebene sichtbar und kenntlich an der seine Spitze krönenden, dem genannten Heiligen geweihten Kirche.

Der Berg ist von dem übrigen Gebirgsstock fast vollkommen getrennt. Händlern war er bereits als Fundstelle bekannt. Ich erfuhr erst, nachdem ich eine kleine Bronzensammlung bei einem Günser Antiquar erworben hatte, durch Zufall von einer Velemer Bäuerin den vom Antiquar geheimgehaltenen Fundort.

Auf dem von der St. Veitskirche gekrönten Berg finden sich Spuren der neolithischen Bronze-, Hallstatt- und La Tène-Periode, wie auch Reste der römischen und Völkerwanderungszeit. Am Ende des XIII. Jahrhunderts wird der St. Veitsberg urkundlich erwähnt; auf demselben stand eine der Burgen des als Raubritter berüchtigten Iván von Németujvár aus dem Stamm der Freiherren von Güssing, eines Mannes, welcher noch heute im Volksmunde als „Schloss-Hannsel" fortlebt.

Seine „St. Veits-Burg" wurde im Jahre 1291 zufolge eines königlichen Erlasses dem Erdboden gleichgemacht. Die prähistorische Fundstätte erstreckt sich um die Kirche, insbesondere auf dem Nordwest-, West- und Südwestabhange bis circa zum ersten Drittel der Berghöhe. Der Berg ist terrassirt und war von einem oder mehreren Ringwällen umgeben, deren Spuren noch heute zu erkennen sind.

In den ersten Tagen des Monates Mai 1896 wurde ein bedeutender Fund gemacht, der nicht wie bisher Antiquitätenhändlern zufiel, sondern zum grössten Theile in das Comitatsmuseum in Steinamanger kam und zum anderen Theile von dem Nationalmuseum in Budapest und von mir erworben wurde.

Der für das Comitatsmuseum erworbene Theil ist in Fig. 1—4 abgebildet.[2]

Fig. 1 zeigt folgende Gegenstände: 1. Eine durchbohrte Thonpyramide (sog. „Webergewicht"). 2. Bruchstück einer thönernen „Mondfigur", ähnlicher denen

von Lengyel, als denen von Oedenburg. 3.—6. Bronzestücke, darunter fünf in der Form eines Kuchens, 35 mm hoch, 15 cm. Durchmesser; 7.—16., 18. und 19. Kelte. Die Verzierung auf manchen derselben

Fig. 1.

ist von den in Ungarn zumeist vorkommenden abweichend (8., 9., 10. und 14.), indem das Motiv nicht das eines Dreieckes, wie bei 7., 12. und 15. ist, sondern Gabelform zeigt; 13. und 16. dürften auch dieses Ornament besessen haben. Der Kelt 14. besitzt kein

---

[1] Die Clichés zu den Abbildungen in den nachfolgenden Zeilen verdanken wir der Güte des Herrn Prof. Dr. Josef Hampel in Budapest. Dieselben sind seinem jüngsten Werke: „A bronzkor emlékei Magyarhonben" (III. Theil. Budapest 1896) und entsprechen den Tafeln CCXXXV—CCXLI dieses Werkes. Dem Herrn Professor sei hier der beste Dank der Anthropologischen Gesellschaft abgestattet.

Die Redaction.

[2] Originalmittheilung von K. Kárpáti, Arch. Értesitö 1896, S. 295—304.

Oehr, hingegen ein Loch zur Befestigung. Auf den Kelten 11., 15. und 18. sind angedeutete Schaftlappen ersichtlich; 17. und 20. zwei Hohlmeissel mit Tülle; 21. eine Perle; 22.—23. Spinnwirtel; 24. und 25. kleine

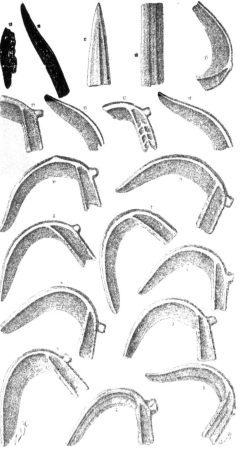

Fig. 2.

geschlossene und offene Bronzeringe; 26. und 28. Bruch- stücke von Fibeln (?); 27. ein verbogener Schmalmeissel.

In Fig. 2, Nr. 1—5 und 19, sind Sicheln und Bruckstücke dargestellt. Sie zeigen drei verschiedene Typen, und zwar a) Nr. 7 ohne Dornfortsatz; b) Nr. 1, 4, 8, 10 und 12 der Stiel oder Griff endet in einem

schwalbenschwanzförmigen Ausschnitt; endlich c), bei welchem Typus dieses Ende horizontal ist. Der radiale Durchmesser der Sicheln schwankt zwischen 15—17 cm und die Breite der Klingen zwischen 2·5—4 cm; Nr. 18 ist durch Fig. 3, Nr. 35, zu ergänzen und bildet ein Messer, dessen Heft durchlocht ist; Nr. 16 und 17 sind Bruchstücke zweier Schwertklingen, von denen das erste 13·5 cm lang und 3·5 cm breit ist; Nr. 17 ist eine 13·4 cm lange Schwertspitze.

Fig. 3, Nr. 1—4 Bronzedrahtspiralen mit 15, 10, 13 und 13 Windungen; es können auch Bruchstücke von Brillenfibeln sein. Nr. 5 ein Gewinde aus flachem Draht; Nr. 6, 7, 27 und 28 Conuse aus Bronzeblech; Nr. 8 Drahtgeflecht, kann auch von einer Fibel stammen. Nr. 9, 10, 33, 44 Lanzenspitzen und Bruch- theile solcher. Bei der in Nr. 10 abgebildeten Lanzen- spitze ist das Blatt durch drei Rippen oder Grate verziert. Das Blatt der anderen Lanzenspitze ist ab- gebrochen und ohne Verzierungen; Nr. 11—14, 15, 32, 36—39 Bronzeknöpfe von verschiedenem Durch- messer mit 1—2 Oesen an der Unterseite. In dem vom Comitatsmuseum erworbenen Theile befanden sich 202 kleinere und 11 grössere Bronzeknöpfe; Nr. 45—48, Anhängsel in der Form eines Olivenblattes, zum Theile noch mit ihren Kettchen; Nr. 52 ein Anhängsel be- sonderer Form; Nr. 40—41 Kettchen mit 24 und 32 Gliedern; Nr. 20—24 Fingerringe und deren Bruchstücke; das Stück Nr. 24 ist durch Nr. 42 zu ergänzen. Diese Fingerringe kommen öfter unter den Velem-St. Veiter Funden vor. Sie sind charakterisirt durch die an einem Ende befindliche, von doppeltem Draht gebildete Schleife; Nr. 49—51 drei Bruchtheile einer Säge aus Bronze; Nr. 25—26 zwei kleine Bronzeringe; Nr. 29 ein zusammengelegtes Bronzeblech; Nr. 17, 30 und 31 Gegenstände unbekannten Zweckes; Nr. 54—59 Steck- nadelköpfe. Interessant sind zwei mit Entenköpfen ver- zierte Gegenstände, die an der Einsattelung ein läng- liches Loch aufweisen; Nr. 60 ist das Bruchstück einer Fibel. Die drei letzteren Gegenstände sind Funde der ältesten Hallstatt-Periode.

Fig. 4. Nr. 1 eine Brillenfibel mit 12 nieder- hängenden Kettchen, von denen 4 an das Mittelstück befestigt und am Ende durch eine kleine Drahtspiral- scheibe zusammengehalten sind. Weitere 6 Kettchen sind an die erste Windung der rechten Spiralscheibe befestigt, und an deren Enden befinden sich 5 kleinere Ringe. 2 Kettchen sind ohne Anhängsel, das längere war vermuthlich an der Spiralscheibe und das kürzere an dem Ringelchen, oder dem es hängt, befestigt. Die Spiralscheiben besitzen einen Durchmesser von 31 mm; 2 und 3 zwei schöne Fibeln vom Typus der ungari- schen Bronzezeit. Sie erinnern an die Fibelfragmente im Nationalmuseum in Budapest und im Funde von Lazárpatak,[1] an die Fibeln von Komjáth[2] und von Gyermel.[3] Von den in Velem-St. Veit gefundenen ist

[1] J. Hampel, „Bronzkor", I, Tafel XLIII, 1 und 2. und J. Lehoczky, Arch. Ért., V. Bd. 1885. pag. 187, 188 und T. II.
[2] J. Hampel, „Bronzkor". I. Tafel. CXX. 20.
[3] Dr. E. Vásárhelyi, „A Gyermeli bronzleletről". Arch. Ért. IX. 1889. pag. 64. Abbildung 1—2. Leider gibt der Autor keine Maasse an.

eine mit herunterhängendem Kettenschmuck verziert. Die Fibeln sind 20 cm lang, der Durchmesser der grossen Spiralscheiben beträgt 8 cm, die Ketten sind 18—20 cm lang, die Maasse bei beiden Fibeln gleich;

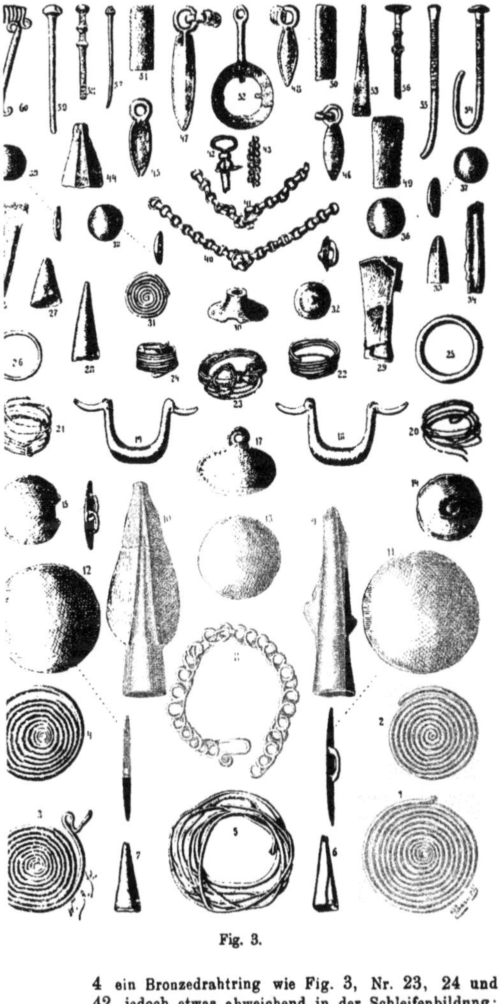

Kopf einer Stecknadel (in der Zeichnung verkehrt abgebildet); 8—10 Bruchstücke von Fibeln.

An dieser Stelle muss ich eine Berichtigung des im Arch. Értesitö, Bd. XVI, 1896, S. 295—304, von Herrn K. KÁRPÁTI unter dem Titel „A Velemi Bronzlelet" mitgetheilten Artikels einschalten:

Der Autor schreibt, S. 296, Zeile 1, dass der zu beschreibende Fund auf der Nordwestseite des Velemer St. Veits-Berges gemacht worden sei. Dies ist insoferne zu berichtigen, als der grosse Fund an der Ostseite zu Tage kam. Zu Seite 296, Zeile 11 und 13, bemerke ich, dass meines Wissens an diesem Orte noch keine

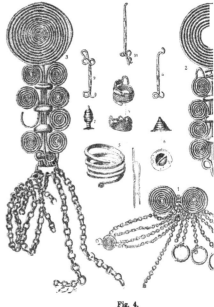

Fig. 4.

Fig. 3.

4 ein Bronzedrahtring wie Fig. 3, Nr. 23, 24 und 42, jedoch etwas abweichend in der Schleifenbildung; 5 eine Armspange mit 4 Windungen von 5 mm Starke und 5 cm Durchmesser; 6 ein Knopf; 7 der

Gemskrickeln und Obsidianmesser gefunden wurden. Endlich muss ich die Angabe, S. 295, Zeile 1—3, dass die archäologische Gesellschaft des Eisenburger Comitates seit ihrem Bestehen die Gegend zwischen Güns (Köszeg) und Rechnitz (Rohoncz) in Betreff der dort etwa vorkommenden Funde unter aufmerksamer Beobachtung gehalten habe, stark bezweifeln, da der Velemer St. Veits-Berg den Händlern bereits seit 15 Jahren als Fundort bekannt ist. Gegenstände von demselben befinden sich im Wiener Hofmuseum, hingegen kein einziges Stück, ausser den eben beschriebenen, im Jahre 1896 gemachten Funden im Comitatsmuseum der genannten Gesellschaft in Steinamanger.

Den zweiten Theil des Fundes erwarb das National-museum in Budapest.[1]) In demselben befanden sich[2]) Bronzegussmaterial in Form von Kuchen, Kelte, Schmal-meissel mit Tülle, Hämmer, Nadeln, Bruchstücke von Fibeln, Sicheln, Zierscheiben, mehr denn 80 Stück Knöpfe mit Oesen und 190 Bronzeringe.

In Fig. 5 und 6 sind einige Gegenstände in ¹/₄ nat. Gr. abgebildet. Fig. 5, Nr. 1, ein Kelt mit dreieckiger

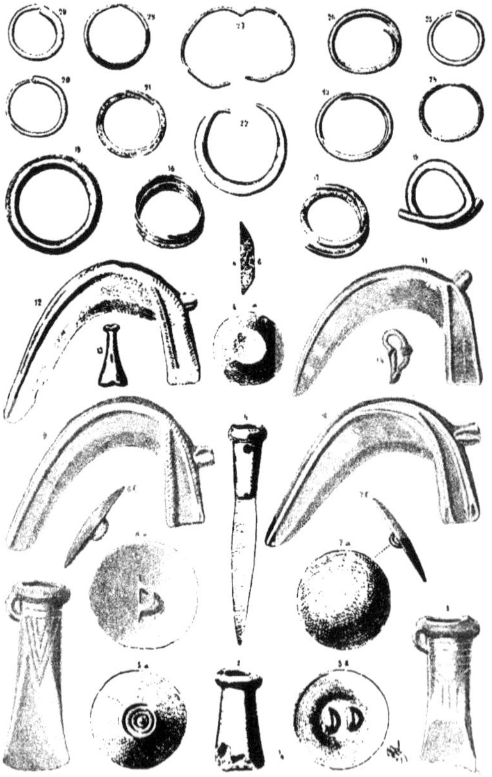

Oesen; 6. und 7. besitzen nur eine Oese und sind auf der Vorderseite glatt; 8. eine abgeflachte Scheibe mit kleiner Oese auf der Unterseite; 9.—12. Sicheln, deren Griff verschieden ornamentirt ist; 13. Anhängsel in Trichterform; 14. Bruchstück einer Fibel; 16. Ring aus dünnem Bronzedraht in drei ganzen und zwei halben Windungen; 17. Bronzering mit einer ganzen und zwei halben Windungen; 18. verbogener Bronze-ring; 19. geschlossener Bronzering; 20.—29. offene Bronzeringe, an beiden oder nur an einem Ende zu-gespitzt. Der Durchschnitt dieser Ringe ist entweder rund oder vierkantig. Fig. 6, Nr. 1, ineinander ge-

Fig. 5.

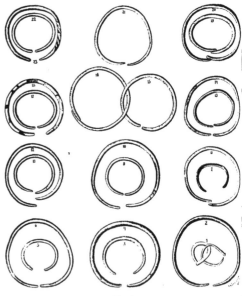

Fig. 6.

schlungene Ringe; 2.—23. verschiedene Ringe, zumeist glatt, manche mit Verzierungen, die Enden zugespitzt oder stumpf, bei einigen übereinander greifend.

Der kleinste Theil des grossen Fundes kam in meine Sammlung.[1]) Diese Gegenstände sind in Fig. 7 abgebildet. 1. Ein Kelt ohne Oehr, Länge 139 mm, Breite der Schneide 57 mm, mit einem breiten, wulstigen Rande, die Fläche zeigt ein T förmiges Ornament; 2. ein Kelt mit Oehr, Länge 106 mm, Breite der Schneide 49 mm; 3. ein Schmalmeissel mit Tülle, Länge 158 mm; 4. ein Kelt mit Oehr, Länge 95 mm, ohne Ornament; 5. Erzgussmaterial in Kuchenform,

Verzierung; 2. ein Hammer mit Tülle, der Rand mit einem starken Wulst; 3. Kelt mit der schon erwähnten gabelförmigen Verzierung; 4. Schmalmeissel mit Tülle und einem Loch an der Seite; 5., 6. und 7. Zierscheiben, von denen das 5. mit zwei concentrischen Kreisen und einem Knopfe verziert ist. An der Unterseite sind zwei

---

[1]) J. Hampel, „Bronzkor.“, III, Taf. CCXXXVI und CCXXXVII.
[2]) Arch. Ért., Bd. XVI, 1896, S. 374.

---

[1]) J. Hampel, „Bronzkor“, III, Tafel CCXXXV und Arch. Ért., Bd. XVI, 1896, S. 250.

Durchmesser 95 mm, Höhe 10 mm; 6. *ab*. Lanzenspitze, Länge 167 mm, grösste Breite des Blattes ohne Tülle 16 und 19 mm, am Rande durch eine Linie verziert. Länge der Tülle, welche zum Theile abgebrochen, 42 mm; 7. Lanzenspitze, eben, gebrochen, Totallänge 274 mm, das Blatt ohne Tülle 2 und 2¹/₂ mm breit, die ab-

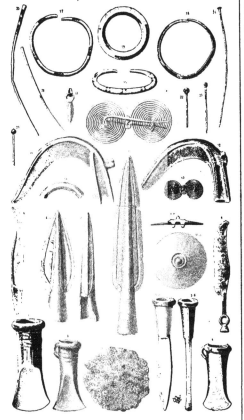

Fig. 7.

gebrochene Spitze 79 mm lang, der Durchschnitt des Bruchstückes 37 mm breit, Länge der Schafttülle 63 mm; 8. ein Messer, mit dem Hefte in einem Stück gegossen, Länge der Klinge 117 mm, Breite beim Heft 15 mm, grösste Breite 24 mm, Länge des Heftes 58 mm, Länge zwischen Klinge und Oehr 33 mm; 9. Messer mit kurzem Heft, welches in einen Griff eingelassen

wurde, Länge der Klinge 122 mm, Breite der Klinge 20 mm, Breite des Messerrückens 4 mm, Länge des Heftes 42 mm, Breite 16 mm, Spitze abgerundet; 10. *ab*. Zierscheibe, wie Nr. 5., auf Tafel I, Durchmesser 87 mm, Höhe des in der Mitte befindlichen spitzen Knopfes 7 mm; 11. und 12. Sicheln; 13. kleine Brillenfibel, Durchmesser der Spiralscheibe 28 mm; 14. grosse Brillenfibel, deren Spiralscheiben einen Durchmesser von 63 mm haben; 15. ein Anhängel mit einem Kettenring, in Form eines Olivenblattes. Totallänge 46 mm, grösste Breite 11 mm, das Kettenglied flach; 16. bis 18. Ringe von verschiedener Form, Verzierung und Durchmesser. Von diesen Ringen kamen in meine Sammlung 12 Stück; 19. ein flacher Ring aus schlechtem Silber, Durchmesser 82 mm, Breite des Reifens 11 mm; 20. Bruchstück eines gleichen Ringes; 24. Stecknadel mit einer Scheibe als Kopf. Länge 189 mm; 25. Stecknadel mit einer Verdickung als Kopf, Länge 216 mm; 21., 22., 23. und 26. Bruchstücke von Nadeln mit und ohne Köpfe. Meine Sammlung enthält über 1200 Fundgegenstände von Velem-St. Veit.

Ich gedenke, dieser Mittheilung demnächst eine zweite folgen zu lassen, in welcher weitere Objecte aus dem genannten Fundorte bekannt gemacht werden sollen.

3. Herr **P. Reinioke** übersendet aus München folgende Mittheilung:

Ein Depôtfund von Steinwerkzeugen in Dalmatien.

Die prähistorische Abtheilung des Museums des Alterthumsvereines zu Knin (Dalmatien) besitzt seit einiger Zeit mehrere grosse und kleine Steinkeile von einer charakteristischen, in Mitteleuropa relativ häufig auftretenden Form, welche bis vor Kurzem auf der Balkanhalbinsel fast ganz unbekannt war. Bei Gjeorske, unweit Ponte di Bribir, an der Strasse von Zara nach Knin, im Bezirke Scardona, fanden Bauern vor etwa zwei Jahren bei Feldarbeiten einige sechzig geschliffene Steinwerkzeuge, darunter eine Anzahl von ganz beträchtlicher Grösse, sowie mehrere Hornsteinpfeilspitzen. Topfscherben und Thierknochen wurden, wie es heisst, an der Fundstelle nicht bemerkt, somit dürfte es sich bei diesem Funde also um ein Depôt von Steingeräthschaften, nicht um eine Wohn- und Werkstätte handeln. Leider wurden sämmtliche Gegenstände bei ihrer Entdeckung achtlos bei Seite geworfen und nachträglich konnten vom Alterthumsverein zu Knin nur noch wenige Stücke gesammelt werden.

Diese Werkzeuge, welche alle aus einem sehr kieselhaltigen Material hergestellt sind, gehören zum Typus der schuhleistenförmigen oder hobelartigen Keile,[1] deren Form dadurch sich kennzeichnet, dass ihre untere Fläche ganz eben, höchstens mit einer kleinen Krümmung an der Schneide, zugeschliffen ist und der Querschnitt mehr oder minder das Segment eines Kreises oder einer

---

[1] Bezüglich dieser Bezeichnungen vgl. Voss-Stimming, Vorgesch. Alterth. aus der Mark Brandenburg. S. 6; Götze, Gefässformen und Ornamente der schnurverzierten Keramik im Saalegebiet. S. 5, 6.

Ellipse, nicht etwa ein Rechteck, darstellt. Das am besten erhaltene Stück ist 30·5 cm lang. Die Breite beträgt am vorderen Ende, unweit der ziemlich abgerundeten Schneide, 4·8 cm, kurz vor dem Bahnende 3·2 cm. Die Höhe erreicht 3·5 cm. Die untere Fläche ist ganz eben geschliffen, nur gegen die Schneide zu steigt sie ganz leicht an. Bei der beträchtlichen Höhe erscheint der Querschnitt als die Hälfte einer durch die kleine Achse getheilten Ellipse. An der Schneide wie am Bahnende sind einige kleine Splitter abgebrochen, sonst ist der Keil gut erhalten und vorzüglich polirt.

Von einem ähnlichen, ebenso schmalen und hohen und wahrscheinlich noch längeren Exemplar befindet sich im Museum zu Knin ein grosses Fragment mit dem Bahnende. Drei andere Stücke sind kleiner; sie sind niedriger, ihre Länge beträgt nur 25, 20 und 15 cm, die Breite ist ungefähr die gleiche wie bei den übrigen. Ein anderer Keil ist noch kürzer, breit, aber ganz niedrig, also eine Form, welche man als Hacke oder Breitmeissel zu bezeichnen hat. Der Kategorie der Schmalmeissel, jedoch mit bedeutend kleineren Dimensionen, gehört ein etwa 5 cm langes Fragment an; die untere Fläche krümmt sich bei diesem an der Schneide ziemlich stark nach aufwärts. Schliesslich wird noch eine ziemlich lange Pfeilspitze von Hornstein als aus dem Funde von Gjevrske stammend bezeichnet.

Auch von anderen Plätzen in Dalmatien sind dergleichen typische Steinwerkzeuge bekannt geworden, wenngleich nicht in so grosser Anzahl. Custos Szombathy erwarb für die prähistorische Sammlung des naturhistorischen Hofmuseums auf der Insel Lesina einen derartigen ziemlich hohen Schmalmeissel, welcher die beträchtliche Länge von 33 cm aufzuweisen hat. Von Ražauci besitzt das archäologische Museum in Agram mehrere Schuhleistenkeile, einen 26·5 cm langen und einen kurzen Schmalmeissel, sowie kleine breite, nahezu rechteckige Hacken, ferner von Muć vier kleine schmale Exemplare. Im Küstenlande fand man diese Steingeräthe in der Theresienhöhle bei Duino unweit Monfalcone (Hofmuseum in Wien) und in der Grotte von Gabrovizza (Museum in Triest), allerdings nur in einigen Fragmenten, in Verbindung mit einer ganz charakteristischen Keramik. In Bosnien treten sie zu Hunderten in der grossen neolithischen Wohn- und Werkstätte von Butmir bei Sarajevo auf, sowohl grössere und kleinere Schmalmeissel (mit Ausnahme des ganz langen Typus) als auch Breitmeissel, diese in verschiedenen Grössen, in fast rechteckiger und besonders häufig in dreieckiger Gestalt. Einzelne Exemplare (Museum in Sarajevo) fand man auch noch in Ripač (Bez. Bihać), Vojikovič (Bez. Sarajevo) und Hajdan (Exp. Varcar Vakuf). In Kroatien, speciell in der Umgebung von Agram, in Slavonien und in Ungarn, sowohl im eigentlichen Pannonien wie im Theissgebiet und Siebenbürgen, sind sie relativ häufig. Auch für Serbien ist ihr Vorkommen sichergestellt.

Die schuhleistenförmigen oder hobelartigen Theile in ihren verschiedenen Modificationen bilden für sich einen ganz bestimmten zeitlichen Abschnitt der neolithischen Periode, für die Phase der sogenannten bandverzierten Keramik, die Leitform. Ueberall, wo die neolithische Bandkeramik bisher nachgewiesen wurde, finden wir auch diese typischen Steingeräthe sowohl als Einzelfunde, wie in Gräbern und Wohnstätten mit bandverzierten Gefässen vergesellschaftet. Sie zeigen uns an, dass dort, wo sie auftreten, bandverzierte Topfwaare vorhanden sein muss, ebenso wie wir aus dem Vorkommen dieser Keramik schliessen dürfen, dass auch diese charakteristischen Steinwerkzeuge nicht fehlen. Die Topfwaare mit Bandornamentik ist bei ihrer ausserordentlich grossen Verbreitung auf dem Continente, wie leicht erklärlich, in den verschiedenen Ländern stark differenzirt, jedoch ist in jeder localen Gruppe die Grundform mit der Anordnung der Ornamente die nämliche, so dass in jedem einzelnen Falle die Zugehörigkeit eines Gefässes oder eines verzierten Gefässbruchstückes zu dieser oder einer anderen neolithischen Gattung unschwer zu erkennen ist. Die Formen der Steingeräthe, welche ausschliesslich dieser Periode zukommen, sind mit Ausnahme der Schuhleistenkeile und gewisser roher, unsymmetrischer Hämmer noch wenig studirt; in der Regel kommen andere Typen auch kaum oder nur in unkenntlichen Fragmenten vor und erschweren somit ein vergleichendes Studium. Auch unter den Schuhleistenkeilen dürfte manche Form rein locale Bedeutung haben, wie z. B. in Bosnien, in Butmir, die flachen, dreieckigen Breitmeissel; andere jedoch, wie die ganz langen grossen und die kurzen Schmalmeissel und die nahezu rechteckigen niedrigen Hacken kommen im ganzen Bereich dieser neolithischen Stufe vor.

So spärlich die räumliche Vertheilung dieses Typus an der Nordwestseite der Balkanhalbinsel auch ist, so haben wir jedoch genügend Anhaltspunkte dafür, dass die Periode der Bandkeramik hier überall sich ziemlich intensiv geltend gemacht haben muss. Es wird uns also nicht überraschen, wenn eines Tages in Dalmatien eine Station mit bandverzierter Keramik aufgefunden wird. Das ist jedoch vorderhand noch nicht zu entscheiden, welcher speciellen localen Gruppe dieser Gattung sich das dalmatinische Gebiet anschliessen dürfte, ob seine nächsten Verwandten bezüglich dieser Topfwaare in Butmir, im Litorale, oder endlich in den Pfahlbauten des Laibacher Moores zu suchen sind.

4. Herr J. V. Želisko übersendet als einen vorläufigen Bericht nachstehende

Beiträge zur Kenntniss des Steinwalles auf dem Berge: „Věnec“ bei Čkýn in Südböhmen.

Der Berg „Věnec“[1]) oder „Pržmo“ wurde schon im Jahre 1874 von Prof. Dr. Woldřich in den Mittheilungen der Anthropologischen Gesellschaft in Wien, wo sich auch der Grundriss des Steinwalles selbst befindet, beschrieben.[2]) Die systematische Durchforschung dieses Berges war jedoch demselben vom Besitzer des Elt-

---

[1]) „Věnec“ = Kranz.

[2]) Verschlackte Steinwälle und andere urgeschichtliche Bauten in der Gegend von Strakonic. von Prof. Dr. J. Woldřich. Sep.-A. aus Nr. 7, Bd. IV, der Mittheil. der Anthrop. Ges. in Wien 1874. — Wallbauten im südwestlichen Böhmen, von Prof. Dr. J. Woldřich, Ibid., Nr. 8—9, 1875.

schowitzer Schlosses, welches nicht weit vom Berge „Věnec" entfernt liegt, versagt worden.

Der „Věnec" liegt südlich von der Stadt Wollin und nahe der Bahnstrecke Strakonitz—Winterberg; er erhebt sich, dicht bewaldet, oberhalb der Bahnstation Eltschowitz. Um den Berg herum schlängelt sich das Flüsschen Wollinka, auf der rechten Seite des Berges fliessend. Als im Jahre 1894 ein Theil des Waldes von Bäumen geräumt war, fanden einige Arbeiter daselbst eine primitive, kleine, aus Granit bestehende Getreidemühle, welche sie für einen Cassadeckel hielten. (Die Beschreibung dieser kleinen Steinmühle, sowie auch die Illustration derselben von mir brachte die Zeitschrift[1]) der Gesellschaft der Freunde böhmischer Archäologie in Prag, im ersten Hefte des Jahres 1895.)

Hierauf besuchte ich den „Věnec" einige Male, wobei ich mehrere charakteristische Thongefässe ausgrub.

Wie es scheint, ist der Steinwall des Berges „Věnec", was seine Zusammensetzung anbelangt, fast um dieselbe Zeit entstanden, als der Berg „Hradiště" bei der Stadt Strakonitz, den auch Prof. Dr. WOLDŘICH durchforscht und das Ergebniss publicirt hat.[2])

Die Keramik der auf dem Berge „Věnec" aufgefundenen Gefässfragmente gehört zu dem sogenannten „Burgwalltypus". Von der Grösse dieses Waldes wurde in den oben angeführten Mittheilungen der Anthropologischen Gesellschaft berichtet.

Ich forschte auch auf denselben Stellen, mit denen sich Prof. Dr. WOLDŘICH schon früher bekannt gemacht hatte, nämlich auf dem Bergrücken des Centraltheiles der Kreisgrenze. Die von mir aufgefundenen Gefässfragmente befanden sich nicht so tief in der Erde, sondern circa einen Fuss unter der Erdoberfläche. Ich hoffe, dass man von hier mit der Zeit ein interessantes und für die böhmische Prähistorie bedeutungsvolles Material erhalten könnte.

Einige Gefässfragmente, die ich auf dem Berge „Věnec" aufgefunden habe, waren starkwandig, ornamentlos und aus grobem Materiale verfertigt. Andere Fragmente sind durch ihre Verzierungen charakteristisch für die schon oben erwähnte Keramik des Burgwalltypus. Das Wellenornament wurde jedoch von mir nicht gefunden. Sobald ich Gelegenheit zu weiteren Nachforschungen an dieser Stelle finde, will ich weiter darüber berichten.

5. Als Geschenke für die Bibliothek sind eingelaufen:

Journal of the American Oriental Society. Vol. 17. New-Haven, Connecticut, U. S. A. 1896. Gesch. der Ges.

Volkov Th.: Dolmens de l'Ile-d'Yeu. (Extrait des Bulletins de la Société d'Anthropologie de Paris.) Gesch. des Verf.

Volkov Th.: Le traineau dans les rites funeraires de l'Ukraine. Extrait de le „Revue des Traditions Populaires". Paris 1896. Gesch. des Verf.

Kříž, Dr. Martin: O diluvialní fauně hledíc ku člověku diluvialnímu i alluvialnímu. (Zprávy Společnosti pro Fysiokracii v Čechách v Praze. Sešit III.) Prag 1895. Gesch. des Verf.

[1]) „Časopis přátel starožitností českých v Praze". III. J., 1. Heft.
[2]) Mittheil. der Anthrop. Ges. in Wien, IV. Bd., 1874, Nr. 7, 8 und 9. 1875.

Kříž, Dr. Martin: Me výzkumné práce v Předmosti a jich hlavní výsledky. (Zvláštní otisk z Časopisu vlasten, muzejního spolku olomuckého, roč. 1896.) Olmütz 1896. Gesch. des Verf.

Hampel József: A bronzkor emlékei Magyarhonban. III. rész: „Attekintő ismeretés. Budapest 1896. Gesch. des Verf.

Ripley, William Z.: Notes et documents pour la construction d'une carte de l'indice céphalique en Europe. Sep.-A. aus L'Anthropologie. Gesch. des Autors.

Hansen, Andr. M.: Menneskeslægtens Aelde. 3 Hefte. Von der Verlagsbuchhandlung Jacob Dybwald, Christiania.

Bastian-Feier am 26. Juni 1896. Sep.-A. aus den Verh. der Gesellsch. für Anthrop., Ethnol. und Urgeschichte. Berlin. Gesch. der Gesellsch.

Buschan, Dr. G.: Körperlänge. Sep.-A aus der Real-Encyklopädie der gesammten Heilkunde. Gesch. des Autors.

Proceedings of the Royal Irish Academy. Third Serie. Vol. IV, No. 1. Gesch. der Akademie.

Best Elsdon: In ancient Maoriland. Rotorea 1896. Gesch. des Autors.

Australian Museum, Sydney. Memoir III. The Atoll of Funafuti. Part. 1. Gesch. des Mus.

Correspondenz-Blatt der deutschen Gesellschaft für Anthropologie, Ethnologie und Urgeschichte. XXVII. Jahrg. Nr. 9—12.

Wirthschaftliche Mittheilungen aus Bosnien und der Herzegovina. IV. Bd. Gesch. der Landesregierung.

Zweiundzwanzigster Bericht des Museums für Völkerkunde in Leipzig. Gesch. der Museumsverwaltung.

Geschäfts-Bericht der General-Versammlung der Gesellschaft des Museums des Königreiches Böhmen vom 9. Jänner 1897. Gesch. der Museumsverwaltung.

Führer durch das Čechoslavische Ethnographische Museum. Prag 1896. Gesch. des Dr. L. Niederle.

Tylor, E. B.: On american lot-games, as evidence of asiatic intercourse before the time of Columbus. Sep.-A. aus dem Intern. Archiv für Ethnographie. Suppl.-Bd. IX.

Woldřich, J. N.: Ueber die Gliederung der Anthropozoischen Formationsgruppe Mitteleuropas mit Rücksicht auf die Culturstufen des Menschen. Aus den Sitzungsber. der k. böhm. Gesellsch. der Wissensch., math.-naturw. Cl., 1896. Gesch. des Verf.

Woldřich, J. N.: Předhistorický Výzkum v jihovýchodních Čechách z Roku 1895. Prag 1896. Gesch. des Verf.

Nicolaysen, Nr.: Stavanger Domkirke. 2det Hefte. Gesch. der Gesellsch. til Norki Fordits mindesmärkers Bevaring in Kristiania.

Philologikos Syllogos Parnassos. Epetheris. Etos α'. En Athenais, 1897. Gesch. des Autors.

Société d'Émulation d'Abbeville. Bulletins. Année 1894, Nos 3 et 4, Années 1895, Nos 1—4. Gesch. der Société.

Société d'Émulation d'Abbeville. Mémoires. Tome Premier. fasc. II et III. Gesch. der Société.

Schwartz Wilhelm, Eine Gewitteranschauung Jean Paul's mit allerhand mythischen Analogien. Aus der Zeitschrift des Vereines für Volkskunde. Heft 1. 1897. Gesch. d. Autors.

L. Serrurier, De Wajang Poerwå. Eene ethnologische Studie. Leiden. E. J. Brill 1897. Gesch. d. kön. niederl. Regierung.

Transactions of the Royal Society of South Australia. Vol. XX. Part. II. Gesch. der Soc.

Niederlausitzer Mittheilungen. Zeitschrift der Niederl. Gesellsch. für Anthropologie und Alterthumskunde. II. Band. 7. und 8. Heft. Gesch. der Gesellsch.

Appletons' Popular Science Monthly. Vol. L. No. 4. Gesch. von William Z. Ripley.

Traditions of the Ts' ets' a'ut. Aus dem Journal of Amerian Folk-Lorc. Gesch. von Dr. F. Boas.

Dr. F. Boas, The limitations of the comparative method of Anthropology. Abdruck aus „Science". N. S., Vol IV. No. 103.

Prof. G. B. Cacciomali, Geologia della Collina di Castenedolo e connessavi Questione dell' nomo pliocenico. Gesch. der Ateneo di Brescia.

Chantre Ernest, Rapport sur une Mission Scientifique en Asie Mineure Spécialement en Cappadoce (1893—1894). Exctrait der Nouvelles Archives des Mission scientifiques, t. VII. Paris 1896.

Buschan, Dr. G., Einfluss der Rasse auf die Häufigkeit und die Formen der Geistes- und Nervenkrankheiten. (Sonder-Abdruck aus „Allg. Med. Central-Zeitung". 1897. Nr. 9 u. ff.)

Sociedade de Geographia de Lisboa. Boletim. 15a Serie, No. 5 u. 6. Gesch. der Sociedade.

Zaborowski M., La circoncision. Ses Origines et sa répartition en Afrique et à Madagascar. (Extrait de l'Anthropologie, Extrait.) Gesch. d. Verf.

G. de Mortillet, Évolution quaternaire de la pierre. Extrait de la Revue mensuelle de l'école d'Anthropol. de Paris. VIIième année. I. Gesch. des Autors.

G. de Mortillet, Précurseur de l'homme et Pithécanthrope. Ibid. VIième année. X. Gesch. des Autors.

Dents de Rhinocéros, Discussion sur la terrasse de Villefranche pur D'ault du Mesnil, G. de Mortillet, D'Acy et

Tardy. Extrait des Bull. de la Soc. d'Anthropol. de Paris. t. VII. (IV e serie). Gesch. v. Gabriel de Mortillet.

Školski Vjestnik, Stručni list zemaljske vlade za Bosnu i Herzegovinu. III. 1896. 9. i 10. Gesch. der bosnisch-herzeg. Landesregierung.

Glasnik Zemaljskog Muzeja u Bosni i Herzegovini. VIII. 1896. 3. i 4. Gesch. der bosnisch-herzeg. Landesregierung.

Bünker, J. R., Herde und Oefen in den Bauernhäusern des ethnographischen Dorfes der Millenniums-Ausstellung in Budapest. Aus der Zeitschrift des Vereines für Volkskunde, Heft 1, 1897.) Gesch. des Autors.

The Antiquarian, Vol. 1. Part. 2. Gesch. der Redaction.

XVI. Jahresbericht der k. k. Samen-Controlstation in Wien. Gesch. von Dr. Th. R. v. Weinzierl.

Publicationen der k. k. Samen-Controlstation in Wien. Nr. 157—161. Gesch. von Dr. Th. R. v. Weinzierl.

J. Heierli und W. Oechsli, Urgeschichte des Wallis. Mittheilungen der Antiquar. Gesellsch. in Zürich. Band XXIV. Heft 3. Recensionsexemplar.

Journal of the American Oriental Society. XVIII Vol. 1. half. Gesch. der Soc.

Zaborowski, Origine et caractères des Hovas. Revue mensuelle, VII ième année II. Gesch. des Autors.

Maikow, Pamjati K. N. Bestuzewa-Rjumina. Gesch. der kaiserl. Akademie d. Wissenschaften in St. Petersburg. 1897.

Den Spendern wird hiemit der verbindlichste Dank der Gesellschaft ausgesprochen

Aufruf

zur Einsendung von Beiträgen zur Errichtung eines Denkmales für

Anatol Bogdanow.

Am 16./28. März 1896 schied der Begründer der Anthropologie in Russland, Geheimrath **Anatol Bogdanow** in Moskau, aus dem Leben. Die reichen Verdienste des Verstorbenen wurden in diesen Blättern von einem seiner besten Schüler und Freunde, Prof. Dr. N. Zograff in Moskau, gewürdigt.[1])

Die von Bogdanow gegründete Gesellschaft der Freunde der Naturwissenschaften. der Anthropologie und Ethnographie versendet nun einen Aufruf, in dem sie um Beiträge zu einem Grabdenkmale für den Verblichenen aus dem Kreise aller der gelehrten Gesellschaften, deren Mitglied er war, bittet. Ausserdem soll ein Fond unter seinem Namen gestiftet werden, der zur Aneiferung wissenschaftlicher Arbeiten dienen wird.

Die Mitglieder der Anthropologischen Gesellschaft, zu deren Ehrenmitgliedern Bogdanow schon seit vielen Jahren zählte, werden gebeten, Beiträge an die oben genannte Gesellschaft (Adresse: Moskau, Polytechnisches Museum) senden zu wollen.

[1]) Diese Mittheilungen, Bd. XXVI, S. [51].

Redactions-Comité: Fr. R. v. Hauer, M. Much, F. Müller, J. Szombathy, K. Toldt, S. Wahrmann.
Redactions-Beirath: M. Much und E. Zuckerkandl.
Redacteur: Franz Heger.

MITTHEILUNGEN

der

Anthropologischen Gesellschaft in Wien.

(Band XXVII. Der neuen Folge XVII. Band.)

Nr. 2. März u. April.   **Sitzungsberichte.**   **1897.**

Ausschuss-Sitzung am 8. März 1897.

(Auszug aus dem Sitzungsprotokolle.)

Vorsitzender: Herr Dr. K. Th. v. Inama-Sternegg.

1. Gestorben sind die correspondirenden Mitglieder Theophil Hahn in Stellenbosch und Horatio Hale in Canada. (Siehe Nachruf in dem folgenden Jahresberichte.)

Als neue wirkliche Mitglieder werden aufgenommen die Herren:

Gérard Gutherz in Wien und

Alexander Wielemans Edler v. Monteforte, k. k. Baurath und Architekt in Wien.

2. Der Secretär erstattet Vorschläge über die Wahlen in der Jahres-Versammlung, welche auch vom Ausschusse acceptirt werden. (Siehe den folgenden Bericht über die Jahres-Versammlung.)

3. Derselbe erstattet ferner den Rechnungsabschluss für das Jahr 1896, aus dem hervorgeht, dass, dank dem opferwilligen Eingreifen einiger Gönner der Gesellschaft, das sich seit einigen Jahren fortschleppende und durch den Druck des Innsbrucker Congressberichtes entstandene Deficit vollkommen geschwunden ist und dass nach Deckung sämmtlicher pecuniärer Verpflichtungen des vergangenen Jahres sich für das ordentliche Budget noch ein kleiner Ueberschuss ergibt. Sodann wird der Voranschlag für das Jahr 1897 genehmigt.

4. Die bisher geltenden Statuten der Gesellschaft haben sich in mehreren Punkten als ergänzungs- resp. abänderungsbedürftig erwiesen. Die vom Secretär im Einvernehmen mit dem Präsidium in Vorschlag gebrachten Punkte werden einer eingehenden Discussion unterzogen und nachher endgiltig formulirt, um der Jahres-Versammlung zur Beschlussfassung vorgelegt werden zu können.

5. Als Zeitpunkt für die in Aussicht genommene Excursion nach Brünn und Umgebung werden die Tage vom 27. bis 29. Mai festgestellt und der Secretär ermächtigt, im Einvernehmen mit dem Excursionsleiter, Herrn Professor Alexander Makowsky in Brünn, das Programm zusammenzustellen.

6. Der Secretär legt das vom österreichischen Ingenieur- und Architektenvereine zugesandte gedruckte Protokoll über die in Berlin am 30. August v. J. stattgefundene Verhandlung des Ausschusses zur Herausgabe eines Werkes über die Entwicklungsgeschichte des Bauernhauses in Deutschland, Oesterreich und der Schweiz vor und theilt ferner ein Circular des genannten Vereines mit, aus dem hervorgeht, dass die Delegirtenconferenz des Jahres 1897 am 28. September d. J. in Wien stattfinden wird. Der Ausschuss nominirt die Herren Oberst Gustav Bancalari und Professor Dr. Rudolf Meringer, sowie den Secretär zu Delegirten der Anthropologischen Gesellschaft bei dieser Conferenz.

7. Die Zeit für die 69. Versammlung deutscher Naturforscher und Aerzte zu Braunschweig ist, nachdem der Vorstand der Gesellschaft seine Zustimmung dazu ertheilt hat, endgiltig auf die Tage vom 20. bis 25. September 1897 mit einer Vorversammlung am 19. September festgesetzt.

Es werden 33 wissenschaftliche Abtheilungen gebildet werden (gegenüber 30 Abtheilungen in Frankfurt a. M. 1896). Die drei neuen Abtheilungen sind:

1. Abtheilung für Anthropologie und Ethnologie, die in Frankfurt mit Geographie vereinigt war und nunmehr wieder abgetrennt wird.

2. Abtheilung für Geodäsie und Kartographie, die zuletzt in Wien 1894 bestanden hat, und

3. Abtheilung für wissenschaftliche Photographie, die ganz neu gebildet wird und wohl als durchaus zeitgemäss zur ständigen Einrichtung werden dürfte.

Die Nahrungsmittel-Untersuchung, die zuletzt mit der Hygiene verbunden war, wird in der Abtheilung für Agricultur-Chemie berücksichtigt werden.

Für Mittwoch den 22. September wird vorläufig eine gemeinsame Sitzung der naturwissenschaftlichen Abtheilungen unter Betheiligung eines Theiles der medicinischen geplant.

Als Einführender der Abtheilung für Anthropologie und Ethnologie fungirt Herr Dr. RICHARD ANDREE, als Schriftführer Herr FR. GRABOWSKY. Anmeldungen zu Vorträgen sind an den erstgenannten Herrn nach Braunschweig, Fallersleberthor-Promenade 13, zu adressiren.

Jahres-Versammlung am 9. März 1897.

Vorsitzender: Herr Sectionschef Dr. K. TH. v. INAMA-STERNEGG.

Schriftführer: Herr Secretär FRANZ HEGER.

1. Der Vorsitzende begrüsst die Versammlung, constatirt die Beschlussfähigkeit derselben und ersucht den Secretär, den vom Präsidenten der Gesellschaft, Dr. FERDINAND FREIHERR v. ANDRIAN-WERBURG, verfassten Jahresbericht zur Verlesung zu bringen.

Hochverehrte Versammlung!

Die Verhältnisse unserer Gesellschaft haben sich im Laufe des Jahres 1896 nicht wesentlich verändert. Der Mitgliederstand weist heute folgende Ziffern auf: Ehrenmitglieder 20, correspondirende Mitglieder 72, Stifter 3, unterstützende Mitglieder 38, wirkliche Mitglieder 334. Es ist somit der Stand so ziemlich derselbe geblieben.

Auch im verflossenen Jahre hat unsere Wissenschaft begeisterte Anhänger durch den Tod verloren, welche zugleich unserer Gesellschaft nahe gestanden haben. Unser Ehrenmitglied, Geheimer Rath ANATOL BOGDANOW, der Schöpfer der russischen Anthropologie, verschied zu Moskau am 16./28. März 1896. Sie finden einen warmen Nachruf aus der Feder des Herrn Dr. N. v. ZOGRAF in den Sitzungsberichten [51] des verflossenen Jahres. Am 12. Februar erfolgte das Ableben unseres correspondirenden Mitgliedes, des Herrn ALEXANDER ABEL HOVELACQUE, des berühmten französischen Sprachforschers und Anthropologen. Mit einer ungewöhnlichen wissenschaftlichen Vielseitigkeit verband er eine bemerkenswerthe Eignung für praktische Thätigkeit. Durch CHAVÉE und SCHLEICHER in die Sprachwissenschaft eingeführt, gründete er, 23 Jahre alt, 1867 die „Revue de linguistique", trat aber in demselben Jahre in die eben gegründete Gesellschaft für Anthropologie ein und machte sich mit BROCA's Methoden der somatischen Anthropologie derart vertraut, dass er im Stande war, eine Reihe von kraniologischen Arbeiten zu veröffentlichen. 1869—1885 veröffentlichte er aber auch zahlreiche sprachwissenschaftliche Arbeiten (eine Grammatik der Zendsprache, Instructionen für das Studium der Linguistik über die sämmtlichen indo-europäischen Sprachen, besonders über die südslavischen u. s. w.), sowie über linguistische Ethnographie. Diese letztgenannte Richtung vertrat HOVELACQUE als Professor an der École d'Anthro-

pologie seit 1876. Er ist der Verfasser der ethnographischen und linguistischen Partien des „Dictionnaire des sciences anthropologiques". Eine seiner letzten Publicationen betrifft die Neger. Neben dieser ausgebreiteten wissenschaftlichen Thätigkeit, welche hier nur andeutungsweise besprochen werden kann, war HOVELACQUE 1886—1887 Präsident des conseil municipal von Paris, 1889—1894 Abgeordneter des Departements de la Seine. Diese öffentliche Thätigkeit wurde für ihn eine neue Quelle von Anregungen zu literarischen Arbeiten, in denen er die Werke der Encyklopädisten der studirenden Jugend zugänglich zu machen suchte.

Weiters haben wir zu beklagen das Ableben unseres correspondirenden Mitgliedes THEOPHIL HAHN in Stellenbosch. Als Sohn eines Missionärs im Caplande geboren, studirte er an den Universitäten in Halle und Leipzig und war darauf durch längere Zeit Bibliothekar und Professor in Capstadt und zuletzt Farmer in Stellenbosch. Sein wichtigstes Werk ist jenes über die Sprache der Nama-Hottentotten, deren genauester Kenner er war.

Am 29. December 1896 starb ferner unser correspondirendes Mitglied HORATIO HALE in Clinton (Canada) in hohem Alter. Sein wichtigstes Werk ist der im Jahre 1846 erschienene Band „Ethnography and Philology" der Expedition WILKES, der für die Sprachenkunde der Völker des Grossen Oceans von grundlegender Bedeutung ist. Zahlreiche Werke und Abhandlungen über die Indianer Nordamerikas sichern ihm in der Geschichte unserer Wissenschaft einen ehrenvollen Platz.

Am 12. Jänner d. J. ist unser correspondirendes Mitglied Herr CHRISTIAN BAHNSON zu Kopenhagen gestorben. Dieser ausgezeichnete Ethnograph war seit 1885 Vorstand der ethnographischen Abtheilung des Nationalmuseums. Er beschäftigte sich in den letzten Jahren viel mit amerikanischer Ethnographie, besonders aber mit der Herausgabe einer allgemeinen „Ethnographie", deren Unterbrechung sehr zu beklagen ist. Sie finden in Bd. XVIII unserer Mittheilungen einen wichtigen Aufsatz von BAHNSON „Ueber ethnographische Museen", welcher im Einvernehmen mit dem Autor durch Frl. J. MESTORF in Kiel verdeutscht worden ist.

Nicht minder empfindlich berührt uns der Verlust von zweien unserer unterstützenden Mitglieder. Se. königl. Hoheit der HERZOG WILHELM VON WÜRTTEMBERG verschied am Meran am 6. November. Sie finden seinen Namen im ersten Verzeichnisse unserer Mitglieder (1871). Die letzte Bekundung seines Interesses für unsere Bestrebungen war dessen Theilnahme an unserer Jubiläumsfeier. Wenn auch des Herzogs vollständige Hingabe an die ihm gestellten militärischen und administrativen Aufgaben eine active wissenschaftliche Bethätigung ausschloss, ist sein lebhaftes Interesse für alle Zweige der Naturwissenschaften während seiner überaus schwierigen Amtsthätigkeit als Chef der Landesregierung für Bosnien und die Herzegowina der Erforschung und Aufschliessung jener Länder, der kräftigen Angriffnahme wichtiger Culturarbeiten in sehr nachdrücklicher Weise zugute gekommen. Wir schliessen uns aus vollstem Herzen den zahlreichen

Trauerkundgebungen an, welche der Verlust dieses tapferen Heerführers, der auch zugleich für alle idealen Ziele eintrat, in unserem Vaterlande hervorgerufen hat.

Der durch einen Zufall im Juli v. J. herbeigeführte Tod des k. und k Generalconsuls in Shanghai, Herrn JOSEF HAAS, hat Oesterreich eines ausgezeichneten, pflichterfüllten Beamten, eines gründlichen Kenners der Sprachen und Verhältnisse des chinesischen Reiches beraubt. Er hatte die diplomatische und consularische Vertretung von Oesterreich-Ungarn in Shanghai während 27 Jahren geführt und war unausgesetzt bemüht gewesen, unsere Monarchie dem Reiche der Mitte geistig und commerciell näher zu bringen. Unsere Museen verlieren an ihm einen thatkräftigen und verständnissvollen Förderer, der nicht blos handelspolitische Gesichtspunkte unterstützte, sondern auch auf wissenschaftliche Bedürfnisse mit grösster Bereitwilligkeit einging. Die chinesische Gruppe der ethnographischen Sammlung im k. k. naturhistorischen Hofmuseum ist zum grossen Theile aus seinen Bemühungen hervorgegangen. Unsere Gesellschaft, der er sich als unterstützendes Mitglied angeschlossen, wird ihm allezeit ein dankbares Andenken bewahren.

Wir gedenken ferner des Ablebens unseres wirklichen Mitgliedes Dr. ADOLF DÜRRNBERGER. Er ist als der eigentliche Schöpfer des neuen Museums in Linz zu bezeichnen und war Vicepräsident und Ehrenmitglied des Linzer Musealvereines. Herr Regierungsrath FRANZ KRAUS, der am 12. Jänner starb, war durch lange Jahre unser Mitglied. Sein Name bleibt mit der österreichischen Höhlenforschung innigst verbunden. Er besass aber auch grosses Interesse für österreichische Sagenkunde, deren Literatur von ihm eifrigst gesammelt wurde; diese Bestrebungen führten ihn in enge Verbindung mit dem „Verein für österreichische Volkskunde", welcher in ihm einen treuen Mitarbeiter verliert.

Der Bd. XXVI unserer Mittheilungen ist um sechs Bogen schwächer ausgefallen, als der vorhergehende. Dies wird durch die Beigabe von sechs Tafeln ausgeglichen, welche den Freunden unserer Wissenschaft gewiss willkommen sein werden. Unseren in- und ausländischen Mitarbeitern sei unser wärmster Dank beigebracht.

Aus den nachfolgenden Berichten werden Sie ersehen, dass auch im verflossenen Jahre die österreichischen Anthropologen unsere Disciplinen vielfach gefördert haben, wenn auch die Witterungsverhältnisse des verflossenen Sommers für Ausgrabungen nicht günstig gewesen sind.

Auf prähistorischem Gebiete hat die Anthropologische Gesellschaft im Jahre 1896 mit Hilfe ihres Ausgrabungsfondes zwei Untersuchungen veranlasst: die Ausgrabung einer Höhle bei Fischau nächst Wiener-Neustadt und die Fortsetzung der Nachforschungen in der Bukowina. Beide Arbeiten standen unter der Leitung des Herrn Custos J. SZOMBATHY. Die Höhle „Steinerner Stadel" bei Fischau, eine ziemlich geräumige Durchgangsgrotte, enthält beinahe in ihrer ganzen Ausdehnung 1—2 m mächtige Aschenschichten

und in diesen relativ spärliche, aber immerhin ganz interessante Ueberbleibsel aus der neolithischen und eigentlichen Bronzeperiode. In der Bukowina wurde die Untersuchung der prähistorischen Ansiedelungen weitergeführt und speciell Fundstellen neolithischen Charakters, sowie einzelne alte Gräber bei Kotzmann, Chlibestie, Dawidestie und Werenczanka im nördlichen Theile der Bukowina untersucht.

Im Auftrage der Prähistorischen Commission der kaiserl. Akademie der Wissenschaften unternahm Herr Professor und k. k. Conservator SIMON RUTAR in Laibach unter Beihilfe des Herrn B. PEČNIK grössere Ausgrabungen in Unterkrain. Mit gutem Erfolge wurden vier Tumuli der Hallstatt-Periode bei Tschernembl, die sowohl Skelet- als auch Brandgräber in grösserer Zahl enthielten, und neun Tumuli der Hallstatt-Periode zwischen Weisskirchen und St. Margarethen, welche ausschliesslich Brandgräber enthielten, untersucht.

Die prähistorischen Forschungen unseres Mitgliedes GUSTAV CALLIANO in Baden stellten diesmal das durch Fundthatsachen fixirte Ausbreitungsgebiet jener Siedelungen (Winschloch etc.) fest, von denen zuerst die Anhaltspunkte zum Nachweise eines vorgeschichtlichen Menschendaseins in Baden ausgegangen waren. Die sorgfältige Absuchung der den Curort einseitig umgebenden Berge, dann der weiteren Thalausbreitung des Stadtgebietes selbst ergab, dass der ganze Höhenzug von Vöslau-Gainfahrn in seinen Abhängen zur Ebene bis fast gegen Gumpoldskirchen zu, sowohl in den beforsteten Theilen als auch in den Jahrhunderte lang betriebenen Weinculturengeländen, vielfache Spuren von menschlicher Hantirung aufweist, die sich auch in der Bodenerhebung vom Eichwäldchen bis zum Friedhofe in St. Helena vorfinden.

Diese Artefacte, meist schwere, geschlagene Steinbeilreste (mit deutlicher Bearbeitungsspur), Schaber, Messer (selten) etc., weisen direct auf ein paläolithisches Zeitalter. Die Berggelände weisen jedoch neben dem gänzlichen Mangel an Gefässcherben im Materiale gegen das aus dem einst versumpften Thale sich erhebende Halsriegelzunge (Eichwald, Schafflerhof etc.) auffallende Verschiedenheiten auf.

Während die Baden umliegenden Kalkberge immer derben Hornstein und seltener schönen Feuerstein (gelb) mit muscheligem Bruche ergeben, besitzt die vorgenannte Landzunge im Thale charakteristischere Artefacte aus reinem Jaspis, Carneol, Onyx und Achat.

Im Verfolge des Höhenzuges, der bei Vöslau mit einer grösseren, an Gefässscherben reicheren Stelle beginnt, zeigt zuerst das Thal bei der Sooser Waldandacht an einer Seite spärliche Scherbenreste, die sich vereinzelt, immer am Rande des Gebirges — mit Eisenerzfindlingen — bis zum Rauhenneckerberge (Weikersdorf) verfolgen lassen. Dort ist merkwürdigerweise der ganze Umkreis der „Badener Hauptsiedelungsstelle" bisher fast gänzlich fundlos geblieben und erst am Mitterberg finden sich in Weinculturen wieder spärliche Artefacte vor. In dem tiefen Einschnitte der Putschanerlucke traten bei den stetig fortschreitenden Sandabgrabungen zwei sehr schön markirte Wohngruben zu Tage, die, da sie senkrecht abgegraben und in der Mitte durchschnitten waren, ein äusserst instructives Bild gaben. Direct mit einem Radius von 15 m, 2 m tief (schalenartig) in die gelbe, diluviale Unterschichte eingebettet, wies der Bodendurchschnitt eine 10 cm starke, schwarze Aschenauspolsterung auf, in der sich nur spärliche, schlecht bearbeitete, rothe Feuersteinreste vorfanden. Diese Wohngruben sind über 3 m mit Humusbildungen und Felsenabrutsch überlagert gewesen; die Unterschichte unweit der Aschenmulde enthielt auch eine Zahnreihe eines diluvialen Pferdes. Diese zwei Wohngruben, ohne jegliches andere Fundergebniss als einige kleine Gefässtrümmer primitivster und ältester Art, fielen der Schottergewinnung schon zum Opfer, doch dürfte sich die Hüttenzeile, der Localität entsprechend, noch gegen das Winschloch zu fortsetzen.

Mit dem Ueberspringen des Calvarienberges und der allmäligen Verflachung der weinbepflanzten Plateaus gegen Pfaffstätten und das Einödthal weist fast jede Ried, insbesondere die „Beim Juden" (daselbst ein alter Opferfels, „Kanzel" genannt, der Abends einem Judenkopf täuschend ähnlich sieht), dann die Weingärten in „Spiegeln", „Flamming", „Wiegen", „Vogelthal", „Schönkirchen" (Königskirchen) Artefactenreste auf, die alle nur einer Periode der äusserst roh zugeschlagenen Steinwerkzeuge entstammen können.

Im Orte Pfaffstätten selbst wurde ein menschliches Skelet gefunden, dessen Beigaben, eine eiserne Lanze und ein scheerenartiges Geräth, auf die La Tène-Periode hinweisen.

Die weitere Fortsetzung dieses Höhenzuges mit den Vorbergen des Anninger bis Gumpoldskirchen wird schon ärmer an Feuersteinfindlingen, enthält aber zunächst dem uralten Pfaffstätten auf einem Hügel schwer definirbare Eisenbearbeitungsreste. Hiemit ist das Ausbreitungsgebiet der Funde um Baden genau bestimmt.

Weiter gehend, fand GUSTAV CALLIANO in Kaltenleutgeben bei einem erwiesenen „Opfersteinblock" zwei deutliche schwarze und rothe Schichtenlagerungen langgeübter Feuerungen, welche stark mit Scherben und Knochen versetzt sind. Daselbst wurde ein sehr schönes Steinbeil, schöne Feuersteinsachen und ein überaus zierliches, patinirtes Bronzemesserchen etc. gefunden.

Aehnliche Felsgebilde, wie das von CALLIANO eruirte Felsenthor (Pumpaskiri = Donnerskirche) am Anninger, die drei Gotassäulen (Götzersteine) nächst der Rotte Dürnthal, oder die von J. HOFMANN bekanntgemachte Taufstein bei Fischau etc., weisen alle auf sehr weit zurückgehende Cultbenützungen zurück und sind daher auch meist nicht fundlos geblieben.

Das Wassersspreng ergab (als Einzelfund) ein hübsches Bruchstück eines Steinbeiles.

Bei der Erschliessung der Grabhügelreihe bei Anzbach, die einerseits durch die grosse Formverschiedenheit der Grabkisten, andererseits durch seltene Grabbeigaben, wie Glasgefässe etc., als interessante Ueberbleibsel einer bereits romanisirten Landesbevölkerung gelten müssen, fand CALLIANO ausser drei weiter-

gelegenen Tumuli auf dem 464 m hohen — äusserst sagenreichen — Buchberg (bei Neulengbach), eine neue, befestigte Siedelungsstätte, einen neuen niederösterreichischen Hausberg auf, der erst näher untersucht werden muss. Dieser künstlich bearbeitete Wallberg ist bei seiner isolirten Lage und seinem weiten Ausblicke ein wichtiges Bindeglied zwischen unseren bereits fixirten Waldbergsiedelungen.

Der erste nur im Halbkreise geführte, vorzüglich erhaltene, künstliche Wallring deckt mit seiner Südseite sechs genau gestufte Terrassen, die vermuthlich auch den Raum für die Hüttenzeile abgaben. Es bildete daher jede Ringstufe zugleich einen Wallabhang. Die Nordseite des Berges (mit weitem Ausblicke gegen die Donaugegend) ist sehr steil abfallend, daher auch nicht schutzwehrbedürftig. Die Gefässfragmente, hie und da zu Tage liegend, zeigen den neolithischen Typus anderer Localitäten Niederösterreichs.

GUSTAV CALLIANO gab auch weiters Veranlassung, dass die sämmtlichen Höhlen der Umgebung Badens sammt ihrem Fundinhalt photographisch aufgenommen wurden; eine gleiche Aufnahme aller von ihm gehobenen prähistorischen und römischen Fundobjecte ist in der Durchführung begriffen.

Herr LUDWIG HANNS FISCHER berichtet über Arbeiten in Niederösterreich, wie folgt:

„Am linken Ufer, gerade am Ausflusse der Pielach in die Donau, eine halbe Stunde von Melk abwärts, steht ein vorgeschobener Fels, der kegelförmig gegen die Donau abfällt und selbst von der Landseite durch einen Graben getrennt ist. Der obere Theil dieses Kegels ist eben, bildet also einen regelrechten Kegelstutz. Zu prähistorischen Ansiedelungen scheinen mit Vorliebe ähnliche Localitäten auf ihren Erbauern gewählt worden zu sein, wie in Melk, Schönbühl, Göttweig. Die Vermuthung lag also nahe, dass auch dieser Punkt eine Ansiedelung hatte. Das Ergebniss meiner Grabung war kein sehr ergiebiges, es war aber genügend, um meine Vermuthung genügend zu bestätigen.

Ich fand ausser ziemlich zahlreichen Feuersteinsplittern und Nuclei Gefässscherben von primitiven, aus freier Hand gemachten Gefässen ohne jede Verzierung. Einige Gefässscherben sind möglicherweise römisch, andere nachrömisch.

Eine zweite Fundstelle fand ich im Orte „Ursprung", eine gute Stunde von diesem Punkte entfernt, im Gebirge.

Auf einem isolirt stehenden, langgezogenen Hügel fand ein Bauer beim Abgraben von Erde ein grosses, schalenförmiges Gefäss mit Buckeln am Rande; in demselben war ein kleines, schwarzes Gefäss mit Henkel und verbrannte Knochen. Die Gefässscherben waren noch so weit vorhanden, als ich davon Mittheilung bekam, dass ich sie sammeln und so weit zusammensetzen konnte, dass die Form noch zu reconstruiren ist. Die vorgerückte Jahreszeit erlaubte mir nicht, weitere Grabungen zu veranstalten; ich habe aber bereits dafür gesorgt, dass mir im kommenden Sommer hiebei nichts im Wege steht.

Die weitaus interessanteste neu entdeckte Fundstelle ist aber jene in Ober-St. Veit in Wien. Auf einem Hügel hinter der Einsiedelei fand ich, unmittelbar unter dem Rasen, zahlreiche Gefässscherben und Knochen auf einem Flächenraume von 200 Schritten in der Länge. Eine Probegrabung, welche ich veranstaltete, zeigte, dass diese Fundstelle sehr reichhaltig ist. Ich fand nebst vier Stück spinnwirtelartigen Thonscheiben Gefässscherben von drei Gefässen, welche sich soweit zusammensetzen liessen, dass deren Form ersichtlich wurde, nebst vereinzelten mit verschiedener Decorirung. Diese Gefässe scheinen meist kesselartige Formen zu haben, sind aus freier Hand gemacht und tragen den Charakter solcher Gefässe, welche sonst in Begleitung von Steinbeilen, eventuell auch von Bronzen vorkommen."

Das Museum Francisco-Carolinum in Linz hat, wie Herr Conservator STRABERGER berichtet, in Fortsetzung der in früheren Jahren unternommenen Durchforschung der zu Gansfuss am Weilhartsforste vorhandenen Hügelgräber im verflossenen Sommer das VII. Grab eröffnet. Dieses im Durchmaasse 12 m messende Grab wurde nach Angabe des Grundbesitzers schon in den Fünfziger-Jahren durch theilweise Wegschaffung der Steinsetzung angebrochen.

In dem noch im Mittel 60 cm hohen Hügel, aus Rollsteinen aufgebaut, fanden sich auf einer circa 20 cm mächtigen Kohlen- und Aschenschichte Bruchstücke von Thongefässen, darunter solche eine schönen, rothen Urne, von einer in den früher eröffneten Gräbern dieser Gruppe nicht vorgekommenen Form und Verzierungsart, ferner eine eiserne, gut erhaltene Speerspitze und Reste von verbrannten Knochen.

In einem Steinbruche bei Mauthausen a. d. D. wurden beim Abräumen des auf dem Granit auflagernden Löss folgende zusammengehörige Theile eines Mammuthskelets zu Tage gefördert: 1 Stosszahn, welcher — wiewohl er nicht in seiner Gänze erhalten ist — die selten vorkommenden Dimensionen von 2·75 m Länge und 0·58 m Umfang hat, 2 Hinterfussschenkelknochen, 1 Obertheil des Vorderfusses, 1 Rippe und Theile eines Backenzahnes. Weiters fand sich an gleicher Stelle ein Bruchstück sammt Rose vom Geweihe des Cervus primigenius.

In Böhmen hatte Herr ROB. RITTER v. WEINZIERL im vorigen Jahre und besonders im verflossenen Winter Gelegenheit, auf der Lösskuppe südöstlich von Lobositz (Reiser'sche Ziegelei), im Anschlusse an die grosse Erdbewegung vom Jahre 1894, den Rest der Abgrabungen zu verfolgen. Es wurden noch mehrere Urnengräber mit Leichenbrand (Lausitzer Typus) gefunden, so auch zwischen Steinplatten in einer Aschenschichte, sorgfältig geordnet aufgelegte kleine Bronzeringe. Die keramischen Ueberreste gehören ausschliesslich nur der Bronzezeit an, wie auch sonst noch bekannte Bein- und Hirschhornartefacte in den bronzezeitlichen Schichten gefunden wurden.

Die neolithische Culturepoche war besser vertreten. Zunächst erwähne ich nochmals das bereits publicirte Brandgrab mit langhalsigem Becher und durch Brand zerstörtem Basalthammer mit Schaftloch (ältere Type). Eine Wohnstätte mit Herd und Abfallsgrube, deren Anlage ein recht anschauliches Bild gewährt, ist besonders erwähnenswerth, da in der Abfallsgrube ein weiblicher, wohl erhaltener Schädel (Index = 72·5) ohne Unterkiefer gefunden wurde. In tiefster Lage der Grube wurden die beiden Radien gefunden. Die bekannten Estrichstücke mit Geflechtabdruck, Spinnwirtel und Webstuhlgeräthe, Thon-, Bein- und Steingeräthe nebst typischer Keramik charakterisirten die Wohnstätte. Jetzt herrscht mehrere Jahre hindurch Ruhe in den prähistorischen Culturschichten dieser Lösskuppe, bis die ausgegrabenen Vorräthe an Ziegelthon verarbeitet sein werden.

In der Schwarzenberg'schen Ziegelei nahe bei Lobositz wurden wieder, seit mehreren Jahren, einige Culturgruben ausgegraben, die ihres Inhaltes wegen der älteren Bronzezeit zugeschrieben werden mussten und somit wahrscheinlich die Wohnstätten zu den vor Jahren ausgegrabenen Skeletgräbern der älteren Bronzezeit (Aunětitzer Typus) gefunden sind. In einem dieser Feuerherde wurde ein erhaltener gehenkelter Seiher aus Thon mit durchlochtem Boden in Form eines breiten Bechers gefunden.

In der Stadt Lobositz selbst wurden an mehreren Orten bei Erdbewegungen Funde gemacht. So fand man bei der Ausgrabung eines Canales im Schlosshofe ein massives, grosses, rohes Nutzgefäss; daneben befand sich ein Herd mit Asche und thierischen Knochenabfällen.

In der Mühlstrasse fand man beim Umbaue eines Hauses mehrere Culturgruben der Bronzezeit, vielleicht auch der Hallstatt-Periode in der neolithischen Culturschichte als Nachbesiedelung eingesenkt. Die bronzezeitlichen Urnengräber mit Leichenbrand boten nichts Neues ausser einer kleinen ungehenkelten Schale (Lausitzer Typus) mit verkohlten Körnern von Setavia italica (Kolbenhirse).

Im Vorsommer dieses Jahres hatte v. WEINZIERL Gelegenheit, die interessanten Ansiedelungen im Quellengebiete des Goldbaches studiren zu können. Die ziemlich dicht liegenden neolithischen Ansiedelungen zwischen Kolleschowitz und Schaab waren auch in der Bronzezeit der Hallstatt-Periode und stellenweise auch in der La Tène-Periode besiedelt. Die Keramik der slavischen Invasion ist spärlich zu finden.

Im Sommer besuchte Herr v. WEINZIERL wiederholt die aus Lobositz entfernter gelegenen Ziegeleien und constatirte in der Ziegelei am nordwestlichen Abhange des Hasenburgkegels eine Nekropole der La Tène-Zeit. Ein ausgegrabenes Skeletgrab enthielt eine eiserne Gürtelkette mit eingelegten Bronzeringen, zwei prachtvolle Kugelarmspangen aus Bronze mit beweglichen Mittelgliedern, eine grössere Eisenfibel, einen schwachen, knotigen Armreifen aus Bronze, zwei Fragmente von Lignitringen und einen offenen eisernen Armring, welcher Fund sich die gleichartigen dieser Periode von Liebshausen anreiht.

Gleichzeitig besuchte er die von Türmitz umliegenden Fundorte, um die diluvialen Schichten und die prähistorischen Fundstätten zu studiren. Bei dieser Gelegenheit sah er zwei Unterkieferfragmente vom Höhlenlöwen.

Im August 1896 grub Herr v. WEINZIERL wie im Vorjahre in Gross-Czernosek eine tiefliegende neolithische Grabstätte mit neun Gräbern in Steinkisten und Steinpackung aus, welche sich gegen Norden fortsetzt. Eine weitere Verfolgung bleibt vorbehalten. Unter diesen neun Gräbern befand sich ein gleichzeitiges Brandgrab; die übrigen acht Gräber enthielten liegende Hocker (alle auf der rechten Seite liegend), wovon zwei eine theilweise Anwendung von Brand aufweisen und eines hievon durch Verstümmelung des Körpers interessant ist. Eine ausführliche Abhandlung über die beiden letzten Grabungen in Gross-Czernosek nebst interessanten Profil- und Situationszeichnungen ist in diesem Hefte der Mittheilungen enthalten.

Der Bau der Teplitz-Lobositzer Bahn liess im engeren Umkreise der Stadt Lobositz mehr erwarten, als was durch denselben zu Tage kam.

Am Ende der Stadt, gegen das Dorf Welhotta zu, fährt die neue Bahn in einem tiefen Einschnitte, welcher eine neolithische Begräbnissstätte streifte. So viel ich eruiren konnte, waren hier liegende Hocker der älteren Zeitphase der Steinzeit bestattet. An Beigaben ist nichts gefunden worden. Im weiteren Verlaufe der Grabungen, gegen das Wopparner Thal zu, geht die Strasse ober der neolithischen Ansiedelung vor Klein-Czernosek vorbei; die Grabungen dieses Einschnittes lieferten keinerlei Funde, auch wurde keine Spur der östlich abwärts befindlichen Ansiedelung mehr in den Schichten gefunden.

Wiederholt besuchte Herr v. WEINZIERL Gastorf und dessen Umgebung, um die Fundstätte beim erweiterten Bahnhofe zu studiren. Die tiefsten Schichten gehören der neolithischen Culturepoche an; darauf folgt, und zwar öfters eingesenkt in dieselben, die bronzezeitliche Nachbesiedelung mit Urnengräbern mit Leichenbrand von dem bekannten Lausitzer Typus. In diesen jüngeren Culturschichten wurde eine Bronzenadel (Aunötitzer Typus) gefunden, was für uns deshalb von Interesse ist, da die Brandgräber der Bronzezeit mit jener Type der älteren Skeletgräber gleichzeitig auftritt. Die neolithischen Artefacte gehören der Uebergangszeit an; auch ein in tiefster Lage gefundenes Skelet eines alten Mannes (Index = 64·76) gehört der Steinzeit an.

Herr Conservator SCHNEIDER in Smiřic berichtet über seine Thätigkeit im Verlaufe des Jahres 1896, wie folgt:

„a) Seit den ersten Frühlingstagen behielt ich eine Feldparcelle im Auge, welche, in der Elbeniederung unterhalb des Dorfes Vlkow (Bezirk Jaroměř) gelegen, Merkmale einer längeren Besiedelung aufweist. Diese bestehen aus grösseren dunkeln Flecken, welche beim jedesmaligen Ackern zum Vorschein kommen und als Brandstätten prähistorischer Wohnungen aufzufassen sind. Ich bemerkte derlei bereits vor zwei Jahren und fand damals in ihnen Scherben vom Burgwalltypus; heuer fand ich ihrer mehr und in denselben

abermals solche Scherben, später auch Scherben von geglätteten Freihandgefässen und schliesslich über die ganze Parcelle zerstreut Scherben vom Typus Dobřichov (oder altmärkische Keramik) und in einer Brandstätte unter Burgwallscherben einen gebrochenen Sporn aus Eisen. Die Funde beweisen, dass hier am ehemaligen Elbeufer auf einer äusserst ungünstig gelegenen — weil häufigen Ueberschwemmungen ausgesetzten — Stelle eine kleine Ansiedelung, wahrscheinlich zum Schutze einer in der Richtung des Weges aus Schlesien (Glatzer Pass) nach dem Inneren von Böhmen gelegenen Furt sich befand, welche mindestens schon während der Periode der Lausitzer Urnenfelder — das zugehörige Urnenfeld, von DUŠKA bereits vor einigen Jahren ausgebeutet und in den Mitth. d. k. k. Central-Comm. 1890, S. 137, besprochen, liegt auf einer etwas trockenen, inselartigen Parcelle nur 100 Schritte von der hier behandelten entfernt — bestand, später von einer germanischen (nach Voss' und Weigel's Ansicht longobardischen) Bevölkerung und schliesslich von Slaven wohl durch mehrere Jahrhunderte occupirt wurde. Die aus der slavischen Periode stammenden Gefässe (Scherben) sind dunkelfarben, aus glimmerreichem Thone und der Töpferscheibe verfertigt, in Form, Farbe und Verzierungen den Gefässen von Kettlach und von Keszthely (Dobog) am Plattensee ähnlich; der eiserne Sporn (nach Píč's Meinung aus dem VI. Jahrhunderte stammend) weist die höchst charakteristische Form und die Dimensionen der Sporen aus dem Fürstengrabe von Kolin (Píč, Vyzkum Tab. XXXV., Voss, Verhandl. d. Berl. Ant. Ges. 1884, Tab. IV) mit übermässig langen Armen (je 145 mm) und kräftigem, kurzem, kegelförmigem Stachel auf; die Arme sind in beiden Fällen am Ende zu Platten ausgehämmert.

b) Während des Badegebrauches zu Bělohrad erfuhr ich, dass in dem benachbarten, bisher wenig bekannten Burgstalle von Kaly bereits vor Jahren ein Bronzegegenstand gefunden worden sei. Ich fahndete nach demselben und es gelang mir, im Dorfe Kaly (Bezirk Hořic) selbst von der Finderin den innerhalb des Burgwalles vor etwa 12 Jahren bei Feldarbeiten gefundenen Bronzepalstab für das Kreismuseum von Königgrätz zu erwerben. Im Inneren des an der Peripherie des prähistorischen Böhmerlandes hart unterhalb des Berges Zvičín (Switschin) gelegenen Burgstalles (Hradiště) von Kaly wurde bisher nichts gefunden, mit Ausnahme eines Fundes von zwei Scherben von Freihandgefässen, 1894 (Česky lid. IV, p. 183).

Der jetzt erworbene Palstab mit stark entwickelten, sog. geschlossenen Schaftlappen und Ausbiss am Bahnende wiegt 395 gr und zeigt genau dieselbe Form wie die Palstäbe aus der Terramara il Grumo bei Campeggine (Parma) und vom Esquilin zu Rom (Helbig, Italiker in der Poebene, Tab. I, Fig. 1 und Tab. II, Fig. 1).

c) Im Laufe des Sommers suchte ich noch einen anderen, von Cons. LÜSSNER in den Památky bereits im Jahre 1856 beschriebenen, angeblich slavischen Burgstall auf, und zwar denjenigen von Lhotice bei Nassaberg, südlich von Chrudim. Ich fand, dass dieser Burgstall viel älter sei, als bisher angenommen wurde, dass er den hier vorkommenden, ausschliesslich der La Tène-Periode angehörigen Scherben nach gleichalterig sei mit dem Hradiště von Stradonic bei Beraun und obwohl viermal kleiner als diese kolossale Ansiedelung, doch gleichfalls zu den grössten Burgstätten von Böhmen gehöre. Hochinteressant ist die Befestigung vermittelst zweier paralleler Gräben und Wälle aus Erde und Stein gegen die Hochebene, mittelst Steinterrassen, Steinwällen und einer vollkommen erhaltenen Trockenmauer (200 Schritte lang) gegen die steilen Abfälle zum Kamenice- (Chrudimka-) Flusse. Der Umfang des Burgstalles beträgt 2000 m, der Flächenraum circa 200.000 qm und stimmt derselbe in vieler Hinsicht mit der „Heidenmauer" von Dürkheim (Rheinpfalz), einem gleichfalls der La Tène-Cultur angehörigen Burgstall, überein.

Ein Bronzegeräth, welches vollkommen mit einem anderen im Hradiště von Stradonic gefundenen übereinstimmt, wurde schon im Jahre 1860 bei Nassaberg, aber auf einer anderen Stelle gefunden.

d) Im Spätsommer fanden Kinder eines Bahnwächters in der Böschung einer grossen Materialgrube der sog. „Südnorddeutschen Verbindungsbahn" (Pardubitz-Reichenberg), welche einen Theil der grossen Feldparcelle Nr. 439 per 24 Joch der Kat.-Gem. Rodov bei Smiřic — Besitz der k. u. k. Familienfondes — bildet, in dem seit den Bahnbauten 1857 und 1881 bekannten Urnenfelde ein Grab. Es gelang mir, aus den Scherben alle Gefässe, nämlich die grosse Urne mit konischem Halse ohne Henkel, die Deckschüssel mit ein oder zwei Henkeln (ein Theil fehlt) und zwei krugförmige Gefässe mit konischen Hälsen und je zwei kleinen Henkeln (Oesen), zusammenzustellen. Den Scherben vom Untertheile der Urne hafteten auf der Innenseite Splitter von verbrannten Menschenknochen an, mit Asche und Erde gemischt, und unter ihnen fand ich, fast am tiefsten Punkte (Boden) gelegen, einen aus fünf Drahtgewinden bestehenden Fingerring aus Bronze; das Metall ist vollständig in Kupferoxyd verwandelt und musste ich den Ring in seiner echter Hülle lassen, wenn ich ihn nicht ganz zerstören wollte; den übrigen, lockeren Inhalt der Urne hatten die Kinder in einen anstossenden Wassertümpel geworfen. Der Inhalt der Krüge bestand aus Erde und Holzasche.

Eine ganz ähnliche Urne wurde vor etwa drei Jahren in dem Urnenfelde von Spravčice (Gem. Předměřic) in der Nähe von Smiřic gefunden; auch sie enthielt verbrannte Knochensplitter.

e) Anlässlich der Erweiterung des Bahnhofes zu Smiřic wurde der Bahneinschnitt zwischen Smiřic und Holoblavy breiter gemacht und dabei ein bereits im Jahre 1857 vom Pfarrer PETERA (Památky III), im Jahre 1881 vom Conservator HRAŠE (Mitth. d. k. k. Central-Comm. 1881) erwähntes und im Jahre 1893 von mir bemerktes Reihengräberfeld zerstört. Gefunden wurden heuer 15 orientirte Leichen; sie lagen in drei Reihen, mit den Scheiteln gegen West (ganz genau) gerichtet, ohne alle Beigaben. Zwölf gerettete Schädel habe ich

Dr. HEINRICH MATIEGKA für das böhmische ethnographische Museum in Prag übergeben; der längste weist nach seiner Mittheilung einen Längenbreitenindex von 79 auf, die Mittelzahl beträgt etwas mehr als 83. Aus welcher Zeit das Begräbnissfeld stammt, lässt sich schwer bestimmen; diesmal fand man gar keine Beigaben. HRAŠE fand drei eiserne Messer und Scherben, PETERA spricht blos von Schädeln. Kurze Schädel sind in slavischen Gräbern von Ostböhmen gewöhnlich, während solche in Westböhmen gewöhnlich Langköpfe enthalten; auch die Seltenheit von Beigaben frappirt nicht, denn bei den 50 Skeletten des Grabfeldes von Kopidlno (Wald Berna, 40 km = 5 Meilen von Smiřic) wurde nichts als einige wenige Schläfenringe gefunden."

Nach Mittheilung des Herrn CLEMENS ČERMÁK hat der Museumsverein „Včela Čáslávská", dessen Präsident Herr ČERMÁK ist, im Februar und März 1896 eine weitere Untersuchung der alten Gauburg Čáslav-Hrádek veranstaltet. Diesmal fand man in der oberen Schichte viele Pfriemen, Spinnwirtel, beinerne Schleifschuhe und kleine Schlitten; dann viele eiserne Messerklingen, Handhaben von Wassereimern, Sporen und Aalen. Meistens sind es Gerätschaften aus der Haushaltung, während man von den Waffen nur eiserne Pfeilspitzen fand, welche auch zur Jagd dienen konnten. Alle Gefässe sind auf der Töpferscheibe geformt und mit Wellenlinien und Furchen parallel verziert. Besonders hübsch sehen die alten Wasserbecher aus. Es sind grosse Gefässe mit verengtem Halse, unter welchem sich viele Reihen von parallelen Strichen, Wellenlinien und schiefen Strichen ziehen. Es ist unsicher, ob an dieser Stelle des Hrádek auch Hütten standen; denn die fünf aufgedeckten Herde waren 3—5 m von einander entfernt und zu breit, um in ein Holzhaus ohne Feuersgefahr aufgenommen zu werden.

Zwischen diesen Herden fand man auch einen 8 cm langen Phallus aus gebranntem Thon. Nicht weit davon unter dem alten Raine lag ein Menschenskelet, von vielen Scherben umgeben. Gleich daneben lagen drei zusammengekittete Münzen vom Herzog Jaromir (1000—1003). In der Nähe des jetzigen Brauhauses fand man auf dem Hrádek auch eine seltene Münze vom Herzog Friedrich. Unter diesem Theile der Wallburg befindet sich ein in Felsen gehauener Keller, welcher in diesem Jahre ausgeräumt wurde, aber ausser einem durchlöcherten Deckel fand man nichts. Die nächsten Forschungen werden sich auf die westliche Lehne erstrecken.

Eine neue neolithische Station wurde in der Ziegelei bei Dobrovic aufgedeckt. Unweit davon befand sich auf dem Felsen eine sehr alte Ansiedlung und bei dem Bache wurde im Kies ein ganzer Schädel von Canis fam. intermedius Woldř. entdeckt.

Schon aus den früheren Funden wurde bekannt, dass man in Dobrovic Urnen vom Lausitzer Typus findet. Auch im Vorjahre fand man bei einer Erweiterung der hiesigen Schule zwei hübsche Gefässe.

In Zaříčan auf einer Flur „na vlčích jamách" wurde ein grösseres Gefäss von provinzial-römischer

Form ausgegraben. Auf dem gleichen Felde befinden sich schwarze Stellen, von wo auch zwei bronzene Nadeln stammen. Ob ein eiserner Speer von provinzial-römischem Typus aus dieser Lage herstammt, ist ungewiss. Eine ebenso geformte Waffe fand man neuerdings unter dem Eisengebirge bei Licoměřic. Es ist sicher, dass entlang dem Flusse Doubrava ein alter Weg von Mähren über die Grenzwälder führte. Auch Funde von römischen und griechischen Münzen und befestigte Stellen, auf dem Hradec bei Spytic, am Strážný vrch (Hutberg) bei Kohl-Příbram und Hradiště bei Maleč und Hranic beweisen dies.

Bei der alten Töpferhütte in Časlau Nr. 125 grub man auch eine Grünsteinaxt aus; sie lag offenbar schon an secundärer Stelle.

Die berühmte neolithische Station von Časlau ist schon bereits ausgebeutet, denn die Ziegelei wurde hier aufgelassen und eine systematische weitere Forschung zu unternehmen wäre zu kostspielig.

Herr Dr. KARL HOSTAŠ erstattet nachfolgenden Bericht über die Thätigkeit des Museums der Stadt Klattau auf prähistorischem Gebiete:

„Im Verlaufe des Jahres 1896 wurden auf dem Husíner Gräberfelde (Husín, Waldhügel oberhalb des Angelflusses, 3 km wnw. von Klattau),[1] wo bis zu dieser Zeit 26 Grabhügel geöffnet und untersucht worden sind, weitere sieben Hügel ausgegraben. Der Inhalt dieser Brandgräber bestand aus spärlichen Knochenkohlen und Aschenresten, zahlreichen Bruchstücken von Thongefässen und einigen Bronzebeigaben.

Die gehobenen Bronzegegenstände sind folgende:

1. eine mässig gebogene Messerklinge mit zwei Nieten in der kurzen Griffzunge; die Länge der Klinge beträgt 10 cm, die Breite in der Mitte der Klinge $1^1/_2$ cm;

2. ein Bruchstück eines schmalen Meissels;

3. ein breites offenes Armband, innen concav, aussen gewölbt mit Andeutung einer Mittelrippe, das sich durch eine starke Rippung auszeichnet. Innendurchmesser 6 cm;

4. ein Bruchstück eines solchen und

5. ein Fragment eines starken flachen Armbandes; beide Bruchstücke sind durch das Feuer stark beschädigt;

6. ein gegossener Fingerring mit eingekerbten Windungen, welche in einiger Entfernung an den verjüngten Enden beginnen;

7. eine 27 cm lange Nadel mit eigenthümlichem Kopfe und gereifeltem Halse;

8. eine bandförmige Spiralscheibe;

9. eine Drahtspiralscheibe.“

Der k. k. Conservator, Herr HEINRICH RICHLÝ in Neuhaus, hat auch im verflossenen Jahre mehrere urgeschichtliche Localitäten untersucht.

Besondere Aufmerksamkeit widmete derselbe der Umgebung von Rudolfstadt (Bergstadtl) bei Budweis. Sie ist ziemlich gebirgig und seit altersher wegen des

hier sehr lebhaft betriebenen Bergbaues bekannt; heute ist diese „steinreiche“ Gegend die nächste Vorrathskammer für alle Häuser- und Strassenbauten des steinlosen Budweiser Beckens; das ganze Terrain ist durch Anlage von Stollen, Muthungen und Schürfen einerseits, andererseits durch zahlreiche Steinbrüche ganz durchwühlt und der einstige Stand der Dinge gar nicht mehr erkennbar. Diese Verhältnisse sind auch Grund, dass zu gewärtigende Wohn- und Grabstätten des prähistorischen Menschen heute mit Schotter bedeckt oder behufs Steingewinnung gänzlich abgetragen wurden und demnach in dieser Richtung nichts zu finden oder auch nur als bestanden nachzuweisen ist.

Das gänzliche Fehlen von Alterthumsfunden gilt indess nur der nächsten Umgebung von Bergstadtl, namentlich den von Herrn RICHLÝ untersuchten Nachbarsorten, wodurch die Möglichkeit später zu gewärtigender Funde prähistorischer Natur bekanntermassen keineswegs ausgeschlossen ist.

Nach Süden, Norden und auch nach Westen sind zahlreiche prähistorische Fundstätten bekannt; gegen Osten sind dieselben jedoch nur spärlich vertreten. Die vorhandenen weisen auf eine viel jüngere, bezw. die jüngste prähistorische Periode hin und schliessen an die bekannten derartigen Fundstätten von Platz, Homolka und Neuhaus an.

Eine gegen Norden zunächstgelegene Nekropole aus der jüngsten Heidenzeit ist jene von Újezd-Červený (Rothujezd); hier hat Herr Hauptmann d. R. LINDNER aus Budweis an der Südwestseite einige Grabhügel in mustergiltiger Weise systematisch durchforscht und über die Resultate seiner Grabung Bericht erstattet. (Mittheilungen der Anthrop. Gesellschaft in Wien, Band XXIII, Seite 27.)

Herr RICHLÝ hat diese Hügelgräber besichtigt und ihre Lage und Beschaffenheit einer eingehenden Würdigung unterzogen, worüber einige allgemeine Bemerkungen folgen:

Die Umgebung von Rudolfstadt (Bergstadtl), sowie jene der benachbarten, in nördlicher Richtung gelegenen Ortschaften bildet eine von Brod beginnende, gegen Ost und Nord ansteigende, durch zahlreiche, tiefeingeschnittene, schluchtartige Thäler und Wasserläufe durchfurchte Hochebene, welche die Höhe von 500 m überschreitet und speciell im Vavraberge, zwischen Jelmo und Újezd-Červený eine Höhe von 530 m erreicht.

Inmitten des Waldes befindet sich hier die in Rede stehende, bei der Landbevölkerung der Nachbarsorte allgemein „Do Hrobů“ (In den Gräbern) genannte Nekropole.

Der Vavraberg ist am Scheitelpunkte ganz flach und bildet ein ausgedehntes Hochplateau, welches nach Norden und Osten allmälig abfällt, nach Süden und Westen hin aber durch tiefe, schluchtartige Längsthäler begrenzt erscheint. Der ganze Berg ist mit Wald bestanden und Eigenthum des Fürsten SCHWARZENBERG.

Die unregelmässig angeordnete, etwa 200 Schritte im Durchmesser haltende Nekropole dürfte aus 80—90 Grabhügeln bestehen; dieselben sind meist

[1] Památky arch. Band XIV, pag. 3—257; Annalen des k. k. naturhist. Hofmus., III, Not. 129.

aus Erde aufgeschüttet, Steine sind nur selten vorhanden und an der Oberfläche nie ersichtlich.

Bezeichnend für die Grabhügel „Do Hrobů" ist es, dass sie aus dem an Ort und Stelle vorhandenen Material errichtet wurden und dass sich demzufolge bei jedem derselben eine entsprechend grosse Grube, ein Graben oder eine ringsherum führende muldenförmige Vertiefung befindet, aus welcher das Erdreich ausgehoben und zur Errichtung des betreffenden Hügelgrabes verwendet wurde. Ein ähnlicher, wenig pietätvoller Vorgang ist in früheren Culturperioden, namentlich auch in der Bronzezeit von RICHLÝ nie beobachtet worden.

Diese Weise, Grabhügel zu errichten, war auch Veranlassung, dass das Terrain zwischen denselben die sie umgebende Grabensohle oft um einen halben Meter und mehr überragt.

Die Gestalt der einzelnen Hügelgräber ist in der Regel kreisrund; doch kommt auch die Viereckgestalt vor. Eine ganze Reihe derartig beschaffener Grabhügel erstreckt sich inmitten der Nekropole von Ost nach West. Andere befinden sich zwischen den übrigen, normal gestalteten Hügelgräbern, deren Durchmesser zwischen 7—12 Schritten variirt. Die viereckigen Hügelgräber sind meist die ansehnlichsten: 6 und 8 bis 10 und 12 Schritte im Durchmesser; ihre Oberfläche ist horizontal.

Die meisten Hügelgräber sind vollkommen erhalten, nur einige angegraben und die schon angeführten von Herrn Hauptmann LINDNER systematisch durchforscht.

An der Grabungsstelle fand Herr RICHLÝ einen Urnenscherben und zwei Bruchstücke von Hornstein.

Die Entfernung der einzelnen Grabhügel untereinander ist verschieden und beträgt oft nur 2, mitunter aber auch 10—20 und mehr Schritte.

Die Hügelgräber der Nekropole „Do Hrobů" unterscheiden sich also, wie bereits erwähnt, von Grabhügeln älterer Provenienz schon an der Oberfläche wesentlich dadurch, dass sie aus dem an Ort und Stelle vorhandenen Materiale durch Aushebung desselben an einer, an mehreren oder an allen Seiten und Aufwerfen oder Auftragen desselben gebildet und nach Wunsch erhöht wurden und dass in Folge dieses auch heute mit noch deutlich wahrnehmbaren Vorganges auf den bezüglichen Seiten der Peripherie eine Grube oder ein ringsumlaufender Graben entstand.

Ein dem Vorstehenden ähnliches Vorkommen beobachtete RICHLÝ an den Hügelgräbern in dem Walde Klobasna bei Veselí a. L., bei Neuhaus im Walde Homole, bei Újezd-Ostrolov und an anderen Orten, im Allgemeinen aber überall dort, wo Hügelgräber der jüngsten prähistorischen Periode — mit Leichenbrand — und meist nur noch durch das Wellenornament charakterisirt vorzukommen pflegen. An Fundobjecten sind diese Grabhügel sehr arm; selbst Thongefässe sind in ihnen selten, meist finden sich nur Kohle, Asche und gebrannte Knochen.

Bezeichnend für eine slavische Nekropole ist der Name „Do Hrobů", welcher sich auch bei anderen synchronistischen Grabstellen, z. B. Újezd - Ostrolov

und anderen wiederholt, aber auch bei solchen viel älterer Provenienz — von der neolithischen Periode abgesehen —, z. B. bei Křtěnov (bei Moldauthein) vorkommt.

Eine Grabung an der soeben beschriebenen Grabstelle war schon aus dem Grunde unstatthaft, weil zu diesem Zwecke erst die Bewilligung hätte eingeholt werden müssen und auch Taglöhner schwer zu beschaffen gewesen wären. —

Im städtischen Museum zu Budweis befindet sich auch ein durch die unermüdliche Thätigkeit des um dieses Museum hochverdienten Herrn Hauptmann LINDNER acquirirter Depôtfund der Bronzezeit, welcher sowohl durch seine Zusammensetzung einen neuerlichen Beweis für die Gleichzeitigkeit der Erzeugung und Verwendung der in ihm enthaltenen Bronzeartefacte liefert und auch die Richtung der in der Bronzezeit bestandenen Handelsverbindungen über Freystadt in Niederösterreich nach dem linken Ufer der Donau hin klarlegt. Der bezügliche Depôtfund wurde in der Nähe von Kosova (Kossau) bei Újezd kamený (Steinkirchen) gemacht und bildet solchermassen ein wichtiges Verbindungsglied mit den in dortiger Gegend bereits von früher her bekannten analogen Funden von Na Hradci und Plavnic.

Von Interesse dürfte auch der Fund eines Steinbeiles (Meissel) bei Týnce an der Sázava (Tabor, Neveklov, 2 St. S.) sein, welcher gewissermassen an die zahlreichen Funde aus der jüngeren Steinzeit im nördlichen Böhmen anschliesst und solchergestalt auf mögliche Verbindungen mit den südlichen Böhmen schon in dieser Periode — wohl auch nach dem Donau hin — zu deuten scheint. (Radimov, Holický, Neuhaus, Stráž [Platz] in Böhmen, Eibenstein in Niederösterreich sind als Einzelfundorte von Artefacten aus der neolithischen Zeit bekannt.)

Beachtung verdient endlich eine Nadel mit rundem, oben abgeplattetem Kopfe, deren Alter zwar nicht sichergestellt ist, die aber derartigen Bronzeartefacten älterer Provenienz sehr nahe kommt. Dieselbe wurde bei Valy (Budweis, Lomnic, 1¼ Stunden nordöstlich) bei Reinigung eines Brunnens gefunden und ist in dieser Gegend — so viel bekannt — als Unicum zu bezeichnen. Beide Artefacte befinden sich im Besitze des Herrn KOLÍN, Schulleiters in Veselí a. L.; derselbe besitzt auch eine Collection römischer Münzen von dermalen noch unbekannter Provenienz.

Eine willkommene Ergänzung zu der Darstellung des Herrn RICHLÝ liefert der von den Herren Hauptmann LINDNER und WOLLGRUBER gefertigte Bericht des Verwaltungsausschusses des Museumsvereines in Budweis. Derselbe hat ausser den Anfangs März v. J. erworbenen, für Südböhmen so wichtigen Depôtfund von Kossau, über welchen bereits ausführlich berichtet wurde,[1] noch nachbenannte prähistorische Funde erworben, und zwar:

a) aus einem Hügelgrabe bei Hosti, Bezirk Moldauthein:

---

[1] Siehe diese Mittheilungen, Bd. XXVI. Sitzungsberichte, S. [60].

Eine offene Armspange aus Bronze, innen glatt, an der Aussenseite mit mässig gewölbtem Rücken und gestricheltem Ornament, gegen die Enden etwas sich verjüngend. Aeusserer Durchmesser 4·5, Breite in der Mitte 1·2 cm, grün patinirt. Ein offener Armring aus plattem runden, 5 mm starkem Bronzedraht, mit abgerundeten Enden und lichtgrün patinirt; Durchmesser 7 cm. Zwei Schüsseln aus röthlichem Thon, auf der Scheibe gedreht, jedoch schwach gebrannt, der obere Rand etwas nach auswärts gebogen und innen mit einem durch eingeritzte Linien hergestellten Dreieckornamente verziert. Höhe 8, innerer Durchmesser 24 und 31, Bodenbreite 11 cm. Eine Schale aus röthlichem Thon, auf der Scheibe gedreht, wenig gebrannt, innen und aussen geschwärzt und innen ebenfalls wie die vorigen mit einem Dreieckornamente verziert; Höhe 5·6, innerer Durchmesser 14, Bodenbreite 4 cm; dann eine grosse Urne aus röthlichem Thon, aus freier Hand geformt, schwach gebrannt, stark ausgebaucht, mit engem Halse und mit nach auswärts gebogenem Halsrande; Höhe 35, äusserer Durchmesser des Mundes 20, der Breite des Bauches 35·5 und des Bodens 12 cm.

Die vorbezeichneten Gefässe wurden aus Bruchstücken wieder zusammengesetzt.

b) Bei Ausheben des Kellergrundes zum Baue eines neuen Hauses in Wodnian wurden im Mai v. J. mehrere Bronzeringe aufgefunden, von welchen dem Museumsvereine drei offene Schläfenringe und fünf kleine offene Ringe geschenkweise zukamen.

Die Schläfenringe sind aus plattem runden und 2 mm starkem Bronzedraht angefertigt, bei denen das eine Ende glatt abgestumpft, das andere dagegen abgeplattet und in der bekannten Weise ösenförmig eingebogen ist. Der äussere Durchmesser derselben beträgt 4—5 cm. Die kleinen Ringe sind gleichfalls aus 2 mm starkem runden Bronzedraht wie die vorigen geformt und haben einen äusseren Durchmesser von 2·6—2·8 cm.

Die Schläfenringe sind grün und braun, die kleinen Ringe aber nur grün patinirt.

c) Aus der bei den bisherigen Nachgrabungen in den Hügelgräbern bei Plaben, Bezirk Budweis, vorgefundenen grossen Mengen Gefässscherben wurden im abgelaufenen Jahre noch sieben Urnen von verschiedener Form und in der Höhe von 18·5—34 cm, sowie zwei kleine Schalen, sämmtlich aus freier Hand geformt, wieder zusammengesetzt, wodurch den im hiesigen städtischen Museum aufbewahrten Funden aus der genannten Nekropole eine sehr schätzenswerthe Ergänzung zutheil wurde.

Von diesen Gefässen ist eine stark ausgebauchte Urne aus röthlichem Thon am oberen Theile des Bauches mit einem aus neunfachen feinen parallelen Linien hergestellten Dreieckornamente verziert, in welchem in den aufwärts stehenden Ecken je drei vertiefte runde Punkte angebracht sind; Höhe 18·5, äusserer Durchmesser des Mundes 15·5, des Bauches 24, des Bodens 10 cm.

Eine ähnliche Verzierung, jedoch ohne Punkte, zeigt auf der Innenseite eine der beiden Schalen, welche gehenkelt und sowohl innen wie aussen mit Graphit geschwärzt ist. Höhe 5, Munddurchmesser 10·5 cm, der Boden oval verlaufend.

Herr Gutsdirector WANĚK in Radim (Böhmen) übersendet uns folgenden vorläufigen Bericht über seine theils allein, theils in Gemeinschaft mit Herrn Professor Dr. Píč in Prag im Jahre 1896 ausgeführten Untersuchungen:

1. Das Gräberfeld in Bylan nächst Böhmisch-Brod. In den schönen Märztagen des Jahres 1896 wurde dieses interessante Gräberfeld auf fürstlich LIECHTENSTEIN'schem Besitze, von welchem Herr Professor Dr. Píč in den Mittheilungen desselben Jahres bereits Erwähnung thut, von dem fürstlichen Hofverwalter ANTON FORMÁNEK weiter untersucht und wurden bis jetzt 48 Gräber blossgelegt. Die nähere Beschreibung dieser Fundstelle und ihres Inhaltes werden die „Arch. Památky" aus der Feder des Herrn Dr. Píč nebst Illustrationen bringen. Hier sei nur bemerkt, dass Artefacte aus der Steinzeit, der Bronze- und Eisenzeit nebst einem Goldring gefunden wurden, dass bei einigen Skeletten (Hockern) nur ein Gefäss mit Schnurornament, bei anderen bis 40 Gefässe von verschiedener Form, Grösse und Beschaffenheit vorgefunden wurden. Einige Gräber enthielten auch Bernsteinschmuck und einen Kranz von Wolfszähnen.

Merkwürdig ist bei diesen Gräbern, dass Steinfassungen gänzlich fehlten und dass die Gräber zumeist 4 m lang und gegen 3 m und mehr breit waren.

Zum Schlusse wird noch bemerkt, dass sämmtliche Fundsachen im böhmischen Nationalmuseum in einer Separatvitrine aufgestellt sind.

2. Das Grabfeld bei Zarybnik, Gemeinde Kloster-Skalitz nächst Kauřim. Durch Dampfpflügen auf der Nr. 111 wurde im Herbste 1893 eine grössere Menge Steine aufgedeckt, so dass das Stahldrahtseil durch dieses Hinderniss zerrissen wurde.

Im Frühjahre 1894 wurde bei Entfernung des Steines ein Grab aufgedeckt, welches dem Bylaner ad 1 angeführten, was Anlage und Grösse anlangt, ähnlich ist, mit dem Unterschiede, dass die Grabstelle mit einem Steinpflaster bedeckt war, und zwar ging die Pflasterung von Norden und Süden von 30 cm Tiefe bis auf 1 m Tiefe gegen die Mitte mit schiefem Winkel und war die Mitte des Grabes ohne alle Steinbackung. Die Lage des ganz morschen Skeletes konnte nicht festgestellt werden.

An Beigaben wurden in dieser Grabstelle vorgefunden: Sechs Gefässe, alle an der Südseite unter der Pflasterung, ein eisernes Pferdegebiss von La Tène-Form, aus eisernen Ringen bestehend, und dann zwei Stück geschliffene Steine, in der Form von ovalen, 16 cm grossen Stahlschleifsteinen, wie sie auch heute die Grasmäher zum Schleifen der Sensen benützen. Alle Fundsachen sind im böhmischen Museum untergebracht, bis auf die zwei grossen Gefässe, deren Zusammenstellung Herr Bürgermeister HELLICH aus Poděbrad übernahm.

Ein ähnliches Grab wurde heuer im Frühjahre auf demselben Felde gefunden, nur war dasselbe noch mehr zertrümmert, als das vorige; an Beigaben enthielt dasselbe 30 Gefässe nebst einer kreisförmigen Thonplatte von 16 cm Durchmesser. Einige Gefässe sind aus geschlemmter Erde in der Form von Schalen, Tassen und Töpfen gefertigt. Ein Gefäss war 50 cm hoch, mit vorstehendem, 2 cm breitem Rand und liegt heute noch zertrümmert bei Herrn WANĚK.

Im Monate November im vergangenen Herbste stiess Herr WANĚK auf demselben Felde auf der östlichen Seite dieses 80 Joch grossen Grundstückes abermals auf zwei Gräber, die jedoch von den vorstehenden ganz verschieden waren. In dem einen befanden sich drei Skelette, die Körper nach innen und die Köpfe nach auswärts, alle in gekrümmter Lage. Bei diesen Skeletten wurde ein zertrümmertes Gefäss mit einfacher Verzierung gefunden; dann zeigte ein Schädel Bronzeflecken, jedoch wurde der Bronzegegenstand nicht gefunden.

Das andere Grab, ein paar Schritte davon entfernt, war ein Einzelgrab mit der Lage des Skeletes von Nord nach Süd gestreckt, mit einfachem Gefässe von Krugform, das Gefäss jedoch zertrümmert.

3. Der grosse Brandgräberfund von Dobřichow auf der „Píč hora“ auf Gemeindegrund. Ende April wurde behufs Gewinnung von Kieselschotter auf einem über dem Flusse Vyrovka 40 m höher liegenden, halb felsenartig gegen Nordwest liegenden Hochplateau mit einer umfassenden Aussicht auf das Elbethal gegraben und stiessen die Arbeiter sofort bei Anfang der Arbeit auf eine Urne, welche jedoch zerschlagen wurde. An Gegenständen wurden in der Urne Bronzefibeln, Messer und Beinnadeln für das Kopfhaar vorgefunden. Durch diesen mir überbrachten Fund, welcher nicht weit von meiner Wohnung, dem Radimer Schlosse, liegt, aufmerksam gemacht, unternahm ich es sofort am Nachmittage, denselben zu erforschen. Kaum nach der Mittagszeit auf der Fundstelle angelangt, hatten die Arbeiter bereits zwei Thonurnen gefunden, deren Inhalt, bestehend aus Bronzefibeln, eisernen Messern, das eine mit einer Bronzeeinlage, ich herausnahm.

Ich erstattete Bericht von dem Funde Herrn Professor Dr. Píč, welcher auch sofort behufs Untersuchung zu mir reiste. Die Ausbeutung des Gräberfeldes nahm fünf Wochen in Anspruch, während welcher Zeit 240 Gräber blossgelegt wurden.

Aus diesen Gräbern wurden nur 130 Urnen erhalten; die anderen waren alle bereits eingegangen, auch war der Thon ganz durch Frost zertrümmert, da die grösste Tiefe kaum 36 cm betrug.

Unter diesen Urnen waren sechs Stück Bronzeurnen, wovon ein Stück ein kunstvolles Schaustück, die anderen Thonurnen, einige mit Mäanderverzierung. Von den Thonurnen sind 90 Stück erhalten, die anderen jedoch stark beschädigt.

An Inhalt oder Beigaben enthielten dieselben: Waffen, Schmuck, Gebrauchssachen aus Eisen, Bronze, Silber, Gold, gedrechseltem Bein und Glas etc. Die Zahl der Gegenstände beträgt mehr als 1000. Die Beschreibung des ganzen Fundes nebst Illustrationen hat sich Herr Professor Dr. Píč aus Prag, welcher zur Zeit des Grabens sechsmal herauskam, vorbehalten.

Ueber den Fund selbst hat sich Herr Geheimrath GREMPLER aus Breslau, der, von Karlsbad kommend, denselben bei mir besichtigt hatte, in Gemeinschaft mit Herrn Dr. Píč dahin geäussert, dass dies wohl der bedeutendste und interessanteste Fund jenseits der Alpen aus der Zeit der Völkerwanderung sei. Ebenso hat sich Herr Custos SZOMBATHY über denselben sehr lobend ausgesprochen und ihn als die schönste Zierde des Prager Museums bezeichnet.

Zur Zeit des Grabens im Mai haben täglich an 300—400 Zuschauer der Umgebung die Arbeiten und Funde besichtigt, die Arbeiter aber auch belästigt. Ein Antiquitätenhändler, Namens GÖNS aus Ždanitz, aus der nächsten Nähe, trachtete sogar mit einem israelitischen Dorfcollegen die Gemeinde gegen die Grabung und Ausbeutung des Grabfeldes aufzustacheln, was jedoch nicht gelang. Die Gemeinde Dobřichow traf vielmehr die Bestimmung, dass dieser werthvolle Schatz dem Museum in Prag einverleibt werde.

Endlich sei noch erwähnt, dass auf der Nordseite des Grabfeldes, unmittelbar an dasselbe anstossend, fünf Skelette in hockender Lage gefunden wurden, dann eine 5 m tiefe Ansiedelungsgrube, welche zwei rohe, zugeschliffene Steinäxte enthielt.

Weitere prähistorische Funde hat Herr WANĚK noch im Herbste gemacht, und zwar wieder durch Hilfe des Dampfpfluges; nämlich 4. bei „Braučkow“, Gemeinde „Lhota hlavačova“ nächst Kauřim auf Parcelle Nr. 273, und zwar Ansiedelungsreste oder Gruben. Diese Ansiedelung auf der Westseite des Feldes, welches 40 Joch gross ist, enthielt Scherben, dann Knochen aus zwei Perioden, und zwar aus jener mit Schnurornament und Volutaverzierung 12 Stück verschiedene Muster, ferner von dem slavischen Burgwalltypus 40 Ornamentenmuster. Gegraben wurde an 40 Gruben, welche die angeführten Scherben, dann Knochenreste, ferner eine grosse polirte Steinaxt und mehrere geschliffene Steinmeissel enthielten.

In einer Grube mit Burgwalltypus wurde ein Schmelzofen aus Eisen, 2 m hoch, mit Eisenschlacke vorgefunden und war der Bau dieses Eisenschmelzofens recht interessant, weshalb von Herrn Professor Dr. Píč eine Zeichnung davon genommen wurde. Bemerkt wird noch, dass auch eine Anzahl von dunklen Stellen, wo sich Scherben und Knochenartefacte vorfinden, auf diesem Felde zu sehen sind, dass jedoch das zugehörige Grabfeld noch nicht sichergestellt werden konnte.

5. Ansiedelungsreste auf Parcelle Nr. 107/4 bei Třeboul nächst Kauřim. Ebenso wie auf der sub 4 angeführten Fundstätte wurden auch auf dieser 40 Joch grossen Parcelle durch Dampfpflügen eine Anzahl von dunklen Stellen ausgeackert, die nach näherer Untersuchung durch Graben eine grössere Ansiedelung vom Burgwalltypus ergaben. Aufgedeckt wurden 15 Gruben und diese ergaben eine Anzahl das genannten Musters, wovon zwei von einem erhabenen Muster, welches nach Herrn Professor Dr. Píč noch niemals in Böhmen in dieser Periode gefunden wurde. Ausserdem wurden ein Bronzeohrgehänge, klein, mit S-Form, dann geschliffene steinerne Meissel, Beinnahlen

5*

und viele Knochen von den gehaltenen Mahlen, ferner sehr viel Holzasche sichergestellt. Die schönen Muster der Fundstätte sind für das Prager Museum reservirt, die übrigen werden an umliegende Schulen vertheilt.

6. Beim Bau eines Rüdingers (Rübenzuleitungscanal mit Wasserspülung) in der Planianer Zuckerfabrik am Hof, und zwar auf jenen Stellen, wo im Jahre 1895 die mit Mäander verzierten, im böhmischen Nationalmuseum aufbewahrten interessanten Gefässe nebst Scherben von pocalförmigen Gefässen aus geschlemmter Erde ausgegraben worden waren (die das Interesse des Herrn Custos SZOMBATHY in hohem Grade erweckten), wurden abermals Scherben derselben Periode gefunden, doch sind selbe roh und ohne Interesse, bis auf eine Bronzeverzierung in Lyraform, 10 cm hoch.

7. Beim Abgraben von Komposterde hinter der Zabonoser fürstlichen Scheuer, Parcelle Nr. 167, wurde in einer von Pläner Kalksteinplatten gebildeten Umhüllung ein ganz erhaltenes Gefäss, topfförmig, von 20 cm Höhe, mit Wellenornament doppelt verziert, vorgefunden. Ueber den Inhalt des Gefässes kann leider nichts berichtet werden, da derselbe von den Arbeitern ausgeschüttet wurde; doch sollen sich darin Knochenreste befunden haben. Das Gefäss selbst wurde dem böhmischen Nationalmuseum übergeben.

8. Bei der Regulirung des „Vyrovka"-Flusses in der Gemeinde „Kostelní Lhota", Bezirk Poděbrad, wurde in einer Tiefe von 4 m von den Arbeitern ein grosses topfartiges Gefäss mit Fingereindrücken, recte mit von oben nach unten gehenden Strichen, ausgegraben. Dieses Gefäss ist in meinem Besitze zerbrochen, könnte jedoch zusammengestellt werden; doch ist es ohne besonderen Werth und dürfte derselben Periode angehören, wie die Scherben beim Radimer Bahnhofe, die Herr Professor Dr. Píč in den „Památky" beschrieb; IV. bis VI. Jahrhundert v. Chr.

9. Einzelgrab der La Tène-Periode von Klein-Nechwízd, Bezirk Brandeis a. d. E., auf der Flur „Staré zámky" (Alte Schlösser). Durch den fürstlichen Wirthschaftsleiter Herrn EMIL HARTMANN in Gross-Nechwízd wurde auf genanntem Grundstücke ein La Tenè-Skeletgrab, welches zwei Bronzeringe mit verziertem verdickten Schluss enthielt, die dem böhmischen Museum übergeben wurden, dann noch zwei einfache Bronzeringe, welche ich Herrn Custos SZOMBATHY zusandte und der sie dem VI. Jahrhundert v. Chr. zuweist, ausgegraben. Ueber die Lage des Skeletes kann leider nichts berichtet werden, da die Finder selber hierüber nichts sagen können. Den zerfallenen schadhaften Schädel behielt ich bei mir. Ausser diesen Gegenständen wurde ein feines Silberdrahtgeflecht daselbst, dem Burgwalltypus angehörig, das ich Herrn Custos SZOMBATHY zugesendet habe, dann, merkwürdig genug, Kacheln und Fragmente von solchen, gegossen und aus röthlichem Thon, aus dem XV. Jahrhunderte stammend, mit Menschenfiguren aus dem alten Testamente und Ritterverzierungen. Die Kacheln und Reste derselben wurden dem Museum in Prag übergeben.

10. Dobřichow. Ansiedelungsreste vom Burgwalltypus nebst Mühlsteinen, dann Scherben aus der Völkerwanderungszeit wurden in der Ziegelstätte des Herrn MACHAČEK in Dobřichow unmittelbar unter der Grabstätte Nr. 3, Píč hora genannt, gefunden; dieselben sind sehr einfach.

11. Ebenso wurden im Garten des Gemeindevorstehers STRYSKAL in Třeboul Ansiedelungsgruben vom Burgwalltypus nebst Knochen, dann einem sehr seltenen starken Hirschgeweih, total versteinert, nebst zwei Steinäxten ausgegraben, die sich in der Schule daselbst befinden; ferner in dem Garten der Wiener Credit-Anstalt in derselben Gemeinde zwei Bronzeringe, breite Form, und eine Armbronzespirale nebst Scherben von acht Mustern des Schnurornaments. Letztere Gegenstände wurden von mir im Herbste dem Museum nach Prag zugestellt.

Zum Schlusse bemerke ich noch, dass der Bezirk Kauřim im Süden und der Mitte wellenförmig mit nördlicher Abdachung gegen Norden seine Lage hat, der Boden zumeist lehmig-humös ist, die Fundstellen durch dunkle Färbung leicht zu erkennen sind. Da nach der Tradition der Slavenzeit im VI. bis VIII. Jahrhunderte n. Chr. in Kauřim in einer bedeutenden Wallburg die Kauřimer Fürsten gehaust haben und da der Bezirk noch mehrere solche bis jetzt erhaltene und bestehende Wallburgen aufzuweisen hat, ist dieses Gebiet für den Prähistoriker, wenn er sich nur ein wenig Mühe nimmt, sehr dankbar.

Herr Professor WOLDŘICH in Prag veröffentlichte in der „Archäologischen Durchforschung des Königreiches Böhmen" in böhmischer Sprache: „Archäologische Forschungen in Südböhmen", einen längeren Aufsatz mit 28 Text-Illustrationen. Auf Grundlage eingehender Untersuchungen der meisten südböhmischen und westmährischen sogen. „Opfersteine und Opferschüsseln", sowie einiger sogen. Monolithe in Mittelböhmen etc. gelangte derselbe zum Resultate, dass kein einziger bis jetzt beschriebener „Opferstein" von Menschenhand herrührt, sondern dass diese, sowie andere angebliche „megalithischen Baudenkmale" lauter natürliche, wenn auch nicht sehr häufige Bildungen sind, welche nur ein geologisches Interesse besitzen. Weiter beschrieb Dr. WOLDŘICH eingehend die Wallburg „Svákov" bei Soběslau mit zweimaliger theilweiser Verschlackung, errichtet um das V. Jahrhundert n. Chr. Ferner untersuchte er Grabhügel bei Soběslau aus Lehm ohne Beigaben, aus dem VI. bis VIII. Jahrhundert n. Chr., gemeinsam mit Sr. Durchlaucht Herrn Erbprinzen JOHANN FÜRSTEN SCHWARZENBERG Grabhügel bei Ondráž aus derselben Zeit, ohne Beigaben.

Die Arbeiten des Herrn Professors AL. MAKOWSKY im Centrum von Mähren während des Sommers 1896 waren zumeist auf den Nachweis der Gleichzeitigkeit des Menschen mit dem diluvialen Rhinoceros gerichtet.

Schon vor Jahren wurden in den Kiriteiner Kalkhöhlen zwei Humerusknochen von Rhinoceros tichorhinus gefunden, die, mit Schlagmarken versehen, das spongiöse Mark enthaltende Knochengewebe ausgekratzt zeigten. Später fanden sich im Löss bei Brünn zwei ähnlich gestaltete, in Asche gebettete Humerusknochen, bei welchen die Schlagmarken zwar nicht erhalten waren, jedoch das Innere ausgekratzt und theilweise mit Löss- und Kohlenresten erfüllt war. Nun sind im Laufe des Jahres in verschiedenen mit Kohlenresten versehenen Lagerstätten, oft bis 10 m tief, neue Belegstücke, und zwar humerus, radius, ulna und auch tibia, im Ganzen nunmehr 21 Stück Rhinocerosknochen mit unzweifelhafter Bearbeitung hinzugekommen, wozu sich noch mehrere mit Aschenrinde versehene, zum Theile durch Feuer veränderte Phalangen gesellten.

Aus diesen Funden erhellt deutlich, dass das Rhinoceros wie sein Zeitgenosse, das Mammut, zugleich mit dem Menschen hier in der Diluvialzeit gelebt hat.

Im Spätherbste wurden in der Ziegelei des Rothen Berges, die schon wichtige Funde geliefert, in 7 m Tiefe die gut erhaltenen Reste von zwei Exemplaren des diluvialen Dachses aufgefunden und den Sammlungen der technischen Hochschule in Brünn einverleibt. Es ist der erste sicher constatirte Fund dieses Thieres in der Umgebung von Brünn.

Interessant ist ferner die Nachricht, dass gelegentlich des Baues der neuen Handelsschule in der Elisabethstrasse unmittelbar an der alten Stadtmauer zahlreiche mit der Drehscheibe angefertigte Thongefässe, ähnlich den schon früher (durch Custos Trapp) um Brünn aufgefundenen und für prähistorisch gehaltenen Gefässen, blossgelegt wurden, die nach Professor Rzehak's Meinung aus dem XI. Jahrhundert stammen und wichtige Beigaben enthielten. Ein näherer Bericht von Rzehak folgt in den Schriften der historisch-statistischen Section der Brünner Ackerbaugesellschaft.

Herr Dr. Kříž in Steinitz beendete im Herbste 1896 seine Grabungsarbeiten in Předmost bei Prerau.[1])

Im Jahre 1893 waren die nöthigen hypsometrischen Erhebungen gepflogen und geologische Vorarbeiten vorgenommen worden. 1894, 1895 und 1896 hatte Dr. Kříž behufs Erforschung dieser in Europa einzig dastehenden, in geologischer, paläontologischer und anthropologischer Beziehung classischen Station des diluvialen Menschen sehr umfangreiche Grabungen durchgeführt und ein äusserst reiches und wichtiges Fundmaterial geborgen. Es wurden 55 Schächte abgeteuft, um das Verhältniss des Bečvaflusses zum Lösshügel von Předmost, sowie die Art und Weise des Aufbaues desselben, dann die Verbreitung der fossilen Schichte kennen zu lernen.

Weitere Grabungen bezweckten die Erforschung der Culturschichte und ihre Einschlüsse. Es wurde eine Fläche von 1620 qm abgegraben, eine Erdmasse von mehr als 4200 kbm ausgehoben.

Dr. Kříž unterscheidet für die diluviale Periode eine fossile, über den ganzen Hügel dislocirte, blos Thierreste enthaltende Schicht und eine auf die Umgebung der ehemaligen devonischen Kalksteinklippe beschränkte Culturschichte. Diese selbst ist doppelt: a) die Culturschichte im engeren Sinne — auf ursprünglicher Lage ruhend und charakterisirt durch Feuerstätten und vom Menschen errichtete Haufen von Mammutknochen, b) im weiteren Sinne auf secundärer Lagerstätte durch Regenwässer herabgespült.

[1]) Vgl. Bd. XXIV, S. 39—50, dieser Mittheilungen.

Erstaunlich gross ist die Anzahl der geborgenen Mammutreste; so liegen vor mehrere ganze oder fast ganze Schädel, sechs ganze vereinigte Unterkiefer, 850 Backenzähne von Individuen jeden Alters (vom Embryo bis zum höchsten Alter), 68 Scapulae (darunter mehrere Prachtexemplare), 340 Carpalia und Tarsalia, 140 Metacarpalia und Metatarsalia, 85 Phalangen und 29 Becken u. s. w.

Von Artefacten sind hervorzuheben geschnitzte und gezeichnete Elfenbeinzierstücke, ein sehr schön ornamentirtes Mammutrippenfragment u. s. w.

Vom diluvialen Menschen liegen zwei Unterkiefer und ein wohlerhaltener, noch in der Culturschicht steckender Schädel vor.

Auf diesem Hügel wohnten Menschen auch in der prähistorischen Zeit in Wohngruben; es wurden fünf solche Gruben aufgedeckt und untersucht.

Auf der Südostseite des Hügels neben und unter dem jetzigen katholischen Friedhofe befand sich in der slavischen Heidenzeit eine ausgedehnte Ruhestätte, auf der die Leichname in Reihen neben, aber auch untereinander begraben wurden.

Es wurden 140 Skelette ausgehoben und nach Hause expedirt; auch wurden viele goldene, silberne und vergoldete Ohrringe arabischer Provenienz, sowie bronzene und messingene Ohrringe und Ringe localer Arbeit gefunden.

Aus Steiermark berichtet uns Herr Bergrath Riedl in Cilli über einen interessanten La Tène-Fund, der vor Kurzem im Sannthale gemacht wurde. Der Fundort liegt etwa 4 km westlich von Dreschendorf. Bei einer Grundgrabung kamen hier folgende Objecte zum Vorschein: Ein Schwert von 78 cm Klingenlänge nebst Resten der zugehörigen Scheide, die Handhabe eines Schildes von 1 mm Blechstärke, die äusserst sorgfältig hergestellte, 25 cm lange Lanzenspitze, Reste von Wehrgehängen, endlich eine 14 cm lange Fibula.

Alle Stücke sind aus Schmiedeeisen hergestellt und erweisen sich ihrer Form nach als typische Vertreter der La Tène-Periode.

Herr kais. Rath S. Jenny in Hard bei Bregenz theilt uns mit, dass mit dem Beginne der Rheindurchstichsarbeiten prähistorische Funde aus einer Gegend bekannt geworden sind, die sonst nie welche geliefert hat. Es sind dies Nr. 54 und 56 des Kataloges der prähistorischen Sammlung im Vorarlberger Landesmuseum. Ausserdem wurde im Fürstenthum Liechtenstein bei Balzers eine prachtvoll erhaltene, sehr grosse La Tène-Fibel gefunden, welche in die fürstliche Sammlung in Vaduz gekommen ist. Ueber alle drei Fundstücke werden die „Mittheilungen der Central-Commission" das Nähere berichten.

Herr Dr. v. Marchesetti sendet uns Angaben über die Nekropole von St. Canzian bei Triest, welche er in diesem Frühjahre entdeckte. Sie besitzt besondere Wichtigkeit, da sie die erste im Küstenlande ist, welche den Uebergang resp. den Uebergang von der Bronzezeit zur ersten Eisenzeit (Villanova-Epoche) beleuchtet. Zum Unterschiede von den späteren Gräberfeldern von S. Lucia, Caporetto, Vermo, Pizzughi etc. sind in ihr sämmtliche Waffen aus Bronze, und zwar recht schöne Schwerter, Dolche, Messer etc. Erwähnenswerth ist die Auffindung des ersten Cultrum lunatum in dieser Provinz, sowie eines bronzenen Pferdezaumes. Von Fibeln blos die ältesten Formen: einfache Bogenfibel, Sichel- und Brillenfibel. Nebstbei eine schöne Reihe von Ringen (Finger-, Arm- und Halsringe), Nadeln, Ketten, Anhängsel etc. Die Töpfe sehr roh. Durchaus Brandgräber. In diesem Jahre hat Dr. v. MARCHESETTI 185 Gräber geöffnet; derselbe hat sich die Felder gesichert, um im nächsten Frühjahre die Grabungen fortzusetzen, da voraussichtlich noch viele Gräber vorhanden sind.

Kleinere Forschungen wurden noch in einigen Castellieri und Grotten gemacht, die auch manche interessante Beiträge lieferten. Am 9. Januar 1897 untersuchte MARCHESETTI eine Höhle bei Divaccia, zu der ein Schacht von 17 m Tiefe in zwei Absätzen führt und zu der man nur mittelst Leiter gelangen kann. Auch diese Höhle lieferte zahlreiche Reste der menschlichen Thätigkeit, wodurch ein neuer Beweis geliefert wurde, dass nicht nur die leicht zugänglichen, sondern auch die scheinbar ganz unbewohnbaren Grotten als Aufenthalt des prähistorischen Menschen dienten.

Unser Correspondent Herr Prof. Dr. KARL MOSER berichtet uns:

1. Ueber die Ausbeutung eines Höhlenspaltes in einer an der Gemeindegrenze Gabrovica-Salroce gelegenen Höhle, von den Touristen „Tilde" genannt. Sie enthielt Knochen und Zähne diluvialer Säugethiere, wie Bos primigenius und B. priscus, Equus fossilis in überwiegender Zahl und Reste von Cervus elaphus, von Feliden nur Felis spelaea, dann Canis spelaeus, Lupus spec? Cricetus spec? Wegen ungünstiger localer Verhältnisse und unzulänglicher Mittel konnte die Fortsetzung dieser an Knochen reichen Höhle nicht weiter verfolgt werden. Nicht minder beeinträchtigten die Regenverhältnisse die Arbeiter im Höhlenspalt, da durch das Sickerwasser die brecciösen Partien des die Knochen führenden Höhlenspaltes in fortwährende Bewegung gebracht werden, so dass die weitere Arbeit, weil lebensgefährlich, eingestellt werden musste. Ein Plan der Höhle, sowie eine kurze Schilderung der Fundverhältnisse dieser diluvialen Säugethierreste wird nächstens in der Zeitschrift „Globus" erscheinen.

2. Ueber ein Steinkistengrab bei Mauhinje ob Duino im Küstenlande. Nächst der genannten Ortschaft in der Localität Krestenče wurde im Januar 1896 beim Hinwegräumen einer Schutthalde, ungefähr ¹/₂ m tief in der Erde, eine aus Steinplatten geformte Kiste aufgedeckt, in der ein sehr morsches Skelet, einem jugendlichen Individuum angehörig, lag. Zu dessen Füssen befand sich ein zerbrochener Teller oder eine Vase. Bei meinem Besuche im December konnte ich nur aus Erzählungen des Arbeiters die wenigen Daten sammeln. Bei den heurigen Winterarbeiten dürfte sich vielleicht noch manch' anderer Fund machen lassen.

3. Plattengräber von S. Michele ober Alt-Muggia in Istrien. Bei Begehung des Festungsgrabens des Forts Nr. 3, S. Michele genannt, fiel das Vorhandensein geöffneter Gräber auf. Die Aufnahmen derselben wurden an die k. k. Central-Commission geleitet. Am Nordostabhange öffnete Herr MOSER an zwei verschiedenen Tagen fünf Gräber. Zwei enthielten drei und fünf Skelette, letzteres mit Nachbegräbnissen, und drei enthielten je ein Skelet. Die Schädel lagen entweder mit dem Gesicht nach abwärts oder seitwärts. Richtung: NO—SW — oder N—S. Die Skelette spärlich mit Erde bedeckt, so dass in Folge des eindringenden Wassers alle Skelettheile damit überzogen sind. Das Skelet liegt entweder ausgestreckt oder gekrümmt auf dem mit Asche bestreuten Boden und ist ringsum von behauenen grossen Sandsteinplatten sorgfältig bedeckt. An den Seiten liegen zur Verkeilung kleinere Platten. In Meterhöhe sieht man eine von Holzstoff spärlich durchsetzte Culturschichte, darüber aufgeführte Erde aus dem Wallgraben. Die Schädel sind deutlich dolichocephal, sehr dünn und oft sehr gut erhalten. Die Wirbelsäule deutlich nach aufwärts gekrümmt. Ein ganzes Skelet wurde an das Museo civico abgeliefert. Der Abhang von S. Michele dürfte an tausend solcher Gräber bergen. (Allemannengräber Würdinger's?)

Herr Secretär Dr. WLADIMIR DEMETRYKIEWICZ in Krakau hat im vergangenen Jahre Ausgrabungen veranstaltet: in der Umgebung von Przemysl und Drohobycz (neolithische Kurgane), in der Umgebung von Taunolureg und Nisko in Mittelgalizien (Urnenfelder aus der Bronze- und Hallstatt-Periode, überwiegend langer Lausitzer und Schlesischer Typus). Ferner hat er Informirungsreisen unternommen: zur Besichtigung der Wallburgen in Lapizyca bei Bochnia und Zawada (politischer Bezirk Brzesko), beide in Westgalizien, endlich nach Trembowla und Lipica in Ostgalizien, wo beim Eisenbahnbau wichtige römische Skeletgräber und slavische Urnenfelder leider vandalisch zerstört und verschleppt wurden.

Der wissenschaftliche Bericht über diese Forschungen wird in der nächsten Zeit in dem II. Bande der „Archäologisch-anthropologischen und ethnologischen Materialien", herausgegeben von der anthropologischen Commission der Krakauer Akademie der Wissenschaften (als II. Serie und Fortsetzung der früheren „Wiadomosti anthropologiczne") erscheinen.

Herr Universitätsprofessor und Conservator Dr. ISIDOR SZARANIEWICZ in Lemberg berichtet in einem längeren Schreiben über die durch ihn erfolgte Aufdeckung zweier Gräberfelder bei Czechy und Wysocko unweit Brody. Es sind das Flachgräber mit Skeletten, welche zum Theil in Reihen, zum Theil in Gruppen angeordnet sind. In Czechy wurden in den zwei letzten Jahren bei nahezu halbjähriger Grabungsdauer gegen 180 Skelete aufgedeckt, in Wysocko während einer dreiwöchentlichen Campagne im verflossenen Jahre gegen 20. Die Schädel der Skelette sind ausgesprochen dolichocephal, mit einem Längenbreiten-Index von 68 bis 75 nach einigen gemessenen Stücken. Das Merkwürdigste sind aber die Beigaben, da sich nebst zahlreichen Thongefässen Geräthe aus Stein, Bronze und Eisen zusammen vorfinden. Unter ersteren werden drei durchbohrte Steinhämmer, ferner kleine zugeschlagene

Feuersteingeräthe erwähnt; die Schmucksachen, wie Fingerringe, Ohrgehänge, Armbänder, Nadeln und Fibeln (es wird leider nicht erwähnt, welche Formen), sind aus Bronze; aus Eisen sind vornehmlich kleine Messerchen vorhanden. Auffallend ist das Fehlen von Waffen aus Bronze und Eisen. Von anderen besonderen Fundobjecten werden erwähnt: Harzscheiben, zwei Glasperlen, einige Schalen von Cypraea moneta und drei Bruchstücke von Bernstein. Ob zwei runenartige Zeichen, von denen sich eines auf einem Thongefässe, das andere auf dem Bruchstücke eines Feuersteinmessers eingeritzt vorfand, als Schriftzeichen zu deuten sind, muss noch von Fachgelehrten entschieden werden. Jedenfalls sind diese Funde von höchstem Interesse und verdienen die grösste Beachtung. Da über die Grabungen genaue Protokolle geführt wurden, so steht zu erwarten, dass die geplante Publication die verlässlichsten Aufschlüsse über diese wichtigen Funde geben wird.

Herr Conservator KARL ROMSTORFER in Czernowitz berichtet, wie folgt, über seine Thätigkeit im Jahre 1896:

„An der auf einem sehr langen Hügelrücken von Ober-Pertestie gegen Solka sich hinziehenden Strasse fand ich gelegentlich einer Dienstreise zwei Paar Tumuli von ähnlicher Form und Grösse, wie solche der k. u. k. Custos J. SZOMBATHY vor zwei Jahren bei Hliboka durchforschte. In Ober-Pertestie bemerkt man ferner in der Nähe der Strasse, die sich gegen Botuschana zieht, bei Cote 484 der Generalstabskarte ebenfalls zwei Tumuli, die prähistorisch sein dürften.

Eine Anzahl Tumuli sah ich, und zwar zwei rechter Hand, unmittelbar neben der Gemeindestrasse, welche, von der Bezirksstrasse Suczawa-Liteni-Gurahumora rechts abzweigend, nach Zaharestie führt, einen Tumulus links von der Gemeindestrasse in der Nähe des Meierhofes „Hermann" und einen auf einer Feldwegkreuzung zwischen Zaharestie und Jozseffálva, bei Cote 379.

Von den bereits bekannten fünf Tumuli in der Nähe von Liteni, von welchen einer eine ganz besondere Grösse besitzt, beabsichtige ich einen im Jahre 1897 auszugraben und sind die Unterhandlungen mit dem Pächter und den sonstigen interessirten Persönlichkeiten bereits abgeschlossen.

Durch den Herrn Universitätsdocenten Dr. R. WOLKAN aufmerksam gemacht, besah ich in dessen und des Landes-Museumscustos Dr. J. PALEK Begleitung die Reste eines verschanzten Lagers in Ober-Scheroutz in der Nähe von Czernowitz. Von Scheroutz führt der Weg fast östlich ziemlich steil aufwärts, und zwar bald in einem jungen Buchenwald, der nach halbstündiger Wanderung einer grossen, mit einzelnen alten Eichen besetzten, die südliche Kuppe des Kammes bedeckenden Weide Platz macht. Den höchsten Punkt (Cote 462) nimmt das nach der Form eines langgestreckten Trapezoides von durchschnittlich 200 Schritte Breite und ungefähr 350 Schritte Länge gestaltete Lager ein. Gegen Osten zu steigt es noch einigermassen an und fällt an dieser Seite, sowie gegen Südwest ungeheuer schroff ab. Die knapp an den Steilhang anschliessenden Erdwälle sind etwa 3 m hoch und besitzen eine Kronenbreite von

ebenfalls 3 m. Gegen die Westseite zu, wo das Lager an den minder steilen Hang grenzt, der den Zugang bildet, erreichen die Wälle eine Höhe bis 4½, und 5 m, bei entsprechender Kronenbreite. Hier ist auch ein wahrscheinlich bereits ursprünglich angelegter Thoreinschnitt sichtbar, und zwar in einem von den Wällen gebildeten einspringenden Winkel. Gegen Norden, wohin der Kamm vorerst etwas abfällt, sind zwei parallele Wälle mit dazwischen liegendem schmalen Felde angeordnet, welchem weiters ein etwa 150 Schritte grosses, annähernd quadratisches, auch zu beiden Seiten durch Wälle geschütztes Lagerfeld folgt, das weiter nördlich durch einen besonders gross dimensionirten Doppelwall mit Vorgraben gegen das Aussenfeld, das von hier wieder etwas ansteigt, geschützt ist. Stellenweise zeigen sich unter den Wällen und an den Hängen mächtige Felsplatten; die Wälle selbst scheinen, nach einem vorhandenen, erst in jüngerer Zeit hergestellten Durchstich zu schliessen, lediglich Erdaufschüttungen zu sein. Von etwaigen Funden ist bis jetzt nichts bekannt. Unter dem Volke ist die Lagerstelle unter dem Namen „Dudva" bekannt und wird mit türkischen Invasionen in Verbindung gebracht. In seiner Anlage zeigt dieses verschanzte Lager eine grosse Aehnlichkeit mit der kaum grösseren Wallburg in Hlinitza. Zu bemerken ist, dass in Scheroutz noch sonstige alte Sicherungsanlagen zu finden sind; auch der Name des kleinen in der Nähe von Unter-Scheroutz gelegenen Ortes Szance deutet auf daselbst bestandene Erdwerke. Die k. k. Central-Commission hält auf Grund dieses Berichtes das Lager für sehr interessant und ersuchte um weitere Nachforschungen.

In der Stadt Suczawa ergaben sich zum Theile auch gelegentlich des Bahnbaues Itzkany-Suczawa in grösserer Zahl bereits auf verschiedenen Stellen diverse ältere Funde. Interessant sind die in Suczawa, der alten Wojwodenstadt, gefundenen Hirsegruben. Es sind dies siloartige Vertiefungen im thonigen Erdreiche, welche innen gut, fast glasartig ausgebrannt waren, oben eine Einsteigöffnung von etwa 60 cm Weite besitzen, nach unten aber bei einer Tiefe von zwei und mehr Meter eine Weite am Boden von ebenfalls 2—3 m erreichen. In vielen fand man noch Reste von Hirse. Zu bemerken ist, dass in Suczawa seit Menschengedenken Hirse nicht angebaut wird."

Die im Vorjahre begonnenen Grabungen und Forschungen am alten Wojwodenschlosse in Suczawa setzte Herr ROMSTORFER heuer fort und erzielte zahlreiche interessante, mittelalterliche Funde.

Uebergehend zur somatischen Anthropologie, gedenke ich vorerst einer soeben eingelangten Schrift des Herrn Dr. FRANZ TAPPEINER: „Der europäische Mensch und die Tiroler". Der verdiente Altmeister der kraniologischen Forschung in Tirol bespricht darin die neueren Anschauungen über die europäische Heimat der Indogermanen, über die physischen Merkmale des europäischen Menschen; die Auffindung der letzteren bleibt allerdings der Zukunft vorbehalten. Die Armenier betrachtet derselbe als eine Mischrasse von Ariern und Mongolen. Er stützt sich dabei hauptsächlich auf die

Vergleichung von 32 Armenierschädeln mit Tirolerschädeln. Die Tiroler stammen nach Dr. TAPPEINER von den Rätern, welche er, gestützt auf VIRCHOW's und seine eigenen Untersuchungen von Albanesenschädeln, zu den vorwiegend brachycephalen Illyriern rechnet. Die diluviale europäische Rasse ist ihm die wirkliche arische Rasse, welche sich schon vor der Diluvialzeit, also in der jungtertiären Zeit, zu den noch heute massgebenden drei kraniologischen Typen ausgestaltet haben muss. Dürfen wir uns auch nicht verhehlen, dass zur exacten Vertretung dieser Ansichten das derzeit verfügbare Material unzureichend scheint, so freuen wir uns doch über die ungeschwächte, fast jugendliche Kraft, mit welcher Herr TAPPEINER für den Ausbau seiner Richtung bei jeder Gelegenheit eintritt.

Es obliegt mir noch, über eine andere für die somatologische Durchforschung der Tiroler überaus bedeutsame Unternehmung zu berichten. Die Anregung zu derselben ist auf dem gemeinschaftlichen Congresse der Deutschen und Wiener anthropologischen Gesellschaften in Innsbruck 1894 durch Herrn Hofrath C. TOLDT gegeben worden. Die Umsetzung dieser Anregung in die That verdankt man den Bemühungen des Herrn Prof. v. WIESER. Das Ferdinandeum, dessen Vorstand Herr v. WIESER ist, setzte eine „Commission zur anthropologischen Erforschung Tirols" ein, deren leitende Gesichtspunkte sie aus den nachfolgenden Bemerkungen des Herrn Hofrathes TOLDT entnehmen wollen. Herr TOLDT schreibt mir:

„Es kommt uns vor Allem darauf an, die individuellen Erhebungen nach der regionalen und nationalen Herkunft der Personen scharf gesondert zu bearbeiten, so dass für die Publication zunächst nur die Kinder bezirkseinheimischer Eltern und diese wieder als ortseinheimische und bezirkseinheimische gesondert zur Darstellung gebracht werden. Ebenso sollen die Kinder nach der Nationalität (Muttersprache der Eltern) gesondert behandelt werden. Auf diese Weise glauben wir den untersuchten Theil der Bevölkerung in seine Elemente zerlegt darstellen zu können. Eine besondere Aufmerksamkeit soll der Körpergrösse, namentlich den letzten Stadien des Körperwachsthums, zugewendet werden. Zu diesem Zwecke haben wir durch die Militärärzte die Körpergrösse der einzelnen Individuen in jedem Jahre der Präsenzzeit verzeichnen lassen, und zwar sowohl bei den Mannschaften der Kaiserjäger-Regimenter als bei der Landwehr."

„Wir glauben, dass die Verhältnisse des Landes in vieler Beziehung besonders günstig sind, um verschiedene Einflüsse auf die somatischen Eigenschaften der Bewohner kennen und beurtheilen zu lernen."

„Unsere Arbeiten sind — nicht ohne mannigfache Schwierigkeiten — jetzt so weit vorgeschritten, dass die ausgefüllten Zählblätter aus den Volks- und Mittelschulen des Landes, mit Ausnahme einiger weniger (im Ganzen etwa 130.000), in unseren Händen sind und die Sichtung und Registrirung derselben bereits begonnen hat. Diese, sowie die ganze Bearbeitung hat die Commission mir übertragen. Herr Sectionschef v. INAMA unterstützt mich auf das Freundlichste bei der Anfertigung der Tabellen; in 1—1¹/₂ Jahren hoffe ich fertig zu sein. Von den Militärärzten werden die ersten Reihen der Zählblätter im October d. J. einlaufen."

„Die Statthalterei in Innsbruck, namentlich die Landesschulinspectoren STANGER und HAUSOTTER, haben uns ebenso wie die Corpscommandanten in Wien und Innsbruck jede mögliche Unterstützung gewährt."

„Die Geldmittel für die ersten Arbeiten (Herstellung der Zählblätter und Druck der Instructionen in beiden Landessprachen) sind einerseits durch das Unterrichtsministerium und den Tiroler Landesausschuss (je fl. 350 als einmalige Subvention), andererseits durch das Ferdinandeum und durch Herrn Dr. TAPPEINER (je einen Jahresbeitrag von fl. 100) zur Verfügung gestellt worden. Für die weitere Bearbeitung hat die mathematisch-naturwissenschaftliche Classe der kaiserlichen Akademie der Wissenschaften die Summe von fl. 3000 bewilligt. So ist man uns denn von allen Seiten förderlich entgegengekommen; auch der grösste Theil der Geistlichkeit, voran das fürstbischöfliche Consistorium, die geistlichen Lehrer und Lehrerinnen, haben unseren Wünschen auf das Beste entsprochen."

Herr Dr. NIEDERLE hat eine Arbeit „O původu Slovanů" („Ueber die Herkunft der Slaven"), Prag 1896, veröffentlicht. Sie finden dessen Inhalt in unseren Literaturberichten durch Dr. MATIEGKA besprochen.

Auf ethnographischem Gebiete gedenke ich vorerst der von unserer Gesellschaft veranlassten Arbeiten. Herr Dr. KAINDL setzte seine Studien über die Huzulen in der Bukowina fort. Herr Lehrer J. R. BÜNKER in Oedenburg führte Hausforschungen in Obersteiermark aus. Die Berichte über diese Arbeiten werden in unseren Mittheilungen veröffentlicht werden.

Nur andeutungsweise kann ich hier der regen Thätigkeit gedenken, welche der „Verein für österreichische Volkskunde" in Wien entfaltet. Dieselbe hat bereits zur Eröffnung eines „Museums für Volkskunde" geführt, dessen Katalog ein lautes Zeugniss abgibt für die Thatkraft seiner Gründer. Im Uebrigen beziehe ich mich auf die von denselben Herren geleitete Zeitschrift, welche gewiss in Ihren Händen ist.

In Böhmen ist vor Allem die Eröffnung des čechoslavischen ethnographischen Museums in Prag zu verzeichnen. Sie erfolgte am 15. Mai unter Betheiligung aller Behörden, wissenschaftlichen Corporationen und weiter Kreise der übrigen Bevölkerung. Zugleich wurde den Besuchern ein in beiden Landessprachen abgefasster „Führer" übergeben, dessen literarische Verweise als erste Einführung in das Studium des ausgestellten Materiales dienen können. Zu den Glanzpunkten des Museums gehören vor Allem die drei Säle mit ihrer Fülle prächtiger čechoslavischer Stickereien und Costümegegenständen (in Schränken deponirt und an Figurinen zur Demonstration der Gebrauchsweise verwendet) und der Saal für böhmische Keramik, deren Studium bis jetzt bei uns noch sehr vernachlässigt wurde. Die hiesige Collection ist wohl schon heute die grösste ihrer Art und ihr Studium für Jeden, der dieses Gebiet der einheimischen Industrie studiren will, unausweichlich nöthig.

Der Besuch des Museums von Seiten des Publicums ist auch sehr befriedigend. Im Laufe der verflossenen 7½ Monate wurde dasselbe von 15.784 Personen besucht, von denen 5518 ein Eintrittsgeld erlegten. (Die Mitglieder der ethnographischen Gesellschaft, die stets freien Eintritt haben, sowie die Gäste, die als Fachmänner das Museum mit ihrem Besuche häufig beehrten, nicht gerechnet.)

Als Leiter des Museums fungirt Dr. L. NIEDERLE, Privatdocent an der böhmischen Universität, als Assistent Herr J. JÍRA. Ueber die Sammlung der Stickereien und Costüme führte die für das Museum höchst verdiente, durch ihre früheren Arbeiten nicht nur in ihrer Heimat — Mähren —, sondern in den weitesten ethnographischen Kreisen bekannte Frau VLASTA HAVELKA eine specielle und stets sorgsame Aufsicht.

Aus der Thätigkeit des Musealcuratoriums sei noch erwähnt, dass das Hauptaugenmerk auf eine Sicherung des Museums für die Zukunft gerichtet war. Erfolgreiche Schritte wurden zur Erlangung regelmässiger Subventionen unternommen und die weiteren Kreise zur Unterstützung durch Beiträge und Gaben aufgefordert. So wurden im Laufe des Jahres 1896 fl. 6617 zusammengebracht.

Der Plan, dem Museum ein bleibendes Heim zu gründen, wurde weiter ausgearbeitet und die Idee, die zwei bedeutendsten ethnographischen Sammlungen in Prag, das NAPRSTEK'sche Museum und das čechoslavische ethnographische Museum, zu einem Institut zu vereinigen — eine Idee, die gewiss von Seiten aller Fachmänner begrüsst werden muss — dabei als leitender Gedanke nie aus den Augen gelassen.

Mit dem fünften Jahrgange der ethnographischen Zeitschrift „Česk ý Lid“ hat Dr. ČENĚK ZÍBRT, Docent der allgemeinen Culturgeschichte an der böhmischen Universität in Prag, deren alleinige Redaction übernommen. Dieser Jahrgang ist dem Andenken der P r a g e r e t h n o g r a p h i s c h e n A u s s t e l l u n g gewidmet. Dr. ČENĚK ZÍBRT schildert ausführlich alle Einzelheiten dieser Ausstellung und erläutert seine Schilderung durch zahlreiche Text- und Vollbilder. In den Publicationen der böhmischen Akademie der Wissenschaften hat Dr ČENĚK ZÍBRT die b i b l i o g r a p h i s c h e U e b e r s i c h t d e r b ö h m i s c h e n V o l k s l i e d e r („Bibliografický přehled českých národních písní“) herausgegeben. Es ist ein Compendium alles Wissenswerthen für Jeden, der sich auf diesem Gebiete orientiren will: Das gründliche Verzeichniss sämmtlicher einschlägigen Studien, älterer handschriftlichen Sammlungen, sämmtlicher älterer böhmischer Liedersammlungen, aller Uebersetzungen in fremde Sprachen (mit ausgewählten Proben), das alphabetische Verzeichniss aller Liedereingänge mit den Drucknachweisen. In der Abhandlung über „D a s b ö h m i s c h e B a u e r n h a u s“, Prag 1896, schildern derselbe Verfasser und Frau REN. TYRŠOVÁ die V o l k s k u n s t d e r J u b i l ä u m s - A u s s t e l l u n g i n P r a g i m J a h r e 1 8 9 1 (mit vielen Illustrationen).

Die a l t b ö h m i s c h e n G e b r ä u c h e u n d A b e r g l a u b e n b e i d e r B i e r b r a u e r e i schildert Dr. ZÍBRT

in der Schrift „Staročeské obyčeje a pověry pivovarské“ (in den Publicationen der böhmischen königl. Gesellschaft der Wissenschaften). Von derselben Gesellschaft wurde noch eine andere Studie desselben Verfassers herausgegeben: „Rychtářské právo, palice, kluka“ (mit sechs Illustrationen). Es handelt sich in dieser vergleichenden Monographie um d i e V e r b r e i t u n g d e s S c h u l z e n s t a b e s bei den europäischen Völkern und um analogische Zeichen des Aufgebotes überhaupt. Für die Lösung der Frage über d i e G r e g o r s a u f z ü g e d e r S c h u l j u g e n d ist die vergleichende Studie „Žákovské slavnosti na sv. Řehoře“ (Česk ý Lid, VI, 12), wieder von Dr. ČENĚK ZÍBRT, besonders wichtig. Von übrigen Arbeiten desselben Volkskundigen sei noch die vergleichende M ä r c h e n s t u d i e „Zvířátka a Petrovští“ („D i e R ä u b e r u n d d i e H a u s t h i e r e“) erwähnt (Česk ý Lid, VI, 156).

Diesen rühmenswerthen Anstrengungen auf dem Gebiete der čechischen Ethnographie gegenüber sei auch auf die Vorarbeiten hingewiesen, welche die „Gesellschaft zur Förderung deutscher Wissenschaft, Kunst und Literatur in Böhmen“ für eine umfassende Schilderung des d e u t s c h e n Volksthums in Böhmen getroffen hat. Herr Professor DR. ADOLF HAUFFEN gibt in dem sehr lehrreichen Bande I, Heft 1, der von dieser Gesellschaft herausgegebenen „Beiträge zur deutschböhmischen Volkskunde, Prag 1896“ neben einer 184 Nummern umfassenden Bibliographie eine „Einführung in die deutschböhmische Volkskunde“, welche eine Erläuterung und Ergänzung eines von dem Verfasser verfassten und von der Gesellschaft in mehr als 7000 Stücken versendeten Fragebogens bilden soll. Der Erfolg desselben drückt sich schon jetzt .in einem grossen Einlauf von Beantwortungen aus allen Theilen Deutschböhmens aus, welche sehr umfangreich sind und ganze Sammlungen enthalten. Die Verarbeitung dieses sehr reichhaltigen Materiales bleibt Aufgabe der Zukunft. Das bereits ausgegebene Heft 2 des Bandes I enthält „Volksthümliche Ueberlieferungen aus Teplitz und Umgebung“ von Professor G. LAUBE. Die nächsten zwei Hefte sollen Volksschauspiele aus dem Böhmerwalde bringen, herausgegeben von Professor J. J. AMMANN.

Professor Jos. KLVAŇA aus Ungarisch - Hradisch sammelte im Jahre 1896 fleissig unter den Slovaken Mährens volksthümliche Anschauungen, Sentenzen, Gespräche u. s. w., und zwar im ursprünglichen Wortlaute. Auch wurden Documente (Testamente, Kaufverträge, Heiratsacte, alte Gemeinderechnungen, Weinbergrechte u. s. w.) gesammelt oder abgeschrieben.

Behufs Vervollständigung der Ethnographie der mährischen Slovaken wurden auch die bis jetzt weniger studirten Volksfeierlichkeiten (Austragen des Todes, Wallfahrten nach Provodov, St. Anton bei Blattnitz, bei der Waldcapelle in der Nähe von Malenovitz u. s. w.) besucht.

Wegen Vergleichung der nationalen Costüme und Stickereien in Mähren und Ungarn wurde in den Ferien die Pester Ausstellung durchgesehen, sowie auch einige entlegene Comitate Nordungarns (Neusohl mit der berühmten Detva, Hont, Gömör, die Zips). Photographirt wurden blos Volkstrachten aus Bilovitz bei Ungarisch-Hradisch und einige keramische Volksarbeiten.

Herr Dr. O. Hovorka v. Zderas hat im Jahrgange 1895, Nr. 12, der Zeitschrift für österreichische Volkskunde „Dalmatinische Volkssagen und Spottgedichte" veröffentlicht.

Was Galizien anbelangt, so beschränkten sich planmässige Forschungen auf ethnographischem Wege nur auf die Arbeiten der anthropologischen Commission der Akademie der Wissenschaften in Krakau. Da zur eingehenden Kenntniss der Beskiden-Bergbewohner ihre Nachbarschaft in Ungarn viel beiträgt, hat Herr Professor Roman Zawiliński, durch die Commission unterstützt, es unternommen, die an Galizien anliegenden Theile des Trencsiner und Árvaer Comitates näher zu untersuchen. Als Resultat dieser im Sommer der Jahre 1892, 1893, 1895 und 1896 vorgenommenen Forschung ist anzunehmen, dass die Bewohner der Dörfer Oščadnica, Skalite, Černe, Sverczinovec, nordöstlich von Csácza, und zum Theile Rakova, Staszków, Turzówka, westlich von derselben, denselben Volkstypus aufweisen, wie man ihn in den schlesischen Beskiden antrifft; selbstverständlich steht diese ursprünglich polnische Bevölkerung unter starkem Einflusse des slovakischen Elementes.

Was nun die Bewohner des Comitates Árva anbelangt, so sind sie westlich bis nach Klin-Zakanenne, östlich bis nach Chižne vollkommen polnisch; nur nördlich von Slanica und Námeszto ist Klin-Námeszto und Zubrohlava slovakisch, auf Grund Jahrhunderte dauernden Einflusses und geringen Verkehre mit der polnischen Bevölkerung. Der ganze, etwa zwei Meilen breite Grenzstreifen, der an Galizien anliegt, weist — was die Sprache, Hausbauten, theilweise auch die Costüme anbelangt — denselben Typus, wie die Bergbewohner Galiziens bei Sucha und Jordanów auf.

Wie im vorigen Jahre (1895), so hat auch in diesem die Anthropologische Gesellschaft sich veranlasst gesehen, dem Prof. Dr. R. F. Kaindl durch eine Subvention die weitere Erforschung des Huzulengebietes zu ermöglichen. Derselbe durchzog im Berichtsjahre die Karpathen vom Suczawathale bis in's Pruththal und hat wieder eine Fülle interessanten Materiales gesammelt. Um zu abschliessenden Resultaten zu gelangen, hält es Dr. Kaindl für nöthig, die Forschungen auch auf die westlichen Nachbarn der Huzulen, die Boiken, und ebenso auf die oberungarischen Ruthenen auszudehnen, um vergleichendes Material zu sammeln. Dies soll in diesem Sommer geschehen, falls ihm die nöthigen Mittel zur Verfügung gestellt werden können. Inzwischen ist in unseren Mittheilungen Kaindl's Arbeit über das Haus und den Hof bei den Huzulen erschienen, für die er fast zehn Jahre lang den Stoff gesammelt hat. Ein Blick auf die hier verwertheten, höchst vielseitigen Originalaufnahmen ist die beste Rechtfertigung für die relativ starke Anspannung unserer Kräfte, welche die Veröffentlichung solcher Arbeit erfordert. Als Ergänzung zu dem in genannter Abhandlung enthaltenen Verzeichnisse der Arbeiten Kaindl's über die Huzulen und Ruthenen lasse ich hier eine von dem Autor eingesendete Uebersicht über die neueste folkloristische Literatur der Bukowina

folgen, wobei besonders auf jene hingewiesen wird, welche die Deutschen der Bukowina behandeln, da sie die ersten dieser Art sind.

R. F. Kaindl, Die Volksdichtung der Deutschen in der Bukowina in ihrer Beziehung zur deutschen Dichtung im Westen. (Wissensch. Beil. der Leipz. Zeitung, 1896, Nr. 15.)

Derselbe, Liebeslieder der Deutschen in der Bukowina. (Ebenda Nr. 76.)

Derselbe, Die Deutschen in der Bukowina. (Ebenda Nr. 134.)

J. Symuk, Huzulisches Märchen vom Falkenfels. (Ruth., Bukowyna Nr. 92.)

B. Kozariszczuk, Huzulische Märchen und Lieder. (Ruth., Nauka in Wien.)

Derselbe, Huzulische Beschwörungsformeln. (Ruth., Buk. Widomosty 1895, Nr. 44, 1896, Nr. 2, 3, 7, 8, 23, 28 und 29.)

J. Gebiuk, Huzulische Krankheitsbeschwörungen und Beerdigungsgebräuche. (Ruth., ebenda Nr. 45.)

M. Korduba, Uebersicht und Besprechung der Arbeiten von Dr. R. F. Kaindl über die Ruthenen. (Zapyski des Lemberger Szewczenkovereines.)

Von verschiedenen Autoren wurde in der Bukowiner Zeitung für Landleute „Seljanyn" ruthenische Sagen, Lieder und Räthsel mitgetheilt, doch ohne nähere Angaben über deren Provenienz und über deren Ursprung.

S. Fl. Marian, Tradiţif poporane romăne din Bucovina. (Kl. rumänische Volksüberlieferungen aus der Bukowina.) Bukarest 1895.

J. Veslovachi, Rumänische Sagen aus der Bukowina. (In der folkloristischen Zeitschreift „Şezătoarea" III, Nr. 11/12.)

J. Polek, Die Lippowaner in der Bukowina. (Zeitschr. f. österr. Volkskunde, II. Jahrgang.)

R. F. Kaindl, Das Entstehen und die Entwicklung der Lippowaner-Colonien in der Bukowina. Zumeist nach urkundlichen Materialien aus dem Nachlasse des Finanzrathes a. D. Fr. A. Wickenhauser. Wien 1896. 151 SS. (Vorräthig bei Pardini, Czernowitz.)

Wir wir sehen, ist besonders die Literatur über die Ruthenen, und zwar sowohl über jene des Flachlandes (Rusnaken), als auch jene des Gebirges (Huzulen) eine sehr reiche. Diese Entwicklung ist zum grossen Theile auf die seit einer Reihe von Jahren fortgesetzten Bemühungen R. F. Kaindl's zurückzuführen.

Aus dem Inhalte des Bd. XXVI unserer Mittheilungen erhellt, dass wir auch im verflossenen Jahre der Hausforschung einen verhältnissmässig grossen Spielraum gelassen haben. Da die fortschreitende Entwicklung dieser Disciplin immer mehr zu einer umfassenderen Behandlung drängt, begrüssen wir es freudigst, dass die Anregung zur Hausforschung, welche von Seiten des Verbandes der deutschen Ingenieur- und Architektenvereine auf dem vor drei Jahren stattgehabten Architektentage stattgefunden hat, nunmehr concretere Formen annimmt. Als Hauptzweck wurde bezeichnet, ein Werk herauszugeben, welches die hervorragendsten historischen und künstlerischen Bauwerke der bäuerlichen Bevölkerung in Deutschland, Oesterreich und der Schweiz in Wort und Bild zur Darstellung bringen soll. Es wurden daher drei gesonderte Comités eingesetzt, eines für Deutschland, eines für Oesterreich unter der Leitung des österreichischen Ingenieur- und Architektenvereines und eines für die Schweiz unter jener des Züricher Hauptverbandes der Schweizer Ingenieure und Architekten.

Hauptversammlungen aller drei Gruppen fanden bisher statt im Jahre 1895 in Garmisch und im August 1896 in Berlin. Im September 1897 soll eine solche Versammlung in Wien stattfinden. Auf derselben wird über alle bisher gemachten Vorarbeiten in Oesterreich referirt und verhandelt werden. Den ethnographischen Gesichtspunkten soll dabei thunlichste Berücksichtigung zutheil werden.

Das k. k. Ackerbauministerium hat im Vorjahre eine Subvention von fl. 500 für die Vorarbeiten bewilligt. Der Minister für Cultus und Unterricht hat ein Circular an alle unter seiner Verwaltung stehenden Lehranstalten, Sammlungen und Bibliotheken erlassen, in dem er die Vorstände beauftragt, sämmtliches Material, welches sich in denselben befindet und Bezug auf die Hausforschung nimmt, dem Comité unbedingt zur Verfügung zu stellen. Dadurch sind dem Comité schon eine Anzahl werthvoller Mitarbeiter, namentlich aus der Reihe der Gewerbeschulprofessoren, zugewachsen.

Zur Hausforschung gehört jedoch die Flurforschung. Je offenkundiger es sich herausstellt, dass das mitteleuropäische Bauernhaus mit seinem Hausrathe für sich allein betrachtet nicht als Signatur dienen kann für die Beurtheilung der ethnischen Stellung seines Erbauers, desto berechtigter erscheint der Versuch, die alten Flureintheilungen auf ihre ethnographische und historische Bedeutung zu prüfen und dadurch der Hausforschung eine fast unentbehrliche Unterlage zu verschaffen. Dieser Versuch wird aber angesichts der bedeutsamen Erfolge der Arbeiten von AUGUST MEITZEN geradezu zur ernsten Pflicht. Unser verehrter Vicepräsident, Herr v. INAMA-STERNEGG, hat uns diese Verpflichtung seit Jahren eindringlich bei verschiedenen Anlässen an's Herz gelegt. Sie finden in den Sitzungsberichten des verflossenen Jahres einen Vortrag des Herrn v. INAMA in unserer ausserordentlichen Versammlung am 28. April 1896, in welchem einige interessante Flurformen unter Heranziehung von urkundlichen Behelfen ethnographisch verwerthet werden. Er ist ausserdem an die Gesellschaft mit positiven Vorschlägen herangetreten, welche eine erfolgreiche Angriffnahme der Flurforschung selbst mit den bescheidenen uns hiefür zu Gebote stehenden Mitteln in sichere Aussicht stellen, und hat uns in der Person des Herrn PEISKER, einem Schüler von MEITZEN, einen sachkundigen Mitarbeiter zugeführt. Alle weiteren Schritte zur Sicherung des Materiales, welche hauptsächlich von dem Wohlwollen der Behörden abhängt, werden von der kürzlich von uns eingesetzten „Commission für Haus- und Flurforschung" unter der speciellen Leitung des geistigen Urhebers dieses neuen Gebietes unserer Thätigkeit ausgehen.

Herr v. INAMA-STERNEGG hat sich vielfach um die Ausfüllung einer anderen Lücke in unseren wissenschaftlichen Bestrebungen bemüht. Die in Deutschland mit unbestreitbarem Erfolge auftretende „Vergleichende Rechts- und Staatswissenschaft" auf ethnologischer Grundlage ist in Oesterreich seit DARGUN's Ableben nicht mehr vertreten. Wenn wir auch dermalen keinen Erfolg zu verzeichnen haben, werden wir in unseren Bemühungen nicht erlahmen.

Wenn es der Anthropologischen Gesellschaft möglich ist, in der besprochenen Weise anregend und fördernd auf die Arbeiten in unseren Disciplinen einzuwirken, verdankt sie dies nur der ungeschwächten Theilnahme von hochherzigen Förderern unserer Richtung. Wie in den früheren Jahren, ist uns auch für 1896 von Seiten Sr. apostolischen Majestät des Kaisers ausser der systemisirten jährlichen Unterstützung ein ausserordentlicher Beitrag von fl. 1000 zutheil geworden. Wir sprechen hiefür unseren ehrfurchtsvollsten Dank aus. Zu tiefem Danke verpflichtet uns das Wohlwollen, welches Se. Excellenz BARON CHERTEK unseren Bemühungen bisher geschenkt hat. Das k. k. Unterrichtsministerium hat für 1896 eine ausnahmsweise erhöhte Dotation von fl. 600 gewährt. Die verständnissvolle und wohlwollende Würdigung unserer Bedürfnisse, welche Se. Excellenz FREIHERR v. GAUTSCH uns bei allen Anlässen kundgibt, bietet uns einen sicheren Rückhalt auch für die Zukunft. Wir haben noch ausserordentliche Beiträge unter den Ausdrucke wärmsten Dankes zu verzeichnen: von Sr. Durchlaucht dem regierenden FÜRSTEN JOHANN VON UND ZU LIECHTENSTEIN fl. 100, Herrn AD. BACHOFEN v. ECHT fl. 50, WLAD. GRAFEN DZIEDUSZYCKI fl. 25, K. GRAFEN LANCKORONSKY fl. 25, Herrn H. MATTONI fl. 15, Herrn JOH. PRESL fl. 50, NATH. FREIHERRN v. ROTHSCHILD fl. 50, PHIL. RITTER v. SCHÖLLER fl. 50, Herrn JOS. SEDERL fl. 10.

Ueber die Verwendung dieser Gelder enthält der folgende Rechenschaftsbericht die nöthigen Angaben.

Ich schliesse meinen Bericht mit dem Wunsche, dass im laufenden Jahre unsere Thätigkeit eine glückliche sei und dass es uns gegönnt sein möge, die uns geschenkten Sympathien durch wissenschaftliche Erfolge zu rechtfertigen.

2. Herr Cassier KARL FREIHERR v. SCHLOSSER erstattet sodann den Rechenschaftsbericht für das Jahr 1896. (Siehe nächste Seite.)

Nachdem gegen diesen Rechenschaftsbericht von den Anwesenden keine Einwendung erhoben wird, erscheint derselbe von der Jahres-Versammlung genehmigt.

3. Nach Vorschlag des Ausschusses wurden mit Stimmeneinhelligkeit gewählt: der bisherige Präsident Dr. FERDINAND FREIHERR v. ANDRIAN-WERBURG zum sechsten Male als Vereins-Präsident; die bisherigen Ausschussräthe Universitäts-Professor Dr. HEINRICH MÜLLER und Ministerialrath Professor Dr. EMANUEL HERRMANN neuerdings als Ausschussräthe; der kaiserliche Rath und Professor Dr. PHILIPP PAULITSCHKE als Secretär-Stellvertreter und die Herren Oberstabsarzt Dr. BRUCK und Professor ALOIS RAIMUND HEIN als Rechnungscensoren.

6*

Rechnungsabschluss der Anthropologischen Gesellschaft in Wien
für das Jahr 1896.

SOLL   HABEN

SOLL

A. Cassa-Conto.	fl.	kr.	fl.	kr.
Cassarest vom Jahre 1895			396	34
1. Subvention Sr. Majestät des Kaisers .			200	—
2. Subvention des hohen k. k. Unterrichtsministeriums			600	—
3. Mitgliederbeiträge:				
a) Jahresbeiträge von 36 unterstützenden Mitgliedern à fl. 10·—	360	—		
b) Jahresbeiträge von 303 wirklichen Mitgliedern à fl. 5·— . . .	1515	—		
c) Sonstige Beiträge für Diplome, Rückstände, Ueberzahlungen, Spenden .	345	16	2220	16
4. Verkauf von Druckschriften	464	50		
Ersatz des k. k. naturhistorischen Hofmuseums für Tauschschriften .	860	29		
Beitrag aus dem Fonde für praktische Arbeiten zu den Gesellschaftspublicationen	146	15	1470	94
5. Eincassirte Zinsencoupons vom Anlagecapitale			42	—
Zusammen . .			4929	44
B. Fond für praktische Arbeiten.				
Cassarest vom Jahre 1895	48	50		
Spende Sr. Majestät des Kaisers . . .	1000	—		
Spende Sr. Durchlaucht des Fürsten Joh. von und zu Liechtenstein	100	—		
Zusammen . .			1148	50
C. Werthpapier-Conto.				
Anlagecapital: 10 Stück Allgemeine Staatsschuldverschreibungen à fl. 100·— Nominale Silber zum Courswerthe vom 31. December 1896 à fl. 100·— . .	1000	—		
Halbjährig anhaftende Zinsencoupons dieser Werthpapiere per 31. December 1896 .	21	—		
Zusammen . .			1021	—
Summe . .			7098	94

HABEN

A. Cassa-Conto.	fl.	kr.	fl.	kr.
1. Kosten der gesellschaftlichen Publicationen:				
a) Druckkosten	3179	45		
b) Für Clichés und Zeichnungen . . .	724	52		
c) Honorare für Literaturberichte . . .	29	77	3933	74
2. Kanzlei-Auslagen:				
a) Remuneration für den Beamten . .	200	—		
b) Entlohnung des Dieners	96	—		
c) Versendungskosten für Publicationen, Einladungen etc.	289	72		
d) Auslagen des Secretärs	267	34		
e) " " Cassiers	62	90		
f) an Steuern	1	08	917	04
3. Vergütung für Wohnungsmiethe während der Millenniums-Ausstellung in Budapest			73	30
Zusammen . .			4924	08
B. Fond für praktische Arbeiten.				
a) Herrn Custos Szombathy für Grabungen bei Fischau in Niederösterreich und in der Bukowina . . .	530	09		
b) Herrn Dr. Kaindl für Hausforschung in der Bukowina . . .	50	—		
c) Herrn Lehrer Bünker für Bauernhausforschung in Steiermark . . .	100	—		
d) Beitrag zu den Gesellschaftspublicationen	146	15	826	24
Vermögensstand.				
A. Cassarest vom Jahre 1896			5	36
B. Ueberschuss des Fondes für praktische Arbeiten			322	26
C. Werth des Anlagecapitales (wie neben)			1021	—
Zusammem Activsaldo vom Jahre 1896			1348	62
Summe . .			7098	94

Wien, 27. Februar 1897.

Karl Freiherr von Schlosser,   Dr. Otto Müller,
d. Z. Cassier.   d. Z. Rechnungsführer.

Die Rechnungsausweise geprüft und richtig befunden:
Wien, 27. Februar 1897.

Dr. Moriz Bruck,   A. R. Hein,
d. Z. Rechnungscensor.   d. Z. Rechnungscensor.

4. Der Vorsitzende bringt die vom Ausschusse durchberathenen und beschlossenen Abänderungen verschiedener Paragraphe der Vereinsstatuten zur Verlesung und Abstimmung. Dieselben betreffen die folgenden Paragraphe:

§ 4 wird hinter Absatz *a)* folgendermassen ergänzt: *b)* aus Subventionen von öffentlichen Behörden; darauf folgt Absatz *c)*, der dem früheren Absatz *b)* entspricht.

§ 5 wird zum Schlusse ergänzt durch: *f)* Correspondenten.

§ 6. Absatz 1 bleibt unverändert.
Bei Absatz 2 wird die Summe von fl. 200 in fl. 300 abgeändert; desgleichen bei Absatz 3 die Summe von fl. 120 in fl. 200, bei Absatz 4 die Summe von fl. 60 in fl. 100 und bei Absatz 5 die Summe von fl. 3 in fl. 5.

§ 7 handelt jetzt über die Ehrenmitglieder und lautet genau so wie der frühere § 8.

§ 8 (früher § 7) lautet in seiner neuen Form: Zu correspondirenden Mitgliedern ernennt die Gesellschaft solche Personen, welchen sie für ihre wissenschaftlichen Leistungen eine besondere Anerkennung aussprechen will.

§ 9 (früher § 13) lautet in seiner abgeänderten Form: Zu Correspondenten kann der Ausschuss Personen ernennen, welche nicht zahlende Mitglieder der Gesellschaft (§ 5) sind, jedoch dieselbe in der Erfüllung bestimmter Aufgaben unterstützen will.

§ 10 (früher § 9) lautet jetzt: Die Wahl von correspondirenden und Ehrenmitgliedern steht jeder beschlussfähigen Plenar-Versammlung zu, wenn ein diesbezüglicher Vorschlag des Ausschusses vorliegt.

§ 11 (früher § 10) lautet jetzt: Der Jahresbeitrag ist im Laufe des Monates Januar eines jeden Jahres an den Cassier zu entrichten.

§ 17 lautet in seiner neuen Fassung:
Die Functionäre der Gesellschaft sind:
a) ein Präsident und drei Vice-Präsidenten;
b) ein erster und ein zweiter Secretär;
c) ein Redacteur;
d) ein Cassier;
e) ein Rechnungsführer.

§ 25 lautet jetzt:
Der erste Secretär besorgt im Einvernehmen mit dem Präsidenten die Geschäfte der Gesellschaft; der zweite Secretär führt das Sitzungsprotokoll, unterstützt den ersten Secretär in seinen Geschäften und vertritt ihn im Falle seiner Abwesenheit.

§ 30, Absatz 2 lautet jetzt:
Die bei der etwaigen Auflösung vorhandenen Sammlungen und Bibliothek fallen einer von der letzten Jahres-(General-)Versammlung zu bestimmenden öffentlichen Anstalt zu

§ 31 wird im zweiten Satze das Wort demselben in denselben abgeändert.

Diese Abänderung der Statuten wird von der Jahres-Versammlung mit Stimmeneinhelligkeit genehmigt und ist die Genehmigung der hohen k. k. Statthalterei zu derselben einzuholen.

5. Herr Dr. **Moriz Hoernes** hält einen Vortrag:

Ueber neolithische Funde von Butmir in Bosnien.

Durch Tausch mit dem bosnisch-hercegovinischen Landesmuseum ist die prähistorische Sammlung des k. k. Hofmuseums in den Besitz einer stattlichen Serie von Butmir-Funden und Gypsabgüssen der merkwürdigsten Thonbildwerke aus dieser Station der jüngeren Steinzeit im Herzen Bosniens gelangt. Die Originalstücke bilden eine vorzügliche Vertretung der theils halbfertigen, theils fertigen, theils nach dem Schadhaftwerden wiederbenützten Steinwerkzeuge jenes ausgedehnten Arbeitsplatzes, sowie der rothen und schwarzen, geometrische und Spiralmuster (letztere vertieft und en relief) als Decoration verwendenden Keramik. Der Vortragende demonstrirt diese Serien im Anschluss an seine vor zwei Jahren an gleicher Stelle erfolgte Besprechung des Buches „Die neolithische Station von Butmir, Ausgrabungen des Jahres 1893"[1]) und zeigt, dass unsere Kenntniss jenes beziehungsreichen Fundortes durch die seitherigen Untersuchungen wesentlich gefördert worden ist. Die Hauptsachen erscheinen ihm aber noch durchaus im gleichen Lichte, wie damals. Er theilt mit, dass sich ein zweiter, abschliessender Band der Publication, welcher die Ergebnisse der Ausgrabungen von 1894—96 enthalten soll, in Vorbereitung befindet und bis zum Herbste fertig vorliegen soll.

Eingehender behandelt der Vortragende hierauf die Ueberreste plastischer Thonbildwerke aus Butmir. Er zeigt, wie sie einer durch das östliche Mitteleuropa vom Nordrande des Aegäischen Meeres bis zum Nordrande der Karpathen hinauf verbreiteten Classe weiblicher Thonstatuetten angehören. Diese sind oft, z. B. in Butmir, locale Arbeiten, beruhen aber in ihren Formen und in ihrem ganzen Wesen auf Einflüssen aus dem „ägäischen Culturkreise", wo die vormykenischen marmornen Inselfiguren und die in der mykenischen Periode weitverbreiteten Thonstatuetten mehr oder minder Aehnliches zeigen. Vermuthlich gehen aber die Butmirfiguren nicht auf Marmor- oder Thonbildwerke aus Griechenland, sondern auf Elfenbein- oder Glasfigürchen orientalischer oder griechischer Herkunft zurück, welche durch den Handel nach Norden Verbreitung gefunden haben. Im östlichen Mitteleuropa haben ausser Bosnien auch Serbien,[2]) Ostrumelien, Siebenbürgen, die Bukowina, Ost- und Westgalizien Verwandtes geliefert. All' das gehört derselben Periode — dem Ende der neolithischen und der älteren Bronzezeit — an, und Manches darunter, wie z. B. eine Thonfigur aus der Wierszochwska-Górna bei Krakau, zeigt überraschende Aehnlichkeit mit den Statuetten von Butmir.

Die letzteren zerfallen in mehrere Classen: gröbere und besser ausgeführte, bekleidete und unbekleidete. Die Köpfe der besser modellirten Statuetten verrathen unzweideutig den Einfluss orientalischer oder orientali-

[1]) Siehe diese Mitth., Bd. XXV, Sitzber., S. [68] f.
[2]) Vgl. diese Mitth., Bd. XXI, S. 158 f., Fig. 188 f.

- [42] -

sirender Vorbilder; sie haben leicht schräggestellte Augen, hochsitzende Ohren und wohlgeformte Gesichtsumrisse. Auch die Bildung des nackten weiblichen Körpers steht in einigen Bruchstücken hoch über Allem, was Tiryns und Mykene an (allerdings stets bekleidet gedachten) plastischen Thonfiguren geliefert haben. Zu den merkwürdigsten Figürchen gehören ein nacktes braunes, mit sehr stark hervortretenden, zapfenförmigen Glutäen und ein schwarzes, mit sehr deutlicher Darstellung einer Narbenzeichnung auf dem Rücken. Anlässlich des ersteren Stückes darf erinnert werden, dass nicht wenige unter den ältesten Frauenstatuetten Europas und mancher südlichen Gebiete eine der Steatopygie südafrikanischer Stämme (Buschmänner, Hottentotten, Bantuneger) ähnliche übertriebene Bildung der Gesässpartie und zum Theile auch der Oberschenkel zeigen. Hieher gehören mehrere Steinfiguren aus Ballas und Nagada in Oberägypten und von Malta, dann aus Inselmarmor gefertigte Statuetten, die bei Sparta und Delphi gefunden wurden, ferner Thonfiguren aus der Gegend von Philippopel, aus Cucuteni bei Jassy, aus Sereth in der Bukowina und aus der Höhle Wierszochwska-Górna bei Krakau. Auch die Narbenzeichnung ist eine bei weissen Völkern durchaus ungewöhnliche Art des fixen Körperschmuckes, und dazu kommt noch, dass ein und das andere Köpfchen von Butmir ausgesprochen negerähnliche Gesichtsbildung zeigt.

Der Vortragende lässt es unentschieden, ob in dem ersterwähnten Merkmale blos eine weit verbreitete stilistische Eigenthümlichkeit oder die Nachbildung einer auffallenden Erscheinung der Wirklichkeit anzunehmen sei. In dem einen wie in dem anderen Falle könnten sich, wenn weitere Untersuchungen auf das Bestehen eines thatsächlichen Zusammenhanges führen, interessante und weitreichende Beziehungen ergeben. Zunächst hat es nichts Ueberraschendes, wenn die in Butmir geübte keramische Kunst auch mit diesen seltsamen Einzelheiten nach dem Süden zu weisen scheint.

6. Herr Dr. A. Lissauer übersendet aus Berlin einen

Bericht über die Thätigkeit des Musealvereines in Hallstatt im Jahre 1896.

(Mit 3 Textfiguren in Farbendruck.)

Der Musealverein hat seine verhältnissmässig geringen Mittel für das laufende Vereinsjahr dazu benützt, aus dem alten, finstern Museum ein in jeder Beziehung würdiges Gebäude herzustellen, ohne den alterthümlichen Charakter desselben zu zerstören, Dank dem unermüdlichen Eifer und grossen Geschick des Vorsitzenden Herrn D. Serauer und des Custos Herrn J. Engel. Durch Verlegung des Treppenhauses und der Fenster wurden acht helle Räume, sechs im Hauptgebäude und zwei im Thurm, mit hellen, bequemen Zugängen geschaffen und durch die geschickte Benützung des Thurmes zugleich eine überraschend malerische Vorderfront gewonnen, welche zu dem ernsten, felsigen Hintergrunde sehr gut stimmt. Die bisher noch kleine, aber sehr werthvolle Sammlung soll nun so aufgestellt werden, dass die geologische Abtheilung im Erdgeschoss,

die prähistorische im ersten und die historische im zweiten Stock ihren Platz finden. Die letztere, zu welcher wir die Funde aus der römischen Zeit ebenfalls zählen, hat im Herbst vorigen Jahres (1895) durch Ausgrabungen des Vereins in der Lahn auf dem Zauner'schen Grundstücke Nr. 20, wo schon in den Jahren 1875—1876 von Herrn Bergrath Stapf Grundmauerwerk und daneben 16 Skeletgräber aufgedeckt wurden,[1] einen nicht unbeträchtlichen Zuwachs erhalten. Es fanden sich dort nämlich:

1. viele Scherben der feinsten Terra sigillata-Gefässe, zum Theil mit figürlichen Darstellungen;

2. eine römische Lampe;

3. viele Fragmente von Schalen und Töpfen — sowohl Rand- wie Bodenstücke und Deckel —, wie sie im vorigen Jahre auf dem Oetling gefunden wurden und von mir in diesen Mittheilungen[2] abgebildet und beschrieben sind, und zwar in derselben Schicht, wie die echten Sigillata-Gefässe und mit diesen untermischt,

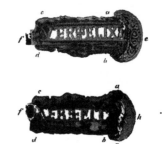

Fig. 8 (oben). Ansicht der Fibula von vorne (¹/₁).
Fig. 8 a (unten). Ansicht der Fibula von hinten (¹/₁).

so dass über deren Gleichzeitigkeit kein Zweifel herrschen kann;

4. Fragmente von weissen, grünen und blauen Gläsern, auch zwei kleine blaue Glasperlen;

5. ein schmales, dünnes Bronzeblech, 12—13 cm lang, und eine kleine Bronzescheibe mit sternförmig gezacktem Rande, welche auf beiden Seiten und in der Mitte Reste von Eisen zeigt; endlich

6. die wesentlichsten Theile einer römischen Fibula, nämlich Bügel und Nadel, welche sowohl durch eine Inschrift, als durch die ganze Technik ausserordentlich interessant ist.

Der Bügel (Fig. 8) besteht nämlich

a) aus einem viereckigen, gewölbten Rahmen aus Eisen (a, b, c, d), welcher ursprünglich wohl einen Längsumfang von 47 mm hatte und einen Querumfang von 16 mm hatte; von den letzteren kommen je 5 mm auf die Breite des eigentlichen Rahmens, während der freie

[1] Mittheilungen d. Wiener Anthrop. Gesellsch. VII, 1873. S. 310 ff.
[2] Ebendort 1896, S. [26].

Zwischenraum etwa 6 mm breit sein mochte. Genauere Maasse lassen sich nicht geben, da die ganze Fibel beim Auffinden in einen unkenntlichen Klumpen von Eisenrost verwandelt war, nach dessen vorsichtiger theilweiser Entfernung durch den Referenten erst die eigenartige Form und Technik hervortrat; jedoch sind die einzelnen Stellen immer noch in verschiedenem Grade mit Rostklumpen bedeckt, deren weitere Entfernung die ganze Fibel zerstören würde. Der freie Zwischenraum zwischen den Schenkeln des Rahmens ist nun ausgefüllt

b) von einer ebenfalls gewölbten, durchbrochenen Goldplatte, welche mit ihren Rändern auf den eisernen Rahmen tauschirt ist, während der mittlere durchbrochene Theil mit der Inschrift „utere felix" den freien Zwischenraum des Rahmens ausfüllt. Die Buchstaben sind genau 5 mm hoch und ganz à jour gearbeitet, doch so, dass ihre obere Fläche schwach concav gebogen ist. Parallel dem Rande der Goldplatte und

Fig. 9. Ansicht der Nadel sammt Achse ($^1/_1$).

etwa 1·5 mm von demselben entfernt läuft ein gekörnter Goldfaden, welcher ebenfalls auf das Eisen tauschirt ist;

c) an dem Kopfende des Rahmens bei ab ist eine fast verticale Goldscheibe a angelöthet, welche oben bogenförmig, unten gerade abgeschnitten ist. Dieselbe mochte ursprünglich etwa 1 cm hoch, 2 cm breit und etwas mehr als 1 mm dick sein und ist an der vorderen Fläche mit gekörnten Goldfäden verziert, welche sowohl die Ränder der Scheibe begleiten, als auch das mittlere Feld durch vier Rosetten mit je einem grösseren Korn in der Mitte schmücken, von denen die beiden mittleren mit einander verbunden sind. Die hintere Fläche der Scheibe (Fig. 8 a) ist glatt und zeigt nur an dem unteren Theile (bei g), wo offenbar die Nadel befestigt war, einen klumpigen Ansatz von Eisenrost und Bronzepatina; um den ganzen bogenförmigen Rand der Scheibe (h) legt sich endlich ein dünnes Goldplättchen dicht an;

d) in das untere Ende des eisernen Rahmens bei f ist ein silbernes Röhrchen von fast elliptischem Querschnitt eingelassen, welches an der äusseren Fläche, so weit der Eisenrost dies erlaubt, fein eingeschnittene

Furchen erkennen lässt, welche wohl zur festeren Verbindung mit dem Bügel dienten. Offenbar setzte sich dieses leider abgebrochene Röhrchen in den Fuss der Fibel fort, welcher zugleich den Nadelhalter tragen mochte.

Etwa 10 cm von diesem Bügel entfernt lag eine einfache silberne Nadel von 5 cm Länge (Fig. 9), welche an einer dünnen silbernen Queraxe mit kleinen bronzenen Endknöpfen (bb) beweglich durch eine Oese (a) eingehängt ist. Auf der Queraxe liegt ebenfalls ein Klumpen Eisenrost (ccc), welcher wohl noch von dem Verbindungsstücke oder dem Bügel selbst herstammen mag; jedoch ist deren Entfernung nicht rathsam wegen der starken Oxydation des schon sehr verbogenen Silberdrahtes. Es ist hienach höchst wahrscheinlich, wenn auch nicht absolut gewiss, dass Bügel und Nadel zu einer und derselben Fibula gehörten; indessen lässt sich die Art und Weise, wie beide Stücke mit einander verbunden waren, nicht mehr erkennen.

Was nun die Inschrift betrifft, so zeigt die Fig. 8, dass sowohl T und E wie E und F ligirt sind.[1] Herr Professor EMIL HÜBNER, der berühmte Epigraphiker der Berliner Universität, der so freundlich war, dieselbe zu prüfen, bestätigte meine obige Lesung vollständig und theilte mir zugleich mit, dass die Inschrift nach der Form der Buchstaben der besten Augusteischen Zeit, vielleicht noch der Zeit der Republik angehöre. Eine gleiche Legende fand ich erwähnt von SCHUERMANS,[2] welcher an einem goldenen Ringe, der in der Provinz Lüttich gefunden wurde, die gleiche Inschrift „utere felix" und ebenfalls à jour gearbeitet, beschreibt; doch sagte mir Herr Professor HÜBNER, dass dieselbe Legende öfter schon an römischen Funden constatirt sei, so auf zwei Fibeln im Wiener Münz- und Antikencabinet, von denen die eine aus Silber,[3] die zweite aus Gold[4]) gefertigt ist, und die letztere 1790 im Saroser Comitate gefunden wurde; ferner auf einer silbernen Fibel aus Lorsch,[5]) wie auch sonst auf zahlreichen Gebrauchsgegenständen aus allen anderen römischen Provinzen.

Was ferner die Technik der Buchstaben betrifft, so fand ich ausser dem oben erwähnten Ringe von Lüttich noch eine goldene Fibel mit à jour gearbeiteter etruskischer Inschrift abgebildet in den Monumenti ed Annali dell' Instituto di Corrispondenza archeologica 1855, pl. X, pag. 51. Herr Professor HÜBNER wies mir ferner zwei Fragmente von Goldblech mit lateinischer durchbrochener Inschrift nach, von denen das eine aus High Rochester, Northumberland,[6]) etwa dem II. Jahrhundert, das andere aus Kirkpatrick[7]) in Schottland dem III. Jahrhundert angehört; auch sind durch-

---

[1]) In der Figur ist der untere Winkel des V und das mittlere Häkchen des dritten E nicht so scharf wiedergegeben, wie sie in der Wirklichkeit sind; dasselbe gilt von dem Verlauf der Goldleisten.

[2]) Westdeutsche Zeitschrift für Geschichte und Kunst, XIII, 1894, S. 322.

[3]) Corp inscript. Latin., III, 6016, 6.

[4]) Ebendort 6016, 4.

[5]) Ebendort 6016, 7.

[6]) Corp. inscript. Latin., VII, 1296.

[7]) Ebendort, 1283.

brochene lateinische Inschriften öfter auf römischen Gläsern, den sogenannten Diatreta,[1] bobachtet worden

Wenn hienach sowohl die Legende als deren Technik schon von anderen Funden aus dem grossen römischen Gebiete her bekannt sind, so dürften beide vereint doch nicht oft auf demselben Gegenstande angetroffen werden, wie es bei unserer Fibel der Fall ist. Es bleibt dieselbe daher immer ein seltenes Fundstück von hohem Interesse.[2]

Auch die ganze Arbeit an der Fibel zeugt von grosser Kunst. Herr TELGE in Berlin, bekanntlich der beste technische Kenner alter Goldfunde, welcher die grosse Güte hatte, die einzelnen Stücke der Fibel, die durch den Transport sich etwas abgelöst hatten, kunstgerecht zusammenzusetzen und, so weit es anging, zu säubern, bewunderte die geschickte Verwendung der verschiedenen Metalle zu einem so wirkungsvollen Schmuck und die kunstvolle Verbindung der einzelnen Theile miteinander, wie ich sie oben, wesentlich nach seiner technischen Prüfung, beschrieben habe.

Allen diesen Herren, die mich durch Rath und That bei dieser Untersuchung unterstützt haben, sage ich zugleich im Namen des Musealvereines den besten Dank.

7. Herr Dr. **Matthäus Much** übersendet eine Mittheilung über

Schnecken und Muscheln in Gräbern.

LIONEL BONNEMÈRE berichtet in den Bulletins der Anthropologischen Gesellschaft zu Paris (Jahrg. 1896, S. 369) über das Vorkommen grösserer Mengen von Schneckengehäusen (Helix pomatia) in gewissen Gräberarten im Departement Maine-et-Loire, welche er in das Ende der römischen Kaiserzeit und selbst noch in den Beginn der Merovingerzeit versetzt. Dieses Vorkommens von Schnecken (Land- und Seeschnecken) in Gräbern gedenkt indess schon ARNOULD LOCARD in seiner „Histoire des mollusques dans l'antiquité", indem er berichtet, dass man in den Gräbern der Christen und Märtyrer Gehäuse der Helix pomatia und Helix aspersa fände, so z. B. in dem Grabe der heil. Eutropia, in einem eingemauerten Grabe des Kirchhofes von Vicq, in Gräbern bei Dieppe, und zwar selbst noch in einem Grabe aus der Zeit Karls des Grossen.

Die ersten Christen, die in so vielfacher Weise von den Erscheinungen in der Thier- und Pflanzenwelt zum sinnbildlichen Ausdruck ihrer religiösen Anschauungen Gebrauch machten, sahen in der Schnecke, die sich im Herbste in die Erde eingräbt und mit einem festen Deckel in ihrem Hause einschliesst, um im kommenden Frühlinge zu neuem Leben zu erwachen,

[1] Vgl. HÜBNER, Aem. Exempl. scriptur. epigraph. latin. L.
[2] Im Museum zu Innsbruck legte mir Herr Professor v. WIESKE gütigst eine ganze Reihe von Funden mit römischen Inschriften vor — indessen waren dieselben nur eingeritzt und lauteten stets vive felix oder vivas felix oder ähnlich. — Auch auf Fabriksstempeln kommt das Wort felix oft vor, aber in anderer Verbindung und Technik; auch die Aufschriften auf Thongefässen von Hallstatt und vom Rhein, welche v. HOCHSTETTER in diesen Mittheilungen. VII, S. 317, erwähnt, lauten sämmtlich anders und sind nur eingeritzt.

das Sinnbild der einstigen Auferstehung des Menschen, der so wie die Schnecke in einem dem Hause nachgebildeten Stein- oder Holzsarge in der Erde bestattet wird, um einem neuen Leben entgegen zu sehen. Es wurde übrigens festgestellt, dass die Gepflogenheit, Schnecken in die Gräber mitzugeben, auch in heidnischer Zeit vorkomme; insbesondere fanden sich viele Schneckenreste in römischen Gräberstätten in Pompeji.

Diesen Erscheinungen kann ich mehrere gleichartige Vorkommnisse an die Seite stellen. So sah ich zu Stillfried an der March in Niederösterreich zwei durch die Anlage eines kleinen Gemüsegärtchens an dem Hohlwege, der von der vereinsamten Kirche auf der Stätte der vorgeschichtlichen Ansiedelung zum heutigen Orte hinabführt, blossgelegte Gruben, die viele Hunderte von Schneckengehäusen, aber ausser Holzmoder nichts weiter enthielten. Es handelt sich hier wahrscheinlich ebenfalls um Gräber, deren so viele auf allen Seiten der alten Ansiedelung vorkommen, von denen allerdings nur mehr die letzten Ueberbleibsel vorhanden waren, da möglicherweise die menschlichen Reste schon bei der Abgrabung entfernt worden sind und andererseits nicht zu erklären ist, was dazu bewogen haben könnte, so viele Schnecken zu sammeln, blos deshalb, um sie hier in Gruben zu werfen. Der Hölzmoder mag von den Särgen herrühren, in denen die Bestattung vorgenommen wurde.

Ausserhalb Eisgrub in Mähren wurden an beiden Seiten der nach Nikolsburg führenden Strasse durch die Arbeiten für das daselbst befindliche Ziegelwerk zahlreiche Gräber zerstört, von denen mehrere ausser den menschlichen Resten, worunter auch ganze Skelette waren, Hunderte von Muschelschalen (Unio) aus der nahe vorbeifliessenden Thaya nebst Gefässscherben und Thierknochen enthielten. An einem dieser Gräber habe ich selbst eine überraschend grosse Zahl von Muschelschalen beobachtet. Gehören die mit den Schneckengehäusen erfüllten Gräber von Stillfried muthmasslich der christlichen Aera an, so fallen dagegen die Muschelschalengräber von Eisgrub zufolge der Art der zahlreichen Gefässreste und einer mitgefundenen Bronzenadel in den ersten Abschnitt der Hallstattzeit.

Gleichartige Muschelschalengräber zeigen sich innerhalb der bis in die jüngere Steinzeit zurückreichenden Ansiedelung von Wutzelburg bei Stillfried. Hier findet man auf der nun unter dem Pfluge stehenden Fläche der einstigen Ansiedelung hie und da mehr oder weniger runde weisse Flecken von 2—4 m Durchmesser, die mit Bruchstücken von Unioschalen übersäet sind. Diese Schalen wurden durch die Pflugschar aus dem Untergrunde aufgeworfen und auseinander gezogen. Ich liess an einer dieser Stellen tiefer graben, wobei sich ergab, dass mindestens 1000 Muschelschalen in die 1—1½ m breite Grube geworfen worden sein mussten. Sie lagen, schichtenweise mit Erde abwechselnd, dicht beisammen; viele von ihnen sind sicher noch geschlossen gewesen. Am Grunde fanden sich einige Topfscherben und ein halbes, mit einem Henkel versehenes Töpfchen, welche die gleiche Zeitstellung wie die der Gräber in Eisgrub wahrscheinlich machen. Knochenreste wurden nicht gefunden; es könnte aber möglicherweise Knochenasche vorhanden gewesen sein, die sich in der Menge der Muschelscherben verloren hat.

Was die Leute veranlasst haben kann, solche Mengen von Muscheln da und dort aus den in der Nähe vorbeifliessenden Gewässern (March und Thaya) heraufzuholen, wird sich kaum feststellen lassen. Vielleicht waren es vorzugsweise Muschelesser, Leute, die nicht viel Anderes hatten oder die sich mit Vorliebe an dieses Gericht hielten, die man daher auch für das Jenseits damit versah. Die Schnecken mögen aus demselben Grunde in so grosser Menge niedergelegt worden sein, der auch in Frankreich bei dem vielfach noch unter Heiden lebenden Christen dazu bewogen hat. Jedenfalls ist es beachtenswerth, dass in Gegenden und in Zeiten, die von einander so weit entfernt sind, so nahe verwandte Gebräuche stattgefunden haben.

8. Herr Directorial-Assistent Dr. A. Götze in Berlin übersendet eine Notiz über

Schuhleistenförmige Steinkeile.

Zu den allgemeinen Bemerkungen, welche Herr P. Reinecke an seine interessante Mittheilung über einen Depotfund von Steinwerkzeugen in Dalmatien (diese Sitzungsber., 1897, S. [17] f.) anknüpft, möchte ich einige Worte anschliessen.

Wenn Reinecke die schuhleistenförmigen Steinkeile, auf welchen Typus zuerst Voss die Aufmerksamkeit gelenkt hat,[1] und die auf einer Seite abgeflachten Hacken in Beziehung zur Bandkeramik setzt und sie für diese Leitform bezüglich der Cultur dieser Keramik erklärt, so hat er vollkommen Recht und bestätigt nur das, was ich bereits vor sechs Jahren mit aller Deutlichkeit und mit Nachdruck hervorzuheben bemüht war.[2] Es geschah dies gelegentlich einer ausführlichen Besprechung der Bandkeramik, in welcher zum ersten Male auf ihre Bedeutung als grosse keramische Gruppe und auf ihr Verhältniss zu anderen grossen neolithischen Gruppen hingewiesen wurde.[3] Auch später habe ich Gelegenheit gehabt, die Zusammengehörigkeit der Bandkeramik mit den genannten Steingeräthen zu betonen.[4] Da trotz alledem weder dieser Umstand noch überhaupt die für die Erkenntniss der neolithischen Verhältnisse in Europa fundamentale Bedeutung der Bandkeramik bei den Fachgenossen wenig Beachtung

[1] Voss und Stimming, Die vorgeschichtlichen Alterthümer aus der Mark Brandenburg 1887.
[2] A. Götze, Die Gefässformen und Ornamente der neolithischen schnurverzierten Keramik, Jena 1891, S. 5—6.
[3] Götze, a. a. O., S. 1—10. — Nachdem Virchow bereits 1874 (Verh. der Berl. anthrop. Gesellsch., S. 233) Thongefässe offenbar vom Typus der Bandkeramik beschrieben und mit den thatsächlich zum Theile verwandten Funden vom Hinkelstein verglichen hatte, hat Klopfleisch zwar zuerst die Bandkeramik als Gruppe beschrieben und benannt (Vorgeschichtl. Alterthümer der Provinz Sachsen, Heft II, 1884), hat sich aber über ihre Bedeutung und ihre Stellung zu anderen neolithischen Culturen nicht ausgesprochen.
[4] A. Götze, Ueber neolithischen Handel, Bastian-Festschrift 1896, S. 340 ff.

gefunden zu haben scheint, so bin ich Herrn Reinecke dankbar, dass er die Sache an dieser Stelle mitten im Lande der Bandkeramik zur Sprache gebracht hat.

In einem Punkte muss ich jedoch meine abweichende Meinung zum Ausdrucke bringen. Wenn ich sagte (Die Gefässformen etc., 1891, S. 5): „In den Gebieten, in denen sie (die abgeflachten Hacken) vorkommen, ist auf jeden Fall auch die Bandkeramik heimisch gewesen", und wenn Reinecke (a. a. O., 1897, S. 18) sagt: „Sie zeigen uns an, dass dort, wo sie auftreten, bandverzierte Topfwaare vorhanden sein muss", so befinden wir uns noch in schönster Uebereinstimmung. d. h. nur anscheinend, da bei Reinecke das bedeutsame Wörtchen „häufiger" ausgefallen ist. Der Satz Reinecke's in dieser positiven und allgemeinen Form ist nicht haltbar und kann zu falschen Schlüssen und Irrthümern Veranlassung geben. Denn trotzdem die genannten Steingeräthe — ich wiederhole dies nochmals — mit der Bandkeramik eng zusammenhängen und sicherlich innerhalb dieser Cultur hergestellt wurden, so erlangten sie doch in einzelnen Exemplaren eine Verbreitung, welche die Grenzen der Bandkeramik weit überschritt. Dies kann nur durch Handel geschehen sein und ich habe in meinem oben citirten Aufsatze in der Bastian-Festschrift eine genügende Menge Beispiele für einen derartigen Handel in der jüngeren Steinzeit beigebracht. Wenn auch die Verbreitung einzelner Formen in diesem oder jenem Bezirke im Laufe der Zeit durch weitere Funde vielleicht nicht durch Handel, sondern durch die Ausbreitung der entsprechenden Cultur im Ganzen erklärt, so wird man doch — soweit erlauben die bisherigen Erfahrungen ein sicheres Urtheil — nie und nimmermehr das Gebiet der Bandkeramik (als Heimatsbezirk) etwa bis Ostpreussen, bis Pommern, den nördlichen Theil der Mark Brandenburg oder den Regierungsbezirk Lüneburg erweitern wollen, d. h. bis in die Gegenden, in denen die obigen Steingeräthe gefunden wurden.[1] Sie beweisen, „dass dort, wo sie auftreten, bandverzierte Topfwaare" eben nicht immer „vorhanden sein muss". Ihr Vorkommen in jenen Gebieten kann nur durch Import auf dem Handelswege erklärt werden, schon aus dem einfachen Grunde, weil dort das entsprechende Rohmaterial fehlt.

9. Herr Conservator Ludwig Schneider in Smiřic übersendet zu seinem vorjährigen Berichte[2] über

Die Verbreitung der Schwarzhaarigen in Böhmen

folgende Bemerkungen:

Meine Ansicht, dass die Schwarzhaarigen in Böhmen von der Balkanhalbinsel, bezw. von den Ufern des Mittelmeeres stammen, wird durch die jüngste Beobachtung von Virchow (Pisko?), dass von 1000 albanesischen Kindern 900 schwarzes Haar haben, plausibel gemacht. Dass ihr Zug in das Ende der neolithischen Zeit fällt und mit der Terramaracultur zusammenhängt, beweisen

[1] Die Nachweise im Einzelnen vgl. Bastian-Festschrift, a. a. O.
[2] Siehe diese Mittheilungen, Bd. XXVI, Sitzungsberichte, Seite [21].

die Verhältnisse im südöstlichen Böhmen, wo erst in jüngster Zeit allmälig Funde von Stein- und Kupfergeräth zum Vorschein kommen; namentlich in der Nähe des uralten Verkehrsweges „na Gabr" aus Mähren.

Dieser Weg führt aus dem Quellengebiete der Iglava (Schulbezirk Iglau mit 83°/₀₀, bezw. 92°/₀₀ Schwarzhaariger) über Selenz (77°/₀₀), Stöcken (117°/₀₀), Pollerskirchen (106°/₀₀, in dem von mir hervorgehobenen Walde Hradiště wurde erst 1897 ein Steinkeil und früher schon bei dem Dorfe Suchá = Dürre ein Steinbeil gefunden), passirt bei Krasná hora (52°/₀₀) die Sazava, zieht sich über Lučic (64°/₀₀), Steinhammer von Dobrá voda), Skuhrov (47°/₀₀), Habr (73°/₀₀) gegen Golč-Jenikau (57°/₀₀), von wo aus sich der Strom der Schwarzhaarigen gegen Ost über beide Ufer des Flusses Dubrava, d. h. die Pfarrgemeinden Přibram (109°/₀₀), Heřmaň (112°/₀₀), Běstviny (113°/₀₀, bei Mladotic wurde ein Achatmeissel gefunden) und Vilemov (93°/₀₀) verbreitet; von Golč-Jenikau (57°/₀₀), ein Flintbeilfund bei Chlumek) führt die „Via na gabr" weiter über Potěhy (52°/₀₀), neolithische Ansiedelungen und die rothen Becher von Markovic) zu dem Hradek von Čáslau (43°/₀₀) mit seinen Terramaraculturschichten und Kuttenberg (50°/₀₀) gleichfalls mit einem Burgstall und Terramarakeramik und vielen anderen Funden. Ein zweiter paralleler Strom von Iglau über Ober-Cerekve (57°/₀₀, Depôt von Halsringen und Palstäben aus Bronze und Kupfer), Neu-Reichenau (105°/₀₀) längs der westlichen Sazava, seit Gründung des Klosters Selau „Želivka" genannt, über Pilgram (57°/₀₀, Kupferartefacte beim Bau der Transversalbahn), Chvojnov (77°/₀₀), Jiřic (81°/₀₀), Kaliště (110°/₀₀), Zahradka (75°/₀₀), Ledec an der östlichen Sazava (80°/₀₀, bei Světla ein Hammerbeil von Stein, bei Smrdov und Lhota Ovesna Steinkeile, und auf dem Berge Nelechov [gegenwärtig Melechov genannt] ein Bronzepalstab von ungarischem Typus [mit Absatz]), Roth-Janovic (82°/₀₀, Steingeräthe von Opatovic im Museum der Včela), Bykáň (44°/₀₀, Steingeräthe und Bronze bei Malešov und Poličany) und Kuttenberg. Die beiden Ströme gehen von hier aus vereint über Kank (82°/₀₀), Sedlec-Malin (154 und 68°/₀₀) nach Chotusic (77°/₀₀, Bronzedepôt von Žehušic n. A. F.) und Zábor (68°/₀₀), wo sie unterhalb des Burgstalles von Lžovic (Golddrahtgewinde, Bronzeringe und eine Situla) die Elbe erreichen und sich dann nordwärts längs der Cidlina bis gegen Jičin und an die Melaphyrkuppen des Riesengebirgsvorwalles erstrecken.

10. Herr med. Dr. Franz Ahrendts sendet folgende Mittheilung und Anfrage an unseren Präsidenten, ddo. Arnstadt in Thüringen, 13. Januar 1897:

In der Monatsschrift für Volkskunde „Am Urquell" (VI. Bd., 9. bis 10. Heft, S. 184) habe ich „Bemerkungen zu einigen Dessauer Kinderspielen" veröffentlicht. Das darin erörterte Mellespiel hat Aehnlichkeit mit einem von Dr. Jacob-Greifswald im „Globus" skizzirten arabischen Kinderspiele. Uebrigens theilte mir genannter Herr brieflich mit, dass ihm erst durch meinen Aufsatz zum Bewusstsein gekommen sei, dass in seiner Heimat Königsberg (Ostpreussen) dasselbe Spiel unter dem Namen Klippspiel bekannt sei. Ein hiesiger Gewerbetreibender theilte mir zufällig mit, dass er das Klippspiel in Schlesien (Goldberg und Freiburg) gefunden habe. Herr Dr. R. Andree-Braunschweig, Herausgeber des „Globus", schreibt mir, dass das Spiel durch ganz Sachsen und Böhmen gespielt werde und bei den Čechen „spaček" heisst. (Vgl. dazu das Hauptstück „Spiel" in Andree's ethnographischen Parallelen, Leipzig 1889, wo von der geographischen Verbreitung der Spiele gehandelt wird.) In hiesiger Gegend (Thüringen) ist das Spiel nicht bekannt; auch sonst habe ich aus rein germanischen Gegenden Deutschlands nichts von dem Spiele gehört. Es scheint auf früher slawischem Boden besonders zu gedeihen. Nun fordert mich Herr Dr. Andree auf, Verbreitung und Ursprung des Spieles weiter zu erforschen. Dazu habe ich aber als praktischer Arzt in einer kleinen Stadt — mangels Bibliotheken und bez. Literatur — keine Gelegenheit; besonders leicht aber dürfte dies in Wien möglich sein. Darum theile ich Ihnen, hochgeehrter Herr, Vorstehendes mit, ob Sie vielleicht Veranlassung nehmen möchten, die weitere Nachforschung nach dem Melle- oder Klippspiele in ethnologischem Interesse zu fördern.

Darf ich bei dieser Gelegenheit aufmerksam machen auf verschiedene alte Sammlungen von „Aberglauben", die von ethnologischen Forschern vielleicht noch nicht genug gekannt oder benützt werden? Diese Sammlungen werden erörtert vom (nunmehr verstorbenen) Leipziger germanistischen Universitäts-Professor Rud. Hildebrand (weil. Mitarbeiter an Grimm's „Deutschem Wörterbuche") in einem Aufsatze „Ueber den Verfasser der Chemnitzer Rockenphilosophie" (in Gosche's Archiv für Literaturgeschichte, I, 105 ff. [1870], wieder abgedruckt in: Hildebrand, Gesammelte Aufsätze und Vorträge zur deutschen Philologie und zum deutschen Unterricht, Leipzig 1890, S. 115).

Wir ersuchen, etwaige Beantwortungen uns zukommen lassen zu wollen.

11. In der II. Beilage zu der in Malaczka erscheinenden Wochenschrift „Der Marchthal-Bote" vom 26. October 1895, I. Jahrg., erschien ein Aufsatz von Eugen Engyeli über

Die Habaner.

Wir geben denselben mit einigen Abkürzungen in Folgendem wieder.

Am linken Ufer der March, obwohl noch weit genug von derselben entfernt, liegt Gross-Schützen (Nagy-Lévárd), ein schöner, grosser Ort mit gegen 2000 Einwohnern. Die Bevölkerung ist gemischt slovakisch und deutsch, wie es in einem Grenzorte im äussersten nordwestlichen Winkel Ungarns, dort, wo die Slovaken der kleinen Karpathen und die Deutschen des unteren Marchthales einander die Hände reichen, nicht anders sein kann.

Dieser Ort ist dadurch interessant, dass in ihm seit mehr als 200 Jahren eine „Habaner"-Gemeinde existirt und sich bis auf den heutigen Tag beinahe in ihrer vollen Ursprünglichkeit erhalten hat. Es sind dies Nachkommen der um die Mitte des XVI. Jahrhunderts unter Ferdinand I. aus Mähren und Böhmen vertriebenen Anabaptisten (Wiedertäufer), einer christlichen religiösen Secte, die zu Anfang des XVI. Jahrhunderts in der Schweiz, Deutschland und Holland stark verbreitet war.

Als Kaiser Karl V. mit den vereinigten Fürsten dem Anabaptistenkönig Johannes von Leyden (Johann Bockelmann aus Leyden), sowie dessen Reich am 24. Juni 1535 in Münster ein jähes Ende bereitete, zerstreuten sich die in Deutschland nicht mehr geduldeten Wiedertäufer nach allen Richtungen. Die erste Ankunft der Anabaptisten in Ungarn fällt in das Jahr 1546. Ueber die Ankunft und Verbreitung derselben, sowie über deren abwechslungsreiche Schicksale bis zur gezwungenen Annahme des katholischen Glaubens während der Regierungszeit Maria Theresias belehren uns theils geschriebene Chroniken, theils von eifrigen Forschern ermittelte Anhaltspunkte, welche ein ziemlich genaues Bild dieser interessanten Episode unserer culturgeschichtlichen Entwicklung bieten. So hat der bekannte Sammler und Erforscher der kleinen Karpathen, Herr MORIZ SPITZER in Széleskút, dem wir schon manche interessante Funde verdanken, viel schätzenswerthes Material über die Anabaptisten gesammelt, welches er dem Schreiber dieses in freundlichster Weise zur Benützung überliess. Gelegentlich eines unter der Führung des genannten Herrn unternommenen Ausfluges zu den „Habanern" in Nagy-Lévárd hatte ich Gelegenheit, das mir überlassene geschichtliche Material aus eigener Anschauung zu ergänzen.

Wie bereits erwähnt, fällt das erste Erscheinen der Anabaptisten in Ungarn in das Jahr 1546, in welchem Jahre dieselben durch Kaiser Ferdinand I. gezwungen wurden, aus Mähren und Böhmen auszuwandern. Sie überschritten die March und kamen in die Holitscher und Sassiner Herrschaften, welche damals einem gewissen Peter Bakilo gehörten. Von hier gingen sie etwas später in die Berencser Herrschaft des Grafen Franz Nyáry über und siedelten sich in den Orten Szobotist und Broczkó, später auch in St. Johann, Gross-Schützen, St. Georgen, Dejthe, Vittensz, Kosolna etc. an. Sie kauften sich Grundstücke, Weingärten und Häuser und betrieben alle Gattungen Gewerbe mit grossem Fleiss. Die Anabaptisten waren ein friedliebendes, arbeitsames Volk und hatten darum auch bald viele Neider und Feinde. Sie bildeten kleine Gemeinden und lebten in Gütergemeinschaft. Sie wohnten und arbeiteten gemeinsam und wenn sich ihre Zahl vermehrte, bauten sie zu den vorhandenen neue Häuser dazu. Die ersten Jahre der Anabaptisten in Ungarn waren sehr wechselvoll und schwer. Sie wurden wiederholt aus ihren Niederlassungen vertrieben und beraubt. Der Aufstand Bocskay's im Jahre 1604 und die von ihm auf der Berencser Herrschaft verübten Grausamkeiten zwangen sie zur Flucht in die Wälder und über die Grenze nach Oesterreich und Mähren, wo sie bis zum Jahre 1613 verweilten. Am Georgitage dieses Jahres wurden sie durch die Herren von Berencs wieder

zurückberufen. Aber schon im Jahre 1619 hatten sie unter der kaiserlichen Soldateska, welche nach der Niederlage des böhmischen Grafen Thun vor Wien gegen General Dampierre das Land überschwemmte, viel zu leiden, speciell in den Orten Broczkó, St. Johann und Gross-Schützen, wo man sie als „böhmische Brüder" verfolgte. Kaum von dieser Plage befreit, kamen ihnen die Polen und Croaten auf den Hals, welche am 11. Juli 1620 die March überschritten.

Im Jahre 1622 erhielten die Anabaptisten in Ungarn neue Zuzüge aus Mähren und Oesterreich, da Kaiser Ferdinand II. am 22. September auf Vorschlag des Cardinals Fürsten Franz Dietrichstein den Befehl gab, dass alle Anabaptisten oder Herrenhuter aus dem Reiche auszuwandern haben. In Folge dieser Ausweisung mussten die Anabaptisten gegen 24 Gemeinden Mährens und Oesterreichs, in denen sie über 100 Jahre gewohnt hatten, verlassen und über die March nach Ungarn ziehen. Die Sage erzählt, dass die Anabaptisten, welche es in Mähren zu einem grossen Wohlstande gebracht hatten, beim Verlassen des Landes gar nichts von ihrem Eigenthum mit sich nehmen durften. Nur vier Wagen voll Obst waren ihnen mitzunehmen erlaubt. Die Anabaptisten wussten aber ihre Gegner zu überlisten, indem sie das Obst mit Ducaten spickten. Den Fährmann, welcher sie über die March brachte, bezahlten sie mit drei Aepfeln, in welchen derselbe später die verborgenen Ducaten fand.

Die anabaptistischen Chroniken erzählen viel von den schweren Zeiten, welche ihre Gemeinden während der Insurrection Gabriel Bethlen's (dieser nahm viele anabaptistische Handwerker mit nach Siebenbürgen), ferner durch gelegte grosse Brände in Berencs und Szobotist, dann während der Revolution Georg Rákóczy's I. im Jahre 1643, dann zwei Jahre später durch die Schweden unter dem General Dürstenstein, nachher wieder durch die Slovaken, welche ihnen ihre während des Krieges verborgenen Schätze raubten und schliesslich durch die Türken erlitten. Während der ersten Türkeninvasion waren viele Anabaptistenbrüder als Gefangene fortgeschleppt worden. Eine am 6. April 1665 in Szobotist abgehaltene Versammlung von 10 Gemeinden beschloss, den gefangenen Brüdern Hilfe zu bringen. Es begab sich eine Deputation mit Geschenken zum türkischen Pascha nach Ofen, welcher über deren Bitte die gefangenen Brüder freigab. Ein hierauf bezügliches Schreiben des Pascha in arabischer Sprache wird heute noch durch die „Habaner" in Gross-Schützen als Andenken aufbewahrt. Die erwähnte Versammlung entsendete ausserdem noch eine Deputation zu den Glaubensbrüdern in Holland, welche in Frisien, Flandern, Fellanden und Amsterdam freundliche Aufnahme und reichliche Unterstützung fanden. Das von der Deputation nach Hause gebrachte Geld wurde durch die Aeltesten an die Gemeinden Szobotist, Broczkó, St. Johann, Gross-Schützen, Dejthe, Gutwasser, Kosolna, Csaskov, Trencsin, Puchó und Seblahov vertheilt.

Das Meiste hatten die Anabaptisten laut ihren Chroniken unter Emerich Tököly zu leiden, welcher mit seinem ungeheuren Heere im Jahre 1678 das Land

7*

durchzog und überall Schrecken verbreitete. Im folgenden Jahre kam eine furchtbare Pest in's Land und
1683 der zweite Türkenkrieg, welcher mit dem Karlo-
witzer Frieden endete. In dem Kriege gegen Franz
Rákóczy II. 1703—1710 standen die Anabaptisten
den kaiserlichen Generalen Thübenthal und Heister,
welche mit 10.000 Mann nach Szobotist kamen, hilf-
reich bei und erhielten hiefür von ihren Grundherren
neue Freiheiten zuerkannt.

Rieger sagt in seinem böhmischen Wörterbuche über
die Anabaptisten: „Sie nannten einander Bruder und
Schwester, und zwar nach ihrem Wohnorte z. B. Dejtheer,
Szobotister Bruder, Schwester. — In jeder Gemeinde
bildeten sie eine eigene Gesellschaft und wo es nur
möglich war, wohnten sie in einem grossen Hause
— unter einem Dache —, assen an einem Tische, aus
einer Schüssel; nur als sich ihre Zahl vergrösserte,
bauten sie sich neue Häuser, welche immer den Namen
„Hof" führten. In einem solchen Hause herrschte
Ordnung und Reinlichkeit; man fand unter ihnen beinahe alle Handwerker, hauptsächlich aber Schneider,
Schuhmacher, Töpfer, Messerschmiede und Weber.
Während der Arbeit sprachen sie nie oder nur selten
etwas. In jeder derartigen Ortsgesellschaft (Gemeinde)
wurden einige der Aelteren zu Vorstehern gewählt,
deren einer der Curator der Gemeinde war; ein Anderer
kaufte die nöthigen Sachen ein, ein Dritter theilte
dieselben wieder aus und wenn Jemand etwas für sich,
seine Frau oder seine Kinder benöthigte, so brauchte
er es nur dem Curator anzumelden und er erhielt es
aus der gemeinsamen Casse. Die Buben wurden von
den Männern, die Mädchen von den Frauen in gesonderten Schullocalitäten unterrichtet. Wenn ein
Mädchen ausser dem „Hofe" sich verheiratete, bekam
selbes ausser den Kleidern gar keine Aussteuer."

Die Religion der Anabaptisten bestand aus Lesen
und Erklären der heiligen Schrift, aus Beten und Singen,
aus Brotbrechen und Geniessen des Kelches, zu welchem
Zwecke sie in der Abendzeit zusammenkamen. Sie
nahmen Niemanden in ihre Gesellschaft auf, ehe er
geprüft war. Wenn der Aufzunehmende alle Vorschriften
ihrer Religion zu halten sich verpflichtet hatte, wurde
er neu getauft und in die Gemeinde als Mitglied aufgenommen.

Im Jahre 1719 wurde auf Befehl der Kaiserin
Maria Theresia der erste Versuch zur Bekehrung der
Anabaptisten zum katholischen Glauben unternommen.
Derselbe schlug aber gänzlich fehl. Am 11. März des
genannten Jahres berief Primas Georg Szelepcsényi die
Aeltesten der Anabaptistengemeinden nach Pressburg,
doch erklärten sie standhaft, bei ihrem Glauben zu
bleiben. Sie mussten hier einer vom Primas selbst
gelesenen Messe beiwohnen, erhielten eine vierzehn-
tägige Bedenkzeit und wurden entlassen. Es vergingen
mehrere Jahre ohne Erfolg. Nun wurde zu strengeren
Mitteln gegriffen. Es wurden Missionäre in die Anabaptistengemeinden geschickt und den Behörden aufgetragen, streng darauf zu sehen, dass alle neugeborenen Kinder getauft würden. (Bei den Anabaptisten
durften nur Erwachsene die Taufe empfangen.) Eine

diesbezügliche strenge Verordnung der Kaiserin befindet
sich heute noch im Szobotister Pfarramte. In derselben
wird anbefohlen, dass der Anabaptist Zacharias Walter
(seine Nachkommen leben heute noch in Gross-Schützen),
welcher der Bekehrung seiner Genossen den grössten
Widerstand entgegensetzte, gefangen genommen und
nach Ofen abgeführt werde. Die Bücher der Secte
wurden verbrannt und ihnen dafür katholische Bücher
gegeben. Diejenigen, welche sich widersetzten, wurden
gefangen genommen und in Jesuitenklöster gesteckt.
So wurden aus Szobotist fünf, aus Gross-Schützen drei
Anabaptisten zu den Jesuiten gesteckt; schliesslich ergaben sich die ihrer Führer beraubten Gemeinden.
Zuerst die Szobotister im Jahre 1763, insgesammt
113 Seelen, ihnen folgten die Gross-Schützener etc.

Diejenigen, welche nicht nachgeben wollten, wander-
ten aus. Viele gingen nach Holland, Andere nach Russland, speciell in die Krim, von wo sie ebenfalls verdrängt wurden, worauf sie nach Amerika auswanderten,
wo sie heute noch als Mennonitengemeinden, über die
ganzen Vereinigten Staaten verstreut, in Gütergemeinschaft leben und mit ihren einstigen Glaubensbrüdern
in Ungarn im Briefwechsel stehen. Schreiber dieses
hatte Gelegenheit, einige solcher Briefe der amerikanischen Anabaptisten zu lesen. Sie schildern Alle, wie
gut es ihnen drüben gehe, und dass ein Jeder, der
zu ihnen hinüberkommt, als gleichberechtigtes Mitglied
in ihre Gemeinden aufgenommen würde. Die zum
katholischen Glauben bekehrten Anabaptisten erhielten
von der Kaiserin, sowie vom Erzbischof Franz Barkóczy
und von den Grundherren zahlreiche Privilegien. Sie
waren vom Militärdienste befreit und zahlten keine
Mauth. Im Kriege gaben sie einen „Insurgenten", gewöhnlich einen Husaren. Die Steuer zahlten sie direct
in die Comitatscasse. Sie hatten ein eigenes Gemeinde-
gericht, eigene Richter, Geschworne und Wirthschafter.
Sie hatten Regalienbeneficien, eigene Wirthshäuser,[1]
Mühlen, Fleischbänke, waren von jeder Comitats- und
Gemeindearbeit befreit, hatten eigene Kirchen, Schulen
und Lehrer. Sogar der päpstliche Dispens für Ehen
zwischen Blutsverwandten wurde ihnen ertheilt, da sie
nur selten sich mit ausser ihrer Gemeinschaft Stehenden verschwägerten. Auf diese Weise hat sich die
Race bis auf den heutigen Tag erhalten.

In diesen Rechten und Privilegien wurden die Neu-
höfer häufig gestört, aber darin immer wieder, zuletzt
mittelst kaiserlichen Decretes ddto. Pressburg, 13. Juli
1781, bestätigt.

Der Name „Habaner" war ursprünglich ein Spitz-
name, über dessen Entstehung die Meinungen sehr aus-
einandergehen. Die Umwälzungen der Jahre 1848/1849
machten den Privilegien der Habaner ein Ende. Sie
liessen kein Mittel unversucht, um dieselben zu retten,
und sendeten sogar eine Deputation zu Ludwig Kossuth
nach Pressburg. Im Jahre 1863 wurden die Habaner
der politischen Obrigkeit untergeordnet und mit den
betreffenden Gemeinden vereinigt. Ihre Aecker, Wiesen

[1] Die Wirthshäuser der Anabaptisten waren durch ihren
guten Wein berühmt. Die Gross-Schützener „Halbe" war
nebst der Czinkotaer die grösste im Lande.

und Weingärten, früher gemeinsames Gut, wurden unter die Mitglieder vertheilt und damit begann es mit dem Wohlstande der Habaner langsam abwärts zu gehen.

Von allen Niederlassungen der früheren Anabaptisten hat sich jene in Gross-Schützen am besten erhalten. Hier wohnen gegenwärtig noch über 200 Seelen in 47 Häusern beisammen. Wenn man ihren „Habaner-Hof" betritt, glaubt man sich in eine andere Weltgegend versetzt. Wir sehen vor uns eine lange Reihe eigenthümlich geformter ebenerdiger Häuser, welche zwei bis drei Stockwerke hohe Dächer tragen. Diese Dächer, sowie die ganze Eintheilung der Häuser bilden eine interessante Specialität der Habaner, welche auf der Millenniums-Ausstellung gewiss Aufsehen erregen würde, wenn man rechtzeitig daran gedacht hätte, ein solches Haus auszustellen. Diese hohen spitzen Dächer sind, trotzdem sie aus Stroh verfertigt sind, unverbrennbar, denn das Stroh ist mittelst eines eigenen Verfahrens mit Lehm getränkt und innen mit einem gypsartigen Mörtel beworfen. In der Hitze sind die Räume unter einem solchen Dache angenehm kühl und im Winter warm. Hier befinden sich in zwei bis drei Etagen die „Oerterle" oder „Stuberle" der Habaner, in welchen sie Getreide oder Waaren aufbewahren, wenn sie dieselben nicht als Schlafräume benützen. Die Reinlichkeit in diesen Häusern ist geradezu beispiellos. Alles weiss und spiegelblank; in der Küche, wo die emsige Hausfrau waltet, schöne, mit grünen Kacheln ausgelegte Sparherde.

Die Habaner sind Alle Handwerker, in Gross-Schützen vorwiegend Zeugschmiede, Messerschmiede, Schuster und Schneider. In Szobotist sind mehr Kürschner, Schneider, Weber und Tischler. Die Erzeugnisse der Gross-Schützener Zeug- und Messerschmiede sind berühmt; sie lieferten ihre Fleischbarten, Hacken etc. nach Belgrad, Orsowa, Arad, Szegedin, Temesvár, Budapest, Wien, Brünn etc. Da die Leute nicht mit der Zeit vorwärtsschreiten und wenig Verständniss für die Schaffung eines ergiebigen Absatzgebietes haben, so werden sie langsam verarmen und aussterben, wenn ihnen die Regierung nicht unter die Arme greift. Bis vor Kurzem hat ein Kaufmann in Malaczka fast die ganzen Erzeugnisse der Schützener Messerschmiede, besonders deren ausgezeichnete Hacken und Messer, verkauft. Als der Kaufmann starb, fanden sich nirgends Aufzeichnungen darüber vor, wohin die Waaren verkauft wurden, und jetzt wissen die Habaner nicht, wem sie ihre Waare schicken sollen. Hier werden gewisse Artikel mit dem Firmenstempel eines hervorragenden Budapester Hauses erzeugt und durch dieses in den Handel gebracht, ohne dass die Welt weiss, dass die Sachen Erzeugnisse des Gewerbefleisses der Habaner seien. Gegenwärtig erzeugen die Messerschmiede noch Hacken aller Art, wie: Holz-, Floss-, Band- und Fleischhacken, alle Arten von Hauen, Heindeln, Krampen, Schaufeln und landwirthschaftlichen Gabeln. Die Messerschmiede erzeugen Tischbestecke, Tranchirrequisiten, Fleischhauer- und Würstelwerkzeuge. Ihr Absatz beschränkt sich gegenwärtig fast nur auf die nieder-österreichischen Märkte, welche sie mit ihren Erzeugnissen besuchen, und bringen sie dort ihre Vorräthe fast immer an. Die Habaner erhalten aber auch viele Bestellungen aus Oesterreich. In Ungarn selbst wird jetzt mit Ausnahme der Gegend bei Sommerein und Szenicz wenig von den Erzeugnissen der Habaner verkauft.

Es wäre jammerschade, wenn von Seite der Regierung nichts geschehen würde, um diese fleissigen, tüchtigen und nüchternen Handwerker vor dem Untergange zu retten. Hier gab es auch einmal sehr tüchtige Hafner, welche Kunstwerke an bemalten Geschirren erzeugten, die heute von Liebhabern gesammelt werden. Dieses Handwerk ist ganz zu Grunde gegangen.

Schliesslich noch einige Worte über die Herkunft der Habaner. Jene in Gross-Schützen sind ohne Zweifel germanischen Ursprunges. Auf diesen deuten ihre Namen: Walter, Müller, Bernhauser, Weiss, Horn, Pittl, Kleinadler, Maier, Schmied etc. hin. Die Alten sprechen heute noch „habanerisch", eine Art Plattdeutsch, und nennen den Dienstag „Erchtig" (Erichstag), den Donnerstag „Pfingstig" etc.

Die Jüngeren können kaum mehr habanerisch. Sie sprechen deutsch, slovakisch und ungarisch. Ihre Kinder erziehen die Habaner zu tüchtigen Leuten.

* * *

Im Anschlusse daran hat Herr Dr. ABRENDTS in Arnstadt (Thüringen) in der Nr. 24 derselben Zeitschrift vom 9. November 1895 unter dem Titel: „Erchtag, Pfingstag, Samstag und andere deutsche Lehnwörter" (nach Dr. FRIEDRICH KLUGE, Professor an der Universität Freiburg in Baden) folgende Bemerkungen publicirt:

Am Schlusse des fesselnden Aufsatzes von Herrn ENGYELI über die Habaner (in Nr. 22, Beilage II des „Marchthal-Boten") wird mitgetheilt, dass nur noch die alten Leute dieses Stammes ihr habanerisch, eine Art Plattdeutsch, reden, in welchem z. B. der Dienstag „Erchtig" (Erichstag), der Donnerstag „Pfingstig" genannt werde. In Bezug auf Erchtig und Pfingstig sei auf eine in dem am 1. Juni d. J. ausgegebenen „wissenschaftlichen Beihefte Nr. VIII zur Zeitschrift des allgemeinen deutschen Sprachvereines" enthaltene sprachgeschichtliche Erläuterung des Professors KLUGE über „die deutschen Namen der Wochentage" hingewiesen. Daselbst und in seinem „Etymologischen Wörterbuche der deutschen Sprache" (Strassburg, bei TRÜBNER) erwähnt genannter Sprachforscher beim Worte Dienstag (welches im Altdeutschen „Tag des Gottes" besagte) das denselben Tag bezeichnende baierische Wort „Ertag" oder „Erchtag", dessen ursprüngliche, aus dem deutschen Heidenthum der alten Baiwaren (heutigen Baiern) stammende Bedeutung dem Wortlaute nach bis jetzt noch nicht zuverlässig erklärt werden konnte. Auch über das Wort „Pfinztag" oder „Pfingstag", welches dem gemeindeutschen Worte Donnerstag entspricht, berichtet KLUGE a. a. O., dass es schon SCHMELLER, der weil. berühmte Erforscher der baierischen Mundart und Verfasser eines bezüglichen Wörterbuches, als ein baierisches festgestellt und aus dem altgriechischen Worte pempte (zu ergänzen: hemera), d. h. der fünfte (Tag, nämlich in der Woche) abgeleitet hat. Also Erchtag und Pfingstag gehören der baierischen Mundart an; sollte nicht vielleicht das übrige habanerische Sprachgut zum grösseren Theile ebenfalls dazu gehören?

Auf ähnliche Weise leitet KLUGE das oberdeutsche Wort „Samstag", welches bisher aus dem hebräisch-lateinischen Worte sabbâtum (d. i. der Sabbat, Schabbes) abstammen sollte, lieber aus einer wahrscheinlichen hebräisch-griechischen Form (mit eingefügtem m) sambâton (der Sabbat) ab, welche etwa im V. Jahrhunderte angewendet worden und durch die damals im Norden der Balkanhalbinsel wohnhaften Gothen zu den Oberdeutschen als „Sambastag" gelangt sei. Obwohl das Wort sambâton noch nicht geradezu nachgewiesen ist, so setzen die bez. Ausdrücke mehrerer damaliger Nachbarsprachen, besonders auch das magyarische Wort szombat es nothwendigerweise voraus.

Ueberhaupt gelangte damals durch Vermittlung der arianischen Gothen (denen ihr sprachgewaltiger Bischof Wulfila, d. i. Wölflein, im IV. Jahrhunderte die Bibel übersetzte) die erste Kunde des Christenthums von den Griechen zu den alten Deutschen und bei dieser Gelegenheit setzten sich manche Ausdrücke des griechischen Christenthums im Deutschen so fest, dass sie noch heutzutage als Lehnwörter deutsches Bürgerrecht geniessen. Ausser Samstag und „Pfinztag": „Kirche" (Kyriäke, Haus des Herrn), „Pfaffe" (Papâs, niederer Geistlicher; hievon wohl zu unterscheiden das mittellateinische pâpa, das Stammwort von „Papst"), „Engel" (Angelos, Bote), „Teufel" (Diabŏlos, Verleumder), „Bischof" (Episkŏpos, Aufseher), „Pfingsten" (Pentekŏste, fünfzig, zu ergänzen: hemerae, d. i. Tage — nämlich nach Ostern).

12. Das čechoslavische ethnographische Museum in Prag hat nach einer Mittheilung von Dr. LUBOR NIEDERLE in seinen jetzigen Interimslocalitäten im Graf Nostitz'schen Palais (Graben 12) zwei Kanzlei- und sechs Ausstellungsräume, von denen besonders drei (Saal III—V) sehr geräumig und gut beleuchtet sind, was weniger von den zwei anderen gilt. (Siehe die Planskizze Fig. 10.)

Es enthält folgende Gruppen und Abtheilungen:

Gruppe A.

I. Abtheilung für volksthümliche Bauten und Wohnstätten,
II. Abtheilung für volksthümliche Trachten und Stickereien.
III. Abtheilung für Volksbeschäftigung,
IV. „ „ Sitte und Brauch,
V. „ „ volksthümliche Literatur,
VI. „ „ Musik, Lieder und Tänze,
VII. „ „ Sociologie.

Gruppe B.

I. Abtheilung für Geographie,
II. „ „ Anthropologie und Demographie,
III. „ „ Linguistik.

Der Raummangel und die ungleichartige Vertretung der Typen in den einzelnen Abtheilungen nöthigten freilich die Museumsleitung, in den Interimslocalitäten nur Theile dessen, was im Programme enthalten und gefordert wird, zu exponiren.

In den sechs Sälen des čechoslavischen ethnographischen Museums gelangten die Sammlungen zu folgender Eintheilung:

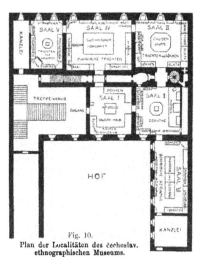

Fig. 10.

Plan der Localitäten des čechoslav. ethnographischen Museums.

Saal I enthält eine Sammlung von ausgewählten Modellen und Bildern zur Volksbaukunst;

Saal II eine Sammlung von Bauerneinrichtungsstücken, verschiedenes Geräthe, ferner Collectionen von geschriebenen Gebetbüchern, Holzschnitzereien und Proben der volksthümlichen Musik;

Saal III eine Sammlung von alterthümlichen Trachten und Stickereien aus dem Königreiche Böhmen nebst anderen auf Brauch und Beschäftigung Bezug habenden kleineren Gegenständen;

Saal IV eine ähnliche Sammlung aus Mähren und Schlesien;

Saal V eine gleiche Sammlung aus der ungarischen Slovakei;

Saal VI Sammlung der alten böhmischen, mährischen und slovakischen Keramik.

13. Herr Dr. **Heinrich Matiegka** in Prag übersendet folgende Inhaltsangabe seiner jüngst erschienenen Arbeit:

Nálezy Lateneské ze severozápadnich Čech.

(La Tène-Funde aus Nordwestböhmen. Památky archaeol., XVII, 1896, Taf. XXIX—XXXI.)

I. Skeletgräber bei Gross-Czernosek-Csalositz, in der Nähe von Leitmeritz: zwei Skelette, in blosser Erde ruhend, ausgestreckt im rechten Winkel zu einander (mit den Füssen) gelagert; an dem einen Skelet fand sich ein Schlangenarmband von 1³/₄ Windungen, mit eingedrückten Kreisen und mit schlangenkopfähnlichen Endstücken versehen; dabei ein Eisenfibelfragment (La Tène oder römisch).

II. Aschengrube bei Wehinitz (Lobositz): nebst Asche, Kohle und Scherben auch Bruchstücke eines durch Feuer beschädigten Bronzeringes mit Schloss und hohlen Buckeln enthaltend, wie solche sonst aus La Tène-Skeletgräbern bekannt sind (wahrscheinlich kein Brandgrab).

III. Fundort bei Liebshausen (vgl. auch Památky archaeol., XIV. S. 363, und Prähistor. Blätter, VII. 1895, S. 4): Skeletgräberstätte aus der La Tène-Zeit über eine aus älterer Zeit (Hallstatt?) stammende Wohnstätte übergreifend (Abfall- und Aschengruben mit Stein- und Beinwerkzeugen, wenig Bronze, aber charakteristischen Gefässen und Scherben, Taf. XXXI. mit Ausnahme Fig. 28). Die Skeletgräber enthielten Eisenwaffen (La Tène-Schwerter, Taf. XXX. 2, Lanzenspitzen, Schildbeschläge) und Eisenschmuck (Armbänder, XXIX. 5, einen Halsring XXX. 7, Eisenfibeln, XXIX. 12, 13, Eisengürtelketten XXIX. 7), eine prächtige Bronzegürtelkette mit rothem Email, andere Bronzeeisenketten, Buckelringe (XXX. 10, 14, 15), Glas- (12) und andere Armbänder, Lignitringe (11). Charakteristisch sind einige Gefässe (XXX. 8, XXXI. 28, mit Bodenspirale) und einige Objecte (Doppelring, XXX. 6), römischen Einfluss verrathend.

Am meisten überrascht der Reichthum und die Mannigfaltigkeit der Gürtelketten, der Arm- und Fussringe (besonders derer mit hohlen Buckeln) und ihrer Verschlüsse. Schon durch diese allein unterscheidet sich die La Tène-Cultur in Böhmen auffallend von jener, die sich uns in den zeitlich sonst sehr nahestehenden, an Schmuck armen Brandgräbern von Dobřichov darbietet (Památky archaeol., XV. Dr. Píč: Archaeol. výzkum 1893).

Vorstand und Mitglieder der Anthropologischen Gesellschaft in Wien

nach dem Stande der Jahres-Versammlung am 9. März 1897.[1]

A. Vereinsleitung und Ausschuss.

Präsident:

Dr. Ferdinand Freiherr v. **Andrian-Werburg** (seit 1882), zugleich Ehrenpräsident (1895)

Vice-Präsidenten:

Dr. Karl **Brunner** Ritter v. **Wattenwyl** (seit 1888)
Dr. Karl Theodor v. **Inama-Sternegg** (seit 1894).

Secretär:

Franz **Heger** (seit 1887).

Secretär-Stellvertreter:

Dr. Philipp **Paulitschke** (seit 1897).

Rechnungsführer:

Dr. Otto **Müller** (seit 1891).

Cassier:

Karl Freiherr v. **Schlosser** (seit 1891).

Ausschussräthe:

Dr. Franz Ritter v. **Hauer** (seit 1870).
Dr. Emanuel **Herrmann** (seit 1890)
Dr. Moriz **Hoernes** (seit 1890).
Felix **Kanitz** (1870—1874, neuerdings seit 1879)
Dr. Josef **Karabacek** (seit 1872)

Felix **Karrer** (1876—1884, neuerdings seit 1887).
Dr. Matthäus **Much** (1871—1876, neuerdings seit 1884).
Dr. David Heinrich **Müller** (seit 1887).
Karl **Penka** (seit 1890).
Josef **Szombathy** (seit 1887)
Dr. Karl **Toldt** (seit 1886)
Dr. Wilhelm **Tomaschek** (seit 1890).
Dr. Sigmund **Wahrmann** (seit 1888).
Hans Graf **Wilczek** (seit 1870).
Dr. Johann Nep. **Woldřich** (seit 1887)
Gundaker Graf **Wurmbrand-Stuppach** (seit 1870).
Dr. Emil **Zuckerkandl** (1878—1888, neuerdings seit 1889).

Rechnungs-Censoren:

Dr. Moriz **Bruck**.
Alois Raimund **Hein**.

B. Mitglieder.

I. Ehrenmitglieder.

1. Seine k. u. k. Hoheit Erzherzog **Josef** (1895).
2. Adolf **Bastian** in Berlin (1884).
3. Gustav **Fritsch** in Berlin (1895).
4. Ernst **Haeckel** in Jena (1895).
5. Hans **Hildebrand** in Stockholm (1895).
6. Benjamin **Kállay de Nagy-Kálló** in Wien (1895).
7. Julius **Kollmann** in Basel (1895)
8. John **Lubbock** in High Elms (1895).
9. Friedrich **Müller** in Wien (1888). [Zugleich wirkliches Mitglied.]

[1] Die Zahlen in der Klammer bedeuten das Jahr der Ernennung, respective des Eintrittes. Correcturen respective Ergänzungen dieser Angaben erbittet sich die Redaction der Mittheilungen unter der Adresse: Wien, I. Burgring 7.

10. Sophus **Müller** in Kopenhagen (1895).
11. J. W. **Powell** in Washington (1884).
12. Franz v. **Pulszky** in Budapest (1892).
13 Johannes **Ranke** in München (1895).
14. Wilhelm **Reiss** in Könitz [Thüringen] (1889)
15. J. J. S. **Steenstrup** in Kopenhagen (1872)
16. Edward B. **Tylor** in Oxford (1895).
17. Praskovja Sergejewna Gräfin **Uwarow** in Moskau (1890).
18. Rudolf **Virchow** in Berlin (1879).
19. Wilhelm **Waldeyer** in Berlin (1895).
20 Gundaker Graf **Wurmbrand-Stuppach** in Graz (1895). [Zugleich unterstützendes Mitglied.]

II. Correspondirende Mitglieder.

1. Richard **Andree** in Braunschweig (1877).
2. Dmitrij Nikolajewitsch **Anutschin** in Moskau (1890).
3. Max **Bartels** in Berlin (1889).
4. Josef Baron de **Baye** in Paris (1893).
5. Franz **Boas** in New-York (1890).
6. Daniel G. **Brinton** in Philadelphia (1887)
7. Edoardo **Brizio** in Bologna (1895).
8. Emil **Cartailhac** in Toulouse (1879)
9. Ernest **Chantre** in Lyon (1879).
10. Wilhelm **Dörpfeld** in Athen (1895).
11. Ernst **Eitel** in Hongkong (1870).
12. A. **Ernst** in Carácas, Venezuela (1888).
13. Otto **Flasch** in Delmenhorst (1884).
14. Oskar **Fraas** in Stuttgart (1879).
15. Alb. S. **Gatschet** in Washington (1884).
16. Georg **Gerland** in Strassburg (1895)
17. Gherardo **Ghirardini** in Pisa (1895)
18. Enrico **Giglioli** in Florenz (1895).
19. J. **Girard de Rialle** in Paris (1879).
20. Wilhelm **Grempler** in Breslau (1889)
21. Victor **Gross** in Neuveville (1883).
22. Wilhelm **Gurlitt** in Graz (1883).
23. Josef **Hampel** in Budapest (1892).
24. Ernest **Hamy** in Paris (1884).
25. Jakob **Heierli** in Zürich (1891).
26. Wolfgang **Helbig** in Rom (1883)
27. Theodor v. **Heldreich** in Athen (1876).
28. C. **Herbst** in Kopenhagen (1876).
29. Anton **Herrmann** in Budapest (1890).
30. Rudolf **Hoernes** in Graz (1895). [Zugleich wirkliches Mitglied.]
31. W. J. **Hoffman** in Washington (1884).
32. Urban **Jarnik** in Prag (1884).
33. G. W. **Leitner** in Woking bei London (1872).
34. A. **Lissauer** in Berlin (1892).
35. Paolo **Mantegazza** in Florenz (1878).
36. Christian **Mehlis** in Neustadt a. d. H. (1879)
37. August **Meitzen** in Berlin (1895).
38. Johanna **Mestorf** in Kiel (1877).
39. A. B. **Meyer** in Dresden (1884).
40. Oskar **Montelius** in Stockholm (1879)
41. Enrico **Morselli** in Genua (1875).
42. Gabriel de **Mortillet** in St. Germain en Laye (1877)
43. Robert **Munro** in Edinburgh (1895).
44. Julius **Naue** in München (1887).

45 Alfred **Nehring** in Berlin (1893).
46. Heinrich **Obst** in Leipzig. [Zugleich wirkliches Mitglied.]
47. Otto **Olshausen** in Berlin (1895).
48. Paul **Orsi** in Siracus (1887).
49. Antonio **Pascoli** in Mexiko (1875).
50. Luigi **Pigorini** in Rom (1872).
51. Gustav **Radde** in Tiflis (1884).
52. W. **Radloff** in St. Petersburg (1892).
53. Friedrich **Ratzel** in Leipzig (1886).
54. Salomon **Reinach** in St. Germain en Laye (1895).
55. Gustav **Retzius** in Stockholm (1880).
56. J. G. F. **Riedel** in Haag (1878).
57. J. D. E. **Schmeltz** in Leiden (1884).
58. Emil **Schmidt** in Leipzig (1895). [Zugleich wirkliches Mitglied.]
59. Wilibald v. **Schulenburg** in Berlin (1887).
60. W. **Schwartz** in Berlin (1880)
61. Georg **Schweinfurth** in Berlin (1884).
62. C. **Schwicker** in Budapest (1880).
63. Theodor Ritter v. **Stefanović-Vilovsky** in Belgrad (1887).
64. Karl von den **Steinen** in Neubabelsberg bei Berlin (1895). [Zugleich wirkliches Mitglied.]
65. C. L. **Steinhauer** in Kopenhagen (1884).
66. Ludwig **Stieda** in Königsberg, Preussen (1880).
67. Hjalmar **Stolpe** in Stockholm (1889).
68. Aurel v. **Török** in Budapest (1891).
69. Paul **Topinard** in Paris (1879).
70. W. **Troutowski** in Moskau (1890).
71. E. **Ujfalvy de Mezö-Kövesd** in Paris (1879).
72. Julien **Vinson** in Paris (1879).
73. Albert **Voss** in Berlin (1887).

III. Stifter.

1. **Joest**, Dr. Wilhelm, Professor. Berlin, W./₁₀. Regentenstr. 19 (1895).
2. **Liechtenstein**, Johann, reg. Fürst von und zu. Wien, IX. Alserbachstrasse 16 (1895).
3. **Sokolowski**, Julian. Wreschen in Posen (1890).

IV. Unterstützende Mitglieder.[1]

1. **Abensperg-Traun**, Hugo Graf v., k. u. k. wirkl. Geheimer Rath, Oberst-Kämmerer. Wien, I. Wallfschg. 13 (1887).
2. **Apponyi**, Alexander Graf, k. u. k. Kämmerer. Lengyel, Ungarn (1889).
3. **Auspitz**, Theodor, Procurist der pr. Firma S. Auspitz. Wien, I. Schwarzenbergstrasse 3 (1891).
4. **Bonaparte**, Prinz Roland. Paris, Avenue d'Jéna 10 (1895).
5. **Delhaes**, Stefan, Historienmaler. Wien, VIII. Schlössel-gasse 2 (1882).
6. **Dumba**, Nikolaus, k. u. k. wirkl. Geheimer Rath, Mitglied des Herrenhauses etc. etc. Wien, I. Parkring 4 (1884).

----

[1] Die P. T. Mitglieder werden dringend ersucht, vorkommende Adressenänderungen sofort dem Secretariate der Anthropologischen Gesellschaft, Wien, I. Burgring 7, anzeigen zu wollen, da nur für diesen Fall die regelmässige Zusendung der Gesellschaftschriften, Einladungen etc. garantirt werden kann. Den Mitgliedbeitrag wolle man an den Cassier der Gesellschaft, Herrn KARL FREIHERR v. SCHLOSSER, Wien, IV. Taubstummengasse 8, zu Beginn eines jeden Vereinsjahres einsenden.

7. **Dungel,** Dr. Adalbert, kaiserlicher Rath, General-Abt, Prälat des Stiftes Göttweig, Niederösterreich (1881).
8. **Dziedaszycki,** Wladimir Graf, k. u. k. wirkl. Geheimer Rath. Lemberg, Kurkova 15 (1890).
9. **Erwein,** Dr. Josef, Landeshauptmann von Kärnten, Mitglied des Herrenhauses. Klagenfurt, Priesterhausg. 2 (1887).
10. **Figdor,** Karl, Verwaltungsrath der Wiener Rückversicherungs-Gesellschaft. Wien, I. Löwelstrasse 8 (1891).
11. **Grünbaum,** Dr. Hermann. Wien, I. Hessgasse 7 (1892).
12. **Gussenbauer,** Dr. Karl, k.k.Hofrath, Universitäts-Professor. Wien, IX. Schlickgasse 4 (1870).
13. **Gutmann,** Max Ritter v., Berg- und Hütten-Ingenieur. Wien, I. Kantgasse 6 (1892).
14. **Harrach zu Rohrau, Prugg und Tannhausen,** Johann Franz Graf, k. u. k. wirkl. Geheimer Rath. Wien, I. Freiung 3 (1887).
15. **Hauer,** Dr. Franz Ritter v., k. u. k. Hofrath, Mitglied des Herrenhauses. Wien, VII. Kirchberggasse 7 (1870).
16. **Kinsky,** Ferdinand Fürst, k. u. k. wirkl. Geheimer Rath. Wien, I. Freiung 4 (1887).
17. **Lanckoroński-Brzezie,** Karl Graf, k. u. k. wirkl. Geh. Rath und Kämmerer. Wien, III. Jacquingasse 18 (1884).
18. **Lanna,** Adalbert Ritter v., Mitglied des Herrenhauses. Prag, Hibernergasse 9/II. (1882).
19. **Lieben,** Leopold v., Generalrath und Director der österr.-ungar. Bank. Wien, I. Oppolzergasse 6 (1891).
20. **Lobmeyr,** Ludwig, Mitglied des Herrenhauses. Wien, I. Schwangasse 1 (1887).
21. **Miller zu Aichholz,** Dr. Victor Ritter v. Wien, III. Am Heumarkt 13 (1887).
22. **Niederösterreichisches Landes-Real- und Obergymnasium** in Horn (1893).
23. **Osborne,** Wilhelm, Rittergutsbesitzer. Dresden, Wintergartenstrasse 5 (1880)
24. **Presl,** Johann, Badhausunternehmer. Wien, VI. Gumpendorferstrasse 59 (1892).
25. **Reich,** S. & Co., k. k. landesbefugte Glaswaarenfabrikanten. Wien, II./2. Czerningasse 3 (1892).
26. **Rothschild,** Nathaniel Anselm Freiherr v. Wien, IV. Theresianumgasse 14 (1890).
27. **Samson** Philippine, Rentière in Wien, I. Franzensring 16 (1896).
28. **Scherzer,** Karl Ritter v., k. u. k. a. o. Gesandter und bevollmächtigter Minister i. R Görz, Corso 18 (1895).
29. **Schlesinger,** Dr. Emil, General-Secretär der anglo-österr. Bank. Wien, I. Strauchgasse 1 (1896).
30. **Schoeller,** Philipp Wilhelm Ritter v., Generalrath der österr.-ungar. Bank, Mitglied des Herrenhauses. Wien, II. Obere Donaustrasse 105 (1887).
31. **Schwarzenberg,** Adolf Josef Fürst zu, k. u. k. wirkl. Geheimer Rath. Wien, III. Rennweg 2 (1884).
32. **Seadler,** Anton Freiherr v., k. u. k. wirkl. Geheimer Rath, Feldzeugmeister i. R. Wien, I. Friedrichstrasse 2 (1887).
33. **Steindachner,** Dr. Franz, k u. k. Hofrath, Vorstand des k. k. naturhistorischen Hofmuseums in Wien, I. Burgring 7 (1896)
34. **Waldstein,** Ernst Karl Graf, k. u k. Kämmerer, Rittmeister i. R. Prag, Waldsteinhaus (1895). [Lebenslängliches Mitglied.]

35. **Wilczek,** Hans Graf, k. u. k. wirkl. Geheimer Rath. Wien, I. Herrengasse 5 (1870).
36. **Windisch-Graetz,** Ernst Fürst zu, k. u. k. Kämmerer, Oberst a. D. Wien, III. Strohgasse 21 A (1879).
37. **Wurmbrand-Stuppach,** Gundaker Graf, k. u. k. wirkl. Geheimer Rath und Kämmerer, Graz (1870). [Zugleich Ehrenmitglied.]
38. **Zwiklitz,** Felix Edler v. Wien, IV. Heugasse 20 (1883).

V. Wirkliche Mitglieder.

1. **Adam,** Dr. Josef. Wien, IX. Liechtensteinstrasse 56 (1893).
2. **Alterthumsverein** in Worms (1886)
3. **Alth,** Dr. Titus Ritter v., k. k. Realschuldirector. Wien, XVIII. Leitermayergasse 46 (1893).
4. **Andrian-Werburg,** Dr. Ferdinand Freih. v. Wien. I. Kolowratring 5 (1870). [Lebenslängliches Mitglied.]
5. **Andrian-Werburg,** Leopold Freih. v., stud. jur. Wien, I. Habsburgergasse 15 (1896).
6. **Anthropologische Section** der Gesellschaft für Physiokratie in Böhmen zu Prag 779-II (1887).
7. **Arneth,** Dr. Alfred Ritter v., k. u. k. wirkl. Geheimer Rath, Director des k. u. k. Haus-, Hof- und Staats-Archives. Wien, I. Parkring 16 (1870).
8. **Arneth,** Dr. Franz Hektor Ritter v. Wien, I. Kolowratring 14 (1870).
9. **Arthaber,** Johann Josef Rudolf Edler v., kaiserl. Rath. Wien, IV. Gusshausgasse 19 (1891).
10. **Auchenthaler,** Dr. Franz, k. u. k. Hofrath, Leibarzt. Wien, I. Habsburgergasse 9 (1887).
11. **Bachofen v. Echt,** Adolf. Wien, III. Landstrasse Hauptstrasse 33 (1885). [Lebenslängliches Mitglied.]
12. **Baernreither,** Dr. Josef Maria, Landtagsabgeordneter, Gutsbesitzer. Wien, VIII. Landesgerichtstrasse 11.
13. **Balfour,** Henry, Vorstand des Anthropological-Departement am Museum in Oxford, 11, Norham Gardens (1895).
14. **Bancalari,** Gustav, k. u. k. Oberst a. D. Linz, Altstadt 30 (1892).
15. **Bartsch,** Franz, k. k. Ober-Finanzrath. Wien, III. Salmgasse 14 (1887).
16. **Bassanowicz,** Dr. J., Kreisphysicus. Varna, Bulgarien (1889).
17. **Baumann,** Dr. Oskar, k. u. k. österr.-ungar. Consul in Sansibar (1887).
18. **Baumgartner,** Dr. Heinrich, k. k. Gymnasial-Professor. Wiener-Neustadt, Hobelhof (1892).
19. **Beer,** Dr. Adolf, k. k. Hofrath, Mitglied des Herrenhauses, Professor an der technischen Hochschule. Wien, III. Am Heumarkt 17 (1870).
20. **Beliak,** Isidor, Antiquar. Wien, I. Kohlmessergasse 8 (1887).
21. **Benndorf,** Dr. Otto, k. k. Hofrath, Universitäts-Professor. Wien, IX. Pelikangasse 18 (1888).
22. **Berchtold,** Sigmund Graf, k. u. k. wirkl. Geheimer Rath. Wien, I. Löwelstrasse 12 (1884).
23. **Bibliothek der Stadt Wien** (1896).
24. **Bielka Ritter v. Karltreu,** Dr. August, k. u. k. Leibarzt. Wien, I. Reitschulgasse 2 (1887).
25. **Binder,** Andreas, Bau-Inspector der Kaiser Ferdinands-Nordbahn. Wien, III. Marokkanergasse 1 (1893).

26. **Blasius,** Dr. Wilhelm, Director des herzogl. naturhistor. Museums und Professor. Braunschweig, Gaussstrasse 17 (1892).

27. **Böhmerle,** Karl, Adjunct der k. k. forstlichen Versuchsleitung. Mariabrunn 1 (1887).

28. **Boglić,** Dr. Valtazar, Staatsrath, Membre correspondent de l'Institut. Paris, Rue des Saints-Pères 71 (1883). [Lebenslängliches Mitglied.]

29. **Bormann,** Dr. Eugen, k. k. Universitäts-Professor, Wien, XIX. Döblinger Hauptstrasse 15 (1895)

30. **Bouchal,** Leonhard, Wien, I. Tiefer Graben 11 (1895)

31. **Brenner-Felsach,** Joachim Freiherr v., k. u. k. Kämmerer. Gainfarn, Niederösterreich (1889).

32. **Breycha,** Dr. Arthur, k. k. Ministerial-Secretär. Wien, I. Kärntnerring 9 (1895).

33. **Brigham,** William J., Director of the Bishop Ethnological Museum. Honolulu, Hawaii-Inseln.

34. **Bruck,** Dr. Moriz, k. u. k. Oberstabsarzt i. R. Wien, II. Czerninplatz 1 (1888).

35. **Brun,** Ferdinand, Ingenieur. Mödling, Wienerstrasse 33, Niederösterreich (1884).

36. **Brunner v. Wattenwyl,** Dr. Karl Ritter, k. k. Ministerialrath i. P. Wien, VIII. Trautsohngasse 6 (1870).

37. **Brunšmid,** Josip, Professor an der Universität und Director der archäolog Abtheilung des Nationalmuseums in Agram (1891).

38. **Bühler,** Dr. Georg Johann, k. k. Hofrath, Universitäts-Professor. Wien, IX. Alserstrasse 8 (1894).

39. **Bugiel,** Wlodzimiers Mieczyslaw, stud. med. Paris, Boulevard St. Marcel 51 (1891).

40. **Bullé,** Franz, Monsignore, k. k. Conservator, Gymnasial-Director. Spalato (1896)

41. **Buschman,** Dr. Ferdinand Freiherr v. Wien, I. Bauernmarkt 18 (1889).

42. **Calliano,** Gustav, Präsident des Museumsvereines in Baden bei Wien, Pfarrgasse 3 (1896).

43. **Campi,** Luigi Nobile de, Reicharaths-Abgeordneter. Cles, Tirol (1886).

44. **Chrobak,** Dr. Rudolf, k. k. Universitäts-Professor. Wien, IX. Frankgasse 6 (1874).

45. **Chun,** Franz, Beamter der k. k priv. österr. Länderbank in Wien (1896).

46. **Czerny,** Alois, Bürgerschullehrer. Mährisch-Trübau (1887).

47. **Daehler,** Anton, Ingenieur. Wien, II./₂. Halmg. 1 (1895).

48. **Dalla-Rosa,** Dr. Alois, k. k. Universitäts-Professor. Wien, IX. Porzellangasse 2 (1887).

49. **Demetrykiewicz,** Dr. Wladimir, Secretär der kaiserl Akademie der Wissenschaften in Krakau, Stephansplatz 6 (1896).

50. **Deutsch,** Joel, kaiserl. Rath, em. Director des israel. Taubstummen-Institutes. Wien, III. Jacquingasse 1 (1872).

51. **De Vaux,** Karl Freiherr, k. u. k. Geh. Rath, Kämmerer und Generalmajor. Wien, III. Lagergasse 6 (1887).

52. **Dillinger,** Andreas, Schriftsteller. Wien, I. Opernring 23 (1888).

53. **Dołkowski,** Leo, Techniker, Wien, IV. Danhauserg. 6 (1894).

54. **Duška,** Josef. Josefstadt, Böhmen (1881).

55. **Dworschak,** Dr. Joh., Advocat in Deutsch - Landsberg, Steiermark (1884).

56. **Dziedaszycki,** Thaddäus Graf, Gutsbesitzer. Niesłuchów, Post Zelechów wielki, Galizien (1888).

57. **Ehrenfreund,** Sigmund. Wien, IX./₁. Rögergasse 1B (1895)·

58. **Eigl,** Josef, k. k. Regierungs-Ober-Ingenieur. Salzburg, Neuthorstrasse 9 (1893).

59. **Erzbischöfliches Knabenseminar** und Ober-Gymnasium in Travnik, Bosnien (1888).

60. **Faber,** Dr. Karl Maria. Graz, Lichtenfelsgasse 15 (1870).

61. **Familien - Fideicommiss - Bibliothek,** k. u. k. Wien, Hofburg (1877).

62. **Fiala,** Franz, Custos am bosn.-herzegowinischen Landesmuseum. Sarajevo (1894).

63. **Figdor,** Gustav, Grosshändler. Wien, II. Kaiser Josefstrasse 38 (1880).

64. **Finck,** Johann, königl. Rath, pens Bürgermeister. Oedenburg, Heiliggeistgasse 3 (1890)

65. **Fischer,** Dr. Ferdinand, k. u. k. Schlossarzt in Laxenburg (1888).

66. **Fischer,** Ludwig Hans, akad. Maler. Wien, VII. Breitegasse 8 (1886).

67. **Flondor,** Alexander Ritter v., Gutsbesitzer. Hlinitza, Post Draczynetz, Bukowina (1894).

68. **Franc,** Franz Xaver, Secretär des histor. Museums der Stadt Pilsen (1894).

69. **Frischauf,** Dr. Eugen, Notariats - Candidat. Wien, IV. Wiedner Hauptstrasse 22 (1888).

70. **Fürst,** Dr. Eduard, Assistent am zoolog. Museum der Universität Würzburg (1895).

71. **Fulcommer,** Daniel, Professor an der State Normal School. Milwaukee, Wisconsin U. S. A. (1895)

72. **Geographisches Institut** der k. k. Universität. Wien, I. Franzensring 3 (1894).

73. **Gerlich,** Karl, Lehrer, Prerau (1894).

74. **Gesellschaft für Anthropologie und Urgeschichte der Oberlausitz.** Görlitz (1889).

75. **Gesellschaft f. Salzburger Landeskunde.** Salzburg (1887).

76. **Glück,** Dr. Leopold, Kreisarzt. Sarajevo, Kossovo 11 (1893).

77. **Gomperz,** Dr. Theodor, k. k. Hofrath, Universitäts-Professor. Wien, III. Reisnerstrasse 13 (1870).

78. **Grössl,** Franz Xaver, k. u. k. Präparator am k. k. naturhistor. Hofmuseum. Wien, II. Wallensteinstr. 40 (1888).

79. **Grohmann,** Frl. Anna, Präsidentin des Damen - Comités der I. Prager und Kleinseitener Volksküche etc., Hausbesitzerin. Prag, Graben 3 (1884).

80. **Gross,** Dr. Konrad, Operateur an der III. geburtshilflichen Klinik. Wien, XI. Simmeringer Hauptstrasse 42 (1893).

81. **Gruber,** Dr. Josef, k. k. Universitäts - Professor. Wien, I. Freiung 7 (1870).

82. **Gschirhakl,** Dr. Johann, k. u. k. Stabsarzt. Wien, III. Kegelgasse 7 (1888)

83. **Guthers** Gérard. Wien, III Gerlgasse 4 (1897).

84. **Haberler,** Dr. Franz Ritter v. Wien, VIII. Skodagasse 8 (1888).

85. **Hackenberg,** Dr. Ferdinand, Hof- und Gerichtsadvocat. Wien, IV. Paniglgasse 19 a (1887).

86. **Hagen,** Dr. Karl, Vorstand des Museums für Völkerkunde in Hamburg (1895).

87. **Hartung v. Hartungen,** Dr. Christoph. Riva am Gardasee, Villa Christoforo (1887).

88. **Hatschek,** Dr. Rudolf. Bad Gräfenberg, Oesterreichisch-Schlesien (1892).

89. **Hebra,** Dr. Hans Ritter v., Privatdocent an der k. k. Universität. Wien, I. Lothringerstrasse 5 (1887).

90. **Hedinger,** Dr. August, Medicinalrath. Stuttgart, Friedrichstrasse 4 (1895).

91. **Heger,** Franz, k. u. k. Custos und Leiter der anthropol.-ethnographischen Abtheilung am k. k. naturhistorischen Hofmuseum. Wien, III. Rasumoffskygasse 1 (1878).

92. **Hein,** Alois Raimund, k. k. Professor und akademischer Maler. Wien, V. Bacherplatz 13 (1890).

93. **Herrmann,** Dr. Emanuel, k. k. Ministerialrath, Professor an der k. k. techn. Hochschule. Wien, VI. Gumpendorferstrasse 58b (1889).

94. **Herrnfeld,** Heinrich, Schriftsteller. Wien, II. Fischergasse 2 (1870).

95. **Herzog,** Jakob, Schriftsteller. Wien, III. Veithg. 9 (1888).

96. **Himmel v. Agisburg,** Heinrich, k. u. k. Oberst i. R. Brixen, Tirol (1887).

97. **Historisch-archäologisches Museum** der Stadt Pilsen (1888).

98. **Hochstetter,** Dr. Arthur Ritter v., Primararzt. Wiener-Neustadt (1884).

99. **Hoelder,** Dr. H. v., k. württ. Ober-Medicinalrath. Stuttgart, Marienstrasse 31.

100. **Hörmann,** Constantin, Hofrath, Director des bosnisch-hercegovinischen Landesmuseums. Sarajevo (1894).

101. **Hoernes,** Dr. Moriz, k. u. k. Custos-Adjunct am k. k. naturhistorischen Hofmuseum, Privatdocent an der Universität. Wien, III. Strohgasse 5 (1888).

102. **Hoernes,** Dr. Rudolf, k. k. Universitäts-Professor. Graz, Sparbersbachstrasse 29 (1879). [Zugleich correspondirendes Mitglied.]

103. **Hofmann,** Rafael, Bergwerks-Director. Wien, IV. Heugasse 52 (1893).

104. **Hofmeier,** Ernst, Domänenbesitzer. Pischely bei Prag (1892).

105. **Hohenbruck,** Arthur, Freiherr v., k. k. Ministerialrath im Ackerbauministerium. Wien, I. Nibelungengasse 8 (1890).

106. **Holl,** Dr. Moriz, k. k. Universitäts-Professor. Graz, Harrachgasse 21.

107. **Holländer,** Dr. Alexander, Privatdocent an der k. k. Universität. Wien, IX. Ferstelgasse 6 (1888).

108. **Holler,** Dr. Anton. Graz, Normalschulgasse 5 (1887).

109. **Houška,** Dr. Alois, städt. Polizei - Commissär. Pilsen, Mannsfeldgasse 7 (1887).

110. **Hovorka Edler v. Zderas,** Dr. Oskar, Gemeindearzt. Janjina, Dalmatien (1893).

111. **Hueber,** Dr. Richard, Hof- und Gerichtsadvocat. Wien, XVII. Hernals, Bergsteiggasse 32 (1887).

112. **Inama-Sternegg,** Dr. Karl Theodor v., k. k. Sectionschef, Präsident der k. k. statistischen Central-Commission, Mitglied des Herrenhauses. Wien, I. Freiung 6 (1884).

113. **Jagić,** Dr. Vatroslav, k. k. Hofrath und Universitäts-Professor, Mitglied des Herrenhauses. Wien, XIX./1. Döblinger Hauptstrasse 24 (1892).

.114. **Jelinek,** Břetislav, k. k. Conservator, Director des städt. Museums in Prag. Smichov, Hieronymusgasse 13 (1888).

115. **Jenny,** Dr. Samuel, kaiserl. Rath. Hard bei Bregenz (1889).

116. **Jerusalem,** Dr. Wilhelm, k. k. Gymnasial-Professor, Privatdocent an der k. k. Universität. Wien, VIII. Daungasse 1 (1895).

117. **Jurié Edler v. Lavandal,** Dr. Gustav, Privatdocent an der k. k. Universität. Wien, I. Wallnerstrasse 11 (1870).

118. **Kahle,** Dr. Bernhard, Professor an der Universität. Heidelberg i. B, Brückerstrasse 16 (1895).

119. **Kaindl,** Dr. Raimund Friedrich, Professor. Czernowitz, Neuenweltgasse 58 (1891).

120. **Kaiser,** Franz, k. k. Regierungsrath, Hilfsämter-Ober-Director im k. k. Finanzministerium. Wien, IV. Igelgasse 21 (1870).

121. **Kaltenegger,** Ferdinand, k. k. Hofrath. Brixen (1884).

122. **Kammel Edler v. Hardegger,** Dr. Dominik, Gutsbesitzer. Stronsdorf, Niederösterreich (1884).

123. **Kanitz,** Felix, k. ungar. Rath, Curator am k. k. österr. Handelsmuseum. Wien, I. Eschenbachgasse 9 (1870).

124. **Kaposi,** Dr. Moriz, k. k. Universitäts-Professor. Wien, IX. Alserstrasse 28.

125. **Karabacek,** Dr. Josef, k. k. Hofrath und Universitäts-Professor. Wien, III. Salmgasse 15 (1870).

126. **Karásek,** Dr. Josef, Mitarbeiter der „Prager Zeitung". Prag, Kleinseite 459 (1893).

127. **Karner,** P. Lambert, Pfarrer in Brunnkirchen, Postamt Furth, Niederösterreich (1880).

128. **Karrer,** Felix, k. ungar. Rath, General-Secretär des Wissenschaftlichen Club. Wien, XIX. Döblinger Hauptstrasse 80 (1870).

129. **Katholicky,** Dr. Karl, k. k. Sanitätsrath, Primararzt der Krankenanstalt. Brünn (1888).

130. **Kemény,** Dr. Ig., k. u. k. Regimentsarzt. Komorn (1890).

131. **Knies,** Jan, Lehrer. Doubravitz, Post Raitz, Mähren (1891).

132. **Koblitz v. Willmburg,** Hans Freiherr, k. u. k. Artillerie-Oberlieutenant. Wien, IV. Favoritenstrasse 28 (1888).

133. **Kőnyőki,** Dr. Alois, k. ungar. Staats-Chemiker. Budapest, Délibabutcza 24 (1890)

134. **Koffer,** Dr. Hans, Assistent an der III. geburtshilflichen Klinik. Wien, I. Hofgartengasse 1 (1893).

135. **Kolbenheyer,** Erich, Professor an der k. k. Staatsgewerbeschule in Czernowitz (1894).

136. **Koller,** August Freiherr v., k. u. k. Rittmeister im 14. Dragoner-Regiment. Dobřan bei Pilsen (1891).

137. **Komers,** August, k. k. Gymnasial-Professor i. P. Niemtschitz bei Kojetein. Mähren (1888).

138. **Kominek,** Alois, Güter - Inspector. Wien, I. Rathhausstrasse 4 (1890).

139. **Kosanović,** Sava, Erzbischof von Sarajevo, Metropolit von Dabro in Bosnien und Exarch von Dalmatien. Dulcigno, Montenegro (1884). [Lebenslängliches Mitglied.]

140. **Kosteralts,** Ubald, inf. Propst des Stiftes Klosterneuburg (1887).

141. **Koudelka,** Florian, k. k. Bezirks - Thierarzt. Wischau, Mähren (1886).

142. **Krayatsch,** Dr. Josef, Director der niederösterr. Irrenanstalt in Kierling - Gugging, Niederösterreich (1887).

143. **Kříž,** Dr. Martin, k. k. Notar. Steinitz, Mähren (1890).

144. **Kubinyi,** Nikolaus v., Oberfiscal der Herrschaft Arva. Arva Váralya, Ungarn (1888).

8*

145. **Kübeck su Kübau,** Max Freiherr v, k. u. k. Legations-rath a. D. Wien, IV. Wienstrasse 27 (1870).
146. **Kuhn,** Dr. Konrad. Wien, I. Maysedergasse 6 (1893).
147. **Kulka,** Dr. Richard, Hof- und Gerichts-Advocat. Wien, VII. Neubaugasse 28 (1889).
148. **Kutschera,** Hugo Freiherr v., k. u. k. wirkl. Geb. Rath, Civil-Adlatus für Bosnien und die Herzegovina. Sara-jevo (1884).
149. **Landau,** Dr. Wilhelm Freih. v. Berlin (1895).
150. **Landesmuseum „Joanneum"** [Antiken- und Münzen-Cabinet] in Graz (1891).
151. **Leder,** Hans. Jauernig, Oesterr.-Schlesien (1894).
152. **Leger,** F., Privatier. Kolin, Kuttenberger Vorstadt 182, Böhmen (1888).
153. **Lehmann-Nitsche,** Dr. Robert. Gocanowo bei Krusch-witz, Provinz Posen (1896).
154. **Leidinger,** Josef, k. u. k. Rechnungsrath in Sr. Majestät Obersthofmeisteramt. Wien, XIII. Hietzing, Lainzer-strasse 74 (1893).
155. **Lenz,** Dr. Oskar, k. k. Universitäts-Professor. Prag, Königliche Weinberge, Sladkovskystrasse 8 (1893).
156. **Libicka,** Emma, Malerin. Wien, IX. Prechtlgasse 1 (1893).
157. **Linardić,** Dr. Dominik, k. u. k. Stabsarzt. Banjaluka (1888).
158. **Linden,** Dr. Marie Gräfin, Assistent am zoolog. Museum der Universität in Halle a. S., Universität (1888).
159. **Lippmann,** Dr. Eduard, k. k. Universitäts-Professor. Wien, IV. Karlsgasse 9 (1893).
160. **Ludwig,** Dr. Eduard, Hof- und Gerichtsadvocat. Wien, I. Wollzeile 1 (1895).
161. **Ludwigstorff,** Anton Freiherr v., k. u. k. wirklicher Geheimer Rath. Deutsch-Altenburg an der Donau, Niederösterreich (1887).
162. **Lukas,** Dr. Franz, k. k. Gymnasial-Professor. Wien, I. Bartensteingasse 16 (1884).
163. **Luschan,** Dr. Felix Ritter v., Directorial-Assistent am Museum für Völkerkunde. Friedenau bei Berlin, Menzel-strasse 1 (1872).
164. **Majewski,** Erasmus, Director des chemisch-technischen Laboratoriums. Warschau, Złota 61 (1893).
165. **Makowsky,** Alexander, Professor an der k. k. technischen Hochschule. Brünn, Thalgasse 25 (1889).
166. **Marchesetti,** Dr. Carlo de, Director des Museo civico di Storia naturale. Triest (1889).
167. **Marinitsch,** Josef, Kaufmann. Triest, Via del Lazzeretto vecchio 4 (1891).
168. **Maška,** Karl Jaroslav, Oberrealschul-Director. Teltsch, Mähren (1881).
169. **Masner,** Dr. Karl, Custos am k. k. österreichischen Museum für Kunst und Industrie. Wien, III. Wasser-gasse 13 (1892).
170. **Matiegka,** Dr. Heinrich, Bezirks-Arzt. Prag, VII. 617 (1890).
171. **Mattoni,** Heinrich Edler v., kaiserl. Rath. Giesshübl-Sauerbrunn, Böhmen (1887).
172. **Mattula,** Josef, Baumeister. Znaim (1892).
173. **Mattula,** Ludwig, Lehrer. Unter-Retzbach, Nieder-österreich (1892).

174. **Mayer,** Dr. Sigmund, k. k. Universitäts-Professor. Prag, Stephansgasse 28 (1892).
175. **Melzer,** Dr. Wenzel, k. u. k. Ober-Stabsarzt. Teplitz-Schönau (1893).
176. **Meringer,** Dr. Rudolf, k. k. Universitäts-Professor. Wien, IX. Eisengasse 15 (1889).
177. **Miličević,** Dr. Franjo. Mostar (1883).
178. **Miske,** Kálmán, Freiherr v., Gutsbesitzer. Güns, Ungarn (1896).
179. **Mittler,** Dr. Paul. Wien, I. Elisabethstrasse 16 (1870).
180. **Montecuccoli-Pollnago,** Rudolf Graf, k. u. k. Linien-schiffs-Capitän. Pola (1884).
181. **Much,** Dr. Ferdinand, k. k. Hofburgtheaterarzt. Wien, IV. Favoritenstrasse 11 (1880).
182. **Much,** Dr. Matthäus, k. k. Regierungsrath. Wien, Hietzing, Penzinger Strasse 84 (1870).
183. **Much,** Dr. Rudolf, Privatdocent an der k. k. Universität. Wien, VIII. Fuhrmanngasse 4 (1880).
184. **Müller,** Dr. David Heinrich, k. k. Universitäts-Professor. Wien, VIII. Feldgasse 10 (1884).
185. **Müller,** Dr. Friedrich, k. k. Hofrath und Universitäts-Professor. Wien, III. Marxergasse 24 A (1870). [Zu-gleich Ehrenmitglied.]
186. **Müller,** Hugo, Gutsbesitzer. Wien, I. Grünangergasse 1 (1880).
187. **Müller,** Dr. Otto, Eisenbahn-General-Secretär a. D. Wien, IX. Berggasse 5 (1889).
188. **Murko,** Dr. Mathias, Privatdocent an der Universität. Wien, VII. Breitegasse 4 (1896).
189. **Musealverein** der Stadt Cilli (1895).
190. **Musealverein** in Hallstatt, Oberösterreich (1891).
191. **Musejní spolek.** Brünn (1889).
192. **Museum** der Stadt Klattau in Böhmen (1890).
193. **Museum für Völkerkunde** in Leipzig (1888).
194. **Museumsverein** in Budweis (1895).
195. **Nadenius,** Dr. Joh. Jakob, k. k. Regierungsrath i P. Wien, IV. Weyringergasse 15 (1887).
196. **Nebehay,** Karl, Beamter der allgemeinen Depositenbank, Wien, I. Schottengasse 1 (1896).
197. **Neugebauer,** Dr. Josef, Secundararzt im Allgemeinen Krankenhaus. Wien, IX. Kolingasse 11 (1893).
198. **Neustädtl,** Dr. Josef, Privatier. Wien, I. Wallnerstrasse 3 (1895).
199. **Niederösterreichische Landes-Oberrealschule** und Fachschule für Maschinenwesen in Wr.-Neustadt (1887)
200. **Niedźwiedzki,** Julian, Professor an der k. k. technischen Hochschule in Lemberg, Kleingasse 3 (1887).
201. **Obersteiner,** Dr. Heinrich, k. k. Universitäts-Professor, Director der Privat-Irrenanstalt in Wien, XIX. Billroth-strasse 69 (1870).
202. **Obst,** Dr. Heinrich, Director des Museums für Völker-kunde in Leipzig (1896). [Zugleich correspondirendes Mitglied.]
203. **Oesterreichischer Touristen-Club.** Wien, I. Weihburg-gasse 18 (1887).
204. **Oser,** Dr. Leopold, k. k. Sanitätsrath, Universitäts-Professor. Wien, I. Neuthorgasse 20 (1870).
205. **Ossowski,** Gottfried. Tomsk, Moskowskij-Trakt 3 (1884).
206. **Pachinger,** Anton Max. Linz, Bethlehemstrasse 31 (1894).

207. **Palliardi,** Jaroslaw, Notar. Frain bei Znaim (1889).
208. **Pastrnek,** Dr. Franz, k. k Universitäts-Professor in Prag (1893).
209. **Pauli,** Hugo, Buchhändler. Wien, I. Rothenthurmstrasse 15 (1892).
210. **Paulitschke,** Dr. Philipp, kaiserl. Rath, Privatdocent an der k. k. Universität und Gymnasial-Professor. Wien, VIII. Skodagasse 16 (1886).
211. **Pees,** Dr. Alexander, Fabriks- und Realitäten-Besitzer. Wien, I. Opernring 5, 4. Stiege (1880).
212. **Pelzker,** Dr. Johann, Scriptor an der Universitäts-Bibliothek. Graz, Leechgasse 22a (1896).
213. **Penka,** Karl, k. k. Gymnasial-Professor. Wien, XVIII. Schindlergasse 48 (1882).
214. **Pfeiffer,** Rudolf, k. k. Oberbergrath. Wien, XVIII. Währing, Gürtelstrasse 41 (1870).
215. **Pichler,** Julius, Director der Sprengmittelfabrik in Brunn am Steinfeld, Niederösterreich (1893).
216. **Pick,** Dr. Alois, k. u. k. Regimentsarzt, Privatdocent an der k. k. Universität. Wien, I. Rudolfsplatz 12 (1895).
217. **Pick,** Dr. Arnold, k. k. Universitäts-Professor. Prag, Stadtpark 11 (1892).
218. **Pič,** Dr. J. L., Vorstand der archäologischen Abtheilung am Nationalmuseum in Prag, Sokolgasse 8 (1896).
219. **Plärer,** Dr. F. S. J., Schiffsarzt i. R. St. Marein a. d. Kremsthalbahn, Oberösterreich (1887).
220. **Plischke,** Dr. Karl. Prag, Königl. Weinberge, Dobrowskygasse 12 (1888).
221. **Poetsch,** Vincenz, Fabrikant. Randegg, Niederösterreich (1891).
222. **Prašák,** Dr. Alois Freiherr v., k. u. k. wirkl. Geheimer Rath, Minister a. D. Wien, III. Strohgasse 21 (1893).
223. **Preen,** Hugo v., akademischer Maler und Gutsbesitzer. Osternberg bei Braunau am Inn, Oberösterreich (1885).
224. **Preindlsberger,** Milena, Sarajevo, Landesspital (1889).
225. **Pudil,** Jan, em. fürstl. Lobkowitz'scher Baudirector. Prag, Königliche Weinberge, Brandlgasse 16 (1883).
226. **Püchler,** Wenzel, k. k. Oberbergrath i. P. Graz, Maiffredygasse 5, II. (1884)
227. **Puschmann,** Dr. Theodor, k. k. Universitäts-Professor. Wien, XVIII Währing, Martinstrasse 6 (1894).
228. **Rabl,** Dr. Karl, k. k. Universitäts-Professor. Prag (1882).
229. **Radič,** Fran., Redacteur der „Starohrvatska Prosvjeta". Curzola, Dalmatien (1884).
230. **Rauch,** Georg, Architekt. Wien, VIII. Lammg. 9 (1895).
231. **Reisch,** Dr. Emil, k. k. Universitäts-Professor. Innsbruck (1894).
232. **Reischek,** Andreas, Naturforscher. Linz, Klammstrasse 22. (1891). [Lebenslängliches Mitglied.]
233. **Riehly,** Heinr. Neuhaus bei Weseli a. L., Böhmen (1886).
234. **Riegl,** Dr. Alois, Custos am k. k. österreichischen Museum für Kunst und Industrie, k. k. Universitäts-Professor. Wien, I. Schottengasse 8 (1892).
235. **Rigler,** Dr. Franz Edler v. Wien, III. Seidlgasse 22 (1874).
236. **Rohrmann,** Moriz, Gutsbesitzer. Bludowitz, Oesterr.-Schlesien (1887).
237. **Rokitansky,** Hans Freiherr v., k. u. k. Kammersänger. Wien, IV. Wiedner Hauptstrasse 51 (1874).

238. **Rollet,** Dr. Emil, k. k. Regierungsrath, Director und Primararzt des Erzh. Sophien-Spitals. Baden bei Wien, Berggasse 37 (1870).
239. **Romstorfer,** Karl Adam, Architekt, k. k. Conservator, Director der k. k. Staatsgewerbeschule. Czernowitz, Petroviczgasse 6 (1893).
240. **Rosenberg,** Leopold. Wien, I. Giselastrasse 11 (1884).
241. **Rosthorn,** Dr. Arthur v., k. u. k. Legationssecretär bei der k. u. k. Gesandtschaft. Peking (1894).
242. **Rowland,** William R., jun Berhentian Tingi Estate, Negri Sembilan, Malakka [via Singapore] (1895).
243. **Rücker,** Anton, k. k. Oberbergrath. Wien, I. Canovagasse 7 (1882).
244. **Salter,** Sigmund, Realitätenbesitzer. Wien, IX. Lackirergasse 6 (1896). [Lebenslängliches Mitglied.]
245. **Salzer,** Josef, Fabriksbesitzer. Wien, III. Marzergasse 1 (1888).
246. **Schacherl,** P. Gust., Pfarrer. Gobelsburg im Kampthale, Niederösterreich (1889).
247. **Schaffer,** Dr. Ludwig, k. u. k. Regimentsarzt. Wien, I. Stephansplatz 5 (1887).
248. **Schandlbauer,** Dr. Hans. Wien, I. Petersplatz 7 (1893).
249. **Scheff,** Dr. Julius, jun., k. k. Universitäts-Professor. Wien, I. Hoher Markt 4 (1887).
250. **Schiess,** Dr. Heinrich, Director der Ophthalmologischen Klinik in Basel (1895).
251. **Schiff,** Dr. Eduard, Privatdocent an der k. k. Universität. Wien, I. Wallfischgasse 6 (1888).
252. **Schiffmann,** Ludwig. Hamburg, Neue Gröningerstrasse 22 (1887).
253. **Schlesinger,** Sigm. Egon. Wien, I. Gonzagagasse 15 (1894)
254. **Schlosser,** Karl Freiherr v. Wien, IV. Taubstummengasse 8 (1888).
255. **Schmarda,** Dr. Ludwig Karl, k. k. Hofrath. Wien, II. Kaiser Josefstrasse 33 (1870).
256. **Schmidl,** Karl. Wien, XIII. Hietzing, Auhofstrasse 7.
257. **Schmidt,** Dr. Emil, Universitäts-Professor. Leipzig, Schenkendorfstrasse 5 (1893). [Zugleich correspondirendes Mitglied.]
258. **Schnapper,** August, Privatier. Wien, VI. Getreidemarkt 17 (1888).
259. **Schneider,** Dr. Robert Ritter v., Custos der Antikensammlung des Allerh. Kaiserhauses. Wien, IX. Berggasse 10 (1887).
260. **Schoetensack,** Dr. Otto. Heidelberg (1894).
261. **Schott,** Eugen. Weitra, Niederösterreich (1887).
262. **Schroeder,** Dr Leopold v., k. k. Universitäts-Professor. Innsbruck, Fischergasse 7 (1894)
263. **Schrötter v. Kristelli,** Dr. Leopold Ritter, k. k. Universitäts-Professor. Wien, IX. Mariannengasse 3 (1887).
264. **Schuchardt,** Dr. Hugo, k. k. Hofrath und Universitäts-Professor. Graz, Elisabethstrasse 6 (1885)
265. **Schulhof,** Dr. Johann Sigmund, k. u. k. Oberarzt. Grkovac bei Risano, Dalmatien (1887).
266. **Schwab,** Dr. Erasmus, Gymnasial-Director i. P., Bezirksschulrath. Wien, VI. Kasernengasse 24 (1884).
267. **Sederl,** Josef, k. u. k. Hof-Steinmetzmeister. Wien, III./a. Reisnerstrasse 61 (1870).

268. **Sieger,** Dr. Robert, Privatdocent an der k. k. Universität. Wien, I. Wollzeile 12 (1891).

269. **Siemiradzki,** Dr. Josef, Professor an der Universität in Lemberg, Sakramentek 18 (1896).

270. **Sitte,** Camillo, k. k. Regierungsrath, Architekt, Director der k. k. Staatsgewerbeschule. Wien, I. Schellinggasse 13 (1893).

271. **Sonne,** Dr. Eduard. Ober-Laa bei Wien (1892).

272. **Sonnleithner,** Ferd. Sarajevo (1888).

273. **Speyer,** Albert, Commissionswaarenhändler. Wien, I. Neuthorgasse 15 (1888).

274. **Spitzer,** Gust., k. u. k. Hof-Mode- und Weisswaarenhändler. Wien, I. Kärntnerring 12 (1884).

275. **Srbska-Zora,** Akademischer Studenten-Verein. Wien, VII. Burggasse 20 (1884).

276. **Staatsgewerbeschule,** k· k. Wien, I. Schellinggasse 13 (1893).

277. **Staatsgymnasium,** k. k., Oberhollabrunn, Niederösterreich (1893).

278. **Stache,** Dr. Guido, k. k. Hofrath, Director der k. k. geologischen Reichsanstalt. Wien, III. Rasumoffskygasse 23, III (1870).

279. **Steinen,** Dr. Karl von den, Professor: Neubabelsberg bei Berlin, Karaibenhof (1892). [Zugleich correspondirendes Mitglied.]

280. **Steiner,** Franz. Schaab bei Podersam, Böhmen (1891).

281. **Steiner v. Pfungen,** Dr. Robert Freiherr, Primararzt im Kaiser Franz Josefs-Spital, Privatdocent an der k. k. Universität. Wien, I. Schottengasse 8 (1880).

282. **Storno,** Franz, jun., akademischer Maler. Oedenburg (1893).

283. **Straberger** Josef, k. k. Ober-Postcontrolor, Conservator. Linz (1896).

284. **Strohmayer,** Dr. August, Schriftsteller. Rom (1881).

285. **Stubenvoll,** Hugo, Ingenieur. Vukovar, Slavonien (1892).

286. **Supljina,** Matthäus, Pfarrer i. P. Pisino, Istrien (1887).

287. **Svetlin,** Dr. Wilhelm, Director der Privat-Heilanstalt für Gemüthskranke. Wien, III. Leonhardgasse 3/5 (1880).

288. **Szczepanowski,** Stanislaus Prus. Lemberg, Ulice Dabrowskiego 8 (1887).

289. **Szombathy,** Josef, k. u. k. Custos am k. k. naturhistorischen Hofmuseum. Wien, VII. Sigmundsgasse 8 (1879).

290. **Taglicht,** Karl, k. u. k. Hof-Bauschlosser. Wien, II. Mathildenplatz 7 (1887).

291. **Tappeiner,** Dr. Franz, Curarzt. Meran, Tirol (1881).

292. **Thirring,** Julius, Bürgerschullehrer. Wien, II. Darwingasse 9 (1893).

293. **Tietze,** Dr. Emil, k. k. Oberbergrath an der k. k. geologischen Reichsanstalt. Wien, III. Ungargasse 27 (1887).

294. **Toldt,** Dr. Karl, k. k. Hofrath und Universitäts-Professor. Wien, IX. Ferstelgasse 6 (1885).

295. **Tolmatschew,** Dr. Nikolaus, Universitäts-Professor. Kasan (1889).

296. **Tomaschek,** Dr. Wilhelm, k. k. Universitäts-Professor. Wien, XVIII. Währinger Gürtel 118 (1884).

297. **Tonner,** Dr. Wilhelm, k. u. k. Oberstabsarzt i. P. Pisek, Böhmen (1893).

298. **Trapp,** Josef, Fabriksbesitzer. Pilsen, Salzgasse 14 (1889).

299. **Treulich,** Dr. Jakob, k. u. k. Ober-Stabsarzt. Wien, I. Bartensteingasse 13 (1887).

300. **Treutler,** Dr. Ferdinand, k. u. k. Ober-Stabsarzt. Innsbruck, Dreiheiligenstrasse 5 (1892).

301. **Trojanović,** Dr. Sima, Professor am III. Gymnasium. Belgrad (1894).

302. **Tschudi,** Dr. Arthur, k. u. k. Stabs- und Divisions-Chefarzt. Graz (1888).

303. **Valjavec,** Matija, Professor, Mitglied der südslavischen Akademie. Agram, Kukevićgasse 6 (1888).

304. **Visintini,** Ignaz, Oberlehrer. Pinguente, Istrien (1895).

305. **Vuletić-Vukasović,** Vid, Professor. Curzola, Dalmatien (1883)

306. **Vyvlečka,** Dr. Josef, k. k. Conservator, Domvicar in Olmütz (1896).

307. **Wahrmann,** Dr. Sigmund, prakt. Arzt. Wien, I. Wollzeile 29 (1870).

308. **Wallaschek,** Dr. Richard. Wien, IV. Waaggasse 11 (1897).

309. **Waněk,** Johann, fürstl. Liechtenstein'scher Gutsdirector Radim, Post Peček, Böhmen (1896).

310. **Wang,** Nikolaus, k. u. k. Custos-Adjunct am k. k. naturhistorischen Hofmuseum. Wien, I. Maximilianstrasse 14 (1888).

311. **Weinberger,** Isidor, k. k. Commercialrath, Centraldirector der böhmischen Montangesellschaft. Wien, IV. Schwindgasse 20 (1888).

312. **Weinzierl,** Robert Ritter v. Prag, II. Krakauergasse 16 (1894).

313. **Weinzierl,** Dr. Theodor Ritter v., k. k. Director der Samen-Controlstation. I. Wien, Liebiggasse 5 (1892).

314 **Weisbach,** Dr. Augustin, k. u. k. Ober-Stabsarzt, Sanitätschef des 15. Corps. Sarajevo (1887).

315. **Weiss,** Dr. Johann Baptist v., k. k. Hofrath, Universitäts-Professor. Graz, Bürgergasse 13 (1875).

316. **Weiss v. Tessbach,** Dr. Adolf Ritter. Wien, I. Nibelungengasse 1 (1887).

317. **Weyr,** Rudolf, Professor an der k. k. technischen Hochschule, Bildhauer. Wien, III. Ungargasse 58 (1887).

318. **Wieser v. Wiesenhort,** Dr. Frans Ritter, k. k. Universitäts-Professor, Präsident des Ferdinandeums. Innsbruck, Meinhardstrasse 4 (1888).

319. **Wielemans,** Alexander, **Edler von Monteforte,** k. k. Baurath u. Architekt. Wien, XVII. Zwerngasse 16 (1897).

320. **Wilser,** Dr. med. Ludwig, Stadtarzt. Karlsruhe (Baden), Kriegstrasse 62 (1897).

321. **Winternitz,** Dr. Moriz. Oxford, 100 Kingston Road (1886).

322. **Winternitz,** Dr. Wilhelm, k. k. Universitäts-Professor, kaiserl. Rath. Wien, I. Wipplingerstrasse 28.

323. **Wittmann,** Dr. Emil Hugo, Schriftsteller. Wien, I. Weihburggasse 32 (1884).

324. **Witzany,** Dr. A., Districtsarzt. Eisgrub, Mähren (1887).

325. **Woldřich,** Dr. Joh. Nep., k. k. Universitäts-Professor. Prag, Königl. Weinberge, Hálekgasse 76 (1870).

326. **Wolfram,** Alfred. Wien, XVIII. Canongasse 19 (1889).

327. **Wosinsky,** Moriz, Dechant. Szegszárd, Ungarn (1889).

328. **Zawiliński,** Roman, k. k. Gymnasial-Professor, Secretär der ethnologischen Abtheilung der Akademie der Wissenschaften. Krakau, Karmelicka 22 (1893).

329. **Zeyer,** Johann, Architekt. Prag, Ujezd, III. 402 (1887).

330. **Ziller,** Karl, k. u. k. Artillerie-Oberlieutenant. Hermann-stadt, Siebenbürgen (1890).
331. **Žitný,** Anton, fürstl. Liechtenstein'scher Forstmeister. Adamsthal, Mähren (1888).
332. **Zsigmondy,** Dr. Otto, Zahnarzt. Wien, I. Schmerling-platz 2 (1892).
333. **Zuckerkandl,** Dr. Emil, k. k. Universitäts - Professor. Wien, IX. Alserbachgasse 20.
334. **Zumbusch,** Kaspar Ritter v., Professor an der k k. Akademie der bildenden Künste. Wien, III. Jacquin-gasse 11 (1889).

C. Correspondenten.

1. **Bella,** Ludwig, Professor. Oedenburg.
2. **Krahulotz,** J. Eggenburg.
3. **Moser,** Dr. L. Karl. Triest.

Monats-Versammlung am 13. April 1897.

Vorsitzender: Herr Hofrath Dr. KARL BRUNNER v. WATTENWYL.

1. Herr J. R. **Bünker** aus Oedenburg hält einen Vortrag:

Das Bauernhaus auf der Millenniums-Landes-ausstellung in Budapest.

Dieser Vortrag wird als Abhandlung im nächsten Hefte der Mittheilungen erscheinen.

2. Als Geschenke für die Bibliothek sind ein-gelaufen:

1. **Parker,** Edward W.: The Production of Soapstone and Magnesite in 1894.
2. **Derselbe:** The Production of Gypsum in 1894.
3. **Derselbe:** The Production of Salt in 1894.
4. **Derselbe:** The Production of Asphaltum in 1894.
5. **Derselbe:** The Production of Sulphur and Pyrites in 1894.
6. **Derselbe:** The Production of Antimony and Platinum in 1894.
7. **Derselbe:** Mineral Paints, Barytes and Asbestos in 1894.
8. **Derselbe:** The Production of Abrasive Materials.
9. **Shaler,** Nathaniel Southgate: Peat Deposits (2 Hefte).
10. **Day,** William C.: The Stone Industry in 1894.
11. **Nitze,** H. B. C.: Monazite.
12. **Weeks,** Joseph D.: The Production of Manganese in 1894.
13. **Cummings,** Uriah: The Production of Cement in 1894.
14. The Production of Nickel in 1894.
15. The Production of Quicksilver in 1894.
16. The Production of Chromium and Tungsten in 1894.
17. The Production of Fluorspar and Mica in 1894.
Nr. 1—17 sämmtlich: Extracts from the sixteenth Annual Report of the Director of Departement of the Interior U. S. Geological-Survey 1894—95. Washington, 1895.
18. **Peñafiel,** Dr. Antonio: Estadística General de la Re-pública Mexicana. Ano VI. Núm. 6.
19. **Derselbe:** Anuario Estadístico de la República Mexi-cana. 1893 und 1894.
20. **Derselbe:** Boletin Semestral de la Direccion General de Estadística de la República Mexicana. Numero 4, 5, 6, 7, 8 und 10.
Nr. 1—20 Geschenk des Herrn A. S. GATSCHET in Wa-shington.

21. **Piette,** Édouard: Fouilles faites à Brassempouy en 1895. (Extrait des Bull. de la Soc. d'Anthropologie de Paris, tome VI, IVe sér. Gesch. d. Verf.
22. **Derselbe:** Études d'Ethnographie Préhistorique. (Extrait de „L'Anthropologie". — T. VII. — No. 3.) Gesch. des Verf.
23. **Hendriks,** H.: Het Burusch van Mâsarète. Gesch. des k. Instituut voor de Taal-, Land- en Volkenkunde von Nederl.-Indië.
24. **Appletons'** popular science monthly. March 1897. New-York. Gesch. von Wm. Z. Ripley.
25. **Annual** report of the Director to the Board of Trustees for the year 1895—96. Chicago. Gesch. des Field Columbian Museum.
26. **American** Academy of Arts and Sciences: Procee-dings. New Series, Vol. XXIII. Boston 1896. Gesch. der Akademie.
27. **Correspondenz-Blatt** der deutschen Gesellschaft für Anthropologie, Ethnologie und Urgeschichte. XXVIII. Jahrgang Nr. 1—5. München 1897. Gesch. der Ges.
28. **Mehlis,** Dr. C.: Der Drachenfels bei Dürkheim a. d. H. Beitrag zur pfälzischen Landeskunde. I. und II. Abth. Gesch. des Verf.
29. **Heierli,** J.: Die Näfelser Letzi. Gesch. des Verf.
30. **Madras** Government Museum. Bull., Vol. II, No. 1, Anthropology. Gesch. des Madras Gov. Mus.
31. **Australian** Museum, Sydney. Memoir. III. The Atoll of Funafuti, Ellice Group: Its zoology, botany, ethno-logy and general structure. Gesch. des Austral. Mus.
32. **Appletons'** popular science monthly. April-June May 1897, New-York. Gesch. von Wm. Z. Ripley.
33. **Boas,** Franz: The growth of children. (Reprinted from Science, N. S., Vol. V., No. 119, pages 570—573, April 9, 1897.) Gesch. des Verf.
34. **Nehring,** Prof. Dr. A.: Sibmacher's Bild einer Urstier-Jagd. Aus der Zeitschrift „Wild und Hund", III. Jahrg. 1897, p. 199. Gesch. des Verf.
35. **Nehring,** Prof. Dr. A.: Ueber Schlittknochen, ins-besondere über 'einen solchen von der Burg in Brom-berg, Ibid. III. Jahrg., p. 84. Gesch. des Verf.
36. **Nehring,** Prof. Dr. A.: Ein Gedicht über Ur und Bison aus dem Jahre 1552. Sonder-Abdr. aus Bd. LXXI, Nr. 15 des Globus. Gesch. des Verf.
37. **Boas,** Franz: Traditions of the Ts'ets'ā'ut. Abdruck aus: Journal of American Folklore. Gesch. des Verf.
38. **Catalogue** of the bound books in the library of the Hawaiian Historical Society. Honolulu 1897. Gesch. von W. Brigham.
39. **Voyage** Archéologique en Russie. Aus: Le Tour du Monde 1897. Livr. n° 18. Gesch. von Baron de Baye.
40. **Proceedings** of the Royal Society of Queensland. Vol. XII. Brisbane 1897. Gesch. der R. Soc.
41. **Müller,** Curt: Die Staatenbildungen des oberen Uelle-und Zwischenseengebietes. Ein Beitrag zur politischen Geographie. Inaugural-Dissertation. Gesch. des Verf.
42 **Mies,** Dr. J.: Über die sogenannten Zwischenformen zwischen Thier und Mensch: Die Mikrokephalen und der Pithecanthropus erectus Dubois. Sonder-Abdr. aus dem Correspondenzblatt der ärztlichen Vereine in Rheinland u. Westfalen. Nr. 59. Gesch. des Verf.
43. **Steenstrup,** Japetus: Til Forstaaelsen af Nordens „Guldbrakteat-Faenomen" og dets Betydning for Nord-Europas Kulturhistorie. Abdruck aus Overs. o. D. K. d. Vidensk. Selsk. Forh 1897. Nr. 1. Gesch. des Verf.
44. **Boletim** da Sociedade de Geographia de Lisboa. 15ª Serie No. 7, 8, 9. Lisboa 1896. Gesch. der Soc.
45. **Školski** Vjesnik: 11 i 12. Sarajevo 1896. Gesch. der Landesregierung für Bosnien und Herzegowina.

46. Atti della Società Veneto-Trentina die science naturali residente in Padova. Ser. II. Vol. III. Fasc. I. Padova 1897. Gesch. der Soc.

47. Gatschet, Albert S.: All around the bay of Passamaquoddy with the interpretation of its indian names of localities. (Repr. from The National Geographic Magazine, Vol. VIII, No. 1, Jan., 1897.) Washington 1897. Gesch. des Verf.

48. Gatschet, Albert S.: Ethnographic notes. Washington. Gesch. des Verf.

49. Gatschet, Albert S.: The Vatican Manuscript No. 3773 (From The American Anthropologist for January, 1897.) Gesch. des Verf.

50. Gatschet, Albert S.: Book review. Die Maya-Sprachen der Pokom-Gruppe. Zweiter Theil: Die Sprache der K'e'kchi-Indianer, nebst einem Anhang: Die Uspanteca. Von Dr Med. Otto Stoll, Professor in Zürich. Leipzig, K. F. Köhler, 1896, VIII, 221 pp. (From The American Anthropologist for December, 1896.) Gesch. des Verf.

51. Kelton, Dwight H.: The annals of Fort Mackinac. Mackinac island. Gesch. von A. S. Gatschet.

52. Kamloops wawa. Vol. III. No. 7. July, 1894. Gesch. von A. S. Gatschet.

53. Hoffman, Walter James: The Menomini Indians. Extract from the fourteenth annual report of the bureau of ethnology. Washington 1896. Gesch. des Verf.

54. Narodopisný sborník českoslovanský. (Vydává národopisná společnost českoslovanská a národopisné museum českoslovanské.) Praha 1897. Gesch. des čechoslav. ethnogr. Mus. in Prag.

55. Munro, Robert: Prehistoric Problems being a selection of essays on the evolution of man and other controverted problems in Anthropology and Archaeology. Edinburgh 1897. Gesch. des Verf.

56. Journal of the American Oriental Society. XIX. Vol. first half: The Whitney memorial meeting. A report of that session of the first American Congress of Philologists which was devoted to the memory of the late professor WILLIAM DWIGHT WHITNEY, of Yale University; held at Philadelphia, Dec. 28, 1894. Boston 1897. Gesch. d. Am. Or. Soc.

57. Engl, Joh. Ev.: Dr. Franz Valentin Zillner. Beiträge zur Schilderung seines Lebensganges. Salzburg 1897. Gesch. des Verf.

58. Baye, Baron de: La Nécropole d'Ananino. (Gouvernement de Viatka, Russie.) Extrait des Mémoires de la Société nationale des Antiquaires de France, t. LVI. Paris 1897. Gesch. des Verf.

59. Boas, Franz: The Decorative Art of the Indians of the North Pacific Coast (extracted from Bull. of the American Museum of Natural History, Vol. IX, Article X, pp. 123—176). New York, May 24, 1897. Gesch. des Verf.

60. Steinmetz, R. S.: Endokannibalismus. (Separatabdr. aus Bd. XXVI der Mittheilungen der Anthropologischen Gesellschaft in Wien.) Literaturbericht darüber in Dr. A. PETERMANN's Mittheilungen. 1897, Heft 5, von H. SCHURTZ. Gesch. des Berichterstatters.

Den Spendern wird hiemit der verbindlichste Dank der Gesellschaft ausgesprochen.

Deutsche Anthropologische Gesellschaft.

Einladung zur XXVIII. allgemeinen Versammlung in Lübeck

mit Ausflügen nach Schwerin und Kiel.

Die Deutsche Anthropologische Gesellschaft hat Lübeck als Ort der diesjährigen allgemeinen Versammlung erwählt und Herr Senator Dr. Eschenburg hat die Leitung der localen Geschäftsführung übernommen.

Die Unterzeichneten erlauben sich, im Namen des Vorstandes der Deutschen Anthropologischen Gesellschaft die deutschen Anthropologen und alle Freunde anthropologischer Forschung des In- und Auslandes zu der am

3. bis 5. August d. J. in Lübeck

stattfindenden Versammlung, sowie zu den Ausflügen nach Schwerin am 6 und nach Kiel am 7. August ergebenst einzuladen.

Der Vorsitzende des Ortsausschusses für Lübeck:

Senator Dr. **Eschenburg.**

Der Generalsecretär:

Professor Dr. **J. Ranke** in München.

Redactions-Comité: Fr. R. v. Hauer, M. Much, F. Müller, J. Szombathy, K. Toldt, S. Wahrmann.
Redactions-Beirath: M. Much und E. Zuckerkandl.
Redacteur: Franz Heger.

MITTHEILUNGEN

Anthropologischen Gesellschaft in Wien.

(Band XXVII. Der neuen Folge XVII. Band.)

Nr. 3. Mai u. Juni.   **Sitzungsberichte.**   1897.

INHALT: Bericht über die Excursion nach Brünn; S. [61].
Internationaler Colonial-Congress in Brüssel; S. [63].
XII. internationaler medicinischer Congress in Moskau; S. [63].

Die Excursion der Anthropologischen Gesellschaft nach Brünn vom 27. bis 29. Mai 1897 unter der Leitung des Herrn Professor Alexander Makowsky.

Dieser Ausflug gestaltete sich durch die Theilnahme einer grösseren Zahl hervorragender auswärtiger Fachmänner zu einem ganz besonders anregenden und wichtigen. Aus Deutschland waren erschienen die Herren Geheimrath Dr. WILHELM GREMPLER aus Breslau, Medicinalrath Dr. HEDINGER aus Stuttgart, Professor Dr. JOHANNES RANKE aus München, Professor Dr. EMIL SCHMIDT aus Leipzig und Geheimrath Dr. RUDOLF VIRCHOW aus Berlin; aus Wien die Herren Vicepräsident Dr. KARL BRUNNER v. WATTENWYL, WILHELM DAUBLEBSKY v. STERNECK, Secretär FRANZ HEGER, Regierungsrath Dr. M. MUCH, Dr. OTTO MÜLLER, ALEXANDER POKROWSKY, Custos JOSEF SZOMBATHY, Oberbergrath Dr. EMIL TIETZE sammt Frau; aus Horn in Niederösterreich Herr Gymnasialprofessor Dr. A. BACHINGER; aus Deutsch-Landsberg in Steiermark Herr Advocat Dr. JOHANN DWORSCHAK; aus Steinitz in Mähren Herr Notar Dr. MARTIN KŘIŽ; aus Teltsch Herr Director KARL MAŠKA; aus Frayn Herr Notar JAROSLAW PALLIARDI; aus Keltschan Herr Bergingenieur ALBIN WILD; aus Rossitz Herr Sanitätsrath Dr. FERDINAND KATHOLICKY; endlich aus Brünn die Herren Professor Dr. BERGER, Professor Dr. BANHOLZER, Oberlieutenant OTHMAR DWORSCHAK, Professor Dr. DWOSKY, Dr. HAMMER, Director HEINKE, Professor A. HLADIK, Dr. KAPP, Sanitätsrath Dr. KARL KATHOLICKY, Director LEISCHING, Dr. LENEČEK, Dr. LÖWENSTEIN, Professor A. MAKOWSKY, Custos-Adjunct ALFRED PALLIARDI und Professor A. RZEHAK, zusammen also 36 Theilnehmer.

Der Ausflug wurde am Nachmittage des 27. Mai mit einem Spaziergange eröffnet, der vom Schreibwalde aus sich über die schön bewaldeten Kuhberge bewegte und in zwei grossen, nordwestlich von Brünn gelegenen Ziegeleien endete, in welchen mächtige Lösslager aufgeschlossen sind, welche als Fundstätten paläolithischer Objecte Berühmtheit erlangt haben. Leider waren gerade keine besonders instructiven Partien anstehend, so dass weder die roth und dunkelbraun gefärbten Lössstellen in der einen, noch die in grösserer Tiefe vorkommenden Spuren von Holzkohlen in der anderen Ziegelei die Anwesenden auf ein einstimmiges Urtheil hinzulenken vermochten.

Der Vormittag des 28. Mai war dem Besuche der Sammlungen gewidmet. Zuerst wurde unter der zuvorkommenden Führung des Herrn Custos-Adjuncten ALFRED PALLIARDI die prähistorische Sammlung des Franzens-Museums besichtigt, die eine Anzahl belangreicher Funde enthält. Besondere Beachtung fanden hier die dem Beginne der Hallstatt-Periode angehörigen grossen Suiten aus einem Urnenfelde bei Obrzan. Leider geben die Sammlungen heute kein übersichtliches Bild der Urgeschichte Mährens, da die wichtigsten Funde sich in anderen Händen, zumeist in jenen von Privatsammlern, befinden. Möge die Zeit recht bald kommen, in welcher sich alle diese wichtigen Sammlungen, an einem Orte vereint, studiren lassen können. Heute kostet es viel Zeit und Mühe, um die an verschiedenen Orten befindlichen Sammlungen kennen zu lernen. Es war daher ein besonders glücklicher Gedanke Professor MAKOWSKY'S, aus diesem Anlasse eine Reihe wichtiger Funde zu einer Ausstellung zu vereinigen, welche in den Räumen der technischen Hochschule arrangirt war und jedenfalls den wissenschaftlichen Hauptanziehungspunkt des ganzen Ausfluges bildete. Ihr wurde auch von den Theilnehmern die grösste Aufmerksamkeit geschenkt und dem Studium der interessanten Objecte nahezu der ganze Vormittag gewidmet.

Den wichtigsten Bestandtheil dieser Ausstellung, die wir in Folgendem eingehender besprechen, bildeten die von Professor MAKOWSKY angelegten geologischen Sammlungen der technischen Hochschule selbst. Der Schwerpunkt derselben liegt in den Lössfunden von Brünn und Umgebung. Die zahlreichen diluvialen Säugethierreste, besonders von Rhinoceros und Mammut, häufig mit unzweifelhaften Spuren absichtlicher Zertrümmerung, die also nur vom Menschen hervorgebracht sein konnten, und die in diesen Mittheilungen besprochenen interessanten Funde wurden gebührend gewürdigt und die Existenz des diluvialen Menschen auch für die Umgebung von Brünn allseitig anerkannt. Ueber die zeitliche Stellung und sachliche Deutung einiger besonders in den Vordergrund gerückter Fundstücke entspann sich eine lebhafte Discussion und blieben die Ansichten getheilt. Die grösste Aufmerksamkeit erweckte eine kleine Collection von Funden aus dem berühmten Lösslager von Předmost, die Herr Director MAŠKA in sehr dankenswerther Weise ausgestellt hatte, besonders die aus einem grossen Funde

Mittheilungen d. Anthrop. Gesellsch. in Wien. Bd. XXVII. 1897. Sitzungsberichte.   9 von Menschenskeletten herrührenden, gut erhaltenen Schädel und Knochen.

Wir schalten hier einen von Herrn Professor RZEHAK verfassten Bericht über diese wichtige Ausstellung ein, da derselbe verschiedene Daten enthält, welche aufgezeichnet zu werden verdienen.

Während die Excursionstheilnehmer in der Ausstellung weilten, erschien Se. Excellenz der Statthalter von Mähren, BARON V. SPENS-BODEN, und bewillkommte die Versammlung. Auch der Rector der technischen Hochschule, Professor LICHTENFELS, sprach einige herzliche Worte der Begrüssung.

„Die von Herrn Professor ALEXANDER MAKOWSKY im Gebäude der k. k. technischen Hochschule in Brünn veranstaltete Ausstellung prähistorischer Objecte war in den zwei grossen Sammlungssälen des Mineraliencabinetes und in dem anstossenden Hörsaale zur Anschauung gebracht. In einer grossen Vitrine befanden sich die drei bisher im Löss von Brünn in den Jahren 1884—1891 aufgefundenen diluvialen Menschenschädel, einige Skelettheile, die begleitenden Knochen und Steinartefacte, so auch das merkwürdige, aus einem Mammutstosszahn geschnitzte, 26 cm lange Idol von Brünn, demnach sämmtlich die Originale des Fundes aus der Mammutzeit gelegentlich des Canalbaues in der Franz Josefstrasse des Jahres 1891 (siehe Mittheilungen der Anthrop. Gesellsch., Bd. XXII, S. 73). Herr Director MAŠKA hatte diesen einige charakteristische Zahn- und Knochenartefacte aus der Lössstation von Předmost bei Prerau beigegeben und überdies in einer kleinen Vitrine einen Schädel und Skelettheile des diluvialen Menschen aus Předmost zur Anschauung gebracht. In den Fensternischen waren sechs grosse Tableaux in verglasten Rahmen ausgestellt, mit den Zähnen und einigen Phalangen des Rhinoceros, Wisent, Ren, Pferd, Riesenhirsch, Löwe, Hyäne, Höhlenbär, Wolf, Antilope, Biber und einigen kleinen Nagern, grösstentheils aus dem Höhlengebiete von Brünn stammend. Auf drei Tischen waren in eigens construirten Stellagen, auf Brettchen befestigt, die Zähne und Knochen der mächtigsten diluvialen Thiere ausgestellt, die von Professor MAKOWSKY in den Jahren 1870—1897 grösstentheils im Löss und einige aus den Höhlen der Umgebung von Brünn gesammelt und als Geschenk den Sammlungen der technischen Hochschule in Brünn einverleibt worden sind. Auf dem Tische I die kleinen Skelettheile vom Mammut, Zähne (von Milchzähnen bis zum gigantischen Backenzahn), Fusswurzel, Wirbel, Rippen und insbesondere mehr als 30 grösstentheils vom Menschen bearbeitete Extremitätenknochen. Unter diesen erregten die grösste Aufmerksamkeit drei Oberarmknochen von jüngeren Mammuten, gefunden in dem Knochendepot der Wranamühle 1879 bei Brünn. Bei fehlenden Gelenkenden zeigten die oberen Theile eine prismatische, 22 cm tiefe Aushöhlung von quadratischem Querschnitte, die nur im frischen Knochen hergestellt worden sein konnte und nach der übereinstimmenden Auffassung von VIRCHOW und RANKE zur Aufnahme eines Holzpfahles einer Pfahlbauhütte gedient haben mochten. Diese Stücke sind einzig in ihrer Art und repräsentiren wohl die werthvollsten Stücke

der ganzen Ausstellung. Auf demselben Tische befanden sich, zugleich mit begleitenden rohen Flintwerkzeugen, vier rohe Thongefässe ohne alle Ornamentirung, aus dem Löss des Rothen Berges in Gesellschaft von diluvialen Knochen (Rhinoceros, Pferd und Lösshyäne), in mehr als 4 m Tiefe aufgefunden. Ein höchst bemerkenswerther Fund!

Ein zweiter Tisch enthielt nebst Kiefer und Zähnen mehr als 90 Skelettheile des Rhinoceros tichorhinus mit vielen unzweifelhaft bearbeiteten Knochen, so auch sämmtliche Originale der in diesem Hefte der Mittheilungen von Professor A. MAKOWSKY publicirten Abhandlung (Das Rhinoceros der Diluvialzeit Mährens als Jagdthier des paläolithischen Menschen).

Ein dritter Tisch zeigte die Zähne und viele bearbeitete Knochen von Bos priscus, Cervus tarandus und Megaceros und insbesondere vom fossilen Pferd aus dem Löss von Brünn und Joslowitz in Mähren, ferner vom Löwen und von der Hyäne aus dem Höhlengebiete von Sloup und Kiritein.

Ein vierter Tisch enthielt die Tableaux von Hunderten roher und geschliffener Steinwerkzeuge, Knochen- und Thonartefacte aus den paläolithischen und neolithischen Stationen um und südlich von Brünn (Obrzan, Beczkiskala, Lösch, Kritschen u. s. w.).

Ein fünfter Tisch brachte zur Anschauung die auf Deckeln befestigten, meist ornamentirten und zum Theile bemalten Gefässcherben in Hunderten von Exemplaren aus den neolithischen und Hallstätter Stationen um Brünn.

Ein sechster Tisch endlich brachte mehr als 40 gut erhaltene, grösstentheils ornamentirte und bemalte Gefässe nebst einigen Muschel- und Thonartefacten (Spinnwirteln etc.), dann einige Bronzen aus der berühmten Nekropole von Kromau, welche Professor MAKOWSKY in den Jahren 1882—1884 aufgeschlossen, in Begleitung von 18 gut erhaltenen Schädeln aus den Gräbern.

Der böhmische Musealverein hatte über Ansuchen des Professors MAKOWSKY einige charakteristische Gefässe und Artefacte aus der von ersterem exploitirten Hallstatt-Station Obrzan bei Brünn separat ausgestellt.

Theils auf Tischen, theils in verglasten grossen Schränken in den Sammlungssälen des Mineraliencabinetes waren, nebst zwei vollständigen, schönen Skeletten des Höhlenbären (männlich und weiblich) aus der Slouper Höhle, grosse Knochenreste vom Mammut (vollständige Unterkiefer und Becken), Rhinoceros, Wisent, Riesenhirsch (ein vollständiger Schädel ohne Geweih), Ren, Elen, Edelhirsch, Höhlenlöwe und Lösshyäne ausgestellt.

Im Anschlusse daran waren in zwei grossen Schränken als Geschenk des Berner Nationalmuseums (für ein gespendetes vollständiges Höhlenbärenskelet) mehrere Hundert Artefacte aus Stein, Muscheln und Knochen etc. aus den Pfahlbaustationen der Schweiz mit einer Suite der wichtigsten Hausthiere der Pfahlbauzeit zur Anschauung gebracht."

In unserem Berichte fortfahrend, ist zu erwähnen, dass eine Anzahl Theilnehmer noch das schöne, unter der Direction des Herrn Architekten Leisching stehende Museum für Kunstindustrie besuchten.

Am Nachmittage fuhr das Gros der Theilnehmer zu Wagen nach dem etwa 6 km im Norden von Brünn gelegenen prähistorischen Ansiedelungsplatze bei Obrzan, einem kleinen, rings von steilen Abhängen umgrenzten Plateau, auf dem sich an mehreren Stellen neolithische und spätere Thongefässscherben vorfinden und wo an einer Stelle auch sogenannte Wohngruben constatirt sind.

Am Abende war ein kleines Festessen im kleinen Festsaale des Deutschen Hauses arrangirt worden, an dem ausser den Excursionstheilnehmern auch einige Damen, ferner 12 Mitglieder des naturforschenden Vereines, mehrere Professoren der technischen Hochschule, sowie 25 Mitglieder des ärztlichen Vereines in Brünn theilnahmen, welch' letztere eigens erschienen waren, um Herrn Geheimrath Virchow zu begrüssen. Unter Becherklang und ernsten wie launigen Tischreden verfloss der Abend auf das Angenehmste und zeigte wieder auf das Deutlichste, dass, wo Männer der Wissenschaft erscheinen, sie einer herzlichen und freundlichen Aufnahme sicher sind.

Am dritten Tage (29. Mai) brachte der erste Morgenzug der Staatseisenbahn-Gesellschaft die aus 26 Personen bestehende Gesellschaft nach Raitz, von wo in einer langen Wagencolonne die Fahrt über's Gebirge nach Sloup angetreten wurde. Mit Dank sei hier der Güte des Herrn Fürsten Salm gedacht, der den grössten Theil der Wagen beigestellt hatte. In Sloup erwartete uns Herr Dr. Martin Kříž, der hier mehrere seiner schönen diluvialen Beutestücke aus dem Löss von Předmost zur Vorlage brachte, wofür ihm alle Excursionstheilnehmer zu bestem Danke verpflichtet waren. Unter der kundigen Führung dieses Herrn, sowie unseres liebenswürdigen Führers Professor Makowsky besuchte man die obere Etage der grossen alten Slouper Höhle, die interessante neue Slouper Tropfsteingrotte, ferner die Durchgangshöhle Kulna, in der wir einen kleinen Aufschluss der oberen Theile der Culturschichte sahen, dessen Aufdeckung wir der Güte des unermüdlichen Dr. Kříž verdankten, der hier wie in der alten Slouper Höhle eine Anzahl instructiver Schächte abteufen liess, und endlich die durch ihre Unversehrtheit reizende Tropfsteinhöhle Schoschuwka. Nach einem ländlichen Imbiss in dem bei den Höhlen liegenden Gasthause wurde am Nachmittage die Rückfahrt angetreten. Einige rüstige Touristen unter den Theilnehmern gingen von hier direct zu Fuss über das Waldgebirge zu dem gewaltigen Felstrichter der Mazocha, wo beide Partien wieder zusammentrafen. Dieser gewaltige Einsturzkessel, sowie der interessante Punkwa-Ursprung boten willkommene Veranlassung zu einer eingehenden Erörterung der geologischen Verhältnisse der Gegend.

Nach Blansko zurückgekehrt, löste sich die Gesellschaft auf. Die Herren Professoren Virchow und Schmidt zogen von hier direct nach Norden, die Anderen fuhren mit einem von der Staatseisenbahn-Gesellschaft beigestellten Extrazuge nach Brünn und ein Theil von hier aus in ihre verschiedenen Heimstätten. Alle waren hoch befriedigt über den gelungenen Ausflug und einig in der freundlichsten Anerkennung und Dankbarkeit für die ausserordentliche Mühe, welche sich unser hochgeschätzter Führer, Herr Professor Alexander Makowsky, gegeben hatte, um uns die drei Excursionstage so angenehm und lehrreich als möglich zu machen. ·

Congrès International Colonial in Brüssel 1897.

In den Tagen vom 16. bis 19. August d. J. findet aus Anlass der internationalen Ausstellung in Brüssel dieser Congress unter dem Präsidium des Staatsministers August Beernaert statt. Derselbe ist organisirt unter den Auspicien des belgischen Gouvernements und des unabhängigen Congostaates. Die Cotisation für einen Theilnehmer beträgt Frcs. 10 und für jede begleitende Dame Frcs. 5. Erstere haben ausser der Theilnahme an dem Congress Anspruch auf sämmtliche Congress-Publicationen. Anmeldungen sind zu richten an Baron Lambert, Präsident der XIV. Section, rue d'Egmont Nr. 2 in Brüssel.

XII. Internationaler medicinischer Congress in Moskau

7/19 bis 14/26 August 1897.

Wir bringen im Folgendem das in französischer Sprache ausgegebene Reglement dieses Congresses, der auch eine anthropologische Section enthält, deren Einführender Herr Professor und Akademiker D. N. Anutschin ist.

Reglement du XII Congrès International de Médecine.

Moscou, 7/19 bis 14/26 Août 1897.

1. Le XIIe Congrès International de Médecine est placé sous l'Auguste patronage de Son Altesse Impériale le Grand-Duc Serge Alexandrowitch.

2. L'ouverture du Congrès de Moscou aura lieu le 7/19 Août 1897 et sa clôture le 14/26 du même mois. Sa durée sera de huit jours.

3. Le Congrès se composera des médecins qui se seront fait inscrire et auxquels il aura été délivré une carte de membre. — Indépendamment des médecins, les personnes munies d'un titre scientifique, qui désirent prendre part aux travaux du Congrès, pourront prendre part en faire partie aux mêmes conditions, mais en qualité de membres extraordinaires. — Pourront également en faire partie, en qualité de membres extra-ordinaires, les vétérinaires, les pharmaciens, les médecins-dentistes.

4. Les personnes qui désirent prendre part au Congrès doivent, pour obtenir leur carte de membre, effectuer un versement de dix roubles (vingt-cinq francs). Ce versement leur donne le droit de prendre part à toutes les occupations du Congrès et de recevoir toutes ses publications ainsi qu'un exemplaire des „Travaux du Congrès", aussitôt après leur publication.

9*

Remarque. — Les membres extraordinaires ne prennent part qu'aux travaux des Sections du Congrès dans lesquelles ils se sont fait inscrire. Ils reçoivent toutes ses publications, mais n'ont pas droit de vote dans les questions qui concernent son organisation.

5. En faisant leur versement au Trésorier du Congrès, les membres doivent indiquer exactement et lisiblement leur nom, adresse et profession. Il serait en outre à désirer que ces renseignements fussent accompagnés de la carte de visite du souscripteur.

6. Le but du Congrès est exclusivement scientifique.

7. Les travaux du Congrès se répartissent entre les sections suivantes: I. Anatomie (anthropologie, anatomie normale, embryologie et histologie normale); II. Physiologie (y compris la Chimie médicale); III. Pathologie générale et Anatomie pathologique; IVa. Thérapeutique générale (y compris la hydrothéraphie, la climatothérapie etc.); IVb. Pharmacologie; IVc. Pharmacognosie et Pharmacie; V. Maladies internes; VI. Pédiatrie; VII. Maladies nerveuses et mentales; VIII. Dermatologie et maladies vénériennes; IX. Chirurgie; IXa. Odontologie; X. Médecine militaire; XI. Ophtalmologie; XIIa. Otologie; XIIb. Laryngologie et Rhinologie; XIII. Accouchements et Gynécologie; XIV. Hygiène (y compris la statistique sanitaire, la médecine sociale, l'épidémiologie, l'épizootologie et la science sanitaire technique); XV. Médecine légale.

Remarque. En cas de nécessité, il pourra encore être organisé des sections supplémentaires.

8. La gestion du XIIe Congrès International de Médecine appartient à la Faculté de Médecine de l'Université Imperiale de Moscou. — Son organisation générale est confiée à un Comité, présidé par Mr le Profes. N. Sklifossowsky et composé de tous les membres de la Faculté de Médecine, des Présidents des Comités de Sections et de Sous-Sections et des Membres Honoraires. — Les questions concernant l'organisation du Congrès sont confiées aux soins immédiats d'un Comité Exécutif présidé par le Doyen de la Faculté de Médecine et composé de neuf personnes choisies parmi les membres de cette Faculté.

9. Le Comité d'Organisation et le Comité Exécutif continueront à fonctionner pendant la durée du Congrès.

10. Les séances du Congrès auront lieu chaque jour, soit dans les assemblées générales, soit dans les Sections.

11. Il a été décidé de tenir trois assemblées générales. L'époque de leur réunion sera déterminée par le Comité d'Organisation. A l'ouverture de la première assemblée générale, le Président du Comité d'Organisation proposera aux membres du Congrès d'élire des Présidents Honoraires et les Secrétaires des ces assemblées.

12. Les heures auxquelles se réuniront les Sections seront fixées par le Comité Exécutif après entente avec les Présidents des Comités de Sections.

13. Le Comité Exécutif, après entente avec les Présidents des Comités de Sections, indiquera en temps utile ceux des savants étrangers qui pourront être élus Présidents Honoraires des Sections.

14. Les assemblées générales ont pour but: a) de décider les questions relatives aux travaux et aux affaires générales du Congrès; b) d'entendre les discours et communications offrant un intérêt général.

15. Ne pourront prononcer des discours dans les assemblées générales que les membres qui auront reçu une invitation à cet effet du Comité d'Organisation.

16. Les propositions relatives aux travaux du Congrès devront être communiquées au Comité d'Organisation avant le 1er (13) Juin 1897. Le Comité décidera s'il y a lieu de donner suite à ces propositions ou de les examiner pendant le Congrès.

17. Dans leurs séances les Sections s'occuperont de l'examen des questions et des thèses proposées par leurs Présidents et aprouvées par le Comité d'Organisation. Le principal objet des travaux des Sections consistera dans l'audition des rapports des savants désignés par le Comité et de communications ayant trait à la thèse choisie.

Si le temps le permet, on pourra examiner d'autres communications et d'autres thèses proposées par les membres du Congrès et acceptées par les Présidents des Sections qu'elles intéressent.

18. Les questions scientifiques ne pourront être résolues par voie de vote.

19. Le temps assigné à chaque communication ne devra pas dépasser vingt minutes et les orateurs; qui prendront part à la discussion, ne pourront pas parler plus de cinq minutes chacun.

20. Les membres, qui prendront part aux débats devront remettre, le jour même, aux Secrétaires des Sections respectives l'exposé écrit de ce qu'ils ont dit pendant la séance.

21. Le français est reconnu comme la langue officielle du Congrès pour toutes les relations internationales. Dans les assemblées générales, ils sera permis de prononcer des discours dans d'autres langues européennes.

Quant aux communications et aux débats dans les Sections du Congrès, ils pourront avoir lieu en français, en allemand, en anglais et en russe.

22. La personne chargée de présider une séance devra diriger les travaux conformément aux règles admises.

23. Les étudiants en médecine et les personnes étrangères, qui s'intéressent aux travaux annoncés pour telle ou telle séance, pourront y être admis par les Présidents Honoraires, après entente préalable avec les Présidents des Comités de Sections.

24. Les communications et les questions concernant les travaux de telle ou telle Section du Congrès devront être envoyées au Président du Comité de la Section qu'elles concernent. Toutes les autres communications et questions devront être adressées au Secrétaire Général du Congrès.

25. Dans une des assemblées générales on désignera le lieu de réunion du III-me Congrès International de Médecine.

Redactions-Comité: Fr. R. v. Haser, M. Nuch, F. Müller, J. Szombathy, K. Toldt, S. Wahrmann.
Redactions-Beirath: M. Nuch und E. Zuckerkandl.
Redacteur: Franz Heger.

MITTHEILUNGEN

der

Anthropologischen Gesellschaft in Wien.

(Band XXVII. Der neuen Folge XVII. Band.)

Nr. 4. November u. December.   **Sitzungsberichte.**   **1897.**

Ausschuss-Sitzung am 9. November 1897.

(Auszug aus dem Sitzungsprotokolle.)

Vorsitzender: Dr. FERDINAND FREIHERR V. ANDRIAN-WERBURG.

1. Gestorben sind die Ehrenmitglieder:

FRANZ V. PULSZKY in Budapest und
JAPETUS STEENSTRUP in Kopenhagen.

Ferner die wirklichen Mitglieder:

Dr. ALFRED RITTER V. ARNETH in Wien,
GOTTFRIED OSSOWSKI in Tomsk,
Professor MATIJA VALJAVEC in Agram,
Rechnungsrath JOSEF LEIDINGER in Wien und
Inspector ANDREAS BINDER in Wien.

Als neue Mitglieder werden aufgenommen:

a) als unterstützendes Mitglied:

FÉDOR BARON NIKOLICS in Budapest;

b) als wirkliche Mitglieder:

LADISLAUS ČERVINKA, Civilgeometer in Napagedl,
ALBERT DASCH, Juwelier in Teplitz,
WILHELM FREH, Lehrer in Wien,
FRANZ RITTER V. HOPFGARTNER, k. k. Hafencapitän a. D. in Wien,
JOSEF MAYR, Pfarrer in Hagenberg, Oberösterreich,
Dr. ISIDOR NEUMANN, k. k. Hofrath und Universitäts-Professor in Wien,
Dr. HEINRICH HAHNA, k. k. Notar in Wien,
VLADIMIR LEVEC, stud. jur. in Graz,
FRANZ KOCH, Bürgermeister von Ischl,
Dr. BŘETISLAV KALANDRA in Wien und
RICHARD GRAF BELCREDI, k. und k. wirklicher Geheimer Rath, Präsident a. D. in Gmunden (von 1898 an).

2. Secretär HEGER berichtet über die im Jahre 1897 durchgeführten praktischen Arbeiten. Herr LUDWIG HANS FISCHER deckte eine interessante neolithische Ansiedelung in Ober-St. Veit (Wien, XIII. Bezirk) auf und

Herr Professor Dr. L. KARL MOSER in Triest grub eine Anzahl Steinkistengräber mit Skeleten in Alt-Muggia aus. Die Berichte über diese beiden Ausgrabungen finden sich in diesem Sitzungsberichte.

Herr Vice-Präsident Dr. K. Th. v. INAMA-STERNEGG berichtet über die im vergangenen Sommer durch Herrn Hafencapitän a. D. FRANZ RITTER V. HOFFGARTNER eingeleiteten Flurforschungen im Lungau, über welche derselbe 22 Pläne anfertigte. Das vorläufige Resultat zeigt die interessante Thatsache, dass vor der deutschen Bevölkerung Slaven hier ansässig waren, und zwar nicht, wie bisher vermuthet wurde, als Nomaden, sondern als feste, ackerbautreibende Ansiedler. Herr VLADIMIR LEVEC in Graz hat mit Unterstützung des Herrn Dr. JOHANN PEISKER die Flurforschungen im Pettauer Felde eingeleitet (siehe S. [86]). Desgleichen hat Herr Lehrer J. R. BÜNKER in Oedenburg vorbereitende Studien über die Flurverfassung in der Gegend von Oberschützen absolvirt.

3. Secretär HEGER berichtet über die Betheiligung an der Vorbesprechung der Delegirten-Conferenz des österreichischen Ingenieur- und Architektenvereines, bei welcher er im Vereine mit Herrn Universitäts-Professor Dr. R. MERINGER die Anthropologische Gesellschaft vertrat.

Im Jahre 1894 wurden von dem Verbande der deutschen Architekten- und Ingenieurvereine folgende:

„Gesichtspunkte für die Sammlung des Materiales"

bezüglich des deutschen Bauernhauses aufgestellt:

„1. Das Gebiet, innerhalb dessen der einzelne Verein Aufnahmematerial zu sammeln hat, ist auf der anliegenden Karte angegeben.

2. Die Aufnahmen sollen sich nicht ausschliesslich auf die Bauanlagen des platten Landes erstrecken; es sollen vielmehr auch Häuser und Gehöfte von Ackerbürgern aufgenommen werden, wie sie sich in kleinen,

ganz oder zum Theile vom Betriebe der Landwirthschaft lebenden Flecken, Märkten und Städten vorfinden.

3 Zu berücksichtigen sind im Allgemeinen nur Bauten, deren Errichtung vor das Jahr 1800 fällt.

4. Je nach der Landesgegend besitzt der deutsche Bauer nur ein einziges Haus, unter dessen Dach Wohnung, Stall und Scheune vereinigt sind, oder mehrere Gebäude, die gesonderten Zwecken dienen. Im letzteren Falle sind sämmtliche Einzelgebäude des betreffenden bäuerlichen Gehöftes darzustellen.

5. Wo der Grossgrundbesitz vorherrscht und sich dementsprechend auf grösseren oder kleineren Gebieten eigentliche Bauernhäuser oder Bauerngehöfte nicht vorfinden, sind die Wohnungen der Dienstleute mit in den Bereich der Aufnahme zu ziehen.

6. Wo entfernt von den bäuerlichen Bauanlagen Heustadel, Köhlerhütten, Sennhütten u. dgl. vorkommen, sind auch diese aufzunehmen.

7. Es sollen zwei Arten von Aufnahmen gemacht werden, nämlich:

8. A. Aufnahmen I. Classe. Hier sind zu berücksichtigen Bauten, die sich durch hohes Alter, durch vollständige Erhaltung, durch schöne architektonische Ausbildung, durch interessante Constructionen oder dadurch auszeichnen, dass sie einen bestimmten Typus besonders klar vergegenwärtigen.

Bei Aufnahmen I. Classe soll gezeichnet werden:

a) ein Lageplan, aus dem die Situation des Hauses oder der Einzelbauten, ganz oder theilweise die Grundstücksgrenze und eventuell der Zug der Dorfstrasse zu ersehen ist. Bei Angabe grösserer Grundstücksabmessungen wird hier eine nur ungefähre Genauigkeit genügen; etwaige Brunnen oder Wasserleitungen sind einzutragen;

b) genaue Grundrisse. In diese sind auch Herd, Oefen, feste Tische, feste Bänke, Wandschränke, Betten, Viehkrippen, Latteibäume u. dgl. einzutragen, wenn sich diese Dinge sichtlich an ursprünglicher Stelle befinden, oder wenn sich ihre ursprüngliche Stelle mit Sicherheit ermitteln lässt;

c) die charakteristischen Ansichten und Schnitte;

d) Details der wichtigsten Constructionen, namentlich der Holzconstructionen.

Die Zeichnungen b und c sind nicht kleiner als im 1/50 der natürlichen Grösse aufzutragen.

9. B. Aufnahmen II. Classe, betreffend minder wichtige und minder charakteristische Anlagen. Was hier darzustellen ist und welche Massstäbe für die Darstellung zu wählen sind, wird von den jedesmaligen Umständen abhängen.

10. Alle Zeichnungen sind auf weissem Papiere herzustellen und mit chinesischer Tusche auszuziehen. Eine etwaige Schattirung darf nur in Strichmanier erfolgen. Durchschnittene Theile sind (sowohl in den Grundrissen als wie in den Verticalschnitten) weiss zu lassen oder zu schraffiren.

Schrift, einzelne Zahlen und Buchstaben, sowie die Massstäbe sollen auf den Zeichnungen nur mit Bleistift

gegeben werden. Ausgenommen hievon sind jedoch etwaige Namenszüge der Verfertiger.

Die Zeichnungen bittet man weder zu rollen noch zu brechen.

11. Den Zeichnungen beizulegen sind kurzgefasste schriftliche Erläuterungen. Hier sind unter Anderem Notizen zu geben über die Art des verwendeten Holzes und der Steine, über das Material der Gefache (bei Fachwerksbauten), über äusseren und inneren Putz (Tünche), über dessen etwaige Decoration, über das Vorhandensein von Schornsteinen oder den gegenwärtigen resp. ursprünglichen Mangel an solchen und über die jetzige und eventuell die ehemalige Art der Dachdeckung. Ferner über etwaige Bemalung, über das Vorhandensein indirect geheizter Räume; schliesslich über etwaige Inschriften und Jahreszahlen.

Angaben über eigenartige Namen für Gebäude, Gebäudetheile, einzelne Räume, unter Berücksichtigung des Dialectes der Landschaft sind gleichfalls erwünscht; ebenso Aeusserungen über das muthmassliche Alter der Bauten, wenn sie nicht ausdrücklich datirt sind.

12. Wenn sich im Bezirke des einzelnen Vereines verschiedene Typen der Bauanlage vorfinden, so darf bei Sammlung des Materiales keiner derselben übergangen werden.

Kommt derselbe Typus in mehr oder minder vollkommener Ausgestaltung vor, so ist er in grossen und kleinen, vollständigen und verkümmerten Anlagen vorzuführen.

13. So weit als möglich ist festzustellen, ob ein aufgenommenes Gebäude einer einzigen Bauzeit entstammt oder ob sich Anzeichen späterer Vergrösserungen, theilweiser Abbrüche oder Anzeichen nachmaliger Umbauten oder Adaptirungen finden. Die Angaben hierüber können zeichnerisch auf den Aufnahmeblättern selbst gegeben oder in den begleitenden schriftlichen Notizen mitgetheilt werden.

14. Im Allgemeinen ist der gegenwärtige Zustand der Bauten darzustellen. Wo jedoch klar ersichtlich ist, dass in moderner Zeit an bestimmten Bautheilen Aenderungen vorgenommen worden sind, wird um Untersuchung und möglichst exacte Feststellung der ursprünglichen Beschaffenheit dieser Theile gebeten."

In Durchführung der Bestimmungen über die auszuführenden Arbeiten wurde am 10. August 1895 die erste Delegirten-Conferenz in Garmisch (Schweiz) abgehalten. Das Protokoll des Ausschusses für die Aufnahme und Herausgabe von Bauernhäusern in Deutschland, Oesterreich und der Schweiz vom 12. August 1895 lautet folgendermassen:

„Anwesend die Herren: Baurath v. WIELEMANS und Architekt BACH aus Wien. Architekt GROS aus Zürich, Architekt FRITSCH und Geh. Baurath HINCKELDEYN aus Berlin, Provinzial-Conservator Landbau-Inspector LUTSCH aus Breslau, Oberbaurath Professor SCHÄFER aus Karlsruhe.

Der Ausschuss constituirt sich in der Weise, dass Herr HINCKELDEYN zum Vorsitzenden, Herr LUTSCH zum Schriftführer erwählt wird.

Zunächst berichtet Herr v. WIELEMANS über die in Oesterreich in's Leben gerufene Organisation und überreicht zu den Acten des Ausschusses den Umdruck eines von Wien aus erlassenen Rundschreibens (Anlage 1) nebst zwei Verzeichnissen, von denen das eine die Namen der Vereine (Anlage 2), das zweite die Namen der Personen (Anlage 3) enthält, welche die Mitarbeit an dem Werke zugesagt haben.

In allen wesentlichen Punkten haben sich die österreichischen Ausschussmitglieder an die vom Deutschen Verbande für die Sammlung des Materiales aufgestellten Gesichtspunkte angeschlossen. Insbesondere wird auch von ihnen anerkannt, dass der Massstab 1 : 50 für die Aufnahmen der Classe I gewählt ist. Eine Ergänzung der Bestimmungen erscheine in zwei Punkten wünschenswerth: 1. vorzuschreiben, dass in die Grundrisszeichnungen stets die ortsüblichen Bezeichnungen der einzelnen Räume eingetragen werden ; 2. ausdrücklich auszusprechen, dass auch solche Bauernhäuser aufgenommen werden können, welche nach dem Jahre 1800 erbaut sind, vorausgesetzt, dass sie ältere typische Formen in Bauart und Eintheilung charakteristisch wiedergeben.

Der Ausschuss beschliesst, dem Antrage des Herrn v. WIELEMANS gemäss diesen Ergänzungsvorschlägen Folge zu geben. Die Einzelvereine des Deutschen Verbandes sollen die entsprechende Anweisung durch Rundschreiben erhalten.

Herr GROS berichtet über die Inangriffnahme der Arbeiten in der Schweiz, die einstweilen wesentlich von ihm persönlich übernommen sind. Er schätzt nach seinen Erhebungen der für die Sammlung in Betracht kommenden typischen Bauwerke auf etwa 60, abgesehen von den trefflichen Veröffentlichungen in dem Werke von GLADBACH.

Eine Organisation, welche die Mitwirkung der Vereine und einzelner Sachverständiger sichert, ist bislang noch nicht durchgeführt.

Der Ausschuss hält dies aber für unerlässlich und wird durch seinen Vorsitzenden alsbald ein Schreiben an den schweizerischen Ingenieur- und Architektenverein richten mit der Bitte, ähnliche Schritte, wie in Oesterreich geschehen, zu thun, um eine möglichst erschöpfende Bearbeitung der Frage sicher zu stellen. Herr GROS verspricht, persönlich für die Gewinnung sachverständiger Mitarbeiter einzutreten.

Im Anschlusse an den Hinweis auf das Werk von GLADBACH wird die Frage gestellt, ob typische Bauernhäuser, welche bisher schon anderweit veröffentlicht sind, in die vom Ausschusse beabsichtigte Sammlung mit aufgenommen werden sollen.

Der Ausschuss bejaht diese Frage unbedingt und beschliesst, auch bereits veröffentlichte Aufnahmezeichnungen, sofern sie besonders charakteristische Typen darstellen, nicht auszuschliessen. Herr GROS theilt mit, dass Herr Professor GLADBACH so bejahrt sei, dass auf seine Mitwirkung bei dem Unternehmen nicht gerechnet werden könne. Der Ausschuss wird aber an ihn ein Schreiben (ist von Garmisch aus am 10. August d. J. geschehen) richten, in welchem der

Verdienste, welche sich Professor GLADBACH um die Würdigung bäuerlicher Baukunst erworben hat, in dankbarer Anerkennung gedacht werden soll.

Herr HINCKELDEYN berichtet über die Arbeiten des Deutschen Verbandes, theilt mit, dass in vielen Einzelvereinen bereits mit regem Eifer gesammelt worden sei und legt die bisher eingegangenen, in dem beiliegenden Verzeichnisse (Anlage 4) aufgeführten Aufnahmezeichnungen vor.

Da in diesen vielfach die in der Anleitung gegebenen und durch die vorbildlichen Aufnahmen der Herren LUTSCH und SCHÄFER erläuterten Vorschriften über Massstab und Darstellungsart nicht genügend berücksichtigt sind, hält der Ausschuss es für nöthig, durch ein besonderes Rundschreiben die Einzelvereine nochmals auf die sorgfältige Befolgung dieser Vorschriften hinzuweisen.

Die österreichischen und schweizerischen Vertreter sprechen den Wunsch aus, auch ihrerseits Abdrücke der erwähnten vorbildlichen Aufnahmen des Herrn SCHÄFER zu erhalten. Der Vorsitzende wird für baldige Uebersendung dieser Blätter Sorge tragen.

Herr FRITSCH empfiehlt, dass auch in österreichischen und schweizerischen Fachblättern entsprechend gewählte vorbildliche Aufnahmen veröffentlicht werden möchten, um das Interesse an der Sache in weitere Kreise zu tragen, wie solches in der deutschen Bauzeitung geschehen sei.

Herr LUTSCH wirft die Frage auf, ob es nicht angezeigt sei, sich schon jetzt ausserhalb der technischen Kreise nach Gewinnung von Gelehrten umzusehen, denen die Bearbeitung des rein geschichtlichen und ethnographischen Theiles der Aufgabe zu übertragen wäre. Die übrigen Ausschussmitglieder sind aber sämmtlich der Meinung, dass dies, wenn später überhaupt nöthig, jetzt durchaus verfrüht sei. Es müsse im Auge behalten werden, dass der bei weitem wichtigste Theil der Arbeit zunächst das Sammeln des Stoffes sei, und zwar ein thunlichst unbefangenes Sammeln, unbekümmert um die Theorien, welche die Hausforschung bisher aufgestellt habe Die drei an dem Unternehmen betheiligten Körperschaften müssten den Hauptwerth des Werkes darin suchen, dass vor Allem das bautechnisch und architektonisch Bedeutsame, welches sich in den deutschen Bauernhäusern ausprägt, erschöpfend gewürdigt werde.

Ueber die örtliche Ausdehnung der Aufnahmen und im Zusammenhange damit über den Titel des Werkes wurde nach eingehender Berathung folgender Beschluss gefasst:

Der Titel soll lauten: „Das deutsche Bauernhaus im Deutschen Reich, in Oesterreich-Ungarn, in der Schweiz und in den Grenzgebieten dieser Länder".

Das Werk soll gegliedert werden in vier Abschnitte:

der 1. Abschnitt soll eine allgemeine systematische Abhandlung mit Skizzen im Texte enthalten;

der 2. Abschnitt soll die Bauernhäuser im Deutschen Reiche und seinen Grenzgebieten;

der 3. Abschnitt die Bauernhäuser in Oesterreich-Ungarn und den Grenzgebieten;

10*

der 4. Abschnitt die Bauernhäuser in der Schweiz und ihren Grenzgebieten in Aufnahmezeichnungen mit beschreibendem Texte zur Darstellung bringen.

Jeder der vier Abschnitte soll einzeln käuflich sein.

Das Format soll dem des Wasmuth'schen Verlages gleichen. Die Zeichnungen der zur Classe I gehörigen Aufnahmen sollen der Regel nach auf den Massstab 1:100 gebracht werden; es soll aber zulässig sein, besonders werthvolle Façaden auch in der Grösse der Originalaufnahme, also im Maßstabe 1:50 wiederzugeben. Für die Tafeln soll Photolithographie, für die Abbildungen im Texte Strichätzung gewählt werden. Die Ausstattung des Werkes, dessen Druck mit lateinischen Lettern erfolgen soll, muss eine würdige sein, soll aber nicht zu einem Prachtwerke gesteigert werden.

Es wird in Aussicht gestellt, das Werk in Commissionsverlag herauszugeben, und zwar derart, dass für jedes der drei Ländergebiete ein besonderer Verleger gesucht wird. Letzteres erscheint schon aus dem Grunde nöthig, weil für die Herausgabe die Unterstützung dreier Staatsregierungen nachzusuchen sein wird. Diese Unterstützung soll in der Form erbeten werden, dass seitens der Staatsregierungen die Abnahme einer bestimmten Anzahl von Exemplaren zur Vertheilung an Bibliotheken und Lehranstalten sichergestellt wird.

Die Leitung der Herstellung des Werkes muss eine einheitliche sein. Herr Fritsch erbietet sich zu derselben. Der Ausschuss nimmt dies Anerbieten dankbarst an.

Der Zeitpunkt, wann das Werk ganz vollendet sein kann, lässt sich auch nur mit annähernder Sicherheit nicht übersehen. Der Ausschuss hält aber eine möglichste Beschleunigung, namentlich in Bezug auf die Sammlung des Stoffes schon deshalb für dringend nöthig, weil dem Bestande alter werthvoller Bauernhäuser fast überall täglich Gefahr droht. Die Sichtung und Verarbeitung des Stoffes soll dagegen nicht überstürzt, sondern mit grösster Sorgfalt vorgenommen werden.

Es wurde deshalb beschlossen, als letzte Frist für die Einreichung des gesammelten Materiales aus allen drei Ländergebieten gleichmässig den 1. Juli 1897 anzusetzen, jedoch mit der Massgabe, dass es höchst erwünscht sei, etwa fertige Aufnahmezeichnungen auch schon früher an die Sammelstellen einzusenden.

Ferner vereinbarte der Ausschuss, dass seine nächste Berathung im Anschlusse an die Wanderversammlung des Deutschen Verbandes im Jahre 1896 in Berlin stattfinden solle.

Die von den Vereinen des Deutschen Verbandes eingereichten Aufnahmezeichnungen wurden Herrn Lutsch zur Durchsicht übergeben."

Die zweite Delegirten-Conferenz fand am 30. August 1896 in Berlin statt. Das Protokoll der Verhandlung des Ausschusses der Herausgabe eines Werkes über die Entwicklungsgeschichte des Bauernhauses in Deutschland, Oesterreich und der Schweiz lautet, wie folgt:

"Anwesend die Herren: Hinckeldeyn und Fritsch aus Berlin, v. Wielemans und Bach aus Wien, Gerlich aus Zürich, Lutsch aus Breslau, Schäfer aus Karlsruhe.

Zu Punkt 1 der Tagesordnung, Bericht über die seitens des Oesterreichischen Ingenieur- und Architektenvereines getroffenen Massnahmen, theilen die Herren v. Wielemans und Bach mit, dass der Oesterreichische Verein die Vorarbeiten für die Aufnahmen von Bauernhäusern fleissig gefördert und auch andere Vereine zur Mitarbeit gewonnen hat. Die Staatsarchitekten sind von den Ministerien zur Mitwirkung bei dem Unternehmen aufgefordert. Von der Regierung werden von 1897 ab jährlich für 3 Jahre je fl. 500 zur Verfügung gestellt. Auch die Landesausschüsse, namentlich in Niederösterreich, werden voraussichtlich Geldmittel zu bewilligen bereit sein. Eine Liste der Mitarbeiter ist gedruckt. Ein reiches Material an photographischen Aufnahmen und gedruckten Abbildungen wurde vorgelegt.

Zu Punkt 2 der Tagesordnung, Stellungnahme des Schweizerischen Ingenieur- und Architektenvereines zu dem Unternehmen, berichtet Herr Gerlich, dass sich in der Schweiz wegen der Organisation des Vereines und weil in ihm vorwiegend Ingenieure vertreten sind, mancherlei Schwierigkeiten ergeben haben. Es ist indessen zu hoffen, dass sie sich werden überwinden lassen.

Zunächst ist mit Herrn Architekten Gros ein Vertrag über Lieferung von sechs Aufnahmen abgeschlossen. Die Heranziehung von Studirenden dürfte für die Schweiz nicht unmittelbar von Erfolg sein; es soll indessen mit den Herren Lasius, Bluntschli und Kramer von Seiten des Herrn Gerlich verhandelt werden.

Zu Punkt 3 der Tagesordnung, betreffend das bisher in Deutschland gesammelte Material, wird berichtet, dass sowohl aus Oberdeutschland, wie aus Niederdeutschland eine Reihe vortrefflicher Aufnahmen eingegangen sind. Die Zeichnungen sind im Saale ausgelegt.

In einzelnen Gebieten, wie z. B. im Regierungsbezirke Posen, fehlt es noch an Mitarbeitern.

Herr Lutsch verspricht, sich mit geeigneten Persönlichkeiten direct in Verbindung zu setzen, um die Lücken auszufüllen.

Herr Hinckeldeyn will sich bemühen, das Interesse der preussischen Baubeamten für die Aufnahmen anzuregen.

Es ist zu erwarten, dass bis zum Juli 1897 noch weitere Beiträge eingehen.

Herr Schäfer theilt mit, dass er mit den einleitenden Schritten des Badischen Architektenvereines nicht ganz einverstanden sei und Abänderungen vorgeschlagen habe. Er hofft auf Unterstützung der Regierung behufs Entsendung von Docenten und von Studirenden. Ein Verzeichniss der aufzunehmenden Bauwerke ist aufgestellt. Bei der grossherzoglichen Regierung ist die Gewährung des Betrages von Mk. 5000 beantragt; die Bewilligung sei so gut wie sicher.

Herr Schäfer berichtet weiter, dass er sich bemühen werde, auch in Württemberg geeignete Kräfte zur Mitarbeit zu gewinnen.

Zu Punkt 4 der Tagesordnung, Erörterung der zur Förderung des Werkes weiter erforderlichen Massnahmen, wird beschlossen, dass das Format des schweizerischen Werkes 48 : 33·5—34, bedruckte Fläche mit Kopf 39 : 23·5, allgemein angenommen werden soll. Die genaue Mittheilung wird Herr GERLICH den beiden Stellen Berlin und Wien machen. — Ebenso soll die Ausstattung in Bezug auf Papier und Druck sich ganz der des schweizerischen Werkes anschliessen.

Die den Herausgabe entbehrlichen Blätter sollen den Verfassern zurückgegeben werden, falls der Wunsch besonders ausgesprochen wird.

Der beschreibende Text der Aufnahmen soll nach folgenden Gesichtspunkten geordnet werden:

1. Geschichtliche und wirthschaftliche Notizen.
2. Lage des Gehöftes und seiner einzelnen Bauwerke.
3. Anordnung und Eintheilung der Gebäude.
4. Constructive und architektonische Ausbildung.
5. Bemerkenswerthe Einzelheiten des Inneren und Aeusseren.

Das bisher an Zeichnungen und Beschreibungen gesammelte Material soll, soweit Niederdeutschland in Frage kommt, an Herrn LUTSCH und, soweit es Oberdeutschland betrifft, an Herrn SCHÄFER gesandt werden. Beide Herren werden für eine Versicherung der werthvollen Zeichnungen gegen Feuerschaden auf Kosten des Deutschen Verbandes Sorge tragen.

Die nächste Sitzung soll am Sonntag den 28. September 1897 stattfinden, und zwar auf freundliche Einladung der Wiener Herren in Wien."

Die Anthropologische Gesellschaft in Wien hat nun anlässlich der dritten Delegirten-Conferenz in Wien am 4. October d. J. folgendes Memorandum an den Ausschuss gerichtet, welches von Herrn Oberst i. R GUSTAV BANCALARI in Linz verfasst wurde.

„Das im Februar d. J. versandte Protokoll (Berlin, 30. August 1896) der versammelten Vertreter der Comités lässt einen langsamen, aber befriedigenden Verlauf dieser Riesenarbeit hoffen. Es war vom Beginne an klar, dass sie nicht rasch und dass sie erst nach längerer Zeit mit dem Erfolge einer gewissen Vollständigkeit verlaufen könne. Es wäre bedauerlich, wenn die Herausgabe des Werkes übereilt würde, besonders aus folgendem Grunde:

Der Zweck ist die Darlegung der Entwicklungsgeschichte des Bauernhauses. Diese Geschichte ist an einem und demselben Orte nicht zu erkunden. Jede Gegend besitzt unter Neuestem (Werke der modernen, rechnenden Bautechnik) und Neuerem (Werke der volksthümlichen Bautechnik der Landpolire) allerdings auch einige, oft recht versteckte, meist in abgelegenen Oertlichkeiten oder in Winkeln des Gehöftes u. dgl. erhaltenen Reste eines primitiveren Typus, z. B. Haustheile mit Blockbau und sanft gebösschten Legschindeldächern, oder Rauchhäuser neben Ziegelmauer, Patentziegel- oder Steinpappedächern und Sparherden. Aus diesen Stücken lässt sich dann wohl eine lückenhafte Skizze der Entwicklung der Bauweise dieses Bezirkes

gewinnen. Die richtige und einleuchtende Erklärung der Entwicklungsstufen und vieler typischer Details jedoch findet sich fast immer „anderswo" und nach Erfahrung gewiegter Hausforscher immer dort, wo man dies am wenigsten erwartet. Das Gebiet der sogenannten Cimbern z. B. hat wenig Aufschlüsse geboten, das Gebiet der Siebenbürger Sachsen (eigentlich Rheinfranken) gar keine oder ganz andere, als die erwarteten, negative. Anderswo hat das Gegentheil stattgefunden. Jede Lücke der Hausforschung, jede Vernachlässigung irgend eines Thales, einer Gegend kann somit eine Lücke in der Entwicklungsgeschichte verschulden; denn das ist ja wohl ein längst anerkannter Satz, dass das Nacheinander der menschlichen Lebenserscheinungen, der durch die Lebensfürsorge bedingten Hervorbringungen einzig und allein an den verschiedenen, heutzutage (also gleichzeitig) neben einander oder oft weit von einander zu beobachtenden Erscheinungen studirt werden kann. So hat z. B. die Wurzel unserer religiösen Vorstellungen, unserer socialen, besonders unserer Familienverhältnisse u. s. w. erst blossgelegt werden können durch Beobachtungen an Naturvölkern, ehe unsere Cultur dieselben modificirt oder verwischt hat. Auch der Hausbau muss nach dieser Methode studirt werden. Einigen Aufschluss wird wohl auch die Beobachtung bei Naturvölkern bieten; die Hauptaufschlüsse für die Entwicklung der gegenwärtigen Hausformen aber sind vielleicht innerhalb Mitteleuropas zu suchen. Der Umstand, dass die Gegenden sich verschieden verhalten gegen jede Neuerung, besonders aber gegen Modernisirung; dass man z. B. im Thale Wildalpen Wohnungen trifft, wie sie wahrscheinlich vor 400 Jahren auch noch in Stadt Steyr bestanden haben u. dgl., gibt der Annahme, dass man die Aufeinanderfolge der Wohnarten durch die Ermittlung aller typisch verschiedenen Wohnarten verschiedener Bereiche ermitteln könne, eine feste Grundlage. Darum legen wir ein besonderes Gewicht auf Vollständigkeit, d. h. es sollte kein distincter Typus Mitteleuropas versäumt, übersehen werden. In dieser Beziehung wäre als ein abschreckendes Beispiel die französische officielle Publication „Enquête sur les conditions de l'habitation en France, les maisons types", Paris, E. LEROUX 1894, wärmstens zu empfehlen. Sie hatte allerdings nicht den Zweck, die Entwicklungsgeschichte der Typen zu ermitteln. Aber gerade die Lückenhaftigkeit des gesammelten Materiales trägt Schuld, dass man aus dem Gebrachten so wenig lernen kann. Die einzelnen Typen sind zumeist unverständlich durch Mangel an Beziehung auf andere, aber auch durch mangelhafte Darstellung.

Es ist klar, dass diese Forderung der möglichsten Vollständigkeit durch den Kostenpunkt arg bedrängt wird. Wir halten nun dafür, dass ausser den programmmässigen Hauptbildern der Haupttypen billige Nebenblätter eingefügt werden, ähnlich wie dies EIGL in seinem bekannten „Salzburgerhause" so zweckmässig gethan hat. Manches kann schematisch angedeutet, Manches in kleinem Massstabe gezeichnet werden. So könnte man allerlei Varianten berücksichtigen und hiedurch mehr Anhaltspunkte für die Typenkarte ermitteln.

Wir waren sehr angenehm berührt, dass aus dem Titel des Unternehmens der Begriff des „Deutschen Wohnhauses" verschwunden ist. Wir stehen auf dem Standpunkte, welchen G. Bancalari auf Grund reicher Autopsie zuerst mit voller Bestimmtheit ermittelt hat, nämlich, „dass es bezüglich der Hauptsachen jedes Typus unmöglich scheint, eine nationale Zugehörigkeit zu ermitteln; nur in Nebendingen, in Geschmacksachen lasse sich ein Habitus irgend einer Gegend zuweilen erkennen, hauptsächlich im Zierat". Seine Ansicht, dass fast alle typischen Eigenheiten wohlbegründete Folgerungen natürlicher, landwirthschaftlicher u. dgl. Verhältnisse darstellen; dass z. B. Blockbau nirgends stattfinden kann, wo nicht spaltbares, langstieliges, astfreies Balkenholz, also Nadelholz zur Verfügung steht oder stand; dass der Fachwerkbau Thüringens gewohnheitsmässige Ueberlieferung aus jener Zeit sei, als der Thüringerwald noch keine Tannen, sondern blos Laubbäume enthielt; dass die Dachformen einzig und allein vom vorhandenen oder üblichen Deckmateriale, so das sanfte Dach von gelegten Schindeln oder Ziegeln, das steile von ursprünglicher Strohbedeckung stammt u. s. w., hat einen grossen Grad von Wahrscheinlichkeit. Wir huldigen also den technischen Principien der Bauernhausentwicklung, weil diese am besten erklären und das Phantasiespiel der Theorien am sichersten verhindern. Diese Ansicht muss zweifellos dem Comité, welches ja aus Technikern besteht, sympathisch sein.

Wir bitten nun angelegentlichst, die „nationale" Richtung der Hausforschung vollkommen zu verbannen oder eigentlich zu verschieben, auf das Ende zu sparen und nichts Anderes zu beachten, als die Typen und ihre geographische Verbreitung; also: 1. technische, 2. geographische Gesichtspunkte festzustellen. Diese Bitte ist vielleicht nicht zwecklos. Es gibt noch immer Anhänger des „schwäbischen", des „fränkischen", des „oberdeutschen" Hauses. In der Schweiz hat ein Forscher Unmassen von Material gesammelt. (Hunziker in Aarau.) Wir verweisen geradezu auf ihn hin. Er wäre für das Unternehmen unbezahlbar. Aber seine langobardischen, allemannischen, keltischen und rhätischen Theorien wären, als vorerst nicht genügend (durch linguistische Argumente) gestützt, vorsichtig zu meiden Auch in Deutschland ist noch viel beirrende Anticipation von Behauptungen, an welche erst nach vollendeter Sammlung des Materials und auch dann vorsichtig herangetreten werden soll, wenn auch die Erörterung der Sache beim Innsbrucker Congresse 1894 klärend gewirkt haben sollte.

Aus dem hierüber Gesagten folgern wir die Nothwendigkeit, die Bauten ganz Böhmens, Galiziens, Ungarns, Croatiens, Dalmatiens, Bosniens etc., aber auch Russisch-Polens, der Wallachei, Serbiens in's Auge zu fassen und bezüglich der ausserösterreichischen anregend zur wirken. Es muss zu einer Hauskunde von ganz Mitteleuropa kommen, wenn eine Basis für irgend eine Folgerung bereitet werden soll. Die erstaunliche Gleichartigkeit aller in Budapest 1896 ausgestellten Häuser jeder Nation des Landes mit dem sogenannten „oberdeutschen Typus", sowie mit den 1895 in Prag ausgestellten Modellen gibt zu denken und unterstützt unseren Antrag. Auch das Wenige, welches aus dem früher erwähnten französischen Werke erhellt, zeigt weniger Unterschiede als Uebereinstimmungen mit der grossen Masse der „mitteleuropäischen" Haustypen. Wir denken, dass auch die anderen Nationen, wie die Czechen und Ungarn, sowie die Polen, gerne mitarbeiten werden, wenn man ihnen ohne die aprioristische Suche nach dem „deutschen" Hause auf dem neutralen Boden des „mitteleuropäischen" Grundtypus entgegentritt.

Meitzen's grossartig angelegtes Werk über die Flureintheilungen und die Dorfgruppirung kann fürderhin nicht bei Seite gelassen werden. Wir wenden der Sache unser Augenmerk zu, möchten aber auch das Comité bewegen, diese Seite der Forschung so viel als möglich zu berücksichtigen. Das sogenannte „fränkische" Gehöft ist zweifellos aus der Dorflage zu erklären. Seine Form kommt auch bei Einschichten vor; aber entstanden ist sie gewiss durch die Aneinanderreihung längs der Dorfgasse oder um den Dorfring. Es ist die glücklichste Lösung der Aufgabe zweckmässiger Nachbarschaft. Das oberösterreichische unregelmässige Haufengehöfte dagegen konnte nur entstehen, wo man sich um Nachbarschaft nicht zu kümmern hatte, also in der colonisirten Rodung u. s. w. Hieraus wolle man ersehen, dass eine innige Wechselwirkung zwischen Dorfanlage, Flureintheilung und Gehöftreform besteht, und dass diese Punkte nicht übersehen werden dürfen.

Da ein etwaiger nationaler Charakter der Bauten, wie angedeutet, nur aus dem Unwesentlichen, aus den Zierden, aus den Hauseinrichtungen (Hausrath), dann aus dem schwer zu definirenden Gesammthabitus zu entwickeln ist, so wäre diesen Dingen Aufmerksamkeit zu schenken. Eine blos schematische Darstellung des Hauses bringt die Uebereinstimmung der Typen überzeugend zur Kenntniss. Für jene feineren und vielleicht charakterisirenden Unterschiede bedürfte man dagegen photographischer Bilder.

Der Entwurf des Schemas für den beschreibenden Text enthält nichts über die volksthümlichen Benennungen der Haustheile. Wir bitten, diese besonders zu berücksichtigen. Es muss als allgemeine Regel aufgestellt werden, dass die gebräuchlichen technischen Benennungen, z. B. Balcon, Geschoss, Hausflur, Vorzimmer, Stube, Zimmer, Hausthüre, Kamin, Mantel u. dgl., insoferne sie den Büchern der Baukunst entsprechen, nur (mehr) als Erklärung und stets unter Klammer angewendet werden sollen. Die Beschreibung der Pläne soll in allen Theilen nur die landläufigen volksthümlichen Namen bringen und mit gutem Grunde. Wenn z. B. in vielen Theilen der Alpen die Hausflur „das Haus" heisst und andererseits in gewissen Theilen Frankreichs die Stube, wo gekocht, gegessen und gearbeitet wird, also der Hauptraum „la maison", bei Auronzo loda oder losa (loggia?), anderswo der Theil zunächst der Hausthüre „Lab'n", so drängt sich der Gedanke auf, dass aus den Namen wichtige Folgerungen fliessen können, besonders wenn man sie für recht viele Gegenden kennt. Die verlässliche Ermittlung der volksthümlichen Benennungen ist sehr schwierig. Der Forscher täuscht sich leicht im Klange der Worte, wenn er den Dialect nicht kennt; er täuscht sich in der Sache, da die Landleute unter zehn Malen seine Frage missverstehen. Ein erfahrener Forscher gibt an, dass die Frage: „Wie heisst dieser oder jener Raum?" sehr häufig mit dem Hausnamen, etwa „der Lenzlbauer", beantwortet wird. Die Leute schämen sich auch und glauben städtische Benennungen bringen zu sollen; sie nennen z. B. „Balkaun" oder „Altan", was sie untereinander „Hausgang", oder anderswo „Schréott" (Schrott), oder wieder anderswo Söller zu nennen pflegen. Besonders in Oberitalien und Südtirol wird stets mit städtischen Benennungen gedient, wenn man den sehr intelligenten Bewohnern nicht deutlich macht, man forsche nach volksthümlichen Worten. Der Kärntner oder Nordtiroler aber versteht es sehr schwer, dass Einem solche Worte interessiren können. Wenn solche Erhebungen von landeskundigen Baumeistern gemacht werden, können sie reiche und wichtige Ergebnisse liefern.

Zum Schlusse drücken wir die hohe Genugthuung aus, dass durch die vereinte Arbeit gewiegter Fachleute ein reiches und werthvolles Material zu Tage gefördert werden wird, solange es noch Zeit, solange noch nicht die Bauordnungen, die Assecuranzen, die Verbreitung der städtischen Bedürfnisse und Gewohnheiten im Landvolke die interessanten Reste landwirthschaftlicher Eigenart verwischt haben werden, und im Hinblicke auf diesen wichtigen Dienst, welchen die Architekten und Ingenieure der Ethnologie in selbstloser, uneigennütziger Weise zu leisten im Begriffe sind, sagen wir im Namen der Betheiligten, besonders aber des leitenden Comités, ein collegialisches Glückauf!"

Die nun auf der Delegirten-Versammlung am 4. October berathenen und zur Annahme gelangten Punkte sind noch nicht im Drucke erschienen; dieselben werden seinerzeit mitgetheilt werden.

4. Für das Denkmal für den verstorbenen russischen Anthropologen ANATOL BOGDANOW wurde ein Betrag von fl. 46 (davon fl. 25 von Seite der Gesellschaft) gesammelt; derselbe wurde an das Denkmalcomité nach Moskau eingesendet.

5. Seine kaiserliche und königliche Apostolische Majestät hat der Gesellschaft für das Jahr 1897 eine Unterstützung von fl. 1000 zu ihrem Fond für praktische Arbeiten und eine weitere Unterstützung von fl. 200 für allgemeine Gesellschaftszwecke allergnädigst zu bewilligen geruht. Der Vorsitzende spricht hiefür im Namen der Gesellschaft den ehrerbietigsten Dank aus.

6. Der Schriftentausch wird beschlossen mit:
der Rivista Italiana di Sociologia,
dem Field Columbian Museum in Chicago und
dem Vereine für Volkskunde in Berlin.
Der Bibliothek der Stadt Wien wird auf deren Ansuchen die vollständige Serie der „Mittheilungen" (mit Ausnahme des ersten Bandes) durch geschenkweise Ueberlassung von 19 ganzen Bänden und 10 einzelnen Heften completirt.

7. Die hohe k. k. niederösterreichische Statthalterei hat unter Z. 65.897 vom 5. August 1897 die in der Jahres-Versammlung beschlossene Umänderung der Statuten genehmigt. Für die Mitglieder findet sich ein Exemplar derselben diesem Hefte angefügt.

Monats-Versammlung am 9. November 1897.

Präsident: Dr. FERDINAND FREIHERR V. ANDRIAN-WERBURG.

1. Der Präsident begrüsst die Versammlung und eröffnet die Sitzung. Er widmet einige Worte dem Andenken der im verflossenen Sommer abgeschiedenen Mitglieder der Gesellschaft.

Unser am 10. Juni verblichenes Ehrenmitglied Herr JOHANNES JAPETUS SMITH STEENSTRUP, kgl. dänischer Staatsrath und Professor der Zoologie an der Universität Kopenhagen, gehörte zu jener Classe von Naturforschern, welche die Hilfsmittel der Naturbeschreibung in die Dienste der Anthropologie, speciell der prähistorischen Archäologie, stellten. Seine wichtigsten Arbeiten behandeln die Kjökkenmöddinger (1872, 1873, 1886). Er verficht darin die Annahme einer Zweitheilung der dänischen jüngeren Steinzeit gegenüber WORSAAE, welcher eine zeitliche Trennung der Kjökkenmöddinger von den übrigen neolithischen Producten entschieden bekämpfte. Besondere Aufmerksamkeit widmete STEENSTRUP, angeregt durch die Arbeiten von Dr. WANKEL und Professor MAŠKA, den mährischen „Mammuthjägerstationen". Das Studium der von den Genannten angelegten Sammlungen, der Besuch der Localität Předmost vermochten nicht, ihn von der Gleichzeitigkeit des Menschen mit dem Mammuth zu überzeugen. Er wollte in der Culturschichte des mährischen Löss die Mammuthschichte als ältere Schichte von den Resten des Jägervolkes abtrennen, welches seiner Ansicht nach in der Renthierzeit lebte, und ähnlich, wie gegenwärtig die Jakuten, die älteren Mammuthskelette zu seinen Zwecken benützte. Seine Abhandlung hierüber erschien 1889 zu Kopenhagen, deren durch Dr. RUD. MUCH besorgte Uebersetzung für unsere Mittheilungen 1896. Wenn auch in weiterer Verfolgung dieser wichtigen Frage STEENSTRUP's Anschauungen widerlegt worden sind, so hat doch die Eingreifen des berühmten Naturforschers höchst wohlthätig und anregend gewirkt. Seine Arbeit „Yak-Lungta-Bracteaterne, Kjøbenhavn 1893" versucht den Nachweis, dass der Grunzochse (Yak) auf nordischen Bracteaten der Völkerwanderungszeit dargestellt ist. STEENSTRUP's „De store Solofund ved Gundestrup 1896" behandelt eine kostbare Silberschale, welche vor ihm von SOPHUS MÜLLER, VOSS, REINACH, BERTRAND u. A. bereits eingehend untersucht worden war, deren wissenschaftliche Deutung jedoch noch nicht feststeht. STEENSTRUP leitete die zahlreichen auf denselben dargestellten Figuren aus dem Buddhismus ab.

Einen beklagenswerthen Verlust hat die Gesellschaft durch das Ableben unseres unterstützenden Mitgliedes, Se. Excellenz Herrn ALFRED RITTER v. ARNETH, erlitten. Herr v. ARNETH war Historiker; unsere Betrachtungsweise des socialen Menschen musste ihm ferne liegen. Um so dankbarer gedenken wir des wohlwollenden Theilnahme, welche dieser hervorragende Mann seit langer Zeit unserer Gesellschaft zugute kommen liess. Dessen unerschütterliche Objectivität in der Beurtheilung einer seinem Arbeitsgebiete ferneliegenden Richtung zeigte sich glänzend bei der Durchführung des Werkes: „Die österreichisch-ungarische Monarchie in Wort und Bild", sie wurde gemäss der Bestimmung des verblichenen erlauchten Thronfolgers dem Wesen nach in seine Hände gelegt. Dieser Umstand trug wesentlich dazu bei, dass die bei Begründung des Werkes massgebenden Gesichtspunkte keinerlei Schmälerung bis zum Ende erfuhren. Wir haben somit die zwingendsten Gründe, uns den zahlreichen Trauerkundgebungen anzuschliessen, welche aus allen mit der Wissenschaft nur irgendwie zusammenhängenden Kreisen im In- und Auslande erflossen sind. Möge das Bild dieses edlen für den Fortschritt der Wissenschaft begeisterten österreichischen Patrioten niemals im Andenken der Nachwelt erlöschen!

Wir beklagen auch den Verlust, welchen die ungarische Prähistorik durch den Tod unseres Ehrenmitgliedes des Herrn FRANZ PULSZKY DE LUBÓCZ ÉS CZELFALVA erlitten hat. Er bekleidete die officielle Stellung eines „Inspectors der Museen und Bibliotheken in Ungarn". Sein Antheil an der mächtigen Entwicklung des „Ungarischen Nationalmuseums" wird hoffentlich bald von hiezu berufener vaterländischer Seite geschildert werden. Für die Entwicklung unserer Wissenschaft erscheint es bedeutungsvoll, dass FRANZ v. PULSZKY vom kunsthistorischen Standpunkte aus an die prähistorische Archäologie herangetreten ist. Sein 1884 erschienenes Werk: „Die Kupferzeit in Ungar" wirkte insoferne grundlegend, als es die Zweifel an der Existenz einer besonderen „Kupferperiode" an der Hand des besonders reichen ungarischen Materiales nachdrücklich bekämpfte. Auf PULSZKY's Wege sind Dr. HAMPEL und Dr. MATTHÄUS MUCH erfolgreich fortgeschritten. Schon früher hatte PULSZKY in seiner Arbeit: „Die Denkmäler der Keltenherrschaft in Ungarn 1879" im Anschlusse an die westeuropäische Archäologie die La Tène-Periode in Ungarn nachgewiesen. Seine letzte Arbeit ist die Beschreibung der prachtvollen Goldfunde aus der Völkerwanderungszeit, welche von der königl. ungarischen Regierung für das Nationalmuseum erworben worden waren. Sie führt den Titel: „Die Goldfunde von Szilagy-Somlyo", 1890.

2. Herr Dr. **Martin Kříž** hält einen Vortrag:

Die Quartärzeit in Mähren und ihr Verhältniss zur tertiären Periode.

Derselbe wird in erweiterter Form im ersten Hefte des Bandes XXVIII (1898) der „Mittheilungen" erscheinen.

3. Herr **Professor Alexander Makowsky** berichtet über

Neue Funde aus dem Löss von Brünn.

Derselbe betrifft einen Anfangs November 1897 im Löss von Brünn in Mähren aufgedeckten prähistorischen Fund, welcher einen neuerlichen Beweis der Gleichzeitigkeit des Menschen mit der diluvialen Thierwelt bildet.

Am Südostabhange des Rothen Berges bei Brünn, woselbst seit vielen Jahren grosse Ziegeleien im Betriebe und viele Reste diluvialer Thiere, selbst einige menschliche Skeletreste constatirt worden sind (siehe MAKOWSKY, Löss von Brünn, 1888. Verh. des nat. V. in B.), wurde schon vor etwa 10 Jahren eine 7 m mächtige Lösslage abgetragen, deren Unterlage, noch 4 m mächtig, erst heuer in Verwendung kam.

Bei dieser Gelegenheit fanden sich in einer Tiefe von 3 m (also ursprünglich 10 m tief) auf einer etwas concaven Fläche eine grosse Anzahl von elfenbeinweissen, dicht mit Mangandendriten überzogenen Knochen diluvialer Thiere, die von festen Mergelkrusten eingehüllt, zufolge der Wasserdurchlässigkeit der nun schwächer gewordenen Lössdecke so brüchig und morsch geworden waren, dass nur wenige Knochen unzerbrochen herausgelöst werden konnten. Die sorgfältig vorgenommene Untersuchung der thierischen Reste an Ort und Stelle ergab einige Fusswurzeln und Armknochen eines jungen Mammut, einen Unterkieferast und gleichfalls Fusswurzeln und Extremitäten von Rhinoceros Tichorhinus (gleichfalls ein junges Thier), sodann viele Skelettheile von Bison priscus und Equus fossilis. Wirbelkörper und Rippen dieser Thiere fehlten. Bemerkenswerth ist die Thatsache, dass die Knochen bunt und lose durcheinander lagen, so z. B. neben dem Kiefer des Rhinoceros die Fusswurzeln von Bison und Equus, dass ferner kleine Holzkohlenstückchen, welche den Löss dunkel gefärbt, beigemischt waren.

In Folge der Zerbrechlichkeit der Knochen konnten weder Schlagmarken noch aufgeschlagene Knochen constatirt werden; auch Steinwerkzeuge fanden sich nicht vor. Dessenungeachtet unterliegt es keinem Zweifel, dass diese kunterbunt nebeneinander geworfenen thierischen Skelettheile die Reste einer Mahlzeit des Menschen in der Diluvialperiode sind, dass wir also neuerdings eine in dieser Localität schon früher beobachtete Lagerstätte des diluvialen Menschen vor Augen haben.

Die wichtigsten Knochenreste dieses Fundes sind den diesbezüglichen Sammlungen des mineralogischen Museums der technischen Hochschule in Brünn einverleibt worden.

4. Unser Präsident, Herr **Baron v. Andrian-Werburg**, verdankt der Güte des Herrn MORITZ ENGEL in Speier die Mittheilung einer Nummer der „Didaskalia" 1851, welche folgenden für die Beurtheilung des in jüngstverflossener Zeit bestandenen „Wortaberglaubens" nicht unwichtigen Aufsatz enthält:

Im 37. Stück des von M. ENGEL redigirten „Voigtländischen Anzeiger", Plauen, den 13. September 1817, ist folgendes merkwürdige Actenstück enthalten, überschrieben:

„Der Feuersegen.

Von Gottes Gnaden, Wir Ernst August, Herzog zu Sachsen, Jülich, Cleve und Berg etc.

Fügen hiermit allen Unsern nachgesetzten Fürstlichen Beamten, Adelichen, Gerichtshaltern und Räthen in den Städten zu wissen, und ist denenselben schon vorhin bekannt, wasmaßen Wir aus Landesväterlicher Fürsorge alles was zur Conversation Unserer Lande und getreuen Unterthanen gereichen kann, sorgfältig vorkehren und verordnen.

Wie nun durch Brandschaden viele in großes Armuth gerathen können, dahero gleichen Unglück zeitig zu steuern, Wir in Gnaden befohlen, daß in jeder Stadt und Dorf verschiedene hölzerne Teller, worauf schon gegessen, und mit der Figur und Buchstaben, wie der beigefügte Abriß[1] besaget, des Freytags bei abnehmenden Monden zwischen elf und zwölf Uhr mit frischer Dinte und neuen Federn beschrieben vorräthig sey. Sodann aber, wenn eine Feuersbrunst, wovor der große Gott hiesige Lande in Gnaden bewahre wolle, entstehen sollte, ein solcher nur bemeldeter Teller mit den Worten: „Im Namen Gottes" ins Feuer geworfen und woferne das Feuer dennoch weiter um sich greifen wollte, dreimal solches wiederholt werden sollte, dadurch denn die Gluth ohnfehlbar gedämpfet wird, dergleichen nun haben die regierenden Bürgermeister in den Städten, auf dem Lande aber die Gerichtsschöppen und Schultheißen in Verwahrung aufzubehalten und bei entstandener Noth beschriebenermaßen zu gebrauchen, hiernächst aber, weil dieses jeden Bürger und Bauer zu wissen nöthig ist, solches bei sich zu behalten. Hieran vollbringen Dieselben unserer Respection gnädigen Willen. Gegeben in unserer Residenz Weymar den 24. December 1742. **Ernst August.**"

5. Herr Ludwig **Hans Fischer** übersendet eine vorläufige Mittheilung über eine

Prähistorische Ansiedelung in Ober-St. Veit

(Wien, XIII. Bezirk).

Unmittelbar hinter der Einsiedelei in Ober-St. Veit erhebt sich ein Hügel, welcher der letzte Ausläufer eines Bergrückens ist, der von den Höhen des kaiserlichen Thiergartens gegen das Wiener Becken abfällt. Die Mineralogen beschäftigte dieser Höhenrücken längst, weil er ein buntes Gemisch verschiedener Gesteinsarten in sich birgt, insbesondere Jaspisarten, Sandstein und zahlreiche Versteinerungen (Ammoniten).

Die ganze Lage des Hügels und das Vorkommen der harten Steine brachte mich auf die Vermuthung, dass hier eine prähistorische Ansiedlung gewesen sein konnte. In der That fand ich auch bald Topfscherben, welche keinen Zweifel über meine Vermuthung übrig liessen. Eine Versuchsgrabung, welche ich im Spätherbste vorigen Jahres vornahm, ergab ein reiches

[1] Dieser Abriss enthält ein Zeichen in Form eines Ankers, rechts die Buchstaben G. A., links die Buchstaben A. L., unten Consamatum est und drei Kreuze.

Material, so dass ich in diesem Sommer auf Kosten der Anthropologischen Gesellschaft Grabungen in grösserem Stile an verschiedenen Stellen vornahm. Von der Commune Wien, der jenes Terrain gehört, erhielt ich hiezu bereitwilligst die Bewilligung.

Das Resultat meiner Grabungen, welche ich durch 14 Tage vornahm, war ein sehr befriedigendes, wenngleich ich nur einen verhältnissmässig kleinen Theil der Fundstelle durchgraben konnte. Die circa 200 Schritte lange Fundstelle am Nordabhange des Hügels ist nur theilweise in ungestörter Lage und heute von Wiesen und Buschwerk bedeckt. Gegen die Mauer des Thiergartens zu waren aber einst Weingärten, daher das Erdreich bereits umgewühlt. An einzelnen Stellen fand ich aber doch ungestörte Lagen, in welchen ich die Grundrisse der Wohngebäude noch ziemlich erkennen konnte und innerhalb dieser fand ich die am besten erhaltenen Artefacte, so dass mehrere Gefässe ganz oder nahezu ganz zu restauriren waren.

Die vorgefundenen Gefässe und Gefässscherben sind fast durchwegs ornamentirt und sehr reichhaltig in den Formen, zumeist topf-, krug- oder kesselförmig. Der Typus der Gefässe erinnert sehr an jene, welche in Fischau, Göttweig und jenseits der Donau gefunden werden.

Werkzeuge fand ich zahlreiche aus Bein und Horn, ebenso aus Stein, darunter Messer, Klopfsteine aller Art, Steinmeissel, Steinbeile mit Loch, Mahlsteine etc.; ausserdem Spinnwirtel aller Art und ein grosses Webgewicht.

Unter den zahlreichen Knochen, welche sich vorfanden, waren besonders viele vom Rind, Schwein, Hirsch und Reh; ausserdem aber fand ich auch solche vom Pferd.

Unter den Nahrungsmitteln scheint die Gerste eine grosse Rolle gespielt zu haben, da ich sie in verkohltem Zustande an mehreren Stellen constatiren konnte.

Funde an Metallen fehlen gänzlich, jedoch wären diese nicht ausgeschlossen, da ich viele Anhaltspunkte für deren Vorkommen habe. So fand ich einen Beinpfriem, welche ganz blaugrün gefärbt war und offenbar neben einem bereits verwitterten Bronzegegenstand gelegen ist.

Die Fundamente der Wohnhäuser, welche zerstreut am Hügel lagen, zeigen eine rechteckige Form, welche man oft ziemlich deutlich an dem vorbenannten Mauerbewurf erkennt.

6. Herr **Kálmán Freiherr v. Miske** berichtet:

Ueber einige Funde aus Velem-St. Veit.

(Mit 9 Textfiguren.)

Meine Sammlung von Funden aus Velem-St. Veit (vgl. oben S. [13]) umfasst gegenwärtig circa 1600 Stücke, aus welchen ich einige zur Beschreibung und Abbildung auswähle; zunächst eine Emailperle (Fig. 11). Um den walzenförmigen Körper der Perle befinden sich an den Enden und in der Mitte drei ringförmige Bänder, welche einst mit dünnen, schräg gestellten, abwechselnd weissen und gelben Linien besetzt waren, zwischen welchen die blaue Farbe des den Körper bildenden Glases hervorsah. Durch den Mittelring wird die Perle in zwei Felder getheilt, die einen Grund aus rothem Email zeigen, aus welchem sich warzenförmige, weisse Buckel, je fünf in einem Felde, erheben, die am Scheitel einen kleinen blauen Ring und in demselben einen weissen Punkt hatten. Zwischen den Warzen ist je ein blauer oder gelber Punkt. Die Endflächen der Perle zeigen das rothe Email der Felder. Leider fehlt es mir an Vergleichsmaterial, um das Alter der Perle bestimmen zu können.[1]

Ich besitze auch sechs Thonscheiben mit excentrischer Bohrung wie Fig. 15. Wahrscheinlich sind es Netzgewichte. Solche excentrisch durchbohrte Thonscheiben kommen auch unter den prähistorischen Funden von Troja vor.

Ich erwähne ferner zwei Beinknöpfe von ungewöhnlicher Gestalt (Fig. 16 und 17). Dieselben sind im Durchschnitte dreieckig, die Platte ist elliptisch und etwas

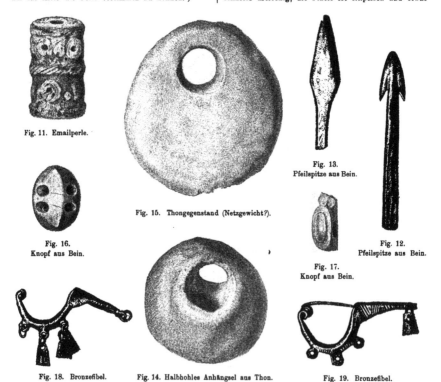

Fig. 11. Emailperle.

Fig. 13.
Pfeilspitze aus Bein.

Fig. 15. Thongegenstand (Netzgewicht?).

Fig. 16.
Knopf aus Bein.

Fig. 12.
Pfeilspitze aus Bein.

Fig. 17.
Knopf aus Bein.

Fig. 18. Bronzefibel.   Fig. 14. Halbhohles Anhängsel aus Thon.   Fig. 19. Bronzefibel.

Fig. 11—19. Funde verschiedenen Alters aus Velem-St. Veit bei Güns, Ungarn. (Alles nat. Gr.)

Der zweite Gegenstand meiner Mittheilung ist eine Pfeilspitze aus Bein (Fig. 12). Zu den Pfeilspitzen rechne ich auch Beinartefacte wie Fig. 13.

Auffallend ist der Thongegenstand (Fig. 14) von der Form eines kleinen Henkelkorbes.

gewölbt. Die Unterseite wird durch zwei sich in einem rechten Winkel schneidende Flächen gebildet, welche durchbohrt sind. Das Stück Fig. 17 ist ein Fragment (von einem Doppelknopf?).

Besonderes Interesse verdienen die beiden Fibelchen Fig. 18 und 19, weil sie in Form und Mache so genau mit gewissen auf dem Glasinac, im Herzen Bosniens, gefundenen Fibeln übereinstimmen, dass man annehmen darf, sie seien aus derselben Fabrik hervorgegangen, wie diese.

[1] Es ist das eine sogenannte „Gesichtsperle", wie solche im südlichen Russland (Kertsch u. a. a. O.) häufiger gefunden werden.   Anm. d. Red.

7. Herr Professor Dr. L. Karl **Moser** in Triest berichtet über:

Die Plattengräber von S. Michele ob Alt-Muggia in Istrien. [1]

(Mit 2 Textfiguren.)

Bereits gegen Ende December des Vorjahres war es mir vergönnt, über diese merkwürdigen Gräber an die k. k. Central-Commission für Kunst- und historische Denkmale zu berichten, indem ich damals die theils geöffneten und beraubten Gräber, sowie zwei in deren Nähe befindliche, noch unversehrte Gräber öffnete und auf deren Inhalt prüfte. Hiebei ergab sich die sonderbare Thatsache, dass diese Gräber ein oder mehrere menschliche Skelette mit Nachbegräbnissen enthielten, deren Skelette in gestörter Lage, entweder mit seitlicher Lage des Kopfes oder mit der Lage des Gesichtes nach abwärts oder gar mit verkrümmter Körperlage, beobachtet wurden. Leider wurden in gar keinem Falle Beigaben vorgefunden, so dass eine Feststellung des Alters dieser Gräber bis nun zur Unmöglichkeit gehörte. Auf Wunsch des verehrten Präsidenten der Wiener Anthropologischen Gesellschaft wurde ich zu weiteren Ausgrabungen angeeifert, welche mich in den Stand setzten, einige ergänzende Beobachtungen zu machen.

Das grosse, ausgedehnte Gräberfeld nimmt die ganze Südostseite des Berges von S. Michele (202 m) ein; den Berg selbst, der gegen Nordwest steil abfällt, krönt die in den Dreissiger-Jahren angelegte Festung, Fortezza Nr. 3, mit Casematte und Wallgraben, welch' letzterer um das viereckige Fort (in Fig. 20) bis zu einer Tiefe von ungefähr 7 m steil eingeschnitten ist. In diesem Einschnitte nun nimmt man beiderseits die geöffneten Plattengräber in zwei untereinander stehenden Reihen in abwechselnder Folge wahr; doch gestattet nur die Nordost- und Südseite einen Ueberblick über dieselben, da an den beiden anderen Flanken des Wallgrabens die Strauchvegetation die Gräber zum Theile verdeckt und deren Untersuchung durch in die Gräber eingedrungene Baumwurzeln erheblich erschwert wird. Die von mir an Ort und Stelle angefertigte Zeichnung in Fig. 21 zeigt die Ansicht der Gräber, von Nordost gesehen, an der inneren Flanke des Wallgrabens, darüber die dünne Culturschichte mit Kohlenstückchen und Brocken von gebranntem Thon untermischt und darüber den Rasen, aus dem die Mauern der Festung hervorragen.

Auf dem Südostabhange des Berges dagegen liegen zahlreiche Gräber zerstreut, die sich manchmal durch leichte Bodensenkungen in der Wiesenfläche kenntlich machen, meistentheils fehlt aber jede äussere Spur. Von den im Wallgraben befindlichen Gräbern wurden am 13. und 14. April d. J. zwei völlig intacte Gräber und eines auf der erwähnten Wiessenfläche aufgedeckt. Das erste Grab, von rechteckiger Steinfassung umgeben, barg das morsche Skelet eines Kindes, dessen

Knochen so zart waren, dass nur der defecte Schädel gehoben werden konnte. Die grosse Deckplatte, die in den Berg hineinragt, blieb unberührt. Das Grab konnte nur einfach ausgeräumt werden. Die Lage des Skeletes Nordwest bis Südost, mit dem Gesichte nach Südost schauend, war sonst normal, aber mit viel Erde bedeckt. In der Erde weisse Malterkrümelchen, eine Erscheinung, die wir fast bei allen Gräbern beobachteten. Der gewachsene Boden, auf dem das Skelet lag, zeigte sich wie mit einer zarten Aschenschichte bestreut. Beim Hinwegschaffen des Erdreiches vor dem Grabe sammelte ich die Hälfte einer Thonschale auf, kann jedoch versichern, dass dieses Bruchstück nicht diesem Grabe angehörte, sondern einfach in der Erde aufgelesen wurde. Dieses Bruchstück wäre mithin das einzige Artefact, das sich überhaupt während der ganzen Arbeit vorgefunden hatte.

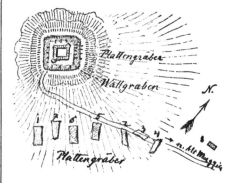

Fig. 20. Situation der Gräber von S. Michele.

Gegenüber in gleicher Höhe, in der äusseren Böschung des Wallgrabens, war ein zweites Plattengrab, das jedoch durch eingewachsene Wurzeln von Akazien in seinem Inhalte zerstört war. Der hier gehobene Unterkiefer beweist, dass das Skelet einem jungen Individuum angehörte. Da die in der äusseren und inneren Böschung befindlichen Gräber schwer zugänglich waren, theils wegen der Höhe und Steilheit der Böschung, theils aber deswegen, weil die Arbeit wegen des Strauchwerkes eine vergebliche und zeitraubende war, verliess ich diese Stelle und begab mich auf die sanft geneigte Böschung des Berges, die einen schönen Weidegrund darstellt.

Gegen den Rand dieser grossen Böschung am Südostabhange des Berges wurde dann das erste Massengrab geöffnet (Nr. 1 in Fig. 20). Aeusserlich durch eine Bodensenkung markirt, lag unter einer circa 30 cm dicken Rasendecke eine kolossale dicke Sandsteinplatte von über 2 m Länge und 1 m Breite, die den Eindruck einstiger Bearbeitung machte und äusserlich wie innerlich keine Spur eines sonstigen Zeichens trug. Beim

---

[1] Siehe den Bericht an die k. k. Central-Commission für Kunst- und historische Denkmale, December 1896.

Aufdecken dieser grossen und schweren Platte sah man nur die mittlere Partie der Skelette offen liegen, während die Kopf- und Fussgegend mit Erde verhüllt war.

Bei sorgfältiger Entfernung der fest zusammenhaltenden Erde erwies sich dasselbe als ein Massen-Grab, in dem sechs Individuen lagen. Die Lage der Schädel war theils normal, theils seitlich. Aber vier Individuen, zwei alte und zwei junge, lagen mit den Füssen gegen Südost, und die zwei letzten, ebenfalls alten Individuen, lagen mit den Füssen gegen Nordwest, also in entgegengesetzter Richtung. Ihre Skelette waren so untereinander gemengt, dass an eine gänzliche Aushebung derselben von vornherein nicht zu denken

gefunden hat, so waren die Gräber leicht zu finden. Die Gräber 2 und 3 (Fig. 20), am Wege selbst gelegen, enthielten unter grossen Steinplatten je ein jugendliches Individuum mit seitlicher Lage des ganzen Körpers. Von Grab Nr. 3, von gleicher Beschaffenheit wie die vorigen, wurde ein ganzer Schädel gehoben. Die Gräber waren mit Erde ganz erfüllt. Bei Nr. 2 war eine gestörte Lage der Wirbelsäule zu beobachten.

Grab Nr. 4 barg zwei Skelette, deren Köpfe gegen Osten gewendet, nur äusserst spärlich mit schwarzer Erde bedeckt. Der Unterkiefer des aufliegenden Skeletes getrennt vom Schädel, die einzelnen Skelettheile mit Erde incrustirt, am Rande der Steinfassung von Regen-

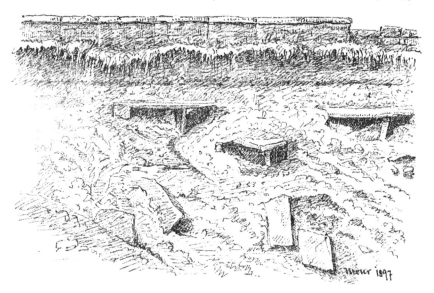

Fig. 21. Ansicht der zum Theil geöffneten Steinplattengräber von S. Michele bei Alt-Muggia.

war. Unter den Schädeln der alten Individuen lagen etwa faustgrosse Malterstücke und dem übrigen spärlichen Erdreiche waren kleinere Malterstücke beigemischt. Eines dieser Individuen lag mit dem Gesichte am Boden. Es konnte jedoch nur ein ganzer Schädel gehoben werden. Weder Spuren von Kleidungsstücken noch Beigaben wurden wahrgenommen.

Am 29. Mai wurden die Grabungen, nachdem sich das regnerische Wetter austobte, wieder aufgenommen. Eine Recognoscirung der erwähnten Böschung ergab zunächst das Vorhandensein einer alten Weganlage, welche von der Trümmerstätte von Alt-Muggia bis auf die Fortezza in grossem Bogen hinanführt. Da an diesem Wege schon früher eine Erdaushebung statt-

würmern hineingetragene Erde. Das Innere der Steinfassung hatte eine Länge von 170 cm, eine Breite von 34 cm. In der Mitte zeigte die Steinfassung eine Einschnürung, so dass die Mitte schmäler war, als die Kopf- und Fussseiten. Auch hier war eine abnormale Lage der Wirbelsäule zu beobachten, da die Lendenwirbel quer über die Lage der Skelette lagen.

Das Grab Nr. 5 lag ausserhalb des Weges links davon in der Nähe einer rechteckigen Steinfassung, die vermuthlich von einer alten Gartenanlage herzurühren scheint. Das Grab barg drei Skelette, ebenfalls in seitlicher Lage sehr sorgfältig mit Erde bedeckt, Brust- und Schädelgegend weniger mit Erde bedeckt, die Skelette äusserlich auffallend gebräunt und sehr leicht zerbrechlich, die Skelettheile am gewachsenen Boden anhaftend. In der Schädelgegend war nur so viel Raum vorhanden, dass die Schädel hart aneinander lagen; etwaige Zwischenräume waren mit Steinchen ausgefüllt. Die grossen Deckplatten mussten häufig in Stücke zertrümmert werden.

In Folge der vorgeschrittenen Jahreszeit musste im Juni die Grabung aufgegeben werden, da die Grasnutzung nicht beeinträchtigt werden durfte; die weitere Arbeit konnte erst wieder im November aufgenommen werden, und zwar am 3. November, wo das sechste Grab am Südostabhange geöffnet wurde. In ähnlicher Lage, wie Grab 1 und 5, liegt Nr. 6. Unter einer 35 cm mächtigen Humusschichte lag eine einzige Steinplatte von 2·2 m Länge, 1 m Breite und 13 cm Dicke. Da die Steinplatte zu gross und schwer war, so wurde sie mit einem mächtigen Schlägel zertrümmert. Sie lag auf einer starken, 30 cm tiefen, in der Mitte verengten Fassung aus Sandsteinplatten bestehend, in der Mitte 40 cm, beim Kopfe und den Füssen 46 cm breit. Von den sechs in einer Lage Nordsüd befindlichen Skeletten waren nur zwei Schädel anfänglich sichtbar, während die übrigen darunter liegenden, auch die Becken- und Fusspartie mit viel Erde bedeckt waren. Es lagen darin zwei alte Individuen, vermuthlich Mann und Weib. Zur Rechten des Weibes lag ein Kind und ober den Schädeln der Alten, jedoch tiefer und hart an der Wand, lagen drei Schädel, vermuthlich den erwachsenen Kindern angehörig, die zuerst beerdigt wurden. Eine sorgfältige Durchsuchung des über den morschen Skelettheilen liegenden Erdreiches in der Hals-, Brust-, Becken- und Fussgegend ergab auch nicht die geringste Spur irgendwelcher Beigabe oder eines sonstigen Anzeichens davon. Anfänglich der Meinung, dass die Gräber beraubt wurden, musste ich beim Oeffnen dieses Grabes zur Ueberzeugung kommen, dass dasselbe völlig intact war; nur Wurzeln, die bei der Kopfgegend eingedrungen waren, verschlemmten hier die Erde zu einer compacten und schwer zu beseitigenden Masse. Malterkrümelchen wurden in der Erde hier nicht beobachtet. Der widrige kalte Ostwind erschwerte die Arbeit so sehr, dass wir mit der Untersuchung des einen Grabes durch volle vier Stunden beschäftigt waren.

Am 6. November wurde am Morgen mit der Blosslegung eines neuen Grabes, das ich mit Nr. 7 bezeichne und das in gleicher Lage, wie die drei vorhergehenden, links von der alten zur Fortezza führenden Weganlage situirt ist. Es liegt nicht in gleicher Höhe mit den übrigen, sondern um circa 3 m höher, wie denn überhaupt in der Anlage der Gräber eine grosse Unregelmässigkeit zu beobachten ist. Die Gräber sind mit einem Worte nicht in Quer- und nicht in Längsreihen, sondern ganz unregelmässig angelegt. Auch bezüglich der Tiefe der einzelnen Gräber muss ich bemerken, dass nicht immer das gleiche Maass eingehalten wurde, da die Mächtigkeit der über der Deckplatte aufgelagerten Erde und zugehöriger Rasendecke zwischen ¹/₂ m bis zu 1 m und darüber variirte. Die Mächtigkeit der Erdschichte betrug hier ¹/₂ m. Nachdem die Deckplatte völlig blossgelegt war, zeigte sich,

dass dieselbe an ihrer Oberfläche sehr uneben war. Ihre Länge betrug 2·4 m, die Breite dagegen nur 76 cm. Da dieselbe nicht mit einem Male gehoben werden konnte, so wurde sie zertrümmert, insbesondere wurde aber darauf gesehen, dass der über den Schädeln gelegene Theil der Deckplatte, also ungefähr die Hälfte, ganz gehoben werden konnte, um eine etwaige Verletzung der Schädel zu vermeiden.

Nachdem die Deckplatte ganz entfernt war, zeigte die circa 20 cm breite Steinfassung eine andere Form, wie bei den vorhergehenden, nämlich nicht rechteckig, gegen die Mitte einerseits eingeschnürt, sondern trapezförmig, länglich. Die innere Weite bei den Köpfen betrug 50 cm, bei den Füssen dagegen nur 25 cm. Die äussere Länge betrug 2 m. Auf der linken Seite, bei den Füssen, fehlte ein circa ¹/₄ m langes Stück der 35 cm tiefen Steinfassung. Das Innere des Grabes war insbesondere bei den Füssen und den Schädeln mit viel Erde angefüllt, nur in der Beckengegend waren die Knochen sichtbar und mit einer schwarzen, fettglänzenden Erdkruste überzogen, die fest an den Knochen anhaftete. An den Seiten waren Klumpen von jenem charakteristischen Erdreich, wie es durch Regenwürmer herausgearbeitet und an der Oberfläche von Wiesen häufig nach Regen beobachtet wird. Das hinweggeschaffte Erdreich zeigte sich auch hier von mörtelähnlichen Krümelchen durchsetzt, sehr zäh und compact, so dass es nur mit dem Messer geschnitten werden konnte. Dadurch erklärt sich auch die Schwierigkeit, Schädel und Knochen unversehrt zu fördern. Die mit den Knochen zusammenverwachsene Erde verlangsamt die Förderung sehr und bewirkt, dass einzelne Knochen brechen oder sich aus ihren Nähten loslösen und so im Boden haften bleiben, aus dem sie dann schwer ganz herausgelöst werden können. Die Lage der Schädel war auch hier eine verschiedene. Ein Schädel lag normal, der zweite mit dem Hinterhauptloche nach aufwärts und ganz verkrümmter Wirbelsäule, ein dritter in seitlicher Lage, drei andere lagen hart an der Wand der Fassung und tiefer. Es waren im Ganzen sechs Schädel; doch muss die merkwürdige Thatsache constatirt werden, dass sich ein Hüft- und Kreuzbein unter einem Schädel vorfand. Wirbelsäulen und Extremitätenknochen waren nur von zwei Individuen vorhanden, und zwar nur bei den zwei oberst gelegenen, während die Skelettheile der übrigen nicht constatirt werden konnten. Auch von den sechs Schädeln waren nur zwei Unterkiefer gehoben worden, von den übrigen waren dieselben nicht vorhanden. Bei sorgfältiger Durchsuchung überzeugte ich mich, dass nicht alle Leichname ganz beerdigt wurden, sondern einige ganz, von anderen nur Theile, wie der Kopf. Es drängt sich hier die Vermuthung auf, als ob hier zu zwei regelrecht bestatteten Individuen einzelne Skelettheile und Schädel von vier anderen Individuen nachbestattet wurden. Bei der Beschaffenheit der Knochen und ihrem mürben Erhaltungszustande lässt sich mit Sicherheit die Anzahl der bestatteten Individuen nur aus der Anzahl der Cranien bestimmen. Ob aber die Leichname bei der Nachbestattung oder diejenigen der ersten Bestattung ganz, oder nur in Stücken oder nur als Skelette hineingelegt wurden, liess sich bei sorgfältiger Prüfung nicht constatiren.

Am 19. November begab ich mich auf eine Nachricht hin nochmals zur Grabstätte und liess eines der am unteren Wege gelegenen Gräber öffnen, das vorher freiwillig die Arbeiter aufdeckten. Hier lag die Erde nahezu 75 cm hoch. Das Grab war mit zwei Steinplatten gedeckt, deren Hinwegräumung lange Zeit in Anspruch nahm. Beim Abheben der Steinplatten zeigte sich das Grab ganz mit Erde verschüttet. Die Fassung in der Kopfgegend war gesenkt und auf den Schädeln gelegen. Nach sorgfältiger Aushebung der Steinfassung konnten wir im Ganzen sieben Schädel[1]) constatiren, von denen die nur den älteren Individuen angehörigen gehoben werden konnten und selbst diese nicht immer vollständig, da die Nasenbeine, Jochbogen und die Knochen der Schädelbasis beim Ausheben an der festen Erde zurückblieben. Die Schädel lagen so dicht aneinander, dass es eine förmliche Kunst war, einen unverletzt zu heben, ohne den anderen zu beschädigen. Die übrigen Skelettheile bildeten ein Chaos und konnten wegen der daranhaftenden Erde niemals gehoben werden. Erde und Knochen bildeten eine Masse. Bei den Röhrenknochen kam es vor, dass dieselben entweder nur in Querbruchstücken oder im gespaltenen Zustande zu Tage gefördert wurden. Häufig zerfiel der Schädel in seine Stücke, da die den Schädel ausfüllende Erde denselben sprengte. Die Knochen der Hand- und Fusswurzel zeigten sich meist so mürbe, dass sie zu Staub zerfielen. Auch sei hier nochmals bemerkt, dass die geringe Zahl der Körperknochen in keinem Verhältnisse zu der Anzahl der vorgefundenen Schädel stand. Auch in diesem Grabe, wo sieben Schädel nachgewiesen werden konnten, fehlten mindestens zu drein die zugehörigen Unterkiefer.

Da auch bei diesen Skeletten nicht die geringste Spur von Beigaben oder Kleiderresten, weder bei den Köpfen noch bei den Füssen, noch auch in der Brustgegend vorhanden waren, lässt sich über das Zeitalter, aus dem diese sonderbaren Begräbnissanlagen herrühren, kein sicherer Schluss ziehen. Ein Analogon dieser Art der Bestattung finde ich nur in der Beschreibung bei Wördinger, der im Schwabenlande ähnliche Gräber aufdeckte, die in der Anlage mit unseren besprochenen übereinstimmen und sich durch grosse Armuth der Beigaben auszeichnen. Wördinger verlegt diese Gräber in das IV. bis VIII. Jahrhundert nach Christi. Die auffallende Dolichocephalie der sämmtlichen Schädel, die Zartheit der Knochen, die unvollständige Bestattung entweder ganzer oder der Theile von Skeletten, die ausserordentliche Sorgfalt der Bestattung dagegen, was Steinfassung und Präparirung der Deckplatten selbst anbelangt, ferner die Thatsache, dass die Skelette unmittelbar auf dem gewachsenen Sandsteinboden aufliegen, sind Alles berücksichtigenswerthe Momente. Jedenfalls rühren diese Gräber von einem Volke her,

---

[1]) Die anatomischen Kennzeichen der in diesen Gräbern gefundenen Schädel dürften gewiss manch' charakteristisches Merkmal abgeben.

das da oben in stiller Einsamkeit, umgeben von herrlicher Natur, mit dem Ausblicke auf das Meer, auf die reichgegliederte Küste und den am Horizonte aufragenden Kranz der herrlichen Bergwelt, schmucklos einherwandelte und bei dem grossen Sterben, das über dasselbe hereinbrach, nicht vergass, durch die sorgfältige Anlage des Grabes das Andenken an ihre Todten zu ehren. Das Steinmaterial fanden sie in nächster Umgebung in dem grossblattig brechenden Tasello- oder Macigno-Sandstein, der noch jetzt das Material zur Pflasterung von Triest hergibt.

Grosse Steinschutthaufen, die sich in langen Streifen zu beiden Seiten der Marienkirche hinziehen, bezeugen die Verödung des einst blühenden Ortes von Muggia vecchia, von welch' letzterem das Innere der Marienkirche (frühromanisch-byzantinischen Stiles) jetzt noch Zeugniss gibt.

8. Herr P. **Reinecke** übersendet aus Mainz eine Mittheilung:

Ueber einige prähistorische Wohnstätten in Slavonien.

Im vergangenen Herbste hatte ich bei einem Besuche in Esseg und weiterhin in Agram Gelegenheit, aus Slavonien Funde von ausgedehnten vorgeschichtlichen Ansiedlungen kennen zu lernen. Da bisher über diese noch kein ausführlicherer Bericht erschienen ist, welcher auf die Bedeutung dieser Localitäten hingedeutet hätte, möchte ich an dieser Stelle einige Worte darüber mittheilen. Leider bin ich nicht in der Lage, von den sehr interessanten keramischen Funden Photographien vorlegen zu können; es sollen jedoch, wie ich erfuhr, im Agramer „Viestnik" diesbezügliche Abbildungen erscheinen, auf welche hiemit verwiesen sei.

In der Gegend von Esseg, an der Drau und sodann auch an der Donau, in den Comitaten Véröcze (Virovitic) und Szerem (Syrmien) entdeckte man auf mehreren sich aus der weiten Ebene erhebenden, mässig hohen Hügeln, deren einige von Ringwällen umgeben waren, Spuren alter Besiedelung und bei weiterer Nachforschung kamen an den einzelnen Punkten zahllose Alterthümer zum Vorschein, welche der überwiegenden Menge nach der Steinzeit angehören. Derartige Plätze liegen bei Samatovce (oberhalb Esseg), Sarvaš (unterhalb Esseg, an der Drau), Vukovar, Vučedol (bei Vukovar), Sot und Maradik; der wichtigere Theil der Funde befindet sich im städtischen Museum zu Esseg und in der Privatsammlung des bekannten Numismatikers Herrn C. F. Nuber ebendaselbst; werthvolle Proben besitzt auch das archäologische Museum zu Agram.

Unter den Steinwerkzeugen, welche auf diesen Ansiedlungsstätten gesammelt wurden, heben wir zunächst die „schuhleistenförmigen" Keile, die in ihren verschiedenen Modificationen auftreten, hervor; in sehr grosser Menge fanden sich kurze und mässig lange Schmalmeissel (Exemplare von grosser Länge fehlen) und flache Hacken von nahezu rechteckiger, sowie mehr dreieckiger Form in verschiedenen Grössen, desgleichen die charakteristischen unsymmetrischen Hämmer mit Durchbohrung, von welchen sehr schwere Stücke vorliegen. Von durchbohrten Hämmern mit mehr oder minder ausgebildetem Knauf am Bahnende, wie solche unter Anderem in den Pfahlbauten des Ostalpengebietes nicht selten sind, ergaben sich zahlreiche Bruchstücke.

Hornstein, daneben auch Obsidian, wurden hieselbst intensiv verarbeitet. Prismatische Messer, von den kleinsten Splittern bis zu ansehnlicher Länge, zierliche Pfeilspitzen (bemerkenswerther Weise auch Pfeilspitzen aus Obsidian), kleine Rundschaber, wie sie ähnlich auch auf den Feuersteinwerkstätten im Elbe-, Oder- und Weichselgebiete sich finden, Nuclei, Abfallsplitter und Späne mit Schlagmarken, kamen in Unmasse vor. Auch Knocheninstrumente haben sich erhalten, hauptsächlich sind es· Nadeln und Pfriemen; ein in der Wohnstätte von Vukovar aufgefundener halbkreisförmiger Beinkamm (im Museum zu Esseg) dürfte jedoch kaum mehr prähistorisch sein, da analoge Formen anderwärts erst in der römischen Kaiserzeit üblich wurden. Von anderen Werkzeugen und Geräthen hätten wir noch Schlag- und Wetzsteine, durchbohrte Steinkugeln, sowie Webstuhlgewichte in verschiedenen Grössen, Wirtel, spulenartige Rollen, radförmige Scheiben und stempelartige Glätter, Alles aus Thon, zu erwähnen.

Gegenstände aus Metall kamen auf diesen Stationen kaum zum Vorschein.

Aeusserst zahlreich und von hohem Werthe sind die keramischen Reste, von denen die meisten der neolithischen Zeit angehören; neben einer Fülle von ornamentirten Scherben wurden erfreulicherweise auch viele Gefässe in mehr oder minder gutem Zustande ausgegraben. Sehr überrascht war ich, hier genau dieselben Gefässformen und Ornamente, wie sie aus dem Laibacher Moor bekannt sind, vorzufinden. Ich notirte grosse Krüge mit breitem Henkel, kleine Henkeltöpfchen, runde Schalen in verschiedenen Grössen mit mehreren Füssen, kleine Schälchen mit fussartig ausgebildetem Boden, flache Untersätze mit Füssen, Henkeltassen u. s. w., welche alle nicht nur in der Form, sondern auch im Ornament vollkommen mit der neolithischen Keramik aus dem Laibacher Moor übereinstimmen. Die merkwürdigen eingestochenen und eingeritzten Bandmuster, die aus concentrischen Kreisen bestehenden „Sonnen" (im Centrum leer oder ein Kreuz enthaltend), über Eck gestellte Vierecke, Zickzackornamente u. dgl. m., all' das kehrt hier wieder, in derselben Eigenart, mit denselben Details.[1]

Während die Oberfläche der krainischen Gefässe mehr von stumpfer, schwarzer oder gelblicher Färbung ist, sind unsere slavonischen zum grossen Theile schwarz-, gelb-, rothgelb- und bräunlichglänzend. Eine Anzahl Scherben hat grosse, zapfenförmige Fortsätze, andere zeigen (an Stelle der Henkel) breite, ornamentirte Griffe. Unter den neolithischen Ornamenten, deren manche auffallend tief eingestochen sind, treten neben den charakteristischen geometrischen Mustern gelegentlich auch figürliche Elemente auf, so z. B. an einem Bodenstück von Vučedol (Museum in Agram), wo

gleichsam als Bodenstempel ein Mann mit erhobenen Armen, ganz ähnlich wie auf den Oedenburger Hallstattgefässen, dargestellt ist. Von grosser Wichtigkeit ist ferner auch das Vorkommen von Erzeugnissen einer primitiven neolithischen Thonplastik auf diesen Wohnstätten. Im städtischen Museum zu Esseg ist aus Vukovar von Herrn Nuber eine Thonfigur der Art, wie sie in Butmir und den verwandten siebenbürgischen Stationen auftreten, deponirt; vom Gesicht sind bei diesem Idol Nase und Augen angegeben, die Arme sind durch kurze Fortsätze angedeutet, den Leib bedeckt auf der Vorder- und Rückseite eine Art Fischgrätenmuster.

Ob eine Gruppe von Gefässresten mit Ornamenten, wie sie im Laibacher Moor nicht vorhanden sind,[1] noch etwa der neolithischen Periode zugerechnet werden darf, darüber bin ich im Zweifel; diese Stücke erinnern mich mehr an gewisse Gattungen der ungarischen bronzezeitlichen Topfwaare.

Von jüngeren keramischen Erzeugnissen seien aus der Hallstatt-Zeit ein kleines, bauchiges Gefäss mit dreifachem Halse (Vukovar; städtisches Museum zu Esseg), kleine Buckelgefässe der bekannten Villanovaform, sowie Scherben von derartigen grossen Urnen genannt. Typische Hallstattsachen sind in Slavonien noch sehr spärlich vertreten, deswegen verdienen diese Stücke immerhin einige Beachtung. In der La Tène-Periode lagen diese Ansiedlungen gleichfalls nicht verödet da, wie zahlreiche graugelbliche, auf der Aussenseite gerippte Scherben aus Glimmerschüppchen enthaltendem Thon, welche in die zweite Hälfte der La Tène-Zeit zu setzen sind und die im Donaubecken eine sehr weite Verbreitung haben, beweisen. Einige Gefässreste dürften sogar erst in die römische Zeit zu stellen sein.

Die neolithischen Funde von diesen Plätzen gehören ausschliesslich der Periode der sogenannten Bandkeramik an, wie sowohl aus den typischen Steinwerkzeugen, als auch aus der Topfwaare und ihrer Ornamentik hervorgeht. Wir bemerkten schon, dass in den Pfahlbauten des Laibacher Moores eine ganz gleichartige Gefässgattung wie in unseren slavonischen Wohnstätten auftritt. Bisher nahm das Laibacher Moor innerhalb der Stufe der neolithischen Bandkeramik in gewisser Hinsicht eine ganz isolirte Stellung ein, durch die neuen Stationen in Slavonien wird das Gebiet dieser localen Gruppe der bandverzierten Gattung jedoch ganz beträchtlich erweitert (die Entfernung von Laibach bis zur Donau bei Vukovar beträgt nahezu 350 km).

Mit den keramischen Funden aus den weiter südlich und östlich gelegenen Ansiedlungen derselben neolithischen Stufe, deren Steinwerkzeuge mit denen von anderen gleichalterigen Gruppen im Wesentlichen übereinstimmen, zeigen die krainisch-slavonischen keinen besonderen Zusammenhang. Butmir und Kraljičino guvno bei Zepče in Bosnien, Tordos und seine Verwandten in Siebenbürgen, sowie die Niederlassungen

---

[1] Unter Anderem fehlen nicht der Zackenrand an der Seite der aus mehreren Linien bestehenden Streifen oder die Innenverzierung der Fussschalen.

[1] Ein seltsames Spiralmuster, eine Art „laufender Hund", mit gekreuzter Schraffirung, gefüllte langgestreckte Dreiecke etc.

mit bandverzierter Topfwaare im Theissgebiete[1]) haben, von ganz geringen Ausnahmen abgesehen, nur sehr differente Formen und Ornamente ergeben, trotzdem sie zum Theil von Slavonien nicht sonderlich weit entfernt sind. In welcher Beziehung unsere Ansiedlungen zu der Türkenschanze von Lengyel im Comitate Tolna stehen, weiss ich nicht anzugeben, da ich die Sammlung des GRAFEN APPONYI nicht aus eigener Anschauung kenne; aus den Abbildungen des Werkes M. WOSINSKY's über das Schanzwerk von Lengyel lässt sich leider nichts entnehmen, ausser der Thatsache, dass die schuhleistenförmigen Steinkeile daselbst nicht fehlen. Auf sehr verwandte Erscheinungen treffen wir jedoch in den Pfahlbauten und Festlandansiedlungen der Nordseite der Ostalpen und im oberen Donaugebiet, welche gleichfalls der Stufe der Bandkeramik zuzurechnen sind, doch würde es uns zu weit führen, diese Verhältnisse hier weiter verfolgen zu wollen.

In überraschend reicher Weise haben sich in Slavonien, von wo bis vor Kurzem ausser wenigen einzeln gefundenen Steinwerkzeugen von der Gattung der schuhleistenförmigen Keile kein neolithisches Material bekannt geworden war, grössere Ansiedlungsfunde der Stufe, welche durch diese Steingeräthe charakterisirt wird, eingestellt. In Croatien, wo namentlich in der Gegend von Agram diese Hämmer und Meissel in mässiger Zahl gefunden wurden, fehlen gleichalterige Wohnstätten noch zur Stunde; vermuthlich dürften sie jedoch bald nachgewiesen werden, und damit wäre dann die Verbindung zwischen den Stationen an der Donau und im Laibacher Moor hergestellt. Dass im Laibacher Moor die typischen Schuhleistenkeile bisher sich nicht fanden, darf uns weiter nicht befremden. Es erklärt sich dieser Umstand zum Theil so, dass die Zahl der erhobenen Steinwerkzeuge von hier überhaupt nur eine geringfügige ist. An der Zugehörigkeit der krainischen neolithischen Gruppe zur bandverzierten Keramik kann trotz des Mangels an ganz charakteristischen Steinwerkzeugen kein Zweifel sein, da die Uebereinstimmung der Keramik in Krain und in Slavonien zu bezeichnend ist, so gut, wie wir auf Grund des Vorkommens der schuhleistenförmigen Keile u. s. w. die Gegend von Agram, welche noch keine derartigen Niederlassungen aufzuweisen hat, für ihr Gebiet in Anspruch nehmen können.[2])

9. Herr Director Břetislav Jelínek in Prag übersendet eine Mittheilung über

Das neue städtische Museum in Prag.

Im Monate November d. J. soll das neue Gebäude des städtischen Museums im Stadtparke am Poříč seiner

Bestimmung übergeben werden und dürften blos noch die Stuccateur- und Malerarbeiten im Vestibule und in der Stiegenhalle den Winter in Anspruch nehmen. Das alte Museumsgebäude bleibt vorläufig bis zum Aufbaue der weiteren zwei Seitenflügel als Administrationsgebäude in Verwendung.

Was den Bau selbst betrifft, ist derselbe nach dem Entwurfe des Museumsdirectors Herrn k. k. Conservator JELÍNEK vom Architekten ANT. BALŠANEK architektonisch ausgearbeitet. Das Gebäude ist zweistöckig, dessen Stirnseite in den Stadtpark und die Rückseite desselben in die Florenzgasse gewendet ist.

Was die Eintheilung desselben betrifft, so sind die Räumlichkeiten zu ebener Erde für das Lapidarium und die Folterkammer, zu welch' letzterer ein originales gothisches Gewölbe verwendet wurde, bestimmt. Diese Räumlichkeiten haben eine Fläche von circa 600 m².

Im ersten Geschoss befinden sich ausser dem Vestibule vier Säle je 22·50 m lang und 7 m breit. Die Höhe derselben beträgt 5·75 m. Der erste Saal ist für die vorgeschichtlichen Alterthümer, für die Keramik, Majoliken, für Glasarbeiten und Kunst- und Luxusgegenstände bestimmt. Im zweiten Saale gelangen Prager Arbeiten aus Metall zur Ausstellung: es sind namentlich Gussobjecte, getriebene Arbeiten und Schmiede- und Schlosserarbeiten. Der dritte Saal ist für die Kirchenabtheilung bestimmt und im vierten Saale werden diverse archäologische Andenken aus Prag ausgestellt, wie z. B. Hausschilder, Haus- und hauswirthschaftliche Geräthe, Maasse und Gewichte, Gegenstände, die beim Graben gefunden wurden u. s. w.

In der Apside der Stiegenhalle wird das Riesenpanorama von Prag, von SACCHI aus dem Jahre 1818, ausgestellt werden, zu dessen entsprechender Besichtigung eine besondere Galerie errichtet wurde.

Im zweiten Geschoss befinden sich ebenfalls vier Säle, deren Ausmasse jenen im ersten Stockwerke gleichen; in der Mitte derselben liegt aber der fünfte, 10 m breite und 12 m lange Saal von 7 m Höhe.

Im ersten Saale gelangen ausschliesslich Prag betreffende Ansichten, Urkunden, Medaillen, Drucke u. s. w. zur Aufstellung. Der zweite und dritte Saal ist für die geschichtliche Abtheilung bestimmt, zwischen welchen im mittleren Saale Waffen, Rüstungen, Fahnen und verschiedene Kriegsgeräthe untergebracht werden. Der vierte Saal ist für die Abtheilung der Zünfte und Innungen bestimmt.

Alle Ausstellungsräume des neuen Museums, ausser Vestibul und Stiegenhalle nehmen einen Flächenraum von 1850 m² ein.

Auf der Stirnseite der Façade ist oberhalb des Tympanons, auf welchem durch allegorische Gestalten Geschichte, Archäologie, Wissenschaft, Kunst und Gewerbe dargestellt sind, die Statue der das Museum schützenden „Praga" aufgestellt und unterhalb des Tympanons das Heidenthum und Christenthum versinnbildet.

Ausserdem ist das ganze Gebäude von aussen und theilweise auch im Innern mit Wappen der Prager Städte, Büsten jener Regenten, die sich um Prag ver-

[1]) Im Archaeologiai Értesítő, 1896, S. 289—294, sind diese letzteren von mir im Zusammenhange behandelt worden.
[2]) Den allgemeinen Bemerkungen, welche ich an die Besprechung eines analogen Falles (diese Mitth. 1897. Verh. S. [18]) knüpfte, glaubte A. GÖTZE (ebendaselbst S. [45]) eine Berichtigung beifügen zu müssen. Auf seine Einwürfe, welche zum grossen Theile mit meiner Ausführung gar nichts zu thun haben, werde ich an einer anderen Stelle zurückkommen, zumal da seine von ihm herangezogene Abhandlung „Ueber neolithischen Handel" sehr einer kritischen Beleuchtung bedarf.

- [81] -

dient gemacht haben und sonst auch mit auf die Geschichte Prags bezüglichen Figuren, Emblemen, Ansichten u. s. w. geschmückt.

Durch den Bau des neuen Museums gewinnt in Prag die Wissenschaft eine neue Pflegestätte.

10. Herr Geheimrath und Universitäts-Professor Dr. Ludwig Stieda in Königsberg übersendet eine Mittheilung über

Die Anthropologie auf dem internationalen Congresse in Moskau im August 1897.

Es war ursprünglich eine eigene Section für Anthropologie geplant, allein auf den Vorschlag einiger Mitglieder wurde davon abgesehen und die Section für Anthropologie mit der Section für Anatomie und Histologie vereinigt. Es fanden im Ganzen fünf Sitzungen statt; in jeder einzelnen Sitzung wurden abwechselnd anatomische, histologische und anthropologische Vorträge und Demonstrationen gehalten.

Wir berichten hier nur über diejenigen Vorträge, die eine gewisse Beziehung zur Anthropologie haben, und lassen alle anderen vollständig unerwähnt.

I. Sitzung 8/20 August.

Die erste vereinigte Sitzung fand am 20. August statt. Die Herren Professoren SERNOW, ANUTSCHIN und OGNEW begrüssten die Anwesenden, die beiden ersten in französischer, der letzte in deutscher Sprache.

Professor SERNOW wies auf die Bedeutung der internationalen Congresse hin, sie wirkten mit zur Befestigung des Friedens zwischen den Culturreichen und beförderten die Annäherung der Völker an einander.

Professor OGNEW betonte die wichtigen Dienste, die Europa in Betreff der Culturentwicklung dem russischen Reiche geleistet hätte; dank diesen Diensten konnten die heutigen wissenschaftlichen Fortschritte erreicht werden.

Professor ANUTSCHIN skizzirte die heutige Lage der Anthropologie, ihre Ziele und ihre höchsten Aufgaben.

Alle Drei drückten den Anwesenden ihren Dank für das zahlreiche Erscheinen aus.

Zu Ehrenpräsidenten der Section wurden gewählt die Herren Professoren WALDEYER (Berlin), STIEDA (Königsberg), ROMITI (Pisa).

1. Professor WALDEYER (Berlin) sprach über die Nothwendigkeit einer einheitlichen (lateinischen) anatomischen Nomenclatur und berichtete über die Arbeiten der Commission der anatomischen Gesellschaft. Es sei der Wunsch der Commission, dass namentlich in der Literatur die lateinischen Ausdrücke der Nomenclatur zur Anwendung kommen; daneben hätten die verschiedenen Nationen selbstverständlich die Freiheit, die Bezeichnungen in ihrer eigenen Sprache nach Belieben zu benützen.

An der sich anschliessenden Discussion betheiligten sich Professor ROMITI (Pisa) und Privatdocent Dr. SCHRUTZ (Prag).

2. Professor STIEDA (Königsberg) sprach über das Vorkommen der Stirnnaht und der Stirnfontanellknochen beim Menschen.

Auf Veranlassung des Vortragenden untersuchte einer seiner Zuhörer, Herr Dr. SPRINGER, das Vorkommen der Stirnnaht und der Stirnfontanellknochen an den Schädeln der Königsberger anatomischen Sammlung.

Die Stirnnaht ist mehrfach untersucht worden von WELCKER, ANUTSCHIN, JASTSCHINSKY, POPOW u. A. In Betreff der Häufigkeit des Vorkommens der Stirnnaht kommt SPRINGER zu dem Ergebnisse, dass eine Sutura frontalis in 8·6% sich finde. Dieses Ergebnis stimmt mit den Resultaten anderer Forscher im Allgemeinen. Auffallend ist, dass die Seitenränder der beiden Hälften des Stirnbeines nicht regelmässig mit dem Scheitelbein zusammenstossen, sondern dass in unregelmässiger Weise das rechte Scheitelbein nicht nur mit dem rechten, sondern auch mit dem linken Stirnbein, und das linke Scheitelbein nicht nur mit dem linken, sondern auch mit dem rechten Stirnbein sich verbindet. Den Grund für diese Unregelmässigkeit sieht der Verfasser in dem Auftreten von accessorischen Knochenkernen im Bereiche der Stirnfontanelle; je nachdem der accessorische Knochenkern mit dem einen oder anderen der hier zusammenstossenden Knochenränder sich vereinigen, entsteht je eine andere Combination der Naht.

3. Professor LOMBROSO (Turin). Ueber die Einflüsse des Klimas auf die anthropologischen Typen.

Bei einer Vermischung zweier Rassen kann die neu hinzukommende Rasse die charakteristischen Kennzeichen der älteren wohl ändern, aber später tritt der frühere Typus unter dem Einflusse der verschiedenen klimatischen Bedingungen und überhaupt der Umgebung wiederum bei einem gewissen Theile der Bevölkerung hervor. In anderer Hinsicht werden die verschiedenen Typen (Rassen), indem sie unter gleichen Bedingungen leben, einander immer mehr gleich.

4. Dr. ARBO (Christiania). Ueber den Schädelindex in Norwegen, über die topographische Vertheilung und die Beziehung des Schädelindex zur Körpergrösse.

Der Vortragende sprach über die Ergebnisse in Betreff von Untersuchungen, die er über die Form des Schädels und über die Körpergrösse in Norwegen gemacht hat. Er erläuterte seinen Vortrag durch eine Reihe von Karten. Es ergibt sich, dass die Bevölkerung des westlichen gebirgigen Norwegens sich durch ihre Brachycephalie (Kurzköpfigkeit) auszeichnet und einen geringeren Körperwuchs besitzt, als die Bevölkerung des östlichen und südöstlichen Theiles von Norwegen. Diese Thatsache ist auf Grund von Beobachtungen an 22—23jährigen Recruten und Soldaten (circa 12.000 Individuen) gemacht worden. Man darf schliessen, dass die brachycephale Bevölkerung Norwegens durch eine Vermischung mit den hieher gedrängten Lappen entstanden sei, die einstmals anderswo gelebt hätten (jetzt sind sie nur im nördlichen Norwegen zu treffen). Die Bevölkerung des östlichen Norwegens hat mehr den reinen germanischen Typus sich bewahrt.

Die Professoren Stieda, Anutschin und Sergi weisen auf die Wichtigkeit ähnlicher Arbeiten für die einzelnen Gebiete hin.

5. Professor v. Luschan (Berlin). Ueber Schädeltrepanation.

Der Vortragende demonstrirte eine Reihe von Schädeln der alten Bewohner der Insel Teneriffa. Alle Schädel zeigen im Gebiete der Scheitelknochen mehr oder weniger beträchtliche Löcher, die — wie es scheint — durch Trepanation an Lebenden entstanden sind. Wahrscheinlich trepanirte man die lebenden Individuen auf Grund gewisser unklarer Anschauungen, z. B. zur Heilung von „Besessenen", um dem bösen Geiste aus dem Hirn einen freien Ausweg zu gestatten. Es sind derartige Vorurtheile und Ansichten bei vielen Völkern zu finden — man hofft durch Trepanation eine Heilung gewisser Krankheiten, z. B. der Epilepsie.

II. Sitzung 9/21 August.

6. Professor Sergi (Rom). Ueber den Unterschied in der Form des Schädels bei der Kurganbevölkerung im centralen Russland und bei der jetzigen Bevölkerung.

Professor Sergi nimmt an, dass die Form des Schädels unveränderlich sei; die verschiedenen Formen seien nur Typen, die seit Urzeiten unverändert geblieben sind. Die scheinbare Veränderung der Schädelform einer Bevölkerung aus einer dolichocephalen (langen) in eine brachycephale (kurze) sei bedingt durch die Wanderungen der Völker, dadurch, dass ein Typus durch den anderen verdrängt wird. Das ist auch in Centralrussland der Fall gewesen.

An diese Mittheilungen schloss sich eine sehr lebhafte Discussion, an der sich Dr. Block, Dr. Arbo u. A. betheiligten. Professor Anutschin wies darauf hin, dass die Beantwortung dieser Frage nicht so leicht, im Gegentheile sehr schwierig sei. Professor Debierre bemerkte, dass vom Standpunkte der Evolutionstheorie die Möglichkeit einer Veränderung der Schädelform in den aufeinanderfolgenden Generationen nicht zu leugnen sei.

7. Dr. Elkind. Ueber Sergi's Schädeltypen in ihrer Beziehung zum Index des Schädels.

Der Vortragende hat seine Studien am Material des anthropologischen Museums in Moskau angestellt; er untersuchte Mongolenschädel, Kurganschädel aus Mittelrussland und aus dem Gouvernement St. Petersburg. Es stellte sich dabei heraus, dass die Typen Sergi's in den allerverschiedensten Schädelgruppen vorkommen, dass sie zu einem Theile der Grösse des Cephalindex entsprechen, zum anderen Theile aber nicht. Es scheint deshalb dem Vortragenden, dass Sergi's Schädeleintheilung nicht im Stande sei, die Craniologie in Bezug auf die Erklärung typischer Eigenthümlichkeiten und auf die Evolution des Schädels zu fördern. Die Classification Sergi's könne in Betreff der Schädelbeschreibung sehr nützlich sein, indem die Haupt-

verschiedenheit des Schädels mit bestimmtem Ausdruck bezeichnet würde, so dass von einer ausführlichen Beschreibung abgesehen werden könne.

8. Dr. Mies (Köln). Ueber Länge, Maasse, Rauminhalt und Dichte des menschlichen Körpers.

Die Bestimmung des Gewichtes und Rauminhaltes geschieht mittelst einer bestimmten Wage, auf welcher das Individuum gelagert und in eine mit Wasser gefüllte Wanne getaucht wird; das ausfliessende Wasser gibt die Möglichkeit, Gewicht und Rauminhalt des Körpers zu bestimmen. Hiebei wird dem Individuum eine besondere Maske von Kautschuk vor's Gesicht gelegt; die Maske hat eine Röhre, durch welche das Individuum auch unter Wasser athmen kann. Nach 129 Beobachtungen an 79 Individuen bestimmte der Vortragende das Gewicht = 1018—1082.

III. Sitzung 9/21 August.

9. Professor v. Luschan (Berlin). Ueber die Anthropologie in Kleinasien. In Kleinasien sind als sesshafte Völker zu finden die Türken, Griechen und Armenier und ausserdem zwei Nomadenvölker, die Kurden und Araber. Zuerst erörtert der Vortragende die Frage, ob auch „kleine Leute" in Kleinasien vorkommen, wie Kollmann sie in der Schweiz beschrieben habe. Er lässt die Frage unbeantwortet, aber hebt hervor, dass sie zu beantworten nicht leicht sei, weil hier leicht Verwechslung vorkommen könnte. Es gebe vier verschiedene Arten kleiner Menschen, nämlich 1. wirkliche Pygmäen, 2. rhachitische Zwerge, 3. Cretins, 4. kleine schwache Leute, die vielleicht am besten als Kümmerformen zu bezeichnen wären. Es scheint, dass jede dieser vier Arten mit den Pygmäen verwechselt worden sei.

Die Schädelformen in Kleinasien findet Luschan in folgender Weise vertheilt. Er beobachtete zwei Haupttypen: einen Typus mit breitem, kurzem und hohem Schädel, den anderen Typus mit schmalem, langem und niedrigem Schädel. Beide Typen sind bei allen drei Nationen Kleinasiens vor, bei Türken, Griechen und Armeniern, doch scheinen bei den Armeniern die Leute mit brachycephalem Typus vorzuwalten. Luschan hält den brachycephalen Typus für den älteren, man begegne ihm schon auf den Darstellungen (Basreliefs) der Hetiten, des ältesten Culturvolkes. Der andere dolicephale Typus muss den von Süden aus Arabien eingewanderten Semiten zugeschrieben werden. Die Kurzschädel sind die Eingeborenen des Landes, die Langschädel sind die Eingewanderten. Der Vortragende demonstrirt zwei Schädel, die die charakteristische Eigenart der beiden Typen aufweisen.

In der sich daran anschliessenden Discussion sprach Professor Sergi sich dahin aus, dass, im Gegensatze zu Luschan, der langköpfige Typus der ältere sei — so sei es in allen Gegenden am Mittelmeere: die Langschädel sind überall die Ureinwohner, die Kurzschädel sind die Eingewanderten.

Professor VIRCHOW bemerkt, dass der vorgezeigte brachycephale Schädel seiner Meinung nach als ein deformirter anzusehen sei; der Schädel besitze nämlich ein abgeflachtes Hinterhaupt. Es könne das vielleicht der Einfluss der Wiege sein; der Gebrauch von Wiegen, in denen die Kinder fest gebunden liegen, sei vielfach im Orient, namentlich im Kaukasus, verbreitet.

Professor LUSCHAN bestreitet das Vorhandensein einer Deformation des Schädels, umsomehr, als er während seiner Reise durch Kleinasien derartige Wiegen nicht gesehen hat.

Professor SERGI (Rom) findet gleichfalls an dem betreffenden Schädel keine Deformation; er bemerkt, dass er eine ähnliche Abflachung des Hinterhauptes an den Köpfen einiger der Anwesenden demonstriren könne.

Professor ANUTSCHIN meinte, dass es sehr schwierig sei, nach einem Schädel sich eine ganz bestimmte Vorstellung zu machen, umsomehr, als die Abflachung nicht scharf ausgesprochen ist und sich genau in der Mitte des Hinterhauptes befindet. Im Allgemeinen sei eine derartige Abflachung des Hinterhauptes, wie dieselben von den Wiegen herrühren, eine sehr gewöhnliche Erscheinung an den Schädeln aus dem Turkestan. Man träfe sie auch an den Schädeln aus dem Kaukasus, doch sei sie hier fast immer asymmetrisch, so dass das Hinterhaupt wie abgeschnitten aussieht.

10. Dr. WEINBERG (Dorpat). Ueber die Gehirnfurchen und Gehirnwindungen.

Der Vortragende hat 160 Hirne von Esten, Letten und Polen in Bezug auf die Furchen und Windungen untersucht. Als Ergebniss stellt der Vortragende die Ansicht auf, dass einzelne Formen der Furchen und Windungen (fissura occipito-temporalis, f. calcarina u. s. w.) sich bei den einen Völkerschaften häufiger fänden als bei den anderen.

Professor WALDEYER bemerkt dazu, dass es für die Feststellung der Rassenunterschiede der Furchen sehr wünschenswerth sei, dass Hirn neugeborener Kinder zu untersuchen; aber ebenso unumgänglich nothwendig sei es auch, eine Einigung in Betreff der Haupttypen der Hirnfurche zu erzielen.

11. Dr. IWANOWSKI (Moskau). Ueber einige Körpermaasse der Mongolen.

IV. Sitzung 12/24 August.

12. Professor LUSCHAN demonstrirt einen neuen craniometrischen Zirkel und weist einen von POLL erfundenen Apparat vor, mit dem der Rauminhalt des Schädels durch eine in den Schädelraum eingeführte Kautschukblase gemessen werden soll.

13. Professor RUDOLF VIRCHOW. Ueber einen Schädel der Steinzeit (Dorf Wolossowo bei Murom).

Der Schädel ist einst durch den GRAFEN UWAROW aufgefunden und jetzt von der GRÄFIN P. S. UWAROWA zum Zwecke einer eingehenden Untersuchung an Herrn Professor VIRCHOW gesandt worden. Die Eigenthümlichkeiten des Schädels sind seine beträchtliche Grösse und besonders starke Entwicklung der einzelnen Knochen; seine Breite (brachycephaler Schädelindex

= 83), eine breite, gut entwickelte Stirn, grosse Augenhöhlen, niedriges, aber breites Gesicht mit mässig grossem Unterkiefer. Im Allgemeinen weist der Schädel kein Zeichen einer niedrigen Rasse auf; er ist ein sicherer Beweis für die Existenz einer brachycephalen Rasse in Russland zur Zeit der Epoche des Steinalters.

14. Professor VIRCHOW. Die Querdurchmesser des Gesichts (Breitenindices). Der Vortragende sprach über die verschiedenen Quermaasse des Gesichts, namentlich über die sogenannte Jochbreite, über die beste Art, die verschiedenen Maasse zu nehmen, und über die verschiedenen Typen, die die verschiedenen Schädel in Rücksicht auf die betreffenden Maasse darbieten.

Welcher Punkt soll gewählt werden, um die Gesichtsbreite zu bestimmen? Es sollen bei der Festsetzung die verschiedenen Interessen der Anatomie, der Ethnographie, der Wissenschaft wie der Kunst gewahrt werden. Am Wangenbein sei der untere Rand hart an der Grenze zwischen dem Os malare und dem Os maxillare zu wählen. Aber die Naht läuft nicht gleichmässig, so dass sie sich bald medial, bald lateral vor dem vorspringenden Punkte befindet. Welchen der Knochen soll man zum Ausgangspunkte der Messung machen? das Os malare — oder das Os maxillare?

An Lebenden kann man das gar nicht unterscheiden.

V. Sitzung 13/25 August.

15. Professor WALDEYER (Berlin). Ueber Hirnwindungen.

Der Vortragende sprach über die Art und Weise der Entstehung der Windungen, über den Unterschied der Windungen bei verschiedenen Geschlechtern, über den Unterschied bei Neugeborenen, Knaben und Mädchen, über gewisse Typen der Windungen und über Rassenkennzeichen der Windungen.

Die Gründe der Entstehung der Windungen sieht WALDEYER in einer einseitigen Entwicklung verschiedener Neuronen; dies hat zur Folge, dass einzelne periphere Hirntheile sich schneller entwickeln. Da nun das Gehirn in eine feste Kapsel (Schädelkapsel) eingeschlossen ist, so ist die Oberfläche des Gehirns genöthigt, Falten zu bilden. — In Betreff der Thiere, die eine glatte Hirnoberfläche haben, müssen wir uns vorstellen, dass das Wachsthum der Schädelkapsel parallel der Entwicklung des Gehirns einherschreite.

Was den Geschlechtsunterschied der Hirnwindungen anbelangt, so konnte der Vortragende weder bei Erwachsenen, noch bei Neugeborenen sich von ihrer Existenz überzeugen; ebensowenig war der Vortragende im Stande, einen besonderen Typus des Hirns an Verbrechern anzuerkennen.

16. Professor ANUTSCHIN demonstrirt die von Professor J. KOLLMANN (Basel) eingesandte Büste eines weiblichen Individuums.

In der Schweiz ist bei Auvergne am Neufchateler See ein der neolithischen Epoche der Steinzeit angehöriger Schädel gefunden worden und auf Grund dieses Schädels ist die weibliche Büste modellirt. Um diese Büste zu formen, seien auf dem Schädel und auf verschiedenen Stellen des Gesichtes die Haut- und Muskellagen aufgetragen worden, gleichzeitig seien die verschiedenen Formen und Maasse der Stirn, Nase und Augen, Jochbein, Unterkiefer u. s. w. dabei berücksichtigt worden. Das Ergebniss sei die Büste eines Weibes mit niedrigem und breitem Gesicht, mit vortretenden Backenknochen und breiter Nase gewesen — aber im Allgemeinen eines Weibes mit einer Physiognomie, wie man sie auch heute noch antrifft.

17. Dr. RAHON (Paris). Ueber die Bestimmung der Körpergrösse der vorgeschichtlichen Rassen, mit Berücksichtigung der langen Extremitäten-Knochen.

Der Vortragende konnte viel Hundert Extremitäten-Knochen ausmessen: Knochen aus der paläolithischen und neolithischen Epoche, aus alten Begräbnissstätten u. s. w. Er gelangte zu der Ueberzeugung, dass die Körpergrösse der Individuen der Steinzeit sich etwas von der Körpergrösse der Jetztzeit unterschied — die Körpergrösse habe im Mittel 1·62 m betragen, vielleicht noch weniger. Er steht damit im Gegensatz zu BROCA und anderen Autoren, die den Leuten der vorgeschichtlichen Zeit eine beträchtliche Körpergrösse zugeschrieben hatten.

Zum Schluss der Sitzung ergriff Professor WALDEYER im Namen der fremden Gäste des Congresses das Wort: Alle anwesenden Fremden seien völlig befriedigt von dem Congress — sie hätten mit Freude wahrgenommen, dass im Mittelpunkte Russlands, in Moskau, ausgezeichnet eingerichtete wissenschaftliche Institute beständen, dass die wissenschaftliche Arbeit lebhaft gefördert werde, dass die Fremden jetzt nicht erschienen wären, um zu lehren, sondern eher um zu lernen. Es sei daher zu beklagen, dass die meisten Fremden mit der russischen Sprache nicht vertraut seien. Es müsse von Seiten der Fremden die ausgezeichnete Organisation des Congresses und der liebenswürdige Empfang anerkannt werden; er spreche allen russischen Collegen, insbesondere den Leitern der Sectionen, seinen innigen Dank aus.

Die Professoren OGNEW, SERNOW und ANUTSCHIN dankten ihrerseits dem Professor WALDEYER als dem Vertreter der fremden Gäste für den regen Antheil, den die Fremden an der Thätigkeit der Section genommen hätten.

Ausschuss-Sitzung am 14. December 1897.

(Auszug aus dem Sitzungsprotokolle.)

Vorsitzender: Dr. KARL BRUNNER V. WATTENWYL.

1. Für die Versammlungen im Jahre 1898 werden folgende Tage bestimmt: 11. Januar, 8. Februar, 8. März (Jahres-Versammlung); 12. April, 10. Mai (eventuell an einem später zu bestimmenden Tage eine Excursion), 8. November, 13. December.

2. Mit dem Museo de La Plata (Argentina) wird der Schriftentausch beschlossen und demselben Bd. II

bis Bd. XXVII der „Mittheilungen" gegen Vergütung von Seite des Hofmuseums eingesendet.

3. In Livorno ist ein unter der Leitung des Professors Dr. JOSEF MARINA stehendes Anthropologisches Institut in's Leben gerufen worden. Wir bringen in Folgendem einen Auszug aus den Bestimmungen desselben in Uebersetzung:

Auszug aus den Bestimmungen des Institutes.

1. Das Istituto antropologico Italiano beabsichtigt, sich aller Art anthropologischen und ethnographischen Untersuchungen zu befleissigen, welche zur Geschichte der menschlichen Civilisation, zur Sociologie und Hygiene angestellt werden.

2. Es wird sich in Beziehung setzen zu allen hervorragenden Instituten, Gesellschaften und Akademien der Erde und in periodischer Folge die Ergebnisse seiner Studien und Arbeiten veröffentlichen.

3. Behufs Beihilfe und Unterstützung durch Mittheilungen, Untersuchungen, Veröffentlichungen, Erlaubniss zu Studien etc. wird es sich an öffentliche und private Anstalten, an Ministerien, Autoritäten, gelehrte und gebildete Personen aller Länder wenden, indem es denselben seinerseits seine Hilfeleistung anbietet.

4. Das Istituto antropologico Italiano ist eine Privatanstalt und nur das anthropologische Ambulatorium des Institutes ist derzeit dem Publicum zugänglich.

5. Das anthropologische Ambulatorium ist an bestimmten Tagen und Stunden dem Publicum geöffnet und der Eintritt findet in der Regel gegen Bezahlung statt. Da aber das Institut nicht auf Gewinn ausgeht, wird in ausgedehntem Maasse auch freier Eintritt gewährt.

6. Kinder werden nur in Begleitung der Eltern oder anderer Personen, welche deren Stelle vertreten, zugelassen.

7. Die Fragebögen sind fortlaufend numerirt und sollen in keinem Falle den Namen der untersuchten Person tragen.

8. Die Fragebögen, welche zur Sammlung wissenschaftlicher Daten bestimmt und absolutes Eigenthum des Institutes sind, können dem Publicum nicht überlassen werden; aber Jedermann erhält auf Verlangen (wenn nicht besondere Gegengründe vorwalten) einen die gewünschten Hauptdaten enthaltenden Auszug des ihn selbst oder eine Person seiner Familie (wozu bei Majorennen die Zustimmung derselben erforderlich ist) betreffenden Blattes.

9. Das Ambulatorium ist ausschliesslich anthropologisch. Therapeutische Vorschriften, sowie die Behandlung von Krankheiten und Patienten sind ausgeschlossen.

4 Die „Commission Centrale Exécutive" der Nationalfeier zur 400jährigen Gedenkfeier der Entdeckung des Seeweges nach Indien versendet ein Circular nebst Programm, aus denen hervorgeht, dass diese Feier in den Tagen vom 17. bis 20. Mai 1898 in Portugal

stattfinden wird. Von dem Plane einer ursprünglich in Aussicht genommenen allgemeinen Ausstellung wurde abgesehen; an Stelle derselben werden abgehalten: ein grosser allgemeiner Jahrmarkt (Kermesse) und Ausstellung von lebenden Typen, Costümen und einheimischen Industrien, nicht allein aus Portugal, sondern auch von den Völkerschaften aller portugiesischen Besitzungen und Colonien. Die Hauptfeier wird in den genannten Tagen in Lissabon in dem neuerbauten Palais der Geographischen Gesellschaft stattfinden.

5. Herr JOSEF HOFFMANN erlässt eine Einladung zur Besichtigung der III. Abtheilung seiner Reisebilder, Amerika betreffend. (S. diese „Mittheilungen", S. [1].)

Monats-Versammlung am 14. December 1897.

Vorsitzender: Dr. KARL BRUNNER v. WATTENWYL.

1. Herr Oberpolizeicommissär Camillo Windt hält einen Vortrag über

Das Bertillon'sche anthropometrische Signalement und dessen Einführung in Oesterreich.

Die unter dem Namen „Bertillonage" bekannte Methode hat den Zweck, Menschen durch Aufnahme des sogenannten anthropometrischen Signalements selbst nach vielen Jahren wieder zu erkennen.

Von dem Vortragenden erfahren wir zunächst, dass die Bertillonage (dieser Ausdruck stammt von Professor LACASSAGNE) derzeit praktisch, u. zw. zum Zwecke der Identificirung von rückfälligen Verbrechern und von aufgefundenen Todten, in Anwendung ist:

in Frankreich sammt Algier (wo 400 Messstationen bestehen und bisher 800.000 Individuen gemessen wurden);

in Amerika (Chicago, Cincinnati, New-Orleans);

in Holland (Haag, Rotterdam, Amsterdam);

in Rumänien (Bukarest);

in Russland (Petersburg und 20 andere russische und sibirische Städte);

in England und Britisch-Indien;

in der Schweiz (Genf, Lausanne, Bern) und

in Deutschland (Preussen, Sachsen, Hamburg).

Die Messungen werden überall von Polizeibeamten und Strafanstaltsorganen vorgenommen.

Im Pariser Identificirungsamte glückten bisher hiedurch 7150 Identificirungen.

Der Vortragende führt uns sodann das ganze Identificirungsgeschäft vor Augen, wie er dasselbe in Frankreich, England, Holland und Deutschland heuer selbst gesehen hat.

In Paris werden alle Individuen der Bertillonage unterzogen, welche in das Polizeigefangenhaus (Dépôt) als Häftlinge kommen.

Ausgenommen sind nur die wegen politischer Delicte, wegen Ehebruch und Verführung Verhafteten.

In anderen französischen Messstationen, sowie in den anderen Ländern werden nur bestimmte Kategorien von Personen bertillonirt.

Die Procedur ist folgende: Es werden zuerst gemessen: die Körperlänge, die Armspannweite, die Sitzhöhe, die Kopflänge, die Kopfbreite, die Jochbeinbreite, die Länge des rechten Ohres, die Länge des linken Mittelfingers, die Länge des linken Kleinfingers, die Länge des linken Fusses, die Länge des linken Unterarmes.

Diese Messungen geschehen unter Benützung sehr einfacher Vorrichtungen, welche Obercommissär WINDT in ihrer Verwendung zeigt, indem er eine Messung an einem Polizeiagenten vornimmt.

Alle festgestellten Maasse einer Person werden auf einer Karte — Signalementskarte oder Messkarte genannt — notirt.

Auf dieser Karte werden noch in eigenartiger Kurzschrift verzeichnet: die Haar- und Bartfarbe, die Augenfarbe und die besonderen Erkennungszeichen.

Auf der Karte befindet sich schliesslich noch Raum für eine Doppelphotographie (Profil- und Gesichtsbild), welche in $^1/_7$ der natürlichen Grösse herzustellen ist, oder für ein von der jetzt üblichen Personsbeschreibung wesentlich abweichendes Signalement.

Die auf diese Weise ausgefüllten Karten, auf welchen sich auch Abdrücke der Hautzeichnungen von vier Fingern der rechten Hand befinden, werden nun auf eine sehr interessante Art registrirt.

Der Vortragende erläutert diese einfache Registrirungsmethode und führt zum besseren Verständnisse eine kleine Bertillon'sche Kartenregistratur vor.

Er zeigt sodann durch die erwähnte wirkliche Messung eines Individuums und Aufsuchen der betreffenden Karte in der mitgebrachten Registratur, wie leicht es ist, festzustellen, ob die Messkarte eines bestimmten Individuums in dieser Registratur sich befindet, d. h. wie leicht es ist, einen Menschen, der einmal bertillonirt wurde, späterhin zu identificiren.

Obercommissär WINDT erläutert sodann, wie einfach man auf die gleiche Art Leichen identificiren kann.

Der Vortragende geht darauf zur Besprechung des mit der Bertillonage zusammenhängenden sogenannten Gedächtnissbildes über, indem er sich dasselbe in einem anderen Vortrage näher zu erörtern vorbehält.

Das Gedächtnissbild (portrait parlé) ist dazu bestimmt, Recidivisten, die sich in Freiheit befinden, unauffällig auszuforschen und zu erkennen.

Geschieht z. B. ein Mord und ist der That ein schon abgestraftes — daher gemessenes — Individuum verdächtig, dann wird sein aus der anthropometrischen Signalementskarte ablesbares portrait parlé an die im Gebrauche dieses „Wortbildes" unterrichteten Sicherheitsorgane gegeben und nun wird ganz anders gefahndet, d. h. die Identificirung versucht werden, als bis jetzt.

Der Vortragende schildert noch seinen Plan für eine Schule der Polizisten und Strafanstaltsbeamten zur Erlernung der Anthropometrie und des Gedächtnissbildes und schliesst mit folgenden Worten: „Die praktischen Erfolge der Bertillonage werden sich zeigen einerseits in dem Anwachsen der Zahl der

Identificirungen und der eruirten gewerbsmässigen Verbrecher, andererseits in der Abnahme der Zahl der internationalen Gemeingefährlichen und, was das Wichtigste ist, in der Abnahme der Zahl der begrabenen Namenlosen und der Zahl der unschuldig Verhafteten!

Wegen der wissenschaftlichen Ausnützung der Fälle hochinteressanter Daten der Messkarten zu anthropologischen Zwecken bin ich bereit, seinerzeit mit den competenten Mitgliedern der anthropologischen Gesellschaft in Verbindung zu treten.“

2. Herr stud. jur. **Vladimír Levec** in Graz übersendet folgenden

Bericht über die diesjährigen Arbeiten hinsichtlich der Durchforschung des Draufeldes in flurgeschichtlicher Beziehung.

Der Berichterstatter begann seine diesjährigen Arbeiten mit einer im Vereine mit Herrn Dr. PEISKER vorgenommenen Durchsicht des in der steiermärkischen Landesbibliothek verwahrten einschlägigen Kartenmateriales, das leider unvollständig befunden wurde. So fehlen beispielsweise die Flurkarten von Pleterje, Pongerzen und Jabling, während die dazugehörigen (alten) Parcellenprotokolle vorhanden sind.

Mit der urkundlichen Forschung wurde in der zweiten Hälfte Juli eingesetzt und zunächst das Urbar der Pettauer Klöster (Minoriten und Dominikaner) aus dem Jahre 1440 (früher Hs. 3793, jetzt im Specialarchiv Pettau des steiermärkischen Landesarchives) durchgenommen. Ende Juli wurde das genannte Archiv wegen Reconstructionsarbeiten geschlossen, daher denn auch in den Forschungen des Unterzeichneten eine Pause eintrat, die dazu benützt wurde, die einschlägige Literatur kennen zu lernen (v. ZAHN, „Ueber den älteren Besitz des Dominikanerklosters zu Pettau“, ferner die betreffenden Abschnitte in MEITZEN's „Siedelung und Agrarwesen“ und Aehnliches). Für September war dann eine Bereisung des Draufeldes in Aussicht genommen, die jedoch wegen längerer Krankheit des Berichterstatters unterbleiben musste.

Anfangs October wurden die urkundlichen Untersuchungen wieder aufgenommen und die Stockurbare von Pettau aus dem Ende des XV. Jahrhunderts (circa 1495) bearbeitet. Mit der Flurkartenforschung hingegen musste ausgesetzt werden, da die steiermärkische Landesbibliothek von Mitte October bis Mitte November — ebenfalls zu Reconstructionszwecken — geschlossen blieb. So konnte erst spät mit der Bearbeitung des Kartenmateriales begonnen werden, während zugleich auch noch im hiesigen Landesarchive das einschlägige urkundliche Materiale durchgenommen wird.

Anfangs November unternahm er überdies einen Ausflug auf das Draufeld, wobei einige Dörfer, darunter Zirkowitz, Drasendorf und Micheldorf mit Beziehung auf die wirthschaftlichen und Bodenverhältnisse und den Haushau, der durchwegs seinen Grundideen nach fränkisch ist, besichtigt wurden.

Den verschiedenen hervorgehobenen ungünstigen Umständen ist es zuzuschreiben, wenn er zur Zeit mit wohlbegründeten positiven Resultaten nicht kommen kann. So viel hat die bisherige Kartenforschung ergeben — wie ja dies auch schon im erwähnten Arbeitsprogramme theilweise ausgeführt wurde —, dass das Draufeld ein verhältnissmässig spät (erst im X. bis XI. Jahrhunderte) besiedeltes Gebiet ist, das zunächst sehr wahrscheinlich nach Königshufen vermessen wurde. Dann vertheilte man es — wenigstens streckenweise — in Gemarkungen nach Dekanien und Halbdekanien, während die endgiltige Colonisirung nach mansi sclanonici zu rund 12 Hektar, möglicherweise sogar an einzelnen Orten nach Königshufen zu 47 bis 50 Hektar vor sich ging. Die genauere Analyse der Flurkarten wird zeigen, ob die erwähnten, vorerst grösstentheils durch Rechnung gewonnenen Ergebnisse auch räumlich ihre Bestätigung finden oder nicht. Die archivalischen Arbeiten hofft Berichterstatter in einigen Wochen beendigen zu können.

3. Als Geschenke für die Bibliothek sind eingelaufen:

1. Kaindl, Prof. Dr. R. F.: Geschichte der Bukowina. Dritter Abschnitt. Die Bukowina unter der Herrschaft des österreichischen Kaiserhauses (seit 1774). Festschrift zum fünfzigjährigen Regierungs-Jubiläum Sr. Majestät Franz Josef I. Czernowitz 1898. Gesch. d. Verf.

2. Derselbe: Urkunden zur Localgeschichte Niederösterreichs. Separatabdruck aus den Blättern des Vereines für Landeskunde von Niederösterreich, 1897. Wien 1897. Gesch. d. Verf.

3. Derselbe: Bericht über die Arbeiten zur Landeskunde der Bukowina während des Jahres 1896 (Sechster Jahrgang.) Czernowitz 1897. Gesch. d. Verf.

4. Fourteenth annual report of the Board of Trustees of the Public Museum of the City of Milwaukee. September 1st, 1895, to August 31st. 1896. Milwaukee 1897. Gesch. d. Museums.

5. Nehring, Prof. Dr. A.: Ueber das Vorkommen von Zwergen neben grossen Leuten in demselben Volke. Aus den Verh. der Berliner anthrop. Ges. Sitzung v. 20. Febr. 1897. Gesch. d. Verf.

6. Correspondenz-Blatt der deutschen Gesellschaft für Anthropologie, Ethnologie und Urgeschichte. XXVIII. Jahrgang, Nr. 6—9. 1897. München.

7. Morse, Edward S.: Korean Interviews. Reprinted from Appletons' popular science monthly for May, 1897. Gesch. d. Verf.

8. Don Luís Hoyos y Sáinz: Los campurrianos. Ensayo de antropometría. (Actas de la Sociedad española de Historia natural. Segunda serie, tomo II [XXII] Sesión de Diciembre de 1893.) Gesch. d. Verf.

9. Bancalari, Gustav: Bibliotheks-Katalog des Museum Francisco-Carolinum in Linz a. D., Linz 1897. Gesch. d Verf.

10. Schmidt, Prof. Dr. Emil: Ceylon. Gesch. d. Verf.

11. Dachler, A.: Das Bauernhaus in Niederösterreich und sein Ursprung. Wien 1897. Gesch. d. Verf.

12. Mestorf, J.: Einundvierzigster Bericht des Schleswig-holsteinischen Museums vaterländischer Alterthümer bei der Universität Kiel Kiel 1897. Gesch. d. Verf.

13. Appletons' popular science monthly. Vol. LI. N° 2–6; Vol. LII, N° 1. Gesch. von Wm. Z. RIPLEY.

14. Juan, B. Ambrosetti: Los monumentas megalíticos del Valle de Tafí. (Tucuman.) Publicado en el boletin del Instituto Geográfico, tomo XVIII. Cuad. 1, 2 y 3. Buenos Aires 1897. Gesch. d. Verf.
15. Derselbe: La antigua Ciudad de Quilmes. (Valle Calchaqui.) Publicado en el Bol. del Inst. Geográfico, tomo XVIII. Núm. 1, 2 y 3. Buenos Aires 1897. Gesch. d. Verf.
16. Orsi, Paolo: Esplorazioni Archeologiche in Noto Vecchio. Estratto dalle Notizie degli Scavi, febbraio 1897. Roma 1897. Gesch. d. Verf.
17. Ehrenreich, Dr. Paul: Anthropologische Studien über die Urbewohner Brasiliens, vornehmlich der Staaten Matto Grosso, Goyaz und Amazonas (Purus-Gebiet). Braunschweig 1897. Gesch. d. Verf.
18. Školski Vjesnik. Stručni list zemaljske vlade za Bosnu i Herzegovinu. IV, 1897. 5—8 Sarajevo 1897.
19. Službeni dodatak školskog vjesnika. III, 1896. Sarajevo 1896. Beide Nummern Gesch. der Landesregierung für Bosnien und die Herzegovina.
20. Separatabdr. aus „Einundvierzigster Bericht des Schlesw.-holst. Museums vaterländischer Alterthümer bei der Universität Kiel". Gesch. von J. Mestorf.
21. Museum für Völkerkunde in Hamburg (einschliesslich Sammlung vorgeschichtlicher Alterthümer). Bericht von Dr. K. Hagen. Gesch. d. Verf.
22. Matiegka, Dr. Heinrich: Resumé. Ueber die Eintrittszeit der Pubertät bei den Mädchen in Böhmen. (Aus Věstník král. české spol. náuk. Třida math. přírod. 1897, XV.) Gesch. d. Verf.
23. Mehlis, Dr. C.: Der Drachenfels bei Dürkheim a d. H. Beitrag zur pfälzischen Landeskunde (II. Abth) Neustadt a. d. H. 1897. Gesch. d. Verf.
24. Free Museum of Science and Art, Department of Archaeology and Palaentology, University of Pennsylvania. Bulletin N° 1, May 1897. Gesch. d. Mus.
25. Journal of the American Oriental Society. 18ᵗʰ Vol. Second Half. 1897. Gesch. d. Soc.
26. Proceedings of the Royal Irish Academy. April and July 1897. Dublin 1897. Gesch. d. Acad.
27. Van der Chijs, J. A.: Nederlandsch-Indisch Plakaatboek, 1602—1811. XIII deel 1800—1808 und XV deel 1808—1809. Batavia 1896. Gesch. d. Batav. Gen. van Kunsten en Wetenschappen.
28. Transactions of the Royal Society of South Australia. Vol. XXI, Part I. July. Adelaide 1897. Gesch. d. Soc.
29. The Atoll of Funafuti, Ellice Group: Its Zoology, Botany, Ethnology, and general structure. Memoir III of the Australian Museum, Sydney. Parts 3 und 4. Sydney. Gesch. d Australian Museum, Sydney.
30. Chantre, Ernest: Les Kurdes. Esquisse historique et ethnographique. Lyon 1897. Gesch. d. Verf.
31. Manouvrier, L.: Réponse aux objections contre le Pithecanthropus. (Extrait des Bull. de la Soc d'Anthrop. de Paris, t. VII.) Gesch. d Verf.
32. Derselbe: Observation d'un microcéphale vivant et de la cause probable de sa monstruosité. (Ebenda.) Gesch. d. Verf.
33. Derselbe: Deuxième étude sur le „Pithecanthropus erectus" comme précurseur présumé de l'homme. (Ebenda.) Gesch. d. Verf.
34. Derselbe: Sur le nain Auguste Tuaillon et sur le nanisme simple avec ou sans microcéphalie. (Ebenda.) Gesch d. Verf.
35. Buschan, Dr. Georg: Aus der italienischen Literatur. (Referate) Gesch. d. Verf.
36. Schwartz, Wilhelm: Der Schimmelreiter und die weisse Frau. Ein Stück deutscher Mythologie. (Aus der Zeitschrift des Ver. für Volkskunde.) Heft 3. 1897. Gesch. d. Verf.
37. Schwartz, Wilhelm: Die altgriechischen Schlangengottheiten. Ein Beispiel der Anlehnung altheidnischen Volksglaubens an die Natur. (Neuer Abdruck der Programm-Abhandlung des Friedr. Werder'schen Gymnasiums zu Berlin vom Jahre 1858.) Berlin 1897. Gesch. d. Verf.
38. State Hospitals Bulletin. A quarterly report of Clinical and Pathological work in the State Hospitals (for the Insane), and their Pathological Institute. Utica N. Y. 1897. Gesch. d. Staates New-York.
39. Aus der Skandinavischen Literatur, (Referate.) Gesch. von J. Mestorf.
40. Sergi, G.: Ursprung und Verbreitung des mittelländischen Stammes. Leipzig. Verlag von Wilhelm Friedrich. Recensionsexemplar.
41. Blavatsky, H. P.: Die Geheimlehre (the secret doctrine). Die Vereinigung von Wissenschaft, Religion und Philosophie. Leipzig, Wilhelm Friedrich, 1897. Recensionsexemplar.
42. W. v. Schulenburg: Alterthümer aus dem Kreise Teltow. Aus der „Brandenburgia". VI. Jahrg. Nr. 4. Juli 1897. Berlin 1897. Gesch. d. Verf.
43. Vierundzwanzigster Bericht des Museums für Völkerkunde in Leipzig. 1896. Gesch. d. Mus.
44. Weber, Fr.: Die Hügelgräber auf dem baierischen Lechfeld. Sep.-Abdruck aus „Beiträge zur Anthropologie und Urgeschichte Baierns". Gesch. d. Verf.
45. Weber, Fr.: Bericht über neue vorgeschichtliche Funde in Baiern. Ebenda.
46. Helios. Abhandlungen und Mittheilungen aus dem Gesammtgebiete der Naturwissenschaften. Organ des Naturwissenschaftlichen Vereines des Regierungsbezirkes Frankfurt. Vierzehnter Band. Berlin 1897. Gesch. d. Vereines.
47. Weinberg, Dr. med. R.: Das Gehirn der Letten (mit einem Vorwort von Professor Dr. A. Rauber) sammt Atlas. Recensionsexemplar.
48. Vedel, E.: Efterskrift til Bornholms Oldtitsminder og Oldsager. Kopenhagen 1897. Gesch. d. Kong. Nordiske Oldskriftselskab.
49. Radloff, Dr. W.: Arbeiten der Orchon-Expedition. Atlas der Alterthümer der Mongolei. Gesch. d. kaiserl. Akad. der Wissenschaften, St. Petersburg.
50. Transactions of the American Philological Association. 1896. Vol. XXVII. Gesch. d. Assoc.
51. Mooney, James: The Ghost-Dance Religion. (Extract from the fourteenth annual report of the Bureau of Ethnology.) Washington 1896. Gesch. d. Mus.
52. Records of the Australian Museum. Vol. III. N° 2· Sydney, August 1897. Gesch. d. Mus.
53. Calkins, William Wirt: The Lichen-Flora of Chicago and Vicinity. Bull. N° 1 of the Geological and Natural History Survey. April 1896. Gesch. d. Chicago Academy of Sciences.
54. Chicago Academy of Sciences: Thirty-ninth Annual Report for the Year 1896. Desgleichen.
55. Jahresbericht des städtischen Museum Carolino-Augusteum zu Salzburg für 1895. Gesch. d. Mus.
56. Mies, Dr. Josef: Quelques points sur la longueur, le poids absolu, le volume et le poids spécifique du corps humain. Auszug aus einem am 21. Aug. 1897 auf d. internat. med. Congr. zu Moskau gehaltenen Vortrage. Gesch. d. Verf.

57. Mies, Dr. Josef: Das Verhältniss des Hirn- zum Rückenmarksgewicht, ein Unterscheidungsmerkmal zwischen Mensch und Thier. Sonderabdruck aus der „Deutschen med. Wochenschrift" 1897, Nr. 33. Gesch. d. Verf.

58. Salmon, Philippe: L'Atlantide et le Renne. Extrait de la Revue mensuelle de l'École d'Anthropologie de Paris, 1897. Gesch. d. Verf.

59. Lehmann-Nitsche, Dr. Robert: Ein Burgwall und ein vorslavischer Urnenfriedhof von Königsbrunn, Cujavien. Aus den Verh. der Berliner anthrop. Ges. 1897. Gesch. d. Verf.

60. Montelius, Oscar: Das Museum vaterländischer Alterthümer in Stockholm. Beschreibung der wichtigsten Gegenstände. Stockholm 1897. Gesch. d. Verf.

61. Jankó, Dr. Johann: Az ezzedéves országos kiállitás Néprajzi Faluja. Budapest 1897. Gesch. d Verf.

62. Conwentz, H.: Die Moorbrücken im Thal der Sorge auf der Grenze zwischen Westpreussen und Ostpreussen (mit 10 Tafeln) Danzig 1897. Gesch. d. Verf.

63. Pantussow, N. N.: Swäjdjänija Kuldžinskom Rayon za 1871—1877. Kasan 1881 Gesch. d. Verf.

64. Proceedings of the Davenport Academy of natural sciences. Vol. VI. 1889—1897. Gesch d. Acad.

65. Second annual exchange catalogue for the year 1897—1898. Chicago, Nov. 1897. Gesch. d. Field Columbian Museum.

66. Majewski, Erasmus: Drobne prace i notatki z dziedziny Archeologii przedhistorycznej i Etnografii. Warschau 1897. Gesch. d. Verf.

67. Reinecke, P.: Ein vorgeschichtlicher Grabfund von Ochsenfurt, Unterfranken. Sep.-Abdr. a d. Corr.-Blatt der Deutschen anthrop. Ges. Nr. 8, 1896.

68. Derselbe: Nochmals zu den Armschutzplatten. Desgleichen.

69. Derselbe: Beschreibung der Skeletreste aus dem Flachgräberfelde von Manching. Sep.-Abdr. aus „Beiträge zur Anthropologie und Urgeschichte Baierns".

Den Spendern wird hiemit der verbindlichste Dank der Gesellschaft ausgesprochen.

Am 22. November starb zu Stuttgart im 74. Lebensjahre unser correspondirendes Mitglied Herr

Dr. Oskar Fraas.

Derselbe war einer der hervorragendsten älteren Geologen Deutschlands und betheiligte sich auch lebhaft an den anthropologischen Bestrebungen, indem er nicht nur durch lange Jahre Vorstandsmitglied der Deutschen anthropologischen Gesellschaft war, sondern auch wiederholt Ausgrabungen wichtiger prähistorischer Localitäten veranstaltete, die in einigen Fällen (Fürstengrab zu Pullach) von besonderem Erfolge begleitet waren. Er gehörte zu jener Schule von Naturforschern, welche in der Ergründung des Ursprunges des Menschengeschlechtes, sowie seiner Cultur eines der hervorragendsten Endziele naturwissenschaftlicher Forschung erblicken. Sein Name wird daher in den Gedenkbüchern unserer Wissenschaft dauernd verzeichnet bleiben.

Kurz vor Schluss der Redaction brachten die Tagesblätter die Kunde von dem Ableben des Herrn Professor

Dr. Wilhelm Joest

der, auf einer neuen Weltreise begriffen, in Santa Cruz (wahrscheinlich das der Königin Charlotte-Inseln) am 25. November d. J. einem Herzschlage erlegen sein soll. Professor Joest war ein Weltreisender im besten Sinne des Wortes, ein wissenschaftlich gebildeter und vielfach unterrichteter Mann, der namentlich für die Ethnologie ein eifriger Förderer war und durch seine den ganzen Erdkreis umspannenden Reisen, sowie seine zahlreichen Publicationen manches dazu beigetragen hat, dass Deutschland heute in allen, unsere Disciplin berührenden Fragen in erster Linie steht. In ihm verlieren wir einen jener seltenen Männer, die, reich und unabhängig, sich die Förderung wissenschaftlicher Aufgaben zur Lebensaufgabe gestellt haben. Im Jahre 1895 trat er unserer Gesellschaft als Stifter bei.

Redactions-Comité: Fr. R. v. Hauer, M. Much, F. Müller, J. Szombathy, K. Toldt, S. Wahrmann.
Redactions-Beirath: M. Much und E. Zuckerkandl.
Redacteur: Franz Heger.

Die bildende Kunst der Afrikaner.

Von L. Frobenius.

(Mit 73 Text-Illustrationen.)

Einleitendes.

Die vorliegende Studie verfolgt einen doppelten Zweck. Vor Allem soll geprüft werden, wie die Kunstwerke der primitiven Völker herauswachsen aus einfachen oder complicirten Ideengängen. Dann sollen diese Ideengänge selbst und der Einfluss auf die eigenen Entwicklungsproducte beleuchtet werden.

Wenn es sich hier also um die Feststellung einerseits der Thatsachen und andererseits des Wesens primitiver Kunst handelt, so wird wohl weniger die Aufgabe in einem Ueberblicken aller Thatsachen und in einem Eingehen in alle Wesenszüge dieser durchaus fremdartigen Erscheinungswelten zu suchen sein, als vielmehr darin, an einigen Beispielen aus einer Kunst beide zu skizziren in der Weise, wie sie zunächst verstanden werden können. „Zunächst" soll hier heissen, dass die Wissenschaft seit kurzer Zeit mit neuen grossen Gesichtspunkten und Wirkungskreisen bekannt geworden ist und dass es sich darum handelt, sich zu orientiren, sich klar zu werden über die Art, wie die neuen Aufgaben gelöst und die Lösungen nutzbar gemacht werden können.

Es sind zwei ausschlaggebende Eigenschaften, die die Afrikaner und ihre Werke auch hier wieder als geeignetste Prüfsteine erscheinen lassen. Dieser Erdtheil — vom Süden, wo der Buschmann als Repräsentant der niedrigsten Culturstufe gelten kann, bis zum Nilthale, in welchem einst die Aegypter die Gebildeten unter den Völkern des afrikanisch-asiatisch-europäischen Culturkreises waren — bietet einmal Beispiele aller Culturstufen bis zum „griechischen Wendepunkte", bietet zum anderen ein einheitliches Ganzes. Letzteres hat ja RITZEL, der in ausgezeichneter Weise darauf hingewiesen hat, wie jeder fremde Zufluss verläuft, weil der Afrikaner jede Materie afrikanisirt, ausführlich besprochen.

Von der Seite aus angesehen, ist das Material Afrikas ganz besonders geeignet zu derartigen Betrachtungen; andererseits ist es aber wegen derselben Eigenschaften sehr schwer handlich. Es fehlt jede scharfe Grenze, Linie, Sonderung, Eigenart in Entwicklung und Entwicklungsproducten. Völker, Ideen, Handfertigkeiten fliessen derart durch einander, dass

es dem Forschenden meist unmöglich ist, Ursprung und Ausgang einer Strömung aufzufinden.

Wer sich aber damit begnügt, die Richtungen und Eigenarten der Entwicklung zu erkennen und festzustellen, der wird stets mit reichen Ergebnissen vom afrikanischen Arbeitsfelde heimkehren. Nur von einem hohen Standpunkte aus betrachtet, wird der Afrikaner, sein Geistesleben und seine Kunst verstanden werden können.

1. Die Thatsachen.

Die Menschenfigur als Schnitzwerk, Zeichnung und Ornament soll der Betrachtung unterworfen werden.

Ueber die Plastik der Naturvölker ist sehr wenig gearbeitet worden. Die ergebnissreichste Abhandlung ist die von JULIUS LANGE,[1] der in allen Schnitzwerken und Sculpturen der Völker vor den Griechen die Frontallinie, jene Linie, die, die Geschlechtstheile mit der Stirne verbindend, Nase, Kinn und Brust halbirt, nachweist. Diese Linie ist auch eine allen Menschenbildern Afrikas eigenthümliche. Sie wird wahrscheinlich als eine Folge der Entwicklungsweise erklärt werden müssen.

An der Menschenfigur war den Künstlern aller Zeiten der Kopf Hauptwerthstück. Dem Künstler der Jetztzeit ist er als Ausdrucksbild von Geist, Charakter und Empfindung bemerkenswerth. Dem Griechen erschien er, sozusagen, als architektonisches Glied am wichtigsten. Welches Interesse hat die Negerkunst an ihm gefunden, dass sie ihn meistens bedeutender an Umfang und eingehender in der Gestalt behandelt? Hier kann nur das Studium des Schädelcultes Lösung und Antwort bringen.

WILSON, der längere Zeit unter den Pongwe weilte, erzählt Folgendes: Die Schädel ausgezeichneter Menschen werden mit grosser Sorgfalt aufbewahrt, aber immer verborgen gehalten. Es ist vorgekommen, dass man einem erst kürzlich verstorbenen, angesehenen Manne den Kopf abgeschnitten hat und denselben auf Kreide austropfen liess. Man hält das Hirn für

---

[1] JULIUS LANGE, „Billedkunstens Freinstilling af Mennrskikkelsen i dens aeldste Periode intic Hesjirpacktet af den graeske Kunst". Koppenhagen.

den Sitz der Weisheit und die Kreide saugt dieses angeblich ein, wenn man sie während des Zersetzungsprocesses unter den Kopf legt. Wer dann mit solcher Kreide seine Stirne bestreicht, in dessen Kopf steigt die Weisheit dessen ein, dessen Hirn die Kreide eingesogen hat.[1] Von der Goldküste berichtete einst ARTHUS, dass der dem Urtheil des Fürsten Verfallende hingerichtet wurde. Danach versammelten sich die Freunde und Verwandten, ihn zu betrauern. Die Männer — also die Angehörigen — thaten das Haupt in einen Topf und kochten es, bis das Fleisch ausfiel, worauf sie dasselbe mit der Brühe verzehrten und die Hirnschale als heilig aufhingen.[2] Aus Ostafrika ist Aehnliches bekannt. Nach dem Tode eines Wadoë-Häuptlings wird von der jungen Mannschaft irgend ein Fremder mit tiefschwarzer Haut getödtet und

Sitte, den erschlagenen Feinden mit dem Haumesser den Kopf abzuschlagen, im Hinterlande allgemein üblich. Auf Kriegszügen ist diese Thätigkeit der allgemeine Vorzug und das traditionelle Recht der Familienältesten. In einem Orte des Otschi-Sprachgebietes wird dem Hauptgotte Sia geopfert. Demselben muss jedes Jahr eine neue, mit einem Menschenschädel angefertigte Trinkschale dargebracht werden, weil er aus einer gewöhnlichen Kürbisschale nicht zu trinken pflegt. Naturgemäss wird nun Jeder, der eine solche Trinkschale bringt, als besonders tapferer Mann angesehen, weil er einen Menschen erschlagen hat.[1] Die Missionäre, als Gefangene zum Zuschauen bei den Gräueln des Aschanti-Heeres gezwungen, sahen, wie Krieger aus frischen Schädeln sich Trinkgefässe schnitzten.[2] Anga-Anga

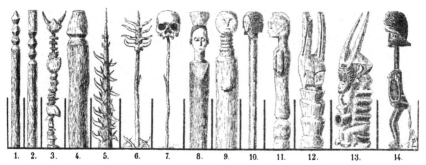

1. 2. 3. 4. 5. 6. 7. 8. 9. 10. 11. 12. 13. 14.

Ahnenbilder und Verwandtes aus Afrika und Madagaskar.

in den Wald geschleppt, woselbst ein eigens dafür bestimmter Mann, dessen Amt, wie bei uns das des Henkers, vom Vater auf den Sohn übergeht, die Leiche weiter behandelt. Er schneidet ihr die Hände ab und muss deren Fleisch ungesehen von Anderen heimlich im Walde verzehren. Den Kopf bringt er mit in's Dorf, wo nach Reinigung des Schädels aus der Hirnschale ein Gefäss zum Biertrinken für das neue Stammesoberhaupt hergestellt wird.[3] Ueber die Schädelverwendung im Togogebiet hat HEROLD Verschiedentliches in Erfahrung gebracht. Danach ist die

am Congo trank aus den ausgegrabenen Schädeln seiner Feinde Palmwein,[3] die Neger am Cap Corse zu ARTHUS' Zeiten aus den Hirnschalen der erschlagenen Holländer.[4] Es ist das also als echt afrikanische Sitte zu bezeichnen.

Als CAMERON das nördliche Uluba durchzog, traf er die Hütte an, die das grösste Heiligthum des Landes enthielt, „die grosse Medicin". Er schob einen

[1] Vgl. HEROLD in „Mittheilungen aus deutschen Schutzgebieten", 1893, S. 61—65; 1892, S. 148.
[2] RAMSAYNE und KÜHNE, „Vier Jahre gefangen in Aschanti". S. 18.
[3] A. BASTIAN, „Die deutsche Expedition an der Loangoküste", Bd. II, S. 92.
[4] GOTTHARD ARTHUS, „Eine wahrhaftige und historische Beschreibung der Goldküste", 1601, S. 110; Allg. Hist. d. R., IV, S. 10. Siehe auch HOFFMANN, „Abbeokuta", S. 200, Anmerkung 2. KROPF, „Die Xosakaffern" u. A. m.

[1] WILSON, „Westafrika", S. 293.
[2] ARTHUS in Allgemeine Historien der Reisen, Bd. IV, S. 213.
[3] STUHLMANN, „Mit Emin Pascha in's Herz von Afrika", S. 38; vgl. auch W. BOSMANN, „Reise nach Guinea", 1708, S. 51. Aehnliches berichtete schon KRAPF, „Reisen in Afrika", Bd. I.

Streifen des Zeuges bei Seite, um die Beschaffenheit kennen zu lernen. Im Kreise aneinandergereiht lagen da eine Anzahl mit Perlen geschmückter Schädel. Es waren die Schädel von Häuptlingen und Brüdern des Herrschers, die sich gegen ihn empört hatten, aber besiegt und getödtet wurden.[1]) Der Schädel eines weisen Häuptlings in derselben Gegend[2]) ward von seinem Bruder in einem Topfe aufbewahrt und bei öffentlichen Angelegenheiten hervorgeholt.[3]) Die Wapare sorgen vor Allem dafür, dass der Kopf eines Todten bestattet wird. Zunächst wird der Körper in einer Grube inmitten der Hütte versenkt. Nach einem

Freien, in hohlen Bäumen, unter überhängenden Bäumen oder an unheimlichen Orten.[1]) Die Bube bestatten die Todten auf einigen Stellen der Insel derart, dass der Kopf aus der Erde hervorragt.[2]) Stuhlmann fand vor der Hütte eines angeblichen Wambuba-Zauberers den einstigen Bewohner derart bestattet, dass die Hälfte des Schädels aus der Erde sah.[3])

Die Kopfjagden der Indonesier und Nordwestamerikaner sind allgemein bekannt, weniger die der Afrikaner. Die alten Jaga glaubten, erst dann muthig in die Schlacht ziehen zu können, wenn die

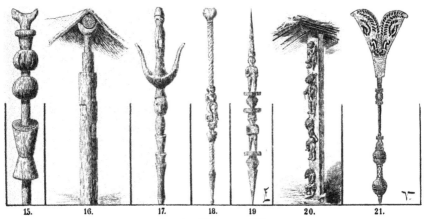

15.   16.   17.   18.   19   20.   21.

Stammbaumbildungen aus Afrika.

Jahre wird das Grab geöffnet, der Schädel der Grube entnommen und in einem Thontopfe in der Hütte aufbewahrt. Während das Skelet in der Tiefe bleibt, gilt es als unglückbringend, wenn der Unterkiefer fehlt.[4]) Das ziehe Krankheiten nach sich, heisst es im Volksmund, und um das womöglich doch noch zu verhindern, wird eine Ziege geschlachtet und der Unterkiefer mit dem Schädel in den Topf gelegt, damit „der Todte kauen könne". In der Landschaft Pan hängen die Töpfe statt in der Hütte im

ersten Gefangenen als Sühnopfer für die von den Soldaten des Heeres begangenen Verbrechen getödtet waren.[4]) Im Otschigebiete darf an den Festtagen nur der mittanzen, der einen Schädel heimgebracht hat,[5]) und ebenso wurden die Jünglinge der Jaga nicht eher unter die Zahl der Männer aufgenommen, als bis sie dem Heeresführer zum Zeichen ihres Muthes den Kopf eines Feindes gebracht hatten.[6]) Um den

[1]) Cameron, „Quer durch Afrika", Bd. II, S. 58.
[2]) Fr. Ratzel, „Völkerkunde", 2. Aufl., II. Bd., S. 312.
[3]) H. Frobenius, „Der Heidenneger im ägyptischen Sudan", S. 484.
[4]) Ueber Kinnladen und deren Bedeutung für den Schädel, siehe Herold, a. a. O., 1893, S. 65. Atkins in Allg. Hist. d. R., Bd. III, S. 483. Stuhlmann, a. a. O., S. 186

[1]) Oskar Baumann, „Usambara und seine Nachbarländer", S. 238—239.
[2]) Oskar Baumann, „Fernando Po und die Bube", S. 97. A. Bastian, „Ein Besuch in San Salvador", S. 320.
[3]) Stuhlmann, a. a. O., S. 638.
[4]) A. Bastian, San Salvador, S. 205.
[5]) Herold, a. a. O., 1892, S. 148.
[6]) Allg. Hist. d. R., Bd. V, S. 104, siehe auch ebenda, S. 29.

Sinn zu enträthseln, ist weniger auf die Aeusserlichkeit der Form als das Wesen der Sitte zu achten. Es stimmt daher mit dem bis dato Gesagten überein, wenn Lenz sagt: es sei nicht eine Regel der Fan, dem Kannibalismus zu huldigen. Nur bei Siegesfesten komme es vor, dass die Gefangenen oder die getödteten Feinde verzehrt würden.[1]

Mit voller Klarheit tritt der Grundzug dieser Sitte aber aus Folgendem hervor: Der König der Bara wird nicht eher bestattet, als bis sein Nachfolger eine Stadt erobert oder mit irgend Jemand, seinem eigenen oder eines anderen Freunde oder Todfeinde bis zum Blutvergiessen gekämpft hat.[2] Die Neger Angolas thun bisweilen ein Gelübde, eine gewisse gefährliche Unternehmung auszuführen, nehmen vom Könige Abschied und kehren nicht eher wieder, als bis sie solches in's Werk gesetzt haben.[3]

Letztere Angaben beweisen die Verwandtschaft mit den Quixille-Tabu-Sitten und damit haben wir bekanntes Terrain erreicht.[4] Das Verhältniss dieser Sitten zu anderen Zweigen der Ahnenverehrung ist nun leicht erkenntlich.

Ratzel legt seine Auffassung des afrikanischen Schädeldienstes in den Worten nieder: „Der Schädel ist ein Todtendenkmal."[5] Bastian sagt: „Der Todtenschädel bildet für den Neger nicht das Memento mori des natürlichen Vergehens, wie es die ägyptischen Priester deuteten, sondern das böser Zauberei."[6] Gewiss, es liegt eine grosse Macht in dem Schädel des Verstorbenen[7] nach nigritischer Anschauung und sicherlich sprechen auch gleichzeitig die Erinnerungen an die Verstorbenen aus dem Schädeldienste lebendig. Somit war Ratzel berechtigt, auf die Verwandtschaft der Schädel und Ahnenfiguren hinzuweisen, ein Verhältniss, das wohl am klarsten in folgender Formel erläutert wird: „In Folge Beeinflussung durch Schädeldiensteideen ward der Geisterpfahl zur Ahnenfigur."

Doch, was ist der Geisterpfahl?

Worauf der afrikanische Walddienst zurückgeführt werden kann, ist schon erörtert worden.[1] Demnach mag es genügen, auf einige wenige Facta hinzuweisen, um eine Stellung zu den hier vorliegenden Fragen nehmen zu können. Im Walde, dem Wohnplatze der Ahnen und des Bundgeistes, macht der afrikanische Jüngling die Ceremonien durch, die der Vergeistigungsidee entspringen. Wenn er entlassen wird, gibt ihm der Weihe-Ganga ein Holz, einen Ast, einen Stab mit.[2] Der Jüngling, jetzt der Mann, pflanzt den Zweig vor seiner Hütte in den Boden. Es ist das Bindeglied, das ihn mit den Geistern der Ahnen in Verbindung hält.[3] Der gleiche Sinn, in andere Form gekleidet, spricht aus der Sitte, den Geist des Besessenen in einen Ast, der alsdann vom Baume gebrochen und vor der Hütte des Kranken aufgepflanzt wird, zu bannen.[4] Die Mandingo-[5] und Ngola[6]-Neger denken oder dachten einst auch ein Gleiches, wenn sie die Verstorbenen entweder unter Bäumen bestatteten oder auf dem Grabe Stangen mit Lappen befestigten. Es ist immer dasselbe Motiv: der bastumwundene Stecken, der in Akwapim vor der Hausthüre als Schutz gegen böse Geister oder als Träger der gegen Feinde gerichteten Verwünschungen aufgestellt ist;[7] die mit Kräuterbüscheln gezierten Pfähle, die wie die Kerbhölzer der Lendu[8] als Schutz gegen Diebe auf den Feldern Kongos standen;[9] die Pflöcke, die die Xosa-Ganga zum Schutze gegen die Pocken unter dem Volke vertheilten;[10] die Büsche, mit denen der König Aschantis

---

[1] Oskar Lenz. „Skizzen aus Westafrika", S. 89.
[2] J. Sibree, „Madagaskar", S. 268.
[3] Allg. Hist. d. R., Bd. V, S. 30. Daran schliesst sich an, was Lenz erzählt, a. a. O., S. 88.
[4] Ausführung über die Enthaltungsgebote, siehe „Der Kameruner Schiffsschnabel und seine Motive" von L. F., Nova Arts, 1896, I, S. 20—37.
[5] Ratzel, „Völkerkunde", 2, II, S. 45.
[6] A. Bastian, „Loangoküste", II, S. 82—83.
[7] Deshalb wird auch den Schädeln der Feinde eine gewisse Verehrung gezollt. Noris, „Reise in's Innere von Afrika", S. 216. Cameron, a. a. O., Bd. II, S. 58.

---

[1] „Die afrikanische Baumverehrung" von L. F. in „Aus allen Welttheilen", 1895—1896, Heft 8.
[2] René Caillié, „Journal d'un voyage à Temboctou", Bruxelles 1830, Bd. I, S. 113. A. Bastian, „Der Fetisch", S. 11. Büttikofer, „Reisebilder aus Liberia", Bd. II, S. 328. Buchner, „Kamerun", S. 25. Reichmon in d. „Verhandlungen der Berliner Gesellschaft für Anthropologie, Ethnologie und Urgeschichte", 1873, S. 180. Lenz, a. a. O., S. 207.
[3] Ein ähnlicher Gedankengang ist es, wenn der Neger durch Behexung der Zähne, Haare, Nägel eines Feindes, Einfluss auf den einstigen Träger ausüben zu können glaubt.
[4] Ward, „Fünf Jahre unter den Stämmen des Congo", S. 30—31.
[5] Wilim, a. a. O., S. 54.
[6] Wolf Wessmann, „Im Inneren Afrikas". S. 53.
[7] A. Bastian, „Allerlei aus Volks- und Menschenkunde", Bd. II, Einleitg., S. 54.
[8] Stuhlmann, a. a. O., S. 479.
[9] Merolla. „Eine Reise nach Congo im Jahre 1682", S. 627, und Aehnliches bei Winterbottom, „Nachrichten von der Sievra-Luren-Küste", Weimar 1805, S. 323, und E. Manno, „Reise nach der ägyptischen Aequatorialprovinz", S. 107.
[10] A. Knopf, „Das Volk der Xosa-Kaffern", S. 208.

den Schädel seines grössten, noch nach dem Tode gefürchteten Feindes umstecken liess.[1]) Wenn das Leben des Dualla mit seinem Baume auf das Engste verknüpft ist[2]) und das Wohl und Wehe der Aschongo- und Muschikongo-Dörfer von dem Gedeihen des bei der Ortsgründung gepflanzten Baumes abhängt, so ist damit die Verbindung mit der südafrikanischen Mythe vom Hervorwachsen des Menschen aus den Bäumen[3]) gegeben.

Da also dergestalt der Pfahl an der Stelle des Baumes auf den Gräbern steht, er sich als Pars pro toto von dem vom Ahnengeiste bewohnten Baume getrennt und dessen Bedeutung übernommen hat, so ist es berechtigt, ihn als Geisterpfahl, als vom Geiste belebt, als Geisteswohnstatt zu bezeichnen.

Da, wo einst das Blätterwerk den Ast schmückte, an Stelle des trockenen Laubes[4]) ist der Lappen getreten. Eine Sammlung von Notizen über Lappenbäume ist bei ANDREE zu finden.[5]) Aber nicht allein Bündel von Stroh, Lumpen, zerbrochener Hausrath, Lappen etc. beleben die einfache Gestalt des Astes. Durch Vervielfältigung,[6]) durch Aufsätze von Hörnern,[7]) durch Kerbschnitte wird die Erinnerung an seine Abstammung angedeutet. Letztere sind die wichtigsten Merkmale. Den Kerbpfählen auf den Feldern der Lendu entspricht der 4 Fuss lange, aus dem Holze der heiligen Habila geschnittene Pfahl, dessen Rinde in regelmässigen Abständen ringförmig entfernt ist. Er steht in einer kleinen Hütte neben den Behausungen der Somrai.[8]) Wie auf den Gräbern der Betsileo „mit Schnitzwerk bedeckte Pfähle, auf denen sich vasenförmige Verzierungen erhoben",[9]) standen, so werden in Molembo die Gräber durch „die Mti genannten

Pfeiler mit Aufsetzen darauf bezeichnet".[1]) Das Werthvollste ist die Mittheilung SCHWEINFURTH's über den Schmuck der Bongogräber. „Die Bongo bezeichnen stets die Grabstätte durch Errichtung einer Anzahl hoher und beschnitzter Holzpfähle, die mit vielen Kerben und Einschnitten verziert sind und deren Aeste mit Benützung der natürlichen Gabelung wie zugespitzt erscheinen." Die Zahl dieser Votivpfähle schwankte von einem bis fünf auf jedem Grabe. Befragt nach dem Sinne dieser Schnitzwerke, erklärten ihm und HEUGLIN die Chartumer, „jede Kerbe bezeichne einen im Kriege vom Verstorbenen Erschlagenen".[2]) RATZEL berichtet, dass in Afrika Gläubiger und Schuldner sich die Anzahl der geliehenen Wertheinheiten durch Einschnitte in einen Stock zu notiren pflegen und dass ebenso Kaufleute und Träger auf der Reise die Anzahl der Nachtlager auf dem Wanderstabe markiren.[3])

Schädel und Geisterpfahl werden in gleicher Weise als Wohnstätte des Geistes, des Ahnen angesehen. So verstehen wir ihre Verbindung. An der Goldküste wurden früher Verwandte und Befreundete eines Häuptlings bei dessen Tode umgehackt. Ihre Körper sanken mit in die Grube. Die Köpfe aber wurden auf Stangen über dem Grabe aufgerichtet und das ist eine Zierde, die dem Todten zu hoher Ehre gereicht.[4]) So ragen in allen Theilen Afrikas auf den Gräbern der Fürsten und Vornehmen die auf Stangen befestigten Schädel derer, die den Edlen ins Jenseits begleiteten, empor.

Dem Sinne dieser Sitten entsprechen die Schwankungen der Formen. Von diesen ist vor allen Dingen zu sagen, dass der Wille, zu entwickeln, offenbar nicht vorhanden ist, dass am Schädelpfahle sich Merkmale des Körpers unwillkürlich zeigen, dass die Erinnerung an den Entwicklungsgang selbst an verhältnissmässig gut gebildeten Figuren (siehe den Kerbpfahl als Hals bei Fig. 14) noch voll rege ist, dass in allen hier vorgeführten Bildwerken (Fig. 1—14) der Gehalt an Idee die Ausführung der Form übertrifft. Betont muss aber werden, dass hier gerade solche Schnitzwerke, an denen diese Eigenschaft besonders gut kenntlich ist, ausgewählt sind. Die afrikanische Plastik bietet durchaus nicht selten sehr

[1]) BOWDICH, „Eine Mission nach Cap-Coast-Castle", S. 369.

[2]) A. BASTIAN, „Loangoküste", Bd. I, S. 164—165.

[3]) „Die afrikanische Baumverehrung", a. a. O., S. 292, 293.

[4]) JUNKER, „Reisen in Afrika", I, S. 460.

[5]) R. ANDREE, „Ethnographische Parallelen und Vergleiche". KRUISKSRANK, „Ein 18jähriger Aufenthalt an der Goldküste", S. 218. LENZ, a. a. O., S. 207.

[6]) DAPPER, „Afrika", deutsche Ausgabe, S. 372.

[7]) Abbildung bei Lieutenant OLIVIER, „Madagaskar and the Madagassy", London 1862, S. 14. JAMES SIBREE, „Madagaskar and its people", S. 252. Madagassy Tombs. Louis Catat, „Voyage à Madagaskar" in „Le Tour de Monde" 1894, S. 392, 395, 397. JAMES SIBREE, „The journal of the anthropological Institut of Great Britain and Ireland", London 1892, Plate 16 and 17. CHARLES BONNET, „Madagascar, la Reine des Isles Africaines", Paris 1883. Siehe unsere Fig. 5 und 6.

[8]) NACHTIGALL, „Reisen in Afrika", Bd. II, S. 585—586.

[9]) SIBREE, „Madagaskar", deutsche Ausgabe, S. 260.

[1]) A. BASTIAN, „Loangoküste", Bd. I, S. 164; S. 39 und a. a. O.

[2]) SCHWEINFURTH, „Im Herzen von Afrika", S. 119- 120.

[3]) RATZEL, „Völkerkunde", 2, I, S. 235.

[4]) Allg. Hist. d. R., Bd. III, S. 171, Abbldg., S. 170.

Amulettfigur (22) und Becher aus dem Congobecken.

gut ausgeführte Menschenbilder. Wenn an einer anderen Stelle das Gesicht der Untersuchung unterzogen wird, wird sie zeigen, dass die Plastik der Neger in technischer und künstlerischer Rücksicht mehr leistet, als die der meisten primitiven Völker.

Die vorher erwähnte Erscheinung kann aber noch länger fesseln. Der Kerbbaum tritt auch häufig als Stützbalken des Daches auf (Fig. 15, 16). Als Wappenpfahl (Fig. 20) endet die Entwicklungsreihe, die den analogen Ideengängen bei anderen Völkern vollständig entspricht. Wenn die Scepter der Häuptlinge als Kerbstäbe und Figurenschnitzereien (Fig. 18, 19) sich in den Museen befinden, so liegt dem und anderen offenbar auch wieder die Sitte zu Grunde, in Kerbhölzern dem Gedächtniss, und zwar hier hinsichtlich genealogischer Ereigniss und Thatsachen, zu Hilfe zu kommen. Ein Scepter, wie Fig. 21 nach Dr. Weule, ist durchaus geeignet, diese Annahme zu unterstützen, denn die Eidechsen unter dem mächtigen, mit palmblattähnlichen Augenbrauen ausgezeichneten Gesichte gemahnen an die häufige Vermischung und Verwechslung von Menschen- und Eidechsenbild.

Es ist wohl berechtigt, auf ein Vorkommen in Neu-Guinea hinzuweisen, auf jene Figuren, deren oberer Kopftheil fehlt und durch einen Menschenschädel ersetzt wird, wenn im Inneren Afrikas Figuren mit offenen Köpfen zur Aufbewahrung mysteriöser Salben- und Zaubermittel dienen (Fig. 22). Das Verkümmern aller Gliedmassen auf Kosten des wachsenden Kopfes und die Verwendung dieser Figuren als Trinkbecher (Fig. 23) erinnert so auffallend an andere Entwicklungsphasen der Ahnenfiguren, dass die Analogie des Trinkens aus Schädelbechern in die Augen fällt. Und da in fernerer Entwicklung die Köpfe sich paaren, gar zu vieren zusammentreten (Fig. 25, 26), so ist auch das verwandtschaftliche Verhältniss zu den Stammbaumbildungen bewiesen. Es liegt also nur eine neue Spielform der schon besprochenen Thatsachen vor.

Die Fig. 27 u. 28 bieten typische Beispiele für das afrikanische Aug-Ornament. Dasselbe tritt sehr selten allein auf.[1] In regelmässiger Anordnung ziert es, meistens stark umgebildet, die Gegenstände. Eine eigenartige Form in Tätowirung und auf Lederarbeiten ist schon besprochen.[2] Es ist anzunehmen, dass an diesen Stellen das Aug-Ornament auf Verkümmerung von Thierfiguren zurückgeführt werden muss, da die Totems Tracht und Tätowirung auch

[1] Vgl. „Kameruner Schiffsschnabel", a. a. O., Fig. 4.
[2] Intern. Archiv für Ethnographie, 1896, Heft 5.

sonst beeinflusst haben. Auf diesen den Ahnenfiguren so nahe stehenden Bechern ist das regelmässige Auftreten des Aug-Ornamentes [1]) mit den Stammbaumschnitzereien in Beziehung zu bringen. Das Oval der Kopfspitze (Fig. 29) enthält zwischen den beiden Augen das Zahnornament. Dasselbe ist in Afrika fast der ständige Begleiter des Aug-Ornamentes, wenn nicht Kreise, Dreiecke oder Rechtecke den Mund vertreten.

Ebenso so häufig wie auf den Bechern kann das Aug-Ornament auf Halsringen der Bateke erkannt werden. Fig. 31 zeigt es dreimal. Das schönste derartige Stück war auf der Weltausstellung in Antwerpen zu sehen. Auf drei Vorsprüngen — wie auch Fig. 31 mehrere besitzt — waren vorne rechts und links je ein Auge, in der Mitte durch concentrische

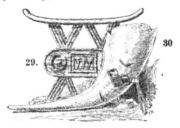

Nackenstütze vom Sambesi (29) und Horn aus dem Congo-Becken (30).

Halbbögen der Mund zur Darstellung gebracht. Dies Vorkommen gemahnt an Amuletschnüre vom oberen Congo, welche als Anhängsel kleine, meist kümmerlich ausgebildete Figuren oder Köpfe tragen. Endlich ist über das Aug-Ornament noch hinzuzufügen, dass die Formen meist schwer erkennbar sind. Der Grund der Erscheinung bei der Darstellung auf den Bechern (z. B. Fig. 28) ist in dem Einflusse der geflochtenen Gefässe zu suchen.

Es ist bis jetzt die Darstellung des Menschen in der Plastik, die Auflösung des Gesichtes in der Ornamentik skizzirt worden. Dem möge die Betrachtung des Menschen in der Ornamentik und Zeichnung folgen. Bei der Eintheilung der Menschenbildnisse in solche von vorne und solche von der Seite tritt eine auffallende Thatsache hervor. Im Süden und im Norden, bei Buschmännern und Aegyptern

[1]) Die Auflösung ist für Solche, die mit derartigen Ornamenten nicht bekannt sind, bei Westermann gezeichnet. Monatshefte LXXIX, December 1895, S. 340.

ist die Profilzeichnung, bei den Negern die en face-Darstellung bevorzugt. [1]) Der Vergleich ägyptischer und buschmännischer Bildwerke fällt entschieden zu Gunsten der letzteren aus. So freie Figuren (siehe Fig. 73), wie sie die Künstler der Wildlinge häufig zeichnen, sind bei den alten Aegyptern Seltenheiten. Zwischen diesen beiden Polen der afrikanischen Kunst, von denen der eine mit der Quelle, der andere mit der Mündung eines Stromes verglichen werden kann, tritt die symmetrisch gebildete Vorderansicht unter den Menschendarstellungen hervor. Die Vorliebe für die Symmetrie mag dies zumeist erklären. Weshalb haben aber fast alle diese Menschen gespreizte Extremitäten? Der Mensch theilt in der afrikanischen Kunst diese Eigenschaft mit nur einem Thiere — einige kleine,

Fig. 31. Halsring aus Messing der Bateke (¼ nat. Gr.).
(Coll. Baumann im k. k. naturhistorischen Hofmuseum in Wien.)

selten in der Kunst erscheinende, wie Schmetterling und Käfer, spielen fast keine Rolle —, mit einem Thiere, nämlich der Eidechse. [2]) Die Aehnlichkeit von Eidechsen- und Menschenbildniss hat zu einer Verwirrung der Formen geführt, die uns berechtigt, vom Menschen-Eidechs-Ornament zu sprechen. Vergleicht man eine von Ratzel [3]) abgebildete Puppe der Suaheli mit den Ornamenten auf Fig. 50 u. 52, so erkennt man den Umfang der Aehnlichkeit. In

[1]) Letztere scheint sich nur auf den Hüttenwänden im Sudan zu finden.

[2]) Ueber „Die Eidechse als Ornament in Afrika" hat Dr. Weule kürzlich eine recht ansprechende Studie in der Bastian-Festschrift veröffentlicht, in welcher er dem Verfasser dieses an der Hand des eminenten Berliner Materiales einige Irrthümer und einen Zeichenfehler in dankenswerther Weise nachgewiesen hat.

[3]) Ratzel, „Völkerkunde", 2, II, S. 206.

mancher Weise äussert sich die Verwandtschaft und gegenseitige Beeinflussung der Formen. Fig. 47 u. 48 sind die correspondirenden Ornamente auf zwei Beinen einer Kopfstütze. In Schnitzereien der Loangoküste wechseln Mensch und Eidechse einander ab. Auf dem Stammbaumscepter (Fig. 21) traten Eidechsen an Stelle der Menschen etc. Nicht nur aus der bildlichen Darstellung, auch aus Mythe und Sitte spricht die Vermischung. Von geschwänzten Menschen und Thieren stammen die Ahnen ab; die über die Hütte hinhuschende Eidechse ist der Ahn selbst; der Seelenwurm wächst auf zur Eidechse [1] u. s. w. Fig. 34 u. 36 zeigen drei übereinandergesetzte, spitzeiförmige Figuren. Wir wissen von MERENSKY, dass diese „Zauberwürfel" die Namen „Männer" und „Frauen" tragen.[2] Der Aussage entspricht die äussere

vorliegt, ein so (anscheinend) regelloses Hin- und Herschwanken, dass ein sehr grosses Material dazu gehört, die Fäden zu entwirren, und endlich, dass wir berechtigt sind, zunächst als Menschen-Eidechs-Ornamente alle diejenigen zu bezeichnen, deren Herkunft nicht ganz klar ist und bei denen es unsicher ist, ob mehr die Eigenschaften des Menschen oder die des Thieres überwiegen. Es ist ja zu hoffen, dass endlich auch diese Abtheilung des Berliner Museums ihre Schleusen öffnen wird, dass Studien, wie die WEULE'S, an Zahl wachsen werden, dass somit die Zeit nicht allzu ferne ist, in der eine gründliche Sichtung der Menschen und der Eidechsen in den Ornamenten Afrikas möglich ist.

Aus der Reihe 49, 50, 34, 36, 38, 37, 39, 40, 41, 42 können die Bezeichnungen der Ornamente

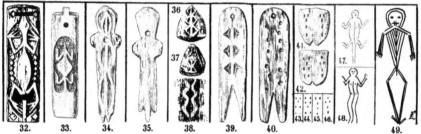

32.   33.   34.   35.   38.   39.   40.   49.

Eidechsen- und Menschen-Bilder und -Ornamente aus Afrika.

Gestalt der Hölzer. Doch ist es auffällig, dass das Ornament einer Entwicklungsreihe angehört, dessen Ausgangspunkt eine andere Figur, als die Umrisszeichnung der Hölzer ist. Das Ornament ist entschieden aus Zusammenklappen entstanden (Fig. 50). Nun zeigt WEULE (auf S. 22), dass aus Kopf, Rumpf und Schwanz der Eidechse die gleiche Dreiellipsenfigur entstehen kann; und nimmt man noch gar dazu, dass Fig. 32 u. 33 der Bedeutung nach Fig. 34 u. 35 entschieden verwandt sind, dass auf diesen ausgesprochene Eidechsentypen sich befinden, die ebenso wie Fig. 50 zu einer Bildung wie auf Fig. 34 u. 36 werden können, so wird zugegeben werden müssen, dass hier eine so grenzenlose Verwirrung der Formen

unter einander erkannt werden. Auch hier wirkt auf die freie Darstellung (Fig. 49) die Zeichnung im Flechtwerke (50) umbildend. Der Sinn bleibt, die Form verkümmert (34—40). Fig. 41 u. 42 sind einige der Täfelchen, die den Dahomehern ein primitives Mittel des Fernverkehres waren. Ihre Form und die symmetrische Anordnung der Zeichen lassen noch den Ursprung ahnen. Die Ornamente auf den Schilden sprechen für sich selbst (Fig. 51—64). Das Ornament auf Fig. 52 sehen wir zunächst als eine durch Eidechsen-Ornamente beeinflusste Menschendarstellung an. Der Schwanz kann im männlichen Gliede seinen Ursprung haben. Die Annahme, dass diesen Ornamenten das Menschenbildniss zu Grunde liegt, wird in Folge der Sitte anderer Völker bevorzugt. Das Verhältniss der Ornamente unter einander ist leicht erkennbar. Die Herstellungsweise (die meisten der Schilde sind geflochten), dann Verkümmerung der einzelnen Theile, Verdoppelung, Verlängerung gebrochener Linien in

[1] „Kameruner Schiffsschnabel", a. a. O., S. 66—73. „Ein Motiv des Gefässcultes", Verhandl. der Berliner Ges. f. Anthr., Ethn. u. Urgesch.", 1895, 532 ff.

[2] MERENSKY, „Beiträge zur Kenntniss von Südafrika", S. 42 ff.

fortlaufendem Sinne, Verschiebung, Auflösung etc. führen so zum Kreuze, zur Zickzacklinie (abstammend von den Extremitäten), zum Karo etc.

Diese Schilde gehören mit einer Ausnahme dem centralen und westlichen Afrika an, Fig. 61 aber und Fig. 65—72 sind Fabrikate der Ostafrikaner. Diese sind deshalb die interessanteren, weil auf ihnen mehrere Darstellungsweisen offenbar desselben Motives durcheinandergeflossen sind. Das Ornament (Fig. 61), Mittel- mit seitlichen Zickzacklinien, entspricht den Ver-

Fig. 50. Menschenfigur auf einer Matte von Karengo bei St. Paul de Loanda.
(Original im k. k. naturhistorischen Hofmuseum in Wien.)

zierungen der westlichen Stämme; dasjenige auf Fig. 65 ist das gleiche, wie das auf den südafrikanischen Zauberhölzern (Fig. 34) verwandte. Diesen beiden schliesst sich eine dritte, neue Form (Fig. 72) an, von der wir wohl annehmen können, dass sie mit den anderen stammverwandt ist; einmal nämlich ist sie auf denselben Gegenständen, wie die nachweisbaren Menschen-Eidechs-Ornamente angebracht und zum anderen Male entspricht sie halbirt auf der

einen Hälfte des Schildes der anderen Hälfte des fortgestellten Extremitäten-Ornamentes (Fig. 66).

Das sich hier entrollende Bild ist hochinteressant. Offenbar bevorzugen diese unter dem nordöstlichen Einflusse stehenden Völker die gebogene Linie. Dennoch haben sie auch dem südwestlichen Einflusse nachgegeben. So lassen sie auf je einer Seite des Schildes je einem Verwandten sein Recht. Wichtig ist noch, dass die Bogen vom Ornament Fig. 65 sowohl, dem Ursprunge entsprechend, an dem Mittelstabe (Fig. 67) als an dem Aussenrande angefügt wurden (Fig. 69).

Der Ueberblick über diese Thatsachen zeigt, dass wir es in der afrikanischen Kunst mit einem kleinen Schatze der denkbar einfachsten Formen zu thun haben. Ausnahmen sind sehr selten und erregen Aufsehen und Argwohn. Die bevorzugte Linie ist die gebrochene mit dem beliebten „Rechten". Das Kreuz ist das Product vieler Reihen. Vielleicht kann man jedes Ornamentmotiv bis zur Auflösung in dieselben Linien verfolgen. Ein früher geschriebener Satz,[1] dass nämlich im Gegensatze zur melanesischen und indonesischen die afrikanische Kunst stets der Verkümmerung zuneige, kann hier wiederholt werden. Die Folge davon ist, dass die afrikanischen Sculpturen (siehe Fig. 26) die Durchschnittsleistungen anderer Primitiver übertreffen. Gerade das Fehlen des orientalisch-phantastischen Zuges bei den Afrikanern ist hinsichtlich der Kunst ein wesentlicher Vorzug.

2. Die Entwicklung.

Einen Wendepunkt hat die Ethnologie überschritten. Angeregt, zumal durch LANE FOX, H. STOLPE, KARL V. D. STEINEN, EHRENREICH, dann SCHURTZ, HOLMES, A. R. HEIN, HADDON etc., ist das Gebiet der Naturvölker-Ornamentik zugänglich gemacht. Eine Reihe von Arbeiten liegt vor, eine grössere ist zu erwarten. Der Erfolg wird der sein, dass man gar bald aus der Kunst aller Völker „Motive" kennt, die als Figuren der Erscheinungswelt einsetzten und als Linienornamente endeten.[2] Da ist denn der Zeit-

[1] WESTERMANN, „Monatshefte", a. a. O., S. 333, Anmkg. Dr. WEULE schreibt mit Bezug auf diesen Satz: „Zwar herrscht die Kümmerform vor, doch nicht in dem Maasse, wie FROBENIUS das betont." Ob wohl WEULE's Arbeit gelitten hätte durch Streichung des Nachsatzes?

[2] Das Ornament ist im Allgemeinen eine Figur, die an einem Gegenstande angebracht ist, ohne den Gedanken der praktischen Gebrauchserleichterung und die dem Gegenstande gegenüber in Sinn und Form eine dienende Stellung stets

punkt gekommen, einmal vor- und zurückzublicken, zu schauen, wo wir herkommen und wo wir hinwollen, uns einmal klar zu machen, was diese neuen Thatsachen bedeuten, was aus ihnen spricht, in wie weit sie mit anderen Erkenntnissen in Zusammenhang zu bringen sind, wie diese Ergebnisse für die Wissenschaft nutzbar gemacht werden können etc.; das sind lauter bedeutungsvolle Fragen, die hier natürlich auch nicht von Einem allein erörtert werden können, die hier nur von einem Standpunkte aus beleuchtet werden sollen.

lernen, dass wir sagen können: „Wenn ein Stück dieser Art von da und da stammt, dann ist das Motiv dieses Ornamentes dies und das." Das Ergebniss kommt in dieser Richtung erstens der Ethnographie zugute, die dann Gegenstände unbekannter Provenienz mit Hilfe der Ornamentlehre bestimmen kann, zweitens der Anthropologie und Ethnologie in Fragen der Cultureinflüsse. Wo sich gleiche Motive finden, wird man, wenn es näher liegt, auf Uebertragung oder gar Verwandtschaft prüfen müssen. Diesem engeren Gewinn der Studien wird der weitere

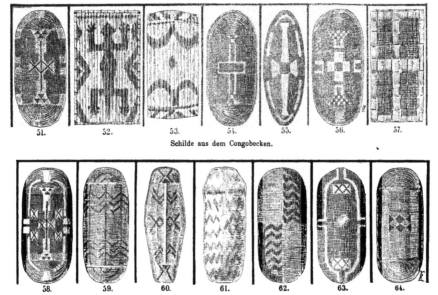

Schilde aus dem Congobecken.

Schilde aus dem Congobecken und Ostafrika (Fig. 61).

Zum Einen wird das Ergebniss der in Aussicht stehenden Arbeiten dadurch bedeutungsvoll werden, dass wir den Materialschatz jedes Volkes kennen

einnimmt. Es gibt zwei Gruppen von Ornamenten. Die erste, die Materialornamente, verdanken der Technik ihren Ursprung; sie haben wohl niemals mit Figuren in Zusammenhang gestanden. Die zweiten, die Charakterornamente, haben stets einen figürlichen Sinn, wenn dieser auch oftmals in Folge der degenerirten Form nicht mehr zu erkennen ist. Solche Formen nennen wir Linienornamente. Oftmals und meistens in Afrika scheint der ursprüngliche figürliche Sinn der Linienornamente vergessen zu sein.

in Erkennung von Gesetzen über Bewegung, Bedeutung, Abhängigkeit, kurz, Wesen der Kunst zur Seite gehen. Doch da, wo das Wort „Gesetz" einem Satze der Wissenschaft vorausgesetzt wird, fragt es sich, ob unsere Schlüsse dazu berechtigen können.

v. Luschan[1]) sagt von seinen Wurfbrett-Ornamenten: „Bei vielen ist die Darstellungsweise nicht mehr naturalistisch, sondern vollkommen stilisirt, ja verknöchert und derart theilweise oder vollkommen unkenntlich geworden, dass eine Erklärung

[1]) In der „Bastian-Festschrift", S. 149.

hier völlig unmöglich ist, wenn von ebenso billigen als werthlosen Schreibtisch-Hypothesen abgesehen wird. Es schien mir aber deshalb um so nöthiger, auch diese zweifelhaften Typen hier abzubilden und damit unsere Reisenden und Beamten draussen in den Stand zu setzen, diese Darstellungen von den die alten, dem conservativen Sinn entsprechend, wohl noch, aber ohne Bewusstsein der Bedeutung angewandt. Werthlose Hypothesen sind es nicht mehr, wenn man die Studien den Reisenden mitgibt, damit sie wissen, was sie eigentlich zu forschen haben. Es ist fast unglaublich, dass die meisten

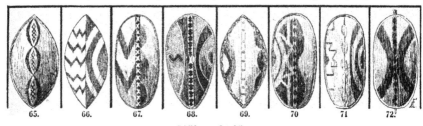

65.   66.   67.   68.   69.   70.   71.   72.

Schilde aus Ostafrika.

Fig. 73. Gemälde der Buschmänner. (Nach ANDREE.)

Einheimischen erklären zu lassen." Nun ist zu befürchten, das Beispiel der Bakairi und der Karaja stehe sehr vereinzelt da. Von den Naturvölkern, die naturalistische und stilisirte Ornamente nebeneinander führen, kann schwerlich ein Verständniss der letzteren vorauszusetzen sein; die Aufmerksamkeit den „modernen" Ornamenten zuwendend, werden unserer Reisenden mit demselben Manco an ethnographischen und ethnologischen Kenntnissen hinausziehen, als zu Zeiten der ethnologischen Windelkindschaft. Oder bestätigen die wenigen hoch emporragenden Ausnahmen dies nicht? Den Werth der Hypothesen hat übrigens v. LUSCHAN selbst nachgewiesen; er zeigt sehr klar, dass die Zickzacklinie

2*

auf australischen Wurf- und Schwirrhölzern als Entwicklungsproduct der Menschenfigur angesehen werden kann. Und dies ist gleich das erste Ergebniss im Studium einer Ornamentik, von der früher gesagt wurde: „sie schliesse sich am häufigsten an thierische Muster an". v. Luschan wird sicherlich, wenn er noch einige Dutzend solcher Stücke in die Hand bekommt, die Bindeglieder und somit das Verständniss dieser jetzt noch räthselhaften Verzierungen auch ohne Angabe der Eingeborenen finden. Auch ohne Angabe, denn wir Ethnologen müssen es lernen, auch ohne Anmerkungen diese Texte zu lesen. Wie lange wird es währen, bis die lebenden Commentare der Vergangenheit angehören?

Die in Frage stehenden Gesetze müssen bald aufgesucht und dann von Jedem berücksichtigt werden. Wenn z. B. von der afrikanischen Zickzacklinie gesagt wird: „ihr Ursprung gehe auf nichts Anderes zurück, als auf die potencirte Ausbildung der Extremitäten auf Kosten des übrigen Körpers", so ist damit die Grenze der Wissenschaftlichkeit schon überschritten; es ist mit Leichtigkeit nachzuweisen, dass diese Linie ebensowohl dem Extremitäten-, als dem Schlangen-, dem Augen-, dem Zahn- etc. Motive ihren Ursprung verdanken kann, ohne dabei der Materialornamente — die Zickzacklinie auf Töpfen als Rest des Flechtwerkes — zu gedenken.

Abgesehen von diesen Gesetzen, die bei schwellendem Strome von Einzelstudien baldiger Erkenntniss gewärtig sein dürfen, gilt es aber, sich über das eigentliche Werden, den Wachsthumsprocess, den Zusammenhang der einzelnen Erscheinungen in den primitiven Kunstformen klar zu werden. Hier fehlt vor Allem noch der wichtige Uebergang von den Ergebnissen der Ornamentforschung und des Studiums der Kunstanfänge. Ueber die Anfänge der Kunst liegt Prof. Grosse's[1]) Werk vor, in welchem der theoretischesten aller Wissenschaften, der Aesthetik, die bunten Federn in einer Scheerung vom grauen Leibe gerissen sind. Die Aufgabe hat der Verfasser in ausgezeichneter Weise gelöst. Grosse hat den Stoff in Kosmetik, Bildnerei, Tanz, Poesie, Musik eingetheilt. Bildnerei und Ornamentik ist für uns das Wichtigste. Grosse setzt einen noch nie mit solcher Schärfe ausgesprochenen Gedanken ein, der beanspruchen kann, des Näheren erwogen zu werden. Im Erwerbszweige sieht er das durchaus Leitende der Culturform; er geht so weit, dass er aus jedem

[1]) Ernst Grosse, „Die Anfänge der Kunst", 1894.

Verhältnisse, aus jedem Geräthe (Form und, wenn richtig verstanden ist, auch Ornament), aus jedem Theile des materiellen und geistigen Culturbesitzes das Wesen und die Wirkung des Erwerbszweiges — es kommen zunächst Jagd und Fischerei, Ackerbau, Viehzucht in Betracht — erkennen will. Er prüft die Kunst der primitivsten, der Jägervölker. Die Australier sind die Bevorzugten. „In Australien, hier in tiefer Abgeschlossenheit, hat sich in breiter Ausdehnung eine Culturform lebendig erhalten, welche in den meisten anderen Gebieten vor ungezählten Jahrhunderten in die Nacht der Vergessenheit gesunken ist. In Australien findet man daher das reichste und werthvollste Material für das Studium der Anfänge der Cultur." Und so folgt für Grosse das hier in Frage Kommende, dass schon bei den Primitivsten die Charakter-Ornamente neben den Bildern und freien Kunstwerken vorkommen.

Ist es denn aber wirklich so ganz fraglos berechtigt, die Australier als Beispiel von Völkern der primitivsten Cultur hinzustellen? Sollte diesen Wildlingen nicht ein sehr starkes Quantum aus den malaischen Sturzwellen beigefügt sein? Anzeichen in Weltanschauung, Cultur und Mythologie scheinen das zu beweisen.

Die ausgezeichneten Höhlengemälde der Australier und ebenso die analogen Leistungen anderer Völker führt Grosse auf die scharfe Beobachtungsgabe und die manuelle Sicherheit als Erzeugnisse des fast ausschliesslichen Jägerlebens zurück, ein vortrefflicher Gedanke, der ihm auch das Fehlen derartiger Schöpfungen im Culturbesitze der Nichtjäger erklärt. „Weder der Ackerbauer noch der Viehzüchter bedürfen zu ihrer Erhaltung einer so hohen Ausbildung der Beobachtungsgabe und der Handfertigkeit; in Folge dessen treten diese Fähigkeiten bei ihnen zurück und mit ihnen das Talent für naturwahre Bildnerei." Anderen Ortes betont Grosse, „dass diese Anfänge der bildenden Kunst durch ihren unmittelbaren ästhetischen Lustertrag für die primitiven Völker einen Werth besitzen, den man gewiss nicht zu gering anschlagen darf." Wenn der jagende Wilde die Freude empfand, dann musste der Ackerbauer sie erben und das Aufhören der manuellen Geschicklichkeit und der Beobachtungsgabe erklärt die von Grosse richtig erkannte Thatsache der verkümmernden Bildnerei nicht zur Genüge.

Aber es ist ein anderer Punkt, der zu der Erörterung führt. Die Charakterornamente neben den Bildern hat Grosse nur bei den Australiern, die gerade in dieser Hinsicht nicht ganz unbeeinflusst erscheinen, gefunden. Im Theile über die Ornamente sind solche der Buschmänner und Batua nicht besprochen; sie haben keine — so lange nicht technische, von Nachbarn übernommene in Frage kommen. Die Kunst der San beschränkt sich auf Malerei und Zeichnen. Die anderen Afrikaner — wie immer in dieser Arbeit mit Ausschluss der semistischen und halbsemistischen Völker und Einflüsse — können den Buschmännern summarisch gegenübergestellt werden. Die Malerei fehlt. Die Kunst ruht auf völlig abweichendem Fundament. Liegt die ganze Bedeutung der Buschmannsbilder in den Kunstproducten selbst, so liegt sie hier ausserhalb derselben, nämlich in der Anschauung der Producirenden. Da dort die Schwankungen der Leistungen Folgen grösserer Geschicklichkeit sind, da dort mit einem Blicke die Bedeutung hervortritt, so kann man sagen, das Wesen der Buschmannskunst sei klar, ihre Unabhängigkeit von jedem Stil eine naturgemässe, in sich selbst begründete.

Ganz anders die Negerkunst. Dem Beschauer tritt eine so verwirrende Anzahl von Entwicklungsreihen, von Fäden entgegen, dass er, um überhaupt eine Uebersicht über sie zu gewinnen, gezwungen ist, feste Punkte und Linien da anzunehmen, wo es keine gibt — thut er es doch, so folgt er nur dem Zwange. Zwei Arten von Motiven können wir in dieser Kunst unterscheiden: 1. die sinnlichen (eigentlich die in sinnlicher Form dargestellten Motive); 2. die geistigen Motive. Sinnliche Motive sind die der Buschmänner, die Menschenbildnisse, Thiere, Figuren, die als solche sofort aus der Zeichnung erkannt werden, deren Bedeutung also der Darstellung entspricht. Geistige Motive sind solche, die eine figürliche Bedeutung haben, die aber nicht unmittelbar aus der Darstellung erkennbar ist. Geistige Motive sind die Ornamente der Bakairi und Karaja, das afrikanische Kreuz mit der Bedeutung des Menschen, der Eidechse, der Augen etc., dann das Aug-Ornament, wenn es die ganze Figur vertritt, endlich der Geisterpfahl, wenn er als Bild des Geistes aufgefasst wird. Zum geistigen Motiv gehört untrennbar der Gedanke — wenn es nicht als Ornament z. B. gedankenlos verwandt wird. Zwei Entwicklungslinien können wir in der afrikanischen Kunst unterscheiden. 1. Die sinkende Naturkunst. Die Ornamente beginnen als sinnliche Motive und endigen als geistige. 2. Die steigende Culturkunst, d. i. der Weg vom Geisterpfahl zur

Ahnenfigur. Es ist hieraus ersichtlich, dass es sich um Fragen nach Geistart und geistiger Thätigkeit des „Künstlers" (?) handelt, wenn die Frage nach dem Wesen und Werden dieser primitiven und primitivsten Künste erörtert werden soll.

„Primitivste?" Kennen wir denn Menschen, die nicht das Feuer, eine Weltanschauung, ein Gewaffen besitzen? Wenn der Buschmann, der Mutua das Eisenmesser vom Neger kauft, ja sogar wie jener es zu schmieden gelernt hat, dann ist es sicher nicht mehr „rein", ganz abgesehen davon, dass es in jeder Hinsicht schon über die denkbar tiefste Culturstufe gewaltig emporgewachsen ist. Aber wie es möglich ist, nach Funden an Schädeln, Geräthen, Thierknochen sich ein Bild zu machen vom prähistorischen Menschen, seinen Künsten, seinem Leben, so können wir uns auch vom urmenschlichen Geistesleben ein Bild machen, indem wir die Linie der Thatsachen rückwärts über den Horizont verlängern. Es kann nur ganz skizzenhaft, ohne Prüfung des Verhältnisses zu älteren Meinungen — welcher Vergleich baldmöglichst an der Hand der Weltanschauung vorgenommen werden soll — versucht werden, ein Schema zu zeichnen, in welches unsere Untersuchungsobjecte und Resultate eingefügt werden können.

Die Annahme, dass die Primitivsten weniger den Gedanken als dem Instinct folgen, ergibt eine Dreitheilung für alle Cultur, nämlich einmal Völker des regierenden Instinctes, Völker der Schwankung, Völker des herrschenden Gedankens. Es würden also instinctive Handlungen, die aus dem unklaren Empfinden der Zweckdienlichkeit heraus vorgenommen werden, und logische oder berechnende Handlungen, die in Folge des Denkens als zweckdienlich erscheinen, in Frage kommen. Dem würde eine instinctive Logik und eine berechnende Logik entsprechen. Es ist mit Leichtigkeit aus der Geschichte der Weltanschauungen nachzuweisen, wie der Rhythmus in der Natur, das gesetzmässige Abhängigkeitsverhältniss aller Theile der Naturmaschinerie sich in den Schöpfungen (Anschauungen) des Menschen spiegelnd, umbildend und die Thätigkeit des Gehirnes erweckend einwirkt. Die Annahme eines urmenschlichen Denkens ist keine zwingende; sie wird stets wieder schwanken müssen, wenn der Vergleich der denkenden Classen unserer eigenen Culturform mit den stumpfen, tiefstehenden herangezogen wird. Urmenschlich sind die Empfindungen und Bedürfnisse, wenn sie auch unter dem regen Einflusse der Cultur stehen. Wenn der Hund seinen Knochen möglichst unbeachtet abnagt, so thut er es, weil er den Neider fürchtet. Will der Negerfürst bei seinen Mahlzeiten Niemand zugegen wissen, so spricht daraus die Furcht vor dem bösen Blick. Wir aber sagen, es sei uns peinlich, wenn uns Jemand beim Essen zuschaut.

Die Gipfelpunkte beider Schöpfungskräfte sind Kunst und Wissenschaft, welche als Kinder verschiedener Abstammung (Natur und Cultur) oftmals wie ihre Eltern in Widerspruch, in Kampf gerathen. Die Merkmale sprechen allerorts. Ein Künstler mag sie im Klang, im Sang, in Farbe, in Form schildern, der Gelehrte kann die Liebe nur erklären, wenn er auf ihre Wurzel und Entwicklung eingeht. Und dass das Denken kein Natur-, sondern ein Culturproduct ist, ist schon daraus erkennbar, dass wir mit dem Gedanken die Wirkungen grosser Kunstwerke, die aus der Empfindung geboren, in der Empfindung sich äussern, n i c h t erkennen können — trotz aller Aesthetik!

Wenn wir die Wildstämme als Völker der Schwankung, des Ueberganges bezeichnen, so ist mit deren gewaltigem Ringen — der Kampf des Menschen mit der harten Tyrannennatur — mit der Gründung der Feste: „Cultur", mit dem wechselseitigen Siege auch das Schwanken zwischen Instinct und Gedanke in Einklang zu bringen. Wie wunderlich wachsen doch die Ahnungen und Erfahrungen durcheinander! Wie wirkt doch stets noch das Uebergewicht der Instincte! Das Lebensbedürfniss ist eine so gewaltige Kraft, dass es jenen furchtbar schwer wird, den Gedanken an die Natürlichkeit des Todes so zu erstarken, dass er das Bedürfniss überwiegt. Es erscheint als krampfhaft, wenn die alten Aegypter, diese klugen Menschen, das Todtengerippe als Memento mori an der Tafel des Lebensgenusses aufstellten. Heute hat man den Maassstab für das „einst" Geleistete verloren. Wie zu Gottheiten blickt der Culturmensch auf den Erfinder der Dampfmaschine, ein Oelgemälde Böcklin's, die christliche Religion der Jetztzeit. Und doch! Wie viel grandioser waren die ersten Leistungen des denkenden Menschen, der erste Gottesbegriff, das erste Ackergeräthe, die erste Menschenfigur! Und wie erhaben und gewaltig unter allem Geleisteten ist die Schöpfung des Gedankens!

Da alle Völker der Erde eine Sprache besitzen, so gehören die Menschen des Instinctes, die Urmenschen, die Primitivsten, der Vergangenheit an. Die Erben dieses Urmenschen aber, diejenigen, in denen sich noch die bevorzugenden Wirkungen der Einheit mit der Natur äussern, diese Erben sind es, die für Kunstgeschichte und Culturgeschichte gleich bedeutungsvoll sind als Menschen, aus deren Händen die ausgezeichneten Werke der Naturkunst hervorgegangen. Die Funde in der Dordogne und bei Thayingen sind die Monumente dieser Kunst in Europa. Die Buschmannszeichnungen und Australmalereien sind die analogen Leistungen der Negervölker. Was bei allen diesen Dingen auffällt, ist die immense — für die Naturvölker — Formfülle, die hervorragende Naivität, der grosse Stoffreichthum — alles, auch Landschaften und Bäume findet sich — und das Fehlen jeglicher Wiederholung unter allen b e s s e r e n Werken.

Diese bedeutungsvollen Eigenschaften erhalten alle durch die Letztgenannte die Erläuterung der Form. Das Naive liegt darin, dass sein Vorbild als die Natur selbst gewählt ist. Das Zarte, das Jungfräuliche, das Anmuthige, Natürliche, der Reiz schwand, sowie der Eine dem Anderen etwas nachbildete. Sie schufen nicht mehr aus sich selbst, aus der Natur, die Copisten der Naturkunst; sie ahmten sich selbst nach, schlugen durch Wiederholung [1]) der eigenen Werke den Weg zum Stile ein. Der Process steht mit der Opposition des Menschen zur Natur, mit der Schöpfung, dem Aufbau der Cultur in enger Beziehung. Ist das Charakteristische der Naturkunst das Fehlen der sich w i e d e r h o l e n d e n Motive, so ist das Bezeichnende der Culturkunst das V o r h e r r s c h e n derselben.

Wir haben somit eine Erkenntniss für die Beurtheilung der Entwicklung schon gewonnen. Mit Hilfe dieser wird es nicht schwer fallen, die weiteren Eigenthümlichkeiten unter bestimmte Gesichtspunkte zu bringen, zumal wenn wir uns jetzt des oben Gesagten über sinnliche und geistige Motive, über fallende Naturkunst, steigende Culturkunst erinnern. Verfolgen wir jetzt die fallende Linie der Naturkunst. Es muss dabei der Uebergang der sinnlichen in geistige Motive sich ergeben.

Der Naturkunst entspricht in der Weltanschauung der Animismus. Als die ersten schwammigen Gebilde der Zauberkräfte und Geisterwesen die Umgebung des Menschen umkreisten und Berge, Wälder, Seen, Ebenen, jeden Baum, jedes Thier, jeden Stein belebten, da waren die Menschen noch eins mit der Natur. Aber Wiederholung und Wiederholung trat

---

[1]) Auch Gnoss. weist auf das Auftreten des Rhythmus bei allen Kunstformen hin. (Bezug auf die Musik!)

ein. Mussten die Väter den Söhnen, die Kinder den Enkeln die Anschauung klar vorlegen, dann traten schon diese Gebilde in Formen. Gestaltung nahmen sie auch an, indem sie an bestimmte Orte gefesselt wurden. Der Baum, der Stein, der Fluss, das Thier wurden zu Trägern und Stätten der Ideen. So sanken die wirren Massen nieder und indem sie in wenig Mythen sich concentrirten, ward es möglich, sie in Verhältnisse zu einander zu bringen. Es entstand ein wenn auch rohes, so doch klares System.

In derselben Weise entwickelte sich die Kunst. Durch Wiederholung ward ein bestimmter Motivschatz geschaffen. Durch Wiederholung ward zum Zweiten die Degeneration der Form erzeugt. Durch die Wiederholung ward endlich aber auch der Geist geschult, durch die Erinnerung, durch die Festlegung derselben. Widmete der Mensch zur Zeit der Naturkunst seine Aufmerksamkeit lediglich der Natur, mit der seine Schöpfungen harmonirten, so ward, je weiter er sich von ihr entfernte, desto mehr sein Interesse den eigenen Schöpfungen zugewendet und so sehen wir ihn nicht nur in Opposition zur Natur, sondern sogar in den Dienst der eigenen Gebilde, der Befreiungswerkzeuge, der Befreiungsarbeiten treten. Der Höhepunkt dieser Linie ist gegeben, wenn der Mensch einem Begriff eine der Naturform in keiner Weise entsprechende Gestalt im Charakter-Ornament gibt.

Es besteht in der Kunst dieser Völker ein interessantes Verhältniss zwischen Gestalt und Form. Steigt das eine, so sinkt das andere. Das Einhalten der Balance ist in unserer Kunstform das Ziel. Die primitiven Völker bringen ihre Ideen in Gestalten, die nicht der Natur angehören, und verlieren damit die Form. Diese Erscheinung ist aber gleichbedeutend mit einer Formfessel. Die Befreiung von derselben kann nur durch eine Trennung von Kunst und Wissenschaft, und wenn es auch die primitivste Wissenschaft ist, erreicht werden. Dies geschieht durch die Bildung der Schrift. Die Linienornamente mit figürlicher Bedeutung sind als Rudimente einer solchen anzusehen. Ist auf diese Weise die Wissenschaft, alias der Gedankenstrom, in einen Canal abgeleitet, so kann die Kunst sich frei aufschwingen. Unwillkürlich wird der Mensch gezwungen — siehe Plastik —, die Formen der ihren Gestaltenschatz überall zur Schau tragenden Natur nachzubilden. Es bestehen in dieser Hinsicht also zwei Linien nebeneinander, einmal der Entwicklungsgang der geistigen Motive (Entwicklung der Schrift), dann der der sinnlichen Motive (Entwicklung der Kunst).

Entwicklung der Kunst soll heissen der Culturkunst. Es wäre einseitig, das verwandtschaftliche Verhältniss derselben zur Naturkunst leugnen zu wollen, ebenso irrig wäre es aber, die Entwicklung beider in einer ununterbrochenen Linie zu zeichnen. In der fallenden Linie der Naturkunst konnte die Quelle bezeichnet werden, während das Ende sich verläuft. In der steigenden Linie der Culturkunst ist das Verhältniss umgekehrt. Der Strom der Erscheinungen mündet in die — griechische Kunst. Ja, wir können sogar Namen nennen. POLYKLET, MYRON, und PHIDIAS haben die letzten Fesseln der Form, des Stilisirens, die Frontallinie aufgelöst. Beide Richtungen der Kunst haben in Afrika bei einem Volke die höchsten Blüthen getragen, nämlich bei den Aegyptern.

Wenn das Ganze tabellarisch aufgezeichnet wird, so ist es leicht, die gewonnenen Erkenntnisse zu überschauen. (S. umstehend).

Eine Tabelle ist immer ein Hilfsmittel, dessen schlimme Seite nicht vergessen werden darf. Sie drängt einem Stoffe Grenzen auf, die ihm ursprünglich fehlen. Man wolle sie daher auch hier als gleichwerthig den Karten der Meeresströmungen betrachten. Das Spiel der Wellen und der Druck des Windes treiben das Schifflein ebenfalls. So ist es denn falsch, von festen Linien zu sprechen da, wo es sich um eine so flüssige Materie wie die Kunst handelt.

Ehe wir schliessen, muss noch das Fehlen der Phantastik, die geringe Ausbildung der Phantasie hervorgehoben werden. Es ist das eine Thatsache, die ungemein fördernd für die Entwicklung der Formen, d. h. die Trennung der widersprechenden Bestrebungen gewesen ist Wenn man mit der afrikanischen — dieser Kunst, die sehr selten eine extravagante Form hervorbringt — die Neu-Mecklenburgische z. B. vergleicht, dann wird einem die Thatsache sofort klar. Dort hat die Phantasie eine oft erstaunliche Formverwirrung bewirkt. Beim Menschen der Arm auf dem Kopf, beim Vogel der Schwanz auf dem Schnabel, ein Kopf und ein Schwan als Vertreter des Ganzen — solche Dinge sind nicht selten. Der Unterschied beider Künste äussert sich zumal in einer Erscheinung. In Neu-Mecklenburg ist ein Niveau der Naturwahrheit, weil jedes Stück Ornament, stilisirt ist, und wenn es einmal in der Form naturverwandt ist, so kann sich der Beschauer doch nicht des eigenthümlichen Gefühles enthalten, es sei jeden Moment eine zauberhafte Auflösung, eine spukhafte Formverwirrung zu erwarten. In Afrika treten uns z w e i Schichten entgegen, deren Mittelwerthe an Naturwahrheit sich mit den Endergebnissen der beiden Entwicklungslinien (sinkende Naturkunst und steigende Culturkunst) ungefähr decken. So ist das Geistesleben der phantasiereichen Völker mit einem Strom vergleichbar, der seine Wasser weit ausdehnt über eine Ebene und sich in Armen, Sümpfen,

nicht eingehen. Nur eine Thatsache wollen wir hervorheben. Es ist wunderbar für den Unkundigen, dass noch immer viele Musiker, Künstler, Gelehrte, Aesthetiker die griechische Kunstform als eine solche ansehen, auf der wir weiterbauen, die wir nachahmen sollen, die uns Vorbild sein müsse. Neuerdings geht man so weit, dass ein Stichwort Nietzsche's in Vieler Munde schwebt. Man spricht von „Panopticumkunst". — Für uns ist es verständlich. Denn wohl haben wir in der Wissenschaft, nicht aber in der

Culturform	Kunstform	Wesen derselben	Denkmäler
Naturherrschaft vorherrschend	Sinnliche Kunst (Die Kunst der Primitivsten. Reine Naturkunst)	Die naive Kunst, I. Epoche Freiheit von jeder Formfessel Fehlen der geistigen Motive	Buschmannszeichnungen
	Kunst des Ueberganges (Die Kunst der Naturvölker)	Die sinkende Naturkunst Die Gewinnung d. Charakter-Ornamente Ableitung der Wissenschaft Vorherrschen der geistigen Motive	Charakter-Ornamente Rudimente der Schrift Geisterpfahl — Schädelpfahl
		Die steigende Culturkunst Die Wiedergewinnung der Form Sinnliche Motive vorherrschend	Schädelpfahl — Menschenfigur Aegyptische Sculpturen Linienornamente Bilderschrift
Culturherrschaft vorherrschend	Geistige Kunst (Die Kunst der Culturvölker. Reine Culturkunst)	Die naive Kunst, II. Epoche Freiheit von jeder Formfessel Fehlen der geistigen Motive	Die Schöpfungen der griechischen Kunst von den Schülern des Ageladas ab. Höhepunkt Lysippos
		Einführung der geistigen Motive etc.	Römer, Griechen etc.

Gräben auflöst. Der phantasiearme Geist der Afrikaner trägt aber die Cultur in einem nur zweigetheilten Strome dahin.

Auf unserem ethnologischen Wege ist es hoffentlich geglückt, eine Uebersicht über das, was jenseits des „griechischen Wendepunktes" liegt, zu ermöglichen. Vielleicht ist das Gewonnene, das zwergenhaft klein aussieht im Vergleiche zu den grossen Aufgaben der Kunstwissenschaft, auch werthvoll für das, was nach den Griechen kommt. An dieser Stelle können wir darauf naturgemäss jetzt noch

Kunst eine Kritik. Hätte unsere Zeit eine solche, und ich denke, die Ethnologie wird sie der Welt schenken, dann würde es Niemand schwer fallen, das Ueberwiegen der sinnlichen Motive in den Anfängen (bei den Griechen), das Ueberwiegen der geistigen in der Jetztzeit zu erkennen. Allerdings ist ein gewaltiger Unterschied zwischen den Kunstformen einerseits vor, andererseits nach den Griechen, ein Unterschied, den wir am klarsten aussprechen mit dem Satze: Die erste Kunstepoche ringt um Form und Geist, die zweite beherrscht sie.

Abbildungen.

Fig. 1 und 2. Kerbpfähle auf den Feldern der Lendú nach STUHLMANN.

„ 3. Kerbpfahl auf den Gräbern der Bongo nach SCHWEINFURTH.

„ 4. Ahnenpfahl auf dem Grabe des Janga (Bongo) nach SCHWEINFURTH.

„ 5. Gräberpfahl von Antanosy nach L. CATAT.

„ 6. Grabpfeiler aus Madagaskar nach LEGUÉVEL DE LA COMBE.

„ 7. Schädelpfahl.

„ 8. Figur der Majakalla. Mus. f. Völkerkunde in Berlin. SLG. KUND und TAPPENBECK.

„ 9. Figur vom Fischermann-See nach BÜTTIKOFER.

„ 10. Stab (Scepter) der westlichen Lunda. Mus. f. Völkerkunde in Berlin.

„ 11. Ahnenfigur der Bagos nach COFFINIÈRE DE NORDECK.

„ 12. Figur aus dem Mündungsgebiete des Niger. SLG. FLEGEL. Mus. f. Völkerkunde in Berlin.

„ 13. Ahnenfigur (?) vom unteren Niger nach FR. RATZEL.

„ 14. Ahnenfigur aus Nord-Guinea. Missionsmuseum in Basel.

„ 15. Dachstütze Vornehmer in Bida nach FLEGEL.

„ 16. Dachstütze vom Grabe eines Mujansi nach OSKAR BAUMANN.

„ 17. Bogenständer der Waguhha nach CAMERON.

„ 18. Scepterstab der Waguhha nach CAMERON.

„ 19. Scepterstab der Bakongo. Mus. f. Völkerkunde in Bremen.

„ 20. Vordere Dachstütze eines Tempels bei Banana nach Originalphotographie.

„ 21. Aschantiscepter nach K. WEULE.

„ 22. Amulettfigur der nordöstlichen Baluba nach CAMERON.

„ 23. Becher der Batetela. Mus. f. Völkerkunde in Berlin.

„ 24. „ aus Benguela. „ „ „ „ „

„ 25. „ der Bassongo-Mino. Mus. f. Völkerkunde in Berlin.

„ 26. Becher der Bakuba nach BATEMAN. [1])

„ 27. Schachtel vom Ogowe nach TOUR DE MONDE.

„ 28. Becher der Baluba. Mus. f. Völkerkunde in Berlin.

„ 29. Nackenstütze vom Zambesi. Mus. f. Völkerkunde in Berlin.

[1]) Die Zeichnung ist genau nach BATEMAN ausgeführt, der die Augen offenbar falsch wiedergegeben hat.

Fig. 30. Aus Holz geschnitztes Horn aus dem Congobecken. Mus. f. Völkerkunde in Berlin.

„ 31. Staatsring der Bateke nach OSKAR BAUMANN.

„ 32 und 33. Zauberhölzer der Wakonde nach K. WEULE.

„ 34—37. Südafrikanische Zauberwürfel nach FR. RATZEL.

„ 38. Ornament auf der Stirn einer Balimaske. Mus. f. Völkerkunde in München.

„ 39 und 40. Südafrikanische Zauberwürfel nach FR. RATZEL.

„ 41 und 42. Botentafeln mit Geheimzeichen aus Dahomey nach dem „Globus".

„ 43—46. Geheimzeichen auf denselben.

„ 47 und 48. Correspondirende Zeichnung von den Beinen einer Kopfstütze der Kaffern nach FR. RATZEL.

„ 49. Zeichnung von einer Calebasse aus den Nilländern. Mus. f. Völkerkunde in Freiburg i. Br.

„ 50. Menschenfigur von einer geflochtenen westafrikanischen Matte nach W. HEIN.

„ 51. Schild der Sandé nach Photographie.

„ 52. „ „ Baluba. Mus. f. Völkerkunde in Berlin.

„ 53. „ „ „ „ „ „ Dresden.

„ 54. „ „ Sandé. „ „ „ Berlin.

„ 55. „ „ Bangala (am Congo) nach COQUILHAT und WARD.

„ 56. Schild der Sandé. Ethnographisches Museum in Wien.

„ 57. „ „ Kamerunhinterlandvölker nach Originalphotographie.

„ 58. Schild der Sandé. Kaiserl. Akademie in Petersburg.

„ 59. „ „ Ondumba nach BRAZZA.

„ 60. „ „ Bapoto nach Originalphotographie.

„ 61. „ „ Warongo (veraltete Form). SLG. EHLERS. Mus. f. Völkerkunde in Dresden.

„ 62. Schild der Lukoreu nach JAMESON.

„ 63. „ „ Sandé nach Originalphotographie.

„ 64. „ „ „ „ „

„ 65. „ „ Massai nach THOMSON.

„ 66. „ „ Wagogo nach CAMERON.

„ 67. „ „ Massai „ RATZEL.

„ 68. „ „ „ „ THOMSON.

„ 69. „ „ „ „ TIEDEMANN.

„ 70. „ „ Wadjagga „ THOMSON.

„ 71. „ „ Massai „ THOMSON.

„ 72. „ „ Kikuju „ HÖHNEL.

„ 73. Höhlengemälde der Buschmänner nach R. ANDREE.

Zur Paläoethnologie Mittel- und Südeuropas.

Von **Karl Penka**.

(Φαίνονται) . . . τὰ πρότερα . . . ῥᾳδίως ἕκαστοι τὴν ἑαυτῶν
ἀπολείποντες, βιαζόμενοι ὑπό τινων ἀεὶ πλειόνων.
Thukydides, I, 2.

Μεταναστάσεις δέδεκται, τῶν πλησιοχώρων εἰς τοὺς ἀσθενεστέρους
ἐξαναστάντων.
Strabo, VII. C. 305.

Eine der ersten methodischen Forderungen, die
wir an die urgeschichtliche Forschung stellen müssen,
ist die Forderung, für die vorgeschichtliche Zeit keine
Annahme zu machen, für die sich aus der geschichtlichen Zeit keine Analogien beibringen lassen. Und
thatsächlich zeigt es sich auch, dass, je tiefer wir
in das Dunkel der europäisch-arischen Urzeit vordringen, wir nur Vorgängen begegnen, die auch für
die historischen Perioden immer wieder bezeugt
werden. Die Ursache dieser Erscheinung liegt darin,
dass diejenigen Factoren, die wir seit Beginn der
geschichtlichen Zeit im Bereiche der arischen Völker-
welt wirksam finden, auch in der vorgeschichtlichen
Zeit, soweit natürlich die gegenwärtige geologische
Periode in Betracht kommt, wirksam waren.

I. Kelten und Gallier.

Die Beschreibung, die die römischen und griechischen Schriftsteller von der äusseren Erscheinung
der alten Gallier entwarfen, passt bekanntlich heute
nur mehr auf einen sehr geringen Theil der heutigen
Franzosen. Jene schilderten dieselben als Männer von
gewaltigem Körperbau, hohem Wuchse, blonden
Haaren, blauen Augen und weisser Hautfarbe, also
als Männer, die noch alle Merkmale des unver-
mischten arischen Typus an sich trugen. Dagegen
zeigen die heutigen Bewohner nicht nur des südlichen, sondern auch des mittleren Frankreich,
also gerade jenes Theiles, aus dem die den Römern
zunächst bekannt gewordenen cisalpinischen Gallier
(Bituriger, Arverner, Senonen, Aeduer, Ambarrer,
Carnuten, Aulerker)[1]) stammten, nicht mehr jene
Merkmale; dieselben sind in ihrer überwiegenden
Gesammtheit ein Volk von mittlerer Grösse, dunkler
Complexion und brachycephalem oder mesocephalem

[1]) Livius, v, 34.

Schädelbau[1]), zeigen also das gerade Gegentheil von
dem alten gallischen Typus, wie ihn nicht nur die
alten Schriftsteller beschrieben, sondern wie ihn
auch die griechischen Künstler zum Andenken an
die von Attalus I. (241—197) und Eumenes I. (197
bis 159) von Perganum über die Galater in Kleinasien erfochtenen Siege plastisch dargestellt haben.
Solange hohe Statur, blonde Haare, blaue Augen,
weisse Hautfarbe, dolichocephale Schädelform für
ausschliessliche Merkmale der Germanen galten und
nicht erkannt worden war, dass dieselben ursprünglich allen arischen Völkern zukamen, lag es nahe,
anzunehmen, dass die Gallier gar nicht dem grossen
keltischen Stamme angehörten, sondern Germanen
waren, die als Eroberer in das Land eingedrungen,
im Laufe der Jahrhunderte in der Masse der vor-
germanisch-keltischen Bevölkerung aufgegangen seien.
So haben noch in neuerer Zeit diese Frage K. v. Becker
und A. Hovelaque zu lösen gesucht. Ersterer machte
zur Grundlage seiner Beweisführung die schon von
den alten Schriftstellern gemachte Unterscheidung
zwischen Kelten und Galliern; was die ethnische
Stellung der Gallier anlangt, so sind dieselben ihm
mit A. Holtzmann identisch mit den Germanen.[2])
Letzterer glaubte, dass nach Gallien eingedrungene Germanen die Sprache der unterworfenen Kelten
angenommen haben. „Tous les blonds de haute taille
(Galates, Belges, Germains etc.) parlaient jadis des
idiomes teutoniques; la partie de cette race (Galates)
qui pénétra sur le territoire occupé par les Celtes
perdit sa propre langue et parla celtique, tandis

[1]) Bertrand, A., La Gaule avant les Gaulois. Seconde
édition. Paris 1891. Annexe F: L'indice céphalique des populations françaises par R. Collignon.

[2]) Becker, K. v., Versuch einer Lösung der Keltenfrage.
Karlsruhe 1883.

que les Germains, frères des Galates, conservaient leur idiome haut-allemand." [1])

So richtig auch Becker die Gallier von den Kelten geschieden hat, [2]) so verkehrt war es, die Gallier auch sprachlich den Germanen gleichzustellen. Aber auch die Hypothese Hovelacques hilft über die Schwierigkeiten des Problems nicht hinweg. Bekanntlich zerfallen die keltischen Sprachen in zwei Gruppen, die Goidelische und die Britonische; zur ersteren gehören die gälischen Dialecte von Irland, Man und Schottland, während die letztere aus dem Walisischen, Altcornischen und Bretonischen besteht. Nicht minder bekannt ist es, dass das Britonische hauptsächlich der Gebrauch des Consonanten p für ursprüngliches k charakterisirt, während die altgoidelischen Inschriften qu aufweisen, das in der späteren goidelischen Aussprache zu c (bezw. ch und g) geworden ist. Nun wissen wir, dass das Gallische (wie auch das Belgische) zur britonischen Gruppe gehörte. Dies ergibt sich hauptsächlich aus den erhaltenen altgallischen Worten, die überall den Labial haben, wo die goidelischen Dialecte den Guttural aufweisen: z. B. altgall. petor vier (in petorritum, vierräderiger Wagen), walis. pedwar, dagegen irisch ceathair, gäl. ceithre; altgall. epo Pferd (in eporedicos), gäl. each. Es stimmen ferner zahlreiche britonische Ortsnamen mit gallischen (und belgischen) überein oder sind doch

in den Wurzeln mit einander verwandt. [1]) Auch aus dem Umstande, dass, wie Caesar berichtet, [2]) häufig Gallier nach Britannien gingen, um den Unterricht der dortigen Druiden zu geniessen, können wir schliessen, dass das Gallische mit der Sprache der Britonen sehr nahe verwandt war,· was übrigens auch Tacitus ausdrücklich hervorhebt. [3]) Nun hat andererseits J. Rhys nachgewiesen, dass es auch unter den continentalen Kelten zwei Sprachen gegeben hat, die in ähnlicher Weise wie die Sprachen der Insel-Kelten durch den Gebrauch der Consonanten p und qu charakterisirt waren. Während die Sprache der Gallier p für ursprüngliches qu (k) gebrauchte, hatte die Sprache der „Celtae" das ursprüngliche qu behalten und glich in dieser Hinsicht wenigstens dem Altgoidelischen. [4])

Wäre nun die Hypothese Hovelacque's richtig und wären also die eingebrochenen Gallier Germanen gewesen, die die Sprache der unterworfenen Celtae angenommen hätten, dann müssten wir erwarten, dass das Gallische den Charakter des „Keltischen" (Keltikanischen) zeigte, was, wie wir soeben gesehen haben, nicht der Fall ist.

Im Uebrigen können die Gallier nur mit den späteren Trägern des Keltischen in einen anthropologischen Gegensatz gestellt werden; die ersten keltischen Ansiedler Frankreichs waren in somatischer Hinsicht von den später erschienenen Galliern nicht verschieden. Die in neolithischen Gräbern Frankreichs gefundenen Schädel, die in ihrer Mehrzahl dolichocephal sind, [5]) zeigen, wie zuerst auf dem Budapester internationalen Anthropologen-Congresse (1876) von Broca constatirt wurde, ganz dieselbe Form, wie sie die germanischen Schädel, sowie die Schädel anderer arischer Völker, die in alten

---

[1]) Hovelacque, A., Essai de solution d'un problème linguistico-ethnique. Revue de lingnistique. XVIII, 195.

[2]) Der Hauptgewährsmann für die Verschiedenheit der Gallier von den Kelten ist Posidonius (geb. um 103 v. Chr.) bei Diodor. V, 32: „Es ist nützlich. einen Unterschied zu machen, den Viele nicht kennen; es heissen nämlich die Bewohner des Binnenlandes jenseits Massalias, sowie die Bevölkerung, welche an den Alpen und nördlich von den Pyrenäen wohnt, Kelten; die Bevölkerung hingegen, die jenseits dieses (eigentlichen) Keltenlandes gegen Norden hin (so nach der von Niebuhr und Zeuss vorgeschlagenen Aenderung des πρὸς νότον in πρὸς ἄρχτον) am (nördlichen) Ocean und am hercynischen Walde und in dem Gebiete bis zum Lande der Skythen sitzt, führt den Namen Gallier. Die Römer fassen alle diese Völker unter dem einzigen Namen der Gallier zusammen." Wenn auch an dieser Stelle unter dem Namen „Gallier" (Γαλάται) jedenfalls auch Germanen inbegriffen sind, so war doch Holtzmann (Kelten und Germanen, Stuttgart 1855, S. 24) entschieden im Unrechte, wenn er auf Grund dieser und anderer Stellen behauptete, der Name Γαλάται bezeichne ausschliesslich Germanen. Andere Schriftsteller, die in ähnlicher Weise wie Posidonius die Kελτοί und Γαλάται unterscheiden, führen H. B. Chr. Brandes (Kelten und Germanen, Leipzig 1857, S. 125) und L. Diefenbach (Celtica, II. Bd., 1. Abth., Stuttgart 1840, S. 57 und 58) an.

[1]) Eine ausführliche Zusammenstellung derselben findet sich bei Brandes, Kelten und Germanen 58 f.

[2]) Caesar, Bell. Gall., VI, 13.

[3]) Tacitus, Agr. 11.

[4]) Rhys, J., The Celts and the other Aryans of the P und Q Groups. Philological Society. Read February 20, 1891. Mit Rücksicht auf den Umstand, dass der Name Kelten (Celtae, Kελτοί) sowohl von alten wie neuen Schriftstellern in umfassenderer Weise auch zur Bezeichnung der Gallo-Britonen gebraucht wurde, empfiehlt sich der Vorschlag Rhys', diese vorgallischen Kelten Galliens nach dem von Plinius (N. H., IV, 105) ihrem Lande beigelegten Namen Celtica Keltikaner zu benennen.

[5]) Broca, Revue scientifique, 1876, Nr. 7, p. 149 und J. Hervé, De l'indice céphalique en France pendant la période néolithique. Revue mensuelle de l'école d'anthropologie de Paris. II. 81.

3*

Gräbern gefunden worden sind, aufweisen.[1]) Ferner
steht es fest, dass es unter den Goidelen Irlands
sowohl wie Schottlands zahlreiche Blondhaarige und
Blauäugige gibt. H. MARTIN, der auf seinen Reisen
in Irland auf die Complexion der Iren seine besondere Aufmerksamkeit gerichtet hat, bemerkt hierüber Folgendes: „La grande majorité de l'Irlande
a les yeux bleus, et, si l'on regarde les enfants (c'est,
à qu'il faut juger la race), la moitié sont du blond
les plus pur; l'autre moitié est ou châtaine ou
rousse; les vrais brunoir, bruns à l'espagnole, sont
rares."[2]) Und in einem im Jahre 1057 am Hofe des
Königs Malkolm III. an die Bergschotten gerichteten
Gedichte werden dieselben ausdrücklich „blondhaarig"
genannt. Und auch heute noch kann man in einzelnen Districten und in manchen Thälern Hoch-
schottlands sehr viele Bewohner mit hochblonden
Haaren bemerken.[3])

Da sowohl die turanische (brachycephale) wie die
mittelländische (dolichocephale) Rasse (Iberer), die
sich beide neben der arischen Rasse an dem Aufbau
der heutigen Iren und Hochschotten betheiligt haben,
von dunkler Complexion sind, können die vorhin
erwähnten Merkmale (blaue Farbe der Augen, blonde
Farbe der Haare) nur von dem arisch-keltischen
Elemente der Bevölkerung herrühren.

Die Veränderungen, welche die Bevölkerung Frankreichs in somatischer Hinsicht von der neolithisch-
keltischen Periode an bis zur gallischen Periode in
der Weise erfahren hat, dass das dunkle brachycephale Element immer mehr das numerische Uebergewicht erlangte, so dass sogar die moderne Anthropologie (BROCA) diesem Elemente im Gegensatze zu
dem „kymrischen" (gallischen) den Namen „keltisch"
beilegen konnte, finden ihr Gegenstück in den
Vorgängen, die sich in demselben Lande nach
dem Einbruche der Gallier und später der Germanen und der dadurch stattgefundenen Ver-
stärkung des arischen Elementes wiederholten und
zum Schlusse dazu führten, dass die Bevölkerung
Frankreichs — den Norden und Nordosten ausgenommen — sich gegenwärtig wiederum als eine vorwiegend brachycephale dunkle Bevölkerung darstellt.
Erklärt aber kann diese Erscheinung nur in der-

selben Weise werden, wie die analogen Erscheinungen in allen übrigen Ländern erklärt werden
müssen, in denen gleichfalls das unvermischte arische
Element ganz erloschen ist oder sich doch nur in
schwachen Ueberresten erhalten hat, nämlich durch
die allmälig vor sich gehende Degeneration und das
schliessliche Erlöschen der arischen Rasse in Folge
der klimatischen Verschiedenheit jener Länder von
dem Klima, unter dessen Einflusse einst die charakteristischen Merkmale derselben entstanden waren.[1])

Den Hypothesen BECKER'S, HOVELACQUE's und ihrer
Vorgänger lag jedoch immerhin ein richtiger Gedanke zu Grunde, dass nämlich die Gallier in verhältnissmässig später Zeit, jedenfalls sehr lange nach
der ersten arisch-keltischen Besiedelung Galliens in
ihre späteren Wohnsitze gekommen sind. Um nun
die Frage zu beantworten, welche Gebiete dieselben
früher bewohnt und aus welchen Ursachen sie
diese verlassen haben, gewährt uns die Geschichte
sowohl wie die Linguistik werthvolle Anhaltspunkte.
CAESAR nämlich erzählt, dass er, als er beim Aus-
bruche des belgischen Krieges zu den Remern gekommen war und sich über die belgischen Völker
erkundigte, Folgendes erfahren habe: „Plerosque Belgas
esse ortos ab Germanis; Rhenumque antiquitus
traductos propter loci fertilitatem ibi consedisse
Gallosque, qui ea loca incolerent, ex-
pulisse."[2]) Aus dieser Stelle erfahren wir, dass die
Gallier früher die Gebiete bewohnt haben, die später
die Belgen einnahmen. Und dass diese Gebiete ihre
Stammsitze waren, die sie seit ihrer in der neolitischen Periode erfolgten Ansiedelung inne hatten, ergibt sich aus dem Umstande, dass sich in ihnen[3])
ebenso wie im benachbarten nordwestlichen Deutschland viele Orts- und insbesondere Flussnamen finden,
die ehedem auf gall. apa = lat. aqua, hochdeutsch
afa, affa ausgingen, die also den bereits früher erwähnten gallo-britonischen Gebrauch von p an Stelle
des „keltischen" (keltikanischen) qu (für ursprüngliches k) aufweisen. Wir erfahren aber auch aus der
Stelle CAESAR'S, dass die Belgen, deren Sprache nur
dialectisch von der Sprache der Gallier verschieden

[1]) KOLLMANN, J., Beiträge zur Anthropologie und Urgeschichte Bayerns. I. 159.
[2]) MARTIN, H., Études d'archéologie celtique. Paris 1872.
P. 124.
[3]) PRICHARD, Naturgeschichte des Menschengeschlechtes.
III. 1, S. 221.

[1]) PENKA. Herkunft der Arier 95 f.; derselbe, Die Entstehung der arischen Rasse. Ausland 1891. Nr. 7—10.
[2]) CAESAR, Bell. Gall., II. 4.
[3]) MÜLLENHOFF, Deutsche Alterthumskunde. II. 234. Auch
sonstige gallische Benennungen, die zwischen Rhein und
Weser nachweisbar sind, finden sich auf der linken belgischen
Rheinseite wieder. z. B. die Ruhr als Nebenfluss der Maas,
die Nida als Nebenfluss der Saar u. a.

war,[1]) ehedem am rechten Ufer des Rheines angesiedelt waren. Dass sie keineswegs von Germanen abstammten, sondern sich die Ehre dieser Abtsammung unberechtigterweise blos aus Prahlerei beilegten, zeigt einerseits die Verschiedenheit der Sprache derselben, andererseits Tacitus: „Treveri et Nervii circa affectationem Germanicae originis ultro ambitiosi sunt, tamquam per hanc gloriam sanguinis a similutidine et inertia Gallorum separantur." [2])

Wurden die Gallier von den Belgen aus ihren Stammsitzen verdrängt, so wurden andererseits von den verdrängten Galliern die Kelten, wenigstens zum Theile, aus ihren früheren Sitzen vertrieben, die nun ihrerseits theils ligurische Gebiete,[3]) theils Gebiete der pyrenäischen Halbinsel besetzten. Dies ergibt sich aus den Versen des Lucanus:

— — „profugique a gente vetusta
Gallorum Celtae miscentes nomen Iberis",[4])

in denen wir wohl mit Recht einen Nachklang alter Volkssagen, die der Dichter, ein geborener Spanier, leicht kennen lernen konnte, erblicken müssen.

Dass die nach der pyrenäischen Halbinsel vertriebenen Kelten, die zum Theile nach schweren Kämpfen allmälig mit der iberischen Urbevölkerung zu dem Mischvolke der Κελτίβηρες verschmolzen, Kelten im eigentlichen Sinne (Keltikaner) und keine Gallier waren, ergibt sich, abgesehen von der soeben angeführten Stelle des Lucanus, noch aus einer Reihe anderer Gründe. Zunächst findet sich bei den iberischen Kelten (Κελτοί, Κελτικοί, Κελτίβηρες) keine Spur des Namens der Gallier (Galli, Γαλάται). Ebensowenig hat jemals eine politische noch sonstige Verbindung mit Gallien bestanden. Ausserdem hat sich eine Reihe von keltischen Namen in Inschriften, die in Spanien und Portugal gefunden worden sind, erhalten (Alluquius, Arquius, Doquirus, Equaesus, Quarquerni u. a.), die an Stelle von gallischem p qu

aufweisen und die Rhys die Hauptgrundlage seines schon früher erwähnten Nachweises der Nothwendigkeit einer linguistischen Scheidung des Keltischen und Gallischen boten.[1]) Aber auch die Ortsnamen zeigen ein anderes Gepräge. Während auf der pyrenäischen Halbinsel sich zahlreiche Ortsnamen finden, deren zweiter Theil -bríga (= gall. dûnum) ist, z. B. Sego-briga, Laco-briga, erscheinen ähnlich gebildete Ortsnamen nur selten in Gallien, während andererseits das in gallischen Ortsnamen häufige -dûro und -magus in spanisch-keltischen Namen überhaupt gar nicht vorkommt. [2])

Es ist nun gewiss keine zu gewagte Hypothese, wenn man von vornherein zwischen der Vertreibung der spanischen Kelten aus Gallien durch die Gallier, der Vertreibung der Gallier aus dem belgischen Theile dieses Landes durch die Belgen und dem Wechsel der rechtsrheinischen Wohnsitze mit den linksseitigen bei den Belgen einen inneren Zusammenhang in der Weise annimmt, dass alle diese Ereignisse gleichzeitig oder doch nicht in weit auseinanderliegenden Zeiträumen stattfanden und dass das erste Ereigniss durch das zweite und das zweite durch das dritte verursacht war.

Für diese Annahme lassen sich aber auch positive Gründe anführen. Was nun die Zeit der Ankunft der

---

[1]) Zeuss, Die Deutschen und die Nachbarstämme 189.
[2]) Tacitus, Germ. 28.
[3]) Dies bezeugt die nach alten Urkunden bearbeitete Ora maritima des Avienus (V. 132):
„cespitem Ligurum subit
Cassum incolarum, namque Celtarum manu
Crebrisque dudum proeliis vacnata sunt.
Liguresque pulsi, ut saepe fors aliquos agit,
Venere in ista, quae per horrenteis tenent
Plerumque dumos."
Doch nicht alle Ligurer wurden aus ihren früheren Sitzen vertrieben; mit einem Theile derselben verschmolzen die Kelten zu dem Mischvolke der Κελτολίγυες (Strabo, IV, C. 203).
[4]) Lucanus, Phars., IV, 10.

[1]) Rhys, a. a. O. 2 f.
[2]) Was Spanien an brachycephalen Elementen aufweist, kam jedenfalls durch diese aus Frankreich vertriebenen Kelten, die sich gewiss im Laufe der Jahrhunderte durch Vermischung mit der vorarisch-brachycephalen Bevölkerung vom reinen arischen Typus weit entfernt hatten, dahin. Dies ergibt sich deutlich aus einer Vergleichung der geographischen Verbreitung der Kelten, wie sie durch die alten Schriftsteller für die iberische Halbinsel bezeugt ist. Es zeigt sich da, dass sich eine relativ brachycephale Bevölkerung nur in den Gebieten findet, in denen sich einst keltische Stämme niedergelassen hatten, nämlich im Inneren, sowie im südwestlichen und nordwestlichen Theile Spaniens (vgl. Prichard, Naturgeschichte des Menschengeschlechtes. III, 1, S. 37—39). während die Bevölkerung der übrigen Theile des Landes den wenig oder gar nicht veränderten dolichocephalen Typus der iberischen Urbevölkerung aufweist. Federico Olóriz (Distribuzion geográfica del Indice cefálico en España deducta de 8368 varones adultos. Madrid 1894. P. 276) hat nämlich gefunden, dass sich in Spanien eine relativ brachycephale Bevölkerung nur auf den Nordabhängen des Cantabrischen Gebirges, sowie in dem Küstenstriche zwischen Coruña und Santander, ferner in den ebenen Landstrichen des Südwestens von Huelva bis Motril und dann noch im Becken des mittleren Tajo findet. Die Höhepunkte der Brachycephalie erreicht Spanien in der Mitte (Toledo) mit 79·33. im Südwesten (Huelva mit 79·06, Cadiz mit 79·77 und Malaga mit 79.03) und im Nordwesten (Lugo mit 80·11, Oviedo mit 80·89).

Kelten in Spanien anlangt, so hat MÜLLENHOFF aus dem Umstande, dass einerseits in der Ora maritima des Avienus oder vielmehr in dem von ihm benützten alten Periplus, der seinerseits schon die im Jahre 600 v. Chr. erfolgte Gründung von Massilia, sowie das Aufblühen dieser Stadt voraussetzt, daher frühestens um die Mitte oder im dritten Viertel des VI. Jahrhunderts abgefasst sein kann, der Keltenname in Iberien noch nicht vorkommt, dass andererseits jedoch HERODOT im V. Jahrhunderte die Kelten in Iberien keineswegs mehr als Neuangekommene betrachtet, geschlossen, dass die Kelten im letzten Drittel oder Viertel des VI. Jahrhunderts nach der pyrenäischen Halbinsel gekommen sind.[1]) Doch ist es immerhin denkbar, dass die Ankunft derselben in diesem Lande erst im ersten Viertel des V. Jahrhunderts stattgefunden hat, da HERODOT erst nach der Rückkehr von seinen grossen Reisen, die vor 454 v. Chr. erfolgte, an die Ausarbeitung seines Geschichtswerkes ging. Andererseits muss angenommen werden, dass der erste Einbruch der Germanen aus ihrer skandinavischen Heimat[2]) in Deutschland, der gewiss grosse Völkerverschiebungen in dem von demselben zunächst betroffenen Theile zur Folge haben musste, nicht gar lange vor dem Beginne unserer Zeitrechnung stattgefunden haben kann. Dies ergibt sich vor Allem aus dem Gesammtcharakter der germanischen Grundsprache und dem Verhältnisse der einzelnen germanischen Dialecte zu derselben und unter einander. MÜLLENHOFF ist der bestimmten Meinung, dass die sprachlichen Unterschiede zwischen den „Ostgermanen", zu denen bekanntlich die Nordgermanen gerechnet werden, und den „Westgermanen" um den Anfang unserer Zeitrechnung und in den ersten ihm folgenden Jahrhunderten so gering waren, dass nicht nur die „Westgermanen" sich unter einander ohne Mühe verständigten, sondern auch mit den „Ostgermanen" und umgekehrt; nie sei auch von einer Mehrheit germanischer Sprachen bei den

Römern die Rede und noch im VI. Jahrhunderte sagt PROKOP, dass alle östlichen Völker, die Vandalen, Gepiden, Gothen, dieselbe Sprache redeten. „Im Lautsystem, wie in der Stamm- und Wortbildung, in der Declination und Conjugation stimmen die germanischen Sprachen im Grunde so sehr überein, dass von uralter Spaltung und Trennung nicht die Rede sein kann."[1])

Was nun zunächst die Belgen, die dem Anprall der Germanen zuerst ausgesetzt waren, betrifft, so wissen wir aus der schon S. 20 mitgetheilten Stelle Cäsar's, dass sich noch bei ihnen die Kunde erhalten hatte, dass sie voralters (antiquitus) am rechten Rheinufer ihre Sitze hatten. Dass sie es verschwiegen, dass sie von dort von den Germanen vertrieben worden sind, darf uns bei ihrer auch anderweitig bezeugten Eitelkeit (s. S. 21) nicht Wunder nehmen. Was aber die Zeit ihrer Vertreibung anlangt, so haben wir archäologische und linguistische Anhaltspunkte, die darauf hinweisen, dass sie ungefähr in dieselbe Periode fiel, in welcher die Vertreibung der Kelten aus Gallien nach der iberischen Halbinsel stattgefunden hat. Die von den Belgen vertriebenen Gallier flüchteten nicht nur nach dem eigentlichen Gallien, sondern auch nach Britannien und verpflanzten dahin nicht nur ihre Sprache (das sogenannte Britonische), das Volk und die Sprache der Goidelen nach Westen und Norden verdrängend,[2]) sondern auch ihre Cultur, jene Cultur, die die englischen Archäologen als „late celtic" bezeichnen und die mit der specifisch gallischen und durch die Gallier über weite Gebiete verbreiteten sogenannten La Tène-Cultur des Continents, die bekanntlich bis zum Auftreten der römischen Provincial-Cultur die letzten vorchristlichen Jahrhunderte ausfüllt, identisch ist. Und dass diese Cultur nicht blos etwa durch eine neue Culturströmung, sondern durch eine neue Einwanderung nach Britannien gekommen ist, ergibt sich aus den neuen Grabgebräuchen, die zugleich mit den neuen Culturformen daselbst auftreten.

Spricht also schon dieser Umstand dafür, dass die Gallier (Britonen) nicht gar lange vor dem Beginne unserer Zeitrechnung nach Britannien gekommen sind, so weist auch noch darauf die Thatsache hin, dass die Sprache der Britonen noch zur Zeit Cäsar's der Sprache der Gallier so nahe stand, dass, wie bereits S. 19 hervorgehoben, letztere die Sprache der

---

[1]) MÜLLENHOFF, Deutsche Alterthumskunde. I, 108 und II. 236. Doch waren diese Kelten keineswegs der erste arische Stamm, der den Boden der pyrenäischen Halbinsel betrat. Denn schon sehr lange vorher, und zwar noch zu der Zeit, als die arischen Völker ihre Todten in megalithischen Gräbern bestatteten, hatten sich von Frankreich aus Abkömmlinge der Vorfahren der späteren Kelten über dieselbe und von da aus weiter über den Nordrand Afrikas verbreitet.

[2]) Den näheren Nachweis hiefür enthält die von mir in diesen Mittheilungen (Bd. XXIII, 1893, S. 45 f., auch als Sonderabdruck in Commission bei K. W. HIERSEMANN in Leipzig) erschienene Abhandlung: „Die Heimat der Germanen".

---

[1]) MÜLLENHOFF, Deutsche Alterthumskunde. III, 202.

[2]) RHYS, Celtic Britain. London 1882. S. 213.

ersteren ohne Schwierigkeit verstanden. Es konnte daher die Trennung beider Völker vor nicht gar zu langer Zeit stattgefunden haben.

Fassen wir nun alle diese Momente zusammen, so erscheint es jedenfalls in hohem Grade wahrscheinlich, dass wirklich zwischen dem ersten Einbruche der Germanen in Deutschland einerseits und der Vertreibung der Belgen, Gallier und Kelten aus ihren früheren Wohnsitzen andererseits ein innerer Zusammenhang in der Weise besteht, dass die eine Vertreibung die andere zur Folge hatte. Demgemäss können wir den Beginn der germanischen Einbrüche in Deutschland ungefähr in dieselbe Zeit setzen, die oben für die Ankunft der Kelten in Spanien berechnet worden ist.

II. Illyrier und Italiker.

Den Gebrauch von p für ursprüngliches k theilt das Gallisch-Belgische nicht nur mit dem ihm zunächst verwandten Britonischen, sondern auch mit einem Hauptzweige des Italischen, dem Umbrisch-Oskischen, wie folgende Beispiele zeigen mögen: umbr. petur, z. B. in petur - pursus = lat. quadru - pedibus, gall. petor (in petor - ritum, Pflugschar mit vier Rädern), irisch cethar; lat. quis = umbr. pis, gall. puy, irisch cia. Doch zeigt nicht nur in diesem Punkte das Gallisch-Britonische eine vollkommene Uebereinstimmung mit dem Umbrisch-Oskischen, sondern überhaupt weisen die keltischen Sprachen (das Wort keltisch in der gewöhnlichen weiteren Bedeutung genommen) eine solche Menge gemeinsamer Züge, insbesondere — was für unsere Frage besonders wichtig ist — auf dem Gebiete der Neubildungen mit den italischen Sprachen (Umbrisch-Oskisch, Lateinisch) auf, dass man mit vollem Rechte von einer keltisch-italischen Spracheinheit und einer gemeinsamen Abstammung der Kelten und Italiker [1] sprechen kann. Diese Uebereinstimmung zeigt sich sowohl auf dem Gebiete der Declination, wie auf dem der Conjugation. Die von WHITLEY STOKES

---

[1] Die nähere Verwandtschaft des Umbrischen mit dem Gallischen haben bereits alte, sehr competente Grammatiker erkannt. Die sich hierauf beziehenden Zeugnisse hat DIEFENBACH, Celtica, II, 1, S. 112, zusammengestellt: „SERVIUS zu Vergil, Aen., XII, 753: „Sane Umbros Gallorum veterum propaginem esse M. Antonius refert." Dieses Zeugniss ist deswegen von besonderer Wichtigkeit, weil M. Antorius Gnipho, der Lehrer Cäsar's, ein in Gallia cisalpina geborener Gallier war: SOLIN., II, 11: „Bocchus absolvit Gallorum veterum propaginem Umbros esse"; ISID., Orig. IX. 2: „Umbri Italiae genus est, sed Gallorum veterum propago."

für das Substantivum, Adjectivum und Numerale reconstruirten protokeltischen Formen sind mit den italischen vollkommen identisch und treten als solche in einen scharfen Gegensatz zu den entsprechenden Formen der übrigen arischen Sprachen. [1]

Was die Conjugation anlangt, so bilden die keltischen Sprachen geradeso wie die italischen 1. das Medio-Passiv mit r, ein Suffix, das weder im Griechischen, noch im Germanischen, noch überhaupt in einer arischen Sprache Europas vorkommt und dessen Bedeutung von der Bedeutung desselben Suffixes im Indisch-Eranischen, wo es active Bedeutung besitzt, [2] wesentlich verschieden ist, [3] 2. den Conjunctiv mit â [4] und 3. das Futurum der abgeleiteten Verba mit b.

Fragen wir nun, in welchem Theile Europas die Kelten und Italiker noch ein Volk bildeten und eine Sprache redeten, so müssen wir von vornherein jene Länder im Süden und Osten aussondern, die erst zur Zeit der grossen, durch das Vordringen der Germanen in Mitteleuropa verursachten keltischen Wanderzüge keltische Bewohner erhalten haben, und unser Augenmerk zunächst auf die altkeltischen Länder, d. i. jene richten, von denen es feststeht, dass sie vor der keltischen Besiedelung keine andere arische Bevölkerung besessen haben. Solche altkeltische Länder sind das mittlere und nordwestliche Deutschland, die britischen Inseln, Frankreich mit Belgien und Holland und endlich die pyrenäische Halbinsel. Ausgeschlossen hievon sind die Länder der österreichisch-ungarischen Monarchie mit Ausnahme Böhmens, sowie das ganze Gebiet Russlands, die apenninische und die Balkanhalbinsel. Die arischen Urbewohner dieser Länder gehörten entweder dem slavo-baltischen, skythischen, thrakischen oder illyrischen Sprachstamme an. Auch Süddeutschland kann bei dem heutigen Stande unserer Kenntnisse aus Gründen, die später dargelegt werden sollen, nicht als ein altkeltisches Land im strengen Sinne des Wortes angesehen werden. Dieser Theil Europas muss ferner aus Gründen, die wir oben dargelegt haben, sich der Erhaltung des arischen Typus günstig erweisen, muss im Verbreitungsgebiete der Buche

---

[1] STOKES, WHITLEY, Celtic declension. BEZZENBERGER's Beiträge zur Kunde der indogermanischen Sprachen. XI, 162—175.

[2] ZIMMER, H., Keltische Studien. 8. Ueber das italokeltische Passivum u. Deponens. KUHN's Zeitschrift für vergleichende Sprachforschung. XXX, 224 f.

[3] THURNEYSEN, R., Der italokeltische Conjunctiv mit â. BEZZENBERGER's Beiträge zur Kunde der indogermanischen Sprachen. VIII, 269 f.

(lat. fagus, ahd. buohha) und des Epheu (s. u.) liegen, Flüsse besitzen, in denen der Aal (anguilla, altsl. ągulja) vorkommt, und endlich vom Meere bespült werden (lat. mare, gall. more, altir. muir Meer).

Von den soeben erwähnten altkeltischen Ländern kommen die pyrenäische Halbinsel, die ihre keltische Bevölkerung erst in verhältnissmässig später Zeit aus Frankreich erhalten hat, Frankreich, dessen gallische Bevölkerung gleichfalls in später Zeit aus Gallia Belgica eingewandert ist, ebenso die britischen Inseln mit ihrer gleichfalls spät von dem Continente eingewanderten britonischen Bevölkerung für unsere Frage nicht in Betracht und so bleiben nur Belgien, Holland, sowie das mittlere und nordwestliche Deutschland als jene Länder übrig, in denen wir die Ursitze des kelto-italischen Volkes suchen müssen. Diese Länder entsprechen aber auch den floristisch-faunistischen Bedingungen, die wir soeben für das kelto-italische Stammland aufgestellt haben: es wächst in denselben die Buche und der Epheu, in ihren Flüssen findet sich der Aal und das Meer bespült ihre Küsten.

Es wurde bereits oben ausgeführt, dass sich innerhalb der italischen Sprachen das Umbrisch-Oskische durch eine lautliche Eigenthümlichkeit (p für ursprüngliches k) von dem Lateinischen unterscheidet, wie innerhalb der keltischen Sprachen das Gallisch-Britonische von dem Goidelischen.[1] Daraus folgt, dass diese beiden Sprachgruppen (das Umbrisch-Oskische einerseits und das Gallisch-Britonische andererseits) enger zusammengehören und innerhalb der italo-keltischen Spracheinheit eine engere Sprachgemeinschaft bilden. Es muss nun zunächst unsere Aufgabe sein, innerhalb der Grenzen Deutschlands, Belgiens und Hollands die Wohnsitze der späteren Umbrer, Gallier und Britonen für die Zeit zu finden, als diese Völker noch eine Einheit bildeten.

Zur Lösung dieser Aufgabe erscheint sowohl die linguistische wie die archäologische Forschung in gleicher Weise berufen: erstere deshalb, weil wir erwarten können, dass wenigstens noch die erhaltenen Orts-, Berg- und Flussnamen dieselbe lautliche Eigenthümlichkeit zeigen werden, letztere, weil wir erwarten können, dass die noch erhaltenen Ueberreste ihrer Cultur denselben Charakter aufweisen werden, den die Cultur der Umbrer in ihren späteren Sitzen auf-

weist. Und dies ist auch wirklich der Fall. Wie schon früher erwähnt, gibt es im nordwestlichen Deutschland, und zwar in dem Gebiete, das im Süden vom Main und im Osten von der Leine begrenzt wird, sowie im angrenzenden Belgien und Holland eine grosse Menge von Orts- und besonders **F l u s s - n a m e n**, die Composita sind und deren zweiter Theil nach dem Ausweise der Urkunden ehemals auf apa ausging, ein Wort, das gewiss mit lat. aqua, got. ahva, alts. ahd. aha identisch ist, also genau denselben Lautwechsel (p für ursprüngliches k) zeigt, den wir als ein charakteristisches Merkmal des Umbrisch-Oskischen, wie des Gallisch-Britonischen kennen gelernt haben.

Die grosse Menge dieser gleichartigen Namen — Müllenhoff zählt deren über 30 im westlichen Gebiete der Werra und Fulda, etwa 20 im Gebiete der Lahn, in der Wetterau und am Taunus und eine nicht minder grosse Anzahl in Westfalen[1] — zeigt, dass wir es hier mit keiner sporadischen und vielleicht anders zu erklärenden Erscheinung zu thun haben, und berechtigt uns schon vom sprachlichen Standpunkte aus, dieses Gebiet wirklich für das gesuchte Stammland der späteren Umbrer, Gallo-Belgen und Britonen zu halten.

Bevor wir dieses Ergebniss der sprachlichen Untersuchung vom archäologischen Standpunkte aus prüfen und dann weiter in die Erörterung der Frage eingehen, zu welcher Zeit die späteren Umbrer ihr Stammland verlassen haben, ist es nothwendig, zu wissen, in welcher Weise die erste arische Besiedelung Europas vor sich gegangen ist, ob auf dem Wege der eigentlichen Auswanderung, bei welcher grosse, einheitlich geleitete Volksmengen zuvor weite Länder durchziehen, bevor sie in der neuen Heimat sich niederlassen, ein Vorgang, der für die sogenannte Völkerwanderungsperiode bezeugt ist und den man noch gegenwärtig allgemein auch für jene Periode der ersten arischen Besiedelung Europas annimmt, oder auf dem Wege einer allmälig fortschreitenden Ausbreitung, wie beispielsweise die europäische Colonisation Nordamerikas im Anfange vor sich gegangen ist, eine Anschauung, die in neuerer Zeit einige Vertreter (Spiegel, Forrer, Vodskov, M. Much)[2] gefunden hat.

---

[1] Die Entstehung dieser lautlichen Eigenthümlichkeit fällt jedenfalls in eine verhältnissmässig späte Periode, nachdem bereits über grosse Gebiete Frankreichs und der britischen Inseln sich Kelten (der Q-Gruppe) verbreitet hatten, so dass die Sprachen dieser von derselben unberührt geblieben sind.

[1] Müllenhoff, Deutsche Alterthumskunde. II. 234.
[2] Spiegel, Fr., Ausland 1871, S. 557; Forrer R., Antiqua 1887, S. 24; Vodskov, H. S., Sjæledyrkelse og naturdyrkelse. Erster Theil. Kopenhagen 1890; Much, M., Die Kupferzeit in Europa. Zweite Auflage. Jena 1893. S. 306.

Es kann kein Zweifel sein, dass die letztere Ansicht die allein richtige ist. Denn es ist bei dem Umstande, als die vorarische Bevölkerung Europas jedenfalls ausserordentlich dünn war und einen nachhaltigen Widerstand gegen das Vordringen der Arier zu leisten nicht vermochte und in Folge dessen in die Gebirge zurückwich, wo sie, erst in verhältnissmässig später Zeit arisirt, noch heute den Hauptbestandtheil der Bevölkerung ausmacht, nicht einzusehen, warum das arische Urvolk, als ihm die Grenzen seines Heimatlandes in Folge der Zunahme der Bevölkerung zu enge wurden, sich nicht allmälig über die demselben benachbarten Gebiete verbreitet haben, sondern unter grossen Schwierigkeiten über weite Gebiete nach fernen unbekannten Ländern gewandert sein sollte. Dazu kommt noch ein anderes Moment. Wäre nämlich die Auswanderungstheorie richtig, so müssten wir erwarten, in den archäologischen Ueberresten aller von arischen Völkern besetzten Länder die Ueberreste einer vollkommen gleichen Cultur zu finden, nämlich jener Cultur, wie sie das arische Urvolk zur Zeit, als es noch in Sprache und Cultur ein einheitliches Ganze bildete, besessen hatte. Dies ist jedoch keineswegs der Fall. Trotzdem nicht geleugnet werden kann, dass die archäologischen Ueberreste, wie sie der Spaten in allen arischen Ländern Europas zu Tage gefördert hat, von der jüngeren Steinzeit an bis zur ersten Metallzeit die unverkennbaren Züge einer gewissen Familienähnlichkeit an sich tragen, die auf eine gemeinsame Herkunft hinweisen und eine stetige. wenn auch langsame und von allophylen Elementen unbeeinflusst gebliebene Entwicklung voraussetzen, so kann doch andererseits nicht geleugnet werden, dass zwischen der neolithischen Cultur der s ü d s k a n d i n a v i s c h e n U r h e i m a t der A r i e r und der Cultur der ersten arischen Ansiedler Klein- und Vorderasiens, Griechenlands, Italiens, Spaniens und anderer im Süden und in der Mitte Europas gelegenen Länder ganz erhebliche Unterschiede vorhanden sind, die nur erklärt werden können, wenn man annimmt, dass der Zeit des ersten Auftretens arischer Ansiedler in den genannten Ländern eine viele Jahrhunderte umfassende Periode selbstständiger Entwicklung vorausgegangen ist. Während — um nur den hervorstechendsten Unterschied hervorzuheben — das arische Urvolk in seiner Heimat noch kein Metall — auch nicht das Kupfer[1] — kannte, zeigen nach den Unter-

suchungen J. DE MORGAN's schon die ältesten, den europäischen sonst ganz gleichen Dolmen der im Südwesten des Kaspisees gelegenen, jetzt zu Russland gehörigen, doch seiner Bevölkerung nach iranischen (persischen) Provinz Linkoran ausschliesslich Waffen von Bronze, ein Beweis, dass die ersten arischen Einwohner dieses Landes schon im Besitze der Bronze waren, als sie die Thäler desselben betraten.[2] Ebenso fand SCHLIEMANN in der ersten wie in der zweiten prähistorischen Stadt von Hissarlik Kupfergeräthe (Punzen, Spangen, Pfeilspitzen, Messer),[3] was wiederum beweist, dass die Thraker schon das Kupfer kannten, als sie von Europa nach Asien zogen. Und obgleich in der ältesten Ansiedelung von Tiryns nichts von Metallen gefunden wurde, das ihr derselbe Forscher mit Bestimmtheit zuschreiben konnte, zweifelt er dennoch nicht, dass Bronze und Kupfer damals schon daselbst bekannt und im Gebrauche waren.[3] Und auch TSUNTAS schliesst, trotzdem in den tiefsten Schichten von Tiryns und Mykenä, sowie in Thera die Steingeräthe prävaliren, aus dem Umstande, dass sich doch stets Metall gezeigt, dass, als die Minyer, Danaer und die anderen verwandten Völker im dritten Jahrtausende v. Chr. nach Griechenland gekommen, ihnen die Metalle wohl nicht mehr ganz unbekannt, wenn auch noch sehr selten und im geringen Gebrauche waren.[4] Entspricht es zwar nicht den Thatsachen, wenn seinerzeit HELBIG behauptete, dass die ersten arischen Ansiedler Italiens, die er für Italiker erklärte, schon im Besitze der Bronze waren, als sie dieses Land betraten,[5] so ist es doch sicher, dass ihnen das Kupfer schon bekannt war; die Terramaren allerdings gehören bereits der Bronzezeit an. Bekannt ist es ferner, dass die Dolmen Südfrankreichs und der pyrenäischen Halbinsel bereits Geräthe und Waffen aus Metall (Kupfer und Bronze) enthalten, während hingegen die Dolmen Nordfrankreichs, wie die Belgiens, Hollands, Norddeutschlands und der skandinavischen Länder noch der reinen Steinzeit angehören.

Dass die erste arische Besiedelung Europas und Asiens in verhältnissmässig rascher Zeit vor sich

[1] PENKA, Die Kupferzeit in Europa. Oesterr.-Ungar. Revue, XIV, 1893. S. 396 f. Nach der Ansicht MONTELIUS' (Archiv für Anthropologie. XXIII, 448) ist das Kupfer nach Dänemark und Schonen erst zu Anfang des zweiten Jahrtausends v. Chr. eingeführt worden.

[2] MORGAN, J. de, Les nécropoles préhistoriques du nord de Perse. Revue archéologique. III. série, 16. tome, 1890. pag. 7.

[3] SCHLIEMANN, Ilios 282—285.

[3] SCHLIEMANN, Tiryns 87.

[4] TSUNTAS, CHR., Μυκῆναι. Ἀθήνησι 1893. S. 246.

[5] HELBIG, Die Italiker in der Poebene 19.

ging, hatte darin seinen Grund, dass das mit Wald und Sumpf bedeckte Gebiet Europas ungleich grösser als gegenwärtig war, als Wegweiser nur die Flüsse dienen konnten und Ansiedelungen nur da möglich waren, wo sich eine Quelle, ein Bach, ein Fluss oder See in unmittelbarer Nähe befand Im Osten Europas, sowie im angrenzenden Asien musste die Ausbreitung der Arier noch viel rascher erfolgen, weil der durch die klimatischen Verhältnisse verursachte Uebergang von dem Leben sesshafter Ackerbauer und Viehzüchter zum Leben von Wanderhirten die Besetzung weitaus grösserer Flächen, als sie der Ackerbau erfordert haben würde, nothwendig machte.[1])

Ist nun die Ausbreitungstheorie richtig, dann geht es schon vom Standpunkte dieser Theorie nicht weiter mehr an, in den ersten arischen Besiedlern Italiens Umbrer bezw. Italiker zu sehen, wie man es seit dem Jahre 1879, dem Jahre der Veröffentlichung von W. Helbig's Buch: „Die Italiker in der Poebene", fast allgemein zu thun pflegt. Wären nämlich die Erbauer der oberitalischen Pfahlbauten und Terramaren wirklich die Vorfahren der späteren Umbrer und Osker gewesen, wie Helbig annimmt, so müssten sich in allen jenen Gebieten, die zwischen dem oben nachgewiesenen Stammlande derselben und Oberitalien liegen, soweit sie von den sich allmälig gegen Süden ausbreitenden Italikern der P-Gruppe besiedelt worden wären, in den Orts- und Flussnamen jene durch den zweiten Theil (- apa) charakterisirten Composita wiederfinden, die sich, wie bemerkt, in grosser Anzahl im Gebiete Nordwestdeutschlands, Belgiens und Hollands nachweisen lassen. Dies ist jedoch nicht der Fall und schon dieser Umstand muss uns bestimmen, anzunehmen, dass die Vorfahren der späteren Umbrer und Osker nicht schon in der Periode der Ausbreitung, sondern in der erst später anhebenden Periode der Auswanderung nach Italien gekommen sind.

Zu demselben Ergebnisse kommt man übrigens auch noch auf einem anderen Wege. Vom archäologischen Standpunkte nämlich stellt sich die erste arische Bevölkerungsschichte, die sich über Italien verbreitet hat, als eine Abzweigung der im benachbarten Krain angesiedelten ersten arischen Bevölkerungsschichte dar. Schon Mehlis hat darauf hingewiesen, dass schon von vornherein die Annahme unmöglich sei, dass Italien seine erste arische Bevölkerungsschichte über die Westalpen erhalten hätte.[2]) Aber auch über den

[1]) Penka, Heim. d. Germ., a. a. O. 63.
[2]) Mehlis, C., Der Stand der Pfahlbautenfrage. Hamburg 1883. S. 20.

Brenner hat es dieselbe nicht erhalten. Dies hat Panizza nachgewiesen, indem er darauf hinwies, dass die im Trentino gefundenen Steingeräthe eine ganz besondere Aehnlichkeit mit den im Pothale gefundenen haben, dass in den östlichen Thälern des Trentino keine Steingeräthe, ebensowenig solche im nördlichen Theile desselben oberhalb Siegmundskrons gefunden worden seien. Er schliesst daraus mit Recht, dass das Trentino seine ersten Bewohner aus dem Pothale über den Gardasee erhalten hat.[1]) Von Krain hingegen bot sich durch die zwischen den Julischen Alpen und dem Adriatischen Meere gelegene Hochebene des Karst, wie Forrer richtig erkannt hat, die günstigste Gelegenheit zum weiteren Vordringen in die Ebenen Oberitaliens, die damals noch zum grössten Theile mit Wald bedeckt waren. Und diese Annahme machen auch die archäologischen Funde in höchstem Grade wahrscheinlich. Denn „es zeigen," wie der soeben genannte Forscher richtig bemerkt, „die Laibacher Ansiedelungen in ihren Funden eine hohe Uebereinstimmung einerseits mit den oberösterreichischen, süddeutschen und schweizerischen Seestationen, andererseits mit den Pfahlbauniederlassungen in Italien. Betrachten wir hiezu noch die geographische Lage Laibachs, so können wir uns des Gedankens nicht erwehren, dass die Laibacher Pfahlbauten die übrigen österreichischen Seeansiedelungen nicht nur geographisch, sondern auch materiell mit

[1]) Panizza, Augusto, Sui primi abitatori del Trentino. Archivio Trentino. I, 7 sequ. Zur Ergänzung der Ausführungen Panizza's möge noch Einiges aus dem auf der Innsbrucker Anthropologen-Versammlung (1894) von Wieser gehaltenen Vortrage (Correspondenzblatt 1895, S. 9—11) mitgetheilt werden. Neolithische Stationen gebe es in der unmittelbaren Umgebung von Trient, bei Roveredo, auf dem Nonsberge u. s. w. „Erst in neuerer Zeit ist es dann gelungen, mehrere neolithische Stationen auch in Deutschtirol nachzuweisen." Eine der interessantesten Stationen dieser Art sei St. Hippolyt bei Meran Im nördlichen Tirol seien verschiedene Einzelfunde aus der neolithischen Zeit bekannt geworden, aber es lasse sich nicht bestimmt sagen, ob eigentliche Stationen vorhanden waren, und wir seien vorderhand nicht berechtigt, von neolithischen Stationen im Norden Tirols zu sprechen. „Von zahlreichen Stationen in Südtirol besitzen wir Artefacte aus der Uebergangszeit der neolithischen in die Bronzecultur, die sich mit den Funden in den Terramaren der Poebene decken. Eigentliche Terramaren haben bisher mit Sicherheit in Tirol nicht nachgewiesen werden können, so wenig als eigentliche Pfahlbauten. Aber der halbmondförmige Henkel aus der Terramaren-Cultur, die ansa lunata der italienischen Prähistoriker, kommt bei uns gar nicht selten vor. Auch sonst treffen wir die eigenthümliche Decorationsweise der Terramaren-Cultur gelegentlich in den südtirolischen Stationen."

den ältesten Wassercolonien Italiens verbunden haben".[1] Im Karste liegen auch die beiden bekannten Höhlenfundstätten von St. Canzian (bei Divazza-Triest) und Duino bei Monfalcone (Triest), in denen neben dem sonstigen Fundinventar der neolithischen Periode auch Kupfergeräthe wie in den Laibacher und oberösterreichischen Pfahlbauansiedelungen gefunden worden sind.

Von den Ornamenten der in Duino gefundenen Thongefässe bemerkt Much ausdrücklich, dass sie den Verzierungen der Gefässe aus den Laibacher Pfahlbauten ähnlich sind.[2]

Stellt sich also die erste arische Bevölkerungsschichte, die sich in Italien niedergelassen hat, als eine Abzweigung der ältesten arischen Bevölkerungsschichte Krains und des angrenzenden Küstenlandes dar, so gehörte dieselbe jedenfalls auch demselben Stamme an: dann bestand sie aus Illyriern und nicht aus Italikern. Denn dies ist eine unbestrittene Thatsache, dass die ältesten arischen Bewohner der genannten Länder, sowie der im Norden derselben gelegenen Alpenländer, dann des westlichen Ungarns (Pannoniens), wie Kroatiens und Slavoniens zum illyrischen Stamme gehörten. Ebenso sind das heutige Dalmatien, Bosnien sammt der Hercegovina, sowie Albanien altillyrische Länder. Wenn nun auch Italien zu diesen Ländern gezählt werden muss, so wird es uns durchaus nicht mehr befremden, wenn gewisse archäologische Formen, die man früher für specifisch „italisch" hielt, auch ausserhalb Italiens in illyrischen Ländern gefunden worden sind; wir werden im Gegentheile darin nur einen weiteren Beweis für die Unrichtigkeit der Ansicht erblicken, welche in den ersten arischen Besiedlern Italiens Italiker sah. So wurde der halbmondförmig gehörnte Thonschalenhenkel (die „ansa lunata") in den letzten Jahren

nicht nur in Istrien (auf dem Castellier in Corridico, auf dem Castellier von Villanova bei Verteneglio, an der Pizzughi bei Parenzo), sondern auch in Bosnien (Blažuj, westlich von Sarajevo, Sobunar, Glasinac) gefunden.[1] Diese Uebereinstimmung zwischen den im Osten und Westen der Adria gelegenen illyrischen Gebieten erstreckt sich sogar bis auf die Nebenformen dieses Henkeltypus, wie sie im Gebiete der Euganeer einerseits und in Sobunar und Zlatište bei Sarajevo, sowie in den Ringwällen auf dem Glasinac andererseits gefunden worden sind,[2] sowie auch auf gewisse Ornamente der Gefässe, wie sie einerseits die Pfahlbauten von Arquà (im Gebiete der Euganeer) und Istrien und die Hercegovina andererseits geliefert haben,[3] und erklärt sich nur daraus, dass die Illyrier schon in ihren älteren Wohnsitzen oberhalb der Adria diese charakteristischen Formen, die wir mit vollem Rechte als illyrisch bezeichnen können, ausgebildet hatten.[4]

Führt nun diese Vergleichung der archäologischen Funde Italiens mit denen der Nachbarländer, dessen erste arischen Bewohner sicher dem illyrischen Stamme angehörten, auf Grund der Ausbreitungstheorie dazu, auch die erste arische Bevölkerungsschichte Italiens als Illyrier und nicht als Italiker anzusprechen, so könnte man ferner ohneweiters eine directe Bestätigung dieses Ergebnisses in dem Umstande erblicken, dass noch in historischer Zeit ein illyrischer Stamm in dem südöstlichen Theile Italiens, dorthin anscheinend von den später erschienenen Italikern zurückgedrängt, gelebt hat. Es sind das die aus den Dauniern, Poedikulern (oder Peucetiern) und den Messapiern (oder Sallentinern) bestehenden Japyger

[1] Forrer. R., Die Verbreitung der Pfahlbauten in Europa. Antiqua 1887. S. 27. Dass die Laibacher Pfahlbauansiedelungen sich zunächst an die oberösterreichischen anschliessen und mit diesen gleichsam eine engere Gruppe innerhalb der alpinen Pfahlbauansiedelungen bilden, hat bereits früher schon Mehlis (a. a. O. 2) aus der Aehnlichkeit der Ornamentik der Thongefässe erkannt. „Anstatt der rohen Tupfen und Einkerbungen, mit welchen die Ostschweizer ihre Töpfe verzierten, sehen wir hier die gerade Linie, die Bogenlinie, den Punkt, den Kreis und das Dreieck in der verschiedensten Weise angewendet." Auch Much (a. a. O. 17) bemerkt. dass die in den Pfahlbauten des Laibacher Moores gefundenen Thongefässe denselben Charakter, wie jene aus den oberösterreichischen Seen hätten, nur seien sie etwas vollkommener. mannigfaltiger und auch reicher verziert.

[2] Much, a. a. O. 24.

[1] Hoernes, M., Zur prähistorischen Formenlehre. I. Theil. Wien 1893. S. 6.

[2] Hoernes, a. a. O. 7.

[3] Hoernes, a. a. O. 8.

[4] Während. wie wir schon früher dargelegt haben, die oberitalischen Pfahlbauten und Terramaren durch die im Karste gelegenen Stationen von St. Canzian und Duino mit den Laibacher Pfahlbauten verbunden sind, konnte andererseits A. Hoedinger (im „Correspondenzblatt" 1895, S. 25) auf Grund seiner Untersuchungen feststellen, dass die in der berühmten Station von Butmir (hinter dem Schwefelbade Ilidze in Bosnien) gemachten Funde sowohl der Form als dem Materiale nach mit seinen Karstfunden nahezu identisch, nur vielleicht etwas jüngeren Datums sind. Und schon Hoernes (Urgeschichte des Menschen. Wien 1892. S. 544) hat darauf hingewiesen, dass die spätneolithische und bronzezeitliche Cultur der illyrischen Castellieribevölkerung Istriens einerseits vielfach in schlagender Weise mit bosnisch-hercegovinischen Ansiedelungsfunden übereinstimmt, andererseits aber auch Anklänge an oberitalische Terramarenformen zeigt.

4*

im Gebiete von Apulien und Calabrien. Thatsächlich ist dies auch die Meinung Mommsen's, der sich hierüber in folgender Weise ausspricht: „Die Japyger sind, für uns wenigstens, Aboriginer, da von ihrer Einwanderung in Italien die wirkliche Geschichte nicht die geringste Kunde bewahrt hat. Umschlossen aber sind sie an der Landseite überall von den samnitischen Stämmen, deren Einwanderung aus Norditalien vollkommen historisch ist und mit denen sie harte Kämpfe führten, als um 433 d. St. die Römer zuerst in Apulien erschienen. Damals wehrten nur die Samniter in Teanum und Lucaria sich hartnäckig; die Apuler, namentlich die Arpaner an der samnitischen Grenze, nahmen Partei für Rom „Samnitium magis inuriis et odio quam beneficio ullo populi Romani" (Livius, IX, 13). Es ist schon danach wahrscheinlich, dass die Japyger selbst nur der Ueberrest eines viel ausgedehnteren Stammes sind, dessen Gebiet durch die Samniter und Lukaner beschränkt ward." [1]) Auf demselben Standpunkte steht derselbe Forscher auch in seiner „Römischen Geschichte": „Der wenig widerstandsfähige, leicht in andere Nationalitäten sich auflösende Charakter der japygischen Nation passt wohl zu der Annahme, welche durch ihre geographische Lage wahrscheinlich gemacht wird, dass dies die ältesten Einwanderer oder die historischen Autochthonen Italiens sind Denn unzweifelhaft sind die ältesten Wanderungen der Völker alle zu Lande erfolgt, zumal die nach Italien gerichteten, dessen Küste zur See nur von kundigen Schiffern erreicht werden kann und deshalb noch in Homer's Zeit den Hellenen völlig unbekannt war. Kamen aber die früheren Ansiedler über den Apennin, so kann, wie der Geolog aus der Schichtung der Gebirge ihre Entstehung schliesst, auch der Geschichtsforscher die Vermuthung wagen, dass die am weitesten nach Süden geschobenen Stämme die ältesten Bewohner Italiens sein werden; und eben an dessen äusserstem südöstlichen Saume begegnen wir der japygischen Nation." [2]) Auch Kiepert scheinen die illyrischen Stämme Italiens (Veneter, Liburner, Japyger) der ältesten zu ermittelnden Bevölkerungsschichte dieses Landes anzugehören.[3]) Und E. Meyer hält es zwar für das Wahrscheinlichste, dass diese Stämme in früher Zeit über das Meer aus Illyrien nach

Italien herübergekommen seien, doch sei es auch nicht unmöglich, dass die ältesten indogermanischen Bewohner Italiens illyrischen Ursprunges gewesen und später in den Südosten der Halbinsel zurückgedrängt worden seien.[1])

Die E. Meyer als die wahrscheinlichste erscheinende Ansicht, dass die Illyrier Unteritaliens auf dem Seewege von der entgegengesetzten Küste des Adriatischen Meeres nach Italien, und zwar erst in verhältnissmässig später Zeit gekommen seien, ist zuerst von Helbig ausgesprochen und zu begründen versucht worden,[2]) dem sich dann später auch Nissen anschloss.[3]) Es wurde besonders auf den Umstand hingewiesen, dass viele Stammnamen auf beiden Seiten der Adria wiederkehren: Μεσσάπιοι in Lokris (Thukyd., III, 101), Μεσσάπιον, Berg in Boetien, Μεσσαπέαι, Ort in Lakonien; Ἰαλάββριοι (Strabo, VII, C. 316), ein Gau der illyrischen Dardaner, = Calabri; Χῶνες am Siris neben Χάονες in Epirus; nach Ps.-Hecataeus bei Steph. Byz. Ἰαπυγία δύο πόλεις μία ἐν τῇ Ἰταλίᾳ καὶ ἑτέρα ἐν τῇ Ἰλλυρίδι; Peucetii in Illyrien nach Kallimachus bei Plinius (III, 139) und Peucetii in Unteritalien; Salluntum, ein Ort in Dalmatien nach It. Ant. 338 W., und Sallentini in Unteritalien. Dazu kommen die übereinstimmende Bildung der Ortsnamen mit den Endungen: -ntum, -etum, -etium, z. B. Tarentum, verglichen mit Dalluntum, Neretum, verglichen mit Veretum, Aletium, verglichen mit Eperetium u. s. w., sowie die Uebereinstimmungen in den Personennamen, wie sie besonders Deecke nachgewiesen hat.[4]) Ausserdem wird noch auf historische Zeugnisse, wie auf Plinius (III, 102: Brundusio conterminus Poediculorum ager; novem adulescentes totidemque virgines ab Illyriis duodecim populos genuere), auf Anton. Lib. 31, der erzählt, dass die drei Brüder Japyx, Peuketios und Daunios aus Illyrien nach Italien eingewandert seien, und auf Festus (s. v. Salentinos p. 329 Müller), nach welchem die Sallentiner Kreter und Illyrier gewesen sein sollen, hingewiesen.

Gegen diese Ansicht muss zunächst vom methodischen Standpunkte der Einwand erhoben werden, dass sie die Entscheidung der Frage, ob die Illyrier

---

[1]) Mommsen, Th., Die unteritalischen Dialecte. Leipzig 1850. S. 95—97.

[2]) Mommsen, Römische Geschichte [1]11.

[3]) Kiepert, H., Lehrbuch der alten Geographie. Berlin 1878. S. 381.

[1]) Meyer, E., Geschichte des Alterthums. II. Bd. Stuttgart 1893. S. 491.

[2]) Helbig, Studien über die älteste italische Geschichte. Hermes. XI, 257 f.

[3]) Nissen, H., Italische Landeskunde. I. Bd. Berlin 1883. S. 542.

[4]) Rhein. Museum. XXXVI, 576.

Italiens als erste arische Bevölkerungsschichte zu betrachten seien, ausschliesslich von der Entscheidung der Frage nach der Herkunft der Japyger abhängig macht und nicht zugleich auch die Untersuchung auf die anderen illyrischen Stämme Italiens, so vor Allem auf die Sikuler und Liburner ausdehnt, sondern im Gegentheile stillschweigend voraussetzt, es habe ausser den Japygern keine anderen Illyrier in Italien gegeben. Was nun die einzelnen für die Ansicht, dass die Japyger über das Meer von der entgegengesetzten Küste nach Italien gekommen seien, vorgebrachten Argumente anlangt, so beweisen zunächst die Uebereinstimmungen in der Bildung der Ortssowie auch der Personennamen nicht das, was sie beweisen sollen: denn sie konnten bereits vorhanden sein, als die Illyrier Italiens und der Balkanhalbinsel oberhalb der Adria noch eine Einheit bildeten. Auch auf die durchaus fabelhaften Zeugnisse der Geschichtsschreiber wird man kein Gewicht legen dürfen. Was jedoch entschieden gegen diese Ansicht spricht, ist der Umstand, dass die Japyger, deren Namen HELBIG selbst und mit vollem Rechte dem der Japuder gleichgestellt hat,[1] aus Gegenden gekommen sein sollen, die weit von den Sitzen der letzteren entfernt sind; denn die Japuder wohnten bekanntlich noch zur Zeit STRABO's im Norden der Adria in der Nachbarschaft der Istrer und waren erst wenige Jahrhunderte vorher von den Kelten in ihrem Gebiete eingeschränkt worden, und es ist daher nicht anzunehmen, dass durch die sogenannte griechische „Wanderung" die Japyger aus ihren Stammsitzen vertrieben worden seien. Was aber den Umstand anlangt, dass viele Stammnamen (Μεσσάπιοι, Χάονες u. s. w.) auf beiden Seiten der Adria wiederkehren, so spricht der Umstand, dass sie nicht in einem geschlossenen Gebiete, sondern über weite Gebiete zerstreut vorkommen, vielfach nur an einzelnen Bergen und Städten haften, im Zusammenhange mit dem Umstande, dass es

durchaus nicht feststeht, dass in vorgeschichtlicher Zeit sich Illyrier von Illyrien aus über das Gebiet des eigentlichen Griechenland verbreitet haben, eher dafür, dass die genannten illyrischen Stämme in einzelnen Schwärmen aus Italien nach Griechenland gekommen sind, und diese Vermuthung wird um so wahrscheinlicher erscheinen, wenn nachgewiesen werden kann, dass auch andere illyrische Stämme Italiens gezwungen worden sind, ihre früheren Wohnsitze zu verlassen und sich anderswo jenseits des Meeres eine neue Heimat zu suchen.

Dies ist der Fall bei den Sikulern (oder Sikelern) und den Liburnern, zwei illyrischen Stämmen, die ursprünglich in Norditalien ihre Sitze hatten, später nach Mittelitalien gedrängt worden sind und von denen die Sikuler zum Schlusse erst in dem nach ihnen benannten Sicilien zur Ruhe gekommen sind. Wenn auch von denselben keine längeren Sprachproben, wie von den Japygern, erhalten worden sind, so steht doch ihre Zugehörigkeit zu dem grossen illyrischen Stamme ausser Zweifel; dies zeigen sowohl die von ihnen in Latium sowie in Umbrien und Picenum hinterlassenen Sprachspuren,[1] als auch der Umstand, dass sie jedenfalls zusammenhängen mit den gleichnamigen unzweifelhaft illyrischen Stämmen jenseits der Adria, von denen der eine (die Sikuler) noch zur Zeit des PLINIUS in Dalmatien sass,[2] während der andere (die Liburner) zur selben Zeit im westlichen Theile von Kroatien und im nördlichen Dalmatien seine Wohnsitze hatte. Diesen Zusammenhang können wir uns entweder so denken, dass die Sikuler und Liburner Illyriens früher etwas nördlichere Wohnsitze hatten, aus denen sie wahrscheinlich durch die im III. Jahrhunderte v. Chr. aus dem Norden vordringenden Kelten mehr nach Süden gedrängt worden sind, wie denn auch ZEUSS glaubt, dass das Gebiet der Liburner im Norden durch die Kelten eingeschränkt worden sei,[3] und dass von dieser nördlicheren gemeinsamen Heimat aus im Kupferzeitalter die gleichnamigen Stämme Italiens sich über diese Halbinsel — vielleicht in wiederholten Nachschüben — verbreitet haben, oder dass wenigstens ein Theil der von den Umbrern aus ihren norditalischen Stammsitzen vertriebenen Sikuler und Liburner als Flüchtlinge in das

[1] Der Name der Japuder kommt übrigens auch in Umbrien vor; auf den iguvinischen Tafeln finden wir unter den Fremden, die aus Iguvium ausgewiesen wurden, auch das Japuzkum numen (nomen). AUFRECHT und KIRCHHOFF, Die umbrischen Sprachdenkmäler. II. 255. — E. PAIS (J Messapi e gli Japigi. Studi stor. Pisa 1892. P. 32), der die Messapier von den Japygern trennt und nur die ersteren über das Meer aus Griechenland einwandern lässt, während die letzteren auf dem Landwege aus dem Norden Italiens gekommen sein sollen, führt eine Reihe geschichtlicher Zeugnisse an, aus denen hervorgeht, dass der Theil Venetiens, der sich von Aquileia bis nach Istrien erstreckt, noch in den letzten Jahren der Republik den Namen Japidia führte.

[1] Zusammengestellt von C. PAULI. Altitalische Forschungen. Die Veneter und ihre Schriftdenkmäler. Leipzig 1891. S. 417, 428 und 429.
[2] PLINIUS, III, 141; PTOLEMAEUS, II, 16.
[3] ZEUSS, Die Deutschen und die Nachbarstämme 225.

Gebiet des nördlichen Illyrien, in dem wir sie noch in historischer Zeit finden, gekommen ist.

Und dass die Sikuler und Liburner einmal aus ihren oberitalischen Sitzen durch die Umbrer vertrieben worden sind, ist durch gute historische Zeugnisse erwiesen. So sagt Plinius: „Siculi et Liburni plurima eius tractus (Galliae togatae) tenuere, imprimis Palmensem, Præturianum Adrianumque agrum. Umbri hos expulere, hos Hetruria, hanc Galli."[1]) Während wohl der grösste Theil der vertriebenen Sikuler sich zunächst nach Latium gewendet hat, scheinen die Liburner sich hauptsächlich über die Gebiete von Umbrien und Picenum verbreitet zu haben, um jedoch später auch diese, wenigstens theilweise, aufzugeben und sich noch weiter im Süden niederzulassen, wie ja auch die Sikuler aus Latium wieder verdrängt worden sind. Dies ergibt sich aus dem Umstande, dass noch der Gewährsmann des Plinius, wahrscheinlich der alte Cato, Liburner in der picenischen Stadt Truentum kennt („Truentum, quod solum Liburnorum in Italia relicum est,"[2]) sowie daraus, dass Polybius ein Λίβυρνον ὄρος im Bereiche der Japyger anführt.[3]) Und dass auch diese auf demselben Wege nach Apulien und Calabrien gekommen sein dürften, kann man daraus vermuthen, dass Sallentiner — ein japygischer Name - auch in Umbrien erwähnt werden, indem Plinius bei der Aufzählung der Bevölkerung der sechsten Region Dolates cognomine Sallentini anführen.[4]) Von den Sikulern wiederum berichtet Dionysius, dass sie die ursprünglichen Bewohner in dem Lande, in dem später Rom gebaut wurde, nämlich in Latium und den südlichen Gegenden von Etrurien, gewesen seien und dass sie von da nach einer langen Reihe von Kriegen durch ein Volk vertrieben worden, welches Cato Aboriginer nennt und Dionysius mit den Latinern identificirt.[5]) Und derselbe Dionysius berichtet von den Sikulern weiter, dass, als sie von den Aboriginern aus Latium vertrieben worden seien, sie ihren Weg südlich längs der Gebirge genommen und in die unteren Theile Italiens gekommen seien; endlich hätten sie mit Hilfe von Flössen nach Sicilien übersetzt, das damals die Sikaner, ein iberischer Volkstamm, der vor den Ligurern geflohen sei, besessen haben; hier hätten sie den grössten Theil

der Insel in Besitz genommen. Noch viele andere alte Schriftsteller bezeugen diese Wanderung der Sikuler, wenn sie auch die Zeit verschieden angeben. Am wichtigsten unter diesen Zeugnissen ist das des Thukydides. Er berichtet, dass die Sikuler von Italien aus, wo sie früher gewohnt und von wo sie den Opikern (Oskern) weichen gemusst hätten, nach Sicilien hinübergekommen seien, wo sie die Sikaner, einen iberischen Stamm, besiegt und sich des schönsten Theiles der Insel bemächtigt hätten. Dies sei ungefähr dreihundert Jahre vor der Ankunft der Griechen in Sicilien geschehen.[1])

Ist diese Zeitangabe richtig — und wir haben keinen Grund, die Richtigkeit derselben zu bezweifeln —, dann hat die Einwanderung der Italiker, die allmälig die illyrischen Völker Italiens nach dem Süden getrieben hat, spätestens im XI. Jahrhunderte v. Chr. stattgefunden.

Uebrigens haben die Vertreibungen der Illyrier durch die Italiker auch noch in historischer Zeit in Folge der fortschreitenden Ausbreitung der letzteren fortgedauert. So wissen wir aus Strabo, dass noch zur Zeit, als die Griechen in Italien erschienen (im VIII. Jahrhunderte), das später von den samnitischen Lukanern bewohnte und nach ihnen benannte Land von illyrischen Chonern (Chaonern) und Oenotrern bewohnt war, die erst später von den Samnitern vertrieben worden seien.[2])

Ist das Ergebniss dieser Untersuchung richtig, dass nämlich die Erbauer der oberitalischen Pfahlbauten und Terramaren, sowie die Begründer der auf Anhöhen, wie z. B. auf dem Hügel Castellaccio bei Imola gelegenen Ansiedelungen Illyrier waren und dass diese durch die im XI. Jahrhunderte v. Chr. eingebrochenen Italiker aus ihren bisherigen Wohnsitzen vertrieben worden sind, dann lässt sich erwarten, dass dasselbe auch durch die archäologischen Thatsachen bestätigt werde. Dies ist nun wirklich der Fall. Wären nämlich die oberitalischen Pfahlbauer und Terramaricoli, wie Helbig angenommen hat, Italiker gewesen, so müssten wir eine ununterbrochene Culturentwicklung bis zur etruski-

[1]) Plinius, III, 112.
[2]) Plinius, III, 110.
[3]) Polybius, III, 100, 2.
[4]) Plinius, III, 113.
[5]) Dionysius Hal., I, 22, II, 49.

[1]) Thukydides, VI. 2. Auch Antiochus von Syrakus (Dionys. H., I. 22) berichtet, dass die Sikuler von den Oenotrern und Opikern aus Italien vertrieben worden seien; doch gibt er keine Zeit für dieses Ereigniss an.
[2]) Strabo, VI. C. 253. Ebenso berichtet Thukydides (VI, 2), dass es noch zu seiner Zeit in Italien Sikuler gegeben habe, wie auch Polybius (XII. 5. 10; 6, 2) die Griechen, die das italische Lokri gründeten, die Umgegung noch von Sikulern bewohnt fanden.

schen Periode erwarten, wie sie thatsächlich während der ganzen Kupfer- und Bronzezeit geherrscht hat. Doch schon Helbig selbst muss „den plötzlichen Abbruch einer den grössten Theil der Poebene beherrschenden Entwicklung" constatiren, der nothwendig mit einer historischen Katastrophe zusammenhängen müsse. Und diese Katastrophe sei durch den Einbruch der Etrusker verursacht worden, von denen Plinius (III, 113) erzähle, dass sie 300 umbrische Städte zerstört hätten.[1]) Allein zwischen der Culturperiode der Terramaren und der Culturperiode der Etrusker liegt eine Culturperiode, die dem ersten Eisenalter angehört und mit Recht von allen Archäologen als italisch angesehen wird. Es ist jene Cultur, die nach der berühmten Nekropole von Villanova den Namen Villanova-Cultur erhalten hat und von der Cultur der Etrusker in einem wesentlichen Punkte verschieden ist. Zwischen dieser Cultur und der Cultur der Terramaren besteht nun eine tiefgehende Kluft. Es sind insbesondere der verdienstvolle Director der archäologischen Sammlungen in Bologna, E. Brizio, sowie der nicht minder verdienstvolle Erforscher der vorgeschichtlichen Alterthümer in und um Bologna, A. Zannoni, die seit Jahren auf diesen Hiatus zwischen den zwei Culturen hinweisen und denselben nur in der Weise erklären zu können glauben, dass sie als Träger der zwei Culturen zwei verschiedene Völker, die Ligurer als Träger der Terramaren-Cultur und die Umbrer als Träger der Villanova-Cultur, betrachten.

Brizio erhebt topographische und archäologische Bedenken gegen die von den Anhängern Helbig's aufgestellte Ansicht, dass die Terramaren-Cultur und die Villanova-Cultur nur verschiedene Phasen einer und derselben und von einem und demselben Volke getragenen Culturentwicklung seien. „La provincia bolognese," sagt derselbe, „è senza dubbio la più ricca di necropoli del tipo Villanova, ma viceversa è la più povera di terremare, non annoverandosene in essa che cinque. Per contrario le provincie limitrofe di Modena, Reggio e Parma sono le più popolate di terremare, comprendendone in complesso un' ottantina: ma in quelle località invece non si è mai scoperta finora alcuna necropoli del tipo Villanova. Non basta. Ma fra i sepolcreti tipo Villanova e quelli delle terremare, non existe la più piccola, la più lontana analogia. Nei primi, siano essi del Bolognese, o dell' Etruria, o del Lazio, si trova sempre l'ossuario

[1]) Helbig, Die Italiker in der Poebene 99.

di una sola forma tipica, tradizionale, sacra, detto appunto di Villanova. . . . Quest' ossuario è sempre deposto in una buca e, spesso, anche circumdata da sei lastre che formano una maceria di sassi, a maggior sostegno della terra circostante ed a più saldo riparo dell' ossuario stesso. . . . Dentro l'ossuario poi od intorno ad esso trovansi, tranne rarissimi casi, collocati gli ornamenti in bronzo appartenuti all' estinto, e, fra questi, anche armi simboliche od in miniatura, quali oggetti votivi e sacri al morto. . . . Ogni tomba poi dista dalle circostanti circa un metro."

„Si osservino invece le necropoli delle terremare, anche quelle di epoca più recente, e che i paletnologi fanno discendere fino all'età detta de ferro. In esse si cerca invano l'ossuario con una forma tipica o che almeno accenni a diventar tale. Tutti hanno una forma propria, individuale, e presentano le più grandi varietà e differenze anche nelle dimensioni e nelle altezze. . . Questi ossuarii poi, longi dall' essere collocati in buche distinte ed a distanza gli uni dagli altri, stavano invece sopra terra e così vicini, aderenti, addossati quasi l'uno all' altro, in tutte le necropoli, che un solo metro quadrato di superficie ne conteneva più di trenta. Ma il più strano si è che in quasi tutte codeste necropoli gli ossuarii erano posti come in due piani, in due strati, l'uno immediatamente sovrapposto all' altro, dimodochè i vasi del piano superiore erano penetrati in quello inferiore. . . . Non solo codesti ossuarii non erano riparati da veruna cassetta di lastre o da recinto di sassi, ma non contenevano il più piccolo oggetto di bronzo, quantunque, ripeto, alcune di queste necropoli, quella ad es. di Casinalbo, siano relativamente recenti, cioè dell'età del ferro, contemporanee quindi a quella di Villanova, e sia ben conosciuto che i terramaricoli, in quest' epoca, possedevano armi ed ornamenti di bronzo."

„Sifatte molteplici, profonde, decise differenze fra le necropoli delle terremare e quelle tipo Villanova, le reputo sufficienti per dimostrare che esse appartengono a due popolazioni differenti; quelle di Villanova, come è ora universalmente ammesso, agli Umbri, la cui civiltà si svolse specialmente nel territorio felsineo, e nell' Etruria centrale e marittima; quelle delle terremare invece a un popolo che raggiunse il suo massimo sviluppo di civiltà nei territorii di Modena, Reggio e Parma è nella valle del Po. Che questo popolo poi forse il Ligure è provato da taluni scheletri ch'erano sepolti in una delle summentovate necropoli dei terramaricoli, quella cioè di Bovolone nel Veronese." [1])

Auch Zannoni's Beobachtungen verdienen in hohem Maasse unsere Beachtung. „Infatti comparendo la ceramica di Villa Bosi, i vasi usciti dal Sepolcreto della terramara di Pragatto e quella delle terremare con quanto ci dannò gli scavi Benacci, De Luca, Arnoaldi, che risulta se non differenze? A Pragatto pressoche tutti diversi i tipi, unico il tipo Benacci, De Luca, Arnoaldi, il vaso biconico-tronco. Una singolarità caratteristica dal primo all' ultimo periodo delle terremare sono le ciotole con anse lunate. Se la gente dei sepolcri Benacci, De Luca, Arnoaldi fosse la continuazione di quella di Villa Bosi e delle terremare, dovremmo vedere una continuazione del sentimento artistico, come si osserva dal più arcaico Benacci all' ultimo sviluppatissimo periodo Arnoaldi. Notai i fatti della nessuna presenza delle terramare in tantissimi resti delle abitazioni umbre rinvenute qui in città, e l'ansa e i pocchissimi frammenti usciti dalla casa in Via Senzanome, non possono essere se non un eccezione indicante, que ivi pure è una traccia della gente di villa Bosi, o della Grotta della fera. L'altro fatto, pure avvertito della supraposizione di abitazione umbra a quelle del Serbatoio, e di altre all' intorno del cumulo della terramare di Pragatto, confermano, come l'una non fosse l'altra gente, e la notevole interruzione avvenuta fra le dimore della prima e della seconda. Non uno adunque il popolo delle terremare; e quello degli scavi Benacci, De Luca, Arnoaldi e Stradello della Certosa." [2])

Selbst Pigorini, der hervorragendste italienische Prähistoriker, der sich Helbig's Ansicht angeschlossen, kann nicht umhin, zu erklären, „che il materiale archeologico dell' una (civiltà) differisce grandemente da quello dell' altra", und begreift es, dass man deshalb einer jeden Cultur einen eigenen Ursprung zuschreiben wolle. Doch lässt er den Einwand, dass die der Terramaren-Cultur und der Villanova-Cultur gemeinsamen Gegenstände zu gering an Zahl seien, als dass man in denselben einen Beweis sehen könnte,

dass die Villanova-Cultur sich aus der Cultur der Terramaricoli entwickelt haben konnte, nicht gelten, sondern sucht den Unterschied in der Weise zu erklären, dass er sagt: „Nelle terremare è rimasto ciò che si attiene agli atti ordinarii della vita, mentre nei sepolcri si può solo trovare quello que vi veniva posto per ragione di rito, sicchè è facile comprendere che debebano existere notevoli differenze fra il materiale delle une e delle altre. . . . [1]) Wie wenig durch diese Erklärung der erhobene Einwand als beseitigt betrachtet werden kann, haben die Untersuchungen der Reste der alten, der Villanova-Periode angehörigen Wohnstätten, wie sie Zannoni in Bologna vorgenommen hat, ergeben; dieselben ergaben nämlich ganz dieselbe Cultur, wie sie vorher aus den Gräbern derselben Periode bekannt worden war. [2])

Waren daher Brizio und Zannoni vollkommen berechtigt, die Terramaren-Cultur und die Villanova-Cultur zwei verschiedenen Völkern zuzuschreiben, so irrten sie doch darin, dass sie die Terramaren-Cultur den Ligurern zuschrieben. Wie schon oben gezeigt worden, ist die Terramaren-Cultur der Emilia nichts Anderes als eine Abzweigung der Pfahlbauten-Cultur Veneziens [3]) und diese wiederum ist auf das Nächste mit der Cultur der Laibacher Pfahlbauten verwandt und aus derselben hervorgegangen, wie andererseits auf die letztere auch die dem Kupferzeitalter angehörende Cultur Bosniens und der Hercegovina zurückgeht. In allen diesen Ländern kann von Ligurern keine Rede sein. Ueberdies zeigen die in den letzten Jahren vorgenommenen Messungen altillyrischer Schädel (aus den Tumulis vom Glasinac), dass die Bewohner Illyriens noch in der ersten Eisenzeit vorwiegend dolichocephal waren, [4]) also eine Schädelform zeigen, die von der Schädelform der anarischen Ligurer ganz verschieden ist. Ueberhaupt kann von Ligurern als frühen Bewohnern Italiens keine Rede sein. Dieselben sind vielmehr erst im V., IV. und III. Jahrhunderte v. Chr., von den durch

---

[1]) Brizio, E., Ancora della stirpe ligure nel Bolognese. Estratto degli Atti e Memorie della R. Deputazione di Storia Patria per le Provinzie di Romagna. III. serie. vol. I, fasc. IV. Modena 1883. P. 13—15. Auch an anderen Stellen hat sich derselbe über diese Frage in ähnlichem Sinne geäussert, so noch insbesondere in den „Notizie degli scavi di antiquità" 1889, p. 289.

[2]) Zannoni, A., Gli scavi della Certosa di Bologna. Bologna 1876—1884. P. 452.

[1]) Bulletino di paletnologia italiana. XIII. 76.

[2]) Zannoni, A., Archaiche abitazioni di Bologna. Bologna 1892.

[3]) Pigorini bemerkt über das Verhältniss der Terramaren der Emilia zu den Pfahlbauten Venezies: „Le terremare invece hanno una suppelletile perfettamente identica a quella delle palafitte orientali o del Veneto, per cui si dimostra che gli abitanti delle une e delle altre sono il medesimo popolo, sceso nella Valle del Po, probabilmente per la via dell'Adige, nella pura età del bronzo." Bull. pal. ital., XX. 177.

[4]) A. Weisbach im Centralblatt für Anthropologie Ethnologie und Urgeschichte. I. 40.

die Gallier nach dem Süden vertriebenen Kelten (Keltikanern) aus ihren im Südosten Frankreichs — ostwärts vom Léz und den Sevennen — gelegenen Stammsitzen theilweise verdrängt, in Italien erschienen und haben sich daselbst sowohl im Westen bis tief nach Etrurien hinein, wie auch im Norden auf dem Südrande der Alpen zu einer Zeit festgesetzt, als die Macht der Etrurier schon im Niedergange war Was jedoch die späteren römischen und griechischen Schriftsteller von Ligurern in Latium erzählen (Festus, s. v. Sacrani appellati sunt Reate orti, qui ex Septimontio Ligures Siculosque exegerunt; nam vere sacro nati erant: Servius zu Verg., Aen., XI, 317: Siculi a Liguribus pulsi sunt, Ligures a Sacranis, Sacrani ab Aboriginibus), steht schon an und für sich miteinander in Widerspruch und verdient auch schon deswegen keine Beachtung, weil ältere und glaubwürdigere Alterthumsforscher, wie CATO und VARRO, von Ligurern nichts zu wissen scheinen.[1] Diese Ansicht von einer vorlatinisch-ligurischen Bevölkerung in Latium hängt unverkennbar zusammen mit der von PHILISTUS von Syrakus aufgestellten Behauptung, dass einst die Ligurer vor den Umbrern und Etruskern das ganze obere Italien innegehabt hätten und dass die nach Sicilien eingewanderten Sikuler Ligurer gewesen seien. Wenn aber das, was die geschichtliche Tradition von den illyrischen Sikulern (und Liburern) erzählte, PHILISTUS auf die Ligurer übertrug, so zog er nur die letzten Consequenzen aus der von THUKYDIDES aufgestellten und von ihm selbst wiederholten Behauptung, dass die Sikaner im westlichen Sicilien Iberer gewesen, die, von den Ufern des iberischen Flusses Sikanos — dem heutigen Xucar — von den Ligurern verdrängt, eingewandert seien.[2] So richtig es auch an sich ist, dass die (anarischen) Urbewohner Italiens und Siciliens mit den Urbewohnern der pyrenäischen Halbinsel (den Iberern) zu einer und derselben Rasse (der mittelländischen Rasse) gehören, so hat doch die von THUKYDIDES aufgestellte Behauptung, wie MÜLLENHOFF richtig erkannt und nachgewiesen hat,[3] keine andere Stütze, als die zufällige Aehnlichkeit der Namen Sikanos und Sikaner. Indem nun THUKYDIDES nicht annehmen zu können glaubte, dass die Sikaner freiwillig ihre angebliche Heimat am Sikanos verlassen haben, sondern annehmen zu müssen glaubte, dass sie hiezu von irgend einem

Volke gezwungen worden seien, trug er kein Bedenken, diese Rolle den Ligurern zuzuschreiben. Denn Sikuler, die die alte Tradition als Verdränger der Sikaner bezeichnete, gab es nicht in Iberien.

Die Ausdehnung der Ligurer gegen Westen hin war damals nicht genau bekannt und sie waren es auch, die ja noch in historischer Zeit aus dem Westen nach Italien vordrangen. Setzte nun so THUKYDIDES an Stelle der sicilischen Sikuler die Ligurer, so ging PHILISTUS nur consequent vor, wenn er auch das, was man bisher von den italischen Sikulern erzählte, auf die Ligurer übertrug.

Unsere Kenntnisse von dem Stande der Cultur der Italiker, als sie ungefähr im XI. Jahrhundert v. Chr. den Boden Italiens betraten, sind seit den Achtziger-Jahren ausserordentlich bereichert worden. Man hat dieselbe nicht nur in allen Theilen Italiens, in denen vor dem Einbruche der Etrusker Italiker sassen, nachgewiesen, man hat auch innerhalb derselben bestimmte Perioden zu unterscheiden gelernt.[1] Ihr

---

[1] Eine übersichtliche Darstellung dieser ganzen Culturperiode gibt UNDSET in seiner Abhandlung: L'antiquissima .necropoli Tarquiniense (Annali 1885), wo p. 76 sequ. nachzuweisen versucht wird, dass die Phönizier die neuen in der Terramarenzeit noch unbekannten Formen nach Italien gebracht hätten. Dieser Beweis ist UNDSET nicht gelungen. Dass auch Etrurien zahlreiche Nekropolen aus dieser Periode besitzt, erklärt sich daraus, dass, wie O. MÜLLER (MÜLLER-DEECKE, Etrusker, I, 96) nachgewiesen hat, einen grossen Theil des nachmaligen Etrurien, nicht blos das Binnenlandes, sondern auch den Küste, statt der Etruskern Umbrer inne hatten. Später hat noch einmal UNDSET in seiner leider nicht vollendeten Abhandlung: „Zur Kenntniss der vorrömischen Metallzeit in den Rheinlanden" (Westdeutsche Zeitschrift für Geschichte und Kunst. V, 105 f.) diese Periode besonders mit Rücksicht auf das chronologisch-topographische Moment zu charakterisiren versucht. Von Monographien sind besonders JEAN COSTE GOZZADINI, La necropole de Villanova. Bologne 1870. GHERARDO GHIRARDINI, La necropoli antiquissima di Corneto-Tarquinia. Roma 1882. und ISIDORO FALCHI, Vetulonia e la sua necropoli antiquissima. Firenze 1892, zu nennen. Die aus den Untersuchungen der oberitalischen Nekropolen gewonnenen Ergebnisse hat O MONTELIUS im ersten Bande seines grossen Werkes: La civilisation primitive en Italie depuis l'introduction des métaux. Stockholm 1895, zusammengefasst und sei hier insbesondere auf die Beschreibung der Nekropole von Moncucco bei Como und der hier gemachten Funde (p. 228. pl. 42), der sog. Golasecca-Nekropolen am Ticino südlich vom Lago Maggiore (p. 232 sequ., pl. 43—45), der Nekropolen von Castelletto-Ticino (pl. 45), Valtravaglia bei Ligurno (p. 253. pl. 46), Trezzo an der Adda (p. 254, pl. 46), Este (p. 272, pl. 50), Benacci I (p. 273—280, pl. 73—75) und Bismantova in der Emilia (p. 221) hingewiesen. Die Nekropole von Bismantova gehört jedenfalls auch dieser Periode an. obwohl in derselben kein Eisen gefunden wurde.

---

[1] MÜLLENHOFF, Deutsche Alterthumskunde. III, 176.
[2] THUKYDIDES, VI. 2; DIONYS. HAL., I, 22.
[3] MÜLLENHOFF, Deutsche Alterthumskunde. III. 172.

Charakter ist für uns hauptsächlich durch die Art der Beisetzung, durch den allerdings noch spärlichen Gebrauch des Eisens, sowie durch einige charakteristische Formen von Waffen und Werkzeugen bestimmt.

Ganz dieselbe Cultur nun — um wieder auf die oben aufgeworfenen Fragen zurückzukommen — finden wir wieder in jenem Gebiete, das wir S. 24 als das Stammland der späteren Umbrer, Gallo-Belgen und Britonen nachgewiesen haben: im nordwestlichen Deutschland mit dem Main als Südgrenze, sowie im angrenzenden Belgien und Holland. [1] Die nahe Verwandschaft der in diesen Ländern zahlreich vorkommenden, dem frühesten Eisenalter angehörenden Urnenfelder oder Urnenfriedhöfe mit den gleichfalls dem frühesten Eisenalter angehörenden Nekropolen Italiens, die von allen Archäologen den Italikern zugeschrieben werden, ist eine unzweifelhafte und

insbesondere von Undset im Einzelnen nachgewiesen worden: es zeigen nicht nur die Gräber dieselbe Anlage, wie wir sie in Italien finden, es zeigen auch die Graburnen, die die Asche und Knochen des Verstorbenen aufgenommen haben, dieselben Formen und dieselben Verzierungen, wie wir sie bei den Urnen der ältesten Gräber Italiens finden; [1] dasselbe gilt von den aus Bronze oder Eisen bestehenden Beigaben. Die Aehnlichkeit ist eine so grosse und betrifft Dinge, die mit den religiösen Anschauungen und mit durch die Sitte geheiligten Gebräuchen zusammenhängen, dass sie schlechterdings nicht durch von Italien ausgegangene „Cultureinflüsse", die sich über die österreichischen Alpenländer durch das Elbe- und Oderthal nach dem Nordwesten verbreitet hätten, wie Undset annimmt, [2] erkärt werden kann, ganz abgesehen davon, dass diese Cultur in Italien ganz unvermittelt die frühere Terramaren-Cultur ablöst und durchaus nicht, wie früher gezeigt wurde, als eine unmittelbare Fortsetzung derselben betrachtet werden kann. Diese Uebereinstimmung beider Culturen lässt sich im Gegentheile nur durch die Annahme erklären, **dass die Träger derselben ein und dasselbe Volk waren, dass aus den Stammsitzen desselben ein Theil ausgewandert und die Cultur der alten Heimat in der neuen Heimat verbreitet habe, ganz in der-**

---

[1] Die auf diese Culturperiode des nordwestlichen Deutschland bezüglichen, bis zum Jahre 1881 bekannt gewordenen archäologischen Thatsachen hat Undset in seinem grossen Werke: Das erste Auftreten des Eisens in Nord-Europa. Deutsche Ausgabe von J. Mestorf. Hamburg 1882. S. 272—279) mit Angabe der älteren Literatur kurz zusammengestellt. Die von demselben im fünften Bande der „Westdeutschen Zeitschrift" (S. 1 f.) begonnene Abhandlung: „Zur Kenntniss der vorrömischen Metallzeit in den Rheinlanden" ist leider über die Darlegung der entsprechenden italischen Verhältnisse nicht hinausgekommen. E. Freiherr von Tröltsch gibt auf S. 2—91 seiner „Fundstatistik der vorrömischen Metallzeit im Rheingebiete" (Stuttgart 1884) eine Zusammenstellung der Orte der B. Pfalz, des Grossherzogthums Hessen, Hessen-Nassaus, der Rheinprovinz und Westfalens, sowie Belgiens, Hollands, Frankreichs und Italiens, in denen die einzelnen Typen der vorrömischen Metallzeit gefunden worden sind. Wichtig ist ferner: J. H. Müller, Vor- und frühgeschichtliche Alterthümer der Provinz Hannover. Hannover 1893. Der Verfasser führt alle in Hannover bekannt gewordenen Urnenfriedhöfe an und gibt Beschreibungen der in denselben gefundenen Gefässe und Beigaben, sowie der Anlage der Gräber. Eine genaue Beschreibung und Abbildung der Gräberformen gibt auch Karl J. O. von Estorff, Heidnische Alterthümer der Gegend von Uelzen im ehemaligen Bardengau. Hannover 1846. S. 27 und Taf. III. Ueber die dem ersten Eisenalter angehörenden Urnenfriedhöfe Belgiens und Hollands, sowie über die in denselben gefundenen Beigaben aus Metall hat eingehend Ch.-J. Comhaire, Les premiers âges du métal dans les bassins de la Meuse et de l'Escaut (Bulletin de la Société d'anthropologie de Bruxelles. Tome XIII, 1894—1895, p. 97—226, mit 17 Taf.) gehandelt. „Au nord de la Belgique. c'est-à-dire la partie basse du pays, se rattache intimement, quant aux nécropoles du premier âge du fer, à la Hollande et aux contrées rhenans de l'Empire allemand. Le sud de la Belgique, de son côté, la région montagneuse et boisée, n'est guère privé de cimetières de la même époque; il en est, au ontraire, abondamment pourvu" (p. 177).

[1] Wie J. Böhlau (Zur Ornamentik der Villanova-Periode. Kassel 1895) gezeigt hat, ist das Mäander-Ornament auf den in Villanova gefundenen Urnen von Griechenland nach Italien gebracht worden. Uebrigens hatte man schon früher erkannt, dass die Nekropole von Villanova einer jüngeren Periode als z. B. Benacci 1 angehört. Dagegen konnte K. Koenen (Gefässkunde der vorrömischen, römischen und fränkischen Zeit in den Rheinlanden. Bonn 1895. S. 55) als zweifellos feststellen, dass die von ihm aufgestellte zweite Classe mehr gedrungener, weitbauchiger Urnenformen der jüngeren Hallstattzeit, wie in der Form selbst, so in dem Ornamentations-Charakter einerseits grosse Aehnlichkeit mit rheinischen Urnen der Bronzezeit, andererseits mit den Ossuarien der ersten Periode der Golasecca-Nekropolen. „Auch hier finden wir ein weitbauchiges Gefäss mit Reihen von Dreiecken ornamentirt, welche mit parallelen, mit weisser Farbe ausgefüllten Strichen geziert sind", wie denn überhaupt Koenen auf Grund des in den Rheinlanden vorliegenden archäologischen Materials, S. 48, folgende für unsere Frage wichtige Bemerkung macht: „An die Culturerscheinung der älteren Bronzezeit schliesst sich die der jüngeren und an diese die ältere Hallstatt-Periode an. Die Uebergänge von der einen in die andere Periode erfolgen so allmälig, dass es bei dem jetzigen Material noch schwer fällt, eine scharfe Grenze zwischen einer und einer zweiten Periode zu ziehen."

[2] Undset. Das erste Auftreten des Eisens in Nordeuropa 31, 42.

selben Weise, wie später durch die aus dem Norden kommenden Gallier die La Tène-Cultur in Italien verbreitet worden ist. Die archäologischen Thatsachen bestätigen also vollständig das Ergebniss, zu dem wir früher auf dem Wege der linguistisch-historischen Untersuchung gekommen sind.

Nach diesen und den noch später folgenden Darlegungen wird man es leicht verstehen, wie der Altmeister der deutschen Archäologie — L. Lindenschmit — zu den falschen und nun wohl allgemein als falsch erkannten Anschauungen über die Herkunft der in Deutschland gefundenen vorgeschichtlichen Bronzen gekommen ist, Anschauungen, die er bis zu seinem Tode festgehalten hat und auf Grund deren er auch die Gruppirung der in Deutschland, besonders in Gräbern Rheinhessens gefundenen Bronzealterthümer (Hals- und Fussringe, Armbänder, Haarnadeln, Fibeln, Paalstäbe, Meissel, Schwertklingen, Dolchklingen, Dolche, Schwerter, Sichelklingen u. s. w.) in dem von ihm geleiteten Römisch-Germanischen Centralmuseum in Mainz vorgenommen hat. Sowohl die Bronzecultur der Terramaren, wie die Bronzecultur der ersten Eisenzeit Italiens weisen mit ihren ältesten und am meisten charakteristischen Formen nach Mitteleuropa als demjenigen Gebiete hin, von dem dieselben ausgegangen sind, und hier wurzelt einerseits die Cultur der älteren Bronzezeit in der Cultur des Kupferzeitalters[1] und andererseits die Cultur der ersten Eisenzeit in der Cultur der jüngeren Bronzezeit. Bei diesem Verhältnisse beider Ländergebiete zu einander wird es uns als durchaus nichts Auffälliges erscheinen, wenn uns sowohl in Italien wie in Deutschland dieselben Bronzeformen erscheinen. Indem jedoch Lindenschmit die Annahme einer vorgermanisch-arischen („keltischen") Bevölkerung in Deutschland durchaus nicht gelten liess, also auch nicht annehmen konnte, dass die Cultur der entwickelten Bronze- und ersten Eisenzeit durch aus Deutschland ausgewanderte Völker nach Italien gebracht wurde, sondern glaubte, dass Deutschland bereits in der Steinzeit eine germanische („urdeutsche") Bevölkerung hatte, wie denn auch wirklich hier bereits in der Steinzeit die früher für specifisch germanisch gehaltene Schädelform erscheint,[2] blieb ihm thatsächlich für die Erklärung der Aehnlichkeit der in Deutschland und Italien gefundenen Bronzen kein anderer Ausweg als die Annahme übrig, dass die in

Deutschland (und Nordeuropa) gefundenen Bronzen italisch-etruskische Exportartikel seien und dass diese ganze Periode als nichts anderes, als „die Zeit eines belebten Verkehres des Handels und der Industrie der Mittelmeervölker nach dem Norden" betrachtet werden müsse, so sehr er sich auch bemühte, die „Unmöglichkeit" nachzuweisen, „die Erscheinung der fremdartigen Erzgeräthe in einen begreiflichen und folgerechten Zusammenhang mit der nationalen Bildungsentwicklung zu bringen". Selbst nicht „die wirklich nachweisbaren Versuche im Giessen von Sicheln, Messerchen, Nadeln und Aexten" können in seinen Augen als „Versuche der frühesten Entwicklung einer selbstständigen Erfindung gelten"; „sie zeigen unverkennbar den Charakter roher Nachbildung oder die Benützung überlieferter Gussformen". „Weder ihre technische noch gegenständliche Bedeutung ist entfernt von der Art, dass sie als Grundlage für die Bildung eines besonderen Culturabschnittes einer nordischen Erzperiode sich verwerthen liesse. Sie haben nur den Belang einer sehr begreiflichen, die Regel bestätigenden Ausnahme in Bezug des auswärtigen Importes der weitaus immensen Mehrzahl der Erzgeräthe, welche nicht allein in der Form, sondern auch in der Vollendung ihrer technischen Ausführung mit jenen der alten Culturstaaten übereinstimmen." [1])

Die unrichtigen Anschauungen über die vorgeschichtlichen Völkerverhältnisse Deutschlands haben jedoch nicht nur in ungünstiger Weise die Auffassung der archäologischen Verhältnisse beeinflusst, sie haben es auch verschuldet, dass man bisher noch nicht einmal zu einer auch nur einigermassen richtigen absoluten Chronologie selbst der letzten vorgeschichtlichen Culturperioden Mittel- und Nordeuropas gekommen ist. Indem man Nord- und Mitteleuropa als den Ausgangspunkt mächtiger Völkerbewegungen nicht erkannte, konnte man auch nicht die für die durch dieselben unmittelbar und mittelbar bewirkten Völkerverschiebungen im Süden Europas überlieferten Zeitbestimmungen für die Zeitbestimmung jener benützen; und doch bilden die ersteren die einzige Grundlage für letztere, die wir überhaupt besitzen. Dazu kam noch, dass man von vornherein den Antheil der vorgeschichtlichen nord- und mitteleuropäischen Völker an der Culturentwicklung Europas äusserst gering veranschlagte, sondern im Gegentheile allgemein die Anschauung hegte, dass die Anfänge

---

[1]) Much, Die Kupferzeit in Europa 221 f. und Montelius im Archiv für Anthropologie. XXIII, 446 f.

[2]) Ranke, J., Der Mensch.[2] II, 565.

[1]) Lindenschmit, I., Handbuch der deutschen Alterthumskunde. Erster Theil. Braunschweig 1880. S. 54.

der gesammten höheren Cultur Mittel- und Nord-
europas auf die alten Culturländer des Südens und
Südostens zurückgehen, trotzdem gegen diese Anschauung schon die Erwägung spricht, dass Völker,
die seit dem Beginne der historischen Zeit auf demselben Boden und unter denselben klimatischen Verhältnissen ununterbrochen bis zur Gegenwart in
selbstständiger und hervorragenderWeise an der Cultur-
arbeit der Menschheit theilnehmen, während des
vorausgegangenen Zeitraumes von vollen zwei Jahr-
tausenden nicht ohne jede schöpferische Thätigkeit
gewesen sein konnten. Und so kam es, dass man
zwischen dem Auftreten einer neuen Culturperiode
im Süden und dem Auftreten derselben Culturperiode
im Norden immer einen längeren Zwischenraum
glaubte annehmen zu müssen, während welchem die
neuen Culturelemente sich allmälig von Süd nach
Nord verbreitet hätten.

So hat man auch angenommen, dass die Eisencultur Mitteleuropas aus dem Süden stamme. Montelius, der hierin noch am weitesten gegangen ist,
glaubt trotzdem nicht, den Beginn des ersten Eisenalters Mitteleuropas früher als in das VII. Jahrhundert
v. Chr. setzen zu dürfen.[1] Gegen diese Annahme
nun sprechen in entschiedener Weise die archäologischen Thatsachen einerseits und die Ergebnisse
der Paläoethnologie Süd- und Mitteleuropas andererseits. Wie schon früher bemerkt wurde, ging ein
Theil der illyrischen Sikuler, von den Oskern vertrieben, nach der nach ihnen benannten Halbinsel.
Dieses wichtige Ereigniss ward von den älteren
griechischen Historikern auch chronologisch bestimmt,
allerdings nicht übereinstimmend: Hellanicus und
Philistus setzten es ungefähr in das Jahr 1264 v. Chr.,
nämlich in das dritte Geschlecht vor dem trojanischen
Kriege (Dionys. Hal., I, 22). Glaubwürdiger ist die
abweichende Zeitangabe des Thukydides (VI, 2), der
jene Vertreibung der Sikuler später setzt, nämlich
ungefähr 300 Jahre vor den ersten griechischen
Niederlassungen auf Sicilien (Olymp. XI, Frühling,
735 v. Chr.), also um das Jahr 1035 v. Chr.[2]
Daraus folgt, dass die Italiker spätestens in der
zweiten Hälfte des XI. Jahrhunderts v. Chr. den
Boden Italiens betreten haben. Damit stimmt auch
die Zeitbestimmung der Villanova-Gräber, die, wie
schon früher bemerkt wurde, keineswegs zu den
ältesten Gräbern der Italiker (Umbrer) gehören; es

[1] Montelius, Om tidsbestämming inom bronsäldercn.
Stockholm 1885. S. 149.
[2] Fischer, E. W., Römische Zeittafeln. Altona 1846. S. 2.

hat dieselben Connestabile auf dem im Jahre 1874
zu Bologna abgehaltenen internationalen Anthropo-
logen-Congress in das IX bis X. Jahrhundert gesetzt
und die meisten Archäologen haben ihm hierin bei-
gestimmt.[1]

Haben die Italiker die Eisencultur aus Deutschland nach Italien gebracht, so muss dieselbe in
Deutschland noch vor dem XI. Jahrhundert entstanden sein. Dass aber dieselbe daselbst selbstständig
entstanden ist, dafür gibt es sowohl negative wie
positive Beweise. Woher hätten denn die Italiker
das Eisen bezogen, wenn sie nicht schon in ihrer
früheren Heimat im Besitze der Kenntniss der Gewinnung und Verarbeitung des Eisens gewesen wären?
In den mykenischen Schichten sowohl Trojas wie
von Mykenä und Tyrins hat sich kein Eisen gezeigt
und ist das Eisen erst von den Hellenen, die, wie
später gezeigt werden wird, im XIII. Jahrhundert
v. Chr. aus dem östlichen Deutschland nach Griechenland gekommen sind, dorthin gebracht worden. Dieses
Ergebniss der Schliemann'schen Ausgrabungen wird
uns jetzt weniger überraschen, seitdem Flinders Petrik
auf der im Jahre 1895 in Ipswich abgehaltenen
Hauptversammlung der British Association den Nachweis geführt hat, dass das alte Culturland Aegypten
gleichfalls das Eisen nicht kannte, sondern erst
durch die Hellenen mit demselben bekannt geworden
ist. Ja, es ist nicht unwahrscheinlich, dass das lat.
ferrum, das, wie Lottner zuerst erkannt hat,[2] vom
altnord. bras (isl. bras, ags. braes, engl. bras) Metall
(*bharsom) nicht getrennt werden kann, ursprünglich nicht einmal Eisen, sondern Bronze bedeutet
hat; dass dieser Name mit dem syr. parzel, assyr.
parzillu, hebr. barčzel (ursemit. parzillu) zusammenhänge, davon kann schon aus sprachlichen Gründen
keine Rede sein, ganz abgesehen davon, dass es
unwahrscheinlich ist, dass die Italiker durch die
Semiten mit einem Metalle bekannt gemacht worden
sein sollen, das nicht einmal die benachbarten
Aegypter und Kleinasiaten durch sie kennen gelernt
haben.

Dazu kommt noch, dass die ältesten in Deutschland gefundenen Eisengeräthformen den Bronzegeräthformen nachgebildet sind[3] und dass sich eine alte

[1] Undset, Das erste Auftreten des Eisens in Nord-
europa 6.
[2] Kuhn's Zeitschrift für vergleichende Sprachforschung.
VII, 183.
[3] Schon Soph. Müller, der Gelegenheit hatte, im Jahre 1880
die prähistorische Abtheilung des Museums schlesischer Alter-

autochthone, wenn auch wenig entwickelte Eisencultur in Deutschland durch directe Beweise erkennen lässt. Alsberg hat einige derselben zusammengestellt und mögen dieselben hier mitgetheilt werden: „Als ein solcher Beweis — sehr frühzeitiger Kenntniss der Gewinnung und Verarbeitung des Eisens — sind z. B. die in Lüderich bei Bensberg nachgewiesenen Spuren eines uralten Bergbaues — es wurden aus diesen Eisenerzgruben Geräthe, welche ein sehr hohes Alter des dortigen Bergwerksbetriebes bekunden, wie: Steinlampen, hölzerne mit kupfernen und eisernen Spitzen versehene Brechwerkzeuge, hölzerne Schaufeln u. dgl., zu Tage gefördert — zu betrachten und ebenso sprechen die in gewissen Theilen Norddeutschlands sich findenden prähistorischen Schlackenhalden zu Gunsten dieser Annahme. Was letzteren Punkt anlangt, so macht Ch. Hostmann in einer unlängst veröffentlichten Arbeit (Die ältesten Eisenschlacken in der Provinz Hannover) darauf aufmerksam, dass an den Abhängen der dünenartigen Alluvialbildungen, welche die Ufer der unteren Leine einfassen, in einer Tiefe von 0·3—1 Mtr. unter der Erdoberfläche eine durch das ganze, oft mehrere Hektaren umfassende Terrain sich hinziehende Ablagerung von Artefacten — eine Art von Culturschicht — nachgewiesen werden kann, welche vorwiegend aus einer fast unglaublichen Menge kleiner Topfscherben, untermischt mit Eisenschlacken, Kohlenresten, Thierknochen, vegetabilischen Abfällen, sowie mit einzelnen eisernen Gegenständen, Steingeräthen und Feuersteinsplittern besteht. Auch ist daraus, dass in den betreffenden Gegenden angestellte Nachgrabungen in vielen Fällen nicht nur jene soeben erwähnten Objecte, sondern auch Fundamentirungen

thümer in Breslau zu studiren, hebt die „hier eigenthümliche Wiederholung fast sämmtlicher Bronzegeräthformen in Eisen hervor". (Schlesiens Vorzeit in Bild und Schrift. 26. Ber., 1881, III. Bd., S. 10). Dieselbe Beobachtung wurde auch an den seither gemachten Eisenfunden des beginnenden Eisenalters, insbesondere an den in den Flachgräbern von Gross-Tschansch und Woischwitz, Kreis Breslau, gefundenen Eisenformen gemacht. Es erscheinen hier sogar Arm- und Halsringe aus Eisen. Auch das numerische Verhältniss der Eisen- und Bronzesachen lässt auf eine heimische Production schliessen. Die in Woischwitz gefundenen Eisensachen füllen ebensoviel Tafeln (4) wie die Bronzesachen, die in Gross-Tschansch gefundenen Eisensachen sogar 6 Tafeln gegenüber 2 Tafeln mit Bronzesachen. Welches Etymon auch immer dem griechischen σίδηρος zu Grunde liege, darin stimmen alle Sprachforscher überein. dass dasselbe kein Lehnwort sei und aus dem Wortvorrath der arischen Sprachen erklärt werden müsse.

aus Feldsteinen, Herdstellen aus Granitblöcken, sowie Ueberreste kleiner Schmelzgruben ergeben haben, wohl mit Sicherheit zu schliessen, dass wir es nicht etwa mit den Trümmern von ... Urnenfeldern, sondern mit den Rückständen uralter, zum Zwecke der Eisengewinnung gegründeter Ansiedelungen zu thun haben. Als ein Umstand, welcher den soeben erwähnten Untersuchungen eine besondere Beweiskraft verleiht, muss ferner noch bemerkt werden, dass die besagten Anhäufungen von Eisenschlacken — welche nicht nur an den Ufern der Leine sich finden, sondern auch von diesem Flusse bis zur Hunte, von dort weiter westlich bis zur Ems und zum Zuidersee, sowie in südlicher Richtung bis zum Rheinthal sich fortsetzen — hier meistens in Gegenden angetroffen werden, in denen der moderne Betrieb von Schmelzhütten nie bestanden hat und dass ebensowohl die primitive Beschaffenheit der mit den Eisenschlacken vermischten, mässig gebrannten und wenig verzierten Topfscherben, wie der bedeutende Eisengehalt der Schlacken selbst zu Gunsten der Annahme einer sehr frühen und noch sehr unvollkommenen Eisengewinnung durch Verhüttung der Erze spricht."[1] Ebensolche vorgeschichtliche Eisenschmelzstätten sind auch in Schlesien aufgefunden worden.[2]

Dass dieselben ein hohes Alter besitzen, geht auch noch aus einem anderen Umstande hervor. Wie schon seinerzeit Undset in dem zwischen der Oder und Weichsel gelegenen Gebiete in den Gräberfunden eine eigentliche Bronzezeit schwer erkennen konnte, indem schon überall früh Eisengeräthe auftreten,[3] glaubt auch Comhaire nicht, dass die bisherigen in den Gräbern und in den Wohnplätzen gemachten Funde zur Annahme einer eigentlichen Bronzezeit in Belgien und Holland berechtigen.[4]

Ergibt sich also auch vom archäologischen Standpunkte die Richtigkeit der Annahme, dass, als die Stammsitze der P - Gruppe der italischen Völker

[1] Alsberg, M., Die Anfänge der Eisencultur. Berlin 1886. S. 59.

[2] W. Gremplkr führt in „Schlesiens Vorzeit", 81. Ber., 1893, V. Bd., S. 221, alle bis dahin bekannten Orte in Schlesien auf, wo solche aufgefunden worden sind: auf der „Tawale" in Trebnig, Kreis Nimptsch, wo reichlich Eisenschlacken, sowie Reste zweier grossen Töpfe, denen inwendig Eisenreste anhingen, gefunden worden, in Mähnitz, Kreis Trebnitz; beim Dorfe Silber in der Gegend von Malmitz; in Schlaupitz, Kreis Reichenbach.

[3] Undset, a. a. O. 331.

[4] Comhaire, a. a. O. 214.

(Umbrer und Osker) das Gebiet zu betrachten sei, das durch jene Composita von Orts- und Flussnamen charakterisirt ist, deren zweiter Theil auf -apa (aqua) zurückgeht und das im Süden im Wesentlichen durch den Main und im Osten durch die Leine begrenzt wird, so folgt von selbst daraus, dass wir die Stammsitze der Völker der Q-Gruppe, also vor Allem der Latiner, in der Nachbarschaft der Stammsitze der verwandten P-Gruppe zu suchen haben. Auch bei der Lösung dieser Frage gewährt uns die vorgeschichtliche Archäologie insoferne die werthvollste Hilfe, als sie nachweist, dass eine eigenthümliche Form der zur Aufnahme der gebrannten Gebeine des Verstorbenen bestimmten Urnen, wie sie in den gleichfalls dem beginnenden Eisenalter angehörigen Nekropolen Latiums (Alba, Rom, Velletri) und Südetruriens (Allumiere, Bisenzio, Corneto-Tarquinia, Vetulonia)[1] zum Vorscheine gekommen ist — die sogenannten Hausurnen — auch in Deutschland, und zwar im Gebiete der **Saale und der unteren Elbe** — und nur **in diesem Gebiete** — vertreten ist. Es ist klar, dass, wenn diese in Deutschland und in Italien gefundenen Hausurnen einen gemeinsamen Ursprung haben, wir ohne Weiteres das bezeichnete Gebiet als das Stammland der Latiner und der ihnen zunächst verwandten Völker (Falisker) betrachten müssen. Und den gemeinsamen Ursprung werden wir annehmen, wenn sich ergibt, dass sowohl die italischen wie die deutschen Hausurnen in Form und Material einander ähnlich sind und demselben Zeitalter angehören.

Was den letzten Punkt anlangt, so gehören die italischen ausschliesslich, von den deutschen die weitaus überwiegende Mehrzahl derselben der ersten Eisenzeit an, wie dies Virchow eingehend nachgewiesen hat.[2] Und was den ersten Punkt betrifft, so war es von hervorragenden deutschen Archäologen zuerst Lisch in Schwerin, der das einheimische Fundmaterial kannte und auch Gelegenheit hatte, in der Privatsammlung des Königs Christian VIII. von Dänemark in Kopenhagen mehrere alte italische Grab-

hausurnen zu studiren, der feststellte, dass diese „genau dieselbe Gestalt und Grösse" hätten, wie die im nördlichen Deutschland gefundenen Hausurnen, nur mit dem Unterschiede, dass sie aus rothem Thon bestünden, während die norddeutschen immer eine braune Farbe hätten. Auch bei dem in Berlin befindlichen Exemplare einer Hausurne aus Alba Longa[1] erkennt Lisch eine „überraschende Aehnlichkeit" mit den Hausurnen des Nordens. Auch die Masse und die Art der Verfertigung der Albaner Urnen stimme ganz mit den nordischen überein; die Albaner Urnen bestünden im Inneren der Wände aus grobkörniger, felsiger Masse, d. h. aus Thon, der mit zerstampfter Felsmasse durchknetet sei, und unterscheiden sich von den nordischen Urnen nur dadurch, dass die Masse, wie zahllose italische Gefässe, eine röthlichbraune Farbe habe, während die nordischen Gefässe aus braunem Thon bestünden, der mit zerstampftem dunklen Granit durchknetet sei.[2]

Doch zeigen weder die italischen und noch weniger die deutschen Hausurnen einen einheitlichen Typus und hat Henning unter letzteren fünf locale Gruppen unterschieden.[3] Unter diesen haben jedenfalls die Hausurnen der vierten Gruppe, die auf der Ostseite des Harzes gefunden wurden (Aschersleben, Wilsleben u. s. w.), mit den italischen die meiste Aehnlichkeit. Der Unterschied besteht blos darin, dass die deutschen Urnen die Thüre in der Mitte der einen Seitenwand haben, während sie bei den italischen, mit einer einzigen Ausnahme bei einem Cornetaner Gefässe, an der Giebelwand sich befindet und dass sie bei den deutschen ungleich kleiner und mit einer höheren Schwelle versehen ist, ein Unterschied, der darauf hinweist, dass die Italiker bei dem Bau ihrer Häuser, so sehr sie auch sonst an der überkommenen Form fest hielten, doch die günstigeren klimatischen Verhältnisse Italiens für ihre Bequemlichkeit zu benützen suchten. Sonst aber sind sie einander ganz ähnlich und konnte sich Meitzen die „überraschende Uebereinstimmung" zwischen den Albaner Hausurnen und der Ascherslebener Urne „in ihrem ganzen Aeusseren, im Aufbau der Sparren, in dem mehr oder weniger gewalmten Giebeldach,

---

[1] Ueber die italischen Hausurnen gab die letzte sorgfältige Zusammenstellung A. Taramelli, I cinerarii antiquissimi in forma di capanna scoperti nell' Europa. Rendiconti della R. Aeademia dei Lincei. Classe dei scienze mor., stor. e philologiche. Roma 1893. pag. 423—450.

[2] Virchow, R., Ueber die Zeitbestimmung der italischen und deutschen Hausurnen. Sitzungsberichte der k. preuss. Akad. d. Wiss. zu Berlin 1883, S. 985—1026. Von anderen Erwägungen geleitet, kommt auch Lissauer (Globus. LXVI, 145) zu demselben Ergebnisse.

[1] Diese Hausurne befindet sich gegenwärtig nebst zwei anderen aus Alba Longa im Museum für Völkerkunde.

[2] Lisch, Ueber die Hausurnen, besonders über die Hausurnen vom Albaner Gebirge. Jahrbücher des Vereines für mecklenburgische Geschichte und Alterthumskunde. Schwerin 1856. S. 243 f. Lisch versetzte die deutschen und italischen Hausurnen in die entwickelte Bronzeperiode.

[3] Henning, R., Das deutsche Haus. Strassburg 1882. S. 179.

in der Art der Stroheindeckung und in der Thür-
einrichtung, sowie in der sonstigen Behandlung der
Form und des Materiales" nur durch die Annahme
erklären, dass die italischen Urnen während der
Völkerwanderung von noch heidnischen Semnonen
in Erinnerung an ihre Heimat angefertigt und zur
Bestattung verwendet worden seien.[1]) So unmöglich
auch diese Annahme ist, so liegt ihr doch der richtige
Gedanke zu Grunde, dass die Uebereinstimmung nur
durch die Annahme erklärt werden könne, dass ein
aus dem Norden nach Italien ausgewanderter Volksstamm die in Latium und Südetrurien aufgefundenen
Hausurnen verfertigt hat.

Diese Annahme wird noch durch den Umstand
bestätigt, dass es in den letzten Jahren Virchow
gelungen ist, einige eigenthümliche Verhältnisse der
italischen Hausurnen, namentlich die Giebel- und
Dachconstruction — am Giebel selbst befindet sich oft
ein dreigetheiltes Balkenfeld und darüber ein rundes
oder dreieckiges Loch —, die ihm bis dahin räthsel-
haft erschienen, durch auf d e u t s c h e m Boden
entdeckte Häuser mit derselben Giebel- und Dachconstruction aufzuklären, als er nämlich zuerst in
Mödlich bei Lenzen a. d. Elbe, im Kreise West-
priegnitz, das Rauchloch und später an zahlreichen
anderen Orten das sog. Ulenloch und die damit
verbundene Construction des Giebeldaches und des
Flét thatsächlich auffand.[2]) „Man kann unmöglich,"
bemerkt treffend Lissauer, „die Darstellung beider
Einrichtungen an den italischen Hausurnen für ein
freies Spiel der künstlerischen Phantasie ansehen,
dazu sind sie technisch zu innig mit der ganzen
Hausconstruction verknüpft und wiederholen sich zu
oft, als ob sie wesentlich zum Hause gehörten; die
Verfertiger der etrurischen und lateinischen Hausurnen
müssen nothwendig solche Vorbilder gesehen haben,
wenn sie auch in Italien nicht mehr nachweisbar
sind."[3]) Es wäre jedoch ein Irrthum, wollte man
aus dem Umstande, dass die Niedersachsen noch in
neuerer Zeit solche Häuser erbauten, wie sie jedenfalls schon im beginnenden Eisenalter erbaut worden
sind, den Schluss ziehen, dass damals schon Deutschland eine germanische Bevölkerung hatte; die Germanen haben jedenfalls nur nach Vertreibung der
vorgermanischen Bevölkerung die vorhandenen Häuser

weiter benützt und dann später ihre neuen Häuser
nach dem Vorbilde der alten aufgeführt.

Ist demnach das Gebiet der unteren Elbe [1]) und
der Saale als das Stammland der Latiner und der
ihnen zunächst verwandten Völker der Q-Gruppe
anzusehen, so wird es uns nicht überraschen, in
dem alten Namen der Tiber A l b u - l a das Dimi-
nutivum des Hauptstromes ihrer alten Heimat Alba
wiederzufinden; benannten ja auch die nach Italien
eingedrungenen Gallier das Flüsschen bei Bononia nach
Flüssen ihrer alten Heimat Rhenus (Plin., III, 418).

Es entsteht nun die Frage, welche arischen Volksstämme v o r d e r g a l l i s c h e n I n v a s i o n Süddeutschland und die nördliche Schweiz bewohnten
und ihre Todten in den zahlreichen daselbst nachweisbaren Hügelgräbern der Bronze- und beginnenden
Eisenzeit bestatteten. Vom Standpunkte der Ausbreitungstheorie können wir von vornherein erwarten,
dass dieselben denjenigen Völkern, die nördlich vom
Main ihre Stammsitze hatten, der Cultur und Sprache
nach nahe verwandt waren; müssen sie doch geradezu
als eine Abzweigung derselben betrachtet werden.
Liegt es da nicht nahe, an die Räter und Etrusker
zu denken, von deren Sprache es in letzter Zeit
durch die Untersuchungen von Deecke und Lattes
immer wahrscheinlicher geworden ist, dass sie mit
der italischen verwandt ist, wenn auch die Verwandtschaft nicht so nahe ist, wie zwischen den
Sprachen, die man gewöhnlich als italische zu bezeichnen pflegt? Eine gewichtige Stütze hat ferner
diese Vermuthung einerseits in den Mittheilungen
der alten Geschichtsschreiber und andererseits in
den Ergebnissen der vorgeschichtlichen Archäologie.
Nach dem Zeugnisse des Pataviners Livius, eines Orts-
nachbarn und Zeitgenossen der Räter, das also deshalb besondere Beachtung verdient, sowie anderer
Historiker waren die Räter etruskischer Abstammung
und die Sprache, die sie redeten, ein verdorbenes
Etruskisch.[1]) Sind aber die Räter ein etruskischer

---

[1]) Meitzen, Aug., Das deutsche Haus. Berlin 1882. S. 21.
[2]) Verhandl. d. Berl. Ges. f. Anthrop., Ethnol. u. Urgesch.
1892. S. 561.
[3]) Lissauer, Der Hausurnenfund von Seddin, Kreis West-
priegnitz. Globus. LXVI. 145.

[1]) Zu diesem Gebiete scheint auch noch Jütland zu gehören, das gleichfalls aus der vorrömischen Periode Urnenfriedhöfe besitzt, die den norddeutsch-italischen Nekropolen
derselben Culturepoche bis auf charakteristische Einzelheiten
vollkommen gleichen. Madsen og Neergaard, Jydske grav-
pladser fra den førromervke Jernalder. Aarbøger 1894.
S. 165 f.
[2]) Livius V, 33, 11: „Alpinis quoque ea gentibus haud
dubie origo est (sc. ab Etruscis), maxime Raetis: quos loca
ipsa efferarunt. ne quid ex antiquo, praeter sonum linguae,
nec eum incorruptum, retinerent." Plin., III, 133: „Raetos Tus-
corum prolem arbitrantur. Steph. B.: 'Ραιτοί Τυρρηνικòν ἔθνος.

Stamm, so können die Stammsitze der übrigen Etrusker nicht fern von den Stammsitzen der Räter gewesen sein. Die Stammsitze der Räter lagen aber in Süddeutschland, wo noch der heutige Name der Landschaft Riess (= Raetia) die Erinnerung an sie bewahrt, von wo aus sie jedenfalls durch die nach Süden vordringenden gallischen Stämme in die Berge Tirols und der Schweiz gedrängt worden sind.

Was die archäologische Seite der Frage anlangt, so unterscheidet sich die älteste Cultur der Etrusker auf italischem Boden, die im Uebrigen die grösste Aehnlichkeit mit der Cultur der übrigen italischen Stämme aufweist, hauptsächlich darin, dass die Etrusker ihre Todten unter runden Grabhügeln bestatteten, während die Umbrer und Latiner in der ältesten Zeit ihre Todten ausschliesslich verbrannten und die Reste des Leichenbrandes in Ossuarien beisetzten, ein Unterschied, auf dessen grosse ethnologische Bedeutung in den letzten Jahren insbesondere Duhn[1] und Brizio[2] hingewiesen haben. Denselben Unterschied zeigt aber auch während der Bronze- und beginnenden Eisenzeit Süddeutschland mit seinen bestattete Leichen enthaltenden Hügelgräbern gegenüber den Urnenfriedhöfen Norddeutschlands.[3]

Zum Schlusse möge noch bemerkt werden, dass auch die kraniologische Forschung diese Annahme bestätigt. Wenigstens bemerkt hierüber G. Sergi: „Chi legge l'opera del Calori con molta attenzione, si accogerà d'un fatto, cioè che egli non trova differenze sostanziali fra i crani umbri, romani ed etruschi; trova forme tipiche differenti nei tre popoli e comuni a tutte a tre, e poi anche delle differenze che devono riferiersi a variazioni individuali più che a differenze etniche fra cotesti tre popoli antichi." [4]

III. Thraker und Hellenen.

Vom Standpunkte der Ausbreitungstheorie können die Verwandtschaftsverhältnisse der einzelnen arischen Sprachen zu einander mit weit grösserer Berechti-

gung zur Bestimmung der älteren Wohnsitze der einzelnen arischen Völker benützt werden, als es vom Standpunkte der Auswanderungstheorie möglich war. Wenn wir nun die Frage aufwerfen, in welchem Theile Europas das Volk und die Sprache der Hellenen ihre Eigenart entwickelten, so kann kein Zweifel darüber sein, dass dieses Gebiet von den Stammsitzen der Latiner — der unteren Elbe und Saale — nicht weit entfernt sein konnte. Denn wenn auch die Italiker und Hellenen einst keine engere Einheit allen anderen arischen Völkern gegenüber bildeten, wie man früher allgemein angenommen (gräco-italische Spracheinheit), so kann doch andererseits nicht geleugnet werden, dass das Lateinische sehr viele Uebereinstimmungen aufweist mit dem Griechischen,[1] Uebereinstimmungen, die sich nur durch die Annahme einstmaliger geographischer Nachbarschaft beider Völker erklären lassen. Andererseits ist das Griechische nahe verwandt mit den arischen Sprachen Asiens (Indisch und Eranisch)[2] und insoferne diese Sprachen mit dem Baltischen und Slavischen auf eine engere indisch-eranisch-baltisch-slavische Einheit zurückgehen,[3] auch mit dem Baltischen und Slavischen, wenn auch die Verwandtschaft mit den letztgenannten Sprachen weniger scharf hervortritt, als mit dem Indischen und Eranischen, was darin seinen Grund hat, dass das Baltisch-Slavische uns aus einer ungleich späteren Entwicklungsperiode bekannt ist, als das Indische und Eranische. Was nun die Stammsitze der Slaven anlangt, so erstrecken sich dieselben im Norden der Karpathen von dem oberen und mittleren Laufe der Weichsel an bis zum unteren und mittleren Lauf des Dniepers,[4] während im

[1] Ascoli, G., Due recenti lettere glottologiche. Roma 1886.

[2] Ascoli, Ein Wort über die Verwandtschaftsverhältnisse innerhalb der indogermanischen Familie. Transactions of the ninth Intern. Congress of Orientalists (London 1892). London 1893. I, 255.

[3] Diese Annahme stützt sich ausser anderen Uebereinstimmungen hauptsächlich auf den Umstand, dass in einer Reihe von Fällen dem indo-eranischen Sibilanten. der auf eine ursprüngliche Gutturale zurückgeht, auch im Litauisch-Slavischen ein Sibilant entspricht, während die anderen arischen Sprachen (Griechisch. Latein, Keltisch, German.) in denselben Wörtern die ursprüngliche Gutturale zeigen, so z. B. sanskr. çata-, zend. çata-, lit. szimta-s, altsl. süto hundert gegenüber lat. centu-m (aus kentu-m), griech. ἑ-κατο-ν u. s. w.

[4] Müllenhoff, Deutsche Alterthumskunde. II. 89. Müllenhoff hat ferner (II, 87) nachgewiesen. dass noch in den ersten Jahrhunderten unserer Zeitrechnung keine Slaven im Süden der Karpathen lebten. Daraus folgt, dass auch für die früheren Zeiten die Karpathen die Südgrenze ihres Verbreitungsgebietes gebildet haben.

Die in den Alpen sesshaften Räter sind jedenfalls, wie mit Recht Niebuhr (Vorträge über römische Geschichte, I, 148) und Schwegler (Römische Geschichte, I, 256) annehmen, daselbst zurückgebliebene Reste der vorrömischen Etrusker und nicht erst aus Oberitalien von den einwandernden Galliern dorthin verdrängt worden.

[1] Bull. pal. it. XVI, 118, 129; Atti e mem. d. R. deput. di stor. p. le prov. di Romagna 1892, pag. 280—323.

[2] Nuova Antologia. 1892. Marzo-Aprile, pag. 140.

[3] Undset, Westdeutsche Zeitschrift. V, 18: Holder, H. v., Untersuchungen über die Skeletfunde in den vorrömischen Hügelgräbern Württembergs und Hohenzollerns. Stuttgart 1895.

[4] Nuova Antologia. 1895. Luglio-Agosto, pag. 105.

Norden, von denselben durch die ausgedehnten Rokitno-Sümpfe auf eine weite Strecke hin getrennt, die Balten (Preussen und Litauer) von der unteren Weichsel an gegen Osten hin sassen und theilweise noch heute sitzen. Dass die noch heute in diesem Gebiete sesshaften Slaven und Litauer als die unmittelbaren Nachkommen der ersten arischen Besiedler, die sich in der jüngeren Steinzeit von Westen aus allmälig über dasselbe verbreitet hatten, betrachtet werden müssen, dafür gibt es, wenigstens für das Gebiet der Litauer, einen interessanten sprachlichen Beleg, auf den weitere Kreise A. Bezzenberger aufmerksam gemacht hat.[1]

Das in die Memel mündende unscheinbare Flüsschen, Namens Jura oder, wie der dortige Litauer allgemein sagt, die „Jur", bezeichnet nämlich den westlichen Rand eines grossen alten Sees, der bis zur Zeit des älteren Alluviums bestand, etwa bis vor ungefähr 5000 Jahren nach der Berechnung von A. Jentzsch; der den Mittelpunkt des Beckens erfüllende Forst führt denselben Namen und das am oberen Ende gelegene russische Städtchen die Benennung Jurbork. „Nun heisst aber," fährt G. Berendt fort, „preuss. jurian, lit. júres, lett. juhra das Meer, das grosse Wasser und dient nur zur Bezeichnung der Ostsee. Hier aber trägt, um nur bei dem einen Eigennamen der Jur oder des Juraflusses zu bleiben, ein verhältnissmässig ganz unscheinbares Flüsschen diesen Namen, aber ein Flüsschen, das auf ein paar Meilen Länge genau an der Stelle fliesst, wo von Westen her der grosse alte Binnensee, das grosse Wasser (juhra) begonnen haben muss. Ich glaube, keinen zu kühnen Schluss zu machen, wenn ich daraus folgern möchte, dass die Ureinwohner des Landes das grosse Wasser (juhra) hier noch gekannt haben."[2]

Aus diesen Darlegungen ergibt sich, dass schon auf Grund der Verwandtschaftsverhältnisse der vorhin erwähnten Sprachen die Stammsitze der Hellenen im Osten der Elbe einerseits und im Westen der Weichsel andererseits, also im Flussgebiete der Oder gesucht werden müssen. Zu einem ähnlichen Ergebnisse gelangt man aber auch, wenn man diese Frage mit Hilfe der Pflanzen- und Thiergeographie zu beantworten unternimmt. Die Hellenen kannten in ihren Stammsitzen jedenfalls den Aal (griech.

ἔγχελυς, lit. ungurýs, preuss. angurgis, altsl. ągoríští, poln. węgorz u. s. w.), und da bekanntlich der Aal in allen jenen Flüssen nicht vorkommt, die sich direct oder indirect in das Schwarze oder Kaspische Meer ergiessen, so ist es ausgeschlossen, dass die Hellenen vor ihrer Wanderung nach Griechenland in irgend einem Theile des östlichen, mittleren oder südlichen Russland oder im Gebiete des heutigen Mähren, Ungarn, Rumänien u. s. w. gelebt haben. Die Hellenen kannten aber auch in ihren Stammsitzen die Buche, die Eibe und den Epheu,[1] deren Verbreitungsgebiet im Osten Europas nur auf den äussersten Westen Russlands beschränkt ist, woraus wiederum folgt, dass die vorhin angeführten Theile Russlands für unsere Frage nicht in Betracht kommen können.

Es entsteht nun die wichtige Frage, ob die Hellenen schon in der Ausbreitungsperiode, also ungefähr schon im dritten Jahrtausende v. Chr., als erste arische Bevölkerungsschichte nach Griechenland gekommen sind oder ob dieselben erst in der Wanderperiode den Boden Griechenlands betreten haben und, falls die letztere Annahme als die richtige sich erweist, in welchem Jahrhunderte ungefähr dieses Ereigniss eingetreten ist.

Gegen die erste Annahme, die in neuester Zeit eine Reihe bedeutender Vertreter[2] gefunden hat,

[1] Deutsche Literatur-Zeitung. 12. November 1892.
[2] Berendt, G. Ein geologischer Ausflug in die russischen Nachbargouvernements. Schriften der k. physik.-ökonom. Gesellschaft zu Königsberg. X, 185.

[1] Penka, Heim. d. Germ., a. a. O. 70. Man hat in jüngster Zeit gegen die Erklärung des Bedeutungswechsels von φηγός — dasselbe bedeutet nämlich nicht Buche (Fagus silvatica), wie das urverwandte fāgus. sondern Eiche (Speiseeiche) — eingewendet, dass die derselben zu Grunde liegende Annahme, Griechenland besitze keine Buchen. unrichtig sei, da man sie nicht nur am Olymp, Pelion und Pindos, sondern sogar noch südlicher am Oxyagebirge (ὀξύα neugriech. Buche) und an noch weiteren fünf Stellen finde, wo sie Dr. Philippson entdeckt hat. Hier bilde sie überall ausgedehnte Wälder und zeige riesige Stämme. Hiebei vergisst man, dass wir die Entdeckung der Buche in Griechenland erst der wissenschaftlichen Forschung verdanken, dass die Buchenwälder sämmtlich in der Höhenregion von 1300—1800 m liegen und die Baumgrenze bilden (Globus. LXVI, 324). Man begreift leicht, dass diese Buchenwälder den alten Hellenen vollständig unbekannt bleiben konnten. — Nach dem Vorgange von Windisch (Curtius' Stud., VII, 184) stellt jetzt auch L. Horton-Smith im Am. Journ. Phil. XVI. 38—45 κισσός, κίσσαρος mit lat. hedera (Epheu) — von einer Wurzel ghedh „to cling" — zusammen und sucht das schwierige ι in κισσός durch mythologischen Einfluss zu erklären.
[2] So z. B. G. Perrot in Perrot et Chipiez. Histoire de l'art dans l'antiquité. Tome VI. La Grèce primitive. L'art mycénien. Paris 1894. P. 108: „Jusqu'à preuve du contraire, nous devons voir. dans ceux qui ont façonnés (les outils en pierre). les ancêtres directs des Grecs de l'histoire."

spricht eine Reihe gewichtiger Argumente. Vor Allem der Umstand, dass in dem weiten Gebiete zwischen den soeben nachgewiesenen Stammsitzen der Hellenen im Gebiete der Oder und Griechenland sich nirgends Hellenen nachweisen lassen. Dieses ganze Gebiet, von der „karpathischen Gebirgsumwallung, der Urheimat des thrakischen Volksthums",[1] angefangen bis tief nach Kleinasien hinein, war von thrakischen Stämmen, die wir als die ersten arischen Ansiedler betrachten müssen, bewohnt. Dazu kommt die Erwägung, dass die Hellenen während der Ausbreitungsperiode, die jedenfalls mehrere Jahrhunderte gedauert hat, in einem Gebiete, in dem der Aal nicht vorkommt, mit der Sache zugleich den aus ihren früheren Sitzen mitgebrachten Namen entweder verloren oder wenigstens in einer anderen Bedeutung zu gebrauchen gelernt haben würden. Und können wir nach all' dem, was wir von der geringen Widerstandskraft der arischen Rasse gegenüber den Einflüssen des tropischen und subtropischen Klimas wissen, annehmen, dass die Hellenen, wenn sie so früh aus ihren nordischen Stammsitzen nach Griechenland gekommen wären, sich bis zu den Perserkriegen als ein solch' kraftvolles Volk, als das sie sich noch in diesen gezeigt, erhalten haben würden?[2]

Wir müssten ferner, wenn die erwähnte Annahme richtig wäre, eine ununterbrochene, nirgends eine

[1] Tomaschek, W., Die alten Thraker. I. Wien 1893. S. 7. Die Thraker sind von den Illyriern strenge zu sondern und sind auch im Alterthume von guten Schriftstellern, wie z. B. von Strabo, immer auseinandergehalten worden. Auch ihre Sprachen waren verschieden, wie Tomaschek durch Vergleichung der thrakischen und illyrischen Orts- und Personennamen nachgewiesen hat. (Mitth. der Wiener Anthropologischen Gesellschaft. 1893. Sitzungsberichte 36.)

[2] Auch der arische Typus hätte sich nicht so lange und so allgemein erhalten. So aber zeigen die Terracotten aus bester griechischer Zeit gewöhnlich röthlonades Haar und blaue Augen; unter den vielen Tausenden von Figürchen, die in Tanagra in Böotien entdeckt worden sind, kommt niemals eine andere Haar- und Augenfarbe vor, ausser für Wesen untergeordneter Gattung, wie Satyrn, Sclaven u. dgl. m. In Uebereinstimmung mit diesen Funden ist es, wenn Beloch (Griech. Gesch., I, 59) noch einen Schriftsteller des III. Jahrhunderts (Herakleides den Kritiker. Beschreibung Griechenlands, I, 17) anführt, nach welchem die Böoterinnen noch in diesem Jahrhunderte meist blond gewesen sein sollen. Heute dagegen kommen blonde Haare und blaue Augen nur ganz selten in Griechenland vor und sind die heutigen Neugriechen als die Nachkommen der vorarischen Urbevölkerung zu betrachten, deren physischer Typus nur durch slavische und albanesische Beimischungen einigermassen verändert worden ist.

Kluft aufweisende Entwicklung in der Cultur von jener ersten primitiven Periode an, in der die Steingeräthe gegenüber den aus Metall verfertigten Geräthen weitaus überwiegen, bis zu jener Periode, in der die griechische Kunst ihren Höhepunkt erreichte, erwarten. Dies ist jedoch nicht der Fall, sondern nach der sogenannten mykenischen Periode tritt plötzlich und unvermittelt eine Culturphase ein, die von der vorhergehenden durch eine weite und tiefe Kluft getrennt ist.[1] Es zeigt sich diese Kluft hauptsächlich in den Werken der Kunst und des Kunsthandwerkes, insbesondere in den Erzeugnissen der Keramik, die alle insgesammt im Anfange der zweiten Periode den Charakter grösserer Einfachheit gegenüber den mykenischen haben, ferner darin, dass jetzt plötzlich an Stelle der Bestattung, wie sie in der mykenischen Periode ausschliesslich im Gebrauche war, Verbrennung der Leichen eintritt, wie ja auch die Homerischen Gedichte nur Leichenverbrennung kennen, und endlich in dem Auftreten des der früheren Periode gänzlich unbekannten Eisens.[2] Eine so plötzlich eingetretene und so tiefgreifende Unterbrechung der bisherigen Entwicklung aber, die nicht nur im Peloponnes, sondern auch im Bereiche des ganzen nordöstlichen Griechenlands eingetreten ist, lässt sich auf keine andere Weise als durch die Annahme erklären, dass ein neues Volk in Griechenland eingedrungen ist, einen Theil der vorgefundenen Bevölkerung, und zwar den herrschenden Theil derselben verdrängt, ihre alte, aus den früheren Wohnsitzen mitgebrachte Cultur aber, im Anfange wenigstens, unverändert beibehalten hat. Und dieses Volk waren die Hellenen.

Die Richtigkeit dieser Annahme wird noch ausserdem durch linguistische und historische Zeugnisse bestätigt. Es finden sich nämlich in Griechenland und auf den griechischen Inseln zahlreiche, theilweise auch in den nicht hellenisirten Theilen Kleinasiens wiederkehrende geographische Namen, die nicht griechischen Ursprunges sind und entschieden auf das Vorhandensein einer vorgriechischen, wenn

[1] Am eingehendsten sind die Unterschiede beider Culturepochen Griechenlands dargelegt von Soph. Müller in seiner Abhandlung: „Ursprung und erste Entwicklung der europäischen Bronzecultur." Aus dem Dänischen von J. Mestorf. Archiv für Anthropologie. XV. 324—355. Ausserdem sind noch zu vergleichen: Schliemann, Tiryns 97, 116; W. R. Paton. Vases from Calymnos and Carpathos (Journal for hellen. Studies, VIII, 452) und H. Brunn, Griechische Kunstgeschichte. Erstes Buch. München 1893. S. 63.

[2] Schliemann, Tiryns 87.

auch a r i s c h e n Bevölkerungsschichte hinweisen. Und dass nicht etwa diese Namen auf die anarische Ur-bevölkerung, die wie die Urbevölkerung Italiens und der pyrenäischen Halbinsel zu der mittelländischen Rasse [1]) gehörte, zurückgehen, ergibt sich deutlich aus Herodot, der ausdrücklich von dem pelasgischen Volke von Attika bemerkt, dass es „bei seinem Ueber-gange zu den Hellenen zugleich eine andere Sprache angenommen habe", wie er denn überhaupt von den „Pelasgern" bemerkt, dass sie eine „Barbarensprache" gesprochen hätten.[2])

Es entsteht nun die Frage, welchem Sprachstamme die erste arische Bevölkerungsschichte Griechenlands, deren Cultur die Ausgrabungen der letzten Jahr-zehnte unter der staunenden Theilnahme der wissen-schaftlichen Welt erschlossen haben, angehört hat. Diese Cultur erscheint auf dem Höhepunkte ihrer Entwicklung, in der sogenannten mykenischen Cultur, als eine merkwürdige Mischung von Formen, die bestimmt auf orientalische Einwirkungen und auf orientalischen Import hinweisen, und Formen, die nur als das Ergebniss autochthoner Entwicklung betrachtet werden können. Für die Entscheidung unserer Frage kommt jedoch nicht der Höhepunkt dieser Cultur, sondern die ziemlich primitive Grund-lage derselben, aus der sie erwachsen ist, in Be-tracht. Und diese primitive Cultur, wie sie aus den ältesten Ansiedelungen von Tiryns, Mykenä und anderen Orten bekannt geworden ist, ist ganz die-selbe, wie sie auch in Orten zum Vorschein gekommen ist, die eine unzweifelhaft thrakische Bevölkerung hatten, wie in Troja und in dem sogenannten Grab-hügel des Protesilaos auf dem thrakischen Chersones. Was nun zunächst die für die ethnologische Bestim-mung so wichtigen Thongefässe anlangt, so bemerkt Schliemann ausdrücklich, dass die Thongefässe der primitiven Ansiedler von Tiryns meistentheils zur Culturphase der von ihm ausgegrabenen vier letzten prähistorischen Städte von Troja, sowie der Bewohner der Stätte des am Ufer des thrakischen Chersones befindlichen Tumulus des Protesilaos gehören. Ebenso seien die in Tiryns gefundenen wenigen Messer und Sägen aus Silex oder Chalcedon den in Troja ge-

fundenen ähnlich, ganz ähnlich die in grosser Zahl gefundenen Messer (und Pfeilspitzen) aus Obsidian, wie sie auch in Mykenä gefunden worden, den trojanischen Messern aus gleichem Stein; ebenso seien ähnliche Polirsteine wie in Tiryns, in Troja und Mykenä, ähnliche Handmühlen aus Trachyt auch in Troja und im Tumulus des Protesilaos, ähnliche Kornquetscher auch in Troja, Mykenä und Athen (Akropolis), ähnliche Hämmer auch in Troja und Athen gefunden worden.[1]) Und mit demselben Rechte, mit dem Schliemann unter allgemeiner Zustimmung aus der Identität der im Tumulus des Protesilaos gefundenen Thongefässe mit den Thongefässen der ersten Stadt von Troja geschlossen hat, dass „auf dem thrakischen Chersones in einer fernen vorhistorischen Zeit ein Volk lebte, welches von derselben Rasse war, dieselben Gewohnheiten hatte und auf derselben Culturstufe stand wie die ersten Ansiedler auf dem Hügel Hissarlik",[2]) können auch wir aus der Identität der ältesten Cultur von Tiryns, Mykenä und anderen Orten Griechenlands und der griechischen Inseln mit der ältesten Cultur Trojas und des thrakischen Chersones denselben Schluss ziehen, und dieser Schluss führt uns eben dazu, in den ältesten Ansiedlern von Mykenä, Tiryns, Athen u. s. w., sowie überhaupt in der gesammten vorhellenisch-arischen Bevölkerung des östlichen Griechenlands Thraker zu erkennen.[3])

Erscheint es auch im ersten Momente befremdend, sich als Träger der glanzvollen mykenischen Cultur Thraker denken zu sollen, so möge man sich erinnern, dass das Bild, das, wie Helbig ausführlich dargelegt hat, die Ilias selbst von der Cultur der in Thrakien wohnenden Thraker entwirft und das keineswegs als

[1]) Schliemann, Tiryns 87.
[2]) Schliemann, Troja 292.
[3]) So erklärt sich auch die merkwürdige Bemalung des Amorginer Marmorkopfes, in dessen senkrechten rothen Streifen gewiss mit Recht P. Wolters (Athen. Mitth., XVI, 57) eine Art von Tätowirung gesehen hat. Von den Thrakerinnen wird mehrfach erwähnt, dass sie sich tätowirten, und so erscheinen sie auch auf den Vasenbildern, die Orpheus' Tod darstellen. Ebenso wie in Griechenland finden sich auch in Thrakien Reste cyklopischer Mauern und hat solche A. Dumont auf seiner im Jahre 1868 nach Thrakien unternommenen archäo-logischen Forschungsreise (Mélanges d'archéologie et d'épi-graphie. Paris 1892. P. 196) in der Nähe von Philippi ent-deckt. „Il est intéressant de retrouver chez les Thraces un mode de construction dont la Grèce nous offre des exemples, mais qui est loin d'avoir été, en Europe. d'usage général." Die Form der Tumuli. die in Thrakien nach Hunderten ge-zählt werden, findet Dumont gleich mit der des Tumulus von Marathon.

[1]) Zu der mittelländischen Rasse gehören nicht nur die erwähnten Urbevölkerungen der drei südeuropäischen Halb-inseln, sondern auch die Hamiten Nordafrikas und die Semiten Vorder- und Kleinasiens. In Kleinasien ist das semitische Element frühzeitig von einer vielleicht nur dünnen arischen Schichte überdeckt worden.
[2]) Herodot, I, 60.

ein Idealbild betrachtet werden darf, dieselbe als eine ganz bedeutende, der Cultur der Achäer ebenbürtige erscheinen lässt.[1]) Von dieser Höhe der Cultur sind allerdings die Thraker in späterer Zeit herabgesunken.

Mit Rücksicht auf die Wichtigkeit der Frage nach der Nationalität der vorhellenisch-arischen Bevölkerung Griechenlands darf nicht unerwähnt bleiben, dass DÜMMLER die Vermuthung ausgesprochen hat, dass vielleicht die vorgeschichtliche Bevölkerung Trojas semitisch gewesen sei. Seine Vermuthung beruht hauptsächlich auf der vollkommenen Uebereinstimmung der alttroischen und altkyprischen Cultur, eine Uebereinstimmung, die sowohl formeller wie technischer Natur sei, indem nicht nur die Formen der meisten Thongefässe, sondern auch sämmtliche Waffen und Idole, sowie die Herstellung der Thongefässe, die Art des Schlämmens, Brennens, die Politur der Oberfläche, die eingeritzten und weissen gefüllten Ornamente identisch seien, wie ja auch OHNEFALSCH-RICHTER die altkyprische Cultur ein Gegenstück der alttrojanischen nennt.[2]) Und da er die ältesten Nekropolen auf Kypern einer vielleicht semitischen, jedenfalls aber vorphönischen Binnenbevölkerung zuschreibt und die so weitgehende Uebereinstimmung an zwei Punkten, welche in jener Zeit schwerlich durch Schifffahrt verbunden waren, nur durch Identität der Bevölkerung erklärt werden könne, gelangt er zum Schlusse, dass vielleicht auch die vorgeschichtliche Bevölkerung Trojas eine semitische gewesen sei.[3])

Dagegen ist zu bemerken, dass die Cultur der ersten prähistorischen Stadt Trojas sowie der ältesten Ansiedelung von Mykenä und Tiryns mit der Cultur der mitteleuropäischen Stein-Kupferzeit identisch ist; konnte doch SCHLIEMANN fast allen in diesen gefundenen Gefässformen, Geräthen und Waffen aus Stein, Knochen und Metall analoge Formen mitteleuropäischer Herkunft zur Seite stellen.[4]) Da es ganz

ausgeschlossen ist, dass diese Cultur durch Semiten nach Mitteleuropa gekommen ist, so muss auch die Vermuthung, dass die Troier Semiten gewesen, als unrichtig zurückgewiesen werden und kann aus der Identität der alttroischen und altkyprischen Cultur nur der Schluss gezogen werden, dass bereits in sehr früher Zeit in Kypern sich Thraker angesiedelt haben, ein Schluss, den auch wirklich OHNEFALSCH-RICHTER gezogen hat.[1])

Dazu kommt noch, dass wir Zeugnisse aus dem Alterthum besitzen, die nicht nur die Troier[2]), sondern auch noch andere kleinasiatische Völker als Thraker bezeichnen und nach denen dieselben nicht aus Kleinasien nach Europa, sondern umgekehrt aus Europa nach Kleinasien gekommen sind. So werden ausdrücklich die Thyner und Bithyner als thrakische Stämme bezeichnet;[3]) ebenso die Phryger[4]) und Myser,[5]) deren Namen auf der Balkanhalbinsel in den Namen der Briger und Möser wiederkehren. Auch aus dem von HERODOT erwähnten Umstande, dass an dem uralten Tempel des karischen Zeus zu Mylassa die Myser und Lyder als Brüder der Karer theil hatten,[6]) können wir entnehmen, dass die drei genannten Völker stammverwandt waren, dass also auch die Lyder und Karer zu demselben Stamme gehörten, wie die ausdrücklich als Thraker bezeugten Myser. Und von den Armeniern, deren Sprache sich noch bis heute erhalten hat, sagt derselbe HERODOT, dass sie Abkömmlinge der Phryger seien.[7]) DIEFEN-

der Bewohner der ersten Stadt Trojas im engsten Zusammenhange mit der in Mitteleuropa während der Kupferzeit herrschenden stehe. „Troja stellt nur einen Ausläufer mitteleuropäischer Cultur dar, und seine Bewohner waren aller Wahrscheinlichkeit nach europäischer Herkunft."

[1]) OHNEFALSCH-RICHTER, a. a. O. 260.
[2]) SCHLIEMANN, Ilios 144.
[3]) HEROD., I, 28, VII, 75; THUKYD, IV, 75; STRABO, VI. C. 295, XII, C. 541.
[4]) HEROD., VII, 73; STRABO, X, C. 471, und XII, C. 572. Die Richtigkeit der alten Tradition ist in neuerer Zeit durch die Untersuchungen A. KÖRTE's glänzend bestätigt worden. Ein bei der Station Bos-öjük im nordwestlichen Phrygien befindlicher Tumulus, den dieser Forscher untersucht hat, wurde mit einem gleichfalls von demselben untersuchten Tumulus bei Salonik als wesentlich übereinstimmend befunden, wie auch die in dem phrygischen Grabhügel gemachten, sehr zahlreichen Funde in Thon, Bronze, Knochen und Stein den troischen genau gleichen sollen. Verh. d. Berl. Ges. f. Anthrop., Ethn. u. Urg. 1896, S. 123.
[5]) STRABO, XII. 541.
[6]) HEROD., I, 171.
[7]) HEROD., VII, 73. EUDOXUS bei Steph. B. v. Ἀρμενία und bei Eusthath. in Dionys. Perieg. v. 694 sagt: Ἀρμένιοι τὸ γένος ἐκ Φρυγίας καὶ τῇ φωνῇ πολλὰ φρυγίζουσιν.

[1]) HELBIG, Das homer. Epos. Zweite Aufl. Leipzig 1887 S. 6—12.
[2]) OHNEFALSCH-RICHTER, M., Kypros. Berlin 1893. Vorwort VII. Auf den Tafeln CXLVI—CXLIX zeigt derselbe die frappirenden Aehnlichkeiten der trojanischen Hissarlik-Cultur und der frühen kyprischen der Kupfer-Bronzezeit. Doch hält er die älteste Bevölkerung Kyperns für keine semitische, sondern für eine europäische, und zwar phrygisch-thrakische.
[3]) DÜMMLER, F., Mittheilungen von den griech. Inseln. Athen. Mittheil., XI, 212.
[4]) SCHLIEMANN, Ilios 244—298 und Tiryns 65—93. FURTWÄNGLER (Anhang zum XI. Bd. d. Beitr. z. Anthrop. u. Urgesch. Bayerns. München 1895. S. 15) bemerkt, dass die ganze Cultur

BACH bringt einige Zeugnisse, aus denen hervorgeht, dass auch die Kappadoker mit den Armeniern nahe verwandt waren. Er erwähnt des Zeugnisses des Geographen VARTAN, nach welchem Kappadokien zur πρώτη • 'Αρμενία gehörte, in welcher ARAM zuerst armenische Herrschaft und Sprache verbreitet haben soll. Ebenso erwähnt er, dass die jüdischen Schriftsteller Armenier, Kappadoker und Phryger zu dem einen Stamme Thogarma zählen, wie auch aus Moses Chorenensis (I, 13) zu entnehmen sei, dass Armenier und Kappadoker dieselbe Sprache gesprochen hätten.[1]

Das Ergebniss der archäologischen Betrachtung, dass thrakische Stämme diesseits und jenseits des Hellospontus verbreitet waren, wird jedoch nicht nur durch historische, sondern auch durch linguistische Zeugnisse bestätigt. Es finden sich nämlich im Bereiche des alten Thrakiens sowohl wie in Kleinasien zahlreiche Orts-, Fluss- und Bergnamen, welche mit den Suffixen -ss (-s) und nd- (-d-) gebildet sind. Hat man schon mit Recht aus dem Gleichklang der Endungen auf Sprachenverwandtschaft der diese Länder bewohnenden Völker geschlossen, so erhält dieser Schluss volle Gewissheit durch den Umstand, dass sogar dieselben Namen wiederkehren. Solche Namen sind: Σαλμυδησσός in Thrakien, Salmalassus in Kappadokien; 'Οξησσός in Thrakien, 'Αδησσός in Karien, Έδεσσα in Makedonien; 'Αγγησσός in Thrakien, Ίγασσός in Karien, Άγασσα in Makedonien; Ζέλμισσος in Thrakien, Σολμισσός in Lydien; Θυσσός in Thrakien und Makedonien, Θυεσσός in Lydien, Συασσός in Phrygien; Patanissa in Dacien, Πινδενισσός in Kilikien, Πετενησσός in Lykaonien.[2]) Mit dem Suffixe -nd- sind folgende thrakische Ortsnamen gebildet: Άκανθος, Πέρινθος, Ζήρυνθος, 'Ολυνθος u. a., denen eine sehr grosse Zahl gleichgebildeter Ortsnamen Kleinasiens zur Seite stehen; Πέρινθος kehrt in dem Namen Πύρινθος in Karien und Άκανθος in Άκανδα in Lykien und 'Ογονδα in Karien wieder.[3])

Namen dieser Formation finden sich jedoch nicht nur in Thrakien und Kleinasien, sondern, was für unsere Frage von besonderer Wichtigkeit ist, auch in Griechenland: in Phokis das Gebirge Παρνασσός, der Fluss Κηφισός und die Städte Κυπαρισσός und 'Αμβρυσος; bei den ozolischen Lokrern Άμφισσα; in Aetolien die Gebirge Ταφιασσός und 'Αράκυνθος; in Achaia und Elis das Gebirge 'Ερύμανθος; im jonischen

Meere die Insel Ζάκυνθος; auf dem Isthmos Κόρυνθος; in Argolis Σάμινθος; auf Euboea Κέρινθος; auf Keos Κορησσός, Ποιήεσσα; auf Parus Μάρπησσα, daneben die kleine Insel Πρεπέσινθος; unter den Sporaden die Insel Λέβινθος; auf Chios Βολισσός und das Vorgebirge Καύκασα; auf Kreta Τυλισσός und Κνω(σ)σός.[1])

Ein Theil der griechischen Ortsnamen kehrt sogar in Kleinasien wieder, so der Name Παρνασσός in Phokis in Παρνασσός in Kappadokien und Πρινασσός in Karien; Μυκαλησσός in Böotien in Μυκαλησσός in Karien, Megalassus in Kappadokien, Μεγαλωσσός in Pontus; Κορησσός auf Keos in Κρησσός in Lydien, Κερασσός in Lydien, Κάρησσος in Mysien, Κάρισσα in Galatien, Κάρυσις in Lykien; Μάρπησσα auf Parus in Μαρπησσός in Mysien; Κηφι(σ)σός in Attika und Böotien in Καρησσός in Lykien, Καβασσός in Kappadokien; Άργισσα in Thessalien in Άργιζα in Mysien; Άμφισσα bei den ozolischen Lokrern in Άμβρασον in Phrygien; Καύκασα auf Chios in Κουκουσός in Kappadokien; Λάρισα in Thessalien in Λάρισα in Lydien, Mysien und der Troas; 'Ερύμανθος in Elis in 'Ορομανθός in Kappadokien; Κόρινθος auf dem Isthmus und Κέρινθος auf Euboea in Κάλανδος in Lydien.[2])

Zeigen diese Namen, dass einst Thraker nicht allein im eigentlichen Thrakien, sondern auch in Griechenland und in denjenigen Theilen Kleinasiens sassen, wo auch die historische Tradition von thrakischen Volksstämmen zu erzählen weiss, so können wir aus dem Umstande, dass gleichgebildete und gleiche Namen auch in solchen Gegenden Kleinasiens gefunden werden, für die keine ausdrücklichen Zeugnisse vorliegen, dass sie einst eine thrakische Bevölkerung hatten, den Schluss ziehen, dass auch über sie einst Thraker sich verbreitet hatten. So findet sich der Name 'Ολβασα in Kilikien, Pisidien und Pamphylien; Λυρηγασσός in Mysien und Pamphylien; 'Ιασσός in Kappadokien und als 'Ιασσος in Karien; Τερμησσός in Pisidien und Τελμησσός in Karien; 'Αριασσός in Pisidien und 'Αλιασσός in Galatien; 'Αβασσός in Phrygien und Habessus in Lykien; Ταμασσός auf Kypern.[3])

---

[1]) DIEFENBACH, Orig. Europ. 44.
[2]) PAULI, C., Eine vorgriechische Inschrift von Lemnos. Leipzig 1886. S. 49.
[3]) PAULI, a. a. O. 51.

[1]) PAULI, a. a. O. 47.
[2]) PAULI, a. a. O. 50.
[3]) Ausführliche Versuche, das Lykische als eine arische Sprache zu erweisen, haben M. SCHMIDT (The Lycian inscriptions. Jena 1868. und Neue lycische Studien. Jena 1869), SAVELSBERG (Beiträge zur Entzifferung der lycischen Sprachdenkmäler. Zwei Theile. Bonn 1874—78) und DECKE (in BEZZENBERGER's Beiträgen, XII, 124 f. und 315 f.; XIII, 258 f.; XIV, 181 f.) unternommen. Den arischen Charakter des

Wenn PAULI aus dem Umstande, dass in den arischen Sprachen kein Suffix oder Wort nachzuweisen sei, mit dem sich -asso unbedenklich identificiren liesse, und dass dieser Thatsache gegenüber die Uebereinstimmung der übrigen Suffixe, mittelst deren die übrigen kleinasiatischen Ortsnamen gebildet sind (-n-, -m-, -r-, -l-, -k-, -t-), mit auch sonst in anderen arischen Sprachen nachweisbaren Suffixen nicht viel sage, weil sie „gar nichts specifisch Indogermanisches" an sich trügen, sowie aus dem Umstande, dass die Deutungen mehrerer karischer Ortsnamen, wie sie G. MEYER gegeben, wenig wahrscheinlich seien, den Schluss zieht, dass diese Ortsnamen gar nicht arisch seien und, hierin H. KIEPERT folgend, annimmt, dass sie, da sie auch nicht semitisch wären, „auf eine den arischen und semitischen Einwanderungen vorangegangene Bevölkerungsschicht" zurückgehen, mit der er übrigens auch noch die Etrusker in Verbindung bringt, so zieht er einen Schluss, dessen Tragweite in gar keinem Verhältnisse steht zu der Bedeutung der Thatsachen, auf die er sich stützt und wobei er von vornherein gar nicht einmal die Möglichkeit in Betracht zieht, dass ebenso wie ganze Wörter auch Suffixe in allen arischen Sprachen bis auf eine ausser Gebrauch gekommen sein konnten. Im Uebrigen muss bemerkt werden, dass JENSEN die Endung -σσος für verwandt mit der Endung -š im Altarmenischen hält und in Folge dessen auch der Meinung ist, dass die „vorderasiatischen" Namen auf -σσος und -š auf die Altarmenier und deren weitverbreitete „Sippe" zurückzuführen seien.[1] Möglich ist es indessen auch, dass die Ortsnamen auf -σσος Composita sind. FICK wenigstens spricht in seiner im Vorjahre erschienenen Abhandlung über die altgriechischen Ortsnamen bei der Besprechung der griechischen Berg- und Ortsnamen auf -σσός die Vermuthung aus, dass in ihnen,

Karischen hat GEORG MEYER (in BEZZENBERGER's Beiträgen, X, 147 f.) zu erweisen versucht. In neuester Zeit hat es P. JENSEN (in der Zeitschrift d. Deutsch. Morgenl. Ges. XXXXVIII, 429 f.) unternommen, auch das Kilikisch-Hetitische als eine arische Sprache, und zwar als eine, die dem armenischen Sprachzweige am nächsten stehe, nachzuweisen. Dafür, dass die Hetiter (Kilikier und Kappadoker) Arier waren, spricht auch der Umstand, dass auf den ägyptischen Denkmälern ihre Hautfarbe als sehr hell, hellroth oder fast rosenroth und im Ramesseum nach FLINDERS PETRIE auch das Haar als orange erscheint. Dazu, dass ihre Hautfarbe weisser erscheint als die der Semiten, stimmt es auch, dass die Kappadoker bei den Griechen Λευκόσυροι heissen. W. M. MÜLLER, Asien und Europa nach altägyptischen Denkmälern. Leipzig 1893. S. 331.

[1] JENSEN, a. a. O. 477.

da analoge Bildungen im Griechischen sonst fehlen, möglicherweise Zusammensetzungen mit einem verschollenen ασσος, etwa „Spitze" bedeutend, vorliegen, das man in dem Namen der troischen Stadt 'Ασσός, die auf steiler Höhe lag, wieder erkennen könnte; σσ müsste aus κ-Laut und -joς entstanden sein, und eine Grundform *ακjος würde zu jon. ἠκή Spitze, lat. acies, äcer wohl stimmen.[1] Für Berg- und Ortsnamen[2] würde diese Bedeutung („Höhe") wohl passen, und es ist für uns nur die Frage, ob wir diesen für das Griechische nachgewiesenen Lautwandel auch für das Thrakische annehmen dürfen.

Positive Gründe für seine Hypothese hat PAULI weder aus dem Bereiche der Anthropologie noch der Archäologie und Geschichte beigebracht, und doch sollte man erwarten, dass wenigstens die Etrusker, die er ja auch zu dieser von der arischen und semitischen Rasse angeblich verschiedenen Völkergruppe rechnet, auf ihrem weiten Wege von Lydien durch die nördlichen Landschaften Kleinasiens, durch Thrakien, Dacien, Pannonien, Noricum und Oberitalien Spuren ihrer einstigen Anwesenheit hinterlassen hätten und dass diese Spuren leicht nachzuweisen wären. Lässt uns demnach PAULI über die Rassenzugehörigkeit seiner angeblich weder arischen noch semitischen Völker Kleinasiens, die die Ortsnamen auf -ss- und -nd- gebildet haben, vollkommen im Unklaren, so hat wenigstens KIEPERT die Vermuthung ausgesprochen, dass dieselben möglicherweise mit den kaukasischen und subkaukasischen Stämmen zu einer Gruppe gehören;[3] doch auch dieser hat keine nähere Begründung seiner Vermuthung versucht.

Der Nachweis, dass nicht allein der östliche Theil der Balkanhalbinsel, sowie das nördliche und östliche Ungarn, sondern auch ganz Kleinasien und die benachbarten Inseln eine thrakische Bevölkerung hatten, macht es begreiflich, wie HERODOT den thrakischen Volksstamm für den grössten aller Volksstämme nach den Indern ansehen konnte.[4]

Ausser den besprochenen Ortsnamen auf - nd - und - ss - gibt es noch eine Reihe von eigenartigen Völkernamen mit der Endung -op(s), die,

[1] FICK, BEZZENBERGER's Beiträge. XXI, 273.

[2] Es scheint, dass die Berg- und Ortsnamen auf -σσός (att. -ττός), z. B. Βρλησσός, in attischer Form Βρλήττός von den Flussnamen auf -σός (Παρμασός Τερμησός in Böotien, Κηφισός in Attika) getrennt werden müssen und dass wir nur in den -σο- der letzteren gegenüber dem -σσο- der ersteren ein Suffix erblicken dürfen.

[3] KIEPERT, Lehrbuch der alten Geographie 73.

[4] HERODOT, V, 3.

ebenso in thrakischen Gebieten im Norden von Griechenland wie in Griechenland selbst verbreitet, das Thrakerthum der vorhellenisch-arischen Bevölkerung Griechenlands bezeugen. Dahin gehören die Namen der Almopen und Deuriopen im oberen Makedonien, der Kassopen in Epirus, der Landschaft Hellopia, der Doloper im Pindus und auf der Insel Skyros, der Dryopen am Octa und im Peloponnes, des attischen Urkönigs Kekrops, sowie der frühere Name Attikas Mopsopia und der des Pelops, des Eponymus der Pelopsinsel. Selbst E. Meyer, der schon die Mykenäer für Hellenen hält, will nicht bestreiten, dass die genannten in Griechenland sesshaften Stämme als daselbst zurückgebliebene Reste thrakischer Völkerschaften betrachtet werden können, und erklärt, dass kein Grund vorliege, diese Thraker und gar die Thraker von Pierien zu einem verschollenen griechischen Stamme zu stempeln.[1]

Thier- und pflanzengeographische Erwägungen, sowie die Verwandtschaftsverhältnisse des Griechischen zu den anderen arischen Sprachen haben uns dazu geführt (s. S. 40), für die Stammsitze der Hellenen das Odergebiet anzusprechen. Es ist ferner darauf hingewiesen worden, dass die hellenische Cultur durch eine tiefe Kluft von der mykenischen Cultur getrennt ist, und dass sich dieser Unterschied der beiden Culturen nicht nur auf die Kunst und das Kunsthandwerk, sondern auch auf die Art der Beisetzung der Todten, sowie auf den Gebrauch der Metalle erstreckt. Ist die Ansicht, dass die Hellenen aus dem Odergebiete nach Griechenland eingewandert sind, richtig, dann müssen auch die Anfänge der Cultur, die wir in Griechenland als die eigentlich hellenische kennen, mit der Cultur des Odergebietes, wie sie uns in der beginnenden Eisenzeit daselbst entgegentritt, übereinstimmen. Dies ist auch wirklich der Fall.

Es wurde bereits früher bemerkt, dass schon sehr frühe in Schlesien das Eisen auftritt, so dass nur schwer in diesem Lande eine reine Bronzeperiode sich innerhalb der ersten Metallzeit absondern lässt, und dass die ältesten Eisenformen den daselbst gefundenen Bronzeformen nachgebildet sind, ein Umstand, der nur in der Annahme seine Erklärung findet, dass die Eisengeräthe im Lande selbst verfertigt worden sind. Was die Beisetzung der Todten anlangt, so ist diese Periode auch in diesem Lande durch die Urnenfriedhöfe charakterisirt. Ein besonderes Merkmal dieser schlesischen und der benachbarten posen'schen Urnenfriedhöfe aus der ersten Eisenzeit liegt jedoch darin, dass man in ihnen bemalte Thongefässe mit geometrischen Ornamenten gefunden hat, wie sie in gleicher Form auch die ältesten hellenischen Gräber enthalten. Diese Thongefässe, deren man jetzt über 600 zählt, sind aus sehr feinem, meist sandfreiem Thon hergestellt, ausnahmslos gebrannt und in bunten Farben mit den verschiedenen geometrischen Ornamenten, die jedoch stets in ein gewisses System gebracht sind, bemalt. Bemalt wurden sie erst nach dem Brennen und nachdem man ihnen einen farbigen, meist hellgelben oder bisweilen rothbraunen Ueberzug durch Eintauchen in eine dicke Flüssigkeit von verdünntem Thon gegeben hatte, und wurden die Farben nicht eingebrannt. Die Ornamente bestehen aus Dreiecken, die entweder roth oder schwarz oder auch weiss bemalt, bisweilen auch mit geraden Linien oder Zickzacklinien ausgefüllt sind, aus Kreisen, Rhomben, Hakenkreuzen, Zickzacklinien, Bändern u. s. w. Die Gefässe selbst haben meistens die Form flacher und niedriger Schalen, niedriger Näpfchen und Urnen. Das Verbreitungsgebiet dieser durch bunten Farbenschmuck, zierliche Form und geschmackvolle Anordnung der Ornamente gleich ausgezeichneten Thongebilde ist hauptsächlich Mittelschlesien, der südliche, im Norden von der Warthe begrenzte Theil Posens und die Neumark.[1]

Bekanntlich zeigt sich die grosse Verschiedenheit der mykenischen Cultur von der hellenischen in ganz besonders auffälliger Weise in der Verschiedenheit der Thongefässe, sowohl was die Art ihrer Herstellung, das Material wie den Charakter der Ornamente selbst betrifft.[2] Der Charakter der Ornamente der hellenischen Gefässe ist ein ausgesprochen geometrischer. Was nun diese unzweifelhaft von Hellenen herrührenden bemalten Gefässe mit geometrischem Ornamentationssystem anlangt, so haben die Ausgrabungen und Untersuchungen der letzten Jahre in mehr als einer Hinsicht neues Licht über dieselben

[1] Meyer, Geschichte des Alterthums. II. 68.

[1] Lucas, H., Ueber die bemalten Gefässe in den heidnischen Gräbern Schlesiens. Schlesiens Vorzeit, 24. Bericht. 1875, II, 268 f ; Zimmer, M., Die bemalten Thongefässe Schlesiens in vorgeschichtlicher Zeit. Mit 7 Bildtafeln. Breslau 1889. Ueber die wichtigen Ergebnisse der Untersuchungen der Gräberfelder von Gross-Tschantsch und Woischwitz wird eine grössere Publication mit Bildtafeln von Söhre in Breslau vorbereitet.
[2] Schliemann, Tiryns 116. Die mykenischen Vasen sind herausgegeben von A. Furtwängler und P. Löschcke. (Mykenische Vasen. Berlin 1886.)

verbreitet; sie haben gezeigt, dass nicht die am Dipylon in Athen im Jahre 1871 gefundenen Gefässe die ältesten und reinsten Vertreter dieser Art sind, dass diese im Gegentheile in der Art ihrer Herstellung, in der Bemalung und Ornamentik den Einfluss der mykenischen Technik und Ornamentik in ganz erheblicher Weise zeigen, dass an anderen Orten Griechenlands, sowie in Kleinasien gefundene Gefässe weit älter sind und dem als gemeinhellenisch anzusehenden Typus dieser Gefässgattung viel näher stehen, und dass es unrichtig war, wenn Furtwängler und Löschcke dieselbe für eine specifisch dorische erklärten.[1] J. Böhlau[2] und F. Dümmler[3] waren es, die sich um die Aufhellung dieser Fragen besonders verdient gemacht haben.

Nach den Untersuchungen dieser Forscher sind es nebst den böotischen Vasen[4] vor Allem die kyprischen, die als die ältesten Vertreter dieser Art von Keramik auf griechischem Boden betrachtet werden müssen. Dieselben gehen, wie der Dialect beweist, auf ausgewanderte Arkader zurück, die wahrscheinlich, wie Dümmler meint, im XI. Jahrhundert v. Chr. aus Griechenland nach Kypern gekommen sind. Diese kyprischen, der hellenischen bezw. hellenisch-phönizischen Periode angehörenden Vasen zeigen in ihrer Form, in der Art ihrer Bemalung, sowie in der Ornamentik eine solche Uebereinstimmung mit der schlesischen, wie sie grösser nicht leicht gedacht werden kann.[5] Es fehlen auf den meisten derselben noch die Thier- und Menschengestalten, dann alle jene Ornamente, die, wie Böhlau scharfsinnig nachgewiesen hat, erst in einer späteren Periode der griechischen Kunstentwicklung auf-

[1] Furtwängler und Löschcke, a. a. O. XI.
[2] Böhlau, J., Böotische Vasen. Archäol. Jahrbuch. III. 325; derselbe, Zur Ornamentik der Villanova-Periode 4.
[3] Dümmler, F., Bemerkungen zum ältesten Kunsthandwerke auf griechischem Boden. II. Der kyprische geometrische Stil. Athenische Mittheilungen. XIII, 280 f.
[4] Auch die in Karien gefundenen hellenischen Vasen (F. Winter, Athen. Mittheil., XII, 223 f.) zeigen noch einen alterthümlichen Charakter.
[5] Als Grundlage zur Beurtheilung dieses Verhältnisses diente mir die in der Vasensammlung des Wiener kunsthistorischen Hofmuseums befindliche Sammlung kyprischer Gefässe, sowie die von Ohnefalsch-Richter in den Räumen der Berliner Gewerbeausstellung (1896) veranstaltete Specialausstellung kyprischer Alterthümer. Nur in der Form zeigt ein Theil der kyprischen Gefässe den Einfluss der vorhellenisch-thrakischen Keramik. Ueber das Vorkommen des Hakenkreuzes in Schlesien hat ausführlich Seger (Das Svastika in Schlesien. Schlesiens Vorzeit, 71.—74. Bericht, 1896, V, 113—122) gehandelt.

treten und entweder unmittelbar aus den mykenischen Ornamentik entlehnt oder aus mykenischen Ornamenten weiter gebildet sind: der Mäander, die durch Tangenten verbundenen Kreise, das Vierblatt, die geometrische Rosette u. s. w. Alle diese Ornamente fehlen auch den schlesischen; dafür haben beide nebst allen anderen Ornamenten auch das so charakteristische Hakenkreuz gemeinsam.

Dass die Hellenen diesen geometrischen Ornamentationsstil, sowie überhaupt die ganze Gefässgattung bereits fertig nach Griechenland gebracht und nicht erst daselbst entwickelt haben, ergibt sich einerseits aus dem Umstande, dass der Grundcharakter der Ornamentik aller dieser Vasen, mögen sie nun in Attika, Böotien, Korinth, Apulien, Kleinasien oder Kypern verfertigt worden sein, trotz aller localen Abweichungen derselbe ist, und andererseits daraus, dass nirgends in Griechenland Gefässe gefunden worden sind, die uns die Anfänge dieser Gefässgattung und dieser Stilrichtung vorführen. Diese Anfänge liegen in Schlesien und sind in den letzten Jahren nachgewiesen worden. Es ist insbesondere das Gräberfeld von Göllschau (bei Haynau, Kreis Goldberg), dessen Funde in dieser Richtung besonders bemerkenswerth sind. Langenhan bemerkt über dieselben:

„Das Göllschauer Gräberfeld hat neben anderen gleichfalls in den letzten Jahren systematisch untersuchten (zu Woischwitz, Gr.-Tschantsch, Wangern, Kreis Breslau, Petschkendorf und Brauchitschdorf, Kreis Lüben) nähere Aufschlüsse über das Vorkommen und die Zeitstellung der bemalten Gefässe gebracht, welche seiner Zeit das Zimmer'sche Werk über die bemalten Thongefässe Schlesiens wegen nicht ausreichenden Materiales noch nicht geben konnte. Es hat sich erwiesen, dass die bemalten Thongefässe die höchste Entwicklungsstufe der so reichen schlesischen vorgeschichtlichen Keramik darstellen. Sie stehen jedoch keineswegs unvermittelt da, sondern lassen sich Uebergänge und Zwischenstufen zwischen ihnen und den einfachen Gefässen mühelos feststellen. Die Zeit der bemalten Thongefässe fällt mit der grösseren Verbreitung des Eisens als Material zu Schmuckgegenständen und Werkzeugen zusammen. Vor dieser Zeit sind sie nicht nachzuweisen, ebensowenig wie sie mit Funden der La Tène-Zeit oder der Zeit des römischen Einflusses gefunden worden sind. Für Schlesien bezeichnen diese späteren Zeiten einen Rückschritt in den keramischen Leistungen."

„Die Uebergänge von der gewöhnlichen Thonwaare zu den feineren, bemalten Gefässen werden vermittelt durch Gefässe gleicher Herstellungsart, insbesondere kugelige Urnen mit trichterförmig abstehendem Rande, die auf einer gröberen Grundmasse einen Ueberzug von feinerem, geschlemmtem, rothem Thon zeigen. Wahrscheinlich ist dieser Ueberzug, ebenso wie bei den bemalten Gefässen, durch Eintauchen in einen flüssigen Thonbrei entstanden. Fast ganz gleiche rothe Gefässe, mit braun-schwarzen Verzierungen bemalt, sind an anderen Orten mit Leichenbrandresten gefunden worden. Bei weitem zahlreicher als die bemalten Leichenbrandurnen sind jedoch die bemalten Beigefässe. Bei diesen wird eine Zwischenstufe gebildet durch eine Art sehr dünnwandiger Schalen mit rothem, gelbem, braunem oder Graphitüberzug, mit eingeritztem oder gestrichenem, gerad- und krummlinigem Ornament auf der Aussen- oder Innenseite, die schon durch ihr Aeusseres ihre Verwandtschaft mit den eigentlichen bemalten Gefässen erkennen lässt. Die Erdfarbstoffe, wohl nur aus Gelberde, Röthel, Russ, Kreide und Graphit bestehend, sind theils in Göllschau, theils an anderen Orten in Gefässen gefunden worden. Die bemalten Gefässe, deren gefällige, zum Theil an classische Formen heranreichende Gestalt von jeher den Stolz der Freunde schlesischer Alterthümer gebildet hat, erscheinen nunmehr in anderer Beleuchtung. Nicht eine Sondergattung, unerklärt und losgerissen von den übrigen Gebilden der Keramik, stellen sie dar, sondern nur eine höchste Entwicklungsstufe. Das Bild dieser Entwicklungsreihe ist ein geschlossenes, klar vor Augen liegendes und durch viele Funde belegtes. Die Sorgfalt in der Zubereitung, der Bearbeitung und Glättung des Materiales, die Geschicklichkeit in der Herstellung der zierlichen Form ohne Hilfe der Drehscheibe, die Sicherheit des Auges bei der Pinselführung, der bei der Bemalung bethätigte Farbensinn, alles dieses sichert jenen anmuthigen Erzeugnissen eine der höchsten Stellen unter den Erzeugnissen der vorgeschichtlichen Töpferkunst".[1]

Was die Zeitstellung dieser bemalten Gefässe betrifft, so bemerkt hierüber LANGENHAN Folgendes: „Was die Zeitstellung der beiden Haynauer Ausgrabungen, der Schiller'schen und insbesondere der Göllschauer anlangt, so zeigen sie, wie die grosse Mehrzahl der schlesischen Gräberfelder, ein gleichzeitiges Vorkommen von Bronze und Eisen. Die Bronzegegenstände gehören der jüngeren und jüngsten

Bronzezeit an; den Eisensachen haben im Allgemeinen die Formen jener Bronzen zum Vorbilde gedient. Merkwürdig ist die eiserne Scheibenknopfnadel, übereinstimmend mit einer im Norden sehr häufigen Bronzenadel, die MONTELIUS seiner fünften Periode zuweist. Es würde hiedurch das frühe Auftreten des Eisens in Schlesien nachgewiesen, für welches ja auch sonstige Fundergebnisse sprechen. Der Zahl der Gegenstände nach ist die Verbreitung des Eisens in Schlesien zu der fraglichen Zeit bereits sehr erheblich gewesen; Schlesien war in dieser Beziehung den nördlich gelegenen Theilen Deutschlands voraus, wo das Eisen zum Theile erst unter dem Einflusse der La Tène-Cultur jene Bedeutung erlangte."[1]

Die Uebereinstimmung der schlesischen Keramik aus der beginnenden Eisenzeit mit der kyprisch-hellenischen Keramik zeigt sich auch darin, dass in beiden Gebieten Thierfiguren, die sich in der Bemalung und in der Ornamentation den bemalten Gefässen auf das Engste anschliessen, gefunden worden sind. Von diesen Thongebilden, die in anderen Ländern zu den grössten Seltenheiten gehören, sind in Schlesien bis zum Jahre 1896 24, und zwar 16 sogenannte Klappern und 8 offene Gefässe, gefunden worden. Dieselben stellen Schildkröten, allerhand Vögel (Enten, Gänse, Hühner) und Vierfüssler dar.[2] Die kyprische Sammlung des Wiener kunsthistorischen Hofmuseums allein besitzt 7 solcher Thierfiguren: 2 Schildkröten, 1 Vogel, 3 Vierfüssler und 1 Schlange.

Auch die in Griechenland gefundenen Fibeltypen lassen sich in Schlesien nachweisen, so die unter dem Namen der „griechischen" Fibel bekannte, häufig vorkommende bronzene Spiralbrosche,[3] von der, von einigen Bruchstücken abgesehen, vollständige Exemplare in den Kreisen Rothenburg O. L., Freistadt i. Schl. (Niederschlesien) und am Zyrusberg bei Sagan gefunden worden sind.[4] Die von STUDNICZKA behandelte Fibelform,[5] die auch in böotischen Gräbern

[1] LANGENHAN, A., Die Gräberfelder von Haynau. Schlesiens Vorzeit, 80. Bericht, 1892, V, 203.

[1] LANGENHAN, a. a. O. 202.
[2] SÖHNEL, H., Thierfiguren aus schlesischen Gräbern. Festschrift zum 70. Geburtstage GREMPLER's, 1896. Schlesiens Vorzeit, VI, 461 f.
[3] HELBIG, Das homerische Epos 280, Fig. 101.
[4] LANGENHAN, Fibelfunde in Schlesien. Schlesiens Vorzeit, 71.—74. Bericht, 1890, V, 105, Taf. I, Fig. 2. Auch die von HELBIG, a. a. O. 281, Fig. 103, abgebildete Spiralfibel mit dem rautenförmigen Mittelstück ist in Schlesien vertreten. O. MERTINS, Depôtfunde der Bronzezeit in Schlesien. Schlesiens Vorzeit, VI, 361.
[5] Athenische Mittheilungen. XII. 14.

zusammen mit bemalten geometrischen Vasen gefunden worden ist,[1]) deren Eigenthümlichkeit darin besteht, dass sich an dem dem Nadelansatz gegenüberliegenden Bügelende ein quadratisches Blech findet, ist auch in Schlesien vertreten.[2]) Ebenso ist die in Griechenland häufige Kahnfibel in Schlesien gefunden worden.[3])

Bekanntlich haben SEMPER[4]) und nach ihm CONZE[5]) in ausführlicher Darlegung das geometrische Ornamentationssystem, wie es die ältesten hellenischen Vasen aufweisen, für gemeinarisch erklärt; die Hellenen hätten dasselbe, wie die anderen Völker Mitteleuropas, als gemeinsames Erbtheil aller arischen Völker schon gekannt und verwendet, bevor sie ihre Wanderungen aus dem Norden nach dem Süden angetreten hätten. Das war entschieden ein Irrthum, wenn CONZE dasselbe für gemeinarisch hielt, aber darin war er, wie soeben nachgewiesen wurde, ebenso entschieden im Rechte, wenn er die Ansicht aussprach, dass die Hellenen dasselbe schon fertig aus ihren früheren nordischen Sitzen nach Griechenland gebracht hätten. Hat wenigstens in dieser Hinsicht sich die CONZE'sche Theorie als richtig erwiesen, so ist im Laufe der Jahre die Unhaltbarkeit der nun jetzt allgemein aufgegebenen Ansicht HELBIG's, nach welcher das geometrische Ornamentationssystem semitisch-orientalischen Ursprungs sei,[6]) zu Tage ge-

[1]) Archäologisches Jahrbuch. III. 356.
[2]) LANGENHAN. a. a. O., Taf. II, Fig. 9a. 9b und 16.
[3]) LANGENHAN. a. a. O., Taf. II, Fig. 11.
[4]) SEMPER, G., Der Stil in den technischen und tektonischen Künsten. München 1860—63. II, 138.
[5]) CONZE, A., Zur Geschichte der Anfänge der griechischen Kunst. Wien 1870, 73. Später hat er unter dem Einflusse der gleich zu erwähnenden Ausführungen HELBIG's seine Ansicht dahin modificirt, dass er zwar den von diesem angenommenen assyrischen Ursprung zurückwies, jedoch es als wahrscheinlich bezeichnete. dass dieser Stil überall im Anfange der künstlerischen Entwicklung entstand (Annali 1877. p. 384 397). CONZE's Theorie hat dann RAYET vollständig wieder aufgenommen. Derselbe bemerkt, dass die wenigen in Assyrien (Kujundschik) und Palästina (Jerusalem, Gaza, Askalon) gefundenen Fragmente geometrischer Vasen. auf die HELBIG seine Ansicht stützte, nicht hinreichen. um diese Ansicht zu begründen; derselbe legt ferner grosses Gewicht auf das Vorkommen des bei den meisten arischen Völkern nachweisbaren Svastika auf den hellenischen Gefässen und bemerkt, dass kein einziges der Grundelemente des geometrischen Stils, wie sie auf den hellenischen Gefässen erscheinen. sich auf den Denkmälern Babylons und Niniwes, Syriens und Phöniziens finde. (O. RAYET et M. COLLIGNON, Histoire de la céramique grecque. Paris 1888. P. 20—33.)
[6]) HELBIG, Lettera di W. HELBIG a A. CONZE. Osservazioni sopra la provenienza della decorazione geometrica. Annali

treten. Die Geschichte der Frage nach der Herkunft des auf den hellenischen Vasen zur Anwendung gekommenen geometrischen Stils ist neben ihrer engeren Bedeutung auch noch deshalb für uns von besonderem Interesse, weil sie in dem engen Rahmen einer Frage die zwei entgegengesetzten Strömungen deutlich erkennen lässt, von denen die ganze vorgeschichtlich-arische Alterthumskunde bis in die neueste Zeit beherrscht wurde; während man auf der einen Seite die Cultur des arischen Urvolkes sich nicht hoch genug vorstellen zu sollen glaubte und demselben sogar die Kenntniss fast aller Metalle zuschrieb, war man auf der anderen Seite der Ueberzeugung, dass alle Elemente der höheren Cultur, die sich bei den arischen Völkern finden, auf den Einfluss der vorderasiatisch-ägyptischen Cultur zurückgeführt werden müssten, eine Ansicht, die seit dem Sturze der alten Hypothese von der asiatischen Herkunft der Arier und seitdem man den vorgeschichtlichen Alterthümern Europas eine erhöhte Aufmerksamkeit und ein eingehenderes Studium zugewendet hat, von Tag zu Tag mehr an Anhängern verliert.[1])

1875. p. 221—253. Mit Recht wendet darin derselbe gegen CONZE's Ansicht. dass dieser Stil das gemeinsame Erbtheil aller arischen Völker sei. ein. dass die in den Terramaren Oberitaliens gefundenen Gefässe zwar gerade und krumme Linien sammt Punkten in ganz willkürlicher Anordnung aufweisen. jedoch ein eigentlich decorativ-geometrisches System vermissen lassen und nur einige wenige Thon- und Bronzeobjecte Dreiecke, Kreise, Gruppen von geraden Linien aufweisen. die gleichfalls nicht als geometrisches System genommen werden könnten. Dagegen weiss derselbe dafür. dass auf den ältesten geometrischen Gefässen Griechenlands keine orientalischen Thiere vorkommen. noch das Pflanzenornament Verwendung gefunden hat und für die Frage. wie dieser Stil nach Mitteleuropa gekommen sei. entweder gar keine oder nur schwache Erklärungen vorzubringen. HELBIG's Ansicht hat sich DUMONT (Bulletin de correspondance hellenique. 1883. p. 374—382) angeschlossen. Zu bemerken ist noch. dass PERROT und CHIPIEZ. welche die in den Ruinen von Kujundschik gefundenen Fragmente von geometrischen Vasen in dem zweiten Bande ihrer Histoire de l'art dans l'antiquité. Paris 1889. p. 713. Fig. 372 379. abbilden. dieselben in die Zeit zwischen dem IX. und VII. Jahrhundert setzen. RAYET glaubt. dass dieselben dorthin entweder durch Reisende. Söldner oder Gefangene gebracht worden seien.

[1]) Ein Gegenstück zu der soeben besprochenen Ansicht HELBIG's über die Herkunft des geometrischen Ornamentationsstils und auf denselben Grundanschauungen beruhend ist der von demselben Gelehrten in einem am 31. Mai 1895 in der Pariser Académie des Inscriptions et Belles-Lettres gehaltenen Vortrage über die mykenische Cultur unternommene Versuch, diese Cultur als phönizisch nachzuweisen. Aus der auf diesen Vortrag folgenden bemerkenswerthen Discussion (7. und 14. Juni) möge insbesondere auf die Ausführungen

Was die Zeit der Einwanderung der Hellenen nach Griechenland anlangt, so haben wir zur Bestimmung derselben einen wichtigen Anhaltspunkt in der von den Alten herrührenden chronologischen Fixirung der dorischen Wanderung; dieselbe setzt die ältere attische Berechnung in das Jahr 1149 v. Chr. War die dorische Wanderung auch der letzte hellenische Einbruch nach Griechenland, so kann schon mit Rücksicht auf den einheitlichen Charakter der griechischen Sprache nicht angenommen werden, dass die Einwanderung der übrigen hellenischen Stämme durch einen grossen Zeitraum von der Einwanderung der Dorer getrennt war. Zu dieser Annahme gelangen wir auch noch auf einem anderen Wege. Schon SCHLIEMANN hat bemerkt, dass mit höchster Wahrscheinlichkeit angenommen werden könne, dass sowohl Tiryns als Mykenä zur Zeit einer grossen Umwälzung zerstört worden seien, in einer Umwälzung, die so vernichtend und verheerend in ihrer Wirkung, so furchtbar in ihren Folgen gewesen, dass die Civilisation Griechenlands vollends untergegangen und dass auf ihren Trümmern eine neue, von der früheren durchaus verschiedene Cultur entstanden, die daher auch in allen Zweigen des menschlichen Gewerbefleisses etwas von dem Früheren durchaus Verschiedenartiges geschaffen habe. Indem SCHLIEMANN die dorische Invasion mit dieser furchtbaren Umwälzung in Verbindung bringt, fährt er fort: „Die Einwanderer wurden entweder zu Sclaven gemacht oder getödtet oder gezwungen, in Masse zu emigriren, und entstand so die grosse, sogenannte äolische Auswanderung nach Kleinasien. Durch diese grosse historische Begebenheit erklärt es sich auf sehr natürliche Weise, dass die blühende, aber ganz eigenthümliche Civilisation, welche wir in den Alterthümern von Tiryns und Mykenä vertreten finden, plötzlich spurlos verschwindet. Es kann aber wohl keinem Zweifel unterliegen, dass sich die Alles zerstörende grosse Umwälzung nicht, wie man anzunehmen pflegt, blos auf den Peloponnes beschränkte,

RAVAISSON's hingewiesen werden (Académie des Inscriptions et Belles-Lettres. Compte-rendus des séances de l'année 1895. p. 242 und 244). Was dieser und andere Gelehrte zu Gunsten der Annahme des hellenischen Ursprunges der Denkmäler dieser Culturperiode vorgebracht haben, findet ebensogut seine Erklärung, wenn man ein anderes arisches Volk wie die Thraker als Schöpfer derselben betrachtet. Der eigenthümliche von der Kunstübung der Semiten und Hamiten abweichende Charakter derselben liegt eben in der tiefgehenden Verschiedenheit der arischen Rasse als solcher gegenüber der semitisch-hamitischen Rasse begründet.

sondern muss sich auch auf das nordöstliche Griechenland und allerwenigstens, wenn auch in viel milderem Grade, über Attika ausgedehnt haben, denn die den tirynthischen und mykenischen so nahe verwandten Culturproducte, die uns im Kuppelgrabe von Menidi, auf den Akropolen von Athen und Megara, in Eleusis, in den Gräbern von Spata und Aliki, sowie in denen der Inseln Salamis und Aegina entgegentraten, verschwinden auch hier plötzlich und spurlos." [1]

Es möge dahingestellt bleiben, ob Tiryns und Mykenä gerade durch die Dorer zerstört und die Auswanderung der Aeoler nach Kleinasien durch den Einbruch desselben Volksstammes veranlasst worden sei: so viel ist im höchsten Grade wahrscheinlich, dass die Einwanderungen der hellenischen Stämme eine wenigstens theilweise Auswanderung der vorhellenischen Bevölkerung nach Kleinasien zur Folge haben mussten. Damit hängt es aber jedenfalls zusammen, wenn plötzlich im fünften Jahre der Regierung König Merneptah's, des Sohnes und Nachfolgers Ramses II. (gestorben 1230 v. Chr.), im Vereine mit den Turuša, Šardana, Šakaruša und Ruka (Lykier) auch der vorhellenische Volksstamm der Aquaiwaša, an dessen Identität mit den homerischen Ἀχαιϝοί wohl nicht gezweifelt werden kann, „von den Ländern des Meeres", unter welchen wir wohl die Inseln und Küsten im Norden des Mittelmeeres, insbesondere des Aegäischen Meeres zu verstehen haben, im Osten Aegyptens erscheinen. Ein ähnlicher Einbruch kleinasiatisch-griechischer Völker (der Šardana, Turuša, Šakaruša, Sakkari, Pursta, Uašaš) mit Weib und Kind und aller Habe erfolgte im achten Jahre der Regierung Ramses III. (um 1180 v. Chr.) in den nördlichen Syrien. Im Bunde mit diesen Völkern erscheint gleichfalls ein vorhellenischer Volksstamm, die Danauna, die man wohl gleichfalls ohne Bedenken mit den homer Δαναοί identificiren kann. [1]

Demgemäss können wir den Beginn der hellenischen Wanderungen in das XIII. Jahrhundert setzen und damit stimmt es, dass die jüngsten sicher bestimmbaren ägyptischen Skarabäen, die in Mykenä gefunden wurden, dem XIV. Jahrhunderte angehören.

Jedenfalls war bereits zur Zeit, als die Hellenen aus ihren mitteleuropäischen Stammsitzen nach Griechenland kamen, die grosse Periode der Ausbreitung, während welcher der grösste Theil Europas

[1] SCHLIEMANN, Tiryns 97.
[2] MEYER, Geschichte des Alterthums. I, 312, 317.

7*

und ein Theil Asiens seine ersten arischen Bewohner erhalten hat, abgeschlossen, und, soweit wir bis jetzt die Vorgeschichte Europas überblicken können, leiten die Wanderzüge der Hellenen jene neue Periode der Auswanderungen ein, die dann später durch die Wanderzüge der Italiker, Gallier und Germanen ihre weitere Fortsetzung finden sollten und die bis zur Gegenwart noch fortdauert. Die mittelbaren und unmittelbaren Ursachen der Auswanderung der Hellenen, die Wege, die dieselben eingeschlagen, und die Kämpfe, die sie jedenfalls auf ihren Zügen durch die streitbaren illyrischen und thrakischen Völker bestanden, werden uns wohl für immer verborgen bleiben. Möglich ist es, dass sie durch eine von Westen her erfolgte Völkerbewegung aus ihren Sitzen im Gebiete der Oder vertrieben wurden, und würden gewisse archäologische Erscheinungen (wie z. B. das Vorkommen runder Grabhügel mit Buckelurnen des sogenannten Niederlausitzer Typus bei Deutsch - Wartemberg, Kreis Grünberg) darauf hinweisen. So viel ist jedoch sicher, dass noch vor der Einwanderung der Germanen Schlesien eine gallische Bevölkerung hatte. Gallische Ortsnamen, wie Lugidûnum, wahrscheinlich das heutige Liegnitz, Budorigum, das heutige Brieg, Carrodûnum an Stelle des heutigen Krappwitz an der Oder, der Name des linksseitigen Nebenflusses der Oder, Oppa, sowie die im Lande gemachten Funde von Alterthümern der gallischen La Tène-Cultur liefern hiefür einen unzweifelhaften Beweis.

Wie lange es gedauert hat, bis die Sprache der Hellenen den Sprachen der benachbarten arischen Völker gegenüber ihren individuellen Charakter erhalten hat, lässt sich selbstverständlich nicht ziffermässig feststellen. Bedenkt man jedoch, dass es in ganz Deutschland, in dem seit mehr als zweitausend Jahren das Deutsche die herrschende Sprache ist, zwar zur Bildung zahlreicher Dialecte, doch nicht

zur Bildung selbstständiger Sprachen gekommen ist, dass sämmtliche slavischen Sprachen, von denen einzelne seit Langem in vom Stammlande weit entfernten Gebieten gesprochen werden, noch immer in einer für Jeden leicht erkennbaren Weise den Charakter gemeinsamer Abkunft an sich tragen, so können wir wohl annehmen, dass ein sehr langer Zeitraum erforderlich war, bis sich die Sprache der Hellenen soweit differenzirt hatte, dass sie den Nachbarn derselben als eine fremde Sprache erschien.

In die Zeit, als die Hellenen noch unmittelbare Nachbarn der Balten und Slaven waren, fällt jedenfalls auch die Entlehnung des Namens χαλκός, Bronze[1]) von Seite dieser Völker: lit. geležis, lett. dzelse, preuss. gelso, altslav. železo. Dass hier Entlehnung vorliegt und nicht etwa an Urverwandtschaft zu denken ist, ergibt sich aus den archäologischen Thatsachen, insoferne als aus denselben hervorgeht, dass die arischen Völker erst lange nach der Trennung zuerst mit dem Kupfer und dann mit der Bronze bekannt geworden sind. Andererseits steht es nach Anutschin fest, dass Polen und das westliche Russland ihre Bronzen, die den mitteleuropäischen gleichen, aus Mitteleuropa erhalten haben; nur der äusserste Osten Russlands, die Gouvernements Viatka, Kasan, Ufa, Samara, gehören der Zone der sibirischen Bronzecultur an.[2]) Jedenfalls haben die Balten und Slaven zugleich mit den Bronzegegenständen auch den Namen der Bronze von ihren westlichen Nachbarn übernommen, denselben jedoch später, nach dem Ende der Bronzeperiode, zur Bezeichnung des Eisens verwendet.

[1]) Dem Worte χαλκός liegt jedenfalls dieselbe Wurzel (ghal) zu Grunde, die auch dem germ. galla Galle, gel-va gelb, gol-tha Gold und dem altsl. žlú-tū gelb, zlato Gold zu Grunde liegt; gewiss eine passende Bezeichnung für das goldglänzende Metall.

[2]) Baye, de, le baron. Compte rendu des travaux du neuvième congrès russe d'archéologie 1893. Paris 1894. P. 62.

Literaturberichte.

1.

H. Kluge: Die Schrift der Mykenier. Eine Untersuchung über System und Lautwerth der von Arthur J. Evans entdeckten vorphönicischen Schriftzeichen. Mit 4 Schrifttafeln und 80 Abbildungen und Reproductionen von Inschriften. Köthen 1897.

Arthur J. Evans hatte von seinen erfolgreichen archäologischen Forschungen auf Kreta zahlreiche Steine mitge-

bracht, welche, ähnlich den babylonischen Siegelcylindern gestaltet, eine Art Bilderschrift zeigten, deren genaue, mit vorzüglichen Abbildungen ausgestattete Beschreibung im Journal of Hellenic Studies XIV, 2, 1894, veröffentlicht wurde, aus der hervorging, dass es sich wirklich um eine bis dahin nicht bekannte Schrift der mykenischen und vormykenischen Periode, jedenfalls um eine vorphönicische Schrift handelt. Zugleich zeigte sich, dass nicht Kreta allein Fundort solcher mit Inschriften versehener Steine sei, sondern dass sie sich auch auf den Inseln und an den Küsten des aegäischen Meeres finden. Das Material, auf dem die Inschriften eingegraben worden sind, ist theils weicher Stein (Speckstein), theils auch härterer, wie Carneol, Jaspis u. s. w. Die Gestalt ist meistens prismatisch (drei-, vier-, fünfseitig), bisweilen scheiben- oder cylinderförmig.

In sehr sorgfältiger Forschung sucht Evans das Alter dieser Steine und ihrer Inschriften zu bestimmen und gelangt zu dem Ergebnisse, dass als obere Zeitgrenze etwa der Anfang des 3. Jahrtausends v. Chr., als untere der Anfang des 1. Jahrtausends v. Chr. anzusetzen sei. Was die Schriftzeichen selbst betrifft, so unterscheidet er zwischen Inschriften mit linearen und solchen mit figürlichen Schriftzeichen, in welch' letzteren Evans die Vorstufe der linearen Schriftzeichen sieht, die sich gewissermassen von der figürlichen Darstellung losringen.

Evans unterlässt es, ein Urtheil über die Sprache dieser Inschriften abzugeben, die er den Eteokretern zuschreibt. H. Kluge nimmt nun die weitere Forschung auf, verweist auf die Verbreitung von verwandten Inschriften auf den Inseln und Küsten des aegäischen Meeres, auf den Zusammenhang der homerischen Gedichte mit der mykenischen Periode, auf die zweifellosen Bziehungen auf frühere Nachrichten und Gedichte, endlich auf die durchaus griechische Form der in den homerischen Gedichten genannten Griechennamen, weshalb für die Annahme einer nichtgriechischen Sprache der mykenischen Periode kein Raum bleibt. Da andererseits nicht erwiesen werden kann, dass die Sprache der kretischen, beziehungsweise aegäischen Inschriften nicht die griechische sei, so sei immerhin der Versuch, ob die Lesung mit Zugrundelegung der griechischen Sprache möglich sei, gerechtfertigt.

Es würde den zur Verfügung stehenden Raum überschreiten, wenn ich dem Verfasser in alle Einzelheiten seiner Ausführungen folgen wollte, und es dürfte zur Erklärung seines Versuches genügen, wenn ich beifüge, dass er das bekannte Grundgesetz der Bilderschrift zur Anwendung bringt, wonach der Anlaut (oder auch die Ansilbe) der Bezeichnung des im Bilde dargestellten Gegenstandes den Lautwerth des Zeichens gibt. Beispielsweise würde also das Bild der Axt „Αξίνη“ A, des Winkels „Γωνία“ Γ, der Pforte „Πύλαι“ Π, der Auges „Όμμα“ O, der Brüste „Μάμμη“ M, des Zaunes „Ερχος“ H oder E u. s. w. ergeben.

Auf dieser Grundlage kommt nun Kluge, allerdings auf einem Wege, der nicht so glatt und mühelos fortläuft, wie es nach diesen deutlicheren Zeichen scheinen könnte, zu ansprechenden Lesungen einer grossen Anzahl kretischer Inschriften; er ist der Ansicht, dass sich auch die aegäischen, beziehungsweise die meisten mykenischen Inschriften mit Zugrundelegung der griechischen Sprache lesen lassen.

Obwohl Kluge mit grosser Vorsicht zu Werke geht, alle Schlussfolgerungen aus seiner Aufstellung sorgfältig meidet, kurz, seinen Gedanken überzeugungssicher, aber zurückhaltend ausführt, so wird es doch nicht an Angriffen fehlen. Der erste Einwand wird selbstverständlich von den Sprachforschern ausgehen, welche diess Bedenken erheben werden, dass griechische Inschriften des 2. Jahrtausends v. Chr. die griechische Sprache doch in einer ganz anderen Gestalt zeigen müssten, als in der des 1. Jahrtausends v. Chr., welche zur Grundlage der Lesungen diente. Kluge sucht dieses Bedenken mit dem Hinweise auf das Grundgesetz der Bilderschrift zu beseitigen,

demzufolge der Lautwerth der Zeichen den Anlaut der Bezeichnung des im Bilde dargestellten Gegenstandes geben. Für Zeitabschnitte, in denen der Anlaut der betreffenden Wörter eine ältere Entwicklungsstufe vertritt, musste das entsprechende Zeichen demnach auch einen etwas anderen Lautwerth haben. Was die Flexions- und Declinations-Endungen betrifft, so bewegen sich diese bei dem geringen Umfange der Inschriften in einem sehr engen Kreise, stehen aber doch auf einer ziemlich ursprünglichen Stufe.

Ein anderer Einwand wird sich gegen die aus der Lehre Kluge's hervorgehende Schlussfolgerung ergeben, dass Kreta und die Inseln und Küsten des aegäischen Meeres schon im 3. Jahrtausend v. Chr. von Griechen bewohnt gewesen sein müssen. Die ältesten von Kluge gelesenen Inschriften mögen wohl nicht über 1500 v. Chr. zurückreichen, doch ist auch diese Zahl noch geeignet, zu Erörterungen Anlass zu geben. Bekanntlich gehen die Ansichten über die Zeit der griechischen Einwanderung sehr auseinander; denn während Einige die Griechen in ihrem Lande seit unbestimmbarer Zeit heimatberechtigt sein lassen, bestreiten ihnen Andere selbst die Theilnahme an der mykenischen Cultur oder lassen sie in diesem Zeitalter noch tief im Continente oder gar in der norddeutschen Ebene sesshaft sein. Paul Kretschmer, der in seiner kürzlich erschienenen, sich durch kritische Schärfe auszeichnenden „Einleitung in die Geschichte der griechischen Sprache“ auch dieser Frage entgegentritt, äussert sich über die Einwanderung der Griechen folgendermassen: „Wir können demnach mit ziemlicher Sicherheit schliessen, dass die Wanderung europäischer Stämme aus Asien, bestreiten ihnen Andere vorchristlichen Jahrtausend ihren Anfang genommen hat. Dieses Ergebniss hat aber noch weiter reichende Consequenzen. Es kann nicht zweifelhaft sein, dass jene Wanderungen durch den Druck verwandter Stämme von Norden her veranlasst worden sind. Wenn nun die in ihren Sitzen in Makedonien und Thrakien verdrängten Völker, statt nach Süden in das ihnen zunächst liegende fruchtbare thessalische Ebene auszuweichen, sich nach Osten längs der ganzen Küste des thrakischen Meeres bis nach Kleinasien geschoben haben, dann müssen sie im Süden bereits ein Volk gefunden haben, welches ihnen die Einwanderung unmöglich machte. Nun ist es ja an sich glaublich, dass die in historischer Zeit südlich von den phrygisch-thrakischen Stämmen sitzenden Griechen vor jenen hergegangen, nicht aber ihnen gefolgt sind. Somit müssten auch die Griechen ihre historischen Wohnsitze schon im 3. Jahrtausend erreicht haben, und es wird nun auf jeden Fall wahrscheinlich, dass sie bereits in vormykenischer Zeit in Griechenland ansässig gewesen sind.“

Ein beachtenswerth ist auch, was Penka, der in seinem Aufsatze „Zur Paläoethnologie Mittel- und Südeuropas“ (Mittheilungen d. Anthrop. Gesellsch. in Wien, Bd. XXVII. S. 18) sich für eine sehr späte Einwanderung der Griechen ausspricht, am angeführten Orte S. 52 sagt: „Wie lange es gedauert hat, bis die Sprache der Hellenen den Sprachen der benachbarten arischen Völker gegenüber ihren individuellen Charakter erhalten hat, lässt sich selbstverständlich ziffermässig nicht feststellen. Bedenkt man jedoch, dass es in ganz Deutschland, in dem seit mehr als 2000 Jahren das Deutsche die herrschende Sprache ist, zwar zur Bildung zahlreicher Dialecte, doch nicht zur Bildung selbstständiger Sprachen gekommen ist, dass sämmtliche slavische Sprachen, von denen einzelne seit Langem in vom Stammlande weit entfernten Gebieten gesprochen werden, noch immer in einer für Jeden leicht erkennbaren Weise den Charakter gemeinsamer Abkunft an sich tragen, so können wir wohl annehmen, dass ein sehr langer Zeitraum erforderlich war, bis sich die Sprache der Hellenen soweit differenzirt hatte, dass sie den Nachbarn derselben als eine fremde Sprache erschien." Ich möchte hier nur beifügen, dass zur eigenartigen Ausgestaltung der griechischen Sprache nicht blos eine sehr lange Zeit, sondern auch eine grössere räumliche Scheidung von den zunächst verwandten Dialecten nothwendig gewesen ist. Im oberen Flussgebiete der Oder, wo nach Penka's Ansicht die Griechen noch während der Mykenäzeit sesshaft gewesen und sich sprachlich individualisirt haben sollen, haben sich die Deutschen während eines 2000jährigen Aufenthaltes nicht sprachlich gesondert und es konnte sich der individuelle Charakter der griechischen Sprache, wenn jenes Gebiet wirklich die Wiege der Griechen gewesen, aus dem von Penka selbst angedeuteten Grunde allzu naher Berührung mit den umwohnenden arischen Stämmen umsoweniger ausgebildet haben, als die Griechen nur ein Stamm von geringer Volkszahl, durch die sie überhaupt niemals hervorragten, gewesen sein konnten. Es scheint mir daher auch aus diesem Grunde die Annahme berechtigt, dass die Griechen eben in demjenigen Gebiete, in welchem sie uns die Geschichte zuerst kennen lehrt, auf welch' vorgeschobenem Posten sie durch Meer und Gebirge von anderen arischen Stämmen abgeschieden waren, jene sehr lange Zeit zugebracht haben, die zur eigenartigen Ausgestaltung ihrer Sprache nothwendig gewesen ist. Auch diese Erwägung führt zu dem Schlusse, dass die Griechen vor sehr langer Zeit in ihre geschichtlichen Wohnsitze eingewandert sein mussten. .

Ich habe nach dieser Ausführung nichts beizufügen, als, dass ich glaube, dass wir die Zahlen für die vorgeschichtliche Chronologie, so wie sie anfänglich viel zu hoch angenommen wurden, nunmehr zu tief ansetzen. Jedenfalls aber kann danach der Einwand aus der Zeitfrage als beseitigt betrachtet werden und wir können daher die Möglichkeit zugeben, dass die Griechen in der That in vormykenischer Zeit eine Bilderschrift besassen, die sie schon ein Jahrtausend vor der Berührung mit den phönicischen Händlern zu ersinnen begonnen haben.

Bewährt sich die Aufstellung Kluge's auch vom Standpunkte der Sprachforschung, dann darf man sie als eines der wichtigsten Ergebnisse der neueren Alterthumsforschung überhaupt betrachten; dann fällt jene bisher allgemein giltige Lehre, dass die Phönicier die Verbreiter jeder feineren Cultur nach Griechenland und durch dieses nach dem europäischen Norden und insbesondere, dass sie die Erfinder der Schrift gewesen seien. Die neuesten archäologischen Forschungen, welche uns eine tiefere Einsicht in die vorgeschichtlichen Culturzustände gewährt, hat schon Vieles von diesem Wahnglauben zerstört; zuletzt wird kaum etwas Anderes übrig bleiben, als die Thatsache eines tiefeingreifenden Einflusses des phönicischen Handelsvolkes auf die griechische Religion und die Sitten, der dem griechischen Volke vielleicht einen der Todeskeime einimpfte, glücklicherweise aber das Aufblühen der griechischen Kunst und Philosophie nicht zu verhindern vermochte.   M. Much.

2.

Heierli J. und W. Oechsli: Urgeschichte des Wallis. Mit 9 Tafeln und 1 Uebersichtskärtchen. 84 pp. (Mitth. d. antiquar. Gesellsch. in Zürich, Bd. XXIV, Heft 3). Zürich, Fäsi & Beer, 1896. 4°.

Das Rhônethal oberhalb des Genfersees. das enge Land am Nordost- und Nordfuss der grössten Erhebungen unseres Continentes, ist trotz der Nähe so vielbesuchter Reiseziele, wie sie die Westschweiz bietet, wissenschaftlich noch lange nicht genügend gewürdigt. Von den anthropologischen Verhältnissen desselben ist jetzt an einem Ende durch die fleissige Arbeit Heierli's der Schleier etwas gehoben worden. Es ist kein Bericht über systematische Ausgrabungen, die in dem Canton Wallis noch kaum stattgefunden haben, sondern eine Zusammenstellung und Betrachtung der in den Museen von Sitten, Lausanne, Genf, Bern, Zürich, im Hospiz auf dem St. Bernhard und in Privatsammlungen zerstreuten prähistorischen Funde aus diesem Gebiete, das Meiste natürlich aus dem Rhônethale selbst, Anderes aus Seitenthälern, z. B. am Grossen St. Bernhard. Gute. in ²/₃ ··³/₄ n. Gr. ausgeführte Abbildungen ergänzen die Schilderung. Die Fundberichte sind oft weder genau noch zuverlässig. da die meisten Objecte nicht planmässig, sondern durch Zufall bei allerlei Erdbewegungen gewonnen wurden.

Das Wallis hat nur einen ordentlichen Zugang, am Austritte der Rhône in den Genfersee; ausserdem bezwang menschliche Energie mühsam die Pässe im Süden. Im Ganzen aber ist es ein abgeschlossenes. in sich gekehrtes Ländchen, wie man auch an den urgeschichtlichen Funden trotz ihrer Anlehnung an südliche und westliche Formen erkennt. Heierli findet sie „oft von ganz besonderer Art. Man sieht, dass sie einem Lande entstammen. das wenig Verbindungen mit den umliegenden Gegenden hatte. Wenn sich auch zu keiner Zeit eine Volkerschaft von der anderen ganz absondern konnte. so mussten die prähistorischen Bewohner eines so abgeschlossenen und abgelegenen Erdenwinkels, wie das Wallis der Urzeit es war. die schwachen Wellen des Culturstromes, die zu ihnen gelangten, in besonderer Weise aufnehmen und gestalten. Wirklich findet man unter den Walliser Funden so eigenthümliche Formen, eine so bezeichnende Technik und Ornamentik, dass man in vielen Fällen auf den ersten Blick weiss, dass der betreffende Gegenstand aus dem Wallis stammt und nur an dort stammen kann".

Unter diesen Umständen ist es einigermassen merkwürdig. dass die Steinzeit nur durch spärliche keramische Reste eines neolithischen Skeletgräberfeldes auf der Höhe von Tourbillon bei Sitten vertreten ist. Nicht einmal vereinzelte polirte Steinbeile scheinen im Lande vorzukommen; es gibt nur ein paar vage Nachrichten über solche Funde. Das Wallis hatte offenbar für neolithische Ansiedler wenig Reiz und wurde relativ spät fest bewohnt.

Die reichlich vorhandenen Bronzezeitfunde. unter welchen sich eigenthümliche Ziernadeln mit ihren vertical-plattenförmigen. ovalen oder kreisrunden Köpfe auszeichnen, verrathen die Wege. auf welchen Cultur in's Land kam. Die meisten weisen nach dem Genfersee — am dichtesten besiedelt ist wieder die Gegend von Sitten —, nur wenige stammen vom grossen St. Bernhard- und dem Gemmipass.

Aber erst die Eisenzeit bringt einen erheblichen Aufschwung. „Wer die eisenzeitlichen Funde des Wallis durchgeht,“ sagt Heierli, „der ist erstaunt über deren Zahl und ganz besonders über das häufige Vorkommen gewisser in Technik und Verzierung charakteristischer Formen von Schmucksachen.“ Er schliesst daraus, dass im oberen Rhônethal schon vor unserer Zeitrechnung eine verhältnissmässig dichte Bevölkerung sass, und dass die prähistorischen Walliser eine locale Technik und Ornamentik hatten. Ausser dem Hauptthal scheinen als Verkehrslinien die Wege über den St. Bernhard, wie über die Grimsel eine bedeutende Rolle gespielt zu haben und auch die Pässe über die Furka und den Simplon bekannt gewesen zu sein. Im Rhônethal ist die linke Seite unterhalb St. Maurice auffallend arm an archäologischen Funden, die rechte Seite dagegen um so reicher, ein Zeichen, dass schon in vorrömischer Zeit, wie noch jetzt, die Hauptverbindung des Wallis mit dem Leman auf der rechten Seite der Rhône sich hinzog.

Innerhalb der prähistorischen Eisenzeit fällt das Hauptgewicht auf die La Tène-Periode. Von circa 70 Funden der vorrömischen Eisenzeit entfallen nur 10 auf die Hallstatt-Periode, gegen 60 auf die La Tène-Periode. Die Frühstufe der letzteren ist mit circa 25, die mittlere mit über 30 Funden vertreten. Diese Objecte sind mit Sicherheit den historisch bekannten Keltenstämmen der Seduni und Nantuates zuzurechnen.

Prof. W. Oechsli hat der Arbeit Heierli's ein Capitel über „die älteste Geschichte des Wallis“, sowie einen Excurs über Avien's Schilderung des Rhôneslaufes hinzugefügt. Eine „Urgeschichte des Wallis“, wie der Titel lautet, ist die Publication der Herren Heierli und Oechsli wohl nicht; aber sie enthält die derzeit bekannten Materialien zu einer solchen in bester Ordnung und liefert also eine werthvolle Vorarbeit zu einer Darstellung, welche erst von der Zukunft erwartet werden darf. **M. Hoernes.**

3

Niederle, Dr. Lubor: O původu Slovanů. (Ueber die Herkunft der Slaven. Prag 1896. Bursik und Kohout. 149 S.)

Die Aufgabe, die sich Verfasser in der vorliegenden Arbeit gestellt hat, bestand hauptsächlich darin: 1. in Bezug auf die verschiedenen älteren und neueren Ansichten über den Ursprung und die Herkunft der Slaven Alles zusammenzufassen, was wir vom heutigen Standpunkte aller diese Frage berührenden Wissenszweige Positives wissen, und 2. speciell die noch viel verbreitete, in Frankreich aufgetauchte und dort am meisten gepflegte Theorie zu bekämpfen, nach welcher die arischen Völker Europas aus zwei anthropologisch verschiedenen Quellen sich entwickelten, von denen die eine der germanischen, die zweite der keltoslavischen, von Beginn an gleich ganz verschiedenen Rasse den Ursprung gab. Im Speciellen versucht Verfasser nach Vorführung und Analysirung der Factoren, welche die „Nationalität“ bilden, festzustellen, was die Linguistik, die Anthropologie und die Archäologie zur Lösung der Frage beitragen können, wie und wann die slavische Nation als etwas Eigenthümliches zu existiren, als solche sich zu repräsentiren begann. Im I. Capitel fasst Verfasser die Erfolge der linguistischen Studien über

die Entwicklung der slavischen Sprachen aus der arischen Ursprache zusammen und erörtert kurz, wie die Linguistik in der Frage der wechselseitigen grösseren oder geringeren Verwandtschaft der slavischen Sprachen zu den anderen arischen Stämmen zu zumeist negativen Endschlüssen gelangte. Im II. Capitel befasst sich Verfasser mit der anthropologischen Seite dieser Frage und führt besonders alle unsere Kenntnisse über die körperlichen Eigenthümlichkeiten der Slaven in früheren und vorhistorischen Zeiten, sowie in der Jetztzeit an. Dass dabei hauptsächlich die kraniologischen Merkmale (besonders der Kopf- und Schädelindex) und die Complexion berücksichtigt wird, ist aus dem Reichthum der diesbezüglichen anthropologischen Literatur erklärlich. Es handelte sich dem Verfasser sicherlich vor Allem darum, die grosse Veränderung, welche der anthropologische Typus der Slaven gerade in diesen zwei Richtungen durchmachte, zur Geltung zu bringen. Die anderen anthropologischen Charaktere sind bis jetzt noch zu wenig erforscht und bieten auch keine so markanten Unterschiede. — In den Schlussfolgerungen dieses Capitels neigt Verfasser zumeist — jedoch mit einigen Einschränkungen — zu den Ansichten Penka's vom anthropologischen Typus der Arier hin. Er erkennt blos so viel an, dass sich im Wassorgebiete des Ostsee ein schon primär dolichocephales, secundär noch blond gewordenes Volk aus bis jetzt sonst unbekannten Gründen entwickelte. Das Entwicklungscentrum für diesen secundären Charakter befand sich zweifelsohne da, aber an dieser Entwicklung betheiligte sich nur jener Theil der Urarier, welcher im Gebiete dieses Centrums oder in seiner Nähe sass. (Durch diese Beschränkung weicht Verfasser von der Ansicht anderer Autoren ab, welche für den ganzen Umkreis der Urarier, für alle ihre Zweige diesen Charakter annehmen.) Zu diesem Theile gehörten nach Dr. N. sicherlich die Gallier, Germanen und Baltoslaven — von den übrigen kann dies nicht so sicher behauptet werden — und es scheint, dass die von diesem Centrum entfernteren Stämme an der Entwicklung dieses Charakters überhaupt nicht oder doch nur theilweise participirten. Verfasser sucht so an einer grossen Reihe von Belegen zu beweisen, dass alten Baltoslaven einem dolichocephalen, vorwiegend blonden (aber nicht hochblonden, sondern dünkleren, mit einem Stich in's Rothe gehenden) Typus angehörten. Er weist darauf hin, dass in den altslavischen Gräbern, überall wo Slaven sassen, der dolichocephale Typus vorgefunden wird (noch in der ersten christlichen Zeit), dass nach verschiedenen Berichten auch bei ihnen die helle Complexion vorherrschend war, so dass z. B. bei den Arabern am Ende des ersten Jahrtausends n. Chr. die Bezeichnung „Slave“ überhaupt für einen Menschen heller Complexion üblich wurde.

Heute sind die Verhältnisse allerdings andere: überall hat die Brachycephalie die Oberhand gewonnen (obzwar sie in der Richtung nach Nord und Ost abnimmt); auch die dunkle Complexion ist stark vertreten und überwiegt namentlich im Westen und Süden.

Die Ursachen dieser Veränderungen zu erklären, ist schwer; aber es sind sicherlich grösstentheils dieselben Ursachen, die im Laufe der Zeit die Umwandlung der alten Germanen in Brachycephale hervorgerufen und ihre Complexion gedunkelt haben. Es geschah dies noch unter dem Einflusse einer uns nicht näher bekannten centraleuropäischen brachycephalen Rasse, vielleicht auch unter den unerforschten Einflüssen der Umgebung (Milieu). in welcher die Slaven lebten. Den Einfluss der Finnen und Mongolen schätzt Verfasser diesen Ursachen gegenüber. die im ganzen Mitteleuropa allgemein wirksam waren, bedeutend geringer, worin er ebenfalls von Penka abweicht. Im III. Capitel zeigt Verfasser, dass man auf Grund der archäologischen Forschungen nicht annehmen kann. dass irgendwelche culturelle Abweichungen eine Abtrennung des slavischen Urvolkes von den Urariern bedingt hätten. Im Gegentheil ist die culturelle Eigenheit der Slaven ein Product späterer Perioden, namentlich erst der historischen Zeit. Hingegen benützt Verfasser die archäologischen Angaben dazu. zu zeigen, dass die definitive Trennung der arischen Völker, also auch der Baltoslaven (in grossen Intervallen), etwa um 2000 J. v. Chr. oder schon früher vor sich ging. Wann sich von den Baltoslaven die baltischen Völkerschaften (Preussen, Letten und Littauer) abgetrennt haben. lässt sich bis jetzt nicht sicherstellen. Es ist also die Sprache das älteste Trennungsmerkmal der arischen Völker.

Im Anhang führt Verfasser die von ihm benützte Literatur an und schliesst eine kurze Betrachtung über das Verhältniss der Finnen zu den Slaven bei.

Dies der bündige Inhalt der Arbeit Niederle's. die sicherlich die Berücksichtigung aller Forscher auf diesem Gebiete verdient und auch wohl noch Anlass zu weiteren Discussionen in dieser Frage geben wird.

H. Matiegka.

4.

Ratzel, Prof. Dr. Friedrich: Völkerkunde. Zweite, gänzlich neu bearbeitete Auflage. 2 Bde. Leipzig und Wien. Bibliographisches Institut. 1894 und 1895.

Zweck dieser etwas verspäteten Anzeige ist nicht etwa der, eine Besprechung dieses schönen Werkes zu geben, die bei der Eigenart des Verfassers, den Stoff zu formen und zu gestalten, ohne Inanspruchnahme eines grossen Raumes auch gar nicht auszuführen wäre. sondern nur der, auf ein wirklich gutes und ernstes Buch aufmerksam zu machen. das die weiteste Verbreitung verdient. Die vorliegende zweite Auflage in zwei Bänden erscheint der ersten dreibändigen Ausgabe gegenüber wesentlich günstiger; die einzelnen Abschnitte sind mehr gegeneinander abgewogen und wird dadurch der ganze Eindruck, den das Werk macht. ein viel einheitlicherer. Schon die Grundeintheilung zeigt in der neuen Auflage eine nahezu durchgreifende Verschiedenheit gegenüber jener der ersten. Während in der letzteren die Naturvölker von den Culturvölkern ziemlich streng geschieden waren, ist jetzt den natürlichen Verhältnissen mehr Rechnung getragen. indem die geographischen Einheiten mehr zusammengehalten sind.

Vollständig consequent durchgeführt erscheint dies in dieser Ausgabe auch noch nicht, indem die Culturvölker Afrikas von den Naturvölkern dieses Continentes abgesondert behandelt und überdies noch die Zwergvölker Afrikas als eine eigene Rasse eingeführt werden.

Angenehm berührt ferner die durch das ganze Werk gehende Tendenz, dass nicht der physische Habitus. sondern Sprache und Cultur. sowie geographische Einheit das wesentliche Eintheilungsprincip abgeben. So ist der pacifisch-amerikanische Völkerkreis zu einer grossen Gruppe vereinigt, obzwar schwarze, gelbe und rothe Menschen in demselben untergebracht sind. Man muss für eine verständliche Darstellung von einer festen Basis ausgehen; dies ist in weit höherem Maasse der Fall. wenn wir hiezu die geographische Einheit wählen, als die stets schwankende Brücke der physischen Merkmale zu betreten.

Die Aufnahme der amerikanischen Culturvölker in den entsprechenden Völkerkreis erscheint gegenüber der ersten Auflage, wo dieselbe gesondert behandelt wird. als ein Vorzug.

So viel nur über die allgemeine Eintheilung. Was die Behandlung und Verarbeitung des Stoffes anbelangt, so muss man sich die etwas eigenartige Richtung des Verfassers stets vor Augen halten. Ratzel. hat durch seine bekannte Auffassungsart die Völkerkunde wesentlich vertieft, wenn er auch durch seine speculative Methode nicht immer zu ganz klaren Resultaten gelangt. Immerhin darf die Völkerkunde heute die von ihm eingeschlagenen Wege nicht ausser Acht lassen. ohne eine Unterlassungssünde zu begehen. Die geographische Betrachtungsweise in der Völkerkunde ist ohnehin lange genug zurückgedrängt worden; sie darf heute nicht mehr vernachlässigt oder übersehen werden.

Ueber die Darstellungsweise ist schwer, ein gerechtes Wort zu sagen. Man muss sich immer vor Augen halten, dass das Werk als Brehm's Nachfolger eigentlich für den grossen Kreis Gebildeter geschrieben sein soll. Und doch vermissen wir gerade hier die Leichtfasslichkeit der Darstellungsweise und den glatten, fliessenden Stil. die dem Werke des grossen Thierkenners eine so kolossale Popularität verschafft haben. Man muss die Sätze und deren Zusammenhang studiren und darum auch ein Theil mehr Gedankenarbeit daran wenden, als der gewöhnliche Leser solcher Werke zu leisten gewohnt ist. Freilich ist der geistige Genuss und Nutzen ein weit grösserer, da gerade die Ratzel'sche Diction zu tieferem Nachdenken auffordert Die gewaltige Geistesarbeit, die der Verfasser geleistet, wird aber erst dann zur vollen Anerkennung gelangen, wenn er seine gesammelten Daten zu einer rein wissenschaftlichen Völkerkunde verwenden wird, was wir auf das Lebhafteste wünschen.

Das Werk ist heute durch Form und Ausstattung das erste seiner Art in der Weltliteratur und steht als solches ohne Rivalen da. Heger.

Die neolithische Ansiedelung bei Gross-Czernosek.[1])

Ausgrabungen in den Jahren 1895 und 1896.

Von Robert Ritter v. Weinzierl in Prag.

(Mit 20 Abbildungen im Texte.)

Diese letzten beiden Grabungen, die im Anschlusse an die früheren durchgeführt wurden, bieten eine Fülle von interessanten Facten, neue Beweise für die aus früheren, jahrelangen Betrachtungen gefolgerten Annahmen, so dass sich das Bild, das sich vor unseren Augen bereits entrollte, immer mehr klärt.

Während wir in der IX. Grabung 1895 ein schönes Bild gewinnen, wie sich die bronzezeitliche Nachbesiedelung vollzogen hat, auch aus den Wohnstätten, Feuerherden und Töpfereien eine friedliche Niederlassung jenes Volkes erkennen, das in seiner Fortentwicklung gedeihlich weiter schritt, so bringt uns die X. Grabung 1896 mit einer Ruhestätte in Berührung, die von grossem Interesse ist, da sie der Bestattungsart und Tiefe nach wohl als die älteste Cultusstätte unserer Ansiedelung gelten kann. Diese liegenden Hocker in Steinkisten oder Steinpackung, sehr arm an Beigaben, in tiefster Lage gebettet, sind wohl als die ersten Besiedler unserer Station anzusehen. Während die jüngeren neolithischen Skeletgräber ein ziemlich reiches Grabinventar aufweisen, sind diese schmucklos bis im Mergel zwischen grossen Steinmassen gebettet worden, oft in einer förmlichen Kiste von Steinplatten. Von weither müssen die verschiedenartigen Steinblöcke und Platten hergeschleift und geschleppt worden sein, um dem Verstorbenen eine sichere Ruhestätte zu schaffen. •

Unter diesen 1896 ausgegrabenen neun neolithischen Gräbern befanden sich zwei Bestattungen, mit denen wir uns zwar später eingehender befassen werden, die aber dennoch verdienen, vor Allem erwähnt zu werden. Es ist dies das Grab IV, das Spuren von theilweiser Verbrennung aufweist, und das Grab VI, in welchem eine vollständige Verbrennung constatirt wurde.

Nachdem nun diese Kistengräber als die ältesten unserer Ansiedelung gelten müssen und ebenso beschaffen sind, wie jene älteren neolithischen Gräber

südöstlich von Lobositz,[1]) so erscheint die Constatirung eines Brandgrabes innerhalb dieser Bestattungsart von grosser Wichtigkeit. Warum soll auch die Verbrennung der Todten erst in der Bronzezeit aufgekommen sein? Dass diese Bestattungsart in der Metallzeit grösstentheils eingeführt wurde und durch ganze Culturphasen fortgedauert hat, bis die christliche Zeit dieser Gewohnheit einen Damm setzte, ist uns genügend bekannt. Dass diese Bestattungsart in der Steinzeit bereits theilweise geübt, besser gesagt, mit dieser Bestattungsweise begonnen wurde, lässt sich wohl nicht leugnen, nachdem — ich spreche hier nur vom nördlichen Böhmen — die Beweise sich mehren[2]) und, wie uns die Begräbnissstätte von Gross-Czernosek lehrt, die Verbrennung der Leiche in so früher Zeit durchgeführt wurde. Ob wir es hier, unter acht Skeletgräbern, mit einer Feuerbestattung an und für sich zu thun haben, mit einer bereits angenommenen, irgendwo abgesehenen neuen Form des Todtencultus, oder ob diese Verbrennung auf irgend einen anderen Umstand zurückzuführen ist, das zu constatiren ist ein Ding der Unmöglichkeit. Genug, in der Reihenfolge der neun Gräber sich inmitten eine Grabstätte, kistenartig umstellt mit Geröll und gedeckt mit einer grossen, schweren Platte, die eigens und weit hergeschleppt werden musste, um der in einer elliptischen Einmuldung zusammengehäufelten Todtenasche die ewige Ruhe zu sichern.

Wir werden später noch einmal darauf zurückkommen und gehen nun zur ausführlichen Beschreibung der Culturschichten der Grabung IX von 1895 über.

Wenn wir uns den Situationsplan[3]) zur Hand nehmen, so finden wir auf dem Mittelfelde die

---

[1]) Siehe: Mittheilungen d. Anthrop. Gesellsch. in Wien 1895, Bd. XXV, S. 29 f.; desgl. S. 189.

[1]) Zeitschr. f. Ethnologie, Berlin 1895, S. 49: Weinzierl R. v., Der prähistorische Wohnplatz und die Begräbnissstätte auf der Lösskuppe südöstlich von Lobositz a. Elbe, S. 55, a) Kistengräber.

[2]) Mittheilungen d. Anthrop. Gesellsch. in Wien 1895, Bd. XXV, S. 189 u. s. f.

[3]) Mittheilungen d. Anthrop. Gesellsch. in Wien 1895, Bd. XXV, S. 31, Fig. 2.

Grabung VI verzeichnet. Von dieser wurde im Vorjahre westlich bis zum Feldrain (e) gegraben.

Gerade dort, dem höchsten Punkte der Ansiedelung, glaubte ich, wie schon früher erwähnt,[1]) die bronzezeitliche Nachbesiedelung constatiren zu müssen, um mit einer sorgfältig durchgeführten Grabung den Beweis für die früher ausgesprochene Annahme einer Nachbesiedelung erbringen zu können.

Das Resultat der Arbeit blieb nicht hinter den Wünschen zurück.

In westlicher Richtung weiter und vertical abgrabend, zeigt sich uns ein Profil, dessen Culturschichte 2 m tief ist und bis auf den Mergel herabreicht. Diese mächtige neolithische Culturschichte, die u n g e s t ö r t auflagert, zeigt stellenweise eingesenkte Wohnstätten, Töpfereien und Feuerherde, die selbst bis auf den Mergel herabreichen und von oben in die neolithische Schichte eingeschachtet sind. Zwischen diesen bronzezeitlichen Gruben finden wir Intervalle, wo die ältere, ungestörte Schichte bis zur Ackerkrume aufsteigt und in ihren horizontalen Lagerungen einen festen Zusammenhang zeigt.

Auch im Farbenton unterscheiden sich die beiden Schichten, die ineinander geschoben sind, oft wesentlich. Die Contur hebt sich dann in Folge dessen ziemlich scharf ab, doch muss immer genau auf den Inhalt dieser Culturgruben geachtet und Schritt für Schritt jede, auch die kleinste Erdbewegung genau untersucht werden.

Indem die Nordwand des Mittelfeldes stehen blieb und dadurch eine genaue Orientirung stets ermöglicht war, wurde westwärts, vertical abgegraben.

Zunächst wurde ein mächtiger Feuerherd von 2 m Durchmesser in einer Tiefe von 1 m angeschürft. Derselbe kennzeichnete sich in einer langen, schmalen, spitzelliptischen Form mit verlaufenden Schichten nach aufwärts, so dass die Einsenkung genau gekennzeichnet war. Dessen Inhalt bestand aus: Holzasche, Holzkohlenstücken und einigen rohen Scherben, mitunter schwach graphitirt.

Südlich von diesem Feuerherde, aber nur 0·7 m tief, lag eingebettet ein Kindesskelet, dessen Lebensalter einige Monate gezählt haben konnte. In seiner nächsten Umgebung war diese Bestattung durch nichts gekennzeichet.

Erhalten waren wenige Knöchelchen und der Stirntheil mit den Augenhöhlen. Die Knochen zeigen keinerlei Brandspuren, so dass es eine Bestattung

ist, die in den oberen auslaufenden Schichten des vorbesprochenen bronzezeitlichen Feuerherdes eingesenkt wurde.

Die Zeitstellung ist genau charakterisirt durch ein kleines bronzenes Armband, das einzige Inventar des Grabes.

Dieses kleine Armband, das in seiner Grösse dem zarten Alter des Todten entspricht, besteht aus einem glatten, nicht ornamentirten Reifen, der nicht ganz zusammengebogen ist.

Westwärts folgte, nach einem kurzen Intervall in der neolithischen Schichte, ein 1·6 m tief eingesenkter Brandherd, der aus einer mächtiger Schichte von Holzasche bestand. Nördlich von diesem wurde ein solcher in derselben Tiefe angeschürft, der aber in die Feldwand hineinreicht.

Daneben südwestlich lag, 1·2 m tief, ein Feuerherd eingesenkt, der ausser Holzasche viele rohe Topfscherben vom Lausitzer Typus (ohne Ornament), viele Thierknochen, Unioschalen und Herdsteine enthielt. In den obersten Schichten wurde ein kleiner Steinmeissel gefunden, der den bronzezeitlichen Funden zuzuzählen ist.

Nun folgt westwärts ein 2 m langer Intervall der unberührten neolithischen Culturschichte.

Der nun folgende Feuerherd (Fig. 74 A) ist in seiner Ausdehnung sehr bedeutend.

In einer Tiefe von 1·5 m hatte derselbe eine kreisförmige Ausdehnung von 3 m Durchmesser, dessen Aschenlager eine Mächtigkeit von 0·8 m.

In der Holzasche und den nach aufwärts auslaufenden Schichten wurden eine grosse Zahl roher, massiver Scherben vom Lausitzer Typus, offenbar von Nutzgefässen herrührend, gefunden, ferner ein Beinmeissel, ein abgenützter Glätter aus Bein, viele Knochenfragmente und Herdsteine.

Auf der Asche lag ein Urnendeckplattenfragment und ein Sandstein mit Spuren von Bearbeitung und seitlichen Einkerbungen.

Dieser grosse Brandplatz, der an der Basis horizontal verlief (wie die übrigen), enthielt auch eine Gefässbrennerei. Dieselbe war seitlich, im Beginne, bis in den Mergel (Fig. 74 a) 0·3 m eingetieft, bei einem Durchmesser von 1 m. Ueber diesem Herde lagen viele grosse Herdsteine, starke, gebrannte Lehmstücke (Fig. 74 b), ziegelartig geformt, die mit Weizenspreu gemengt sind und wahrscheinlich Fragmente eines Gefässbrennofens darstellen (Fig. 75). Ueber diesem Herde lagen in der Asche unzählige rohe, theils auch zerschmolzene Gefässscherben von ver-

[1]) Desgleichen, S. 189.

schiedener Güte, mit und ohne Henkel, darunter russgeschwärzte und graphitirte. Sämmtliche Fragmente, die verschiedenen Formen von Urnen und Schüsseln, erstere vielfach mit Tupfenleisten versehen, angehören, sind als keramische Erzeugnisse des Lausitzer Typus charakterisirt.

Offenbar sind hier allerlei Gefässe erzeugt und auch sofort gebrannt worden, da eine grosse Zahl von verschlackten und zusammengeschmolzenen Scherben vorkam. Am Ende der Grabung kommen wir nochmals auf eine Töpferei, die uns ein recht anschau-

setzen kann. Diese Brennofenfragmente lagen regellos zerstreut umher, weshalb die Ofenanlage nicht zu ersehen war.

In den Aschenschichten lagen viele Knochenfragmente vom Hirschen, von der Ziege, vom Schweine, Hunde und Bären.

In den obersten Schichten wurde eine kleine Topfurne von gewöhnlichster Form, ein flacher, doppelt gelochter Wirtel aus Thon, zwei Glätter, aus einer Rippe hergestellt, und eine unfertige Pfeilspitze aus Bein gefunden. Ausserdem wurde ein Urnen-

Fig. 74. Bronzezeitliche Wohnstätte (*A*) mit Gefässbrennofen (*a*) in der neolithischen Culturschichte (*C*) eingetieft. *B* ein Urnengrab mit Leichenbrand.

liches Bild dieses Gewerbes in jener Zeit vor Augen führt.

Der vertiefte Boden des Töpferherdes, welcher im Mergel eingegraben war, ist stark ausgeglüht, ein Beweis, dass hier lange gefeuert worden sein musste. Diese Brennofentheile (Fig. 75) sind an der Basis 8—10 cm breit, abgeflacht, 20 cm hoch und bedeutend verengt, Keilziegeln ähnlich. Die Aussenseite ist rauh, die Innenseite zeigt eine öftere Ausschmierung mit feinerem Thon. Dieselben sind stark durchgeglüht, sehr leicht und mürbe — das Thonmaterial war stark mit Weizenspreu durchsetzt —, so dass man einen lang andauernden Gebrauch im Feuer voraus-

deckel, aus rothbraunem Thon gebrannt, gefunden, dessen eine Seite mit Nägeleindrücken reihenförmig geziert ist. Dieser Deckel hat einen Durchmesser von 29 cm und eine Dicke von $1^1/_4$ cm.

Von Bedeutung ist noch die einzeln gefundene Pfeilspitze aus Bein (Fig. 76), mit abgebrochenem oberen Ende. Diese mit langausgezogenen, spitzen Flügeln gezierte Pfeilspitze ist charakteristisch für die Bronzezeit, da sie sich gegenüber den mit abgerundeten Flügeln und rundem Stiele versehenen neolithischen Pfeilen wesentlich unterscheidet; ausserdem ist deren Stiel vierkantig. Diese Art von Pfeilspitzen kommt selbst noch in jüngeren Perioden vor, ist aber in

8*

der neolitischen Culturepoche in Böhmen nicht beobachtet worden.

Die südliche Peripherie des grossen Herdes war, offenbar als Wohnstätte, mit Hürden überdacht gewesen, da längs derselben zahlreicher Bewurf aus gebranntem Lehm gefunden wurde. Unter diesen Stücken lag ein geglättetes Fragment eines vier-

Fig. 75. Fragment eines Gefässbrennofens (¹/₆).

kantigen Webstuhlgewichtes, sowie auch Bruchstücke von rohen, gebrannten, kegelförmigen Gewichten.

Ueber dieser Wohnstätte, aber nur 0·4 m tief, befand sich ein Urnengrab mit Leichenbrand (Fig. 74 B).

Die grosse Haupturne lag in südnördlicher Richtung zerdrückt, verschiedene rohe Scherben von 2—3 kleineren Urnen enthaltend. Ausserdem bestand der Inhalt aus Herdasche und nur im kleinsten

Fig. 76. Pfeilspitze aus Bein (²/₃).

Theile aus Knochenasche. Umgeben war das sehr seichte Grab von einigen Steinen.

Die Haupturne (Fig. 77), die eine bekannte Form der Lausitzer Haupttypen ist, hat eine Höhe von 34, einen oberen Durchmesser von 20, einen mittleren von 31 und einen Bodendurchmesser von 13·5 cm.

Dieselbe ist formvollendet geknetet, dickwandig, besteht aus grauem Thon mit wenig Quarz und hat ein rauhes Ansehen, da dieselbe nicht geglättet ist.

Wesentlich wichtiger ist die einfache Ornamentik dieser Urne. Unter dem weit ausladenden Rande ist dieselbe im Umkreise mit sechs stark modellirten Warzen versehen, welche untereinander mit einem eingeritzten Wellenband, das aus zwei unregelmässigen Wellenlinien besteht, verbunden sind.[1]) Die Urne war vollständig zerdrückt, liess sich aber, bis auf einen kleinen Theil, wieder vollständig herstellen.

Dies ist das erste Urnengrab vom Lausitzer Typus in der Nachbesiedelung von Gross-Czernosek, es ist aber auch in der Folge der weiteren Grabung keines mehr gefunden worden.

Gegen die Feldwand zu, etwa in der Tiefe dieses Urnengrabes, wurde vereinzelt eine 6 cm lange Bronzenadel mit doppelt konischem Kopfe gefunden.

Westwärts weiter grabend, wurde eine ungestörte neolithische Culturschichte von über 3 m Breite und

Fig. 77. Bronzezeitliche Urne mit Wellenbandornament (¹/₈).

etwa 5 m Länge bis zur nächsten bronzezeitlichen Einsenkung durchforscht, die abwechselnde Aschenlagen mit spärlichen Scherbenfunden, Knochenfragmenten, Herdsteinen etc. ergab.

Nennenswerthe steinzeitliche Funde wurden bei dieser Erdbewegung nicht gemacht, wie überhaupt diese Erd- und Aschenschichten sehr arm an belangreichen Streufunden sind.

Der nun gemachte Fund ist höchst eigenthümlicher Art. Im Mergel, 0·45 m tief eingebettet, lagen in einer elliptischen Grube von 2·35 m Länge und 0·85 m Breite, von zahlreichen grossen Steinen umgeben, zwei Hunde bestattet (Fig. 78). Während der eine Hund mit dem Schwanze im Süden, gestreckt nach Norden mit dem Kopfe lag, lag der zweite in entgegengesetzter Richtung, so dass sich die Füsse theilweise kreuzten. Beide Skelette waren

---

[1]) Dieses eigenthümliche und interessante Wellenbandornament ist wohl zu unterscheiden von dem sogenannten Wellenornament der auf der Töpferscheibe gedrehten Gefässe der römischen Provinzialzeit.　　　　Anm. d. Red.

gut erhalten; der Kopf des ersten war der Länge nach, der des zweiten Hundes hinter der Schnauze quer durchhackt. Beide Hunde waren bis 0·7 m mit Steinen bedeckt und in und unter ungestörter neolithischer Culturschichte gebettet, so dass wir diese Hundedoppelbestattung der Steinzeit zuschreiben müssen.

Fig. 78. Bronzezeitliche Hundebestattung.

Hundebestattungen sind sowohl aus der neolithischen Culturepoche, als auch aus jüngeren Perioden bekannt, doch ist mir in der Literatur eine derartige Doppelbestattung noch nicht vorgekommen.

Dem treuen Begleiter des Menschen ist hier in dankbarer Zuneigung eine Ruhestätte geschaffen worden. Wie es scheint, sind beide Hunde als Vertheidiger des Herrn im Kampfe verwundet oder durch

Fig. 79. Fragment eines Gefässbrennofens (¹/₆).

wuchtige Hiebe einer Steinaxt getödtet worden, todt oder schwerverwundet nach Hause geschleppt und in der Nähe der Wohnstätte innerhalb der Ansiedelung bestattet worden.

Nördlich von dieser eigenthümlichen Bestattung fand ich einen Küchenherd, der zur Hälfte in der Feldwand verlief, daher mit aller Vorsicht ausgegraben werden musste.[1] Dieser Herd von 2 m Durchmesser

[1] Abgebildet in den Mittheilungen d. Anthrop. Gesellsch. in Wien 1895, Bd. XXV, S. 190, Fig. 271 C.

war sichtbar in der neolithischen Culturschichte eingetieft und erwies sich durch seine Gefässreste als der Bronzezeit zugehörig. Die bis 1·8 m nahezu kreisrunde, vertiefte Sohle war stark ausgeglüht durch einen dauernden, intensiven Brand und lagerte darauf eine starke, weisse Holzaschenschichte. Darüber kam Holzasche mit Holzkohle gemischt und über dieser 1 m starken Schichte lagen eine Unzahl verbrannter Lehmklumpen (Estrich), Thonschlacken und Scherben von verschiedenen stark- und dünnwandigen Gefässen vom Lausitzer Typus. Westlich von diesem Herde wurde eine Wohnstätte mit drei verschieden tief liegenden, kleinen Gefässbrennöfen durchgegraben. Dieselbe ist bei einem Durchmesser von 3·5 m, im Zusammenhange mit dem vorigen Herde, 1·5 m eingetieft.[1] Diese Wohnstätte, war die eines Töpfers, und befanden sich unter dem Bodenniveau drei ungleich grosse Gefässbrennöfen, wovon der grösste mit verschiedenen Scherben und Schlacken erfüllt war. In denselben standen, um den oberen Rand gruppirt, noch die einzelnen Theile der Ofenwandung (Fig. 79), welche ebenso hoch wie die frühere Fig. 75, jedoch mit verbreitertem Fusse und gleich starker Wandung erbaut war. Dieselbe war aussen mehrfach überstrichen, vollständig durchglüht, innen stark russgeschwärzt. Dem Materiale nach bestand diese Ofenwandung aus Lehm, welcher stark mit Weizenspreu durchsetzt war.

Die weitere Beschreibung der Töpferwerkstätte kann hier wegbleiben, da sie bereits im Jahrgange 1895 dieser Mittheilungen, S. 190, an der Hand der Abbildung gegeben ist.

Ich will nur kurz erwähnen, dass über dem Boden der Werkstätte Rohmaterial (Sand mit feinem Ziegelthon gemengt) in grösserer Menge angehäuft war; dasselbe musste etwa 1 km weit getragen werden, da in unmittelbarer Nähe weder Thon noch Sand vorhanden ist.

In den Schichten ober dem Estrich, dessen Theile unmittelbar auf dem Rohmateriale auflagen, wurden ein erhaltener Hundeschädel (ganz gleichartig der heutigen Dorfhunderasse), Töpferspatel und Glätter, aus Rippen gefertigt und stark abgenützt, Pfriemen und eine kleine Urne von gewöhnlicher Form gefunden.

Die keramischen Reste und Fragmente dieser Töpferhütte sind ebenso wie früher solche, die dem Lausitzer Typus angehören.

[1] Abgebildet in den Mittheilungen d. Anthrop. Gesellsch. in Wien 1895, Bd. XXV, S. 190, Fig. 271 B.

Dieser bronzezeitliche Töpfer hatte die Werkstatt knapp neben seiner Wohnstätte erbaut und sein Handwerk bereits in ausgedehnterem Maasse betrieben. Früher hatten wir beides unter einem Dache vereint gefunden, auch war nur ein Brennofen vorhanden. Hier scheinen mehrere Personen zusammen gearbeitet zu haben, immerhin aber finden wir genau dieselben Typen in den Gefässresten, dasselbe Material und dieselbe Brennmethode.

Es scheint nach alledem die Töpferei bereits in der älteren Bronzeperiode eine Art selbstständiges Gewerbe gebildet zu haben; es befassten sich also specielle Personen mit der Massenerzeugung der Keramik und wurde vielleicht auch in weitem Umkreise dieser Ansiedelung Handel mit Nutzgefässen und Urnen getrieben. Die Gleichartigkeit dieser Keramik mit jener der Gräber derselben Zeit in und um Lobositz deutet auf eine gleichmässige Nachbesiedelung der neolithischen Stationen dieser Gegend hin. Auch die Entwicklung der Verzierungstechnik, die Gleichartigkeit im Materiale ist sowohl hüben, als drüben der Elbe zu beobachten.

Die Beschaffenheit der Wohnstätte ist noch ganz die gleiche, wie in der Steinzeit; derselbe Hürdenbau bei versenktem Bodenniveau, derselbe Hürdenanwurf und auch dasselbe Deckmateriale.

Die Behelfe, die bei der Töpferei verwendet wurden, sind ganz die gleichen, überdies finden wir dieselben Hausgeräthe mit wenigen Ausnahmen noch in Verwendung.

Ausser dem Metall und der Keramik sehen wir eine wesentliche Uebereinstimmung in beiden aufeinanderfolgenden Culturepochen, d. h. der jüngeren Steinzeit und diesem Abschnitte der Bronzezeit, der sich uns als Lausitzer Typus in der Keramik charakterisirt.

Wir werden daher keinen Fehlgriff thun, wenn wir annehmen, dass bei uns dem Neolithiker in nicht gar langer Zeit der metallkundige Culturmensch gefolgt ist und Besitz genommen hat von den verlassenen Siedelungen seines Vorgängers. Die Ansiedelung von Gross-Czernosek macht den Eindruck, als ob hier, wie schon früher erwähnt, der Neolithiker bereits abgezogen, südlich oder östlich weiter gewandert und die erste Culturstätte vollkommen verödet war, als, in entgegengesetzter Richtung drängend, die Horden der zweiten Besiedelung eintrafen und sofort die alte, verödete Wohnstätte in Besitz ergriffen und ein neues Volk das schöne Elbethal belebte.

Ausser den beschriebenen Funden dieser IX. Grabung sind noch einige Streufunde zu erwähnen, deren Zugehörigkeit nicht genau festzustellen ist, da dieselben keine besondere Charakteristik an sich tragen.

Es sind dies: eine bearbeitete Hirschhornzacke, ein stumpfes, pfriemartiges Beininstrument, ein runder Beinstiel (wahrscheinlich einer stumpfgelappten neolithischen Pfeilspitze angehörend), mehrere Spatel und Glätter, letztere aus Rippen gefertigt und stark

Fig. 80. Runde, gelochte Thonscheibe (¹/₄).

abgenützt, Wirtel, Pfriemen aus Knochen, eine kleine, runde und gelochte Thonscheibe (Fig. 80) und verschiedene Scherben aus den neolithischen, viele aus den bronzezeitlichen Nachbesiedelungsschichten, auch kleinere Gefässe, deren Form in beiden Epochen vorkommt.

Dazu kommen noch aus dem Reste der überworfenen Aschenlage ein unfertiger Hirschhornhammer, ähnlich dem in der ersten Abhandlung beschriebenen, nur dass der vorliegende noch kein fertiges Schaftloch besitzt, sondern beiderseits erst angebohrt ist,

Fig. 81. Hirschhornhacke (Feldgeräth) mit Schaftloch (¹/₄).

und ein grosser Knochendolch oder Pfriem, aus dem Wadenbeine des Hirschen hergestellt, mit sehr scharfer Spitze.

Im darauffolgenden Winter wurde von Seite des Besitzers, H. Franz Parthe, ein kleiner Theil, der seiner Zeit von der Grabung III stehen bleiben musste, abgetragen und nebst vielen neolithischen Scherben, verschiedenen Thierresten eine prachtvolle Feldhacke (Fig. 81) aus Hirschhorn, mit rundem Schaftloche, gefunden. Dieselbe hat eine Länge von 21·5 cm und ist aus einer 6 cm starken Geweihsprosse gefertigt. Die Schneide ist auf ein Drittel der Länge zugehauen; dieses Feldgeräth scheint noch nicht im Gebrauche gewesen zu sein.

Im Frühjahre 1896 wurde im östlichen Steinbruche des H. Nikolaus Parthe ein grosses Stück der Culturschichte abgetragen. Auch hier kommen mächtige Einsenkungen der Nachbesiedelung vor, die oft die ganze Culturschichte durchgreifen und bis auf den Mergel hinabreichen. Aus diesen Nachbesiedelungsgruben, Herden und Wohnstätten ist eine Localität (Fig. 82 A) bemerkenswerth, die, bis auf den Mergel eingesenkt, in einer Ausdehnung von 5 m Durchmesser nach zwei Seiten hin aussen bedeutend gehoben erscheint und auf den Ausgangspunkten, sowie im tiefsten Centrum je einen vertieften, konischen Feuerherd (a, b, c) hatte. Der unterste ist bis

Diese Lampe ist aus einem Stück Thon modellirt, hat einerseits ein Ausgussrohr zur Aufnahme des Dochtes und entgegengesetzt eine Handhabe. Das erstere hat eine enge Oeffnung, welche mittelst Durchstechen erzeugt wurde.

Die Lampe ist aus grauem Thon erzeugt und gut gebrannt. Deren Form weicht vollständig ab von den flachen Formen, die uns aus verschiedenen neolithischen und bronzezeitlichen Stationen Böhmens und Mährens bekannt sind und die vor Allem eine weite Oeffnung zur Aufnahme des Dochtes haben, während hier diese Oeffnung eng ist und schliessen lässt, dass man bereits dünnere Dochte, wahrschein-

Fig. 82. Bronzezeitliche Wohnstätte (A) mit mehreren Feuerherden a, b und c.

in den festen Mergel eingegraben. Das Ganze scheint blos eine Wohnstätte gewesen zu sein, während die drei Feuerherde zu Küchenzwecken benützt wurden. Die ganze Tiefe dieser Culturgrube beträgt hier bis auf den Mergel 1·75 m bei einer Mächtigkeit von 0·75 m der aufgelagerten Aschenschichte in der Wohnstätte.

In diesen Schichten wurden viele Scherben grosser und kleiner Gefässe gefunden, darunter nur wenige einfach ornamentirt und graphitirt. Ausserdem wurde eine kleine Urne mit kurzem Halse und stark bauchigem Körper und eine kleine Krugurne mit schlankem Halse, bauchig und gehenkelt, gefunden. Beide Gefässe sind geschwärzt. Auch ein Wirtel aus Thon kam vor. Interessant ist besonders eine Lampe (Fig. 83), die ebenfalls in der Aschenlage, wohl erhalten, gefunden wurde.

lich gedrehte, und flüssigeres Brennmaterial verwendete.[1]

Auf diesem Felde, wo ich ursprünglich am Fusse des Anstieges vier sitzende Hocker[2] fand, hören jetzt, seit der Abflachung, die Gräber ganz auf. Auch die neolithischen Abfallsgruben und Herde sind seltener geworden, dagegen nehmen die bronzezeitlichen Wohnstätten, Herde und Abfallslöcher zu und sind ebenso wie im westlichen Felde (Franz Parthe) als Nachbesiedelung in den neolithischen, bis 2 m tiefen Culturschichten eingesenkt.

Diese Vor- und Nachbesiedelung zieht sich am Ostrande des Feldes nördlich hin und läuft in der Nord-

[1] Die Deutung dieses Stückes als Lampe ist recht fraglich.   Anm. d. Red.
[2] Mittheilungen d. Anthrop. Gesellsch. in Wien 1895, Bd. XXV, S. 31. Situationsplan. Grabung VIII, Grab 25—28.

westecke des nachbarlichen, abgebauten Kalksteinbruches aus. Die neolithischen Aschenschichten verringern sich gegen Osten zu in diesem Bruche und enden ganz im Nordrande; dort, wie am Ostrande sehen wir zwar mächtige (2—2·5 m) Schichten über dem Mergel, aber bei näherer Besichtigung und Untersuchung finden wir, dass dies nur herabgeschwemmtes Erdreich ist. Hie und da wird ein Herd gefunden; auch kam heuer ein Urnengrab mit Leichenbrand zum Vorschein, ein Beweis, dass von dieser (der östlichen) Seite her unsere Station in der Bronzezeit besiedelt wurde.

Die westliche Grenze der neolithischen Ansiedelung ist durch den Fahrweg neben dem Felde Franz Parthe's gegeben, während die nördliche Abgrenzung wahrscheinlich weit über die drei Felder hinausgeht und erst im steileren Aufstieg des Mittelgebirgsgeländes ausläuft.

Fig. 83. Lampe (?) aus Thon (²/₄).

Ich hatte bisher keine Gelegenheit, nördlich von diesen drei Feldern Versuchsgrabungen vornehmen zu können. Die Grabung VII ergab bis zum nördlichsten Punkte die gleiche Mächtigkeit der Culturschichte; ausserdem wurde in der ganzen Länge kein bronzezeitliches Artefact, über dem Feuerherde 14 hinaus, mehr constatirt, so dass die bronzezeitliche Nachbesiedelung wohl grösstentheils nur die Felder der H. Hausmann und Nikolaus Parthe deckt und sich über die südliche Partie des Feldes Franz Parthe's erbreitert.

Die weiteren Grabungen, die jährlich und stückweise in nördlicher Richtung fortgesetzt werden, vervollständigen uns das Bild, so dass wir seiner Zeit, nach Durchforschung des ganzen Terrains, einen klaren Ueberblick über die ganze Situation gewinnen werden.

Bevor ich mit der heurigen Grabung X auf dem westlichen Felde, von dem Punkte, wo die Grabungen V und VII zusammentreffen, westwärts beginnen konnte, musste ein stehengebliebener Block abgetragen werden, in welchem nebst einigen gewöhnlichen Artefacten (Knochenpfriemen und Feuersteinschaber)

ein ausserordentlich schöner Beinlöffel oder löffelartiger Spatel gefunden wurde.

Fig. 84 zeigt uns dieses schöne Artefact, welches sammt Stiel 20 cm lang ist. Der Löffel selbst ist 5·5 cm lang und an der Basis 3·5 cm breit. Der Stiel ist rund geschnitten und am Ende mit einem Loche zum Aufhängen versehen. Ob dieses Object neolithisch oder bronzezeitlich ist, kann nicht mehr constatirt werden, da dessen Lagerung nicht klargestellt werden konnte.

Die Grabung X nun wurde von dem früher bezeichneten Punkte aus westwärts, anlehnend an die Grabungen V, dann II, vorgenommen, erbreitete sich bis zu 3·5 m und endete etwa in dem einspringenden rechten Winkel der Grabung II. (Siehe Situationsplan, Bd. XXV, S. 31.)

Die Länge des abgegrabenen Stückes betrug 25 m.

Die abgegrabene Culturschichte gehört zwei Perioden an, wovon die jüngere, die Bronzezeit, der älteren, der

Fig. 84. Langgestielter Löffel aus Bein (¹/₃).

neolithischen Periode, als Nachbesiedelung übergelagert und in der neolithischen ungestörten Aschenlage, wie früher erwähnt, eingetieft ist.

Das Profil (Fig. 85) zeigt uns über dem Mergel C (1·65 m tief) und theilweise in demselben eingetieft die Steinschichte der neolithischen Grabstätten A mit stark gekrümmten Skeletten (liegende Hocker), welche theilweise in Steinkisten oder mit Steinpackung bestattet sind. Die Zwischenräume der Gräber sind mit grossen und kleinen Roll- und Bruchsteinen ausgefüllt.

Ueber den Gräbern zieht sich eine Steindecke bis zur Tiefe von 1 m hin. Bis zu dieser Schichte herab sind die Herde der bronzezeitlichen Nachbesiedelung eingetieft, wovon der in Fig. 85 B bildlich dargestellte einen Durchmesser von 6—8 m hat. Die grösste Mächtigkeit der Aschenlage beträgt 0·5 m.

Ueber diesem Brandherde und mit demselben zusammenhängend sehen wir eine seichtere Wohnstätte E, wo nebst vielen rohen und graphitirten Scherben vom Lausitzer Typus auch Estrichstücke mit Zweigabdrücken gefunden wurden.

Im Feuerherde (bei D) lagen vier Reib- oder Mahlsteine, langoval mit stark konischer Rückseite und planer Mahl- oder Reibfläche.

Der grösste dieser Steine misst 52 cm Länge, 27 cm Breite und 23 cm Dicke, während die anderen drei successive kleiner werden. Dieselben bestehen aus Porphyr und sind in den neolithischen Ansiedelungen der Umgebung in der Regel etwas flacher und primitiver, während sie in den jüngeren Zeitfolgen so formvollendet bis in die La Tène-Zeit (Liebshausen) beobachtet wurden.

Uebrigens ist ja diese Art der Mahl- oder Reibsteine überall bekannt und ein häufig vorkommendes Hausgeräth.

Auf dem Situationsplane (Fig. 86) übersehen wir genau die Lagerung der neolithischen liegenden Hocker,

Grabes waren mit grossen Steinblöcken eingerahmt, so dass sich dadurch eine innere Länge von 1 m und eine Breite von 50 cm des Grabes ergab. Gedeckt war das Grab mit einer grossen Menge von Roll- und Bruchsteinen und finden wir auch später die verschiedenartigsten Gesteinarten der Umgebung zusammengetragen.

Grab II. 1 m nördlich von dem vorigen Grabe war ganz in derselben Weise, wie früher, ein stark entwickelter Mann bestattet, dessen Schädel, bis auf das Gesichtsskelet, gut erhalten ist.

Die Länge dessen beträgt 203, die Breite 133, daher der Längen-Breiten-Index = 65·5.

Fig. 85. Profil der Schichten von Grabung X. *A* Steinschichte des neolithischen Gräberfeldes; *B* und *E* Feuerherd und Wohnstätte der Nachbesiedelung; *D* Mahlsteine.

so dass die einleitenden Worte genügen werden, um zur Beschreibung der einzelnen Bestattungen übergehen zu können.

Grab I. Stark zusammengekauertes, männliches Skelet, 20 cm tief und muldenartig im Mergel ohne Beigaben gebettet. Richtung Nord-Süd, der Schädel im Süden, Gesicht gegen Osten gewendet. Lage horizontal, der Kopf etwas erhoben; die Wirbelsäule war stark gekrümmt, die Knie bis zur Brust aufgezogen, die Arme gegen das Gesicht gehoben. Die Knochen waren gut erhalten, stark entwickelt, der Schädel von den über ihn lastenden Steinen vollständig zertrümmert; immerhin aber liess sich daraus eine ältere Person erkennen.

Vor dem Kopfe stand in verticaler Lage eine grosse Plänerkalksteinplatte; die anderen drei Seiten des

Dieses Grab enthielt ebenfalls keine Beigaben, war 1 m lang und 50 cm breit.[1]

Grab III. 50 cm südlich von dem Kopfende des Grabes II begann ein neues Grab, dessen Lagerung vollständig verschieden ist von den früheren. In der Richtung West-Ost lag das männliche Skelet mit dem Kopfe im Osten, das Gesicht gegen Norden gewendet. In einer elliptischen Mulde, im Mergel gebettet, lag der ältere Mann mit stark angezogenen Beinen und gehobenen Armen, den Schädel etwas gehoben, innerhalb einer Kiste von grossen, vertical stehenden Plänerkalkplatten, deren Höhe 0·35 bis 0·40 m betrug (Fig. 87).

[1] Da die Hälfte des Grabes in die stehengebliebene Feldwand hineinragte. so konnte dasselbe nur innerhalb des Steinkranzes mit aller Vorsicht untersucht werden.

Der Boden des Grabes war mit vier Platten gepflastert, das ganze Grab mit grossen und kleinen Steinen umgeben und gedeckt, so dass der Schädel vollständig zerquetscht und deformirt war.

Beigaben wurden keine gefunden.

Die innere Länge des Grabes betrug wieder 1 m, die Breite 0·50 m; die an diesem Punkte gemessene Gesammttiefe betrug 1·75 m.

Grab IV. 1 m westlich vom vorigen Grabe lag, ganz in derselben Weise bestattet, aber nicht in den Mergel gebettet, ein weniger gut erhaltenes Skelet, dessen Unterkiefer (Fig. 88) bei *a* lag und dessen

gänzliche Fehlen der Unterarme und der Zertrümmerung des Schädels. Sollten wir es hier nicht mit einem Falle von Anthropophagie zu thun haben?

Die Länge des Grabes betrug 1 m, die Breite 0·60 m; die hier abgenommene Gesammttiefe ist 1·25 m.

Grab V. 1 m südlich wurde ein Grab gefunden, das in einer dritten Anordnung, 0·25 m tief, im Mergel in einer elliptischen Grube gebettet war.

Richtung Ost-West, mit dem Kopfe im Westen, das Gesicht gegen Süden gewendet. Das stark zusammengekauerte, gut erhaltene, weibliche Skelet

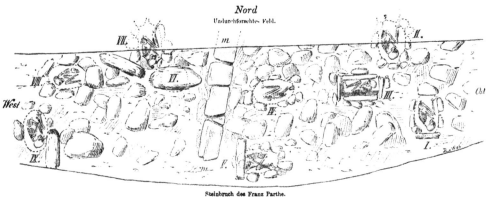

Fig. 86. Situationsplan der Gräberstätte (1 : 125).

Schädel bis auf zwei kleine Bruchstücke des Schädeldaches vollständig fehlte.

Allem Anscheine nach haben wir es hier mit einer jüngeren Person zu thun, die einer theilweisen Verbrennung ausgesetzt wurde; ohne dass die Knochen eigentliche Brandspuren zeigen, wohl aber stark gebräunt sind, lag das Skelet, dem auch die Unterarme fehlten, in einer starken Aschenlage gebettet, worin sich viele Holzkohlen vorfanden.

Ob nun hier eine wirkliche, geplante theilweise Verbrennung vorliegt oder ob die Leiche in die Reste des Opferbrandes gelegt wurde, ist nicht festzustellen. Thatsache ist, dass die Knochen stark gebräunt waren und die Leiche wenigstens einer starken Röstung ausgesetzt gewesen war. Eigenthümlich erscheint die Verstümmelung der Leiche durch das

mittlerer Jahre hatte die Beine ungleich hoch aufgezogen und, während die rechte Hand unter dem Kopfe lag, war die linke bis zu den Füssen ausgestreckt. Der Kopf war stark gehoben, gebettet und durch eine lange Plänerkalkplatte vor der Zertrümmerung geschützt, so dass er tadellos gehoben werden konnte.

Dessen Länge beträgt 180, Breite 130, daher der Längen-Breiten-Index = 72·2.

Das Grab (1 m lang, 0·5 m breit) hatte keine Beigaben, war von einem elliptischen Kranze von Steinen umgeben und mit einer Menge solcher gedeckt.

0·70 m westlich von diesem Grabe begann, in nördlicher Richtung verlaufend, eine Mauer (Fig. 88 mm) von Plänerkalkplatten, welche ebenso zusammengesetzt ist, wie jene, die ich Bd. XXV, S. 41, abgebildet und beschrieben habe.[1]) Es sind wieder vier Lagen über einander geschichteter Platten, die eine gerade Mauerflucht gegen Osten bilden. Diese Mauer, welche in der tiefsten Schichte über dem Mergel aufgelagert ist (Tiefe 1·55 m), ist durchschnittlich 0·55 m breit und in sich 0·45 m hoch; dieselbe verläuft, wie gesagt, 2·50 m gegen Norden und verschwindet da in der Feldwand, so dass sie bei einer späteren Grabung weiter verfolgt werden kann.

Ob und welchen Zusammenhang diese Mauer mit der Begräbnissstätte hat, wird die Folge lehren; heute können wir keinerlei Schlüsse ziehen, da die lithischen Culturschichte aufgebaut ist und nicht in die jüngeren, darüberliegenden Herde der Nachbesiedelung hineinreicht. Dieselbe ist wie die Gräber mit der gleichen Steinschichte gedeckt.

In westlicher Richtung vom Grabe IV und 50 cm jenseits der Mauer entfernt wurde eine grosse elliptische Phonolithplatte (Länge 1 m, Breite 0·45 m), die in der obersten Steinschichte lag, gefunden und vorsichtig gehoben. Darunter befand sich das Grab VI mit nahezu vollständiger Verbrennung des Skeletes. In einer kreisförmig angehäuften Aschenlage mit Holzkohlenresten und sichtbarem

Fig. 87. Liegender Hocker in einer Steinkiste.

Begräbnissstätte sich westlich hinter der Mauer in derselben Weise und Anordnung der einzelnen Gräber fortsetzt.[2]) Aus der Lagerung der Mauer ist zu ersehen, dass dieselbe innerhalb der neo-

[1]) Diese dort südöstlich endende Mauer, ist vom südlichen Anfangspunkte (in nordöstlicher Richtung) der heuer ausgegrabenen Mauer circa 10 12 m entfernt.

[2]) Es ist anzunehmen, dass sowohl die Mauer, wie auch die Begräbnissstätte sich nordwärts des ganzen Gräberfeldes in das noch undurchforschte Feld des J. Partsk erweitern, weshalb ich in thunlichster Bälde das nächstliegende Terrain abzugraben gedenke. Grab II und VII reichen über die Hälfte in die Feldwand hinein.

Bei weiterer Durchforschung des Gräberfeldes ist es ja möglich, dass sich gewisse Reihenfolgen. z. B. parallel der Richtung von I und II. über Grab VII und auch IX in nördlicher Richtung zeigen werden. Auch zur Reihenfolge der Gräber III. IV, VI und VIII können in paralleler Anordnung wie V nördlich noch Reihen folgen.

Die bis zur Tiefe der Gräber II und VII fortgesetzte gleichartige Lagerung der Steine lässt jedenfalls eine Fortsetzung des Gräberfeldes nach Norden mit-Bestimmtheit annehmen.

Feuerherd lagen Reste von angebrannten Fuss- und Armknochen, Unterkieferfragmente und Schädeltheile.

Nebst einigen Unioschalen wurden auch Splitter von gespaltenen Thierknochen constatirt, sonst aber bei genauer Untersuchung dieses Brandgrabes und seiner Umgebung ausser einigen neolithischen Scherben nichts weiter gefunden.

Das Grab, welches einen Durchmesser von 0·5 m hatte, war ebenso mit grösseren Steinen umgeben und gedeckt, wie die anderen Gräber.

Dieses neolithische Brandgrab, das unter anderen Gräbern gleicher Anordnung einer älteren Zeitphase angehört, erbringt den Beweis, dass, wie früher erwähnt,[1]) diese Art der Bestattung, schon in der Steinzeit Eingang gefunden hat, wenngleich

Nach Süden zu liegen dem Grabe V die Bestattungen der Grabung V (Nr. 29 und 30) am nächsten, circa 4·-5 m entfernt.

[1]) Mittheilungen d. Anthrop. Gesellsch. in Wien 1895. Bd. XXV. S. 189 u. s. f.

sehr sporadisch. Mit einer anthropophagen Mahlzeit können wir es hier kaum zu thun haben, was im Grabe IV eher zu glauben möglich wäre.

Alle Wahrnehmungen, die an diesem Grabe gemacht wurden, sprechen für eine Bestattung mittelst Feuer, und zwar an Ort und Stelle. Zunächst wurde ein grosses Feuer so lange unterhalten, bis die Leiche vollkommen verbrannt war — darauf deutet die grosse Menge von Asche (0·65 m) hin —, dann wurde

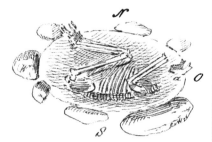

Fig. 88. Liegender Hocker, verstümmelt.

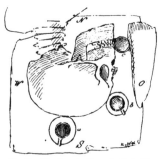

Fig. 89. Situation der Urnen in Grab VII.

diese zusammengehäufelt und dieselben Anordnungen getroffen, wie bei anderen Gräbern. Die Asche wurde einfach mit grossen Steinen umgeben und, um sie gesondert beisammenzuhalten, mit einer grossen Platte gedeckt. Gefässscherben wurden in der Asche keine gefunden.

Nördlich anstossend lag das

Grab VII, dessen Anordnung dem von I und II vollkommen entspricht.

Der gegen Süden liegende Kopf war mit dem Gesichte nach Osten gewendet, etwas gehoben und lag auf

einer Phonolithplatte, umgeben von drei gut erhaltenen Urnen, die ersten Beigaben, die in dieser Begräbnissstätte gefunden wurden. Die in Fig. 89 abgebildete Situation zeigt uns, dass die grössere Topfurne vor der Mitte des Schädels stand, die kleinere, ornamentirte Urne vor der Stirne und der kleine Becher knapp beim Munde deponirt war. Fig. 90 zeigt uns die drei Grabgefässe und wäre nur noch zu bemerken, dass beide Topfurnen gehenkelt sind und der Becher mit zwei kleinen Oesen versehen ist. Das Ornament der mittleren Urne besteht aus einem horizontal umlaufenden Bande von mehreren parallel eingeritzten Linien, von dem nach abwärts, bis unter den Bauchumbruch, ein fünfmal im Umfange sich wiederholendes, kurzes Zickzackband von je drei parallelen Linien begrenzt ist. Je zwei Zickzackbänder, nahe aneinander gerückt, zieren die Urne zu beiden Seiten des Henkels, während das fünfte Verticalband entgegengesetzt des Henkels angebracht ist.

Beide Henkelurnen sind gut gebrannt und geglättet, während der Becher aus dunkelgrauem Thone besteht, schwach gebrannt und nicht geglättet ist.

Dem Materiale und der Form nach stimmen sie vollkommen mit jenen Urnen überein, welche ich Bd. XXV, S. 47, abgebildet und beschrieben habe.

Um die Urnen lag zerstreute Asche mit Holzkohlenstücken, darunter auch einige Unioschalen. Dieselben waren theils mit Asche und theils mit Modererde gefüllt. Das weibliche Skelet hatte kräftige Knochen, war gut erhalten und gehörte einem Individuum der mittleren Jahre an. Unter demselben befand sich ein flacher Brandherd, der wohl weniger zu diesem Grabe gehörte; die Bestattung ist aber etwas jüngeren Datums als der Herd.

Dieses Grab ist das seichteste von allen; kaum 1 m tief, war es in der obersten Schichte der Steindecke gebettet, 1 m lang und 0·5 m breit. Mit grossen Steinen eingefasst, war auch hier die elliptische Form deutlich sichtbar. Ueber demselben befand sich eine Lage von verschiedenartigem Gerölle.

Es scheint, dass hier ein Zusammenhang besteht mit früheren Bestattungen, da wir uns mit der Grabung nördlich der Skeletgräber 29 und 30 (siehe Situationsplan, Bd. XXV, S. 31) befinden. Hier wie dort ist beinahe die gleiche Tiefe constatirt; auch dort finden wir vertical gestellte Platten und eine Anhäufung von Steinen. Der einzige Unterschied besteht darin, dass jene Bestattungen liegende, gestreckte Skelette enthalten, während wir hier in acht Gräbern liegende und hockende Skelette finden.

Aus diesem Grunde möchte ich die uns jetzt vorliegende Begräbnissstätte, ungeachtet der Nähe der früheren Skeletgräber und der Gleichartigkeit der Gräberanlage, als älter hinstellen.

Westlich von diesem Grabe stand in schräger Stellung eine ebenso mächtige Phonolithplatte wie jene des Grabes VI, in verticaler Stellung.

2 m westlich von dieser Platte wurde das Grab VIII aufgedeckt, dessen Skelet ebenso gelagert war, wie dasjenige des Grabes V. Da bei stark gekrümmter Wirbelsäule die Beine bis zum Kinn emporgezogen waren, so verringerten sich die Dimensionen und es misst dieses Grab in der Länge blos 0·6 m, während die Breite 0·45 m beträgt.

Das männliche Skelet, etwa 30 Jahre alt, war von schwächlicher Constitution. Dasselbe lag in einem Brandherde und war mit Asche gedeckt. Die Knochen waren mit calcinirtem Aschenansatze förmlich über-

Diese Lagerung des Bestatteten auf einem Feuerherde und die Incrustirung sämmtlicher Knochen mit der Asche, wie auch der gleichzeitige Fund von Schweinsknochen lassen weniger auf Kannibalismus schliessen, als auf eine mit der Bestattung gleichzeitig stattgefundene Opferung. 1 m südwestlich von diesem Grabe wurde die letzte Bestattung dieser Abgrabung gefunden.

Grab IX stimmt in der Lagerung des Skeletes mit I, II und VII vollkommen überein. Dadurch, dass die Beine weniger stark angezogen sind, ist es länger als die übrigen (1·3 m), hat aber dieselbe Breite von 0·5 m. Die Tiefe des Grabes ist mit der des Grabes VII gleich. Mit wenig Steinen umgeben, lagerte östlich vom Kopfe in südlicher Richtung ein mächtiger Felsblock. Der Schädel dieses jüngeren Weibes ist zwar zerdrückt, doch dürfte derselbe wieder hergestellt werden können. In unmittelbarer

Fig. 90. Neolithische Urnen aus Grab VII (¹/₈).

zogen und wie zusammengebacken. Neben den Unterschenkelknochen lagen Fusskochen vom Schweine, ebenfalls incrustirt und mit den menschlichen Knochen zusammengekittet.

Der Schädel ist deformirt, jedoch nicht ganz zertrümmert. Während beiderseits die Ohrpartien eingedrückt sind, ist der Unterkiefer aus seiner linksseitigen Einlenkung herausgedrückt und steht vollständig umgedreht über dem Gesichte. Der siebente Halswirbel klebt am Gaumen und ein Zahn des Oberkiefers ist an der Basis des Schädels mit calcinirter Asche überzogen. Eine Messung des Schädels würde nur ein ungenaues Resultat ergeben. Beigaben wurden keine gefunden. Die Knochen sind theilweise stark gebräunt, aber nicht verbrannt; der linke Unterschenkelknochen weist einen starken Spalt auf, welcher von unten über zwei Drittel seiner Länge aufwärts verläuft. An demselben sind keinerlei Schlagspuren zu sehen, weshalb die Verwundung des Knochens schwer erklärlich ist.

Nähe des Skelotes wurde ein abgebrochenes Segment eines Steinringes [1] gefunden, welches an seinen Bruchflächen zugeschliffen und zweimal angebohrt wurde (Fig. 91), um offenbar als Amulet getragen zu werden. Dies die einzige Beigabe des Grabes.

Dieses Steinringfragment ist der erste Fund dieser Art in unserer Umgebung. Amulete aus Stein, Bein, Horn und Muschelschale werden öfters in den neolithischen Gräbern gefunden und wäre ein solches aus rothem Steine von unserer Ansiedelung, welches in aufgeworfener Erde gefunden wurde, erwähnenswerth. Fig. 92 a [2] zeigt eine einfache Strich-

[1] Dieses Fragment besteht aus einem marmorartigen weissen Stein. Solche Ringe kennen wir aus neolithischen Begräbnissstätten Thüringens (Rössen).

[2] Im Besitze des Herrn Apothekers Focke-Wien. Die Abbildung nach einer freundlichst mitgetheilten Zeichnung. — Im Corr.-Blatt d. deutschen Gesellsch. f. Anthrop., Ethnol. u. Urgesch., XXVII. Jahrg., Nr. 8. wird ein ganz gleiches Artefact, aus demselben Materiale gefertigt, abgebildet und eingehend beschrieben.

ornamentik auf der oberen, gewölbten Seite, an den Kanten; das Amulet ist mit zwei Bohrlöchern zur Befestigung versehen. Gleichzeitig bilde ich noch zwei Zierstücke aus Hirschhorn und Knochen ab (Fig. 92, *b* und *c*), welche als Streufunde in die Collection des Dr. Mᴀᴛɪᴇɢᴋᴀ-Prag kamen.

Zwischen den Gräbern, in den Steinlagen, wurden nur sehr spärliche Funde in der neolithischen Schichte gemacht.

An der Mauer lag ein schmales, kleines Feuersteinmesser mit Gebrauchsspuren. Zwischen dem Brandgrabe VI und der Feldwandung wurden einzelne neolithische, rohe, nichtornamentirte Scherben von Bechern gefunden; auch kam dort ein vereinzelter Scherben mit Bandornament vor (Fig. 93 *e*).

Westlich vom Schädel des Grabes VII lagen mehrere Fragmente einer Urne mit massiven Oesen und Schnurornament (Fig. 93, *b* und *c*), welche vom

Fig. 91. Amulet aus Stein; obere und Seitenansicht (¹/₂).

Feuer geschwärzt waren; dieselben lagen über einem Feuerherd, der der neolithischen Schichte angehörte. Ausserdem wurden noch hie und da einzelne ornamentirte neolithische Scherben (*a d*), meist aber von Nutzgefässen gefunden; auch wären noch aus der tiefsten Schichte zu erwähnen: Pfriemen aus Knochen, Knochenspatel, Feuersteinknollen (Schlagstein), bearbeitete Hirschhornfragmente und ein angebohrter Netzsenker aus Kalkstein.

In den Schichten der Nachbesiedelung, den Feuerherden, wurden ausser den bereits erwähnten vier Reibsteinen nur einzelne Scherben gefunden, weniger graphitirte, die dem Lausitzer Typus angehören und mit jenen der Grabung IX vollkommen übereinstimmen.

Wenn wir nun einen Rückblick auf die Grabungen in der neolithischen Ansiedelung bei Gross-Czernosek werfen und die Gesammtergebnisse, besonders die der letzten beiden Grabungen, zusammenfassen, so rollt sich vor unseren Augen ein Bild auf, das uns in die weite Vergangenheit blicken lässt.

Bisher waren uns Gräber mit 1. sitzenden Hockern, 2. gestreckten, horizontal liegenden Skeletten und 3. Brandgräber bekannt. Zu diesen drei Kategorien reiht sich nun eine vierte, die der liegenden Hocker in Steinkisten. Dadurch verändert sich auch die Reihenfolge der Bestattungsarten, indem wir noch vor die sitzenden Hocker die letztgefundenen liegenden Hocker stellen müssen, wenn

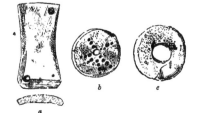

Fig. 92. Amulette aus rothem Stein
(darunter dessen Querschnitt), Hirschhorn und Bein (¹/₂).

Fig. 93.
Neolithische Scherben mit Schnur- und Bandornament *a–e* (¹/₂).

wir nicht nahezu eine Gleichzeitigkeit dieser beiden Bestattungsformen in unserer Ansiedelung annehmen wollen. Diese liegenden Hocker der Grabung X ruhen alle auf der rechten Seite, wenn auch sonst ein übereinstimmendes System in der Lagerungsrichtung nur bei einigen zutrifft. Alle acht Skeletgräber aber stimmen auch in den Maassen der Grabanlage überein und während das Grab III eine wirkliche Steinkiste bildet, sind die übrigen Gräber gleichartig mit Steinen umgeben und gedeckt, und schliesslich beobachteten wir noch eine gleichartige Ausfüllung der Grabintervalle sowohl, als auch eine gleichartige Steindecke über der Gräberstätte, so dass wir an eine Gleichzeitigkeit aller Bestattungen — das Brandgrab VI inbegriffen — denken müssen.

Vier Gräber (I, II, VII, IX) haben eine gleiche Richtung von Nord nach Süd, zwei Gräber (III, IV) sind von West nach Ost und zwei Gräber (V, VIII) von Ost nach West orientirt.

Sechs Gräber erweisen sich als Bestattungen in einer elliptischen Grube mit gehobenem Kopfe, zwei Gräber lassen theilweise eine Bestattung mit Feuer annehmen und endlich finden wir unter ihnen als gleichzeitige Bestattung ein Brandgrab mit nahezu vollständiger Verbrennung des Skeletes.

Die armselige Ausstattung dieser Gräber betreffend, stimmen alle (mit Ausnahme VII) im gänzlichen Mangel von Grabbeigaben überein.

Was die ältesten neolithischen Kistengräber jenseits der Elbe, auf der Lösskuppe südöstlich von Lobositz [1]) anbelangt, so finden wir zwischen jenen und diesen eine grosse Uebereinstimmung. Auch wurden im verflossenen Herbste beim Baue der Teplitz—Lobositzer Bahn, nördlich der Wirthschaft Kremer gegen das Dorf Welhotta zu, ähnlich situirte Gräber gefunden, die gar keine Beigaben enthielten und stark zusammengekauert zwischen Steinen lagen; doch fehlen mir darüber genauere Anhaltspunkte.

Die Grabstätten der Grabung X stehen offenbar in einem Zusammenhange mit den wenige Meter südlicher gelegenen, früher beschriebenen Skeletgräbern, wenn wir auch auf eine Gleichzeitigkeit dieser Gräber mit jenen nicht verweisen können.

In welchem Zusammenhange die Mauer der letzten Grabung mit den Gräbern steht, wird die Folge lehren; denn ich hoffe in den nächsten Jahren nördlich der heurigen Grabung die Culturschichten weiter untersuchen zu können.

Diese Begräbnissstätte erhärtet die früher aufgestellte Annahme, dass die ersten Besiedler der neolithischen Culturepoche angehörten und in einer langen Reihe von Jahren in friedlichem Beisammensein die Abfallskuppe ständig besiedelten und auch im Bereiche ihrer Wohnstätten ihre Todten bestatteten, und dass ferner in der neolithischen Culturepoche bereits die Feuerbestattung begonnen hat.

Die neolithischen Wohnstätten verweisen durch ihren Hausrath und die überhaupt spärlich gefundenen Waffen auf eine sesshafte, friedliche, Ackerbau und Viehzucht treibende Bevölkerung.

Der gänzliche Mangel an Metall innerhalb der genau untersuchten neolithischen Culturschichten

[1]) Zeitschrift f. Ethnologie. Berlin 1895, S. 49 u. s. f.

beweist, dass dies Völkchen mit dem metallkundigen, bronzezeitlichen Menschen noch nicht in Berührung gekommen war.

Der von Osten längs der Elbe herandrängende, metallkundige Culturmensch fand hier zwar eine verödete, jedoch gastliche Anhöhe; er besiedelte dieselbe und, alter Gewohnheit gemäss, legte er seine Wohnstätten in derselben Weise an, wie wir selbe kennen gelernt haben. Auch verbrannte und begrub er seine Todten in der Nähe seiner Behausung. Dadurch wurde das verlassene Terrain neu aufgewühlt, steinzeitliche Artefacte vermengten sich mit bronzezeitlichen, wie überhaupt in der älteren Bronzezeit viele Geräthe und Waffen der Vorperiode noch im Gebrauche waren und welche leicht Verwirrung in die Situation bringen können. Aus den früheren Grabungen, besonders aber aus jener des Jahres 1895 (IX), ersehen wir und können genau verfolgen, wie die Nachbesiedelung stattgefunden hat und wie sie sich genau von den älteren Schichten als selbstständig abgrenzt. Da die Wohnstätten, Herde und Abfallsgruben ebenso, wie in der neolithischen Culturperiode, zerstreut auf der ganzen besiedelten Fläche umherliegen, so treten, wie wir bildlich gesehen haben, in den Profilen zwischen den Culturgruben jüngerer bronzezeitlicher Besiedelung die älteren, steinzeitlichen Schichten ungestört bis unter die Ackerkrume empor und lassen sich in ihrer horizontalen unberührten Lagerung zwischen den Einsenkungen genau verfolgen. Dadurch ist es möglich, auch vollkommen gleichartige Fundobjecte genau zeitlich sicherzustellen, denn irgend ein Artefact aus Bein oder Stein, welches in beiden einander folgenden Culturperioden gleichzeitig (bei verticaler Grabung!) gefunden wird, z. B. ein Knochenpfriemen, muss, in der neolithischen Culturschichte gefunden, als neolithisch bezeichnet werden, während das gleiche Object, in der Nachbesiedelungsschichte gefunden, noch neolithisch sein kann, doch bronzezeitlich angesehen werden muss.

Und nun noch einige Worte zu den bronzezeitlichen Töpferwerkstätten und der Erzeugung von Gefässen in grösserem Umfange.

Dass die Erzeugung von Urnen und Nutzgefässen in allen Stationen als Hausindustrie aufgefasst wird, wissen wir aus den unzähligen Fundberichten aller Länder.

In der Zeit der neolithischen Besiedelung hatte ich um Lobositz nur einmal Gelegenheit, einen Gefässbrennofen auszugraben; in unserer Ansiedelung konnte ich bisher in dieser Periode noch keinen Ofen nachweisen, wiewohl ich oft gebrannte Lehmklumpen (nicht Hürdenbewurf!) fand. Es wurden also alle Gefässe noch am offenen Feuer gebrannt. In der bronzezeitlichen Nachbesiedelung finden wir hier die Töpferei bereits in einem grösseren Aufschwunge; es sind Brennöfen aufgestellt, wodurch die keramischen Erzeugnisse besser gebrannt und haltbarer werden.

Die gesammte bronzezeitliche Keramik von Gross-Czernosek entspricht dem uns bekannten Lausitzer Typus (einige seichte Streufunde ausgenommen), doch fand ich in der Ausformung des Materiales, der Verzierungstechnik — ich habe unzählige Scherben untersucht — meist nur primitivere und allgemeine Formen, grösstentheils einfache Ornamentik, seltener jene feine Keramik, glänzend graphitirt, mit eingeritzten strichlirten Dreiecken, Ringelchen, Buckeln, Rillen etc. geziert. Auch kommen hellrothe Scherben vor, grösstentheils findet man jedoch Fragmente von grossen, massiven Vorrathsgefässen.

Die Bronzeartefacte sind überaus spärlich und ergab die vorjährige Grabung nur zwei Metallfunde: einen schwachen, kleinen Armreifen eines Kindergrabes und eine kurze Nadel mit Kopf als Streufund.

In den nächsten Jahren hoffe ich durch weitere Grabungen und die folgenden Berichte noch manches Interessante von der neolithischen Station bei Gross-Czernosek und seiner Nachbesiedelung bringen zu können.

Das Rhinoceros der Diluvialzeit Mährens

als Jagdthier des paläolithischen Menschen.

Von Professor **Alexander Makowsky.**

(Mit einer Tafel.)

Vorwort.

Zu den wichtigsten und interessantesten Aufgaben der Urgeschichte gehört die Lösung der Frage über die Gleichzeitigkeit des Menschen mit den grossen diluvialen Säugethieren, dem Mammut und seinem Zeitgenossen, dem Rhinoceros.

Ungeachtet zahlloser beweisender Funde von bearbeiteten Skelettheilen dieser Thiere und daraus gefertigten Artefacten, die man in Höhlen und diluvialen Ablagerungen in Frankreich, Belgien, der Schweiz, Deutschland (Taubach bei Weimar), Nieder-österreich und Mähren, durchgängig unweit der Grenze der grossen nordischen Eisbedeckung der Glacialperiode nachgewiesen hat, wollen die Zweifel an dem Vorkommen des paläolithischen Menschen in der Mammutzeit nicht schwinden. Viele pflichten der Ansicht nordischer Forscher (STEENSTRUP u. A.) bei, dass das Mammut und sein steter Begleiter, das wollhaarige Rhinoceros, n i c h t mit dem Menschen gelebt haben und dass eine ältere Mammutzeit und eine durch die zweifellose Anwesenheit des Menschen bezeichnete jüngere Renthierzeit der Diluvialperiode angenommen werden müsse, Zeitabschnitte, welche durch viele Hunderte, ja Tausende von Jahren von einander geschieden sein sollten.

Indessen können alle mährischen Forscher der Ansicht STEENSTRUP's, die er gelegentlich der Unter-suchung der berühmten Mammutstation bei Prerau in Mähren im Jahre 1888 ausgesprochen hat,[1]) dass die Reste des Mammut und Rhinoceros, gleichwie in Sibirien, aus dem beständig gefrorenen Boden aufgethaut und durch den Menschen der Renthierzeit bearbeitet worden seien, aus mehrfachen Gründen nicht bei-stimmen. Abgesehen von der Thatsache, dass die Stoss-zähne und sonstigen Knochen des Mammuts, welche eine Bearbeitung noch ermöglichen, nur im nördlichsten, durch sehr rauhes Klima ausgezeichneten Sibirien gefunden werden, hingegen solche aus südlicheren Gegenden, völlig morsch und leicht zerbrechlich, eine nachträgliche Bearbeitung nicht gestatten, so mehren

sich auch dort, wie neuestens in Tomsk, die Funde von Mammutresten mit Steinwerkzeugen und be-arbeiteten Knochen, welche die Gleichzeitigkeit des Menschen mit dem Mammut beweisen.

Mit Ausnahme des breiten Oderthales, in welches von Mährisch-Ostrau bis Weisskirchen im nord-östlichsten Theile des Landes die nordische Eis-bedeckung hereinreichte, lässt sich in Mähren eine glaciale Ablagerung nicht nachweisen, daher die Annahme eines durch Jahrhunderte anwährenden Gefrierens des Bodens völlig unerwiesen, ja unhalt-bar ist.

Schon im Jahre 1872 hat Graf G. WURMBRAND in einer Culturschichte bei Joslowitz im südlichen Mähren, viele Meter tief im Löss, Knochen vom Mammut, Rhinoceros, Renthier und fossilen Pferde, zum Theile bearbeitet, zusammen mit Steinwerkzeugen und Kohlenresten in gleicher Lage gefunden. In der berühmten Lössstation von Předmost bei Prerau sind seit dem Jahre 1880 durch Dr. WANKEL, MAŠKA und Dr. Kříž in einer und derselben Lage die Reste von mindestens 16 grösseren diluvialen Säugethieren, worunter Mammut, Rhinoceros, Urstier, Pferd und Renthier, in bearbeitetem Zustande, nebst Stein-werkzeugen, und anderen Artefacten nachgewiesen worden.

In einem Zeitraume von mehr als 25 Jahren hat der Verfasser theils in mährischen Höhlen, theils in diluvialen Ablagerungen um Brünn und im südlichen Mähren so viele Beweise der Gleichzeitigkeit des Menschen mit dem Mammut gesammelt, dass er sich bemüssigt sieht, in Nachfolgendem einen kleinen, aber nicht unwichtigen Beitrag zur Lösung dieser Frage zu liefern.

B r ü n n, Ostern 1897.

Einschlägige Literatur.

Hochstetter, Ferdinand v.: Ergebnisse der Höhlen-forschungen. Sitzungsb. d. Akad. d. Wissenschaften, Wien 1879.

— und Dr. Liebe: Diluviale Thierfauna der Wejpustek-höhle. Sitzungsb. d. Akad. d. Wissenschaften, Wien 1878.

Kříž M.: Die Lösslager in Předmost bei Prerau. Mitth. d. Anthrop. Ges., Wien. XXIV. Bd. 1894.

---

[1]) STEENSTRUP, Mitth. d. Anth. Gesell. in Wien, XX, 1890.

Mittheilungen d. Anthrop. Gesellsch. in Wien. Bd. XXVII. 1897.

10

Makowsky Alex.: Der Löss von Brünn und seine Einschlüsse
    von diluvialen Thieren und Menschen. Verhandl. des
    naturf. Ver. in Brünn. XXVI. Bd., 1888.
— Lössfunde von Brünn und der diluviale Mensch. Mitth.
    d. Anthrop. Ges., Wien. XIX. Bd. 1889.
— Ueber die Anwesenheit des Menschen während der
    Lössperiode in der Umgebung von Brünn. Mitth. d.
    Anthrop. Ges. XX. Bd. 1890.
— Der diluviale Mensch im Löss von Brünn mit Funden
    aus der Mammutzeit. Mitth. der Anthrop. Ges., Wien.
    XXII. Bd. 1892.
Maška Karl: Der diluviale Mensch in Mähren, 1886.
Wankel H.: Die Slouper Höhle und ihre Vorzeit. Denk-
    schriften der k. Akademie der Wissenschaften, Wien 1868.
— Die prähistorische Jagd in Mähren, Olmütz 1892.
Wurmbrand, Graf G.: Die Lössstation von Joslowitz in
    Mähren. Mitth. d. Anthrop. Ges., Wien. III. Bd. 1873,
    und Denkschriften der k. Akademie der Wissenschaften,
    Wien, 1879.

I. Das Diluvium und seine fossilen Einschlüsse.

Als Bildungen der Diluvialzeit, welche auch die Eisperiode in sich schliesst, erscheinen in Mähren vornehmlich erratische Geschiebe, diluvialer Sand und Schotter und endlich der Löss.

Erratische Geschiebe hochnordischer Gesteine, mit erratischem Sand und Schotter der einstigen Grund- und Seitenmoränen der nordischen Eisbedeckung, sind blos im nordöstlichen Mähren durch die Oderspalte eingedrungen und finden sich zerstreut in dem etwa 45 km langen und bis 10 km breiten Oderthale von Mährisch-Ostrau bis Bölten bei Weisskirchen und in einzelnen Buchten dieses Gebietes (so bei Neutitschein, Fulnek, Freiberg u. A.).

In diesen erratischen Ablagerungen sind bisher keine Skelettheile diluvialer Säugethiere aufgefunden worden.

Diluvialer Sand und Schotter, das Product fluviatiler Strömungen, finden sich in ganz Mähren, vornehmlich in Buchten und in den Rändern hochgelegener Terrains, mächtig abgelagert und geschichtet.

Theils auf festem Gestein (Syenit, Kalkstein und Sandstein), theils direct auf marinem Tegel liegend, ist der diluviale Sand und Schotter zumeist vom Löss überlagert und schliesst nicht selten diluviale Thierreste, und zwar vom Mammut, Rhinoceros, Pferd und Renthier ein. (Rother Berg, Spielberg-Ziegelei, Zwittawabucht bei Malomierschitz etc.)

Der Löss oder Diluvialthon, das obere, also jüngere Glied der Diluvialperiode, ist ein leicht zerreiblicher, kalkhaltiger Thon von gelblicher Farbe,

der bis zu einem Drittheil aus sehr feinem Sande besteht. Ein grösserer Kalkgehalt äussert sich durch die secundäre Bildung von Kalkmergelconcretionen (Lösskindeln), die nicht selten in beträchtlicher Menge im Löss enthalten sind und oft für Knochen gehalten werden.

Der Mangel einer Schichtung, die völlige Abwesenheit der Reste von im Wasser lebenden Thieren, namentlich aber die schneewehenartig zu bedeutender Mächtigkeit, in Buchten und an windgeschützten Lehnen der Berge (in Brünn meist die Süd- oder Ostseite der Berggehänge), anschwellende Lagerung des Löss lässt denselben als ein subaërisches Product, als einen angehäuften Staub von zerstörten und verwitterten Feldspathgesteinen erkennen. Hiebei ist nicht ausgeschlossen, ja in hohem Grade wahrscheinlich, dass der grösste Theil dieses Lössmateriales nordischen Ursprunges ist, nämlich ein durch Winde fortgeführter, kalkhaltiger Gletscherschlamm, welchen die Gletscher der Glacialzeit vom Norden her bis an die Randgebirge Böhmens, Schlesiens und Mährens abgesetzt und nach ihrem Rückzuge hinterlassen haben.

Während des nach Abschluss der Glacialzeit in der jüngeren Diluvialperiode folgenden Steppenklimas führten heftige Luftströmungen, begünstigt durch eine in Folge der niedrigen Temperatur spärliche Vegetation, die staubartigen Theilchen des getrockneten Gletscherschlammes in weite Ferne und bewirkten an windgeschützten Stellen die Anhäufung von Lössmassen, in welchen die Reste der gleichzeitigen Thierwelt eingebettet erscheinen.

Die Lehmmassen in den Kalksteinhöhlen Mährens und speciell der Umgebung von Brünn (Sloup, Kiritein, Kritschen etc.) müssen als degenerirter Löss bezeichnet werden, nämlich als ein abgeschwemmter und durch Strömung in das Innere der Höhlen eingeführter Lehm, zugleich mit Sand- und Gesteinsgeschieben.

Die fossilen thierischen Einschlüsse im Löss finden sich daher in der Regel in ungestörter Lagerung, einzeln oder depôtartig angehäuft, und zwar an Stellen, die eine geschützte Lage besitzen, so am Süd- und Südostabhange der Berglehnen. Hier zeigen sich in Tiefen von 3—12 m Holzkohlenspuren und mit Lehm gemischte Aschenlagen in einer Ausdehnung von höchstens 30 qm und geringer Mächtigkeit — bis zu 20 cm in muldenförmiger Lagerung. Sie müssen als Lagerplätze des Menschen in der Diluvialzeit gedeutet werden.

Die alkalische Reaction der dunklen Erde, vermischt mit grösseren und kleineren Holzkohlen, die in derselben oft eingebetteten Knochen, durch die Hitze mehr oder weniger verändert, unterscheidet diese kleinen Partien von anderen nicht selten im Löss vorkommenden schwarzen Erdschichten. Letztere, in weiter Verbreitung und bis zu 1½ m mächtig, sind das Product einer einstigen Vegetation; daher zeigt ihre Erde eine humöse, saure Reaction und geht allmälig in den normalen gelben Löss über.

In diesen humusreichen, blauschwarzen Erdschichten haben sich, wenigstens um Brünn, hin und wieder Lössschneckengehäuse, niemals aber diluviale Knochenreste vorgefunden. Diese dunklen Erdschichten als das Product von Bränden — ähnlich den Prairiebränden von Nordamerika — deuten zu wollen (MAŠKA), ist schon wegen der fehlenden alkalischen Reaction der Erde und ihrer bedeutenden Mächtigkeit ganz ausgeschlossen.

Wenn wir nun die Fauna des Löss in nähere Betrachtung ziehen, so verdienen die um Brünn spärlich vertretenen Gehäuse sehr kleiner Landschnecken der Gattungen Helix, Pupa und Succinea volle Beachtung. Ihre noch lebenden Vertreter finden sich nur mehr in der Region des hohen Nordens oder der Alpen und bezeugen durch ihren nordisch-alpinen Charakter das kalte Klima der Diluvialzeit.[1]

Von Wirbelthieren finden wir im Löss nur die Reste von Landsäugethieren, die allem Anscheine nach dort verendeten, wo wir ihre Skeletreste finden, weil die Knochen niemals vom Wasser abgerollt sind.

Mit Berücksichtigung des Zweckes dieser Abhandlung und mit Hinweis auf die einschlägige Literatur wollen wir hier nur die im Löss der Umgebung von Brünn vorfindlichen grösseren Säugethiere in Betracht ziehen, welche dem Menschen zur Nahrung gedient und von demselben erlegt worden sind.

Das häufigste Jagdthier war das fossile Pferd, welches sich durch robusten Bau, Grösse und hakenförmige Eckzähne von dem heutigen Pferde unterscheidet. In gleicher Lagerung mit demselben treten am häufigsten das Wollnashorn und Mammut, seltener Wisent (Bos priscus) und Renthier, noch seltener Riesenhirsch und Edelhirsch (letzterer massenhaft bei Pausram) auf.

Vermengt mit diesen finden sich hie und da die Knochen und Coprolithen vom Höhlenbären und von der Lösshyäne (H. prisca), seltener vom Wolfe, Höhlenlöwen (Felis opelau) und Dachs, offenbar Spuren von Raubthieren, die an den Lagerplätzen des Menschen Nachlese gehalten haben.

Von ganz hervorragender Bedeutung sind die Spuren der Anwesenheit des Menschen während der Diluvialzeit Mährens.

Schon WURMBRAND hat 1872 in der Lössstation von Joslowitz rohe Steinwerkzeuge vermengt mit aufgeschlagenen und bearbeiteten Knochen vom Mammut, Rhinoceros und Pferd in einer Holzkohle enthaltenden Culturschicht nachgewiesen. Menschliche Knochen jedoch fanden sich nicht vor.

In der Lössstation von Předmost haben WANKEL, MAŠKA und Kříž zahlreiche Artefacte aus Stein, Knochen und Zähnen mit Resten vom Mammut und anderen diluvialen Säugethierresten und selbst einen menschlichen Unterkiefer gefunden. (Siehe Literatur.)

Im Löss der Umgebung Brünn hat der Verfasser schon in den Jahren 1883—1890 ausser spärlichen Steinwerkzeugen einzelne menschliche Skelettheile, theils direct in Verbindung mit diluvialen Thierresten, theils in der Nähe derselben, in Tiefen von 3—6 m aufgefunden, welche nach eingehender Untersuchung von dem hervorragenden Anthropologen Prof. SCHAAFFHAUSEN in Bonn als diluvial bezeichnet worden sind, obgleich von Einigen (MAŠKA) der diluviale Charakter derselben in Zweifel gezogen wurde.

Diese Zweifel über die Anwesenheit des Menschen während der Lössperiode in der Umgebung von Brünn sind indessen gänzlich beseitigt worden durch den wichtigen Fund des Jahres 1891, indem sich gelegentlich des Strassencanalbaues in der Franz Josefstrasse in Brünn in einer Tiefe von 4½ m einige Skelettheile des paläolithischen Menschen, zum Theile bedeckt von Mammutknochen, Theile vom Rhinoceros, Pferd und Renthier, überdies mehrere Artefacte aus Stein, Zähnen, Knochen und endlich ein aus Mammutstosszahn hergestelltes Idol vorgefunden haben. (Siehe Literatur.)

Einen weiteren Beweis von der Gleichzeitigkeit des Menschen mit den diluvialen Thieren, namentlich mit Mammut und Rhinoceros, soll diese Abhandlung liefern, insbesondere durch den Nachweis von Schlagmarken und bearbeiteten Knochen des Rhinoceros.

In den Kalksteinhöhlen der Umgebung Brünns (Sloup, Kiritein, Kritschen) finden sich die fossilen Säugethierreste durchgängig in gestörter Lagerung, nicht selten in grösseren Mengen angehäuft.

[1] A. RZEHAK, Die pleistocäne Conchylienfauna Mährens. Verhandl. d. naturf. Ver. in Brünn. XXII. Bd.

10*

Sie sind theils durch höhlenbewohnende Raubthiere in das Innere der Höhlen eingeschleppt, theils durch Wasserfluthen in die Tiefen eingeschwemmt und gleich den im Wasser umgekommenen Raubthieren im Höhlenlehm vergraben worden. Daher finden wir Mammut und Wollnashorn, Pferd und Rind, Renthier und Steinbock (Wejpustekhöhle), gemengt mit den Knochen massenhaft zu Grunde gegangener Höhlenbären (in allen Altersstadien), Höhlenhyäne und Höhlenlöwe (selten) mit vielen kleineren Raubthieren, wie Wolf, Höhlenfuchs, Fjälfrass (Gulo borealis), Luchs und mehreren kleineren Raubthieren, deren Reste in der diluvialen und nachfolgenden Zeit in den Höhlen nach und nach angehäuft worden sind.

Für die Beurtheilung der Altersbestimmung und Gleichzeitigkeit bieten daher die fossilen Thierreste in den Höhlen einen sehr unsicheren Maassstab.

II. Erhaltungszustände der diluvialen Thierreste.

Die theils im Löss, theils im Höhlenlehm eingebetteten diluvialen Thierreste befinden sich in sehr ungleichen Erhaltungszuständen und von verschiedenem Aussehen.

Die im Höhlenlehm mitunter in bedeutenden Tiefen eingeschleppten und eingeschwemmten Knochen sind, abgesehen von der Abrollung einzelner Exemplare, zumeist sehr gut erhalten, von gelblicher Farbe, oft mit beträchtlichem Leimgehalte; sie zeigen scharfe Bruchränder und, wenn Schlagmarken vorhanden sind, diese glatt, mit denselben Dendriten besetzt, wie die sonstige Oberfläche der Knochen.

Die besondere Glätte der Schlagmarken ist durch das Schlagen mit dem Steinwerkzeuge bewirkt worden, wodurch mit gleichzeitigem Austritte des Knochenfettes eine Verdichtung des Gewebes herbeigeführt wurde. Dieser durch den Schlag verursachte Knochenbruch unterscheidet sich daher leicht vom gewöhnlichen splitterigen Bruche des Knochens.

Dieser Erhaltungszustand der Knochen in Höhlen muss auf die Verhinderung des Luft- und Wasserzutrittes in dem durch Kalksinterdecken geschützten Höhlenlehm zurückgeführt werden.

Wesentlich von diesen unterscheiden sich in der Regel die im Löss gelagerten Knochen, weil in Folge der leichteren Wasser- und Luftdurchlässigkeit des mit Sand gemengten Diluvialthones eine grössere oder geringere Auslaugung der Knochen stattgefunden hat. Daher erscheinen die Knochen in oberen Lagen gebleicht und leicht zerbrechlich, die Schlagmarken oft rauh und schwer erkennbar; dabei ist die Ober-

fläche der Knochen seltener von Mangandendriten besetzt, häufig durch eingedrungene Pflanzenwurzeln corrodirt und mit feinen Rinnen versehen.

In einem besseren Erhaltungszustande befinden sich die Knochen im Löss entweder nur in sehr tiefen Lagen (bei 5—12 m Tiefe) oder wenn sie in feinem, mit Asche gemengtem Lehm eingehüllt sind, wobei sich eine feste, oft nicht absprengbare, mergelartige Hülle gebildet hat.

Diese Rinde ist offenbar dadurch entstanden, dass der Knochen, nachdem das Fleisch und Mark demselben entnommen war, in die heisse Asche geworfen und so gänzlich von dieser eingehüllt wurde. Deshalb erscheinen derlei Knochen wie gebrannt, calcinirt und durch den Einfluss der Hitze nicht selten in Theile zersprungen.

Sehr häufig bemerken wir in der Umhüllungskruste grössere oder kleinere Holzkohlenstücke.

Bei nicht wenigen Knochen, die sorgfältig aus der mergeligen Aschenkruste herausgelöst wurden, zeigten sich feine Ueberzüge von Russ und Asche, wobei die Schlagmarken besser erhalten sind.

Am auffälligsten jedoch sind die hie und da vorgefundenen, durch mergelige Asche fest verbackenen Knochenbreccien, d. h. Bruchstücke von Knochen entweder eines und desselben oder auch von verschiedenen Thieren. So besitzt das Cabinet der technischen Hochschule in Brünn unter Anderem eine Knochenbreccie vom Unterkiefer des Pferdes, mit einem Geweihstück des Renthieres fest verkittet; ferner einen Radius des Pferdes mit einem Metatarsalknochen des Rhinoceros u. dgl.

Derlei Funde von Knochenbreccien mit gefritteten Knochen und Gesteinstrümmern, die sonst im Löss nicht vorkommen und möglicherweise zum Aufschlagen der Knochen gedient haben mochten, in Verbindung mit Holzkohlenlagen, schliessen wohl jeden Zweifel aus, dass daselbst Lagerplätze des Menschen in der Diluvialzeit gewesen sind, welche nunmehr die verschütteten Reste von einstigen Mahlzeiten einschliessen.

III. Das diluviale Rhinoceros der Umgebung von Brünn.

Wie oben bemerkt, hat Graf WURMBRAND in der Lössstation von Joslowitz die Knochen des Rhinoceros in Gesellschaft mit denen des Mammuts und fossilen Pferdes aufgedeckt. Auch dem Verfasser gelang es, beim Besuche dieser Station daselbst einen Astragalus und Metacarpus des Rhinoceros zu finden.

In der Lössstation von Prerau wurden von WANKEL, MAŠKA und KŘíž neben zahllosen Mammutresten Knochen von Rhinoceros, wiewohl nur spärlich, nachgewiesen. Sie werden dem Rh. tichorhinus zugeschrieben.

Aus den Kalksteinhöhlen von Sloup und namentlich von Kiritein (Wejpustek) etc. sind Kieferstücke und lose Zähne, ferner Extremitätenknochen und besonders Phalangen des Rhinoceros, zumeist in bearbeitetem Zustande, häufiger als die Knochen des Mammuts oder des Wisents, zu Tage gefördert worden, und zwar mehr von jungen als von alten Thieren.

Aehnlich verhält es sich mit den Funden von Rhinocerosknochen im Löss von Brünn und Umgebung, wo die Knochen dieses Thieres die seines Begleiters, des Mammuts, überwiegen.

Die Ursache mag wohl darin liegen, dass es dem paläolithischen Menschen leichter war, das kleinere und in seinem Fleische vielleicht schmackhaftere Thier zu erlegen, als das Mammut.

Wenn wir von einzelnen Fundstücken absehen, so haben sich in überzeugender Weise an vier Punkten um Brünn bearbeitete Knochen des Rhinoceros in Begleitung von anderen diluvialen Thierresten aufdecken lassen.

1. Lössfund der Wranamühle.

Bei der sogenannten Wranamühle unweit Jehnitz, 8 km nördlich von Brünn, wurde gelegentlich des Baues der Brünn—Tischnowitzer Localbahn im Jahre 1884 in einer bis zu 10 m anschwellenden Lössmasse ein förmliches Depôt von vortrefflich erhaltenen Knochen diluvialer Säugethiere, zum nicht geringen Theile bearbeitet und mit Schlagmarken versehen, aufgeschlossen, und zwar vom Mammut (Arm- und Fusswurzelknochen), Rhinoceros in grosser Anzahl (alle Extremitäten ausgehöhlt), Wisent (Humerus), Pferd (viele Theile), Riesenhirsch (Geweihstücke), Höhlenbären und von der Lösshyäne (Kopf).

Wenngleich hier Kohlenspuren fehlten oder vielmehr nicht beobachtet worden sind, so befanden sich doch einige Knochen in durch Hitze calcinirtem Zustande.

2. Lössstation am Rothen Berge.

Ueberaus reichhaltig an diluvialen Thierresten haben sich in der mächtigen Lösslagen am Südostabhange des „Rothen Berges" ausserhalb der Wienergasse in Brünn erwiesen.

Obzwar schon früher in den dort seit langen Jahren betriebenen Ziegeleien Mammutstosszähne aufgefunden worden sind, so wurde doch erst seit 16 Jahren durch die Bemühungen des Verfassers eine grosse Zahl diluvialer Thiere daselbst constatirt.

Am häufigsten das fossile Pferd, sodann das Rhinoceros und Mammut in jungen und alten Exemplaren, Zähne und einzelne Knochen von der Lösshyäne (mit vielen Coprolithen), Wisent, Ren, Wolf und jüngst ein prachtvoll erhaltener Schädel und Atlas vom Riesenhirsche (Megaceros hibernicus) mit abgeworfenem Geweih. Es ist dies der einzige Fund eines Schädels von diesem Thiere in Mähren und überhaupt in Oesterreich.

Hiezu kommen einige unzweifelhafte Steinwerkzeuge und Artefacte aus Knochen in der Nähe einer kohlenführenden Culturschichte in grosser Tiefe. Aus diesem Löss stammen auch ein gut erhaltenes Cranium (theilweise mit Kalksinter überzogen), einige Zähne und Extremitätenknochen des Lössmenschen. (Siehe Literatur.)

3. Lössstation der St. Thomas-Ziegelei.

Eine gleichfalls sehr reiche Fundstätte von diluvialen Thierknochen mit Rhinoceros ist die mächtige Lössablagerung am Südostabhange des Urnberges am Ende der Thalgasse in Brünn.

Bis in Tiefen von 12 m fanden sich mehrere Holzkohlenlagen und massenhaft Knochen mit Aschen- und Mergelrinden, Breccien von solchen, und zwar vom Mammut, Rhinoceros, Pferd, Ren, Wisent und von Raubthieren: Höhlenbär, Wolf, Eisfuchs und Bobac.

4. Fund in der Franz Josefstrasse in Brünn.

Der wichtigste Fund ergab sich bei dem Canalbau in der Franz Josefstrasse (am östlichen Ende unweit von Obrowitz) im Jahre 1891.

Unter sorgfältiger Beihilfe des Verfassers wurde hier in einer Tiefe von 4½ m ein theilweise erhaltenes menschliches Skelet, von einem Schulterblatte und einem grossen Stosszahne des Mammuts bedeckt, mit zahlreichen Artefacten, einem zertrümmerten Schädel des Rhinoceros, mit Rippen desselben, (eine davon mit deutlicher Schlagmarke), aufgedeckt. (Siehe: Der diluviale Mensch mit Funden aus der Mammutzeit, 1892.)

IV. Specielle Betrachtung bearbeiteter Rhinocerosknochen.[1]

Wenngleich bisher in Mähren ein vollständig erhaltenes Skelet des Rhinoceros nicht vorgefunden

---

[1] Das Mineraliencabinet der technischen Hochschule in Brünn besitzt vom Mammut ausser mehreren Stoss- und

worden ist, so konnte aus den in verschiedenen Gegenden gesammelten Skelettheilen mit voller Sicherheit das in Sibirien, Ungarn, Niederösterreich und Osteuropa überhaupt constatirte Rhinoceros tichorhinus Fisch (Rh. antiquitatis Bl.) bestimmt werden. Diese Art unterscheidet sich durch kürzere, wenngleich stärkere Extremitätsknochen, also durch gedrungene Bauart von dem schlankeren, um ein Drittel grösseren Rhinoceros Merckii Jäg., welches, in West- und Südeuropa in Gesellschaft mit Elephas antiquus Falc vorkommend, auch bei Taubach (Weimar) nachgewiesen worden ist.[1]

Vor Allem muss die Thatsache hervorgehoben werden, dass Mammut und Rhinoceros, wie alle übrigen Pachydermen, keine Mark- oder Röhrenknochen, wie z. B. Pferd, Hirsch, Rind etc., besitzen. Deshalb sind auch die Knochen der Extremitäten nicht hohl, sondern im Inneren mit einem spongiösen Knochengewebe versehen, dessen einzelne Zellen mit Mark erfüllt sind und gegen die Mitte des Knochens immer grossmaschiger werden. Wenn wir daher im Inneren des Knochens vom Rhinoceros eine Höhlung finden, so konnte sie nur auf künstlichem Wege vom Menschen durch Beseitigung des Knochengewebes hergestellt worden sein. In den meisten Fällen sehen wir an der Innenwand des Knochens die Kratzspuren, offenbar in dem festen Knochengewebe durch Steinwerkzeuge erzeugt, schraubenförmig über einander und die Höhlung selbst mit Lehm, Sand, Kohlenstückchen oder auch oft mit fester Aschenrinde versehen.

Die wichtigsten Belegstücke von bearbeiteten Knochen des Rhinoceros, die sich grösstentheils im Mineraliencabinete der technischen Hochschule in Brünn vorfinden, sind nun folgende:

1. Schädel und Theile desselben. Nachweislich wurde schon im Jahre 1852 bei der Grabung eines Weinkellers in der Schreibwaldstrasse (Lehmstätte) ein vollständiger Schädel gefunden, jedoch der Zähne halber zerschlagen.

Ein vortrefflich erhaltener Schädel, im Juli 1879 in der unteren Ziegelei am Rothen Berge aufgedeckt,

Mahlzähnen über 30 Stück Knochen von jungen und alten Thieren, von welchen einige in Aschenrinden gelegen und calcinirt sind und mehrere Extremitätenknochen eine deutliche Bearbeitung und Aushöhlung nebst Schlagmarken aufweisen. Von Rhinoceros tichorhinus besitzt das Cabinet 96 Stück theils ganze Knochen, theils Bruchstücke, grösstentheils bearbeitet, und überdies 50 Stück lose Zähne.

[1] A. Portis, Rhinoceros Merckii Jäg. Palaeontographica. Dunker 1878.

85 cm lang, wurde nachträglich an das naturhistorische Hofmuseum in Wien abgetreten.[1]

Ein gleichfalls gut erhaltener Schädel fand sich im Herbste 1896 im Diluvialschotter der Ziegelei am Fusse des Spielberges. Dieser Schädel, 75 cm lang, im Besitze des Franzensmuseums in Brünn, ist, wie die gleichzeitig gefundenen Rippenstücke, ein Rückenwirbel und ein bearbeiteter Humerus, mit Quarzgeröllen stark überzogen.

Die technische Hochschule besitzt nur mehrere Bruchstücke vom Oberschädel und neun Stück Unterkieferbruchstücke von jungen und alten Exemplaren, theils aus den Höhlen, theils aus dem Löss.

Das in Taf. I, Fig. 1, abgebildete Bruchstück eines 1896 (St. Thomas-Ziegelei) gefundenen Unterkiefers zeigt deutliche Schlagmarken und den linken Kieferast abgeschlagen. Dazu kommen noch viele lose Zähne, theils vom Ober-, theils vom Unterkiefer.

2. Wirbelkörper. Von diesen zählt die Sammlung nur drei vollständige Halswirbel und vier abgeschlagene, am oberen Ende theilweise ausgekratzte Dornfortsätze von Rückenwirbeln (Wranamühle).

3. Schulterblatt. Ein zum Theile ausgekratztes Bruchstück einer linksseitigen Scapula.

4. Rippen. Im Ganzen zwölf Stück; sieben davon gehören einem Thiere (Franz Josefstrasse) an. Es sind 45—60 mm breite und bis 75 cm lange Bruchstücke. Eine Rippe zeigt deutliche Schlagmarken. (Taf. I, Fig. 2.) Die im Lössfunde der Franz Josefstrasse gleichzeitig gefundenen kleinen Knochenscheiben von 35—60 mm Durchmesser (siehe Mitth. d. Anthrop. Ges. Wien. XXII. Bd., Taf. III, Fig. 6) stammen ohne Zweifel von Rippen des Rhinoceros.

5. Becken. Zwei Untertheile des rechten Beckens mit 110 mm Durchmesser der Gelenkspfanne; ferner mehrere abgebrochene und theilweise ausgehöhlte Beckenäste.

6. Oberarmknochen (Humerus). Von diesem wichtigen und häufigsten Skeletbestandtheile liegen 21 Stücke vor; alle zeigen das obere (proximale) Ende auf gleiche Weise schief abgeschlagen; 18 Stück sind im Inneren tief ausgehöhlt und mit schraubenförmigen Kratzspuren versehen, so zwar, dass die Knochenwand am Rande oft nur mehr 2 mm dick ist. Bei einigen ist mit ganzer oder theilweiser Beseitigung des unteren Gelenkkopfes das Knochengewebe in der Achse des Knochens ganz durchlöchert oder mit Lehm- und Kohlenstücken verstopft. Ab-

[1] Makowsky, Verhandl. des naturh. Vereines in Brünn. XVIII. Bd. 1880.

gebildet sind Taf. I, Fig. 3 aus der Kiriteiner Höhle,[1] Fig. 4 und 5 aus dem Löss von Pausrum und dem Rothen Berge bei Brünn. Alle zeigen deutliche Schlagmarken.

Obgleich kein Humerus ganz erhalten ist, so lässt sich bei einem völlig erwachsenen Exemplar auf eine grösste Länge des Humerus von 400 mm schliessen.

7. Ellenbogen (Cubitus). Von fünf Stück sind alle ohne unteren Gelenkskopf; vier davon zeigen den Bogen des Olecranons abgeschlagen und das Knochengewebe tief ausgekratzt; bei zweien ist auch das Vorderende ausgehöhlt und zum Theile mit Lehm und Sand erfüllt. Taf. I, Fig. 6 (vom Rothen Berge).

8. Speiche (Radius). Von diesem Skelettheil liegen sieben Exemplare vor, alle am unteren (distalen) Ende abgeschlagen, drei davon auch deutlich ausgehöhlt (Taf. I, Fig. 7, aus der Slouperhöhle). Bei Vergleichung mit dem Cubitus lässt sich die wahre Länge des am distalen Ende stark abgeplatteten Radius auf annähernd 320 mm bestimmen.

9. Schienbein (Tibia). Von diesem massiven Knochen erhielt erst im Herbste 1896 das Cabinet aus der Lehmstätte der St. Thomas-Ziegelei in festem Mergel ganz eingehülltes Exemplar, mit anhaftendem Wadenbein. Mühsam herausgelöst, zeigt die vollständige Tibia eine Länge von 405 mm, mit grösster Breite von 170 mm im proximalen (oberen) Ende; das anhaftende Wadenbein (Fibula) ist 346 mm lang. Eine zweite, etwas beschädigte Tibia aus dem Knochendepôt der Wranamühle hat eine Länge von 380 mm; zwei Tibien, jüngeren Thieren angehörig, sind künstlich abgeschlagen und am unteren Ende ausgehöhlt; ein drittes endlich, etwas gebrannt, ist auf beiden Seiten tief ausgehöhlt, mit Schlagmarken. (Taf. I, Fig. 8, St. Thomas-Ziegelei.)

10. Oberschenkel (Femur). Von diesem längsten Knochen des Rhinoceros (mindestens 500 mm lang), besitzt das Cabinet nur zwei Bruchstücke, 308 bezw. 420 mm lang. Der obere (proximale) Gelenkskopf ist bei beiden abgeschlagen und das stark abgeplattete Knochenende tief ausgehöhlt, wenn auch die Schlagmarken nicht deutlich erkennbar sind.

11. Kniescheibe (Patella). Von diesem festen Knochen besitzt das Cabinet aus dem Löss der

Wranamühle ein sehr gut erhaltenes Exemplar, 104 mm lang, 80 mm breit, ganz unverletzt.

12. Fusswurzelknochen. Zwei Stück Calcanei aus der Slouperhöhle und aus dem Löss, beide gut erhalten, 110 mm lang; ferner ein Os capitatum aus dem Löss, 76 mm lang und 62 mm breit. Zwei Astragail (Joslowitz und Wranamühle), vollständig erhalten, 82 mm lang und 72 mm breit in der Mitte.

13. Zehenglieder. Zehn Stück Metacarpalknochen; von diesen sind zwei aus den Höhlen und einer (der grösste) aus dem Löss, vollständig, bis 198 mm lang und 64 mm breit in der Mitte. Letzterer (Taf. I, Fig. 9) stark mit Russ geschwärzt und calcinirt, mit theilweise noch anhaftender Kohlenrinde.

Sieben Stück Metacarpalknochen sind in ihrem unteren Ende bis zur Mitte abgeschlagen und theilweise ausgekratzt und gebrannt. (Taf. I, Fig. 10.) Ferner neun Stück Metatarsalknochen, davon drei, aus Höhlen stammend, vollständig erhalten; der grösste 176 mm lang und 45 mm breit; die übrigen sechs sind aus dem Löss, manche theilweise am Ende ausgekratzt oder von einer festen Aschenrinde, die im Inneren durch die Hitze zersprungen ist, umgeschlossen. (Taf. I, Fig. 11, theilweise durch Abnehmen eines Theiles der Aschenkruste zerbrochen.)

Erklärung der Abbildungen auf Tafel I von Skelettheilen des Rhinoceros ticherhinus Fisch. In ¹/₈ nat. Gr. (s = Schlagmarken).

Fig. 1. Vordertheil des Unterkiefers. Aus dem Löss der Thomas-Ziegelei, theilweise mit Aschenrinde überzogen, linker Ast abgeschlagen.

„ 2. Rippenbruchstück. Aus dem Löss der Franz Josefstrasse.

„ 3. Linker Humerus. Aus der Wejpustekhöhle, beiderseits ausgehöhlt.

„ 4. Rechter Humerus. Aus dem Löss von Pausram, schraubenförmig ausgekratzt.

„ 5. Rechter Humerus. Aus dem Löss des Rothen Berges, beiderseits ausgehöhlt.

„ 6. Linker Cubitus. Aus dem Löss des Rothen Berges, beiderseits ausgehöhlt.

„ 7. Linker Radius. Aus der Slouperhöhle, unten ausgekratzt.

„ 8. Linke Tibia. Aus der Culturschichte der Thomas-Ziegelei, beiderseits ausgehöhlt und stark gebrannt.

„ 9. Metacarpus. Aus der Culturschichte des Rothen Berges, stark gebrannt, theilweise mit Aschenrinde versehen.

„ 10. Metacarpus. Aus dem Löss des Rothen Berges, abgeschlagen und etwas ausgekratzt.

„ 11. Metatarsus. Aus dem Löss der Thomas-Ziegelei, mit starker Aschenrinde, die theilweise abgelöst, im Inneren durch Hitze zerklüftet ist.

(Fig. 9, 10 und 11 nach Photographien.)

---

[1] Einen gleich bearbeiteten, gut erhaltenen Humerus aus der Wejpustekhöhle besitzt das Hofmuseum in Wien. Das Franzensmuseum besitzt drei ausgehöhlte Humeri: aus Zazowitz, der Höhle Pekarna und aus der Spielberg-Ziegelei (vom Jahre 1896).

Altbosnische Schädel.

Von k. u. k. Oberstabsarzt **Dr. A. Weisbach** (Sarajevo).

(Mit einer Maasstabelle.)

Die nachstehende Beschreibung der wenigen Schädel aus Bosnien und der Hercegovina möge deshalb gerechtfertigt erscheinen, weil bisher ausser den prähistorischen Schädeln vom Glasinac[1]) meines Wissens keine weiteren veröffentlicht worden sind. Freilich stammen diese Schädel nicht aus der Gegenwart, sondern aus mehr oder minder naher Vergangenheit; übrigens waren beide Länder auch in den vergangenen Jahrhunderten bis auf das siebente zurück von demselben Volke der Südslaven bewohnt, wie heutzutage, mögen sie welchem Glaubensbekenntnisse immer angehört haben.

I. Schädel von Višegrad.

Diese vier Schädel stammen von einem alten mohamedanischen Friedhofe in Višegrad (Südbosnien), wurden durch die Drina-Ueberschwemmung Mitte November 1896 blossgelegt und vom Herrn Civiladlatus BARON KUTSCHERA gesammelt.

Nr. 1. Hoher männlicher Brachycephalus ohne Gesicht, Knochen sehr gut erhalten, Nähte feinzackig. O b e r e   A n s i c h t: Fast kreisrund, Stirne breit, Schläfen stark gewölbt, Hinterhaupt flach, kaum sichtbar. H i n t e r o   A n s i c h t: Rundlich, oben und unten gleich breit, Hinterhauptschuppe breit, dreieckig, flach, Rauhigkeiten wenig ausgebildet, Interparietaltheil klein, breit. U n t e r e   A n s i c h t: Hinterhauptsumriss sehr flachbogig, Receptaculum kurz; for. occ. magn. länglich; proc. condyl. stark, ziemlich convex. S e i t e n a n s i c h t: Hoch und kurz; Stirne senkrecht mit deutlichen arc. suprcil.; Scheitel stark gewölbt, hinten fast senkrecht abfallend zum flachen Hinterhaupte; Warzenfortsätze kurz und dick; alae magnae breit. In der V o r d e r a n s i c h t die Stirne sehr breit, Scheitelwölbung stark.

[1]) WEISBACH, Prehistoricke Lubanje sa Glasinca. Glasnik, VII, 1895.

Nr. 2. Kleiner, niedriger, etwas länglicher weiblicher Schädel, die dünnen Knochen vollkommen gut erhalten, die Nähte meist armzackig, nur die Lambdanaht fein, reichzackig mit mehreren Zwickelbeinen um den Lambdawinkel. O. Stumpf oval, Stirne breit, Schläfen mässig gewölbt, Hinterhaupt wenig sichtbar; Jochbrücken deutlich vortretend. H. Rundlich, oben etwas breiter als unten; Hinterhaupt stark gewölbt, sein Interparietaltheil klein, breit, Muskelleisten deutlich. U. Hinterhaupt breit parabolisch, Receptaculum lang, for. occ. magn. klein, rundlich, proc. condyl. klein, wenig convex; äussere Flügelfortsatzplatte breit, Gaumen flach, schmal. S. Niedrig, länglich, Stirne niedrig, etwas geneigt, wenig gewölbt, arcus suprcil. nur angedeutet; Scheitelwölbung flach, hinten rasch abfallend; Hinterhaupt etwas wenig vorstehend, Receptaculum lang, mehr aufgerichtet; proc. mast. sehr klein, alae magn. gerichtet. V. Stirne niedrig, Scheitelwölbung stark, Orbitae sehr gross, fast quadratisch, hoch, Nasenwurzel schmal, Nase scharfrückig, stark vorspringend, apert. pyrif. sehr schmal, Jochbeine dünn.

Nr. 3. Niedriger, länglicher, weiblicher Schädel ohne Gesicht, Knochen gut erhalten, Nähte meist fein, Stirnnaht offen, armzackig. O. Abgestutzt oval, Stirne breit, Schläfen flach, Hinterhaupt kaum sichtbar. H. Rundlich, oben und unten gleich breit, Hinterhaupt stark gewölbt, ohne Rauhigkeiten, Interparietaltheil klein, niedrig. U. Hinterhauptsumriss sehr breit, parabolisch, for. occ. magn. klein, rundlich; proc. condyl. sehr klein, flach. S. Niedrig Stirne senkrecht, glatt, stark gewölbt, Scheitel flach, Hinterhaupt etwas vortretend; proc. mast. sehr klein, alae magnae schmal. V. Stirne sehr breit, flach.

Nr. 4. Kinderschädel, sehr hoher Brachycephalus mit 12 Milchzähnen im Oberkiefer; Nähte meist armzackig; Knochen gut erhalten. O. Rundlich, Stirne mässig breit, Schläfen stark gewölbt, Hinterhaupt breit abgerundet. H. Hochrundlich; Hinterhaupt flach, Interparietaltheil klein, breit. U. Sehr breit parabolisch, Receptaculum lang, for. occ. magn. rhombisch, proc. condyl. flach; Synchondrosis basilaris ganz offen. Gaumen klein, tief, breit. S Kurz, sehr hoch; Stirne senkrecht, glatt, sehr stark gewölbt, Scheitel oben flach, hinten fast senkrecht abfallend; Hinterhaupt hoch, wenig sichtbar, mit aufgerichtetem, langem Receptaculum; process. mast. verschwindend klein, alae magnae sehr breit. V. Gesicht lang, schmal, Stirne sehr breit, stark gewölbt, Nasenwurzel kaum vertieft, Orbitae gross, viereckig, hoch; apert. pyrif. ziemlich breit; Jochbeine angedrückt, sehr dünn.

II. Schädel aus dem Trstenicathale bei Hatinići.

Beim Baue der Fahrstrasse im Trstenicathale von der Eisenbahnstation Čatići (nördlich von Visoko) nach dem Franciskanerkloster Sutjeska, wurde an der Nordseite der Strasse zwischen den Dörfern Brezani und Hatinići am „Crkveniak" genannten Hügel (Crkve = Kirche), der jetzt mit Gestrüpp bewachsen ist und keine Spur einer Ruine zeigt, ein Gräberfeld (Popusko groble genannt, Pop = Priester) an der Hügellehne blossgelegt.

Alle Gräber sind von West nach Ost gerichtet, mit natürlichen Steinplatten senkrecht ausgelegt und wagrecht überdeckt, am Kopfende breiter, als am verschmälerten Fussende.

Die Skelette liegen mit dem Schädel nach West, mit den Füssen nach Ost gerichtet in vollkommen ungestörter, horizontaler Rückenlage, ohne auffindbare Beigabe und auch ohne jede Spur von Sarg; sie sind alle von gewöhnlicher Länge.

Die Knochen aller sechs untersuchten Gräber sind gracil, von dem fest angeschmiegten, feinen, weisslichgrauen Lehm derart umhüllt, dass ihre unbeschadete Aushebung trotz aller Sorgfalt nicht gelang, da auch an den feuchten Stellen die Knochen förmlich verzehrt waren.

Zweifellos sind diese Gräber christliche aus nicht zu ferner Vergangenheit, wahrscheinlich nicht älter, als höchstens 200 Jahre.

In dieser Gegend wohnen heutzutage neben Mohamedanern viele Katholiken.

Nr. 1. Dünner männlicher Brachycephalus, Knochen gut erhalten, Nähte armzackig. O. Rundlich, Stirne schmal, Schläfen stark gewölbt, Hinterhaupt breit abgerundet. H. Fünfeckig abgerundet, oben etwas breiter als unten, Schuppe mässig gewölbt, Inter-

parietaltheil gross. U. Breitbogig; for. occ. magn. rundlich, proc. condyl. sehr klein, niedrig, flach. Gaumen gross, tief, lang, Zähne mässig gross, etwas abgeschliffen. S. Kurz und hoch, Stirne etwas geneigt, niedrig, glatt, mässig gewölbt, Scheitel stark gewölbt, Hinterhaupt wenig vorragend, Receptaculum aufgerichtet; Warzen dick, gross; alae magnae gross; Gesicht etwas prognath. V. Gesicht mässig gross, Stirne flach, Orbitae viereckig, niedrig, Nasenwurzel breit, Nasenbeine gross, einen scharfen Rücken bildend (Nase jedenfalls gebogen gewesen), apert. pyrif. gross, breit; Jochbeine angedrückt. Unterkiefer schwach, dünn, niedrig, Aeste sehr geneigt.

Nr. 2. Grosser männlicher Brachycephalus, etwas asymmetrisch ohne Nahtverknöcherung, nämlich Hinterhauptsgegend rechts etwas flacher als links — ohne Gesicht und rechte Schläfe; Knochen sehr gut erhalten, neueren Ansehens, Nähte alle deutlich, Pfeil- und Lambdanaht reichzackig. O. Breitoval, Schläfen stark gewölbt, Hinterhaupt breit, stumpf vortretend. H. Breitrundlich, oben breiter als unten, Schuppe ziemlich gewölbt, tuberos. ext. deutlich, Interparietaltheil niedrig, breit. U. Hinterhauptsumriss sehr breitbogig, for. occ. magn. gross, rundlich, proc. condyl. klein, niedrig, flach. S. Länglich, Stirne senkrecht, niedrig, glatt, stark gewölbt, Scheitel allmälig abfallend zum vorragenden Hinterhaupte, Receptaculum aufgerichtet; proc. mast. dick, kurz. Bruchstücke der linken Unterkieferhälfte und des linken Oberkiefers mit niedrigen, ziemlich abgeschliffenen Zähnen; Unterkieferast klein, steil eingepflanzt.

Nr. 3. Dünner, hoher männlicher Brachycephalus, Knochen mürbe, alle Nähte deutlich, arm zackig, blos der unterste Theil der Kranznaht und linkerseits der grosse Keilbeinflügel mit der Schläfenschuppe verwachsen. O. Rundlich, Stirne schmal, Jochbogen sichtbar, Schläfen wenig gewölbt, Hinterhaupt flach, breit. H. Rundlich, Schuppe breit, flach, glatt. U. Flachbogiger Hinterhauptsumriss, Receptaculum kurz, for. occ. magn. gross, breit, proc. condyl. sehr convex, äussere Flügelfortsatzplatten breit, Gaumen gross, tief, breit, Zähne gross, stark abgeschliffen. S. Kurz und hoch, Stirne steil, wenig gewölbt, arc supcil. bemerkbar, Scheitel sehr stark gewölbt, hinten senkrecht abfallend; Hinterhaupt flach, Receptaculum aufgerichtet; Warzen gross, dick; Gesicht am Alveolarfortsatze etwas prognath. V. Gesicht gross, lang; Stirne flach, Nasenwurzel breit; Nasenbeine gross, breit, Nasenrücken wenig scharf; apert. pyrif. gross, breit; Orbitae gross, viereckig.

Unterkiefer gross mit breiten, etwas geneigten Aesten; seine Zähne gross, mehr abgeschliffen als im Oberkiefer.

Nr. 4. Sehr grosser männlicher Brachycephalus, Knochen dünn, mürbe; Verwachsung des untersten Theiles der Kranznaht beiderseits und leichte Einsenkung am Vereinigungspunkte der Kranz- und Pfeilnaht; sonst alle Nähte vorhanden, armzackig. O. Sehr breit oval, Stirne schmal, Schläfen stark gewölbt, Hinterhaupt flach, kaum sichtbar. H. Rundlich, Schuppe ziemlich gewölbt, glatt, Interparietaltheil gross. U. Breitparabolisches Hinterhaupt, for. occ. m. gross, rhombisch, Condyli klein, niedrig, wenig convex, Gaumen lang, tief, Schneidezähne gross, wagrecht abgeschliffen S Niedrig, Stirne senkrecht, niedrig, stark gewölbt, arcus supcil. deutlich, Scheitel oben flach, hinten rasch abfallend; Hinterhaupt hoch, etwas vorstehend; Receptaculum aufgerichtet; Warzen gross, Gesicht orthognath V. Gesicht gross, lang, schmal, Stirne breit, stark gewölbt, Nasenwurzel schmal, Nasenbeine klein, einen breiten Rücken bildend, apertura pyrif. gross, breit; Orbitae gross, viereckig; Jochbeine angedrückt, dünn. — Unterkieferbruckstück dünn, niedrig, Ast klein, sehr stark geneigt; Schneide-, Eck- und kleine Backenzähne horizontal abgeschliffen.

Nr. 5. Juveniles, brachycephales Schädeldach mit einzelnen Bruchstücken; alle Nähte armzackig, Knochen dünn. O. Breitoval, Stirne sehr breit, Schläfengegend stark gewölbt, Hinterhaupt wenig vortretend. H. Jedenfalls rundlich, Schuppe ziemlich gewölbt; die beiliegenden Bruchstücke lassen das Offensein der Synchondrosis basilaris deutlich erkennen. S Stirne niedrig, senkrecht, glatt, Scheitel stark gewölbt, Hinterhaupt wenig merkbar. — Unterkiefer klein mit breiten, niedrigen, schrägen Aesten; linker Weisheitszahn im Durchbrechen.

Nr. 6. Grosser, sehr regelmässiger, männlicher, länglicher Schädel, dem ein Theil des linken Gesichtes und der linken Schläfengegend fehlt; Knochen erdig, Nähte deutlich, theils arm, theils reichzackig. O. Langoval, Stirne breit abgestutzt, Schläfen wenig gewölbt, Hinterhaupt vorstehend. H. Rundlich, Schuppe ziemlich gewölbt, glatt, Interparietaltheil gross, lang. U. Breitbogig, Receptaculum kurz, for. occ. m. breitoval, proc. condyl. klein, niedrig, flach; Gaumen gross, lang, tief, Zähne sehr gross, nicht abgeschliffen, Weisheitszahn noch nicht durchgebrochen. S. Länglich, Stirne senkrecht, stark gewölbt, glatt, Scheitel oben flach, hinten rasch ab-

fallend, Hinterhaupt wenig vorstehend; ala magna sehr breit. V. Gesicht lang, schmal, Jochbein angedrückt, Stirne sehr breit, stark gewölbt, Nasenwurzel breit, Nasenbeine gross, breitrückig, apert. pyrif. gross, breit. — Rechtsseitiges Unterkieferbruchstück mit kleinem, niedrigem, stark geneigtem Aste, grossen, nicht abgeschliffenen Zähnen und dem Weisheitszahne noch im Fache.

III. Bogumilenschädel.

Die Bogumilen, auch Patarener genannt, waren eine religiöse, christliche Secte, im Mittelalter in Bosnien und vorzüglich in der Hercegovina sehr verbreitet, wo sie zeitweise sogar die Mehrzahl der Bewohner zu ihren Bekennern zählte. Nach der Eroberung des Landes durch die Osmanen übertraten die meisten Bogumilen zum Islam, wiewohl andere ihrem Glauben treu geblieben sind, dessen Anhänger jedoch sich immer mehr verminderten, was ihr schliessliches Aussterben zur Folge hatte; noch zu Anfang unseres Jahrhunderts sollen Bogumilen in einzelnen entlegeneren Landestheilen existirt haben; jetzt sind sie vollständig verschwunden.

Von ihnen ist uns nichts weiter geblieben, als ihre merkwürdigen Grabstätten und oft weit ausgedehnten Gräberfelder, die sich im ganzen Lande, besonders häufig aber in der Hercegovina vorfinden und durch ihre meistens massiven Steinmonumente auffällig machen.

Auf den Grabstätten liegen nämlich Steinblöcke von oft riesigen Dimensionen, vierseitig prismatisch zugehauen, entweder nur ganz roh gearbeitet, ohne jedes weitere Abzeichen, oder auch mit malteserkreuzähnlichen Reliefs, oder mehr minder fein ausgearbeitet mit erhabenen, arcadenförmigen, vergissmeinnichtähnlichen, ringförmigen und anderen Zeichnungen; besonders reich daran ist das weite Gräberfeld beim Dorfe Radmilović nächst Bilek an der montenegrinischen Grenze; auch Thiergestalten, kämpfende Reiter und Bogenschützen finden sich ausgemeisselt (bei Stolac).

Die zwei zunächst zu beschreibenden Schadel sind zwei nebeneinander befindlichen Gräbern entnommen vom Gräberfelde bei Stolac (Hercegovina) an der Strasse nach Domanović; beide Gräber waren sehr oberflächlich, jenes des weiblichen Schädels (a) ohne den gewöhnlichen grossen Grabstein, das des männlichen (b) mit einem einfachen, schweren Steinblocke bedeckt; in keinem Grabe irgend eine Beigabe.

a) Kleiner, weiblicher, länglicher Schädel mit dünnen, morschen, schlecht erhaltenen Knochen; Nähte armzackig, theilweise undeutlich. O. Länglich-oval, Stirne schmal, Schläfen wenig gewölbt, Hinterhaupt etwas stumpf vorstehend. H. Fünfeckig abgerundet, Schuppe stark gewölbt, linea musc. sup. deutlich, sonst glatt, Interparietaltheil ziemlich gross. U. Breit parabolisch; Receptaculum lang, for. occ. m. klein, länglich; proc. condyl. klein, niedrig, wenig convex; proc. pteryg. schmal; Gaumen klein, flach, schmal. S. länglich, Stirne senkrecht, niedrig, stark gewölbt, arcus supre. angedeutet, Scheitel oben flach, hinten rasch abfallend, Hinterhaupt etwas vorstehend; Warzen sehr klein; Gesicht etwas prognath. V. Gesicht klein, breit; Stirne stark gewölbt, Nasenwurzel sehr schmal, Nase scharfrückig, apert. pyrif. lang; Orbitae sehr gross, hoch, viereckig; Jochbeine angedrückt, sehr dünn. Unterkiefer klein, niedrig, mit kleinen, schmalen, schräg eingesetzten Aesten; Mahlzähne sehr stark concav abgeschliffen.

b) Sehr schwerer, männlicher, dickknochiger Brachycephalus; Knochen gut erhalten, Nähte sehr armzackig, stellenweise undeutlich. O. Breitoval, Stirne schmal, Schläfen stark gewölbt, Hinterhaupt vorragend. H. Abgerundet fünfeckig, oben etwas breiter, Schuppe sehr stark gewölbt, linea musc sup. sammt der tuberos. occ. ext. eine scharf vorspringende Kante; Interparietaltheil gross, breit. U. Breit parabolisch, for. occ. m. klein, fast rhombisch, proc. condyl. klein, stark convex; äussere Platten der Flügelfortsätze sehr breit, mit dem proc. spinosus durch eine Leiste verschmolzen; Gaumen gross, flach, breit; Zähne ziemlich abgeschliffen (horizontal). S. Länglich, hoch, Stirne niedrig, senkrecht, sehr stark gewölbt, arc. supre. angedeutet, Scheitel stark gewölbt, Hinterhaupt vorstehend, hoch; Receptaculum fast horizontal; Warzen gross, alae magnae breit, Gesicht orthognath. V. Gesicht gross, sehr breit, Stirne stark gewölbt, Nasenwurzel mässig breit, Nasenbeine gross, ziemlich scharfrückig, Nase jedenfalls gebogen gewesen; apert. pyrif gross, breit; Jochbeine stark vortretend. — Unterkiefer gross, stark, Aeste schmal, ziemlich geneigt; Zähne klein, an allen Höckern abgeschliffen.

Die zwei folgenden Schädel hatte ich vor mehreren Jahren Gelegenheit, im k. k. naturhistorischen Hofmuseum in Wien zu messen.

a) Grosser, männlicher, hoher Brachycephalus; Knochen leicht, sehr gut erhalten, Nähte alle fein- und reichzackig O. Rundlich, rechts hinten etwas flacher als links; Stirne schmal, Schläfen gewölbt, Hinterhaupt flach H. Hoch rundlich, Schuppe breit dreieckig, flach, rechts flacher als links; linea musc. sup. und tuberos ext. sehr stark ausgebildet. U. Hinterhauptsumriss breitbogig, Receptaculum sehr kurz; for. occ. m. klein, rhombisch; proc condyl. klein, niedrig, flach; proc. pteryg. breit; Gaumen gross, sehr tief, lang, Zähne alle gut, mit wenig abgeschliffenen Kronen. S. Kurz und hoch, Stirne senkrecht, stark gewölbt, mit deutlichen arc. supre.; Scheitel hinter der Kranznaht leicht vertieft, hinten rasch abfallend; Hinterhaupt flach, kaum sichtbar; Warzen mässig gross, breit; Jochbeine stark; Gesicht orthognath. V. Gesicht gross, unten breit, Nasenwurzel unter den zusammenfliessenden, sehr deutlichen arc. supre. stark vertieft, schmal; Orbitae klein, niedrig, rechteckig; Nasenbeine kurz, breit, aber in einem scharfen Rücken zusammenstossend; apert. pyrif. sehr lang und schmal, fossae caninae sehr vertieft, Jochbrücken vorstehend. — Unterkiefer sehr gross, hoch, mit grossen, steil ansteigenden Aesten.

Dieser Schädel wurde sammt gut erhaltenem Skelete vom Berghauptmanne RADIMSKY einem Grabe nächst der orthodoxen Kirche in Gacko (oder Metohia, einem Städtchen an der montenegrinischen Grenze) entnommen, welches, von Ost nach West gerichtet, mit Steinplatten ausgelegt war und das Skelet in ungestörter Rückenlage, Kopf nach West, aber ohne jede Beigabe enthielt. In nächster Umgebung finden sich noch andere Bogumilengräber.

Alle Skeletknochen sind stark gebaut, ihre Muskelleisten kräftig entwickelt, das Becken enge (querer Durchmesser des Einganges 129 mm, Conjugata 89 mm, Index 690), die Oberschenkelknochen sehr stark mit fast wagrechtem Schenkelhals, der linke mit einem deutlichen dritten Trochanter, die Tibien platycnemisch; die Körperlänge dürfte 170 cm betragen haben.

b) Grosser, massiver, männlicher Brachycephalus aus Dobrunje bei Višegrad (Südbosnien); Nähte meistens undeutlich, Lambda- und seitliche Theile der Kranznaht feinzackig O. Breitoval, Stirne sehr breit, Schläfen wenig gewölbt, Hinterhaupt breit, flach. H. Hoch, gerundet; Schuppe flach, linea musc. sup. sammt der tub. ext. sehr stark ausgeprägt. U. Hinterhaupt breitbogig, Receptaculum kurz, for. occ. m. asymmetrisch, rhombisch, Condyli klein, niedrig, flach, Flügelfortsätze sehr breit; Gaumen gross, lang, ohne spina post.; Zahnfächer niedrig, jene der Molares verschwunden. S hoch, kurz, Stirne fast senkrecht, mässig gewölbt, arc. supr. deutlich, Scheitel hinten fast senkrecht abstürzend zum flachen Hinterhaupte; Warzen kurz, sehr breit; Jochbeine sehr stark, Gesicht orthognath. V. Gesicht sehr gross, breit, mit vorstehenden Jochbeinen; Stirne breit, Nasenwurzel wenig vertieft; Orbitae gross, hoch, quadratisch; Nasenbeine oben schmal, unten breit, in scharfem Rücken zusammenlaufend; Nasenöffnung sehr lang und schmal mit sehr langer spina anterior. — Unterkiefer sehr gross und stark, seine sehr wenig geneigten Aeste gross, breit und hoch, die Zähne sehr stark abgeschliffen

Dem Erhaltungszustande der Knochen nach erscheinen die Schädel von Višegrad als die neuesten, jene von Hatiniči als die ältesten.

Ohne auf die einzelnen in der Tabelle verzeichneten Maasse näher einzugehen, sei im Allgemeinen blos Nachstehendes hervorgehoben.

Die Capacität (durch Ausfüllung mit Erbsen bestimmt) scheint häufig eine recht beträchtliche zu sein, da unter sechs Männerschädeln zwei Kephalonen sich befinden und auch der kindliche Schädel als solcher gelten muss. Dem entspricht auch der horizontale Umfang (489—537 mm), welcher bei den Erwachsenen sechsmal unter 500 mm, aber auch sechsmal mehr als 510 mm beträgt.

Die grösste Länge, bei den Erwachsenen zwischen 166 und 188 mm, ist meist gering — zehnmal unter 180 mm —, die grösste Breite (136—152 mm) eine ansehnlichere, nämlich fünfmal unter 140 mm, achtmal über 140 mm, und somit der Längenbreitenindex (782—885) in engen Grenzen schwankend, nach welchem unter diesen 14 Schädeln nur 3 Mesocephali (21·4°/₀), aber 11 Brachycephali (78·5°/₀), letztere also weit überwiegend vorkommen.

Wenn von den an Lebenden erhaltenen Indices,[1] um eine Vergleichung ermöglichen zu können, je 2°/₀ abgezogen werden, erhalten wir nach Messungen an 3803 Männern für die Schädelformen der heutigen Bosnier 55 Dolichocephali (1·44°/₀), 554 Mesocephali (14·56°/₀) und 3194 Brachycephali (83·98°/₀), also gleichfalls weit überwiegend vorherrschende Brachycephalie, weshalb man behaupten kann, dass diese beschriebenen altbosnischen Schädel im Vorkommen

[1] Weisbach, Die Bosnier. Wiener Anthropologische Gesellschaft, XXV. S. 206 ff.

der einzelnen Hauptformen fast genau jenen der Gegenwart entsprechen.

Anders gegenüber den prähistorischen Schädeln vom Glasinac: Ihre grösste Länge (169—204 mm) fällt je 19mal unter und über 180 mm, ist also im Allgemeinen grösser als bei den altbosnischen, während ihre grösste Breite (114—159 mm) fast ebenso oft (17mal) unter, als auch über 140 mm (16mal) beträgt, daher eine geringere sein muss. Diesem entsprechend finden sich unter den Glasinacschädeln 11 Dolicho- (29°/₀), 14 Meso- (37°/₀) und nur 13 Brachycephali (34°/₀), die letzteren demnach in bedeutender Minderzahl, im Gegensatze sowohl zu den altbosnischen, als auch zu den heutigen Schädeln.

Die Höhe (vom vorderen Rande des grossen Hinterhauptsloches gemessen, 126—141 mm) gibt rücksichtlich der Schädellänge Indices von 723 bis 855, worunter jedoch blos zwei Schädel als orthocephale, 11 dagegen, die grosse Mehrheit, als hypsicephale sich einreihen; auch dies bestätigt die grosse Aehnlichkeit derselben mit den Schädeln der Jetztzeit, welche den Eindruck beträchtlicher Höhe machen.

Nach dem leider nur an sieben Schädeln bestimmbaren Gesichtsindex (808—921) erscheinen fünf chamae- und zwei leptoprosop, die Gesichter also mehr niedrig und breit, wie bei den heutigen Bosniern

Der Obergesichtsindex (557—530) reiht im Gegensatze zum vorigen alle in die Leptoprosopie ein.

Der Nasenindex (460—530) ist vorwiegend nicht leptorrhin (achtmal), da nur zwei Schädel in diese Abtheilung fallen, fünf mesorrhin und drei selbst platyrrhin sind, trotzdem die Nasenbeine fast durchgehends eine sichtlich vorspringende Nase andeuten.

Nach dem Orbitalindex (794—972) gibt es einen einzigen mit niedrigen Augenhöhlen (Chamaekonchie), vier besitzen mittelhohe (Mesokonchie) und fünf hohe (Hyprikonchie).

Der Gaumen ist nach seinem Index (753—1000) selten lang und schmal (ein leptostaphyliner), öfter (drei) mesostaphylin, am häufigsten kurz und breit (fünf brachystaphylin).

Nach dieser freilich nur oberflächlich möglichen Vergleichung ähneln diese altbosnischen Schädel denen der Jetztzeit, mit welchen sie sich von den prähistorischen des Glasinac gründlich unterscheiden.

Altbosnische Schädel.

Nr.	Fundort	Geschlecht	Beiläufiges Alter	Capacität	Hirnschädel Grösste Länge	Grösste Breite	Stirnbreite	Höhe	Länge der Schädelbasis	Umfang Horizontal-	Umfang Sagittal-	Umfang Quer-	Gesichtsschädel Höhe Gesichts-	Höhe Obergesichts-	Breite Gesichts-	Breite Joch-	Nase Höhe	Nase Breite	Orbita Höhe	Orbita Breite	Gaumen Länge	Gaumen Breite	Index Längenbreiten-	Längenhöhen-	Gesichts-	Obergesichts-	Nasen-	Orbita	Gaumen
1	Višegrad	♂	40	1470	166	147	98	142	105	497	347	330	—	64	—	—	—	—	—	—	—	—	885	855	—	—	—	—	—
2	„	♀	30	1360	171	139	92	130	90	490	360	306	—	64	86	128	46	22	35	36	40	35	812	760	—	744	478	972	875
3	„	♀	30	1310	170	136	98	128	95	493	346	305	—	—	—	—	—	—	—	—	—	—	800	752	—	—	—	—	—
4	„	Kind		1330	160	138	90	128	86	471	344	313	—	58	82	104	41	21	31	34	31	30	862	800	—	557	512	911	967
1	Hatinići	♂	30	1260	167	141	94	126	97	489	337	300	104	67	96	128	49	26	32	39	—	39	844	734	812	697	530	820	—
2	„	♂	40	—	178	147	96	133	95	510	359	312	—	—	—	—	—	—	—	—	—	—	849	768	—	—	—	—	—
3	„	♂	50	—	169	143	93	139	102	495	350	310	117	71	90	127	49	25	32	38	42	42	846	822	921	788	510	842	1000
4	„	♂	40	1780	188	150	97	136	98	537	391	320	118	72	89	136	50	26	35	41	42	40	797	723	867	808	520	853	952
5	„	juv.		—	167	139	94	—	—	490	—	—	—	—	—	—	—	—	—	—	—	—	832	—	—	—	—	—	—
6	„	♂	20	—	175	137	96	128	101	510	365	328	106	67	89	125	48	23	31	36	46	39	789	781	—	—	479	861	847
a	Stolac	♀	40	1380	173	137	89	131	93	494	365	291	101	63	89	137	48	23	34	39	43	31	791	757	808	707	479	871	753
b	„	♂	40	1690	178	147	100	134	101	515	363	310	117	69	88	140	48	24	33	39	42	39	825	752	854	784	500	846	928
a	Gacko	♂	30	1420	184	152	101	141	102	535	390	338	124	72	97	140	50	23	31	39	50	40	826	766	885	742	460	794	800
b	Dobrunje	♂	60	—	180	147	100	136	106	520	367	316	126	74	100	139	59	24	34	40	47	33	816	755	906	740	461	850	808

Das ethnographische Dorf
der ungarischen Millenniums-Landesausstellung in Budapest.

Von **J. R. Bünker** in Oedenburg.

(Mit 11 Text-Illustrationen.)

Zu Anfang der Sommerferien des vorigen Jahres reiste ich nach Budapest, um im ethnographischen Dorfe, das eine Zierde der Budapester Millenniums-Landesausstellung bildete und in dem aus allen Gegenden des weiten Ungarlandes eine grössere Anzahl von Bauernhäusern eng beisammen lag, die heute, nachdem das anmuthige und so lehrreiche Ausstellungsdorf nun schon verschwunden ist, vom Hausforscher nur durch kostspielige Reisen in alle Theile des Landes erreicht werden könnten, jene Bauernhäuser zum Gegenstande meines Studiums zu machen.

Ich brachte zwei Wochen hindurch fast jede Stunde des Tages, während welcher die Häuser offen standen, fortwährend fragend, notirend und zeichnend im Dorfe zu, und von dem, was ich dort erschaut und erforscht, soll hier jetzt Einiges mitgetheilt werden.

In einer Arbeit, die ich über die „Herde und Oefen in den Bauernhäusern des ethnographischen Dorfes der Millenniums-Ausstellung in Budapest" im vorigen Herbste schrieb und die im ersten Hefte des laufenden Jahrganges der „Zeitschrift des Vereines für Volkskunde" in Berlin erschienen ist, sagte ich im einleitenden Theile über den Zweck und die Entstehung des ethnographischen Dorfes Einiges, das hier zum Eingange mit geringfügigen Abänderungen wiederholt werden soll.

„Die Aufgabe des Dorfes bestand darin, sowohl den einheimischen, als auch den ausländischen Besuchern der Ausstellung Einblick in die Ethnographie der in Ungarn lebenden verschiedenen Volksstämme zu bieten, soweit einerseits das Bauernhaus mit Allem, was zu demselben gehört, die Lebens- und Wohnverhältnisse, andererseits die Nachbildung der Bewohner durch gute Figurinen die Vorführung typischer Gestalten aus den einzelnen Volksstämmen und deren Tracht im Stande sind, wesentliche Theile des Volkslebens zur Anschauung zu bringen.

Typische Gestalten aus dem Volke derjenigen Gegenden, aus denen die jeweiligen Häuser stammten, waren den Häusern übrigens noch beigegeben in einzelnen Personen, den „Hütern" der Häuser, denen

es oblag, die Häuser zu bewachen und den Besuchern erbetene Auskünfte zu ertheilen. Mehrere dieser Hüter hatten ihre Frauen bei sich, einer derselben seine ganze Familie. Da alle diese Personen in der Tracht ihres Dorfes gekleidet waren, bildeten sie, wie die Figurinen, treue Trachtenbilder ihrer Gegend. Dem Forscher waren sie überdies eine wahre Fundgrube ethnographischen Materiales. Ich werde Gelegenheit haben, mich in Nachfolgendem oft auf diese Hüter, unter denen ich manch' sehr verständigen Mann fand, dem ich für die von ihm erhaltenen, oft recht interessanten Aufklärungen zu warmem Danke verpflichtet bin, als meine Gewährsmänner zu berufen.

Die Aufgabe, in den Häusern besonders dem Hausforscher treue Typen aus den einzelnen Gegenden Ungarns vorzuführen, wurde durch die Ausstellungsdirection in anerkennenswerther Weise dadurch gelöst, dass sie tüchtige Ethnographen in die verschiedenen Theile des Landes aussandte, welche die nöthigen Studien an Ort und Stelle vorzunehmen und von den typischen Häusern einer Gegend eines auszuwählen hatten, das geeignet war, dem im ethnographischen Dorfe der Ausstellung zu errichtenden Hause als Muster zu dienen. Das betreffende Haus wurde dann in der Regel von Organen der königlichen Staatsbauämter aufgenommen und nach deren Plänen ein gleiches im Territorium des ethnographischen Dorfes zumeist auf Kosten des Comitates, in dem das Original stand, erbaut.

So entstanden dem im Dorfe 24 Bauernhäuser, Nachahmungen ebenso vieler typischer Originale aus den verschiedensten Gegenden des Landes, durch welche die Bauernhäuser fast aller in Ungarn wohnenden Volksstämme vertreten waren."

So weit sagte ich dort. Dem füge ich nun noch bei, dass all' die Häuser selbstverständlich mit allem Hausrath, der zum jeweiligen Hause gehörte und aus dem betreffenden Orte stammte, in dem das Original des Hauses stand, ausgerüstet waren.

Das Dorf begann mit einer Gasse, die sich zu einem freien Platze weitete und sich schliesslich wie ein Y in zwei Arme theilte. Die linksseitige Gassenzeile bildete die Zeile der magyarischen Häuser und die rechtsseitige die Zeile der Häuser der in Ungarn lebenden anderen Volksstämme.

Die Anlage des Dorfes hatte den Charakter eines Gassendorfes. Es war demnach im Ausstellungsdorfe jene Art von Dorfanlagen vertreten, die in Ungarn am häufigsten vorkommt. Dabei wendeten alle Häuser des Dorfes, mit Ausnahme eines einzigen, nicht die Frontseiten, sondern, was für Ungarn eben auch wieder charakteristisch ist, eine der Giebelseiten der Strasse zu.

Von magyarischen Häusern waren im Dorfe zwölf vertreten, von deutschen Häusern vier, von slavischen sechs und von rumänischen zwei.

Von den zwölf magyarischen Häusern stammten vorerst drei aus der grossen ungarischen Tiefebene:

das erste, ein jazygisches Haus aus Jász-Apáthi, also aus dem Herzen des Landes,

das zweite aus Büd-Szt. Mihály, somit aus dem nördlichsten Theile der Ebene, und

das dritte aus Szegvár, aus dem südlichen Theile der Ebene.

Aus dem Kreise jenseits der Donau waren ebenfalls drei Häuser vertreten:

eines aus der Somogy von Csököly,

eines aus dem Bakonyer Walde von Szt. Gaál und

eines aus Zebeczke in der Göcsej, „einem von äusseren Einflüssen fast völlig abgeschlossenen Gebiete des Zalaer Comitates". [1]

Zwei der Häuser waren aus Oberungarn, und zwar:

das Palóczen-Haus aus Kis-Hartyán im Neograder Comitate und

das Matyó-Haus aus Mezőkövesd im Borsoder Comitate.

Schliesslich stammten vier magyarische Häuser aus dem Kreise jenseits des Königsteiges, aus dem ehemaligen Siebenbürgen, und zwar:

ein Haus aus dem Kalotaszeg,

ein Csángó-Haus aus Hétfalu,

ein Székler-Haus aus Csik-Szt. Domonkos und

ein Haus aus Toroczkó, dessen Bewohner, die sich durch Schönheit und malerische Tracht vortheilhaft auszeichnen, aus Steiermark eingewandert sein sollen, heute aber schon ganz magyarisirt sind. [2]

Deutsche Häuser waren vertreten aus den bedeutendsten deutschsprachigen Gebieten des Landes:

---

[1] Vgl. den „Allgem. Katalog der Millenniums-Landesausstellung", Heft XXI, S. 13.

[2] Siehe ebenda, S. 12.

ein sächsisches Haus aus Schellenberg im Comitate Hermannstadt,

ein Zipser-Haus aus Metzenseifen im Comitate Abauj-Torna,

ein schwäbisches Haus aus Gr.-Jécsa im Comitate Torontal und

ein Haudörfer-Haus aus Krickerhäu (Handlova) im Comitate Neutra.

Dass eine der interessantesten der deutschen Hausformen Ungarns, das fränkische Gehöfte des heanzischen Volksstammes in Westungarn, nicht vertreten war, mag darin seine Ursache gehabt haben, dass eben die Comitate für die Kosten der Errichtung der Häuser im Ausstellungsdorfe aufkommen mussten und das Eisenburger Comitat, dem ein heanzisches Gehöfte hätte entnommen werden müssen, schon durch die Errichtung eines wendischen Hauses belastet war.

Von slavischen Häusern standen im Dorfe:

ein serbisches aus Czrepálya im Comitate Torontal,

ein bulgarisches aus Vinga im Comitate Temes,

ein wendisches aus Perestó im Comitate Eisenburg,

ein slovakisches aus Somos im Comitate Sáros,

ein ruthenisches aus Vereczke im Comitate Bereg und

ein sokaczisches aus Szantova im Comitate Bács-Bodrog.

Rumänische Häuser waren da:

eines aus Felső-Szálláspatak im Comitate Hunyad und

eines aus Kornyeréva im Comitate Krassó-Szörény.

Ich gehe nun auf die Besprechung der Häuser über. Dabei halte ich vorläufig nur jene Räume des Hauses vor Augen, welche dem Menschen als Wohnung dienen. Ställe und Scheunen sollen später eine kurze Berücksichtigung finden.

Der Typus, welchem ohne Ausnahme alle Häuser des ethnographischen Dorfes angehörten, ist der oberdeutsche. Dabei haben wir es fast bei allen Häusern des Dorfes mit einer der untersten Stufen zu thun, die der oberdeutsche Typus in seiner Entwicklung genommen. Die Einförmigkeit im Grundrisse der 24 Häuser, die doch aus einem relativ grossen Gebiete zusammengetragen waren, ist geradezu staunenswerth. Der Grundriss von sechs Häusern zeigt die einfache Dreitheilung. Es sind dies die Häuser aus Toroczkó, Hétfalu, Kalotaszeg, Csököly, Felső-Szálláspatak und Vereczke.

Den Plan des Hauses aus Toroczkó bringt Fig. 94. Das Haus ist ein Holzbau. Die Balken, aus denen es gefügt ist, sind sorgfältig behauen. Die Balkenköpfe, welche an den Kanten des Hauses vorstehen, enden in stumpfe, vierseitige Pyramiden. Gedeckt ist das Haus mit einem vollen Walmdach aus Schindeln.

Im Hause aus Toroczkó hält die Küche K die Mitte. An sie gliedert sich rechts und links je eine Wohnstube Z_1 und Z_2 an.

Die Küche wird durch die einzige Thüre, die von aussen in das Haus führt, betreten Der Ein-

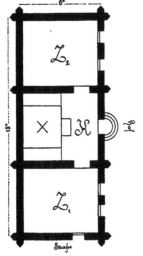

Fig. 94. Plan des Hauses aus Toroczkó.

gangsthüre gegenüber befindet sich der grosse offene Herd, der sich mit einer Seite an die Rückwand der Küche anlegt, von drei Seiten frei ist und den Backofen in sich schliesst. Dem Herde sind rechts und links und vorne Stufen vorgelegt. Eigenthümlich ist es, dass der Bewohner von Toroczkó diesen Raum nicht Küche = konyha nennt, sondern ihn mit pitvar bezeichnet, diesem Ausdrucke, der sonst von Magyaren dem Vorhause beigelegt wird, wenn sich ein solches, von der Küche abgetrennt, im Hause vorfindet. „Konyha" nennt der Bewohner von Toroczkó den Herd selbst.

Da die Küche keine Decke hat, steigt der Rauch vom offenen Herde frei in den Dachraum empor,

von wo er, da das Haus keinen Schornstein hat, durch die Dachlucken entweicht.

Aus der Küche führen nach rechts und links Thüren in die beiden an die Küche angegliederten Stuben. Die linksseitige Stube ist gegen die Gasse gekehrt. Es ist auffallend, dass sich in der Wand, die der Gasse zugekehrt ist und die die Giebelwand des Hauses bildet, nur ein Fenster befindet. Dieses Haus mit der einfensterigen Giebelwand hatte im ethnographischen Dorfe nur noch zwei Seitenstücke, die ebenfalls nur ein Fenster in der der Strasse zugekehrten Giebelwand zeigten. Es waren dies das magyarische Haus aus Csököly und das rumänische Haus aus Felső-Szálláspatak, auf die ich bald zu sprechen kommen werde. Ausser dem einen Fenster in der Giebelwand hat das Gassenzimmer im Hause aus Toroczkó noch zwei Fenster in der Wand, die dem Hofe zugekehrt ist.

Eine zweite Thüre führt aus der Küche des Toroczkóer Hauses in die hintere Stube. Aus dieser sehen, wie aus der vorderen Stube, zwei Fenster in den Hof.

Im Hause aus Hétfalu, das ein Ziegelbau war und dem genau dieselbe Eintheilung im Plane zu Grunde lag, wie sie das Haus aus Toroczkó aufwies, sehen wir den Herd, den ich in der oben genannten Arbeit über „Herde und Oefen etc." abbildete und beschrieb, in einer Ecke der Küche angebracht und dem Stubenofen vorgebaut. Aus dem vorderen Zimmer sehen zwei Fenster auf die Gasse und zwei in den Hof. Das hintere Zimmer hat nur ein, und zwar gegen den Hof gerichtetes Fenster.

Beim Kalotaszeger Hause ist der Küche und dem vorderen Zimmer ein Gang vorgelegt, der vom hier weit vorspringenden Dache beschattet wird. Der vorspringende Theil des Daches wird von hölzernen Säulen getragen. Der rückwärtigen Stube ist eine schmale Kammer von der Breite des Ganges vorgebaut, die vom Gange aus betreten wird. Da die dem Hofe zugekehrte Seite dieses Zimmers durch die vorgebaute Kammer verdeckt ist, erhält es Licht durch Fenster, die nach rückwärts in den Hof blicken.

Das Haus aus Csököly, von dem ich bereits erwähnte, dass es so wie das Toroczkóer Haus in der der Strasse zugekehrten Giebelwand nur ein Fenster hat, zeigt im Grundrisse die Dreitheilung der vorbesprochenen Häuser, doch fällt hier auf, dass der dritte Raum eine Kammer, die zur Aufnahme von Lebensmitteln bestimmt ist. Genau genommen, liegt also den Wohnräumen dieses Hauses nur die primitive Zweitheilung zu Grunde. Bemerkenswerth ist an diesem Hause ferner, dass jeder der drei Räume durch Thüren direct von aussen, vom Hofe aus betreten werden kann. Alle drei Räume stehen jedoch auch im Inneren durch Thüren in Verbindung.

Das vordere Zimmer weist ausser dem einen Fenster, das sich der Gasse zukehrt, noch ein zweites Fenster auf, das gegen den Hof gerichtet ist. Dies sind die zwei einzigen Fenster des Hauses. Weder die Küche noch die Kammer haben Fenster. Beide Räume erhalten ihr Licht durch die Thüren.

Zu bemerken habe ich hier noch, dass auch bei diesem Hause ein Säulengang angebracht ist. Er zieht sich aber nicht nur vor der hofseitigen Front, sondern im rechten Winkel gebrochen auch vor der Giebelseite des Hauses hin. Vor dem Giebel ist der Gang verschalt, gegen den Hof ist er offen.

Einfache Dreitheilung zeigen auch die Pläne des rumänischen Hauses aus Felső-Szálláspatak und das ruthenische Haus aus Vereczke. Die einzelnen Gemächer sind jedoch nicht in derselben Weise angeordnet, wie bei den vier eben besprochenen Häusern. Im rumänischen Hause hält die Küche, wie der Plan Fig. 95 zeigt, nicht mehr die Mitte. Sie ist an eine der Enden des Hauses gerückt. Die Küche ist der grösste unter den drei Räumen. Leider war sie nicht vollkommen ausgestattet, denn es fehlte in ihr der Herd und der sich diesem anschliessende Backofen, welche beide, wie mir der Hüter des Hauses sagte, die hintere rechte Ecke des Raumes einzunehmen pflegen. Es wird hier jedoch nur im Sommer gekocht. In der Küche sah ich auch einen Webstuhl aufgestellt. Es ist dies ein Beweis dafür, dass diese Küche im Sommer nicht nur zum Kochen dient; sie dürfte während der warmen Jahreszeit überhaupt der Brennpunkt für das Leben im Hause sein. Vor Zeiten wird sich im rumänischen Hause wahrscheinlich auch im Winter das Hausgesinde hier versammelt haben. Die Küche ist wohl die Urzelle, der sich die anderen Räume angegliedert haben werden. Die Angliederung erfolgte hier nicht wie bei den vorbeschriebenen Häusern nach zwei Seiten, sondern nur nach einer. Der Raum, welcher sich der Küche anschliesst und mit dieser durch eine Thüre verbunden ist, wurde mir vom deutschsprechenden Hüter „Paradezimmer" genannt. Der dritte Raum ist das Wohnzimmer, der Sammelplatz für den Winter. Hier ist an einem Kachelofen, in dem ehemals jedenfalls auch gekocht worden ist, ein kleiner blecherner Sparherd angebracht, auf dem gegenwärtig im Winter

die Speisen bereitet werden. Die Wohnstube steht mit dem Paradezimmer nicht in Verbindung. Sie wird vom Gang aus, der sich vor beiden Zimmern hinzieht, betreten. So wie die Häuser aus Toroczkó und Csököly hat auch dieses Haus nur ein Fenster in der Giebelwand. Die Wohnstube erhält übrigens noch durch ein zweites Fenster, das hofseitig angebracht ist, Licht. Beide Fenster sind nieder, fast quadratisch und mit zierlichen Gittern aus glatt-gehobelten Holzstäben versehen. Das Paradezimmer hat merkwürdigerweise kein Fenster.

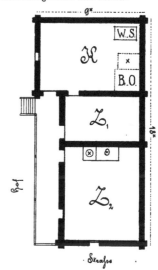

Fig. 95. Plan des rumänischen Hauses aus Felső-Szálláspatak.

Das sechste Haus, dessen Plan, wie aus Fig. 96 zu ersehen ist, heute einfache Dreitheilung zu Grunde liegt, ist das ruthenische Haus aus Vereczke. Es war das einzige Haus des Dorfes, das nicht die Giebelseite, sondern die Frontseite der Gasse zukehrte. Es lag jedoch nicht unmittelbar an der Strasse; es war ihm ein geräumiger Hof vorgelagert. In diesem lag vor dem Hause rechts ein Stall und links war auf vier Säulen ein nach auf- und abwärts bewegliches Strohdach angebracht, unter dem ein Heuschober untergebracht werden kann.

Der Raum links, der durch zwei Thüren, und zwar von der Frontseite und der Rückseite aus betreten werden kann, spielt heute die Rolle eines

Vorzimmers, dessen mangelhafte Ausstattung — ich sah darin nichts als eine Bank, auf der einige Wassergefässe standen — auf den ersten Blick errathen liess, dass dieser Raum ehedem einem anderen Zwecke gedient haben musste. Von diesem Raume aus betritt man den einzigen Wohnraum des Hauses, denn der dritte Raum kann, streng genommen, nicht als Wohnraum betrachtet werden, da es eine Vorrathskammer ist, die nicht mit dem Wohnraume in Verbindung steht, sondern eine gesonderte Eingangsthüre hat, die vom Gange aus betreten wird, der sich vor allen drei Räumen des Hauses hinzieht.

Ich nannte den mittleren Raum den „einzigen" Wohnraum des Hauses, denn schlechterdings kann der erste, der dem Wohnraume heute als Vorzimmer vorgelagert ist, auch nicht als Wohnraum betrachtet werden. Dafür spricht nicht nur seine heutige primitive

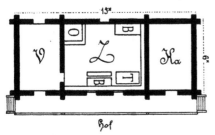

Fig. 96. Plan des ruthenischen Hauses aus Vereczke.

Ausstattung, sondern noch mehr die Bestimmung, die er noch in der jüngsten Vergangenheit hatte. Damals war es wohl. ein Wohnraum, jedoch nicht für den Menschen, sondern für das liebe Vieh; es war ein Stall bis vor acht Jahren, bis der Stuhlrichter, wie mir der Hüter des Hauses sagte, den Befehl ergehen liess, dass diese Ställe aus Gesundheitsrücksichten aus dem Wohnhause, aus der unmittelbaren Nachbarschaft der Wohnstube in besondere Gebäude verlegt werden müssen.

Nehmen wir das ruthenische Haus aus Vereczke, wie es noch vor acht Jahren war, so haben wir das primitivste Haus nicht nur aus dem Budapester Ausstellungsdorfe, sondern überhaupt die primitivste Form des oberdeutschen Hauses vor uns.

Primitiv wie das Haus selbst, ist auch die Ausstattung des einzigen Wohnraumes. Er hat, wie der ehemalige Stall und die Vorrathskammer, einen Lehmfussboden. An zwei Wänden entlang laufen stabile

Sitzbänke. In der Ecke, welche durch die beiden Bänke gebildet wird, steht ein primitiver Tisch mit verschränkten Beinen. Ein Bett steht an der dem Hofe zugewandten Bank und davor eine Bank ohne Lehne. Ein zweites Bett steht an der hinteren Wand. Das ist das Ehebett, denn darüber hängt von der Decke herab, an Stricken befestigt, eine aus der Hälfte eines Baumstammes gefertigte muldenförmige Wiege. Die Stube ist Koch-, Wohn- und Arbeitsraum zugleich. In der Ecke links von der Eingangsthüre steht der Ofen. Er ist von einer Ofenbank umgeben und dient nicht nur zum Erwärmen der Stube, sondern auch zum Kochen.[1] Der Rauch strömt aus dem Ofenloche, durch das geheizt wird, hervor und wird durch einen darüber hängenden Rauchfang aufgefangen und kurzen Weges nur durch die Stubenwand in das Vorhaus, den ehemaligen Stall, abgeleitet. Von diesem Raume ist nur die vordere und die linke hintere Hälfte gedeckt. Die hintere rechte Hälfte ist offen gelassen, damit dort der Rauch in den Dachraum des Hauses entweichen kann.

Bemerkenswerth ist ferner, dass dieses Haus das einzige im Ausstellungsdorfe war, welches Fenster in zwei sich gegenüberliegenden Wänden hatte. Sie hatten die Form liegender Rechtecke und waren zu schieben. Die Hausthüre war durch ein hölzernes Schloss zu schliessen von der Form, wie sie Professor Dr. KAINDL Bd. XXVI der „Mittheilungen der Anthropologischen Gesellschaft in Wien", S. 151, Fig. 221 und 222, aus dem Hause der Huzulen, der Gebirgsruthenen der Bukowina, bekanntgemacht hat und wie ich sie, ganz gleich, vor zwei Jahren in mehreren der Altersberger Sennhütten im Lieserthale Oberkärntens gefunden habe.

Ein hölzernes Schloss, das in seiner Form dem in Rede stehenden ähnlich ist und im Principe für gleich gehalten werden kann, hat noch früher Herr Professor Dr. MERINGER aus Ober-Lupitsch bei Alt-Aussee im Bd. XXI der „Mittheilungen der Anthropologischen Gesellschaft in Wien", S. 125, Fig. 144 und 145, abgebildet.

Dieselbe Dreitheilung im Grundrisse der Wohnräume zeigen elf weitere Häuser, doch weisen sie eine nicht unwesentliche Weiterentwicklung auf, die darin besteht, dass der Mittelraum in zwei Theile geschieden ist, wovon der eine, der durch die Haus-

---

[1] Die Abbildung siehe in meiner Arbeit „Herde und Oefen etc." in der „Zeitschrift des Vereines für Volkskunde", 1897, Taf. I, Fig. 8.

thüre zuerst betreten wird, ein schmales Vorhaus bildet, der andere die Küche. Als Beispiel dieser Eintheilung der in Rede stehenden elf Häuser gebe ich in Fig. 97 den Grundriss des magyarischen Hauses aus Szegvár. *V* ist das Vorhaus, *K* die dahinter liegende Küche, Z_1 das bessere Zimmer, Z_2 die Wohnstube und *G* ist ein Gang, der sich vor dem Hause hinzieht, in der Mitte eine Ausweitung aufweist und von dem vorhängenden Dache, das hölzerne Säulen tragen, beschattet wird. Die Strecken zwischen den Säulen sind bis zur Höhe von 70—80 cm mit

Auf der Ausstellung war diese Abtrennung eines Vorhauses von der Küche in dem Hause von Büd-Szt. Mihály vertreten, dessen Abbildung mein schon citirter Aufsatz in der „Zeitschrift des Vereines für Volkskunde" 1897, Taf. 1, Fig. 3, bringt. Vor dem Bogen liegt das Vorhaus und innerhalb desselben die Küche. Rechts und links bemerken wir in der Küche gemauerte Bankherde, auf denen vor den Ofenlöchern gekocht wird. Im Hintergrunde steht eine Bank und darauf ein Wasserschaff und ein Abwaschschaff. Die Rückwand der Küche ist mit

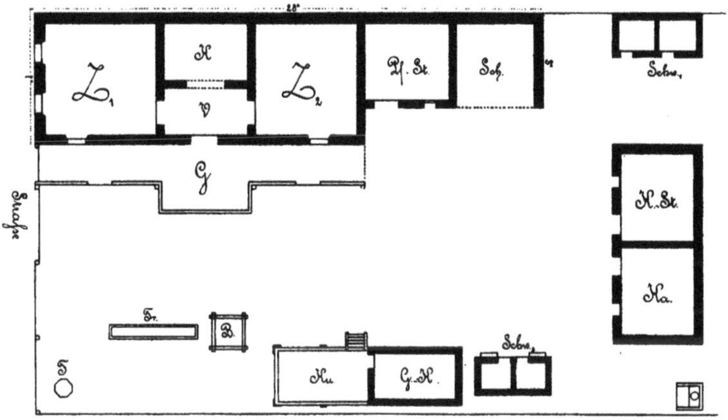

Fig. 97. Plan des magyarischen Hauses aus Szegvár.

Brettern verschalt. Durch die Verschalung führen zwei Thürchen in den Hof.

Wie die punktirten Linien im Grundriss andeuten, ist die Trennung zwischen Vorhaus und Küche keine vollkommene. Zumeist geschieht die Abtrennung des Vorhauses von der Küche durch einen gemauerten Bogen, der oft halbkreisförmig, oft aber auch sehr flach ist. Dieser Bogen ist durch eine Thüre nicht zu schliessen. Er hat lediglich den Zweck, den Rauch in der Küche zurückzuhalten und ihn nicht in das Vorhaus und in die Zimmer gelangen zu lassen.

Diese Art der Abtrennung eines Vorhauses von der Küche habe ich in der Umgebung von Oedenburg und auch in der Heanzerei vielfach vorgefunden und sie in meinen Arbeiten Bd. XXIV und XXV der „Mittheilungen der Anthropologischen Gesellschaft in Wien" bereits beschrieben und im Grundrisse auch abgebildet.

Tellern geschmückt. Auf dem hinteren Ende des rechtsseitigen Bankherdes steht ein kleiner Kessel eingemauert.

Dem Plane des Hauses aus Szegvár gleichen, unwesentliche Abweichungen zugestanden, die Pläne der magyarischen Häuser aus Jász-Apáthi, Zebeczke, Büd-Szt. Mihály, Mezökövesd, Szt. Gaál, der Plan des deutschen Hauses aus Gr.-Jécsa, der des rumänischen Hauses aus Kornyeréva, der des serbischen aus Czrepálya, der des bulgarischen aus Vinga und der Plan des sokaczischen Hauses aus Szantova.

Von den fünf magyarischen Häusern, welche im Plane dem Hause aus Szegvár gleichen, sind ihm am ähnlichsten die Häuser aus Jász-Apáthi und Szt. Gaál. Beiden Häusern sind Gänge vorgelegt. Beim Hause aus Szt. Gaál wird das vorspringende Dach durch gemauerte cylindrische Säulen getragen, die durch Bogen miteinander verbunden sind. Am

Gange des Hauses aus Jász-Apáthi stehen hölzerne Säulen. Den Wohnräumen dieses Hauses ist eine Kammer angegliedert. Hervorzuheben ist beim Hause aus Szt. Gaál noch, dass jeder der drei Räume wie beim Hause aus Csököly seinen eigenen Eingang hat. Im Inneren sind die drei Räume jedoch nicht verbunden (s. Fig. 98).

Gesonderte Eingänge finden wir auch im Hause aus Zebeczke und auch hier fehlt jede Verbindung der Räume im Inneren. Dieses Haus weicht im Grundrisse von den anderen Häusern wieder dadurch ab, dass der dritte Raum nicht als Zimmer, sondern als

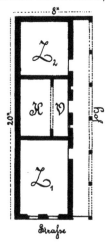

Fig. 98. Plan des magyarischen Hauses aus Szt. Gaál.

Kammer zum Unterbringen des Getreides, des Mehles und der Werkzeuge dient.

Sehr ähnlich im Grundrisse sind sich die Häuser aus Büd-Szt. Mihály und Mezőkövesd. In beiden Häusern treten die hinteren Stuben in der Breite des Ganges vor. Auch hier finden wir Säulengänge.

Säulengänge gewahren wir auch beim schwäbischen Hause aus Gr.-Jécsa, beim serbischen Hause aus Czrepálya, beim rumänischen Hause aus Kornyeréva und beim bulgarischen Hause aus Vinga.

Bei den zuletzt genannten drei Häusern ist überall ein Theil des Säulenganges in eine kleine Kammer umgewandelt. Ueber die Risse lässt sich sonst nichts Besonderes sagen; sie gleichen ganz dem Plane der Wohnräume des Hauses aus Szegvár.

Gleich im Plane mit diesen Häusern war nun noch das sokaczische Haus aus Szantova. Ich nahm jedoch den Plan dieses Hauses nicht auf, befasste mich überhaupt mit diesem Hause nicht näher, da es von Dr. Jankó in Heft 1—3, Bd. VII, der „Ethnographia" vom Jahre 1896 bereits eingehend beschrieben war, noch ehe ich nach Budapest kam.

Ganz gleich im Plane mit dem Szegvárer Hause sind ferner das Palóczen-Haus aus Kis-Hartyán, das wendische Haus aus Perestó und das slovakische aus Somos; nur ist hier die Trennung des Vorhauses von der Küche eine vollkommene, da sie nicht durch einen offenen Bogen, sondern durch eine schliessbare Thüre bewerkstelligt ist. Wir haben in den Plänen dieser Häuser — ich bringe als Beispiel unter Fig. 99 den Plan des wendischen Hauses aus Perestó — die vollzogene Viertheilung im Grundrisse vor uns.

Da die Küche, wenn die Thüre geschlossen ist, von vorne, d. h. durch das Vorhaus, kein Licht erhält, befindet sich im wendischen Hause in der Wand, die der Küchenthüre gegenüberliegt, ein Fenster. Das Palóczen-Haus und das slovakische Haus zeigen keine Fenster in der Küche; es erhellt hier das offene Herdfeuer die Küche. Am Tage bleiben zudem die Thüren der Küche und des Vorhauses offen.

Einen Säulengang zeigte nur eines dieser Häuser, das Palóczen-Haus. In Bezug auf das slovakische Haus sei noch erwähnt, dass der dritte Raum, welcher in der Regel das hintere Zimmer ist, hier wieder als Speisekammer benützt wird.

Aehnlich im Plane mit den bisher besprochenen Häusern sind, mit Ausnahme eines, alle noch übrigen Häuser des ethnographischen Dorfes; nur zeigen sie alle eine noch weiter gehende Entwicklung. Es ist nicht ohne Interesse, dass die Häuser, welche die am weitesten gehende Gliederung in den Wohnräumen aufweisen, deutsche Häuser sind. Die Häuser, von denen die Rede ist, sind das sächsische Haus aus Schellenberg, das Haus aus Metzenseifen und das Haudörfer-Haus aus Krickerhäu.

Im sächsischen Hause ist von der Küche kein Vorhaus abgetrennt. Findet hier also keine Untertheilung statt, so sehen wir sie im hinteren Zimmer. Die Untertheilung des einen Raumes in zwei Theile ist aber auch hier keine vollkommen durchgeführte, denn zwischen beiden Räumen bleibt ein Durchgang frei, über den sich ein Bogen wölbt und der nicht durch eine Thüre zu schliessen ist. Die Räume des Wohnhauses liegen hoch über der Erde; es führt daher zur Eingangsthüre eine kurze Treppe empor, die in einen terrassenartigen Vorraum endet. Die Stiege und auch der Vorraum sind durch gemauerte Säulen flankirt, welche durch Bogen verbunden sind. Die Abtrennung eines Vorhauses von der Küche kommt, wie mir der Hüter versicherte, wohl vor, doch selten.

Eine noch weiter gehende Gliederung der Räume zeigt, wie der Plan Fig. 100 darthut, das Haus aus Metzenseifen. Der Mittelraum ist wieder die Küche. Von ihr wird, wie mir der Hüter dieses Hauses grosse Kachelofen, welcher beide Räume heizt, steht nämlich in einem Ausschnitte der Wand, welche beide Räume trennt. Einen Durchgang habe ich in der Wand auch eingezeichnet, doch fehlt in meiner Skizze die Thüre. Ob sie nun aus Versehen weggeblieben oder ob sie sich in der That nicht vorfand, daran weiss ich mich nicht mehr mit Bestimmtheit zu erinnern.

Der grössere nach der Strasse gerichtete Raum ist das „Visitzimmer", der kleinere die „Schlaf-

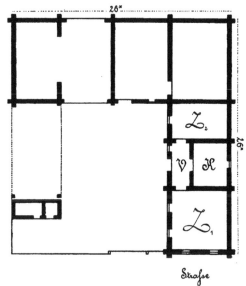

Fig. 99. Plan des wendischen Hauses aus Perestó.

sagte, nie ein Vorhaus abgetrennt. Bemerkenswerth ist, dass dieser Raum in Metzenseifen nicht den Namen Küche, sondern „Vorhaus" führt, und eigenthümlich ist, dass der Plafond dieses Raumes in seinem vorderen Theile durch eine horizontale Decke hergestellt ist, während über dem rückwärtigen Theile dieses Raumes sich ein hohes Kreuzgewölbe erhebt, auf dessen höchstem Punkte der Schornstein aufsitzt.

An das „Vorhaus" schliessen sich nach vorne und rückwärts je zwei Räume an Während die beiden rückwärtigen Räume vollkommen von einander getrennt sind, ist die Trennung zwischen den beiden vorderen Räumen wieder keine vollkommene. Der kammer". Das „Visitzimmer" hat vier Fenster, davon zwei gegen die Strasse gerichtet, die „Schlafkammer" dagegen hat nur ein Fenster, das ebenfalls gegen die Strasse gerichtet ist. Das Metzenseifener Haus war das einzige der Häuser des ethnographischen Dorfes, das in der gegen die Strasse gekehrten Giebelwand nebeneinander drei Fenster aufwies.

Aus der „hinteren Stube" sehen zwei Fenter in den Hof. Die daneben liegende „Kammer", in der Mehl, Erdäpfel und Kleider etc. aufbewahrt werden, hat kein Fenster.

Die am allerweitesten gehende Entwicklung aller Häuser des ethnographischen Dorfes zeigte das deutsche Haus aus Krickerhäu. Es war nämlich das einzige Haus des ganzen Dorfes, das zwei Stockwerke hatte.

Es ist mein Vorhaben, um der grossen Action, die eben jetzt im Zuge ist und an der sich besonders die deutschen Ingenieur- und Architektenvereine mit lobenswerthem Eifer betheiligen, das deutsche Haus gründlich zu erforschen, einigen Vorschub zu leisten, auf die Besprechung der deutschen Häuser, die im ethnographischen Dorfe vertreten waren, etwas tiefer einzugehen.

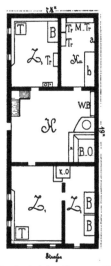

Fig. 100. Plan des deutschen Hauses aus Metzenseifen.

Ich beginne also bei der eingehenderen Besprechung deutscher Häuser Ungarns gleich mit dem deutschen Hause aus Krickerhäu.

Ich bin dabei genöthigt, nicht nur die Grundrisse des Hauses, sondern auch sein Aeusseres und sein Inneres, nämlich die Einrichtung, in den Bereich der Besprechung zu ziehen. Zur Vergegenwärtigung des Aeusseren vom Hause aus Krickerhäu verweise ich auf die im Bd. XXVI der „Mittheilungen der Anthropologischen Gesellschaft in Wien" erschienene Taf. IV, welche dem Artikel: „Ethnographische Elemente der Millenniums-Ausstellung" von OTTO HERMAN beigegeben ist und im Bilde links die Ansicht des Hauses aus Krickerhäu bietet.

Das Haus hat, wie gesagt, zwei Geschosse.

Aus der Ansicht des Hauses ist ferner zu ersehen, dass es aus zwei Tracten besteht. Der mit Fenstern versehene senkrecht zur Strasse gestellte Tract ist der Wohntract und der im rechten Winkel angegliederte Tract ist der Wirthschaftstract.

Der ganze Bau ist aus Holz aufgeführt. Die Balken, welche den Wohntract bilden, sind sorgfältig vierkantig behauen und an den Kanten des Hauses verzahnt. Die Balken des Wirthschaftstractes sind weniger genau bearbeitet. Das Erdgeschoss des Wohntractes und jener ebenerdige Theil des Wirthschaftstractes, der den Stall in sich schliesst, sind aussen mit Lehm beworfen und beweisst.[1] Alles andere Zimmerwerk zeigt die natürliche Farbe des Holzes. Zwischen dem ersten und zweiten Geschoss sehen wir ein gesimsartiges Schutzdach, das sich an der linken Seite des Wohntractes fortsetzt. Auf der rechten Seite schützt den Lehmbewurf ein balconartiger Gang, der „Hausgang". Der Hausgang ist wieder geschützt durch das hier weit vorspringende Dach. Jedoch nicht nur an der Hofseite, sondern auch an der Stirnseite springt das Dach weit vor. Der mit Brettern verschalte Giebel endet nach aufwärts mit einer kurzen Abwalmung des Daches. Gedeckt ist das Haus mit Stroh. Das Dach zeigt dieselbe Deckart, mit welcher in der Heanzerei die Abwalmungen über den Giebeln hergestellt werden. Während jedoch dort nur eben die Abwalmungen die charakteristischen Stufen zeigen, ist hier das ganze Dach aus Stufen gebildet.[2]

Das Innere des Wirthschaftstractes ist, wie die Risse (Fig. 101) dieses Hauses zeigen, in drei Theile gegliedert. Im Erdgeschosse schliesst sich unmittelbar an den Wohntract der Stall an, an den Stall gliedert sich die Tenne mit dem grossen Tennenthor an. Auf die Tenne folgt der „Pons'n". Dieser Raum reicht durch das Obergeschoss bis in den Dachraum. Hier wird das Getreide, so lange es. in Garben liegt, untergebracht.

Im Obergeschoss liegt über dem Stalle die „Futterkammer", der Raum für das Heu, das von aussen durch eine Thüre höher verladen wird. Ueber der

[1] Der ebenerdige Theil des Wohntractes zeigt auf dem beregten Bilde den beweissten Lehmbewurf nicht. Er fehlte jedenfalls damals noch, als das Haus im Dorfe photographirt wurde.

[2] Vgl. hiezu die in meiner Abhandlung „Das Bauernhaus in der Heanzerei (Westungarn)". Bd. XXV d. Mitth. gebrachten Ansichten heanzischer Bauernhäuser.

Tenne liegt das „G'rüst", der Platz für das ausgedroschene Stroh.

Dem Wohntract liegt auch die Dreitheilung zu Grunde. Durch Untertheilung ist jedoch die Dreitheilung sowohl im Parterre, als auch im Obergeschosse zur Fünftheilung geworden.

Der erste Raum, den man ebener Erde von aussen betritt, ist ein Vorhaus, das die halbe Tiefe des

Taf. II im Bd. VII der „Zeitschrift des Vereines für Volkskunde".)

Die grosse Wohnstube wird vom Vorhause aus betreten. Sie erhält Licht durch vier Fenster, von denen zwei in der gassenseitigen und zwei in der hofseitigen Wand liegen. Diesen beiden Wänden entlang ziehen sich stabile Bänke. In den beiden vorderen Ecken stehen zwei Tische, neben dem einen Tisch

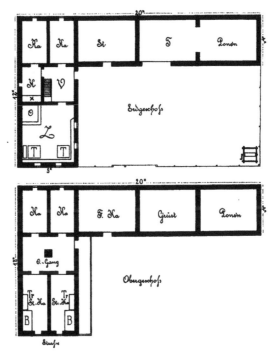

Fig. 101. Risse des deutschen Hauses aus Krickerhäu.

Hauses einnimmt. Hinter dem Vorhause liegt die Küche. Sie wird durch ein Fenster erhellt. Der Herd liegt an jener Wand, die die Küche von der grossen Wohnstube trennt. Der Herd nimmt die ganze Breite der Küche ein. Ueber den Herd wölbt sich ein gemauerter Bogen, der als Feuerschirm dient und die aufsteigenden Funken zurückschlägt. Er ist nothwendig, da alle Wände und auch die Decke der Küche aus Holz sind. (Vgl. hiezu die Fig. 9 auf

noch eine kurze Bank. In der Ecke, welche sich der Küche zukehrt, steht ein grosser Kachelofen, der von zwei Seiten durch Bänke eingefasst ist. Der Kachelofen wird von der Küche aus geheizt. Der Rauch strömt aus dem Ofenloch wieder in die Küche zurück. In der Stube ist nahe dem grossen Durchzugbalken, welcher „Rest" genannt wird, parallel zu diesem eine Stange angebracht. Darauf hängt man, wie mir der Hüter, Andreas Tonhaiser aus Krickerhäu, sagte,

Kleider. Auch werden „Hutsch'n", d. s. Schaukeln, daran befestigt, die die Stelle der Wiegen vertreten.

Aus dem Vorhause führt eine Thüre in die „vordere Kammer" und aus der Küche eine in die „hintere Kammer". Diese beiden Kammern sind Vorrathskammern.

Vorrathskammern sind auch die beiden Räume, die im Obergeschosse über diesen Kammern liegen. Man nennt die eine die „vordere obere Kammer" und die andere die „hintere obere Kammer".

Der Raum, der über Küche und Vorhaus liegt, ist im Obergeschoss ungetheilt und heisst der „obere Gang". In der Mitte desselben mündet die hölzerne Stiege nach aufwärts. Die Stiegenöffnung ist mit einem Gitter aus Holzstäben umschlossen; man heisst es den „Stiegenschranken".

Aus dem oberen Gang führen zwei Thüren nach vorne in zwei nebeneinanderliegende Kammern, in die „vordere obere Stubenkammer" und in die „hintere obere Stubenkammer". Wie schon ihre Namen sagen, sind es zwei Wohnräume. Jede der beiden Kammern sah ich ausgestattet mit einem Bette und einer Truhe.

„Hier oben," sagte mir der Hüter, „wohnen die Alten, wenn sie in den ‚Brotvierteln' leben. Sie erhalten Geld und Naturalien von den Jungen."

Im „Allgemeinen Katalog der Millenniums-Landesausstellung", Heft XXI, las ich S. 19 von den Bewohnern Krickerhäus Folgendes: „Die deutschen Bauern der Gemeinde Handlova sind das interessanteste Völklein deutscher Zunge im Lande, denn sie leben noch in Hausgemeinschaften. In Beziehung auf Wohlstand sind sie das directe Gegentheil der (reichen) Jécsaer Schwaben. Im Sommer ziehen sie als Feldarbeiter und Gärtner in's Alföld, nur den Winter über sind sie daheim. Alle Angehörigen der Hausgemeinschaft erhalten ihre Aufträge vom Familienoberhaupte, dem Alle, als dem Aeltesten, willig gehorchen."

Die Thatsache, dass die Bewohner Handlovas in „Familiengemeinschaften" — so werden die Vereinigungen genannt — wohnen, wurde mir von Tonhaiser bestätigt. Er sagte mir in Bezug darauf noch Folgendes: Das Haus, welches im Ausstellungsdorfe stand und das ich eben beschrieben, war nach dem Muster der kleinsten Häuser Handlovas erbaut. Eine Familiengemeinschaft, die stets nur aus Angehörigen einer Familie besteht und die nur durch Geburten und Zuheiraten vergrössert werden kann, umfasst oft an 40 Personen, die immer in einem einzigen Hause ihre Unterkunft finden. Die Folge davon ist, dass

grosse Häuser mit grossen Familiengemeinschaften im Obergeschoss allein oft 12 Kammern, im Ganzen nicht selten 20 Kammern aufweisen. Jede Familie der Gemeinschaft hat bei genügender Anzahl von Kammern eine Kammer als Schlafraum für sich. Es kommt jedoch vor, dass eine Kammer, wenn eben nicht genug Kammern im Hause vorhanden sind, von zwei Familien als Schlafraum benützt wird. Grosse Wohnstube befindet sich in jedem Hause nur eine. Sie ist am Tage der Sammelplatz für die ganze Gemeinschaft. Hier wird gemeinsam gearbeitet und auch gemeinsam gegessen. Die Mahlzeit jedoch ist keine gemeinschaftliche. Jede Familie kocht für sich und jede Familie hat ihren eigenen Tisch. Die zwei Tische in der Wohnstube des besprochenen Hauses weisen auf eine nur kleine Familiengemeinschaft hin, die nur aus zwei Familien besteht. Besteht eine Gemeinschaft aus sieben Familien, so stehen in der Wohnstube sieben Tische und der Herd ist dann in sieben Theile getheilt, von denen je einer einer der sieben Frauen zufällt. Es ist begreiflich, dass Herde, auf denen sieben Feuer brennen, um die die Kochgeschirre aufgestellt werden, gross sein müssen. Nach der Grösse der Gemeinschaft richtet sich auch die Grösse des Kachelofens. Der Kachelofen dient nämlich auch als Backofen. Das Brot wird für die ganze Gemeinschaft gemeinsam gebacken. Da der Brotbedarf in einer grossen Gemeinschaft ein grosser ist, muss viel Brot auf einmal gebacken werden. Es soll Kachelöfen geben, die 24 grosse Laibe fassen.

Wie aus der kurzen Notiz im „Ausstellungs-Katalog" hervorgeht, wird alle Arbeit gemeinsam verrichtet. Die Erträgnisse der Arbeit, der Landwirthschaft und Viehzucht fliessen, wie mir Andreas Tonhaiser berichtete, in eine gemeinsame Casse, die vom Aeltesten der Gemeinschaft verwaltet wird. Aus dieser Casse erhalten die einzelnen Glieder der Gemeinschaft nur dann Geld, wenn sie es nothwendig brauchen.

Ueber die Hausgeräthe kann ich nichts von besonderem Interesse berichten. Die Ausstattung des Hauses im Ausstellungsdorfe war eine äusserst spärliche. Tische und Betten sind primitiv und schmucklos. Die Truhen sind einfach bemalt und zeigen auf blauem oder grünem Grunde Pflanzenornamente in schwarzer, weisser und rother Farbe. In neuester Zeit kommen statt der Truhen Schubladkasten in die Mode.

Die Küche war leider nicht mit den dorthin gehörenden Geräthen ausgestattet, doch erfragte ich

vom Hüter des Hauses, dass das Feuerross in Handlova nicht bekannt sei, dafür aber stehen die Ofengabel und der Ofenwagen in den Formen, wie ich
die eine Bd. XXV der „Mittheilungen der Anthropologischen Gesellschaft in Wien“, S. 122, Fig. 174,
aus der Gegend von Oedenburg und den anderen
ebenda Fig. 173 aus Oberschützen abgebildet habe,
in Gebrauch. Daraus geht hervor, dass wenigstens
im Winter in Krickerhäu auch im Ofen gekocht
wird.

Die gründliche Erforschung nicht allein des Hauses
der Krickerhäuer, sondern auch der Ethnographie
des ganzen interessanten Volksstammes, der heute,
wie ich dem „Pallas-Lexikon“ entnehme, unter
Slaven in den Comitaten Neutra, Bars und Turócz
in drei Gruppen noch drei Marktflecken und 31 Dörfer

wöhnlich offen. An das Thor schliesst sich ein fast
2 m hoher Bretterzaun an, der den Einblick in den
Hof verwehrt.

Die Wirthschaftsräume fehlten bei diesem Hause,
doch sagte mir der Hüter des Hauses, dass sie sich
in der Regel in gerader Linie an die Wohnräume
anschliessen. Es folgt auf das hintere Zimmer eine
„Hofkammer“ und auf diese der Stall für Pferde
und Rinder. Die Scheune ist an den Stall angebaut,
liegt jedoch quer und schliesst den Hof nach rückwärts ab.

Ich greife nun auf die Wohnräume zurück
(s. Fig. 100). Von diesen haben nur das „Visitzimmer“ und die von ihm getrennte „Schlafkammer“
Bretterfussböden. Die anderen drei Räume haben
Fussböden aus gestampftem Lehm.

Fig. 102. Vorderansicht des deutschen Hauses aus Metzenseifen.

bewohnt, wäre umsomehr hoch an der Zeit, da
dieser einst ausgedehnte deutsche Volksstamm allmälig slavisirt wird und in starker Abnahme begriffen ist.

Das zweite deutsche Haus ist das Haus aus
Unter-Metzenseifen. Fig. 102 gibt die Vorderansicht
dieses Hauses. Es ist mit Schindeln gedeckt. Der
Giebel zeigt wieder Bretterverschalung und darüber
eine kurze Abwalmung. So wie beim Krickerhäuer
Hause fällt uns auch hier an der Giebelwand beim
Abschlusse des Erdgeschosses ein vorspringendes
schmales Schutzdach auf, das das Mauerwerk dieser
Wand vor Regen zu schützen hat. Das Haus ist ein
Ziegelbau moderner Form. Vom Hüter des Hauses
erhielt ich die Auskunft, dass ältere Häuser in Unter-
Metzenseifen noch aus Holz erbaut wären.

Das gemauerte Einfahrtsthor ist auch durch ein
Dach geschützt. Ein Flügel des Thores steht ge-

Im Visitzimmer finden wir wieder die stabilen
Bänke und in dem Winkel, den sie bilden, den Tisch.
Zwischen den beiden hofseitigen Fenstern ist oben
eine „Rem“ oder „Tellerrem“ angebracht, von der
Form, wie ich sie Bd. XXV der „Mittheilungen der
Anthropologischen Gesellschaft in Wien“, S. 138,
Fig. 215, abgebildet habe. Sie ist demnach der im
heanzischen Hause gleich. Im Tischwinkel befindet
sich oberhalb der Bank ein verziertes Eckbrettchen,
die „Winkelrem“. Zwischen den beiden gassenseitigen
Fenstern hängen ein Spiegel und Heiligenbilder
(„Jesus“ und „Maria“) an der Wand. An der Wand,
welche die Schlafkammer vom Visitzimmer trennt,
ist ein Schüsselkorb, auch „Rem“ genannt, angebracht. Zwischen der Thüre und dem grossen,
schönen Kachelofen, um den sich wieder eine Ofenbank zieht, befindet sich etwa 1 m hoch über dem
Fussboden in der Wand ein kleiner Kamin, der mit

ebensolchen, grünen gerippten Kacheln, wie sie der Kachelofen zeigt, bekleidet ist. Er wurde mir „Kochofen" genannt. Auf meine Frage, ob solche Kochöfen in den Häusern noch vorkommen oder noch im Gebrauche stehen, antwortete mir der Hüter, der 27 Jahre alt war: „Ich weiss mich schon gar nicht mehr daran zu erinnern."

Ich halte dafür, dass dieser kleine Kamin wohl nie als Ofen zum Kochen, sondern wahrscheinlich als „Kienleuchte" gedient haben wird.

In der neben dem Visitzimmer liegenden „Schlafkammer" sah ich sonst gar nichts untergebracht, als zwei Betten.

Auch die hintere Stube zeigte nur eine spärliche Einrichtung. Ausser den stabilen Bänken und dem Tisch finden wir hier ein Bett, eine Kleidertruhe und einen kleinen Sparherd.

Ich fragte den Hüter des Hauses, ob denn sonst nichts in den Zimmern zu sein pflege?

Seine Antwort war die: „Nach altfränkischem Gebrauch ist sonst nichts in den Zimmern."

Der Sparherd ist natürlich ein neuerer Eindringling. Früher wurde in der Küche, und zwar bei offenem Herdfeuer gekocht. Von einem offenen Herde der landläufigen Formen findet man jedoch keine Spur in der Küche, dafür aber gewahrte ich neben dem grossen, ja unförmlichen Backofen ein Arrangement von Küchengeräthen, von denen eines, ein Bratspiess, unzweifelhaft auf das ehemalige Vorhandensein eines offenen Herdes schliessen liess.

Ich holte den Hüter zu Rathe. Er erklärte mir nun die Construction des Backofens. Der Backofen ist aus gebrannten Ziegeln erbaut. Er bestand aus einem Sockel, dessen Länge 2·03 m, dessen Tiefe 2·01 m und dessen Höhe 0·76 m betrug. Auf diesem Sockel erhob sich nun das prismatische Mittelstück von 0·98 m Höhe und dieses schloss ab mit einem pyramiden-stumpfförmigen Obertheil von 0·42 m Höhe. Der eigentliche Ofen ist so auf den Sockel aufgesetzt, dass links ein schmälerer, vorne ein breiterer flacher Rand des Sockels vorsprang. Der vordere Rand mass 0·39 m in der Breite. Er wird „Vorriss" genannt. „Auf diesem Vorriss wird vor dem Ofenloch in Häusern, wo man keine Sparherde hat, gekocht." So erklärte mir der Hüter. Das war also der offene Herd. Er erinnerte lebhaft an den Herd aus dem ruthenischen Hause.

In der Ecke neben dem Backofen fehlte, wie mir der Hüter sagte, die „Kesselmauer" mit dem Kessel,

welcher stets zur Ausstattung der Küche gehört. In der hintersten Ecke der Küche war eine niedere, nur 0·20 m hohe, schemelartige Wasserbank, auf der kannenförmige Wassergefässe aus Holz standen.

Das Arrangement der Küchengeräthe, von dem ich oben sprach und das an eine analoge Zusammenstellung ähnlicher Geräthe aus Wandorf bei Oedenburg gemahnt, die ich Bd. XXV der „Mittheilungen der Anthropologischen Gesellschaft in Wien", S. 131, Fig. 199, abgebildet habe, will ich nun auch noch besprechen.

Oben hängen vier „Kuchenbleche" mit ganz niederen gewellten Rändern. Dann sah ich da zwei „Hackbeile zum Hacken von Saufutter", dann zwei „Schaumlöffel zum Abheben des Schaumes, wenn z. B. Fleisch gesotten wird", weiter eine „Fleischgabel", ferner einen „Schöpflöffel" und schliesslich einen „Siedlöffel zum Abseihen der Nockerle". Die Siedlöffel, der Schöpflöffel und die Schaumlöffel waren jeder aus einem einzigen Stück Eisen geschmiedet. Unten war noch ein Bratspiess von 1·4 m Länge an der Wand befestigt, hinter dem zwei „Blechstürze" und ein eigenartig geformtes „Hackmesser zum Zerhacken von Fleisch und Leber" steckten.

In Metzenseifen kommt, wie mir der Hüter sagte, das Feuerross auch vor. Es führt dort den Namen „Feuerhund". Man trifft es aber nur mehr selten, weil die offenen Herde schwinden, und nur in einfacher Form mit Bügeln ohne die charakteristischen Hörner und ohne Haken.

In der Kammer, die neben der hinteren Stube liegt und die kein Fenster hat, weil an sie doch die „Hofkammer" sich anschliesst, fand ich zwei Kleidertruhen und eine viertheilige Mehltruhe. Oberhalb *a* waren Nägel zum Aufhängen von Kleidern in die Wand geschlagen. Bei *b* war ein Verschlag für Erdäpfel aus Brettern errichtet. Auch stand in der Kammer ein „Knetstuhl" und darauf lag ein Backtrog. Beide Geräthe glichen vollkommen dem Backtrog und Schragen, den ich Bd. XXV der „Mittheilungen der Anthropologischen Gesellschaft in Wien", S. 144, Fig. 229, aus Oberschützen abgebildet habe. In der Kammer sah ich schliesslich auch noch einige nicht uninteressante Geräthe. Es waren dies eine eigenartige „Brotwiege für sechs Laibe", die von der Decke der Kammer herabhing, und mehrere „Brottrög'l" oder „Simperle", von denen besonders die interessant waren, von denen zwei durch einen Stiel mit einander verbunden und aus einem Stück Holz gefertigt waren. Der verbindende Stiel diene als

Griff, sagte mir der Hüter, und so könne man in beiden Händen vier Brote auf einmal tragen.

Solche hölzerne Zwillings-Brottrögel fand ich noch im slovakischen Hause aus Somos und merkwürdigerweise in dem aus dem südlichsten Theile Ungarns stammenden rumänischen Hause aus Kornyeréva.

Das dritte deutsche Haus im Ausstellungsdorfe war das schwäbische Haus aus Gr.-Jécsa. Die Vor-

wand zeigte, im Jahre 1878 von Georg und Magdalena Altmeyer erbaut. Die an den Zopfstil erinnernde Giebelwand gibt dem Hause ein äusserst stattliches Aussehen. Eine Giebelwand von ähnlicher Form zeigte auch das serbische Haus aus Czrepálya im selben Comitate.

Imposant sind auch die hohen gemauerten cylindrischen Säulen, die auf prismatischen Postamenten

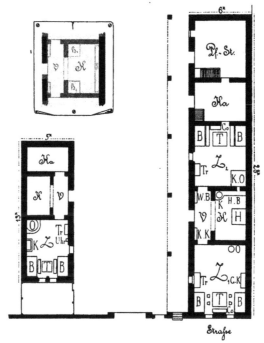

Fig. 103. Plan des schwäbischen Hauses aus Gr.-Jécsa.

fahren der Bewohner von Gr.-Jécsa sollen, wie mir der Hüter des Hauses, Jakob Gutekunst, mittheilte, aus Elsass-Lothringen und aus Württemberg eingewandert sein. Die Form, welche das Haus im Ausstellungsdorfe aufwies, haben die alten Ansiedler wohl nicht aus ihrer Heimat mitgebracht. Die oben herangezogene Taf. IV in Bd. XXVI d. „Mitth." bietet im Bilde rechts auch die Ansicht dieses Hauses. Das Vorbild des Hauses, welches im Ausstellungsdorfe stand, wurde, wie die Inschrift an der Giebel-

stehen und den über den Hausgang vorspringenden Theil des Daches tragen. Das Dach ist mit Ziegeln gedeckt. Das schwäbische Haus war unstreitig das stattlichste des ethnographischen Dorfes. Es darf dies nicht Wunder nehmen, denn die schwäbischen Bauern gehören zu den reichsten des Landes.

War nun zwar das Aeussere dieses Hauses ein moderneres, so glich doch seine innere Ausgestaltung, sein Grundriss, wie wir dies in Fig. 103 sehen, denen vieler anderer Häuser; er ist althergebracht.

13*

Gegen die Strasse zu liegt die „gute Stub'" Z_1, dann folgen Küche K und Vorhaus V, welch' letzteres durch einen wagrechten Balken von der Küche abgetrennt ist. Dann folgt die „hintere Stub'" Z_1. Die vordere Stube hat selten einen Lehmboden, dagegen haben die hintere Stube, Küche und Vorhaus selten Bretterböden.

Die beiden Stuben sind fast ganz gleich eingerichtet. Da wie dort sehen wir in den beiden innersten Ecken die Betten stehen. Zwischen den Betten steht der Tisch, hinter dem Tische an der Wand eine Commode und darüber Hausaltäre. Nahe der Thüre, an der hofseitigen Wand, erblicken wir in beiden Zimmern eine Truhe. Gegenüber der Truhe steht im vorderen Zimmer ein Schränkchen mit einer Stellage für Gläser. Dieses fehlt im hinteren Zimmer. Ferner vertreten im hinteren Zimmer die Stelle der vier Stühle, die im vorderen Zimmer an beiden Seiten des Tisches vertheilt stehen, zwei Lehnbänke und den eisernen Kanonenofen des vorderen Zimmers ersetzt im hinteren Zimmer ein Kachelofen.

In Bezug auf die Küche sagte mir Jakob Gutekunst, dass er sie in seinem Dorfe nie so ausgestattet traf, wie er sie im Hause des Ausstellungsdorfes eingerichtet vorfand. Hier stand nämlich in der linken vorderen Ecke der Küche ein eingemauerter Kessel K und an diesen schloss eine gemauerte Bank $H. B$ an. Der Herd H aber stand von drei Seiten frei an der rückwärtigen Wand der Küche. So sah er es nie.

Gewöhnlich steht der Herd (H_1) dort, wo sich der Kessel eingemauert fand. (S. Fig. 103 links oben.) In der vorderen rechten Ecke steht oft ein zweiter Herd (H_1) und immer dann, wenn zwei Familien im Hause leben. An der hinteren Wand steht eine lange Stellage S für das Küchengeschirr und über derselben hängen zum Schmucke der Küche Teller an der Wand.

Im Vorhause stehen links vom Eingange in der Ecke eine Wasserbank $W. B$ und rechts ein Küchenkasten $K. K.$

An die Wohnräume schliessen sich die Wirthschafträume an. Neben dem Fenster der hinteren Stube öffneten sich zwei eng aneinander liegende Thüren. Die eine führte in eine Speisekammer, die andere eine Stiege hinab in den Keller. Gutekunst gab mir diese Anordnung auch als unrichtig an. Es sei, theilte er mir mit, an dieser Stelle stets nur eine Thüre, die in die Speisekammer führe. Aus der Speisekammer selbst leite dann die Keller-

stiege hinab. An die Speisekammer reiht sich noch der Stall für die Pferde an.

Bei älteren Häusern, sagte mir Gutekunst, laufe der Säulengang stets durch, so wie es der Plan Fig. 103 zeigt; bei neueren Häusern dagegen trete der Pferdestall in der Breite des Ganges vor.

Nicht unerwähnt darf bleiben, dass alle Räume von der guten Stube bis in den Pferdestall im Inneren des Hauses durch Thüren in Verbindung stehen.

Abgesondert vom Hause lag quer gebaut noch ein Gebäude, das einen Kuhstall und einen Wagenschuppen enthielt.

Zu einem grösseren schwäbischen Bauernhause gehört nun noch ein „Kleinhaus". Es besteht aus einer Stube, aus Vorhaus und Küche und einer Kammer. Vorhaus, Küche und Stube sind in ganz gleicher Weise eingerichtet, wie die entsprechenden Räume des Wohnhauses, nur vertritt die Stelle des Kachel- resp. Kanonenofens ein aus kleinen Ziegelstücken und Lehm aufgebauter kegelstumpfförmiger Ofen, wie ich einen solchen in meiner Arbeit über „Herde und Oefen", S. 28 ff., beschrieben habe. Dieser Ofen war mit einer Ofenbank umgeben. Gutekunst bezeichnete mir auch dies als einen Fehler. Die Ofenbank fehlt nämlich im schwäbischen Hause Jécsas stets. Es sei dies serbischer Brauch.

Die beiden Fenster in der Giebelwand des Kleinhauses lagen sehr eng beisammen, wie dies aus dem Grundrisse ersichtlich ist. Auch dies sei falsch, sagte mir Gutekunst, denn zwischen den Fenstern hätte ja kein Altar Platz, der in keinem Zimmer fehlt. Im Kleinhause leben die Alten im „Ausbehalt".

Nun bliebe mir noch übrig, über das vierte im Ausstellungsdorfe vertreten gewesene deutsche Haus, über das siebenbürgisch-sächsische, zu sprechen. Ich kann mich dessen jedoch entheben, da in einem kleinen, 40 Seiten umfassenden Werkchen: „Der siebenbürgisch-sächsische Bauernhof und seine Bewohner" (erschienen bei Jos. DROTLEFF in Hermannstadt 1896) ein gleiches Haus wie das, welches im ethnographischen Dorfe stand, von Professor GUSTAV SCHULLERUS besser beschrieben ist, als ich es nach dem einen Objecte und bei dem wenig freundlichen Entgegenkommen, das mir der Hüter des sächsischen Hauses bewies, zu beschreiben im Stande gewesen wäre.

Ich will nun das einzige noch übrige Haus des Ausstellungsdorfes, von dessen Plan noch nicht die Rede war, der mir aber der interessanteste gewesen, weil mir ein gleicher noch nicht untergekommen ist, einer kurzen Besprechung unterziehen. Es ist dies das Haus der Székler, dieses im äussersten Osten von Siebenbürgen vom Mutterlande abgesondert lebenden Stammes der Magyaren.

Ich bringe in Fig. 104 den Plan der ganzen Hofstätte mit den drei Gebäuden, welche darauf liegen, so, wie ich sie im Ausstellungsdorfe fand.

Den Hof betritt man von der Strasse aus durch ein grosses, geradezu auffallend schönes, reichbeschnitztes hölzernes Thor. Dasselbe besteht aus einem grossen Einfahrtsthore und einem daneben allein so gross, als das Stallgebäude, wie es im Ausstellungsdorfe stand. Man konnte das ganze Wirthschaftsgebäude nicht so ausführen, wie es ausgeführt hätte werden sollen, da es an Platz mangelte.

Links von dem Wirthschaftsgebäude lag das dritte Gebäude, die „Sommerküche".

Ich gehe jetzt auf das Wohngebäude zurück. Es wird von zwei Seiten durch einen Gang eingefasst. Der Boden des Ganges liegt etwa 1 m hoch über der Erde, so dass man zu demselben über mehrere Stufen emporsteigen muss. Der Gang ist mit einer

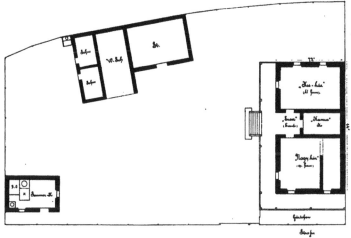

Fig. 104. Plan der Hofstätte des Székler-Hauses

angebrachten kleinen Pförtchen. Im obersten Theile des Thores befindet sich der Taubenschlag.

Das Wohnhaus kehrt den Giebel der Gasse zu. Zwischen dem Hause und der Hofumzäunung liegt der Strasse zu ein kleines Gärtchen. Im Hintergrunde des Hofes liegt das Wirthschaftsgebäude. Es besteht aus einem Stalle, aus einem Wagenschuppen und dem Schweinestalle. Ueber dem Stalle und dem Schuppen liegt der Raum für das Futter. Ueber diesem erhebt sich dann erst das Dach. Das Wirthschaftsgebäude besteht sonach aus zwei Geschossen. Der Hüter des Hauses, Michael Karda, setzte an dem Stallgebäude aus, dass es viel zu klein gerathen sei. Die Scheunenräume, die hier fehlten, seien für sich Brüstung versehen, die aus zierlich ausgesägten Brettern gebildet ist. Das Dach des Hauses ragt über den Gang hervor und wird durch schöne, hölzerne Säulen getragen. Sagte ich vom schwäbischen Hause, dass es das stattlichste des Ausstellungsdorfes gewesen, so muss ich vom Székler-Hause bekennen, dass es das schmuckste war.

Dem Plane des Hauses liegt ursprünglich wieder die Dreitheilung zu Grunde, die durch Unterheilung zur Fünftheilung geworden. Von hohem Interesse ist nur das Folgende: In diesem Hause fehlt eine eigene Küche. Der mittlere Raum des Hauses, den sonst bei dreigliedrigen Häusern in Ungarn in der Regel die Küche und ein Vorhaus einnehmen, ist auch hier in zwei Theile getheilt, den rückwärtigen Theil nimmt jedoch eine Kammer ein, während den vorderen Theil ein nach vorne offener Vorraum ausfüllt. Er heisst „eresz", zu deutsch: Traufe. An den mittleren Theil schliessen sich nach vorne und nach rückwärts je ein Raum an. Ich sage, je ein Raum, da im vorderen Theile die Untertheilung wie im siebenbürgisch-sächsischen Hause wieder keine vollkommen durchgeführte ist. Die offene, durch keine Thüre zu schliessende Verbindung ist hier noch grösser als dort.

Von besonderer Wichtigkeit ist nun wieder der Name, der diesen beiden Räumen beigelegt wird. Der Székler benennt die Stuben nicht, wie es sonst im ganzen Lande bei den Magyaren üblich ist, mit szoba = Zimmer oder Stube, sondern mit „ház" = Haus. Die vordere Stube nennt er „nagy ház" = grosses Haus, die rückwärts liegende dagegen „kis ház" = kleines Haus.

Die vordere Stube wird nur benützt, wenn Gäste in's Haus kommen. Die rückwärtige Stube ist die Wohnstube.

Ich habe vorher erwähnt, dass das dritte Gebäude auf der Székler-Hofstätte den Namen „Sommerküche" führt. Aus dem Namen geht hervor, dass im Winter dortselbst nicht gekocht wird. So ist es nun auch. Da nun im Hause selbst eine Küche fehlt, so ist der Székler gezwungen, im Winter in der Wohnstube zu kochen. Wir treffen also im äussersten Osten von Siebenbürgen wieder dieselben primitiven Verhältnisse, wie in unseren Alpenländern. Trotzdem sinkt die Wohnstube des Széklers nicht zur russigen und qualmenden Rauchstube herab, wie die Wohnstube des Bauern in den österreichischen Alpenländern. Dies dankt er seinem Herd, der, wenn in demselben das Feuer auch offen lodert, doch um Vieles praktischer ist, als der primitive Herd beispielsweise des Bauern in der Gegend von Vorau, wo ich ihn im verflossenen Sommer fast in jedem Bauernhause antraf.

Ich habe den Herd aus dem Székler-Hause in meiner Arbeit: über „Herde und Oefen" besprochen und in Fig. 5 abgebildet. Der Székler verdankt es in der That seinem Herd, dass seine Stube keine Rauchstube ist. Der Rauch wird nämlich durch einen Kachelaufbau über der Feuerstelle aufgefangen und dann durch einen Schlot abgeleitet. Vor Zeiten wird freilich auch das Székler-Haus ein Rauchhaus gewesen sein. Damals wird das Haus des Széklers auch noch nicht aus einem „nagy ház" und einem „kis ház" bestanden sein, sondern die einzige Stube

mit dem vorgelegten „eresz" wird sein ganzes Um-und-Auf, in der That also sein ház, sein Haus gebildet haben.

Ich glaube das Székler-Haus in der Ausgestaltung, wie ich es im Ausstellungsdorfe gefunden und wie ich es beschrieben, bietet einen werthvollen Beitrag zur Klarstellung der Entwicklungsgeschichte des oberdeutschen Hauses.

Was nämlich der Székler „eresz" = Traufe nennt, ist offenbar die Laube des oberdeutschen Hauses. Der „eresz" bildet doch am Székler-Hause auch heute noch eine offene freie Laube. Ehemals dürfte sie durch das ganze Haus gegangen, resp. wenn dasselbe nur aus einer Stube bestanden ist, dem ganzen Hause vorgelegt gewesen sein, ähnlich wie der ehemalige Stall im Vereczkeer ruthenischen Hause dem einzigen Wohnraume jenes Hauses, der zugleich Koch- und Schlafraum, vorgelegt ist. Dort ist dieser Raum bereits geschlossen und diente, wie gesagt, noch vor ganz kurzer Zeit als Stall. Zu Anfang dürfte er nur überdacht und nur theilweise geschlossen gewesen sein und wahrscheinlich dem Vieh als Unterstandsort gedient haben, wie dies in meiner oberkärntnerischen Heimat bei Sennhütten in ganz analoger Weise auch heute noch der Fall ist.

Ich hoffe, es werden sich diese Annahmen durch die eingehende Erforschung des Székler-Hauses, wenn dabei auch die primitivsten Wohnverhältnisse, Hirten- und Holzfällerwohnungen, mit in Betracht gezogen werden, als Thatsachen bewahrheiten und dann in der That neue Lichtstrahlen in die Entwicklungsgeschichte des oberdeutschen Hauses werfen.

* * *

Nachdem ich über das Wesentlichste aller Häuser des ethnographischen Dorfes, nämlich vor Allem über ihre Grundrisse gesprochen habe, will ich zum Schlusse in nur ganz skizzenhafter Weise noch Einiges im Allgemeinen über das Aeussere der Häuser, über die innere Ausstattung derselben, über einzelne Hausgeräthe und schliesslich über die Wirthschaftsgebäude, die ich bei den einzelnen Häusern antraf, sagen. Es werden sich daraus Schlüsse von nicht geringer Bedeutung ziehen lassen.

In Bezug auf das Material, aus denen die Häuser im Ausstellungsdorfe errichtet waren, habe ich bei einzelnen Häusern bereits Erwähnung gethan. Ich stelle nun vorerst alle Häuser des ethnographischen Dorfes nach dem Material, aus dem sie erbaut waren, in Gruppen zusammen.

Hölzerne Wohnhäuser waren im Ausstellungsdorfe vertreten aus Handlova im Comitate Neutra, aus Perestó im Comitate Eisenburg, aus Somos im Comitate Sáros, aus Vereczke im Comitate Bereg, aus Toroczkó im Comitate Torda-Aranyos, aus dem Kalotaszeg im Comitate Klausenburg, aus Felső-Szálláspatak im Comitate Hunyad und aus Csik-Szt. Domonkos im Comitate Csik.

Unter diesen Häusern sah man es nur dem deutschen Hause aus Handlova, dem magyarischen aus Toroczkó, dem rumänischen aus Felső-Szálláspatak und dem ruthenischen aus Vereczke auf den ersten Blick an, dass es Holzbauten waren. Alle anderen der erwähnten Holzbauten waren aussen und viele auch innen mit Lehm verschmiert und mit weisser Thonerde oder mit Kalkmilch geweisst. Die Hüter der Häuser aus Toroczkó, Felső-Szálláspatak und Vereczke sagten mir übrigens, dass man in ihren Gegenden gegenwärtig alle Häuser in der angedeuteten Weise verputzt. — Bei den Häusern aus Toroczkó und Felső-Szálláspatak beginnt übrigens der Holzbau erst etwa 1 m über der Erde. Die Grundmauern dieser Häuser waren aus Stein.

Steinerne Häuser standen im Ausstellungsdorfe nur zwei. Es waren dies das sächsische Haus aus Schellenberg und das magyarische Haus aus Szt. Gaál im Bakonyer Walde. Der Hüter des Csányó-Hauses sagte mir, dass in seiner Heimat die alten Häuser auch aus Stein erbaut seien. Jetzt erbaue man die Häuser jedoch stets aus Ziegel, da Stein für zu kalt gehalten werde.

Ziegelbauten waren die deutschen Häuser aus Jécsa und Metzenseifen, die magyarischen Häuser aus Jász-Apáthi, Szegvár, Hétfalu und Kis-Hartyán, ferner das serbische Haus aus Czrepálya, das bulgarische aus Vinga und das rumänische aus Kornyeréva.

Aus ungebrannten Ziegeln, denen in der Regel Spreu beigemengt wird, war erbaut das magyarische Haus aus Büd-Szt. Mihály im Comitate Szabolcs, und Lehmbauten waren die magyarischen Häuser aus Zebeczke im Comitate Zala, aus Csököly im Comitate Somogy, das Matyó-Haus aus Mezökövesd im Comitate Borsod und das sokaczische Haus aus Szantova im Comitate Bács-Bodrog.

Der Hüter des Hauses aus Csököly, Franz Korcz, erklärte mir die Art und Weise der Aufführung des Lehmbaues in seiner Heimat. Da ich annehmen darf, dass diese Art des Lehmbaues weiteren Kreisen ebenso unbekannt sein wird, wie sie mir bis dahin unbekannt war, will ich deren Beschreibung hier einflechten.

Es wird vorerst das Gerippe des Hauses aufgestellt, wie bei einem Riegelwandbau. In einzelnen Gegenden pflegt man die durch das Gebälke gebildeten Felder mit Aesten oberflächlich zu verflechten, um dem Lehm besseren Halt zu verleihen. In anderen Gegenden unterbleibt dies. Der Lehmteig erhält einen Zusatz von Stroh. Das Stroh wird mit dem Lehm dadurch gut vermengt, dass man das Gemenge durch Pferde, die man darin im Kreise herumführt, treten lässt. Das Ausfüllen der Felder geschieht nun in der Weise, dass man den mit Stroh vermengten Lehmteig mittelst Schaufeln von innen und aussen gleichzeitig anwirft. Auf Glätte wird dabei nicht gesehen. Ist der Bau nach etwa einer Woche so weit getrocknet, dass die Wände nicht mehr weich und auch noch nicht allzu hart sind, so werden die Wände von aussen und innen mit einer an den Kanten scharf geschliffenen Schaufel glatt behauen. Ist dies geschehen, werden die Wände mittelst Lehmteig und mit Hilfe des Reibbrettes noch weiter geglättet und schliesslich nach einiger Zeit, wenn der Bau gut ausgetrocknet ist, mit Kalkmilch geweisst. Diese Art des Lehmbaues führt den bezeichnenden Namen „fecskerakás", zu deutsch etwa: Schwalbenbau.

Ebenso verschieden, wie das Material, aus dem die Häuser erbaut wurden, war auch das Material der Dächer.

Strohdächer hatten die magyarischen Häuser aus Csököly und Zebeczke, das deutsche Haus aus Handlova, das wendische aus Perestó, das slovakische aus Somos und das ruthenische aus Vereczke

Dächer aus Rohr oder Schilf besassen die magyarischen Häuser aus Szegvár, Mezökövesd und Büd-Szt. Mihály, das bulgarische Haus aus Vinga und das sokaczische Haus aus Szantova.

Schindeldächer wiesen auf die magyarischen Häuser aus Toroczkó, aus dem Kalotaszeg, aus Jász-Apáthi und aus Csik-Szt. Domonkos, dann das deutsche Haus aus Metzenseifen und die rumänischen Häuser aus Felső-Szálláspatak und Kornyeréva.

Ziegeldächer hatten die magyarischen Häuser aus Mezökövesd, Kis-Hartyán, Szt. Gaál und Hétfalu, dann die deutschen Häuser aus Gr.-Jécsa und Schellenberg und schliesslich das serbische Haus aus Czrepálya.

Mannigfaltig war auch die Form der Dächer. Die einfachste Dachform, ein schlichtes Satteldach bei senkrechten Giebelwänden, zeigten die Häuser aus Gr.-Jécsa, Schellenberg, Czrepálya, Somos, Szantova, Kis-Hartyán, Bűd-Szt. Mihály, Szt. Gaál, Mezőkövesd, Jász-Apáthi und Szegvár.

Kurze, zumeist auf ein Drittel der Dachhöhe herabreichende Abwalmungen gewahrte ich an den deutschen Häusern aus Metzenseifen und Handlova, an den magyarischen Häusern aus Hétfalu, Csököly, Zebeczke, Bűd-Szt. Mihály, Csik-Szt. Domonkos, an dem wendischen Hause aus Perestó und dem rumänischen Hause aus Kornyeréva.

Volle Walmdächer zeigten die magyarischen Häuser aus Toroczkó, aus dem Kalotaszeg, das rumänische Haus aus Felső - Szálláspatak und das ruthenische Haus aus Vereczke Das Dach des letztgenannten Hauses fiel durch seine grosse Steile und seine ausserordentliche Höhe, die die Höhe des Geschosses annähernd um das Vierfache überragte, auf.

Von allen Häusern hatten nur die Häuser aus Toroczkó, Kalotaszeg und Vereczke keine Schornsteine. Auf dem slovakischen Hause und dem Hause aus Krickerhäu fielen hölzerne Schornsteine auf.

Wenn ich vom Aeusseren der Häuser spreche, so darf ich des Säulenganges nicht zu erwähnen vergessen, denn wie ich von den Häusern des ethnographischen Dorfes lernte, scheint er geradezu ein Charakteristicum der Häuser vieler Gegenden Ungarns zu sein, ohne dass er zur Eigenart des Hauses eines Volksstammes, etwa des magyarischen, wogegen ich schon in meiner Arbeit über das heanzische Bauernhaus in Bd XXV der „Mittheilungen der Anthropologischen Gesellschaft in Wien" sprach, gehörte, da ich ihn an Häusern aller Volksstämme, soweit dieselben im Ausstellungsdorfe vertreten waren, fand.

Gefehlt hat ein Säulengang unter allen 24 Häusern nur an fünf Häusern und zwar an den deutschen Häusern aus Handlova und Metzenseifen, am magyarischen Hause aus Toroczkó, am wendischen Hause aus Perestó und am slovakischen Hause aus Somos.

Am deutschen Hause aus Schellenberg und am magyarischen Hause aus Hétfalu hat ein eigentlicher Säulengang zwar wohl auch gefehlt, doch waren die Stiegenaufgänge zu den Hauseingangsthüren von Säulen flankirt und da wie dort waren diese Aufgänge durch das hier überhängende Dach geschützt.

Alle anderen Häuser des Dorfes besassen also Säulengänge. Sie zogen sich bei allen der dem Hofe zugekehrten Frontseite entlang und bei dreien dieser Häuser setzte sich der Säulengang auch an der Giebelseite, die der Strasse zugekehrt war, fort. Es

waren diese Häuser: die magyarischen Häuser aus Csököly, Zebeczke und Csik-Szt. Domonkos.

Bei den meisten der Häuser waren die Säulen aus Holz, oft waren sie zierlich geschnitzt.

Hölzerne Säulen flankirten die Gänge der magyarischen Häuser aus Apáthi, Szegvár, Kalotaszeg, Csököly, Kis-Hartyán, Zebeczke, Bűd-Szt. Mihály und Csik-Szt. Domonkos, der rumänischen Häuser aus Felső-Szálláspatak und Kornyeréva, des bulgarischen Hauses aus Vinga und des sokaczischen Hauses aus Szantova.

Gänge mit gemauerten Säulen wiesen auf das deutsche Haus aus Gr.-Jécsa, das serbische aus Czrepálya und die magyarischen Häuser aus Mezőkövesd und Szt. Gaál. Unter diesen vier Häusern waren die Säulen nur beim Hause aus Gr.-Jécsa nicht durch Bogen verbunden.

Nur bei einzelnen Häusern waren die Säulengänge gegen den Hof zu nicht abgeschlossen. Die Abschliessung geschieht gewöhnlich durch eine Bretterverschalung, bei Gängen mit gemauerten Säulen jedoch auch durch gemauerte Brüstungen.

In Bezug auf das Aeussere der Häuser muss noch besonders betont werden, dass kein einziges derselben einen Hauseingang in der Giebelseite aufwies; alle Häuser hatten die Eingänge in der dem Hofe zugekehrten Frontseite.

Die innere Ausstattung der Häuser war fast überall eine sehr einfache, oft eine geradezu primitive. Als Beweis dafür kann gelten, dass in einzelnen Häusern, wie im bulgarischen Hause aus Vinga, im wendischen Hause aus Perestó, im slovakischen Hause aus Somos und im ruthenischen Hause aus Vereczke, alle Räume Fussböden aus festgestampftem Lehm aufwiesen. Im Hause aus Jász-Apáthi hatten die beiden Stuben ebenfalls Lehmfussböden, während die Küche mit Ziegeln gepflastert war. In anderen Häusern wieder zeigte, wenn die Stuben Bretterböden hatten, die Küche einen Lehmfussboden, so in den Häusern aus Szegvár, Mezőkövesd und Felső-Szálláspatak. In einigen Häusern war nur der Fussboden des vorderen Zimmers mit Brettern belegt, während die Küche und das hintere Zimmer Lehmböden hatten. So war es in den Häusern aus Kis-Hartyán und Csököly. Die wenigsten Häuser hatten Bretterböden in allen Räumen. Ich notirte als solche nur die Häuser aus Handlova, Schellenberg, Hétfalu und Csik-Szt. Domonkos.

Nicht unerwähnt will ich hier lassen die Art und Weise der Bereitung des Lehmfussbodens, wie mir dieselbe Andreas Varga, der Hüter des Hauses aus Szegvár, geschildert hat. Man mischt dort in den Lehmteig Pferdemist, der vorher fein verrieben werden muss. Der Zusatz des Pferdemistes, versicherte mir mein Gewährsmann, bewirke, dass der Lehm zäh werde, sich, nachdem er festgestampft worden ist, schön glatt reiben lasse und nicht reisse, d. h. Sprünge erhalte.

Hier will ich auch eine interessante Mittheilung des Hüters aus dem Hause von Jász-Apáthi einschalten, die mich lebhaft an die eben mitgetheilte Klarstellung erinnerte und die mit dieser erkennen lässt, wie wenig mancherorts das Gefühl für Reinlichkeit oder die Scheu vor Ekelerregendem im Volke ausgebildet ist. Blasius Nagy, der nicht selbst aus Jász-Apáthi, sondern aus Jász-Árokezállás war, sagte mir nämlich, dass man die Küche in seiner Heimat gewöhnlich nicht einfach weiss tünche, sondern sie entweder blau, gelb oder sehr häufig grün färbe. Will man nun die Küche grün haben, so mischt man einfach unter den weissen Thonbrei etwas Kuhmist (marhaganaj) und bestreicht dann damit die Wände der Küche. Lächelnd meinte er, das sehe so gut aus, dass man gar nicht glauben würde, dass die grüne Farbe vom Kuhmist komme.

Der einfachen Ausstattung des Hauses gleicht nun an Einfachheit fast durchwegs auch die Einrichtung der Zimmer. War in der Regel schon das vordere Zimmer, das mir häufig als „Visitzimmer" oder „parádi-szoba" bezeichnet wurde, höchst einfach ausgestattet, so war das zweite Zimmer, die eigentliche Wohnstube, oft geradezu ärmlich eingerichtet und glich, wie im Palóczen-Hause aus Kis-Hartyán, eher einer Gerümpelkammer als einem Wohnraume.

Den grössten Schmuck des vorderen Zimmers bilden in der Regel die Betten. Je höher gethürmt mit Polstern und Tuchenten sie sind, desto stolzer blickt die Hausfrau auf sie. Von den vielen Betten, die in der That bis zum Plafond gethürmt waren, habe ich leider nur eines, das aus dem Matyó-Hause, skizzirt. Im Jász-Apáthier Hause stand ein Himmelbett, das ebenfalls bis an den „Himmel" hinan vollgethürmt war.

Einen eigenartigen Zimmerschmuck fand ich in Häusern aus Gegenden, in denen die Weberei als Hausindustrie betrieben wird. Man hängt dort, wie dies z. B. im Csángó-Hause aus Hétfalu der Fall war, die selbstgewebten Tücher und Teppiche an die Wände.

Der gebräuchlichste und fast in keinem Hause fehlende Schmuck der Wände waren die vielen bunten Teller, die oft zu Dutzenden entweder, wie dies in Küchen und Vorhäusern zumeist zu sehen war, frei an der Wand hingen oder in den Stuben in Tellergestellen standen.

Die Tellergestelle hatten fast durchwegs die Form der heanzischen „Schüsselrem", in der Gegend von Oedenburg und auch anderwärts „Zinnas'n" genannt, wie ich sie Bd. XXV der „Mittheilungen der Anthropologischen Gesellschaft in Wien", S. 138, aus Oberschützen abgebildet habe. Dieses Möbelstück ist, soweit ich nach dem im Ausstellungsdorfe Gesehenen schliessen kann, in ganz Ungarn, wie schon gesagt, in gleicher Form vertreten.

Neben der „Tellerrem" tritt auch der von Prof. MERINGER Bd. XXIII der „Mittheilungen der Anthropologischen Gesellschaft in Wien", S. 152, aus Schloss Röthelstein bei Admont abgebildete „Schüsselkorb" in vielen Gegenden auf. Ich übersah es leider, mir die Häuser zu notiren, in denen ich ihn antraf, obwohl ich einzelne interessante Formen dieses Geräthes skizzirt habe.

Angebracht ist nun die Rem in den verschiedenen Häusern aber nicht nur an verschiedenen Orten, sondern auch in verschiedener Weise. Zumeist fand ich sie wohl in den Stuben, oft aber auch in den Vorhäusern und selbst in einzelnen Küchen.

In den Wohnstuben der Häuser aus Schellenberg und Hétfalu zogen sich die Tellergestelle an allen vier Wänden rund herum. In den Häusern aus Kalotaszeg und Toroczkó sah ich sie an jenen zwei Wänden, welche die Ecke bilden, in der nach oberdeutscher Art gewöhnlich der Tisch steht. Im Metzenseifener Hause war sie über den beiden Fenstern angebracht, die gegen den Hof schauen. An der hofseitigen Wand war sie auch im vorderen Zimmer des Hauses aus Szegvár angebracht. Im hinteren Zimmer desselben Hauses hing sie an der Wand, die der Küche zugekehrt war. Im Hause aus Czököly war sie über den Fenstern der gassenseitigen Wand befestigt.

In Bezug auf die Anordnung der anderen Möbel in den Stuben fiel mir auf, dass in den Häusern, die aus dem südlichsten Theile Ungarns stammten, der Tisch nicht jene Ecke einnahm, welche die gassenseitige Wand mit der hofseitigen bildete. Er stand vor der Mitte der gassenseitigen Wand. Hinter dem Tische stand dann an der Wand eine Bank und rechts und links daran auch Bänke oder Stühle.

Die Betten waren in die Ecken rechts und links vom Tische gerückt. Diese Anordnung, welche von der herkömmlichen Anordnung der Möbel im oberdeutschen Bauernhause abweicht, fand ich im serbischen Hause aus Czrepálya, im bulgarischen aus Vinga, in den rumänischen Häusern aus Kornyeréva und Felső-Szálláspatak und auch im schwäbischen Hause aus Jécsa. In den Plan dieses Hauses in Fig. 103 habe ich diese Anordnung der Möbel eingezeichnet.

Bezüglich der Küchengeräthe kann ich nur sagen, dass sie sich den offenen Herden, wie ich sie in den meisten Häusern noch antraf, anbequemen. Sie sind jedoch in spärlicherer Zahl vorhanden, als sonst im oberdeutschen Hause. Die Bäuerinnen der verschiedenen Volksstämme Ungarns scheinen auch mit weniger Behelfen, und zwar gut, wie man allgemein weiss, kochen zu können.

Hängende Kessel fand ich über den Herden nur in drei Häusern. Im rumänischen Hause aus Kornyeréva hing er an einer Kette von der Decke der Küche. Im Hause aus Toroczkó schwebte er an einem hölzernen Kesselträger, der mit Zähnen wie eine Säge versehen war, an denen der Kessel höher oder tiefer gehängt werden kann. Im Csángó-Hause aus Hétfalu war er an einem eisernen drehbaren Kesselhälter von der Art angebracht, wie man ihn in den Bauernhäusern der Alpenländer häufig begegnet.

Dreifüsse waren in allen Häusern auch nur drei vertreten, und zwar in der einfachsten dreieckigen Form in den Häusern aus Jász-Apáthi, Szegvár und Kornyeréva. Dass ich den Dreifuss nur in diesen drei Häusern vorfand, hat seinen Grund wohl darin, dass in Ungarn auch die Thongeschirre — die, nebenbei bemerkt, auch heute noch eine bedeutendere Rolle spielen, als Geschirre aus Blech oder Eisen — sehr häufig mit Beinen versehen sind, die den Dreifuss überflüssig machen.

Feuerrösser sah ich nur zwei, und zwar eines im Hause aus Toroczkó und das andere im Hause aus Zebeczke. Das Feuerross aus Zebeczke hatte eine häufig vorkommende Gestalt, dagegen ist mir die Form des Feuerrosses aus Toroczkó sonst noch nicht untergekommen. Es war 48 cm lang und 18 cm hoch und hatte nur einen Bügel. Dieser endete in eine wellenförmige Ausbiegung, welche zum Einlegen des Bratspiesses diente. Ein solcher von ebenfalls eigenartiger Form — es fehlt an demselben eine

Kurbel zum Drehen — war in der Küche des Hauses aus Toroczkó ebenfalls vorhanden.

Bratpfannen waren in der Küche des Toroczkóer Hauses zwei vorhanden, eine aus Eisen, die andere aus Thon. Wie mir der Hüter des Hauses, Johann Klocza, sagte, wird in Toroczkó auch jetzt noch häufig, besonders im Winter, am Spiess gebraten. Man bratet daran aber nicht nur Spannferkel und Geflügel, sondern auch Schweinefleisch und Würste.

Durch Umfragen bei den Hütern habe ich erfahren, dass das Feuerross über ganz Ungarn unter verschiedenen Namen verbreitet gewesen sein muss. In Toroczkó nennt man es „vasmacska", zu deutsch „Eisenkatze" oder „eiserne Katze". Bei den Csángó kommt es unter dem Namen „macska" = „Katze" noch vor, doch schon seltener. „Im Arader und Torontaler Comitat kam es vor 45 Jahren noch häufig vor", sagte mir der Hüter des serbischen Hauses, Mathias Persich. Der Hüter des Matyó-Hauses kannte das Geräth unter dem Namen „vasláb" = Eisenfuss. In der Gegend von Szegvár trifft man es noch auf entlegenen Dörfern. Der Hüter des sächsischen Hauses erklärte mir, dass die Siebenbürger Sachsen das Geräth noch gebrauchen. Es weise verschiedene Formen auf. Die am häufigsten vorkommende Form sei jedoch jene ohne Bügel. Man nenne das Geräth einfach das „Eisen zum Holz auflegen". In Metzenseifen heisst das Geräth „Feuerhund".

Bratspiesse fand ich in den Häusern des ethnographischen Dorfes nur zwei vor, und zwar, wie schon erwähnt, im deutschen Hause aus Metzenseifen und im magyarischen Hause aus Toroczkó. In Metzenseifen steht der Bratspiess nicht mehr in Verwendung. Hölzerne Bratspiesse werden gebraucht von den Matyó zum Braten des Speckes und in Szt. Gaál von den Hirten zum Braten von Fleisch. Die hölzernen Spiesse erhalten keine Unterlage. Sie werden mit der Hand frei über das Feuer gehalten.

Im Hause aus Szt. Gaál sah ich einen Rost, der in seiner Form ähnlich war jenen Rosten, von denen einen Professor Dr. Meringer in den „Mittheilungen der Anthropologischen Gesellschaft in Wien", Bd. XXI, S. 137, Fig. 161, aus Brodersdorf und einen gleichen ich in den „Mittheilungen der Anthropologischen Gesellschaft in Wien", Bd. XXV, S. 131, Fig. 199, aus Wandorf, die dort und in den um Oedenburg liegenden Dörfern „Pöllas'nrost", in Oedenburg selbst aber „Rostbratenrost" genannt

werden, abgebildet haben. In Szt. Gaál vertritt der
Rost die Stelle des Dreifusses. Es werden Reinen
auf ihn gestellt. Er führt auch den Namen, der dem
Dreifusse häufig beigelegt wird, und heisst „vasláb"
= Eisenfuss.

Der Hüter des serbischen Hauses, Mathias Persich,
sagte mir, dass diese Art von Rosten auch bei den
Serben des Torontaler Comitates im Gebrauche stehe.
Der Rost wird bei ihnen jedoch nicht als Dreifuss,
sondern wie in Oedenburg zum Braten von Fleisch
verwendet. Das Braten von Fleisch auf dem Roste
geschieht jedoch, wie mir Persich erzählte, auf eigene
Art. Man hat in seiner Gegend grosse, halbkugel-
förmige Topf- und Reinendeckel. Sie heissen „Zaklopacz". Einer dieser Art war im serbischen Hause
des Ausstellungsdorfes vorhanden. Diese Deckel sind
aus Thon gefertigt und haben an der Basis einen
Durchmesser von 30—60 cm. Da sie eine Wandstärke
von 1½—2 cm haben, sind namentlich die grossen
Deckel sehr schwer und schwer zu handhaben. Die
grössten Deckel haben im Mantel daher zwei Löcher,
die sich gegenüberliegen. Durch diese zwei Löcher
kann eine Stange gesteckt werden und an dieser
Stange wird der Deckel durch zwei Personen von
links und rechts gehoben. Diese Deckel werden nun
auch zum Braten von Fleisch verwendet. Man stellt
einen derselben schräg auf und stützt ihn mit einem
Stabe. Nun wird unter dem Deckel ein Feuer angefacht und so lange geheizt, bis der Deckel heiss
wird. Hierauf nimmt man die Gluth heraus und stellt
unter den Deckel den Rost, auf den das gesalzte
und gewürzte Fleisch gelegt wird. Der Stab wird
dann entfernt, so dass der Deckel jetzt vollkommen
auf der Herdsohle oder auch im Freien, im Hofe,
auf der Erde aufliegt. Die Gluth kommt nun auf
den Deckel. In seinem obersten Theil hat der Deckel
ein Loch, das mit einem Stöpsel aus Lehm zu-
gestopft ist. Hebt man den Lehmpfropfen ab und es
strömt aus dem Loche weisser Dampf hervor, so ist
der Braten noch nicht gut. Erst wenn der Dampf
schön dunkelbraun kommt, so ist dies ein Zeichen
dafür, dass der Braten gar ist. Auf dieselbe Weise
werden unter dem „Zaklopacz" auch einzelne Brote
gebacken. Sie werden aber nicht auf Roste gelegt.

Ich könnte nun noch lange von verschiedenen
interessanten Geräthen des Hauses, insbesondere
auch von solchen, die in der Landwirthschaft gebraucht werden, erzählen; dies würde aber zu weit
führen. Unerwähnt kann ich aber nicht lassen, dass
ich den Gangelwagen, den ich aus Oberschützen

Bd. XXV der „Mittheilungen der Anthropologischen
Gesellschaft in Wien", S. 139, Fig. 218, abbildete,
in ganz gleicher Gestalt auch im Palóczen-Hause
aus Kis-Hartyán antraf. Der Palócze ist, wie es
scheint, von sehr findiger Natur. Im Gangelwagen
erleichtert er seinen Kindern die Kunst des Gehen-
lernens. Dann verwendet er früher noch zwei andere
Geräthe, um den Kindern zuerst das Sitzen, dann
das Stehen zu lehren. Mir waren sie bis dahin
fremd. Die Vorrichtung, in der das Kind das Sitzen
lernt, nennt er „ülcsik", wohl eine Verunstaltung
des Wortes „ülszék" = Sitzstuhl.

Das andere Möbel, in dem das Kind das Stehen
lernt, nennt er „lyukas szék", zu deutsch: lochiger
Stuhl oder Lochstuhl. Es ist ein schemelartiges
Geräth mit einem Loche in der Mitte. Vor dem
Kinde befindet sich in diesem Geräthe, das für das
Kind eigentlich mehr Tisch als Stuhl ist, eine ausgehöhlte Mulde, in die ihm Leckereien gegeben
werden, um ihm den Aufenthalt im „lyukas szék"
angenehm zu machen.

Ich will jetzt mit der kurzen Besprechung der
Lage, welche die Wirthschaftsgebäude in den verschiedenen Gegenden Ungarns zum Hause einnehmen,
zum Schlusse trachten. Hiebei kann ich leider kein
vollkommenes Bild bieten, da mehrere Häuser im
Dorfe standen, bei denen die Wirthschaftsgebäude
gänzlich fehlten, so bei den Häusern aus Metzenseifen, Schellenberg, Hétfalu, Czrepálya und Vinga,
und viele Häuser da waren, bei denen die Wirthschaftsgebäude nur zum Theile vorhanden gewesen.

Der Mangel an Raum liess die Ausstellungs-
Direction das Dorf leider nicht in der Vollkommen-
heit errichten, wie sie es wohl geplant haben mag
und in der es besonders dem Hausforscher zu sehen
erwünscht gewesen wäre. Der Raummangel verleitete
die massgebenden Factoren bei der Aufstellung der
Wirthschaftsgebäude sogar zu Fehlern, die danach
angethan waren, einen wenig vorsichtigen Hausforscher eher zu Irrthümern als zur Wahrheit zu
führen. Auf einen solchen Fehler, der durch den
Mangel an Raum herbeigeführt wurde, habe ich bei
der Scheune des Székler-Hauses schon hingewiesen.
Ich bin genöthigt, noch zwei solche Fehler auf-
zudecken. In der Hofstätte des Hauses aus Büd-Szt.
Mihály lag das Wohnhaus in der linken vorderen
Ecke unmittelbar an der Strasse. Im Bretterzaune,
welcher den Hof gegen die Strasse absperrte, öffnete
sich ein Pförtchen und das grosse Einfahrtsthor.
Rechts vom Thore lag innerhalb des Zaunes ein

14*

kleines Gärtchen. In weiter Entfernung davon lag in der hinteren rechten Ecke das Stallgebäude. Seine Längenachse war der des Wohnhauses parallel. Der Stall lag also vom Hause rückwärts schräg nach rechts im Hofe. Nach der Versicherung des Hüters müsste der Stall unmittelbar an das Gärtchen anschliessen, also dem Hause direct gegenüberliegen. Eine Scheune fehlte im Hofe, da sie nicht mehr Raum gefunden. Der Hüter sagte mir, dass sie den Hof nach rückwärts abschliesse. Sie sei jedoch nicht quergebaut, sondern erstrecke sich in ihrer Länge nach rückwärts. Vor ihr liegt der Platz zum Dreschen.

Häuser, bei denen der Stall so wie beim Hause aus Büd-Szt. Mihály parallel zu liegen kommt, fand ich im Ausstellungsdorfe vertreten aus dem Kalotaszeg, aus Toroczkó, Kornyeréva und Zebeczke. Bei den Häusern aus dem Kalotaszeg, aus Toroczkó und Kornyeréva fehlte eine Scheune. Sie ist bei allen diesen Häusern, wie mir die Hüter sagten, freistehend und schliesst den Hof nach rückwärts querliegend ab. In Zebeczke sind Wohnhaus und Stallgebäude durch die angebaute querliegende Scheune verbunden. Das Gehöfte hat Hufeisenform und nähert sich der Form des fränkischen Gehöftes.

Den zweiten Fall, der, wie ich erwähnte, angelegt war, irrezuführen, bildete der Hof aus Szt. Gaál. Hier lag das Wohnhaus wieder, mit dem Giebel zur Strasse gekehrt, in der linken vorderen Ecke der Hofstätte. Das Stallgebäude war hinter dem Hause in der rechten Ecke des Hofes querliegend so aufgestellt, dass es den Hof nach rückwärts abschloss. Der Hüter, Gabriel Hegyi, sagte mir jedoch, dass dies falsch sei. An das Haus schliesst sich in gerader Linie erst eine Kammer, dann der Stall an. Die Scheune liegt vom Hause getrennt quer hinter demselben.

Weitere solche Häuser, bei denen die Ställe in gerader Linie mit den Häusern verbunden standen, waren die Häuser aus Somos und aus Kis-Hartyán. Beim slovakischen Hause aus Somos fehlte die Scheune. Beim Palóczen-Hause aus Kis-Hartyán ist die Scheune mit dem Hause im rechten Winkel verbunden. So wie beim Palóczen-Hause sollen, wie mir der Hüter sagte, auch die Ställe und Scheunen im Metzenseifener Hause angeordnet sein.

Im Hause aus Gr.-Jécsa (s. den Plan Fig. 103) und im Hause aus Szegvár (s. den Plan Fig. 97) sind von den Ställen nur die Pferdeställe dem Hause angegliedert. Die Kuhställe befinden sich in eigenen

Gebäuden, welche querliegend den Hof nach rückwärts abschliessen.

In Fig. 97 biete ich nicht allein den Plan der Wohnräume, sondern den Situationsplan der ganzen Hofstätte des Bauernhauses aus Szegvár. *Pf.-St.* ist der Pferdestall, der sich der hinteren Stube anschliesst. Seine Frontseite liegt mit der des Hauses nicht in einer Linie. An den Pferdestall schliesst sich ein Wagenschuppen *Sch.* an. *K.-St.* ist der Kuhstall, *Ka.* eine Kammer, in der Lebensmittel untergebracht werden. *Schw.,* und *Schw.,* sind Schweineställe. In *Schw.,* werden die Zucht- und in *Schw.,* die Mastschweine gehalten. Dem Wohnhause gegenüber liegt ein kleines Gebäude. Dasselbe ist in zwei Theile getheilt. *Ku.* ist eine Hütte, die auf gemauerten Sockeln ruht. Durch die aus Latten gebildeten Gitterwände kann die Luft frei durchziehen. Man hängt darin die Kukuruzkolben auf. *G.-K.* ist die Getreidekammer. Unter ihr ist ein Keller, in dem während der warmen Jahreszeit die Milch untergebracht wird. Im Vordergrunde des Hofes liegt unter *B.* der Brunnen und vor demselben, bei *Tr.* der Brunnentrog. In der vorderen rechten Ecke des Hofes ist auf einer Holzsäule der achtseitige Taubenschlag *T.* angebracht.

Eine andere Lage nehmen die Ställe bei folgenden sieben Häusern ein: bei den Häusern aus Mezőkövesd, Felső-Szálláspatak, Czik-Szt. Domonkos, Jász-Apáthi und Csököly. Hier lagen alle Ställe in besonderen freistehenden Gebäuden. Diese schlossen den Hof nach rückwärts quer ab. Bei den Häusern aus Felső-Szálláspatak, Csik-Szt. Domonkos und Csököly schloss das Stallgebäude auch die Scheune in sich. Bei den Häusern aus Mezőkövesd, Gr.-Jécsa, Jász-Apáthi und Szegvár fehlte die Scheune. Sie liegt rückwärts in grösserer Entfernung im Scheunengarten. Eine solche grössere Scheune hat neben der kleinen Scheune, die mit dem Stalle in Verbindung steht, auch das Csökölyer Bauernhaus. So sagte mir der Hüter. Im Ausstellungsdorfe fehlte die grosse Scheune. Sie dient zur Aufnahme des Futters, das im Spätjahre für den Winter eingeheimst wird und heisst „téli takarmányos pajta", zu deutsch: Scheune für das Winterfutter; die andere, welche mit dem Stalle in Verbindung steht, heisst „nyári takarmányos pajta", zu deutsch: Scheune für das Sommerfutter. Zwischen beiden Scheunen liegt der „szürű", der Dreschplatz.

Querliegende, doch mit dem Hause verbundene Stallgebäude, die zugleich die Scheunen in sich schliessen, fand ich schliesslich bei den Häusern aus Perestó und Handlova. Ihre Pläne zeigen die Fig. 99 und 101.

Aehnlich sind, wie mir der Hüter des siebenbürgisch-sächsischen Hauses sagte, auch die Höfe der Sachsen ausgestaltet. Die Stallgebäude liegen auch quergebaut und mit dem Hause verbunden, doch schliessen sie die Scheune nicht in sich. Dieselbe liegt, wie bei den vorher besprochenen Häusern, hinter den Ställen im Scheunengarten.

* *

Eingangs des vorstehenden zweiten Abschnittes der vorliegenden Arbeit sagte ich, dass sich aus dem, was ich über das Aeussere der Häuser im Ausstellungsdorfe, über die innere Ausstattung derselben, über einzelne Hausgeräthe und schliesslich über die Wirthschaftsgebäude im Allgemeinen mitzutheilen vermag, Schlüsse von nicht geringer Bedeutung werden ziehen lassen. Ich will nun trachten, diese Schlüsse aus dem im zweiten Theile Gesagten abzuleiten.

Das Material, aus denen die Häuser des ethnographischen Dorfes erbaut waren, war kein einheitliches. Wie überall, werden auch in den verschiedenen Gegenden Ungarns die Häuser zumeist aus dem Material errichtet, das am nächsten liegt, also am billigsten kommt. In holzreichen Gegenden trifft man Holzbauten an, in steinreichen Gegenden Steinbauten und dort, wo Holz und Stein fehlt, werden die Häuser aus Ziegeln oder einfach aus Lehm erbaut. Aus der eben durchgeführten Zusammenstellung geht z. B. hervor, dass in den verschiedensten Theilen Ungarns sich sowohl Deutsche, als auch Magyaren, Wenden, Slovaken, Ruthenen und Rumänen Häuser aus Holz erbauen.

Dieselbe Thatsache lässt sich nun auch feststellen in Bezug auf das Material, aus welchem die Dächer der Häuser im Ausstellungsdorfe hergestellt wurden, und auch hinsichtlich der Formen der Dächer habe ich nachgewiesen, dass dieselben, soweit sich nach den im Ausstellungsdorfe gesammelten Erfahrungen schliessen lässt, sich an kein Haus irgend eines bestimmten Volksstammes binden. Das Dach mit der kurzen Abwalmung an der Giebelseite (Halbwalm, Schopf) ist in Ungarn eigen deutschen, magyarischen, slavischen und rumänischen Häusern. Volle Walmdächer (Ganzwalm) hatten im ethnographischen Dorfe nur vier Häuser. Es ist auffallend genug, dass jedes dieser Häuser von Angehörigen vier verschiedener Volksstämme bewohnt wurden. Es war das eine Haus ein magyarisches (Kalotaszeg), das zweite ein ehemals deutsches (Toroczkó), das dritte ein rumänisches (Felső-Szálláspatak) und das vierte ein ruthenisches (Vereczke).

Weder im Material, aus dem die Wände oder das Dach der Häuser in Ungarn hergestellt werden, noch in der Dachform sind demnach nationale Eigenheiten zu erblicken. Dagegen muss hervorgehoben werden, dass keines der Häuser im Ausstellungsdorfe ein Flachdach hatte. Das Steildach bildet daher eine Eigenheit des Bauernhauses in Ungarn.

Vom Säulengang habe ich dasselbe bereits oben ausgesprochen. Er bildet, soweit sich aus dem im ethnographischen Dorfe Erfahrenen überblicken lässt, ein Charakteristicum für das ungarische Bauernhaus, ohne dass er zur Eigenart des Hauses eines Volksstammes gerechnet werden könnte.

Dieser aus dem im Ausstellungsdorfe gesammelten Erfahrungen abgeleitete Schluss wird wohl unumstösslich sein.

Die Lage der Wohnhäuser im Hofe und zur Strasse scheint im grössten Theile des Landes die gleiche zu sein. Eine Ausnahme in seiner Lage zur Strasse und im Hofe nahm unter den Häusern im Ausstellungsdorfe nur das Haus aus Vereczke ein.

Die Lage der Wirthschaftsgebäude (Ställe und Scheunen) ist in den verschiedenen Gegenden des Landes eine verschiedene; sie ist in vielen Gegenden erst noch zu erforschen, doch werden sich wohl auch aus der charakteristischen Lage der Wirthschaftsgebäude zum Wohnhause Schlüsse in Beziehung auf nationale Eigenthümlichkeit — soweit sich aus nach dem durch das ethnographische Dorf Gebotenen folgern lässt — nicht ziehen lassen.

Die Geräthe des Hauses in Ungarn scheinen mit denen des oberdeutschen Hauses im Allgemeinen übereinzustimmen. Die weite Verbreitung nur zweier derselben, des Feuerrosses und der Tellerrem, unterstützt schon diese Annahme.

Die Anordnung der Möbel in den Wohnstuben des grössten Theiles des ungarischen Bauernhauses, die namentlich durch den charakteristischen Standort des Tisches, den dieser in den meisten Häusern des ethnographischen Dorfes in jener Ecke einnahm, in der die stabilen Sitzbänke im rechten Winkel zusammenstiessen, gekennzeichnet ist, ist der üblichen Anordnung der Zimmergeräthe im oberdeutschen Hause gleich. Eine Abweichung in der typischen Zimmerausstattung liess sich unter all' den Häusern, die im ethnographischen Dorfe standen, nur bei jenen Häusern feststellen, die aus dem südlichsten Theile Ungarns stammten. Ob hiebei nicht etwa nationale Einflüsse vorwalten, müsste erst durch weitere Untersuchungen festgestellt werden.

Hoffentlich löst diese eine Frage und mit ihr noch zahlreiche andere, die in Bezug auf die Bauernhäuser vieler Gegenden Ungarns noch in undurchsichtbares Dunkel gehüllt sind, die Hausforschung, welche gerade in letzterer Zeit in Ungarn häufigere und gute Früchte gezeitigt hat, recht bald!

Literaturberichte.

5.

Trojanović, Sima: Starinska srpska jela i pića. K. serb. Akad. d. Wissensch. Serb. ethnogr. Sammlung. II. Buch. Belgrad 1896. 8°. 124 Seiten.

Der Autor der vorgenannten Abhandlung zählt zu den strebsamsten jüngeren serbischen Forschern. Im Mai 1896 veröffentlichte er eine interessante anthropologische Mittheilung (Delo, III, 252 ff.) über das in Albanien und Montenegro bei gewissen Krankheiten des Gehirns von ganz einfachen Leuten mit kleinen Sägen geübte, allerdings der Mehrzahl der Patienten das Leben kostende „Saronjanje" (Trepaniren) und wieder verpflichtet er uns zu Dank durch seine auf eigene Studien, auf die Mittheilungen Vuk's und anderer zuverlässiger Beobachter gestützte Arbeit über „Alterthümliche Speisen und Getränke bei den Serben".

Im einleitenden Worte: „Vergangenheit des serbischen Volkes" betont Trojanović, dass nach den alten Liedern und Traditionen die schon frühzeitig mit Vorliebe den Ackerbau treibenden Südslaven weit weniger als die Griechen, Kelten und Germanen vom Fleische des erlegten Wildes sich nährten. Der folgende Abschnitt II: „Töpferei und Hauseinrichtung" bietet einen übersichtlichen Abriss der Entwicklung der Keramik bei den Südslaven. Ausgehend vom getrockneten Kürbis, dem „Urmodell des Topfes", und den einfachen Holzgeräthen, welche heute noch im Užicer „Zlatibor" im Haushalte vorwiegen, glaubt der Autor, dass die Töpferkunst durch Fremde auf serbischen Boden eingeführt und lange Zeit auch betrieben wurde. Noch gegenwärtig gelte sie im Umkreise des altserbischen Budimlje als entehrend, deshalb werden dort Töpfe, Schüsseln u. s. w. ohne Anwendung der Drehscheibe, ausschliesslich von Frauen mit der Hand hergestellt; trotzdem zweifle er aber, dass die im bosnischen Budmir ausgegrabenen prähistorischen Objecte, mit an griechisches Flechtwerk, Mäander u. s. w. mahnenden Verzierungen, direct aus dem fernen Oriente importirt wurden; dagegen sprächen ausser ihrer Fragilität die damals noch schlechten Strassen u A Trojanović erinnert an die noch heute üblichen Wanderungen von Meistern einzelner, in manchen Gegenden mit besonderem Geschicke betriebener Handwerke in entfernte Länder; beispielsweise der Piroter Töpfer nach Bosnien, der tüchtigen Häuserbauer und Zimmerleute mit eigener Geheimsprache des bosnischen Osat (bei Srebrnica) bis Constantinopel; ferner an die Berufung südslavischer Filigranarbeiter durch Peter d. Gr. nach Russland und schliesst daraus, dass derartige Beeinflussung der heimischen Production durch fremde Lehrmeister auch auf heute südslavischem Boden schon in prähistorischer Zeit stattfand.

Wie in diesem Abschnitte liegt auch der Hauptwerth der folgenden: Haus und Herd; Aussaat, Ernte und Einbringen des Getreides; Braten, Rösten und Mahlen der Cerealien; wovon und wie backen die Serben das Brot; welche Speisen werden gebacken und wie; Fleischrösten; Fleisch-Conservirung; Dämpfen und Kochen mit erhitzten Steinen; verschiedene Verwendung erhitzter Steine, grösstentheils im gut beobachteten und klar geschilderten Detail, das sich leider hier, des uns zugetheilten knappen Raumes wegen, der breiteren Anführung entzieht. — Sehr interessant ist: XII. „Das Kochen der Skythen. Serben und Zigeuner im Thiermagen (burag)". Lippert und auch andere Forscher bezweifelten die von Herodot berichtete Uebung der Skythen, ihre Nahrung, ohne Anwendung glühender Steine, im Magen geschlachteter Thiere zu bereiten; Trojanović erhärtet aber durch viele unanfechtbare Beweise, dass dieser Brauch sich bis in die Gegenwart bei den macedonischen Haiduken und selbst bei den im Felde stehenden Montenegrinern und Serben, wenn es an Kochgeschirr fehlt, erhalten hat. Sie kochen auf diese Weise nicht nur eine sehr schmackhafte Suppe, sondern auch Fleisch und Gemüse, und die Zigeuner bedienen sich sogar eines und desselben Thiermagens durch mehrere Tage ohne jeden Nachtheil für die bereiteten Speisen. Sehr ausführlich beschreibt der Autor auch das Kochen in rasch selbstverfertigten Töpfen aus Baumrinde, das gleichfalls noch heute von den serbischen Haiduken geübt wird.

In den Abschnitten „Bačije" und „Beli smok" schildert Trojanović auf 34 Seiten eingehend Sitte und Brauch der seit altersher auf der Balkanhalbinsel eingebürgerten, Milch und Käse producirenden „Molkerei-Genossenschaften" und jene der macedo-vlachischen Wanderhirten (Cincaren). Auch hier bekundet der Autor seine Vertrautheit mit der einschlägigen Literatur; er zeigt, dass schon Plinius den „caseus Diocleas" aus der heutigen montenegrinischen Landschaft Podgorica und den „caseus Dardanicus" aus dem Alpengebiete von Skopje gekannt habe und dass die altserbischen Käsefabrikate unter dem Despoten Stefan Lazarević (1404—1427) einen bedeutenden Ausfuhrartikel bildeten. Interessant erscheint, dass es im serbischen Krivi vir- und Rtanjgebiete, ebenso bei den macedonischen Vlachen — ganz so wie bei den Zulukaffern —.als Schande gilt, wenn das Melken der Thiere durch das weibliche Geschlecht besorgt wird; alle Verrichtungen, welche mit der Molkerei und Käsefabrikation zusammenhängen, sind ausschliesslich Sache der Männer und werden bis in die kleinsten Details durch traditionell vererbte Gesetze geregelt. Trojanović' sehr lehrreiche Mittheilungen in dieser Richtung verdienen vollstes Lob. Ich selbst begegnete den nomadisirenden Macedovlachen während meiner 18mal'gen Passagen der Balkankette zuerst 1870 unter ihren höchsten Gipfeln (2380 m), auf den grasreichen Triften bei Kalofer; später konnte ich einen höchst interessanten Zweig derselben, die „Crnovunci", im Sommer 1889 auf dem Rakošplateau der Suva planina eingehender studiren, was mir demnächst Gelegenheit bieten wird, namentlich Trojanović' den „Kačkaval" berührende Daten in manchen Punkten zu ergänzen.

Die letzten Abschnitte der inhaltsreichen Arbeit behandeln das „Trinken von Menschenblut" bei gewissen Anlässen, z. B. beim Schlusse der „Wahlbruder- oder Schwesterschaft"; ferner: das Würzen der Speisen; das Löschen des Hungers und Durstes; die altherkömmlichen Getränke; die Verbreitung des Tisches und Speisegeräthes. wobei angeführt wird, dass der Clerus noch im 12. Jahrhundert den Gebrauch von Gabeln als sündhaft streng verpönte. Derartige vielfache Anziehung von Cultus, Sitte und Brauch bei alten und neuen Cultur- und Naturvölkern. sowie häufig eingestreute ethnographische Parallelen verleihen Dr. Trojanović' Publication erhöhten Reiz und Werth

F. Kanitz.

6.

Götze, Dr. Alfred: Die Vorgeschichte der Neumark. Nach den Funden dargestellt. Mit 126 Abbildungen. (Sonderabdruck aus den Schriften des Vereines für die Geschichte der Neumark. Heft V.) In Commission bei A. Stuber's Verlag (C. Kabitzsch), Würzburg 1897. 63 pp. 8°.

Diese kleine Schrift hat doppelten Werth. Erstlich gibt sie eine Zusammenstellung und Erläuterung der vorgeschichtlichen Funde aus der Neumark, wofür die Prähistoriker und Localinteressenten dem Verfasser dankbar sein müssen. Zugleich aber liefert sie an der Hand dieser Funde und mit speciellem Bezug auf dieses Gebiet einen Ueberblick der vorgeschichtlichen Denkmäler Norddeutschlands überhaupt, der von weiteren Kreisen mit Vertrauen benützt werden kann, da er aus der Feder eines in eigenen Untersuchungen geschulten Fachmannes stammt und getreu den heutigen Stand der prähistorischen Forschung auf jenem Boden wiedergibt. So ist das Büchlein Götze's ein Zeugniss des Fleisses und

des strengen Ernstes, mit welchem in Norddeutschland. namentlich von Berlin aus, durch Virchow, Voss, den Verfasser selbst, Olshausen und viele Andere die ältesten einheimischen Denkmäler studirt worden sind und noch fortwährend studirt werden. Namentlich solche mit dem Getriebe der prähistorischen Forschung noch nicht vertraute Leser, welche sich in den bunt angehäuften Stoffmassen der „Verhandlungen" der Berliner Anthropologischen Gesellschaft nur schwer zurechtfinden, dürften in Götze's „Vorgeschichte der Neumark" einen vielfach brauchbaren Leitfaden erkennen. Die Darstellung reicht, durch zahlreiche kleine. aber saubere und correcte Abbildungen unterstützt, vom „ersten Auftreten des Menschen" bis tief in's Mittelalter hinein und gliedert sich in folgende Abschnitte: Die jüngere Steinzeit; das erste Auftreten der Metalle; die Periode der grossen Urnenfelder (nach sonstiger Terminologie Bronzezeit und Hallstatt-Periode, werthvoll durch die Beschreibung der jüngeren Urnenfelder vom „Göritzer" und vom „Aurither Typus"); die La Tène-Zeit, die römische Kaiserzeit und die slavische Zeit. Wir im südlichen Mitteleuropa pflegen die Betrachtung prähistorischer Zeitläufe viel früher abzuschliessen, da sich mit dem Beginn der christlichen Zeitrechnung in den Alpen- und Donauländern, ganz anders als in Norddeutschland, antik-classische Lebensformen an die Stelle der prähistorischen setzen. Indessen geht dieser Wechsel doch nicht tief genug und ist nicht anhaltend genug, um für die jüngeren Zeiträume die naturwissenschaftlichen Arbeitsmethode zu rechtfertigen und an Stelle der ergrabenen einfach die literarischen Zeugnisse treten zu lassen. Wenn also bei uns neben den archäologischen Funden auch noch andere Quellen zu berücksichtigen sind, so muss die Art und Weise, wie die ersteren in Norddeutschland erschlossen werden, für uns doch als Muster gelten, dem wir nachzustreben haben. Der römischen und der slavischen Zeit ist fast ein Drittel der Darstellung Götze's gewidmet, und mit Recht bemerkt dieser, dass es — wenn sich auch manche von Händlern oder Gefangenen herrührende Notiz über die Cultur der römischen Kaiserzeit bei den Historikern finde — doch sicherer sei, das Culturbild dieser Zeit aus den Funden, als aus den Angaben der Classiker zu gewinnen. Sehr exact und sorgfältig ist das jedem Abschnitte angehängte Verzeichniss der Fundstellen und der darauf bezüglichen Literatur.

M. Hoernes.

7.

Kaindl, Dr. Raimund Friedrich: Der Festkalender der Rusnaken und Huzulen. Czernowitz 1896. Commissionsverlag der Universitätsbuchhandlung H. Pardini. Separatabdruck aus den Mittheilungen der k. k. geographischen Gesellschaft in Wien 1896. Heft VI und VIII.

Der Verfasser, der sich durch seine gediegenen Beiträge zur Volkskunde der Ruthenen bekanntgemacht hat. gab schon ein eigenes Werk über die Huzulen (Gebirgsruthenen) mit Unterstützung der Anthropologischen Gesellschaft (1894) heraus. Da er unterdessen im Auftrage der Anthropologischen Gesellschaft den Hausbau der Huzulen studirte, für das k. k. naturhistorische Museum in Wien huzulische Objecte ankaufte und Material für einen Artikel über die Huzulen für „Die österreichisch-ungarische Monarchie in Wort und

Bild" sammelte, so erweiterten sich seine Kenntnisse über den Festkalender der Huzulen wesentlich. Er beschloss daher, dieses Material mit dem einschlägigen über die Rusnaken (Ruthenen des Flach- und Hügellandes) zusammen zu veröffentlichen, was bei der engen Verwandtschaft der beiden Zweige desselben Volksstammes nur zu billigen ist. Wir haben also einen kurzgefassten, aber an Material äusserst reichen Festkalender der Ruthenen der Bukowina und auch Galiziens vor uns, der um so werthvoller ist, als er sich unter dem Einflusse der orthodoxen Kirche und der Cultur von Byzanz gebildet hat. Ausserdem ist in Betracht zu ziehen, dass die Ruthenen nur ein kleiner Bruchtheil des ganzen kleinrussischen Stammes (mehr als drei Viertel wohnen in Russland) sind, so dass dieses nun den Forschern in deutscher Sprache leicht zugängliche Material zum Theile die meist unbekannten russischen und polnischen Arbeiten über die Kleinrussen ersetzen, ja in vielen Punkten sogar für die Grossrussen gelten kann. Mich hat die grosse Verwandtschaft des ganzen Festkalenders der russischen Stämme bis zu einem gewissen Grade überrascht. Für Aberglauben und Zauber jeder Art können sich die Forscher viele Belege aus diesem Büchlein holen, aber im Grossen und Ganzen werden sie doch weniger Neues finden, als sie vielleicht erwarten, mag auch der Verfasser mit Recht hervorheben, dass sich wohl in keinem anderen Theile der Volksüberlieferung der Ruthenen so viele alterthümliche Elemente erhalten haben, als in dem Festkalender. Das Völkchen der Rusnaken und Huzulen befindet sich in der That erst auf einer sehr primitiven Entwicklungsstufe, so dass bei ihnen so mancher Brauch, der anderswo schon zur blossen Gewohnheit oder zum Scherz herabgesunken ist, noch sehr ernst genommen wird. So lassen sich am Osterdienstag in der Bukowina die Mädchen gerne von den Burschen begiessen, bringen ihnen sogar Wasser herbei und beschenken sie mit Ostereiern, da der Volksglaube noch lebendig ist, dass dieser Wasserguss belebend und verschönernd wirke. Staunen muss man über die grosse Zahl der Tage, an denen nicht gearbeitet werden dürfe.

Der Verfasser beschränkt sich meist auf Mittheilungen, die aber hie und da etwas zu hypothetisch klingen; auch eine bestimmtere Localisirung wäre manchmal am Platze. Zu loben ist es, dass der Verfasser die ruthenischen Ausdrücke häufig verzeichnet und sie in der dialectischen Form (der Name Chlib für russ. Glêb ist wohl nicht richtig wiedergegeben, S. 438) bringt, aber daneben wäre doch auch die literarische Form und die deutsche Erklärung so manchen Namens angezeigt; die Namen sollen immer im Nominativ ge-

bracht werden (vgl. dagegen Pokrowa 440, ponedilnycznemi 444). Bemerken möchte ich, dass die an den Bächen und Flüssen wohnenden Rachmanen (423), die halb Mensch und halb Fisch sind und sogar ihr eigenes Fest haben, aus den aus der Alexandersage den Russen bekannten — Brahmanen hervorgegangen sind. Dem entspricht auch die Tradition, dass sie „weit unten" an den Flüssen oder am Meeresgestade wohnen und als Zwerge gelten (430).   **M. Murko.**

8.

Munro, Robert M. A., M. D. etc.: Prehistoric Problems being a selection of essays on the evolution of man and other controverted problems in Anthropology and Archaeology. Edinburgh and London, WILLIAM BLACKWOOD & SONS 1897. XIX + 371, pp. 8°.

Der bewährte Verfasser, sehr bekannt durch seinen gehaltvollen Band über die Pfahlbauten Europas (,The Lake-Dwellings of Europe"), welchem ein Werk über die Crannogs seiner Heimat (,,Ancient Scottish Lake-Dwellings or Crannogs") vorausgegangen und ein anziehendes Buch über seine Reisen in Bosnien, der Herzegowina und Dalmatien (,,Rambles and Studies in Bosnia" u. s. w.) gefolgt ist, gibt in dem gegenwärtigen Sammelband acht grössere Aufsätze über verschiedene anthropologische und prähistorische Probleme. Diese Artikel waren grösstentheils früher in Zeitschriften, von welchen den Lesern auf dem Continente manche nicht leicht zugänglich sind, gedruckt, erscheinen jedoch hier mit einer Ausnahme sämmtlich in erweiterter Form. Der erste Theil umfasst folgende anthropologische Capitel: Beginn und Fortschritt der anthropologischen Forschung, Beziehung zwischen der aufrechten Haltung und der physischen und geistigen Entwicklung des Menschen, Bemerkungen über den fossilen Menschen, Zwischenglieder zwischen dem Menschen und den tieferstehenden Lebewesen. Der zweite Theil enthält vier archäologische Aufsätze über prähistorische Trepanation und Schädelamulette, über Otter- und Biberfallen, über Schlittknochen und über prähistorische Sensen und Sicheln. 8 Tafeln und 150 Textfiguren erläutern die Ausführungen des Verfassers, welcher im archäologischen Theile die Methode und die Ergebnisse der vergleichenden Alterthumsforschung an einigen Beispielen zu zeigen wünscht, während er in den mehr zusammenhängenden Capiteln des ersten Theiles die Beziehungen zwischen der Umgebung des Menschen und seiner körperlichen und geistigen Erscheinung darzulegen versucht.   **M. Hoernes.**

Das Bauernhaus

in der

östlichen Mittelsteiermark und in benachbarten Gebieten.

Von **J. R. Bünker** in Oedenburg.

(Mit 56 Text-Illustrationen.)

A. Einleitung.

In meiner Arbeit, die im Bd. XXIV dieser Mittheilungen, S. 155 ff., erschienen ist, besprach ich das Bauernhaus der Gegend von Oedenburg. Durch eine Unterstützung, die mir seitens der „Anthropologischen Gesellschaft in Wien" zu Theil ward, war es mir ermöglicht worden, meine Studien in Bezug auf das Bauernhaus weiter nach Süden, in das Gebiet der Heanzerei, auszudehnen. Die in Bd. XXV dieser Mittheilungen, S. 89 ff., abgedruckte Arbeit: „Das Bauernhaus in der Heanzerei", ist die Frucht meiner dort gepflogenen Untersuchungen.

Der charakteristische Unterschied in der Anlage des Gehöftes und damit auch des ganzen Bauernhauses liegt, wie aus der zuletzt erwähnten Arbeit hervorgeht, darin, dass, während in der Gegend von Oedenburg fast ausnahmslos nur der Stall nebst einigen Kammern und, wo ein Presshaus vorkommt, auch dieses mit dem Wohntracte in Verbindung, d. h. unter einem Dache verbaut anzutreffen ist und die Scheune (Stadel) freistehend, oft ziemlich weit, bis zu 20 und 30 m hinter dem Hause zu liegen kommt, findet man in der nördlichen Heanzerei in der Regel alle Wirthschaftsgebäude mit dem Wohnhause derart verbaut, dass sämmtliche Räume des Hauses ein Ganzes bilden, dem zumeist ein quadratischer oder doch annähernd quadratischer Riss zu Grunde liegt, der dann immer einen von den verschiedenen Räumen des Hauses vollkommen eingeschlossenen Hof aufweist. Während in der Gegend von Oedenburg das Centralsystem in der Anlage von Bauernhäusern, das fränkische Gehöfte, so weit mir bekannt ist, keinen einzigen Vertreter hat, ist der Centralbau für den nördlichen Theil der Heanzerei typisch.

Ich sprach mich über die Verbreitung des Centralbaues in jener Gegend in der erwähnten Arbeit, Bd. XXV, S. 110 ff., folgendermassen aus: „Jedenfalls liegt vom Verbreitungsgebiete des Centralbaues

jenseits der ungarischen Grenze, hauptsächlich in der Steiermark, die grössere Hälfte, diesseits der Grenze, in Ungarn, die kleinere. Gerade so wie der steirisch-österreichische Dialect über die Grenze nach Ungarn herein vorzudringen scheint, so wird auch der Centralbau sich aus den benachbarten österreichischen Kronländern eingebürgert haben. Als Heimat des Centralbaues diesseits und jenseits der ungarisch-österreichischen Grenze wird also nicht die Heanzerei, sondern Steiermark und Niederösterreich anzusehen sein."

Daran fügte ich noch den Wunsch, „dass, angeregt durch diese vorstehenden Worte, die keine Feststellung, sondern nur eine auf Vermuthungen sich gründende Annahme sein wollen, durch weitere Forschungen besonders auf steirischer Seite bald Klarheit in die Sache der Hausforschung auf diesem Gebiete kommen möge".

Durch ein zweites Reisestipendium, das mir der Ausschuss der „Wiener Anthropologischen Gesellschaft" zusprach, wofür demselben auch hier auf's Beste gedankt sei, war es mir möglich, im Laufe der Sommerferien des Jahres 1895 den dort ausgesprochenen Wunsch selbst zu erfüllen. Mein Reiseziel war demnach die östliche Mittelsteiermark, um in dem an die Heanzerei nach Westen anschliessenden Gebiete der Steiermark meine Studien in Bezug auf das Bauernhaus fortzusetzen.

Ein drittes Stipendium, das ich von derselben Körperschaft mit Dankbarkeit entgegennahm, ermöglichte mir es, im Sommer des Jahres 1896 meine Studien im nordöstlichen Theile der Steiermark, in der Gegend von Vorau, fortzusetzen.

Gelegentlich meiner Excursion im Jahre 1895 entschloss ich mich dazu, nicht nur die Oststeiermark, das eigentliche Feld meines Studiums, und die Strecke von Oberschützen aus, wo ich im vorigen Jahre abgeschlossen hatte, in östlicher Richtung bis an die ungarisch-steirische Grenze zu Fuss zu durchwandern, sondern meine Wanderung gleich von Oedenburg aus zu beginnen. Es sollte mir dabei Gelegenheit werden, das Bauernhaus solcher Gegenden der Comitate Oedenburg und Eisenburg kennen zu lernen, die ich gelegentlich meiner Excursion zu Ostern des Jahres 1894 nicht bereist habe. Dieser Theil meiner Wanderung, der mich über Harkau, Neckenmarkt, Lakendorf, Lakenbach, Weppersdorf, Kobersdorf und Landsee durch das Oedenburger Comitat und von Kalteneck, südlich von Kirchschlag an der ungarisch-niederösterreichischen Grenze gelegen, über Bernstein und Mariasdorf nach Oberschützen durch das Eisenburger Comitat führte, sollte die Verbindung herstellen zwischen den beiden Gebieten, aus denen ich das Bauernhaus in diesen Mittheilungen (Gegend von Oedenburg: Bd. XXIV, und Heanzerei: Bd. XXV) bereits beschrieben habe.

Ich unternahm ferner zu Ostern des Jahres 1895 einen kleinen Ausflug in südöstlicher Richtung von Oedenburg über Harkau, Neckenmarkt, Horitschon, Raiding, Stoob, Dörfl, Piringsdorf und Hochstrass nach Lockenhaus und im September desselben Jahres eine Tour in südlicher Richtung von Oedenburg über Harkau, Neckenmarkt, Horitschon, Gross-Warasdorf, Langenthal, Unter-Pullendorf, Unter-Loisdorf und Mannersdorf nach Güns. Ueber diese Wanderungen werde ich zuerst zu berichten haben.

Bei Landsee betrat ich auf meinem Wege von Oedenburg nach Oberschützen niederösterreichisches Gebiet und kam von dort über Blumau und Stang nach Kirchschlag, bezw. Aigen, wo ich einige Tage Aufenthalt nahm, um das Bauernhaus dieser Gegend in eingehender Weise kennen zu lernen, und setzte dann meinen Weg von Kirchschlag über Ungerbach nach Kalteneck in der Richtung gegen Oberschützen fort. Solchergestalt habe ich den südöstlichsten Theil von Niederösterreich auf einem Wege von etwa 15 km durchquert. Die Erfahrungen, welche ich auf dieser kurzen Strecke gemacht, sollen in zweiter Linie mitgetheilt werden.

Drittens berichte ich über den Weg, den ich in der östlichen Mittelsteiermark zurückgelegt habe.

Viertens schreibe ich schliesslich über die Ergebnisse meiner im Jahre 1896 in der Gegend von Vorau vorgenommenen Hausforschungen.

B. Wanderungen durch Theile der Comitate Oedenburg und Eisenburg.

In meiner Arbeit: „Typen von Bauernhäusern aus der Gegend von Oedenburg in Ungarn" (Bd. XXIV dieser Mittheilungen) sagte ich S. 115 vermuthungs-weise: „dass die Wohnverhältnisse der Landwirthschaft betreibenden Bevölkerung im westlichen Theile Ungarns, zum Mindesten von dem Höhenzuge an, der sich südlich der Güns nach Osten erstreckt, bis nördlich zur Donau und darüber hinaus, und zwar so weit die Bevölkerung dieses Theiles von Ungarn die deutsche Sprache ihre Muttersprache nennt, allenthalben dieselben seien", und in meiner zweiten Arbeit: „Das Bauernhaus in der Heanzerei (Westungarn)" (Bd. XXV dieser Mittheilungen) fügte ich, darauf Bezug nehmend, dem bei: „Meine Annahme kann ich für den Strich von Oedenburg gegen Süden bis zu Güns nach all' dem, was mir über die Form des Bauernhauses von Kennern dieser Gegend gesagt wurde, heute bereits als feststehende Thatsache betrachten. Was demnach in Bezug auf Besiedelung, Besitz- und Wohnverhältnisse, Dorfanlage und Mundart der Landwirthschaft betreibenden Bevölkerung in der Gegend um Oedenburg in meiner oben angeführten Arbeit gesagt ist, wird voll und ganz auch für die deutschen Dörfer (vorerst sind diese es ausschliesslich, welche den Gegenstand meiner Untersuchungen in Bezug auf das Bauernhaus bilden) südlich von Oedenburg bis zur Güns gelten."

Ich vermochte mich nun mit dieser nur auf Aussagen von Kennern dieser Gegend festgestellten Behauptung nicht zufrieden zu geben. Dies war die Veranlassung zu meinem oben erwähnten Osterausflug nach Lockenhaus und zu meinem Ausflug im September 1895 nach Güns. Ich kann nun aus eigener Erfahrung die eben aus Bd. XXV citirte Annahme in Bezug auf die Form und Ausgestaltung des Bauernhauses, über die Anlage der Dörfer, die Besitzverhältnisse und den Dialect jenes Gebietes des Oedenburger Comitates, das sich von Oedenburg südlich bis zur Güns erstreckt, voll und ganz bestätigen. Alle Dörfer, die ich auf diesen Ausflügen berührte, sind Gassendörfer, ganz in derselben Weise angelegt, wie die Dörfer um Oedenburg, und überall liegt das Bauernhaus auf schmalem Hausgrund, der eine Parallelstellung des Hauses in seiner Länge zur Strasse nicht erlaubt. Es sieht dasselbe also fast ohne Ausnahme mit seinem Giebel auf die Gasse, während sich die Längenachse des Hauses senkrecht zur Strasse stellt. Der schmale Hof ist gegen die Gasse in der Regel durch ein Thor und ein Eingangsthürchen abgeschlossen. Solcher Weise gleichen die Dörfer südlich von Oedenburg nicht nur den Dörfern um Oedenburg, sondern auch jenen im südlichen Theile der Heanzerei, und man kann sich von denselben annähernd ein Bild machen, wenn man den Grundriss der Bauernhäuser Nr. 133—136 in Wandorf bei Oedenburg (siehe Bd. XXIV, S. 129) und das Bild: „Eingang des Dorfes Tobaj bei Güssing" (siehe Bd. XXV, S. 98) sich besieht. Mit Rücksicht auf die letzterwähnte Illustration bin ich gezwungen, zu betonen, dass mir Blockbauten, wie sie dieses Bild zeigt und wie sie im südlichen Theile der Heanzerei häufig vorkommen, südlich von Oedenburg bis zur Güns nicht untergekommen sind. Das Baumaterial bilden hier fast ausschliesslich Ziegel.

Die innere Ausgestaltung des Hauses ist auch allenthalben dieselbe, wie sie aus meiner Beschreibung der Bauernhäuser um Oedenburg und in der südlichen Heanzerei bereits bekannt ist. Der Eingang in die Wohnräume befindet sich in der dem Hofe zugekehrten Längsseite des Hauses. Man betritt die kleine Laube („Lab'm", ortweise auch das „Vorhaus" genannt), von der durch eine Mauer, in der ein grosser Bogen ausgespart, die Küche abgetrennt ist, und rechts und links von Laube und Küche liegen die beiden „Stuben". Wir haben auch hier also eine der untersten Stufen der Entwicklung in der Ausgestaltung des oberdeutschen Hauses vor uns. Das Darbieten des Grundrisses eines Hauses aus dieser Gegend wäre nahezu eine Wiederholung von Zeichnungen aus meinen früheren Arbeiten. Ich enthalte mich derselben und verweise zum Zwecke der Versinnlichung der Ausgestaltung des Wohnhauses in dieser Gegend auf die Fig 82, Bd. XXIV, und zur Veranschaulichung der Eintheilung eines ganzen Gehöftes auf die Fig. 142 in Bd. XXV dieser Mittheilungen.

Auch in Bezug auf die Ausstattung der Wohnräume in den Bauernhäusern südlich von Oedenburg bis zur Güns vermag ich keine wesentlichen Unterschiede von der Einrichtung des Hauses um Oedenburg hervorzuheben. Man trifft hier wie dort dieselben Möbel, dieselbe Einrichtung der Küche und dieselben Haus- und Küchengeräthe.

Bd. XXV, S. 122, hebe ich hervor, dass sich das Geräth, mittelst dessen im heanzischen Hause beim Kochen im Winter die Töpfe in den Kachelöfen an's Feuer gestellt werden, von dem unterscheidet, das in der Gegend von Oedenburg gebraucht wird. Dort ist es der Bd. XXV, Fig. 173, abgebildete Ofenwagen, hier die ebendort Fig 174 wiedergegebene Ofengabel. Südlich von Oedenburg bis zur Güns wird nun auch nicht der Ofenwagen, sondern die Ofengabel gebraucht. Als weiteres unterscheidendes Merkmal am Bauernhause der Heanzerei von dem in der Gegend

von Oedenburg erwähnte ich Bd. XXV, S. 120, die Eingangsthüre zur Laube. Hier ist es eine Doppelthüre, die sich Bd. XXIV, S. 121, näher beschrieben findet, dort eine wagrecht zweigetheilte Thüre, die Bd. XXV, Fig. 171, abgebildet ist. Von der Gegend südlich von Oedenburg bis zur Güns hebe ich, darauf Bezug habend, hervor, dass die Doppelthüre der Gegend von Oedenburg hier zwar vorherrscht, dass ich aber die zweigetheilte Thüre, wie ich sie aus der Heanzerei beschrieben, auch, und zwar im südlichsten Theile dieses Gebietes, das also der Heanzerei am nächsten liegt, nämlich in den Orten Dörfl, Piringsdorf und Lockenhaus an alten Häusern beobachtet habe.

Als Curiosum aus der Heanzerei beschrieb ich Bd. XXV, S. 124, den aus der Nabe eines Wagenrades hergestellten Mohnmörser, von dem ich a. a. O. unter Fig. 177 ein Bild gab. Diese Art von Mohnmörsern ist weder um Oedenburg,[1] noch in den südlich davon liegenden Dörfern bekannt, doch fand ich neben den kleinen gedrehten hölzernen Gewürz- und Salzmörsern auch grosse hölzerne Mohnmörser. Sie waren aus dem Stücke eines Baumstammes gemacht: Man verwendet gewöhnlich Kirsch-, Aepfel-, Birnen- oder Zwetschkenholz, also sehr harte Holzarten. Der etwa 60—70 cm hohe Holzklotz wird durch den Schmied mit einem glühenden Eisen ausgebrannt. Die Rinde wird vom Holze nicht entfernt. Zum Stossen des Mohnes verwendet man nicht, wie in der Heanzerei, den Stiel einer Hacke, sondern einen eigengeformten Stössel, den sich der Bauer selbst anfertigt und den er an seinem unteren Ende durch den Schmied beschlagen („ringeln") lässt. Einen solchen Mörser habe ich im Hause Nr. 24 des Johann Kneiss in Dörfl für das k. k. Hofmuseum in Wien angekauft.

Eines unterscheidenden Merkmales aus der Gegend um Oedenburg und der Heanzerei von der Gegend südlich von Oedenburg muss ich noch gedenken. Es gehört dieses Merkmal nicht zum Hause selbst, sondern bezieht sich auf die Umzäunung der Hofstätte. Dass Zäune im westlichen Theile Ungarns fast nur zum Abschliessen der Hofstätte verwendet werden, habe ich bereits Bd. XXV, S. 152, erwähnt.

---

[1] Ich hielt diese aus einer Radnabe erzeugten Mörser für eine heanzische Specialität und war daher sehr erstaunt, gelegentlich eines leider nur sehr flüchtigen Besuches des Wiener „Museums für österr. Volkskunde" dort unter der Nr. 1207 einen aus Gottschee stammenden ähnlichen Mörser zu finden, der ebenfalls aus einer Radnabe gefertigt war.

15*

Während man nun in der Gegend von Oedenburg den neueren Stackettenzaun, die Bretterwand oder Mauerwerk, in der Heanzerei aber den geflochtenen „Spältenzaun", von welch' letzterem ich Bd. XXV, Fig. 240, ein Stück abbildete, zur Einfiiedung der Hofstätte benützt, fand ich in den Dörfern von Stoob bezw. Gross-Warasdorf südwärts bis zur Güns eine Zaunart, die mir sonst noch nicht untergekommen ist. An je zwei Zaunsäulen, die in gewissen Abständen stehen, sind in gleicher Entfernung von einander drei starke Latten wagrecht über einander befestigt. $1\frac{1}{2}$—2 m lange Aeste von Nadelhölzern oder auch von einzelnen Laubholzarten (Birken, Buchen, Erlen) werden in einer Weise zwischen die drei Latten verflochten, die sich leichter abbilden, als beschreiben lässt (s. Fig. 105). Ich muss hier erwähnen, dass einzelne der Dörfer, die ich auf dem

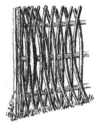

Fig. 105. Zaun aus der Gegend von Güns.

Wege von Oedenburg bis Güns berührte, von Croaten bewohnt werden, so Gross-Warasdorf und Unter-Pullendorf. Dörfl soll ehemals ebenfalls croatisch gewesen sein, vielleicht auch das benachbarte Piringsdorf. Die Mundart der Piringsdorfer ist zwar reines Heanzisch, gerade so wie bei den Bewohnern von Dörfl, doch sprechen die Piringsdorfer das sonst so weiche und breite Heanzische womöglich noch härter, als die Dörfler. Ich erwähne die nationale Abstammung der Bewohner dieser Dörfer deshalb, weil ich den oben beschriebenen Zaun in einer Gegend mit croatischen Sprachinseln gefunden habe. Ich sah diesen eigenartigen Zaun, der bei gut schliessenden Thüren und Thoren ein geradezu ausgezeichnetes Absperrmittel der Hofstätte bildet, bei meiner Wanderung über Kirchschlag nach Oberschützen, über Lackendorf, Lackenbach, Weppersdorf, Kobersdorf und Landsee hinaus bis in's Oesterreichische hinein, bis Blumau angewendet.

In Stoob fand ich den Dachraum an der Giebelseite eines kleinen Häuschens in eben derselben Weise zugeflochten, in der der besprochene Zaun gemacht wird. In dieser geflochtenen Wand befand sich ein ebenfalls geflochtenes Thürchen zum Verladen des Heues auf den Dachboden. Die Sache schien mir interessant genug, ein Bild davon zu nehmen. Ich gebe es in Fig. 106 wieder. In Piringsdorf und in Langenthal an der Strasse von Oedenburg nach Güns traf ich weitere Beispiele dieser Art der Abschliessung des Dachraumes und — eigenthümlich genug — fiel mir diese Flechtart in derselben Anwendung in Weinberg bei Hartberg (s. die Fig. 130) und tief im Steirischen, in Schrems bei Fladnitz, östlich von Passeil, bei Häusern wieder auf, auf die ich weiter unten noch zurückkommen werde.

In Rücksicht auf die beiden Endpunkte der Ausflüge, von denen ich gerade spreche, habe ich, bevor

Fig. 106. Geflochtener Giebel aus Stoob.

ich weiter gehe, noch etwas zu sagen. Diese beiden Orte an der Güns, aber an ihrem südlichen Ufer gelegen, werden schon zur Heanzerei gerechnet. Es ist geradezu auffallend, dass, während in den ihnen gegen Norden vorliegenden Dörfern — ich nenne die nächstliegenden, hier Mannersdorf und Unter-Loisdorf, dort Hochstrass und Piringsdorf, die nur durch einen verhältnissmässig niederen Bergrücken von den Orten Güns und Lockenhaus getrennt sind — keine Spur vom Centralbau zu entdecken ist, so tritt er sowohl in Güns als auch in Lockenhaus bereits vereinzelt auf, obwohl diese beiden Orte mit den nördlich liegenden Ortschaften in engerem Verkehre stehen, als mit der eigentlichen Heanzerei, von der sie durch die Rechnitzer Bergkette, deren höchste Punkte 500—540 m über der Thalsohle der Güns liegen, getrennt sind. Die Güns bildet also in der That, wie ich vermuthungsweise angenommen hatte, die nördliche Grenze des in der Heanzerei mit Vorliebe gepflegten Centralisationssystems in der Anlage von Bauernhäusern. In Lockenhaus fand ich einzelne Gebäude, die ganz in derselben Weise angelegt sind, als die, welche ich Bd. XXV aus der nördlichen Heanzerei beschrieb. In Güns ist die Mehrzahl der Bauernhäuser („Hauer-Häuser" werden sie genannt, da ihre Besitzer nicht nur Ackerbauer, sondern auch Weingärtner, d. i. Hauer, sind) zwar nicht vollkommen geschlossen, die hufeisenförmige Anlage der Häuser kennzeichnet aber schon das Streben nach Centralisation. Um den Hof vollkommen geschlossen zu erhalten, ist der Ausbau der dritten Seite übrigens hier auch nicht erforderlich, da er nach dieser Seite durch das Nachbarhaus abgegrenzt ist. Die Bauernhäuser in Güns, soferne sie nicht kleine Häuschen sind, die ihren Giebel wie die Bauernhäuser der nördlich von Güns gelegenen Dörfer der Gasse zukehren, sind in städtischer Manier an einander angebaut. Der Grundriss dieser Häuser zeigt demnach dasselbe Bild, wie der Grundriss des Hauses Nr. 123 in Stegersbach (vgl. Fig. 153, Bd. XXV). Die Stelle, die in diesem Plane der Kitting innehat, nimmt im Günser Bauernhause häufig das Presshaus ein. Der Kitting ist dann durch eine Kammer ersetzt, die sich rückwärts an den Wohntract angliedert. Oft findet sich im grösseren Günser Bauernhause an der Stelle, wo im heanzischen Bauernhause neben der grossen gassenseitigen Stube das einfensterige schmale „Stüb'l" sich befindet (vgl. z. B. den Plan Fig. 160 in Bd. XXV), zwischen Einfahrt und Stube noch ein zweites Zimmer eingeschoben, das aber zwei Fenster aufweist. Dieses Zimmer im Günser Bauernhause ist jedenfalls eine Erweiterung, die aus den herrschenden städtischen Verhältnissen hervorgewachsen ist. So wie im Bauernhause der Stadt Oedenburg, hat auch im Günser Bauernhause der Sparherd den offenen Herd schon stark verdrängt, und an der Stelle des alten massigen Kachelofens steht ein neuerer modernerer oder ein eiserner Ofen. Mit den modernen Feuerstellen sind auch modernere Geräthe und Geschirre eingezogen, über die sich nichts Besonderes berichten lässt.

In Lockenhaus herrschen die ländlichen Verhältnisse noch stark vor. Der offene Herd steht noch in vielen Häusern in Gebrauch. Auch der grosse Kachelofen, umgeben vom „Ouf'ngåding", [1]) macht sich in der Stube noch breit. Die Gewandstange nächst dem Ofen, hier Éis'n [2]) genannt, findet sich

[1]) Vgl. Bd. XXV, S. 134.
[2]) Vgl. Mkeinoen, „Studien zur germanischen Volkskunde, I." in Bd. XXI dieser Mittheilungen, S. 107, Anm. 1.

ebenfalls noch vor. Der Ofenwagen war auch in Lockenhaus nicht in Gebrauch. Im Allgemeinen schliesst sich Lockenhaus, obwohl es bereits im Eisenburger Comitate liegt und auch sporadisch schon die geschlossene Hausform der Heanzerei aufweist, in Bezug auf Geräth und Geschirr mehr den Verhältnissen im Oedenburger Comitate als denen der Heanzerei an. So wird es auch sein in Bezug auf die familiären und socialen Verhältnisse und die der Moral (vgl. Bd XXV, S. 115 ff.).

Es sei mir gestattet, noch Einiges über die Besitzverhältnisse der Bauern in dem Strich von Oedenburg südlich bis zur Güns zu sagen. So wie überall, so ist es auch hier, dass dort, wo der Grossgrundbesitz vorherrscht, der Besitz des Bauern an Ausdehnung zurückgeht. Aus der Gegend von Oedenburg habe ich die Besitzverhältnisse bereits Bd. XXIV bekannt gemacht. Von Oedenburg südwärts nimmt nun der Grossgrundbesitz zu und der Besitz des einzelnen Bauern so weit ab, dass in Lockenhaus die Hälfte von etwa 200 Besitzern nicht mehr als über ein Achtel = 2 ¹/₄ Joch Ackerland mit 8 Metzen (1 Metzen = 0·615 hl) Aussaat, 1 Joch Wiese und ¹/₄ Joch Hutweide, welch' letztere erst vor 16 Jahren aus einem ehemaligen Waldgrunde aufgetheilt wurde, verfügt. Die zweite Hälfte der Bauern besitzt gar nur ein Sechzehntel. Dafür aber umfasst das fürstl. Eszterházy'sche Gut Lockenhaus an 8000 Joch Wald und an 1800 Joch Ackerland, Wiesen und Hutweide auf Lockenhauser Gemarkung.

Es ist darum in Lockenhaus auch kein Landmann, der sich mit dem Betriebe seiner Wirthschaft allein fortbringen könnte. Der grösste Theil der Wirthschaftsbesitzer treibt nebenbei ein Handwerk. Viele beschäftigen sich auch mit Handel, andere mit Fuhrwerk von Holz aus den herrschaftlichen Waldungen. Dazu wird das einzige Paar Kühe oder Ochsen — einen grösseren Viehstand besitzt, wie mir gesagt wurde, in Lockenhaus unter der ackerbautreibenden Bevölkerung Niemand — verwendet.

Schon etwas besser steht es in Hinsicht auf die Besitzverhältnisse im nördlich von Lockenhaus, von diesem über eine Wegstunde entfernt liegenden Piringsdorf. Das Ausmaass der Hausgründe, das sind die Gründe, die ehemals unzertrennlich zum Hause gehörten, übertrifft zwar die Lockenhauser Bauernbesitzthümer an Grösse nicht, denn von 166 Hausbesitzern haben etwa 40 Besitzer nur ein Sechzehntel, ein einziger ein Viertel, zu 24 Metzen Aussaat gerechnet, und der Rest der Besitzer verfügt über ein

Achtel Land, doch besitzen die meisten der Bauern sogenannte „Ueberländgründe", die auf den Gemarkungen benachbarter Dörfer liegen und an Ausmaass die Hausgründe oft um das Dreifache übertreffen.

Trotzdem ist aber ein grosser Theil auch der Piringsdorfer Bauern auf Verdienst durch Nebenbeschäftigung angewiesen. Diese besteht in Hausindustrie, als welche das Korbflechten gepflegt wird. Angefertigt werden die im Bauernhause am meisten verwendeten Korbarten: der Ruckkorb und die „Schwinge". Diese Producte des Hausfleisses, an welchen sich ein Mann während der Wintertage, zu welcher Zeit die Arbeit in Hof und Feld ruht, wöchentlich oft fl. 6—8 verdient, werden nach Oedenburg und Güns auf die Wochenmärkte und sonst auf Jahrmärkte der Nachbarschaft gebracht.

Ich gehe nun über auf meine Wanderung, die mich von Oedenburg nach Oberschützen führte. Von der Strecke Oedenburg—Kirchschlag war der Weg bis lich davon nirgends. Im südöstlichen Theile von Niederösterreich scheint sie weit verbreitet zu sein. Die Giebelverzierung, von der ich spreche, findet sich stets nur an Gebäuden mit senkrechter Giebelwand ohne Abwalmung („Schopf"). Die beiden äussersten Dachsparren reichen, in der Firsthöhe sich kreuzend, über den First empor. Die emporragenden Stücke sind nun mannigfaltig gestaltet. Ich bringe solche Giebelverzierungen im Bilde in den Fig. 107—109 aus Jormannsdorf, Bernstein und Landsee. Aus den Bildern 107 und 108 wäre für einen Uneingeweihten wohl kaum zu errathen, was die Enden der Dachsparren vorzustellen haben. Fig. 109 lässt schon unschwer den Kopf eines Thieres erkennen. Die Form, welche ich in Landsee skizzirte, ist aber, da sie mit dem Kopfe eines Vogels Aehnlichkeit zeigt, eher angethan, zu verwirren, als aufzuklären. Die althergebrachte Form erscheint hier in allen drei Fällen als verkümmert.

Fig. 107—109. Giebelverzierungen.

Horitschon derselbe, den ich auf den eben besprochenen Ausflügen zurückgelegt habe. Von Horitschon aus nahm ich meinen Weg nach Westen durch Ortschaften, die mir bisher fremd waren, bis an die ungarisch-niederösterreichische Grenze zwischen Landsee und Blumau. Die Orte, die ich da berührte, boten in ihrer Anlage nichts Neues. Das Bauernhaus und seine Ausgestaltung ist hier gleich wie um Oedenburg und südlich davon. Das Einzige, was mir hier als erwähnenswerth aufgefallen, ist eine Art von Giebelverzierung, die ich in dieser Gegend noch nicht gesehen. Das erste Haus mit solch' einer Giebelverzierung traf ich in Weppersdorf. Im südöstlich davon gelegenen Dorfe Stoob, das ich zu Ostern berührte, fand ich die in Rede stehende Giebelverzierung nicht, wohl aber westlich von Weppersdorf in allen Dörfern, die ich bis Oberschützen berührte.

Es wird also die Grenze des Gebietes, über die sich die auffallende Giebelverzierung verbreitet, gegen Osten und Süden durch die Dörfer Weppersdorf, Landsee, Bernstein und Jormannsdorf (bei Oberschützen) gehen. In Oberschützen fand ich sie an keinem einzigen Hause mehr, auch östlich und süd- Der Zimmermann von heute weiss nicht mehr, welche Bedeutung diese Giebelverzierung seinerzeit gehabt hat. Er formt einfach nach Vorbildern, die entweder schlecht oder die er unrichtig auffasst, oder nach seinem Gutdünken und Geschmack, weil es nun einmal Gebrauch ist, den Giebel auf solche Art zu verzieren. Die Urform der Giebelverzierung, wie ich sie hier fand, ist jedenfalls der Pferdekopf. In der Gegend, von welcher hier die Rede ist, sind Formen der Giebelverzierung, in denen sich der Pferdekopf erkennen lässt, aus der Ursache, die ich angedeutet, jedenfalls schon selten, da mir nur ein einziges Mal eine Form, und zwar in Weppersdorf, unterkam, die Aehnlichkeit mit dem Kopfe des Pferdes zeigt. Fig. 110 gibt sie wieder.

In Landsee machte ich die Erfahrung, dass die Abwalmung (der „Schopf") jedenfalls neuerer Zeit ist, als die senkrechte Giebelwand (ohne Abwalmung). Die Dorfgasse in Landsee entlang gehend, gewahrte ich nämlich nur zwei oder drei Häuser, die den oben besprochenen Giebelschmuck trugen. Es waren jene wenigen Häuser, die eine senkrechte Giebelwand gegen die Strasse wandten. Alle anderen hatten

„Schopfdächer". Als ich mich nach den ältesten Häusern des Dorfes erkundigte, wurden mir gerade die, welche den Giebelschmuck trugen, also senkrechte Giebel aufwiesen, als die ältesten Bauten des Dorfes bezeichnet. Auch der Bauer trägt das Neue,

Fig. 110. Giebelverzierung aus Weppersdorf.

Moderne, wenn er es einmal angenommen hat, gerne zur Schau. Neuerungen am Hause, besonders wenn sie einen Schmuck desselben bilden sollen, bringt er natürlich am liebsten dort an, wo sie am besten in die Augen fallen. Der Ort, der dazu am geeignetsten

Wie ich eingangs hervorgehoben, gebieten die Verhältnisse, die ich im südöstlichsten Theile Niederösterreichs vorfand, da sie von westungarischen Verhältnissen, soweit sie in diesen Mittheilungen bereits bekannt gemacht worden sind, abweichen, eine abgesonderte Behandlung für sich. Ich überspringe darum vorläufig dieses Gebiet und knüpfe in meiner Schilderung der Erfahrungen, die ich auf meiner Wanderung von Oedenburg nach Oberschützen durch ungarisches Gebiet gemacht, Bekanntes mit Gleichartigem zusammenstellend, mit Beschreibungen von Resultaten meiner Forschungen auf dem weiteren Wege, der mich bei Kalteneck, südlich von Kirchschlag an der österreichisch-ungarischen Grenze gelegen, wieder auf ungarischen Boden brachte, an.

Der nächste grössere Ort, den ich nach dem Ueberschreiten der Grenze bei Kalteneck berührte, war Bernstein. Was ich von Bernstein mitzutheilen

Fig. 111. Gasse in Bernstein.

ist, ist die Stirnseite des Hauses. In Landsee trägt nun den neueren Giebelschmuck, die Abwalmung oder den „Schopf", der grösste Theil der Häuser an sich. Der alte Giebelschmuck wurde dabei aber keineswegs verworfen, sondern nur zurückgedrängt. Der Stadel, welcher nach rückwärts den Hofraum querliegend absperrt, steht ziemlich weit von der Strasse ab, fällt also nicht in's Auge. Er ist nun der Träger der alten Giebelverzierung geworden. Da der Stadel wie in der Gegend von Oedenburg und im südlichen Theile der Heanzerei, so auch in Landsee frei steht, also nicht mit dem Wohntracte verbaut ist, hat er zwei freie Giebelwände. Beide haben keine Abwalmung, sind also senkrecht und tragen den althergebrachten Giebelschmuck. Mir ist in Landsee kein Stadel aufgefallen, der diese Giebelverzierung nicht aufgewiesen hätte.

Sonst habe ich auf dem Wege bis Landsee, also bis zum Uebertritte auf österreichisches Gebiet, nichts Erwähnenswerthes verzeichnet.

habe, verdanke ich den freundlichen Aufklärungen des dortigen Gastwirthes Johann Mager.

Bernstein besteht aus 175 Häusern mit ungefähr 1300 Einwohnern. Die ältesten Häuser liegen im Centrum des Ortes. Sie bilden den „Markt". Die Häuser liegen hier ziemlich eng aneinander. Die Folge davon ist, dass viele derselben den Giebel zur Strasse kehren. Ausserhalb des Marktes liegen die Häuser auf breiterem Hausgrunde. Fränkische Gehöfte und Vierkante wechseln hier ab. Ein grosser Theil des Dorfes wurde im Jahre 1876 durch eine Feuerbrunst verheert. Man findet darum in Bernstein eine grosse Anzahl neuerer Bauten mit Ziegeldächern. Die Anlage dieser Häuser ist jedoch ganz die der alten, da die Häuser nach dem Brande alle wieder auf den alten Grundmauern errichtet worden sind. Ich habe eine Gasse des Dorfes, und zwar jene, aus der die Strasse in nordöstlicher Richtung nach Kirchschlag und Lockenhaus führt, photographirt. Fig. 111 bietet eine Zeichnung, die ich nach der

Photographie angefertigt habe. Da Bernstein zur Heanzerei gehört, gibt dieses Bild als Ansicht eines Theiles eines Dorfes aus dem nördlichen Theile der Heanzerei ein Gegenstück zu dem aus der südlichen Heanzerei Bd. XXV, S. 151, abgebildeten „Eingang des Dorfes Tobaj".

Aus dem Bilde (Fig. 111) ist ersichtlich, dass Bernstein in Bezug auf die Dorfanlage bereits abweicht von den Dörfern um Oedenburg und auch von denen der südlichen Heanzerei. Auch herrscht hier der Centralbau in der Anlage des Hauses vor. Das erste Haus links im Bilde ist ein Vierkant mit einem Einfahrtsthore in der Mitte der Vorderfront, einer Ausfahrt im hinteren, parallel liegenden Tracte (Stadeltract) und einem dritten, seitlich angebrachten Thore. Die anderen Häuser auf dem Bilde, welche zum Theile ersehen lassen, dass sie nicht vollkommen ausgebaut sind, d. h. keinen ganz geschlossenen Hof aufweisen, lassen an ihren senkrechten Giebelmauern erkennen, dass sie den Ausbau ermöglichen oder erwarten (vgl. damit das Bd. XXV, S. 108, in Bezug auf das Haus Nr. 100 in Oberschützen Gesagte) Auch die innere Ausgestaltung des Hauses, sowohl der Wohn- als auch der Wirthschaftsräume, stimmt in Bernstein im Wesentlichen mit dem überein, was ich Bd. XXV über das Bauernhaus der nördlichen Heanzerei gesagt Liegen demnach rechts vom Einfahrtsthore die Wohnräume, an die sich gewöhnlich der Pferdestall angliedert, so schliesst sich vom Thore nach links der Kitting an, an den sich nach rückwärts in der Regel der Kuhstall anreiht, und quergebaut schliesst nach rückwärts der Stadel, bestehend aus Tenne, Heu- und Baustadel, den Hof ab

Der Dialect ist auch in Bernstein der heanzerische. Von woher in Bernstein die Besiedelung geschah, ist heute noch eben so unklar wie bei Oedenburg, Oberschützen und allen anderen Orten Westungarns, die von Deutschen bewohnt werden. Von seiner Familie und von den Bernsteiner Familien der Frühwirth und Krug sagte mir Herr Mager, dass sie aus Kärnten, die Familie der Baldauf aber aus Böhmen angesiedelt worden seien. Die Ansiedelung dieser Familien geschah zu Ende des XVI. Jahrhunderts während der Gegenreformation durch den protestantenfreundlichen Grafen Sigmund Batthyányi v. Bernstein. Die aus den erwähnten Ländern flüchtenden Familien wurden als bergbaukundige Leute vom Grafen zum Betriebe seiner Bergwerke[1] angesiedelt und mit Ackerland

[1] Spuren der aufgelassenen Bergwerke finden sich noch heute südlich des Dorfes.

belehnt. Ich erwähne dies hauptsächlich mit Rücksicht auf das Nachfolgende.

Wie mir Herr Mager mittheilte, wird damals je ein Mager, Frühwirth, Krug und Baldauf angesiedelt worden sein, und jeder der damals Neuangesiedelten scheint eine ganze Session, nach heutigem Maasse 12 Katastraljoch, erhalten zu haben, die aus drei grösseren Stücken Ackerland („Tafeln") bestanden sein wird Herr Mager, ein gewiegter Kenner der Verhältnisse seiner Heimat, schliesst nämlich so. Sowohl die Familie der Krug, als auch die der Frühwirth hat sich bis heute in vier Linien getheilt. Wie bei den Frühwirth'schen, so haben auch bei den Krug'schen Linien je zwei ihre Häuser im Markte und zwei im oberen Theile der Ortschaft. Die Häuser liegen also nicht beisammen, sondern sind zum Theile räumlich ziemlich weit von einander getrennt. Auffallend ist nun, dass dies in Bezug auf die Lage der Felder nicht ebenso ist. In den verschiedenen Fluren liegen sowohl die Krug'schen, als auch die Frühwirth'schen Felder in vier Streifen stets unmittelbar beisammen, wonach Herr Mager folgert, dass diese vier und vier Streifen ehemals eine Tafel gebildet, je einem Besitzer angehört haben und erst durch Vererbung getrennt worden sein werden. Wenn ich nun noch hervorhebe, dass die Mager'schen und Baldauf'schen Gründe — wie Herr Mager mir sagte — analog liegen wie die Krug'schen und Frühwirth'schen und auch diese sich auf das Ausmaass einer ganzen Session zurückführen lassen, so lässt sich die Folgerung des Herrn Mager um so eher als richtig annehmen, als in Bernstein, so lange Menschen gedenken, keine Neuauftheilung der Gründe stattgefunden hat. Auch gelegentlich der Ablösung des Grundes von der gräfl. Herrschaft Bernstein, die so wie in Oberschützen auch in Bernstein vor der allgemeinen Grundablösung (in Oberschützen 1840, in Bernstein 1845) erfolgte, kamen keine Aenderungen im Besitze der einzelnen Bauern vor. Während nämlich im nahen Dorfe Holzschlag, das zur fürstlich Eszterházy'schen Herrschaft Lockenhaus gehörte, bei der Grundablösung nur die Hausgründe ungeschmälert in den Besitz der Bauern übergingen, von allen anderen Gründen (Wald, Hutweide, Rottgründe) aber ein Drittel an die Grundherrschaft fiel, blieb in Bernstein durch den Freikauf Alles beim Alten. Wald und Hutweide blieben bis 1875 Gemeingut, die Rottgründe aber gingen voll und ganz in das Eigenthum der damaligen Besitzer über.

Ueber die Besitzverhältnisse der Bauern in Bernstein berichte ich nach Angaben des Herrn Mager
noch Folgendes: Auch hier bildet ein ansehnlicher
Theil der Gemarkung des Ortes einen Grossgrundbesitz, den der ehemaligen gräfl. Herrschaft Bernstein, die sich jetzt im Besitze eines Herrn v. Almásy
befindet. Dieser Grossgrundbesitz umfasst rund
2000 Katastraljoch, davon sind 1500 Joch Wald.
Im Besitze der Bauern befinden sich ebensoviel,
nämlich 2000 Joch, davon 140 Joch Gemeindewald,
aus welchem nur die Holzdeputate der in den beiden
confessionellen Gemeinden angestellten Pfarrer und
Lehrer bestritten werden. Dieser Gemeindewald bildet
den Rest von jenem ehemaligen Gemeindewalde und
der dabei gewesenen gemeinschaftlichen Hutweide,
die zusammen 600 Joch umfassten und 1875, wie
schon oben bemerkt, aufgetheilt wurden. An der
Theilung participirten alle Bauern. Das Maass zur
Vertheilung bildete die Anzahl der Achtel jedes
Bauern. Da der ganze Besitz der Bauern damals
(und wohl auch heute noch) aus 209 Achteln bestand, wurde der zu theilende Grund in 209 Theile
getheilt. Davon fielen dem, der vier Achtel besass,
vier Antheile, dem, der nur zwei Achtel sein Eigen
nannte, zwei Antheile zu u. s. f.

Der Besitz, der den Grossgrundbesitz in Bernstein
ausmacht, ist nach dem Gesagten ebenso gross als
Alles zusammen, was die Bauern besitzen. Durch
Vertheilung bei Vererbung ist auch manches ehemals
grösser gewesene Bauernbesitzthum in Brüche gegangen. Es ist darum nicht zu verwundern, dass die
Besitze auch der Bauern in Bernstein keine grossen
genannt werden können. Ganze Session existirt auch
hier keine mehr. Der grösste Besitzstand sind vier
Achtel. Vier Achtel besitzen nur vier Bauern, zwanzig
Bauern haben drei Achtel, vier Bauern besitzen zwei
Achtel und die übrigen Bauern haben nicht mehr
als je ein Achtel Grund. Obwohl die Besitzverhältnisse in Bernstein wesentlich besser sind, als in
Lockenhaus, so könnte auch hier nur ein geringer
Theil der Bauern von dem Erträgnisse der Wirthschaft
allein das Auskommen finden. Trotzdem — so versicherte mir Herr Mager — stehen sich die Leute
recht gut und der grösste Theil der Bauern sei
schuldenfrei. Nicht einmal zwei Bauern wären im
Orte, die sich mit dem Betriebe der Landwirthschaft
allein begnügten. Viele betreiben nebenbei ein Handwerk, zum grössten Theile die Schuhmacherei. Die
Erzeugnisse werden auf die Jahrmärkte von Güns,
Pinkafeld, Oberwarth, ja selbst nach Oedenburg und

Steinamanger gebracht. Andere sind Händler. „Wir
haben hier ein sehr tüchtiges, arbeitsames und haus-
hälterisches Volk", so sagte mir Herr Mager, und
in der That machen die Häuser, wenn man den Ort
durchwandert, den Eindruck, dass hier, wenn auch
nicht gerade Wohlhabenheit herrsche, so doch ein
jeder Besitzer sein Auskommen haben müsse.

Oben habe ich bereits erwähnt, dass ich in Bernstein dieselbe Giebelverzierung fand, wie sie mir
zuerst in Weppersdorf aufgefallen ist. Auch eine
zweite Art von Giebelverzierungen sah ich in Bernstein noch. Unter Fig. 112 bilde ich sie ab. Die
Häuser, auf denen ich sie gewahrte, wurden mir als
„katholische Häuser", als solche, die von Katholiken,
welche in Bernstein etwa den siebenten Theil der
Bewohner ausmachen, bewohnt werden, bezeichnet.
Die drei Nägel, welche in den kreisrunden Abschluss

Fig. 112. Giebelverzierung aus Bernstein.

der Giebelverzierung eingeschlagen sind, bedeuten
„die drei Kreuznägel Christi".

Von Bernstein ging ich über Mariasdorf nach
Oberschützen. Ich war nun wieder in jenem Theil
der nördlichen Heanzerei, von welchem der grösste
Theil meiner Arbeit in Bd. XXV handelt. Ich
führe hier an, dass ich mir Gelegenheit nahm,
von Oberschützen aus einen kleinen Abstecher nach
Norden, über Willersdorf hinaus nach Schmiedraith,
das nahe der dreifachen ungarisch-steirisch-nieder-
österreichischen Grenze liegt, zu machen. Ich fand
auch dort das fränkische Gehöfte, ganz in derselben
Anordnung wie in Oberschützen erbaut, wieder.
Grund- und Aufriss eines der drei Häuser, die ich
dort photographirte, mögen davon Zeugniss geben.

Das Schmiedraither Haus, dessen Vorderansicht
das Bild (Fig. 113) bietet, trägt die Nummer zehn.
Der Eigenthümer des Hauses heisst Johann Kirnbauer. Er gibt an, dass der Theil des Hauses, der
vom Thore rechts liegt, zu Anfang des Jahrhunderts
erbaut worden sei. Der Tract links vom Thore stammt
aus neuerer Zeit. Das Aeussere des Hauses erinnert
stark an das der Häuser in Oberschützen. Man ver-

gleiche besonders Fig. 161 in Bd. XXV mit der oben stehenden Fig. 113.

Der Plan (Fig. 114) dagegen zeigt einzelne Abweichungen, die nicht unwesentlich sind, da sie für Schmiedraith nach meinen gemachten Erfahrungen ortsüblich, also typisch sind.

Im Oberschützener Hause liegen hinter den drei Fenstern der Giebelmauer stets zwei Zimmer. In das ich in Schmiedraith aufnahm, Nr. 8, ist wohl das älteste der drei photographirten Häuser. Es hat nur zwei Fenster in der Giebelwand. Dies ist wohl typisch für alle älteren Häuser in Schmiedraith. Aus dem Plane (Fig. 114) ist zu ersehen, dass das Haus Nr. 10 ein drittes Zimmer hat. Dasselbe liegt im neuen Tracte. Auch dieses Zimmer hat drei Fenster in einer Wand: In älteren Häusern, wie z. B. im

Fig. 113. Haus Nr. 10 aus Schmiedraith.

Schmiedraith fand ich jedoch in all' den Häusern, die ich besichtigte, an derselben Stelle immer nur eine Stube, auch wenn drei Fenster in der Giebelwand sich befanden. Es gehörten eben dann alle drei Fenster dieser einen Stube an. Die eigenartige Form der vorderen Stube im Plane lässt übrigens darauf schliessen, dass die vordere Stube des Hauses Nr. 10 das dritte Fenster erst während eines Umbaues erhalten haben dürfte. Ein neueres, das Haus Nr. 7 in Schmiedraith, hat drei Fenster im Giebel schon von Anfang an gehabt. Auch dort gehören die drei Fenster einer Stube an. Das dritte Haus, Hause Nr. 8, nimmt diese Stelle wie im Oberschützener Hause der Kitting ein. Der Bogengang (Gräd'n) vor dem Wohntracte ist für Schmiedraith ebenso typisch, wie für Oberschützen. Die Küche liegt stets zwischen der vorderen und hinteren Stube eingeschlossen. Laube liegt ihr im Hause Nr. 10 keine vor.

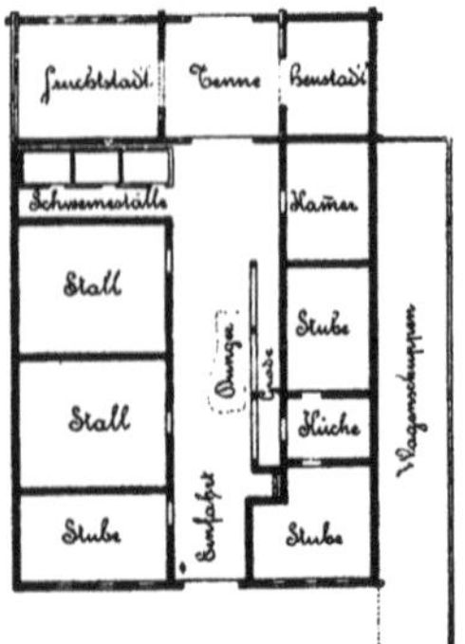

Aus Holz ist bei diesem Hause nur der Stadel erbaut. Die weiteren Räume sind durch die Einzeichnungen im Plane erklärt. Die Einrichtung der Stube ist der im Oberschützener Stube gleich. Am Backofen dieses Hauses, der in die Stube hineinragt, fand ich eine eigenartige Kienleuchte angebracht. Ich werde eine gleiche aus einem Hause der Gegend von Kirchschlag weiter unten beschreiben.

Zu den Wanderungen, die ich auf dem Gebiete der Comitate Oedenburg und Eisenburg unternahm, gehört schliesslich noch jener Weg, der mich von Oberschützen über Riedlingsdorf, Buchschachen, Kitzladen und Alhau an die ungarisch - steirische Grenze führte. Die Verhältnisse, die ich da fand, boten mir auch wenig Neues. Riedlingsdorf weist verhältnissmässig wenig fränkische Gehöfte auf. Das einfache kleine Bauernhaus, wie ich es aus der Gegend von Oedenburg und aus der Heanzerei beschrieben habe, herrscht hier vor. Eigenthümlich ist, dass in Riedlingsdorf, wie ich bereits Bd. XXV, S. 110, Anm. 2, erwähnte, nicht heanzisches „Kui" und „Pui", sondern steirisch-österreichisches „Kua", „Pua" etc. gesprochen wird. Es ist dies um so auffallender, als in den westlich davon gelegenen Orten Buchschachen, Kitzladen und Alhau, die doch der

Fig. 114. Plan zum Hause Nr. 10 in Schmiedraith (1 : 480).

steirischen Grenze näher liegen, wieder reines Heanzisch gesprochen wird. Sollte Riedlingsdorf etwa
eine neuere Ansiedelung sein? Die Flurforschung
könnte hierauf vielleicht die richtige Antwort geben.

In den Dörfern Buchschachen, Kitzladen und
Alhau kommen fränkische Gehöfte wieder in über-

Das Haus hat die Nummer 13 und ist Besitzthum
des Bauern Johann Kurz und seiner Frau, Theresia,
geb. Böhm. Der Bauer ist 50 Jahre alt, seine Frau
10 Jahre jünger. Die beiden Eheleute haben drei
Söhne: Johann (geb. am 2. Februar 1877), Samuel
(geb. am 7. Februar 1881) und Josef (geb. am

Fig. 115. Haus Nr. 13 in Buchschachen.

wiegender Zahl vor. Auch aus dieser Gegend will
ich die Ansicht und den Grundriss eines Hauses im
Bilde bieten, um die Gleichartigkeit der fränkischen
Gehöfte in Oberschützen und in der Gegend westlich davon nachzuweisen. Das Haus, dessen Bild
Fig. 115 wiedergibt, steht in Buchschachen. Auf
den ersten Blick schon fällt die Aehnlichkeit des

Fig. 116. Plan zum Hause Nr. 13 in Buchschachen (1 : 400).

Aeusseren dieses Hauses mit dem jener Häuser, die
ich in Bd. XXV aus Oberschützen abgebildet habe,
auf. Der Umstand, dass auch bei diesem Hause die
Ecken der Dächer nicht verschmolzen sind, lässt
annehmen, dass auch hier nicht alle Tracte gleichzeitig entstanden sind, sondern dass, wie es wirklich der Fall ist, das Haus erst allmälig, d. h. durch
Zubauten die Ausgestaltung zum vollkommen geschlossenen Gehöfte erhielt, die es heute zeigt.

26. Februar 1884). Zur Familie gehört noch die
56 Jahre alte, ledige Schwester des Bauern, Marie.

Das Bauerngut umfasst 10 Joch à 1200 Quadratklafter Ackerland, 3½ Joch Wiesen und 8 Joch
Wald. Der Grund, auf dem das Haus steht, umfasst
mit dem das Haus umschliessenden Obstgarten
1400 Quadratklafter. Es kommt somit dieses Ausmaass dem Durchschnittsbesitze eines Bauern von
Oberschützen und Agersdorf nahe (vgl. Bd. XXV,
S. 101).

Der Viehstand besteht aus 2 Zugpferden und
einem jährigen Füllen, 2 Kühen, 1 Kalb, 7 Stück
Schweinen und 16 Stück Hühnern. Den Eintritt
in's Haus verwehrt kein bissiger Hund. Hunde findet
man im Eisenburger Comitate bei Bauernhäusern
überhaupt verhältnissmässig wenige, seit die Hunde-
steuer auch in den Dörfern eingeführt worden ist.

Die Familie bewirthschaftet das Anwesen ohne
Dienstboten.

Den Grundriss des Hauses bietet Fig. 116. Er
zeigt sowohl in den Wohn- als auch in den Wirthschaftsräumen dieselbe Anordnung, wie die Oberschützener Bauernhäuser. Hervorgehoben mag werden,
dass das Haus ausser dem Einfahrtsthore in der
Stirnseite noch zwei Thore, eines im gegenüberliegenden Stadeltracte, welches hier zugleich Tennenthor ist, und ein zweites Einfahrtsthor in der Südseite des Gehöftes hat.

Wie schon oben bemerkt, wurden nicht alle
Theile des Hauses gleichzeitig erbaut. Der Wohn-
tract (vordere Stube, Küche, Laube und hintere
Stube) mit dem anstossenden Pferdestalle und dem

16*

rechtwinkelig verbundenen Stadel wurden durch den damaligen Besitzer Hans Kurz im Jahre 1819 erbaut. Geschlossen wurde der Hof durch den Zubau des Kittings, der anstossenden Kammer und des Kuhstalles im Jahre 1827. Der Stadel ist ein Blockbau; alles Andere ist aus Ziegeln aufgeführt. Gedeckt ist das ganze Gebäude mit Stroh. Die Schweineställe gehören nicht zum stabilen Bau, sondern sind transportabel. Gefertigt sind sie aus starken Pfosten.

Aus dem Grundrisse geht hervor, dass die Räume des Wohnhauses, wie schon hervorgehoben, ganz in derselben Weise angeordnet sind, wie im Bauernhause Oberschützens. Um darzuthum, dass auch die Einrichtung des Wohntractes im Buchschachener Bauernhause sich nicht wesentlich weder von der des Hauses in Oberschützen, noch von der des Hauses um Oedenburg (vgl. Bd. XXIV, Fig. 82, S. 123) unterscheidet, sei unter Fig. 117 der Wohntract des Hauses Nr. 13

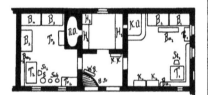

Fig. 117. Grundriss des Wohntractes im Hause Nr. 13 in Buchschachen (1 : 200).

in Buchschachen in grösserem Massstabe hier gegeben.

Die vordere Stube, welche einen Bretterboden und eine Tramdecke aufweist, zeigt bei KO den grossen Kachelofen, der von der Küche aus geheizt wird und mit einer Bank, der Ofenbank, umgeben ist, dann bei T_1 den grossen viereckigen Tisch, der dieselbe Gestalt und Einrichtung zeigt, wie der Bd. XXV, S. 139, abgebildete und beschriebene typische Tisch aus dem Hause des Tobias Posch in Oberschützen, ferner bei Ba_1 die stabile Lehnbank im Tischwinkel, bei Ba_2 eine freistehende Bank, die beim Essen an den Tisch gerückt wird, und bei St_1 einen Stuhl; weiters bei B_1 und B_2 die beiden Betten, bei K_1 und K_2 zwei Kästen und schliesslich bei Tr_1 eine Truhe.

Die hintere Stube hat ebenfalls eine Tramdecke, aber keinen Bretterfussboden, sondern einen Lehmboden („Flötz"). Diese Stube hat keinen Ofen; sie ist also nicht heizbar. Erwärmt kann sie nur zu

Zeiten werden, wenn im Backofen, der bei BO aus der Küche in's Zimmer ragt, geheizt wird. Unter T_2 steht ein Tisch von untypischer Form. Ba_3 gibt die Stelle an, auf welcher eine Bank steht. Bei B_3, B_4 und B_5 sind Betten, unter Tr_2 und Tr_3 zwei Truhen. Bei E steht ein Essigfass, bei Sch zwei Schmalzkübel und bei St_2 ein Stuhl.

Laube („Lab'm") und Küche sind auch hier in der Bd. XXIV und XXV beschriebenen Weise zwischen den beiden Stuben eingeschoben. Beide Räume sind gewölbt. In der Laube führt bei BSt die Bodenstiege in den Dachraum hinauf. Der Aufstieg geschieht jedoch nicht von der Laube, sondern vom Hofe aus. Gegen den Hof ist die Stiege durch eine Thür abgeschlossen. Bei WB steht die Wasserbank und bei $K.K.$ ein Kuch'lkast'l. Die Küche ist auch hier nicht durch eine Thüre von der Laube getrennt. Die Oeffnung, welche beide Räume mit einander verbindet, ist aber bedeutend schmäler, als in den Bauernhäusern um Oedenburg und in der Gegend von Oberschützen. Die Küche würde also sehr dunkel sein, wenn sie nicht durch ein Fenster, welches dem Eingange gegenüber liegt, das aber für die Gegend von Oedenburg und Oberschützen untypisch ist, Licht bekäme.

Die Küche weist zwei offene Herde auf: H_1 und H_2. Der Herd H_1, welcher gewöhnlich im Gebrauche steht, nimmt, was ich in der von mir aus dieser Gegend bisher beschriebenen Bauernhäusern noch nie wahrgenommen habe, die ganze Länge derjenigen Wand ein, an die vom vorderen Zimmer aus der Kachelofen anstösst. Er hat also grössere Länge als der Kachelofen, dem er vorgebaut ist. Auch H_2, der gegenüberliegende Herd, der eigentlich durch die vorragende Sohle des Backofens gebildet ist, wird ehedem die ganze Länge der westlichen Küchenseite eingenommen haben, da H_3, ein kleiner Herd, der jetzt die nordwestliche Ecke der Küche besetzt, nur eine Backröhre in sich schliesst, die als Neuerung zu betrachten sein dürfte.

So wie ich also in Bezug auf die Anlage des ganzen Gehöftes, als auch in Hinsicht auf die Anordnung der Wohnräume und deren Einrichtung keine hervorragenden Unterschiede im Vergleiche zu den Bauernhäusern und ihrer Einrichtung in der Gegend von Oberschützen hervorheben kann, kann ich dies auch nicht thun in Bezug auf das Küchengeräth. Es ist hier im Grossen und Ganzen Alles so zu finden, wie in Oberschützen und seiner Umgebung.

In Buchschachen fand ich noch, was ich nicht unerwähnt lassen will, dass die Gepflogenheit geherrscht hat, die Häuser mit Inschriften, sogenannten „Haussegen", zu zieren. Ich sage „geherrscht hat", weil diese schöne Sitte wohl nicht mehr geübt wird. Auf dem Hause des Johann Kurz, das ich eben beschrieben habe, stand in dem Kreisrund, das auf der Abbildung des Hauses zwischen den beiden Bodenfenstern ersichtlich ist, wie mir mein Freund, Bürgerschullehrer Johann Gall, ein geborener Kitzladener, der mich in meinen Bestrebungen in seiner Heimat unterstützt hat, mittheilte, ein Spruch folgenden Wortlautes:

„Ich hab mich geplagt und baut das Haus
Und pflanze mir auch mein Brot;
Ich danke für meinen Stand
Dem lieben, guten Gott."

Der Spruch ist verweisst und nicht mehr erneuert worden.

Die Sprüche stehen stets an der Giebelwand des Hauses in einem runden oder viereckigen Felde an der Stelle, die auch der citirte Spruch seinerzeit eingenommen hat. Ich theile aus Buchschachen noch folgende Sprüche in derselben Schreibweise mit, wie sie sich noch heute an den betreffenden Häusern befinden.

Am Hause Nr. 112 des Johann Reisner steht in einer Kreisform in fünf Zeilen folgender Spruch:

„Wer Gott
Verdraut: hat
Wohl gebaut im
Himmel und
auf Erden."

Das Haus Nr. 42 des Johann Benedek ziert in Rechteckform ein Spruch, der folgendermassen lautet:

„Wir Bauhen Hie
Gar feste Und sind
Nur fremde geste
und Wo wir sollen
Ewig sein : da Bau-
hen Wir gar Wen-
nig drein ✕ Mid
Gottes Hülf Erbaud
im Jahr anno 1.8.2.0.
Lorenz Benedek."

Der gleiche Spruch befindet sich, abgerechnet das, was sich auf den Erbauer bezieht, auf dem Hause Nr. 63 des Ludwig Kurz.

Ein weiterer Spruch, der auf dem Hause Nr. 58 des weiland Tobias Kurz steht, heisst:

„Wo Gott nicht
Wacht und baut das Haus
Träg unser Wach und Müh
nichts aus Behüt uns freindlich
und beschehr Brod Leibes
Frucht und anders
Mehr. 1815.
T K"

An dem Hause Nr. 23 des Johann Sander steht folgender Spruch zu lesen:

„Dieses Haus ist mein und nicht mein
Und nach mir wird's auch so sein."

Dies ist jedenfalls nur das Bruchstück eines anderen Spruches, den ich in Kirchschlag an dem Hause Nr. 76 fand. Er lautet:

„Dieses Haus gehört mein und auch nicht mein,
Und meinem Vorwirth war's auch nicht sein;
Denn er musst hinaus und ich herein,
Und nach meinem Todt wird es auch so seyn.
Jakob Schlögl, Schneider-Meister."

Ich bemerke hier noch, dass in Oberschützen seinerzeit die Sitte, Häuser mit solchen Sprüchen zu zieren, auch bestanden hat. Das von mir Bd. XXV, Fig. 159, abgebildete Haus wird in dem kreisrunden Felde zwischen den beiden Bodenfenstern auch einen Spruch getragen haben. An der Stelle, wo heute in Oberschützen das neue Haus des Herrn Privaten Mathias Polster steht, stand noch vor etwa 15 Jahren ein kleines Bauernhaus, das folgenden Haussegen, dessen Mittheilung ich dem Herrn Seminarvorstande Johannes Ebenspanger verdanke, trug:

„Friede sei in diesem Haus,
Alles Böse weich' hinaus,
Und es wohne immerhin
Nur, was recht und gut ist, drinn,
Dann ist Gott mit seinem Segen
Allzeit gnädig Dir zugegen.
Alles steht in Gottes Hand,
Haus und Dorf und Stadt und Land.
Drum, Herr, auch dies Haus bewahr'
Vor jeder drohenden Getahr.
Lasst auch uns merken dies Sprüchlein fein:
Dies Haus ist mein und doch nicht mein,
Der nach mir kommt, wird's auch so sein."

Nachträglich theilte mir Herr Seminarvorstand Ebenspanger noch einen Spruch mit, der sich auch heute noch auf dem Hause Nr. 6 in Oberschützen befindet. Er lautet:

„Demuth ist die schönste Tugend,
Aller Christen Ruhm und Ehr',
Denn sie zieret uns're Jugend
Und das Alter noch viel mehr."

Ferner sei hier hingewiesen auf die Bd. XXV, Fig. 141, gebrachte Abbildung des Hauses Nr. 42 aus Heiligenkreuz bei St. Gotthard und auf die Abbildung des Hauses Nr. 14 aus Rauchwarth bei Stegersbach unter Fig. 148 ebendort. Beide Häuser tragen an der Giebelseite zwischen den beiden Bodenfenstern Felder, das erste ein quadratisches, das andere ein kreisrundes, ganz in derselben Weise, wie die Häuser in Buchschachen, an denen ich die oben mitgetheilten Sprüche fand. „Haussegen" fand ich in den Feldern keine mehr. Es mag sogar möglich sein, dass sie nie solche enthalten haben, doch wird unbestreitbar sein, dass sie einen Hinweis bilden, wonach man auch in der Gegend, in welcher die Häuser stehen, also in der südlichen Heanzerei, ehemals an den Häusern Sprüche anzubringen pflegte.

In Vorstehendem schrieb ich also die Wahrnehmungen nieder, die ich in Bezug auf das Bauernhaus auf den Wegen von Oedenburg über Gross-Warasdorf nach Güns, von Oedenburg über Stoob nach Lockenhaus, von Oedenburg über Kobersdorf nach Landsee, von Kalteneck über Bernstein nach Oberschützen, von Oberschützen nach Schmiedraith und von Oberschützen in westlicher Richtung bis nahe an die steirische Grenze (Alhau) gemacht habe.

Diese Wahrnehmungen lassen sich der Hauptsache nach in folgende Punkte zusammenfassen:

1. Die Anordnung der Wohnräume, ihre Lage zur Sonne, die Einrichtung der Stuben, die Kücheneinrichtung, dann weiterhin der Dialect, Sitten und Gebräuche und das Arbeitsleben der Bewohner ist allenthalben in den Dörfern, die ich auf diesem Wege berührte, bei geringen unwesentlichen Abweichungen, die sich zum Theile aus dem Vergleiche der vorstehenden Mittheilungen mit meinen Arbeiten in den Bd. XXIV und XXV dieser Mittheilungen ergeben, dieselben.

2. Wesentliche Unterschiede ergeben sich auf diesem Gebiete, das durch die bezeichneten Wege gekennzeichnet ist, in der Anlage der Dörfer und der daraus sich ergebenden Anlage der Gehöfte, so dass das Territorium durch diese Unterschiede in zwei Theile getheilt wird, deren Scheidelinie der Lauf der Güns bildet. Südlich derselben tritt in all' den von mir berührten Orten das fränkische Gehöfte auf, während es nördlich davon vollkommen fehlt.

Schicke ich noch voraus, dass die Grenze des Gebietes, über welches sich das fränkische Gehöfte im westlichen Ungarn ausbreitet, nach Süd und Ost

bereits Bd. XXV, S. 110, von mir bestimmt wurde, so geht aus dem bisher Gesagten und aus dem vorstehenden Punkte 2 nun hervor, dass das Verbreitungsgebiet des fränkischen Gehöftes im westlichen Ungarn nach Nordosten hin, was ich in meiner Arbeit Bd. XXV nur als Annahme aussprach, thatsächlich nur bis zur Güns reicht und Güns und Lockenhaus die nordöstlichsten Punkte in diesem Theile Ungarns sind, wo das fränkische Gehöfte noch constatirt werden kann. Nach Norden reicht das Gebiet, wie aus den in Schmiedraith gemachten Erfahrungen sich feststellen lässt, bis an die ungarisch-niederösterreichische Grenze und, wie aus dem im nachfolgenden Theile dieser Arbeit Mitzutheilenden zu ersehen sein wird, auch darüber hinaus. Nach Westen hin habe ich das Vorkommen des fränkischen Gehöftes bis an die ungarisch-steirische Grenze und nach dem, was ich im Abschnitte D mittheilen werde, auch darüber hinaus verfolgt. Ebenso erstreckt sich das Verbreitungsgebiet des fränkischen Gehöftes, was der Abschnitt E beweisen wird, auch in der Richtung nach Nordwest über die steirische Grenze bis über Vorau hinaus. Demnach wird auch meine Bd. XXV, S. 110, auf Aussage von Kennern der Gegend gethane Aeusserung, dass der Centralbau „gegen Norden in's Oesterreichische hinein bis Hochneukirchen und Kirchschlag — wenn nicht weiter —" und „nach Westen über Hartberg hinaus bis tief in's Steirische hinein verfolgt werden könne", als feststehende Thatsache angenommen werden können.

In der Gegend von Oberschützen habe ich bei meinem zweiten Besuche noch einige weitere Erfahrungen gesammelt, die ich um so mehr hier, bevor ich auf den dritten Theil meiner Arbeit übergehe, für nöthig erachte, mitzutheilen, als sie in einiger Beziehung Manches von dem, was ich Bd. XXV aus dieser Gegend sagte, ergänzen, Anderes berichtigen.

Bd. XXV erging ich mich auf Seite 95 ff. über die Art und Weise der Ausführung eines Blockbaues in der südlichen Heanzerei und über den Vorgang bei der Ausführung eines gestampften (g'satzt'n) Hauses Zur Ergänzung des dort Mitgetheilten habe ich nun noch Einiges, was ich erst bei meinem zweiten Besuche der Heanzerei in Erfahrung gebracht, in Bezug auf Bauten, die aus Ziegeln aufgeführt werden, zu berichten.

Ziegel bilden das Material, aus welchem heute in der Heanzerei die meisten Bauernhäuser aufgeführt werden. Es liegt dies in den dortigen Verhältnissen begründet. Bruchsteine, die sich zum Baue von Häusern eignen, sind in vielen Theilen der Heanzerei so rar, dass sie, weil sie zugeführt werden müssen, ein so kostspieliges Material bilden, dass man höchstens, um dem Hause eine sichere Basis zu geben, sie zur Aufführung der Grundmauern verwendet, um den Bau nicht allzusehr zu vertheuern. Lehm aber gibt es in der Heanzerei in Hülle und Fülle und zum Zwecke des Ziegelschlagens in ausgezeichneter Qualität. Fast jeder Bauer kann in seinem Besitzthume ein Stück Land finden, das er in eine Lehmgrube zu verwandeln vermag. Dieser günstige Umstand wird nun, wenn sich ein Bauer zum Bauen genöthigt sieht, auch ausgenützt. Er schlägt sich oder, besser gesagt, er lässt sich die Ziegel selbst schlagen. Dazu dingt er sich ein paar Ziegelschläger oder Zigeuner, von denen viele Dörfer der Heanzerei grössere oder kleinere Colonien besitzen, weist ihnen einen passenden Grund, aus dem der nöthige Lehm

Fig. 118. Ziegelofen aus Willersdorf.

gehoben werden soll, an und die Arbeit des Ziegelschlagens beginnt. Ist die erwünschte Anzahl von Ziegeln beisammen, so werden sie in nahe beisammenliegende Stösse zum Austrocknen aufgeschichtet und durch ein Pultdach aus Stroh vor Regen geschützt. Ställe, Kammern und Schuppen werden oft nur aus Ziegeln, die nicht gebrannt, sondern nur gut getrocknet sind, aufgebaut. Zum Baue von Wohnräumen werden in der Regel gebrannte Ziegel verwendet. Auch das Brennen der Ziegel besorgt sich der Bauer in vielen Fällen selbst. Es wird zu diesem Zwecke kein eigener, stabiler Ziegelofen aufgeführt, auch wird zum Brennen der Ziegel nicht der Ziegelofen verwendet, den man, wie dies bei fast allen grösseren Dörfern der Fall ist, im Orte hat und der häufig Eigenthum der Gemeinde ist, sondern es wird gleich aus dem zu brennenden Ziegeln ein eigenartig gebauter Ofen aufgeführt. Fig. 118 gibt das Bild eines solchen Ofens, den ich in Willersdorf, zwischen Oberschützen und Schmiedraith gelegen, zeichnete. Wie das Bild zeigt, werden die Ziegel so zu einem

prismatischen Ofen geschichtet, dass im Inneren desselben röhrenförmige Hohlräume freibleiben, die den Ofen seiner Länge nach parallel bis nahe an die rückwärtige Wand durchziehen. Der abgebildete Ofen zeigt zwei „Röhren". „Es werden aber auch Oefen mit vier und fünf Röhren angelegt. Die Zahl der Röhren ist abhängig von der Menge der Ziegel. Man rechnet auf eine Röhre 10.000 Ziegel. Ein Ofen mit zwei Röhren, wie der abgebildete, besteht demnach aus 20.000, ein solcher mit fünf Röhren aus 50.000 Ziegeln." (Joh. Kirnbauer in Schmiedraith.)

Die Röhren bilden die Feuerstellen. Geheizt wird mit Baumstämmen bis zu 2 cm Durchmesser ununterbrochen durch drei Tage und drei Nächte. Ist der Ofen ausgekühlt, so können die Ziegel in Verwendung genommen werden. Oft brennt der Bauer seine Ziegel im Spätherbste, wenn er gut Zeit dazu hat, und der Bau, wozu er die Ziegel braucht, wird dann im Frühlinge begonnen. Für die dazwischen liegende Zeit wird über den Ofen ein Dach geschlagen, damit Regen und Schnee nicht nachtheilig auf die Ziegel einwirken können.

Bd. XXV, S. 111, berührte ich mit wenigen Worten auch die Tracht aus der Gegend von Oberschützen, wie sie heute üblich ist. Gelegentlich meines zweiten Aufenthaltes in Oberschützen bemühte ich mich, Näheres über die ältere Tracht zu erfahren, und es ist mir gelungen, einige interessante Aufschlüsse darüber zu erhalten, die ich zum grössten Theile der schon im Bd. XXV zu wiederholten Malen erwähnten Familie des gediegenen Landmannes Tobias Posch verdanke.

Eigenartig war besonders auch das Frauenhemd, wie es früher, vor etwa 30 Jahren, noch getragen wurde. Es bestand nicht, wie das heutige Hemd, aus einem Ganzen, das am Halse geschlossen wird und bis unter die Kniee reicht, sondern aus zwei Theilen, einem Unter- und Oberhemd. Das Unterhemd hatte die Form eines Frauenrockes, bestand gewöhnlich aus gröberem Gewebe, reichte vom halben Waden bis in die Lende und schloss mit einer breiten Binde ab, an der zwei Träger, die auf den Schultern hingen, befestigt waren. Den Oberleib bekleidete das jackenförmige Oberhemd. Das für gewöhnlich getragene Oberhemd war ebenfalls aus grober Leinwand gefertigt und hatte enganliegende, fast bis zum Ellbogen reichende Aermel. Oberhemdchen, die an Sonntagen getragen wurden, waren aus feiner Leinwand gefertigt, hatten weite, lange Aermel, die oberhalb des Ellbogens gebunden wurden, so dass sie pauschig erschienen. Von der Frau des Tobias Posch erhielt ich noch ein altes Unterhemd und ein ebenfalls altes Oberhemdchen (Brauthemd) aus dem Nachlasse ihrer Mutter, welche beide Stücke ich an das Hofmuseum in Wien einsandte.

Während des Sommers war die alte Arbeitstracht der Frauen, wie mir die gute alte „Posch'n-Muam" erzählte, staunenswürdig einfach. Sie bestand nur aus den beschriebenen zwei Hemden, einer blauen Schürze, welche rückwärts schloss, und einem Kopftuche. Sonntags wurden über dem Untergewande auch Röcke getragen und über dem Oberhemde trug man ein bis in die Achselhöhlen reichendes Leibchen aus einfärbig schwarzem oder dunklem geblumten Stoff, oft Seidenstoff. Der Obertheil der Brust wurde dabei vom Leibchen freigelassen und nur vom dünnen Hemdchen verhüllt. Am Leibchen befanden sich so wie am Oberhemde Träger. Zur Winterkleidung kam noch der Spenser. Es war dies eine warme Jacke von eigenartiger Form und aus noch eigenartigerem Stoffe gefertigt.

Der Spenser hatte weite Aermel von der Form, wie sie vor zwei Jahren bei unserer Damenwelt unter dem Namen „Schinkenärmel" wieder modern waren. Am Halse und vorne an der Brust war der Spenser weit ausgeschnitten. Der Leib war auffallend kurz. Die Blösse am Halse wurde durch ein um denselben geschlungenes Tuch (Halstuch) gedeckt. Der Stoff, aus dem der Spenser gefertigt war, bildete das Fell eines Lammes. Das Fell wurde so gegerbt, dass die Wolle nicht beseitigt wurde. Das nach aussen gekehrte Leder war weich gegerbt und schwarz gefärbt, so dass es das Aussehen von schwarzem Tuch erhielt. Auch einen sehr gut erhaltenen Spenser von der beschriebenen Art vermochte ich in Oberschützen noch aufzutreiben. Er ging auch an das Hofmuseum in Wien. Die grosse dunkelblaue Schürze durfte auch am Sonntagsstaat nicht fehlen, weder im Sommer, noch im Winter.

Die Kopfbedeckung bildete das auch schon Bd. XXV, a. a. O. erwähnte, grosse weisse Kopftuch, der „Fetzen", welcher im Genicke gebunden wurde. Damit der Fetzen recht stattlich stehe, worunter man verstand, dass er sich bauschig um den Kopf lege und diesen so gross als möglich mache, wurden in die Haare zu beiden Seiten des Scheitels fingerlange und -dicke Wülste, sogenannte „Haarriegel", eingeflochten. Ueber den auf diese Weise vergrösserten Haarwuchs wurde nun noch ein durch Organtin gesteiftes Häubchen gestülpt und über dieses

erst wurde der Fetzen gebunden. Der Fetzen wurde von Frauen und Mädchen getragen. Dort, wo die Zipfel des Fetzens, die rechts und links über den Rücken hinunterhingen, zusammengeschlungen waren, traten unter dem Knoten die Enden eines weissen, ungefähr dreifingerbreiten Leinenbandes hervor. Es war dies das „Kopfbindel", das unter dem Fetzen um das Haupt geschlungen und so wie der Fetzen im Genicke gebunden worden war. Die Enden, welche in der Länge einer Spanne auf den Rücken hinabhingen, waren bei Frauen meist mit dunkelblauer Seide bestickt und schlossen mit kurzen, ebenfalls dunkelblauen Seidenfransen ab. Bei Mädchen liefen die weissen Kopfbinden in lange, bunte, fast bis an den Boden reichende Seidenbänder aus. Die Kopfbinde erhielt für Mädchen besonders dadurch hohe Bedeutung, dass sie von solchen, die sich in sittlicher Beziehung vergangen hatten, nicht getragen werden durfte. Die unscheinbare und doch so bedeutungsvolle Kopfbinde hatte ausserdem gegebenen Falles den Zweck, die Trauer sichtbar zum Ausdruck zu bringen. Es wurden, wenn in einer Familie ein Todesfall eintrat, von den weiblichen Familienangehörigen weisse Kopfbinden getragen, die schwarz bestickt und mit schwarzen Fransen versehen waren. Ein Häubchen, ein paar Haarriegel, einen Fetzen und zwei Kopfbindel habe ich ebenfalls für das k. k. Hofmuseum in Wien theils zum Geschenke erhalten, theils angekauft.

Die alte Krankenwärterin der Oberschützener Schulanstalten, Witwe Rosina Kirnbauer, hat mir den Gefallen erwiesen, sich mit der alten Tracht, wie sie sie noch vor 30 Jahren als junge Frau getragen und die sie mit Mühe stückweise im Dorfe zusammenbrachte, zu bekleiden und von mir photographiren zu lassen. So ist es mir gelungen, die alte heanzische Tracht auch im Bilde zu verewigen. Zu erwähnen ist in Bezug auf das Bild, das ich hier als Federzeichnung von der Hand des akademischen Malers RUDOLF STEINER in Oedenburg unter Fig. 119 biete, dass der Spenser, den die Frau trägt, im Schnitte wohl ganz dem ähnlich ist, den ich an das Hofmuseum sandte, nicht aber so wie jener aus Lammfellen, sondern aus Tuch gefertigt war. Der aus Pelzwerk gemachte Spenser scheint nur von reicheren Frauen getragen worden zu sein; ärmere mussten sich wohl mit Spensern aus Tuch begnügt haben.

Mein Nachfragen über die ältere Tracht der Männer war nur von geringem Erfolge begleitet. Noch vor

30—40 Jahren sollen aus den Filialen, die zur Muttergemeinde Oberschützen gehören, alte Männer mit langen Haaren, die in Zöpfe geflochten waren, Sonntags zur Kirche gekommen sein. Die Haare waren am Scheitel durch einen bogenförmigen Kamm, wie ihn Mädchen heute tragen, zusammengehalten. In Oberschützen scheinen die Zöpfe schon früher ausser Mode gekommen zu sein. Das war Alles, was ich zu erfahren vermochte, und Alles, was ich an alter Männertracht auftreiben konnte, war ein alter Hut mit ganz niederem runden „Gupf" und etwa decimeterbreiter flacher Krempe, die nur am Rande etwas aufgebogen war.

Ich beschrieb Bd. XXV, S. 142, die Art und Weise, in welcher in der Gegend Oberschützens die

Fig. 119. Frau Rosina Kirnbauer in alter heanzischer Tracht.

Strohkörbe angefertigt werden, und erwähnte dort, dass nach einer Mittheilung meines Collegen S. Pauss in dessen Heimatsorte Jormannsdorf auch die grossen „Stibi", die ich ebenfalls a. a. O. beschrieb, in derselben Weise aus Stroh angefertigt worden sein sollen, wie die Körbe. Ich ging der Sache Gewissheit zu erhalten, in Oberschützen nach. Dort haben Stibi aus Stroh seit Menschengedenken nicht existirt. Nun ging ich von Oberschützen in das nahe gelegene Jormannsdorf, um an Ort und Stelle weitere Nachforschungen anzustellen. Der Vater meines Collegen Pauss hatte die Güte, mich zu unterstützen und mich von Haus zu Haus zu geleiten. Endlich fanden wir wirklich auf dem Dachboden des Hauses Nr. 14 der Lehrerswitwe Theresia Endler sieben Stück der in Frage stehenden Strohfässer. Sie waren ganz in der

Bd. XXV, S. 142, beschriebenen Weise geflochten, durchschnittlich 1 m hoch und hatten am Boden und am oberen Rande einen Durchmesser von 0·75 m, in halber Höhe dagegen einen Durchmesser von 0·9 m. Der Kubikinhalt eines der Strohfässer belief sich daher auf rund 1·3 m³. Jedes der sieben Fässer vermochte somit etwa 13 hl zu fassen. Sie waren zur Aufnahme von Getreide bestimmt und immer noch in Gebrauch. Als „Stibi" selbst, dessen Verwendung ich a. a. O. schilderte, wurden sie jedoch nicht gebraucht. Nur darin hat sich mein College getäuscht, an Interesse verlieren diese mächtigen Strohgebilde deshalb aber keineswegs, und ich bin meinem Collegen sehr zu Dank verpflichtet, dass es mir gelungen ist, ein so hochinteressantes volksthümliches Erzeugniss dem Hofmuseum in Wien zu erwerben und es vor dem Vergehen zu retten.

Der junge Hauswirth, Sohn der Frau Endler, konnte sich nur schwer von einem seiner Strohfässer trennen und ich hätte wohl unverrichteter Sache abziehen müssen, wenn ich nicht in seiner verständigen Mutter, die stolz darauf ist, dass nun ein Erzeugniss aus ihrem Hause im Wiener k. k. Hofmuseum steht, warme Unterstützung meiner Bitten gefunden hätte. Wie mir gesagt wurde, ist es aber auch keine Kleinigkeit, ein solch' grosses Fass herzustellen. Ein Mann hat, beim Flechten fortwährend im Fasse selbst stehend, alle Abende eines ganzen Winters darauf zu verwenden, um mit fleissiger Arbeit ein solches Fass fertig zu stellen. Wollte man die darauf verwendete Zeit und Mühe in Rechnung bringen, so könnte ein solches Strohfass, wie mir der Vater meines Freundes Pauss sagte, in Rücksicht auf seinen eigentlichen Werth gar nicht gekauft werden.

In Bezug auf die Bd. XXV, S. 147 ff., beschriebenen und unter Fig. 233 und 234 abgebildeten beiden Buttermodel, die ich bei meinem ersten Besuche in Oberschützen von Tobias Posch erhielt, habe ich hier ebenfalls etwas nachzutragen. Ich schrieb dort, dass ich die beiden Buttermodel nicht für heanzische Producte halte. Gelegentlich meines zweiten Besuches erfuhr ich nun wirklich, dass ich mich nicht getäuscht habe. Die Mutter des Tobias Posch sagte mir, dass sie einen Bruder im Obersteirischen, in Schladming, habe, der dort Lehrer sei. Von ihm seien die beiden Model. Wollte man der Sache nachgehen, so müsste man in der Gegend von Schladming wohl noch solche Buttermodel finden können.

In der Heanzerei, sowie in der Gegend von Oedenburg scheinen Buttermodel nie verwendet worden zu sein. Eifriges Nachforschen hat mich zu diesem Schlusse gebracht.

C. Das Bauernhaus im südöstlichsten Theile von Niederösterreich.

Wie ich schon oben angedeutet, umfasst jener südöstlichste Theil von Niederösterreich, den ich durchwanderte, nur ein ganz kleines Gebiet, die nächste Umgebung von Kirchschlag, näher gekennzeichnet durch den Weg von Landsee (an der ungarischen Grenze im Oedenburger Comitate) über Blumau, Stang, Kirchschlag und Ungerbach bis Kalteneck, welcher Ort wieder an der ungarischen Grenze, jedoch schon im Eisenburger Comitate liegt.

Die wenigen zerstreut liegenden Häuser, die ich auf meinem Wege von Landsee bis Stang zu Gesichte bekam, unterschieden sich sozusagen in nichts von jenen Häusern, die ich auf dem Wege von Oedenburg nach Landsee, also auf ungarischem Gebiete, gesehen habe. Es waren kleine Häuser, Eigenthum kleiner Besitzer. In Stang gewahrte ich nun schon das Auftreten des fränkischen Gehöftes. Stang ist eine Gemeinde, die aus 52 Häusern mit 328 Einwohnern besteht. Von diesen 52 Häusern liegen nur 26 um Kirche und Schule eng beisammen und bilden das Dorf Stang. Alle anderen Häuser liegen in der Gemarkung der Gemeinde, die 9·05 Quadratkilometer umfasst, zerstreut. Darin liegt das Charakteristische dieser Gegend. Der Grund davon, dass es hier keine geschlossenen Dörfer gibt, [1]) wie ich solche auf ungarischem Gebiete vorher durchgewandert habe, liegt jedenfalls in der Verschiedenheit der Auftheilung des Grundes, wie sie vor Jahrhunderten erfolgt ist.

Ich konnte den Unterschied zwischen hüben und drüben in schönster Weise sehen, als ich bei Kalteneck die Grenze überschritt. Der Unterschied ist selbst für Einen, den die bäuerlichen Besitzverhältnisse weniger interessiren als einen Hausforscher, zwischen diesseits und jenseits der Grenze ein in die Augen springender. Während auf österreichischer Seite die einzelnen Aecker und Wiesen in behäbiger Breite sich vor dem Beschauer ausdehnen, sieht das Auge auf ungarischer Seite lauter Aecker- und Wiesenstreifen, deren Breite zur Länge in gar keinem Ver-

[1]) Kirchschlag kann als Marktflecken hier nicht in Betracht kommen.

hältnisse steht. Nicht umsonst spricht man häufig von „Strumpfbändern" oder „Hosenriemen", wenn man die Form von Parcellen bäuerlichen Besitzes im westlichen Ungarn ironisiren will, und nicht ohne Grund drängte sich in mein Sinnen über den Vergleich der Aecker, ihres Ausmaasses und ihrer Form zwischen diesseits und jenseits der Grenze ein abwägendes Vergleichen der Grösse von Bauernbesitzthümern und der Form der Bauernhäuser zwischen hüben und drüben, und mir war, als gäbe mir die Verschiedenartigkeit der Aecker von diesseits und jenseits der Grenze ein Bild der Verschiedenartigkeit des Besitzes und des Hauses der Bauern in den anliegenden Gebieten der Markscheide, auf der ich stand.

Und es ist in der That so. Wie österreichischerseits die Aecker gross und breit daliegen, neben denen die schmalen Streifenäcker auf ungarischem Boden fast verschwinden, so nehmen auch die Bauerngüter auf österreichischem Gebiete eine Ausdehnung an, die die Besitzthümer der westungarischen Bauern um das Doppelte und Dreifache an Ausmaass überragen. Ja, so weit geht die Verschiedenheit im Besitze sogar, dass ein einziger Acker eines Bauern aus der Gegend von Kirchschlag grösser ist, als das ganze Besitzthum der grössten Bauern um Oedenburg oder in der Heanzerei.

Aehnlich ist es auch mit dem Hause der Bauern in jener Gegend, aus welcher ich in Niederösterreich eintrat, bestellt. Vielfach habe ich bereits erwähnt, dass die schmale Parcelle dem Hause in der Gegend von Oedenburg und südlich davon die ihm eigene Form mit dem langgestreckten Grundriss aufdrängt. Das frei und unbeengt daliegende Haus des Bauern in der Gegend von Kirchschlag hat es noch leichter gehabt, sich frei zu entwickeln, als das Haus in der Gegend von Oberschützen, und das grössere Ausmaass an Besitzthum hat das Seinige dazu beigetragen, das Haus, das sonst vollkommen gleich ausgestaltet ist wie das Bauernhaus in und um Oberschützen, an Behäbigkeit und Ausdehnung zunehmen zu lassen.

Der grösste Unterschied in Allem, was mit dem Bauernhause um Kirchschlag zusammenhängt, von den Bauernhäusern, die durch mich in diesen Mittheilungen bereits bekannt gemacht worden sind, besteht, wie ich schon angedeutet habe, in dem Ausmaasse der Liegenschaften, welche zu den niederösterreichischen Bauernhäusern um Kirchschlag gehören.

Mein väterlicher Freund, Herr FRANZ POPP senior, em. Postmeister in Lockenhaus, hat mich bereits gelegentlich meines Osterausfluges nach Lockenhaus (1895) auf diesen grossen Unterschied aufmerksam gemacht und mich angeregt, die Gegend von Kirchschlag zu besuchen. Frau LUDWIG POPP, geb. ERNY ELTZ, die Schwiegertochter des Herrn FRANZ POPP, besitzt in unmittelbarer Nähe von Kirchschlag selbst ein Gut, das vor Jahren aus der Vereinigung zweier grösserer Bauerngüter entstanden ist und in der Gemarkung der Gemeinde Aigen liegt, die sich nordwestlich von Kirchschlag ausdehnt. Herr FRANZ POPP hält sich den Sommer hindurch gerne auf diesem Gute auf. Seiner Güte habe ich es nun nicht nur zu danken, während der Zeit meines Aufenthaltes

40 Kleinhäusern besteht. Der aus den aufgezählten Ortschaften bestehenden Gemeinde Aigen steht ein Ortsvorstand (Bürgermeister) vor. Das Ausmaass der ganzen Gemeinde beträgt 22·84 Quadratkilometer. Auf diesem Complexe hügeligen Terrains mit tief einschneidenden Thälern (Gräben) liegen somit 69 Bauernhöfe und 40 Kleinhäuser. Jeder Hof liegt inmitten des arrondirten Grundes, der zum Hofe gehört. Die Durchschnittszahl an Hektaren, die auf einen der 69 Höfe entfallen, beträgt somit rund 30. Der wirkliche Besitz des Einzelnen weicht jedoch stark, sowohl nach aufwärts als auch nach abwärts, vom Mittel ab. Das grösste Bauerngut in Aigen, abgesehen von dem aus zwei Gütern vereinigten Besitzthume der Frau ERNY POPP, umfasst ein Ausmaass von

Fig. 120. Haus Nr. 30 in Aigen bei Kirchschlag.

dortselbst sein Gast gewesen, sondern auch eingeweiht worden zu sein in all' die mich interessirenden Verhältnisse jener Gegend. Von dem, was ich hier aus der Gegend von Kirchschlag mitzutheilen vermag, verdanke ich also den grössten Theil den freundlichen Aufklärungen des Herrn POPP. Werthvolle authentische Daten aus dem Grundbuchsamte in Kirchschlag verschaffte mir die Zuvorkommenheit meines ehemaligen Schulgenossen, meines langjährigen Freundes KARL FLECK, der bereits durch Jahre Bediensteter am k. k. Bezirksgerichte in Kirchschlag ist.

Aigen, das Feld meines Studiums in der Gegend von Kirchschlag, bildet eine Gemeinde, die aus den Ortschaften Strass mit 6 Häusern, Gehring mit Kirche, Schule, Gasthaus und 2 Bauernhäusern, Löbenhausen mit 3 Bauernhäusern, Thomasdorf mit 5 Bauernhäusern und Aigen mit 53 Höfen und

144 Joch = 81·7 ha und ist Eigenthum des Herrn Georg Gremmel vulgo Lockabauer.

Ich gehe nun auf die Beschreibung der Bauernhäuser aus dieser Gegend über und wähle als erstes eines der kleinsten unter den dortigen Bauernhöfen, den Hof Nr. 30 in Aigen. Ich gebe das Ausmaass des Grundes, der dazu gehört, hier an; es beträgt 36 ha 15 ar 51 m². Das Haus ist eines der ältesten der Gegend, denn jener Theil des Wohnhauses, der die grosse Wohnstube einschliesst, ist noch aus Holz. Die Jahreszahl, welche ich im Durchzugbaume des Wohnzimmers eingeschnitten fand, verweist auf das Jahr 1745 als auf das Jahr der Erbauung.

Fig. 120 bietet das Bild dieses Hauses. Es ist leider kein vollkommenes. Die Terrainverhältnisse erlaubten mir nicht, mehr auf die photographische Platte zu bringen, als ich hier im Bilde wiedergebe. Der Plan jedoch, den ich unter Fig. 121 bringe, und

17*

die Beschreibung werden trachten, das Fehlende zu ersetzen. Wie schon gesagt, ist die Wohnstube des Hauses aus Holz erbaut. Aus Holz sind ferner alle Theile des Hauses mit Ausnahme des Vorhauses, der Küche, der hinteren Stube, des Kellers und der Kammer, die sich in gerader Linie der grossen Wohnstube anschliessen und aus Stein erbaut sind. Der Holzbau ist jedoch nicht überall in gleicher Weise durchgeführt. Während nämlich die Ställe, Stadel und Hütten roher Blockbau sind, zeigen die grosse Wohnstube und jene Theile des Hofes, welche im Plane mit Zeugkammer und Schafstall bezeichnet sind, sorgfältigere Arbeit. Die Holzbalken sind da an allen vier Seiten schön glatt behauen und an ihren Enden in einfacher, aber genauer (Schwalben-

Fig. 121. Plan zum Hause Nr. 30 aus Aigen (1 : 480).

schwanz-) Verzinkung zusammengefügt. Vorstehende Balkenköpfe sind hiebei natürlich nicht zu sehen. Aus dem Plane geht hervor, dass die Giebelwand des Hauses drei Fenster hat. Bei all' den Häusern, die ich bis dahin in der Gegend von Oedenburg und in der Heanzerei aufgenommen habe, deuteten, bei alleiniger Ausnahme des oben Fig. 113 abgebildeten Hauses aus Schmiedraith, drei Fenster in der Giebelwand stets auf zwei nebeneinanderliegende Stuben hin. Auf eine dieser Stuben kamen dann von den drei Fenstern zwei und das dritte auf die andere. Hier war es nun wieder so, wie beim Hause aus Schmiedraith; alle drei Fenster gehörten immer der grossen Wohnstube an, die die ganze Breite der Giebelwand einnimmt. Aus der Ansicht des Hauses geht hervor, dass auch in der Aussenwand der Stube zwei Fenster sich befinden. Und der Plan zeigt, dass

zudem zwei weitere Fenster auf den Hof gerichtet sind. Die Stube wird somit durch sieben Fenster beleuchtet. Die vier zuletzt erwähnten davon sind in zwei sich gegenüberliegenden Wänden angebracht. Die Fenster selbst sind nahezu quadratisch und klein, so dass der Raum trotz der ansehnlichen Anzahl der Fenster nicht allzu hell beleuchtet ist. Die grosse Stube ruht auf einem Unterbau aus Stein. Dieser Unterbau schliesst einen Keller ein. Der Steinbau erreicht aussen dort, wo im Inneren der Stube der Backofen an die Wand stösst, in der Holzwand die Höhe, die in der Stube der Backofen einnimmt. Weiter nach rückwärts steigt der Steinbau noch höher empor. Er verdrängt die Holzwand gänzlich. Von dort, wo er bis unter den Dachrand emporreicht, beginnt im Inneren des Hauses der Feuerraum, die Küche. Sie ist von allen vier Seiten von gemauerten Wänden umgeben und mit einem Gewölbe gedeckt, gewährt daher die grösstmögliche Sicherheit vor Feuersgefahr, die in der Küche doch am leichtesten entstehen kann. Von der Küche ist ein schmales Vorhaus abgetrennt. Dasselbe erhält Licht durch ein Fensterchen vom Hof aus. Die Küche selbst hat auch ein Fenster, das nicht etwa in das Vorhaus, sondern in's Freie sieht. Da die Küche nicht vom Vorhause aus beleuchtet wird, ist sie auch nicht in heanzischer Manier durch einen offenen Bogen (vgl. Bd. XXIV, S. 118) mit diesem verbunden, sondern durch eine Mauer, in der sich eine Thüre befindet, vom Vorhause abgetrennt. Hervorzuheben ist noch, dass aus der Küche eine zweite Thüre, die der ersten gegenüber liegt, in's Freie führt. Die Ableitung des Rauches aus der Küche geschieht durch einen Schornstein. An Küche und Vorhaus schliesst sich eine zweite Stube an. Sie wird durch eine Thüre vom Vorhause aus betreten. Auch diese Stube wird durch Fenster, die in sich gegenüberliegenden Wänden angebracht sind, beleuchtet. In der dem Hofe zugekehrten Wand sind zwei Fenster angebracht, in der gegenüberliegenden Wand ist nur ein Fenster. Dies sind die Wohnräume des Hauses. Es soll nun etwas näher auf ihre Ausstattung eingegangen werden.

Die Wohnstube hat einen Bretterboden. Die Lehmböden scheinen in dieser Gegend nicht vorzukommen; ich habe nämlich in keinem der Häuser, die ich besuchte, einen gefunden. Die Decke ist eine Tramdecke, die durch einen starken Durchzugbalken getragen wird. Auf dem Durchzugbaum befindet sich die bereits oben verzeichnete Jahreszahl eingeschnitten.

An der unteren Fläche des Balkens sah ich eine Rosette, ähnlich der, die ich in Bd. XXV, S. 133, Fig. 205, aus Oberschützen abgebildet habe. Die Holzwände der Stube sind innen weder bestrichen noch geweisst. Die Fenster bewegen sich an Charnieren nach innen. Trotzdem die Wand verhältnissmässig dünn ist, sieht man keine Doppelfenster.

Feststehende Ausstattungsstücke fand ich in der Stube nur drei: den Kachelofen KO, den Backofen BO, an den der Kachelofen angebaut ist, und die stabile Bank, die in der südwestlichen Ecke der Stube an den beiden dort zusammenstossenden Wänden befestigt ist und den Tisch T von zwei Seiten umgibt. Der Tisch ist dem im heanzischen Hause vorkommenden, den ich in Bd. XXV, S. 139 ff., beschrieb und ebendort Fig. 219 abbildete, gleich. Bei B_1, B_2 und B_3 stehen die Betten. Ausserdem stehen in dieser Stube noch ein Kleiderkasten K, ein Küchenkasten $K.K.$ und eine Truhe Tr.

Ofen und Backofen sind in diesem Hause genau so eingerichtet, wie in dem Hause, das ich als nächstfolgendes beschreiben werde. Dort gedenke ich auf deren Besprechung einzugehen, weil ich in jenem Hause Ofen und Backofen skizzirt habe.

In der Küche des in Rede stehenden Hauses stehen ein offener Herd H und ein eingemauerter Kessel Ke. Ueber der Oberfläche des Herdes führen zwei Heizlöcher durch die Mauer zu den beiden Oefen in der Wohnstube.

Die „hintere Stube" ist nicht heizbar. Ihre Einrichtung ist sehr dürftig und besteht nur aus drei Betten B_4, B_5 und B_6 und einer Truhe Tr_1. Die mangelhafte Ausstattung erklärt sich dadurch, dass die Stube ihren Zweck nur dann vollkommen erfüllt, wenn sich „Ausnehmer" im Hause befinden. Ihnen dient sie dann als Wohnung. Jetzt schlafen die erwachsenen Töchter des Bauern dort. Der Bauer Anton Reithofer vulgo Bleyer, seine Frau, Apollonia, geb. Zöger aus Lembach und die beiden jüngsten Kinder schlafen in der grossen Wohnstube. Der erwachsene Sohn schläft, wenn er jetzt nicht etwa beim Militär ist, im Stalle.

Dienstboten hält sich der Bauer nicht, da er seinen Hof mit Hilfe seiner Kinder leicht selbst bewirthschaften kann.

In Bezug auf die Anlage des ganzen Hofes ist zu erwähnen, dass hier, wie der Plan zeigt, dem Einfahrtsthore gegenüber ein eigenes Ausfahrtsthor liegt. In den meisten Fällen ist sonst die Ausfahrt in Höfen dieser Gegend nur durch die Tenne möglich. Hervorgehoben muss noch werden, dass auch hier wie in den heanzischen Bauernhöfen im Hofe an zwei Tracten Gangsteige („Gräd'n") [1] entlang laufen. Aus dem Plane ist schliesslich zu ersehen, dass die Streuhütte und die Wagenhütte gegen den Hof zu offen sind. Die Lage der einzelnen Wirthschaftsräume im Hofe ist durch die Einzeichnungen im Plane erklärt.

Die Ställe beherbergen 6 Ochsen, 4 Kühe, 8 Schafe und 4 Schweine.

In Hinsicht auf das Aeussere des Hauses mag noch gesagt werden, dass sich an den Giebeln keine Abwalmungen, dafür aber, wie aus der Ansicht des Hauses (Fig. 120) zu ersehen, die oben bereits besprochene Giebelverzierung (Pferdekopf) befindet. Ausserdem ersieht man, dass am Giebel des Tractes, der unten die Zeugkammer und oben den „Schüttboden" (Getreidespeicher) enthält, ein Balcon angebracht ist. Ein solcher Balcon befindet sich auch an der Stirnseite des Wohnhauses. Ein Träger (Console) desselben ist im Bilde noch sichtbar. Unter diesem Balcone stehen unterhalb der Stubenfenster auf dem Mauervorsprunge eine Reihe von Bienenstöcken. Die Stöcke sind Strohkörbe von der Form eines Fasses. Die Bienenzucht wird hier eifrig, aber nicht rationell betrieben. Unter dem Balcone, der vor dem Schüttboden liegt und zu dem von aussen eine Stiege emporführt, steht die Mostpresse.

Ich gehe nun an die Besprechung eines zweiten Hofes aus dieser Gegend über. Es ist das Haus des Johann Bauer vulgo Stëffl-Jäck'l.

Schon die Ausmaasse, die dem Plane des vorbeschriebenen Hauses zu Grunde liegen, bestätigen meine Behauptung, dass das Bauernhaus in der Gegend von Kirchschlag jenes aus der Heanzerei an Grösse und Behäbigkeit überragt. Während nämlich in der Heanzerei die Wohnstube an Länge und Breite höchstens 5 und 4 m erreicht, ist die Wohnstube des Hauses Nr. 30 in Aigen schon 7 m lang und 3 m breit. Diesem Verhältnisse entsprechen nach Länge und Breite auch die Ausmaasse der Höfe hier und dort.

[1] In meiner Arbeit, Bd. XXV, sprach ich in der Anm. 1, S. 93, die Vermuthung aus, dass „Gräd'n" mit dem Worte „gerade" in Zusammenhang gebracht werden dürfte. Herrn Prof. Dr. R. Henning verdanke ich die gütige Aufklärung, dass „Gräd'n" = bair. Grōd „breite gepflasterte Stufe vor dem Hause" (Schmeller, I. 986), d. h. mhd. grēde = „Stufe, Treppe" bedeute.

Der Stöff'l-Jäck'l-Hof ist nun noch grösser. Die Wohnstube misst 8 m in der Länge und 7 m in der Breite. Das Haus selbst ist 39·5 m lang und 25·5 m breit. Dem gegenüber hebe ich hervor, dass das grösste Bauernhaus, das ich in der Heanzerei aufgenommen habe, nur 28 m in der Länge und 24 m in der Breite maass (vgl. den Plan des Hauses Nr. 60 aus Oberschützen, Fig. 163, S. 107, Bd. XXV dieser Mittheilungen).

Die Besitzer des Hofes sind Johann und Marie Bauer, ein junges Ehepaar, das erst seit zwei Jahren verheiratet ist und erst seit dieser Zeit den Hof besitzt. Der junge Bauer, der so wie seine Frau 33 Jahre zählt, hat den Hof von seiner Mutter Anna Maria Ungerböck, die diesen Namen in zweiter Ehe erhielt, übernommen. Die beiden Alten — der Stiefvater ist 63, die Mutter 61 Jahre alt — leben in der

eine ist 16 Jahre alt und dient als „Ochsenhalter", der andere ist 12 Jahre alt und „Kuhhalter". Beide stehen nur während der Zeit vom Palmsonntag bis Allerheiligen im Dienste. Der ältere Hirte bekommt für diese Zeit fl. 16, der jüngere fl. 12, dazu Jeder 1 Paar Stiefel, 1 Hut, 1 Hemd, 1 Leinenhose und 1 Schürze. Im Sommer schlafen die Knechte im Stadel, im Winter im Ochsenstall. Die Magd schläft im Sommer in der Kammer, im Winter im Kuhstall.

Unter Fig. 122 bringe ich nun das Bild des Hofes Nr. 15 und unter Fig. 123 den Plan dazu.

Aus der Ansicht des Hofes ist zu ersehen, dass die beiden Tracte, der nördliche und östliche, die das Bild zeigt, aus Mauerwerk aufgeführt sind. Das Material ist Stein. Der westliche und südliche Tract sind roher Blockbau. Gedeckt sind alle vier Tracte mit Stroh. Eine Verschmelzung der Dächer findet

Fig. 122. Haus Nr. 15 in Aigen bei Kirchschlag.

Ausnahme. Im Hause ist noch die 21jährige Stiefschwester des jungen Bauern, Marie, welche aus der zweiten Ehe der Mutter stammt. Wenn sie heiraten wird, ist der junge Bauer verpflichtet, ihr eine Mitgift von fl. 2000 zu geben. So viel erhielt auch die ältere Schwester des Bauern bei ihrer Vermählung mit einem Bauern aus der Nachbarschaft. Die junge Bäuerin erhielt mehr von ihrem Vater. Sie brachte nämlich ihrem Manne fl. 3000 in's Haus.

Obwohl die alten Leute den jungen in der Wirthschaft noch wacker mithelfen, so ist die Familie allein doch nicht im Stande, das grosse Gut zu bearbeiten; der junge Bauer ist daher auf die Mithilfe von Dienstboten angewiesen. Er hält deren vier: einen Knecht, dem er fl. 60 Jahreslohn zahlen muss, dann eine Magd im Alter von 40 Jahren (es ist dies eine „schwachsinnige Person"), die jedoch ihre Arbeit ganz gut verrichtet, ausserdem zwei „Buben". Der

nirgends statt. Das grosse Einfahrtsthor befindet sich im gemauerten Osttract. Im Thore selbst ist eine Thüre angebracht. Ausserdem befindet sich links neben dem Thore noch eine zweite Thüre, das „Hofthürl". Diese Hauptfront des Hauses ist durch senkrechte Linien in vier Felder getheilt, wovon das grösste, das zugleich die Giebelseite des Wohntractes ist, spärliche Flachornamente zeigt. Der Kreisrund zwischen dem ersten und zweiten Fenster dürfte ehedem einen Haussegen eingeschlossen haben. Heute ist das Feld leer.

Links aufwärts vom Hofthürl sind zwei blinde Fenster sichtbar. Senkrecht über dem Hofthürl und über dem Thore sind zwei kleine Fensteröffnungen zu sehen. Sie versehen einen Schüttboden mit Luft und Licht.

Aus dem Plane geht hervor, dass die grosse Wohnstube die nordöstliche Ecke des Hauses einnimmt. Die Stube hat vier Fenster. Zwei davon blicken durch die Giebelwand nach Osten, eines nach Norden und das vierte schräg davon gegenüber nach Süden in den Hof. Die Ausstattung der Stube ist fast dieselbe, wie im vorbeschriebenen Hause. Der Tisch steht wieder in der Ecke. Ihn umgibt von zwei Seiten die stabile Bank. In der Nähe des Backofens ist das Ehebett der jungen Bauersleute. Bei Tr_1 und Tr_2 stehen eine grössere und eine kleinere Truhe. In der Ecke hinter dem Tische steht ein dreiseitiges Wandschränkchen auf der Bank. Ueber dem Schränkchen ist ein Hausaltar angebracht.

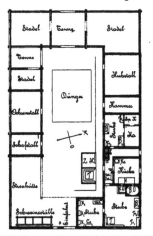

Fig. 123. Plan zum Hause Nr. 15 in Aigen (1 : 480).

Aus der grossen Wohnstube führt eine Thür in eine „Nebenstube". Um diese Nebenstube ist das Haus reicher als das beschriebene des Bauern Reithofer. Diese Stube hat wieder Fenster in gegenüberliegenden Wänden. Nach Osten sehen zwei Fenster und eines in den Hof. Die Einrichtung der Stube besteht aus folgenden Möbeln: bei Co steht eine Commode („Schubladkasten"), bei K_1, K_2 und K_3 befinden sich Kleiderkästen, ein gestrichener aus weichem und zwei polirte aus hartem Holze. B_1 zeigt die Stelle an, wo das Bett der Stiefschwester des Bauern steht. Diese Stube hat keinen Ofen; sie kann also nicht geheizt werden. Unter beiden Stuben liegt ein Keller.

Aus der grossen Stube führt eine zweite Thür in das Vorhaus. Es bildet einen rechten Winkel und

umschliesst von zwei Seiten die Küche. Ob das Vorhaus immer diese Gestalt hatte oder ob es erst durch eine Verkleinerung der Küche den zweiten schmäleren Arm, durch den ein directer Verkehr aus dem Hofe durch den Wohntract in's gegenüberliegende Freie möglich ist, erhalten hat, konnte ich nicht ergründen. Aus dem Vorhause führt bei a eine Stiege auf den Dachboden. Unter der Stiege ist bei b ein Verschlag für die Hühner angebracht. Bei $K.K.$ steht ein Küchenkasten und bei G eine Geschirrstellage.

Die Einrichtung der Küche entspricht ganz der Küche im Bleyer-Hofe. An der gleichen Stelle wie dort steht auch hier der offene Herd H. Im gemauerten Herdkörper ist ein Hohlraum, der sich nach vorne öffnet, ausgespart; er dient als Aschengrube. Im Schöllhofe, Besitz der Frau Erny Eltz, bewohnen Hühner, die Eigenthum der Dienstboten sind, welche das Haus beherbergt, einen in gleicher Weise ausgesparten Herdkörper. Es wird dies früher auch hier der Fall gewesen sein. Oberhalb der Herdoberfläche gewahrt man zwei Ofenlöcher, wovon das linksseitige dem Backofen, das rechtsseitige dem Kachelofen angehört. Bei Ke ist in der Ecke wieder ein Kessel eingemauert. Auf dem Herde sah ich einen runden und einen dreieckigen Dreifuss und ein Feuerross. Letzteres mag annähernd die Form des bei MERINGER, Bd. XXI dieser Mittheilungen, S. 138, Fig. 165, abgebildeten schematischen Feuerrosses gehabt haben. Der rechte Bügel war oberhalb des Zackens abgebrochen. Die Küche steht mit dem Vorhause durch eine Thüre in Verbindung. Gegenüber der Thüre ist ein Fenster.

Vom Vorhause gelangt man durch eine Thüre, die der Thüre, welche in die grosse Wohnstube führt, gegenüberliegt, in die Ausnehmerwohnung. Sie besteht aus drei Räumen, die wohl aus einem Raume entstanden sein mögen. Die drei Räume sind eine Stube, eine Kammer und eine Speisekammer. In dieser Stube sind die Betten der Ausnehmer B_3 und B_4, ferner eine kleine Kleidertruhe Tr_3 und eine grosse Mehltruhe Tr_4. Tisch steht in dieser Stube keiner, da die alten Leute am Tische in der grossen Wohnstube mitessen.

Im Sommer wird übrigens im Hofe gegessen. Von der Thüre, durch welche das Vorhaus vom Hofe aus betreten wird, steht ein hüttenartiger Bau aus Holz. Derselbe ist in zwei Theile geschieden; der eine Theil ist eine Zeugkammer, der andere ist gegen das Haus zu offen und führt den Namen „Sommertisch". An den drei Wänden dieses Raumes stehen stabile Bänke. Die Mitte nimmt ein Tisch ein; an diesem werden im Sommer die Mahlzeiten eingenommen. Der „Sommertisch" ist für das Bauernhaus der Gegend von Kirchschlag typisch, obwohl er ab und zu, wie z. B. im Bleyer-Hofe, fehlt. Mich hat der Sommertisch lebhaft an das Ausseer „Brück'l" (vgl. Meringer, Bd. XXI dieser Mittheilungen, S. 104) erinnert.

In Bezug auf die Wirthschaftsräume dieses Hofes mag nur hervorgehoben werden, dass sich hier drei „Städel" und zwei „Tennen" vorfinden. Die Ausfahrt geschieht durch die Tennen. Eine besondere Ausfahrt weist dieser Hof nicht auf.

Ich erwähnte bei der Beschreibung des Bleyer-Hofes, dass ich im Hofe des „Stöff'l-Jäck'ls" den Back-

Fig. 124. Back- und Kachelofen aus dem Hause Nr. 15 in Aigen.

ofen und den Kachelofen in der Wohnstube in gleicher Weise angeordnet fand wie dort und dass ich hier auf die Beschreibung dieser Oefen eingehen wolle. Wie der Backofen und der Kachelofen nebeneinander in der Ecke der Stube liegen, veranschaulicht die Fig. 124. Die Breite des Backofens beträgt etwas über 2·50 m, die Tiefe etwa 2 m und die Höhe 1·58 m. Der Kachelofen ist ebenso hoch, in Bezug auf die Länge und Breite aber ungefähr um die Hälfte kleiner. Der Kachelofen zeigt keine aussergewöhnliche Form. Er steht auf einem gemauerten Sockel und ist aus grossen flachen Kacheln zusammengesetzt. Im obersten Theile der Stirnseite ist eine Bratröhre angebracht. An der zweiten freien Seite des Ofens ist ein Kupferkessel so in den Ofen eingefügt, dass die Hälfte desselben in den Ofen hineinragt, die andere Hälfte aber daraus hervorsteht. Die vorstehende Hälfte, die im Bilde sichtbar ist, kann aber durch einen Deckel geschlossen

werden. Der Kessel dient dazu, im Winter, wenn der Ofen geheizt wird, fortwährend warmes Wasser bereit zu halten. Er führt den Namen „Luada'kess'l". [1]

Der Backofen selbst bietet nichts von besonderem Interesse. Er ist aus Ziegeln aufgemauert. Sein unterster Theil ist ein massiver Sockel. Die Basis der Ofenhöhle liegt mit der Oberfläche des Küchenherdes in einer Ebene. Merkwürdig ist nun eine an der einzigen freien, senkrechten Kante des Backofens angebrachte Beleuchtungsvorrichtung. Es ist da im Mauerwerke des Backofens ein prismatischer Raum ausgespart. Aus diesem führt schräg aufwärts durch den Körper des Backofens ein Schlot, der am hinteren oberen Theile des Backofens zu Tage tritt und durch die Zimmerwand in die Küche leitet. Der Schlot ist ein Rauchableitungscanal, die ganze Vorrichtung eine „Keañlaicht'n" (Kienleuchte). Wie schon der Name sagt, wird auch hier, wie es im heanzischen Hause üblich war (vgl. Bd. XXV, S. 135 ff.), mittelst Kienholz die Stube beleuchtet. Es wird zu diesem Zwecke in die Kienleuchte ein kleines Feuerross gestellt, das hier den Namen „Kienleuchtenrost" führt, und an dieses werden die Kienstückchen angelegt. Die Roste sind natürlich sehr klein und in einfachster Weise ausgestattet.

Die auffallend kleinen Feuerrösser, die ich Bd. XXV, S. 126, unter Fig. 181 und 187 abgebildet habe und die aus Oedenburg stammen, mögen wohl dem gleichen Zwecke gedient haben. Es liegt die Vermuthung nahe, dass auch in der Gegend von Oedenburg seinerzeit Kienleuchten nach dem Muster der Aigener Kienleuchte existirt haben werden, um so mehr nahe, als dort Kienleuchten nach dem Oberschützener Muster (vgl. Bd. XXV, S. 135) nicht verwendet geworden zu sein scheinen.

Die oben beschriebene Kienleuchte, welche, wie die Zeichnung es zeigt, im Falle sie nicht in Verwendung steht, durch zwei im rechten Winkel verbundene und in die Oeffnung passende Brettchen geschlossen werden kann, ist für die Gegend von Kirchschlag typisch. Man findet sie allenthalben noch im Gebrauche. Ihr Verbreitungsgebiet ist übrigens, wie aus später Nachfolgendem hervorgehen wird, ein grosses.

Nachzutragen habe ich noch, dass zu dem Stöff'l-Jäck'l-Hofe noch ein Kleinhaus mit einigen Parcellen Grund, die nicht mit den um den Hof herumliegenden Parcellen zusammenhängen und eine Ueberlände

[1] Was das „Luada", heanzisch „Luida", ist, habe ich Bd. XXV, S. 116, erklärt.

bilden, gehört und ausserdem noch ein „Stieb'l" (ein kleines Häuschen mit nur einem Stübel und der dazugehörenden Küche), das in unmittelbarer Nähe des Hofes liegt. Solche „Stübel" findet man fast bei jedem Hofe in der Gegend um Kirchschlag. Auf diese Stübel ziehen sich in der Regel die „Ausnehmer" zurück. Sind sie durch Ausnehmer nicht besetzt, so werden sie vermiethet, wie dies hier sowohl mit dem Stübel, als auch mit dem Kleinhause der Fall war.

Die Institution der „Ausnahme"[1]) ist in der Gegend von Kirchschlag sehr im Schwunge. Es setzen sich oft Leute zur Ruhe, die noch recht tüchtig arbeiten könnten. Und die Bedingungen, die sich an die Ausnahme knüpfen, sind oft so drückend für die jungen Leute, dass sie, wie ich mir sagen liess, nicht selten an dem Niedergange der Wirthschaft Schuld tragen. Dabei halten die Alten aber streng an der Ausfolgung der ihnen grundbücherlich sichergestellten Ausnahme fest. Auch die Uebergabe des Gutes vom Vater an den Sohn ist eine streng geschäftliche Sache. Die Geschwister des übernehmenden Sohnes finden dabei wohl eine Sicherstellung ihres Antheiles am Vermögen, aber dass dabei die Heirat zum Geschäfte wird, ist leider zu beklagen. Der junge Bauer muss eben trachten, eine reiche Gefährtin zu erhalten, um seinerzeit seine Geschwister „hinausbezahlen" zu können.

In Bezug auf das Bild Fig. 122, das den Stäff'l-Jäck'l-Hof abbildet, will ich zum Schlusse nur noch erwähnen, dass es auch die Art des in der Gegend von Kirchschlag üblichen Zaunes ersehen lässt.

Der Stäff'l-Jäck'l-Hof selbst mag als Typus für den grösseren Bauernhof der Gegend angesehen werden. Das Wohnhaus, der eigentliche Hof selbst grösserer Bauern mit noch ausgedehnterem Besitze, ist in der Regel nicht grösser als das des Stäff'l-Jäck'l. Da sich nun die Erzeugnisse der Landwirthschaft grösserer Besitze in den mit dem Wohnhause zum geschlossenen Hof verbundenen Wirthschaftsräumen nicht alle unterbringen lassen, so hilft sich der Bauer damit, dass er um das Haus herum für Erdfrüchte (Kartoffeln, Rüben etc.) einen eigenen Keller, für das Getreide einen „Tråadkåst'n", für Heu und Stroh einen oder mehrere Städel errichtet. Um den Hof des Bauern Franz Liebentritt vulgo Pankertbauer in Aigen sah ich sieben oder acht solcher Gebäude, darunter einzelne mit ganz respec-

tablen Ausmaassen, stehen. Der Hof des begüterten Bauern hatte das Aussehen eines kleinen Dörfleins.

Zum Schlusse sei aus dieser Gegend noch ein Haus besprochen. Es ist dies ein neuerer Bau aus den Dreissiger-Jahren, dessen Grundriss bei geringen Abweichungen dem der alten typischen Bauernhöfe gleicht, dessen Aeusseres jedoch von den jener abweicht. Wir haben in Hinsicht auf diesen neueren Hof im Vergleiche zu seinen alten Nachbarn genau dasselbe Verhältniss vor uns, in dem das Haus Nr. 113 in Oberschützen, welches ich Bd. XXV, S. 109, abbildete und beschrieb, zu den dort beschriebenen älteren Häusern aus Oberschützen steht. Sowohl das Haus Nr. 113 in Oberschützen, als auch der Freiler-Hof, den ich jetzt kurz beschreiben will, sind Vierkante, geschlossene (fränkische) Gehöfte mit modernerem Aeusseren.

Der Freiler-Hof, der Besitzthum der Frau Erny Popp geb. Eltz ist, hat seinen Namen von dem früheren Besitzer, der Freiler hiess, erhalten. Es scheint in der Gegend von Kirchschlag häufig der Fall zu sein, dass die Namen ehemaliger Besitzer zum Namen des Hauses, zum Hausnamen geworden sind. So mag dies mit den Hausnamen der Höfe „Bleyer", dessen Besitzer Reithofer, „Stocker", dessen Besitzer Pichler, und Stäff'l-Jäck'l, dessen Besitzer Bauer heisst, sein. Anders verhält es sich mit den Hausnamen Låcka'bauer und Felberbauer. Die Häuser, welche diese Namen tragen, verdanken sie jedenfalls charakteristischen Erscheinungen aus ihrer unmittelbaren Umgebung. In der Nähe des einen Hauses wird eine „Låcka'" (Lache) gewesen sein, und den anderen Hof werden „Felber" (Weiden), denen der Hof den Namen „Felberbauer-Hof" zu danken haben wird, umgeben haben. Die Namen Pankertbauer und Pankertbauer-Hof erklären sich von selbst. Charakteristisch für die Gegend ist es, dass die Namen fortbestehen, wenn auch die Besitzer wechseln. Man hat es hier also mit wirklichen Hausnamen zu thun.

Der Freiler-Hof, dessen Ansicht und Grundriss ich Fig. 125 und 126 bringe, ist einer der grössten Höfe der Gegend. Er nimmt etwas über 100 m² mehr Raum ein, als der Stäff'l-Jäck'l-Hof. Alle Tracte dieses Gebäudes bestehen aus Mauerwerk, nur die beiden Hütten an der Südseite des Hofes, welche übrigens neuere Zubauten sind, sind aus Holz (Bretter) errichtet. Der Wohntract zeigt drei Zimmer. Zwischen der zweiten und dritten Stube sind das Vorhaus und die Küche in ortsüblicher Weise eingeschlossen. Das erste Zimmer liegt vom zweiten

---

[1]) In Aigen sagt man nicht „die Ausnahme", sondern „der Ausnahm".

gesondert und hat einen separaten Eingang. Früher wird diese Stube wahrscheinlich mit der zweiten in Verbindung gestanden sein. Hofseitig führt den Wohnräumen entlang eine Gräd'n, zu welcher vom Hofthürl aus mehrere Stufen emporführen. Gegen den Hof zu ist dieser Gang mit einer gemauerten Brüstung versehen. Das Dach, welches über den Gang vorhängt und ihn beschirmt, wird durch vierseitige gemauerte Säulen getragen. Der Gang setzt sich vor dem Stalltract, im rechten Winkel gebrochen,

In Bezug auf das Aeussere mag noch erwähnt werden, dass dieser Hof mit Schindeln gedeckt ist. Alle anderen Höfe, die ich in dieser Gegend aufgenommen habe, waren mit Stroh gedeckt. Gleich nach dem Ueberschreiten der Grenze bei Landsee fiel mir aber auf, dass die Strohdächer hier anders hergestellt werden, als in der Gegend von Oedenburg und in der Heanzerei. Bd. XXV, S. 96, erwähnte ich, dass der Heanze das Decken der Dächer mit Stroh meisterhaft verstehe. Die Häuser erhalten durch die

Fig. 125. Der Freiler-Hof in Aigen bei Kirchschlag.

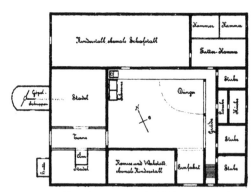

Fig. 126. Plan zum Freiler-Hof in Aigen (1 : 480).

fort. Dieser zweite Theil wird durch das Dach nicht überragt. Es fehlen hier somit Säulen und auch die Brüstung. Neben dem Hofthürl führt ein mächtiges Thor, durch das die grössten Getreidefuhren einfahren können, in die Einfahrt. Die Tenne hat zwei grosse zweiflügelige Thore, eines gegen den Hof, das andere in der Rückwand. Der Raum, der die nordöstliche Ecke des Hofes einnimmt und heute durch Bretterverschläge in eine Futterkammer und in zwei Kammern getheilt ist, war ehedem ein Raum und wurde als Kälberstall benützt. Alles Weitere erklärt der Plan.

Abstufungen im Dache, welche der Heanze besonders in der Abwalmung an der Giebelseite des Hauses anzubringen pflegt, geradezu einen Schmuck, der sich vortheilhaft von den anderen eintönigen glatten Flächen des Daches abhebt. Ein Blick auf die unter Fig. 141, 143, 147, 151, 152 und 159 in Bd. XXV abgebildeten Häuser wird dies bestätigen. Wenn ich von diesem Schmuck im Hinblicke auf das Strohdach der Gegend von Kirchschlag auch nicht sprechen kann, so muss ich doch sagen, dass der Bauer des südöstlichen Niederösterreich sein Haus nicht minder meisterhaft mit Stroh zu decken versteht, wie sein

Nachbar in der Heanzerei oder im Oedenburger Comitat. Mein oft erwähnter heanzischer Gewährsmann, Tobias Posch in Oberschützen, erkennt die Meisterschaft in dieser Sache sogar unverholen den „Prägnern" zu. Ihr Dach halte, so sagte er mir, wenn es gut hergestellt sei, 40 Jahre aus, während ein heanzisches Strohdach nur etwa 15 Jahre in gutem Zustande bleibe. Freilich, meinte er, habe das heanzische Dach wieder den Vortheil, dass man es „flicken", d. h. stellenweise ausbessern könne, was beim österreichischen Strohdache nicht möglich sei; denn wenn dieses einmal anfange, stark schadhaft zu werden, müsse man es ganz durch ein neues ersetzen. Meine Frage, welches Dach er nun vorziehe, beantwortete er mir so: „I'?, 's prägnarische, wal wänn ma' insar's a' flick'n kauñ, schaut's äft tou' ällwal aus wia r a Pettla'g'wänt." „Und warum decken Sie dann Ihr Haus nicht nach der Art der Niederösterreicher?" fragte ich weiter. „Söi[1] wiss'n insa' Sprichwää't jä eh' a': „An älti G'wounhait unt an aisani Pfäat s'raiss'n gää häa't"; unt wöinn ma' wäs naiks firapringa' wüll, äft töinka' t' Lait glai', ma' wüll ta' G'schaitari saiñ, äft plaip' ma' liawa' pan Ält'n."

Der Unterschied in der Art des Deckens besteht nun in Folgendem: Man beginnt auch mit Stroh am unteren Dachrande zu decken und schreitet dann nach aufwärts gegen den First zu allmälig vor. Der Heanze befestigt die unterste Lage der „Schabl" so, dass die Aehrenenden der Halme nach aufwärts zu liegen kommen. Diese Schauben müssen natürlich auch am Aehrenende gebunden sein. In der Gegend von Lockenhaus werden solche Schauben „Schopfschabl" genannt, da sie vornehmlich auch am „Schopf" (Abwalmung, Halbwalm), und zwar zum Hervorbringen der Stufen Anwendung finden. In Oberschützen heissen sie „Kitt'lschab'l", wohl deshalb, weil sie in der Form Aehnlichkeit haben mit einem Frauenrocke, der „Kitt'l" genannt wird. Die Halme der „Schab'l", welche auf die erste Schichte, auf die Lage der „Schopf"- oder „Kitt'lschab'l" zu liegen kommen, sind nicht mehr am Aehrenende, sondern am Wurzelende wie die Garben gebunden. Durch eine einfache Manipulation, die mir Herr Tobias Posch vordemonstrirte, wird das Strohbündel, das

[1] Söi = Sie; der Heanze gebraucht sonst in der Regel das alte „Öis (Einka', Eink, Eink)", wenn er jedoch mit Gebildeten spricht, die sich des Hochdeutschen bedienen, bestrebt er sich, selbst auch ein besseres Deutsch zu sprechen, daher das Söi, statt dem ma. Öis.

so dick ist, dass man es dort, wo es gebunden ist, knapp mit beiden Händen umfassen kann, in eine Doppelschaube verwandelt. Dies geschieht folgenderweise: Man denke sich durch die Kreisfläche, welche das Strohband einschliesst, einen Durchmesser gezogen. Senkrecht zu diesem Durchmesser wird nun die obere Hälfte der Schaube, an der sich die Aehrenenden befinden, in zwei gleiche Theile geschieden. Den Durchmesser denke man sich jetzt als Achse. Um diese Achse wird nun die eine Hälfte der Schaube rundherum gedreht, bis sie wieder in ihre ursprüngliche Lage kommt. Das Strohband, welches vordem das ganze Bündel in Form eines Kreises umschloss, umfasst jetzt die beiden Theile des Doppelbündels in Gestalt einer Acht (8). Da es begreiflicherweise schwer wäre, einfache Schauben in Doppelschauben frei in der Hand umzugestalten, findet man fast überall in der Holzwand der Tenne, woselbst die Schauben gemacht werden, ein gebohrtes Loch, in das ein armstarker runder Stab gesteckt wird. Die Schaube wird jetzt mit den Händen in zwei Hälften geschieden und dann wie ein Reiter auf den Stab gesetzt. Auf dem Stabe reitend, gewinnt sie so viel Halt, dass die eine Hälfte um die bewusste Achse gedreht werden kann, während die andere Hälfte durch den Arbeitenden mit seinen Beinen eingeklemmt festgehalten wird. Die „Schopfschab'l" werden, wie oben gesagt, so an den Latten befestigt, dass die Aehrenenden in der Dachschräge nach aufwärts liegen, die Doppelschauben dagegen bindet man derart an, dass die Aehrenenden nach abwärts gerichtet sind. Das Strohband, mittelst welchem man jede neue Schaube an die Latte bindet, wird stets von der zunächst vorherliegenden Schaube genommen. Solchergestalt sind die Schauben nicht allein an der Latte befestigt, sondern auch unter sich verbunden. Der in die Augen fallende Unterschied zwischen den heanzischen und den niederösterreichischen Strohdächern besteht nun darin, dass, während beim heanzischen Strohdache nur die „Schopfschab'l", die Wurzelenden der Halme, alle anderen Schauben aber die Aehrenenden hervorkehren, beim niederösterreichischen Strohdache alle Halme so befestigt sind, dass die Wurzelenden sichtbar sind. Ein neues Strohdach, nach der Art der Niederösterreicher in der Gegend von Kirchschlag gedeckt, bietet einen sehr schönen Anblick, und das glänzende Gelb der Halme, in das sich die dunklen Punkte der Halmöffnungen mengen, geben dem Dache ein Aussehen, als ob es aus Sammt wäre. Die Abbildungen der Häuser, die ich aus der Gegend von Kirchschlag beschrieben habe (siehe Fig. 120 und 122), zeigen ferner, dass die Dächer keine Abwalmungen (Schopf) haben. Die Giebel sind dafür aber allenthalben mit dem „Pferdekopf" geziert.

Ob der Heanze sein Haus nun so deckt, dass das Dach die Aehrenenden der Halme hervorkehrt, und der Niederösterreicher in der Gegend von Kirchschlag so, dass die Aussenfläche des Daches die Wurzelenden der Strohhalme sehen lässt, so müssen doch beide, um ihre Strohdächer in allen Theilen wasserdicht zu erhalten, in gleicher Weise bedacht sein, die höchste Stelle des Daches, den First, der bei beiden Deckarten nicht ganz geschlossen werden kann, separat einzudecken, ebenso wie bei einem Ziegeldache der First durch die rinnenförmigen Firstziegel besonders gedeckt werden muss, weil die flachen Dachziegel, welche an der Firstkante von beiden Seiten des Daches zusammenstossen, dort eine Spalte offen lassen. Ich hebe dies im Besonderen hervor, weil mir in Bezug auf die Herstellung des Firstes bei Strohdächern in den Gegenden, die hier berührt werden, wieder Unterschiede vorgekommen sind.

Wie der First in der Gegend von Oberschützen gebildet wird, hat mir wieder der Landmann Tobias Posch erklärt. Ist das Dach bis auf die Eindeckung des Firstes fertig, so wird in der Nähe des Hauses eine seichte Grube ausgehoben und in diese Lehm gegeben, der, mit Wasser übergossen, zu einem dünnen Brei gerührt wird. In diesem Brei legt man grosse Strohschauben [1]) (in der Heanzerei: „Schapstråh", in der Gegend von Oedenburg: „Schålpas" genannt), wälzt sie tüchtig darin, so dass sie allmälig von dem Lehmbrei ganz durchtränkt werden. Nun zieht man die Schauben einzeln an einem Seile bis an den First empor, löst oben das Strohband und biegt dann die Strohbündel knieförmig über den First.

Zu beiden Seiten des Firstes werden sie mit einem Brette an die Dachflächen angeschlagen. Der Lehm hält nicht nur die einzelnen Halme der Schaube fest zusammen, sondern er stellt auch zwischen diesen und den Dachflächen eine so gute Verbindung her, die jede weitere Befestigung der

Firstschrauben überflüssig macht. Da die oberste Lehmschichte bald vom Regen weggewaschen wird und Vielen der beschriebene Vorgang unbekannt ist, kann sich gar Mancher nicht erklären, wie es denn möglich sei, dass schon bei ganz neuen Strohdächern und auffallenderweise noch dazu an der höchsten Stelle derselben sich ein Pflanzenwuchs entwickeln kann, der wirklich unerklärlich wäre, wenn man nicht wüsste, dass die Keime dazu mit dem Lehmteig auf das Dach gekommen sind.

Soweit ich mich erinnere und nach den vor mir liegenden Photographien jener Häuser zu schliessen, die ich oben Fig. 120 und 122 abgebildet habe, scheint die Eindeckung des Firstes in der Gegend von Kirchschlag auf dieselbe Weise zu geschehen, wie in der Gegend von Oberschützen. Eine andere Art der Versicherung des Firstes lernte ich gelegentlich des erwähnten Abstechers von Oberschützen nach Schmiedraith kennen. Ich spreche im vorstehenden Satze absichtlich von „Versicherung" und nicht von „Eindeckung" des Firstes, da ich mir über die Eindeckung selbst nicht die volle Klarheit verschaffen konnte. Es scheinen in Schmiedraith die Firste in gleicher Weise wie in Oberschützen überdeckt zu werden, nur wird kein Lehm verwendet. Da hier somit das bindende Mittel fehlt, ist man genöthigt, eine eigene Versicherung des Firstes, von der ich sprechen will, anzubringen. Man legt in Abständen von 40—50 cm zwei Stangen parallel zum Firste, und zwar jederseits desselben so auf die Dachflächen, dass auch der Abstand der obersten Stange vom Firste die Entfernung von 40—50 cm nicht überschreitet. Diese Stangen werden nöthigenfalls durch weitere Stangen verlängert. In gewissen Abständen sind die Stangen durch Wieden am Dache selbst befestigt. Um nun den First zu sichern, werden 2—3 cm lange Strohbündel, die durch mehrere Bänder zusammengehalten werden, in Abständen von 1 bis 1·5 cm hakenförmig über den First gelegt, stramm über die Stangen gezogen und schliesslich mit Wieden an diesen festgebunden. Es sei hier noch bemerkt, dass ich in Schmiedraith die Häuser in derselben Weise gedeckt fand, wie in der Gegend von Kirchschlag. Während sich in Bernstein, das doch bedeutend näher zu Kirchschlag liegt, die Deckart, wie sie in Kirchschlag geübt wird, nicht mehr findet, obwohl ich sie im ganzen Ungerbachthale, das von Kirchschlag her gegen Bernstein aufsteigt, bis in die Nähe von Bernstein beobachtete, tritt sie in Schmiedraith wieder auf. Die Landesgrenze scheint

[1]) Damit das Stroh dieser Schauben so wenig als möglich verletzt werde, werden die Garben (so werden die Bündel genannt, so lange sie das Getreide noch enthalten) nicht gedroschen, sondern es werden die Körner ausgeschlagen, indem man das Aehrenende der Garbe in starkem Schwunge gegen einen Schragen schlägt. Man nennt diese Arbeit in der Heanzerei das „Schmaiss'n".

also zugleich annähernd die Grenze zu bilden zwischen den beiden verschiedenen Arten der beschriebenen Strohdächer. Hier will ich auch anfügen, dass sich von Oberschützen aus nach Westen das Decken der Dächer mit Stroh nach heanzischer Gepflogenheit auch nur bis zur Grenze erstreckt. In Buchschachen, Kitzladen und Alhau fand ich nur Strohdächer heanzischer Art. Ob schon in St. Johann in der Heide, dem ersten Orte, den ich auf steirischem Gebiete passirte, das Strohdach nach Kirchschlager Art gemacht wird, dessen kann ich mich nicht mehr entsinnen. Südlich von Hartberg, also in Orten, die unerheblich weiter von der Grenze abliegen, als St. Johann in der Heide, dann aber auch tief im Steirischen stiess ich allenthalben auf die Art des Strohdaches, wie es sich in Kirchschlag findet. Ich mache darauf besonders aufmerksam, dass im folgenden Abschnitte unter Fig. 127, 129, 132, 135 und 143, ferner im letzten Abschnitte dieser Arbeit unter Fig. 145, 147, 150, 153, 155 und 159 Belege nicht nur für die Kirchschlager Art des Strohdaches, sondern auch für die Art der Versicherung des Firstes, wie ich sie in Vorstehendem aus Schmiedraith bekannt gemacht habe, aus steirischen Orten bringen werde, welche, die beiden ersten Fälle berücksichtigt, der ungarischen Grenze nahe, in den drei weiteren Fällen aber derselben bedeutend ferne und in den sechs letzten Fällen in einem tief behandelten Gebiete, in der Gegend von Vorau, liegen. Also auch nach Westen hin bildet die Landesgrenze die Grenze des Vorkommens der beiden Strohdächerarten. Es ist dies jedenfalls auffallend und bemerkenswerth, umsomehr, als sich das Gebiet des „heanzisches Strohdaches" — ich will es vorläufig so nennen, ohne die Bezeichnung für eine endgiltige halten zu wollen — nach Westen und Nordwesten mit dem Gebiete, das der heanzische Dialect (ich ziehe vor Allem das charakteristische „ui" in Betracht) nach diesen Richtungen hin einnimmt, fast vollkommen deckt. Ich habe die österreichisch-ungarische Grenze auf meinen Wanderungen dreimal überschritten: bei Landsee, bei Kaltenneck, bei Alhau und bei Pinkafeld, und ein fünftes Mal bin ich ihr bei Schmiedraith nahegekommen. Während in den oben angeführten ungarischen Grenzorten überall reines Heanzisch gesprochen wird, schlägt überall in den ihnen zunächst liegenden Grenzorten auf österreichischer Seite die steirisch-österreichische Mundart an's Ohr. So in Blumau und Stang bei Landsee, in Kirchschlag und Ungerbach, Bernstein und Kaltenneck gegenüber, so in Offenegg,

das Schmiedraith so nahe, so auch in St. Johann in der Heide, das Alhau gegenüber und schliesslich in Sinnersdorf, das nahe Pinkafeld an der Grenze liegt. Die Landesgrenze ist also auf der ganzen berührten Strecke fast ganz genau auch die Grenze für das Gebiet des heanzischen Dialectes.

Die heanzische Mundart und die heanzische Art des Strohdaches reichen also nach dieser Richtung gleich weit. Anders verhält es sich mit dem Hause, wie aus dem Vorstehenden und dem Nachstehenden erhellt.

D. Wanderung durch die östliche Mittelsteiermark.

Ich komme jetzt auf den Theil meiner Excursion zu sprechen, den ich von Anfang an als dasjenige Gebiet mir auserkoren hatte, das mir für die Ferien des Jahres 1895 als das eigentliche Feld meines Studiums gelten sollte.

Aus dem Nachfolgenden wird nun hervorgehen, dass die mittlere Oststeiermark Anknüpfungspunkte bietet im Vergleiche ihrer Hausformen mit denen der besprochenen sowohl in Bezug auf die Heanzerei, als auch auf die Gegend von Kirchschlag und mit der Gegend um Kirchschlag auch ortweise in Bezug auf die Besitzverhältnisse.

Die wirklich staunenswerthe Gleichheit in ' der Ausgestaltung des Bauernhauses, wie ich sie auf ganz grossen Strecken meiner Tour gefunden, bietet dem Hausforscher in diesem Gebiete wenig Unbekanntes und in Folge dessen wenig Neues zur Mittheilung.

Ich halte es, bevor ich auf die Schilderung der vorgefundenen Hausformen übergehe, für nothwendig, erst die Wege zu kennzeichnen, die ich in der mittleren Oststeiermark zurückgelegt.

Bd. XXV dieser Mittheilungen, S. 110, verwies ich auf die Aehnlichkeit des dort unter Fig. 168 mitgetheilten Bildes „Blick in den Hof des Hauses Nr. 113 in Oberschützen" mit der Ansicht eines Hofinneren von einem mittelsteirischen Bauernhause, das sich im Bande „Steiermark", S. 149, des Werkes „Die österreichisch-ungarische Monarchie in Wort und Bild" veröffentlicht und von Johann Krainz beschrieben findet. Aus der Beschreibung sowohl, als auch aus der Abbildung ersah ich, dass das fränkische Gehöfte auch in der östlichen Mittelsteiermark vorkomme. Das Verbreitungsgebiet des fränkischen Gehöftes in der dortigen Gegend festzustellen, sollte meine erste Aufgabe sein. Um genau zu erfahren, in welcher Gegend das am angeführten Orte abgebildete Bauernhaus stehe, in welchem Theile der Mittel-steiermark das fränkische Gehöfte vorkomme, wandte ich mich, um danach mein Reiseprogramm einrichten zu können, brieflich an Herrn JOHANN KRAINZ, den gewiegten Kenner seiner steirischen Heimat. Herr KRAINZ war so gütig, mir auf meine Anfrage hin unter Anderem Folgendes zu sagen: „Ihr Reise-programm betreffend, muss ich Ihnen entschieden anrathen, in dasselbe auch die Gegend von Fürsten-feld und Umgebung, namentlich Nord und Ost, ein-zubeziehen. Das im Kronprinzenwerke abgebildete Bauernhaus wurde (wenn ich nicht irre) in Blumau bei Fürstenfeld vom Künstler aufgenommen." Diese freundliche Aufklärung, für welche ich Herrn KRAINZ auch hier danke, veranlasste mich, wenigstens einen Theil des angegebenen Gebietes zu durchwandern. Ich musste mich mit einem Theile des bezeichneten Gebietes nothgedrungen deshalb begnügen, weil ich von meinem Wege, der mich in seiner Hauptrichtung von Osten nach Westen führen sollte, zu weit ab-gekommen wäre, wenn ich das ganze Gebiet hätte durchgehen sollen. Es fiel mir um so leichter, den Wunsch, das ganze bezeichnete Gebiet zu durch-wandern, aufzugeben, da durch die Abbildung im Kronprinzenwerke und durch KRAINZ' Beschreibung des typischen Bauernhauses aus Blumau schon constatirt war, das dieselbe typische Form des Bauern-hauses auch in der näheren nördlichen Umgebung von Fürstenfeld vorkomme, wie ich sie in weiterer Entfernung von Fürstenfeld gefunden habe. Die öst-liche Gegend von Fürstenfeld ist aber identisch mit jener, die ich zu Ostern 1894 durchwandert und von der der Abschnitt „Das Bauernhaus der süd-lichen Heanzerei" meiner Arbeit in Bd. XXV dieser Mittheilungen handelt.

Mein Weg führte mich daher vorerst von Alhau, wo ich vom heanzischen Boden Abschied nahm, über St. Johann in der Heide nach Hartberg und von da bis Waltersdorf. Ueber diese Strecke will ich nun zuerst berichten.

Ich nahm meinen Weg nach Waltersdorf nicht durch die Dörfer, die im Thale an der Landstrasse liegen, welche von Hartberg in südlicher Richtung nach dem genannten Orte führt, sondern ging über Habersdorf, Schölbing, Weinberg, St. Magdalena und Rohrbach den abgelegenen Weg durch die Berge nach Waltersdorf, darauf rechnend, dass mir auf diesem Wege ursprünglichere Formen des Bauernhauses unter-

kommen dürften als im belebten Thale, und ich habe mich in dieser Voraussetzung wohl nicht getäuscht; denn ich glaube nicht, dass mir in den Dörfern an der Landstrasse ein Häuschen untergekommen wäre wie das, das ich weiter unten beschreibe und unter Fig. 129—131 abbilde und das mir zur Erklärung dienen wird, in welcher Weise sich das fränkische Gehöfte dieser Gegend zu der Form entwickelt haben wird, die es heute dort allenthalben zeigt.

Schon unmittelbar nach dem Ueberschreiten der ungarisch-steirischen Grenze, in St. Johann in der Heide, fiel mir auf, dass die Gehöfte daselbst ganz dasselbe Aeussere aufweisen, das jenes mittelsteiri-sche Bauernhaus aus Blumau zeigte, welches sich im Bande „Steiermark" des Kronprinzenwerkes, S. 149, abgebildet findet. Ich konnte also voraussetzen, dass ich auf dem ganzen Wege, den ich bis in die Nähe von Blumau vor mir hatte, dieselbe Hausform finden werde, und so war es auch. Waren es nicht ganz kleine Häuschen, die keinen geschlossenen Hof hatten und die weitaus die Minderzahl in der dortigen Gegend bilden, so trugen alle Häuser das Gepräge jenes Hauses aus Blumau oder dieses Hauses aus Sebersdorf, dessen Ansicht ich hier unter Fig. 127 wiedergebe, an sich.

Das hier abgebildete Haus gibt also ein Bild der Vorderansicht des typischen Hauses der ganzen Gegend von Fürstenfeld bis Hartberg. Der Grundriss des ganzen Hofes zeigt den des geschlossenen fränki-schen Gehöftes mit dem vollkommen eingeschlossenen Hofraume und den charakteristischen zwei Thoren, dem Einfahrtsthore in der Vorderfront und dem gegen-überliegenden Ausfahrtsthore im Stadeltracte. Da das Fig. 127 abgebildete Haus Nr. 14 des Bauern Fer-dinand Salmhofer, wie bereits erwähnt, ein für die Gegend grösseres typisches Bauernhaus ist und ich es, da die Beschreibung eines kleineren Bauernhauses aus dieser Gegend in Nachstehendem folgen wird, für überflüssig erachten kann, mehrere grössere Häuser aus dieser Gegend heranzuziehen, so erwächst mir andererseits die Nothwendigkeit, auf die Beschreibung dieses Hauses näher einzugehen. Ich bringe daher zur weiteren Illustration dieses Hauses unter Fig. 128 dessen Grundriss. Die eingezeichneten Namen der einzelnen Räume deuten den Grundriss so weit, dass ich zur weiteren Erklärung desselben nur wenige Worte anzufügen habe.

Die Wohnräume der Familie des Bauern liegen im südöstlichen Theile des Hauses. An die geräumige Stube, welche die südöstliche Ecke des Hauses einnimmt, schliesst sich gegen die Einfahrt noch ein zweifensteriges Zimmer an, dessen Fenster aber so angebracht sind, dass nur eines davon sich in der Vorderfront des Hauses befindet; das andere sieht in den Hof. Beide Zimmer sind durch eine Thüre mit einander verbunden. Das grössere der beiden Zimmer hat vier Fenster. Zwei davon liegen in

Wie aus dem Grundrisse des Hauses, Fig. 128, ersichtlich ist, gliedert sich an die grosse Stube die Küche an. Auch die Küche hat zwei Fenster in gegenüberliegenden Wänden. Besonders hervorgehoben muss hier werden, dass die Laube (Lab'm) und die Küche hier zwar auch in Verbindung mit einander stehen, d. h. neben einander liegen, dass

Fig. 127. Haus Nr. 14 in Sebersdorf bei Hartberg.

der etwas vorspringenden Giebelmauer und je eines der beiden anderen sich gegenüber in den an die Giebelwand anstossenden Mauern. Fenster in sich gegenüberliegenden Wänden sind für diese Gegend ebensowenig untypisch, wie für die Gegend von Kirchschlag (vgl. oben S. 132). Da wie dort ist also

Fig. 128. Plan zum Hause Nr. 14 aus Sebersdorf (1 : 480).

der Zwang des althergebrachten Gesetzes, das da fordert, dass die Mauer, welche dem Nachbarhause zugekehrt ist, fensterlos sein muss, und welches Herkommen in der Heanzerei sowohl, als auch in der Gegend von Oedenburg noch streng beobachtet wird, bereits überwunden.

sie aber nicht dieselbe Lage einnehmen, wie Laube und Küche in all' den Häusern, die von mir bis jetzt beschrieben wurden. In diesem Hause liegen nämlich Laube und Küche als vollkommen gesonderte Räume parallel zu einander in der Richtung der Längenachse des Hauses, während in all' den Gegenden, die bis jetzt von mir in Bezug auf das Bauernhaus durchforscht wurden, die charakteristische Lage von Küche und Laube die ist, dass die beiden Räume nicht durch eine Mauer, die rechtwinkelig zur Längenachse, sondern parallel zu dieser steht, getrennt sind. Die Trennung zwischen Küche und Laube in dieser Lage ist übrigens keine vollkommene, da der Ausschnitt in der Mauer, der die Verbindung zwischen beiden Räumen herstellt, meist grösser ist, als eine gewöhnliche Thüre und fast nie durch eine Thüre zu schliessen, sondern in den weitaus meisten Fällen offen ist. (Vgl. Bd. XXIV, S. 118.) Die Anordnung von Laube und Küche, wie sie dieses Haus zeigt, ist in dieser Gegend keineswegs selten, doch ist sie auch nicht ausnahmslos, da, wie aus der Beschreibung des nächsten Hauses aus dieser Gegend hervorgehen wird, auch die Anordnung von Laube und Küche vorkommt, die aus meinen Abhandlungen in Bd. XXIV und XXV bereits bekannt ist.

Die Laube des Hauses Nr. 14 in Sebersdorf hat ausser der einen Thüre, durch welche man vom Hofe aus Zutritt hat, übrigens noch eine zweite Thüre, die durch die gegenüberliegende Wand in's Freie führt. Sie ist also auch hier so eingerichtet, wie die Lauben in den oben beschriebenen Häusern

Nr. 30 und 15 in Aigen bei Kirchschlag und hat auch hier bereits die hervorragende Bedeutung, durch die zweite Thüre einen Verkehr vom Hofe aus durch das Haus in das gegenüberliegende Freie zu ermöglichen. Wenngleich auch diese Errungenschaft, wie aus dem Folgenden hervorgehen wird, nicht so alt ist, als das Haus selbst, da die Thüre hier erst später angebracht wurde, so deutet die heutige Ausgestaltung der Laube doch auf das Streben hin, die Laube derart umzugestalten, dass sie nicht nur als Verkehrsraum zwischen Innentheilen des Hauses, sondern auch zwischen dem Hofe und dem Freien diene.

Auf der der Küche gegenüberliegenden Seite der Laube gliedert sich hier kein weiterer Wohnraum an, wie es in anderen Häusern auch dieser Gegend häufig zu sein pflegt. Die Stube, welche in der Front des Hauses zwischen der grossen Stube und der Einfahrt liegt, macht eine hintere Stube hier überflüssig. Ein schmaler Raum, der von der Laube aus betreten und durch zwei sich gegenüberliegende Fenster beleuchtet wird, dient als Zeugkammer. An diese schliesst sich der Pferdestall an, welcher gewölbt ist und für zwei Paar Pferde Raum bietet. Auch der Pferdestall wie die Laube eine zweite Thüre, die in's Freie führt. Sie mag wohl deshalb angebracht worden sein, weil sie den Verkehr zu den hinter dem Hause liegenden Schuppen erleichtert. Auch gelegentlich einer Feuersgefahr ist diese Thüre nicht ohne Bedeutung.

Links vom Einfahrtsthore liegt nun auch noch eine kleine Wohnung, bestehend aus einer kleinen Laube, einer Küche und einer kleinen Stube. Laube und Küche sind gewölbt, das Zimmer hat eine Tramdecke. Ob diese drei Räume immer den heutigen Zwecken, als Wohnung, vielleicht gelegentlich als Ausnahmewohnung, gedient haben, konnte mir der Besitzer des Hauses nicht sagen. Jetzt ist die kleine Wohnung vermiethet. An diese Wohnung schliessen sich nach rückwärts, wie aus dem Plane zu ersehen, zwei Räume, in denen die Schweineställe untergebracht sind, ferner der Kuhstall und schliesslich eine nach dem Hofe zu offene Graskammer an.

Den Hofraum schliesst nach rückwärts der Stadel, ein Blockbau, ab. Zwei gepflasterte Gräden, die durch die in den Hof vorragenden Dachflächen überdacht sind, führen den Ställen entlang zum Stadel zurück. Der Stadel ist in vier Theile gegliedert: in eine von zwei Hålpåa'n eingeschlossene Tenne und eine Durchfahrt (Hitt'n).

Die hier übliche Bezeichnung „Hålpåa'n"[1]) erinnert an die Oedenburger Gegend, die „durchgängige" Laube findet gleiche Beispiele in der Gegend von Kirchschlag und die Anlage des ganzen Hofes ruft durch seine ausserordentliche Aehnlichkeit, welche aus dem Vergleiche des mitgetheilten Grundrisses Fig. 128 mit dem Grundrisse des Hauses Nr. 113 in Oberschützen (vgl. Bd. XXV, S. 109) hervorgeht, Rückerinnerungen an die Höfe der nördlichen Heanzerei, speciell an Oberschützen wach.

Auch die Anlage des Dorfes zeigt Aehnlichkeit mit der von Oberschützen (vgl. Fig. 154 in Bd. XXV). Sebersdorf besteht zwar nur aus einer Häuserreihe, weist also keine Gasse auf, wie die benachbarte Dörfer an der Landstrasse gegen Hartberg, doch liegen die Häuser ganz analog den Häusern in Oberschützen nicht dicht an einander gebaut, also wie die Häuser der Dörfer im südlichen Theile der Heanzerei oder um Oedenburg, sondern auf Parcellen von so ausgiebiger Breite, dass, obwohl die einzelnen Häuser sich in behäbiger Breite ausdehnen, in der Regel immerhin noch genügend Raum zu freier Bewegung zwischen den einzelnen Häusern liegt. Die Vorderfronten der Häuser bilden eine fast gerade Linie. Vor dieser fällt das Terrain sanft ab bis zum Bache, der sich in einer Entfernung von etwa 100 Schritten durch's Thal schlängelt. Es ist nun auffallend, dass die Häuser hier — ich glaube ausnahmslos — ihre Vorderseite dem Bache zukehren, obwohl die Landstrasse knapp im Rücken der Häuser vorüberführt. Für den Fall, dass die Landstrasse eben so alt oder älter als das Dorf ist, was ich leider nicht festzustellen vermochte, wäre die Anlage des Dorfes eine absondere, da doch sonst stets die Häuser in geschlossenen Dörfern ihre Hauptfront der Strasse zuwenden. Die Lage des Hauses zur Sonne, hier

[1]) Ich habe noch keine mich befriedigende Deutung des Wortes „Hålpåa'n" gelesen. Der Stadel zerfällt im westlichen Ungarn, in der östlichen Steiermark und im südöstlichen Niederösterreich zumeist in drei Theile. Die Tenne hält die Mitte und rechts und links gliedern sich je ein Raum an. Der eine dient zur Aufnahme des Heues; es ist dies der Heustadel. Der andere nimmt das Getreide, so lange es noch in Garben liegt, und wenn es ausgedroschen ist, das Stroh auf. Dies ist der „Hålpåa'n". Wo nicht so genannt wird, fallen ihm in den verschiedenen Gegenden folgende Namen zu: „Fruchtståd'l" und „Bauståd'l" (Stadel für das Erbaute, Oberschützen; Fruchtstadel auch in Aigen), „Strohståd'l" (Aigen). dann „Schabpåa'n" (Schaubenbarren) im Gegensatze zu „Heupåa'n" in Auen, Gemeinde Krammersdorf, Steiermark. Die Bezeichnung „Schabpåa'n" rief mir die Vermuthung wach, dass „Hålpåa'n" als „Halmbarren" zu deuten sein wird.

zwar die denkbar günstigste, ist nicht immer ausschlaggebend. Vorausgesetzt, dass die Strasse später entstanden als das Dorf, liegt es nahe, aus dem Ungewöhnlichen in der Lage der Häuser, das darin besteht, dass diese ihre Fronten dem Bache zuwenden, darauf zu schliessen, dass die Häuser deshalb ihre Fronten dem Bache zukehren, weil auch hier, wie ich das Bd. XXV, S. 108, von Oberschützen nachgewiesen, das Bachbett einst als Strasse für den Wagenverkehr gedient haben dürfte.[1])

Auch insoferne hat die Anlage des Dorfes Sebersdorf Aehnlichkeit mit Oberschützen, als sich auch hier dem Hausgrunde stets ein Streifen Landes anschliesst. Der Theil dieses Complexes, welcher sich der Hofstätte des Hauses Nr. 14 in Sebersdorf nach Osten anschliesst und vor der Vorderfront des Hauses gegen den Bach abfällt, ist ein Wiesengrund. Der grössere Theil, der sich hinter dem Hause nach Westen erstreckt, ist in der Nähe des Hauses als Obstgarten benützt. Hier stehen zwei Wagenschuppen. Weiterhin schliesst sich an den Obstgarten in gleicher Breite Ackerland an, das ich zum grössten Theile mit Hopfen bepflanzt sah, der hier nicht nur in verhältnissmässig grosser Menge, sondern auch in guter Qualität gebaut wird. Fast bei jedem Hause findet man daher auch eine Hütte, die zum Trocknen des Hopfens verwendet wird. Diese Hütte dient gewöhnlich einem doppelten Zwecke. Die eigentliche Hütte, der „Hopfenboden“, ruht auf Säulen. Eine Stiege führt zum Boden empor. Der unter dem Boden liegende, nach allen Seiten hin freie Raum dient als „Holzschupfen“.

Hervorheben muss ich in Bezug auf die Lage des Hauses auf der Parcelle noch, dass die nördliche Grenze der Parcelle jetzt so weit vom Hause abliegt, dass dort noch Raum bleibt für einen Fahrweg. Man kann also das ganze Haus heute ungehindert umfahren. Früher war dies nicht möglich, da dieser Streifen erst vom jetzigen Besitzer dem

[1]) Für die a. a. O. ausgesprochene und jetzt wiederholte Annahme, dass die Bachbette besonders in lehmigen Gegenden vor Zeiten häufig als Strassen für den Wagenverkehr gedient haben mögen, fand ich übrigens in „Die österreichisch-ungarische Monarchie in Wort und Bild“, im Bd. „Steiermark“, den ich durchlas, als ich mich zur Excursion rüstete, von der jetzt die Rede ist, eine Bestätigung. S. 64 heisst es dort, wo von der Weizer Klamm gesprochen wird, dass seit 1883 „eine vortreffliche, kunstvoll angelegte Strasse von Passail durch die Klamm nach Weiz führe“, und vorstehend: „Ehedem konnte man durch die Klamm nur in dem Bachbette fahren“.

Nachbarn abgekauft wurde. Ehedem fiel die Grenze, wie mir der Bauer sagte, „mit dem Dachtropfen“ (der Traufe) zusammen. Daraus ist zu folgern, dass sowohl die Thüre, welche aus dem Pferdestall, als auch die, welche aus der Laube in's Freie führen, in neuerer Zeit entstanden sein werden. Man ist beim Anlegen dieser Thüren, besonders der Laubenthüre, jedenfalls dem Beispiele, welches das Bauernhaus der westlicher gelegenen Gegenden bietet, gefolgt, von dem weiter unten die Rede sein wird.

Die Parcelle, auf der das Haus liegt, eingerechnet, umfasst das Besitzthum, welches zum Hause gehört, 26 Katastraljoch, wovon 9 Joch Ackerland, 6 Joch Wiesen und 11 Joch Wald sind. Der grösste Theil dieses Ausmaasses an Grund und Boden liegt in den Fluren zerstreut. Man hat also hier im östlichsten Theile der Mittelsteiermark, und zwar in den Thalsohlen, wo man geschlossene Dörfer antrifft, dieselben Verhältnisse im Hinblicke auf die Vertheilung des Grundes, wie im angrenzenden westlichen Ungarn, in der Heanzerei. In der bergigen Gegend jedoch, die ich von Schölbing bis nahe zu Wallersdorf durchgewandert, treten, analog jener hügeligen Gegenden der Heanzerei, die von „Bergbauern“ bewohnt werden, die Einzelhöfe auf. Um diese liegen die dazu gehörenden Gründe zum grössten Theile arrondirt beisammen. So ist's auch im Westen von Sebersdorf, besonders in den höher gelegenen Theilen des Landes, wie aus dem Nachstehenden hervorgehen wird.

Um die Besitzverhältnisse in Sebersdorf im Allgemeinen zu skizziren, sei hier noch mitgetheilt, dass das Dorf Sebersdorf aus 119 Häusern besteht und der Bann des Dorfes 1216 Katastraljoch umfasst. Es kommen somit im Durchschnitte auf jedes Haus 10·2 Joch. Der begütertste Bauer aber nennt 40 Joch sein Eigen.

Die bäuerlichen Besitze sind hier im Durchschnitte (10·2 Katastraljoch) also etwas kleiner als in der Gegend von Oedenburg und Oberschützen (13 Joch; vgl. Bd. XXV, S. 101) und erreichen die Ausdehnung der Bauerngüter in der Gegend von Kirchschlag bei weitem nicht.

Der Bauer in Sebersdorf legt dem Ackerbau und der Viehzucht gleiche Wichtigkeit bei. Der Viehstand des Bauers Salmhofer besteht in 1 Paar Pferden, 1 Paar Ochsen, 4 Kühen und 9 Schweinen. Auf den Hopfenbau wird im Thale grosses Gewicht gelegt. Sebersdorf allein baut jährlich etwa 30—35 q Hopfen.

Auf dem westlichen Gelände der Hügelkette, die sich von Hartberg ab zwischen dem Safenthale und dem Lafnitzthale nach Süden erstreckt, wurde noch vor wenigen Jahren viel Wein gebaut. Die vielen kleinen weissen Kellerhäuser, welche aus Getreide- oder Kartoffelfeldern in's Thal blicken, geben heute noch Zeugniss davon. Der Führer, welcher mich von Hartberg nach Waltersdorf begleitete, ein alter Mann, sprach mit Wehmuth von den einstigen schönen Tagen, die er in den Kellern dieser Gegend verlebt, und auch der Wirth, bei dem ich in St. Magdalena einkehrte, sprach mit Trauer von den schönen Weingärten von ehedem, die den besten Schillerwein der ganzen Gegend hervorgebracht haben, nun aber schon seit Jahren von der Peronospora zu Grunde gerichtet seien.

Nun nochmals auf den Typus des Bauernhauses dieser Gegend zurückgreifend, hebe ich hervor, dass, wie aus dem Grundrisse des Hauses Nr. 14 in Sebersdorf hervorgeht, kaum ein wesentlicher Unterschied in der Anlage des fränkischen Gehöftes aus dieser Gegend zwischen jenem in der Gegend von Oberschützen oder in weiterem Sinne aus der nördlichen Heanzerei und der niederösterreichischen Gegend von Kirchschlag besteht, wenn man von der durchgängigen Laube, wie eine solche den Wohntract des Hauses Nr. 14 in Sebersdorf und die meisten der von mir gesehenen Gehöfte in der Gegend von Kirchschlag aufweisen und die eine nicht zu unterschätzende Weiterentwicklung des Hauses dieser Gegenden im Vergleiche zum Gehöfte in der Heanzerei bedeutet, absieht. Einen in die Augen springenden und nicht unwesentlichen Unterschied zwischen den fränkischen Gehöften in der östlichen Mittelsteiermark und denen der eben berührten Gegenden Ungarns und Niederösterreichs zeigen die Vorderfronten der Gehöfte.

Sowohl das im Bande „Steiermark" des Werkes: „Die österreichisch-ungarische Monarchie in Wort und Bild", S. 149, gegebene Bild eines fränkischen Gehöftes aus Blumau, als auch das von mir Fig. 127 mitgetheilte Bild des Hauses Nr. 14 aus Sebersdorf zeigen an der Vorderfront der Häuser zwei Giebel, die durch einen Mitteltract, in dem sich das grosse Einfahrtsthor befindet, verbunden sind. In der ganzen Heanzerei habe ich ein solches Bild der Vorderfront eines fränkischen Gehöftes nicht gefunden, in der Gegend von Kirchschlag zwar wohl, doch nur sehr vereinzelt, so dass dort eine Front mit zwei Giebeln eine Abweichung vom Typus bedeutet. Hier nun, in der östlichen Mittelsteiermark, ist gerade die Anlage des Gehöftes in der Weise, dass es in seiner Frontseite zwei Giebel zeigt, die typische. Ich nannte

aber diesen Unterschied einen „nicht unwesentlichen". Nicht unwesentlich scheint er mir in der That deshalb, weil er die Art und Weise der Anlage des Gehöftes, wie sie ehedem geflogen gewesen sein wird, mir zu erklären scheint.

Die beiden Giebel gehören nämlich zwei Tracten an, die sich rechtwinkelig zur Vorderfront parallel oder annähernd parallel nach rückwärts erstrecken und den Hof von beiden Seiten einschliessen. Aus meiner im Bd. XXV abgedruckten Arbeit geht vor, dass bei all' den dort beschriebenen und abgebildeten vollkommen geschlossenen Gehöften stets jener Tract der ältere ist, der in der Vorderfront des Hauses den Giebel aufweist. Hier in der Gegend zwischen Hartberg und Fürstenfeld hat man nun stets zwei Giebel in der Vorderfront vor sich. Im Hinblicke auf die eben constatirte Thatsache, wonach der Giebeltract des fränkischen Gehöftes in der Heanzerei stets der älteste Theil des Hauses ist, drängt sich jetzt auch in Bezug auf das Gehöfte in der östlichen Mittelsteiermark die Frage auf, welcher Tract des hier zweigiebeligen Hauses der älteste sein wird. So viel ich nun erfragen konnte, weiss man in der Gegend von Hartberg von keinem Falle, der erweisen könnte, dass Theile eines Gehöftes in verschiedenen Zeitabschnitten entstanden, dass es erst nach und nach ausgebaut worden ist, wie dies bei heanzischen Gehöften nachgewiesenermassen fast ausnahmslos der Fall ist (vgl. Bd. XXV, S. 104 ff.).

Darin liegt jedoch noch nicht das „Nichtunwesentliche" in der von der heanzischen verschiedenen Anlage des Gehöftes in der Gegend zwischen Hartberg und Fürstenfeld begründet. Die beiden Giebel können wohl als eine Folge der Gleichzeitigkeit der Entstehung aller Theile des Hauses angesehen werden, doch sind sie nicht durch die Gleichzeitigkeit der Entstehung bedingt. Das Vorkommen der typischen beiden Giebel muss also einen tieferen Grund haben.

Aus meiner Arbeit in Bd. XXV (s. S. 108) geht hervor, dass der ärmere heanzische Bauer sein Haus stets so anlegt, dass er es, was ich eben oben auch angedeutet, mit der Zeit zu einem geschlossenen Hofe ausbauen kann. Die Anlage des Gehöftes geschieht dann immer in der Form eines rechtwinkeligen Hakens. Dem Wohntracte schliesst sich in gerader Linie eine Kammer und ein Stall an, welch' letzterer nicht nur Kühe, sondern gegebenen Falles auch die Pferde beherbergt, und im rechten Winkel, also hakenförmig mit dem Hause verbaut, liegt der Stadel.

Der kleine Bauer in der Gegend von Hartberg scheint sein Haus schon von altersher nicht so angelegt zu haben. Zur Erhärtung dieser Annahme steht mir aus dieser Gegend leider nur ein Beispiel zur Verfügung. Der Grund dafür liegt wohl darin, dass kleine Bauern mit so wenig Besitz, wie sie im westlichen Ungarn die Mehrzahl bilden, hier nur spärlich

Fig. 129. Haus Nr. 12 in Weinberg bei St. Magdalena
(Vorderansicht).

vorkommen. Auch das Vorkommen kleiner Bauernhäuser ist darum ein spärliches.

Das kleine Bauernhäuschen, dessen Anlage mir zum Beweise für die Annahme dient, dass die Anlage des Bauernhauses dieser Gegend sich von jener des Gehöftes im nahen westlichen Ungarn unterscheidet, ist jenes kleine Häuschen, von dem ich bereits oben sagte, dass ich ein ähnliches wahrscheinlich nicht

Fig. 130. Rückansicht desselben Hauses.

angetroffen hätte, wenn ich die Landstrasse entlang und nicht durch die Berge gegangen wäre.

Das Häuschen liegt zwischen Hartberg und St. Magdalena in der Ortschaft Weinberg ganz einsam am Wege. Es hat die Hausnummer 12 und ist Eigenthum des Ignaz Peintsepp und seines Weibes. Peintsepp ist ein Maurer. Das kleine Besitzthum, zu dem nur 2 Joch Ackerland und 1 Stück Hutweide gehören, vermöchte allein die Familie, zu der noch zwei Kinder gehören, nicht zu ernähren. Auch der Vorfahre im Besitze des Hauses musste ein Handwerk treiben. Er war Hafner. Peintsepp konnte

mir über das Alter des Hauses keine bestimmte Antwort geben, da er es nicht erbaut hat; er sagte mir nur, dass es noch nicht alt sei, und auf mich selbst machte es auch den Eindruck, als ob es wohl nicht vor mehr denn höchstens 50 Jahren erbaut worden sein dürfte. Fig. 129 gibt nun die Vorderansicht, Fig. 130 die Rückansicht und Fig. 131 den Grundriss des Hauses. Ein kurzer Blick auf diese Abbildungen genügt schon, erkennen zu lassen, dass die Anlage dieses Gehöftes eine ganz andere ist, als die in der Heanzerei gepflogene.

Bei einem kleinen, nicht geschlossenen Gehöfte der Heanzerei haben wir in der Regel zwei Tracte vor uns. Auch beim Hause Nr. 12 aus Weinberg fallen uns auf den ersten Blick zwei Tracte auf, wieder ein Wohn- und Stadeltract oder hier besser Stall- und Wirthschaftstract. Die Lage, in der sich

Fig. 131. Plan des Hauses Nr. 12 in Weinberg (1:400).

die beiden Tracte zu einander befinden, ist aber eine grundverschiedene von der beim heanzischen Gehöfte. Während sie dort rechtwinkelig oder hakenförmig mit einander verbunden sind, liegen sie hier parallel zu einander. Jeder der beiden Tracte hat hier zwei ganz freie Giebel, einen nach vorne und den anderen an der Rückseite. Wenn bei grösseren Bauernhäusern dieser Gegend die beiden freien Giebel an der Rückseite auch häufig in Wegfall kommen, da die beiden Haupttracte dort zumeist durch den dritten Tract, den Stadeltract, verbunden sind, so weisen doch die Giebel in der Vorderfront des Hauses für sich allein schon auf eine Parallelstellung der beiden Haupttracte des Hauses in seiner Anlage hin und umgekehrt: Die beiden Giebel in der Front des fränkischen Gehöftes zwischen Hartberg und Fürstenfeld finden ihre Begründung in der in dieser Gegend herrschenden, jedenfalls althergebrachten Gepflogenheit, die

19*

Haupttracte des Gehöftes parallel zu einander und nicht in der Form eines Hakens, wie dies in der benachbarten Heanzerei üblich ist, anzulegen.

Dies hat mich das in Rede stehende kleine Häuschen gelehrt, und ich glaube nicht, dass es mich irregeführt, denn wenn ich auch aus dieser Gegend, wie ich schon oben gesagt, kein weiteres Beispiel dieser Art anführen kann, so habe ich doch weiter westlich, also tiefer im Steirischen, und zwar in Gegenden, wo das fränkische Gehöfte bereits in den Hintergrund tritt, viele Bauernhöfe getroffen, die eine ganz gleiche Anlage zeigten. Es tritt vielleicht auch hier wieder der Einfluss des Westens zur Geltung und ist wahrscheinlich er die Ursache davon, dass sich die Anlage des fränkischen Gehöftes in der Steiermark von jener des fränkischen Gehöftes in der Heanzerei „nicht unwesentlich" unterscheidet.

Erwähnen will ich in Bezug auf das Häuschen Nr. 12 in Weinberg bei Hartberg noch, dass die Verbindung der beiden Tracte zu einem geschlossenen Hofe nur eine sehr lose ist. Vorne ist der Hof nur durch ein hohes Bretterthor und ein daneben angebrachtes Eingangsthürchen abgesperrt. An der Rückseite verbindet die beiden Tracte ein nach dem Hofe zu offener Schuppen, dessen Dach genau in derselben Weise zwischen die Dächer der beiden Tracte eingeschoben ist, wie jenes des Mitteltractes an der Vorderfront des Hauses Nr. 14 in Sebersdorf (vgl. Fig. 127).

Küche und Laube sind in dem Häuschen aus Weinberg in der Weise angeordnet, wie sie in der Heanzerei als typisch gilt; doch zeigt auch hier die Küche ein Fenster in der dem Eingange gegenüberliegenden Wand. Die Wohnstube hat Fenster in sich gegenüberliegenden Wänden. Gegenüber der Stubenthüre öffnet sich in der Laube eine Thüre in eine Vorrathskammer. Der Raum, welcher im Plane mit „Keller" bezeichnet ist, ist eigentlich kein Keller, da er über der Erde liegt; er wird aber als Keller benützt. Die Fenster, welche in der Voderansicht (Fig. 129) an der Kellerwand sichtbar sind, sind blind. Alles Weitere deutet der Plan, so dass ich auf Besonderes in der Anlage der Räume des Hauses hinzuweisen nicht nöthig habe.

Aufmerksam machen will ich aber noch darauf, dass sowohl dieses Haus als auch das vorbeschriebene Haus aus Sebersdorf gleich mit Stroh gedeckt sind, wie die Häuser in der Gegend von Kirchschlag (s. o. S. 139) und dass sie genau dieselbe Art der Versicherung des Firstes zeigen, wie die oben S. 140 beschriebene der Strohdächer auf den Häusern von Schmiedraith. Das Häuschen Nr. 12 aus Weinberg weist ferner jene eigenartige Absperrung nicht allein des einen Giebels an der Rückseite des Hauses, sondern der ganzen Giebelwand durch eine Art Flechtwerk auf, die mir, worauf ich oben S. 116 hingewiesen, in dem räumlich doch stark fernliegenden Orte Stoob bei Oberpullendorf im Oedenburger Comitate zuerst aufgefallen ist.

Das Vorstehende des Abschnittes D theile ich also aus der Gegend der Mittelsteiermark mit, die ich auf Veranlassung des Herrn JOHANN KRAINZ aufgesucht habe. Von Sebersdorf führte mich hierauf mein Weg nach Westen. Ich vermied es wieder, der Landstrasse nachzugehen, und bog bei Neustift in ein stark ansteigendes Seitenthal des Safenthales, in das Thal des Nörningbaches, ein. Dorthin lockten mich insbesondere die vielen zerstreut liegenden Gehöfte, worunter ich, nach einem Blicke in die Specialkarte dieser Gegend zu schliessen, auch fränkische Gehöfte anzutreffen hoffte. Ich habe mich darin nicht getäuscht. Auf dem Wege durch die Unter-Nörning, Ober-Nörning, Hinterwald und Hochstadl auf Kaibingsberg zu trifft man keine geschlossenen Dörfer an. Die Gehöfte liegen zerstreut theils in der Thalsohle, theils in mässiger Höhe über derselben, theils aber auch hoch auf dem Rücken der vielen Hügelketten des durch viele Gräben arg zerrissenen Terrains. Man hat also hier ein Bild vor sich, ganz ähnlich dem in der oben besprochenen Gegend von Kirchschlag. Zehn bis dreissig der zerstreut liegenden Gehöfte bilden eine „Ortschaft", mehrere Ortschaften zusammen eine Ortsgemeinde, der ein Ortsvorstand (Bürgermeister) vorsteht. So umfasst die Ortsgemeinde Hartl, zu welcher die eben genannten Ortschaften Unter-Nörning, Ober-Nörning, Hinterwald und Hochstadl gehören, im Ganzen 11 Ortschaften. Ausser den genannten zählen noch die Ortschaften Hartl, Kundegraben, Weixelberg, Rohregg, Gfangen, Frauhofen, Frauhofengraben und Langgraffen hinzu. Die ganze Gemeinde umfasst 2570 Joch 1064 Quadratklafter. Auf diesem Gebiete liegen 149 Häuser. Es kommen somit hier 17·9 Joch à 1600 Quadratklafter auf einen Besitzer. Das Mittel im Besitze kommt also dem Besitze des Bauern Salmhofer in Sebersdorf (26 Joch) nahe, übersteigt den Besitz eines Bauern in den Gegenden von Oedenburg und Oberschützen wenig (13 Joch), erreicht aber den durchschnittlichen Besitz eines Bauers von Aigen (30 Joch) nicht.

Der Bürgermeister Ackerl theilte mir mit, dass die Bauern in der Unter-Nörning sich besser stehen als die der Ober-Nörning, dass sie grösseren Besitz haben. Die meisten Bauern hätten dort 40—50 Joch; einer sei unter ihnen, der Bauer Lechner, der an 90 Joch besässe. Kleine Besitzer, das sind solche, die nicht mehr als etwa 20 Joch besitzen, werden, so sagte mir Ackerl ferner, „Keuschler" genannt. Der Grund eines jeden Bauern liege arrondirt in einem Complexe beisammen und der Hof zumeist mitten darin. Die 31 Joch Land, welche der Bürgermeister Ackerl besitzt, bestehen aus 13 Joch Ackerland, 5 Joch Wiesen und 13 Joch Wald.

Der Viehstand beläuft sich auf 1 Paar Ochsen, 3 Kühe, 3 Stück Jungvieh und 9—13 Schweine. Zur Bearbeitung seines Gutes bedarf Ackerl der Mithilfe von Dienstboten, da seine Kinder, Josef

zwischen Hartberg und Fürstenfeld typische Front des Bauernhauses mit den beiden Giebeln und dem grossen überdachten Einfahrtsthore in der Mitte. Die Gehöfte nehmen in ihrem Aeusseren mehr das Gepräge des Bauernhauses aus der Gegend von Kirchschlag an.

Ich bringe unter Fig. 132 das Haus Nr. 23 des Bürgermeisters Simon Ackerl in Ober-Nörning. Ein nur oberflächliches Vergleichen dieses Bildes mit der Illustration des Bauernhauses Nr. 15 aus Aigen bei Kirchschlag (Fig. 122) wird die im vorstehenden Satze aufgestellte Behauptung bestätigen. Die grossen, zum Theile auch nur maskirten Fenster dieses Hauses weisen auf eine erst in neuester Zeit erfolgte Modernisirung des Hauses hin. Ich hätte wohl lieber ein anderes der Häuser, die ich in dieser Gegend aufgenommen, beschrieben, das mehr Ursprüngliches in

Fig. 132. Haus Nr. 23 in Ober-Nörning bei Hartberg.

(13 Jahre alt) und Maria (10 Jahre alt), noch nicht ausgiebig in der Wirthschaft mithelfen können. Ausser einer älteren Magd („Dirn'"), die schon sechs Jahre im Hause ist, stehen noch ein sechzehnjähriger Knecht und eine sechzehnjährige Magd in den Diensten des Bauern. Zudem hilft noch ein „Tagwerker" den grössten Theil des Jahres hindurch aus.

Zu erhalten hat Ackerl ausser seiner Familie und den aufgezählten Dienstboten noch eine „Ausnehmerin", die vorhergehende einundachtzigjährige Besitzerin Josefa Schneider. Ihre Ausnahme besteht in freier Wohnung und der Verpflegung. Das noch auf dem Hause lastende Vermögen der Ausnehmerin ist grundbücherlich sichergestellt.

Wenn ich nun auf das Haus dieser Gegend zu sprechen komme, so betone ich vor Allem, dass hier noch immer die geschlossene Hofanlage (fränkisches Gehöfte) vorherrscht. Je weiter man jedoch von Sebersdorf durch die Nörning und gegen Kaindorf kommt, desto mehr verliert sich die für die Gegend

seinem Aeusseren zeigt, doch bewog mich besonders ein Grund zur Besprechung gerade dieses Hauses, der darin besteht, dass ich hiebei in der Lage bin, das Haus vor Augen zu führen, wie es heute, nach seiner im Jahre 1872 erfolgten Renovirung, dasteht und wie es früher durch mehr denn hundert Jahre gewesen ist. Das alte Aeussere des Hauses kann ich im Bilde zwar nicht bieten, es mag sich aber, abgesehen von den jetzt grossen Fenstern, welche ehedem, nach den Fenstern der älteren Häuser aus dieser Gegend zu schliessen, etwa um die Hälfte kleiner gewesen sein mögen, übrigens wenig von dem heutigen Aussehen des Hauses unterschieden haben. Das Haus in der Ausgestaltung vorzuführen, wie es bis zum Jahre 1872 stand, vermag ich auf Grund eines vom Maurermeister Jakob Sindler aus Gersdorf mit dem Datum vom 22. Februar 1867 versehenen „Bauplan. Nach welchem Josef Schneider Grundbesitzer in der Gemeinde Hartl Haus Nr. 23 eine Umenderung im Wohnhaus und einen neuen Zubau zum Wirthschaftsgebäude nach den laut beigelegten Bauplänen Feuersicher herzustellen in Willens ist". Den Bauplan, welcher seinerzeit „Zur Einsicht der betreffenden Behörde" angefertigt wurde, stellte mir der heutige Besitzer des Hauses zur Verfügung. Ich gebe unter Fig. 133 aus dem Bauplane den Theil wieder, der den Bestand des alten Hauses illustrirt. Wie daraus zu ersehen, zeigt die Lage der Gebäude zu einander die Form des Hufeisens. Der Hof ist kein vollkommen geschlossener. Die gegen Osten gerichtete Seite des Hofes ist offen. Der Tract, den die Wohnräume einnehmen, fasste ausser diesen nur noch einen Raum, in dem die Schweine untergebracht waren, in sich. Fast rechtwinkelig zum Wohntracte schliesst sich

Fig. 133. Alter Plan des Hauses Nr. 23 in Ober-Nörning.

der Stadel an. Es ist dies ein Blockbau, bestehend aus einer Einfahrt („Hütte"), einer Tenne und der Scheuer. In einem Deckenbalken der Tenne ist die Jahreszahl 1763 eingeschnitten. Das Wohnhaus, welches aus Steinen und Ziegeln erbaut ist, wird also ebenso alt oder noch älter sein. Gegenüber dem Wohnhause, mit der Scheuer rechtwinkelig verbunden, lag der Rinderstall und neben diesem eine Futterkammer.

Das Wohnhaus zeigt genau dieselbe Ausgestaltung wie die Bauernhäuser aus dem westlichen Ungarn (Gegend von Oedenburg und Heanzerei). Man tritt vom Hofe aus in das Haus ein. Das „Vorhaus", wie mir die Laube hier bezeichnet wurde, ist wieder durch eine Mittelwand, die parallel zur Längenachse des

Hauses läuft, von der Küche abgetrennt. Der Raum, den die mit zwei parallelen Tonnengewölben gedeckte Küche und das Vorhaus einnehmen, ist der grösste des Wohntractes. Die Mauer des Vorhauses, welche dem Hofe zugekehrt ist, ist so lang, dass sie neben der Eingangsthüre noch Platz für zwei Fenster hat. Vom Vorhause aus wird die Küche durch ein, durch die gegenüberliegende Wand durch zwei Fenster beleuchtet. Die Küche hat hier also reichliches Licht, während sie im Bauernhause des westlichen Ungarn in der Regel der dunkelste Raum des Hauses ist. Ursprünglicher ist aber jedenfalls die dunkle als die helle Küche. In das Vorhaus münden zwei Stiegen, die von der Küche rechts liegende aus dem Keller hinauf, die andere vom Boden herab. Im heanzischen Hause, woselbst die Küche zumeist sehr schmal angelegt ist, so dass neben derselben Stiegen nicht angebracht werden können, führen sie stets vom Hofe aus, die eine in den Keller und die andere, einen Theil der „Lab'm" überbrückend, auf den Boden (vgl. oben Fig. 116 und 117). Aus dem Vorhause führen zwei Thüren, die eine links, die andere rechts in die die Küche und das Vorhaus einschliessenden Stuben. Die geräumigere derselben, die in der südöstlichen Ecke des Hauses liegt, war das eigentliche Wohnzimmer der Familie und ehedem jedenfalls mit einem grossen Kachelofen, der durchaus noch nicht ganz aus den Bauernstuben dieser Gegend geschwunden ist, versehen. Die zweite Stube dürfte keinen Ofen gehabt haben und nur dann im Winter ausgiebig erwärmt worden sein, wenn in der Küche der Backofen, der, wie aus dem Plane ersichtlich ist, an die Wand dieser Stube stösst, geheizt worden war. Aus dem Plane sind neben dem Backofen noch zwei Feuerstellen zu ersehen. Es ist über der einen der grosse Wasserkessel und über der anderen der Kessel zum Brennen des Branntweines eingemauert gewesen. Das offene Herdfeuer wird jedenfalls, wie ich es auch anderwärts gefunden, auf der Oberfläche des Backofens gelodert haben. Das alte Wohnhaus zeigt also in der Anordnung seiner Gemächer wieder den oberdeutschen Typus in einer seiner einfachsten Ausgestaltungen.

Auf dem Wege, den ich von Kaibingsberg weiterhin über St. Johann, Stubenberg, Unter-Feistritz, Hohenilz, Peesen bis Weiz nahm, ist diese einfache Ausgestaltung der Wohnräume, wie sie der Plan (Fig. 133) zeigt und wie sie im ganzen Nörningthal und seiner Umgebung allgemein üblich ist, die Regel, wenn dabei, worauf ich später zurückkommen werde, auch das Aeussere des Hauses und besonders die Lage der Wirthschaftsräume zum Hause sich ändern.

Dass das Haus Nr. 23 in Ober-Nörning heute nicht mehr so aussieht, wie es ehemals war, geht schon aus der Ansicht des Hauses (Fig. 132) hervor. An den südöstlichen Giebel des Hauses gliedert sich jetzt ein neuer Tract an, der den Hof nun auch gegen Osten absperrt, ihn also zu einem vollkommen geschlossenen macht. Ich bringe unter Fig. 134 jetzt auch den Plan des Hofes, wie er heute nach der erfolgten Umgestaltung, resp. nach seinem Ausbaue dasteht. Die Umgestaltung, welche die Wirthschaftsräume erfuhren, sind nicht von Bedeutung, denn die Erweiterung derselben besteht nur im Zuwachse von

Fig. 134. Neuer Plan des Hauses Nr. 23 in Ober-Nörning.

zwei neuen Räumen, deren Angliederung nur eine unwesentliche Verlegung der einzelnen alten Räume zur Folge hatte. Anders steht es mit den Wohnräumen. Dieselben sind um einen Raum, durch eine Stube im Anbaue, erweitert worden. Das von der Küche, die jetzt in der südöstlichen Ecke einen Sparherd zeigt, rechts liegende Zimmer ist von der eigentlichen Wohnung durch einen schmalen Gang, der jetzt mit dem alten Vorhause ein neues rechtwinkelig gebrochenes Vorhaus bildet, abgetrennt und zu einem separirten „Gastzimmer" geworden, das gegenwärtig die alte Ausnehmerin beherbergt. Die Lage des neuen Zimmers zur alten Wohnstube (beide haben jetzt moderne Oefen) ist eine ungewöhnliche, und so ist denn auch die Wohnung durch diese Umgestaltung zu einer völlig untypischen geworden. Ja noch mehr, die Thüre, welche in die Aussenwand

des Wohntractes gebrochen, als der neue Theil des Vorhauses angelegt wurde, hat dem ganzen Hause ein untypisches Aussehen gegeben. Bei diesem Hause bin ich in der Lage, mit Sicherheit festzustellen zu können, dass der Gang, der jetzt vom Hofe aus quer durch das Haus in's Freie führt, erst in Folge einer Umgestaltung entstand. So wie beim Hause Nr. 14 in Sebersdorf jene Thüren, die jetzt durch die nördliche Wand aus dem Hause in's Freie führen, so ist auch diese in der Aussenseite des Hauses Nr. 23 des Simon Ackerl gebrochene Thüre, die diese Seite des Hauses gewissermassen zur Eingangs- und Hauptfront gemacht hat, während dies früher die dem Hofe zugekehrte Längswand des Hauses war, eine Neuerung, die nach dem Muster des entwickelteren Bauernhauses im Westen der mittleren Oststeiermark angebracht worden sein wird. Auf dieses entwickeltere Haus des Westens, dessen massgebenden Einfluss ich hier annehme, werde ich bald zu sprechen kommen.

In Bezug auf das Haus Nr. 23 der oberen Nörning hebe ich noch hervor, dass es, wie ja auch die Ansicht des Hauses Fig. 132 zeigt, mit Stroh, und zwar nicht nach heanzischer, sondern nach österreichischer Manier gedeckt ist. Dabei zeigt es dieselbe Firstversicherung, die mir zuerst in Schmiedraith aufgefallen ist. Das Strohdach herrscht überhaupt hier noch vor.

Ausser dem Hause sind in unmittelbarer Nähe desselben noch einige kleinere Nebengebäude aufgeführt worden. Unweit der Nordseite des Hauses liegt ein Wagenschuppen und daran der Abort. Im Westen des Hauses steht ein Schuppen, in dem ebenfalls Wagen sind und auch das Holz untergebracht wird. In südwestlicher Richtung von der Hofeinfahrt liegt im Obstgarten, der das Haus von der Süd-, West- und Nordseite umgibt, ein Presshaus, unter dem sich ein Keller befindet, der den Obstmost (Apfelwein), das beliebteste Getränk der Gegend, birgt, von dem jedem Gaste, der das Haus betritt, ein dickleibiger Masskrug credenzt wird.

Bevor ich weiter gehe, möchte ich einiges besonders Charakteristisches in Bezug auf das Bauernhaus dieser Gegend aus dem hier Mitgetheilten zusammenfassen: Das geschlossene fränkische Gehöfte ist durch die ganze Nörning und auf dem oben bezeichneten Wege über Kaibingberg hinaus bis gegen Stubenberg hin die allgemein übliche Art in der Anlage des Bauernhauses. Als Muster der inneren Ausgestaltung kann dabei die gelten, die der Grundriss des umgestalteten Hauses Nr. 23 der oberen Nörning (Plan, Fig. 134) zeigt, wenn man sich die durchgängige schmale Laube wegdenkt. Hiebei bemerke ich aber wieder, dass ich die schmale durchgängige Laube bei vielen Gebäuden bemerkt habe. Bei Neu- und Umbauten wird sie wohl immer als eine praktische Neuerung in den Plan aufgenommen werden. Das Wohnhaus ist zumeist aus Stein und Ziegeln erbaut. Die Scheune ist oft ein Blockbau. Die Anordnung der Wohnräume in älteren Häusern, die noch keiner Umgestaltung unterzogen worden sind, zeigt den oberdeutschen Typus in einer seiner untersten Entwicklungsstufen nach dem Muster der Wohnräume im alten Plane (Fig. 133) des Hauses Nr. 23 der oberen Nörning. Rauchhäuser habe ich in der ganzen Gegend nicht mehr getroffen. Die Häuser sind fast durchwegs mit Stroh gedeckt. Der Besitz der Bauern ist arrondirt.

Den Weg, den ich von Kaibingsberg aus weiter nahm, habe ich bereits oben skizzirt. Die doch verhältnissmässig lange Strecke, welche ich noch vor mir hatte, und das von dem Punkte an, bei welchem ich das Feistritzthal betrat, stets gebirgiger werdende Terrain zwangen mich, um rascher vorwärts zu kommen, meinen Weg die Landstrasse entlang bis Ober-Feistritz durch das Thal zu nehmen. Von Ober-Feistritz aus übersetze ich, indem ich die Orte Hohenilz, Grub und Peesen berührte, den Höhenzug, der sich zwischen dem Feistritz- und dem Weizerthale hinzieht.

Die Hauptaufgabe eines Hausforschers, der längere Strecken begeht, besteht vor Allem wohl darin, die Grenzen der Gebiete festzustellen, über die sich ein und dieselbe typische Hausform erstreckt. Ich constatire also hier, dass die centrale Anlage des Bauernhauses auf dem ganzen bezeichneten Wege von Kaibingsberg über Stubenberg nach Weiz die allgemein übliche ist. Im Aeusseren, besonders im Aeusseren der freien Giebel, gemahnen einzelne Häuser jedoch schon an das obersteirische Gebirgshaus. So sah ich unmittelbar hinter St. Johann von der Strasse aus, die am rechten Ufer zum Schlosse Herberstein führt, am linken Ufer des Flusses ein Gehöfte liegen, dessen drei Gebäude, aus denen es bestand, in Hufeisenform mit einander verbaut sind. Die vordere, dem Flusse zugekehrte Seite des Hofes ist noch unverbaut und weder durch ein Thor, noch durch einen Zaun oder eine Mauer geschlossen. Ist der Hof also auch nicht vollkommen geschlossen, so zeigt die Lage der einzelnen Gebäude zu einander doch

die des fränkischen Gehöftes. Die beiden freien, nach vorne gerichteten Giebel erinnern dabei lebhaft an das oben beschriebene Haus aus der Gegend zwischen Fürstenberg und Hartberg. Was nun aber wenigstens dem einen der freien Giebel das Gepräge des obersteirischen Gebirgshauses verleiht, ist der balconartige Gang in der Abschlusshöhe des Erdgeschosses. Es war dies das erste Haus in dieser Gegend, an dem mir ein Balcon auffiel. Das zweite und dritte Haus mit Balconen sah ich, nachdem ich Stubenberg verlassen hatte, im Eingange zur Freienburger Klamm. Beim Baue der beiden Häuschen, welche zwischen der Strasse und dem steil ansteigenden felsigen Terrain eingeklemmt liegen, wäre es, da hier nicht Raum genug vorhanden war, unmöglich gewesen, einen geschlossenen Hof anzustreben. Beide Häuser sind für die Gegend in ihrer Anlage untypisch und ich erwähne sie nur der Balcone wegen, die bereits an obersteirische Architektur erinnern. An dem Balcone des dritten der Häuser sah ich an dem Brette, das die Mitte der Balconbrüstung bildet, eine Rosette eingeschnitzt, ähnlich der schönen Rosette, die ich Bd. XXV, Fig. 205, abbildete und die sich auf dem Durchzugbalken im Hause Nr. 98 in Oberschützen befindet.

Auf ein kleines Gehöfte, das mich, wie das erste der oben erwähnten drei Häuser, an das charakteristische Aeussere des Bauernhauses der Hartberger Gegend gemahnte, stiess ich auf halbem Wege zwischen Schloss Herberstein und Stubenberg. Es liegt unmittelbar links an der Strasse. Auch hier waren die Tracte in Hufeisenform mit einander verbunden, von denen je zwei, welche den Hof von rechts und links einschliessen, ihre Giebel nach vorne kehren. Der Hof war hier übrigens an der unverbauten vorderen Seite durch ein grosses Bretterthor und einen daneben angebrachten Zaun geschlossen.

Die centrale Anlage des Bauerngehöftes konnte ich, wie ich schon oben hervorhob, auf meinem Wege bis nach Weiz verfolgen. Nach dem Verlassen des Feistritzthales bei Unter-Feistritz aber, und zwar von Hohenilz und Grub ab, nimmt die Zahl der Gehöfte, welche nicht mehr in die Art der fränkischen Gehöfte eingereiht werden können, merklich zu, jedoch nicht in solchem Maasse, dass die fränkischen Gehöfte bereits in die Minderzahl kämen. Eingangs des Dorfes Peesen fiel mir der erste „Haufenhof“ [1] auf.

[1] Nach BANCALARI (Die Hausforschung und ihre Ergebnisse in den Ostalpen, S. 13). JOSEF EIGL nennt die genannte

Zwischen Stubenberg und Weiz stiess ich wiederholt auf einzelne Häuser, die schon in ihrem Aeusseren eine gewaltige Weiterentwicklung in der Ausgestaltung der Wohnräume verriethen. Sie zeigten nämlich in der Giebelwand drei Fenster. Drei Fenster in einer Wand einer Bauernstube sind mir aber in dieser Gegend noch nicht untergekommen. Sie mussten also zweien Stuben angehören, die durch eine Längswand von einander getrennt waren. Und so war es auch. Das nächste Haus, das ich beschreiben will, wird ein solches sein.

Von Hohenitz bis Weiz gewahrte ich auf den Firsten der Städel oft Hähne aus Blech oder Holz als Firstschmuck.

So im Thale. Wie es nun in Bezug auf das Bauernhaus auf den Höhen aussieht, vermag ich leider nicht zu sagen. Es wäre, dies festzustellen, die Aufgabe der localen Forschung, die besonders für die Strecke von Stubenberg bis Weiz um so wünschenswerther wäre, als ich bei der Begehung dieser Gegend unter der Ungunst der Witterung litt und auf diesem Wege weder zu zeichnen, noch zu photographiren vermochte. Leider gebrach es mir an Zeit, besseres Wetter abzuwarten, um, was ich sehr gerne gewollt hätte, das Kulmgebiet, das für den Hausforscher viel des Interessanten bieten soll, zu durchstreifen.

Von Daten, die sich auf das Bauernhaus der Gegend von Stubenberg beziehen und die ich hauptsächlich den Mittheilungen des Herrn Cooperators MICHAEL WILFING in Stubenberg verdanke, theile ich hier noch Folgendes mit.

Die Bauernbesitzthümer weisen gegen jene in der Nörning eine Zunahme an Ausdehnung auf. Der Bauer um Stubenberg besitzt im Durchschnitte 40 Joch à 1600 Quadratklafter Land; doch gibt es Bauernbesitze, die über 100 Joch umfassen. Kleine Besitzer, die nicht mehr als 5—20 Joch haben, werden auch hier Keuschler genannt. Die kleineren Besitze liegen der Mehrzahl nach im Thale. Das Bestimmen der Grösse eines Besitzes nach „Vierteln" und „Achteln" ist hier nicht üblich.

Auf dem Wege über Unter-Feistritz und Hohenilz bis Peesen scheinen, nach den Aussagen des Wirthes Josef Treiber in Stubenberg, bei dem ich Nachtquartier nahm, die Besitze der Bauern an Grösse

wieder abzunehmen. Es sollen auf den Besitz eines Bauern in Unter-Feistritz nur mehr 30—40, in Hohenilz und Peesen aber nur mehr 20—30 Joch kommen. In der Nähe von Weiz, in der Ortschaft Büchl dagegen soll der Durchschnittsbesitz wieder auf 30 bis 50 Joch steigen. Ueberall jedoch sind die Liegenschaften der Bauern arrondirt.

Der Bauer im Thale treibt nebst Ackerbau und Viehzucht mit Vorliebe die Obstbaumzucht und zieht daraus namhaften Gewinn. Das Obst wird hier nur zu geringem Theile zu Most verarbeitet. Edlere Sorten, besonders an Aepfeln, so der beliebte, sich eines weiten guten Rufes erfreuende „steirische Maschanzker", der in der Gegend von Stubenberg „Eisapfel" genannt wird, wird von hier in grossen Mengen nach Wien und sogar nach Deutschland geschickt. Die Bauern, welche die höher gelegenen und raueren Gebiete bewohnen, befassen sich vorzüglich mit Viehzucht. Es gibt in der Gegend von Stubenberg grössere Bauern, die einen Viehstand von 30 Stücken besitzen. Einer der begütertsten Bauern der Gegend, der „Heider-Bauer" in Zeil-Stubenberg, hat in seinen Ställen 8 Paar Ochsen, 8 Stück Kühe, 6 Stück Jungvieh, 50 Schafe und 20 Schweine stehen. Von den 8 Paar Ochsen stehen gewöhnlich zwei in der Mast. Sie werden gelegentlich dem Fleischhauer ausgeliefert. Die Milch, welche die Kühe liefern, wird zum Theile als solche im Hause verbraucht, zum Theile wird „saurer Käse" daraus bereitet, der auch im Hause aufgebraucht wird. Aus der überflüssigen Butter wird Schmalz gemacht und dieses zum Theile zum Verkauf gebracht. Von den Ergebnissen der Schweinezucht kommen nur die überzähligen Ferkel und „Frischlinge" zu Markte. Aeltere Thiere werden geschlachtet und dienen den Hausgenossen zur Nahrung. Da ausser Schaffleisch kaum anderes Fleisch als Schweinefleisch auf den Tisch kommt, so ist es leicht einzusehen, dass bei einem solch' grossen Hause, wie es der „Heider-Bauer" zu führen gezwungen ist, worauf ich alsbald zu sprechen kommen werde, eine erkleckliche Zahl von Schweinen das Jahr hindurch das Leben lassen muss. Eine gewisse Anzahl von Schweinen wird in der Regel um Weihnachten und Neujahr auf einmal geschlachtet. Sowohl das Fleisch als auch der Speck werden im Rauche über dem offenen Herdfeuer oder in eigenen Rauchkammern, wie solche bereits in einzelnen Häusern vorkommen, geräuchert, und die Hausfrau muss es sich eintheilen, dass sie das ganze Jahr hindurch Vorrath an beidem habe. Der Speck

Hofanlage, bei welcher sich Ställe, Scheune, Getreidekasten u. s. w. in gesonderten Gebäuden um das Wohnhaus gruppiren, „Gruppen-Hofanlage" (Charakteristik der Salzburger Bauernhäuser, S. 9).

wird zumeist roh als Beigabe zum Jausenbrot genossen. Das Fleisch kommt als „G'selchtes" gesotten
zu Sauerkraut oder „Prein" [1]) auf den Tisch.

Die Schafe haben die Bestimmung, dem Hause
nicht nur Nahrung zu liefern, sondern dasselbe auch
mit der nöthigen Wolle zu versorgen. Die Wolle
wird im Hause selbst gesponnen. Dann liefert man
sie nach Pöllau in die Weberei. Dort wird sie zu
„Wifling" (eine Art Loden) verarbeitet. Der „Wifling"
dient hauptsächlich zur Männerkleidung.

Die Anzahl der Dienstboten, die sich Bauern wie
der „Heider-Bauer" halten müssen, ist eine noch grössere,
als die der grösseren Bauern der Gegend von Kirchschlag. Der Dienstbotenstand des „Heider-Bauern"
ist nach den Mittheilungen des Herrn Cooperators
WILFING der folgende (in Klammern gebe ich die
Höhe des Jahreslohnes an): ein „Måa'" (fl. 50—60),
ein Hausknecht (fl. 60), ein Mitterknecht (fl. 40),
ein Fütterer (fl. 25), ein Halterbub' (kein Geld, nur
Kleider und hie und da ein Paar Schuhe), eine „Kuch'l-
dia'n" (fl. 35), eine Kuhdirn' (fl. 35), eine Saudirn'
(fl. 35) und eine Mitterdirn' (fl. 35).

Trotz einer solch' stattlichen Zahl von Dienstboten hat der Bauer oft doch nicht sein Auskommen
damit. Besonders beim „Dungführen", das im Spät-
herbst oder im Vorfrühling geschieht, wenn andere
Arbeiten ruhen, helfen sich die Nachbarn gegenseitig
aus. Ebenso geschieht dies beim Heumähen und
Brecheln. Solche Arbeiten, bei denen fremde Dienstboten Hilfe leisten, werden stets mit einem grösseren
Mahle, dem immer ein und dasselbe Menu zu Grunde
liegt, abgeschlossen. Der Speisezettel lautet, wie
folgt:

1. eingemachte Suppe,
2. Geselchtes auf Kraut,
3. Gugelhupf,
4. gesottenes Schöpsernes mit Krensauce,
5. Schweinsbraten mit Salat,
6. Krapfen in gezuckertem Schnaps.

Das Düngerführen gilt als eine besonders schwere
Arbeit in solchen Gegenden, wo die Aecker auf steilen
Berglehnen liegen. Nach Schilderung des Herrn
Cooperators WILFING geschieht das Dungführen in
den steilen Gegenden von Stubenberg in derselben
Weise, wie sie MARIE REHSENER in der schönen Arbeit
„Aus Gossensass. Arbeit und Brauch in Haus, Feld,
Wald und Alm", S. 127 u. 128 in Heft II der
„Zeitschrift des Vereines für Volkskunde", 1894, beim

[1]) Hirsebrei.

„Erdtragen, -aufspringen oder -führen" in der Gegend
von Gossensass beschreibt und durch die Tafel I
veranschaulicht. So wie beim „Erdführen" in
Gossensass werden beim Dungführen in der Gegend
von Stubenberg natürlich auch Ochsen verwendet.

Interessant ist auch die Mittheilung des Herrn
Cooperators WILFING, nach welcher auf den steilen
Abhängen des Kulmberges von den Bauern bei Feldarbeiten Wagen verwendet werden, deren Räder auf
der Seite des Wagens, die dem Abhange zugekehrt
ist, grösser sind, als jene an der Bergseite. Durch
diese Vorkehrung wird der Wagen in horizontaler
Lage gehalten. Fährt der Wagen in entgegengesetzter
Richtung, so müssen die Räder natürlich umgesteckt
werden.

Diese Mittheilungen des Herrn Cooperators WILFING
allein schon rechtfertigen seine Ansicht, dass sich
eine eingehende Erforschung des Kulmgebietes gewiss
lohnen sollte.

Von Weiz aus nahm ich meinen Weg durch die
herrliche Weizer-Klamm über Passail nach Fladnitz.
Hier nahm ich zwei Tage Aufenthalt, um mich in
diesem abgelegenen Orte der Oststeiermark besonders
nach Haus- und Küchengeräthen umzusehen. Von
da aus ging ich in direct westlicher Richtung weiter.
Ich durchquerte die Thäler des Schrems- und Tulwitz-
baches, stieg den Südabhang des Sulberges empor,
übersetzte die Wasserscheide zwischen den Wasser-
läufen der Raab und Mur und gelangte jenseits der
Wasserscheide in den Thalgraben, der in die Gschendt
mündet, durch die ich schliesslich bei Frohnleiten
in's Murthal kam, wo ich meine Wanderung abschloss.

Hat der aufmerksame Beobachter die Thalenge
zwischen Weiz und Passail hinter sich, so fällt ihm,
wenn sich das Thal weitet und der Ausblick wieder
ein freier wird, gar Manches auf, was dem noch
gleicht, was man in der Erinnerung von draussen
mit hereinbrachte in diesen von hohen Bergketten
umschlossenen Kessel.

Schon die Leute, denen man auf der Strasse
begegnet, scheinen ganz anders zu sein, als die
draussen im mehr offenen Lande. Ihre Tracht ist
theilweise eine andere. Hier ist es nicht die Männerkleidung, die sich von den Nachbarn ausserhalb der
Klamm unterscheidet, es ist auffallenderweise das
Weib, das in seiner Tracht conservativ geblieben ist
und sich durch diese von den benachbarten Schwestern
unterscheidet. Während draussen dem Wanderer durch
das ganze Safenthal, durch die Nörning und bis in
die Gegend von Weiz stets helle Farben, hochrothe

Miederleibchen und weisse Kopftücher aus dem Grün des Wåaz [1]) neckisch entgegenblicken, muthet innerhalb der Klamm das schwarze Kopftuch, das sowohl Frauen als auch Mädchen sich ähnlich wie die Oberösterreicherinnen im Genicke binden, ernst an. Auch der Gruss der Leute, ihre Antwort und Rede, ihr ganzes Gebahren kommt Einem weniger froh und offen, fast verschlossen vor, wie der Thalkessel, den sie bewohnen. Dies war der erste Eindruck, den die Leute auf mich machten, und es war kein falscher. Mein College, Herr ANTON STERING, Oberlehrer in Fladnitz, der schon durch Jahre inmitten des Volkes wirkt und es kennt, sagte mir, dass die Leute Fremden gegenüber ausserordentlich zurückhaltend, ja misstrauisch seien. Ich habe dies dann, als ich in seiner Begleitung eine ganze Reihe von Bauernhäusern aufsuchte, um darin nach volksthümlichen Geräthen zu fahnden, selbst des Oefteren erfahren. Bei Leuten, mit denen er auf ganz gutem Fusse stand, vermochten wir uns, nachdem ich mein Anliegen vorgebracht und gefragt habe, ob sie nichts an altem Eisengeräth u. dgl. oder an Alterthümern im Hause hätten, kaum Eintritt in's Haus zu verschaffen. Wäre ich allein gewesen, so hätte ich allenthalben unverrichteter Sache abziehen können, denn die oft wenig höflichen Reden, wie: „Wenn Sie meinen, dass Sie nichts für uns haben, so werden wir einfach selbst nachsehen" oder: „In der Kammer oder auf dem Dachboden werden wir schon etwas finden, kommen Sie nur mit!" die sich mein wackerer Begleiter seinen Bekannten gegenüber erlauben konnte, hätte ich wohl nicht wagen dürfen, und so wäre ich wohl ohne viele der schönen Errungenschaften geblieben, die ich aus dieser abliegenden Gegend geholt. Meinem an meinen Bestrebungen so theilnehmenden und verständnissvollen Collegen bin ich für seine liebenswürdige Begleitung noch heute zu herzlichem Danke verpflichtet.

Ist das zurückhaltende Wesen der Leute zwar erklärlich aus der Thatsache, dass das Völklein hier, bevor die Strasse durch die Klamm nach Weiz (1883) eröffnet wurde, fast ganz von der Welt abgeschlossen war und wenig mit Fremden in Verkehr kam, was stets eine gewisse Scheu und Zurückhaltung vor dem Fremden zur Folge hat, die auch jetzt noch anhält, so gibt es noch manch' Anderes, was sich nicht aus der ehemaligen Abgeschlossenheit von der Welt erklären lässt.

[1]) „Wåaz" heisst in der Nörning der Kukuruz; der Weizen wird „klåañ Wåaz" (kleiner Weizen) genannt.

Ich hatte in Fladnitz Gelegenheit, eine grössere Menge von Leuten vor und nach dem Sonntags-Gottesdienste beisammen zu sehen. Es fiel mir dabei auf, dass die Männer durchschnittlich beträchtlich kleiner und gedrungener aussahen, als die Männer allenthalben auf dem von der ungarischen Grenze bis dahin von mir zurückgelegten Wegen. Auf der ganzen Strecke gemahnte mich das ganze Aeussere der Menschen stets an den heanzischen Volksschlag; hier wie dort derselbe hochgewachsene, hagere Schlag, gegen den die kleinen Gestalten, wie sie mir innerhalb der Weizer-Klamm begegneten, stark abstachen. Draussen herrscht das dunklere Blond vor, in der Gegend von Passail und Fladnitz begegnet man häufig Leuten mit schwarzem Haupthaar.

Auch der Dialect unterscheidet sich innerhalb der Klamm stark von dem, der aussen gesprochen wird. Ich habe zu Ende des III. Theiles dieser Abhandlung erwähnt, dass die Landesgrenze zwischen Ungarn und Niederösterreich bezw. Steiermark allenthalben auch die Grenze bildet zwischen den Mundarten. Jenseits der Grenze in Ungarn wird das Heanzische gesprochen und bereits in den zu allernächst liegenden Orten auf österreichischem Boden begegnet Einem schon der steirisch-österreichische Dialect. Das heanzische „ui" für hochdeutsch „u" wird nicht mehr gehört; Anklänge an die heanzische Mundart hörte ich jedoch auf meinem Wege fortwährend, selbst bis in die Gegend von Weiz. Vor Allem ist es der singende Ton, der, eine Folge der starken Diphthongirung, hüben und drüben dem Fremden ungewohnt ist. Dann sind es einzelne für den heanzischen Dialect ebenfalls charakteristische Wortfügungen, die ich sowohl in der Gegend von Kirchschlag, als auch bis tief in's Steirische hinein immer wieder zu hören bekam. So sagt z. B., was ich auch Bd. XXV, S. 116, Anm. 1, hervorhob, der Heanze statt „keiner mehr" „mea' kåana'"; diese Umstellung hörte ich ganz in derselben Weise gesprochen in Sebersdorf und auch noch in Kaibingsberg und als „mea' kana'" in Stang bei Kirchschlag. Ebenfalls dem heanzischen Dialect eigen ist der ma. Ausdruck „thun" für „gehen". Man sagt: „Wou tuit's tëiñ hiñ?" Antwort: „Mia' tåañ aussi in Wålt."

Auf dem Wege gegen die Nörning zu hörte ich aus dem Munde meines Führers, eines Waltersdorfers, denselben Ausdruck. Er wurde von einem Bekannten gefragt, wohin er gehe. „Mia' woll'n in t'Nörning aini tan", war seine Antwort.

Grösser als die Anklänge sind wohl die Unterschiede, die da auffallen. So geht meines Erachtens, nach dem, was ich gehört, der Bewohner in der östlichen Mittelsteiermark von der ungarischen Grenze bis gegen Weiz in der Anhäufung der Selbstlaute noch weiter als der Heanze. Der Heanze gebraucht statt „hinein" den ma. Ausdruck „aini"; in der Steiermark hörte ich dafür „åaini" und vielfach Aehnliches. Ist der Steirer demnach in der Anwendung von Selbstlauten noch verschwenderischer als der Heanze, so ist er im Worte selbst karger als dieser.

Mein Führer, den ich in Waltersdorf aufnahm, war in früheren Jahren häufig als Taglöhner in der Nörning beschäftigt. Er traf daher auf unserem Wege auf viele Bekannte von ehemals. Auch die Frau des Bürgermeisters Ackerl kannte er. Beim Eintritte in's Haus redete er die Hausfrau daher folgendermassen an: „Di Ackerlerin wirt miʿ meaʿ niʿt kennaʿ?" Ihre Antwort darauf lautete: „Sou nitʿ." Lakonischer hätte sie es wohl nicht mehr ausdrücken können, dass sie ihn nicht zu erkennen vermöge, wenn er ihr kein weiteres Zeichen der ehemaligen Bekanntschaft gebe.

Ebenso kurz und bündig antwortete mir der 14jährige Sohn der Frau Ackerl, als ich ihn fragte, wie alt seine Schwester sei „In zehnt'n, denk' i'", sagte er. Der Heanze würde zum Mindesten folgendermassen sprechen: „Jå, Heaʿ, i' måañ, in zëijat'n Jåaʿ wiaʿt s' wul schoûñ saiñ."

Mein Führer selbst war in seiner Rede auch nicht viel breitspuriger. Als ich vor einem Hause stehen blieb und ihm sagte, dass ich dasselbe photographiren wolle, weil es mir gefalle, gab er seiner Zustimmung und der Beifallskundgebung, dass auch ihm das Haus gefalle, folgenderweise Ausdruck: „War eh' niʿt tumm sëlwi."

Ich habe mich hier tiefer eingelassen in die Besprechung der Dialecte zwischen dem Diesseits und Jenseits der österreichisch-ungarischen Grenze, um an einzelnen stark in die Ohren fallenden Ausdrücken Anklänge, in anderen wieder Unterschiede zwischen dem heanzischen und dem steirisch-österreichischen Dialect hervorzuheben. Wenn ich nun auf die Mundart zu sprechen komme, die innerhalb der Weizer-Klamm, besonders in der Gegend von Fladnitz, gesprochen wird, kann ich hier wohl nicht eigenartige Unterschiede in den benachbarten Dialecten hervorheben, denn die Zeit, dem Dialecte mehr Aufmerksamkeit zuzuwenden, war eben zu kurz. Sagen kann ich aber, dass mich der grosse Unterschied in der Mundart der Fladnitzer von jenem aus der Gegend ausserhalb der Klamm überraschte. Der Unterschied besteht wohl nicht in den Wortschätzen der Nachbarn und auch nicht in der Wortsetzung, sondern hauptsächlich im scharfen Tonfalle, der innerhalb der Klamm gehört wird, und in der äusserst scharfen Aussprache der gutturalen Laute k und ch. Einem, dem aus seiner Jugend, wie mir, noch immer die weiche Aussprache des k und ch des heimischen oberkärntnerischen Dialectes, der in Wörtern wie „Ecken", „wackeln" das ck in das weichere gg: „Egg'n", „wågg'ln", in Wörtern wie „kochen", „schleichen" das ch in das sanft aspirirte h: „koh'n", „schleih'n" umwandelt, noch fortwährend angenehm in's Ohr fällt, läuft es fast kalt über den Rücken, wenn er „Ecken", „wackeln", „kochen", „schleichen" als „Eckk'n", „wackk'ln", „kochch'n", „schleichch'n" gesprochen hört.

Wie sich nun zwischen den Bewohnern innerhalb und jener ausserhalb der Klamm und ihrer Mundarten Unterschiede ergeben, so ergeben sich auch namhafte Abweichungen in der Ausgestaltung ihrer Häuser; ja selbst die Anlage des Hofes ist eine andere. Ich habe eben festgestellt, dass ich das fränkische Gehöfte als den herrschenden Typus in der Anlage des Hofes bis in die Gegend von Weiz verfolgte. Vor Weiz tritt der Haufenhof nur sehr vereinzelt auf. Innerhalb der Weizer-Klamm ist es nun anders. Das fränkische Gehöfte verschwindet ganz, um dem gegenwärtig allein herrschenden Haufenhofe den Platz einzuräumen. Ich hebe das Wort „gegenwärtig" absichtlich hervor, weil ich nach einer Mittheilung, die ich weiter unten an zuständiger Stelle bringen werde, annehmen kann, dass es ehedem nicht so war, dass das fränkische Gehöfte vor wenigen Jahren innerhalb der Klamm zum Mindesten noch seinen Vertreter gehabt hat. Da ich innerhalb der Klamm auf dem ganzen Wege bis Frohnleiten a. d. Mur kein einziges Gehöfte sah, das nach Art des fränkischen Gehöftes vollkommen geschlossen gewesen wäre, so werden wohl die Gebirgszüge, welche die Weizer-Klamm bilden, der Patschaberg und der Sattelberg und ihre Fortsetzung als die westlichen Grenzen des Gebietes anzusehen sein, über welches sich in der östlichen Mittelsteiermark das fränkische Gehöfte heute ausbreitet.

Die herrschende Gehöftsanlage im durchwanderten Gebiete westlich der Klamm ist, wie gesagt, der Haufenhof. Die Wirthschaftsgebäude liegen vom Wohnhause stets gesondert. Ich sage Wirthschaftsgebäude, weil sich deren, wenigstens bei grösseren Höfen, zumeist mehrere vorfinden. Oft jedoch besteht der Hof nur aus zwei Gebäuden, aus dem Wohnhause und einem Stadel, der dann in der Regel alle Wirthschaftsräume in sich schliesst und das Wohnhaus an Flächenausdehnung und Höhe bedeutend überragt.

Das Wohnhaus zeigt überall wieder die Einrichtung des oberdeutschen Hauses, doch weist es in den Wohnräumen eine bedeutungsvolle Weiterentwicklung auf, die sich, wie ich oben bereits erwähnte, schon im Aeusseren darin zeigt, dass das Wohnhaus sehr häufig in der Giebelwand drei Fenster aufweist, hinter denen stets zwei Zimmer liegen, die durch eine Mittelwand, welche parallel zur Längenachse des Hauses läuft, geschieden sind.

Unter Fig. 135 bringe ich ein solches Haus im Bilde. Fig. 136 gibt den Plan dazu. Das Haus liegt

Fig. 135. Haus Nr. 3 in Auen, Gemeinde Krammersdorf.

etwa 200 Schritte links von der Strasse, die aus der Klamm gegen Passail führt, in der Ortschaft Auen, welche zur Gemeinde Krammersdorf gehört. Es ist Besitzthum des Bauern Franz Eggenreich vulgo Spirk und trägt die Nummer 3. Ueber das Alter des Hauses konnte ich keine Auskunft erhalten, es dürfte aber, seinem Aussehen nach zu urtheilen, mehr als hundert Jahre alt sein. Aus dem Plane geht hervor, dass man durch die gegen Norden gelegene Eingangsthüre in eine schmale „Lab'm" tritt, die durch ein vergittertes Fenster, das rechts vom Eingange angebracht ist, beleuchtet wird und von der dahinter liegenden, nahezu quadratischen Küche abgetrennt ist. Laube und Küche sind durch eine Thüre verbunden. Aus der Küche führt durch die Rückwand eine zweite Thüre in's Freie. Obwohl dieses Haus keine durchgehende Laube hat, ist somit doch ein Weg, der quer durch das Haus führt, offen. Die Küche wird durch ein Doppelfenster in der dem Eingange gegenüberliegenden Wand erhellt. Aus der Küche, die einen offenen Herd, auf dem neben dem

Dreifuss auch ein Feuerross steht, enthält, der an die Zimmerwand stösst und den Backofen in sich schliesst, führt ein hölzerner Schlot durch das Dach in's Freie.

Bei *St* steht in der Küche eine Stellage für das Geschirr, bei *WB* eine Wasserbank, bei *K* ein Küchenkasten und bei *B* ein Bett für die Magd.

Links vom Hauseingange führt aus der Laube eine Thür in die geräumige Stube. Die Stube hat nur kleine, fast quadratische Fenster. Zwei davon blicken in der Giebelwand nach Osten und zwei schauen auf den grossen Hof. Welche Bedeutung das auf dem Bilde des Hauses in der Frontwand zu sehende, jetzt vermachte dritte kleine Fensterchen hatte, vergass ich zu fragen.

Aus der Stube führt eine Thüre durch die Mittelwand in das danebenliegende „Stüb'l". Das Stübel erhält durch drei Fenster, die den Fenstern der

Fig. 136. Plan des Hauses Nr. 3 in Auen (1 : 333).

grossen Stube an Form und Grösse gleich sind, Licht. Eines davon ist in der Giebelwand, die anderen zwei sind in der der Thüre gegenüberliegenden Wand angebracht. Auffallend ist es, dass sowohl aus der Stube, als auch aus dem Stübel je eine Thüre direct in die Küche führt. Beide Stuben können im Winter durch einen gemeinschaftlichen Kachelofen erwärmt werden, der so angebracht ist, dass er in die Mittelwand, die beide Stuben scheidet, eingebaut ist und in beide Räume hineinragt. Geheizt wird der Ofen von der Küche aus. Die Heizöffnung befindet sich über der Herdoberfläche (vgl. Bd. XXV, S. 121 und 122).

Die Möbel der grossen Stube sind in der allgemein üblichen Weise angeordnet. In der Ecke, welche durch jene beiden Wände gebildet wird, in denen sich die Fenster befinden, steht der quadratische Tisch. An den beiden erwähnten Wänden ziehen sich unverrückbare Wände hin. Vor den Seiten des Tisches, die dem Inneren der Stube zugekehrt sind, stehen lange, schmale Bänke ohne Lehnen. Unter K_1 steht ein Kasten, bei B_1 das Ehebett und bei *Tr* eine

Truhe. Das bei B_1 stehende Kinderbett und der danebenstehende Kasten K_1 sind wohl nicht an ihrem Platze, wenn die Einrichtung des Zimmers als eine typische aufgefasst werden soll.

Ganz willkürlich ist die Anordnung der Möbel im Stübel. B_1 und B_2 sind Betten, Ba ist eine Bank, T ein kleiner Tisch, K ein Kasten, Tr eine Truhe.

Im Wohnhause befindet sich ausser dem Aufgezählten nur noch ein Raum, der rechts von Küche und Laube angegliedert ist und durch eine Thüre von der Laube aus und durch eine, die aus dem Freien hineinführt, betreten werden kann. Dieser Raum beherbergt die Schweine. Es ist derjenige von den Wirthschaftsräumen, der von dem Wesen, dessen Schaffensgebiet weniger der Stadel oder Feld und Flur, sondern das Haus selbst es ist, welcher von der Hausfrau am häufigsten betreten wird. Es nimmt darum nicht Wunder, wenn gerade das Schwein, eigentlich das unreinste aller Hausthiere, seine Wohnung unter demselben Dache erhält, unter dem der Mensch seine Tage verbringt.

Der Schweinstall, die Küche und die Laube sind aus Mauerwerk aufgeführt, die Wohnräume aus Holz gebildet. Die dazu verwendeten Stämme sind von allen Seiten glatt behauen und die Enden der Balken sind an den Ecken des Hauses sauber verzinkt. Das nette Aussehen und das dicht schliessende Gefüge der Balken macht einen Verputz aus übertünchtem Lehm, wie er in der Heanzerai üblich ist, aussen und innen überflüssig. Der Blockbau ist, wie dies in dieser Gegend vielfach vorkommt, untermauert. Das verhältnissmässig hohe Strohdach zeigt an beiden Giebeln Abwalmungen bis zur halben Dachhöhe. Der vordere Giebel ist offen, der rückwärtige mit Brettern verschalt. Die Deckungsart des Hauses ist jene der Gegend von Kirchschlag und die Firstversicherung die, welche ich aus Schmiedraith beschrieben habe. Vor der vorderen Giebelseite des Hauses liegt ein kleines Gemüsegärtchen

Dem Hause gegenüber, etwa 25 m entfernt, liegt parallel zu diesem der grosse Stadel. Er ist aus Steinen erbaut. Das Mauerwerk ist roh und nicht verworfen. Der Stadel besteht aus zwei Geschossen. Ich bringe von diesem Stadel ebenfalls eine Ansicht (Fig. 137). Da ich in dieser Gegend wiederholt Städel von ähnlichem Aussehen angetroffen, kann dieser Bau wohl als der eines typischen Stadels angesehen werden. Charakteristisch ist der hängende Gang, der sich vor der ganzen Vorderseite des zweiten Ge-

schosses hinzieht und der durch das an dieser Seite weit vorragende Dach geschützt ist. Zu diesem Gange führt in der Nähe des rechtsseitigen Endes eine Stiege hinauf. Ich erachte es nicht für nothwendig, auch die Grundrisse der beiden Geschosse zu bieten, da sich die Räume, welche dieser Stadel in sich schliesst, leicht vergegenwärtigen lassen, wenn man die Ansicht desselben vor Augen hat. Der Stadel hat keine grosse Tiefe, so dass hinter jeder der vier Thüren, welche das Erdgeschoss zeigt, nur ein Raum liegt, der von der Thüre bis zur rückseitigen Wand des Stadels reicht. Die erste Thüre rechts führt in eine Futterkammer. Die zweite grössere Thüre öffnet sich in den Ochsenstall, in dem gewöhnlich zwei Paar Ochsen stehen. Hinter der ebenfalls grossen dritten Thüre liegt der Kuhstall, in dem gegenwärtig zwei Kühe, drei Kälber und vier Schafe untergebracht sind. Durch die vierte Thüre gelangt man in einen

Fig. 137. Stadel beim Hause Nr. 3 in Auen.

Keller. Im Obergeschosse des Stadels liegt über dem Kuhstalle die Tenne. Zur Tenne führt an der Rückseite des Stadels eine Tennenbrücke empor, über welche die beladenen Erntewagen in die Tenne einfahren. Rechts und links von der Tenne sind die „Heuböden“. Das unausgedroschene Getreide, Stroh und Klee werden im hohen Dachraume des Stadels untergebracht. Das Dach des Stadels ist, wie es den Anschein hat, zu wiederholten Malen ausgebessert worden. In der Wahl des Materiales, das zum Ausbessern verwendet wurde, war man nicht sehr wählerisch. Es wurde offenbar verwendet, was gerade als am entbehrlichsten zur Hand war. Die linke Ecke zeigt kurze Dachladen, gleich daneben besorgen die Eindeckung lange Bretter, die vom First bis unmittelbar an den Rand des Daches reichen. Hierauf folgt noch ein gutes Stück neueren Strohdaches. Es ist dieses Stück nicht so schön glatt geschoren, wie der das rechte Ende bildende Rest des alten Strohdaches. Das Flickwerk im Dache gibt ein wahres Bild vom Vermögensstande des Bauern. Wie das Dach seines Stadels, so ist auch sein Rock, seine Einrichtung und wohl Alles, was er besitzt. Mein Führer, der von Weiz aus mit mir ging, hat wohl noch nie einen Hausforscher, desto öfter aber den Executor auf seinen oft schweren Gängen begleitet. Er kannte deshalb die Verhältnisse der Bauern, so weit sie sich auf Besitz und materielle Leistungsfähigkeit beziehen, in der ganzen Runde sehr gut und sagte mir, dass der „Spirk" einer der allerärmsten Bauern der Gegend sei. Sein Besitz bestehe aus 14 Joch Ackerland, 2 Joch Wiesen und 4 Joch Wald und sei stark verschuldet. Der arme Bauer mag uns daher recht bedrückten Herzens nahen gesehen, aber aufgeathmet haben, als er den Mann an meiner Seite nicht in der Eigenschaft vor sich sah, in der er ihn sonst bei sich zu sehen gewohnt war. Dass der Besitz des Bauern Franz Eggenreich einer der kleinsten der Gegend sein muss, geht auch daraus

mit Stolz jedem Fremden zeigen, denn er ist einer der schönsten in der Umgebung. Die Ordnung und Reinlichkeit, die überall auffällt, muthet sehr an. Der Wohlstand hat den „Pirg'lbauer" aber durchaus nicht protzig gemacht. Er ist ein Bauer geblieben, wie er sein soll. Begnügt mit seinem Stande, zufrieden mit dem, was er sich durch Fleiss erworben, beruhigt im Hinblicke auf das gesicherte Los seiner alten Tage, beruhigt in dem Gefühl auch, seine Kinder versorgt zu haben, und immer noch lustig zur Arbeit, lebt er mit seinem um drei Jahre jüngeren Weib auf seinem Hofe frei und unabhängig, so frei und unabhängig eben nur ein Bauer leben kann. Ja, dass seine vier Kinder „g'råd'n sain" (gerathen sind) und „ihr schönes Auskommen haben", macht ihm noch „t'gressti Fraid'". Sein ältester Sohn Michael, der jetzt 31 Jahre alt sei, habe eine Bauerntochter in Krichenlee geheiratet und das Bauerngut seines Schwiegervaters übernommen. Seine beiden

Fig. 138. „Pirg'lbauer"-Hof (Haus Nr. 13) in Auen.

hervor, dass der Besitz der Bauern um Passail und Fladnitz im Durchschnitte nicht kleiner ist, als in der Gegend von Weiz. Die Bauern besitzen auch hier meistentheils 30—50 Joch. So besitzt auch der Bauer, von dessen Hause jetzt die Rede sein soll, 51 Joch an Grund und Boden.

Der Hof, dessen Ansicht ich (Fig. 138) biete, liegt unter der Nummer 13 ebenfalls in Auen. Sein Besitzer ist Franz Linhofer vulgo „Pirg'lbauer", einer der wohlhabendsten Bauern der Gegend. Dass er zu den reichsten Bauern gehört, sieht man seiner Alltagskleidung nicht an, denn sie ist nicht besser als die einer seiner sechs Knechte. Auch die Bäuerin ist nicht gewählter gekleidet als eine ihrer drei „Menscher". Stellt man aber den um viele Jahre jüngeren „Spirk" neben den 62jährigen „Pirg'lbauer", so sieht man es dem runden, feisten Gesichte des letzteren wohl allsogleich an, dass des Lebens Sorgen da weniger ·Spuren hinterlassen haben, als in dem abgehärmten Antlitz des Anderen. Der „Pirg'lbauer" ist behäbig in seinem ganzen Wesen, wie sein Hof. Er kann ihn

Töchter Marie (29 Jahre alt) und Johanna (27 Jahre alt), erzählte mir der Alte weiter, sind die Frauen zweier Brüder geworden; die ältere die des Bauern Friedrich Knoll vulgo „Gruber" im nahen Krammersdorf und die jüngere die des Bauern Johann Knoll vulgo „Jost" in Krichenlee. Es geht allen dreien gut, „sie wirthschaften sich recht schön". Das letzte seiner Kinder, der 18jährige Gottfried, helfe zu Hause in der Wirthschaft wacker mit und, wenn er seine Militärjahre hinter sich habe, könne er den Hof übernehmen.

Die 51 Joch Grund, die zum Hause gehören, liegen ausser 4 Joch Wald („Ueberlände") in einem Stücke beisammen. Sie vertheilen sich auf 20 Joch Ackerland, 12 Joch Wiesen, 1 Joch Hutweide und 18 Joch Wald. Der Viehstand besteht gewöhnlich aus 10—12 Stück Ochsen, 4—5 Stück Kühen und 12 Schweinen.

Ich komme nun auf den Hof zu sprechen. Auf dem Bildchen (Fig. 138), das die Ansicht des Hauses zeigt, sind vier Gebäude sichtbar. Das im Bilde ganz links im Hintergrunde sichtbare „Gasthaus",[1]) welches aus einem kleinen Wohnhaus und einem Wirthschaftsgebäude besteht, gehört heute nicht mehr zum Hofe. Der jetzige Besitzer des Hofes hat es, da es ihm gut gezahlt worden ist, verkauft. Im Bilde nicht sichtbar ist ein Schweinestall, der hinter dem Wohnhause liegt und von diesem verdeckt wird. Eine kleine Hausmühle, die auch zum Hofe gehört, aber etwa fünf Minuten Weges vom Hause abliegt, konnte ich auf dem Bildchen auch nicht anbringen.

Die Wirthschaftsgebäude umgeben das Wohnhaus, liegen aber wie dieses selbst, jedes für sich, vollkommen frei da. Der grosse Stadel, welcher nahe an der von Weiz nach Passail führenden Strasse liegt, kehrt dieser die Rückseite zu. Er besteht aus drei mit einander in Hufeisenform verbundenen Tracten. Ich biete von ihm, da sein Bild in der Ansicht des ganzen Hofes keine genaue Vorstellung ermöglicht, unter Fig. 139 den Grundriss. H und H₁

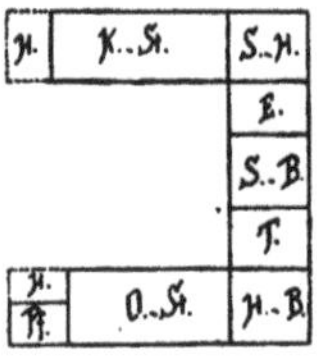

Fig. 139. Grundriss des Stadels beim Hause Nr. 13 in Auen.

sind Hütten, Pf ist der Pferdestall, O-St ist der Ochsenstall, K-St der Kuhstall, S H eine Streuhütte, E die Einfahrt, S-B der „Schabpåa'n", T die Tenne und H-B der „Hålpåa'n". Der Pferdestall und der Kuhstall sind gemauert. Alle anderen Theile des Stadels sind durch Blockbau hergestellt. Der Schweinestall kehrt die vordere Giebelwand dem Wohnhause zu. Die Eingangsthüre liegt in dieser Giebelwand. Von der Eingangsthüre führt ein Futtergang bis an die hintere Wand des Gebäudes. Zu beiden Seiten dieses Ganges sind die Ställe angebracht. Vom Wohnhause links steht ein Getreidekasten. Der demselben vorliegende, nach drei Seiten hin offene Schuppen wird zum Trocknen von Feldfrüchten (Erbsen, Bohnen, Kukuruz) gebraucht.

    ¹) Miethparteien werden in dieser Gegend „Gäste" genannt, „Gasthaus" bedeutet sonach „Gästehaus". Auch in Oberkärnten werden die Miethparteien Gäste genannt. Zur Geltung kommt diese Bezeichnung besonders bei einer weiblichen Miethperson. Eine solche wird dort mit „Gästin" bezeichnet.

Das Wohnhaus ist ein alter, ganz gemauerter Bau von rechteckförmigem Grundrisse. Der Besitzer des Hauses schätzt das Alter auf 200 Jahre. Dass seine Annahme nicht unrichtig ist, beweisen mir hauptsächlich die Schlösser und Beschläge, welche ich an den Thüren des Hauses antraf, und auch die Thüren im Obergeschosse, sowie ein über der Thüre der grossen Stube im Obergeschosse angebrachter Schüsselkorb. Diese Dinge sind alle im Geschmacke der Zeit gearbeitet, aus der nach dem Urtheile des Bauern das Haus stammen soll.

Fig. 140 gibt den Grundriss vom Erdgeschosse des Hauses. Die Räume des Hauses werden durch eine grosse durchgehende Laube in zwei Theile getheilt. Die Küche ragt zum Theile in die Laube hinein. Dadurch erhält sie die Form eines Hakens. Gedeckt ist die Laube durch ein Kreuzgewölbe. Die Küche hat ein Tonnengewölbe. Ein mächtiger Sparherd H, an dessen Stelle früher ein offener Herd stand, nimmt einen

Fig. 140. Grundriss des Erdgeschosses vom Hause Nr. 13 in Auen (1 : 333).

beträchtlichen Theil der Küche ein. Ausser dem Herd fand ich in der Küche noch zwei Feuerstellen, die im Backofen B-O und jene unter dem grossen Kessel K. Der Backofen ragt in die grosse Stube hinein. Neben dem Theile des Backofens, der in der Stube sichtbar ist, schliesst sich ein Kachelofen O an. Die Stube hat eine Holzdecke. Die grosse Stube ist der Aufenthaltsort der Dienstboten. Die Mägde schlafen auch hier in den beiden dort aufgestellten Betten B₁ und B₂. Ausser diesen beiden Möbeln enthält die Dienstbotenstube noch einen mächtigen Tisch mit dicker, quadratischer Platte. Den Tisch umgeben von zwei Seiten stabile Bänke.

Ein grosser Tisch, ringsum mit Bänken umgeben, steht auch in der Laube. Hier versammeln sich während der warmen Jahreszeit die Hausgenossen zu den Mahlzeiten. Ein dritter ebenfalls grosser Tisch steht in der Küche. An diesem werden im Winter die Mahlzeiten eingenommen. Ein kleines Stübchen liegt noch hinterhalb der Küche. Es ist das Wohngemach des Bauern und seiner Frau. Die Knechte schlafen in den Ställen.

Betritt man die Laube durch die Thüre in der Vorderfront, so liegen rechts von der Laube noch weitere vier Räume. Zwei Thüren in der Mitte der Laube führen über Stufen hinab in zwei Keller. Der eine ist der Erdäpfelkeller und der andere der Mostkeller. Links vom Eingange in den Erdäpfelkeller und rechts von der Thüre, die in den Mostkeller führt, betritt man durch zwei weitere Thüren zwei Vorrathskammern. Die Keller sind so angelegt, dass sie auch unter die Kammern hineinreichen.

vereinzelte Auftreten eines solch' abstechenden Hauses in einer Gegend erklärt es wohl, wenn ihm von der Bevölkerung eine besondere Bedeutung beigelegt wird, die es ehedem gehabt haben soll. So erzählte mir der Besitzer des Hauses, dass man in der Gegend allgemein meine, es müsse dieses Haus ehemals ein „Herrschaftsmeierhof" gewesen sein. Ich halte es nicht für etwas Aussergewöhnliches, sondern für ein echtes, rechtes Bauernhaus; denn aussergewöhnlich ist das Haus nur für die Gegend, in der es steht, und ein zweites solches Haus, das ich in Tulwitz bei Fladnitz fand, ist wieder aussergewöhnlich für seine Gegend, weil es dort auch ganz vereinzelt dasteht. Hat man aber

Fig. 141. Haus des Paul Brunnecker in Tulwitz bei Fladnitz.

Die Theile der beiden Keller, welche unter den Kammern liegen, sind bedeutend niederer als jene Theile, welche an der sie trennenden Mittelwand aneinander stossen.

Von der rechtsseitigen Kammer ist ein kleiner, gegen die Laube zu offener Raum abgetrennt. Es ist dies ein Vorraum zur Stiege, die von hier in's Obergeschoss emporführt. Im Obergeschosse finden wir dieselbe Eintheilung wie im Erdgeschosse, es ist daher überflüssig, auch vom Obergeschosse einen Grundriss zu geben.

Wer sich das Bild des Aeusseren vom Hause aufmerksam besieht, dem wird auffallen, dass das Schindeldach des Hauses auf der linken Seite bedeutend weiter vorragt, als rechts. Dies hat seinen guten Grund, denn in der Höhe des Dachbodens ist hier ein balconartiger Gang vorgebaut, den der vorspringende Theil des Daches zu beschatten hat.

Das Haus, welches ich in Vorstehendem kurz beschrieben, war das einzige dieser ganz aus Stein gebauten Art von Häusern, das mir auf meinem Wege bis Fladnitz unterkam. Ganz ähnlichen Häusern begegnete ich wohl in Passail, ich liess sie jedoch, da sie bereits zu kleinstädtischen Bürgerhäusern gerechnet werden müssen, ausser Acht. Das ganz

die Wasserscheide zwischen Raab und Mur auf dem oben bezeichneten Wege überschritten und kommt in den Thalgraben und in die Gschwendt, so begegnet man solchen Bauernhäusern gar nicht selten und in Folge dessen fällt es auch Niemandem ein, in ihnen einen „Herrschaftsmeierhof" oder gar ein gewesenes „Rittershaus", wie mir als ein solches

Fig. 142. Grundriss desselben Hauses (1 : 333).

das Haus bezeichnet wurde, das ich jetzt beschreiben will, zu sehen.

Das eben erwähnte zweite dieser Häuser fand ich, wie schon gesagt, in Tulwitz bei Fladnitz.

Das Haus, dessen Bild Fig. 141 bringt, ist im Besitze des Bauern Paul Brunnecker vulgo „Magerl". Es hat das respectable Alter von 272 Jahren, da es, wie die Jahreszahl, die an der vorderen Giebelseite des Hauses über den beiden Bodenfenstern in einer Steintafel eingegraben ist, beweist, im Jahre 1625 erbaut wurde. Im Jahre 1885 brannte der ganze Hof ab. Das Wohnhaus, dessen steinernes Mauerwerk stehen blieb, hat, nach der Versicherung des Bauern, im Grossen und Ganzen heute dasselbe Aussehen, das es vor dem Brande hatte. Die Wirthschafts- gebäude, auf die ich später zu sprechen komme, lagen jedoch früher andern, als jetzt.

Der Grundriss des Hauses (Fig. 142) zeigt grosse Aehnlichkeit mit dem des vorstehend beschriebenen Hauses. Die Eintheilung ist hier ganz dieselbe, wie dort. In der Ausgestaltung, d. i. in der Auftheilung der Räume, bietet dieses Haus jedoch grössere Ein- fachheit, also mehr Ursprünglichkeit.

Wieder sehen wir hier im Grundrisse dieselbe Dreitheilung, die beim Hause des „Pirg'lbauern" in Auen zu beobachten war. Die Mitte des Hauses nimmt die grosse durchgehende Laube ein; links davon liegen die Wohnräume, rechts Wirthschafts- räume. Die Wohnräume bestehen hier nur aus einer Stube und der danebenliegenden, von der Stube durch eine Mittelwand getrennten Küche.

Der Umstand, dass im Hause des „Pirg'lbauern" die Küche eigenthümlicherweise in die Laube vor- ragt und dieser die für die Gegend ganz untypische Form eines Hakens gibt, brachte mich, den weiteren Umstand in Betracht gezogen, dass die Lage des „Stübels" eigentlich auch die untypische ist und es fast genau dieselbe Breite einnimmt, die der in die Laube vorragende Theil der Küche misst, nach- dem ich das in Rede stehende Haus des Bauern Paul Brunnecker in Tulwitz gesehen hatte, auf die naheliegende Vermuthung, es könnte das Wohn- stübchen des „Pirg'lbauern" erst in späterer Zeit angelegt und die Küche damals zum Theile in die Laube vorgerückt worden sein, so dass die ungewöhn- liche Form der Laube die Folge einer später er- folgten Umgestaltung vom Inneren des Hauses sein dürfte.

Die Küche im Hause des „Magerl" weist bei H noch einen offenen Herd auf. Sie steht mit der Stube durch eine Thür in Verbindung. Betreten kann die Küche auch von der Laube aus werden. Eine dritte Thür führt aus der Küche in's Freie. Diese Thür ist wohl erst später, wahrscheinlich erst nach dem Brande, angelegt worden. Sie ist nämlich für die Gegend ganz untypisch. Dass sie nicht gleich- zeitig mit der davon rechts liegenden Hausthüre angelegt wurde, beweist das Vorhandensein eines

Bogengewölbes über der Hausthüre und das Fehlen eines solchen über der Küchenthüre.

In der Stube fällt vor Allem der grosse Back- ofen B-O auf, der aus der Küche hereinragt und von der Küche aus zu heizen ist. Den Backofen umgibt ein hölzernes Gitterwerk. Vor dem Back- ofen ist eine Bank angebracht. An Stelle der Bank stand vor dem Brande der Kachelofen. Die Thüre, welche jetzt hier in die Küche führt, war ehedem dort, wo heute der neue Kachelofen O, der eben- falls durch ein Holzgitter eingefasst ist, steht. Herd, Ofen und Backofen standen also auch hier vor dem Brande genau in derselben Anordnung beisammen, wie in dem Hause Nr. 13 in Auen oder wie in den Häusern Nr. 30 und Nr. 15, die ich aus Kirchschlag beschrieben habe (vgl. oben die Pläne Fig. 120, 122 und 140). Der Tisch und die Bänke nehmen ihren typischen Platz ein. An weiteren Möbeln stehen in der Stube bei A-K_1 und A-K_2 zwei „Aufsatzkästen", wie sie hier häufig vorkommen. Auf einem commode- ähnlichen unteren Theile steht ein kleines Kästchen mit Doppelthüre. Das Ganze sieht einer modernen Credenz ähnlich. Bei K steht ein Kleiderkasten und bei T-B ein „Tafelbett", in welchem die „Kuhdirn" mit der neunjährigen „Maried'l" schläft. Das Tafelbett ist ein ganz eigenartiges Möbel, das ich in dieser Gegend häufig gesehen habe. Es zeigt die Form eines Waschtroges und ist daher auch dem Untertheile eines Sarges nicht unähnlich. Zu Tage wird es mit einem aus Brettern gefügten Deckel geschlossen und dient dann so als Tisch. Aus der kurzen Beschreibung dieser Stube geht hervor, dass sie ebensowenig die Wohnstube der Familie ist, wie die grosse ebenerdige Wohnstube im Hause des „Pirg'lbauern". Sie dient allen Personen des Hauses zum gemeinschaftlichen Aufenthalte. Hier werden die Mahlzeiten eingenommen, hier sitzt am Sonntag-Nachmittage der Bauer mit seinem alten Knechte beim Moste, hier spinnen die weiblichen Hausgenossen an den Winterabenden, während die männlichen eine andere Arbeit ver- richten; die grosse Stube ist der Brennpunkt für das Leben im Hause. Der Kuhdirn dient die Stube nur darum zum Schlafgemach, weil eben gerade noch Raum für ein Bett im Zimmer übrig war und die Bäuerin ihr keinen anderen Platz anzuweisen hatte, da die grosse Stube, die über dieser im Obergeschosse liegt, keine Fenster hat. Der Wind bläst da lustig durch die eine Fensteröffnung hinein und durch die andere hinaus. Auf der anderen Seite der Laube liegen nicht vier Räume, wie im Hause Nr. 13 in

Auen, sondern nur zwei. Es sind dies zwei wenig tief liegende Keller. Links ist der „Mostkella'", rechts der „Saufuatta'kella'", in dem die „Ea't-ruab'm" und die „Äcka'ruab'm" aufbewahrt werden. Aus der Laube führt eine verschalte hölzerne Treppe in's Obergeschoss. Oben finden wir genau dieselbe Eintheilung wie unten. Ueber der grossen Stube liegt hier die schon früher erwähnte unbewohnte Stube. Sie dient als Raum, in dem Feldfrüchte und die Wäsche getrocknet werden. Ueber der Küche liegt ein Stübel, das Schlafgemach der Eheleute. Auf der rechten Seite der Laube (in Oberkärnten wird die Laube im Obergeschosse „Saal" genannt; ob auch hier, vergass ich zu fragen) ist über dem Saufutterkeller eine Kammer, in der das „Håad'nåm" (Spreu vom Buchweizen), die Erzeugnisse des Flachsbaues, die „Kåa'tatsch'n (eine Vorrichtung, mittelst welcher die Wolle gekämmt wird), untergebracht sind. Ueber dem Mostkeller liegt die gewölbte Fleischkammer.

In der Laube des Erdgeschosses dieses Hauses steht in der Ecke rechts von der Hausthüre bei *H-St* ein Hackstock, als auf vier Beinen stehender, aus Brettern gefügter Holztrog zum Zerkleinern der Rüben für das Schweinefutter. Bei *Ba* steht eine lange Bank ohne Lehne. Auf diese setzen sich die Hausgenossen, wenn hier im Herbste bei Spanlicht die Kukuruzkolben aus den Federn geschält oder die Rüben ihrer Blätter entledigt werden. Bei *K,* und *K,* sind zwei Kästen untergebracht, in denen die Dienstboten ihre Habseligkeiten aufbewahren.

Die Laube hat hier jedenfalls nicht mehr die Bedeutung, die jene im vorbeschriebenen Hause des „Pirg'lbauern" noch einnimmt, und noch viel weniger die Bedeutung solcher in Bauernhäusern in Salzburg, in denen, wie Herr Regierungs-Oberingenieur Josef Eigl in seinem ausgezeichneten Werke „Charakteristik der Salzburger Bauernhäuser", Wien, Lehmann & Wentzel, 1895, mittheilt, die Laube der Herdraum war und hie und da noch ist.

Die beiden zuletzt geschilderten Häuser zeigen, abgesehen davon, dass es Häuser mit Obergeschossen sind, wenn man ihre Grundrisse denen der verschiedenen Häuser aus dem westlichen Ungarn, aus dem südöstlichen Niederösterreich und der östlichen Mittelsteiermark entgegenhält, einen bedeutenden Unterschied in ihrer Ausgestaltung.

Das, was hiebei als Unterschied am meisten in die Augen fällt, ist die durchgehende Laube. Ich habe mehrfach hervorgehoben, dass man in öst-lich liegenden Gegenden dem Beispiele des Westens zu folgen scheint, und das Vorbild, das, wo es sich thun lässt, zu erreichen angestrebt wird, ist eben das praktisch angelegte Haus mit der durchgehenden Laube.

Es erübrigt mir nun noch, Einiges über den Stadel zu sagen, der zum Hause des „Magerl" in Tulwitz gehört. Er gleicht dem auffallend, der beim Hause Nr. 3 in Auen steht. Im Parterre sind wieder die Stallungen untergebracht und oben befinden sich die Scheunenräume, zu denen wieder eine Tennenbrücke von der Rückseite des Stadels hinaufführt. Vor den Räumen des Obergeschosses läuft an der Vorderseite wieder ein hängender Gang hin, zu dem hier zwei Stiegen emporführen. Sowohl der Stadel als auch das Wohnhaus sind mit Schindeln gedeckt.

Einen solchen Stadel, der in der beschriebenen Weise die Stallgebäude mit den Scheunenräumen in sich vereinigt, nennt man, wie mir die Bäuerin sagte, einen „Måa'stådl". Vor dem Brande, sagte sie mir ferner, habe der Stadel, was ich schon oben bemerkte, nicht die Lage eingenommen, die er heute innehabe. Es stand vor dem Brande kein separirt liegender „Måa'stådl" beim Hause, sondern es war der ganze Hof ein „Rundumadum-Hof", dessen einzelne Tracte, indem sie mit dem Wohnhause verbaut waren, rund um und um einen Hof vollkommen einschlossen. Es muss dieser Hof also ein fränkisches Gehöfte gewesen sein. Hienach ist es also richtig, dass in der Gegend innerhalb der Klamm, wie ich eben sagte, das fränkische Gehöfte vor kurzer Zeit noch mindestens einen Vertreter gehabt hat. Das Stall- und Stadelgebäude des „Pirg'lbauern" weist übrigens ja auch die Hufeisenform auf (s. o. Fig. 139) und beweist damit, dass in früherer Zeit das fränkische Gehöfte auch innerhalb der Klamm häufiger vorgekommen sein dürfte. Der Führer, welcher mich von Weiz bis Fladnitz begleitete, sagte mir übrigens, dass man auch in der Gegend von Weiz, wo das fränkische Gehöfte heute noch vielfach vorkommt, in Fällen, wo ein solches durch eine Feuersbrunst zerstört werde, statt des ehemaligen „Rundumadum-Hofes" die Höfe gewöhnlich nach dem Muster des „Magerl"'schen Hofes in der Weise erbaue, dass das Wohnhaus in einiger Entfernung von einem abgesondert stehenden Mahrstadel steht. Es hat diese Bauweise ihre Vortheile, denn sie kommt billiger zu stehen, und bricht in einem solchen Hofe Feuer aus, kann doch eines der Gebäude unversehrt bleiben, während bei einem geschlossenen Hofe zumeist Alles zum Raube der

21*

Flamme wird und selbst die Thiere nicht selten, da sie aus dem engen Hofe nicht leicht gerettet werden können, dem verheerenden Elemente zum Opfer fallen.

Ich habe eben gesagt, dass ich, entgegen der Ansicht der Bewohner der beiden zuletzt beschriebenen Häuser, wonach man diese Häuser ihres abstechenden Aeusseren wegen für herrschaftliche Bauten hält, der Ueberzeugung bin, dass es „echte und rechte Bauernhäuser" sind. Ich sagte, dass mich in dieser Ansicht insbesondere ganz ähnliche Häuser, die ich nachher in grösserer Zahl im Thalgraben fand, bestärkt haben. Ich glaube, dass ich, wenn mir zu längerem Aufenthalte Zeit zur Verfügung gestanden wäre, Bauernhäuser mit gleicher Ausbildung im Grundrisse sowohl in Auen und seiner Umgebung, als auch in Tulwitz gefunden hätte, von denen Niemand behauptet haben würde, dass es ehedem nicht Bauernhäuser gewesen sein sollten. Freilich wären diese Häuser mit dem vollkommen gleichen Grundrisse nicht Bauten aus Stein und Mörtel, sondern Holzbauten gewesen. Das Aussergewöhnliche im Aeusseren lag eben darin, dass sie Bauten aus Mauerwerk waren.

Ein Häuschen habe ich nun in Tulwitz noch aufgenommen, dessen Beschreibung ich umsomehr für nothwendig erachte, als es als ein Holzbau aus derselben Gegend meine Annahme zu unterstützen berufen ist. Es bildet nämlich eine niederere Stufe, aus der sich die vorbesprochenen Häuser mit der durchgehenden Laube entwickelt haben.

Der Besitzer des Hauses ist der Bauer Bartholomäus Hofer vulgo „Leidinger". Das Haus trägt die Nummer 35. Rechts oben von der nach Osten gerichteten Eingangsthüre ist noch ein kleiner Rest alter Sgraffitomalerei erhalten. Sie ist wohl der Jahreszahl wegen, die sie enthält, nicht übertüncht worden. Die Jahreszahl verweist auf das Jahr 1656 als auf das Jahr der Erbauung. In Fig. 143 ist dieses Haus abgebildet. In Bezug auf das Aeussere des Hauses will ich nur kurz hervorheben, dass es zur Hälfte aus Holz und zur Hälfte aus Stein erbaut ist. Die Balken des Holzbaues sind auch hier sehr sorgfältig behauen und an ihren Enden durch einfache, aber sehr genaue (Schwalbenschwanz-) Verzinkung verbunden. An der Giebelseite des Hauses ist ein balconartiger Gang angebracht. Die Bretter, welche die Brüstung bilden, sind nicht durchbrochen; sie zeigen auch sonst keine Verzierung. Verziert dagegen ist durch einen zackigen Rand das lange, wagrecht laufende Brett, welches den Gang nach unten abschliesst. Die Giebelseite des Daches ist, soweit sie

nicht durch eine bis annähernd zur halben Dachhöhe herabreichende Abwalmung gedeckt ist, offen. Der offene Dachraum dient vornehmlich zum Trocknen der Wäsche. Das Dach ist wieder in österreichischer Art mit Stroh gedeckt.

Vor der Giebelseite des Hauses ist eine Mostpresse von der Art und in derselben Weise angebracht, wie jene oben erwähnte am Hause Nr. 30 in Aigen bei Kirchschlag.· Auch die Bienenstöcke, welche hier an der Langseite des Hauses auf einem Brettgestell stehen, erinnern lebhaft an die Bienenstöcke am selben Hause in Aigen, auf deren eigenartige Placirung ich eben aufmerksam gemacht habe. Dort waren es fassartige Strohkörbe, hier sind es vierseitige prismatische Ständer aus Holz.

Fig. 143. Haus Nr. 35 in Tulwitz bei Fladnitz.

Besonders aufmerksam mache ich noch auf die abnorme Form des Daches. Es hängt dasselbe nämlich an der westlichen Seite bedeutend tiefer herab als an der Ostseite und der First des Daches liegt nicht über der Mitte des Hauses. Die Ursache zu dieser unregelmässigen Form des Daches, die dem ganzen Hause ein ungewohntes Aussehen gibt, liegt darin, dass das Haus erst in neuerer Zeit eine Umgestaltung oder besser eine Erweiterung erfahren hat. Der heutige Besitzer des Hauses hat nämlich erst etwa vor 15—20 Jahren an der Westseite des Hauses ein Zimmer anbauen lassen, das nicht nur dem Aeusseren des Hauses, sondern auch dem Grundrisse eine ungewohnte Form gibt.

Ich erwähne noch, dass auch bei diesem Hause die Wirthschaftsräume vollkommen getrennt liegen, und gehe jetzt auf die Besprechung der Räume des Hauses über.

Zur leichteren Vergegenwärtigung des inneren Ausbaues dieses Hauses biete ich auch von diesem Hause den Grundriss (Fig. 144). Der neuere Zubau, das dem Hause angefügte Stübel, erscheint im Plane durch punktirte Linien ausgeführt, so dass die ausgezogenen Linien des Risses den Grundriss des alten Hauses darstellen.

Der Raum, der im Grundrisse mit „Stube" bezeichnet ist, ist die Wohnstube. In der anstossenden Laube steht bei *H* der Herd. Die Laube ist also Herdraum und Hausflur zugleich. An sie schliesst sich noch ein Keller an. So ist es heute, früher war es anders. Da das Stübel ehedem gefehlt hat, wies der Grundriss die charakteristische Dreitheilung des oberdeutschen Hauses auf. Die Laube war früher ausschliesslich Flur ohne Herd und hat als solche, trotzdem heute der Herd dort steht, ihren alten Namen

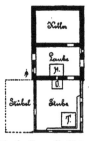

Fig. 144. Grundriss des Hauses Nr. 35 in Tulwitz (1 : 333).

„Lab'm" beibehalten. Die heutige Stube war auch früher die Wohnstube des Hauses, doch loderte in ihr auf offenem Herde das Feuer; es war eine Rauchstube („Rachstub'm"). Der Herd stand, wie mir der Besitzer des Hauses sagte, dort, wo heute der Ofen *O* steht. Beweise, dass diese Stube ehedem wirklich eine Rauchstube war, liegen mir ausser der Versicherung des Bauers noch drei vor. 1. Das Gebälke der Stube weist heute noch die glänzende schwarze Schichte abgelagerten Russes auf. 2. Das kleine, heute noch sichtbare und auch in der Ansicht des Hauses wahrzunehmende, über den beiden mittleren Fenstern angebrachte, jetzt durch Bretter verschlagene Fensterchen war dazu da, um den Rauch, wenn er in der Stube gar zu lästig wurde, in's Freie gelangen zu lassen.[1] 3. Die

---

[1] Unter diesem Fensterchen ist in der Zeichnung zwischen den beiden mittleren Fenstern noch ein verschlagenes Fen-

tiefe Lage dieses der Rauchableitung dienenden Fensterchens mochte bald als unpraktisch erkannt worden sein. Es wurde darum für immer geschlossen und an seiner Stelle errichtete man in der Holzwand ziemlich hoch über dem zweiten Fenster eine andere Oeffnung und ein hölzerner Schlot, der ebenfalls in der Abbildung des Hauses zu ersehen ist, leitete den Rauch nun besser ab, als früher das tiefliegende Fensterchen.

Das Haus Nr. 35 in Tulwitz war das letzte Haus, das ich auf meiner Wanderung quer durch die östliche Mittelsteiermark aufnahm, und merkwürdigerweise war es das erste, das mir die Gewissheit verschaffte, dass die Rauchstube auch in dem durchwanderten Theile der östlichen Steiermark vor kurzer Zeit noch vorkam. Ich bin der Ueberzeugung, dass es in dem durchquerten Gebiete in abseits und höher gelegenen Orten auch heute noch Rauchstuben geben muss. In dieser Ueberzeugung bestärken mich die Erfahrungen, die ich während meiner letzten Excursion in den Sommerferien des Jahres 1896 gesammelt habe. Darüber handelt nun der letzte Abschnitt meiner vorliegenden Arbeit.

E. Das Bauernhaus in der Gegend von Vorau.

Der Marktflecken Vorau (ca. 800 E.) liegt in der nordöstlichen Ecke der Steiermark in einem vom Voraubache durchflossenen Seitenthale der Lafnitz, des Grenzflusses zwischen Ungarn und Steiermark, in einer Höhe von 660 m über dem Meere. Die Gegend um Vorau bildet einen Kessel, der im Süden, Südosten und Südwesten vom Masenberg (1262 m) und dessen Ausläufern halbkreisförmig eingefasst ist. Im Nordosten, Norden und Nordwesten umschliesst den Kessel eine Hügelkette, die aus dem Lafnitzthale aufsteigt, gegen Süden dem Wechsel (1730 m) vorgelegt ist und im Tommer (1059 m) seine höchste Höhe erreicht. Wie das Gebiet um Kirchschlag und die Gegend der Nörning, so ist auch der Kessel von Vorau durch eine Unzahl tief einschneidender Gräben arg zerrissen und „dieser reiche Wechsel von Thal- und Hügelformen, von dichten Waldmassen, bunt durcheinander liegenden Acker- und Wiesenfeldern bis zu den in blauen Fernen lagernden Alpenmatten vereinigt sich hier," wie Ferdinand Krauss in seinem Werke „Die nordöstliche Steiermark. Eine Wanderung

---

sterchen zu sehen. Als das Stübchen angefügt wurde, wurden die Fenster des Hauses versetzt und vergrössert. Das verschlagene Fensterchen zeigt die Grösse der ehemaligen Fenster.

durch vergessene Lande" sagt, „zu einem wahrhaft herzerquickenden Bilde der Mittelgebirgslandschaft".

Auf FERDINAND KRAUSS' eben genanntes Werk verweise ich in Bezug auf die geschichtliche Vergangenheit der näheren und weiteren Umgebung von Vorau. In dem Abschnitte „Vorau", S. 112 ff., bespricht er ausführlich die Geschichte des Marktes und des Stiftes Vorau, während er sich in dem einleitenden Abschnitte „Geschichte", S. 20 ff., über die Vergangenheit der ganzen nordöstlichen Steiermark ergeht und dort auch Schlüsse zieht in Hinsicht auf die Urbewohner dieses Gebietes, die er für keltogermanischen Stammes hält, und auf die neuere Besiedelung nach der Vernichtung der Bojarenherrschaft durch Karl d. Gr. Sie soll aus Baiern und Franken geschehen sein.

Auch Ethnographisches bringt KRAUSS aus der Gegend um Vorau in seinem Buche. S. 80 ff. bespricht er unter dem Titel „Sitten und Gebräuche am Südgelände des Wechsel" das „Richtersetzen", das „Heilige Dreikönig-Spiel", den „Brecheltanz", „Hochzeitsgebräuche", „Hexen und Aberglaube", „Volksspiele", das „Alpenleben" und die „Bäuerlichen Mahlzeiten".[1]

„Der Bauer der nordöstlichen Steiermark ist, wie der Aelpler überhaupt, mittelgross, mehr untersetzt und kräftig. Beleibtheit ist sehr selten. In Augen, Haaren und Hautfarbe herrschen die hellen Farben vor. Frauen- und Männerschönheiten sind nicht häufig. Cretinismus findet man nicht allzu oft. Kräftigen Greisen von siebzig und mehr Jahren begegnet man nicht selten, doch ist die Zahl der über Achtzigjährigen gering. Die Tracht zeigt wenig Volksthümliches. Die Füsse stecken in derben Bundschuhen, bei Männern häufiger in kurzen Halbstiefeln. Im Hause, namentlich bei der Stallarbeit, sieht man häufig den Holzschuh; barfuss gehen die Erwachsenen selten. Die Kleidung der Männer besteht meist aus dem weissgrauen sog. Wiefeltuch, das nicht selten im Hause erzeugt wird. Die Wolle hiezu wird stets im Hause gesponnen. Der Bauer trägt lange, ziemlich weite Hosen, Jacke oder wohl auch kurzen Schösselrock und dazu häufig den rothen Brustfleck. An Sonn- und Feiertagen trägt der Wohlhabendere nicht selten dunkle Tuchkleidung mit Weste, deren Schnitt

städtischen Anstrich hat. Charakteristisch ist in der Gegend die blaue Leinwandschürze, welche sehr lang ist, um die Mitte gebunden und mit Ausnahme vom Sonntag stets getragen wird. Als Kopfbedeckung erscheint meist ein runder, ziemlich niederer Filzhut; im Winter sind auch die sogenannten Pudelhauben (schildlose Kappen aus Thierfellen) beliebt. Die Frauen und Mädchen tragen Rock und Jacke aus gedruckter Leinwand, Percail, Wollenstoff, ja auch Seide; hiezu kommt an Werktagen die blaue, an Sonn- und Feiertagen die schwarze, mitunter seidene Schürze, ein über die Brust kreuzweise gebundenes, mehr oder minder werthvolles Tuch. Als Kopfbedeckung findet man ausschliesslich das unterm Kinn gebundene Kopftuch; dasselbe wird auch zu Hause nicht abgelegt und ist meist aus bunten Stoffen; bei feierlichen Gelegenheiten werden gerne seidene getragen; ältere Frauen wählen dann meist die schwarze Farbe. Die Leibwäsche besteht fast ausschliesslich aus grober, selbsterzeugter Rupfenleinwand.

Das Bauernvolk kann im Allgemeinen als ziemlich geistesrege bezeichnet werden. Doch findet man weltliche Bücher, mit Ausnahme kleinerer oder grösserer Kalender, in Bauernhäusern fast gar nicht. Von Zeitungen ist ein clerical-conservatives Wochenblatt verhältnissmässig ziemlich stark verbreitet. Der Sinn für Musik ist merkwürdigerweise sehr gering entwickelt; bodenständige Poesie fehlt gänzlich.

Was die Charaktereigenschaften betrifft, kann nicht gerade viel Ungünstiges gesagt werden. Der Bauer ist eher stolz und selbstbewusst als unterthänig und weiss seine unabhängige Stellung als Besitzer von Grund und Boden wohl zu schätzen; er ist ehrlich, friedfertig, fleissig, genügsam und meist sparsam. Politisch ist er ziemlich gleichgiltig und unreif; doch hängt er zähe am Alten, ist aber Neuerungen nicht immer abhold, zumal, wenn er deren Nutzen einmal wahrgenommen hat.

Das bäuerliche Volk kann man entschieden eher als leichtlebig, wie als ernst bezeichnen.

In vielen Häusern findet man musterhafte Ordnung und Reinlichkeit, doch gibt's selbstverständlich auch Ausnahmen, namentlich in Familien von geringerer Wohlhabenheit.

Eigenthümlich ist das Verhältniss zwischen Eltern und Kindern. Letztere werden bis in's schulpflichtige Alter sehr häufig geradezu verhätschelt. In späteren Jahren herrscht aber zwischen ihnen kein anderes Verhältniss, wie zwischen Dienstboten und Herren. Das erwachsene Kind bekommt seinen Lohn, geht sonst

[1] Vgl. hiezu auch im Bd. „Steiermark" des Werkes „Die österr.-ungar. Monarchie in Wort und Bild" den Artikel von JOHANN KRAINZ: „Zur Volkskunde Steiermarks", worin sich besonders auch über das Wechselgebiet Volkskundiges befindet.

so ziemlich seine eigenen Wege und kümmert sich oft herzlich wenig um das Wohl und Wehe von Eltern und Geschwister. Häufig gehen erwachsene Söhne und Töchter als Schnitter und Schnitterinnen in's benachbarte Mürzthal oder nach Niederösterreich, wo sie besseren Verdienst finden, und bringen dann nur den Winter im Elternhause zu. In grösseren Familien wenden sich einzelne Söhne auch gerne einem Handwerk zu. Das Leben im Bauernhause ist sehr einfach. Fleisch gibt's in der Regel nur einmal in der Woche, und zwar am Dienstag. Das Frühstück ist die Milchsuppe; dieselbe besteht aus saurer Milch, Roggenmehl, Salz und Wasser. Am Mittagstische erscheint Sterz, aus Kartoffeln oder Mehl erzeugt, Krapfen, aus Leinöl und Unschlitt herausgebacken, Knödel (Klösse) aus Weizenmehl. Der sogenannte Germniegel (ein Kuchen, aus weissem Mehl mit Presshefe hergestellt), Strudel (zusammengerollter Teig mit Rosinen gefüllt) und am Sonntag Gerstenmus.

Beim Flachsbrechen, Mistführen, wobei die Nachbarn einander helfen, sind grössere Mahlzeiten üblich. Hochzeiten, Todtenzehrungen (Leichenschmaus) werden stets im Gasthause abgehalten; dabei gibt's meist mehrere Fleischspeisen und Wein. Bei ersteren zahlen die geladenen Gäste ihren Antheil selbst und ist der landesübliche Preis für ein Paar fl. 3.

Der Oststeirer geht fleissig zur Kirche, empfängt wiederholt die Sacramente der Busse und des Altares, bedenkt in seinem letzten Willen nicht selten die Kirche durch grössere Beträge für Messen und ist wohl der Priester der Einzige, dem er mit Hochachtung entgegenkommt. (Ob aber dies wahre Religiosität oder nur Gewohnheitsreligion beweist, wagt Schreiber dieser Zeilen nicht zu entscheiden.) Vom Aberglauben ist der Bauer noch nicht ganz frei; so glaubt manch' altes Bäuerlein unbeweglich an das Verhexen der Kühe und steckt in der Charfreitagnacht an Wegkreuzen Palmzweige zum Schutze gegen dasselbe aus.

In sittlicher Beziehung ist das hiesige Volk entschieden höher stehend, als das Obersteiermarks, doch beträgt der Procentsatz der unehelichen Geburten immerhin durchschnittlich 20 Procent, was auf ziemliche Sinnlichkeit, wie sie dem Aelpler überhaupt eigen ist, hinweist.

Die Hausindustrie ist im Rückgange begriffen. Erzeugt wird Leinwand (Rupfen und Reisten), etwas Loden, Holzschuhe, primitive Holzlöffel und einiges Hausgeräth; von künstlerischer Bethätigung ist gar nichts zu bemerken."

Diese Charakteristik, welche nach einer von mir ausgearbeiteten Disposition durch Herrn Oberlehrer Eugen Kowald in Vorau abgefasst wurde, bezieht sich auf den Bauer aus der unmittelbaren Umgebung von Vorau.

Die unmittelbare Umgebung ist nun auch das Gebiet, aus welchem ich die in Nachfolgendem zu besprechenden Bauernhäuser aufgenommen habe. Im Markte Vorau selbst habe ich keine Häuser aufgenommen. Sie stammen, ein einziges Haus ausgenommen, alle aus den vier Gemeinden Riegersbach, Vornholz, Schachen und Puchegg, welche die Gemarkung des Marktes Vorau nach Norden, Westen und Süden umschliessen. Im Osten grenzt die Gemeinde Kleinschlag an den Bann des Marktes Vorau; ich nahm, da diese Gemeinde vom Markte, in dem ich für die Zeit meines Aufenthaltes Quartier genommen hatte, weit abliegt, keine Häuser auf.

Von der Grösse der genannten vier Gemeinden und dem durchschnittlichen Besitze der einzelnen Bauern mag die nachfolgende Zusammenstellung einen Begriff geben:

Namen der Gemeinde	Zahl der Einwohner	Grösse der Gemeinde in Hektar	Zahl der Besitzer	Durchschnittlicher Besitz in Hektar
Riegersbach . .	728	1721·17	94	18·31
Vornholz . . .	492	1879·83	93	20·21
Schachen . . .	732	1899·21	126	15·07
Puchegg	423	1362·65	76	17·93

Unter keiner dieser Gemeinden darf man sich jedoch eine Dorfgemeinde vorstellen. Es liegen hier die einzelnen Bauernhöfe zumeist in grösserer oder geringerer Entfernung von einander entlegen und nur in wenigen Fällen in kleinen Gruppen von zwei bis vier beisammen. Der Grund, welcher zu einem Hofe gehört, liegt stets arrondirt beim jeweiligen Hause. Wir haben hier also wieder dieselben Verhältnisse in der Anordnung der bäuerlichen Besitzverhältnisse vor uns, wie in der Gegend von Kirchschlag oder im Nörningthale.

Die Bauernhäuser haben in der Gegend von Vorau ebenso ihre althergebrachten Namen, wie jene in der Gegend von Kirchschlag und in dem Gebiete, das ich 1895 in der Oststeiermark durchwandert habe. Ein Unterschied in der vor Zeiten vorgenommenen Namengebung in dieser Gegend ist mir aber doch aufgefallen, der nämlich, dass hier oft mehrere Bauernhäuser, die in einer kleinen Gruppe beisammenliegen, einen, ich möchte sagen, Cardinalnamen führen. Der Bauer Joh. Gschiel führt nach seinem Hause, das unter der Nr. 28 in Puchegg liegt, den Vulgärnamen „Hans'l in der Linden". In der Nachbarschaft des Hauses Nr. 28 liegen die Häuser Nr. 24 und 26. Der Besitzer des Hauses Nr. 24 heisst Simon Holzer und wird „Simon in der Linden" genannt, während der Besitzer des Hauses Nr. 26 Michael Holzer heisst und den Beinamen „Mich'l in der Linden" führt. Alle drei, die Besitzer der Häuser Nr. 24, 26 und 28, sind die „Lindenbauern".

So wie es in Puchegg „Lindenbauern" gibt, so gibt es beispielsweise in Riegersbach „Angerbauern" und in Vornholz „Grândbauern" („Grând" ist ein Brunnentrog). Man unterscheidet dann hier einen „Hans'l beim Grând" und einzigen, „Haus'l (Balthasar) beim Grând", und dort einen „Zenz'l im Anger" und einen „Hans'l in Anger". Bei dem letztgenannten Bauern habe ich in Erfahrung gebracht, dass sich der Taufname, der dem Hausnamen in solchen Fällen, wobei ein Name mehreren Häusern eigen ist, beigegeben wird, nicht vererbt. Der Vater des „Hans'l im Anger" hiess Jakob. Er führte daher den Namen „Jâk'l im Anger". Solche gemeinschaftliche Hausnamen, wie die besprochenen, gibt es in der Umgebung von Vorau viele. Ich nenne nur einzelne: die Stifingbauern (z. B. „Hans'l in da' Stifin'" oder „in da' Stift'n"), die Birkenbauern (z. B. „Hoiñdl [Hans'l] in da' Piara"), die Rechbergbauern (z. B. „Franz'l in Rechpea'-), die Zeilbauern (z. B. „Franz'l i' da' Zail") etc.

Es überwiegen dabei aber solche Hausnamen, welche nur einem Hause zufallen. Es mögen auch davon einige genannt werden: „Forster", „Kernbauer", „Breneder", „Fuchs in G'stainach", „Gressing", „Spitzer", „Doppelhofer". Es sind dies zum grössten Theile Familiennamen, die von früheren Besitzern auf das Haus übergegangen sind.

Ich nahm in der Gegend von Vorau im Ganzen 20 Häuser auf. Davon habe ich 9, die besonders vortheilhaft lagen, photographirt und 11 Häuser gezeichnet. Von allen diesen Häusern liegen natürlich auch die Pläne vor mir. So sehr ich wünschen möchte, alle diese 20 Häuser beschreiben zu dürfen, muss ich mich jedoch, um durch die vielen Clichés, die dabei nöthig wären, die Herausgabe dieser Arbeit nicht übermässig zu vertheuern, auf die Besprechung

nur weniger Häuser beschränken. Ich wähle bei diesem Umstande, um das Bild der Bauernhäuser aus der Gegend von Vorau so vollkommen als möglich zu gestalten, aus meinem Materiale sechs Häuser aus, von denen mit Ausnahme zweier, des ersten und letzten, wie ich aus dem Besuche von etwa 40 Häusern und der oberflächlicheren äusseren Betrachtung weiterer 40 Häuser ersehen, ein jedes eine Reihe gleicher Bauten hinter sich hat, so dass die beregten sechs Häuser als eben so viele Typen in der stets fast vollkommen gleich wiederkehrenden Ausgestaltung des Bauernhauses aus der Gegend von Vorau gelten können.

Auch in der Gegend von Vorau ist die Centralanlage im Bauerngehöfte die übliche. Unter all' den Bauerngehöften um Vorau, die ich gesehen, traf ich — einzelne Keuschen, die nicht als Bauernhöfe angesehen werden können, nicht in Betracht gezogen — kein einziges, das nicht in der Form des fränkischen Gehöftes angelegt gewesen wäre. Kam mir also um Vorau kein Bauernhof unter, der nicht ein fränkisches Gehöfte gewesen wäre, so fand ich ein solches in nicht allzu grosser Entfernung von Vorau, von diesem in nordöstlicher Richtung etwa 5 km in der Luftlinie entfernt, im Thale des Schwarzbaches, der, nachdem er am Fusse des Bergrückens, auf dem die Festenburg malerisch thront, aus dem Zusammenflusse des vorderen und hinteren Waldbaches entstanden ist und sich nach kurzem Laufe in direct südlicher Richtung bei dem Oertchen Bruck in die Lafnitz ergiesst.

Kaum tausend Schritte oberhalb der Mündung des Schwarzbaches in die Lafnitz liegt dieses Gehöfte an der östlichen Berglehne, die sich aus dem Thale erhebt. Es liegt in dem zur Gemeinde St. Lorenzen gehörenden „Köppel-Viertel", trägt die Nr. 48 und führt den Hausnamen „Kainz in der Au". Das Anwesen wurde vom Bauern Anton Huber, der ein zweites, 108 Joch umfassendes Besitzthum hat, das ebenfalls im „Köppel-Viertel", und zwar in Feichtern liegt, erst im Frühjahre 1896 angekauft. Das Haus war, da der Bauer mit seinem Gesinde auf dem Gute in Feichtern wirthschaftete, während die Bäuerin mit ihren drei jüngsten Kindern unten im Keinzen-Hofe haust und dort das Jungvieh besorgt, nicht vollkommen bewohnt. Obwohl also dieses Gehöfte nicht wie ein normales Bauernhaus belebt war, nahm ich es trotzdem auf, da es eben das einzige bäuerliche Wohnhaus war, das ich freistehend und losgeschält von allen anderen Gebäuden fand, die sonst beim fränkischen Gehöfte das Wohnhaus stets einschliessen und oft dem Zeichner gerade die Frontseite fast vollkommen unzugänglich machen.

Das Haus, dessen Ansicht ich unter Fig. 145 bringe, wurde im Jahre 1678 erbaut. Die Jahreszahl befindet sich links oberhalb jenes Fensters, das in der Frontseite des Hauses am weitesten nach rechts liegt, an der Aussenseite des Hauses in die Holzwand eingeschnitten. Das Haus liegt so, dass seine Giebelseite nach Südosten, die Vorderfront nach Südwesten gerichtet ist. Aus der Ansicht, welche diese beiden Seiten zeigt, sollte man glauben, schliessen zu müssen, dass dieses Haus aus zwei Tracten besteht, da der linke Theil der Vorderfront einen zweiten, nach vorne gekehrten Giebel aufweist, hinter

diesem Dache an beiden Seiten gesonderte Strohbündel, die nur halb so lang als jene in Schmiedraith waren und mit ihren Köpfen über der Firstlinie zusammenstiessen.

Das Haus wurde, wie schon aus einer oben gethanen Erwähnung hervorging und wie es auch die Ansicht erkennen lässt, zum grössten Theile aus Holz erbaut. Die Balken sind aus Fichtenholz und aussen und innen glatt behauen. Die Stärke der Balken beträgt nur 12 cm. Die Breite derselben ist durchgehends gleich; sie mass 29 cm. Die gleiche Breite der Balken ist wohl eine Hauptbedingung zur Durchführung einer Verzinkung, so staunenswürdig exact und kunstvoll, wie sie dieses Haus zeigt. Ich werde Gelegenheit haben, weiter unten über diese

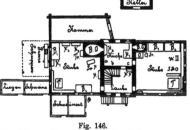

Fig. 145. Haus Nr. 48 im „Köppel-Viertel" der Gemeinde St. Lorenzen.

Fig. 146.
Grundriss zum Hause Nr. 48 im „Köppel-Viertel" (1 : 333).

dem ein senkrecht zur Längenachse des Hauses gestellter zweiter, sich nach rückwärts erstreckender Tract vermuthet werden könnte. Dem ist jedoch nicht so. Das Haus besteht aus einem Tracte, der, wie der Grundriss (Fig. 146) zeigt, nur zwei Stuben und eine Küche mit einer ihr vorgelegten Laube einschliesst. Beide im Bilde sichtbaren Giebel des Hauses zeigen balconartige Gänge. Die Gänge sind von den hier weit vorspringenden Dächern beschirmt. Während beim frontseitigen Giebel eine Abwalmung auffällt, fehlt eine solche beim anderen Giebel. Dieser Theil des Daches ist ein einfaches Satteldach. Das Dach ist nach Art der Strohdächer um Kirchschlag gedeckt. Die Firstversicherung ist jener ähnlich, welche mir zuerst in Schmiedraith auffiel. Während jedoch in Schmiedraith und in allen Gegenden, in welchen ich diese Art der Firstversicherung antraf, lange Strohbündel knieförmig über den First gelegt und beiderseits befestigt waren, befanden sich an

Art der Verzinkung, wie sie mir nicht nur an diesem Hause, sondern an allen hölzernen Bauernhäusern der Gegend von Vorau auffiel, des Weiteren zu sprechen.

In Bezug auf das Aeussere des Hauses habe ich noch aufmerksam zu machen auf die eigenartige Lage der Fenster. Wir erblicken vorerst in der Stirnseite des Hauses drei Fenster in einer Reihe und darüber noch weitere zwei Fenster in einer zweiten Reihe. Sie gehören der vorderen Stube an. Sie wird noch durch drei weitere Fenster beleuchtet; zwei davon liegen in derselben Höhe wie die untere Fensterreihe in der Giebelwand und über diesen beiden Fenstern ist das dritte Fenster angebracht. Zu bemerken ist hier noch, dass die tiefer liegenden Fenster etwas grösser sind als die oberen. Sie messen 40 cm in der Länge und in der Höhe, während die oberen 30 cm lang und ebenso hoch sind. Nach den in der Gegend von Vorau gemachten Erfahrungen

Mittheilungen d. Anthrop. Gesellsch. in Wien. Bd. XXVII. 1897.

22

sind jedoch an diesen Fenstern bereits Veränderungen vorgenommen worden; sie sind nämlich vergrössert worden. Auf die Vergrösserung deuten vorerst die aussen um die Fensteröffnungen angebrachten Fensterrahmen, an welchen die sich um Charniere bewegenden Fensterflügel angebracht sind. Auch der Umstand, dass die Flügel sich an Charnieren bewegen, weist auf eine vorgenommene Umgestaltung der Fenster hin; denn die Fenster aller Häuser jener Gegend, welche annähernd gleich alt mit dem in Rede stehenden Hause sind, haben, falls keine Veränderungen an den Fenstern vorgenommen sind, stets Fenster, welche an der inneren Wand zwischen zwei Leisten in horizontaler Richtung zu schieben sind. Die hintere Stube dieses Hauses hat auch jetzt noch Schiebfenster. Ein weiterer Beweis dafür, dass die Fenster dieser Stube ehedem kleiner gewesen sind, bot sich mir in dem Vorhandensein zweier weiterer Fensterchen dieser Stube, die heute jedoch nicht mehr ihren ehemaligen Zweck erfüllen, sondern mit Brettern verschlagen sind. Das eine davon liegt in der Frontseite des Hauses und schliesst sich an die beiden dort sichtbaren unteren Fenster nach links an. Das andere liegt dem ersten der Fenster in der Frontseite gegenüber in der Rückwand des Hauses. Diese beiden Fensterchen messen nur 30 cm in der Länge und ebenso viel in der Höhe. So gross werden ehemals wohl auch die anderen Fenster der Stube gewesen sein.

Die hintere Stube besitzt sechs Fenster. Davon liegen drei in einer Reihe in der Vorderfront und drei, wieder in einer Reihe, in der nordwestlichen Seite des Hauses. Ueber diesen beiden Fensterreihen sind keine weiteren Fenster angebracht. Die höher liegenden Fenster der vorderen Stube mögen, wie ich dies auch beim Hause Nr. 35 in Tulwitz schon sagte, in Häusern, in welchen, wie in der Gegend von Vorau, eben diese vordere Stube zumeist eine Rauchstube ist, nicht nur dazu gedient haben, um die Stube mit Licht zu versehen, sondern auch dazu, durch sie den Rauch aus der Stube entweichen zu lassen. Die hintere Stube enthält nie eine offene Feuerstelle. Da somit dort nie Rauch abzuleiten war, fehlen in der hinteren Stube die für die Rauchstube dieser Gegend typischen höher gelegenen Fenster stets.

In der Mitte der Vorderseite des Hauses liegt die Eingangsthüre und zu beiden Seiten derselben sind Fenster angebracht, die die Laube („Lab'm") beleuchten. Jener Theil der Frontseite, welcher die Laube nach vorne abschliesst, ist gemauert. Zur Eingangsthüre führen von rechts und links einige Stufen empor, die auf ein der Thüre vorgelegtes Plätzchen enden, das von einem Pultdache beschattet wird. In der Richtung nach der hinteren Stube fällt das Terrain vor dem Hause ab. Diesen Umstand hat man in der Weise ausgenützt, dass man unter der hinteren Stube einen Keller anlegte, der durch eine Thüre von aussen betreten wird. Der Keller ist aus Steinen aufgeführt; die hintere Stube liegt also auf Mauerwerk.

Vor dem Keller ist, wie aus der Ansicht zu ersehen, ein Schweinestall so aufgestellt, dass er den Zutritt zum Keller freilässt. Nach Nordwesten hin schliesst sich an das Haus ein zweiter hüttenartiger Bau an, in dem ebenfalls Schweine und ausserdem noch Ziegen untergebracht sind.

Aus dem Plane ist zu entnehmen, dass demselben dieselbe Gliederung zu Grunde liegt, wie den meisten Häusern, die ich aus der Gegend von Oedenburg, Oberschützen, Kirchschlag und auch aus der östlichen Steiermark beschrieben habe. Die beiden Stuben schliessen die Küche und Laube, welch' beide durch eine Mittelwand getrennt sind, die parallel zur Längenachse des Hauses liegt, ein. Jene Wände, welche die Küche und die Laube einschliessen, sind Mauerwerk. Alle anderen Wände des Hauses sind aus Holz. Die Küche ist mit einem Tonnengewölbe gedeckt. Alle anderen Räume haben Holzdecken. Während jedoch die Laube nur eine einfache Bretterdecke zeigt, weisen die beiden Stuben Tramdecken auf. Die Trambalken sind von unten mit sauber abgefasten Brettern verschalt. Man nennt eine solche Decke in der Gegend von Vorau einen „Reamlingpoud'n". Die Decke wird durch einen mächtigen Durchzugbalken getragen. In der Mitte der Seitenfläche war ein Kreuz eingeschnitten. Die Fussböden der beiden Wohnstuben sind gedielt, Laube und Küche dagegen haben Böden, die mit unregelmässigen Steinplatten lückenhaft und uneben gepflastert sind. Die vier Räume des Hauses sind, wie der Plan zeigt, folgendermassen mit einander verbunden. Aus der Laube öffnen sich drei Thüren, und zwar eine in die vordere Stube, die zweite in die Küche und die dritte in die hintere Stube. Ausserdem stehen Küche und vordere Stube ebenfalls durch eine Thüre in Verbindung. Aus der Küche führt eine Thüre nach rückwärts in's Freie. Die zuletzt genannte Thüre gestattet einen Durchgang durch das Haus, wie ihn sonst die durchgehende Laube ermöglicht.

So ist das Haus heute ausgestaltet. Ehedem war es nicht so eingerichtet. Es hatte früher ebenso wie jenes Haus Nr. 35 aus Tulwitz eine Rauchstube. Beide Häuser haben also eine ganz ähnliche Umgestaltung erfahren. Beweise dafür, dass die vordere Stube dieses Hauses ehemals eine Rauchstube war, waren mir auch hier drei geboten: 1. Wie die Stubendecke des Hauses in Tulwitz war auch die Decke dieser Stube mit einer dichten Rauchschichte bedeckt; 2. deuteten die höher liegenden Fenster unzweifelhaft darauf hin, dass die Stube ehemals eine Rauchstube gewesen sein muss, und 3. hing über den Betten B_1 und B_2 von der Decke ein altes Ueberbleibsel der Rauchstube, eine „Holspruck" (Holzbrücke), herab. Es sind dies zwei von der Decke hängende, an Ketten oder Eisenstäben befestigte armdicke Stangen, auf welchen nahe dem offenen Herde in den Rauchstuben die Holzscheite zum Backen des Brotes getrocknet werden.

An der Stelle, welche ehemals in dieser Stube der offene Herd eingenommen hat, steht jetzt in der Ecke ein Backofen und daneben ein Kachelofen. Diese beiden Oefen stehen ganz in derselben Weise angeordnet, wie die Oefen in der grossen Stube des Hauses Nr. 15 in Aigen bei Kirchschlag. Auch eine Kienleuchte sahen wir an der freien Kante des Backofens angebracht, ganz gleich hier wie dort. Am Kachelofen fehlt jedoch der für die Gegend von Kirchschlag charakteristische „Luada'kess'l". Vor den beiden Oefen hängt von der Decke, bis zum Durchzugbaume reichend, eine „Gewandstange". Vor dem Kachelofen steht ein Stuhl.

An den beiden Wänden entlang, die mit Fenstern versehen sind, laufen feststehende Bänke. In der Ecke, in welcher die beiden Bänke zusammenstossen, steht auf den Bänken ein Eckkästchen mit dreiseitiger Basis und von etwa 70 cm Höhe. Ueber dem Kästchen ist eine vom Winkel aus nach rechts und links laufende Stellage angebracht. Es sind einfache Bretter von 13 cm Breite. Die vorderen Kanten der Bretter sind mit dem Façonhobel abgefast. Ueber der Stellage befindet sich in der Ecke ein „Åltarl". Es besteht aus einem Crucifix und einigen kleinen Heiligenbildern. Ein zweites Wandkästchen mit rechteckförmiger Grundfläche steht hinter der Eingangsthüre auf der Bank. Auch über diesem Kästchen ist eine Stellage, die ebenfalls wieder nur aus einem Brette besteht, angebracht.

In der Ecke, welche die beiden stabilen Bänke bilden, steht der massive Tisch. Er zeigt genau dieselbe Gestalt und Einrichtung, wie jener Tisch, den ich im Bd. XXV dieser Mittheilungen aus Oberschützen beschrieben und dort (Fig. 219) abgebildet habe. Neben dem Tische steht eine Bank ohne Lehne. Unter der Bank sah ich einen dreibeinigen runden Schusterstuhl S-S stehen. Er fehlt in keinem Bauernhause der Gegend von Vorau. Wenn nämlich der Schuhmacher „auf die Stör" in's Haus kommt, so wartet seiner der Stuhl schon. Vor dem Bette B_2 stand eine Wiege W. An den Wänden fand ich oberhalb der Tischoberfläche kleine Lederstreifen an ihren Enden so befestigt, dass die Mitte der Streifen von der Wand abstanden. Hinter diesen Lederstreifen staken die Löffel. An der Unterseite der stabilen Bänke sah ich kleine Schubladen angebracht. In einer derselben hatte die Bäuerin Nadeln, Zwirn und ihr Strickzeug aufbewahrt, in der anderen die Kinder ihr Schulzeug und in einer dritten und vierten waren andere Kleinigkeiten untergebracht. Solche Schubladen findet man an den Bänken in der Gegend von Vorau in jedem Hause.

In der Laube führte in der linken Ecke eine Stiege zum Dachboden empor. Unter der Stiege standen drei Truhen links von der Küchenthüre. Rechts stand bei K-K ein Küchenkasten. Sonst war nichts in der Laube untergebracht.

In der Küche steht der offene Herd H_1, dem Kachelofen O vorgebaut. Das Ofenloch des Kachelofens mündet über die Herdoberfläche. Der Herd besitzt nach links hin eine Fortsetzung, die in einer Steinplatte besteht. Auf diese mündet die Heize des Backofens. Auf diese Steinplatte werden die heissen Laibe gelegt, wenn sie aus dem Ofen kommen. Sie dient auch der „Ofenschüssel" beim „Einschiessen" als Unterlage. Ueber beiden Ofenlöchern waren Zuglöcher angebracht.

Gegenüber dem grossen Herd steht an der anderen Wand ein kleiner Herd H_2. Er wird im Sommer von den „Inwohnern" (Miethpartei) benützt, welche die zweite Stube bewohnen. Auf diesen Herd mündet die Heize eines zweiten Backofens, der in der hinteren Stube steht. Bei a war früher eine zweite Heize angebracht, die jetzt vermauert ist und zu einem Ofen führte, von dem ich später sprechen werde. Bei b hängt ein Schüsselkorb an der Wand und bei c befindet sich eine Nische in der Wand und in derselben eine Stellage für irdenes Kochgeschirr. Ueber der Küchenthüre, über der Nische und über dem Schüsselkorb ist ein langes Wandbrett befestigt. Auf demselben bemerkte ich einen kleinen drei-

22*

beinigen Kessel mit mehreren dreibeinigen Pfannen mit langen Stielen.

Die hintere Stube konnte ich leider nicht betreten, da die Bewohner vom Hause fern waren. Es war mir jedoch möglich, durch die Fenster Einblick in diese Stube zu erlangen, und ich habe die Einrichtung dieses Raumes beiläufig in den Plan eingetragen.

Die feststehenden Bänke nehmen hier nicht die ganze Länge jener Wände ein, an denen sie befestigt sind. Der Tisch steht wieder in der Ecke, die die Bänke bilden. Bei B_1 und B_2 stehen Betten, bei K_1, K_2 und K_3 Kästen, bei Tr am Backofen eine Truhe und neben dem Backofen ein Sparherd Sp-H. Unter H stand eine „Hühnersteige“, darüber hing an der Wand ein Schüsselkorb und über diesem sah ich eine Tellerrem angebracht von der Gestalt jener, die ich Bd. XXV, Fig. 215, aus Oberschützen abgebildet habe.

Wo heute der Sparherd in der hinteren Stube steht, stand früher, wie mir die Bäuerin sagte, ein „Ruab'mhauf'n“. Diese Bezeichnung wird in der Gegend von Vorau jener Art von Kachelöfen beigelegt, welche Prof. Dr. Meringer im Bd. XXIII dieser Mittheilungen, S. 142 u. 143, beschreibt Da Dr. Meringer daselbst die Beschreibung durch mehrere Illustrationen (Fig. 57, 67 u. 68) unterstützt, kann ich mich umsomehr der bildlichen Wiedergabe solcher Oefen entheben, als die Oefen der Gegend, in welcher ich sie fand, vollkommen jenen gleichen, welchen Dr. Meringer aus Mürzzuschlag abgebildet hat. Hervorheben will ich nur noch, dass mir der erste Ofen dieser Art in einem Holzknechthause (H.-Nr. 42) der neuen Glashütte bei Mönichkirchen am Wechsel unterkam. Die Kacheln hatten genau dieselbe Form, die Dr. Meringer a a. O. unter Fig. 67 im Bilde wiedergibt. Ihre Tiefe betrug 13 cm und der grösste Durchmesser 11 cm. Die Kacheln waren weder glasirt noch geschwärzt, sondern zeigten die graubraune Farbe des gebrannten Thones. Ich sah dann im Wechselgebiete noch zwei solche Oefen, und zwar einen in der Thalberger Schwaig und einen in der Vorauer Schwaig. Der letztere Ofen hatte zwei Zimmer zu heizen; er ist daher auch grösser als der in der Thalberger Schwaig, der nur ein Zimmer heizt. Während nämlich der Ofen in der Thalberger Schwaig 1·2 m in der Höhe misst, wovon die Hälfte auf den gemauerten Sockel kommt, misst jener in der Vorauer Schwaig ohne den Sockel, der eine Höhe von 80 cm hat, 1·3 m. Der Ofen in der Thalberger Schwaig

bestand aus 100—120 Kacheln. Man nennt diese Kacheln in der Gegend von Mönichkirchen „Hëifa'ln“ und die Oefen „Hëifa'lëif'n“. Sie dienen nicht allein als Stubenöfen, sondern auch als Backöfen. Der Pächter der Thalberger Schwaig sagte mir, dass dies die besten Oefen seinen. Der seinige wurde im Jahre 1868 vom „Åa'tgråb'm-Håfna'“ in Friedberg gesetzt und werde wohl 100 Jahre aushalten. Der Hafner Alois Zeilinger in Vorau zeigte mir Kacheln, deren convexer Theil braun oder grün glasirt war. Er sagte mir, dass man solche Oefen besonders in den Brechelstuben häufig setzen lasse, und in der That sah ich dann in der Umgebung von Vorau mehrere Brechelstuben, in welchen solche „Rübenhaufen-Oefen“ standen.

Zur Erklärung des Planes vom Hause Nr. 48 bei Bruck habe ich noch nachzutragen, dass an die Rückwand der hinteren Stube eine Kammer angebaut ist. Es ist dies ein einfacher Blockbau aus runden Balken, deren Köpfe an den Kanten der Kammer vorstehen. Diese Kammer dürfte erst angebaut worden sein, als die ehemalige durchgehende Laube in eine Küche und die ihr vorgelegte Laube umgestaltet worden ist. Es fanden sich nämlich darin all' die Geräthe und Dinge untergebracht, welche sonst in der durchgehenden Laube der Bauernhäuser jener Gegend zu sehen sind An die nordwestliche Seite des Hauses ist dann noch ein offener Schuppen angebaut, über den sich ein Pultdach lehnt, das vorne von zwei Säulen getragen wird. In dem Schuppen steht eine Mostpresse. Hinter dem Hause liegt der Küchenthüre gegenüber ein Keller, der in das dort ansteigende Erdreich hineingebaut wurde.

Vor dem Wohnhause liegt der Stadel. Er hat in seiner Anlage und in seinem Aeusseren auffallende Aehnlichkeit mit dem oben besprochenen Stadel beim Hause Nr. 13 in Auen (s. d. Riss, Fig. 139). So wie bei jenem Stadel, liegen die drei Tracte, mit einander verbunden, in der Form eines Hufeisens beisammen. Der Unterschied zwischen beiden Städeln besteht nur darin, dass der Hof des Stadels bei dem eben besprochenen Hause Nr. 48 bei Bruck vollkommen geschlossen ist, während er dort nach einer Seite hin offen war. Abgeschlossen ist dieser Hof durch eine quergebaute Hütte, welche das „Liada'kamma'l“ in sich schliesst, und durch ein grosses Einfahrtsthor, das rechts, und ein kleines „Thürl“, das links von dieser Hütte angebracht ist. Ich sehe von der Beschreibung des Stadels ab, da ich späterhin andere Städel aus der Gegend von Vorau zu beschreiben gedenke, die in der ortsüblichen Weise mit dem Wohnhause verbaut liegen.

In der engeren Umgebung von Vorau habe ich, wie ich bereits oben betonte, keinen einzigen Hof gefunden, in dem das Wohnhaus, wie bei dem eben beschriebenen Hofe, von den Wirthschaftsgebäuden vollkommen abgesondert gestanden wäre; solche Häuser traf ich jedoch einige, die in ihrem Inneren genau dieselbe Umgestaltung erlitten haben, welche ich am zunächst vorherbesprochenen Hause nachgewiesen habe, so z. B. das Haus des „Hans'l in der Stifing" (Gemeinde Riegersbach), das im Jahre 1616 erbaut wurde, und das Haus des Anton Weissenbäck vulgo „Duri-Toni" in Puchegg, das im Jahre 1764 gebaut wurde und bis vor 10 Jahren noch seine Rauch-

wieder ein Holzbau. Das Holzgefüge ist mit derselben Sorgfalt hergestellt, wie beim vorherbesprochenen Hause. Die Holzwände der vorderen Stube liegen auf steinernen Mauern, die einen Keller einschliessen. Die Kellerthüre ist in der Giebelwand des Hauses angebracht. Das Haus deckt ein Strohdach. An der Giebelseite des Hauses ist wieder ein Gang angebracht. Er wird durch eine kurze Abwalmung vom Regen geschützt. In der Giebelwand dieses Hauses sehen wir sechs Fenster, vier in einer unteren und zwei etwas kleinere in einer oberen Reihe. Die Fenster dürften auch schon vergrössert worden sein. Sie haben nämlich aussen Fensterrahmen. An den Rahmen der unteren Fenster sind hölzerne Fensterladen befestigt. In der hofseitigen Wand der vorderen

Fig. 147. Haus Nr. 19 in Schachen bei Vorau.

stube hatte. Ein anderes Haus, das des Josef Kerschbaumer vulgo „Gressing" in Schachen (H.-Nr. 78), wurde einfach dadurch umgestaltet, dass jener Theil der grossen Rauchstube, in welchem der Herd lag, durch eine Bretterwand vom anderen Theile abgetrennt wurde. Der Theil, in dem der Herd steht, ist jetzt Küche, während die andere Hälfte den Charakter der Rauchstube verloren hat und eine Wohnstube ist. Die Laube aber hat ihren alten Charakter beibehalten.

Das Haus, dessen Beschreibung jetzt folgen soll, liegt in der unmittelbaren Umgebung von Vorau. Es gehört zur Gemeinde Schachen, führt die Hausnummer 19 und trägt den Hausnamen „Lederer in Éilla" (Erlach, Erlenwald oder Erlengestrüpp). Das Haus wurde, wie die eingeschnittene Jahreszahl auf dem Durchzugbalken beweist, im Jahre 1736 erbaut. Wie die Ansicht dieses Hauses (Fig. 147) zeigt, ist es

Stube sind vier Fenster, die in e i n e r Reihe liegen, angebracht. In der Wand, die dieser gegenüberliegt, befinden sich zwei weitere Fenster. Da diese Stube im Ganzen also nicht weniger als 12 Fenster hat, ist sie, obwohl die Fenster nicht gross sind, ganz gut beleuchtet.

Wie aus dem Plane der ganzen Hofstätte (Fig. 148) hervorgeht, ist hier das Wohnhaus so zu den Wirthschaftsgebäuden gelegt, dass innerhalb aller Gebäude ein vollkommen abgeschlossener Hof liegt. Trotzdem steht das Wohnhaus noch insoferne frei, als es nicht überall mit anderen Gebäuden verbaut, sondern vorne nur durch ein Thor mit den in der Nähe liegenden Schweineställen verbunden ist.

Besehen wir uns nun den Grundriss des Wohnhauses näher, so erkennen wir, dass dem Hause dieselbe Dreitheilung zu Grunde liegt, welche das Kainzen-Haus aufwies, bevor es die Umgestaltung im Inneren erlitt. Die Mitte hält die durchgehende Laube. Nach vorne liegt die Rauchstube und nach rückwärts gliedert sich an die Laube die hintere Stube an.

Ich beschreibe vorerst die Rauchstube. Sie hat wieder einen Bretterfussboden und als Decke einen „Reamlingpoud'n". Die Stube ist $1^{1}/_{4}$ Klafter hoch. Es ist dies für eine Bauernstube der Gegend von Vorau eine aussergewöhnliche Höhe. Der Besitzer des Hauses sagte mir, es soll diese Stube die höchste in den Bauernhäusern des ganzen Vorauer Bezirkes sein. In der Ecke links von der Stubenthüre steht der mächtige offene Herd H. In seinem rückwärtigen Theile schliesst er den Backofen B-O in sich. Fig. 149

Fig. 148. Grundriss zum Hause Nr. 19 in Schachen (1 : 400).

bildet diesen Herd ab. Die Herdoberfläche liegt 50 cm hoch über dem Fussboden. Sie ist aus Steinplatten gebildet. Ueber der Herdoberfläche wölbt sich ein massiger Feuerhut, der die aufsteigenden Funken zurückzuschlagen hat. Dieser Feuerschirm ist, wie mir der Bauer sagte, aus Steinen erbaut. Der Backofen erreicht die Höhe des Feuerschirmes bei weitem nicht. Auf seiner Oberfläche liegt Scheiterholz zum Trocknen. Die Heize für den Backofen mündet auf den Herd. Sie ist im Hintergrunde des Herdes zu ersehen. Im gemauerten Sockel des Herdes ist im untersten Theile vorne am Boden eine Nische ausgespart, in welche die Fussspitzen gestellt werden, wenn Brot „eingeschossen" wird. Eine kleine Nische ist auch oberhalb der Herdsohle in der linken Herdmauer ausgespart. Sie wird das „Hea'tmaija'l" (Herdmäuerchen) genannt. Man legt dort die „Stia'z"

(Hafendeckel) ab. Solche Herde, wie der beschriebene, werden in der Gegend von Vorau „Schwål'mnēista'" (Schwalbennester) genannt. Diese eigenthümliche Bezeichnung will die Form, welche in der That einem Schwalbenneste nicht unähnlich ist, charakterisiren. Unter dem Feuerschirm qualmt der Rauch hervor und erfüllt die ganze Stube. Es ist mir nie vorgekommen, dass in einem der vielen Häuser, welche ich besuchte, eines der oberen Fenster geöffnet worden wäre, auch wenn die Luft in der Stube ganz mit Rauch geschwängert war. Man scheint nachgerade ganz vergessen zu haben, zu welchem Zwecke die höherliegenden Fenster in den Rauchstuben angebracht worden sind. In dieser Annahme bestärkte mich das folgende Erlebniss: In einem Bauernhause, das ich aufnahm — ich weiss mich jetzt nicht mehr

Fig. 149. Herd aus dem Hause Nr. 19 in Schachen.

zu erinnern, welches es war —, war der Durchzugbalken so dicht mit einer Russschichte belegt, dass man die Jahreszahl, welche in den Balken eingeschnitten war, nicht ausnehmen konnte. Man gab mir einen Stuhl und eine kleine Hacke, um die Russschichte entfernen zu können. Auf dem Stuhle stehend, empfanden meine Augen in den höheren Luftschichten der Stube das Beissende des Rauches so stark, dass ich unmöglich weiter arbeiten konnte. Ich bat die Bäuerin, eines von den Rauchfenstern öffnen zu dürfen. Die Erlaubniss ward mir wohl bereitwilligst ertheilt, doch die Ausführung des Vorhabens konnte nicht gelingen, denn die Fensterchen waren alle durch die Russschichte so arg in die Schiebrahmen eingeklebt, dass das Oeffnen zur Unmöglichkeit wurde. Die Fensterchen waren also durch Jahrzehnte nicht geöffnet worden. So wie es dort war, wird es wohl in fast allen Bauernhäusern der Gegend von Vorau sein. Es ist sogar wahrscheinlich, dass das Verkleben der oberen Fenster durch den Russ auf die Dauer gar nicht verhindert werden kann und dass man deshalb in älteren Häusern bedacht sein musste, den Rauch auf einem anderen Wege abzuleiten. Im Hause Nr. 35 aus Tulwitz wurde der Rauch, so lange die vordere Stube noch Rauchstube war, wie ich mitgetheilt und wie am Hause jetzt noch zu ersehen (vgl. die Ansicht Fig. 143), durch einen hölzernen Schlot, welcher durch die Giebelwand des Hauses aus der Stube führt, abgeleitet. In ganz gleicher Weise und am ganz gleichen Orte sah ich einen Rauchabzugsschlot auch bei einem Bauernhause in der Gegend von Vorau angebracht. Es ist dies das Haus Nr. 80 des Franz Hammer vulgo „Franz'l in' Rechpea'", Gemeinde Schachen. Bei einem anderen Hause, beim Hause Nr. 67 des Josef Lechner vulgo „Obere Rothenleitner" in Puchegg, strömt der Rauch durch eine Seitenwand der Stube und wird von aussen durch einen hölzernen Schlot, der wie angeklebt an die äussere Stubenwand aussieht und durch den überhängenden Theil des Strohdaches durchragt, aufgefangen und abgeleitet. In ähnlicher Weise ist der Rauchableitungsschlot auch bei dem Hause Nr. 84 des Johann Kager vulgo „Hans'l", früher „Jåg'l in Ånga'", Gemeinde Riegersbach, und bei mehreren anderen Häusern, die ich aufnahm, angebracht. Diese Schlote bestehen alle schon so lange, dass sie nicht erst in einer jüngeren Zeit, an die sich noch Jemand erinnern hätte können, angebracht worden wären. Trotzdem glaube ich aber, dass sie nicht gleichzeitig mit dem Hause errichtet worden sind, denn überall riefen diese Schlote und besonders die Art und Weise, in der sie zumeist höchst ungeschickt und unschön angebracht waren, in mir die Vermuthung hervor, als ob ich Flickarbeit vor mir hätte, die ursprünglich Versäumtes verbessern soll.

In der Regel wird jedoch der Rauch durch Schlote nicht direct aus der Stube abgeleitet, wie dies beispielsweise auch bei dem in Rede stehenden Hause Nr. 19 in Schachen und auch bei dem Hause Nr. 14 des Franz Holzer vulgo „Hoind'l i' da' Piara" in Puchegg, sowie beim erwähnten Hause Nr. 84 in Riegersbach, die noch beschrieben werden sollen, der Fall ist. Es befindet sich in diesen Häusern, sowie in vielen anderen, in ich sah, oberhalb der Eingangsthüre, die in die Rauchstube führt, ein Loch, durch das der Rauch streichen soll, um ausserhalb der Thüre, also in der Laube, durch einen vierseitigen, sich nach oben zu einem Schlote verengenden Rauchfange aufgefangen zu werden, wie

einen solchen in ganz gleicher Ausführung Eigl in seiner „Charakteristik der Salzburger Bauernhäuser" (Fig. 13, S. 48) abbildet. Da in der Rauchstube aber fast nie ein Gegenzug herrscht, so findet der Rauch nur selten den ihm angewiesenen Weg. Man hat sich darum im Hause Nr. 84 veranlasst gefunden, dem oben erwähnten und unten im Bilde (Fig. 150) zu sehenden Schlot, der aus der Seitenwand der Stube schräg durch das Dach führt, neben dem anderen Schlote, der aus dem Vorhause durch das Dach emporgeleitet, anzubringen. Der zweite, neue Schlot leitet den Rauch nun wohl besser ab, da durch ihn und das Loch über der Thüre fortwährend Zugluft weht.

Ich fahre jetzt in der Beschreibung der Rauchstube des Hauses Nr. 19 in Schachen fort. Die stabilen Bänke laufen hier nicht nur an zwei Wänden entlang. Auch an einer dritten steht eine solche und diese setzt sich, im rechten Winkel gebrochen, an der Vorderseite des Backofens bis an die Seite des Herdes fort. Unterhalb der Theile *a* und *b* der zuletzt erwähnten Bank ist eine Hühnersteige („Heañstaig'n") untergebracht, wie sich dies auch aus dem Bilde des Herdes (Fig. 149) ersehen lässt. Rundherum läuft an den drei Wänden über den Bänken eine Stellage, die wieder nur aus schmalen, 15 cm breiten Brettern besteht. Es ist dies daher keine „Rem" oder „Zinnås'n" von der Form, wie man sie in der Heanzerei und auch anderwärts findet. Es werden darauf auch nicht Teller gestellt oder Krüge gehängt wie dort, denn Alles würde in kurzer Zeit vollständig mit Russ überzogen werden. Aus demselben Grunde findet man hier und in keiner Rauchstube der Gegend von Vorau einen Hausaltar. Wohl zum Ersatze desselben steht aber in jeder Rauchstube der Gegend, auch in der, die ich eben beschrieben, auf dem grossen Tische im Tischwinkel ein kleines Crucifix aus Messing. Neben dem Tische *T* steht eine Bank. Einen Schusterstuhl fand ich auch hier wieder. Er stand neben dem Tische, unter die Bank gerückt. In der vorderen hinteren Ecke stand bei *c* ein Stuhl, der einzige, den ich in der Rauchstube sah. Im Tischwinkel stand ein dreieckiges Wandschränkchen auf der Bank und bei *d* hing ein Schüsselkorb hinter der Thür an der Wand. Neben dem Herde stand an der Thür ein Küchenkasten *K-K* und zwischen Thür und Tisch ein Tafelbett *T-B*. Bei *e* hing eine „Holzbruck" von der Decke und bei *f* ein ähnliches Traggerüst aus Stäben zum Trocknen der zur Beleuchtung dienenden Späne, die „Spanschwing'".

Aus der durchgehenden Laube leiten bei *g* eine Stiege hinauf zum Boden und bei *h* eine zweite Stiega unter der ersteren hinab in den Keller. Hinter der Bodenstiege steht bei *i* eine Hühnersteige und bei *k* an der Wand eine Bank. In der Ecke, welche die Kellerstiege und die Bodenstiege bilden, ist bei *l* ein „Kuch'lkast'l" aufgestellt. Bei *m* steht der „Spaiskåst'n", bei *o* „'s Ria'fass'l" zum Rühren der Butter und bei *p* ein „Påchtrou'" (Backtrog) auf einem „Schråg'n". Zwischen dem Speisekasten und dem Butterfasse hängt bei *n* Werkzeug (Sensen, Rechen, Hacken etc.) an der Wand. Unter *q* hängt ein Wandkasten an der Wand, unter *r* steht ein „Wåssa'pank'l" und unter *s* eine „Luada'truch'n". Oberhalb *t* hängt über der Thüre der schon oben beschriebene „Rachfång" und oberhalb *u* ein „Proutrend'l".[1])

Die hintere Stube hat keinen Ofen; sie ist unheizbar. Die Betten B_1 und B_2, in welchen die beiden Schwestern des Bauers, Marie (39 Jahre alt) und Anna (31 Jahre alt), die Miteigenthümerinnen am ganzen Besitzthume sind, schlafen, kommen im Winter, da es hier zu kalt wäre, in die Rauchstube und stehen dann dort unter der Holzbrücke bei *e*. Wohl deshalb, weil sie in der hinteren Stube keinen ständigen Standort haben, stehen sie, besonders das eine Bett, das in der Mitte des Raumes liegt, wie wenn sie in die Stube hineingeschneit wären. Mit hervorragendem Ordnungssinne scheinen die drei guten Leute, welche das Haus besitzen und bewohnen, übrigens nicht ausgestattet zu sein. Dafür zeugt nicht nur die Anordnung, eigentlich besser Unordnung, in welcher auch die anderen Möbel in dieser Stube stehen, sondern überhaupt der Schmutz und die Verwahrlosung, die Einem aus allen Ecken des Hauses entgegenstarren.

Bei *v* standen fünf Schränke in einer Reihe an der Wand. Unter *w* stehen acht Truhen verschiedener Grösse, theils bemalt, theils nicht bemalt. Bei *x* stehen drei Stühle und unter *T* ein Tischchen.

Noch bunter sah es auf den Dachböden des Wohnhauses aus. Der „vordere Stubenboden" war mit einer Lehmschichte gepflastert, der „Lab'mpoud'n" hatte dagegen nur einen einfachen Bretterboden. Hier lag „ålla'hånd Graff'lwea'ch" (allerlei Gerümpel), wie zu mir die Anna sagte, durcheinander. So war es auch. Alte und neue Ochsenjoche, Spinnräder, „Ånmåchat" (eine Art steinharter Käse, der zum

[1]) „Proutrend'l" ist wohl ein veranstalteter dim. von Proutrem; Pråtrem wird das gleiche Geräth, die hängende Brotbühne in der benachbarten Heanzerei genannt.

Anmachen der Käsesuppe dient), Kleeblumen in Säcken, Haspel und Spulen, Hecheln und Flachs in Winkeln, Alles lag kunterbunt durcheinander.

Der „hintere Stubenboden" dient als „Tradkåst'n" (Getreidespeicher). Der Fussboden dieses Dachbodens ist ein Bretterboden. Er ist mangelhaft gemacht und so schlecht schon, dass das Getreide durch die Spalten in die darunter liegende Stube fallen würde, wenn es nicht durch Spinngewebe, die wie dichte Wolken von der Decke hängen, aufgefangen würde. An die Ausbesserung des Bodens denkt Niemand, obwohl sie leicht vollzogen werden könnte, da die Geschwister „sich sehr gut stehen", wie mir der Wirth, Franz Holler in Vorau, bei dem ich wohnte und der die Verhältnisse der Bauern seiner Gegend sehr gut kennt, sagte.

Herrn Holler klagte ich auch mein Leid über die Erfahrungen, die ich in Bezug auf die Reinlichkeit im Hause des „Lederer in Ëilå" gemacht habe.

„Jå," sagte er, „insari Lait håb'm t' raiñsti Sauwia'tschäft. In da' Stub'm håb'm s' t' Sauschaff'l, t' Hëiñd'l (Hühner), unt schaun's amål t' Pëitt'n auñ. Ti Tëicka', wås håb'm, tå håt schauñ ta' Ua'gråssvåtta' traiñ g'schlåffa'. Unt wiss'n S', pan zëihnt'n Haus håb'm s' kåan Åptritt. Tå gaiñ s' glai' aussi hinta' 's Haus unt sëitz'n si' hiñ. Ta' Houf is' gåa' ta' raiñsti Sauståll."

Das vorstehende Urtheil Holler's ist nicht nur urwüchsig, sondern auch hart, aber gerecht. Gerade bei diesem Hause auch, das ich eben beschrieben, und bei vielen anderen fand ich in der That keinen Abort. Die Betten waren auch um die Mittagsstunde noch nicht gerichtet. So, wie sie Morgens verlassen wurden, traf ich sie übrigens auch in anderen Häusern selbst während der Abendstunden noch. Und das Bettzeug sah wirklich fast überall so aus, als ob es von der Urahne ererbt worden wäre. Der Hof ist in jedem Bauernhause, wenn sonst dessen Inneres auch rein ist — ich sah übrigens auch einige beispielhaft reine Bauernhäuser um Vorau und werde auch eines davon, das Haus Nr. 14 des Franz Holzer in Schachen, beschreiben —, so schmutzig, dass man, wenn man die vor dem Hause und den Ställen hinlaufenden Gräd'n verlässt, keinen Schritt trockenen Fusses machen kann.

Der Dünger wird nämlich nicht wie im Hofe des fränkischen Gehöftes in der Heanzerei in einer vertieften und oft ausgemauerten Stelle zusammengetragen, wohin auch die Jauche zumeist durch unterirdisch geleitete Canäle abfliesst, sondern man wirft ihn hier einfach durch die einzelnen Stallthüren hinaus in den Hof und dort, wohin er fällt, bleibt er auch liegen. Werden die angeworfenen Haufen endlich doch zu hoch, so werden die Massen über den ganzen Hof vertheilt. Der ganze Hof ist also eine Düngerstätte und Jauchengrube.

Es bleibt mir nun noch übrig, die zum Hause Nr. 19 in Schachen gehörenden Wirthschaftsgebäude einer kurzen Besprechung zu unterziehen. So wie das Wohnhaus, sind auch die Wirthschaftsgebäude aus Holz, nur sind die Balken, aus denen die Wirthschaftsräume gefügt sind, nicht so sorgfältig vierkantig behauen wie jene Balken, aus denen das Wohnhaus erbaut ist, und sie sind nicht verzinkt, sondern verzahnt. Die Balkenköpfe stehen also an den Kanten der Gebäude vor. Die Bewohner der Gegend von Vorau nennen die Zimmerungsart, in welcher die Wohnhäuser aufgeführt sind, „Schliasszimma't" (Schliessgezimmertes, Schliesszimmerung) und jene Art, in welcher die Wirthschaftsgebäude errichtet sind, „Schråtzimma't" (Schrotgezimmertes, Schrotzimmerung). Gedeckt sind auch die Wirthschaftsgebäude mit Stroh.

Nach rückwärts schliesst den Hof der Stadel ab. Er besteht aus drei Theilen. In der Mitte liegt die Tenne, links der Heustadel und rechts der „Hålpåa'n". Dem Wohnhause gegenüber liegt das Stallgebäude. Die Bestimmung der einzelnen Theile ist durch die Einzeichnungen im Plane erklärt. Vorne schliesst an die Stallreihe ein Wagenschuppen an, der die linke vordere Ecke des Gehöftes einnimmt. Zwischen dem Wagenschuppen und dem Wohnhause liegt noch der Stall für die Schweine.

Im Stalle für die grossen Ochsen ist Raum für ein Paar. Die Standorte für die beiden Thiere sind durch eine Stange abgetrennt. Vor den Köpfen der Ochsen steht ein Futtertrog und vor diesem liegt der Futtergang. Aehnlich ist auch der Stall für die Kühe eingetheilt. Er bietet Raum für sechs Thiere. Der Futtergang liegt hier in der Mitte des Raumes und zu beiden Seiten desselben die Futtertröge. An der Thüre des Ochsenstalles klebt aussen ein kleines Bild des heil. Leonhard und auf der des Kuhstalles ein Bild des heil. Oswald. Im „kleinen Ochsenstall", d. i. der Stall für die kleinen Ochsen, bewegt sich das Jungvieh ungebunden. In der rechten vorderen Ecke ist ihm ein Futterbarren aufgestellt. In der linken hinteren Ecke ist ein Verschlag für kleine Kälber errichtet.

Die Einfahrt an der rückseitigen Giebelwand des Hauses ist durch ein Strohdach gedeckt. Der Dach-

boden ist die „Luada'kåmma'"; zu ihr führt eine Stiege hinauf.

Wie ich oben erwähnt, laufen im Hofe, dem Wohnhause und den Ställen entlang „Gräd'n". Jener Theil der Gräde, welcher vor der vorderen Stube liegt, ist mit Steinplatten gepflastert. Am Ende des Plattenpflasters führen ein paar Stufen zur hofseitigen Eingangsthüre empor. Der Theil der Gräde vor der Laube und der hinteren Stube ist aus Pfosten hergestellt. Die Gräde, welche vor den Rinderställen und an beiden dem Hofe zugekehrten Seiten des Schweinestalles hinläuft, ist gebildet aus festgestampftem Lehm. Die Lehmschichte ist gegen den Hof zu durch Balken eingefasst. Auch vor der äusseren Frontseite des Hauses liegt eine Gräde, die sich jedoch nur vor der Laube hinzieht. Der Boden steigt dort von vorne noch rückwärts an. Es führt darum am rückwärtigen Ende dieser dem Hauseingange vorgelegten Gräde nur eine Stufe empor, während am vorderen Ende deren vier angebracht sind. Welche der beiden Frontseiten der Wohnhäuser in der Gegend von Vorau als die Hauptfront anzusehen ist, darüber werde ich bei dem vorletzten der Häuser, die ich aus dieser Gegend besprechen will, mein Urtheil abgeben.

Das dritte Haus, das ich jetzt aus der Gegend von Vorau beschreiben will, ist das Haus Nr. 84 des Johann Kager vulgo „Hans'l in Ånga'" in Riegersbach. Das Haus wurde, wie die Jahreszahl am Durchzugbalken angibt, im Jahre 1717 erbaut. Alle Gebäude des Hofes sind wieder aus Holz erbaut und wieder entspricht die Zimmerung des Wohnhauses dem des Wohnhauses des vorbesprochenen Hofes und die Zimmerung der Wirthschaftsgebäude der der Wirthschaftsgebäude desselben Hofes. Die Ausgestaltung dieses Hofes unterscheidet sich jedoch von der des Hofes Nr. 19 in Schachen darin, dass das Wohnhaus des „Hans'l in Ånga'" mit den Wirthschaftsgebäuden verbaut ist. Der Hof ist demnach ein vollkommen geschlossener. Die Ansicht, welche Fig. 150 bringt, bietet leider kein vollkommenes Bild des Hofes. Die Zäune und Obstbäume, welche das Haus umgeben, liessen es nicht zu, dass ich ein ganzes Bild des Hofes auf die Platte des photographischen Apparates hätte bringen können. Ich musste mich mit dem Bilde der Giebelseiten der beiden parallel gestellten Haupttracte des Hofes, mit den Vorderseiten des Wohntractes und des Stallgebäudes zufrieden geben. Was die Ansicht nicht zu bieten im Stande ist, trachtet der Plan des Hofes

(Fig. 151) zu ersetzen. Aus dem Plane geht hervor, dass die beiden parallelliegenden Haupttracte rückwärts wieder durch die quer gebaute Scheune, die auch hier aus drei Theilen, der Tenne, dem Heustadel und dem „Hâlpâa'n", besteht, verbunden sind. Die Tenne ist hier gegen den Hof zu offen. Die Eintheilung des links liegenden Stallgebäudes ist der Eintheilung des Stallgebäudes im Lederer-Hofe zu

stocke, der auf dem Gange steht, in Verbindung ist. Unter der Stiege ist die Hundehütte. Ich fand in der Gegend von Vorau kein Haus, das nicht ·von einem bissigen Köter bewacht gewesen wäre. Zum Glücke für den Fremden müssen hier jedoch alle Hunde tagsüber an der Kette liegen. An der Aussenseite der Wagenhütte steht ein laufender Brunnen, der sein Wasser in einen hölzernen Trog ergiesst.

Fig. 150. Haus Nr. 84 in Riegersbach bei Vorau.

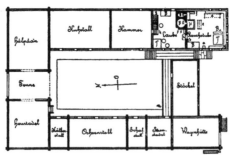

Fig. 151. Grundriss des Hauses Nr. 84 in Riegersbach (1 : 400).

Schachen ganz ähnlich. Das Stallgebäude schliesst nach vorne wieder mit einer Wagenhütte ab, die von der Giebelseite aus durch ein grosses Thor betreten werden kann. Oberhalb des Thores ist, wie sich aus der Ansicht ersehen lässt, ein Gang angebracht. Zu diesem führt eine Stiege empor. Vom Gange aus betritt man durch eine Thüre den über der Wagenhütte liegenden „Fruchtkasten". Das Wagenrad, das über die Brüstung des Ganges vorhängt, ist ein Schwungrad, das mit dem Schleif-

Aus dem Plane ist zu entnehmen, dass sich im Stallgebäude kein Kuhstall befindet. Derselbe liegt zwischen dem Wohnhause und der Scheune. Vorne stellt die Verbindung zwischen dem Wohnhause und dem Stallgebäude ein „Stöck'l", eine Kammer, her, in welcher Mehl und Fleisch etc. aufbewahrt wird. Wie die Ansicht sehen lässt, liegt die Stube hoch über der Erde. Sie ist untermauert. Die steinernen Mauern schliessen einen „Krumpia'nkella'" (Krumpian, Grundbirnen, Erdäpfel) ein. Von der Kellerthüre führen vier steinerne Stufen vorerst auf einen Treppenabsatz und dieser leitet zu einer Thüre, zum „Hofthürl". Vom Hofthürl aus lenken wieder vier Stufen zum „Priggl" empor. Das Brückel ist thatsächlich ein kurzer, hochgewölbter, brückenartiger Steinbau. Oben ist das Brückel mit dicken Brettern belegt und bildet eine kurze Gräde von der Länge der Laube vor der hofseitigen Hausthüre. Auf der anderen Seite des Brückels führen neun Stufen hinab zur Gräde, die in Form eines Hufeisens sich dem Kuhstall, der Scheune und dem Stallgebäude vorlegt. Im halbkreisförmigen Bogengewölbe des Brückels sind die Schweineställe untergebracht.

Das Brückel findet man bei Bauernhäusern der Gegend von Vorau sehr häufig und immer dann,·wenn die Wohnräume wie beim Hause Nr. 84 in Riegersbach, was aber wieder sehr häufig vorkommt, hoch über der Erde liegen. Ich fand es in mehreren Häusern, unter anderen auch in den beiden Häusern, die ich zunächstfolgend beschreiben werde, genau in derselben Weise durch einen gemauerten Bogen errichtet, wie bei dem in Rede stehenden Hause. Doch auch Gräden, die wie beim vorstehend besprochenen Hause Nr. 19 in Schachen der Laubenthüre an der Aussenseite vorgelegt sind und zu denen einige Stufen hinanführen, werden, ohne dass eine solche Gräde Aehnlichkeit mit einer Brücke hat, Brückel genannt. [1])

Besonders aufmerksam machen muss ich noch darauf, dass der Boden des Stöckels nicht auf der Erde aufliegt. Er liegt in der Höhe der Oberfläche des Brückels. Das Stöckel schwebt also sozusagen in der Luft. Unter dem Stöckel durch führt die Einfahrt in den Hof. Nach aussen ist die Einfahrt durch ein grosses zweiflügeliges Thor geschlossen. Auch das Ueberbauen der Einfahrt durch ein Stöckel oder selbst durch Stuben bildet eine für das Bauernhaus der Gegend von Vorau häufig vorkommende charakteristische Eigenthümlichkeit. Die Eigenthümlichkeit steht auch damit in Zusammenhang, dass die Stuben der Bauernhäuser sehr oft stark untermauert sind. Sonst wäre es nicht gut möglich, zwischen die beiden parallelstehenden Haupttracte einen verbindenden Tract so einzuschieben, dass unter demselben eine Einfahrt von oft so grosser Höhe freibleibt, dass hochbeladene Erntewagen durch dieselbe einfahren können.

---

[1]) Ueber das Brück'l hat Prof. Dr. Meringer, der das Brückel auch am Bauernhause der Gegend von Aussee fand, schon im Bd. XXI dieser Mittheilungen gesprochen. Meine hier mitgetheilten Erfahrungen werden dem dort Gesagten zur Ergänzung dienen.

Ich muss nun auch noch das Wohnhaus des Hofes Nr. 84 in Riegersbach einer kurzen Besprechung unterziehen. Das Dach hat an der vorderen Giebelseite wieder eine Abwalmung und darunter ist ein Gang angebracht In der Giebelwand fallen bei diesem Hause sieben Fenster auf, davon liegen drei wieder höher. In der hofseitigen Wand der vorderen Stube sind drei, in der Aussenwand zwei Fenster angebracht. Die Laube hat beiderseits neben den Laubenthüren je ein Fenster und die hintere Stube in den beiden unverbauten Wänden je zwei Fenster. Die Fenster dieses Hauses haben noch keine Umgestaltung oder Vergrösserung erfahren. Sie sind sehr klein, kaum 30 cm lang und hoch. Es befinden sich aussen weder Fensterrahmen noch Fensterladen. Ueber der Kellerthüre und unter den hofseitigen Fenstern der vorderen Stube ist eine Bretterbühne befestigt, die von Stäben, die schräg gegen die Wand angenagelt sind, getragen wird. Dies ist der Standplatz für Bienenstöcke. Als ich das Haus aufnahm, standen jedoch keine Bienenkörbe darauf. Es war eine Anzahl von Rechen an der Bühne aufgehängt. Des Rauchschlotes, der oberhalb des zweiten Fensters aus der vorderen Stube kommt und in schräger Richtung das Strohdach durchbricht, habe ich schon oben erwähnt. Der zweite Schlot, der aus der Laube durch das Dach emporleitet, ist auf dem Bilde nicht sichtbar.

Die Ausstattung der vorderen Wohnstube ist der in der Rauchstube des oben beschriebenen Hauses Nr. 19 aus Schachen fast vollkommen gleich. Stabile Bänke mit kleinen Schubladen an der Unterseite des Sitzbrettes sind wieder an drei Stubenwänden angebracht. Die Bank, welche sonst in der Regel die längste ist, reicht hier jedoch nur bis zur Hälfte der Stubenwand. An dieser Wand stehen noch bei a eine Kastenuhr und unter B ein Bett. Neben dem Bett hängt bei b ein Wandkästchen hinter der Thüre an der Wand, während ein Eckkästchen c die Ecke im Tischwinkel ausfüllt. Der Tisch T und die Bank Ba nehmen den herkömmlichen Platz ein. Auch die Holzbrücke und die „Spansching" nehmen oberhalb d und e in der Stube die Plätze ein, an denen man sie zu sehen gewohnt ist. Die Hühnersteige bei f hat ihren Platz hier etwas geändert, und zwar wohl deshalb, weil der Herd, der zwar wieder den gewohnten Platz inne hat, anders gestellt ist. Die Form, die dieser Herd aufweist, weicht zwar ab von der Form jenes Herdes, den ich oben unter Fig. 149 abgebildet habe und der den Namen Schwalbennest führt, ist ihr aber ähnlich. Da diese Art von Herden,

23*

welche man für die neuere hält, ebenso häufig in fast vollkommen gleicher Ausstattung wiederkehrt, wie die „Schwalbennester", bringe ich ein Bild auch dieses Herdes aus dem Hause Nr. 84 unter Fig. 152. Die Herdoberfläche hat annähernd quadratische Form. Der Herd ist aus Steinen aufgebaut. Die Oberfläche ist durch ein Ziegelpflaster gebildet. Dieses ist mit einem Kranz aus Brettern eingefasst. In der hinteren rechten Ecke setzt sich die Oberfläche des Herdes in eine Steinplatte fort. Sie bildet die Vorlage zur dahinter liegenden Heize, die in den „kleinen Ofen", einen kleinen Backofen, in dem Strudel und andere Mehlspeisen gebacken werden, führt. Auf die Oberfläche des Herdes mündet eine zweite Heize aus dem „Backofen". Die beiden Oefen sind nebeneinander angebracht. Sie sind in das Vorhaus hinausgerückt.

Fig. 152. Herd aus dem Hause Nr. 84 in Riegersbach.

Der Feuerhut gleicht einem Baldachin. Er ist aus armdicken, übereinanderliegenden Stäben, die mit Stroh umwickelt und mit Lehm verschmiert sind, hergestellt. An der Rückseite und rechts liegt der Feuerhut auf Mauerwerk auf. Nahe der freien vorderen Kante wird er durch eine starke Schraube, die in die Decke der Stube hineingeschraubt ist, emporgehalten. Sowohl der Hut als auch der Herd sind mit Kalkmilch geweisst.

Aus der Laube führen wieder Stiegen, und zwar die bei g auf den Boden und die bei h in die hintere Stube, die mir hier „Kammer" genannt wurde und jetzt auch als solche benützt wird. Sie liegt etwa 1 m höher als die Laube, da sie wieder untermauert ist. Unter diesem Raume liegt ein Mostkeller, der von aussen, von der Gräde aus betreten wird.

In der Laube stehen unter T wieder ein Tisch und unter B ein Bett. Das Bett kommt im Winter in die Rauchstube. Bei K-K steht ein Küchenkasten. Die in der Laube eingezeichneten drei kleinen Kreise geben den Ort an, wo drei grosse Mehlfässer, die mir „Stibi" [1]) genannt wurden, stehen. Ueber der Stubenthüre ist bei i der Rauchfang angebracht.

Der Kuhstall, welcher auf die Kammer folgt, liegt wieder beträchtlich tiefer als die Laube. Die Folge davon ist, dass der Dachboden des Kuhstalles mit dem Fussboden der Kammer in gleicher Höhe liegt. Auf dem Dachboden des Kuhstalles ist Stroh untergebracht.

Das Haus Nr. 14 des Franz Holzer vulgo „Hoiñd'l i'da' Piara" in Puchegg, das ich schon einige Male erwähnte und auf dessen Beschreibung ich jetzt übergehe, dürfte wohl, wenn vorerst nur die Rauchstube und die Laube in Betracht gezogen werden, das älteste aller Häuser gewesen sein, die ich in der Gegend von Vorau betreten habe. Mehrere Umstände weisen darauf hin. 1. Das Dach hat, wie die Ansicht des Hauses (Fig. 153) zeigt, an der Giebelseite keine Abwalmung. Auch fehlt dort ein balconartiger Gang. 2. Der Durchzugbalken in der Rauchstube ist, obwohl er zum Mindesten 40 cm im Durchmesser hat, schon so schadhaft, dass er in der Mitte durch eine hölzerne Säule a gestützt werden musste. 3. Das Haus macht in seinem ganzen Aeusseren den Eindruck, als ob es älter wäre als das im Jahre 1678 erbaute, aus dieser Gegend zuerst beschriebene Haus zwischen Festenburg und Bruck und älter sogar als das älteste Haus, das ich in der Gegend von Vorau fand, nämlich das des „Hans'l in' da' Stifing", welches, wie die Jahreszahl am Durchzugbalken untrüglich zeigt, im Jahre 1616 erbaut worden ist. Die Rauchstube und die Laube mögen wohl gut an die 300 Jahre alt sein. Andere Wohnräume dieses Hauses sind jünger. Jahreszahlen beweisen es. Sie beweisen zugleich auch, dass das fränkische Gehöfte in der Gegend von Vorau wohl nicht immer, doch auch nicht selten, so wie ich das vom fränkischen Gehöfte in der Heanzerei constatirt habe (vgl. Bd. XXV, S. 105 ff.), nach und nach erst zu einem vollkommen geschlossenen Gehöfte ausgebaut wird. Diese bei dem Hause Nr. 14 des Franz Holzer gemachte

[1]) Vgl. Bd. XXV, S. 142. Die Stibi, welche ich hier sah, gleichen ganz dem a. a. O. abgebildeten Stibi aus Oberschützen. Beiläufig erwähne ich hier, dass ich auch in Nörninger Bauernhäusern ganz gleiche Mehlfässer, die dort ebenfalls Stibi heissen, sah.

Erfahrung wurde mir auch bei der Aufnahme des Hauses Nr. 57 des Johann Kienegger vulgo „Forster" in Riegersbach, das ich nachfolgend beschreiben werde, bestätigt.

Die hintere Stube wurde nämlich erst, wie die Jahreszahl am Durchzugbalken angibt, im Jahre 1835 der Laube angefügt. Da die hintere Stube und die Laube gemauert sind, ist die Möglichkeit nicht ausgeschlossen, dass auch die Laube erst im Jahre 1835 gemauert wurde. Dagewesen muss sie aber schon früher sein, da sich für diese Gegend eine Rauchstube ohne vorgelegte Laube gar nicht denken lässt. Von der hinteren Stube muss dies nicht gerade angenommen werden, denn wenn den Bauernhäusern der Gegend von Vorau, und mögen sie auch schon halte für ganz bestimmt, dass dieses Haus erst im Jahre 1835 dreitheilig wurde, und dies umsomehr, als ich nach dem Gesagten auch annehmen darf, dass es eines der ältesten Häuser in der Gegend von Vorau ist. Lässt sich darüber nun wohl noch rechten, und könnte, wenn nur die hintere Stube in Betracht käme, meine Behauptung von einem allmälig erfolgten Ausbau des Hofes zu einem geschlossenen auch hinfällig werden, so wird sie jedoch dadurch unumstösslich, dass ich für meine Behauptung einen zweiten Beweis erbringe. Aus dem Grundrisse dieses Hofes, den die Fig. 154 bietet, kann ersehen werden, dass sich an die Rauchstube nach links ein Tract angliedert, der den Hof nach vorne abschliesst. Dieser Tract, der wie beim vorstehend besprochenen

Fig. 153. Haus Nr. 14 in Puchegg bei Vorau.

recht alt sein, fast durchwegs die Dreitheilung zu Grunde liegt, so gibt es dort doch alte Keuschen und Brechtelstuben („Håa'stub'n"), die noch die primitivere Zweitheilung im Grundrisse zeigen[1]). Ich

Hause die Einfahrt und ausserdem noch eine nach vorne sich öffnende Streukammer überbrückt, besteht aus einem kleinen „Fia'haus" (Vorhaus) V-H, das von der Rauchstube aus betreten wird, einer daneben liegenden kleinen Kammer Ka, die mit dem Vorhause durch eine Thüre in Verbindung steht und eine zweite Thüre hat, die auf einen Gang führt, der hofseitig angebracht ist, und zwei Stuben, die sich an Vorhaus und Kammer angliedern. Diese beiden Stuben werden mit dem Namen „Sait'nstib'l" benannt. Dieser Tract entstand erst im Jahre 1885, wie die Jahreszahl auf dem Durchzugbalken des inneren Stübels darthut. Der Besitzer sagte mir ferner,

---

[1]) Gerade zu dem Hause des „Hoifidl i' da' Piara" gehört auch eine „Håa'stub'm", die unweit des Hofes liegt. Es sind die Brechtelstuben der Gegend von Vorau keine kleinen Häuschen, wie z. B. Dr. MERINGER ein solches in Bd. II der „Zeitschrift für österreichische Volkskunde", S. 263, abbildet und beschreibt, die nur dem einzigen Zwecke dienen, dass in denselben auf eigenartig construirten Oefen der Flachs unmittelbar vor dem Brecheln geröstet wird. Die Haarstuben in der Gegend von Vorau sind Wohnhäuschen, die zumeist an arme Leute, Taglöhner u. dgl. vermiethet werden. So auch die Haarstube des „Hoifid'l i' da' Piara". Das Häuschen schliesst nur zwei Räume in sich, eine Küche und eine Stube. Oft vertritt aber die Stelle der Küche eine kleine Laube. Dann wird in der Stube gekocht. Kommt nun die Zeit des Brechelns, so werden die Habseligkeiten des Miethers aus der Haarstube entfernt, und er mit ihnen findet während der Zeit, als die Haarstube benützt wird, Unterkunft im Hause des Bauern. An Stelle der Möbel kommen Stangengerüste in die Stube. Auf die Stangen wird der Flachs gelegt. Die Fenster werden mit Werg gut verstopft und das Rösten des Flachses geschieht einfach durch Ueberheizung des Stubenofens, der stets, so viel ich sah, ein „Rübenhaufen-Ofen" ist, dessen Ofenloch in den Vorraum mündet.

dass vorher dort, wo heute unter dem inneren Stübel die Streuhütte ist, ein Wagenschuppen war. Zwischen dem Wagenschuppen und dem Wohnhause befand sich aber nichts, als ein einfaches Bretterthor, das den Hof hier absperrte. Der Hof musste also dem Hofe des „Hans'l in Anger" geglichen haben, wenn man sich das Stöckl über der Einfahrt, das vielleicht auch eine neuere Errungenschaft ist, wegdenkt.

Ich habe übrigens ein Gehöft, das des Johann Haspel vulgo „Hans'l in da' Grua'", in Vornholz photographirt, das im Jahre 1770 erbaut wurde und genau so aussieht, wie das Gehöft Nr. 14 in Puchegg

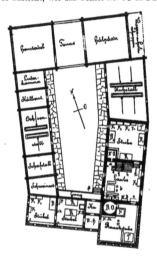

Fig. 154. Grundriss zum Hause Nr. 14 in Puchegg (1 : 400).

nach der Beschreibung seines Besitzers vor dem im Jahre 1885 erfolgten Ausbaue ausgesehen haben muss. Hier lässt sich also ein allmälig erfolgter Ausbau nicht in Abrede stellen.

Die Rauchstube dieses Hauses ist wieder untermauert. Sie hat in der Giebelwand fünf Fenster, wovon ein höherliegendes Fenster jetzt mit einem Brettchen vermacht ist. Hoch oben in der Mitte der Wand gewahrt man noch eine jetzt verschlagene Oeffnung. Dort dürfte wahrscheinlich ehedem ein Rauchschlot wie beim Hause Nr. 35 in Tulwitz (s. Fig. 143) hervorgeragt haben. In der Wand der Rauchstube, an welche der neue Tract anschliesst, befindet sich nur ein Fenster, in der gegenüber-

liegenden dagegen drei. Die Rauchstube ist sehr dürftig ausgestattet. Es befindet sich darin nichts als ein Tisch T, dabei eine Bank, zwei stabile Bänke, darüber die schmalen Wandbretter, im Tischwinkel das Eckkästchen, der Herd mit dem dahinterliegenden Backofen B-O und an der freien Wand des Backofens eine Hühnersteige H-St. Der Herd gleicht dem im vorbesprochenen Hause Nr. 84 aus Riegersbach. Bei a steht in der Mitte der Rauchstube die hölzerne Säule, welche den schadhaften Durchzugbalken stützt.

Die Laube ist reicher ausgestattet. In derselben steht wieder ein Tisch und daneben zwei Bänke und bei b zwei Stühle. Hinter dem Tische stehen bei K_1 und K_2 zwei Kästen und neben diesen eine Wasserbank W-B. Ein dritter Kasten steht unter K_3 und daneben eine Truhe Tr. Oberhalb c ist über der Thüre, die in die Rauchstube führt, auch hier wieder ein Rauchfang angebracht. In der gegenüberliegenden Ecke steht bei d ein aus Ziegeln aufgemauerter Kamin. Von diesem Kamin aus wird der Kachelofen K-O, der in der hinteren Stube steht, geheizt. Der Kamin dient dazu, den Rauch, der aus dem Backofen hervorströmt, aufzufangen. Vor dem Kamin ist bei e ein Wasserkessel angebracht. Auch den Rauch der darunterliegenden Feuerstelle nimmt der Kamin auf. Vom Kamin führt ein gemauerter Schlot schräg aufwärts durch das Dach. Sowohl der Kachelofen, als auch der Kamin und der Wasserkessel sind erst in neuerer Zeit aufgestellt worden.

Die hintere Stube liegt um mehr als 1 m höher als die Laube. Zu ihr führen bei f einige Stufen empor. Bei g leitet eine Stiege auf den Dachboden der hinteren Stube und bei h eine Treppe hinab in den Keller, der unter der Laube und der hinteren Stube liegt. In der hinteren Stube sind bei B_1, B_2 und B_3 drei Betten und bei K_1, K_2 und K_3 drei Kästen, bei Tr eine Truhe und bei T ein Tisch untergebracht. Der Kachelofen ist durch eine Ofenbank und ein „Ouf'nglanna'" (Ofengeländer) eingefasst.

Das Vorhaus im neuen Tracte und die daneben liegende Kammer sind leer. Die beiden Stübel haben in den Aussenwänden je zwei Fenster, die mit hölzernen Gittern versehen und mindestens viermal so gross sind, als die Fenster der Rauchstube. Das zweite Stübel hat ausserdem noch zwei Fenster in der Giebelwand des Tractes. An den Aussenwänden steht in jedem Stübel eine stabile Bank. In den Ecken i und j sind oberhalb der Bänke Altäre angebracht. Im vorderen Stübel stehen zwei Betten B_1

und B_2, die Betten der Eheleute, ausserdem bei K ein Kasten, bei k eine Kastenuhr bei K-O ein Kachelofen. Im zweiten Stübel steht bei B ein Bett, das Bett vom Bruder des Bauern, und drei Kästen, K_1, K_2 und K_3.

Die Decken jeder der beiden Stübel werden durch Durchzugbalken getragen. An der unteren Fläche jedes dieser Durchzugbalken war eine Rosette eingeschnitten, welche der glich, die ich Bd. XXV der Mittheilungen, S. 133, Fig. 204, aus dem Hause Nr. 113 in Oberschützen abgebildet habe. Auf der rückwärtigen Seitenfläche der Durchzugbalken war der Namen „Jesu", die Jahreszahl und die Anfangsbuchstaben des Erbauers (Peter Holzer) eingeschnitten, wie folgt:

$$18 + 85$$

P IHS H

Auf der Vorderseite des Durchzugbalkens im ersten Stübel stand in zwei Zeilen folgender Spruch:

„Wenn Eheleute friedlich leben, wird Ihnen Gott den
Segen geben;
Er stärket sie in Kreuz und Leiden; er macht sie
würdig zu seiner Freuden."

An den beiden im hinteren Stübel neben einander stehenden Kästen sind auch Sprüche angebracht. An dem einen steht:

„Gesundheit, Glück und Segen
Das wolle Gott uns geben."

An dem anderen steht:

„An Gottes Segen ist alles gelegen."

Ueber der Laubenthüre, die von aussen in's Haus führt, steht geschrieben:

„Gott segne dieses Haus,
Wo wir gehen ein und Aus."

Muthen diese Sprüche schon an, so thut dem aufmerksamen Beobachter die Reinlichkeit, die in diesem Hause überall herrscht, noch mehr wohl. Zwar stehen auch hier in der Rauchstube die „Sauschaff'l" hinter der Thüre — es ist dies ihr angestammter Platz in der Nähe des Herdes, auf dem doch auch das Futter für die Schweine bereitet werden muss — und auch hier ist an der Seite des Backofens eine Hühnersteige aufgestellt, doch ist sonst Alles blank und rein; blank das Kochgeschirr und die kleinen Fenster, rein der Tisch und die Bänke. Der Fussboden war erst vor einigen Tagen gescheuert und der Herd frisch geweisst worden. Das Weissen des Herdes sollte alle Wochen einmal geschehen, erklärte mir die Bäuerin, doch findet sich

nicht immer die Zeit dazu: „In Summa' is' äll's z'g'nedi', in Winta' geht's laichta'."

Die Familie hält sich im Sommer gerne in der Laube auf, dort ist es „liftig" (luftig), auch wird man da von Fliegen weniger geplagt, als in der Rauchstube. Im Sommer werden die Mahlzeiten in der Laube, im Winter in der Rauchstube eingenommen. In der Rauchstube schläft in diesem Hause Niemand, selbst auch im Winter nicht.

Von der Anlage der Wirthschafträume habe ich, um Irrthümern vorzubeugen, noch zu bemerken, dass sie tiefer liegen, als die Wohnräume, was sich übrigens schon durch einen Blick auf die Ansicht dieses Hofes erkennen lässt. Ich habe erwähnt, dass die hintere Stube um mehr als 1 m höher liegt, als die Laube. An die hintere Stube stösst rückwärts der Kuhstall an. Er liegt jedoch wie im vorbeschriebenen Hause so tief, dass die Decke des Stalles wieder mit dem Fussboden der hinteren Stube in gleiche Höhe zu liegen kommt. Eigentlich müsste daher an der Stelle, wo ich im Plane des Hofes den Riss des Kuhstalles eingetragen habe, der Riss des „Kuhstallbodens" sein. Der Kuhstall, wie er sich an die hintere Stube anschliesst, muss also um ein Geschoss tiefer gedacht werden und eben so alle übrigen Wirthschafträume, wie sie im Plane eingezeichnet sind. Die Wirthschaftsgebäude sind alle aus Holz.

Der Grundbesitz, der zu diesem Anwesen gehört, besteht, wie ich mir dies aus einem Grundbesitzbogen zusammenschrieb, aus:

Wiesen . . .	8 Joch	702	Quadratklafter	
Hutweide . .	4 "	10	"	
Hochwald . .	4 "	1171	"	
Wechselacker .	20 "	815	"	
Bauareal . .	—	973	"	
	38 Joch	471	Quadratklafter	

Der Bauer Franz Holzer (66 Jahre alt) ist nicht im Stande, mit seiner Frau Theresia geb. Lechner (34 Jahre alt), die er in ihrem 19. Jahre heiratete, und mit seinem Bruder Josef (60 Jahre alt) das Gut allein zu bewirthschaften, da die Mithilfe der Kinder: Miazal (15 Jahre), Franzal (14 Jahre), Toummal (11 Jahre), Loisal (9 Jahre) noch nicht in Rechnung kommt und das jüngste Kind, Seppal (5 Jahre), selbst noch der Pflege bedarf. Der Bauer ist daher auf die Mithilfe von Dienstboten angewiesen. Er hält deren drei, und zwar einen Knecht Namens Lois'l (25 Jahre), der schon 6 Jahre bei ihm dient, und zwei „Teañsttiaran" (Dienstdirnen), die „Hanni", welche schon 34 Jahre im Hause ist, und die 31jährige Kat'l, welche dem Bauern schon 9 Jahre dient.

Ich beschreibe jetzt eines der grössten von den älteren Gehöften aus der Gegend von Vorau. Nicht nur das Gehöfte ist erheblich grösser als jedes der bisher beschriebenen, wie aus der Beschreibung hervorgehen wird, sondern auch der Besitzstand an Liegenschaften, der zum Gehöfte gehört, ist einer der grössten in der Gegend von Vorau. Wie ich wieder einem Besitzbogen entnahm, umfassen die Liegenschaften im Ganzen 97 Joch und 598 Quadratklafter. Der Besitzer dieses schönen Anwesens ist Joh. Kienegger vulgo „Forster" in Riegersbach.

Der Bauer steht im 49. Jahre. Seine Frau, Theresia geb. Mayerhofer, ist 41 Jahre alt. Sie haben 10 Kinder: Nand'l (18 J.), Hans'l (17 J.), Franz'l (15 J.), Sepp'l (13 J.), Resal (12 J.), Lëinnal (9 J.), Patrizl (7 J.), Michal (5 J.), Julal (3 J.) und Miazal (1 J.).

Rauchstube schliesst sich wieder eine durchgehende Laube an. Diese beiden Räume sind die ältesten des Hauses. Sie stammen aus dem Jahre 1727. Auf die Laube folgen zwei Stuben, die durch eine Mittelwand in der Richtung der Längenachse des Wohnhauses getrennt sind, jedoch durch eine Thüre mit einander in Verbindung stehen. Beide Stuben haben von der Laube aus separirte Eingänge, zu denen, da diese Stuben wieder höher liegen als die Laube, Stufen emporführen. Diese beiden Stuben bilden einen Quertract, der erst im Jahre 1776 der Laube angefügt worden ist. Dieser Anbau erhält besonders dadurch den Charakter eines Quertractes, dass er ein eigenes Dach hat, dessen First zu dem der alten Wohnräume im rechten Winkel liegt. Der Tract hat demnach auch zwei Giebel. Von diesen sieht der eine in den Hof, der andere ist auf der Ansicht links ersichtlich. Beide Giebel haben Abwalmungen. So wie beim Hause Nr. 14 in Puchegg, ist auch hier

Fig. 155. Haus Nr. 57 in Riegersbach bei Vorau.

Die Nand'l, der Hans'l und der Franz'l helfen in der Wirthschaft schon tüchtig mit. Auch der Sepp'l und die Resal werden zu leichteren Arbeiten schon herbeigezogen, so dass der Bauer nur der Mithilfe eines einzigen kräftigen Dienstboten, des 38jährigen Alois, bedarf, dem er jährlich fl. 45 und als „Pessarin'" (Besserung, Aufbesserung) 1 Paar „Fiåta'" (Schürzen), 1 „Hëimat" und 1 Paar „Schuach" gibt.

Die Vorderansicht des Hofes, der die Nummer 57 trägt, bringt das Bild Fig. 155, den Grundriss die Fig. 156. Die Tracte des Hofes, welche in der Ansicht sichtbar sind, sind alle aus Holz aufgeführt und alle Tracte des Hofes sind mit Stroh gedeckt. Die Fenster sind sehr klein. Der gegen den Beschauer vorspringende Tract mit der Abwalmung am Giebel und dem darunter liegenden Gange mit den zierlich ausgesägten Brettern der Brüstung schliesst die Rauchstube in sich. Die sechs Fenster, von denen wieder zwei höher liegen, weisen darauf hin. An die

der Tract, welcher den Hof nach vorne querliegend absperrt und die Einfahrt in sich schliesst, erst später aufgeführt worden. Der Tract, welcher, wie aus der Ansicht zu ersehen, sich rechts an die Rauchstube angliedert und im rechten Winkel zu dieser liegt, schliesst ein Stübel, das „untere Stüb'l", eine Speisekammer und eine Luderkammer in sich und wurde im Jahre 1838 erbaut.

Auch dieses Haus ist also erst allmälig ausgebaut worden und es muss auch bei diesem Hause vor dem Jahre 1776 den ursprünglichen Wohnräumen, wie ich dies auch bei dem vorbeschriebenen Hause Nr. 14 in Puchegg annehme, die Zweitheilung zu Grunde gelegen sein.

Gesetzt den Fall, man wollte annehmen, dass die Dreitheilung beim Hause Nr. 14 in Puchegg schon vorher bestanden hätte und die hintere Stube im Jahre 1838 bereits baufällig gewesen wäre und deshalb mit der Laube gleichzeitig erneuert worden sein dürfte, was ja nicht gerade unmöglich sein könnte, so dürfte sich eine solche Annahme in Bezug auf die hinteren Stuben des Hauses Nr. 57 in Riegersbach wohl nicht aufstellen lassen, denn dann, wenn die hintere Stube mit der vorderen im Jahre 1727 erbaut worden wäre, könnte sich nicht schon im Jahre 1776 die Nothwendigkeit der Erneuerung der hinteren Stuben ergeben haben, da die vordere, die

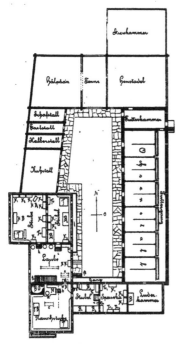

Fig. 156. Grundriss zum Hause Nr. 57 in Riegersbach (1 : 400).

Rauchstube, noch heute in vollkommen gutem Zustande sich befindet.

Die Rauchstube dieses Hauses ist die grösste von all' denen der bisher besprochenen Häuser. Sie misst nämlich 7½ m in der Länge und 6¾ m in der Breite. Ich sah in der Gegend von Vorau überhaupt nur eine grössere noch, die bei gleicher Breite 8·25 m in der Länge misst. Sie befindet sich im Hause Nr. 80 des Franz Hammer vulgo „Franz'l in Rechpea'" in der Gemeinde Schachen. Die Aus-

stattung der Rauchstube im Hause Nr. 57 ist der der bisher besprochenen Rauchstuben gleich. Die im Plane den Wänden entlang laufenden Linien deuten wieder die stabilen Bänke an. In einer der vorderen Ecken steht der Tisch T und in der quer gegenüberliegenden der Herd H. Er ist dem aus dem Hause Nr. 84 in Riegersbach (s. Fig. 152) gleich, nur weist er bei a eine Ausweitung auf, in der ein „Aiñmauerkess'l" eingemauert ist. Das hier gehitzte Wasser dient zum „Abbrennen" des „Liada'". An den Herd schliesst sich wieder ein Backofen an, an dem wieder eine Hühnersteige steht. Vor dem Herde ist unterhalb der Decke bei b eine hängende Stange angebracht, die ich in anderen Rauchstuben nicht sah und deren Richtung durch die lange punktirte Linie angedeutet ist. Es ist die „Flaischstånga'". Von ihr reichen kleinere Stangen auf die Oberfläche des Feuerhutes; es sind dies die „Flaischstang'l". An diese wird das zu räuchernde Fleisch gehängt. Bei c hängt die Spanschwinge von der Decke. Unter W-B steht die Wasserbank und unter T-B ein Tafelbett.

In der Laube ist oberhalb d über der Thüre wieder ein Rauchfang befestigt. Oberhalb e hängt an Stangen das „g'selchti" (geräucherte) Fleisch. Hieher wird es also gebracht, wenn es in der Rauchstube geräuchert worden ist, und hängt hier, bis es zu Ende geht. Es dauert aber durch das ganze Jahr an. Ueber f hängt ein „Proutrënd'l". Von g aus führt eine Treppe auf den Dachboden. Bei h und i führen Stiegen zu den „oberen Stuben". Die Stiege bei i endet in ein rechtwinkelig gebrochenes Vorplätzchen, das mit einem Geländer versehen ist und bei k durch eine Thüre auf den balconartigen Gang l hinausführt. Die Kreise in der Laube deuten die Standplätze von Mehlfässern („Stibi") an.

In der grösseren oberen Stube stehen ausser dem Tische T, der daneben stehenden Bank und den stabilen Bänken sieben Kästen K_1—K_7, eine Truhe Tr, ein Hackbloch H-B, zum Zerhacken von Fleisch und unter H-B eine Hobelbank. Während der wärmeren Jahreszeit wird in dieser Stube gegessen, im Winter in der Rauchstube. In der kleineren oberen Stube stehen ausser dem Tische T drei Kästen K_1 bis K_3, zwei Betten B_1 und B_2 und eine Truhe Tr. Keine der beiden oberen Stuben ist heizbar.

Das untere Stübel ist ausgestattet mit einem Kachelofen K-O, neben dem bei m eine Bank steht und der mit einem „Glanna'" umgeben ist, dann mit drei Betten B_1—B_3, einer Truhe Tr und einer Kastenuhr n. Hier schlafen der Bauer, die Bäuerin und die jüngsten Kinder. Die älteren Kinder haben ihre Betten in der oberen Stube.

Von diesem Stübel leiten einige Stufen in die etwa 1 m höher gelegene Speisekammer. Hier stehen wieder drei Truhen $Tr_1 - Tr_3$, in denen Speisevorräthe untergebracht sind, drei Kästen $K_1 - K_3$ und eine alte Commode Co.

An die Speisekammer schliesst sich noch eine Luderkammer an. Hier steht auch das Bett B des Knechtes. Zu dieser Kammer gelangt man über einen Gang, zu dem von der Laubenthür aus einige Stufen hinaufführen. Ueber den Gang gelangt man auch auf den Stallboden, der mit der Luderkammer in einer Höhe liegt.

Neben der Stiege, die zu diesem Gange emporführt, führt rechts eine zweite Stiege hinab zu den Schweineställen, die unter dem „unteren Stübel" links von der Einfahrt liegen. Rechts von der Einfahrt ist eine Wagenhütte, dessen grosses Thor sich nach vorne öffnet.

Die beiden „oberen Stuben" liegen deshalb höher als die Laube, weil sie einen Keller unter sich haben. Die Kellerthüre ist hofseitig angebracht. Zu ihr führt eine ziemlich steil abfallende, mit Steinplatten gepflasterte Gräde hinab. Die Ställe, welche sich den oberen Stuben anschliessen und die Scheune sind aus Holz erbaut. Der grosse Stall, welcher parallel zum Wohnhause liegt, musste vor kurzer Zeit erneuert werden. Er ist aus Steinen aufgebaut. Obwohl auch hier eigentlich der Dachboden des Stalles mit der Luderkammer in einer Höhe liegt, also dieser hätte in den Plan eingezeichnet werden müssen, so habe ich statt dessen, um einen zweiten Riss zu ersparen, den Stall selbst eingetragen. Er ist, worauf ich wieder besonders aufmerksam mache, um ein Geschoss tiefer zu denken als die Luderkammer, da diese im Obergeschoss liegt, während der Stall natürlich ein ebenerdiger Raum ist.

In den grossen Stall des 36 Schritte langen Stallgebäudes, von dem nur eine schmale Futterkammer abgetrennt ist, führen sechs Thüren. In eben so viele Abtheilungen ist der ganze Stall getheilt. Die Abtheilungen sind bewerkstelligt durch je vier etwa armstarke Rundhölzer, die parallel übereinander liegen und an zwei Säulen zaunartig befestigt sind. In jeder dieser Abtheilung ist Raum für 2 Rinder. Die Standplätze der beiden Rinder sind durch eine Stange getrennt, welche an ihrem vorderen Ende etwa meterhoch über der Erde an einer Säule befestigt ist und mit ihrem rückwärtigen Ende am

Boden aufliegt. Vor den Köpfen der Rinder stehen die Futtertröge. Wir haben hier also im Grossen und Ganzen dieselbe Einrichtung vor uns, die ich aus dem Stallgebäude des Hauses Nr. 19 in Schachen (s. o. S. 177) beschrieben habe und die sich in den Kuhstall des Planes vom Hause Nr. 14 in Puchegg (s. o. Fig. 154) eingezeichnet findet. Während jedoch die Standplätze von 4 resp. 6 Rindern sich in diesem alten Stallgebäude in von einander vollkommen abgesonderten Ställen befinden, sind in dem neuen Stallgebäude des Hauses Nr. 57 in Riegersbach die Standplätze von 12 Rindern in einem Stalle vereinigt. Der Futtergang fehlt auch hier nicht. Er liegt jedoch nicht zwischen zwei resp. sechs gegen einander gekehrten Standplätzen, sondern läuft an der Stirnseite der Standplätze vor der Reihe der Futtertröge, als gemeinschaftlicher Futtergang für alle Standplätze, hin. Es erscheint also in diesem Stalle die alte Einrichtung im Principe wohl noch beibehalten, aber sie zeigt eine Vervollkommnung.

Die Rinderställe dieses Hofes enthielten 6 grosse Ochsen, 2 zweijährige Ochsen, 4 Kühe und 2 Kalbinnen, also 14 Stück Grossvieh. Der Bauer sagte mir jedoch, dass er auch 20 Stück Grossvieh halte, wenn das Futter gut geräth. An Kleinvieh enthält der Kälberstall zumeist 5—8 Stück Kälber, der „Farlstall" eben so viele junge Schweine (Farl und Frischlinge) und der Schafstall 30 Schafe. Davon gehören jedoch nur 2 oder 3 dem Bauern, die anderen sind Eigenthum der Kinder und des Dienstboten. Jeder Dienstbote ist nämlich in der Gegend von Vorau berechtigt, 2—3 Schafe zu halten, die mit denen des Bauern und denen seiner Familie auf die Weide gehen. Es ist dies jedenfalls ein uraltes Herkommen.

Bei der Beschreibung dieses letzten hölzernen Bauernhauses aus der Gegend von Vorau will ich auch der Zimmerarbeit, von der ich oben sagte, dass sie nicht nur äusserst exact, sondern, so weit sie sich auf das Wohnhaus bezieht, auch sehr kunstvoll ist.

Herr Prof. Dr. MERINGER veranschaulicht durch die Fig. 60, S. 139 in Bd. XXIII der Mittheilungen, diese Art der Verzinkung, welche er zu Mürzzuschlag, in der Parkstrasse am Hause Nr. 54, das damals abgerissen wurde, beobachtet hat. Er theilt a. a. O. mit, dass diese Verzinkung in Wellenlinien bis über Aussee hinaus anzutreffen sei. Genau in derselben Weise fand ich nun auch die Balken der Wohnhäuser in der Gegend von Vorau verzinkt, mit dem Unterschiede nur, dass die Verzinkung in vielen Häusern noch complicirter und kunstvoller war. So z. B gerade auch bei dem Hause, von dem ich eben spreche. Die Art der Verzinkung, welche dieses Haus an den Ecken sowohl der Theile, die aus dem Jahre 1727 und 1776 als auch derer, die aus dem Jahre 1838 stammen, zeigt, veranschaulicht die Fig. 157. Eben so künstlich, wie die Balken an den Kanten

Fig. 157. Verzinkung am Hause Nr. 57 in Riegersbach.

zusammengefügt werden, werden auch die Balken der Mittelwände, wie solche beispielsweise in dem in Rede stehenden Hause das untere Stübel von der Speisekammer und diese von der Luderkammer trennen, in die Hauptwand eingefügt. Die Verbindung (Verzapfung) geschieht in der Fig. 158 bildlich dargestellten Weise.

Dr. MERINGER berichtet a. a. O.: „Herr Baumeister GEORG SCHLOTT sagte uns, dass die Arbeiter so kunst-

Fig. 158. Verzapfung am Hause Nr. 57 in Riegersbach.

volle Verzinkungen jetzt überhaupt nicht mehr machen können. Das Zimmerhandwerk sei im Niedergange." Mag im Allgemeinen wohl wahr sein, dass, wie der Gewährsmann Dr. MERINGER's sagt, das Zimmerhandwerk im Niedergange begriffen sei, und erkenne ich auch dessen Aussage, dass die Zimmerleute der Gegend, welche Herr SCHLOTT vor Augen hat (Mürzthal?), so kunstvolle Verzinkungen nicht mehr machen können, gerne als wahr an, so bin ich doch in der Lage, behaupten zu können, dass die Zimmerleute in der Gegend von Vorau diese schöne Arbeit noch nicht

vergessen haben. Ich war nämlich im vorigen Jahre (1896) Zeuge davon, dass bei einer Erneuerung des baufällig gewordenen Stübels vom Hause Nr. 10 des Johann Saurer in Riegersbach die Balken an den Kanten des in Arbeit stehenden Neubaues genau in der Weise verzinkt wurden, wie sie MERINGER a. a. O. unter Fig. 60 veranschaulicht, und sah, dass die Balken der Mittelwände genau so eingefügt wurden, wie ich es vorstehend in Fig. 158 gezeigt. Zum Herstellen der hohlen Flächen an und in den Balken bedienen sich die Zimmerleute, wie ich sah, grosser Hohleisen. Die Balken schliessen an den Verzinkungen mit geradezu staunenswürdiger Genauigkeit. Die Zimmerleute waren sich des Werthes ihrer Arbeit aber auch bewusst; denn als ich fragte, warum sie sich denn mit dem Aushöhlen der gekrümmten Flächen so viele Mühe machen, ich habe doch gesehen, dass man anderen Ortes die Verzinkungen einfach durch gerade Flächen in Schwalbenschwanzform viel müheloser herstellte, meinten sie, überlegen lächelnd, dass ihre Arbeit, wenn sie auch doppelt so viel Zeit in Anspruch nehme, auch doppelt so lange halte.

Am Hause Nr. 57 des Johann Kienegger habe ich noch etwas gelernt, das mir erlaubt sei, zur Sprache zu bringen.

In meiner oft erwähnten Arbeit, in Bd. XXV dieser Mittheilungen, habe ich dort, wo ich vom fränkischen Gehöfte der nördlichen Heanzerei sprach, häufig des für Bauernhäuser jener Gegend, wie überhaupt für das Bauernhaus Ungarns charakteristischen Säulenganges Erwägung gethan.[1] Für das Haus in der nördlichen Heanzerei und für das ungarische Bauernhaus im Allgemeinen ist jene Seite, an der der Säulengang angebracht, auch wenn sie nicht der Strasse zugekehrt ist, sondern sich dem Hofe zuwendet, stets die Hauptfront des Hauses. Ich habe es im Bd. XXV nachgewiesen und in der vorliegenden Arbeit zu öftermalen wiederholt, dass sich der heanzische Bauer seinen Hof zumeist erst nach und nach, wie ich dies nun auch bei einzelnen Höfen aus der Gegend von Vorau festgestellt habe, ausbaut. Der Ausbau geschieht nun, wie sich aus den Plänen Fig. 158, 160, 163 und 167 im Bd. XXV leicht ersehen lässt, so, dass die Gebäude, welche sich dem ersten Gebäude, das stets auch die Wohnräume mit dem ihnen vorgelegten Säulengang in sich schliesst, nach und nach, bis der Hof voll-

[1] Vgl. auch S. 104 in meiner jüngsten Arbeit: „Das ethnographische Dorf der ungarischen Millenniums - Landesausstellung in Budapest" in Bd. XXVII dieser Mittheilungen.

kommen geschlossen ist, angliedern, immer so angefügt werden, dass schliesslich die alte Hauptfront des Wohntractes mit dem Säulengange in den Hof zu liegen kommt. Dass auch der umgekehrte Weg in der Verbauung des Hofes eingeschlagen wird, so dass der Säulengang nach aussen zu liegen käme, habe ich in der Heanzerei nie beobachtet.

In Bezug auf das Wohnhaus des fränkischen Gehöftes von Vorau war ich nun, nachdem ich schon eine grössere Anzahl von Höfen aufgenommen hatte, immer noch im Unklaren darüber, welche der beiden Frontseiten als die Hauptfront des Hauses anzusehen sei. Es hat nämlich, dies festzustellen, seine Schwierigkeit. Auf das Urtheil der Bewohner der Häuser kann man sich nicht verlassen, und die beiden Frontseiten sind sich in vielen Fällen, unwesentliche Dinge natürlich ausser Acht gelassen, vollkommen gleich. Ziehen wir beispielsweise die beiden Häuser Nr. 19 in Schachen und Nr. 84 in Riegersbach in Betracht, so ersehen wir aus dem Plane des ersteren (Fig. 148), dass das Wohnhaus je eine Thüre in jeder der beiden Frontseiten und in der anderen Hofe zugekehrten Front 7 Fenster in der anderen 5 Fenster hat, während das andere neben den beiderseitigen Thüren hofseitig 6 Fenster und auf der anderen Seite 5 Fenster aufweist. Der Unterschied besteht also nur darin, dass die Aussenseite hier um 1 Fenster, dort um 2 Fenster weniger zählt, als die Hofseite. Der Unterschied ist aber in der Lage des Backofens bedingt, der in diesen Häusern an die aussenseitige Wand der Rauchstube angebaut ist. Beim Hause Nr. 14 in Puchegg (siehe den Plan, Fig. 154) wäre der Fall, wenn der 1885 aufgeführte Tract noch nicht bestünde, ein umgekehrter. Die Aussenfront hätte, da der Backofen jetzt hofseitig liegt, 6 Fenster, während die hofseitige Front deren nur 5 aufweisen würde.

Das Brückel gibt auch nicht den Ausschlag. Bei vielen Häusern ist es wohl hofseitig angebracht, wie bei den Häusern Nr. 84 und Nr. 57 in Riegersbach, bei vielen aber beiderseitig, wenn oft auch an der Aussenseite nur in Gestalt einer Gräde, wie beim Hause Nr. 19 in Schachen und beim Hause Nr. 14 in Puchegg und bei einzelnen nur an der Aussenseite, wie ich dies bei dem Hause Nr. 16 in Schachen gewahrte.

Die Lage des Gehöftes zur Sonne kann auch nicht als massgebend betrachtet werden. Das Haus Nr. 14 in Puchegg liegt mit dem Giebel gegen SSW, mit der Hofseite gegen WNW. Die Lage des Hauses Nr. 19

in Schachen ist eine ähnliche; der Giebel ist gegen SW und die Hofseite gegen NW gerichtet. Die Lage des Hauses Nr. 84 in Riegersbach ist eine solche, welche dafür spricht, dass die Hofseite als die Hauptfront des Wohnhauses aufgefasst werden könnte. Sie liegt nämlich gegen Süden, während der Giebel gegen Osten steht. Auch das in Rede stehende Haus Nr. 57 in Riegersbach hat eine Lage, die dieselbe Annahme rechtfertigt. Die hofseitige Front richtet sich nach Osten, der Giebel nach Süden. Doch kamen mir auch Häuser unter, bei denen, wie beim Hause Nr. 78 des Josef Kerschbaumer vulgo „Gresing" in Schachen, die Hofseite nach NO und der Giebel nach NW gerichtet waren. Beim Hause Nr. 4 des Johann Lechner vulgo „Fuchs in G'ståanach" sah der Giebel gegen Osten, die Hofseite aber nach Norden. Die oft schwierigen Terrainverhältnisse sind beim Bau eines Hauses in dieser Gegend gewöhnlich massgebender als die Himmelsrichtungen.

Das, was nun beim Hause Nr. 57 in Riegersbach mir den Aufschluss gab, welche von beiden Frontseiten des Hauses als die Hauptfront anzusehen sei, war der im Jahre 1776 der Rauchstube und der Laube angefügte Querbau. Wie ich schon oben hervorhob, hat dieser Querbau sein eigenes Dach mit zwei freien Giebeln, von denen einer nach Westen und der andere nach Osten in den Hof sieht. Diese Angliederung eines Querbaues kommt in der Gegend von Vorau bei Bauernhäusern, wie ich im weiteren Verlaufe meiner Forschungen gewahr wurde, keineswegs selten vor. Ich erwähne von solchen Häusern mit quergestellten neuen Tracten nur das Haus Nr. 68 des Josef Romierer vulgo „Unterer Rothenleitner" in Puchegg, das Haus Nr. 4 des Johann Lechner vulgo „Fuchs in G'ståanach" in Riegersbach und das Haus des Johann Siegharter, vulgo „Hansl pan Grånt" in Vornholz. Bei all' diesen Häusern war nun einer der beiden Giebel des Querbaues ganz einfach ausgestattet und hatte einen balconartigen Gang, während beim anderen Giebel dieser Gang fehlte. Beim Hause Nr. 57 in Riegersbach waren an der einen Giebelseite sogar zwei Gänge über einander angebracht, während die andere Giebelseite gar keinen Gang hatte. Es herrscht nun wohl kein Zweifel darüber, dass jene schmuckere Giebelseite mit dem Gange als der Frontgiebel anzusehen ist. Wichtig ist nun, dass die Giebel mit den Gängen bei all den genannten Häusern dem Hofe zugekehrt waren. Demnach ist wohl auch beim Bauernhause der Gegend von Vorau so wie beim

Wohnhause des fränkischen Gehöftes in der Heanzerei jene Frontseite des Wohnhauses als die Hauptfront zu betrachten, welche dem Hofe zugekehrt ist Leider kann ich das Bild der Hoffront eines solchen Hauses nicht bieten. Ich versuchte gerade beim Hause Nr. 57 auch das Bild der Hoffront auf die photographische Platte zu bringen; doch gelang es mir nicht, da der enge Hofraum das Aufstellen des Apparates in der nothwendigen Entfernung nicht gestattete. Zum Zeichnen einer solchen Ansicht nahm ich mir aber nicht die Gelegenheit. Um jedoch klar zu machen, wie ungefähr die Hoffront eines der erwähnten vier Häuser aussieht, verweise ich auf das Bild des Hauses Nr. 48 im Köppel-Viertel der Gemeinde Lorenzen, Fig. 145. In derselben Weise wie hier gliedern sich auch dort die quergebauten Tracte mit dem dem Hofe zugekehrten Giebel mit dem Gange unter der Abwalmung dem ursprünglich zweitheiligen

zu dreitheiligen geworden und die Höfe. zu denen die einzelnen dieser Häuser gehören, erst allmälig zu vollkommen geschlossenen ausgebaut worden sein werden.

Das letzte Haus, das ich jetzt aus der Gegend von Vorau noch zu beschreiben gedenke, ist ein neuer Bau, der an Stelle eines alten Gehöftes, das abbrannte, im Jahre 1887 errichtet worden ist. Das Haus Nr. 8 des Johann Spitzer in Puchegg zeigt, wie bei einem Neubaue das Aeussere wohl ein moderneres Gepräge erhält, die Anlage des ganzen Gehöftes jedoch, die Lage der Haupttracte zu einander noch die althergebrachte ist und selbst die Ausgestaltung des Wohnhauses, wenn dieselbe durch Untertheilung auch eine vielgestaltetere geworden, doch noch die Dreitheilung des herkömmlichen alten Gewohnheitsbaues, aus welcher die Sechstheilung im moderneren Hause erwachsen ist, erkennen lässt.

Fig. 159. Haus Nr. 8 in Puchegg bei Vorau.

alten Tracte an. Die Erfahrung, die ich an den Häusern Nr. 14 in Puchegg und Nr. 57 in Riegersbach geschöpft, dass nämlich wenigstens einzelne Höfe auch in der Gegend von Vorau nach und nach zu einem geschlossenen Ganzen ausgebaut worden sind, lässt mich vermuthen, dass auch das erste Haus, aus dieser Gegend beschrieben, nämlich das eben erst erwähnte Haus aus dem Köppel-Viertel der Gemeinde Lorenzen, nicht vom Anfang an so da steht, wie es heute sich zeigt. Es dürfte ehemals auch ein zweitheiliges Haus gewesen sein, das erst durch den Anbau der Stube unter dem Giebel mit dem Gange zum dreitheiligen Hause geworden sein wird. Der in der Frontseite des Hauses liegende Giebel lässt sich ja doch nicht gut anders erklären. Ebenso nahe liegt die Vermuthung, dass auch die anderen der genannten Häuser mit den querliegenden Tracten aus zweitheiligen mit der Zeit

Fig. 159 gibt die Ansicht dieses Hauses. So wie bei allen Häusern der Gegend von Vorau, dessen vordere (Einfahrts-) Seite nicht durch einen Zwischentract verbaut ist, sehen uns auch hier zwei Giebelseiten entgegen. Sie zeigen im Dache wohl noch dasselbe Material und dieselbe Form, ein Satteldach aus Stroh mit kurzer Abwalmung, doch fehlen die charakteristischen Balcone und das Haus ist nicht mehr aus Holz gefügt, sondern aus Stein erbaut. Die Fenster des Wohntractes sind gross. Es liegen deren drei in der Giebelwand, in der hofseitigen Front fünf und in der äusseren Frontseite sechs. Fig. 160 zeigt den Grundriss des Bauernhofes. An das Wohnhaus schliessen sich ein Schweinestall, von dem durch einen Bretterverschlag eine Zeugkammer abgetrennt ist, und ein Schafstall an. Gegenüber diesem Tracte liegt der Rinderstall. Er ist in ganz gleicher Weise ausgestattet wie der Stall des vorbesprochenen Hauses, nur sind hier die Tröge nicht mehr aus einzelnen Baumstämmen hergestellt, sondern aus starken Brettern so zusammengefügt, dass die Futterbarren für das Vieh ein Ganzes mit drei grossen Abtheilungen bilden. Die Standplätze für die einzelnen Paare sind wieder in der schon besprochenen Weise abgesondert und der Stand eines jeden Paares ist durch eine Thüre von aussen zu betreten. An den langen Stall schliesst sich eine Futterkammer an. Diese ist mit dem Heustadl durch eine Thüre in Verbindung. Ein Theil des Heues wird hier untergebracht und ein Theil auf dem Dachboden des Stalles. Dorthin kann es durch eine Dachlucke, welche sich in der aussenseitigen Dachfläche befindet,

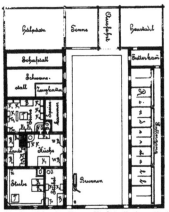

Fig. 160. Grundriss des Hauses Nr. 8 in Puchegg (1 : 400).

und durch ein Thürchen, das im Giebel des Stallgebäudes angebracht ist, verladen werden.

Die beiden Tracte sind durch die quergebaute Scheune verbunden. Die Scheune gliedert sich hier in vier Theile. In dem schon erwähnten Heustadel, in eine gegen den Hof zu offene „Ausfahrt", in eine Tenne und einen Hâlpâa'n. Nach vorne ist der Hof abgeschlossen durch ein gemauertes und überdachtes Einfahrtsthor. In dem Mauerwerke, welches das Thor bildet, sind beiderseits noch zwei Thürchen angebracht, die auf die Gräden leiten, welche dem Wohngebäude und dem Stallgebäude vorgelegt sind.

Einiges Wenige ist nun noch hervorzuheben in Bezug auf das Wohngebäude. Dort, wo im hölzernen alten Hause dieser Gegend die Rauchstube zu sein pflegt, liegen eine Stube und ein Stübel nebenein-

ander. Die Stube bildet das Wohngemach der jungen Eheleute. Wir sehen darin nur die stabilen Bänke, in einer Ecke den Tisch T und darüber in der Ecke einen Hausaltar, in der schräg gegenüberliegenden Ecke einen Kachelofen O, der mit einem Geländer umgeben ist, zwei Betten und hinter der Thüre, die in's Vorhaus führt, eine Kastenuhr U. Ausser der Thüre, die in's Vorhaus führt, hat diese Stube noch zwei Thüren. Die eine führt in die Küche, die andere in's Stübel. Hier wohnt der alte Vater des Bauern. Im Stübel stehen bei B ein Bett, bei K_1 und K_2 zwei Kästen, bei Tr eine Truhe und bei O ein kleiner eiserner Ofen. Auch von hier führt eine Thüre in die Küche. Die Küche liegt hier dem Hofe zugekehrt, während das Vorhaus von der Aussenseite des Hauses betreten wird. Es mag diese Einrichtung, welche der sonst üblichen Anordnung der Küche und des Vorhauses nicht gleich kommt, aus praktischen Gründen getroffen worden sein. Die Küche, von der aus doch auch die Schweine und zum Theile auch die Rinder versorgt werden müssen, liegt nämlich so, wie sie in diesem Hause angelegt ist, den Ställen näher, als dies sonst gewöhnlich der Fall ist.

In der Küche steht ein grosser, offener Herd H_1, der 2 m breit und 1·8 m tief ist. Gegenüber steht ein zweiter kleinerer Herd H_2, der selten benützt wird und mehr den beiden Oefen, deren Heizen auf diesen Herd münden, als Vorlage dient. In einer der Ecken der Küche ist ein Kessel eingemauert. Unter K-K steht ein Küchenkasten und unter W-B_1 und W-B_2 sind zwei Wasserbänke angebracht.

Im Vorhause führt bei Bo eine Stiege auf den Boden und bei Ke eine in den Keller Bei K steht ein Kasten, bei Tr eine Mehltruhe und bei B_1 und B_2 zwei Betten. Vom Vorhause aus öffnet sich eine Thüre in die Gesindestube. Hier werden die Mahlzeiten eingenommen. Der Tisch T steht in der Mitte des Raumes, wohl deshalb, weil er in keiner der Ecken, die alle verstellt sind, Platz finden konnte. In der rechten inneren Ecke dieser Stube steht ein „Rübenhaufen-Ofen". Die Kacheln desselben sind grün glasirt. Ausserdem sind in dieser Stube ein Bett, zwei Truhen Tr_1 und Tr_2 und acht Kästen K_1—K_8 aufgestellt. Jener letzte Raum des Wohnhauses, in den der Backofen des Hauses hineingebaut und der von der Küche und vom Hofe aus zugänglich ist, ist eine Speisekammer.

Hiemit bin ich in der Beschreibung der Bauernhäuser aus jenen Gegenden, die ich in den Jahren 1895 und 1896 im Auftrage der Anthropologischen

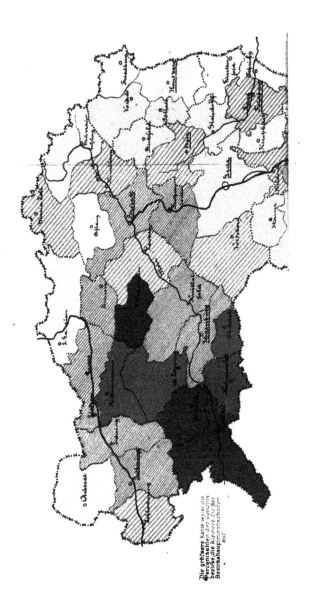

Die größere Karte weist die
Prozentzahlen der Gerichts-
bezirke die kleinere die der
Bezirkshauptmannschaften
auf

Gesellschaft in Wien durchwandert habe, zu Ende gelangt.

So wie ich gelegentlich meiner Studienreise in die Heanzerei (1894), angeregt durch die vortrefflichen Arbeiten des Herrn Professors Dr. Meringer: „Studien zur germanischen Volkskunde", I und II (Bd. XXI und XXIII dieser Mittheilungen), bemüht war, mit dem Bauernhause auch den Hausrath zu erforschen, so brachte ich diesem auch während der Excursionen in den letzten beiden Jahren ungeschmälertes Interesse entgegen. Der mir seitens der ethnographischen Sammlung des k. und k. naturhistorischen Hofmuseums in Wien gewordene Auf-

trag, für das Hofmuseum in den Gegenden, welche ich durchwanderte, volkskundliche Gegenstände aufzusammeln, zwang mich, insbesondere den Geräthen des Bauernhauses nahe zu treten. Es gelang mir auch, besonders in Oberschützen und dessen Umgebung und dann in Fladnitz bei Passail und schliesslich nach dem Abschlusse meiner Studienreise durch die östliche Mittelsteiermark in Trebesing bei Gmünd in Oberkärnten eine kleine Sammlung von etwa 130 Stück volksthümlicher Gegenstände für das k. und k. Hofmuseum zu erwerben, deren nähere Beschreibung an dieser Stelle ich mir für später vorbehalte.

Literaturberichte.

9.

Das Weib in der Natur- und Völkerkunde. Anthropologische Studien von Dr. H. Ploss. Fünfte umgearbeitete und stark vermehrte Auflage. Nach dem Tode des Verfassers bearbeitet und herausgegeben von Dr. Max Bartels. Mit 11 lithographischen Tafeln und 420 Abbildungen im Texte. Zwei Bände. XX, 710 und VIII, 712 pp. Leipzig. Th. Griebens Verlag (L. Fernau). 1897.

In unglaublich kurzer Zeit ist der vierten Auflage dieses grossartig angelegten Werkes[1] die fünfte gefolgt, welche wieder eine sorgfältige Umarbeitung sowie Vermehrung sowohl des textlichen als auch des illustrativen Theiles bringt. Ueber die Vortrefflichkeit dieser in der Weltliteratur einzig dastehenden Arbeit ist wohl kein Wort mehr zu verlieren. So viel auch über das unerschöpfliche Thema vom Weibe bisher geschrieben wurde, so finden wir hier zum ersten Male nicht nur die sexuelle, sondern auch die damit untrennbar verbundene sociale Seite dieses Themas wissenschaftlich nach allen Richtungen beleuchtet, und zwar von dem einzig richtigen Standpunkte, nämlich dem ethnographischen. Das Geständniss des Bearbeiters in dem Schlussworte über die Lückenhaftigkeit der Darstellung wird demselben wohl kein billig Denkender bei dem riesigen Umfang der zu bewältigenden Literatur zum Vorwurfe machen. Diese Lückenhaftigkeit bezieht sich nicht nur auf die Naturvölker und die ausser-europäischen Culturvölker, sondern auch auf die Bevölkerung Europas, da Dank der Prüderie unserer Zeit die sexuellen Verhältnisse, namentlich jene des Weibes, immer von einem geheimnissvollen Schleier überdeckt werden, den selbst die Hand des Arztes nicht immer zu lüften vermag. Um so beherzigenswerther ist das Mahnwort des Bearbeiters nach möglichst intensiver Herbeischaffung von neuem Beobachtungsmaterial. Er sagt in dieser Beziehung: „Auch wir haben ja

an vielen Stellen eingestehen müssen, wie viele Lücken noch in unserem Wissen unausgefüllt geblieben sind, und wenn diese Besprechungen die Veranlassung werden sollten, dass an diesen Punkten die wissenschaftliche Forschung einsetzte, dann hätten diese Zeilen ihren Zweck erreicht. Möge Niemand — ich wende mich hier besonders an die Mediciner — die Gelegenheit, die sich ihm bietet, bisher Unaufgeklärtes zu erforschen, unbenützt vorübergehen lassen; möchte ihm auch nicht die kleinste Beobachtung unwerth zu einer Aufzeichnung erscheinen. Er wird es erleben, wie auf dieser Weise das wissenschaftliche Material unter seinen Händen wächst, und möge er niemals vergessen, dass nur durch die gemeinsame Arbeit Vieler das nöthige Licht in das bisherige Dunkel getragen werden kann." Diese Worte sind nicht stark genug zu betonen. Jeder Reisende, namentlich wenn er Arzt ist, soll dieses Werk aufmerksam durchlesen, und er findet in demselben fast in jedem einzelnen Capitel Anregung zu weiteren interessanten Forschungen. Heute verlangt man von jedem Reisenden nicht mehr die Durchmessung von so und so viel Kilometern unbekannter Strecken Landes, sondern das Sammeln wissenschaftlicher Beobachtungen, welche für diesen oder jenen Wissenschaftszweig neues Material herbeischaffen. Am meisten Dilettantismus wird von den Reisenden heute noch in der Ethnographie getrieben, weil dieselben in der Regel nicht genügend vorgebildet sind. Der reisende Zoologe und Botaniker muss heute eine tüchtige Vorbildung in seinem Fache haben, wenn er etwas Erspriessliches leisten will. Bei den sogenannten ethnographischen Schilderungen begnügen sich jedoch heute noch die meisten Reisenden damit, verschiedene, sich ihnen in der Regel zufällig darbietende Daten aufzulesen und dann über dieselben zu berichten. Und gerade in der Ethnographie sind die Beobachtungen oft recht schwierig, und muss der Reisende genau wissen, was er zu suchen hat. Man nehme hier nur als ein, allerdings glänzendes Beispiel die Resultate der beiden Reisen von den Steinen's her, und man wird sehen, was ein, allerdings so eminent begabter und ethnologisch geschulter Mann zu leisten im Stande ist.

---

[1] Siehe die Besprechung in diesen Mittheilungen. Bd. XXV, S. 240.

Von allergrösstem Werthe für die allgemeine Ethnologie sind aber die allgemeinen Betrachtungen und Schlussfolgerungen, welche der gelehrte Bearbeiter — wenn wir ihn, seiner Bescheidenheit Rechnung tragen, mit diesem Titel und nicht mit dem ihm richtiger zukommenden eines Verfassers belegen wollen — in seinem Schlussworte bringt. Wir können hier nichts Besseres thun, als dieselben unverkürzt herzusetzen.

„Zahlreiche Beispiele haben wir für die Thatsache gefunden, dass das Denken der Menschen, ihr Fühlen und Empfinden auf den verschiedenen Stufen der Culturentwicklung eine erstaunliche Aehnlichkeit und Uebereinstimmung besitzt, und dass eine Anschauung, einmal gewonnen, sie mag noch so widersinnig und unpraktisch sein, nicht selten auf Jahrhunderte hinaus nicht aus dem Volksgeiste ausgerottet werden kann. So erscheint manche hygienisch-rituelle Gewohnheit auf den ersten Anblick hin als ein instinctives Handeln, während sie bei näherem Zusehen als einfache Nachahmung fremder Sitten oder als Ueberlebsel aus früherer Zeit betrachtet zu werden verdient.“

„Aber nicht Alles ist Nachahmung und wir können es nicht verkennen, dass die gleichen Umstände und Verhältnisse in dem menschlichen Geiste bei den verschiedensten Völkern sehr häufig die ganz gleichen Gedankengänge anregen und auslösen, und dass wir uns wohl hüten, aus einer Gleichartigkeit der Sitten und Gebräuche sofort auch einen Rückschluss auf eine ursprüngliche Verwandtschaft der betreffenden Nationen anstellen zu wollen.“

Hierin sind deutlich die beiden Kernpunkte der modernen ethnologischen Forschung ausgesprochen. Die auf anderen wissenschaftlichen Gebieten mit so grossem Erfolge gehandhabte vergleichende Methode kann in der Ethnologie nur dann mit gutem Erfolg angewendet werden, wenn jede Erscheinung im Völkerleben unter der streng kritischen Fragestellung aufgefasst und studirt wird, ob wir es mit einer Entlehnung oder einer selbstständigen Geistesschöpfung zu thun haben. Auf die präcise Beantwortung dieser beiden Fragen spitzt sich immer mehr die Hauptaufgabe der Ethnologie zu und in der strengen Verfolgung dieser Richtung haben wir allein die Lösung so vieler, nicht nur in wissenschaftlicher, sondern auch in socialer Beziehung wichtiger Fragen zu erwarten, welche oft direct in unser modernes Culturleben hineingreifen. Dass es dem Bearbeiter gelungen ist, in diesem Werke manche dieser Fragen in diesem Sinne zu lösen, oder wenigstens einer Lösung näher zu bringen, dazu wünschen wir ihm von ganzem Herzen Glück.

Zum Schlusse nur noch ein Wort über die Literaturangaben. Dieselben sind am Schlusse auf 48 Textseiten zusammengestellt und umfassen über 2000 Werke. Die Art und Weise der Citirung kann aber nicht ganz unseren Beifall finden, da sie für Jenen, der das Werk benützt, übermässige Anforderungen an seinen Spürsinn — ich will hier nicht das undeutsche Wort Suchsinn gebrauchen — stellen. Es empfiehlt sich in einer nächsten Auflage, die wir hoffentlich in nicht ferner Zeit zu gewärtigen haben, wieder die gute alte Methode der Fussnoten für die Literaturangaben mit Angabe der Seitenzahlen zur Geltung zu bringen, was dem Leser eine weitere Benützung der Quellen ungemein erleichtert. In dem Literaturverzeichniss ist wohl die Seitenzahl der bezogenen Werke meistens, aber nicht durchgehends, angeführt. Die allerdings nicht geringe Mühe des Einschaltens der Literaturbehelfe an der angezogenen Stelle wird durch den wärmsten Dank der das Werk benützenden Leser wettgemacht werden. **Heger.**

10.

Gutberlet, Dr. C.: Der Mensch. Sein Ursprung und seine Entwicklung. Eine Kritik der mechanisch-monistischen Anthropologie. Paderborn. Druck und Verlag von Ferdinand Schöningh. 1896.

Der Titel dieses Werkes lässt schon vermuthen, dass wir es hier mit einer antidarwinistischen Streitschrift zu thun haben. Wenn wir nur das Vorwort durchlesen, so wird uns der Standpunkt des Verfassers klar. Es ist die Arbeit eines katholischen Gelehrten, der es unternimmt, die „auf die Menschheit angewandte Entwicklungslehre“ vom streng teleologischen Standpunkte einer Kritik zu unterziehen und dieselbe in den Grund zu bohren. Insoferne hätten wir mit diesem Werke nichts zu thun, da ja der Verfasser auf keinem objectiven Standpunkte steht und die meisten von ihm berührten Fragen in seiner Beleuchtung ausserhalb des Rahmens wissenschaftlicher Forschung liegen. Wir sind hier nur auf eine Anzeige dieses Werkes eingegangen, um zu betonen, dass der wissenschaftliche Werth solcher Tendenzschriften ein sehr geringer ist. Es ist bei dem heutigen, noch unfertigen Stand der Ethnologie ein leichtes Unternehmen, von einem bestimmten Standpunkte aus die Lücken und Mängel der Forschung zu benützen, um ein anscheinend auf anderer Grundlage stehendes Gebäude zu zimmern, so recht und schlecht dies eben geht. Mir dünkt diese Arbeit mehr als eine solche des Zerstörens, als eine solche des Aufbauens. Und in dieser negativen Seite liegt eben die Schwäche des Buches. Wenn man auf dasselbe etwas näher eingeht und einzelne Capitel durchnimmt, so sieht man überall die oft gezwungene Beweisführung, die um jeden Preis zu dem schon im Voraus streng abgesteckten Ziele gelangen muss. Das ist aber keine ernste wissenschaftliche Methode und darum muss von dieser Seite auch Verwahrung gegen dieselbe eingelegt werden. Den ernsten Forscher, der immer nur die strengste Objectivität vor einem solchen voraus fixirten Endziele bewahren muss, wird dieselbe nicht bekehren. Das Urtheil der grossen Menge der sogenannten Gebildeten ist aber für ersteren gleichgiltig. Die Wissenschaft hat nur ein Ziel und das ist die Erforschung der Wahrheit. Ob dasselbe mit dem Endziele des Verfassers übereinstimmt, wollen wir getrost dem Urtheile der Zukunft überlassen. **Heger.**

Forschungen und Studien über das Haus.

Von **Gustav Bancalari** (Linz a. D.).

II. Gegensätze des „oberdeutschen" Typus und der ländlichen Häuser Frankreichs.

(Mit 19 Text-Illustrationen.)

Eine Anregung Virchow's, dass bei der Erforschung des deutschen Wohnhauses vor Allem nach Gegensätzen, also nach den benachbarten nichtdeutschen Typen auszuschauen sei, ist bis nun von wenigen Hausforschern berücksichtigt worden. Meine Forschungen über den sogenannten „oberdeutschen" oder „Flurhallentypus" habe ich in Folge dieser Anregung wiederholt im italienisch besiedelten Theile der Südalpen angestellt. Ich bin hiebei zu dem Satze gelangt, dass jener weitverbreitete Typus mit dem südlichen Nachbar organisch zusammenhänge. Das einzellige Haus habe bei besserer Entwicklung der Lebensverhältnisse im Süden und im Norden sich Nebenräume angegliedert. Während aber im Süden der ursprüngliche Hauptraum erhalten worden und seiner Verwendung nach auch Hauptraum geblieben sei, sei im Norden der Hauptraum nur in wenigen primitiven Gebäuden (etwa Almenhütten) geblieben, er sei aber sonst mehr und mehr oft selbst zum schmalen Corridor verkümmert und habe seine einstige Würde und Bedeutung hie und da durch das Beibehalten des Herdes, anderswo durch die sprachliche Reliquie, dass man ihn noch immer „das Haus" nennt, gekennzeichnet. Die abgegliederte Stube hat das Erbe angetreten, jener rauchfreie, stark erwärmte Speise- und Wohnraum, in welchem man im typischen Hause nicht kocht und nicht schläft, dem ein ähnlicher Rang zukommt, wie in der modernen Stadtwohnung dem „Salon", allerdings einem solchen, der zugleich als Speisezimmer verwendet wird.

Diese Behauptung vermochte ich bezüglich der Südtypen bisher nur schwach zu stützen. Die oberitalienische Hausform ist verquetscht und willkürlich vermauert. Es gelingt schwer, dort einen Typus aufzustöbern, der so unterthänig unter der Bausitte stände, etwa wie mein Achenseetypus. Nur im Gesammteindrucke kann man dem oberitalienischen Wohncharakter inne werden. In der That findet man die Küche oft unmittelbar von der Strasse zugänglich; wirklich ist in derselben der offene Herd der Mittelpunkt des Zusammenlebens der Hausgenossen und es fehlt irgend eine „gute Stube". Was Nebenraum ist, hat die Merkmale der Schlafkammer; dabei ist freilich durch die Ansammlung mehrerer Familien im Hause häufig jedes typische Gesetz verwischt.

Das vom französischen Unterrichtsministerium herausgegebene Werk „Enquête sur les conditions de l'habitation en France, les maisons-types, avec une introduction de M. A. de Foville, Paris, Leroux 1894, habe ich jüngst in diesen Blättern erwähnt. So gross die Mängel dieser bisher unvollständigen Darstellung sein mögen, sie bietet als erster Versuch der Hausforschung eines ganzen Reiches grosses Interesse. Ich denke, den Hausforschern mit einem Auszuge des Brauchbaren aus diesem Buche einen guten Dienst zu leisten. Wir werden ja sehen, ob es nicht zur Kenntniss der West- und Südwestnachbarn des „oberdeutschen" und speciell des schwäbischen und fränkischen, dann des Schweizer Hauses beiträgt, ob nicht einige jener Gegensätze, von welchen Virchow Vortheile für die Bestimmung der „deutschen Typen" erwartet, auch aus der Betrachtung französischer Hausformen erkannt werden können.

Ich bringe einen kurzen Auszug. Eine Uebersetzung könnte auch nur ein Auszug sein, wenn auch ein etwas ausführlicherer, denn ein Theil der Fragepunkte hat mit der Hauskunde nichts zu schaffen. Viele Berichte sind von fachunkundigen Personen erstattet. Es bedarf einer gewissen Vertrautheit mit dem Gegenstande, um sich vorzustellen oder gar um zu zeichnen, was mancher Berichterstatter beschreibt. Mehrere Abbildungen habe ich umgezeichnet. Wie sie im Buche stehen, sind sie nicht erklärend. Dabei meine ich, zumeist das Rechte getroffen zu haben. Was ich nicht aufklären konnte, habe ich weggelassen.

Was ich an der Hand der französischen Arbeit anstrebe, die Abgrenzung der heimischen Haustypen gegen Südwest zu ermitteln, das hat unlängst Dr. R. Andrée bezüglich der nördlichen Abgrenzung des „oberdeutschen" Hauses gegen den sächsischen Typennachbar im Braunschweigischen (Zeitschr. für Ethnologie, Berlin 1895) in mustergiltiger Klarheit durchgeführt. Es bedarf noch einer Reihe ähnlicher Untersuchungen an möglichst vielen Punkten der noch unbekannten Typengrenzen. Gerade jetzt, wo die Sammelarbeit der österreichischen, reichsdeutschen und schweizerischen Architekten und Hausforscher in's Rollen kommt, scheint gerade dasjenige nützlich, was die Uebersicht fördert, was das Verhältniss der Typen gegen einander erläutert; es erleichtert den Theilnehmern den schwersten Theil ihrer Action: die richtige typische Wahl der darzustellenden Repräsentanten.

Ich behalte die Reihenfolge des französischen Buches bei. Sie beginnt mit dem Nordwesten des Landes, Departement Pas-de-Calais (Boulogne); dann geht sie über Departement du Nord (Lille, Valenciennes, Cambray, Avesnes), das Departement Ardennes auslassend, nach dem Departement Meuse. Meurthe und Vosges sind unbeschrieben.

In der Ostgrenze sind Theile der Departements Doubs (Montbéliard), Haute-Marne (Langres), Ain (La Bresse, Nantua), Isère (Grenoble), Hautes-Alpes (Briançon, Guillestre), Basses-Alpes und Var in Betracht gezogen. Savoyen ist leider noch unbeschrieben.

Von der Südfronte des Landes gibt es Andeutungen über Bouches du Rhône (Marseille, Aix), dann blos bezüglich Aude und Basses-Pyrénées (Baskenland).

Der Rest erstreckt sich auf die beiden Departements Tarn-et-Garonne (Montauban, Caussade), Lot (nördlich anschliessende Gegend); die Gegenden an der mittleren Loire zwischen Blois, Orléans, Bourges, Nevers, Montsauche und die Beauce zwischen Orléans und Chartres im Herzen des Landes; dann auf die Vendée, Maine-et-Loire (südwestlich von Angers), das Südostende der Bretagne (Vannes) und La Manche (Avranches).

Departement de Pas-de-Calais, Gegend von Boulogne. Das Eintrittsgemach, zugleich Küche und Hauptaufenthaltsort der Familie und Esszimmer, heisst la salle, zumeist aber la maison. Hier ist der Herd, oft auch der Backofen, wenn nicht ausserhalb in einem besonderen Häuschen (le fournil). Ausserdem bestehen des cabinets, Kammern, für Kasten und Betten, mehr oder minder nothdürftige Schlafräume. La cave, Keller; le grenier, Speicher. Andere Wirthschaftsräume sind nicht erwähnt, aber natürlich vorhanden.

Departement du Nord. Die Hauptstube heisst angeblich theuss (?). Der Backofen ist in der Regel in einem fournil abgesondert und streckt seine Wölbung, ähnlich wie in gewissen Tiroler und Graubündtner Bezirken, vor die Hausmauer hinaus, so dass blos das Heizloch unter dem Schutze und im Inneren des Hauses steht. La voûte, das Gewölbe, heisst der übrigens in der Regel nicht gewölbte Keller. — In Cambresis herrscht das sogenannte „fränkische" Gehöft. Im Wohntracte, in der Mitte vom Hofe unmittelbar zu betreten, ist die maison, rechts davon la chambre gegen die Strasse, links der Stall, also dies Alles unter einem Firste; la grange schliesst rückwärts und eine Mauer mit Thor und Thüre vorne den Hof rechtwinkelig ab; die vierte Seite hat die Rückwand des Nachbargehöftes inne. Aehnlich sind die Gehöfte von Valenciennes und d'Avesnes. Der Name maison für das Hauptgemach ist dort constant. Ueberall sind die Gehöfte enggedrängt an der Strasse nebeneinander. Von den in der Enquête geschilderten Typen ist dies der einzige, welcher dem sogenannten „fränkischen" Gehöftetypus ziemlich rein entspricht. Hiebei ist zu bemerken, dass bezüglich anderer geschilderter Typen über die Gehöfteform unbestimmte Bemerkungen vorliegen, welche auf den typischen Charakter keine sicheren Schlüsse gestatten; ferner dass aus den Departements Pas-de-Calais, Ardennes und Vosges, dann aus dem Raume zwischen diesen, dann Rouen, Paris, Rheims und Châlons s. M., wo fränkische Gehöfte etwa erwartet werden könnten, überhaupt keine Berichte vorliegen.

Departement de la Meuse. Die Einheitshäuser stehen mit den Traufenseiten an der Strasse ohne Zwischenräume. Die Würde der Küche als Hauptraum und deren Name maison ist herrschend. Sie ist von der Gasse durch einen Corridor zugänglich, mit dem Stalle in unmittelbarer Verbindung, hat vor sich eine chambre gegen die Strasse, eine andere hinten hinaus. Ein eigener Corridor führt in den Stall. Die grange liegt vorne heraus, l'écurie hinten. Vor dem Hause ein freier Platz, la parge; hinten der Garten. Dieser Typus, welchen Fig. 161 im Grundriss darstellt, scheint durch Raummangel gequetscht. Bei Mandres erscheint er offenbar in mehr ursprünglicher Form (Fig 162). Interessant ist das dunkle, durch den Backofen erwärmte mittlere Kämmerchen, le poêle. Es entspricht der Entstehung nach unserer Stube. Auch der Name „der Ofen" entspricht dem Namen der letzteren, welcher ja von stufa, der Ofen, herkommt. Es ist aber ein fast unbewohnbarer Raum, eine Art Rumpelkammer daraus geworden, während die Entwicklung unserer Stube zu einem traulichen, behaglichen Speise- und Wohnraume geführt hat. Die rückwärtige chambre entspricht unserer unheizbaren Kammer. In einem Theile des Departements, sowie im Nordwesten des

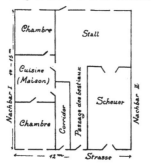

Fig. 161. Bauernhaustype. Südosthälfte des Departements de la Meuse. Im geschlossenen Gassendorf.

Departements des Vosges heisst le poêle auch la chambre au poêle. Sie ist durch das Küchenfeuer mitgeheizt. Auch dort ist sie blos Schlafgemach. — Fig. 163 zeigt ein, wie es scheint, etwas freier und typischer entwickeltes Haus in Abainville.

Departement Haute-Marne, Gegend von Langres, herrscht ein ganz ähnliches Verhältniss. Die Hausthüre führt unmittelbar in la cuisine,

nur durch eine stockhohe Mauer, so dass der Bodenraum über diesen beiden chaûts ungetheilt ist. Der Name portée hat bei Bourmont seine ursprüngliche Bedeutung verloren; dort unterscheidet man le corps

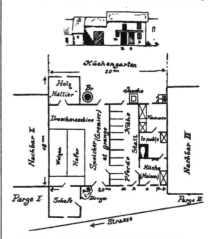

Fig. 162. Bauernhaus, Mandre (Departement Meuse).

de logis und la portée, was unserer „Futterbehausung" im Gegensatze zur „Feuerbehausung" entspricht. Fig. 164 zeigt zwei Varianten dieses Typus. Der Backofen ist in einer derselben detachirt.

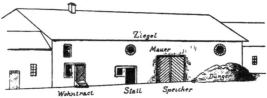

Fig. 163. Bauernhaus in Abainville (Departement Meuse).

welche Kamin und oft Backofen besitzt. Dieser ragt in le poêle hinüber. In der Küche wohnt, kocht, isst man; dort hängt der Käsekessel. Der Typus gleicht dem vorigen in der Hauptsache. Man sagt, solche Häuser haben trois portées oder chaûts, d. i. Balkenlängen, eigentlich Tracte. Der Wohntract ist vom Stalle durch eine Mauer gänzlich, und zwar bis zum Firste, getrennt; der Stall vom Speicher

Der Typus von Montbéliard, Departement Doubs, ist jenem vom Departement Meuse (Abainville) nach der allerdings nicht ganz klaren Beschreibung sehr ähnlich.

Im Departement Aines scheinen sehr primitive Hausformen, wenn auch nicht herrschend, aber vielleicht als Reste vorhanden zu sein; so z. B. Häuser mit blos einem gepflasterten Gemache an

25*

einer Giebelseite mit anstossendem Viehstalle; zwischen beiden sei eine trennende Mauer. Beide sind von der Strasse zugänglich. Oberhalb sei eine Galerie (besonders zum Maistrocknen) angebracht. Dies betrifft die ländlichen Gebäude der sogenannten Bresse pauvre zwischen Macon und Nantua auf dem linken Saôneufer. Aehnlich seien die Häuser der Bresse Châlonnaise oder Pouilleuse im Departement Saône-et-Loire, sowie in Theilen von Haute-Saône und Côte d'Or, was den Grundriss betrifft; nur seien sie dort zu hässlichen Strohhütten mit äusserlich angebautem Kamin an der Giebelseite verkümmert. Im Hause sei eine niedere Herdfläche unter dem berussten „âtre" (Atrium), worunter der Autor einen Kaminmantel in Kopfhöhe zu verstehen scheint. Solche Angaben, und noch dazu ohne fachgemässe Zeichnungen, lassen wohl die Grundform jener Bauten vermuthen, aber nicht

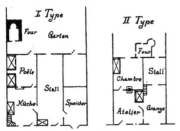

Fig. 164. Gegend von Langres (Departement Haute-Marne).

erkennen. Ebenso verhält es sich mit der Darstellung aus dem Departement d'Isère, der Gegend von Grenoble. Auch dort scheint das kleine Bauernhaus aus blos einem Wohnraume mit ganz kleinem Fensterchen und mit einem Kamine an einer Wand, dann aus einem Stalle zu bestehen. Letzterer ist unter demselben Dache, durch eine Mauer abgetrennt, aber mit der „maison" in innerer Verbindung.

Wir verdanken einem klaren Berichte des Abbé P. GILLAUME gute Nachrichten über Wohnart und Lebensweise der Bewohner des Departements Hautes-Alpes, Gegend von Besançon und Guillestre. Ein paar Notizen Anderer dienen zur Vervollständigung seiner Angaben. Im Allgemeinen heisst dort wieder die Küche maison; es bestehen auch daneben einige minderwerthige Schlafräume. Weitaus überwiegend ist das Einheitshaus. Der Verfasser meint bei der Erklärung dieses Systems, der

massenhafte Schnee in bedeutender Meereshöhe habe dazu geführt, dass alle Verrichtungen in Wohnung, Stall und Speicher möglichst, ohne dass man das schützende Dach verlassen müsste, sich vollziehen.

Im selben Dorfe gibt es Häuser mit den Eingängen an der Giebelseite und gleich daneben mit Eingängen unter der Dachtraufe. Es gibt, wo Getreide gebaut wird oder wo Brettschindeln aufgenagelt werden, steile Stroh- und Schindeldächer. Flachere Dächer scheinen mit Legschindeln gedeckt zu sein. Ueberall ist der Hauskern gemauert. Oberhalb der Wohngeschosse ist viel Holzwerk. Im Bereiche der Commune de Château-Ville-Vieille besteht das abgeson-

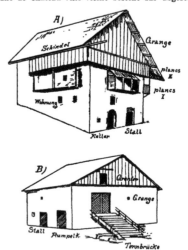

Fig. 165. A. Bourg de Ristolas (Departement Hautes-Alpes).
B. La Monta (Ristolas) (Departement Hautes-Alpes).

derte „Futterhaus" aus einem gemauerten Stalle und darüber einem luftigen Blockbau (la fusto; von il fusto, ital. Baumstamm). Typisch ist ein Trockengerüst, eine Art Galerie — la lobio oder lou puerti, zuweilen beim Erdgeschosse, häufig am Dachboden. Auf der lobio wird die feucht, oft aus dem Schnee eingebrachte Fechsung getrocknet.

Bei Trennung von Wohnhaus und Futterhaus heisst das erstere lou caset und enthält in der Regel blos den fougagno (Herdraum) und den poêle, die Nebenkammer.

Fig. 165—168 mögen einige Hausformen: Fig. 165 von Ristolas, Fig. 166 von St. Veran, Fig. 167 von

Monêtier bei Briançon, versinnlichen. Auffällig und vielleicht untypisch scheint der Grundriss von Fig. 167. Der Corridor zwischen Küche und Speisekammer kommt ausser in diesem Falle in dieser Weise nirgends vor. Es mag ein örtlicher Grund obwalten. Wahrscheinlich ragt das Untergeschoss in den Berghang hinein oder ist am Stallende aus anderen

Die maison (Küche, allgemeiner Essraum und Schlafraum der Eltern, dann zuweilen auch Versammlungsort der Familie) heisst auch fougagno und focanea. Daneben ist eine Kammer mit Betten und Vorräthen. Der Nebenname deycharjo dieser Kammer scheint unserer Rumpelkammer zu entsprechen. Unterhalb derselben ist ein Wein-, Oel- und Milchkeller.

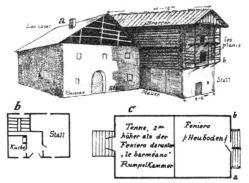

Fig. 166. Gehöft in St. Veran (Departement Hautes-Alpes). b Erdgeschoss, typisch.

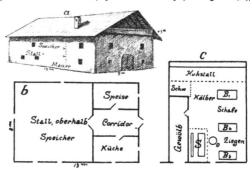

Fig. 167. Typisches Haus in Monêtier bei Briançon (Departement Hautes-Alpes).
C. Beispiel eines mitbewohnten Stalles (B = Betten, O = Ofen, S = Sitz, Tisch und Bank auf Estrich).

Gründen nicht zugänglich zu machen. Von dem bewohnten Stalle Fig. 167 c wird noch die Rede sein.

Fig. 168 stellt Erdgeschoss, Obergeschoss und Bodenraum eines Hauses von St. Marcellin dar. Dieses Dorf, nahe bei Gillestre, ist enge gedrängt am Abhange angehäuft.

Die Südseite heisst à l'adrech (ad rectum?), die Nordseite à l'ubac. Die Hauptfront ist fast immer gegen Süden gerichtet.

Der grössere Theil des Erdgeschosses ist vom Stall eingenommen. Derselbe ist zumeist gewölbt. Auf der Mittelsäule von Marmor steht die Jahreszahl 1791. Bei t ist ein Stück Estrich mit Tisch und Bänken. Der Stall ist nämlich im ganzen Departement mehr oder weniger auch Winterwohnung der Menschen. In St. Marcellin scheint sich dies allerdings nur auf die Abendzusammenkünfte der Familie und der Nachbarn zu beschränken; anderswo aber bringt man einen grossen Theil auch des Tages dort zu und in den kältesten Gegenden steht dort ein Kochofen, stehen dort die Betten der ganzen Familie zwischen den Abtheilungen der Hammel und Kälber vertheilt. Da der Dünger so viel als möglich im Stalle beisammen gelassen, in der Nähe des Tisches höchstens mit dürren Blättern bestreut oder mit Stroh bedeckt wird, so scheint diese Wohnart von zweifelhaftem Werthe. Sie soll übrigens den Leuten nicht merkbaren Schaden bringen. Es gibt sogar kleine Schänken, in welchen die Gäste im Stalle trinken (Fig. 165b stellt eine solche dar). Zwischen Edolo und dem

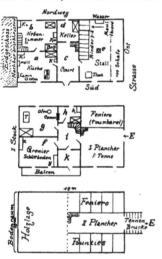

Fig. 168. Bauernhaus in St. Marcellin (Departement Hautes-Alpes).

Tonale-Passe (Valle Camonica) habe ich Aehnliches getroffen. Dort erklärt man die Sitte durch den Mangel an Brennholz für Stubenheizung. Es mag auch im Departement Hautes-Alpes Aehnliches zu Grunde liegen. Dient doch hie und da getrockneter Kuhmist als Heizmittel; wird doch in sehr vielen Häusern nach der Ernte, zumeist im November, einmal für das ganze Jahr Brot gebacken, angeblich, um Holz zu sparen.[1]

<hr>

[1] Auch in Tirol, z. B. im Lessachthale, backt man blos einmal, obwohl dort genug Holz vorhanden ist, um die Stuben stark zu überheizen. In Tirol hackt man dies steinharte Brot in Splitter und weicht diese in Milch oder Suppe

Zwischen Stall und Cuisine ist häufig (vgl. auch Fig. 110, 111) ein Gang, welchen ein Gewährsmann allerdings für „une institution très recente" erklärt. Er heisst la court oder le courtile und öffnet sich mittelst eines zweiflügeligen pourtals gegen die Strasse. Von ihm führen Thüren in die Küche, in den Stall und in einen Keller am Ende desselben. Die ursprüngliche Einrichtung ist offenbar jene der Gegend von Haut-Drac, wo Stall und Wohnung ohne court unmittelbar aneinander schliessen und jeder dieser Räume eine Thüre in's Freie hat. Eine innere Verbindung bestehe dort nicht. Von der Maison-Cuisine ist daselbst eine Kammer, welche mia oder méa heissen soll, abgetheilt. In solchen Häusern fehlt die innere Stiege in's Obergeschoss, wo eines besteht, oder in den Bodenraum und man bedient sich einer Leiter oder aber es führt eine Stiege an einem Vorbau, ähnlich wie im Oberinnthale, über die Hausthüren. Dieser Vorbau heisst l'estro oder la touna (Höhle). Die Thüre der maison und das Stallthor sind dann durch die beiden Gewölbe der touna nischenartig geschützt.

Die Küche hat Kamin und Ofen, Bett und sonstige Möbel, wie letztere einem ländlichen Empfangsraume, also bei uns der Stube, entsprechen.

Die étage, der Oberstock, hat ein Gastzimmer, dann einen Schlafraum, welcher nebenbei etwa dem steirischen oder oberösterreichischen „Kasten" entspricht. Getreide, Brot u. s. w. ist dort aufbewahrt.

Der Balcon des ersten Stockes dient zum Trocknen der Wäsche und der Kleider.

Das beschriebene Haus kehrt den östlichen Giebel der Bergseite zu. Die Einfahrt E in den Scheuerraum der étage erfolgt daher unmittelbar, jene E₁ in den Dachbodenraum mittelst einer Rampe, ähnlich unserer Tennenbrücke. Im Obergeschoss ist die Dreschtenne (le premier plancher) und die Heulegestätte (feniero oder tounbarel). Im Dachboden befindet sich auf der Decke der II. plancher zum Heueinführen, seitwärts von dieser Einfahrt eine Oeffnung, durch welche das Heu eingelagert wird — oder besser gesagt, der feniero ist ohne Decke, also gegen den Dachboden zu offen —; dann gibt es über den ganzen Boden im Dachraume hin etagenförmige plancs übereinander, aus parallel auf 50 cm ent

<hr>

auf. Im Departement Hautes-Alpes richtet man einen Säbel o. dgl. als Schneidemesser her. Die Spitze wird zur Charnière umgeschmiedet. Das Messer heisst chaploor, die Mulde, an welcher sich dieses hebelartige Schneidemesser bewegt, heisst gral.

fernt gelegten Balken bestehend, auf welchen man
die Garben oder auch das Heu vollends trocknet.
Sie heissen pountins (Brücken?) oder baoudis.
Die Bodenfläche über dem Wohntracte ist mit Estrich
versehen; dort, zunächst dem offen gelassenen Giebel,
ist Holz zum Trocknen geschlichtet. Die lobio vor
dem offenen Giebel ist bereits früher erwähnt worden.

Auffallend ist die fast vollständige Uebereinstimmung dieser Einrichtungen mit jener der Stallscheunen
im Val del Sole (Tirol), „Ausland" 1893. Gleiche
Umstände und gleiche Bedürfnisse haben ohne Zweifel
da gleiche Abhilfe gefunden. Der cultivirte Mensch
ist ein Techniker und kein Instinctwesen. Es gibt
daher gleiche Typen auch ohne nationale Ueberlieferung.

abermals der Hauptwohnraum. Sie ist als eine Art
Speisesaal sehr nett gehalten. Ein Corridor trennt
sie vom Stalle (s. Fig. 169, 170). Ein gemauerter
Ofen mit einem Sparherd und mit einer Platte für
offenes Feuer und Kesselhenke, darüber ein Kaminmantel mit Leinwandvorhang nach Art des Rotunda-
herdes bei Feltre (Fig. 149. Mittheilungen d. Anthrop.
Gesellsch. 1896, Bd. XXVI) bilden die Heizvorrichtung. Hinter der Küche befindet sich eine kleine
Kammer, 2 m breit, 2·5 m lang, in welche der Ofen
hinüberreicht; dort schlafen Herr und Frau. Im Obergeschosse befinden sich zwei Wohnzimmer (a, b,
Fig. 170), dann ober dem Hausthore, also vom oberen
Corridore abgetheilt, eine Kammer c für Früchte
und ein grénier d. Aus dem unteren Corridor

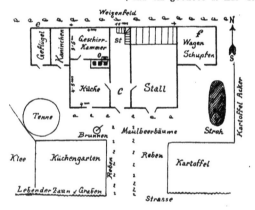

Fig. 169. Provençalisches Bauernhaus.

Im Departement Hautes-Alpes ist viel
Almenwirthschaft. Die Sommerstallhütten heissen
forests, muandes und meyres. Ihre Form folgt
dem geschilderten Typus von Haut-Drac. Ueber der
cuisine, der cave, wo die Vorräthe aufbewahrt
werden, und dem Stalle befindet sich die grange
mit 2—3 plancs. In der Wesenheit entsprechen
diese Gebäude jenen, welche ich in den Mittheilungen
d. Anthrop. Gesellsch. 1896, Bd. XXVI, S. 101, dargestellt habe. Der Grundtypus der Sommerställe ist
somit im Departement Hautes-Alpes und in dem
Thale von Auronzo der carnischen Alpen identisch.

Im Departement Basses-Alpes und Bouches du Rhône, also in der Provence, ist die
einfensterige Küche, ein Quadrat von 4—4·5 m Seite,

gelangt man in Küche und Stall, von diesem aber
auch durch eine Thüre in's Freie Die Dreschtenne
(l'air à blé) ist ein runder Platz mit 7 m Durchmesser, im Freien. Man drischt mit Göpel und Stein-
walze. Das Stroh liegt in Tristen. Dem Hause ist
meist ein Schupfen (hangar) und ein Ställchen für
Kleinvieh angehängt; der Schweinestall (Fig. 170)
steht abseits.[1]

[1] Wie sehr die natürlichen Verhältnisse den Hausbau
beeinflussen, zeigt sich auch hier, und zwar an einem an
sich unbedeutenden Detail. Man streicht in der Provence Thüren
und Fenster fast nirgends mit Oelfarbe; ja, man hielte dies für
Verschwendung. Der Berichterstatter führt dies auf die grosse
Trockenheit der Luft zurück. Unangestrichenes Holzwerk,
welches z. B. in den Alpen ehestens vermorschen würde, bleibt
in der Provence jahrelang unversehrt.

In den Häusern bei Aix-les-Bains, also im Gebirge, bildet eine immense Küche „une salle commune, ou se fait la cuisine". Der grosse Kamin sendet genug Rauch in diesen Raum, um die Holzdecke zu schwärzen. Neben demselben befindet sich ein Sparherd, blos ¹/₂ m hoch.

Im Departement du Var herrscht ein ähnlicher Typus. Unten Küche mit Kammer und Stall, oben zwei chambres, wahrscheinlich der grenier, im Bodenraume der Heuboden (grenier a foin). Die primitiven Alpenhütten heissen bastides, bastidons, cabanons, ob aber auch im Volksmunde, ist undeutlich.

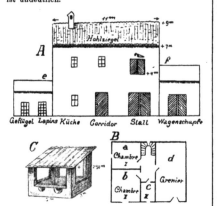

Fig. 170. Provinçalisches Bauernhaus. *A.* Aufriss (vermuthliche Form nach Schilderung). *B.* Obergeschoss, Grundriss. *C.* Isolirter Schweinestall.

Im Departement Aude, Gegend von Carcasson, südwestlich von Montpellier, herrschen im Gebirge Abhangbauten, ähnlich jenen des Departements Hautes-Alpes. Im halb ausgegrabenen Untergeschoss ist der Stall, darüber das Hauptgemach, zugleich Küche. Der Backofen ragt mit seiner gewölbten Rundung oben aus der Hauptmauer hervor, ähnlich wie in Südtirol und im Engadin, aber so weit man aus der Abbildung sehen kann, in einer Weise eckig verkleidet, welche eher der Tabernakelform an den Rauchlöchern der Valle di Rendena entspricht. Der Kamin ist mit einem Herde verbunden. Der Heuboden ist unter Dach und wahrscheinlich von der Bergseite aus zu füllen (vgl. Fig. 171).

Die Mängel dieser so wichtigen und interessanten officiellen Darstellung der französischen Haustypen

habe ich an keiner Stelle so sehr bedauert, als beim Abschnitte Departement Basses-Pyrénées, dem nördlichen Theile des Baskenlandes. Die Hauptfrage der Hausforschung über die Beziehung von Hausform und Nationalität der Bewohner, wo sollte man eher auf ihre Beantwortung hoffen, als in den Gegenden mit uralter, unvermischter, conservativer, eigenartiger Bevölkerung? Bisher hat es in solchen Bezirken allerdings nur Enttäuschungen gegeben. Das „Cimbernland", wo angeblich die Bauart der bajuvarischen Colonisten des XII. Jahrhunderts zu finden sein sollte, hat dann Wohnhäuser gezeigt, wie sie vielleicht ganz Oberitalien vor 100 Jahren gehabt hat. Das niederrheinische Gehöfte der deutschen

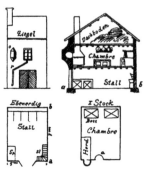

Fig. 171. Typus im Südtheile des Departements Aude, Pays de Sault u. Corbières.
O = Ofen, *r* = Ausgussrinne, *Sp* = Speisekammer, *a* = Ausguss.

Siebenbürger, auf welches noch beim Anthropologen-Congresse 1894 Henning so dringend hingewiesen hatte, weil dort Klarheit zu finden wäre über den fränkischen Hausbau des XII. Jahrhunderts, dies Gehöfte ist im nationalen Dorfe der Millenniums-Ausstellung 1896 wie ein Soldat in der Reihe gestanden, vom Nebenmanne kaum zu unterscheiden, weil in Ungarn alle Häuser von Magyaren, Deutschen, Slovaken, Croaten und Rumänen bis auf kleine Aeusserlichkeiten, bis auf untergeordnete Dinge des Habitus, und zwar im ganzen Lande der Hauptsache nach vollkommen gleich sind. Vielleicht würde auch das Baskenhaus eine ähnliche Enttäuschung bereiten, wenn man aus dem Berichte seine Beschaffenheit vollends entnehmen könnte. Es handelt sich um Abhangshäuser aus Fachwerk, dessen Balken und Pfosten roth bemalt sein sollen. Die sanftgeböschten Dächer „reichen bis

nahe an den Erdboden herab" (natürlich auf der Bergseite des Abhanges). Zumeist sind die Baskenhäuser
Einschichten. Jeder Bauer haust mitten auf seinem
Grunde. Kirche, Schule, Krämer und Wirthshaus
sind beisammen und bilden den Kern der Gemeinde;
also ein Verhältniss, genau wie in Oberösterreich,
besonders nördlich der Donau.

Im Hause scheint, nach dem von der Beschreibung etwas abweichenden Bilde (s. Fig. 172), in der
Mitte der Giebelseite die Hausthüre unmittelbar in
die Küche zu führen. Die Thüre ist doppelt. Eine
Halbthüre hält des Tages das Vieh ab, eine Ganz-
thüre des Nachts fremde Menschen; eine weit verbreitete Einrichtung. Die Küche wird als „lieu de
réunion de la famille et salle de réception" aus-

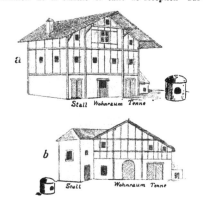

Fig. 172. *a* Villefranque (Baskenland). *b* Ustaritz (Baskenland).

drücklich bezeichnet. Hinter derselben, in einer nicht
klar zu ersehenden Weise, sind noch Schlafkammern
angebracht. Der Fussboden sei selten gedielt, niemals
gepflastert; die Basken hätten somit, wie etwa die
Slovaken und viele Magyaren, einen Estrichfussboden.

Die Fenster sind klein. Nach dem Bilde scheint
aber die Beleuchtung der Küche einzig durch die
obere Oeffnung der Halbthüre besorgt zu werden.
Der Stall wäre (Fig. 172 a) rechts, eine Art Tenne
oder Remise links von der Küchenthüre, beide mit
Thoren ebenfalls in der Giebelseite. Häufig ist ein
Obergeschoss aufgesetzt mit einer Aussenstiege,
welche jedoch nicht dargestellt ist, und hölzernem
Balcon, dessen Balken, wie die Fachwerkpfosten,
roth bemalt seien. Auch er fehlt in beiden Bildern. Die
Einfügung des Scheunenraumes, wahrscheinlich im

Dachboden, ist ganz unklar beschrieben. An Nebengebäuden wird blos der four à méture, Backofen
für Maisbrot, erwähnt. Vor der Hausfront befindet
sich ein eingefriedeter Vorraum. Eine solche Zu-
sammenfügung des Wohn- und Wirthschaftstractes,
wobei Alles parallel zum First angeordnet ist und
die Eingänge nebeneinander in der Giebelseite liegen,
findet statt im Unterinnthale zwischen Schwaz und
Innsbruck, wo ich aber eine durch die Dorfenge
verschuldete Verquetschung, eine Verkümmerung des
Typus vermuthe; dann typisch im Grödnerthale.
Anderswo habe ich solches nicht gefunden.

Ich warne vor jeder Folgerung aus der offenbar un-
genauen, höchst lückenhaften Darstellung dieses Typus.

Im Departement Tarn-et-Garonne, Gegend
von Montauban, einst das Bas-Quercy genannt,
unterscheidet man zwei Regionen: la plano oder
la ribièro und la montagno oder la caussé,
die fruchtbare Ebene und das wasserarme Kalk-
plateau bei Caussade. In der Ebene wohnen grosse,
schlanke, dunkelhaarige Leute, gascon'scher Rasse,
brachicephal; auf dem Plateau befindet sich dagegen
eine dolichocephale kräftige, untersetzte, blondhaarige
Bevölkerung. Besonders die Weiber die caussé
zeichnen sich vor jenen der plano durch die Schönheit ihres Teints aus. Was der Berichterstatter über
die Gegensätze des Charakters, der Begabung, des
Temperaments dieser beiden Volksgruppen sagt, leitet
zu dem Eindrucke, dass hier eine gallisch-romanische
Bevölkerung einer wenig gemischten germanischen
gegenüberstehe. Er behauptet nun, dass auch ein
Gegensatz der Wohnart stattfinde, welcher freilich
theilweise in den Unterschieden der natürlichen Verhältnisse begründet ist. So ist im caussé die Lage
und Form der geschlossenen Dörfer durch die spärlichen Wasserquellen bedingt, das Baumaterial durch
den Kalkstein, während unten die Wahl für die Haus-
lage frei steht und Lehmziegel, gebrannt oder un-
gebrannt, allgemein verwendet werden. Oben ist mehr
conservativer Geist. Es gibt dort mehr altartige Häuser,
während unten, besonders bei Montauban, charakter-
lose Baumeisterformen sich breit machen.

Fig. 173 *I* stellt ein Haus in Caussade dar, und
zwar das obere, das Hauptgeschoss. La salle *a* „war
einst das Haus selbst, der Herdraum, wo sich das Leben
der Familie abspielte, la seule pièce habitée, celle, qui
constituait l'habitation par excellence. Ici on faisait
la cuisine, on y prenait les repas à la grande table de
chêne … c'était également la chambre à coucher du
maître. Pendant les longues veillées de l'hiver, on

travaillait, on filait, on devisait devant la grande cheminée qui, dans son genre, est un véritable monument". So war es noch in der ersten Hälfte dieses Jahrhunderts bezüglich des vorliegenden Hauses, so ist es noch in vielen primitiveren Häusern; ja, diese Verhältnisse herrschen in allen bis nun behandelten Typengebieten. Der Berichterstatter nennt diesen Küchenraum „l'habitation par excellence", obwohl offenbar bei Caussade nicht der Name maison, sondern la salle dafür gebräuchlich war oder ist. b ist eine nur durch die Thüre erhellte Rumpelkammer, die nebenbei als Schlafraum benützt wird. Im geschilderten Hause war er auch für Militär-

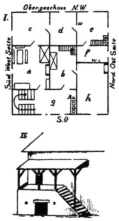

Fig. 173. I. Bauernhaus in Caussade (Departement Tarn-et-Garonne). II. Galerie g an Bauernhäusern des „Caussé".

einquartierung bei Durchmärschen gebraucht. Eine Stiege führt von da auf den Dachboden, wo man die Maiskolben trocknet. g ist eine Galerie, welche als Flurraum für die salle und die finstere Kammer dient, wo aber auch die Hausgenossen bei mildem Wetter verweilen und manche Arbeit versehen, besonders wozu bessere Belichtung erforderlich ist. Die grosse Aehnlichkeit mit dem „Schopf" des Vorarlberger Hauses springt, wenigstens bezüglich des Grundrisses, in die Augen. Diese drei Räume bildeten den alten, ursprünglichen Kern der Wohnung, das andere c, d, e, f, h ist bei steigendem Raumbedarfe dazu gekommen und jener Kern entspricht dem typischen Hause des Bas-Quercy. Wenn man von der leider nicht dargestellten Ansicht des Hauses

absieht, darf man wohl von einer seltsamen Aehnlichkeit mit dem ostschweizerischen Hause reden.[1]

Das Erdgeschoss hat dieselbe Eintheilung, aber es ist seit undenklichen Zeiten unbewohnt Hier wohnte einst der „bordier" des Gehöftes (der „borde"), das ist nach unseren Verhältnissen der „Meier", der Wirthschafter, oder besser: er entspricht nahezu dem italienischen Colono als „Halbnutzniesser". An vielen Häusern ändert sich die Galerie. Es bleibt nur ein Rudiment nach Art der Fig. 173 II, welches den Hauseingang vor Schlagregen und Schnee schützt. Unterhalb des Stiegenpodest ist der Eingang zu einem Stalle für Kleinvieh.

In der Ebene (s. Fig. 174) fehlt meistens das Obergeschoss; an dessen Stelle tritt ein erhöhtes Bodengeschoss So festgewurzelt ist da die Gewohnheit, im Erdgeschosse zu wohnen, dass ein reicher Besitzer, wenn er dennoch ein hohes, mehrstöckiges, modernes Haus gebaut hat, alle oberen Zimmer leer lässt und sich auf ein paar untere, enge Gemächer beschränkt.

Die Galerie verliert beim ebenerdigen Gebäude, welches dem Pisé und dem Bau mit ungebrannten Ziegeln entspricht, weil solche Mauern kein grosses Gewicht, also kein Obergeschoss tragen könnten, ihre Bedeutung. An ihre Stelle tritt eine Art Vorhalle, wie sie Fig. 174 A, die ein etwa 100jähriges Haus der Ortschaft Varens unfern von Montauban darstellt, ersichtlich macht. A, a und b sind zwei „chambres", jede mit Kamin. Die eigentliche salle aber ist a. Das andere Gemach ist Schlafraum und birgt nebenbei Feld- und Gartenfrüchte. An a schliesst der Stall an; hinter dem Wohntract befindet sich eine breite Einfahrt, Weinkeller (chay) und zugleich Remise. Der Raum g ist unter dem Porticus (le balet), welcher durch das vorspringende Hausdach gedeckt wird. Fig 174 B ist eine Verfeinerung dieses primitiven Typus. Die Stallthüre ist daselbst hinten am Hause. Der Porticus ist um ein paar Stufen erhöht, der Dachboden an einem Stück seiner Länge offen gelassen und um die Porticus-

[1] Im oberen Gailthale (Kärnten) herrscht der Gebrauch, dass die Nachbarn zu einem Neubau Materialien und Arbeit beisteuern. Nur gewisse Handwerksarbeiten bezahlt der Bauherr. Ganz derselbe Gebrauch wird auch für den Bas-Quercy angeführt. Diese Zuführen heissen carrets. Nach Vollendung derselben bietet der Hausherr den Spendern ein Festmahl. ROSEGGER erwähnt wieder die obersteirische Sitte, dass die Nachbarn den Bauleuten während des Baues Lebensmittel zutragen. Aehnliche Uebereinstimmungen bieten ein grosses Interesse.

breite vergrössert, so dass sein balconähnlicher Theil zwischen die Pfeiler des Porticus hervortritt. Zwei Taubenthürme stehen an den Haus-Enden. Vor der Revolution war das Adelsprivilegium des Tauben-schlages verhasst gewesen, als Vorrecht und wegen des Schadens an den Feldfrüchten. Jetzt ist es der Stolz des Bauers, selber Taubenschläge zu besitzen. Fig. 175 B zeigt einen isolirten Taubenthurm.

Das Haus der Ebene ist, wie man sieht, ein vollkommen abgeschlossenes Einheitshaus. Darin be-steht nun in der That ein wesentlicher Gegensatz zum Gehöfte des Caussé. Dort ist nämlich das Wohn-haus stets vom Stalle und von der Scheuer ge-trennt. (Wie die Gehöftelemente gruppirt sind, ist

Fig. 174 C zeigt einen merkwürdigen Bau, näm-lich den im Bas-Quercy gebräuchlichen G a r d e-p i l e. Er hängt mit dem bereits erwähnten Bordier- oder Colonenverhältnisse in bedeutenden Wirthschaften zusammen. Da dem Bordier ein bestimmter Theil des Getreides zukommt und nicht jeden Tag, son-dern am Ende des ganzen Drusches getheilt wird, so schliesst man Tag für Tag beim Feierabend das Gedroschene in diese wohlverschlossenen, thurm-ähnlichen Gebäude, wo es bis zur Theilung bei-sammenbleibt. Einigen Häusern ist der Garde-pile als Hausbestandtheil eingefügt.

Fig. 175 A zeigt eine Hausansicht des Typus der Ebene mit Stall und c h a y in etwas abweichender

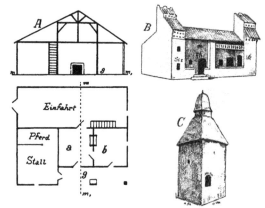

Fig. 174. A. Durchschnitt und Grundriss eines Hauses in Varens. B. Haus mit zwei Taubenschlägen
(Varens, Departement Tarn-et-Garonne).

leider nicht angegeben.) Der Bericht meint „par crainte du feu et des accidents".[1])

Die innere Anordnung des Hauses ist in den primitiveren Häusern beider Typenbezirke gleich-artig. Der äussere Eindruck soll an jenen der ober-italienischen Cascinen und Gehöfte erinnern.

_____
[1]) Die Sitte des gedrängten Einheitshauses der Ebene erklärt der Bericht durch Sparsamkeit bezüglich des frucht-baren, kostbaren Bodens. Der unproductive Baugrund, die Hofreute, soll möglichst klein sein. Die unbebauten Flächen beim Hause nennt man c o u d e r c s. Im Caussé, wo man Schafe hält, kann man diese c o u d e r c s nutzbar machen. Sie bieten eine allerdings magere Schafweide. Ein weiterer Grund sei die stete Kriegsheimsuchung in der Ebene ge-wesen, welche den Zusammenschluss des Anwesens wünschens-werth machten. Letzterer Grund ist wohl nicht stichhaltig.

Form. Es ist ein Bau aus gebrannten Ziegeln in den Ecken und oberhalb der Oeffnungen, im Uebrigen aus ungebrannten Ziegeln mit dickem Ver-putz. Auch in diesem 15 m langen, 5 m breiten Hause nimmt die Küche „la partie essentielle du logis" die ganze Haustiefe ein. Daneben ist dann die typische Kammer. Das ganze Balkenwerk ist aus Pappelholz Den Hohlziegel (bei uns auch italienische Ziegel genannt) des Daches nennt man b r i q u e-c a n a l. Mit denselben Ziegeln oder mit Steinplatten, sehr uneigentlich „l a v e s" genannt, deckt man die Steinhäuser des C a u s s é. Ueberall sind Strohtristen gebräuchlich.

Das Klima ist von südlicher Milde. Die Feld-arbeit wird nur kurze Zeit unterbrochen.

Derselbe Typus herrscht auch im benachbarten Departement du Lot bei Cahors, nördlich von Caussade (Fig. 176). Der Stiegenvorbau führt den Namen balet, wie der Laubengang oder Porticus im Hause von Montauban. Das Untergeschoss enthält Remise, Keller und Stall, das Obergeschoss den Hauptraum, die Küche mit mächtigem Kamin und Sitzen an den Seiten desselben, dann mit dem Aufgange zum grenier. Daneben sind zwei Kammern. In grösseren Wirthschaften sind Stall und Scheuer in einem abgesonderten Gebäude.

Departement Vendée „le Bocage" hat in seinen ziemlich enge geschlossenen Dörfern einen Haustypus, welchen Fig. 177 in seinen vier Abstufungen darstellt. Steinbau herrscht ausschliesslich. Für Holzwerk liefert Eiche und Kastanie, grossentheils aber schon importirtes Holz aus Norwegen, das Materiale. Der Fussboden der Wohn-

Fig. 175. A. Ziegelbau-Typus. Einheitshaus. B. Taubenhaus (typisch, isolirt).

räume ist gestampfte Erde (béton de terre). Die Wände sind aussen und innen verputzt und geweisst. Das Dach wird mit Hohlziegeln (italienischen Ziegeln) gedeckt. Der Typus ist nicht gerade anheimelnd. Was wohl aus allem Vorhergehenden klar geworden, tritt auch hier wieder zu Tage. Dem französischen Hause fehlen Fenster. Die leidige Thür- und Fenstersteuer, eine der menschenunfreundlichsten, welche der Fiscus je ersonnen, eine Steuer, welche den armen Leuten indirect den Sonnenstrahl benimmt und die Gesundheit des Volkes brandschatzt, hat missbildend, verschlechternd auf die Wohnart, auf den Charakter und den Habitus des Hauses gewirkt. Fig. 177 A zeigt ein Gebäude mit blos einem, B ohne jedes Fenster im Wohntract. Die Thüre war natürlich nicht zu umgehen; aber das Fenster hat noch 1832 in 346.401 Häusern gefehlt. Es ist erfreulich, dass jene Ziffer — circa $^1/_{40}$ aller Wohnstätten — im Jahre 1893 trotz des Fortdauerns jener verdammlichen Steuer auf 190.521, d. i. $^1/_{47}$ der seither angewachsenen Häuserzahl, gesunken ist.

Dagegen sind die einfensterigen Häuser nur um 100.000 weniger geworden. Die auf den ersten Blick erfreuliche Zunahme der vielfensterigen Gebäude um 1·7 Millionen hat in Wahrheit einen tristen Hintergrund. Weitaus der grösste Theil dieser Veränderung trifft die Kasernen des Proletariats in den Industriecentren und hängt mit dem bis zur Schädlichkeit gesteigerten Zuzuge der Landbevölkerung zu letzteren zusammen. Es ist gut, auf solche officielle Einflüsse hinzuweisen; sie haben vielleicht mehr, als man denkt, zum Habitus mancher Typen beigetragen. Ich erinnere an gewisse Bau- und Forstordnungen des souveränen Bisthums Salzburg im XVIII. Jahrhunderte, in welchen zur Schonung der

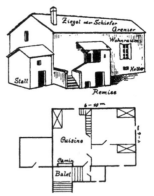

Fig. 176. Kleinhaus bei Cahors (Departement du Lot).

Wälder Steinbau geradezu, wenn auch nicht befohlen, so doch nachdrücklichst empfohlen wird. Kenner der einschlägigen Literatur, besonders der Mittelalters, wären sehr werthvolle Mitarbeiter der Hausforschung. Vielleicht gibt die nunmehr in Angriff genommene Geschichte der Besiedelung und der Flurenverfassung nützliche Nebenproducte auch für die Geschichte des Hauses.

Im Departement Maine-et-Loire, Région de Cholet, ist das Haus der Weber bemerkenswerth. Die Werkstätte ist in einem Kellergeschoss mit blos 2 m hohem Luftraume. Im Erdgeschosse befindet sich ein einziger Wohnraum — Küche und Schlafraum zugleich — für die ganze Familie. Früher hatte dieses Gemach unmittelbar die innere Dachfläche über sich. Gegenwärtig ist ein Plafond allgemein, eine Nebenkammer selten.

Am südöstlichen Rande des bretonischen Sprachgebietes bei Vannes, Departement Morbihan, gäbe es ohne Zweifel interessante Typen. Die Sprachgrenze macht sie dem Hausforscher wichtig. Leider sind sie mit wenig Worten abgethan und nicht abgebildet. Wir erfahren nur, dass die mit Stroh gedeckten Häuser 8—10 m lang, 6—7 m breit, ebenerdig, in Wohnraum und Stall durch eine hölzerne Scheidewand getheilt sind. An der Küste seien die Häuser grösser, haben je zwei Wohnräume im Erdgeschosse und im Obergeschosse, und der Stall

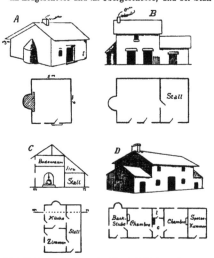

Fig. 177. Vendée, le „Bocage“. *A.* Landarbeiterhaus. *B.* Kleinbauer. *C.* Bauernhof mit 20 Hektaren. *D.* Maierhof, 30 bis 50 Hektaren, Wohnhaus. *l* = Milchkammer, *c* = Eingang, Corridor.

sei durch eine Mauer vom Wohntracte geschieden, zuweilen in einem eigenen Gebäude.

Die Gegend von Avranches, südlicher Theil des Departements Manche, gleicht nach der Schilderung jenem Theile Oberösterreichs, in welchem alle Felder voll Aepfelbäume stehen und die Bauernhäuser zumeist isolirt und in der gartenähnlichen Gegend zerstreut sind. Ueberall kann man Brunnen anlegen. Ausnahmsweise findet man geschlossene Gassendörfer. Wirthschaften von 20 Hektar zählen zu den grössten. Das Gehöfte bildet ein Einheitshaus. Steinbau; Strohdach, neuerdings gerne durch Schindeloder Ziegeldach ersetzt, wegen minderer Feuergefahr

und weil der Getreidebau viel durch Wiesenwirthschaft ersetzt wird, Stroh daher gekauft werden müsste. Ebenerdig Fussböden aus Lehm; Umgebung des Herdes gepflastert. Der Wohntheil ist entzweigetheilt. Der Haupttheil heisst wieder „la maison“, bildet Küche, Gesellschafts- und Schlafraum zugleich und misst etwa 7 m Länge und Breite. Der Nebentheil, ohne Fenster, von der „maison“ durch eine Thüre zugänglich und ausserdem mit einer Thüre, welche in's Freie führt. Dort schneidet man auch im Winter das Viehfutter (Rüben) und stellt nach Bedarf Betten hinein. Wenn keine Milchkammer im Hause ist, vertritt sie ein Kasten im selben Raume. Diese minder-

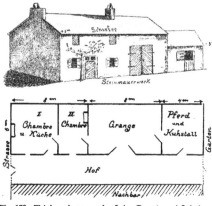

Fig. 178. Weinbauerhaus an der Loire (Departement Loiret und Loir-et-Cher).

werthige, so vielseitig verwendete Kammer besitzt eine Merkwürdigkeit, den Namen „la salle“. So weit das Materiale Aufschluss gibt, ist dies der einzige Fall solcher Benennung einer Kammer in Frankreich. Man muss dem Berichterstatter glauben und ihm die Verantwortlichkeit überlassen. Die Decke über diesen beiden Gemächern ruht auf Balken, zwischen welchen nach Art der Stackenwände im Fachwerkbau ein Estrichboden gelegt ist. Dort ist der Schüttboden der Körnerfrucht.

Es gibt kleine Gehöfte ohne salle, mit blos einem Gemache, der maison.

Auch hier herrscht, selbst wo der Bauer etwa ein geräumiges, altes Herrschaftshaus u. dgl. bewohnt, die traditionelle Anhänglichkeit an den kleinen, primitiven Raum. Er benützt die oberen Zimmer als Schüttboden etc. oder gar nicht.

Der Stall ist vom Wohntracte durch eine Zwischenwand abgetrennt und hat mit demselben keine innere Verbindung. In grösseren Gehöften stehen abgesonderte Wirthschaftsgebäude zerstreut im Garten.

Am Südrande der Beauce, der Kornkammer Frankreichs, deren bäuerliche Bevölkerung in der classischen Caricatur des Zola'schen Romans „La terre" anschaulicher geschildert wurde, als dies je ein Geograph oder Ethnograph vermochte, westlich von Orleans, im südwestlichen Theile des Departements Loiret und im nordöstlichen Theile des Departements Loir-et-Cher, herrschen Wohntypen, wie sie Fig. 178 darstellt. Die Küche behauptet auch hier als Hauptraum ihren Rang. Die Chambre II ist zuweilen ein besser möblirtes Gastzimmer mit eigenem Kamin. An der Loire herrscht neben dem Getreidebau intensive Weincultur seit uralter Zeit auf äusserst zerstückelten, klein getheilten Gründen. Die grange ist daher nicht blos Scheuer und Dreschtenne, sondern auch Gährkeller und Presshaus und ausserdem Wagenremise. Im Stalle stehen ein Pferd und ein paar Kühe. Man hat allgemein abgesonderte Keller, hie und da auch ein fournil, d. i. ein kleines Backhäuschen, wo man auch kocht und isst. Allmälig verschwinden diese fournils. Man kauft das Brot beim Bäcker. Der Hof ist Düngerstätte. Am Ende desselben ist ein kleiner Gemüsegarten.

Im Inneren der Beauce ist nahezu derselbe Typus der kleinen Anwesen. Die grande ferme mit ihren willkürlichen Baumeisterformen interessirt den Oekonomen, nicht den Hausforscher. Das Kleinhaus ist mit Stroh oder Binsen gedeckt. Die Eintheilung des Wohnhauses bleibt die gleiche. Der Stall beherbergt nur Kühe. Die Felder der kleinen Leute werden mit den Pferden der mittleren Besitzer bearbeitet. Diese verwerthen bei dieser Arbeitstheilung ihr Gespann, welches bei der verhältnissmässigen Kleinheit ihres eigenen Besitzes ohne solche Lohnarbeit nicht erhalten werden könnte.

Im Departement du Cher, einem Theile der alten Sologne und des Nordostens von Berry, stossen wir auf einen alten Typus inmitten einer gegenwärtig sehr modernisirten Wohnart. Das heisst, der Berichterstatter hat ihn noch gekannt und behauptet, er sei in den letzten 30 Jahren völlig verschwunden. Die Fig. 179 stellt ihn dar, so gut dies nach der Schilderung angeht. Man wird zugeben, dass dieses Kleinbauernhaus an Ursprünglichkeit wenig zu wünschen lässt. Denkt man den Schlot hinweg, so bleibt eine Hütte, welche ganz gut vor 2000 Jahren in

gleicher Weise bestehen konnte. Man muss in den Alpen hoch steigen bis zu den Galtvieh- oder Halterhütten, man muss in Ungarn die Schlupfwinkel der halbansässigen Zigeuner aufsuchen, um Aehnliches wieder zu finden. Der Huzule der Bukowina wohnt gemächlicher. Und dieses Haus soll bis in unser Jahrhundert der ländlichen Bevölkerung des Landes südlich des grossen Loirebogens, wo von jeher reiche Schlösser und üppige Gehöfte reicher Besitzer in Menge bestanden hatten, als Schlupfhöhle gedient haben. Die Wohnart des Landvolkes Frankreichs ist gegenwärtig im Allgemeinen tief unter jener Oesterreich-Ungarns und des Deutschen Reiches, so weit die bisherige Darstellung reicht, fast überall weit besser, als sie hier gewesen ist. Bei oberflächlichem Zusehen könnte man fragen, warum gerade hier noch vor so kurzer Zeit so greuliche Lebensverhältnisse des ärmeren Landvolkes geherrscht haben sollen. Nun, ich denke, sie haben auch an vielen anderen Orten Frankreichs geherrscht und wir haben

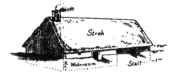

Fig. 179. Ehemalige Kleinbauernhäuser; Sologne.

nur den Fall der Sologne erfahren, weil der betreffende Berichterstatter zufällig historischen Sinn besitzt und besser als die meisten Anderen die Wichtigkeit solcher Rückblicke erkannt hat. Vielleicht können wir in dem untergegangenen Sologne-Hause ein Denkmal des feudalen Druckes erkennen. Vielleicht sind ihm bessere Haustypen vorangegangen und wir haben hier einen Fall der Rückbildung, sie ist aber ja auch nach langwierigen Kriegen vorgekommen sind.

Das alte Sologne-Haus bestand aus einem Wohngemache von Lehm (Pisé) und dem darangeschlossenen hölzernen Stalle. Die Hauptmauern waren blos 1·70 m hoch. In dieser Höhe war eine Balkendecke gelegt. Der Unterzug (unterstützende Querbalken) von 50 cm Dicke war natürlich unterhalb dieser Decke. Seine untere Fläche lag somit blos 1·20 m über dem Zimmerboden. Um durch das Gemach zu gehen, musste sich jede erwachsene oder auch halbwüchsige Person bücken, wollte sie sich nicht am Unterzugsbalken den Schädel verletzen Aufrecht stehen konnte man nur mit dem Kopfe zwischen den Tramen. Der Fussboden war die blosse Erde. Im Stalle war gewöhnlich eine Kuh und ein Esel. Das Haus hatte zwei Thüren und ein einziges Fensterchen von 15/25 cm, d. h. ein Stück Glas war unbeweglich in die Pisémauer eingelassen. Dieses Gebäude war 1 m tief in die Erde gesetzt. Rampen vermittelten den Zugang. Das Strohdach endete mit seinem Saume 60 cm über dem natürlichen Boden. „Man hatte in diesem Hause sehr warm im Winter, sehr kühl im Sommer, aber unaufhörlich das Fieber. Cette tanière devait avoir 200 ans d'existence." Diese letzte Bemerkung hat mir die Idee nahegebracht, dass dieser Typus nicht das Ergebniss der Entwicklung, sondern jenes der Entwicklungshemmung, der Schädigung sein könnte.

Im Departement Nièvre, welches an den soeben behandelten Bereich ostwärts anschliesst, finden wir eine neue Bestätigung und dazu eine sehr seltsame vom Range des Küchenraumes. Wenn mehrere solche Wohnküchen im Hause und jede von einer anderen Person bewohnt wird, heisst dennoch jede derselben la maison. Das Einheitshaus ist die Regel. So wie in der Beauce folgt Wohntract, Scheuer (grange und hangar) und Stall in einer Linie aufeinander. Im Wohntracte hat die Küche (5/6 m) eine Chambre (3/6 m) hinter sich. Die Grange ist 4·5 m breit. Innere Verbindung zwischen maison und grange besteht zuweilen. Der Heuboden ist ungetheilt über dem ganzen Hause und von der grange aus zu erreichen. Der Backofen steht in Verbindung mit dem Kamin, wenn er nicht in einem abgesonderten fournil sich befindet. In ersterem Falle ragt er durch die Hausmauer der Giebelseite in's Freie. Die Küche und die Kammer, wo eine solche besteht, sind mit Ziegeln gepflastert. Die drei Eingänge liegen an der südlichen Traufenseite. Der Misthaufen liegt vor der Hausfront. Das Strohdach ist abgekommen. Diese Häuser mittlerer und kleiner Besitzer sind nett und sorgfältig gehalten. In diesem Departement stehen die Anwesen in Einschicht und nur wenige Häuser sind als Ortskern bei der Kirche.

Die Wohnung des ländlichen Arbeiters bei Nevers und im ganzen Departement ist ein einzelliges Haus mit Kamin aus Stein. Dessen Mantel ist aus Holz oder Stacken, mit Lehm verschmiert. Ein einziges Fenster. Die Zimmer- und zugleich Hausthüre muss meist offen stehen, wenn der Kamin nicht rauchen soll. Estrich oder Ziegelpflaster. Strohdach oder Ziegeldach. Unter dem Dache ist eine Balkenlage (chaffaud) mit Brettschwarten als Heulage

Im Morvangebirge des östlichen Nièvre gibt es solche Hütten aus rohem Blockbau mit Vorköpfen,

innen mit Lehm verputzt und ausserdem darüber mit eichenen Schindeln vertäfelt, auf ein Granitfundament gestellt, mit Schilf oder Stroh gedeckt. Diese Bauart verschwindet allmälig. Anderwärts herrscht Fachwerkbau, der aber mit dem Zunehmen billigen Transportes dem Stein- und Ziegelbau Platz macht.

Der rauchige Wohnraum solcher „Häusler", wie sie im bajuvarischen Sprachgebiete heissen würden, oft nur mit einem Bette für die ganze Familie, von dessen Holzdecke der Brotrechen, Knoblauch- und Zwiebelkränze u. dgl. herabhängen, mit seinem Gestank und seiner ungenügenden Durchlichtung gibt ein trauriges Bild der Lage breiter Volksschichten.

Ein anderer Berichterstatter schildert schliesslich die Wohnverhältnisse der Gegend von Montsauche bei Château-Chinon im Morvangebirge, dann des östlichen Theiles des Departements Nièvre, des Südwesten von Côte d'Or, des Südtheiles des Departements Yonne und des Nordtheiles des Departements Saôn-et-Loire. Dort modernisirt sich theilweise das ländliche Haus seit etwa 25 Jahren, aber der primitive Typus überwiegt noch. Die Häuser sind meist Einschichten, was etwas seltsam durch die Processucht der Leute jener Gegenden erklärt wird. Es dürfte wohl seinen von altersher wirkenden Grund in der Arrondirung der Bauerngründe haben.

Das alte Haus soll einfach „die Misère repräsentiren". Sehr nieder, mit Stroh gedeckt, fensterlos, mit Wohnungs- und Stallthüre. Meist besteht nur ein Wohngemach, welches schlecht verwahrt, nur nothdürftig bemörtelt, sehr niedrig, schlecht gelüftet, dunkel, der ganzen Familie Koch-, Ess- und Schlafraum bietet. Der Erdboden ohne weitere Bearbeitung sei der Fussboden, durch welchen oft das Grundwasser heraufnässt. Kleinvieh kommt auf Besuch; zuweilen hält man Schweine, Ziegen oder Schafe in der maison. Der ungeheure Kamin lässt kalte Luft und warmen Rauch eintreten, besonders wenn Windstösse nachhelfen. Zuweilen besteht noch ein fournil mit dem Backofen, dem Kessel für die Futterküche und die Wäsche.

In der maison stehen zwei bis drei grosse Betten, zwei bis drei Wiegen, welche wie kleine Särge aussehen und hängemattenartig übereinander hängen, Kasten, Truhen, eine wagrecht aufgehängte Brotleiter, Tisch und Bänke, hie und da ein moderner Kochofen. Zumeist steht eine Schnitzbank für Holzschuhe bereit, welche im Morvan Jedermann machen kann und die Alle tragen. Meistens webt man auch die Leinwand im Hause und das grobe Tuch. Unter jedem Bette ist eine Krautgrube, eine Quelle unsäglichen Gestankes. Häufig führt von der maison auch noch eine Thüre unmittelbar in den Stall. Man hält ein paar Kühe oder Ziegen. Die alte Type ist daher ein Einheitshaus.

Das moderne Haus hat Stall und Speicher stets in einem getrennten Gebäude. Der Wohntract hat drei Räume. Die Hausthüre führt in die c u i s i n e, „wo sich die ganze Familie versammelt"; eine Kammer bietet „der jungen Wirthschaft" Schlafraum und heisst c h a m b r e; eine andere Kammer birgt das Gerümpel.

Bei jedem Hause befindet sich ein kleines Grundstück, o u c h e genannt, als Garten benützt. Wein wird nicht gebaut.

Seltsam ist die Gründung des häuslichen Herdes. Häufig soll das junge Ehepaar, sobald das neue Haus fertig ist, in die Fremde ziehen, um die aufgewendete Bausumme durch 4—6 Jahre wieder zu erwerben. Während dessen Abwesenheit ist das Haus geschlossen.

Was da von einem Generalrathe des Departements Nièvre über die dermalen noch überwiegende Wohnweise des Morvan berichtet wird, ist nebenbei eine indirecte Andeutung, dass die Wohnweise in den angeblich gänzlich verschwundenen Althäusern der Sologne wirklich so gewesen sein kann, wie der betreffende, etwas grelle Bericht aussagt.

———

Mein Auszug aus den 50 Abschnitten der Enquête hat, wie erwähnt, einen Theil derselben liegen lassen, weil sie keine rechte Auskunft gegeben haben. Das Buch ist überdies erst ein vorläufiger Theil der ganzen Arbeit. Noch fehlen gerade mehrere der interessantesten Capitel. Die Bretagne, die Landes, Savoyen, Jura, Picardie, Champagne, Vosges, Ils de France, Normandie, Bourbonnais sind ausständig. Darunter sind manche durch ihre Bevölkerung, manche als Grenzbezirke vielversprechend und könnten gerade über den Zusammenhang oder über den Gegensatz von Nachbartypen Aufklärung bieten. Es wäre zu wünschen, dass jene officielle Arbeit zu Ende gebracht und durchwegs so gut gemacht würde, wie einige der vorliegenden Berichte. Besonders wichtig wäre die Mitwirkung vieler Techniker, besonders aber von Bauzeichnern.

Ueberblicken wir sämmtliche beschriebenen Typeninseln, so entsteht ein Gesammteindruck des bis nun Bekannten, welcher durch spätere Vollendung des Werkes bereichert, bezüglich der gegenseitigen Beziehungen der Typen erläutert, aber nicht, wenigstens

in der Hauptsache nicht, aufgehoben werden kann. Ich hebe folgende Punkte hervor:

I. Es gibt in Frankreich, sei es als ursprüngliche Form oder als Rückbildung aus früheren, besseren Formen (ich halte im Allgemeinen den ersten Fall für den wahrscheinlicheren) in mehreren Gegenden (Sologne, Nièvre, Departement Ain [Bresse pauvre] und die anstossenden Departements westlich vom Genfersee, in der Vendée, in Morbihan, dann selbst in dem blühenden Departement Manche) eine grosse Zahl höchst primitiver, einzelliger Wohntracte. Wo Vieh gehalten wird, stehen diese Räume in engem Verbande, unter demselben Firste mit dem Stalle. In vielen Fällen besteht zwischen Stall und Wohnraum eine innere Verbindungsthüre durch die Scheidewand. Jeder der beiden Räume hat eine eigene Thüre in's Freie. Das einzige Wohngemach heisst begreiflicherweise — schon im Gegensatze zum étable — m a i s o n, das Haus.

Hierin findet man den ersten Gegensatz zum „oberdeutschen" Typus. Die von mir bekanntgemachten primitiven Häuser desselben, insoferne sie als ständige Wohnung dienen, sind im Wohntracte unbedingt zwei- oder selbst dreizellig in Tirol, in Unterkrain, im unterösterreichischen Waldviertel (ober dem Manhartsberge), so wie auch die Hirtenwohnung in Thüringen. Die von mir in diesen Blättern dargestellten Wohnhäuser des Isonzothales, mögen sie noch so elend und winzig sein; sie sind zweizellig und die Stube ist der Haupttheil.

II. Wenn sich von der m a i s o n Nebenräume abtheilen oder angliedern (das letztere scheint das richtigere Wort), so behält im typischen Hause der Küchen- oder Kaminraum, wie es scheint, viel häufiger als im „oberdeutschen" Typengebiet, ja fast ausnahmslos, den Namen la m a i s o n und dieser Raum bleibt, auch wenn im f o u r n i l gekocht und gespeist oder wenn die winterlichen Zusammenkünfte (Hautes-Alpes) im Stalle gehalten werden, der wichtigste und vornehmste Raum des Hauses von allseitigem Gebrauche.

Hierin erweist sich der zweite Gegensatz. Im „oberdeutschen" Hausbezirke, auch wo der Name „Haus" für den Flurraum erhalten ist, ist derselbe schon einigermassen degradirt. Es gibt noch viele Zwischenstufen dieser Degradation, vom breiten, behäbigen Vorsaal mit dem Sommer-Esstische und mit dem noch activen Herde bis zum engen „Vorhause" oder Corridore nach Art der städtischen Zinshäuser. Vielleicht ist die obersteirische „Rauchstube" mit dem Herde, welche sich nebst der Stube mit dem Ofen erhalten hat, das völlig erhaltene „Haus". Ich wage es nicht zu entscheiden und empfehle die Sache den dortigen Specialforschern.

III. In vielen Gegenden reicht von der maison bald der Backofen, bald ein Ofen (poêle) in den angegliederten Nebenraum hinüber. Dieser heisst in vielen Fällen wie der Ofen: le poêle. Die Entstehung des Raumes und seines Namens erfolgte sichtlich in analoger Weise wie im „oberdeutschen" Typengebiete. Aber aus diesem Raume, zumeist eine schlecht belichtete Schlaf- und Rumpelkammer, hat sich — ich glaube im typischen Hause Frankreichs durchwegs — nichts Stubenähnliches, Trauliches entwickelt. Gewöhnlich nennt man alle angegliederten Räume chambres, wo nicht einer poêle heisst, und das entspricht der Camera, unserer Kammer, welche ja auch nur Schlafraum und Rumpelkammer ist. Dies ist der dritte und der eigentlich typenscheidende Gegensatz.

IV. Die geschilderten Typen sind zum grössten Theile Einheitshäuser. Wohnung, Stall, Scheuer reihen sich, zumeist in dieser Reihenfolge, unter geradem Firste zu einem organischen Ganzen aneinander. Unbedeutende Nebengebäude (Backhaus, Schweinestall u. dgl.) stehen regellos umher.

Nur ein paar Fälle von typischen, regelmässigen sogenannten „fränkischen" Gehöften sind angedeutet. Wo Wohnhaus und Stallscheuer getrennt sind (gewisse Gegenden der Hautes-Alpes), stehen sie ohne regelmässige Gehöftbildung nach den localen Bedingungen nebeneinander. Diese Seite der Darstellung ist die schwächste. Da die Fragebogen ohne Vorkenntnisse von den zu beschreibenden Gehöfttypen verfasst sind, ergibt sich natürlich auch aus den Antworten keine Uebersicht.

Es scheint, dass die grösseren Anwesen des Landes grösstentheils modernisirt und dadurch untypisch geworden sind. Es scheint, dass in Folge der starken Zerstückelungen der Bauerngüter das Kleinhaus im Lande weitaus an Zahl überwiegt und daher in vielen Gegenden die Gehöfte eben verschwinden. Es scheint endlich, dass durch die Zersplitterung der Kirchen- und Adelsgüter in der Revolution alte, untypische Ueberbleibsel der Feudalzeit, volksmässige und moderne Erscheinungen sich gemengt, und dass dadurch gerade bezüglich der Gehöfte eine gewisse Unklarheit eingetreten sei, welche dann die Unklarheit in den Berichten noch eingehender erklären würde.

V. So viel man aus den Bildern und Beschreibungen entnehmen kann, tritt eine ebenso auffallende

Einförmigkeit und Uebereinstimmung des gesammten Hausbaues, was die Hauptsachen betrifft, zu Tage, wie im Gebiete des „oberdeutschen Typus". Mit bestem Willen vermag ich keine Unterschiede zu finden, welche mit Stammeseigenthümlichkeiten oder gar mit verschiedener Nationalität zusammenhängen würden. Ich muss denn auch hervorheben, dass fast alle Berichterstatter für die typischen Erscheinungen natürliche Gründe suchen: Lage, Meereshöhe, Klima, Wirthschaftsweise und Baumateriale. Nur einige wenige Erscheinungen werden aus Eigenthümlichkeiten der Bevölkerung heraus entwickelt, aber nicht alle in überzeugender Weise. Vorerst muss ich somit auf meinem wiederholt entwickelten, eigentlich selbstverständlichen Grundsatze von den Einflüssen der Natur und der Erfahrung auf den Hausbau verharren, obwohl Herr KARL RHAMM („Globus", 71, Nr. 11) in seinem Artikel: „Der Stand der deutschen Hausforschung und das neueste Werk Meitzen's" denselben so entschieden verurtheilt.[1]

[1] Der Ton dieser Kritik ist mir zu schneidig gegen MEITZEN. Ich bin ebenfalls in der Hauskunde zu etwas anderen Ergebnissen gelangt, als jener Altmeister der Wirthschaftsgeschichte, denke aber mit Achtung daran, dass ich ohne MEITZEN kaum Hausforscher geworden wäre und vielleicht Herr RHAMM auch nicht. — Was den sachlichen Inhalt betrifft, so macht meine Typenkenntniss gegen mehrere Behauptungen RHAMM's scharfe Einwendungen. Was er will, passt zuweilen nicht zu dem, was ist. Herr RHAMM lobt meine Untersuchungen bei aller Strenge seines abschliessenden Urtheiles. Ich sollte dankbar sein, bin aber eher verdrossen, weil all' mein Kampf gegen die ethnographischen Vorurtheile verlorene Mühe wäre. Herr RHAMM mit seinen ausgedehnten Kenntnissen und mit linguistischen Vorbedingungen, der somit der Hausforschung gute Dienste leisten könnte, verleiht z. B. ohneweiters rugische und phrygische Hauscharaktere, etwa wie ein Potentat Orden. — Herr RHAMM belächelt den Namen „Wiener Schule" für einige österreichische Hausforscher und kann deren Eigenthümlichkeit nicht einsehen. Nun, er möge unsere Schriften zur Hand nehmen, dann wird er finden, dass wir unfruchtbare Theorien möglichst meiden und hauskundliches Materiale herbeibringen. Hiezu gehören aber nicht blos, wie er sagt, MERINGER und ich, sondern auch BASS, BÜNKER, EIGL, HOODER, KAINDL, PRINZINGER, ROMSTORFER, ZILLNER u. A. Die Ansichten dieser „Schule" habe ich in meinem Vortrage beim Anthropologen-Congresse (Innsbruck 1894) vorgetragen. Herr RHAMM kann darüber nachlesen. Die Hauskunde wird durch Dogmen und Phantasiespiele nichts gewinnen. Das Haus Europas wird nach Bestand und Entwicklung erkannt werden, sobald einmal das Materiale beisammen und geordnet sein wird. Die Sammlung muss ohne vorgefasste Meinungen geschehen; vor Allem darf man nicht an einzelne kleine Verschiedenheiten der Typen sofort ethnologische Folgerungen knüpfen. Wer vorzeitig das Gesetz aufstellt, ehe das Materiale zur Induction reif ist, verwirrt die Forschung.

Mittheilungen d. Anthrop. Gesellsch. in Wien. Bd. XXVII. 1897.

27

Bei den Huzulen im Pruththal.

Ein Beitrag zur Hausforschung in Oesterreich.

Von Professor Dr. **Raimund Friedrich Kaindl.**

(Mit 42 Text-Abbildungen.)

Für meine im XXVI. Bande unserer Mittheilungen erschienene Arbeit „Haus und Hof bei den Huzulen" hatte ich durch etwa zehn Jahre das Material gesammelt. Meine — ich darf wohl sagen recht eingehenden — Studien[1]) hatte ich vorzüglich in den Thälern der Czeremoszflüsse, des Putillabaches und der Suczawa betrieben. Die Durchforschung dieses Gebietes nahm meine Ferien und meine Mittel so sehr in Anspruch, dass ich bis zum Jahre 1896 vor Allem noch das Pruththal nicht in den Bereich meiner Studien hatte ziehen können. Erst in dem genannten Jahre ist dies geschehen, nachdem die Anthropologische Gesellschaft zu diesem Zwecke mir eine Subvention gewährt hatte. Da nun die ruthenischen Bewohner des oberen Pruththales noch echte Huzulen sind, so schien es mir angezeigt zu sein, in dieser kleinen Arbeit Alles zusammenzufassen, was als Ergänzung zu meiner oben citirten Arbeit „Haus und Hof bei den Huzulen" von Bedeutung wäre. Bei dieser Gelegenheit trage ich auch Manches nach, was die Huzulen am Czeremosz und an der Suczawa betrifft.

Meine Studien erstreckten sich vorzüglich auf das Thal der Pistyńka, wo besonders das Dorf Kosmacz viel Interesse bot; ferner auf jenes des Prutecz, in welchem die Häuser in Polinyci Czernediuski beschtenswerth sind; sodann wurden die Dörfer Dora, Jaremce, Jamna, Mikuliczyn und Tatarów am Pruth, sowie die an der Ryka (Fluss) gegen die ungarische Grenze gelegenen Ortschaften Pidlisniu und Jablonica von mir besucht. Die Studien wurden, wie ich bereits bemerkt habe, im Sommer des Jahres 1896 betrieben; Ergänzungen traten bei Gelegenheit meiner Reise in diesem Jahre hinzu. Der Hauptzweck meiner

diesjährigen Tour, für die ich mich ebenfalls einer Subvention der Anthropologischen Gesellschaft erfreute, galt der Untersuchung des Verhältnisses der Huzulen zu ihren Nachbarn. Die Ergebnisse werden in einer folgenden Arbeit verwerthet werden.

Bevor ich zu meinem Thema übergehe, erübrigt es mir noch, einigen Herren im Pruthgebiete für die mir gütigst geleistete Unterstützung bei meiner Arbeit den besten Dank darzubringen. Es sind dies die Herren Eugen und Alexander Pasicznicki in Pistyń, Pfarrer Emanuel Lysenecki in Kosmacz und Pfarrer T. Blonski in Dora. Die freundliche Zuvorkommenheit dieser Herren war für mich um so schätzenswerther, als ich im Pruththale unbekannt war.

Die Abbildungen sind ausschliesslich nach meinen Photographien und Skizzen angefertigt.

Sadeu bei Radautz, 25. August 1897.

I. Die Huzulen im Pruththal. Ihr Haus und Hof.

Die ruthenischen Bewohner des Pruthgebietes in den oben angeführten Ortschaften sind echte Huzulen. Sie nennen sich ebenso wie die anderen Huzulen sowohl selbst „Huzulen"[1]), als auch ihnen von ihren Nachbarn diese Bezeichnung beigelegt wird Sonst nennen sie sich, wie überhaupt alle Ruthenen, „Rusnaken"; die hiezu gehörigen Eigenschaftswörter lauten *„huculski, huculska"* oder *„ruski, ruska"*. Wenn sie von den östlich wohnenden Huzulen bisweilen schon als Bojken bezeichnet werden[2]), so ist hier dieser Name nicht im engen ethnographischen Sinne gefasst, sondern als weiter vager Begriff, der überhaupt fremde ruthenische Leute bezeichnet. In diesem Sinne werden bekanntlich alle Ruthenen des Hügel- und Flachlandes von den Huzulen Bojken genannt. Mit den eigentlichen Bojken

---

[1]) Auf denselben beruht nicht nur die genannte Arbeit „Haus und Hof", sondern auch eine Reihe anderer, die zumeist in der ersten Anmerkung zu der soeben citirten angeführt sind. Ausserdem nenne ich noch die jüngst erschienenen Studien „Haus und Hof bei den Rusnaken. Mit einer Einleitung über den Namen der Rusnaken" („Globus", Bd. 71, Nr. 9) und „Die Huzulen. Eine orientirende Skizze" („Wiener Zeitung", 1897, Nr. 190).

[1]) Doch kommt es auch hier zuweilen vor, dass die Bezeichnung mit Huzule noch für beleidigend angesehen wird Vgl. meine „Huzulen", S. 3. Zum Folgenden vgl. meine Ausführungen über den Namen der Ruthenen im „Globus", Bd. 71, Nr. 9.

[2]) Vgl. mein Buch „Die Huzulen" (Wien 1893), S. 51.

haben also die Huzulen am Pruth nichts gemein; vielmehr können auch noch die westlich an der (galizischen) goldenen Bistritz wohnenden Ruthenen in Pasieczna und Zielona den Huzulen zugezählt werden, wenn auch hier bereits merkliche Unterschiede sich geltend machen. Näheres darüber werde ich in meiner oben in Aussicht gestellten Arbeit auszuführen haben. — Da wir hier über den Namen dieser Ruthenen sprechen, so möge noch Folgendes hinzugefügt werden. Als ich mit einem Bauer aus Pistyń nach Kosmacz fuhr, fragte ich ihn: „Was für Leute wohnen hier an diesem Bache (der Pistyńka)?" Er antwortete: „*Rusnaky i żydy* (Rusnaken und Juden)." Ich: „Und gibt es hier keine Huzulen?" Er: „Ja, zwischen Rusnaken und Huzulen bildet nur die Tracht (*ubior*) einen Unterschied " Ich: „Aber ruski seid ihr alle?" Er: „Ja." Aus dieser wie aus zahlreichen ähnlichen Unterredungen ergibt sich klar: Alle Ruthenen nennen sich volksthümlich *rusnaky*, ohne den in der ruthenischen Schriftsprache vorkommenden Ausdruck „*rusyn*" zu kennen; dieser ist somit ebenso wenig wie unser „Ruthene, ruthenisch" volksthümlich; das allgemein übliche Adjectiv ist „*ruski, ruska*". Zur näheren Bezeichnung der durch Kleidung, Lebensweise u. dgl. von dem ruthenischen Flachlandbewohner wohl zu unterscheidenden Gebirgsbauern gebraucht man aber doch wieder den besonderen Namen „*hucuł*" und setzt diesen in diesem Sinne dem Ausdrucke Rusnak entgegen; daraus ergibt sich die Berechtigung, zu ethnographischen Zwecken die Ruthenen des Flachlandes als Rusnaken (in engerem Sinne), jene des Gebirges als Huzulen zu bezeichnen, sowie man dann auch von Bojken und Lemken als besonderen Theilen der Ruthenen sprechen wird. Die Ausdrücke Ruthene, ruthenisch — *rusyn, ruski* — wird man zur Bezeichnung aller Angehörigen des ruthenischen Stammes verwenden dürfen, wenn auch diese Ausdrücke (mit Ausnahme des letzten) nicht volksthümlich sind. Passendere Ausdrücke fehlen nämlich; diese aber haben sich längst eingebürgert und haben ihr historisches Recht in der Schriftsprache erworben [1]).

Dass aber die Bewohner des oberen Pruthgebietes den Namen Huzulen führen, würde natürlich nicht massgebend sein, sie als echte Huzulen zu bezeichnen, wenn sie nicht auch sonst die charakteristischen Merkmale dieser aufweisen würden. Auch in der Sprache gleichen die ruthenischen Bewohner dieses Gebietes jenen im Osten.

[1]) Vgl meine in der Anm. 1, S. 210, citirte Arbeit im „Globus".

Wir werden dies bei der näheren Beschreibung des Hauses, der Geräthe, der Kleidung u. s. w. zu constatiren haben. Einzelne Unterschiede machen sich allenfalls bemerkbar. So heisst hier das Vorhaus nicht *choromy*, sondern wie im Schriftruthenischen *siny*. Das Bett heisst in Kosmacz nicht *postil*, sondern *poskil*; *postil* heisst der Bundschuh und man hält den Unterschied zwischen *poskil* und *postil* scharf aufrecht. Der Steg (über einen Bach) wird hier *łauka* [1]) oder *kładka* genannt, doch weiss man, dass er am Czeremosz „*ber*" heisst u. dgl.

Ebenso gleichen die Huzulen am Pruth in der Tracht, diesem am meisten in die Augen fallenden Merkmale, jenen im Osten. Der Unterschied ist nicht grösser als z. B. zwischen den Huzulen am Czeremosz und jenen an der oberen Putilla oder Suczawa. Es genügt diesbezüglich, die Fig. 182—184 erscheinenden Typen mit den Abbildungen in meinen Schriften: „Die Huzulen", „Landeskunde der Bukowina", „Haus und Hof bei den Huzulen" zu vergleichen. Sowohl die männlichen als die weiblichen Kleidungsstücke sind dieselben und führen dieselben Bezeichnungen. Es hat wenig zu bedeuten, wenn der ärmellose Pelz (*kiptar*) mitunter schon etwas länger ist als am Czeremosz; dies ist nämlich auch an der Putilla und im Suczawathale der Fall. Beim Hause und bei der Arbeit tragen die Huzulinnen hier sehr oft nur die rückwärtige Rockschürze (*zapaska*); die langen, den ganzen Leib umschlingenden Rockschürzen (*opynka*) kommen hier gar nicht vor. Auch werden die Schürzenröcke hier nicht mit einem Gürtel, sondern nur mit einer aus bunten Wollfäden gedrehten Schnur (*sznurok*) um den Leib befestigt. Ferner tragen hier besonders die Burschen Strohhüte, was im Czeremoszthale nicht der Fall ist. Sehr gut nahmen sich die schwarzen Wollsocken (*kapci*) mit schönem buntgestikten Rande aus, welche ich Frauen in Dora tragen sah. Wolltaschen heissen hier neben *dziobłyna, dziobynka,* auch wie im Flachlande *taistryna*.

Ebenso finden wir bei diesen Huzulen dieselben Lebensverhältnisse, wie wir sie bei den anderen zu finden gewohnt waren. Vor Allem ist ihr Haus und Hof, sowie dessen Einrichtung jener bei den östlichen Huzulen gleich, wenn sich auch einzelne charakteristische Züge finden. Bei diesem Gegenstande wollen wir etwas länger verweilen.

Ein Vergleich der in Fig. 180—183 gebotenen Totalansichten von huzulischen Häusern und Ge-

[1]) Die Bank heisst huzulisch immer *ławycia*.

höften mit den in der Arbeit „Haus und Hof bei den Huzulen" gebotenen belehrt uns, dass alle diese Häuser in ihrer äusseren Erscheinung und ihrer Bauart einander völlig gleichen. Hier wie dort sind es ausschliesslich Holzbauten, errichtet aus den Stämmen der einheimischen Nadelhölzer. Diese werden auch hier entweder rund, also in ganz unbezimmertem Zustande, oder halbrund oder endlich auf allen vier Seiten bezimmert verwendet. Die Bezeichnungen für diese verschiedenen Arten des Bauholzes sind dieselben wie anderwärts, nur ist in Kosmacz für die ganz runden Hölzer auch der Ausdruck „*ciluchy*" (*chata*

nothwendig gehalten, die Dachsparren durch quere Balken zu verbinden (vgl. Fig. 196 in „Haus und Hof"); nur bei den beiden äusseren ist dies geschehen, um jene Dachform zu erhalten, wie wir sie auf der Fig. 182 erblicken. Vergleicht man diese Dachstuhlconstruction aus Kosmacz mit jener aus Ploska, welche aus Fig. 376 in „Haus und Hof" ersichtlich ist, so ergibt sich, dass beim letzteren Hause das kleine Giebelfeld dadurch gewonnen wurde, dass die oberste Dranitzenreihe an ihrem oberen Rande über den eigentlichen Dachstuhl herausgreift; ein derartig fertiggestelltes Dach weist Fig. 372 in „Haus und Hof" auf. Bei der Dachstuhlconstruction

Fig. 180. Im Baue begriffenes Huzulenhaus in Kosmacz.

na ciluchy) üblich; der Name kommt offenbar von *cile* = ganz, also unverschnittenes Stammholz. Steinunterlagen kommen auch hier zumeist nur zur Ausebnung des Bodens vor. Bei den alten Häusern sind die Dächer auch hier zumeist mit Querbalken und Steinen beschwert und in diesem Falle flach gehalten; die neueren Häuser haben dagegen ordentlich mit Nägeln beschlagene hohe Schindel- oder Dranitzendächer. Auch bezüglich der Giebelfelder der alten und neuen Häuser gelten unsere früheren Ausführungen; ein Vergleich der Fig. 180 und 182 mit 181 und 183 belehrt uns über die charakteristischen Unterschiede. Für die Erkenntniss der neueren Dachstuhlconstruction ist besonders die Fig. 180 beachtenswerth. Man hat es in diesem Falle nicht für

aus Kosmacz ist dagegen das Entstehen eines Daches mit grossem Giebelfeld, wie es Fig. 182 aufweist, ersichtlich. Rauchfänge durchsetzen hier die Dächer ebensowenig, wie am Czeremosz oder an der Suczawa; dagegen kommen Dachlucken, die auch dem Rauche den Abzug gestatten, hier wie dort vereinzelt vor. Die Vorbänke (*prespa*), welche zumeist an der Vorderseite des Hauses angebracht sind, kommen hier ebenfalls vor. Desgleichen sind bei einzelnen Häusern Gänge an der Frontseite der Häuser vorhanden. Dieselben umfassen bloss den Theil vor der Thüre (Fig. 185) oder sie ziehen längs der ganzen Vorderseite (Fig. 182): erstere Art nennt man „*ganok*"; für letztere bedient man sich in Kosmacz der besonderen Bezeichnung „*galary*", sonst heisst sie auch *ganok*. Uebrigens kommt es auch hier vor, dass der Gang selbst bei älteren Häusern noch unvollendet ist (Fig. 182).

Ferner muss noch erwähnt werden, dass besonders im Pruththale sich bereits viele, wenigstens an der Frontseite getünchte Häuser finden (Fig 183). Dies gilt besonders von den Gehöften in den an der grossen Verkehrsstrasse gelegenen grösseren Ortschaften Dora, Mikuliczyn, Jaremce u. s. w. Vielleicht hängt dies auch mit dem Umstande zusammen, dass besonders, seitdem seit einigen Jahren die Bahn durch das Pruththal zieht, zahlreiche Fremde *na swiży lufty* (auf frische „Luft" [1]) kommen, denen man auf diese Weise die Miethe in den Blockhäusern an-

Während meiner langjährigen Arbeiten unter den Huzulen zu ethnographischen Zwecken ist es mir wohl einige Male in verschiedenen Theilen ihres Gebietes zugestossen, dass man mich für eine Gerichtsperson hielt und mir daher anfangs etwas misstrauisch entgegentrat. Dies ist den guten Leutchen um so weniger zu verargen gewesen, als sie in ihrer Naivetät genug oft Uebervortheilungen u dgl. ausgesetzt sind, und andererseits mein Messen und Aufnehmen des Hauses, das Verzeichnen des Hausrathes u. dgl. genau dem Verfahren eines Gerichtsvollziehers gleichen mochte. In der Regel haben jedoch meine Vorstellungen und die Darlegung des Zweckes meiner

Fig. 181. Altes Huzulenhaus in Kosmacz..

nehmbarer zu machen sucht. Wie überall, so hat auch im Pruththale dieser Verkehr nicht gerade veredelnd und cultivirend auf den Landmann gewirkt; denn auch hier ist das Naturkind geneigt, zunächst die Schattenseiten der Cultur anzunehmen. Dass das Zusammenströmen müssiger Leute auf den sittlichen Zustand bessernd einwirke, erlaube ich mir vor Allem sehr zu bezweifeln. An Stelle der Zuvorkommenheit und Gastfreundschaft, welche den in den abgelegeneren Theilen des Gebirges wohnenden Huzulen eigen sind, wird die Habsucht geweckt Zur Beleuchtung dieser Ausführungen möge hier ein besonderer Fall dienen.

Arbeit alle Zweifel verscheucht und an Stelle des Misstrauens das freundlichste Entgegenkommen treten lassen. Kleine Geschenke an die Kinder und Frauen, besonders Heiligenbildchen, trugen oft das Ihre dazu bei. Manchmal begegnete es mir wohl, dass die Insassen des Hauses sich mit demselben nicht photographiren wollten, sei es, weil sie keine Zeit hatten oder weil sie nicht genug schön angekleidet waren, was bei diesen ziemlich eitlen Menschen kein unwichtiger Grund sein mochte. Andererseits kam es noch öfter vor, dass besonders an Sonn- und Feiertagen so viele Leute zusammenströmten und mit dem Hause photographirt werden wollten, dass ich allerlei Kunstgriffe anwenden musste, sie zu entfernen. Das beste Mittel ist, die Ueberflüssigen durch geeignete Aufstellung ausserhalb des Bereiches seines

[1] Derartige Verwendungen deutscher Wörter kommen oft vor. So hörte ich in Kosmacz ein Weib von einem schlechten Wirthe sagen: „*to uże ‚lietztei*'" = das ist schon ein letzter.

Objectivs zu bringen; auf diese Weise umgeht man die Nothwendigkeit, durch Wegweisen die Leute zu beleidigen. Auch kam es vor, dass ich von Besitzern armer, alter Häuser darauf aufmerksam gemacht wurde, ihr Gehöfte biete doch wenig Schönes, ich möge zu diesem oder jenem Wirthe mich begeben, dort würde ich Alles weit besser und schöner finden. Doch fanden sich nicht selten Leute (zumeist Männer, doch auch Frauen), welche völlig meine Absichten erfassten und daher auch das Zeichnen und Aufnehmen anscheinend schlechter und werthloser Objecte verständlich fanden. Sehr hartnäckig versuchten in Kosmacz zwei Frauen mich auch an dem

gesucht und ging zunächst daran, meinen Apparat aufzustellen, als mich die „Frau des Hauses" mit der Frage anfuhr, was ich wolle. Ich versuchte nun nach der langgewohnten Weise ihr es klar zu machen. Und was war die Folge? Sie forderte mich auf, ihr das „Malen" des Hauses zu zahlen, denn unter den Luftschnappern in Jaremce befinde sich ein junger Herr, der auch male, aber dafür einem Mädchen 50 Kreuzer gegeben habe u. s. w. Während sie noch eiferte und ich allerlei antwortete, hatte ich den Apparat eingestellt und nahm die Aufnahme in einem günstigen Augenblicke vor. Das Bild ist interessant, weil auf demselben auch ein 2—3 Jahre altes Kind,

Fig. 182. Huzulenhaus in Mikuliczyn.

Photographiren des Hauses zu verhindern Selbst das Eintreten und die Erklärungen eines verständigeren Juden, der aus der Nachbarschaft herbeikam, belehrte sie nicht eines Besseren. Schliesslich verliessen sie das Haus und den Hof, wahrscheinlich in der Absicht, durch ihre Abwesenheit die Vollziehung der vermeintlichen Gerichtshandlung unmöglich zu machen. Natürlich machte ich darauf meine Aufnahme und ging sodann beruhigt von dannen, dass ich nicht vergebens über so und soviele Zäune gestiegen war und meine beste Beredtsamkeit durch eine gute Weile aufgeboten hatte. Das Alles war mir also schon auch anderwärts begegnet Etwas Neues sollte ich aber in Dora erfahren. Ich hatte mir eben ein interessantes Object auf-

das ganz unbekleidet umherging, erscheint. Nackt umherlaufende Kinder sind mir im Pruthgebiete übrigens öfters begegnet.

Von unseren Totalansichten huzulischer Gehöfte sind besonders noch die Fig. 180 und 181 beachtenswerth. In der Fig. 180 ist rechts neben dem Hause das Baukreuz zu sehen, über dessen Bedeutung in „Haus und Hof" (S. 150) das Nähere ausgeführt wurde. Das Kreuz wird vor dem Legen der Grundbalken des Hauses aufgestellt und wird nach der Vollendung desselben auf dem Dachboden aufbewahrt. Als ich den Wirth, welcher das Haus baute, fragte, ob er auch Orakel vor dem Baue des Hauses angestellt habe, verneinte er meine Frage; manche Leute thäten dies — sagte er —, er habe aber blos das Kreuz aufgestellt und im Namen Gottes den Bau begonnen.

Die Fig. 181 bietet nicht nur ein gutes Bild eines alten Hausbaues und der Art, wie um ein solches Haus die niedrigen Stallungen angebaut werden, sondern es erregt auch noch aus einem anderen Grunde unser besonderes Interesse. Zu den volksthümlichsten Persönlichkeiten im Ostkarpathengebiete zählt jene des Räubers Olexa Doubusz. Noch heute erzählt das Volk viel von seinem Leben und Thaten, und glaubt, hier und dort seine verborgenen Schätze finden zu können. Die Sagen, welche über diesen kühnen Mann sowohl bei den Huzulen als den an-

liebgewonnen und besuchte sie oft nächtlicherweile, um von seinen Mühen und Gefahren auszuruhen. Stephan erfuhr davon und Eifersucht bemächtigte sich seiner. Da er aber wusste, dass Doubusz unverletzlich sei und er ihm nichts anthun könnte, beschloss er, mit List vorzugehen. Er machte gute Miene zum bösen Spiele und gewann schliesslich sein Weib für den Racheplan. Dieses sollte von Doubusz selbst in geschickter Weise das Geheimniss gewinnen, wie er verwundet werden könnte, und dann sollte ihm Dzwinka das Leben nehmen In der Nacht, da Doubusz bei ihr lag, entlockte Axenia, ihn liebkosend, das Geheimniss und hinterbrachte

Fig. 183. Huzulisches Gehöfte in Dora.

wohnenden Rusnaken umgehen, sind voll Bewunderung für ihn; ja, Doubusz wird geradezu als ein gottbegnadeter Mensch hingestellt. Die Erklärung dieses Umstandes ist darin zu suchen, dass das Volk in Doubusz und seinen Gefährten keine Räuber, sondern Volkshelden erblickt, weil sie die von ihren Grundherrschaften mit unmenschlicher Grausamkeit behandelten Unterthanen an diesen rächten. Viel hat aber zu dieser lobpreisenden Entwicklung der Sage allenfalls der Umstand beigetragen, dass es Doubusz gelungen war, den Verfolgungen der Obrigkeiten zu entgehen, und dass er in einem Liebeshandel, wie sie bei diesen Gebirgsbewohnern so oft vorkommen, sein Leben liess. Doubusz hatte nämlich Axenia, das eheliche Weib des Stephan Dzwinka in Kosmacz,

es nachher ihrem Manne Eine silberne Kugel, mit dem Safte eines gewissen Krautes bestrichen und durch zwölf Messen geweiht, sollte die Kraft haben, dem gewaltigen Helden das Leben zu nehmen. Wenn man ihm diese Kugel in die Achselhöhle senden würde, so müsste er sterben. Sofort traf Stephan auf das Genaueste alle diese Vorbereitungen. Er goss die Kugel, weihte sie sorgsam und harrte der nächsten Nacht, da Doubusz wieder kommen sollte. Da geschah es denn, dass Doubusz nach einem glücklichen Streiche in tiefer Nacht zum Hause Dzwinka's kam, um dessen Weib aufzusuchen. Er fand aber die Thüre verschlossen und Axenia kam nicht wie sonst herbei, um dieselbe zu öffnen. Da rüttelte der Hajdamach mit Gewalt an der Thüre und drohte, dieselbe zu sprengen, wenn Axenia sie nicht öffnen würde. Erst jetzt liess sich diese vernehmen, aber ihre Rede war voll Hohn: „Meine Thüren sind aus Eibenholz" — sagte sie — „und meine Schlösser aus festem Stahl; rüttle so viel du willst, du wirst doch draussen bleiben." Während sie aber diese Worte sprach, lag bereits Dzwinka unter dem Dache über der Thüre und beobachtete den zürnenden Doubusz. Als dieser voll Grimm über die untreue Geliebte die Arme erhob, um die Thüre zu fassen und sie herauszureissen, da schoss ihm Stephan die Zauberkugel unter dem Arme in die Brust. Zum Tode getroffen, sank Doubusz nieder. Dann erhob er sich noch einmal, schleppte sich mit Mühe zu seinen Gefährten und bat sie, seinen Tod zu rächen, dann aber sich zu zerstreuen. Kurz darauf verschied er, nachdem er — wie Manche sagen — noch ein Sterbelied angestimmt hatte Seine Gefährten machten aber aus ihren Büchsen und Hackenstöcken eine Tragbahre und trugen ihren geliebten Führer auf den Gipfel der Czorna Hora Hier beerdigten sie ihn, und noch heute ist dort sein Grab. Das Haus, in welchem Doubusz erschossen wurde — so lautet die Ueberlieferung am Czeremosz —, werde noch jetzt in Kosmacz gezeigt. — Der Schluss dieser Ueberlieferung veranlasste mich, sobald ich nach Kosmacz kam, sofort nach dem Hause zu fragen; dasselbe hatte nicht nur durch die erzählte Episode ʍein historisches Interesse erweckt, sondern es wäre an und für sich auch höchst interessant. Da nämlich die Ermordung Doubusz' in das Jahr 1745 fällt, so hätten wir in dem Hause ein über anderthalb Jahrhunderte altes Gebäude; dies wäre insoferne von hohem Interesse, als mir bisher von keinem alten huzulischen Hause das Erbauungsjahr bekannt geworden ist. Thatsächlich verwiesen mich weniger gut Unterrichtete auf meine Fragen nach dem in Fig. 181 abgebildeten Hause. Dasselbe steht unfern der Fahrstrasse in der Nähe der „oberen Kirche", welche durch eine Wetter(Hagel)glocke ausgezeichnet ist. Bei näheren Nachforschungen und vorzüglich von den Nachbarn und den jetzigen Bewohnern des Hauses erfuhr ich aber, dass nicht das gegenwärtig auf diesem Grunde stehende Haus die Heimstätte Dzwinka's gewesen sei, sondern ein grösseres, das etwas weiter gegen den Berg gestanden wäre. Immerhin ist aber auch das jetzige Haus interessant. Hinzugefügt sei noch, dass in Kosmacz viele Dzwinczuky (d. h. Nachkommen Dzwinka's) leben. Einer derselben, Hnad Dwinczuk, soll noch

das Gewehr besitzen, mit welchem sein Vorfahre Stephan den kühnen Räuber erschossen hat Doch ist es mir nicht gelungen, die alte Waffe zu Gesicht zu bekommen. Auch konnte hier die Verwechslung noch leichter, als beim Hause stattgefunden haben; ist mir doch auch von einem Feuersteinschlossgewehr, welches ich im Jahre 1886 aus der Czeremoszgegend angekauft habe, versichert worden, dass es einem Mitgliede der Räuberbande des Doubusz angehört habe. Aber wenn auch die Richtigkeit dieser Angabe in Frage gestellt wird, so macht die Flinte ausser ihrer bedeutenden Länge (etwa 140 cm) und ihrem nach huzulischer Art mit Kerbschnitzerei verziertem Schafte [1]) noch das Kämmerchen in diesem letzteren merkwürdig; dasselbe dient nämlich zur Aufnahme eines Stückchens von einer Schlange, welcher Zauber das Wild anzieht.

Nach dieser Abschweifung kehren wir wieder zu unserem engeren Thema zurück. Die Fenster sind auch hier zuweilen mit Läden (*wikonnyci*) versehen (Fig. 185). Neben der massiven Hausthüre gibt es auch leichte Gitterthürchen, damit, wenn jene im Sommer offen steht, die Hausthiere in das Vorhaus gelangen können (Fig. 180 und 182). Die Schlösser sind von derselben Art, wie sie in „Haus und Hof" beschrieben wurden. Nur eine Art von Klappschloss habe ich hier gefunden, das mir im östlichen Huzulengebiete nicht begegnet war. Fig. 188 zeigt dasselbe. Wie aus der Figur leicht zu ersehen ist, fällt der Riegel *u* beim Zuklappen der Thüre *A* in die Vertiefung *b*, woher er dann von aussen durch die Drehung von *c* wieder herausbewegt werden kann. Dieses Schloss erscheint mit einem gewöhnlichen offenen Riegelschloss verbunden, wie es in „Haus und Hof" (S. 161, Fig. 221) beschrieben ist. Höheres Interesse erregt ein Schloss, das mir Herr HERMANN JEKEL, Mühlenbesitzer in Kuty, im Jahre 1896 schenkte Dasselbe wurde vor etwa 50 Jahren von einem Huzulen aus der Czeremoszgegend angefertigt. Es zeigt den Typus des Schlosses, welches in „Haus und Hof" (S. 163, Fig. 227) beschrieben ist; doch weist es nicht weniger als sechs Fallhölzchen auf und ist überdies mit einem Vexirverschlusse versehen. Wie nämlich aus der Fig. 218 zu ersehen ist, kann das Fallhölzchen *i/3* nur dann vom Schlüssel gehoben werden, wenn die excentrische Scheibe *v* hinaufgedreht wird, was auf die Weise geschieht, dass einer der Holznägel, mit welchem das Schloss

---

[1]) Derselbe ist rückwärts (im Anschlag) nicht geschweift, sondern schief abgeschnitten. .

angenagelt zu sein scheint, drehbar mit der Scheibe verbunden ist. Wer dies nicht weiss, der wird wohl den Holzschlüssel brechen, nicht aber das Schloss öffnen können.

Nachdem wir das Aeussere des Wohnhauses betrachtet haben, wenden wir uns seiner Umgebung und den anderen Theilen des Gehöftes zu. Neben dem Hause erblicken wir die verschiedenen Wirthschaftsgebäude. Sie sind auch hier theils an das Haus angelehnt, theils freistehend, selbstständig erbaut. Es gilt diesbezüglich vollständig das in „Haus und Hof" Gesagte. Die besonders rückwärts und auch seitwärts an die Häuser angelehnten Stallungen (Fig. 181, 183, 185, 186) heissen in Kosmacz und Polinyci „dachy" (Dächer) oder — wenn sie geringen Umfang haben — „daszok" (Dächlein); diese Bezeichnung kommt übrigens auch am oberen Czeremosz (Jawornik) vor.[1] Für Stallungen finden sich ferner hier die Bezeichnungen chliu, chliwec (= kleiner chliu), stajni und kołeśznia; für Pferdestallungen wird auch hier nur stajni verwendet (stajni na marżynu i koni). Die Kammer (komora, nicht klit') ist auch hier, wenn sie abseits errichtet ist, mitunter sehr sorgfältig gebaut und mit einem Vorgange versehen, wie z B. in Seletin und Sergie.[2] Bezüglich der Heudächer ist hervorzuheben, dass dieselben hier oft mit Stroh gedeckt sind, was schon auf eine etwas ausgedehntere Feldwirthschaft hinweist. Die Umzäunungen, welche um die Heuschober angebracht werden, um diese gegen umherlaufendes Vieh zu schützen, nennt man in Kosmacz steżir (nicht oplit). Grenzmauern aus Steinen, die in demselben Dorfe sehr oft vorkommen, werden hier mur (Mauer) genannt. „Parkan" ist hier ein geflochtener Zaun aus Ruthen (z prut płytyny), während plit wie anderwärts im Huzulengebiete für den aus gespaltenen Hölzern hergestellten Zaun vorbehalten bleibt. Stege über Bäche und Flüsse finden sich auch hier in verhältnissmässig grosser Zahl und recht geschickt angelegt. Im Thale der Pistyńka fand ich an einigen Orten die Geländer derselben mit Zuhilfenahme von Astwinkeln hergestellt (Fig. 189). Das nöthige Wasser spenden auch hier zumeist natürliche Quellbrunnen; Ziehbrunnen sind selten (Fig. 190).

[1] Vgl. „Haus und Hof", Fig. 363, und die Erklärung hiezu, S. 185.

[2] Die Ansicht eines huzulischen Gehöftes in Seletin mit einer Kammer, die einen Vorgang aufweist, habe ich in dem Werke „Unsere Monarchie", S. 147, gebracht. (Die Photographie rührt nicht von Dutkiewicz, wie am eben angeführten Orte fälschlich bemerkt ist, sondern von mir her.)

Unterkunftshäuschen, wie sie uns an den Strassen besonders im Putilla- und oberen Sereththale begegnen, finden sich hier nicht. Ebensowenig sah ich in diesem Gebiete jene Gestelle mit Wassergefässen, wie ich sie in „Haus und Hof" beschrieben habe.

Wenden wir uns nun der inneren Anordnung der Räumlichkeiten des Hauses und der Einrichtung desselben zu, so gleichen dieselben bis auf einzelne Ausnahmen den in „Haus und Hof" geschilderten Verhältnissen. Auch hier ist jene Ein-

Fig. 184. Inneres einer Huzulenstube in Dora.

theilung Regel, dass in zweistubigen Häusern die Wohnräume (chata) rechts und links vom Vorhause liegen (Fig 185); letzteres heisst hier mit dem gemein ruthenischen Ausdrucke siny (nicht choromy). Die links des Vorhauses (Fig. 180 und 183) gelegene Stube (seltener die rechte, Fig. 182) wird auch hier nicht selten als Kammer benützt, während die andere allein als Aufenthaltsort der Familie dient. Kleine einstubige Häuser haben die Stube rechts oder auch links vom Vorhause (Fig. 186); letzteres wird dann auch als Kammer benützt Dass zwei derartige

Häuschen nebeneinander, unter ein Dach vereinigt, sich vorfinden, erklärt sich aus dem Umstande, dass eine derartige Hütte mit ihrem einzigen Wohnraume insbesondere nicht mehr ausreicht, sobald etwa ein junges Ehepaar in's Haus zog; daher musste dann eine zweite angebaut werden, die mit der älteren zusammen ein Ganzes bilden, bestehend aus zwei Stuben und zwei Vorhäusern mit besonderen Ausgangsthüren in's Freie. Ein solches Doppelhaus ist

Aus den Fig. 185 und 186 beigebrachten Plänen ergibt sich ausser der Vertheilung der Räumlichkeiten auch die weitere Einrichtung derselben in ihren allgemeinen Zügen. Wie wir sehen, besteht auch in dieser Hinsicht kein principieller Unterschied gegenüber den Verhältnissen bei den östlichen Huzulen. Auch hier fällt uns in der Stube vor Allem neben der Thüre in der Ecke gegen die Hinterwand der grosse Ofen (picz) auf. Die Einrichtung desselben ist jener in

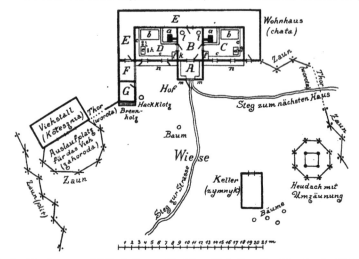

Fig. 185. Grundriss eines grossen Gehöftes in Kosmacz (Eigenthümer Mihajło Kneszuk). *A* Gang (*ganok*), *B* Vorhaus (*siny*), *C* und *D* Stube (*chata*), *EE* Winterstallungen (*dachy do marziny na zemu*) und Aufbewahrungsort für allerlei Fässer und Geräthe, *F* überdeckter Raum, gegen den Hof ganz offen (*piddaszy*), *G* ein kleiner Stall (*stajenka*), *aa* Ofen, *bb* Bettgestelle, *cccc* feststehende Bänke, *d* Kiste (*skrenia*), *e* Tisch, *ff* Geschirrkasten, bei *g* hängt an der Wand ein Wandbrett (Fig. 198) und neben demselben Bilder, ein Dreilicht, Töpfchen, Blumen, Handschuhe u. dgl., *h* eine tragbare Bank (Fig. 199), *ii* zwei Stühle (Fig. 200), bei *k* der Hackenhälter (Fig. 210), *ll* grosse Fässer (*giszka*), bei *mm* sind Eisenringe befestigt, an denen die Reitpferde angebunden werden, *nn* Vorbänke beim Hause. Die Stube links hat Fensterläden. Man vgl. die nebenstehende Figur, welche den in demselben Massstabe gefertigten Grundriss des Nachbarhauses zeigt, das einem armen Manne gehört.

z. B. jenes Fig. 181 abgebildete, dass mit der Ueberlieferung über Dzwinka in Verbindung gebracht wird. In ähnlicher Weise mag eine noch seltenere Hauseintheilung entstanden sein, die ich in Kosmacz sehr vereinzelt traf. Dieselbe bestand darin, dass das Haus um einen Raum erweitert erscheint, in den man direct aus der Stube gelangt und der mit dem Namen *jankir* bezeichnet wird.[1]) Den Plan eines solchen Hauses bietet Fig. 187. Der *„Jankir"* kann als Wohnraum oder Kammer benützt werden.

„Haus und Hof" beschriebenen sehr ähnlich; doch fällt uns vor Allem ein Umstand auf. Während im östlichen Huzulengebiete der Ofen unmittelbar auf dem Boden aufruht (vgl. Fig. 201 und 202 in „Haus und Hof"), ist dies hier nicht der Fall. Vielmehr ruht hier der Ofenbau auf einer Grundlage (*fudument* [Fundament]) auf, die aus drei Balken (zwei Trägern und einem Fusse) besteht, so dass zwischen dem Boden der Stube und dem Ofen ein Raum sich befindet (Fig. 191). Bemerkenswerth ist es ferner, dass in Kosmacz in manchen Häusern die Kappe (*komyn*) des Ofens und die Rauchröhre (*kahła*) mit erhabenen

---

[1]) Offenbar das auch von den Juden und Polen gebrauchte *alkier, alkierz.*

Gesimsen verziert sind. Diese nennt man *obruczi* (Reifen), wenn sie gekrümmt sind (*aa* in Fig. 191); sind sie dagegen ganz gerade, so heissen sie *pojasky* oder *popruhy* (Gürtel; z. B. *bb* in Fig. 191). Die Kappe ist entweder aus (fünf) grossen Steinplatten zusammengesetzt oder sie wird auch, wie ich dies in Dora sah, aus einem mit Ruthen durchflochtenen Holzgerüst hergestellt; letzteres ist mit seinen rückwärtigen Stäben in die darunter liegende Lehmmauer des Herdes „eingegraben" (*zakopany*), während die vorderen oben an einem Deckbalken (*swołok*) angenagelt sind (Fig. 192). Das Ganze wird mit Lehm verklatscht und, wie der Ofen überhaupt, geweisst. Aehnlich werden diese Kamine häufig bei den Rusnaken im Hügel- und Flachlande hergestellt. Die einzelnen Theile des Ofens führen besondere Namen, und zwar

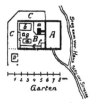

Fig. 186. Grundriss eines kleinen Hauses in Kosmacz (Eigenthümer Fedir Rabaluk). *A* Vorhaus, zugleich Kammer (*siny i komora*), *B* Stube, *C C* kleine Stallungen (*daszok*), *D* Schweineställchen (*kuczka*), *a* Ofen, *b* Bettgestell, *cc* feststehende Bänke, *d* kleiner Webstuhl (*krosna*; ist dieser nicht in Verwendung, so steht hier der Tisch), *f* Geschirrkasten, *g* tragbare Bank. Man vgl. den in demselben Massstab angefertigten Grundriss des reichen Nachbarhauses (Fig. 185).

heisst (Fig. 191) der Heizraum *A* kurzwegs: *picz*, der Kamin *B*: *komyn*, die Ofenröhre *C*: *kahła*, der Theil *D*: *opeczok*, *E*: *kut*, (Winkel), *F*: *prepicz*, *G*: *zapiczok*, *H*: *fudument*, endlich *I*: *pidpic*.

Der Rauch zieht aus dem Heizraume in den Kamin und von da, wie anderwärts im östlichen Huzulengebiete, durch die Ofenröhre in das Vorhaus, das keine Decke hat; von hier gelangt er sodann durch Oeffnungen im Dache oder durch solche zwischen Dach und Wänden oder endlich durch Lücken im Giebel in's Freie. Dass sich auch ordentliche Dachluken finden, ist bereits erwähnt worden. Fig. 193 zeigt ein keilenförmiges Ofenschürholz (*zamitalko*) aus Pidlisniu.

Betrachten wir die Grundrisse weiter, so finden wir auch das Bett (*poskil*), die langen Bänke (*ławycia*) an den Wänden, den Tisch (*stiu*) und den Geschirrkasten (*połyci*) — also die Haupteinrichtungsstücke — genau an den Stellen, wie etwa in den Häusern am Czere-

mosz. Die Betten sind auch hier ziemlich schlichte Gestelle (Fig. 194). Dagegen sind die Tische in Kosmacz (Fig. 195), in Mikuliczyn und in Dora recht schön; in letzteren zwei Orten fand ich mehrere sehr hübsche mit Einlegearbeit verzierte (Fig. 182 und 184). Statt des Tisches findet sich an seiner Stelle mitunter auch ein mehr kasten- oder kistenähnliches Geräth (*skrenia*). Tisch oder Kasten sind in der Regel mit einem groben Tischtuche bedeckt; Brot [1] und Salz liegt darauf. Die Geschirrkasten sind mit oder ohne darunter stehenden Kasten (*szafa*); man vgl. Fig. 196 und 197. Im letzteren Falle ruhen die *połyci* auf einem Unterlagsbrett (*prewałok*); das dreieckige Stützbrett desselben heisst „*baba*". Diese Einrichtung findet sich nicht im östlichen Huzulengebiete. An der Wand neben dem Tische findet sich auch zuweilen noch ein Wandbrett (*połyczka*; Fig. 198). An der Giebelwand beim Tische hängen die Heiligenbilder (Fig. 184), ein Dreilicht (*trijca*), ferner bunte Töpfchen, Schüsseln, Blumen, auch Handschuhe u. dgl. In der Nähe des Bettes oder auch beim Ofen sind an der Decke die Kleiderstangen (*żertky*, *hredky*) befestigt. Zwischen der Decke und den Tragbalken (*swołok*) derselben stecken die Kräuter, welche in der Johannisnacht gepflückt werden (*Iwanowy zilie*) und denen, wie im östlichen Huzulengebiete, besondere Heil- und Zauberkräfte zugeschrieben werden; Alte waschen sich mit dem Absud derselben, Kinder werden darin gebadet. Ausserdem fällt uns vor Allem eine kleine tragbare Bank (Fig. 199) in's Auge. In Kosmacz findet man in den Häusern — und das ist bei den östlichen Huzulen nicht zu sehen — auch einen oder zwei Holzstühle mit Lehne, ganz ähnlich jenen, wie man sie in deutschen Bauernstuben sehen kann (Fig. 200). Sowohl diese Stühle als jene oben erwähnte Bezeichnung für die zweite Stube („*jankir*") scheint auf einen fremden Einfluss zurückzugehen. Die einfache vierfüssige Bank heisst *stołec prostyj* (gemeine Bank); der Stuhl heisst zum Unterschiede *kresłowyj stołec* (stuhlartige Bank) und seine Lehne heisst *płyczynnyk* (Rückblatt). Schemel (*stilczyk*), die aus einem Stammstücke so angefertigt sind, dass die Aststümpfe die Füsse bilden, kommen auch hier vor (vgl. die Fig. 240

---

[1] In Kosmacz unterscheidet man folgende Brotarten: *chlib kesłyj* (gegohrenes Brot, bereitet aus Kukuruz- oder Kornmehl); „*burinnyk*" (Brot aus Kukuruzmehl und gekochten Erdäpfeln, ungesäuert); *kores* (Brot aus Kukuruzmehl, ungesäuert. Fig. 184 sieht man am Tische links zwei flache Brote.

28*

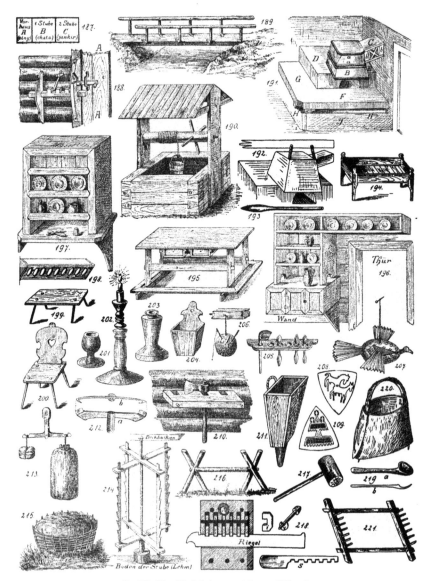

Fig. 187—221. (Die Erläuterungen stehen am Schlusse.)

bis 243 in „Haus und Hof"). Kochgeräthe, Schüsseln u. dgl. gleichen den uns schon bekannten. Ebenso findet man hier die bereits beschriebenen Pfeffermörser (Fig 201). Leuchter sind auch hier bald aus Thon gefertigt, bald aus Holz geschnitzt (Fig. 202); in einem Hause fand ich auch jenen Theil eines thönernen Leuchters, in welchem die Kerze steckt, in einem hölzernen Untersatze festgesteckt (Fig. 203). Zur Aufbewahrung der Löffel fand ich entweder Körbchen (kozek) oder aus Brettchen geschnitzte Behälter (łyzasznyk; Fig. 204); auch Leisten mit entsprechenden Oeffnungen, ähnlich wie sie unsere Handwerker für ihre Werkzeuge haben, sind üblich (Fig. 205). In Kosmacz fand ich ferner kugelrunde oder längliche Pölsterchen für Nadeln (poutkienka do ihliu); sie hingen an Schnürchen von den Deckbalken herab (Fig. 206), um vor den Kindern in Sicherheit zu sein. In demselben Dorfe fand ich in einem Hause einen ganz merkwürdigen Schmuck. Bunten Ostereiern — die sich auch sonst ausgeblasen und an Schnüren gereiht oder den Blumen beim Dreilicht aufgesteckt als Schmuck vorfinden — ward an dem spitzigeren Ende aus Wachs Hals und Kopf eines Vogels aufgesetzt; rückwärts und seitwärts waren aus fächerförmig gefaltetem Papier Schwanz und Flügel eingesetzt; die Gebilde führen den Namen „połowyk" (Geier) und hängen an Fäden vor den Bildern von der Stubendecke herab (Fig. 207). Was die Ostereier selbst anlangt, so fand ich besonders schöne und mannigfaltig gezeichnete in Kosmacz. Viele Eier hatten hier Thierornamente, und zwar mit Fischen (Fig. 207)[1] und mit Pferden (Fig 208). Ein Ei mit einem Pferd sucht jeder Wirth zu haben, damit sein Viehstand· wohl gedeiht.[2] Es sei noch ausdrücklich bemerkt, dass ich diese Eier mit Thierornamenten nur selten fand; jene mit Pferden begegneten mir überhaupt nur in Kosmacz; ein Ei mit Fischen erhielt ich auch in Jawornik am schwarzen Czeremosz (vgl. Fig. 393 in „Haus und Hof"), doch weiss ich nicht, ob es nicht durch Arbeiter aus anderer Gegend (vielleicht aus Kosmacz) dahin kam. In etwas eigenthümlicher Weise waren auf Kosmaczer Eiern auch Kirchen (cerkou; Fig. 209) gezeichnet. Ein geometrisches Ornament — wie sie zumeist vorkommen —

[1] Ganz ähnlich jenem in „Haus und Hof", Fig. 393, abgebildeten.

[2] Vielleicht steht hiezu die in unserer Fig. 208 abgebildete Scene in engerer Beziehung. Allenfalls zeigt diese Abbildung, dass diese Leute nicht gerade schamhaft sind, gehen doch die Eier von Hand zu Hand.

führte den Namen „Fräulein" (ponna), doch war keine Aehnlichkeit zu einer weiblichen Gestalt darin zu finden. Die Mädchen pflegen zur Osterzeit die Burschen mit bunten Eiern zu beschenken, damit sie mit ihnen tanzen. Da die Huzulen den Bart rasiren, so findet man in jedem Hause leicht ein hiezu dienendes Messer. Dasselbe heisst, wenn es unseren Rasirmessern gleicht, „brytwa"; ein hiezu aus einem Stück Sense angefertigter Schaber heisst „brycz" (Kosmacz).

Tritt man in das Vorhaus, so findet man wohl an einer Wand neben der Eingangsthüre den „sokernyk", der den oben beschriebenen Löffelhälter gleicht und zur Aufnahme der Hacken, jenem unentbehrlichen Werkzeuge der Huzulen, dient (Fig. 210). An einem Nagel hängt hie und da ein Holztrichter (lijka, Fig. 211). Fig. 212 zeigt uns ein Werkzeug, mit welchem die Fuge in die Schindeln eingeschnitten wird; der Name „fug" zeigt, dass sowohl das Werkzeug, als die damit erzeugte Schindel fremden, und zwar offenbar deutschen Ursprunges ist. Das ursprüngliche Dachdeckmaterial ist das lange Spaltbrett (dranycia), von gleicher Dicke und ohne Fuge. In manchem Hause wird man auch einer sehr primitiven Wollwage (waszka do wouny; Fig. 213) gewahr. An dem einen Arm derselben hängt ein Stein, an dem anderen wird der Sack mit Wolle befestigt, welche man zum Verspinnen ausser Haus gibt. Werden dann die Knäule gebracht, so überzeugt man sich durch das Abwägen derselben, ob nicht ein Theil der Wolle entfremdet wurde. Im Vorhause oder in der Kammer stehen grosse Fässer für Getreide und Kraut (giszka, połubiczok, boczka). Die langen und schmalen, zum Transporte auf dem Pferd geeigneten Fässer (berbynycia) sind hier, wie im Huzulengebiete überhaupt, überall zu finden. Das zur Aufnahme der Osterspeisen bestimmte Gefäss, in welchem diese in der Osternacht zur Kirche getragen werden, um daselbst geweiht zu werden, heisst hier „paskowec" (von paska = Osterbrot). Im Hause, in der Kammer oder vor dem Hause am Gange findet man auch wohl Spinn- und Webegeräthe. Eine besondere Art der „snuwałka", nämlich der Vorrichtung zur Herstellung des Zettels (Kette, Längsfäden, osnowa) für die Gewebe, zeigt Fig. 214.[1] Andere richten den Zettel (snuwaty preżu) auf einer Bank (na ławyci) oder an Pflöcken, die an der Aussenwand der Hütte stecken (po pid chaty

[1] Auch Fig. 182 ist eine solche zusammengeklappt, rechts an der Wand, zu sehen.

snowujut). Nachträglich mag auch noch die Abbildung einer anderen Art von „*snuwauka*" aus Sadeu beigebracht werden (Fig. 221) Diese Vorrichtungen findet man deshalb ziemlich häufig, weil einerseits Webstühle in den huzulischen Häusern sehr oft vorkommen, andererseits man auch den Webern den Zettel bereits hergerichtet zu übergeben pflegt. Der Einschlag (*tkanie*) wird in Knäueln denselben überbracht. Von anderen Geräthen fallen uns noch grosse Körbe mit einem Henkel auf, welche man zum Heutragen verwendet (*kossil*); sie haben die Form der in „Haus und Hof" Fig. 326 abgebildeten kleineren Körbchen (*kosselek*). Am Hofe oder jenem Theile desselben, welcher als Viehstand (*zahoroda*) dient, findet man grosse, bodenlose Körbe (*jasli*), in welchen den Thieren das Heu vorgelegt wird, damit sie dasselbe nicht umherzerren und in den Koth treten (Fig. 215). Die verschiedenen anderen umherstehenden Geräthe sind uns bekannt, so die Geräthe zur Heuarbeit, Kannen, Schaffe, Flachsbrecheln, Schnitzbänke u. dgl. Einen Holzbock zeigt Fig. 216; ein solches Gestell heisst *krosna wid drou* und ist zu unterscheiden von der *krosna do tkanie*, mit welcher Bezeichnung eine kleinere Art von Webstuhl benannt wird, auf der man wohl Tuch, Rockschürzen für Frauen und Wolltaschen, nicht aber Leinwand wehen kann; am „*warstat*" (Fig. 367—370 in „Haus und Hof") kann dagegen Alles gewoben werden. Gilt es, dicke Holzklötze zu Brennholz zu verspalten und reicht hiebei der Schlag der Hacke nicht aus, so wird dieselbe mit dem Holzschlägel (*dobnia*, Fig 217) in's Holz getrieben.

Wie im östlichen Huzulengebiete, so haften auch hier an den einzelnen Theilen des Hauses, an seinen Geräthen u. s. w. allerlei Aberglauben. So wird z. B. auch in Kosmacz, um Hagel, Sturmwind u. dgl. aufhören zu machen, die Ofenkrücke vor's Haus geworfen, wobei sie mit der geraden Seite des Schürholzes (vgl. Fig 305 in „Haus und Hof") nach oben zu liegen kommen muss. Von uns bisher unbekannten Gebräuchen knüpft einer an den Spiegel an. Ich lernte ihn kennen, als ich in Czernediuski Polinyci am Prutecz die Gastfreundschaft des Huzulen Prokop Bojko in Anspruch nahm. Mein Führer, der mich mit seinem Pferde aus Kosmacz über die Berge in's Pruththal führte, rieth mir, in dem Hause dieses reichen Mannes zu rasten. Als wir das Gehöfte betraten, war der Wirth mit den Kindern allein zu Hause. Mit grosser Freundlichkeit und sichtlicher Freude, wie man sie bei den Bewohnern der abgelegenen Thäler allein findet, empfing uns der Mann und bat uns, in die Stube einzutreten und hinter dem Tische Platz zu nehmen. Sodann ergriff er ein Horn, das im Vorhause hing, und rief mit demselben die Hauswirthin — sein uneheliches Weib —, die mit dem Gesinde auf der benachbarten Bergwiese beschäftigt war, in's Haus. Nun trug man uns, was die Vorrathskammer bot, als: gesalzenen Schafkäse, saure Milch, gekochte Erdäpfel und Kukuruzbrei, auf. Während wir hievon und von unseren Vorräthen assen, war der Mann, der am Arm das jüngste Kind trug, da er uns zum Zugreifen nöthigte, an den Spiegel getreten, der an der Wand neben dem Tische hing. Sofort verwies ihm dies das Weib mit der Bemerkung, dass das Kind, wenn es in den Spiegel sehen würde, Blattern bekommen könnte. Nun wendete der Wirth sofort den Spiegel mit der Glasseite zur Wand. Eine geschnitzte Spinnwirtel, welche ich kaufen wollte, wurde mir sofort geschenkt. Für das wenige Zuckerwerk und Weissbrot, das ich den Kindern bot, fanden Vater und Mutter nicht genug Worte des Dankes. Als ich mich zum Abschiede anschickte, musste ich noch ein grosses Stück des Käse, das der Mann aus der Kammer in Papier eingeschlagen herbeiholte, mitnehmen. Mit grossem Danke, dass wir sie aufgesucht, gaben uns die Hausleute den Abschied. Ich bemerke nur noch, dass ich auch in diesem menschenfernen, entlegenen Gebiete an der Wand hinter dem Tische neben den Heiligenbildern, Kreuzen u. dgl. das Bild der kaiserlichen Familie fand.

II. Nachträge zu „Haus und Hof" der Huzulen im Czeremosz- und Suczawathale.

In diesem Anhange möchte ich das Wenige beifügen, was an Ergänzungen und Verbesserungen zu meiner früheren Arbeit „Haus und Hof bei den Huzulen" (S. 216 f.) im Texte gebrachten Bemerkungen über das Vexirschloss aus Kuty am Czeremosz. Es ist Fig. 218 abgebildet.

Soweit ich bemerkt habe, ist in „Haus und Hof" Fig. 267 fehlerhaft gerathen. Diese alten Löffel haben vielmehr die Gestalt, wie sie unsere Fig. 219 zeigt.

Ausser der Fig 328 abgebildeten henkellosen Form der Rindenkörbchen gibt es auch mit Henkeln versehene. Der Henkel ist aus einem der Grösse des Körbchens entsprechend breiten Rindenstreifen hergestellt, dessen Enden mit denselben Zweigen festgesteckt werden, welche die zum Korbe gebogene Rinde festhalten. (Fig. 220.)

Ferner gehört hieher die oben S. 222 angeführte und Fig. 221 abgebildete Vorrichtung zum Herstellen des Zettels (aus Sadeu).

Endlich sind hier noch einige abergläubische Gebräuche als Nachträge zu dem Capitel „Die Cultstätten des Hauses" beizubringen.

Zunächst ist zu bemerken, dass die Ofenröhre beim Besprechen von Wasser, das zu Zauberzwecken dienen soll, eine besondere Rolle spielt. Hat das Kind z. B. keinen gesunden Schlaf, so holt man aus einem Brunnen Wasser und trägt dasselbe, ohne etwas davon auszugiessen und ohne dass man stehen bleibt, zu einem anderen Quell. Dort giesst man zum ersteren Wasser einiges aus diesem Brunnen, trägt es nun nach Hause und stellt das Gefäss in die Ofenröhre. Hierauf zündet man Feuer an und sobald der erste Rauch über das Wasser gegangen ist, nimmt man es weg, wärmt es und badet darin das Kind. Dieser Zauber ist in Jasienów am Czeremosz üblich. In Ploska pflegt man zu Zauberzwecken verwendetes Wasser in folgender Art zu beschwören. Das Wasser wird vor Sonnenaufgang aus neun Quellen geholt. Nachdem dasselbe in eine Schüssel gegossen wurde, werden drei Knoblauchzähne hineingeworfen. Sodann tritt der Beschwörer sammt der Schüssel vor die Ofenröhre, die im Vorhause mündet, verneigt sich dreimal vor derselben und beschreibt mit dem Messer im Wasser ein Dreieck, indem er mit den Knoblauchzähnen die Ecken desselben bezeichnet. Während der Beschwörer das Wasser noch mehrmals mit der Messerschärfe berührt, spricht er die Zauberformel: „Jordanwässerchen, du bespülst die Auen und die Ufer, die Wurzeln und die weissen Steine. Wasche auch rein diesen Christ, der rein geboren ist, von Hass, Neid und allem Bösen." Durch die Ofenröhre fahren auch die Hexen mit einem Ofenschürholz oder einem Besen zu ihren Versammlungen. Offenbar wird also die Ofenröhre in gewissem Sinne als Sitz unreiner Mächte angesehen, während der Ofenherd der heilige Mittelpunkt des Hauses ist. Aus dieser Bedeutung des Herdes ist es auch erklärlich, warum die Mädchen am heiligen Weihnachtsabende, wenn sie die Stube fegen, den Mist zum Ofen kehren, damit im Fasching der Werber komme.

Der Zaun dient beim Anstellen von Orakeln. Um ihren künftigen Mann kennen zu lernen, wenden die Mädchen das Pflockzählen an. Das Mädchen zählt nämlich in der Andreasnacht an einem Zaune der Reihe nach neun Pflöcke ab und schliesst aus der Beschaffenheit des letzten auf die Eigenschaften des künftigen Mannes. Ist z. B. der Pflock gerade und glatt, so wird der Mann schön sein; ist er aber abgerieben und krumm, so wird der Bräutigam unschön oder gar ein Krüppel sein. Sind mehrere Mädchen anwesend, so beginnt jedes folgende dort zu zählen, wo das vorhergehende aufgehört hat, und bezeichnet seinen neunten Pflock mit einem Zeichen, um denselben am nächsten Tage wieder zu erkennen. Am Zaune stellt man auch ein Orakel an, um zu erkennen, welche Saat am besten gedeihen werde. Das Orakel wird am Feste der 42 Märtyrer (6. März a. St. = 18. März n. St.) angestellt, weil man an diesem Tage die Aussaat zu säen pflegt. Um nun zu erfahren, welche Saat am besten gedeihen würde, legt das Weib auf den Zaun drei Eier in einer Reihe; springt von der Kälte das erste in der Reihe zuerst, so wird die früheste Aussaat am besten gedeihen; springt das zweite zuerst, so die mittlere, endlich dem dritten entsprechend die letzte. Springt keines der Eier, so wird das Jahr überhaupt fruchtbar sein. Da der Zaun das Gehöfte umgibt und schützt, so müssen an dem Eingange durch denselben vor Allem jene Vorsichtsmassregeln getroffen werden, welche den Hexen den Eingang in das Gehöfte verwehren. Ueberall pflegt man daher besonders in der Georgsnacht und in der Nacht vor St. Johannes dem Täufer, in welchen Nächten die Hexen zumeist dem Viehstande zu schaden suchen, auf die Thorbalken grüne Rasenstücke zu stellen, in denen am Palmsonntag geweihte Weidenzweige (beczka) oder Zweige von der zauberkräftigen Silberpappel stecken. Zu demselben Zwecke werden auf die Hof- und Stallthore mittelst Theer Kreuzzeichen gemalt. Auch möge erwähnt werden, dass man sowohl zu Weihnachten als am Georgsfeste Cultuszwecken dienende Feuer beim Thore anzündet. Zu Weihnachten kehrt man am dritten Festtage die Stube, an der Schwelle beginnend, und verbrennt den Kehricht zugleich mit dem unter der Bezeichnung „Did" (der Alte) in der Stube zur Festzeit aufgehäuften Stroh beim Eingang in den Hof; über dieses Feuer springen die Huzulen, damit sie gegen Erschrecken geschützt seien. Anderwärts ist es üblich, das Feuer, welches bei den Huzulen am Vorabende des Georgsfestes angefacht wird, beim Thore zu entzünden, darüber das Vieh zu treiben und selbst zu springen.

III. Erklärungen zu der Tafel.

Fig 187. Grundriss eines Hauses in Kosmacz, welches eine seltene, nur ausnahmsweise vorfindige Eintheilung aufweist.

„ 188. Offenes Riegel- und Klappschloss aus Holz. Kosmacz.

„ 189. Steg im Pistyńkathal.

„ 190. Brunnen. Ebenda.

„ 191. Ofen. Kosmacz.

„ 192 Ofenkappe. Dora.

„ 193. Ofenschürholz. Pidlisniu (Pruththal)

„ 194. Bettgestell. Kosmacz.

„ 195. Tisch. Kosmacz.

„ 196. } Geschirrkasten. Kosmacz.
„ 197.

„ 198. Wandbrett. Kosmacz.

„ 199. Gewöhnliche tragbare Bank Kosmacz

„ 200. Stuhl. Kosmacz.

„ 201. Pfeffermörser aus Holz. Kosmacz.

„ 202. Hölzerner Leuchter. Kosmacz

„ 203. Hölzerner Leuchter mit einem Einsatz aus Thon für die Kerze. Kosmacz.

„ 204. } Löffelbehälter. Kosmacz.
„ 205.

Fig. 206. Nadelpolster. Kosmacz.

„ 207. Geier aus einem Osterei als Zimmerschmuck. Kosmacz.

„ 208. } Ornamente ⎰ Pferde. ⎱ Sammlung
„ 209. ⎰ von Ostereiern. ⎱ „Kirche" ⎰ R. F. KAINDL.

„ 210. Hackenhalter. Kosmacz.

„ 211. Trichter aus Holz. Kosmacz.

„ 212 Werkzeug zur Herstellung der Nuth in den Schindeln (a von der Seite, b von oben gesehen). Kosmacz.

„ 213. Wollwage mit einem Stein als Gegengewicht. Kosmacz.

„ 214. Gestell zur Herrichtung des Zettels. Ebenda.

„ 215. Bodenloser Korb für Heufütterung. Mikuliczyn.

„ 216. Holzbock. Kosmacz.

„ 217. Schlägel, verwendet beim Spalten des Holzes. Kosmacz.

„ 218 Holzschloss mit sechs Fallhölzchen und einem Vexir- verschluss (im Durchschnitte). i ein Fallhölzchen, v der Vexirverschluss sammt dem Holzbolzen, mittelst welches die Scheibe gedreht wird, s der Schlüssel. Knty (Sammlung R. F. KAINDL).

„ 219. Alter Holzlöffel (a Ansicht, b Durchschnitt).

„ 220. Rindenkörbchen mit Henkel. Sadeu. (Sammlung R. F. KAINDL.)

„ 221. Gestell zur Herstellung des Zettels. Sadeu.

Zur Geschichte des Kachelofens.

Von Professor Dr. **Rudolf Meringer.**

(Mit 10 Text-Illustrationen.)

Die Erfindung eines brauchbaren Zimmerofens bedeutete einen grossen Fortschritt unserer Hauscultur Mit ihm war dem alten offenen Herde ein überlegener, nie wieder zu besiegender Gegner erstanden; das heimliche Leben des Hauses, das sich früher so gerne in die Nähe des Herdes zog, wurde zum Ofen abgelenkt, es entstand die Stube, ein bequem heizbarer Raum, der beste, den auch unsere heutige Wohnung noch besitzt. Seit dieser Zeit besteht das einfachste, wirklich „oberdeutsche" Haus aus Küche und Stube, d. h. aus Herdraum und Ofenraum. Nur die Almhütte des Senners — der aber nichts besonderes „Oberdeutsches" anhaftet — hat ihre Einzelligkeit bewahrt, der Herdraum ist die ganze Menschenbehausung. Diese Ansichten nochmals hervorzuheben, veranlasst mich der Umstand, dass man das eigentlich Bezeichnende „oberdeutscher" Bauart noch immer in anderen Eigenschaften sucht, z B. in dem Vorhandensein des Flures, obwohl ein solcher, ein Vorhaus, sehr oft ganz und gar fehlt. R. HENNING hat diese Anschauung begründet und G. BANCALARI spricht noch ganz neuerdings (Mittheilungen der Anthrop. Gesellsch. in Wien, Bd. XXVI, S. 93) von einem „mitteleuropäischen Flurhallentypus". Ich möchte BANCALARI bitten, diesen Namen gänzlich und endgiltig fallen zu lassen, aus Gründen, die ich a a. O., Bd. XXIII, S. 166 und Bd. XXV, S 57, dargelegt habe und denen nicht widersprochen wurde. Wenn es eines neuen Namens bedarf, so wäre vielleicht ganz nüchtern „Küchen-Stubenhaus" zu sagen und damit wäre die Abgrenzung gegen das sächsische Haus („Stall-Küchenhaus" kann man es heissen) im Norden und gegen das „Küchenhaus" des romanischen Südens, das einer eigentlichen Stube, eines Ofenraumes, entbehrt, gegeben. Der Name „Flurhallenhaus" ist für mich schlechtweg unannehmbar, weil der „Flur" durchaus nicht einheitlichen Ursprunges ist und weil er, wie gesagt, gar nicht immer vorhanden ist.[1]

[1] Ueber das „oberdeutsche" Haus und viele andere Fragen hat kürzlich Herr KARL RHAMM („Globus", LXXI, S. 169, 183, 206) seine Meinungen dargelegt, die ich, mit Ausnahme einiger Bemerkungen und Beobachtungen, nicht für zutreffend halten kann. Herr RHAMM hat auch mich speciell mehrfach angegriffen. Eine Erwiderung ist unnöthig.

Ich lade G. BANCALARI und die anderen Mitforscher ein, zu dieser Frage Stellung zu nehmen, um das gewünschte Ziel einer einheitlichen Terminologie bald zu erreichen.

Die Geschichte des Ofens ist bis zu einem gewissen Grade die Geschichte der Stube selbst. Von Arten des Ofens sind mir nur der Kachelofen und der gemauerte Ziegelofen, d. h. der aus Ziegeln hergestellte Ofen, bekannt geworden. Dem letzteren und seiner Geschichte ist noch so gut wie gar kein eindringenderes Studium — so viel ich sehen kann — zutheil geworden.[1]

Auch die vorliegenden Zeilen haben es blos mit dem K a c h e l o f e n zu thun. Das vorhandene Bildermaterial über ihn ist noch recht dürftig und armselig, eine Folge der geringen Theilnahme oder doch ganz unzulänglichen Förderung, welche der Hausforschung bis jetzt zutheil geworden ist. Vgl. die Abbildung eines Kachelofens aus Spital (Mittheilungen der Anthrop. Gesellsch. Bd. XXIII, S. 139, Fig. 57, wozu Fig. 67 und 68; J. R. BÜNKER, a. a. O., Bd. XXV, S 135, Fig. 207; G. BANCALARI, a. a. O., Bd. XXVI, S. 110, Fig. 138, S. 111, Fig. 139, 140, S. 112, Fig. 141).

Die volksthümlichen Kachelöfen sind entweder kugelig oder prismatisch aufgebaut. Die älteste Form scheint die kugelige oder eiförmige zu sein; bei ihr sind die Kacheln zumeist nicht hart aneinander gerückt, sondern jede steckt frei, ohne an ihrer Gestalt Einbusse zu erleiden, in dem Lehmmantel des Ofens. Mehr als dieser Unterschied muss aber in die Augen fallen, ob die Kacheln c o n v e x oder c o n c a v erscheinen. Convexe Kacheln zeigt der Ofen in Spital, a. a. O., Bd. XXIII, S. 139, Fig. 57, c o n c a v e Kacheln hat z. B. der Ofen, den ich a. a. O., Bd. XXI, S. 120, erwähnt habe (Alt-Aussee) und dessen auch von Frl MARIA SPANITZ (Zeitschrift für österr. Volkskunde, II, S. 130) gedacht wird. Frl. SPANITZ sagt: „Dieser Ofen hat beinahe die Gestalt eines grossen Bienenkorbes und ist aus schwarzen Thonkacheln zusammengefügt, die tiefe Quadrate bilden und sich nach innen zu verjüngen." Oefen mit concaven

[1] Ueber den Steinofen vgl. Mittheilungen der Anthrop. Gesellsch. in Wien, Bd. XXIII, S. 169.

Kacheln sind namentlich in Kärnten sehr häufig und Fig. 222 skizzirt — leider nur nach der Erinnerung — einen solchen.

In den Mittheilungen der Anthrop. Gesellsch. in Wien, Bd. XXIII, S. 171 ff., habe ich den Gedanken eines Zusammenhanges zwischen dem Hypocaustum der Römer und unserem Kachelofen ausgesprochen. G. Bancalari hat neuerdings a. a. O., Bd. XXVI, S. 109, erklärt: „Der Ofen ist gewiss kein Abkömmling des Hypocaustums, hat gar nichts Verwandtes mit ihm, weder in den Grundzügen, noch

Aber der Gedanke einer Verwandtschaft beider muss doch naheliegend sein. Aug. Meitzen nennt die römischen Heizröhren „Kacheln" (wie ich bei früherer Gelegenheit erwähnt habe), was zwar unrichtig ist, aber doch mit einem richtigen Eindrucke zusammenhängen kann, und Dr. F. Quilling sagt (s. unten), nachdem er von der Construction eines Kachelofens gesprochen hat: „Auf demselben nur eben weit vollkommener ausgebildeten Princip beruht übrigens die Anlage der Hypocauste." Eine gewisse Aehnlichkeit zwischen beiden Einrichtungen besteht auch noch

Fig. 222. Ein Kachelofen aus Kärnten mit concaven Kacheln.

in der Entwicklung." Dem ersteren Theile dieses Satzes könnte ich zustimmen, nachdem ich vor und ohne Bancalari auf die Beziehungen zwischen Kachelofen und Backofen hingewiesen habe; dem letzteren widerspreche ich. Das Princip der Aussenheizung ist beiden, dem Hypocaustum und dem Kachelofen, gemeinsam und damit ist die Möglichkeit verwandtschaftlicher Beziehungen vorhanden, wie ich a. a. O., Bd. XXIII, S. 171, mit aller Schärfe hervorgehoben habe. Von der Idee einer directen Abstammung bin ich selbst abgekommen, worüber ich Mittheilungen der Anthrop. Gesellsch. in Wien, Bd. XXV, S. 62 f., zu vergleichen bitte.

in einer anderen Verwendung. Es ist wohl zweifellos, dass die Hypocaustum-Anlagen öfter blos zur Trockenlegung dienten. Auch die Kacheln konnten so gebraucht werden, worüber v. Cohausen (s. unten, S. 137) zu vergleichen ist.

Im Jahre 1894 habe ich die Ansicht ausgesprochen, dass der Ahn des Kachelofens der Backofen ist, aber der nach römischer Art aus Wölbtöpfen hergestellte. Der Zusammenhang mit römischer Kunstfertigkeit blieb mir weiterhin Ueberzeugung. G. Bancalari sagt jetzt (Mittheilungen der Anthrop. Gesellsch. in Wien, Bd. XXVI, S. 109): „Seine (nämlich die des Ofens) Abstammung dagegen vom überdeckten Herd, also vom Backofen, ist mir ausser jedem Zweifel." G. BANCALARI wird mir zugeben, dass der Mangel von Zweifeln noch nicht den Abgang eines Beweises ersetzt und — nebenbei sei es bemerkt — ist mir unbekannt, warum ohneweiters BANCALARI den Backofen einen überdeckten Herd nennt, da doch über

Fig. 223. Töpfe vom Gewölbe des Aulofens in Seulberg.

die Beziehungen von Backofen und Herd Niemand etwas bekannt sein dürfte.

Seit meiner Arbeit vom Jahre 1893 habe ich die Hoffnung gehegt, dass uns ein glücklicher Spatenstich einen römischen Kachelofen bescheeren wird. Diese Hoffnung war damals schon insoweit in Erfüllung gegangen, als römische Töpferöfen mit Kachelgewölben schon seit 1884 gefunden

Fig. 224. Topf aus dem Museum zu Wiesbaden.

waren, die aber erst später bekannt gemacht wurden. Ich berichte chronologisch über die diesbezüglichen wichtigen Publicationen.

Im Jahre 1873 lernte der Oberst A. v. COHAUSEN einen seit 25 Jahren nicht mehr im Gebrauche stehenden Töpferofen kennen, worüber er in den „Annalen des Vereines für Nassauische Alterthumskunde und Geschichtsforschung", XIV, S. 127, 1877, berichtete. „Der Aulofen in Seulberg und die Wölbtöpfe." „Das Merkwürdigste an diesem Ofen — sagt

v. COHAUSEN, S. 128 — ist sein Gewölbe. Es beginnt 80 cm über dem Boden und besteht aus Kränzen ineinandergesteckter Töpfe, wie zwei derselben in Fig. 5 (bei mir vgl. Fig. 223) dargestellt sind. Dieselben sind abwechselnd in einem Kranz von rechts nach links, im nächsten umgekehrt, ineinandergesteckt. Sie bleiben leer, sind aber sowohl von unten als von oben mit Strohlehm beworfen und

Fig. 225. Gewölbetopf von St. Sebastiano, Rom.

bestrichen." v. COHAUSEN bemerkt dazu, dass auch in Aulhausen in den Zwanziger-Jahren, vielleicht auch später, die Töpferöfen mit Töpfen gewölbt wurden.

Was v. COHAUSEN mit Recht am meisten überraschte, war die Aehnlichkeit dieser Töpfe mit römischen und anderen, welche sich im Museum zu Wiesbaden finden (vgl. seine Abbildungen a. a. O., Tafel III, Fig. 6—14). Ich wiederhole seine Fig. 9 (vgl. Fig. 224), obwohl das Object nicht römisch

Fig. 226. Gewölbetopf von St. Vitale, Ravenna.

sein dürfte, wegen des für Kacheln bezeichnenden Gewindes, das dazu dient, die Kachel in festem Zusammenhang mit dem umgebenden Bindemittel (Lehm, Thon) zu halten. v. COHAUSEN spricht dann von den Wölbtöpfen zu höheren Bauzwecken S. 131: „Lange vor dieser Anwendung von Wölbtöpfen zu technischen, war die zu höheren Bauzwecken, zur Construction leichter, weitgespannter Gewölbe, namentlich von Kuppeln, bekannt; wir erinnern an dieselben, indem wir in Fig. 15 (vgl. Fig. 225) die von St. Sebastiano und St. Stephano rotondo in Rom und in Fig. 16 (vgl. Fig. 226) die der Kuppel von St.

29*

Vitale in Ravenna darstellen, erstere im IV., letztere im VI. Jahrhundert erbaut." v. Cohausen zeigt dann an einer Skizze Tafel IV, Fig. 18, wie er sich einen alten Töpferofen, ganz aus Kacheln hergestellt, denkt (vgl. Fig. 227).

Ich constatire, dass v. Cohausen weitere Zusammenhänge weder findet noch sucht, dass er aber immerhin von „flaschenförmigen Kacheln" spricht, die er sich zur Herstellung der Ofenwände als geeignet denkt. Seine Worte S. 136: „Wir haben zwar bis jetzt noch keine in dieser Weise aus flaschenförmigen Kacheln aufgeführte Ofenwände in situ gefunden" — lassen wohl keinen Zweifel, dass ihm unser Kachelofen durchaus nicht in den Sinn gekommen war. Ebensowenig hat er an einen römi-

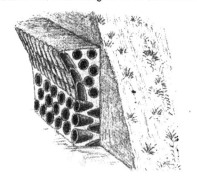

Fig. 227. Versuch der theilweisen Reconstruction einer Grundgestalt des Kachelofens nach A. v. Cohausen.

schen, mit Kacheln hergestellten Ofen gedacht, da er ausdrücklich die Verwendung von Wölbtöpfen zu höheren Bauzwecken — seine Beispiele gehören dem IV. und VI. Jahrhunderte an — weit älter sein lässt, als die Verwendung zu niederen technischen Zwecken.

Ueber römische Töpferöfen berichtet dann A. Hammeran, Correspondenzblatt der „Westdeutschen Zeitschrift für Geschichte und Kunst", V (1886), Nr. 79. Leider sagt er über die Construction nichts. Seine Worte: „Die durchlöcherte Lehmdecke war bei den Oefen meist erhalten", entbehrt der Klarheit.

Dr. F. Quilling verdanken wir die erste ausführlichere Nachricht (vgl. „Westdeutsche Zeitschrift für Geschichte und Kunst", XII, 1893, S. 262 ff.) von einem römischen Töpferofen, bei dem Kacheln in Verwendung kamen. Im Jahre 1884 grub der Frankfurter Verein bei Heddernheim zwei

Töpferöfen auf, von denen einer rund, einer viereckig war. Nachträglich zerstörten die Bauern die Decke und da stellte sich heraus, „dass die durchlöcherte Decke des Brennraumes an ihren dicksten Stellen, d. h. wo sie sich gewölbartig an der Umfassungswand anschliesst, hohle Töpfe eingeschlossen hat".

Meine Fig. 228 wiederholt F. Quilling's Bild a. a. O., Tafel IV. Fig. 229 bringt eine verwandte Gefässform, die ich nur deshalb aufnehme, weil F. Quilling die eigentlichen Kacheln nicht in grösserem Massstabe zeichnet.

Damit ist in ganz zweifelloser Weise ein römischer Kachelofen gefunden wor-

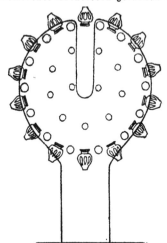

Fig. 228. Römischer Töpferofen aus Heddernheim.

den. Dass er im selben Jahre 1893 publicirt wurde, in welchem ich die Erfindung unseres Zimmerkachelofens den Römern zuschrieb, ist ein Zufall.[1]) Bei der Gleichheit

[1]) Ich habe den Aufsatz F. Quilling's erst im Juli 1896 kennen gelernt. In Wien war auf römischem Boden ein Topf ausgegraben worden, welchen ich in einer Sitzung des „Eranos" demonstrirte und für eine Kachel erklärte (vgl. Fig. 230). Nach der Sitzung wurde ich von Herrn Tragau auf die Arbeit Quilling's aufmerksam gemacht. Als ich Quilling's Aufsatz kannte, schrieb ich dem Verfasser, ob er denn nicht den Zusammenhang dieser römischen Topföfen mit unseren Kachelöfen schon selber erwogen hätte. Er antwortete mir am 13 October 1896, er wäre nie darauf gekommen, die Vermuthung scheine ihm aber ansprechend.

der Constructionsprincipien des römischen Töpferofens und unseres volksthümlichen Kachelofens wird wohl kaum Jemand den Zusammenhang ablehnen wollen oder können

Die von Dr. F. QUILLING, a. a. O., S. 263, Anm 11, in Aussicht gestellte Gesammtpublication der in Heddernheim zutage gekommenen Töpferöfen ist unterdessen erschienen [1]) (vgl. „Mittheilungen über römische Funde in Heddernheim", I, herausgegeben von dem Vereine für Geschichte und Alterthumskunde zu Frankfurt a M., Frankfurt 1894). Die Abhandlung II: „Töpferöfen in der Römerstadt bei Heddernheim" von Architekt CHRISTIAN LUDWIG THOMAS,

Fig. 229. Römischer Topf aus Heddernheim.

bringt S. 14 f. eine Beschreibung der schon von QUILLING im Grundrisse dargestellten Ofenanlage, wozu THOMAS' Tafel II, 4 und III, 4b zu vergleichen ist. Bedauerlich ist, dass die Decke des oberen Brennraumes zerstört ist, so dass nur eine unterste Schichte von 14 weitbauchigen, hohlen Töpfen noch festzustellen war. Ob Kacheln auch in den anderen Theilen des verschwundenen Gewölbes zur Anwendung gekommen waren, d. h. ob diese Annahme möglich oder nach den vorhandenen Resten unmöglich ist, darüber könnte wohl THOMAS noch Auskunft geben.

Von einer anderen Ofenanlage, einem Doppelofen (gefunden 1886), bei dem Kacheln benützt

wurden, berichtet THOMAS S. 18, vgl. die Skizze S. 17. THOMAS sagt von dem kleineren der beiden Oefen: „Bei der Herstellung der Wände der auch ganz in den anstehenden Lehmboden eingebauten hinteren zwei Drittel des Ofens sind an Stelle der Steine kleine, gehenkelte Krüge, auch ungehenkelte kleine Töpfe von circa 16 cm Höhe verwendet und mit dieser leichten Bauweise von Hohlkörpern das Eindringen von grossen Mengen Feuchtigkeit in den engumschlossenen Raum verhütet worden. Ob auch die nicht mehr vorhandene Decke des Heizraumes auf gleiche Weise hergestellt war, liess sich aus den geringfügigen Ansätzen und Resten nicht mehr mit Bestimmtheit erkennen. Die Annahme, dass man dies zur Ausführung gebracht hat, hat jedoch viel Wahrscheinlichkeit, weil keine sogenannten Auflager für die Wölbsteine an den Wänden vorhanden waren und die anhaftenden, aber unregelmässigen Lehmtheile mit einer solchen Constructionsweise sehr gut im Einklange stehen."

Noch ein römischer Töpferofen kommt in Betracht, und zwar der von THOMAS S. 20 behandelte. Leider war der Ofen zur Zeit der Besichtigung durch den Gewährsmann schon ganz zerstört.

„In den rothgebrannten Lehmmassen, die in dem vom Feuer durchglühten Raume lagen, war eine beträchtliche Anzahl langgezogener, rohgearbeiteter und mit ringförmigen Vertiefungen umzogener Wölbtöpfe gefunden worden, von denen sich jetzt mehrere im historischen Museum befinden. Mit diesen Wölbtöpfen scheint nach Lage der Dinge der Ofenraum ehemals überwölbt gewesen zu sein" THOMAS skizzirt ebendaselbst einen der Wölbtöpfe.

Danach müssten wir unseren Kachelofen für einen Urenkel des römischen Töpferofens erklären. Wenn aber der Töpfer seinen Ofen so herstellte, dann kann es auch der Bäcker gethan haben, d. h. es kann der Töpfer auch dem Bäcker einen ähnlichen Ofen gebaut haben. Nachdem die Aufmerksamkeit einmal auf diese Dinge gelenkt ist, werden wohl bald genauere Aufschlüsse erfolgen.

Die Römer haben das Hypocaustum vom Bade auf das Wohngemach übertragen, so dass schon im Römerhause unserer Gegenden sich bestimmte, durch die gleiche Heizvorrichtung gegebene Beziehungen zwischen Wohnstube und Badestube ergaben. Ebenso gut denkbar ist es, dass der Kachelofen des Töpfers oder besser des Bäckers für die interne Hauseinrichtung verwendet wurde.

[1]) Ich danke ihre Kenntniss der Güte des Herrn Dr. F. QUILLING in Frankfurt a. M., den ich hiemit bitte, meinen besten Dank annehmen zu wollen.

Der Kachelofen von heute unterscheidet sich allerdings noch in einem wesentlichen Stücke von dem bis jetzt bekannten römischen. Bei unserem liegt ein Theil der Kachel frei, es steckt blos der Hals im Lehme der Wand, während die römische Kachel, sowie die des Aulofens von Seulberg ganz — oder doch wenigstens am oberen Ende — verdeckt wird. (Vgl. Durm, Die Baustile, II, S. 199, wiedergegeben in Mittheilungen der Anthrop. Gesellsch. in Wien, Bd. XXIII, S. 172.) Wann dieser Schritt, die theilweise Freilegung der Kacheln,[1] erfolgte, ist zu erforschen. Merkwürdig und unerklärt ist, dass der Kachelofen erst wieder nach Jahrhunderten erscheint. Hat er unterdessen im Bauernhause ein unbeachtetes Dasein geführt, während im Palaste der Kamin vom Süden aus seinen Einzug gehalten hat? (Vgl. A. Schultz, Das höfische Leben, 2. Aufl., I, S. 72.)

G. Bancalari hat (Mittheilungen der Anthrop. Gesellsch. in Wien, Bd. XXVI, S. 109) es als ein Räthsel bezeichnet, dass das Hypocaustum an Rhein und Donau so ganz und gar verschwinden konnte. Man muss hinzufügen, die Thatsache ist um so merkwürdiger, als Hypocausten gewiss bis in's Mittelalter in Klöstern und Palästen verwendet wurden. Der Plan von St. Gallen scheint auch eine solche Anlage vorauszusetzen. (Vgl. Mittheilungen der Anthrop. Gesellsch. in Wien, Bd. XXIII, S. 171.)

Auch die mittelalterlichen Bäder, wie A. Schultz, Deutsches Leben im XIV. und XV. Jahrhundert (Fig. 79, 80) bringt, scheinen noch unter der Tradition des Hypocaustums zu stehen. Dass das Hypocaustum nicht in's deutsche Bauernhaus gedrungen ist, scheint seinen natürlichen Grund in der Unverwendbarkeit für das Holzhaus zu haben, für dieses war eben nur der Kachelofen geeignet.

Die Form der Kacheln unterliegt grossen Schwankungen, weil sie von der Form des Ofens und der Art der Anordnung der Kacheln abhängig ist. Die convexen Kacheln haben gewöhnlich mehr weniger flaschenartige Form, sie erscheinen als grünglasirte Buckel auf dem Mantel des Ofens. Sobald sie hart aneinander gerückt werden, verliert sich die runde Gestalt, die Kacheln bekommen einen oblongen, meist ebenen Boden. Damit geht naturgemäss Hand in Hand, dass der Ofen seine runde Gestalt verliert und prismatisch, vierkantig oder polygonal aufgebaut wird. Die einzelnen Kacheln, die zu einem Ofen gebraucht werden, können auch nicht mehr gleich bleiben, sie ändern ihre Gestalt je nach dem architektonischen Platz, der ihnen angewiesen wird, verleugnen aber niemals ihre Herkunft aus einem Topfe; es gibt dann Tafelkacheln, Eckkacheln, Gesimskacheln, Leistenkacheln u. s. w.

Ausdrücklich will ich hervorheben, dass — so zahlreich die Oefen mit nicht aneinanderstossenden convexen Kacheln sind — ich niemals ihre derartigen Ofen mit concaven Kacheln gesehen habe. Wo die concave Kachel mir bis jetzt entgegentrat, da lag Kachel an Kachel ohne Zwischenräume, so dass der Boden der Kacheltöpfe noch kreisrund, der Umfang der Wand aber bereits quadratisch war, wie Fig. 222 zu veranschaulichen sucht. Ob diese Beobachtung allgemeinere Geltung hat und sich zu Zeitbestimmungen verwenden lassen wird, bleibt weiteren Beobachtungen vorbehalten.[1]

Ich sehe eine ununterbrochene Entwicklung vom römischen Gewölbtopf bis zur modernsten vielgestaltigen Ofenkachel und ich hoffe, dass auch Andere mir darin rückhaltlos zustimmen werden. Ein technisches Merkmal scheinen die ältesten Formen mit den neueren, wenigstens häufig, gemein zu haben, eingeritzte Windungen am Halsumfange der Kachel, welche nur dazu dienen können, die Adhäsionskraft im Lehm zu erhöhen; vgl. die Fig. 224, 225, 226 und 230, sowie Mittheilungen der Anthrop. Gesellsch. in Wien, Bd. XXIII, S. 142, Fig. 67, welche eine heute noch gebrauchte Kachelform aus Mürzzuschlag (am Semmering) darstellt. Hypocaustumröhren aus Carnuntum zeigen ganz entsprechende eingeritzte Canäle. Ich möchte glauben, dass ein Gefäss unbekannter Bestimmung mit solchen Windungen am Halse unter möglichen Verhältnissen immer darauf zu prüfen sein wird, ob es nicht ein Wölbtopf war, eine Kachel. Allerdings scheinen nicht alle Wölbtöpfe dieses Merkmal zu zeigen, wie Fig. 228 beweist, wo aber die Eindrücke etwa denselben Zweck verfolgt haben oder doch, wenn auch andere Gefässe solche hatten, demselben Zwecke genügt haben

---

[1] Diese Freilegung war nothwendig, sollte der Ofen seinen Zweck für die Zimmerbeheizung erfüllen. Der Ofen des Töpfers und Bäckers hat den Zweck, die Wärme im Inneren möglichst zurückzuhalten, der Zimmerofen soll sie rasch und ausgiebig ausstrahlen. Das führte offenbar zur Erleichterung der Mantelconstruction, zur Freilegung der Kacheln, die jetzt von innen direct mit heisser Luft gefüllt wurden und sie leicht durch ihre an der Luft aussenliegenden Buckel abgeben konnten.

[1] Erst heuer — im Sommer 1897 — habe ich auf einer mehrmonatlichen Studienreise in Bosnien und der Hercegovina Oefen mit runden, concaven, nicht zusammenstossenden Kacheln gesehen. Die Oefen waren trotzdem alle prismatisch aufgebaut. Eine gewiss interessante Thatsache. Corr. Note.

können. Die Canäle im Lehm haben natürlich aber nur dort Sinn, wo die Kacheln einzeln eingelassen sind; wo sie aufeinanderliegen, sind sie überflüssig, weil hier eine Kachel auf der anderen liegt, ganz nach Art von Bausteinen. Oefen der letzteren Form sind auch leicht zu verbessern, weil die gebrochene Kachel ohne Schwierigkeit herausgenommen und durch eine andere ersetzt werden kann, was man oft an schönen Bauernöfen sieht. Zu solcher Flickarbeit kann auch eine Kachel eines anderen, bereits beseitigten Ofens verwendet werden, wenn die Grösse passt. In Endres Tucher's Baumeisterbuch der Stadt Nürnberg (1464—1475), herausgegeben von M. Lexer (vgl. Bibliothek des literarischen Vereines in Stuttgart, Bd. LXIV, 1862), S. 103 f., heisst es im Capitel „Von dem haffner": „Nun haben sollich offen kein bestimpten noch gesetzten lon, dann das machen doran ist ungleich, sunderlichen der grün offen macht man selten gantz new von kacheln, allein das man sie von newen setzt mit newen und alten kachelen." Es wird also verlangt, dass der Stadthafner für die öffentlichen Gebäude nicht gleich neue Oefen macht, sondern die alten Oefen blos neu setzt, indem er die alten Kacheln möglichst benützt und nur dort neue einfügt, wo das unbedingt nöthig ist (vgl. auch a. a. O., S. 104 f.).

So viel sich bis jetzt überblicken lässt, knüpft unser moderner Zimmerkachelofen nur an den volksthümlichen mit convexen Kacheln an. Ich kenne keine neue Kachelform, die aus der concaven Kachelgestalt hergeleitet werden müsste, wenn es auch jetzt vielfach Kacheln gibt, die an dem zutage liegenden Theile eingestülpt und vertieft sind. Das, worauf es ankommt, ist, dass trotz der Einbuchtung an der Oberfläche der eigentliche Hohlraum sich doch immer gegen das Innere des Ofens öffnet, während der volksthümliche concavkachlige Ofen die ganze Höhlung schüsselförmig nach aussen wendet (vgl. Fig. 222). Wie sich die beiden Arten des Ofens — concavkachlig, convexkachlig — zu einander verhalten, ist mir heute noch ebenso dunkel, wie vor drei Jahren [1]) (vgl. Mittheilungen der Anthrop. Gesellsch. in Wien, Bd. XXIII, S. 173). v. Cohausen hat a. a. O. das Phantom eines Urkachelofens für Töpfer gegeben (vgl. Fig. 227); man sieht, er lässt die Wände durch abwechselnd

nach aussen und innen gekehrte Töpfe gebildet sein und wölbt darüber eine Kuppel aus Kränzen ineinandergesteckter Töpfe. Es mag etwas Wahres an diesem Traume haften, aber ihm Bedeutung beizulegen, müsste erst ein Ofen gefunden werden, der gleichzeitig concave und convexe Kacheln zeigt. Mir ist etwas Derartiges nirgendwo begegnet. Auch die Art, wie der Aulofen in Seulberg eingedeckt ist, wird sich in den Alpen wohl schwerlich nachweisen lassen.

Der heutige Kachelofen zeigt die letzte Entwicklung. Die Kacheln haben den Lehm fast vollständig besiegt, der Ofen besteht nur mehr aus Kacheln, der Lehm ist nur noch dazu da, die Fugen zwischen den Kacheln zu verstreichen, und solche Oefen müssen in den deutschen Städten schon im XV. Jahrhundert in den wohlhabenderen Häusern die Regel gewesen sein, denn Tucher's Baumeisterbuch schreibt für das Verstreichen eines Ofens einen Lohn von 7 Pfenningen vor (a. a. O., S. 104).

Dabei wird es also bleiben, dass der mit Kacheln hergestellte Ofen römischen Ursprunges ist und dass der wichtige Fortschritt der Beheizung unserer Stube den Römern zu danken ist, wenigstens in der Berührungssphäre zwischen Römern und Germanen entstanden ist. Von den Deutschen aus haben ihn dann, wohl schon weiter entwickelt, die anderen Völker übernommen, eine Culturübertragung, die sich vielleicht ziemlich gleichzeitig mit den Wanderungen des Wortes „Stube" zugetragen haben mag.

Die Etymologie des Wortes ‚Ofen" ist leider nicht so weit geklärt, um uns irgend etwas über seine Geschichte berichten zu können. Das Wort ist im got. auhns, ahd. ovan, mhd. oven, ags. ofn ‚fornax vel clibanus', an. ofn, ogn, mnd. ndl. oven belegt, ist also gemeingermanisch, woraus Kluge, Etymologisches Wörterbuch der deutschen Sprache, 5. Auflage, S. 274, schliesst, dass auch die Sache uralt sein muss. Kluge hält ferner an der alten Etymologie, welche gr. ἰπνός ‚Ofen', ai. ukhá ‚Topf' heranzieht, fest. Er folgert, dass die ursprüngliche Bedeutung des Wortes „Ofen" eigentlich „Topf" sei und findet die Bestätigung dafür darin, dass ags. ofnet, ‚kleines Gefäss', bedeute.

Von alledem ist nur gewiss, dass das Wort ein gemeingermanisches ist; alles Andere ist unsicher oder hinfällig.

Joh. Schmidt hat die alte Zusammenstellung (ἰπνός: πέσσειν, ai. pácati ‚kocht'), vgl. Curtius, Grundzüge, 5. Aufl., S. 709, verworfen und hat in der

---

[1]) Es bedarf natürlich keines Scharfsinnes, um zu sagen, man setzte eben einmal die Kacheln mit dem Kopfe und einmal mit der Oeffnung obenauf. Damit ist aber noch sehr wenig gethan.

Zeitschrift für vergleichende Sprachforschung, XXII, S. 191, aprss uumpnis ‚Ofen' herangezogen.

Dagegen glaubte BRUGMANN, Zeitschrift XXV, S. 307, die FICK'sche Gleichung got. auhns $=$ ἰπνός aufrechterhalten zu können.

Neuerdings hat aber MEILLET in den Mémoires de la société de linguistique, IX, 137, dagegen so wichtige Bedenken geltend gemacht, dass man wohl die Annahme eines Zusammenhanges wird fallen lassen und sich nach einer anderen Etymologie wird umsehen müssen

Got. auhns könnte dabei noch immer mit ai. ukhá, lat. olla aula aus *aucslā (vgl. auxilla) verwandt sein, aber diese Annahme hat schon wenig Zwingendes mehr, weil die Uebereinstimmung keine vollständige ist und auch die Bedeutungen sich nicht decken.[1]

Dass ‚Ofen' im Germanischen einstmals ‚Gefäss, Topf' bedeutete, beweist das ags. ofnet aber durchaus nicht.

BOSWORTH sagt allerdings:

Ofnet a closed vessel — Geseoþ ofnete $=$ seethe in a closed vessel (vasculo clauso vel operto).

Die einzige Stelle aber, an der das Wort bis jetzt belegt ist, findet sich in den Leechdoms, Wortcunning and Starcraft of Early England ed. by Cockayne, II. Bd , s. 30 (vgl. Rerum Britannicarum medii aevi scriptores) und hier ist die Bedeutung durchaus nicht über jeden Zweifel erhaben.

Der Zusammenhang, in dem das Wort sich findet, ist folgender:

genim þonne þære ilcan wyrte godne gelm gedo on ceac fulne vines & geseoþ ofnete ær þry dagas.

[1] E. ZUPITZA, Die germanischen Gutturale, Berlin 1869, S. 15, trennt aisl. ofn, ags. ofen. ahd. ovan, von got. auhns, anw. ogn, aschw. ughn. Zu der letzteren Sippe stellt er ai. ukhā, gr. ἰπνός, zu der ersteren mit J. SCHMIDT aprss. uumpnis ‚Backofen', umnode „Backhaus", lit. ublas „Ofen zum Theerbrennen", ublade „Theil des Gebäudes, wo der Backofen steht". Aber ahd. ovan aprss. uumpnis und lit. ublas stehen leider in ganz unklaren, lautlichen Beziehungen zu einander, wenn man auch zugeben kann, dass solche Beziehungen vorhanden zu sein scheinen. Ich möchte am liebsten annehmen, dass die lit. und aprss. Wörter aus dem Germanischen entlehnt sind. Ein deutsches ofn- wäre im aprss. zu *apn geworden; dieses kann dann (vgl. lit. ugnis, ungurȳs, kumpas) zu *upn- geworden sein. Dass ein preussisches Wort von einer ähnlichen Form wie lit. ugnis eingewirkt hat, scheint mir die Uebereinstimmung im Suffixe mit uumpnis zu bezeugen. Auch damit wäre erst bis zu *upnis zu gelangen, das m müsste noch immer erst erklärt werden. Es stammt vielleicht von einem bedeutungsähnlichen Worte, also etwa trumpatis (vuerschene voc. 361), ‚Feuerschaufel, Feuerschirm'.

& þonne his gesoden sie avring þa vyrt of & þaer voses gespettes mid hunige gedrinc ælce dæge neaht nestig bollan fulne.

Bei MARCELLUS (Marcelli de medicamentis liber. Ed. Georgius Helmreich. Lipsiae i. ae. Teubneri 1889), VIII, 94, ist zu lesen:

Caliginantibus oculis visus acutior restituetur neque facile in hoc vitium incidet, qui usus fuerit remedio tali, ut centaureae manipulum nitidum in vini optimi, sed novellastri congium mittat aut etiam excoquat ac triduo in vasculo clauso vel operto macerari faciat; deinde post triduum heminam eius vini mixtam cum calida aqua adiecto melle ieiunus manente illic centaurea cottidie bibat.

Es handelt sich um die Bereitung eines Tausendguldenkrautthees zur Behebung des „Augennebels".

Die Ausführungen und Vorschriften des Angelsachsen sind nicht identisch mit denen des MARCELLUS, denn MARCELLUS spricht nicht von einem dreitägigen Sieden, sondern nur von einem tüchtigen Kochen und dreitägigen Eingeweichtliegenlassen (macerari; wahrscheinlich zur besseren Extraction der Heilstoffe) in einem geschlossenen oder bedeckten Gefässe.

Wir haben es also durchaus nicht mit einer wörtlichen Uebertragung zu thun und damit fällt jede Nöthigung ofnet mit vasculum clausum vel opertum zu übersetzen.

Dagegen bestehen folgende Möglichkeiten:

1. Ofnete heisst „in einem kleinen Ofen". Dies scheint sehr gut möglich zu sein, denn der Angelsachse sagt: Nimm von diesem selben Kraute eine gute Handvoll, thu sie in eine Schale, gefüllt mit Wein, und siede sie drei Tage in oder mittelst des ofnet, d. h. doch nicht wieder in einem Gefässe, nachdem es sich ja schon in einem ceac (vgl. lat. caucus) befindet.

2. Scheint es danach bereits ausgeschlossen, dass ofnet ‚kleines Gefäss' oder genauer „geschlossenes, bedecktes Gefäss" bedeutet, so würde selbst, wenn diese Bedeutung feststünde, noch nicht bewiesen sein, dass ofen ‚Gefäss', ‚Topf' bedeutete, denn es ist sehr wohl denkbar, dass ein bestimmtes Töpfchen nach seiner Gestalt ein ‚Oefchen' genannt wurde.

Kurz, man kann die Sache drehen und wenden, wie man will, es ist und bleibt unwahrscheinlich und mindestens unerweisbar, dass ofnet ein kleines Gefäss bedeutete und damit wankt die Hypothese, dass ofen im Germanischen noch ‚Topf' bedeutete, was schon dadurch sehr unwahrscheinlich war, dass das Wort, so vielfach es auch erhalten ist, diese Bedeutung nirgendwo mehr hat. So viel ich sehen kann, ist es das Wahrscheinlichste, dass ags. ofnet nichts Anderes als „Oefchen" bezeichnet.

Die Möglichkeit des Zusammenhanges des germanischen Wortes ‚Ofen' mit. ai. ukhá ‚Topf', lat. aula olla, braucht nicht geleugnet zu werden; es scheint auch das P.-W. mit Recht dem ai. ukhá die Nebenbedeutung „Feuerschüssel" zuzuschreiben, denn die daselbst aus der V.-S. 14. i. 17, 65, citirte Stelle úkhyän (agnīn) hastéshu bibhratás „die in den Töpfen befindlichen Feuer mit den Händen tragend" ist ganz klar.

Wogegen man sich entschieden aussprechen muss, ist die Annahme, dass der ‚Ofen' aus dem ‚Feuertopf' entstanden ist. Die Etymologie beweist das gerade Gegentheil, denn ‚Ofen' hat eine ganz andere suffixale Ableitung als ai. ukhá; es kommt blos aus derselben Wurzel, deren Bedeutung uns unbekannt ist. Ein brennendes Feuer in seinem Inneren verträgt kein Topf, nur glühende Kohlen auf Asche gebettet. Man thäte demnach besser, Essenwein's Einfall (vgl. Mittheilungen der Anthrop. Gesellsch. in Wien, Bd. XXIII, S. 172) nicht weiter kritiklos nachzusprechen. Es ist ja möglich — worauf noch Niemand hingewiesen —, dass der älteste Backofen, allerdings en miniature, darin bestand, dass man einen grossen Topf über den mit heisser Asche zugedeckten Teig stülpte; aber mit solchen Speculationen, die wohl immer unerweislich bleiben werden, ist nicht viel zu machen. Dieser umgestülpte Topf war aber dann etwas absolut Anderes, als das, was wir einen ‚Feuertopf' oder populär ein ‚Gluthafen' nennen. Kurz und gut, die Entstehung des Ofens ist uns gänzlich unbekannt.[1]

Dass die Germanen in weitem Umkreise in den ersten christlichen Jahrhunderten irgend eine Gattung Ofen, vielleicht vorerst den Backofen, kennen lernten, ist auch mir zweifellos. Dagegen scheint uns weiterhin eine Wortgleichung die Existenz eines Ofens in vorgermanischer Zeit zu bezeugen. A. Fick (vgl. Wb.⁴, I, S. 40) hat zweifellos mit Recht lat. furnus, fornax mit russisch gornŭ zusammengestellt. Ein altindogermanischer Ofen wird aber damit keineswegs erwiesen.

Die sprachlichen Thatsachen sind folgende: Lat. furnus ‚Backofen, Backofenhaus', fornus (Varr. bei

Nonius), fornax ‚Backofen' (wovon fornix ‚Schwibbogen, Gewölbe' fernzuhalten ist) sind auf ein idg. *gvhṛnó-s zurückzuführen und dieser Grundform entsprechen auch alle slavischen Wörter, welche Miklosich, Etymol. Wb., S. 64, unter einem fälschlich angesetzten *gernŭ vereinigt: asl. grŭnŭ ‚lebes', bulg. grŭnec ‚topf', serb. grnac, tschechisch hrnec, poln. garniec, kleinruss. horn ‚Esse', ‚Herd', russ. gornŭ, gornecŭ.

Die angenommene Form *gvhṛnó- gehört zu der bekannten Wurzel *gvher „glühen", vgl. Fick, Wb.⁴, I, S. 40, ist demnach nichts Anderes als das Part. Perf. Pass. dazu und entspricht dem ai. ghṛṇá- genau. Aus der Uebereinstimmung von lat. furnus mit russ. gornŭ ist also nicht zu schliessen, dass schon einem Theile der Indogermanen ein Ofen bekannt gewesen wäre, denn der lateinische und slavische Zweig konnten — längst getrennt — auf Grund ihres verwandten Sprachschatzes leicht zu völlig entsprechenden Neubildungen kommen.

Die verschiedenen Bedeutungen, welche die genannte Form im Slavischen angenommen hat (Kessel, Topf, Ofen, Töpferofen, Esse, Herd) beweist nur, dass sie selbstständig und getrennt aus der Grundbedeutung „glühen" hervorgegangen sind und auch dieser Umstand muss uns warnen — da man doch unmöglich den Herd und die Esse aus dem Topfe wird ableiten wollen —, die Gleichung Ofen = ai. ukhá „Topf" zu genetischen Erklärungsversuchen des Ofens zu missbrauchen.

*

Ich bringe noch die Abbildungen eines Gefässes und des Bruchstückes eines Gefässes, in welchen ich mit Bestimmtheit römische Kacheln erkennen zu können glaube. Ich danke die Kenntniss der beiden Stücke der Freundlichkeit des Herrn Dr. J. Novalski de Lilia. Fig. 230 wurde bei der Grundaushebung für einen Neubau in Wien auf dem Petersplatze unter ganz zweifellos römischen Ueberresten von Mauern, Gefässen, Scherben, Ziegeln mit dem Legionsstempel etc. gefunden. Dass das Gefäss also römisch ist, wird kaum einem Zweifel unterliegen können. Es kann aber auch kaum etwas Anderes als eine Kachel gewesen sein, denn es ist anscheinend zu jeder anderen Verwendung völlig untauglich, da es nur auf der Mundöffnung stehen kann. Dr. v. Novalski theilt mir mit, dass die auf mein Betreiben angestellte chemische Untersuchung der schwarzen inneren Kruste das erwartete Resultat: Russ

---

[1] In Bosnien gibt es — wie ich nachträglich gesehen habe — einen Brotbackdeckel, welcher über den Teig gestülpt wird und auf den dann erst die glühenden Kohlen gehäuft werden. Corr. Note.

ergab. Meinen Augen stellt sich auch die Annahme, dass das Gefäss eingemauert war, als völlig sicher dar. Bei solchem Sachverhalte wird es wohl erlaubt

Fig. 230. Eine römische Kachel aus Wien. (Halbe Grösse.)

sein, Fig. 230 eine römische Kachel zu benennen. Auch Fig. 231 kann wohl nur von einer Kachel herrühren, wie die schwarze, russige Färbung der Innenfläche zu beweisen scheint, sowie die Form, welche

an Fig. 230 erinnert. Dass das Gefäss eingemauert war, lässt sich allerdings nicht mehr erkennen. Bemerkt und hervorgehoben möge sein, dass das Fragment gross genug ist, um so ziemlich die ganze

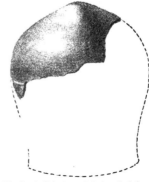

Fig 231. Bruchstück einer römischen Kachel aus Wien. (Halbe Grösse.)

Form der Kachel reconstruiren zu können und dass diese eine Gestalt ergibt, welche der steirischen volksthümlichen Kachel sehr nahe kommt. (Vgl. Mittheilungen der Anthrop. Ges. in Wien, Bd. XXIII, S. 142, Fig. 67.)

Literaturberichte.

11.

Sammlung F. R. Martin. 1. Thüren aus Turkestan. 5 Tafeln nebst Text von F. R. Martin. Stockholm 1897. 2. Sibirica. Ein Beitrag zur Kenntniss der Vorgeschichte und Cultur sibirischer Völker. Mit Unterstützung des schwedischen Staates herausgegeben von F. R. Martin. Stockholm 1897.

Wir haben hier über die zwei Erstlingswerke eines jungen schwedischen Forschers zu berichten, der durch seine umfassenden Reisen und die bedeutenden auf denselben zusammengebrachten Sammlungen sich ein Anrecht auf die Würdigung weiterer Kreise erworben hat Ein Prospect zeigt uns auch an, dass die gemachten grossen Sammlungen in rascher Aufeinanderfolge zur Veröffentlichung gelangen sollen. Dieselben werden folgende Werke umfassen:

Thüren aus Turkestan. 5 Tafeln.

Sibirica. 35 Tafeln in Lichtdruck und über 100 Text-Illustrationen.

Moderne Keramik von Centralasien. 15 Tafeln, wovon 6 in Chromolithographie.

Morgenländische Stoffe. Etwa 20 Tafeln in Lichtdruck.

Cuivres d'Orient. Etwa 80 Tafeln.

Poteries de Fostat (près du Caire). Etwa 40 Tafeln.

Armes et armures d'Orient. Etwa 20 Tafeln.

La nécropole de Bara en Sibérie. Etwa 30 Tafeln.

Manuscrits et reliures d'Orient. Etwa 30 Tafeln.

Tapis d'Orient. Etwa 30 Tafeln.

Das sind vielversprechende Publicationen, die uns namentlich in einer reichen Fülle von Tafeln eine Menge des Interessanten versprechen. Die beiden ersten derselben sind im vergangenen Sommer erschienen und wollen wir dieselben hier kurz besprechen.

Das erste Werk führt uns einige mit ausgezeichneten Schnitzereien versehene Holzthüren in trefflichen Lichtdrucken vor, welche uns einen Begriff von der Höhe der turkestanischen Kunst aus der Zeit Timur's nud seiner Nachfolger geben. Die beiden ersten Tafeln zeigen uns Vorder- und Rückseite der einen Hälfte einer Flügelthüre aus Kokand, welche der Verfasser zufällig dort auffand; erstere ist älter und wird vom Verfasser dem XV. Jahrhunderte zugewiesen, während die Verzierungen der Rückseite bedeutend jünger sind. Eine zweite, ebenfalls aus Kokand stammende Flügelthür dürfte schon der Zeit des Verfalles der turkestanischen Kunst angehören. Tafel IV zeigt uns zwei ausgezeichnet verzierte Holzthüren aus der Gur Emir, dem Mausoleum Timur's, in Samarkand. Auf Tafel V, Fig. 1, ist eine Thür von dem grössten Timur'schen Monumentalbau Centralasiens, der Medresse Chasret Chodja Ahmed Jassawi in der Stadt Turkestan, abgebildet, daneben in Fig. 2 eine einfache Thür, welche von dem ganz modernen Baue des Palastes des Chans von Kokand stammt. Die Bezeichnung auf Seite 12 der Medresse Schir-Dar in Samarkand als Ruine ist nicht ganz richtig, da dieselbe heute noch, obzwar vielfach schlecht restaurirt, ganz dasteht und als Medresse verwendet wird. Das Mahnwort des Verfassers, recht bald an eine regelrechte Aufnahme der zum grossen Theile schon in Ruinen liegenden herrlichen Bauwerke Russisch-Centralasiens zu gehen, ist sehr berechtigt und an die Adresse der russischen Regierung gerichtet. Hat doch Zeitungsberichten zufolge jüngst ein Erdbeben den letzten Rest des herrlichen Palastes Bibi Chanim in Samarkand vollends zerstört.

Das zweite der angeführten Werke Martin's führt uns in ein zweites Gebiet, nach Sibirien. Der Verfasser hat im Jahre 1891 die Jugan'schen Ostjaken besucht, in der Gegend von Tomsk und Minusinsk Ausgrabungen gemacht und das interessante Museum in letzterer Stadt studirt. Die Resultate dieser Reisen und Studien führt er uns in diesem Werke in 35 guten Lichtdrucktafeln vor, die mit entsprechenden Erläuterungen versehen sind. Der Text des Werkes bringt eine ziemlich cursorisch gehaltene Reisebeschreibung, deren wissenschaftliche Ergebnisse etwas dürftig ausgefallen sind. Dies ist hauptsächlich dem Umstande zuzuschreiben, weil die Reisezeit zu knapp bemessen war. Die Resultate der an verschiedenen Orten vorgenommenen Ausgrabungen sind einer späteren Publication vorbehalten. Von Interesse sind die Tafeln für den Museumsethnographen und Archäologen. Tafel I—XXI zeigt uns eine Anzahl ihrer Waffen, Kleidungen und Geräthe. Die auf Tafel II abgebildeten Stücke sind zum Theile besser als Selbstschüsse und nicht als Fallen zu bezeichnen. Auf Tafel XXII sind XXIII sind Zeichnungen dargestellt, welche der Verfasser auf Papier von den Ostjaken anfertigen liess. Die Tafeln XXIV—XXXIV zeigen uns eine Anzahl interessanter Alterthümer der Bronze- und Eisenzeit aus der Umgebung von Minusinsk. Das werthvollste Stück ist ein Fragment eines chinesischen Bronzespiegels mit eingeritzter alttürkischer und erhabener chinesischer Inschrift. G. Devéria in Paris, der dieses Stück untersuchte, weist dasselbe dem VIII. Jahrhundert unserer Zeitrechnung zu. Der auf Tafel XXV in Fig. 2 abgebildete Bronzekessel wird der Eisenzeit zugeschrieben. In Süd- und Ostrussland finden sich derartige Kessel ziemlich häufig; sie werden dort als skythisch angesprochen. Die zahlreichen, auf den Tafeln XXVII—XXXIV abgebildeten Pfeilspitzen aus Eisen gehören der Eisenzeit an; die gleichen Formen reichen zum Theile in die jüngste Vergangenheit hinauf. Für den heute schon sehr seltenen Gebrauch von Bogen und Pfeil in diesen Gegenden dürfte jedoch mit dem Baue der grossen sibirischen Eisenbahn die letzte Stunde geschlagen haben. Tafel XXXV bringt die Abbildung einer Schamanentrommel von den schwarzen Tataren des Altai, mit interessanten Zeichnungen von Menschen, Thieren, Bäumen u. s. w. bedeckt. **Heger.**

12.

Dachler, A.: Das Bauernhaus in Niederösterreich und sein Ursprung. Mit drei Tafeln und einer Karte. Wien, Seidel & S., 1897. Sonderabdruck aus dem „Bl. für Landesk. von Niederösterreich", 56 Seiten.

Dieses inhaltsreiche Büchlein kommt der Hausforschung sehr gelegen. Es entspricht wichtigen Programmspunkten, welche 1894 beim Innsbrucker Anthropologen-Congresse entwickelt und von vielen Seiten gebilligt worden sind : Erschöpfende schriftliche und graphische Darstellung der Typen und Variationen der einzelnen Länder und übersichtliche Kennzeichnung derselben auf einer Typenkarte. Hierin kann es auch als Vorarbeit, als Wegweiser und gleichsam als verbindender Text für die beabsichtigte fachmännische Darstellung der unterösterreichischen Hausformen durch den Ingenieur- und Architekten-Verein, als Hilfsmittel für die Auswahl der darzustellenden Repräsentanten der Hauptformen dienen. Da Aufrisse und Ansichten fehlen, kann es allerdings diese Darstellung nicht ersetzen. Hierin liegt ein Mangel der Dachler'schen Arbeit; 4—6 Ansichten wären nothwendig gewesen, weil Grundrisse allein die Hauscharaktere nicht bestimmt zum Ausdrucke bringen. Dagegen ist die Menge des Dargestellten erstaunlich und beweist das beharrliche Interesse des Sammlers für die Sache und den Vorzug seiner Sammelmethode. Die schematische Darstellung scheint zweckmässig.

Es ist erfreulich, dass einmal ein praktischer Hausforscher klar und erschöpfend die Bedingungen, welche einen Typus beeinflussen, zugesteht und formulirt. Man muss beistimmen, wenn er meint, jene Bedingungen seien : 1. die ursprüngliche Art der Besiedlung; 2. die natürlichen Verhältnisse; 3. die Wirthschaftsart; 4. die volkswirthschaftlichen Zustände und Hilfsmittel; 5. der gesammte Culturgrad des Landes und das Maass des städtischen Einflusses; 6. die Geschichte des Landes, insoferne sie das Schicksal der einzelnen Wirthschaften mitbestimmt. Auch seine Ansicht, dass aller Conservativismus des zähesten Bauers jenen Bedingungen nachgebe, weil er muss, entspricht den Thatsachen; nur hätte ich als 7. Punkt noch die Frage des volksmässigen Geschmackes, also desjenigen, das allein mit dem nationalen Habitus der Typen zusammenhängen mag, angefügt. Auch der Behauptung, die alten Haustypen aus der Zeit der germanischen Besiedlung seit der Zerstörung des Avarenreiches seien noch heute vorhanden und kenntlich, wollen wir glauben, bis wir es einmal durch eine verlässliche Quelle erfahren und wissen.

Wenn man blos volksthümliche Formen berücksichtigt und modernes Baumeisterwerk wegdenkt, kann man aus der reichen Musterkarte Dachler's folgende Hauptgruppen von Haus- und Gehöfttypen herausbringen:

1. Das Einheitshaus (Dachler's „Streckhof"; leider wieder ein neuer und kein einwandfreier Name!).

2. Das steiermärkische Gehöfte („bajuvarisch-steirisch" nach Dachler) mit einem besonderen Wohnhause, welches nichts von der Wirthschaft enthält und abgetrennten, ohne Regel gruppirten Nebengebäuden, bei den meist kleineren Wirthschaften mit einem beliebig angefügten oder nebenstehenden Nebengebäude.

30*

3. Der Vogelweidtypus, auch „fränkisches Gehöft" benannt, mit mannigfachen Varianten, breitem oder schmälerem Hofe, wechselnder Einfügung der Ställe und Schupfen, hufeisenförmig, und zwar mit der hinten quergestellten Tennenscheuer geschlossen, oder auch ohne Scheuer, oder mit weitab detachirter Scheuer, dann mit quergestelltem Wohnhause (mein „Haidertypus").

4. Der Vierkant (bei Dachler „das bajuvarisch-oberösterreichische Gehöfte", was nicht zutrifft; Oberösterreich hat fünf distincte Typen und nicht diesen einen verhältnissmässig jungen Ableger anderer Typen).

Das Einheitshaus ist, so wie in Oberösterreich nach Dachler, auch in ganz Unterösterreich bei kleinsten Wirthschaften allenthalben zu finden — wohl mit Ausnahme des steiermärkischen Stilgebietes. Dieses liegt längs der Steirergrenze und südlich der Linie Waidhofen—Scheibbs—Wilhelmsburg—Baden; es enthält indess auch einzelne sogenannte fränkische Gehöfte. Sonst herrscht im Lande dieses letztere in zahlreichen Spielarten; auch ambutirt, als „Hackenhof", wie ihn Dachler nennt und endlich gegen Oberösterreich hin in kenntlichem Uebergange in den protzigen Vierkant. Gegen Ungarn hin ist dies Gehöfte nach Dachler's nicht ganz bezeichnendem Ausdrucke ein „schmaler Reihenhof".

Diese bestimmten und unzweifelhaften Daten sind aus Dachler's Typentafel und -Karte zu gewinnen, aber nicht ganz leicht. Er hat das ethnographische Element eingemischt und sobald dieses erscheint, verwirrt sich jedesmal auch das klarste hauskundliche Ergebniss. Je mehr man Typen kennt, desto kühner scheinen Einem alle diese unbewiesenen und unbeweisbaren Behauptungen, welche mit der Sicherheit von Axiomen auftreten.

Im vorliegenden Buche wird zuerst geschichtlich, dann nach Vermuthungen und nach logischen Wahrscheinlichkeiten die Stammeszugehörigkeit der gegenwärtigen Bewohner ermittelt und combinirt. Auch die Besonderheiten der Hausformen werden ein paar Mal als Nebenbeweis herangezogen; dann werden die Typen wieder nach diesen nationalen oder Stammesbezirken classificirt, abgegrenzt und benannt. Seltsamerweise werden nun identische Formen, welche z. B. sowohl im „fränkischen" Gebiete (c, Drei- und Vierseithof, Grundriss I W) als auch im „bajuvarisch-steirischen" Gebiete (Grundriss III P II) vorkommen, zweimal berücksichtigt und sowohl fränkisch, als auch bajuvarisch benannt u. dgl. Da die Eintheilung Unterösterreichs in ethnographische Bezirke auch trotz den Ausführungen Dachler's noch durchaus nicht feststeht, diese auch keinen genügenden Rahmen für die Typeneinteilung. Da andererseits die Stammescharaktere am Wohnhause noch keineswegs erwiesen, vielleicht gar nicht erweislich sind, so wäre die umgekehrte Methode auch nicht berechtigt. Wie einfach und unwiderleglich wäre dagegen Dachler's Classification, wenn er die Typengruppen mit unverfänglichen topographischen oder technischen Benennungen versehen hätte!

Noch müssen einige Angaben und Behauptungen Dachler's besprochen werden. Er meint, die Magyaren hätten bei der Landnahme kein Haus besessen und keines bei den Slovaken gefunden, sonst hätten sie nicht den deutschen Namen hiefür benützt (haza). Ich halte es für unwahrscheinlich, dass die seit Jahrhunderten ansässigen slavischen Bewohner Ungarns keine,

wenn auch dürftige Haustypen herangebildet haben sollten. Die Ausbreitung deutscher Colonisten ist zweifellos; die von Dachler angenommene Massenhaftigkeit derselben aber, so dass sie die ungarische Wohnart in die heutige fast völlige Einheitlichkeit gebracht hätte, ist nicht erwiesen; ebenso wenig, dass lauter Franken in's Land gekommen wären. Dass die Nachbarn der sogenannten Siebenbürger Sachsen „auf tiefer Stufe der Wohnart" verblieben, ist nicht richtig. Die Székler z. B. bewohnen heute zierliche, ja viel schönere Häuser, als die Deutschen Siebenbürgens. Die Stammeszutheilung von Gehöften auf Grund geringfügiger Variationen, z. B. dass der Stall rechts oder links vom Hofe oder beiderseitig angereiht ist u. dgl., scheint eine willkürliche Annahme. Der Mensch ist kein urtheilsloser Nestbauer und keineswegs so sehr typischen Gesetzen unterworfen, wie etwa die Beutelmeise. Der Mensch als denkendes Wesen lässt im einzelnen Falle das Bedürfniss mitrathen und mitthun und was Einige erfinden, ahmen Andere nach. Die Schmalheit der Hofreite im sogenannten „fränkischen schmalen Reihenhofe", also die Gedrängtheit in der geschlossenen Dorfgasse, wird durch Rücksicht auf die Vertheidigung des Dorfes gegen ungarische Räuberhorden erklärt. Gegen diese Vermuthung streitet die offenbare Vertheidigungsunfähigkeit solcher Dörfer und die Thatsache, dass diese gequetschten Höfe an der Dorfgasse und um den Dorfring auch anderwärts, in Ungarn, Böhmen, Polen, Bukowina u. s. w., häufig, ja gewöhnlich sind. Eher scheint der Wunsch entschieden zu haben, möglichst vielen Gehöften den Zugang zur Dorfgasse, dann zur grossen Wasserlache und zum gemeinsamen Mittelanger offen zu halten. Es ist unrichtig, dass der „Haufenhof" in Tirol, Salzburg und im westlichen Obersteier nicht vorkomme. Zwischen Lofer, St. Johann, Wörgl und Kitzbüchel z. B. gibt es grossartige, dorfähnliche Haufenhöfe in ungetheiltem Besitze. Dort ist theilweise der Körnerbau jung und die hiefür nothwendigen Scheuern u. s. w. sind regellos zum bestandenen Einheitshause hingesetzt worden. In Obersteier ist der mächtige „Mahrstadel" ein gewöhnliches Element der Haufengehöfte. Die seltsamen Fensterchen über den Stubenfenstern (S. 50) im steirischen Gehöfte — ich habe solche Fälle aus Krain und Steiermark publicirt — erklären sich nicht aus Lichtbedürfniss, sondern wahrscheinlich durch die Nothwendigkeit, die alten Rauchstuben und die Stuben, welche schlechte Oefen haben, so zu ventiliren, dass die Untenfläche der Rauchschichte über Kopfhöhe gehalten werde. Die Mauerung der Ställe geschieht hauptsächlich gegen Feuersgefahr und wegen Holzmangels, nicht wegen Wärme und Dauerhaftigkeit (S. 52). Blockhausställe mit Fundamentmauer sind warm und trocken, wenn sie gut gemacht und gehalten werden; gemauerte Ställe dagegen stinken, sind kellerartig, feucht, weniger gesund, weil das Mauerwerk fast immer durchnässt, infiltrirt ist. Nicht die Scheuer, sondern die Dreschtenne (S. 52) ist auf Getreideland beschränkt. So kommt aber unter dem Namen „Einfahrt", z. B. bei Reichenhall, auch im Heuland vor.

Ich möchte nicht, dass der Eindruck des Buches unter meinen kritischen Einwendungen litte. Ich wünschte im Gegentheile, dass der sachliche Inhalt dieser ausgezeichneten Arbeit zur vollen Wirkung käme. Hiezu ist aber nothwendig, dass der Leser das Hypothetische grösstentheils ausscheide.

Bancalari.

13.

Lutsch, Hans: Neuere Veröffentlichungen über das Bauernhaus in Deutschland, Oesterreich-Ungarn und in der Schweiz. Berlin 1897. 58 Seiten.

Der Verfasser, „Ausschuss-Mitglied des Verbandes der deutschen Architekten-Vereine zur Veröffentlichung einer Entwicklungs-Geschichte des Bauernhauses", hat die neuere Literatur über ländliche Wohnstätten und andere Dinge der Volkskunde (abgeschlossen 1. Juli 1896) zusammengestellt und kurz, meist den Inhalt nur andeutend, ausnahmsweise aber auch erörternd, besprochen. Jedes bibliographische Werk ist dankenswerth, weil es in dem betreffenden Fache wissenschaftliche, gründliche Arbeit erst ermöglicht. Wer an seinem Wohnorte einer namhaften Bibliothek entbehrt, ermisst diesen Nutzen am klarsten. Das vorliegende Büchlein kommt nun aber ganz besonders gelegen. Es soll die vereinte Arbeit der österreichischen, deutschen und schweizerischen Architekten über das Haus unterstützen und zurechtweisen und ist auch wohl dazu geeignet.

Die vorausgesendeten Bemerkungen über Sinn, Ziel, Grundlage und Erfordernisse der Hausforschung richten sich besonders an jene mitarbeitenden Fachgenossen, welche noch nicht Hausforscher sind und geben den Forschern nebenbei Fingerzeige für gleichartige Grundanschauungen. Hiebei ist ein erfreulicher Fortschritt gegen die Anschauungen, welche noch vor wenig Jahren, gerade bei den Begründern der gemeinsamen Sammelarbeit geherrscht haben, bemerkbar. Damals hat das Schlagwort „Das deutsche Haus" im Sinne Meitzen's, welcher seit Langem die ethnographische und Stammes-Zutheilung der Haustypen als eine ausgemachte Sache betrachtet, unbedingt regiert. Seither hat sich dies geändert und diese Aenderung ist auch im vorliegenden Buche kenntlich. Die Wiener anthropologische Gesellschaft hat daran einiges Verdienst. Sie hat dem Gedanken Eingang verschafft, dass das Haus vorerst als ein anthropologischer Gegenstand, als ein Werk des Menschen im Allgemeinen zu fassen sei, woraus dann vielleicht — oder man will ja zugeben, wahrscheinlich — solche Unterschiede zu Tage treten werden, welche auf der Eigenart der Nationen und sogar der Stämme beruhen; aber es sei verfrüht, ja wissenschaftlich nicht zu rechtfertigen, solche vorerst gehoffte Ergebnisse, welche man ja noch gar nicht hat, in Form von Behauptungen, als Axiome, dem ganzen Werke voranzustellen.

Schon der Ausdruck „Entwicklungsgeschichte des Bauernhauses" im Titel der Unternehmung zeigt diesen Fortschritt zur Klärung. Früher hiess er „des deutschen Bauernhauses". Dann warnt Lutsch vor Schlagworten, welche dem Antheile von Dilettanten hauptsächlich zuzuschreiben seien; er dringt auf Berücksichtigung der natürlichen Verhältnisse, der Wirthschaftsart u. s. w., welche den Haus- und Gehöftebau wesentlich beeinflussen, die aber von manchem Hausforscher — ich setze hinzu, besonders von den in ethnographischen Vorurtheilen befangenen, bei welchen ja die Begründung durch Behauptungen ersetzt wird — übersehen werden.

Nur an ein paar Stellen hat Lutsch scheinbar sich der ethnologischen Auffassung der Hauskunde genähert, z. B. dort, wo er von meiner Skepsis und von den „triftigen" Gründen spricht, welche Henning dagegen in's Treffen geführt habe.

Gerne will ich mich, dankbar gegen seine freundliche Anerkennung meiner Leistungen, die ich von jeher nur „vorläufige Schritte der Hausforschung" genannt habe, über meine Skepsis mit ihm und Allen, welche sie tadeln mögen, auseinandersetzen.

So wie Tracht, Hausrath, Flurentheilung, Sagen, Gebräuche u. s. w. können gewiss auch Gehöftform und Hausbau nationale oder Stammescharaktere sein — oder nicht. Unsere Kenntniss der verschiedenen Typen, ihrer Verbreitung, ihrer Uebergangsformen und Varietäten aber reichen dermalen noch nicht hin, um sichere Schlüsse über das Werden, die Abstammung und Entwicklung derselben, also über die Geschichte des Hauses und vieler anderer volksmässiger Dinge zu ziehen. Vor Allem für das Haus fehlen leider genügende bildliche oder schriftliche Quellen aus alter und vorgeschichtlicher Zeit oder sie sind noch nicht an das Licht gezogen. Die viel besprochenen Hausurnen haben Räthsel aufgegeben, aber nicht gelöst.

Was heisst nun das, eine Haustype gehöre einer bestimmten Nation, einem bestimmten Volksstamme an? Es gibt hiefür zweierlei Erklärungen: Ein z. B. von Franken gebautes und bewohntes typisches Gehöfte im Frankenlande sei fränkisch. Diese ethnographisch-geographische Erklärung stimmt nicht, denn es gibt im Frankenlande mehrerlei recht distincte Typen und mehrere derselben kommen auch bei anderen Stämmen, ja sogar bei anderen Völkern, in weit entlegenen Ländern vor.

Die andere, sagen wir: genetische Erklärung, läge in der Geschichte des Ursprunges. Ein fränkisches Gehöfte sei jenes, welches von Franken entwickelt, allmälig herangebildet worden sei. Der oft gehörte Spruch: „Die meisten Magyaren, Polen, Südwest-Russen, die Leute der Bukowina u. s. w. wohnen, sowie die Siebenbürger Sachsen in „fränkischen Gehöften'" bezöge sich auf jene genetische Theorie, welche jedoch, bis einmal bessere Beweise gewonnen sein werden, eine blosse Behauptung ist. Die Herkunft der „fränkischen Typen" ist noch keineswegs ausgemacht; darum ist des Verfassers Anweisung, die Typen nach der Landschaft, in welcher sie herrschen, zu benennen, durchaus zu billigen, weil ja solche Namen ganz unverfänglich und ohne Vorurtheil sind.

Zur Klärung ist da noch viel, ja das Beste zu thun. Die vereinten Architekten mögen nur recht viele Grundrisse und genügende Aufrisse und Ansichten sammeln, die Lücken der Typenkarte ausfüllen, die Hausterminologien feststellen und zur Verwerthung den Linguisten vorlegen. Wenn dann die Flurenforschung mithilft, Urkunden, Urbare u. s. w. ausgenützt werden und Nachbarreiche unsere Forschung fortsetzen, dann, ja dann erst finden Theorien jeder Art, auch die ethnographische Zutheilung, einen sicheren Grund.

So sieht meine Skepsis aus. Sie müsste eigentlich den Männern der Wissenschaft wohlgefallen.

R. Andree verweist (Globus Nr. 20, 1897) in einer Notiz über französische Hausforschung auf das niedersächsische Haus, welches in der That scharf abgegrenzten Stämmen zugehört, und auf afrikanische Typen, die ausschliesslich gewissen Völkerschaften zugehören, und er meint, ich gehe mit meiner Verallgemeinerung der „Erfahrungs-Einrichtungen" und der „natürlichen Bedingungen" zu weit. Hierauf erwidere ich, dass ich blos den, von Henning „oberdeutsch" genannten, eigentlich centraleuropäischen „Flurhallentypus" kenne und daher alle Erwägungen nur auf diesen stützen kann. Bezüglich dieses sehr grossen Gebietes nun ist bös gefackelt worden über schwäbisch, allemannisch, rhätoromanisch, langobardisch, fränkisch, neuestens sogar über rugisch und ostgothisch, während ich gerade durch meine Forschungen, wie ich wiederholt dargestellt habe, zur Erkenntniss einer sehr merkwürdigen Uebereinstimmung in diesem Typengebiete gekommen bin. Was ausserhalb dieses Typengebietes liegt, ist ausserhalb meiner Kenntniss.

In dem mir bekannten Gebiete herrscht eine allgemeine Type, deren Variationen auf verschiedene Bedingungen des Klimas, der Höhenlage, der Flora, der Wirthschaft, des Baumateriales u. s. w. zurückgeführt werden können.

Zum Schlusse will ich eine Idee — beileibe keine Theorie! — über den Einfluss der Flurtheilung und der Dorflage auf die Entwicklung der Gehöftform darlegen und sie bei dieser Gelegenheit den vereinten Architekten zur Nachprüfung anempfehlen. Es ist bekannt, dass alle Wohnstätten des mitteleuropäischen Haupttypus in vier Gattungen eingereiht werden können: 1. Einheitshaus; 2. Haufenhof; 3. der eigentliche Hof, in welchem die Gebäude um einen unbedeckten Raum angeordnet sind, und zwar:

3 a. im relativ schmalen Hufeisen („Vogelweider" oder „fränkisches Gehöfte"),
3 b. in vier gesonderten Gebäuden um ein Quadrat (der Innviertler Hof),
3 c. in zwei parallelen Reihen längs des Hofes, ohne querabschliessende Scheuer (die böhmische und ungarische „Vogelweider") mit sehr schmalem Hofe,

und 4. der eigentliche Vierkant, d. i. der aus Type 3 zusammengeschweisste Meierhof von fast quadratischer Form, dann allerlei Zwischenformen zwischen 3 a und 3 b und 4 (Oberösterreich, Waldviertel Unterösterreichs).

Das Einheitshaus und der Haufenhof sind nur in einem sehr lockeren Dorfe möglich. Sie konnten dann jene mächtige Entwicklung der Hausbreite, der Hausdimensionen überhaupt, welche wir z. B. bei St. Johann in Tirol und Kitzbüchel anstaunen, nur in der Einschicht erreichen, in welcher keine Rücksicht und keine Beschränkung stattfindet.

Der „Vogelweider" und besonders die Type 3 c, jene sehr in die Länge gezogenen Gehöfte mit auffallend schmalen Giebelseiten des Wohnhauses, mit dem ziemlich schmalen Hofe, verrathen den Ursprung in der beschränkten Dorfgasse oder an dem Umkreise des Dorfringes, des freien Mittelraumes der Ortschaft. Eine bessere Lösung der Aufgabe, eine möglichst grosse Zahl von Gehöften längs der Dorfgasse aneinander zu schliessen, so dass jeder Besitzer Sicht und Zugang zum Hofe, Sicht auf die Strasse, Abschluss gegen diese, bequeme Einfahrt vom Felde und Ausfahrt auf die Strasse, und zwar ohne Umkehren, dass man also durch die quergestellte Scheuer und das ganze Gehöfte passiren kann, ist kaum zu erdenken. Dachler hat in seiner Studie über niederösterreichische Haustypen sehr richtig erwähnt, dass gerade wegen der Lage der Häuser in der Dorfgasse der Hausbreite um so engere Grenzen gesetzt sind, je kleiner der Antheil jedes Gehöftes an der Gassen- oder Ringfront ist und dass hiedurch die Lage der Hausthüre an die Langseite des Hauses gewiesen wird, weil die Giebelseite höchstens für Stube und Kammer genügend Raum bietet.

Wir finden nun allerdings viele „Vogelweider" eigentlich unpassend in der Einschicht. Dies zeigt nur, dass diese Gehöfte in's freie Land hinausgebaut wurden von Leuten, welche an die enge Dorflage und den eingeklemmten Hof gewöhnt waren; dass diese Leute eben aus Gegenden oder auch aus benachbarten Orten stammten, in welchen jenes Gassensystem seit alter Zeit die Regel bildete.

Gerade solche einschichtige „Vogelweider" streben jetzt den Ausbau in mächtige „Vierkante" stufenweise an, woran sie in ihrer freien Lage nichts hindert.

Wo ist nun jene Art der Dorflage entstanden? an einem einzigen Orte? in mehreren Gegenden? ist sie wirklich fränkisches Stammes-Eigenthum? steht sie mit der in slavischen Gegenden so gewöhnlichen Ringform in Beziehung? und wenn das gleiche Bedürfniss des Zusammenschlusses etwa um einen Teich, um einen Schöpfbrunnen u. dgl. bei verschiedenen Stämmen ein ähnliches Ring- und Gassensystem hervorgerufen haben sollte, kann dann nicht die hieraus resultirende Gehöftform ebenfalls als das Product mehrerer Nationen und Stämme angenommen werden? Der Hausforscher weiss bis nun keine Antwort auf diese Fragen; aber es ist doch gut, diese Fragen zu stellen. Die in Angriff genommene Erforschung der Wirthschafts- und Besiedelungsgeschichte wird vielleicht zur richtigen Beantwortung beitragen, dann eine ausgiebigere Theilnahme der Urkundenleser, welche der Hausforschung durch Nachweisung etwaiger gesetzlicher Bestimmungen oder wirthschaftlicher Verfügungen und Uebersichten ungeahnte Förderung zuwenden könnten.

Das vorliegende Buch muss jeder Hausforscher, und wer sich sonst um Volkskunde kümmert, zur Hand nehmen. Ich halte es für vollständig.

Wenn die 310 Anmerkungen ein vollständig ausgeschriebenes Bücher- und Schriftenverzeichniss geworden wären, während jetzt zum Theile die Büchertitel vorne im Texte und nur einzelne bibliographische Angaben in den Anmerkungen stehen, so wäre der Gebrauch etwas bequemer. Diese Bemerkung kann aber der dankbaren Anerkennung dieser höchst fleissigen und willkommenen Arbeit keinen Eintrag thun. **Bancalari.**

14.

Vedel, E.: Efterskrift til Bornholms Oldtidsminder og Oldsager. (VIII + 166, pp. 4°, mit 1 Farbentafel und 111 Textbildern von Professor Magnus Petersen.) Kopenhagen. Universitätsbuchhandlung G. E. C. Gad. 1897.

Im XVI. Bande dieser „Mittheilungen", S. 183 f., gaben wir einen gedrängten Auszug des umfangreichen Werkes, welches der hochverdiente Vicepräsident der königlichen Gesellschaft für die Archäologie des Nordens, Amtmann E. Vedel, im Jahre 1886 den Alterthümern der Insel Bornholm gewidmet hat. In Folgendem soll nun das Supplement zu der gedachten Publication, welches in Folge neuer Funde auf der Insel und neuer Einblicke in die Archäologie Dänemarks überhaupt nothwendig geworden ist, in gleicher Weise angezeigt werden.

Vor 11 Jahren war die ältere Stufe der jüngeren Steinzeit des Nordens, die Stufe der sogenannten Küchenabfallshaufen (Kjökkenmöddinger) aus Bornholm noch unbezeugt. Jetzt scheint man der Wiederentdeckung einer solchen Vorstufe der entwickelten nordischen Steinzeit wenigstens nahe gekommen zu sein. An zwei Stellen hat man zusammen circa 10 Wohnplätze angetroffen, welche dicht beisammen und hart am Meeresufer lagen. Die Funde bestehen aus steinernen Beilen, Pfeilspitzen sehr verschiedener Form, Schabern, Messern, Bohrern, Abfallsspänen, dann Topfscherben und vielen Thierknochen (vom Schwein, Rind und Seehund). Eigentliche Muschelhaufen sind es also nicht. Demnach meint VEDEL, dass die Eigner dieser Wohnstätten ursprünglich und lange Zeit als Fischer gelebt, dass sie aber noch vor dem Verlassen derselben die Viehzucht kennen gelernt hätten. Für intensiveren Betrieb der letzteren Wirthschaftsform waren die waldigen und fruchtbaren Ebenen im Innern der Insel thatsächlich besser geeignet, als die kahle Seeküste. Unter den Steinbeilen der Küstenfundorte sind auch solche von den bekannten Kjökkenmöddingerformen (S. 2, Fig. 1–3), nämlich roh zugehauene trapezförmige Stücke, deren scharfe Schneide durch Absplitterung eines einzigen Spanes hergestellt ist. VEDEL hält diese Beile nach dem System der Zweitheilung der nordischen Steinzeit für die ältesten, später habe man das Verfahren des Polirens kennen gelernt, aber anfänglich nur auf Steinsorten von geringerer Härte angewendet und erst zuletzt auch den Feuerstein polirt. Aus dieser jüngsten Stufe der Steinzeit stammt eine grosse Zahl polirter Flintäxte, welche in den mehr oder minder vom Meer entlegenen Gefilden der Insel gefunden worden sind. Auch die namhafteren megalithischen Denkmäler der Steinzeit finden sich nur im Inneren der Insel, und so scheint es, dass die Dolmenerbauer der entwickelten nordischen Steinzeit nicht mehr in jenen Fischerdörfern an der Küste, sondern im Innern ansässig gewesen sind.

Die Topfscherben aus den Küstenplätzen zeigen geometrische Verzierungen, zu deren Herstellung man sich einfacher, von der Natur dargebotener Werkzeuge bediente. Nicht die vertiefte Linie an sich, sondern die gegliederte Linie erfreute das Auge, wie in der Schnurkeramik Mitteleuropas. Mit längsgespaltenem Schilfrohr erzeugte man Reihen halbkreisförmiger Einstiche, mit gezähnten Muschelrändern zackige, gerade und eckig gebrochene Linien. Andere Ornamente sind mit einem spitzen Stift eingeritzt oder vielleicht mit dem stumpfen Ende dieses Stiftes eingetupft (vgl. S. 5, Fig. 6–13).

Hinsichtlich der Bronzezeit theilt der Verfasser jetzt SOPHUS MÜLLERS (in „Ordning of Danmarks Oldsager" begründete) Ansichten und anerkennt, dass alle Tumulusfunde dieser Periode auf Bornholm dem älteren Abschnitt der Bronzezeit angehören. Man müsse also annehmen, dass die Sitte der Tumuluserbauung während des Ueberganges von der älteren zur jüngeren Bronzezeit abgekommen sei, während sie sich im übrigen Dänemark durch das ganze Bronzealter erhielt. In der älteren Bronzezeit und namentlich im ersten Abschnitte derselben herrschte brandlose, in der jüngeren Bronzezeit ausschliesslich Brandbestattung. Die als „Bornholmer Fibel" bekannte localtypische Gewandhafte (S. 17, Fig. 14) mit grossen spitzovalen Bügelplatten findet sich nur in Frauengräbern, eine kleinere, aber stärkere Fibel ähnlicher Construction, mit gerieftem, stabförmigem Bügel nur in Männergräbern. Die neu mitgetheilten Felsenzeichnungen der

jüngeren Bronzezeit zeigen nur Schiffe, neben Strichen und Näpfchen.

Nach den Beigaben in den „Brandplettern" (Scheiterhaufenresten der ersten Eisenzeit), deren Zahl jetzt auf 200 gestiegen ist, gliedert VEDEL die erste Eisenzeit Bornholms in drei Abschnitte. Der erste (circa 400 vor bis 50 nach Christo) ist charakterisirt durch Mittel- und Spät-La Tèneformen: plump geschmiedete eiserne Gürtelschliessen und Fibeln; Waffen fehlen, und man merkt auch noch keinen Einfluss römischer Stilmuster. In der zweiten Stufe (circa 50 bis 300 nach Christo) finden sich viele provinzial-römische Bronzefibeln nordalpiner Typen, grosse einschneidige Schwerter, Lanzenspitzen, Schildbuckel und viele Thongefässe. Der dritte Abschnitt (circa 300 bis 400 nach Christo) bringt neue Fibelformen südgermanischer (oder römisch-germanischer) Herkunft und viele Waffen, worunter die Schwerter jetzt oft zweischneidig sind, dann Trinkhörner, römische Bronzegefässe und Glasgefässfragmente, sowie locale Thongefässe, die noch ohne Drehscheibe, aber sehr gefällig geformt sind.

Gegen das Ende der älteren Eisenzeit werden Skeletgräber, wie sie schon seit der zweiten Stufe neben den „Brandplettern" vorkommen, immer häufiger und enthalten theils dieselben Objecte, wie die gleichzeitigen Aschengruben, theils neue Waffen und Schmuckformen. Höchst merkwürdig ist die alterthümliche Töpferei, die mit ihren in Thierköpfe auslaufenden Gefässhenkeln und eingeritzten Hakenkreuzen an die um mehr als tausend Jahre ältere Villanova-Keramik Italiens erinnert (vgl. S. 34, Fig. 47, 48), neben dem glänzenden Import modischer Fabrikate des Südens.

Das zweite Eisenalter umfasst die Zeit von der Mitte des ersten Jahrtausends nach Christo bis zur Mitte des eilften Jahrhunderts, d. i. bis zur Unterdrückung des Heidenthums auf Bornholm. Man kennt jetzt auf der Insel ungefähr 500 Gräber aus dieser ganzen Periode, ausschliesslich Skeletgräber mit nordwärts gewendetem Kopfe. Nur am Anfang der Periode scheint noch vereinzelt Brandbestattung geübt worden zu sein.

Das Wahrzeichen einer neuen Stilepoche ist die Aufnahme des stilisirten Thierfigur als herrschendes Element der Decoration. Zuerst, um 500, kommen bescheidene, verhältnissmässig wenig verzerrte Thiergestalten südgermanischen Stils; dann erscheint, um 700, ein irländischer Stil mit seltsam verschlungenen Bändern und langgedehnten, schlangenförmig gewundenen Thiergestalten. Zuletzt herrscht der während des neunten Jahrhunderts in Frankreich ausgebildete karolingische Stil, dessen Thierfiguren und Thiertheile wieder kürzer gehalten, aber immer noch seltsam genug verdreht sind. Eine besondere Untersuchung hat VEDEL diesmal den schalenförmigen Fibeln von Bornholm gewidmet. Ovale schalenförmige Fibeln bilden gegen das Ende der heidnischen Zeit eine durch ganz Skandinavien und alle von Skandinaviern besiedelten Länder hindurch weit verbreiteten Typus. Die Stammform dieser Fibel hat sich in grösserer Zahl jedoch nur auf Bornholm erhalten. Sie zeigt (S. 87, Fig. 87 ff.), die schematisirte Darstellung eines wirklichen Thieres, das sich auch bei sehr überladenen Exemplaren noch erkennen lässt. Dieses Thier wird mit der Zeit immer unkenntlicher, und zuletzt verwandelt es sich in ein stark gewölbtes, reichlich gebuckeltes und durchbrochenes ovales Ornament. VEDEL glaubt, dass diese Froschfibel ursprünglich aus einer spätrömischen Armbrustfibel mit Thierkopf am Fussende hervorgegangen sei. Die zahlreichen Abbildungen, in denen jene Entwicklung dargelegt ist, sind von vorzüglicher Schönheit und Treue. **M. Hoernes.**

15.

Müller, Sophus: Ordning af Danmarks Oldsager. (Système préhistorique du Danemark, Résumé en Français) II. Jernalderen. 104 pp. 4° mit 42 Tafeln. Herausgegeben auf Kosten des Carlsberg-Fonds. Kopenhagen. C. A. Reitzel 1895 [1]).

Mit dem Erscheinen dieses Bandes ist ein Werk abgeschlossen, wie es für jedes europäische Land existiren sollte. Es ist eine handliche, knappe, aber durchaus mit Fundangaben und trefflichen Abbildungen belegte Darstellung der vorgeschichtlichen Culturperioden Dänemarks. Man muss zugeben, dass in Dänemark für eine solche Leistung die Vorbedingungen erfüllt sind, wie nur selten in Europa. Die prähistorische Forschung wird dort seit Langem consequent und mit Erfolg betrieben. Das Fundgebiet ist ergiebig, aber klein und von der Natur gut abgegrenzt. Dazu kommt, dass es im skandinavischen Norden keine Alterthümer gibt, die den prähistorischen ihren Rang streitig machen. Der König selbst steht in Dänemark als Präsident an der Spitze der Gesellschaft zur Erforschung nordischer Alterthümer. Dies Alles zusammen begründet den Vorrang der skandinavischen Prähistorie vor dem zerrissenen und zerpflückten Betrieb solcher Studien in anderen Ländern, einen Vorrang, den wir anerkennen, aber auch mehr und mehr zu verringern trachten müssen.

Die skandinavische Prähistorie wendet sich mit unzähligen Fragen an die Urgeschichte des mittleren und südlichen Europa. Schon lange haben die schwedischen, norwegischen und dänischen Archäologen angefangen, an der Systematik der Alterthümer Griechenlands und Italiens energisch und zielbewusst mitzuarbeiten. Wir brauchen nur Undset, Montelius und Sophus Müller zu nennen. Aber zwischen den classischen Mittelmeerländern und dem norddeutsch-skandinavischen Gebiet liegt Oesterreich-Ungarn, Süddeutschland und die Schweiz. Wenn es uns um nichts Anderes zu thun wäre, als in der Deutung der grossen Erscheinungen der germanisch-nordischen Urgeschichte den Norddeutschen und Skandinaviern hilfreiche Hand zu bieten, so hätten wir schon darum Aehnliches anzustreben, wie es dort mustergiltig geleistet worden ist: eine gründliche „Ordnung" unserer alten Denkmäler. Wir haben die Theile des Systems nahezu in der Hand; es liegt nur an uns, dasselbe aufzustellen. Und es liegt auf der Hand, dass wir es nicht blos wegen der nordischen Alterthümer, die von hier aus ihr Licht empfangen werden, sondern um unserer eigenen Urgeschichte, unserer Landes- und Völkerkunde willen thun sollten.

Mehr als ein Jahrtausend brauchte die Kenntniss des Eisens, bis sie sich aus dem Oriente durch die classischen

Länder des Südens und minder entlegenen Barbarengebiete zu den alten Einwohnern Dänemarks verbreitete. Vom vierten vorchristlichen bis zum zehnten nachchristlichen Jahrhundert währt die vorgeschichtliche Eisenzeit des Nordens, deren Phasen genau den Perioden der frühgeschichtlichen Entwicklung in anderen Ländern nördlich der Alpen entsprechen. Im Anfange waren als Einflüsse aus benachbarten keltisirten und romanisirten Gebieten, zuletzt Wikingerfahrten und weitreichende Handelsbeziehungen, welche dem germanischen Norden — neben hinlänglichen Spuren einer gewissen Sonderstellung — das gemein-europäische Gepräge aufdrückten.

Die Eisenzeit Dänemarks zerfällt in eine erste, vom 4. Jahrhundert vor Christo bis zum 5. Jahrhundert nach Christo, und eine zweite, vom 5. bis zum 10. Jahrhundert nach Christo. So geht die erste Eisenzeit parallel mit dem grösseren Theile des classischen Alterthums im Süden; die zweite umfasst die ältere Hälfte des Mittelalters. Das Alles ist für die Nordländer „Alterthum", heidnische, vorgeschichtliche Zeit. Die erste Eisenzeit zerfällt ferner in eine vorrömische (keltisch beeinflusste), eine specifisch römische und eine Zeit der romanisirten Germanen der Völkerwanderung. Die zweite Eisenzeit gliedert sich in eine nachrömische und in die Wikingerperiode. Während der ersteren erhob sich die Kunst und Cultur auf dem Boden der neugegründeten christlichen Staaten zur carolingischen Renaissance (in der der heidnische Norden noch in einer Sonderstellung verharrte); die Wikingerzeit bringt das erste Erscheinen der Nordmänner in der Geschichte, und mit dem Untergange des Heidenthums treten diese vollends in die Bahnen der civilisirten europäischen Völker.

Innerhalb dieser Unterperioden kann man noch ältere und jüngere Typen und geographische Gruppen erkennen. Ferner bilden in allen Zeiträumen die Feld- und Moorfunde, welche in ähnlichen Depôts der älteren Perioden ihre Vorläufer haben, besondere Gruppen gegenüber den Gräberfunden, für welche wieder die Unterscheidung von Männer- und Frauenbeigaben von Wichtigkeit ist, während die Formen der Gräber jetzt nicht so sehr als Eintheilungsgründe dienen können, wie für die Stein- und Bronzezeit.

Dies sind die Hauptzüge von S. Müller's System der Eisenzeitfunde Dänemarks. Es umfasst 672 Typen, wobei minder wichtige oder seltener vorkommende Gegenstände nicht in Anschlag gebracht sind. Sollen wir etwas vermissen, so sind es Ueber- oder Unterschriften auf den Tafeln, wodurch die Zugehörigkeit der abgebildeten Objecte zu den einzelnen Perioden, Unterperioden und Gruppen auf den ersten Blick kenntlich gemacht würde. **M. Hoernes.**

16.

Conwentz, H.: Die Moorbrücken im Thale der Sorge auf der Grenze zwischen Westpreussen und Ostpreussen. Ein Beitrag zur Kenntniss der Naturgeschichte und Vorgeschichte des Landes. (Abhandl. z. Landesk. d. Prov. Westpreussen, herausgeg. v. d. Prov.-Comm. z. Verwaltung d. westpreuss. Prov.-Museen, Heft X.) XV + 142 pp. 4°, mit 10 Tafeln und 26 Textfiguren. Danzig, Comm.-Verl. von Th. Bertling, 1897.

---

[1]) Das Werk begann 1888 mit dem Abschnitte „Steinzeit" (vgl. diese Mitth. XX, S. 107), welcher jetzt mit dem 1891 erschienenen Abschnitt „Bronzezeit" zum ersten Theile „Sten- og Bronzealderen" vereinigt ist. Die Eisenzeit bildet den zweiten und abschliessenden Theil.

Während uns über die römischen Strassen im einstigen Imperium literarische und archäologische Zeugnisse reichliche Aufschlüsse bieten, sind wir für die vorrömischen Strassenzüge fast ausschliesslich auf Vermuthungen angewiesen. Für die vorrömische Topographie der nachmaligen Provinzen des Kaiserreiches können sich diese Vermuthungen auf Nachrichten aus späterer Zeit gründen. Für die Länder, welche stets ausserhalb der Reichsgrenzen geblieben sind, entbehren wir auch dieses Hilfsmittel der Conjectur. Und doch ist uns auch hier nicht jede Vorstellung von den alten Strassenzügen, ja nicht einmal jede unmittelbare Anschauung vom Bau und der Construction jener Wege entzogen. Aus der Verbreitung der prähistorischen Artefacte, die in Stoff oder in der Form ein Ursprungszeugnis an sich tragen, gewinnen wir eine allerdings nur allgemeine Vorstellung von einem ganz Europa überziehenden Theile Handelstrassennetze, und dazu kommen nun auch directe Nachweisungen von Strassenstrecken, welche freilich nur dort erwartet werden dürfen, wo die Bodenbeschaffenheit eine künstliche Anlage von dauerhafter Natur erforderte.

Dieser Art ist die jetzt von Prof. CONWENTZ publicirte Entdeckung zweier Moorbrücken im Torf des Sorgethales bei Christburg und Baumgart in Westpreussen. Dieselben überqueren das Sorgethal circa 20 km südlich von Elbing in westöstlicher Richtung. Ihre Auffindung steht im Zusammenhange mit der Hebung eines Segelbootes aus der Wikingerzeit, bei welcher Gelegenheit die ansässige Bevölkerung ihre Gäste auf weitere unter Tag liegende alte Holzobjecte aufmerksam machte. So stiess man auf Reste eines Systems verschollener Wegebauten (Moorbrücken, Bohlenwege), wie sie bisher nur im nordwestlichen Deutschland — Hannover, Oldenburg, Bremen — wissenschaftlich betrachtet, aber noch nirgends in grösserem Zusammenhange betrachtet worden waren. Eine solche Betrachtung sehr eingehender Natur widmet nun CONWENTZ dem ganzen morastenreichen Vorkommen. Im Vorworte schildert er den eigenartigen Vorgang bei der Aufnahme dieser seltenen Ueberreste. Man war z. B. genöthigt, die Gruben über Sonntag unter Wasser zu setzen, um Beschädigungen der aufgedeckten Theile hintanzuhalten, ein Vorgang, der, wie der Berichterstatter scherzhaft bemerkt, auf Originalität keinen Anspruch machen kann, da nach Tacitus schon die Germanen bei nächtlicher Weile die Moorbrücken der Römer unter Wasser zu setzen pflegten.

Die Bearbeitung des Stoffes geht weit über einen gewöhnlichen Fundbericht hinaus, obwohl die neuen Thatsachen minutiös beschrieben und durch Abbildungen erläutert werden. Der Autor gibt zuerst einen Ueberblick über „Holzwege im Allgemeinen". Ganz richtig beginnt er mit Anlagen aus neuerer Zeit, wodurch wir das Wesen solcher Wegebauten am besten kennen lernen. Ausser den Knüppeldämmen in moorigen Geländen der Hochgebirge (Schweiz) finden sich namentlich im Flachlande Norddeutschlands und Russlands derartige Bauten noch heute in Gebrauch. Aus frühgeschichtlicher Zeit kennt man Analoges in England, Norddeutschland, Russland und Schweden Der vorgeschichtlichen Zeit rechnet CONWENTZ ausser den erhaltenen norddeutschen und einem zweifelhaften krainischen (im Laibacher Moor) die literarisch und sogar künstlerisch bezeugten Holzstrassen den römischen Invasionstruppen zu. Diese geschichtlich datirbaren Bauten werden von Cäsar (Alesia) und Tacitus (Teutoburger Wald) erwähnt, und ein

ferner solcher Bau (an der unteren Theiss) ist auf der Marcussäule andeutungsweise abgebildet. Sie dienten passagèren Kriegszwecken, der Beförderung von Mannschafts- und Traincolonnen über Sumpfstrecken.[1] Sehr gründlich ist der Autor sodann in der Schilderung seines speciellen Locales nach Bau, Vegetation und fossilen Einschlüssen, ferner im Berichte über die Aufdeckung der beiden Moorbrücken, die sich vom west- auf ostpreussisches Gebiet hinüberzogen, und in seinen Untersuchungen über Verlauf, Bau und Beschaffenheit jener Wege. Von ganz besonderem Belange sind natürlich seine Betrachtungen über Alter, Ursprung und Bedeutung der Moorbrücken. Hier haben wir es selbstverständlich nicht mit römischen Kriegs- oder Friedensbauwerken zu thun; denn Ost- und Westpreussen wurden nie von römischen Heeren durchzogen und, so viel wir wissen, auch nur höchst selten von reisenden Römern betreten. Die Construction der Moorbrücken ist so primitiv und ursprünglich, dass es der Annahme fremder Einflüsse oder fremder Baumeister nicht bedarf. Das Alter lässt sich zwar nach der Lage unter Terrain nicht bestimmen, wohl aber aus den verwendeten Hölzern und Werkzeugen, sowie aus den Nebenfunden. Man bearbeitete mit Eisen vorwiegend Eichenholz, welches in der Hallstatt- und La Tène-Periode ausgedehnte Bestände bildete, während in späterer Zeit die Kiefer vorherrschte. Auf die erste Eisenzeit weisen auch die auf den Bohlenwegen gefundenen keramischen Ueberreste. Diese lagen ausschliesslich auf den unteren Holzschichten, so dass die beiden obersten Lagen, welche später durch das Anwachsen des Moores nöthig geworden, möglicherweise einer jüngeren Zeit zuzurechnen sind (etwa der römischen Culturperiode?).

CONWENTZ erläutert auch, an der Hand sonstiger Funde, die allgemeinen vorgeschichtlichen Verhältnisse des von ihm studirten Gebietes, auf die nun durch die neue Entdeckung weiteres Licht gefallen ist. Er zeigt, wie um die Mitte des letzten vorchristlichen Jahrtausends, eine fremde, die jüngere Hallstatt-Cultur aus dem Süden nach Westpreussen eingedrungen ist. Dies geschah auf zwei Strassen, von welchen je eine am rechten und am linken Weichselufer lief. Hand in Hand mit der neuen Cultur ging ein Wechsel der religiösen Anschauungen, der von der früher allgemein geübten brandlosen Bestattung zur Leichenverbrennung führte. Nun erscheinen auch jene so merkwürdigen und viel behandelten Gesichtsurnen, in welchen man südlichen Einfluss fast ebenso oft erkannt, als abgeleugnet hat. Es findet sich an ihnen jener aus dem Rothen Meere stammende Conchylienschmuck („Schnecken-Anhänger" nennt CONWENTZ diese durchbohrten Cypräen nicht ganz sprachrichtig), sowie die bekannten, hier so eigenthümlich colirten figuralen Urnenzeichnungen. Andererseits enthalten die Culturschichten der Hallstatt-Periode an mehreren Stellen des Elbinger Hochlandes so viel rohen Bernstein, dass die Dorfbewohner bisweilen geradezu danach graben. Man hat daraus geschlossen, dass schon in der Hallstatt-Zeit von hier eine Bernstein-Handelstrasse nach dem Samlande ging. Dem Bezuge dieses Productes und dem Vertriebe der Gegenwerthe südlicher Provenienz galten wahrscheinlich auch die Moorbrücken im Thale der Sorge. Die eine derselben ist circa fünfmal so lang als die Eisenbahnbrücke, welche bei

[1] Vgl. FR. KNOKE, Die römischen Moorbrücken in Deutschland Mit Karten, Tafeln und Textfiguren. Berlin 1895.

Lightning Source UK Ltd.
Milton Keynes UK
UKHW012224110219
337137UK00006B/1285/P